人工智能的矩阵代数方法

·应用篇·

张贤达 著
张远声 校订

高等教育出版社·北京

图书在版编目（CIP）数据

人工智能的矩阵代数方法 . 应用篇 / 张贤达著；张远声校订 . -- 北京：高等教育出版社，2021.11
ISBN 978-7-04-055850-0

Ⅰ. ①人… Ⅱ. ①张… ②张… Ⅲ. ①人工智能－线性变换环－算法 Ⅳ. ① TP18 ② O153. 3

中国版本图书馆 CIP 数据核字（2021）第 036632 号

RENGONG ZHINENG DE JUZHEN DAISHU FANGFA YINGYONG PIAN

策划编辑 冯 英	责任编辑 冯 英	封面设计 王 洋
版式设计 王艳红	责任校对 陈 杨	责任印制 赵义民

出版发行	高等教育出版社	网 址	http://www.hep.edu.cn
社 址	北京市西城区德外大街4号		http://www.hep.com.cn
邮政编码	100120	网上订购	http://www.hepmall.com.cn
印 刷	三河市春园印刷有限公司		http://www.hepmall.com
开 本	787 mm× 1092 mm 1/16		http://www.hepmall.cn
印 张	34.25		
字 数	850 千字	版 次	2021年11月第 1 版
购书热线	010-58581118	印 次	2021年11月第 1 次印刷
咨询电话	400-810-0598	定 价	179.00 元

本书如有缺页、倒页、脱页等质量问题，请到所购图书销售部门联系调换

物 料 号 55850-00

忆张贤达教授 (代序)

张贤达教授不仅是我相伴近五十载的丈夫, 更是我的良师, 我最崇敬、最敬重的人。他一生勤奋、拼搏、默默奉献。

张贤达出生于江西省兴国县革命根据地的一个小村庄, 正是这块红色的土地养育了他, 使他具有淳朴善良、忠厚正直、持重务实、懂得感恩和奉献的品德。在爷爷等革命前辈的教诲下, 他从小就立下了报效祖国的志向。无论是在小时候为了求学每日独自走过横跨深壑的独木桥, 还是在生活困难的日子里, 他都不曾懈怠过学习。课本中讲述的民族英雄的伟大精神和优秀品德深深铭刻在他心中, “人生自古谁无死, 留取丹心照汗青”“鞠躬尽瘁, 死而后已” 成为他人生的座右铭。1964 年 8 月他被选拔进入军事院校学习, 六年后分配到西北某总装厂的烈性炸药生产线上工作, 他毫无怨言、任劳任怨, 而且一干就是四年之久。1978 年国家恢复研究生招生, 虽地处偏远, 缺少资料, 但他仍刻苦钻研, 不仅把工厂技术革新搞得很好, 而且考取了研究生。之后在被公派到日本留学的日子里, 他亲身感受到我国科技与世界先进水平的差距, 为使我国科学技术能早日赶超世界先进水平, 他更加如饥似渴地学习。在获得博士学位回国后, 又到美国进行博士后研究, 虽成果斐然, 但他毅然决然回来报效祖国。1992 年调入清华大学后, 他开始潜心教学和科研。

张贤达作为我国最早开展非高斯信号处理、盲信号处理和通信信号处理的学者之一, 以第一完成人荣获国家自然科学奖和省部级科技进步奖 4 项, 享受国务院政府特殊津贴。他是首批 “长江学者奖励计划” 特聘教授, 先后培养了 60 多名博士、硕士研究生, 发表 SCI 论文 120 多篇, 他引上万次。为了更好地为国家培养高水平人才和高质量地进行教学, 他在 1997 年撰写了经典的《信号处理中的线性代数》一书, 该书后被译为日文行销海外。之后, 他又陆续撰写了 9 本著作。其中,《矩阵分析与应用》被近百所大学选为教材或参考书, 成为众多工程技术人员与研究人员的案头必备工具书。

张贤达对教书育人一贯严谨负责, 每一次讲课前, 即便是讲授自己的著述, 他也会精心备课。在指导学生进行研究时, 他更是严格要求、悉心指导, 注重培养他们的创造力和探究精神, 力求学生们能够高水平地完成项目。在科研领域, 他用求真务实的思维在信号处理、通信、应用数学、人工智能等多个学科和领域不断探索、撰写专著, 贡献了毕生的精力。退休后本来可以好好休养的他仍笔耕不辍, 相继撰写了 *Matrix Analysis and Application* 和 *A Matrix Algebra Approach to Artificial Intelligence* 两本英文著作。在书中, 凭借扎实的数学功底, 他以独特的视角, 阐述了如何将深奥的矩阵理论融入前沿的工程技术应用, 如何运用基础数学方法开展科学研究、推动技术进步。不为人知的是, 人工智能英文专著写作过程的艰难。2018 年元月, 他在写作中因过度劳累住进了医院, 被诊断为心力衰竭。随后的两年多时间, 他抱病工作, 先后 4 次住院治疗, 医生和我都劝他调养身体, 暂缓写作。但他却说: “这些年人工智能技术发展迅速, 无论是理论研究人员还是工程技术人员, 都需要一本能够对这门学科的数学机理深入阐述的书籍, 我宁愿少活几年也要把自己积累的知识尽快写出来。” 可以说, 今天呈现在读者面前的这本书, 不仅凝结了他不倦科研的最新成果, 还是一名知识分子对国家科学和教育事业的无私奉献, 是他用生命为民族复兴谱写的篇章。

张贤达教授一生情系民族、心向祖国, 他淡泊名利、严谨治学, 他待人谦和宽厚、风清名正, 他的浩然正气长存。

谨以此书献给他的民族和祖国, 献给他的科学事业, 献给他不舍的三尺讲台。

唐晓英

2021 年 2 月

前 言

所谓人的智能, 是指人具有 4 种基本而重要的能力: 学习能力、认知 (获取和储存知识) 能力、推广能力和计算能力。相应地, 人工智能包括 4 个基本而重要的领域: 机器学习 (学习智能)、神经网络 (认知智能)、支持向量机 (推广智能) 和演化计算 (计算智能)。

人工智能的发展需要对待解决的问题有深入的数学理解。例如, 多元微积分就是机器学习算法处理优化问题的强有力支撑。研究人工智能的主要数学方法有矩阵代数、最优化和数理统计, 而后两者通常以矩阵的形式表达和解决。因此, 矩阵代数作为一个基本的数学工具, 在人工智能学科中具有重要的基础性意义。

本书的目的是提供坚实的矩阵代数理论基础和大量在 4 个重要的人工智能领域中的应用, 包括机器学习、神经网络、支持向量机与演化计算。

结构和内容

本书内容分为两部分。

第一部分提供矩阵代数的基础知识, 包括第 1—5 章。第 1 章介绍矩阵的基本计算和性质, 讲述矩阵的向量化和向量的矩阵化。第 2 章讲述的矩阵微分是梯度计算和优化中重要而有效的工具。第 3 章介绍凸优化的理论和方法, 重点介绍光滑和非光滑凸优化和约束凸优化中的梯度/次梯度方法。第 4 章介绍奇异值分解 (SVD) 结合 Tikhonov 正则化和总体最小二乘法求解超定矩阵方程, 然后用 Lasso 和 LARS 方法求解欠定矩阵方程。第 5 章介绍特征值分解 (EVD)、广义特征值分解、Rayleigh 商和广义 Rayleigh 商。

第二部分集中在机器学习、神经网络、支持向量机 (SVM) 和演化计算。这部分是本书的主体部分, 由以下 4 章组成。

第 6 章 (机器学习) 首先介绍机器学习的基本理论和方法, 包括单目标优化、特征选择、主成分分析和典型相关分析, 以及有监督、无监督和半监督学习和机器学习中的主动学习。然后, 介绍机器学习的主题和进展: 图机器学习、强化学习、Q 学习和转移学习。

第 7 章 (神经网络) 描述神经网络的优化、激活函数和基本神经网络, 中心内容是神经网络的主题和进展: 卷积神经网络 (CNN)、丢弃学习、自动编码器、极限学习机 (ELM)、图嵌入、网络嵌入、图域神经网络、批量规格化网络, 以及生成对抗网络 (GAN)。

第 8 章 (支持向量机) 讨论支持向量机的回归与分类, 以及相关向量机。

第 9 章 (演化计算) 主要涉及多目标优化、多目标模拟退火、多目标遗传算法、多目标进化算法、演化规划、差分演化、蚁群优化、人工蜂群算法和粒子群优化。特别地, 强调了演化计算的主题和进展: 帕累托 (Pareto) 优化理论、含噪多目标优化和基于对立的演化计算。

第一部分使用了我的另一本书的一些内容和材料 (*Matrix Analysis and Applications*, 剑桥大学出版社, 2017), 但两者在内容和目的上存在着相当大的差异。本书的内容集中在第二部分, 关于矩阵代数方法在人工智能中的应用。相比之下, 第一部分只有 200 多页的篇幅。本书还与我的另一本书《信号处理中的线性代数》(中文, 科学出版社, 1997; 日文, 森北出版社, 2008) 有关。

特点和贡献

- 第一部关于矩阵代数方法与人工智能应用的著作。
- 提出了机器学习树、神经网络树和演化计算树。
- 介绍了 4 个人工智能核心领域的实用矩阵代数理论和方法: 机器学习、神经网络、支持向量机和演化计算。
- 重点介绍机器学习、神经网络和演化计算中特定的主题和进展。
- 总结了约 80 种人工智能算法, 使读者能够进一步理解和实践相关的人工智能方法。

本书适合在人工智能、计算机科学、数学、工程等领域的教师、工程师和研究生学习和参考使用。

致谢

感谢我的 40 多名博士生和 20 多名硕士生在智能信号与信息处理, 以及模式识别方面的合作研究。

最后, 我还要感谢我的妻子唐晓英, 感谢她近 50 年来对我的工作、教学和研究给予的一贯理解和支持。

张贤达
北京, 2019 年 11 月

目 录

第 6 章 机器学习 · **1**

6.1 机器学习树 · 1

6.2 机器学习中的优化 · 3

6.2.1 单目标组合优化 · 3

6.2.2 梯度聚合法 · 6

6.2.3 坐标下降法 · 9

6.2.4 单目标优化的基准函数 · · · · · · · · · · · · · · · · · · 12

6.3 优化最小化算法 · 16

6.3.1 优化最小化算法框架 · · · · · · · · · · · · · · · · · · · 16

6.3.2 优化最小化算法举例 · · · · · · · · · · · · · · · · · · · 18

6.4 提升与概率近似正确学习 · 20

6.4.1 弱学习算法提升 · 21

6.4.2 概率近似正确学习 · 23

6.5 机器学习的基本理论 · 26

6.5.1 学习机 · 26

6.5.2 机器学习方法 · 26

6.5.3 机器学习算法的期望性能 · · · · · · · · · · · · · · · · · 28

6.6 分类与回归 · 28

6.6.1 模式识别与分类 · 29

6.6.2 回归 · 30

6.7 特征选择 · 31

6.7.1 有监督特征选择 · 32

6.7.2 无监督特征选择 · 34

6.7.3 非线性联合无监督特征选择 · · · · · · · · · · · · · · · · 36

6.8 主成分分析 · 38

6.8.1 主成分分析基础 · 38

6.8.2 次成分分析 · 39

6.8.3 主子空间分析 · 40

6.8.4 鲁棒主成分分析 · · · · · 44
6.8.5 稀疏主成分分析 · · · · · 46
6.9 监督学习回归 · · · · · 48
6.9.1 主成分回归 · · · · · 49
6.9.2 偏最小二乘回归 · · · · · 51
6.9.3 惩罚回归 · · · · · 56
6.9.4 稀疏重构中的梯度投影 · · · · · 58
6.10 监督学习分类 · · · · · 61
6.10.1 二进制线性分类器 · · · · · 61
6.10.2 多类线性分类器 · · · · · 62
6.11 监督张量学习 · · · · · 64
6.11.1 张量代数基础 · · · · · 65
6.11.2 监督张量学习问题 · · · · · 69
6.11.3 张量 Fisher 判别分析 · · · · · 71
6.11.4 张量回归学习 · · · · · 72
6.11.5 张量 K 均值聚类 · · · · · 75
6.12 无监督聚类 · · · · · 76
6.12.1 相似性测度 · · · · · 76
6.12.2 分层聚类 · · · · · 80
6.12.3 无监督聚类的 Fisher 判别分析 · · · · · 83
6.12.4 K 均值聚类 · · · · · 85
6.13 谱聚类 · · · · · 88
6.13.1 谱聚类算法 · · · · · 88
6.13.2 约束谱聚类 · · · · · 91
6.13.3 快速谱聚类 · · · · · 93
6.14 半监督学习算法 · · · · · 95
6.14.1 半监督归纳/直推学习 · · · · · 95
6.14.2 自训练 · · · · · 97
6.14.3 协同训练 · · · · · 98
6.15 典型相关分析 · · · · · 100
6.15.1 典型相关分析算法 · · · · · 100
6.15.2 核典型相关分析 · · · · · 103
6.15.3 惩罚典型相关分析 · · · · · 107
6.16 图机器学习 · · · · · 108
6.16.1 图 · · · · · 109
6.16.2 图拉普拉斯矩阵 · · · · · 112

6.16.3 图谱 · · · 113
6.16.4 图信号处理 · · · 115
6.16.5 半监督图学习: 调和函数法 · · · 119
6.16.6 半监督图学习: 最小割集法 · · · 122
6.16.7 无监督图学习: 稀疏编码法 · · · 126
6.17 主动学习 · · · 128
6.17.1 主动学习的背景 · · · 128
6.17.2 统计主动学习 · · · 129
6.17.3 主动学习算法 · · · 131
6.17.4 基于主动学习的二元线性分类器 · · · 132
6.17.5 使用极限学习机的主动学习 · · · 133
6.18 强化学习 · · · 136
6.18.1 基本概念与理论 · · · 136
6.18.2 马尔可夫决策过程 · · · 139
6.19 Q 学习 · · · 141
6.19.1 基本 Q 学习 · · · 141
6.19.2 双 Q 学习与加权双 Q 学习 · · · 143
6.19.3 在线连接 Q 学习算法 · · · 146
6.19.4 Q 体验式学习 · · · 147
6.20 迁移学习 · · · 149
6.20.1 符号与定义 · · · 149
6.20.2 迁移学习的分类 · · · 152
6.20.3 迁移学习的提升 · · · 155
6.20.4 多任务学习 · · · 157
6.20.5 特征迁移 · · · 159
6.21 域适应 · · · 161
6.21.1 特征增强法 · · · 162
6.21.2 跨域变换法 · · · 166
6.21.3 迁移成分分析法 · · · 167
本章小结 · · · 170
参考文献 · · · 170

第 7 章 神经网络 · · · 189

7.1 神经网络树 · · · 189
7.2 从现代神经网络到深度学习 · · · 191

7.3 神经网络的优化 · · · 192
7.3.1 在线优化问题 · · · 193
7.3.2 自适应梯度算法 · · · 194
7.3.3 自适应矩估计 · · · 196
7.4 激活函数 · · · 198
7.4.1 逻辑斯谛回归与 S 型函数 · · · 198
7.4.2 Softmax 回归与 softmax 函数 · · · 200
7.4.3 其他激活函数 · · · 201
7.5 反馈神经网络 · · · 204
7.5.1 常规反馈神经网络 · · · 204
7.5.2 时间反向传播 (BPTT) · · · 207
7.5.3 Jordan 网络和 Elman 网络 · · · 210
7.5.4 双向反馈神经网络 · · · 212
7.5.5 长短期记忆 (LSTM) · · · 213
7.5.6 长短期记忆的改进 · · · 216
7.6 Boltzmann 机 · · · 218
7.6.1 Hopfield 网络与 Boltzmann 机 · · · 219
7.6.2 受限 Boltzmann 机 · · · 221
7.6.3 对比散度学习 · · · 224
7.6.4 多重受限 Boltzmann 机 · · · 227
7.7 贝叶斯神经网络 · · · 229
7.7.1 朴素贝叶斯分类 · · · 229
7.7.2 贝叶斯分类理论 · · · 230
7.7.3 稀疏贝叶斯学习 · · · 231
7.8 卷积神经网络 · · · 234
7.8.1 Hankel 矩阵与卷积 · · · 235
7.8.2 池化层 · · · 240
7.8.3 卷积神经网络的激活函数 · · · 243
7.8.4 损失函数 · · · 245
7.9 丢弃学习 · · · 248
7.9.1 浅层与深层学习的丢弃学习 · · · 249
7.9.2 丢弃学习球形 K 均值聚类 · · · 251
7.9.3 丢弃学习连接 · · · 253
7.10 自动编码器 · · · 257
7.10.1 基本自动编码器 · · · 257
7.10.2 堆栈稀疏自动编码器 · · · 263

7.10.3 堆栈去噪自动编码器 · 265
7.10.4 卷积自动编码器 · 268
7.10.5 堆栈卷积去噪自动编码器 · · · · · · · · · · · · · · · · · · 268
7.10.6 非负稀疏自动编码器 · 269
7.11 极限学习机 · 271
7.11.1 具有随机隐藏节点的单隐层前馈网络 · · · · · · · · · · · · · · 271
7.11.2 回归与二元分类的极限学习机算法 · · · · · · · · · · · · · · · 274
7.11.3 多类分类的极限学习机算法 · · · · · · · · · · · · · · · · · · 277
7.12 图嵌入 · 279
7.12.1 接近度与图嵌入 · 279
7.12.2 多维标度 · 283
7.12.3 流形学习: 等距映射 · 284
7.12.4 流形学习: 局部线性嵌入 · · · · · · · · · · · · · · · · · · · 285
7.12.5 流形学习: 拉普拉斯特征映射 · · · · · · · · · · · · · · · · · 288
7.13 网络嵌入 · 291
7.13.1 结构与属性保持的网络嵌入 · · · · · · · · · · · · · · · · · · 291
7.13.2 社区保持的网络嵌入 · 292
7.13.3 高阶接近度保持的网络嵌入 · · · · · · · · · · · · · · · · · · 295
7.14 图域神经网络 · 298
7.14.1 图神经网络 · 298
7.14.2 DeepWalk 与 GraphSAGE · · · · · · · · · · · · · · · · · · · 300
7.14.3 图卷积网络 · 303
7.15 批量规格化网络 · 307
7.15.1 批量规格化 · 307
7.15.2 批量规格化的变形与扩展 · · · · · · · · · · · · · · · · · · · 310
7.16 生成对抗网络 · 315
7.16.1 生成对抗网络框架 · 315
7.16.2 双向生成对抗网络 · 318
7.16.3 变分自动编码器 · 320
本章小结 · 322
参考文献 · 322

第 8 章 支持向量机 · 335

8.1 支持向量机基本理论 · 335
8.1.1 统计学习理论 · 336
8.1.2 线性支持向量机 · 338

8.2 核回归方法 · · · 340
8.2.1 再生核与 Mercer 核 · · · 341
8.2.2 表示定理与核回归 · · · 343
8.2.3 半监督与图回归 · · · 345
8.2.4 核偏最小二乘回归 · · · 347
8.2.5 拉普拉斯支持向量机 · · · 348
8.3 支持向量机回归 · · · 349
8.3.1 支持向量机回归器 · · · 349
8.3.2 ϵ 支持向量回归 · · · 351
8.3.3 ν 支持向量机回归 · · · 353
8.4 支持向量机二元分类 · · · 355
8.4.1 支持向量机二元分类器 · · · 355
8.4.2 ν 支持向量二元分类器 · · · 358
8.4.3 最小二乘支持向量机二元分类器 · · · 359
8.4.4 近似支持向量机二元分类器 · · · 360
8.4.5 支持向量机递推特征消除 · · · 362
8.5 支持向量机多类分类 · · · 364
8.5.1 多类分类的分解方法 · · · 364
8.5.2 最小二乘支持向量机多类分类器 · · · 367
8.5.3 近似支持向量机多类分类器 · · · 369
8.6 回归与分类的高斯过程 · · · 370
8.6.1 联合概率、边缘概率与条件概率 · · · 371
8.6.2 高斯过程 · · · 371
8.6.3 高斯过程回归 · · · 372
8.6.4 高斯过程分类 · · · 375
8.7 相关向量机 · · · 376
8.7.1 稀疏贝叶斯回归 · · · 376
8.7.2 稀疏贝叶斯分类 · · · 380
8.7.3 快速边缘似然最大化 · · · 380
本章小结 · · · 384
参考文献 · · · 384

第 9 章 演化计算 · · · 387

9.1 演化计算树 · · · 387
9.2 多目标优化 · · · 389
9.2.1 多目标组合优化 · · · 389

9.2.2 多目标优化问题 · 391
9.3 帕累托优化理论 · 395
9.3.1 帕累托概念 · 395
9.3.2 适应度选择法 · 400
9.3.3 非支配排序法 · 402
9.3.4 拥挤距离分配法 · 404
9.3.5 分层聚类法 · 405
9.3.6 多目标优化的基准函数 · 405
9.4 含噪多目标优化 · 408
9.4.1 含噪多目标优化的帕累托概念 · · · · · · · · · · · · · · · · · · · 408
9.4.2 逼近集合的性能测度 · 412
9.5 多目标模拟退火 · 413
9.5.1 模拟退火原理 · 413
9.5.2 多目标模拟退火算法 · 416
9.5.3 存档多目标模拟退火 · 419
9.6 遗传算法 · 422
9.6.1 基本遗传算法运算 · 422
9.6.2 具有基因重排的遗传算法 · 425
9.7 非支配多目标遗传算法 · 429
9.7.1 适应度函数 · 429
9.7.2 适应度选择 · 430
9.7.3 非支配排序遗传算法 · 431
9.7.4 精英非支配排序遗传算法 · 433
9.8 进化算法 · 435
9.8.1 $(1+1)$ 进化算法 · 435
9.8.2 进化算法的理论分析 · 436
9.9 多目标进化算法 · 437
9.9.1 求解多目标优化问题的经典方法 · · · · · · · · · · · · · · · · · · · 437
9.9.2 基于分解的多目标进化算法 · 439
9.9.3 增强帕累托进化算法 · 443
9.9.4 成就标量化函数 · 448
9.10 演化规划 · 450
9.10.1 经典演化规划 · 450
9.10.2 快速演化规划 · 451
9.10.3 混合演化规划 · 453

9.11 差分演化 · · · · · 454
9.11.1 经典差分演化 · · · · · 454
9.11.2 差分演化的变形 · · · · · 456
9.12 蚁群优化 · · · · · 458
9.12.1 真实蚂蚁与人工蚂蚁 · · · · · 459
9.12.2 典型蚁群优化问题 · · · · · 461
9.12.3 蚂蚁系统与蚁群系统 · · · · · 462
9.13 多目标人工蜂群算法 · · · · · 465
9.13.1 人工蜂群算法 · · · · · 465
9.13.2 人工蜂群算法的变形 · · · · · 467
9.14 粒子群优化 · · · · · 468
9.14.1 基本概念 · · · · · 468
9.14.2 典型粒子群 · · · · · 469
9.14.3 遗传学习粒子群优化 · · · · · 471
9.14.4 特征选择的粒子群优化 · · · · · 473
9.15 基于对立的演化计算 · · · · · 475
9.15.1 对立学习 · · · · · 475
9.15.2 基于对立的差分演化 · · · · · 477
9.15.3 对立学习的两种变形 · · · · · 478
本章小结 · · · · · 481
参考文献 · · · · · 481

索引 · · · · · 493

后记 · · · · · 529

符号列表

$\forall$	对所有
$\mid$	使得
$\ni$	包含
$\exists$	存在
$\nexists$	不存在
$\wedge$	合取, 逻辑与
$\vee$	析取, 逻辑或
$\lvert A\rvert$	集合 A 的基数
$A \Rightarrow B$	推断, “B 是 A 的结果” 或 “A 意味着 B”
$A \subseteq B$	A 是 B 的子集
$A \subset B$	A 是 B 的真子集
$A = B$	集合 $A = B$
$A \cup B$	A 与 B 的并集
$A \cap B$	A 与 B 的交集
$A \cap B = \varnothing$	集合 A 与 B 是不相交的
$A + B$	集合 A 与 B 的并集
$A - B$	A 中不在 B 中的元素集合
$X \setminus A$	集合 X 中集合 A 的补集
$A \succ B$	集合 A 支配集合 B: 若对所有目标函数 $\mathbf{f}(\mathbf{x}_2) \in B$ 都至少有一个 $\mathbf{f}(\mathbf{x}_1) \in A$ 使得 $\mathbf{f}(\mathbf{x}_1) <_{IN} \mathbf{f}(\mathbf{x}_2)$ (对于最小化问题) 或 $\mathbf{f}(\mathbf{x}_1) >_{IN} \mathbf{f}(\mathbf{x}_2)$ (对于最大化问题)
$A \succeq B$	集合 A 弱支配集合 B: 若对所有目标函数 $\mathbf{f}(\mathbf{x}_2) \in B$ 都至少有一个 $\mathbf{f}(\mathbf{x}_1) \in A$ 使得 $\mathbf{f}(\mathbf{x}_1) \leqslant_{IN} \mathbf{f}(\mathbf{x}_2)$ (对于最小化问题) 或 $\mathbf{f}(\mathbf{x}_1) \geqslant_{IN} \mathbf{f}(\mathbf{x}_2)$ (对于最大化问题)
$A \succ\succ B$	集合 A 强支配集合 B: 若对所有目标函数 $\mathbf{f}(\mathbf{x}_2) \in B$ 都至少有一个 $\mathbf{f}(\mathbf{x}_1) \in A$ 使得 $f_i(\mathbf{x}_1) <_{IN} f_i(\mathbf{x}_2), \forall i = \{1, \cdots, m\}$ (对于最小化) 或 $f_i(\mathbf{x}_1) >_{IN} f_i(\mathbf{x}_2)$, $\forall i = \{1, \cdots, m\}$ (对于最大化问题)
$A \parallel B$	集合 A 与集合 B 不可比较: 既不 $A \succeq B$ 也不 $B \succeq A$
$A \triangleright B$	集合 A 优于集合 B: 若对所有目标函数 $\mathbf{f}(\mathbf{x}_2) \in B$ 至少被一个 $\mathbf{f}(\mathbf{x}_1) \in A$ 支配，并且 $A \neq B$
$\mathrm{AGG}_{\mathrm{mean}}(z)$	z 的平均聚合函数
$\mathrm{AGG}_{\mathrm{LSTM}}(z)$	z 的 LSTM 平均聚合函数

$\mathrm{AGG}_{\mathrm{pool}}(z)$	z 的池化聚合函数
$\mathbb{C}$	复数
$\mathbb{C}^n$	复 n 向量
$\mathbb{C}^{m\times n}$	复 $m\times n$ 矩阵
$\mathbb{C}[x]$	复多项式
$\mathbb{C}[x]^{m\times n}$	复 $m\times n$ 多项式矩阵
$\mathbb{C}^{I\times J\times K}$	复三阶张量
$\mathbb{C}^{I_1\times\cdots\times I_N}$	复 N 阶张量
$\mathbb{K}$	实数或复数
$\mathbb{K}^n$	实或复 n 阶向量
$\mathbb{K}^{m\times n}$	实或复 $m\times n$ 矩阵
$\mathbb{K}^{I\times J\times K}$	实或复三阶张量
$\mathbb{K}^{I_1\times\cdots\times I_N}$	实或复 N 阶张量
$G(V,E,\mathbf{W})$	具有顶点集 V，边集 E 和邻接矩阵 $\mathbf{W}$ 的图
$\mathcal{N}(v)$	顶点（节点） v 的邻域
$\mathrm{PReLU}(z)$	参数校正线性单位激活函数
$\mathrm{ReLU}(z)$	校正线性单位激活函数
$\mathbb{R}$	实数
$\mathbb{R}^n$	实 n 阶向量
$\mathbb{R}^{m\times n}$	实 $m\times n$ 矩阵
$\mathbb{R}[x]$	实数多项式
$\mathbb{R}[x]^{m\times n}$	实 $m\times n$ 多项式矩阵
$\mathbb{R}^{I\times J\times K}$	实三阶张量
$\mathbb{R}^{I_1\times\cdots\times I_N}$	实 N 阶张量
$\mathbb{R}_+$	非负实数，非负象限
$\mathbb{R}_{++}$	正实数
$\sigma(z)$	z 的 sigmoid 激活函数
$\mathrm{softmax}(z)$	z 的 softmax 激活函数
$\mathrm{softplus}(z)$	z 的 softplus 激活函数
$\mathrm{softsign}(z)$	z 的 softsign 激活函数
$\tanh(z)$	z 的双曲正切 (tanh) 激活函数
$T:V\to W$	将 V 中的向量映射到 W 中的对应向量
$T^{-1}:W\to V$	一对一映射 $T:V\to W$ 的逆映射
$X_1\times\cdots\times X_n$	n 个集 $X_1,\cdots,X_n$ 的笛卡儿积
$\{(\mathbf{x}_i,y_i=+1)\}$	属于类别 (+) 的训练数据向量 $\mathbf{x}_i$ 的集合
$\{(\mathbf{x}_i,y_i=-1)\}$	属于类别 (−) 的训练数据向量 $\mathbf{x}_i$ 的集合
$\mathbf{1}_n$	n 维求和向量，所有项为 1
$\mathbf{0}_n$	n 维零向量
$\mathbf{e}_i$	第 i 项等于 1，其他项为零的基向量
$\mathbf{x}\sim N(\bar{\mathbf{x}},\mathbf{\Gamma}_x)$	具有均值向量 $\bar{\mathbf{x}}$ 和协方差矩阵 $\mathbf{\Gamma}_x$ 的高斯向量

$\|\mathbf{x}\|_0$　向量 $\mathbf{x}$ 的 ℓ_0 范数: 向量的非零项数

$\|\mathbf{x}\|_1$　向量 $\mathbf{x}$ 的 ℓ_1 范数

$\|\mathbf{x}\|_2$　向量 $\mathbf{x}$ 的欧氏范数

$\|\mathbf{x}\|_p$　向量 $\mathbf{x}$ 的 ℓ_p 范数

$\|\mathbf{x}\|_*$　向量 $\mathbf{x}$ 的核范数

$\|\mathbf{x}\|_\infty$　向量 $\mathbf{x}$ 的 ℓ_∞ 范数

$\langle\mathbf{x},\mathbf{y}\rangle$　向量 $\mathbf{x}$ 和 $\mathbf{y}$ 的内积

$d(\mathbf{x},\mathbf{y})$　向量 $\mathbf{x}$ 和 $\mathbf{y}$ 之间的距离或相异性

$N_\epsilon(\mathbf{x})$　$\mathbf{x}$ 向量的 ϵ 邻域

$\rho(\mathbf{x},\mathbf{y})$　两个随机向量 $\mathbf{x}$ 和 $\mathbf{y}$ 之间的相关系数

$\mathbf{x}\in A$　$\mathbf{x}$ 属于集合 A, 即 $\mathbf{x}$ 是集合 A 的元素

$\mathbf{x}\notin A$　$\mathbf{x}$ 不是集合 A 的元素

$\mathbf{x}\circ\mathbf{y}=\mathbf{x}\mathbf{y}^{\mathrm{H}}$　向量 $\mathbf{x}$ 和 $\mathbf{y}$ 的外积

$\mathbf{x}\perp\mathbf{y}$　向量正交

$\mathbf{x}>0$　正向量，所有项 $x_i>0,\forall i$

$\mathbf{x}\geqslant 0$　非负向量，所有项 $x_i\geqslant 0,\forall i$

$\mathbf{x}\geqslant\mathbf{y}$　向量元素不等式 $x_i\geqslant y_i,\forall i$

$\mathbf{x}\succ\mathbf{x}'$　$\mathbf{x}$ 支配（或优于）$\mathbf{x}'$: $\mathbf{f}(\mathbf{x})<\mathbf{f}(\mathbf{x}')$ 对于最小化问题

$\mathbf{x}\succ\mathbf{x}'$　$\mathbf{x}$ 支配（或优于）$\mathbf{x}'$: $\mathbf{f}(\mathbf{x})>\mathbf{f}(\mathbf{x}')$ 对于最大化问题

$\mathbf{x}\succeq\mathbf{x}'$　$\mathbf{x}$ 弱支配（或优于）$\mathbf{x}'$: $\mathbf{f}(\mathbf{x})\leqslant\mathbf{f}(\mathbf{x}')$ 对于最小化问题

$\mathbf{x}\succeq\mathbf{x}'$　$\mathbf{x}$ 弱支配（或优于）$\mathbf{x}'$: $\mathbf{f}(\mathbf{x})\geqslant\mathbf{f}(\mathbf{x}')$ 对于最大化问题

$\mathbf{x}\succ\succ\mathbf{x}'$　$\mathbf{x}$ 强支配（或优于）$\mathbf{x}'$: $f_i(\mathbf{x})<f_i(\mathbf{x}'),\forall i$ 对于最小化问题

$\mathbf{x}\succ\succ\mathbf{x}'$　$\mathbf{x}$ 强支配（或优于）$\mathbf{x}'$: $f_i(\mathbf{x})>f_i(\mathbf{x}'),\forall i$ 对于最大化问题

$\mathbf{x}\parallel\mathbf{x}'$　$\mathbf{x}$ 和 $\mathbf{x}'$ 无法比较, 即, $\mathbf{x}\not\succeq\mathbf{x}'\wedge\mathbf{x}'\not\succeq\mathbf{x}$

$\mathbf{f}(\mathbf{x})=\mathbf{f}(\mathbf{x}')$　$f_i(\mathbf{x})=f_i(\mathbf{x}'),\ \forall i=1,\cdots,m$

$\mathbf{f}(\mathbf{x})\neq\mathbf{f}(\mathbf{x}')$　$f_i(\mathbf{x})\neq f_i(\mathbf{x}')$, 至少存在一个 $i\in\{1,\cdots,m\}$

$\mathbf{f}(\mathbf{x})\leqslant\mathbf{f}(\mathbf{x}')$　$f_i(\mathbf{x})\leqslant f_i(\mathbf{x}'),\ \forall i=1,\cdots,m$

$\mathbf{f}(\mathbf{x})<\mathbf{f}(\mathbf{x}')$　$\forall i=1,\cdots,m: f_i(\mathbf{x})\leqslant f_i(\mathbf{x}')\ \wedge\exists j\in\{1,\cdots,m\}: f_j(\mathbf{x})<f_j(\mathbf{x}')$

$\mathbf{f}(\mathbf{x})\geqslant\mathbf{f}(\mathbf{x}')$　$f_i(\mathbf{x})\geqslant f_i(\mathbf{x}'),\ \forall i=1,\cdots,m$

$\mathbf{f}(\mathbf{x})>\mathbf{f}(\mathbf{x}')$　$\forall i=1,\cdots,m: f_i(\mathbf{x})\geqslant f_i(\mathbf{x}')\ \wedge\exists j\in\{1,\cdots,m\}: f_j(\mathbf{x})>f_j(\mathbf{x}')$

$\mathbf{f}(\mathbf{x}_1)<_{IN}\mathbf{f}(\mathbf{x}_2)$　区间排序关系: $\forall i=1,\cdots,m:\underline{f}_i(\mathbf{x}_1)\leqslant\underline{f}_i(\mathbf{x}_2)\wedge\overline{f}_i(\mathbf{x}_1)\leqslant\overline{f}_i(\mathbf{x}_2)\wedge\exists j\in\{1,\cdots,m\}:\underline{f}_j(\mathbf{x}_1)\neq\underline{f}_j(\mathbf{x}_2)\vee\overline{f}_j(\mathbf{x}_1)\neq\overline{f}_j(\mathbf{x}_2)$

$\mathbf{f}(\mathbf{x}_1)>_{IN}\mathbf{f}(\mathbf{x}_2)$　区间排序关系: $\forall i=1,\cdots,m:\underline{f}_i(\mathbf{x}_1)\geqslant\underline{f}_i(\mathbf{x}_2)\wedge\overline{f}_i(\mathbf{x}_1)\geqslant\overline{f}_i(\mathbf{x}_2)\wedge\exists j\in\{1,\cdots,m\}:\underline{f}_j(\mathbf{x}_1)\neq\underline{f}_j(\mathbf{x}_2)\vee\overline{f}_j(\mathbf{x}_1)\neq\overline{f}_j(\mathbf{x}_2)$

$\mathbf{f}(\mathbf{x}_1)\leqslant_{IN}\mathbf{f}(\mathbf{x}_2)$　弱区间排序关系: $\forall i\in\{1,\cdots,m\}:\underline{f}_i(\mathbf{x}_1)\leqslant\underline{f}_i(\mathbf{x}_2)\wedge\overline{f}_i(\mathbf{x}_1)\leqslant\overline{f}_i(\mathbf{x}_2)$

$\mathbf{f}(\mathbf{x}_1) \geqslant_{IN} \mathbf{f}(\mathbf{x}_2)$	弱区间排序关系: $\forall i \in \{1, \cdots, m\} : \underline{f}_i(\mathbf{x}_1) \geqslant \underline{f}_i(\mathbf{x}_2) \wedge \overline{f}_i(\mathbf{x}_1) \geqslant \overline{f}_i(\mathbf{x}_2)$
$\mathbf{A}^{\mathrm{T}}$	$\mathbf{A}$ 的转置矩阵
$\mathbf{A}^{\mathrm{H}}$	$\mathbf{A}$ 的复共轭转置矩阵
$\mathbf{A}^{-1}$	非奇异矩阵 $\mathbf{A}$ 的逆
$\mathbf{A}^{\dagger}$	矩阵 $\mathbf{A}$ 的 Moore-Penrose 逆
$\mathbf{A}^{*}$	矩阵 $\mathbf{A}$ 的共轭矩阵
$\mathbf{A} \succ 0$	正定矩阵
$\mathbf{A} \succeq 0$	正半定矩阵
$\mathbf{A} \prec 0$	负定矩阵
$\mathbf{A} \preceq 0$	负半定矩阵
$\mathbf{A} > 0$	正（或元素正）矩阵
$\mathbf{A} \geqslant 0$	非负（或元素非负）矩阵
$\mathbf{A} \geqslant \mathbf{B}$	矩阵元素不等式 $a_{ij} \geqslant b_{ij}, \forall i, j$
$\mathbf{I}_n$	$n \times n$ 单位矩阵
$\mathbf{O}_n$	$n \times n$ 零矩阵
$\|\mathbf{A}\|$	矩阵 $\mathbf{A}$ 的行列式
$\\|\mathbf{A}\\|_1$	矩阵 $\mathbf{A}$ 的最大绝对列和范数
$\\|\mathbf{A}\\|_2 = \\|\mathbf{A}\\|_{\mathrm{spec}}$	矩阵 $\mathbf{A}$ 的谱范数
$\\|\mathbf{A}\\|_F$	矩阵 $\mathbf{A}$ 的 Frobenius 范数
$\\|\mathbf{A}\\|_\infty$	最大标准值: $\mathbf{A}$ 的所有项的最大绝对值
$\\|\mathbf{A}\\|_{\mathbf{G}}$	矩阵 $\mathbf{A}$ 的 Mahalanobis 范数
$\\|\mathbf{A}\\|_*$	矩阵 $\mathbf{A}$ 的核范数，也称为迹范数
$\mathbf{A} \oplus \mathbf{B}$	$m \times m$ 矩阵 $\mathbf{A}$ 和 $n \times n$ 矩阵 $\mathbf{B}$ 的直和
$\mathbf{A} \odot \mathbf{B}$	矩阵 $\mathbf{A}$ 和 $\mathbf{B}$ 的 Hadamard 积（或元素形式积）
$\mathbf{A} \oslash \mathbf{B}$	矩阵 $\mathbf{A}$ 和 $\mathbf{B}$ 的元素商
$\mathbf{A} \otimes \mathbf{B}$	矩阵 $\mathbf{A}$ 和 $\mathbf{B}$ 的 Kronecker 积
$\langle \mathbf{A}, \mathbf{B} \rangle$	矩阵 $\mathbf{A}$ 和 $\mathbf{B}$ 的内积: $\langle \mathbf{A}, \mathbf{B} \rangle = \langle \mathrm{vec}(\mathbf{A}), \mathrm{vec}(\mathbf{B}) \rangle$
$\rho(\mathbf{A})$	矩阵 $\mathbf{A}$ 的谱半径
$\mathrm{cond}(\mathbf{A})$	矩阵 $\mathbf{A}$ 的条件数
$\mathrm{diag}(\mathbf{A})$	矩阵 $\mathbf{A} = [a_{ij}]$ 的对角函数: $\sum_{i=1}^{n} \|a_{ii}\|^2$
$\mathbf{Diag}(\mathbf{A})$	由 $\mathbf{A}$ 的对角线项组成的对角矩阵
$\mathrm{eig}(\mathbf{A})$	Hermite 矩阵 $\mathbf{A}$ 的特征值
$\mathrm{Gr}(n, r)$	格拉斯曼流形
$\mathrm{rvec}(\mathbf{A})$	矩阵 $\mathbf{A}$ 的列向量化
$\mathrm{off}(\mathbf{A})$	矩阵 $\mathbf{A} = [a_{ij}]$ 的非对角函数: $\sum_{i=1, i \neq j}^{m} \sum_{j=1}^{n} \|a_{ij}\|^2$
$\mathrm{tr}(\mathbf{A})$	矩阵 $\mathbf{A}$ 的迹
$\mathrm{vec}(\mathbf{A})$	矩阵 $\mathbf{A}$ 的向量化

第 6 章 [223]

机器学习

机器学习是一种学习智能。本章首先介绍机器学习树, 然后聚焦机器学习中的矩阵代数方法: 单目标优化、特征选择、主成分分析、典型相关分析, 以及有监督学习、无监督学习、半监督学习和主动学习。更重要的是, 本章将重点介绍机器学习的一些特定主题与进展: 图机器学习、强化学习、Q 学习和迁移学习。

6.1 机器学习树

机器学习是一种具有数据学习功能的人工智能, 它基于一个被称为"训练数据"的样本数据模型, 以便在没有明确编程任务的情况下进行预测或决策。关于学习, Mitchell [181] 给出了如下定义:

> 计算机编程是针对某类任务 T 和性能测度 P 从经验 E 中学习, 如果其对于任务 T 在 P 测度下的性能表现随着经验 E 而得到改善。

在机器学习、神经网络、支持向量机与演化计算中, 通常会有一个训练集和一个试验集。训练集即机器学习样本的标记集与未标记集的并集。相比之下, 试验集则是由此前从未观测到的样本组成。

令 $(X_l, Y_l) = \{(\mathbf{x}_1, y_1), \cdots, (\mathbf{x}_l, y_l)\}$ 代表标记集, 其中 $\mathbf{x}_i \in \mathbb{R}^D$ 为第 i 个 D 维数据向量, $y_i \in \mathbb{R}$ 或者 $y_i \in \{1, \cdots, M\}$ 则是数据向量 $\mathbf{x}_i$ 的相应标签。在回归问题中, y_i 为 $\mathbf{x}_i$ 的回归值或拟合值。在分类问题中, y_i 则是 $\mathbf{x}_i$ 在 M 个目标类中的相应类型标签。标记的数据 $\mathbf{x}_i, i = 1, \cdots, l$ 由用户观测, 而 $y_i, i = 1, \cdots, l$ 则由数据标记专家或监督者标注。未标记集由数据向量组成, 记作 $X_u = \{\mathbf{x}_1, \cdots, \mathbf{x}_u\}$。 [224]

机器学习的目的是通过学习训练集, 建立回归器或者分类器, 然后通过试验集评估回归或分类的性能。

根据训练集的性质, 可以对机器学习进行如下分类。

1. 规则数据或欧几里得结构化数据的学习

- 监督学习: 给定一组由标记数据 (即样本输入和它们的期望输出) 组成的标记集 $(X_{\text{train}}, Y_{\text{train}}) = \{(\mathbf{x}_1, y_1), \cdots, (\mathbf{x}_l, y_l)\}$, 监督学习学习将输入映

射为输出的一般规律。这就像一个“老师”或监督者 (数据标记专家) 给学生一个问题 (找到输入与输出之间的映射关系) 及其解决方案 (已标记的输出数据), 并告诉学生将来要想解决其他问题, 他或她就必须学会如何求出从看不见的样本的特征到其正确标签或者目标值的映射关系。

- 无监督学习: 在无监督学习中, 训练集仅由未标记集 $X_{\text{train}} = X_u = \{\mathbf{x}_1, \cdots, \mathbf{x}_u\}$ 组成。机器学习的目的是求出数据本身的解 (即, 未标记数据中的模式、结构或知识)。这好似在无人指导的情况下, 给学生一组模式, 要求他或者她找出产生这些模式的潜在机理。
- 半监督学习: 给出一个训练集 $(X_{\text{train}}, Y_{\text{train}}) = \{(\mathbf{x}_1, y_1), \cdots, (\mathbf{x}_l, y_l)\} \cup \{\mathbf{x}_{l+1}, \cdots, \mathbf{x}_{l+u}\}$, 其中 $l \ll u$, 即我们已知少量的标记数据与大量的未标记数据。半监督学习介于无监督学习 (没有任何标记训练数据) 与监督学习 (具有已标记的训练数据) 之间根据数据是如何标记的, 半监督学习可以分为以下类型:
  - ◇ 自学习是利用其本身的预测教会自己的一种半监督学习。
  - ◇ 协同训练是一种使用协同训练集, 对多视图数据的弱半监督学习。这种学习使用多视图数据自身的预测教会多视图用户自己。
  - ◇ 主动学习是一种半监督学习, 学习者在决定将哪些数据交由专家或监督者标记时, 具有某种主动性或者参与作用。
- 强化学习: 训练数据 (以奖励或惩罚的形式) 仅给人工智能代理提供动态环境的某种反馈。训练系统与交互体验之间的这种反馈有助于提高所学任务的性能。基于数据反馈的机器学习称为强化学习。Q 学习是一种流行的无模型强化学习, 它学习奖惩函数 (动作值函数, 简称 Q 函数)。

[225] • 迁移学习: 在许多实际应用中, 数据分布是变化的或者数据已经过时, 因此有必要应用迁移学习考虑从源域到目标域的知识迁移。迁移学习包括但不限于归纳式迁移学习、直推式迁移学习、无监督迁移学习、多任务学习、自学式迁移学习、域适应与特征迁移。

2. 图机器学习

图机器学习是一种不规则的或非欧几里得结构化的数据学习, 以半监督学习或无监督学习方式, 从训练样本中学习图的结构, 也称图形构造。

上述机器学习的分类可以利用机器学习树形象地表示, 如图 6.1 所示。之所以称为机器学习树, 是因为将图 6.1 逆时针旋转 90° 之后, 它宛如一棵树。

机器学习有两种基本任务: 分类 (对离散数据) 与预测 (对连续数据)。

深度学习是学习样本数据的内部规律和表现水平。在学习过程中获得的不同层次级别的信息对于数据 (如文本、图像与语音) 的解释是非常有帮助的。深度学习是一种复杂的机器学习算法, 它在语音与图像识别中, 能够得到比以前的相关技术好得多的结果。

限于篇幅, 本章将不讨论深度学习, 只重点介绍监督学习、无监督学习、半监督学习、强化学习和迁移学习。

在详细讨论机器学习之前, 有必要先从机器学习的准备知识开始: 机器学习

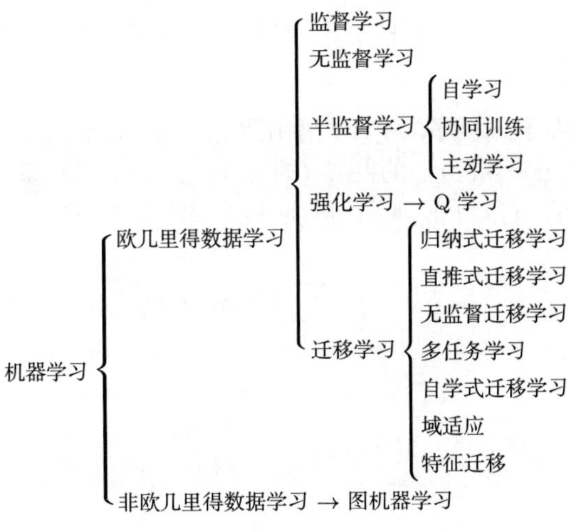

图 6.1　机器学习树

的优化问题, 优化最小化 (majorization-minimization) 算法, 以及如何将弱学习算法提升为强学习算法。

6.2　机器学习中的优化 [226]

机器学习的两大支柱是矩阵代数和优化。矩阵代数涉及当前可用数据的矩阵 – 向量表示和建模, 而优化涉及对未知数据进行决策的系统参数的数值计算。

优化问题广泛存在于机器学习中。关于机器学习中的优化, 自然而然会提出下面的重要问题 [31]:

① 机器学习应用中的优化问题是如何产生的, 是什么使它们具有挑战性?

② 大规模机器学习最成功的优化方法是什么, 为什么?

③ 优化算法的设计取得了哪些进展? 该研究领域的开放性问题是什么?

本节主要讨论大规模机器学习最成功的优化算法, 涉及大的数据集, 并且待优化的模型参数的数目也很大。

6.2.1　单目标组合优化

在监督机器学习中, 假定有数据集合 $\{(\mathbf{x}_1, y_1), \cdots, (\mathbf{x}_N, y_N)\}$, 其中 $\mathbf{x}_i \in \mathbb{R}^d, i \in \{1, \cdots, N\}$ 表示目标的第 i 个特征向量, 而标量 y_i 为标签, 显示一个对应的特征向量是否属于一个特定的类 (即感兴趣的话题): $y_i = 1$ 表示属于, $y_i = -1$ 表示不属于。

利用一组数据例 $\{(\mathbf{x}_i, y_i)\}_{i=1}^N$, 定义相对于第 i 个样本的预测函数为

$$h(\mathbf{w}; \mathbf{x}_i) = \mathbf{w} \cdot \mathbf{x}_i = \langle \mathbf{w}, \mathbf{x}_i \rangle = \mathbf{w}^{\mathrm{T}} \mathbf{x}_i \tag{6.2.1}$$

式中, 预测器 $\mathbf{w}=[w_1,\cdots,w_d]^{\mathrm{T}}\in\mathbb{R}^d$ 是机器学习模型的 d 维参数向量, 它应该具有很好的“泛化能力”。

构造一个机器学习程序, 其中预测函数 $\hat{y}_i=h(\mathbf{w};\mathbf{x}_i)$ 的性能通过计算程序预测 $h(\mathbf{w};\mathbf{x}_i)$ 与正确预测 y_i 的差异 (即 $\hat{y}_i\neq y_i$) 频率来衡量。因此, 我们需要搜索一个预测函数, 它能够使观测到的预测失误 (称为经验风险) 最小化

$$R_n(h)=\frac{1}{N}\sum_{i=1}^{N}\mathbb{1}[h(\mathbf{w};\mathbf{x}_i)\neq y_i] \tag{6.2.2}$$

式中

[227]

$$\mathbb{1}[A]=\begin{cases}1, & A\ \text{为真}\\ 0, & \text{其他}\end{cases} \tag{6.2.3}$$

机器学习中的优化目标是设计一个分类器或预测器 $\mathbf{w}$, 使得 $\hat{y}=\langle\mathbf{w},\mathbf{x}\rangle$ 对任何未知的输入向量 $\mathbf{x}$ 可以提供正确的分类或预测。机器学习中的目标函数 $f(\mathbf{w};\mathbf{x})$ 可以表示为下面的常用形式

$$f(\mathbf{w};\mathbf{x})=l(\mathbf{w};\mathbf{x})+h(\mathbf{w};\mathbf{x}) \tag{6.2.4}$$

式中, $l(\mathbf{w};\mathbf{x})$ 为损失函数, $h(\mathbf{w};\mathbf{x})$ 为预测函数。

以这种方式, 给定的 $\mathbf{w}$ 的预期风险是损失函数 $l(\mathbf{w};\mathbf{x})$ 的预期值, 该值与 $\mathbf{x}$ 的分布有关, 如下所示[31]

$$\text{(期望风险)}\qquad R(\mathbf{w})=E\{l(\mathbf{w};\mathbf{x})\} \tag{6.2.5}$$

及

$$\text{(经验风险)}\qquad R_n(\mathbf{w})=\frac{1}{N}\sum_{i=1}^{N}l_i(\mathbf{w}) \tag{6.2.6}$$

式中 $l_i(\mathbf{w})=l(\mathbf{w};\mathbf{x}_i)$。

如果我们只是试图最小化经验风险, 那么这种方法可以被称为经验风险最小化 (ERM)。然而, 经验风险通常会因估计误差而低估真实/预期风险, 因此我们在复合函数中加入正则化项 $h(w;x)$。

对应的预测误差由式 (6.2.7) 给出

$$e_i(\mathbf{w})=e(\mathbf{w};\mathbf{x}_i,y_i)=\mathbf{w}^{\mathrm{T}}\mathbf{x}_i-y_i \tag{6.2.7}$$

于是, 我们可以将经验风险写为所有 N 个样本 $\{(\mathbf{x}_i,y_i)\}_{i=1}^N$ 的预测误差的平均值

$$\text{(经验风险)}\qquad R_{\text{emp}}(\mathbf{w})=\frac{1}{N}\sum_{i=1}^{N}e_i(\mathbf{w}) \tag{6.2.8}$$

[228] 预测向量 $\mathbf{w}$ 引起的损失函数可以表示为

$$l(\mathbf{w})=\frac{1}{2N}\sum_{i=1}^{N}|e_i(\mathbf{w})|^2=\frac{1}{2N}\sum_{i=1}^{N}(\mathbf{w}^{\mathrm{T}}\mathbf{x}_i-y_i)^2 \tag{6.2.9}$$

上述机器学习任务, 例如分类和预测, 可以表示为求解“组合优化”问题

$$\min_{\mathbf{w}}\left\{f(\mathbf{w})=l(\mathbf{w})+h(\mathbf{w})=\frac{1}{2N}\sum_{i=1}^{N}\left(\mathbf{w}^{\mathrm{T}}\mathbf{x}_i-y_i\right)^2+h(\mathbf{w})\right\} \tag{6.2.10}$$

式中, 目标函数 $f(\mathbf{x})$ 由 N 个分量损失函数 $f_i(\mathbf{w})=|e_i(\mathbf{w})|^2=(\mathbf{w}^{\mathrm{T}}\mathbf{x}_i-y_i)^2$ 与可能非平滑的正则化函数 $h(\mathbf{w})$ 之和组成。通常假定, 每个分量损失函数 $f(\mathbf{w};\mathbf{x}_i):\mathbb{R}^d\times\mathbb{R}^d\to\mathbb{R}$ 是连续可微分的, 并且 N 个分量损失函数之和 $f(\mathbf{x})$ 为强凸函数, 而正则化函数 $h:\mathbb{R}^d\to\mathbb{R}$ 则是适当的、闭合的和凸的函数, 但不一定可微分, 它用于抑制过拟合。

组合优化任务广泛存在于各种人工智能应用中, 例如, 图像识别、语音识别、任务分配、文本分类与处理等。

为了简化符号, 记 $\mathbf{g}_j(\mathbf{w}_k)=\mathbf{g}(\mathbf{w}_k;\mathbf{x}_j,y_j)$ 和 $f_j(\mathbf{w}_k)=f(\mathbf{w}_k;\mathbf{x}_j,y_j)$。机器学习的优化方法可分为两大类[31]:

- 随机方法: 典型的随机方法为随机梯度 (SG) 法[214], 定义为

$$\mathbf{w}_{k+1}\leftarrow\mathbf{w}_k-\alpha_k\nabla f_{i_k}(\mathbf{w}_k) \tag{6.2.11}$$

  式中, $k\in\{1,2,\cdots\}$, 标号 i_k 对应样本对 $(\mathbf{x}_{i_k},y_{i_k})$, 从 $\{1,\cdots,N\}$ 中随机选取, 而 α_k 为正的步长。这一方法的每一步迭代只涉及与一个样本对应的梯度 $\nabla f_{i_k}(\mathbf{w}_k)$ 的计算。

- 批处理法: 批处理法最简单的形式为最陡下降算法

$$\mathbf{w}_{k+1}\leftarrow\mathbf{w}_k-\alpha_k\nabla R_n(\mathbf{w}_k)=\mathbf{w}_k-\frac{\alpha_k}{N}\sum_{i=1}^{N}\nabla f_i(\mathbf{w}_k) \tag{6.2.12}$$

  最陡下降算法也称梯度法、批梯度法或全梯度法。

梯度算法通常表示为 [229]

$$\mathbf{w}_{k+1}=\mathbf{w}_k-\alpha_k\mathbf{g}(\mathbf{w}_k) \tag{6.2.13}$$

传统的梯度法对于求解小规模学习问题是有效的, 但在大规模机器学习的范畴内, 感兴趣的核心方法之一是 Robbins 与 Monro 的随机梯度法[214]

$$\mathbf{g}(\mathbf{w}_k)\leftarrow\frac{1}{|S_k|}\sum_{i\in S_k}\nabla f_i(\mathbf{w}_k) \tag{6.2.14}$$

$$\mathbf{w}_{k+1}\leftarrow\mathbf{w}_k-\alpha_k\mathbf{g}(\mathbf{w}_k) \tag{6.2.15}$$

式中, $k\in\{1,2,\cdots\}$, $S_k\subseteq\{1,\cdots,N\}$ 为样本对 $(\mathbf{x}_i,y_i)$ 的一个很小的子集, 它从 $\{1,\cdots,N\}$ 随机选取。此外, α_k 是一个正的步长。

算法 6.1 示出的是一种广义随机梯度法。

算法 6.1① 随机梯度法[31]

```
input: 样本对 (x_j, y_j), j = 1, ···, N
initialization: 选择一初始迭代 w_1
for k = 1, 2, ··· 执行以下运算
产生随机变量的实现 (x_i^(k), y_i^(k)), 其中 i ∈ S_k 与 S_k ⊆ {1, ···, N} 是一个很小的样本子集
计算随机向量 g(w_k) ← (1/|S_k|) Σ_{i∈S_k} ∇f(w_k; x_i^(k), y_i^(k))
选择步长 α_k > 0
更新迭代 w_{k+1} ← w_k − α_k g(w_k)
exit: 若 w_{k+1} 收敛
end for
output: w = (1/(k+1)) Σ_{i=1}^{k+1} w_i
```

随机迭代非常简单, 只要求估计 $\mathbf{g}(\mathbf{w}_k, \xi_k)$。但是, 由于随机梯度法生成的有噪迭代序列在优化过程中倾向于围绕极小点振荡, 一个自然的想法是计算相应的迭代平均序列

$$\tilde{\mathbf{w}}_{k+1} \leftarrow \frac{1}{k+1}\sum_{i=1}^{k+1}\mathbf{w}_i \tag{6.2.16}$$

式中, 平均序列 $\{\tilde{\mathbf{w}}_k\}$ 对随机迭代序列 $\{\mathbf{w}_k\}$ 的计算无任何影响。迭代平均将自动拥有较小的噪声影响。

[230] ### 6.2.2 梯度聚合法

考虑一个常见的单目标凸优化问题

$$\min_{\mathbf{x}\in\mathbb{R}^d}\{F(\mathbf{x}) = f(\mathbf{x}) + h(\mathbf{x})\} \tag{6.2.17}$$

式中, 第一项 $f(\mathbf{x})$ 为平滑函数, 第二项 $h(\mathbf{x})$ 有可能非平滑, 它允许用约束进行建模。

在许多优化、模式识别、信号处理和机器学习的应用中, $f(\mathbf{x})$ 具有加性结构

$$f(\mathbf{x}) = \frac{1}{N}\sum_{i=1}^{N} f_i(\mathbf{x}) \tag{6.2.18}$$

这是一些凸函数 f_i 的平均。

当 N 很大, 并且一个具有低到中级精度的解就足以满足要求时, 经典的随机梯度方法, 特别是求解优化问题式 (6.2.17) 的随机梯度下降法是一种常见的选择。随机梯度下降法可以追溯到 1951 年 Robbins 和 Monro 的开创性成果[214]。随机梯度下降法均匀地随机选择一个编号 $i \in \{1, \cdots, N\}$, 然后使用 $\nabla f(\mathbf{x})$ 的随机估计 $\nabla f_i(\mathbf{x})$ 更新 $\mathbf{x}$。由于 $\nabla f_i(\mathbf{x})$ 的计算比全梯度 $\nabla f(\mathbf{x})$ 的计算简单 N 倍, 所以随机梯度下降法非常适合于 N 非常大的优化问题, 每次迭代的节省非

① 算法用伪码示出。——译者注

常大, 可以跨越几个数量级[151]。

随机梯度和随机梯度下降算法只使用当前的梯度信息, 而梯度聚合是一种重复使用和/或修正以前计算过的梯度信息的方法。梯度聚合的目的是提高收敛速度和降低方差。此外, 如果在存储中保持被标号的梯度估计, 则可以将特定估计修改为要收集的新信息。

下面是 3 种梯度聚合方法。

- 随机平均梯度 (SAG) 法: 若使用随机平均梯度代替迭代平均, 即

$$\text{SAG:}\quad \mathbf{g}(\mathbf{w}_k)=\frac{1}{N}\left(\nabla f_j(\mathbf{w}_k)-\nabla f_j(\mathbf{w}_{k-1})+\sum_{i=1}^{N}\nabla f_i(\mathbf{w}_{[i]})\right)\tag{6.2.19}$$

  则可以得到众所周知的随机平均梯度 (SAG) 法[156, 222]。在随机平均梯度的第 k 次迭代中, $\nabla f_j(\mathbf{w}_k)=\nabla f(\mathbf{w}_k;\mathbf{x}_j,y_j), j\in\{1,\cdots,N\}$ 是随机选择的当前梯度, $\nabla f_j(\mathbf{w}_{k-1})=\nabla f(\mathbf{w}_{k-1};\,\mathbf{x}_{[j]},y_{[j]}), j\in\{1,\cdots,N\}$ 是第 $k-1$ 次迭代随机选择的过去梯度, 而 $\nabla f_i(\mathbf{w}_{[i]})=\nabla f(\mathbf{w}_{[i]};\,\mathbf{x}_{[i]},y_{[i]})$, $i\in\{1,\cdots,N\}$, $\mathbf{w}_{[i]}$ 则表示 ∇f_i 被估计的最新迭代。
- 随机方差减小梯度 (SVRG) 法: 使用方差减小 (variance reduction, VR) [231]
  技术, 可以改善随机梯度下降法。随机方差减小梯度法[133] 采用一种不变的常数学习速率训练参数

$$\text{SVRG:}\quad \tilde{\mathbf{g}}_j\leftarrow\nabla f_{i_j}(\tilde{\mathbf{w}}_j)-\left(\nabla f_{i_j}(\mathbf{w}_k)-\frac{1}{N}\sum_{i=1}^{N}\nabla f_i(\mathbf{w}_k)\right)\tag{6.2.20}$$

- 随机平均梯度聚合 (SAGA) 法: 受随机平均梯度与随机方差减小梯度两种方法的启发, 随机平均梯度聚合法[72] 的随机梯度向量由

$$\text{SAGA:}\quad \mathbf{g}_k\leftarrow\nabla f_j(\mathbf{w}_k)-\nabla f_j(\mathbf{w}_{[j]})+\frac{1}{N}\sum_{i=1}^{N}\nabla f_i(\mathbf{w}_{[i]})\tag{6.2.21}$$

  给定, 式中 $j\in\{1,\cdots,N\}$ 随机选择, 并且随机向量由

$$\nabla f_j(\mathbf{w}_k)=\frac{\partial f(\mathbf{w}_k;\mathbf{x}_j,y_j)}{\partial\mathbf{w}_k}\tag{6.2.22}$$

  和

$$\nabla f_j(\mathbf{w}_{[j]})=\left.\frac{\partial f(\mathbf{w};\mathbf{x}_j,y_j)}{\partial\mathbf{w}}\right|_{\mathbf{w}=\mathbf{w}_{[j]}}\tag{6.2.23}$$

$$\nabla f_i(\mathbf{w}_{[i]})=\left.\frac{\partial f(\mathbf{w};\mathbf{x}_i,y_i)}{\partial\mathbf{w}}\right|_{\mathbf{w}=\mathbf{w}_{[i]}}\tag{6.2.24}$$

  共同设定, 其中的整数 $j\in\{1,\cdots,N\}$ 随机选择, $\forall i\in\{1,\cdots,N\}$, 而 $\mathbf{w}_{[i]}$ 与 $\mathbf{w}_{[j]}$ 分别表示业已估计的 ∇f_i 与 ∇f_j 相对应的自变量 $\mathbf{w}$ 的最新迭代结果。

算法 6.2 介绍了随机方差减小梯度 (SVRG) 的变形。

[232] **算法 6.2** 最小化经验风险 R_n 的 SVRG 方法[31, 133]

input: Sample pairs $(\mathbf{x}_j, y_j)$, $j = 1, \cdots, N$, update frequency m and learning rate α
initialization: Choose an initial iterate $\mathbf{w}_1 \in \mathbb{R}^d$
for $k = 1, 2, \cdots$ **do**
  Compute $\nabla_i(\mathbf{w}_k) = \frac{\partial f(\mathbf{w}_k; \mathbf{x}_i, y_i)}{\partial \mathbf{w}_k}$
  Compute the batch gradient $R_n(\mathbf{w}_k) = \frac{1}{N}\sum_{i=1}^{N} \nabla f_i(\mathbf{w}_k)$
  Initialize $\tilde{\mathbf{w}}_1 \leftarrow \mathbf{w}_k$
  for $j = 1, \cdots, m$ **do**
    Chose i_j uniformly from $\{1, \cdots, N\}$
    Set $\tilde{\mathbf{g}}_j \leftarrow \nabla f_{i_j}(\tilde{\mathbf{w}}_j) - (\nabla f_{i_j}(\mathbf{w}_k) - R_n(\mathbf{w}_k))$
    Set $\tilde{\mathbf{w}}_{j+1} \leftarrow \tilde{\mathbf{w}}_j - \alpha \tilde{\mathbf{g}}_j$
  end for
  Option (a): Set $\mathbf{w}_{k+1} = \tilde{\mathbf{w}}_{m+1}$
  Option (b): Set $\mathbf{w}_{k+1} = \frac{1}{m}\sum_{j=1}^{m} \tilde{\mathbf{w}}_{j+1}$
  Option (c): Choose j uniformly from $\{1, \cdots, m\}$ and set $\mathbf{w}_{k+1} = \tilde{\mathbf{w}}_{j+1}$
  exit: If $\mathbf{w}_{k+1}$ is converged
end for
output: $\mathbf{w} = \mathbf{w}_{k+1}$

使经验风险 R_n 最小化的随机平均梯度聚合 (SAGA) 方法如算法 6.3 所示。

算法 6.3 最小化经验风险 R_n 的 SAGA 方法[31, 72]

input: Sample pairs $(\mathbf{x}_j, y_j)$, $j = 1, \cdots, N$, stepsize $\alpha > 0$
initialization: Choose an initial iterate $\mathbf{w}_1 \in \mathbb{R}^d$
for $i = 1, \cdots, N$ **do**
  Compute $\nabla f_i(\mathbf{w}_1) = \frac{\partial f(\mathbf{w}_1; \mathbf{x}_i, y_i)}{\partial \mathbf{w}_1}$
  Store $\nabla f_i(\mathbf{w}_{[i]}) \leftarrow \nabla f_i(\mathbf{w}_1)$
end for
for $k = 1, 2, \cdots$ **do**
  Choose j uniformly in $\{1, \cdots, N\}$
  Compute $\nabla f_j(\mathbf{w}_k) = \frac{\partial f(\mathbf{w}_k; \mathbf{x}_j, y_j)}{\partial \mathbf{w}_k}$
  Set $\mathbf{g}_k \leftarrow \nabla f_j(\mathbf{w}_k) - \nabla f_j(\mathbf{w}_{[j]}) + \frac{1}{n}\sum_{i=1}^{n} \nabla f_i(\mathbf{w}_{[i]})$
  Store $\nabla f_j(\mathbf{w}_{[i]}) \leftarrow \nabla f_j(\mathbf{w}_k)$
  Set $\mathbf{w}_{k+1} \leftarrow \mathbf{w}_k - \alpha \mathbf{g}_k$
  exit: If $\mathbf{w}_{k+1}$ is converged
end for
output: $\mathbf{w} = \mathbf{w}_{k+1}$

业已证明[72]:

- 在强凸函数的情况下, 随机平均梯度聚合法的理论收敛速率比随机平均梯度和随机方差减小梯度法更快。
- 随机平均梯度聚合法不用任何改动, 即可应用于非强凸优化问题。

6.2.3 坐标下降法

坐标下降法是为解决光滑无约束极小化问题和大规模回归问题而提出的首批优化方案之一, 参见文献 [12, 25, 188]。

顾名思义, 坐标下降法的基本运算沿坐标方向进行: 目标函数相对于单个变量 (所有其他变量保持固定) 极小化, 然后其他各个变量类似地用迭代方式更新。

最小化 $f(\mathbf{w}):\mathbb{R}^d\to\mathbb{R}$ 的坐标下降法采用迭代公式 [233]

$$\mathbf{w}_{k+1}\leftarrow\mathbf{w}_k-\alpha_k\nabla_{i_k}f(\mathbf{w}_k)\mathbf{e}_{i_k}\tag{6.2.25}$$

其中,

$$\nabla_{i_k}f(\mathbf{w}_k)=\frac{\partial f(\mathbf{w}_k)}{\partial w_{i_k}}\tag{6.2.26}$$

其中, w_{i_k} 表示参数向量 $\mathbf{w}_k=[w_1,\cdots,w_d]^{\mathrm{T}}\in\mathbb{R}^d$ 的第 i_k 个元素, $\mathbf{e}_{i_k}$ 表示第 $i_k\in\{1,\cdots,d\}$ 个单位坐标向量 (也称自然基向量), 即 $\mathbf{e}_{i_k}$ 是一个 $d\times 1$ 向量, 其第 i_k 元素等于 1, 其他元素为零。

例 6.1 已知向量 $\mathbf{w}_k=[w_{k1},\cdots,w_{kd}]^{\mathrm{T}}\in\mathbb{R}^d$。若函数 $f(\mathbf{w}_k)=\frac{1}{2}\|\mathbf{w}_k\|_2^2=\frac{1}{2}(w_{k1}^2+\cdots+w_{id}^2)$, 则

$$\nabla_{i_k}f(\mathbf{w}_k)=w_{i_k},\quad i_k\in\{1,\cdots,d\}$$

并且 $\mathbf{w}_{k+1}$ 的第 i 个元素为

$$w_{k+1,i}=\begin{cases}w_{k,i}-\alpha_k w_i, & i=i_k\\ w_{k,i}, & \text{其他}\end{cases}$$

其中, $i=1,\cdots,d;i_k\in\{1,\cdots,d\}$。这就是说, 解的估计 $\mathbf{w}_{k+1}$ 和 $\mathbf{w}_k$ 仅在它们的第 i_k 个元素不同, 因为只有第 i_k 个坐标从 $\mathbf{w}_k$ 移动。

根据 i_k 的选择, 坐标下降法可以分为两类。

① 循环坐标下降: 通过 $\{1,\cdots,d\}$ 进行循环坐标搜索。

② 随机坐标下降: 随机坐标下降搜索[31]:

- 对坐标标号进行随机重新排序, 利用每一组 d 步之后重新排序的序号, 进行随机坐标搜索;
- 在每一步迭代中, 直接随机选择一个标号加以代替。

随机坐标下降算法几乎等同于循环坐标下降算法, 差别仅在用随机方式选择坐标。

求解 $\min_{\mathbf{x}}f(\mathbf{x})$ 的坐标下降法每一步迭代由随机选择步骤 (R) 和更新步骤

(U) 组成[166]:

R　　随机选择一个标号$i_k \in \{1, \cdots, n\}$, 读取$\mathbf{x}$, 并评价$\nabla_{i_k} f(\mathbf{x})$

U　　更新共享的$\mathbf{x}_k$的第 i_k 个分量: $\mathbf{x}_{k+1} \leftarrow \mathbf{x}_k - \alpha_k \nabla_{i_k} f(\mathbf{x}_k) \mathbf{e}_{i_k}$

[234] 在基本坐标下降方法中,每一次迭代仅有一个坐标被更新。下面, 我们考虑在每一次迭代中如何更新一组随机标号。

考虑无约束最小化问题

$$\min_{\mathbf{x} \in \mathbb{R}^N} f(\mathbf{x}), \quad \mathbf{x} = [x_1, \cdots, x_N]^{\mathrm{T}} \in \mathbb{R}^N \tag{6.2.27}$$

式中, 目标函数 $f(\mathbf{x})$ 在 $\mathbb{R}^N$ 是凸的和可微分的。在决策变量可分离的假设下, 将决策向量 $\mathbf{x} \in \mathbb{R}^N$ 分解为 n 个无重叠的决策变量块, 每个块含有 N_i 个决策变量

$$\mathbf{x} = \begin{bmatrix} \mathbf{x}^{(1)} \\ \vdots \\ \mathbf{x}^{(n)} \end{bmatrix}, \quad \mathbf{x}^{(i)} = [x_{i_1}, \cdots, x_{i_{N_i}}]^{\mathrm{T}} \in \mathbb{R}^{N_i} \tag{6.2.28}$$

使得

$$\mathbb{R}^N = \mathbb{R}^{N_1} \times \cdots \times \mathbb{R}^{N_n}, \quad N = \sum_{i=1}^{n} N_i \tag{6.2.29}$$

定义单位矩阵 $\mathbf{I}_{N \times N}$ 的对应分块为

$$\mathbf{I} = [\mathbf{U}_1, \cdots, \mathbf{U}_n] \in \mathbb{R}^{N \times N}, \quad \mathbf{U}_i \in \mathbb{R}^{N \times N_i}, i = 1, \cdots, n \tag{6.2.30}$$

如果令 $f_i(\mathbf{x})$ 是可微分的凸函数, 使得 $f_i(\mathbf{x})$ 只与变量块 $\mathbf{x}^{(i)}$ 有关, 其中 $i \in S_i = \{i_1, \cdots, i_{N_i}\}$, 则函数 $f(\mathbf{x})$ 相对于块向量 $\mathbf{x}^{(i)}$ 的偏导定义为

$$\nabla_i f(\mathbf{x}) = \frac{\partial f(\mathbf{x})}{\partial \mathbf{x}^{(i)}} = \mathbf{U}_i^{\mathrm{T}} \nabla f(\mathbf{x}) \in \mathbb{R}^{N_i} \tag{6.2.31}$$

命题 6.1 (块分解) [212]　任何一个向量 $\mathbf{x} \in \mathbb{R}^N$ 都可以唯一写为

$$\mathbf{x} = \sum_{i=1}^{n} \mathbf{U}_i \mathbf{x}^{(i)} \tag{6.2.32}$$

式中 $\mathbf{x}^{(i)} \in \mathbb{R}^{N_i}$, 并且 $\mathbf{x}^{(i)} = \mathbf{U}_i^{\mathrm{T}} \mathbf{x}$。

[235] **例 6.2**　当 $S_1 = \{1, 2\}$ 时, $\mathbf{U}_1 = [\mathbf{e}_1, \mathbf{e}_2]$, 其中 $\mathbf{e}_i$ 是第 i 个单位坐标向量。于是, 我们有 $\mathbf{x}^{(1)} = [x_1, x_2]^{\mathrm{T}}$ 和 $f_1(\mathbf{x}) = \mathbf{U_1}^{\mathrm{T}} f(\mathbf{x}) = [f(x_1), f(x_2)]^{\mathrm{T}}$, 由此得出结果

$$\nabla_1 f(\mathbf{x}) = \nabla f_1(\mathbf{x}) = \nabla [f(x_1), f(x_2)]^{\mathrm{T}} = \begin{bmatrix} f'(x_1) \\ f'(x_2) \end{bmatrix}$$

或者

$$\nabla_1 f(\mathbf{x}) = [\mathbf{e}_1, \mathbf{e}_2]^{\mathrm{T}} \nabla f(\mathbf{x}) = \begin{bmatrix} 1\,0\,0\cdots 0 \\ 0\,1\,0\cdots 0 \end{bmatrix} \begin{bmatrix} f'(x_1) \\ f'(x_2) \\ \vdots \\ f'(x_N) \end{bmatrix} = \begin{bmatrix} f'(x_1) \\ f'(x_2) \end{bmatrix}$$

式中 $f'(x_j) = \frac{\partial f(\mathbf{x})}{\partial x_j}, j = 1, 2$。

随机坐标下降法[188] 由下面两个基本步骤组成:

- 随机选择 $i_k \in S_i = \{i_1, \cdots, i_{N_i}\}$;
- 更新 $\mathbf{x}_{k+1} = \mathbf{x}_k - \alpha_k \mathbf{U}_{i_k}^{\mathrm{T}} \nabla_{i_k} f(\mathbf{x}_k)$。

为了加速随机坐标下降法, Nesterov[188] 于 2012 年提出计算效率低但理论上有趣的随机坐标下降法的加速版本, 称为无约束凸最小化的加速坐标下降法 (ACDM)。

考虑具有可分离变量的正则化优化问题

$$\min_{\mathbf{x}\in\mathbb{R}^N} \{F(\mathbf{x}) = f(\mathbf{x}) + h(\mathbf{x})\}$$

$$\text{s.t.} \quad \mathbf{x} = \sum_{i=1}^{n} \mathbf{U}_i \mathbf{x}^{(i)} \in \mathbb{R}^{N_1} \times \cdots \times \mathbb{R}^{N_n} = \mathbb{R}^N \tag{6.2.33}$$

式中, $f(\mathbf{x})$ 是一个平滑的凸目标函数, 它是以块形式 $\mathbf{x}^{(i)}$ 可分离的

$$f(\mathbf{x}) = \sum_{i=1}^{n} f_i(\mathbf{x}), \quad f_i(\mathbf{x}) = \mathbf{U}_i^{\mathrm{T}} f(\mathbf{x}) \tag{6.2.34}$$

并且 $h(\mathbf{x})$ 是 (可能非平滑的) 凸正则项, 它也是以块形式 $\mathbf{x}^{(i)}$ 可分离的

$$h(\mathbf{x}) = \sum_{i=1}^{n} h_i(\mathbf{x}), \quad h_i(\mathbf{x}) = \mathbf{U}_i^{\mathrm{T}} h(\mathbf{x}) \tag{6.2.35}$$

Fercoq 与 Richtárk[91]于 2015 年提出求解优化问题式 (6.2.33) 的具有加速、 [236]
并行和接近性的随机块坐标下降法, 简称 APPROX。

令 $\hat{S}$ 是 $\mathcal{N} = \{1, \cdots, N\}$ 的一个随机子集。算法 6.4 以一种可以促进有效实施的形式给出了 APPROX 坐标下降法。这表明, APPROX 是一种非常通用的方法。

算法 6.4 APPROX 坐标下降法[91]

input:

initialization: Pick $\tilde{\mathbf{z}}_0 \in \mathbb{R}^N$ and set $\theta_0 = \frac{\tau}{n}, \mathbf{u}_0 = \mathbf{0}$

for $k = 0, 1, \cdots$ **do**

Generate a random set of blocks $S_k \sim \hat{S}$

$\mathbf{u}_{k+1} \leftarrow \mathbf{u}_k, \tilde{\mathbf{z}}_{k+1} \leftarrow \tilde{\mathbf{z}}_k$

for $i \in S_k$ **do**

$\mathbf{t}_k^{(i)} = \arg\max_{\mathbf{t}\in\mathbb{R}^{N_i}} \left\{\langle \nabla_i f(\theta^2 \mathbf{u}_k + \tilde{\mathbf{z}}_k), \mathbf{t}\rangle + \frac{n\theta_k v_i}{2\tau}\|\mathbf{t}\|_{(i)}^2 + h_i(\tilde{\mathbf{z}}_k^{(i)})\right\}$

$\tilde{\mathbf{z}}_{k+1}^{(i)} \leftarrow \tilde{\mathbf{z}}_k^{(i)} + \mathbf{t}_k^{(i)}$

$\mathbf{u}_{k+1}^{(i)} \leftarrow \mathbf{u}_k^{(i)} - \frac{1-\frac{n}{\tau}\theta_k}{\theta_k^2}\mathbf{t}_k^{(i)}$

end for

$\theta_{k+1} = \frac{\sqrt{\theta_k^4+4\theta_k^2}-\theta_k^2}{2}$

end for

output: $\mathbf{x} = \theta_k^2 \mathbf{u}_{k+1} + \tilde{\mathbf{z}}_{k+1}$

6.2.4 单目标优化的基准函数

一种优化算法的可靠性、有效性和验证的试验通常是使用选定的一组公共基准函数或测试函数完成的[129]。文献中有许多基准函数或测试函数的报告。理想情况下, 当以无偏的方式测试新算法时, 基准函数应该具有不同的属性。而在许多优化算法中却存在一种被称为 "维数诅咒" [21] 的现象。这意味着, 随搜索空间维数的增加, 优化性能会迅速恶化。造成这种现象的原因有两个方面[240]:

- 一个问题的解空间通常随问题维数增加呈指数增加[21], 需要更有效的搜索策略在给定的时间预算内搜索所有有希望的区域。
- 问题的特征可能会随着问题规模的变化而变化。由于问题规模的增加可能导致优化问题特征的恶化, 先前成功的搜索策略可能不再能够找到最优解。

为求解大规模问题, 必须为大规模数值优化提供一套基准函数。

[237] **定义 6.1 (可分离函数)** 给定变量向量 $\mathbf{x} = [x_1, \cdots, x_n]^{\mathrm{T}}$, 函数 $f(\mathbf{x})$ 是可分离函数, 当且仅当

$$\underset{(x_1,\cdots,x_n)}{\arg\min}\, f(x_1,\cdots,x_n) = \left(\underset{x_1}{\arg\min}\, f(x_1,\cdots),\cdots,\underset{x_n}{\arg\min}\, f(\cdots,x_n)\right) \tag{6.2.36}$$

式中, $f(\cdots, x_i, \cdots)$ 表示它的决策变量只是 x_i, 其他变量都是相对 x_i 的常数。

就是说, n 个决策变量的函数是可分离的, 若它可以改写为 n 个单变量函数之和, 即 $f(x_1, \cdots, x_n) = f(x_1) + \cdots + f(x_n)$。如果函数 $f(\mathbf{x})$ 是可分离的, 则其参数 x_i 就说是独立的。

一个可分离函数可以很容易优化, 因为它可以分解为一系列子问题, 每一个子问题只涉及一个决策变量, 而所有其他变量都可以当作常数处理。

定义 6.2 (不可分离函数) 不可分离函数$f(\mathbf{x})$ 称为 m 不可分离函数, 若其决策变量 x_i 最多有 m 个 (其中 $m < n$) 是不可分离的。一个不可分离函数 $f(\mathbf{x})$ 称为完全不可分离函数, 若它的任意两个参数 x_i 和 x_j 是不可分离的。

一个不可分离函数至少具有部分耦合或者相关的决策变量。

可分离函数的定义为我们提供了一种测度，用于度量不同优化问题的困难程度。基于这一测度，可以设计一系列基准函数。通常，可分离问题被认为是最容易的，而完全不可分离函数通常被认为是最困难的。

大规模优化的基准问题是为研究人员或者用户提供多个测试函数，以便测试优化算法应用于测试问题时所具有的性能，并希望这些测试函数在实际场景中同样有效。

Jamil 与 Yang[129] 介绍了一组 175 个无约束优化测试问题，它们可用于验证优化算法的性能。下面分类介绍其中的某些基准函数。

1. 连续、可微分、可分离多模态函数

- Giunta 函数[179]

$$f(\mathbf{x}) = 0.6 + \sum_{i=1}^{2}\left[\sin\left(\frac{16}{15}x_i - 1\right) + \sin^2\left(\frac{16}{15}x_i - 1\right) + \frac{1}{50}\sin\left(4\left(\frac{16}{15}x_i - 1\right)\right)\right] \tag{6.2.37}$$

其中，$-1 \leqslant x_i \leqslant 1$。全局极小值 $f(\mathbf{x}^*) = 0.060\,447$ 位于 $\mathbf{x}^* = (0.458\,342\,82,$ [238]
$0.458\,342\,82)$。

- Parsopoulos 函数

$$f(\mathbf{x}) = \cos(x_1)^2 + \sin(x_2)^2 \tag{6.2.38}$$

其中，$-5 \leqslant x_i \leqslant 5$，并且 (x_1, x_2) 是 $\mathbb{R}^2$ 内的点。这一函数在 $\mathbb{R}^2$ 内有无穷多个全局极小值，它们位于点 $(\kappa\frac{\pi}{2}, \lambda\pi)$，其中 $\kappa = \pm 1, \pm 3, \cdots$ 和 $\lambda = 0, \pm 1, \pm 2, \cdots$。在给定的区域问题中，函数有 12 个全局极小值都等于零。

2. 连续、可微分、不可分离多模态函数

- El-Attar-Vidyasagar-Dutta 函数[85]

$$f(\mathbf{x}) = (x_1^2 + x_2 - 10)^2 + (x_1 + x_2^2 - 7)^2 + (x_1^2 + x_2^3 - 1)^2 \tag{6.2.39}$$

其中，$-500 \leqslant x_i \leqslant 500$。全局极小值为 $f(\mathbf{x}^*) = 0.470\,427$，位于 $\mathbf{x}^* = (2.842\,503, 1.920\,175)$。

- Egg Holder 函数

$$f(\mathbf{x}) = \sum_{i=1}^{n-1}\left[-(x_{i+1} + 47)\sin\sqrt{|x_{i+1} + x_i/2 + 47|} - x_i \sin\sqrt{|x_i - (x_{i+1} + 47)|}\right]$$

其中，$-512 \leqslant x_i \leqslant 512$。全局极小值 $f(\mathbf{x}^*) \approx -959.64$，位于点 $\mathbf{x}^* = (512, 404.2319)$。

- 指数函数[209]

$$f(\mathbf{x}) = -\exp\left(-0.5\sum_{i=1}^{D} x_i^2\right) \tag{6.2.40}$$

其中, $-1 \leqslant x_i \leqslant 1$。全局极小值 $f(\mathbf{x}^*) = 1$ 位于 $\mathbf{x}^* = (0, \cdots, 0)$。

- Langerman-5 函数[23]

$$f(\mathbf{x}) = -\sum_{i=1}^{m} c_i \exp\left(-\frac{1}{\pi}\sum_{j=1}^{D}(x_j - a_{ij})^2\right)\cos\left(\pi\sum_{j=1}^{D}(x_j - a_{ij})^2\right) \tag{6.2.41}$$

其中, $0 \leqslant x_j \leqslant 10$, 并且 $j \in \{1, 2, \cdots, D\}$ 和 $m = 5$。它有一个全局极小值 $f(\mathbf{x}^*) = -1.4$。矩阵 $\mathbf{A}$ 和列向量 $\mathbf{c}$ 分别为

[239]

$$\mathbf{A} = \begin{bmatrix} 9.681 & 0.667 & 4.783 & 9.095 & 3.517 & 9.325 & 6.544 & 0.211 & 5.122 & 2.020 \\ 9.400 & 2.041 & 3.788 & 7.931 & 2.882 & 2.672 & 3.568 & 1.284 & 7.033 & 7.374 \\ 8.025 & 9.152 & 5.114 & 7.621 & 4.564 & 4.711 & 2.996 & 6.126 & 0.734 & 4.982 \\ 2.196 & 0.415 & 5.649 & 6.979 & 9.510 & 9.166 & 6.304 & 6.054 & 9.377 & 1.426 \\ 8.074 & 8.777 & 3.467 & 1.863 & 6.708 & 6.349 & 4.534 & 0.276 & 7.633 & 1.567 \end{bmatrix}$$

和 $\mathbf{c} = [0.806, 0.517, 1.500, 0.908, 0.965]^{\mathrm{T}}$。

- Mishra 函数 1[180]

$$f(\mathbf{x}) = \left(1 + D - \sum_{i=1}^{N-1} 0.5(x_i + x_{i+1})\right)^{N - \sum_{i=1}^{N-1} 0.5(x_i + x_{i+1})} \tag{6.2.42}$$

其中, $0 \leqslant x_i \leqslant 1$。全局极小值为 $f(\mathbf{x}^*) = 2$。

- Mishra 函数 2[180]

$$\begin{aligned} f(x) = &-\ln\left[\sin^2\left(\cos(x_1) + \cos(x_2)\right)^2 - \cos^2\left(\sin(x_1) + \sin(x_2)^2\right) + x_1\right]^2 \\ &+ 0.01((x_1 - 1)^2 + (x_2 - 1)^2) \end{aligned} \tag{6.2.43}$$

全局极小值 $f(\mathbf{x}^*) = -2.283\,95$ 位于 $\mathbf{x}^* = (2.886\,31,\ 1.823\,26)$。

3. 连续、不可微分、可分离多模态函数

- Price 函数[208]

$$f(\mathbf{x}) = (|x_1| - 5)^2 + (|x_2| - 5)^2 \tag{6.2.44}$$

其中, $-500 \leqslant x_i \leqslant 500$。全局极小值 $f(\mathbf{x}^*) = 0$ 位于 $\mathbf{x}^* = (-5, -5)$, $(-5, 5)$, $(5, -5)$, $(5, 5)$。

- Schwefel 函数[223]

$$f(\mathbf{x}) = -\sum_{i=1}^{n} |x_i| \tag{6.2.45}$$

其中, $-100 \leqslant x_i \leqslant 100$。全局极小值 $f(\mathbf{x}^*) = 0$ 位于 $\mathbf{x}^* = (0, \cdots, 0)$。

4. 连续、不可微分、不可分离多模态函数

- Bartels 连续函数

$$f(\mathbf{x}) = \left|x_1^2 + x_2^2 + x_1x_2\right| + |\sin(x_1)| + |\cos(x_2)| \tag{6.2.46}$$

其中, $-500 \leqslant x_i \leqslant 500$。全局极小值 $f(\mathbf{x}^*) = 1$ 位于 $\mathbf{x}^* = (0,0)$。 [240]

- Bukin 函数

$$f(\mathbf{x}) = 100\sqrt{|x_2 - 0.01x_1^2|} + 0.01|x_1 + 10| \tag{6.2.47}$$

其中, $-15 \leqslant x_1 \leqslant -5$ 和 $-13 \leqslant x_2 \leqslant -3$。全局极小值 $F(\mathbf{x}^*) = 0$ 位于 $\mathbf{x}^* = (-10,1)$。

5. 连续、可微分、部分可分离单模态函数

- Chung-Reynolds 函数[54]

$$f(\mathbf{x}) = \left(\sum_{i=1}^{D} x_i^2\right)^2 \tag{6.2.48}$$

其中, $-100 \leqslant x_i \leqslant 100$。全局极小值 $f(\mathbf{x}^*) = 0$ 位于 $\mathbf{x}^* = (0,\cdots,0)$。

- Schwefel 函数[223]

$$f(\mathbf{x}) = \left(\sum_{i=1}^{D} x_i^2\right)^\alpha \tag{6.2.49}$$

其中, $-100 \leqslant x_i \leqslant 100$, 且 $\alpha \geqslant 0$。全局极小值 $f(\mathbf{x}^*) = 0$ 位于 $\mathbf{x}^* = (0,\cdots,0)$。

6. 不连续、不可微分函数

- Corana 函数[61]

$$f(\mathbf{x}) = \begin{cases} 0.15\left(z_i - 0.05\text{sign}(z_i)^2\right)d_i, & |v_i| < A \\ d_i x_i^2, & \text{其他} \end{cases} \tag{6.2.50}$$

式中

$$\begin{aligned} v_i &= |x_i - z_i|, A = 0.05 \\ z_i &= 0.2\left\lfloor\left|\frac{x_i}{0.2}\right| + 0.49999\right\rfloor \text{sign}(x_i) \\ d_i &= (1,1000,10,100) \end{aligned}$$

约束为 $-500 \leqslant x_i \leqslant 500$。全局极小值 $f(\mathbf{x}^*) = 0$ 位于 $\mathbf{x}^* = (0,0,0,0)$。

- 余弦混合函数[4] [241]

$$f(\mathbf{x}) = -0.1\sum_{i=1}^{n}\cos(5\pi x_i) - \sum_{i=1}^{n} x_i^2 \tag{6.2.51}$$

其中, $-1 \leqslant x_i \leqslant 1$。有两个位于 $\mathbf{x}^* = (0,0)$ 或 $x^* = (0,0,0,0)$ 的全局极

小值: $f(\mathbf{x}^*) = 0.2$ (当 $n = 2$) 和 $f(\mathbf{x}^*) = 0.4$ (当 $n = 4$)。

在这一节中, 我们主要讨论了机器学习中的单目标优化问题。在人工智能的许多应用中, 我们将面临多目标优化问题。由于这些问题与演化计算密切相关, 我们将在第 9 章研究多目标优化理论与方法。

6.3 优化最小化算法

在大数据时代, 从优化的视角看问题, 数据采集技术的快速发展和计算能力的增长可能会由于数据和变量数量巨大而导致大规模问题, 从而给传统算法带来挑战[87]。由 Hunter 和 Lange[125] 可知, 优化最小化 (MM) 算法背后的一般原理是在 20 世纪 70 年代数值分析人员在线性搜索方法[197] 的背景下提出的。MM 算法是一组用于解决复杂优化问题的分析程序, 其基本思想是对目标函数进行修改, 使修改后的目标函数的解空间更容易探索。

一种成功的 MM 算法是使用一个简单的优化问题代替困难的优化问题。由文献 [125] 知, 优化问题可以通过以下方法简化:

- 避免大矩阵求逆;
- 将优化问题线性化;
- 分离优化问题的参数;
- 优雅地处理等式和不等式约束;
- 将不可微分问题转化为光滑问题。

优化最小化的历史可以追溯到 20 世纪 70 年代[197], 并且与在计算统计学中广泛应用的期望最大化 (EM)[278] 密切相关。

[242]

6.3.1 优化最小化算法框架

考虑最小化问题

$$\hat{\boldsymbol{\theta}} = \arg\min_{\boldsymbol{\theta}\in\Theta} g(\boldsymbol{\theta}) \tag{6.3.1}$$

其目标函数 $g(\boldsymbol{\theta})$ 难于处理。例如, 当变量 $\boldsymbol{\theta} \in \Theta$ 是某个欧氏空间的一个子集时, 目标函数 $g(\boldsymbol{\theta})$ 是不可微分与/或非凸的。

令 $\boldsymbol{\theta}^{(m)}$ 表示参数 $\boldsymbol{\theta}$ 的一个固定值, 其中 m 是第 m 次迭代; 并令 $g(\boldsymbol{\theta}|\boldsymbol{\theta}^{(m)})$ 代表 $\boldsymbol{\theta}$ 的一个实值函数, 其形式取决于 $\boldsymbol{\theta}^{(m)}$。

与其直接考虑 $g(\boldsymbol{\theta})$, 不如考虑在某个点 $\boldsymbol{\theta}^{(m)}$ 的一个更简单的代理函数 $h(\boldsymbol{\theta}|\boldsymbol{\theta}^{(m)})$。

定义 6.3 (优化函数) [125, 191] 称代理函数 $h(\boldsymbol{\theta}|\boldsymbol{\theta}^{(m)})$ 为目标函数 $g(\boldsymbol{\theta})$ 的优化函数, 假如以下条件满足

$$h(\boldsymbol{\theta}|\boldsymbol{\theta}^{(m)}) \geqslant g(\boldsymbol{\theta}), \quad \text{对所有 } \boldsymbol{\theta} \tag{6.3.2}$$

$$h(\boldsymbol{\theta}^{(m)}|\boldsymbol{\theta}^{(m)}) = g(\boldsymbol{\theta}^{(m)}) \tag{6.3.3}$$

求解目标函数 $g(\boldsymbol{\theta})$ 的优化函数 $h(\boldsymbol{\theta}|\boldsymbol{\theta}^{(m)})$ 构成了优化最小化算法的第一步, 称为优化步。

满足条件式 (6.3.2) 和式 (6.3.3) 的函数 $h(\boldsymbol{\theta}|\boldsymbol{\theta}^{(m)})$ 就说是对位于点 $\boldsymbol{\theta}^{(m)}$ 的实值函数 $g(\boldsymbol{\theta})$ 进行优化。换言之, 表面 $h(\boldsymbol{\theta}|\boldsymbol{\theta}^{(m)})$ 位于表面 $g(\boldsymbol{\theta})$ 之上, 并且在点 $\boldsymbol{\theta}=\boldsymbol{\theta}^{(m)}$ 与之相切。在此意义上, $h(\boldsymbol{\theta}|\boldsymbol{\theta}^{(m)})$ 称为优化函数。此外, 若 $\boldsymbol{\theta}^{(m+1)}$ 是函数 $h(\boldsymbol{\theta}|\boldsymbol{\theta}^{(m)})$ 的极小点, 则式 (6.3.2) 和式 (6.3.3) 进一步意味着[288]

$$g(\boldsymbol{\theta}^{(m)})=h(\boldsymbol{\theta}^{(m)}|\boldsymbol{\theta}^{(m)})\geqslant h(\boldsymbol{\theta}^{(m+1)}|\boldsymbol{\theta}^{(m)})\geqslant g(\boldsymbol{\theta}^{(m+1)}) \tag{6.3.4}$$

这是优化最小化算法的一个重要性质, 意味着序列 $\{g(\boldsymbol{\theta}^{(m)})\}, m=\{1,2,\cdots\}$ 是非增的, 故迭代过程 $\boldsymbol{\theta}^{(m)}$ 迫使 $g(\boldsymbol{\theta})$ 趋向其极小值。

函数 $h(\boldsymbol{\theta}|\boldsymbol{\theta}^{(m)})$ 可以说是对位于点 $\boldsymbol{\theta}^{(m)}$ 上的函数 $g(\boldsymbol{\theta})$ 的劣化, 若 $-h(\boldsymbol{\theta}|\ \boldsymbol{\theta}^{(m)})$ 是对点 $\boldsymbol{\theta}^{(m)}$ 上的函数 $-g(\boldsymbol{\theta})$ 的优化。

优化最小化的第二步称为最小化步, 它最小化代理函数, 即更新 $\boldsymbol{\theta}$ 为

$$\boldsymbol{\theta}^{(m+1)}=\arg\min_{\boldsymbol{\theta}} h(\boldsymbol{\theta}|\boldsymbol{\theta}^{(m)}) \tag{6.3.5}$$

式 (6.3.2) 的下降性质使优化最小化算法具有显著的数值稳定性。当最小化一个困难的损失函数 $g(\boldsymbol{\theta})$ 时, 可将这个损失函数松弛为代理函数 $h(\boldsymbol{\theta}|\boldsymbol{\theta}^{(m)})$, 更容易最小化。

例 6.3 给定有矩阵束 $(\mathbf{A},\mathbf{B})$, 考虑其广义特征值问题 $\mathbf{Ax}=\lambda\mathbf{Bx}$。由 [243]
$\lambda=\mathbf{x}^{\mathrm{T}}\mathbf{Ax}/(\mathbf{x}^{\mathrm{T}}\mathbf{Bx})$ 可知, 广义特征值问题 $\mathbf{Ax}=\lambda\mathbf{Bx}$ 的变分公式为

$$\lambda_{\max}(\mathbf{A},\mathbf{B})=\max_{\mathbf{x}}\{\mathbf{x}^{\mathrm{T}}\mathbf{Ax}\}\quad \text{s.t.}\quad \mathbf{x}^{\mathrm{T}}\mathbf{Bx}=1 \tag{6.3.6}$$

式中, $\lambda_{\max}(\mathbf{A},\mathbf{B})$ 是与矩阵束 $(\mathbf{A},\mathbf{B})$ 对应的最大广义特征值。于是, 稀疏广义特征值问题可以表示为

$$\max_{\mathbf{x}}\{\mathbf{x}^{\mathrm{T}}\mathbf{Ax}\}\quad \text{s.t.}\quad \mathbf{x}^{\mathrm{T}}\mathbf{Bx}=1,\ \|\mathbf{x}\|_0\leqslant k \tag{6.3.7}$$

考虑式 (6.3.7) 的正则化 (惩罚化) 形式[237]

$$\max_{\mathbf{x}}\left\{\mathbf{x}^{\mathrm{T}}\mathbf{Ax}-\rho\|\mathbf{x}\|_0\right\}\quad \text{s.t.}\quad \mathbf{x}^{\mathrm{T}}\mathbf{Bx}\leqslant 1 \tag{6.3.8}$$

式中 $\rho>0$ 为正则化 (惩罚) 参数。式 (6.3.7) 中的等式约束 $\mathbf{x}^{\mathrm{T}}\mathbf{Bx}=1$ 业已松弛为不等式约束 $\mathbf{x}^{\mathrm{T}}\mathbf{Bx}\leqslant 1$。为了进一步松弛非凸的 ℓ_0 范数 $\|\mathbf{x}\|_0$, 考虑在式 (6.3.8) 中使用

$$\|\mathbf{x}\|_0=\sum_{i=1}^{n}\mathbb{1}\{|\mathbf{x}_i|\neq 0\}=\lim_{\epsilon\to 0}\sum_{i=1}^{n}\frac{\log(1+|x_i|/\epsilon)}{\log(1+1/\epsilon)} \tag{6.3.9}$$

将式 (6.3.8) 改写为等价形式

$$\max_{\mathbf{x}}\left\{\mathbf{x}^{\mathrm{T}}\mathbf{Ax}-\rho\lim_{\epsilon\to 0}\sum_{i=1}^{n}\frac{\log(1+|x_i|/\epsilon)}{\log(1+1/\epsilon)}\right\}\quad \text{s.t.}\quad \mathbf{x}^{\mathrm{T}}\mathbf{Bx}\leqslant 1 \tag{6.3.10}$$

通过忽略式 (6.3.10) 的极限, 并选择 $\epsilon > 0$, 上述问题可以使用下列近似稀疏广义特征值问题逼近

$$\max_{\mathbf{x}} \left\{ \mathbf{x}^{\mathrm{T}}\mathbf{A}\mathbf{x} - \rho \sum_{i=1}^{n} \frac{\log(1+|x_i|/\epsilon)}{\log(1+1/\epsilon)} \right\} \quad \text{s.t.} \quad \mathbf{x}^{\mathrm{T}}\mathbf{B}\mathbf{x} \leqslant 1 \tag{6.3.11}$$

它最后完全等价于[237]

$$\max_{\mathbf{x}} \left\{ \mathbf{x}^{\mathrm{T}}\mathbf{A}\mathbf{x} - \rho_\epsilon \sum_{i=1}^{n} \log(1+|x_i|/\epsilon) \right\} \quad \text{s.t.} \quad \mathbf{x}^{\mathrm{T}}\mathbf{B}\mathbf{x} \leqslant 1 \tag{6.3.12}$$

式中 $\rho_\epsilon = \rho/\log(1+1/\epsilon)$。因此, 不求解非凸稀疏优化问题式 (6.3.7), 可以代之以使用优化最小化算法处理更加容易的代理凸优化问题式 (6.3.12)。

[244] 除了上面的典型例子之外,还有大量的优化最小化算法在机器学习、统计估计和信号处理方面的应用, 参见文献 [191] 中罗列的 26 个应用, 其中包括完全可见 Boltzmann 机估计、线性混合模式估计、马尔可夫随机场估计、矩阵完备与插补、分位数回归估计、支持向量机等。

最近, Nguyen[191] 指出, 优化最小化算法框架是一种为机器学习、统计估计和信号处理中的问题推导有用算法的流行工具。

6.3.2 优化最小化算法举例

令 $\boldsymbol{\theta}^{(0)}$ 是某个初始值, $\boldsymbol{\theta}^{(m)}$ 是最小化问题式 (6.3.1) 的一系列迭代。定义 6.3 所推荐的下列方案, 被称为优化最小化算法。

定义 6.4 (优化最小化 (MM) 算法) [191] 令 $\boldsymbol{\theta}^{(0)}$ 是某个初始值, $\boldsymbol{\theta}^{(m)}$ 是第 m 次迭代, 则 $\boldsymbol{\theta}^{(m+1)}$ 是最小化算法的第 $(m+1)$ 次迭代, 若它满足

$$\boldsymbol{\theta}^{(m+1)} = \arg\min_{\boldsymbol{\theta}\in\Theta} h\left(\boldsymbol{\theta}|\boldsymbol{\theta}^{(m)}\right) \tag{6.3.13}$$

由定义 6.3 和定义 6.4 可以得出结论: 所有优化最小化算法都具有单调性。即是说, 如果 $\boldsymbol{\theta}^{(m)}$ 是一系列优化最小化算法迭代, 则随着 m 的增加, 目标函数序列 $g(\boldsymbol{\theta})$ 是单调减的。

命题 6.2 (单调减) [125, 191] 若 $h(\boldsymbol{\theta}|\boldsymbol{\theta}^{(m)})$ 是目标函数 $g(\boldsymbol{\theta})$ 的优化函数, 并且 $\boldsymbol{\theta}^{(m)}$ 是一系列 MM 算法迭代, 则 MM 算法具有以下单调减性质

$$g(\boldsymbol{\theta}^{(m+1)}) \leqslant h(\boldsymbol{\theta}|\boldsymbol{\theta}^{(m+1)}) \leqslant h(\boldsymbol{\theta}^{(m)}|\boldsymbol{\theta}^{(m)}) \leqslant g(\boldsymbol{\theta}^{(m)}) \tag{6.3.14}$$

注释: 值得注意的是, 具有单调减的算法不一定就是使式 (6.3.14) 成立的严格意义下由定义 6.4 定义的 MM 算法。事实上, 第 $(m+1)$ 次迭代满足条件

$$\boldsymbol{\theta}^{(m+1)} \in \left\{\boldsymbol{\theta}\in\Theta : h(\boldsymbol{\theta}|\boldsymbol{\theta}^{(m)}) \leqslant h(\boldsymbol{\theta}^{(m)}|\boldsymbol{\theta}^{(m)})\right\} \tag{6.3.15}$$

的任何一种算法都将生成一个单调减的目标值序列。这样一种算法可以想象为

一种广义 MM 算法。

命题 6.3 (平稳点) [191] 从某个初始值 $\boldsymbol{\theta}^{(0)}$ 开始, 若 $\boldsymbol{\theta}^{(\infty)}$ 是一个 MM 算法迭代序列 $\boldsymbol{\theta}^{(m)}$ (即满足定义 6.4) 的极限点, 则 $\boldsymbol{\theta}^{(\infty)}$ 是最小化问题式 (6.3.1) 的平稳点。 [245]

注释: 命题 6.3 只保证 MM 算法迭代收敛到一个平稳点, 而不是全局的, 甚至是局部的最小点。因此, 对于困难目标函数的问题, 需要多个或好的初始值, 以确保获得的解是高质量的。此外, 如果选择的起始值存在一个极限点, 则命题 6.3 只保证收敛到式 (6.3.1) 的一个平稳点极限固定点。如果不存在极限点, 则 MM 算法的目标序列可能发散。

下面的结果对于优化函数的构造是有用的。

引理 6.1 [236] 令 $\mathbf{L}$ 是一个 Hermite 矩阵, 并且 $\mathbf{M}$ 是另一个 Hermite 矩阵, 它们满足 $\mathbf{M} \geqslant \mathbf{L}$ (即 $M_{ij} \geqslant L_{ij}$), 则对于任意点 $\mathbf{x}_0 \in \mathbb{C}^n$, 二次型函数 $\boldsymbol{\theta}^{\mathrm{H}}\mathbf{L}\boldsymbol{\theta}$ 可以由在 $\boldsymbol{\theta}_0$ 的代理函数 $\boldsymbol{\theta}^{\mathrm{H}}\mathbf{M}\boldsymbol{\theta} + 2\mathrm{Re}\big(\boldsymbol{\theta}^{\mathrm{H}}(\mathbf{L}-\mathbf{M})\boldsymbol{\theta}_0\big) + \boldsymbol{\theta}_0^{\mathrm{H}}(\mathbf{M}-\mathbf{L})\boldsymbol{\theta}_0$ 优化。

为了最小化 $g(\boldsymbol{\theta})$, 优化最小化方案的主要步骤如下[236]:

① 求一个可行点 $\boldsymbol{\theta}^{(0)}$, 并令 $m=0$。

② 构造 $g(\boldsymbol{\theta})$ 在点 $\boldsymbol{\theta}^{(m)}$ 上的优化函数 $h(\boldsymbol{\theta}|\boldsymbol{\theta}^{(m)})$。

③ 求解 $\boldsymbol{\theta}^{(m+1)} = \arg\min_{\boldsymbol{\theta}\in\Theta} h(\boldsymbol{\theta}|\boldsymbol{\theta}^{(m)})$。

④ 若收敛准则满足, 则退出迭代; 否则, 令 $m=m+1$, 并返回步骤 ②。

考虑“加权” ℓ_0 最小化问题[43]

$$\min_{\mathbf{x}\in\mathbb{R}^n} \|\mathbf{W}\mathbf{x}\|_0 \quad \text{s.t.} \quad \mathbf{y} = \boldsymbol{\Phi}\mathbf{x} \tag{6.3.16}$$

和“加权” ℓ_1 最小化问题

$$\min_{\mathbf{x}\in\mathbb{R}^n} \left\{ \sum_{i=1}^{p} w_i |x_i| \right\} \quad \text{s.t.} \quad \mathbf{y} = \boldsymbol{\Phi}\mathbf{x} \tag{6.3.17}$$

加权 ℓ_1 最小化可以看作是加权 ℓ_0 问题的一种松弛。为了建立 ℓ_1 最小化与 ℓ_0 最小化之间的联系, 考虑代理函数

$$\frac{|x_i|}{|x_i^{(m)}|+\epsilon} \begin{cases} \approx 1, & x_i^{(m)} = x_i \neq 0 \\ = 0, & x_i^{(m)} = x_i = 0 \end{cases} \tag{6.3.18}$$

这里, ϵ 是一个小的正数。这表明, 如果更新 [246]

$$\mathbf{x}^{(m+1)} = \arg\min_{\mathbf{x}\in\mathbb{R}^n} \left\{ \sum_{i=1}^{n} \frac{|x_i|}{x_i^{(m)}+\epsilon} \right\} \tag{6.3.19}$$

则当对于所有 $i=1,\cdots,n$, $x_i^{(m)} \to x_i$ 或者 $\mathbf{x}^{(m)} \to \mathbf{x}$ 时, $\sum_{i=1}^{n} \frac{|x_i|}{x_i^{(m)}+\epsilon}$ 近似给出 $\|\mathbf{x}\|_0$。

有趣的是, 式 (6.3.19) 可以视为加权 ℓ_1 最小化问题式 (6.3.17) 的一种形式, 其中 $w_i^{(m+1)} = \frac{1}{|x_i^{(m)}|+\epsilon}$。因此, 求解加权 ℓ_1 最小化问题式 (6.3.17) 的加权优化

最小化算法由以下迭代步骤组成[43]:

① 令迭代计数 m 等于零, 并令 $w_i^{(0)}=1, i=1,\cdots,n$。

② 求解加权 ℓ_1 最小化问题

$$\mathbf{x}^{(m)}=\arg\min_{\mathbf{x}\in\mathbb{R}^n}\left\{\sum_{i=1}^{n}w_i^{(m)}|x_i|\right\}\quad \text{s.t. } \mathbf{y}=\mathbf{\Phi x} \tag{6.3.20}$$

③ 对每一个 $i=1,\cdots,n$, 更新权系数

$$w_i^{(m+1)}=\frac{1}{|x_i^{(m)}|+\epsilon} \tag{6.3.21}$$

④ 若权向量 $\mathbf{w}$ 收敛或者当 m 达到一个设定的最大迭代次数 $m_{\max}$ 时, 则终止算法。否则, 令 $m\leftarrow m+1$, 并返回步骤 ②.

对于一个二维阵列 $(x_{i,j})$, $1\leqslant i,j\leqslant n$, 令 $(D\mathbf{x})_{i,j}$ 是二维前向差分向量, 即 $(D\mathbf{x})_{i,j}=[x_{i+1,j}-x_{i,j},x_{i,j+1}-x_{i,j}]$。$D\mathbf{x}_{ij}$ 的总变差 (TV) 范数定义为

$$\|\mathbf{x}\|_{\mathrm{TV}}=\sum_{1\leqslant i,j\leqslant n-1}\|D\mathbf{x}_{i,j}\| \tag{6.3.22}$$

由于许多自然图像都具有稀疏或者近似稀疏梯度, 用最小加权 TV 范数进行重构是一个有趣的研究课题

$$\min\left\{\sum_{1\leqslant i,j\leqslant n-1}w_{i,j}^{(m)}\|(D\mathbf{x})_{i,j}\|\right\},\quad \text{s.t. } \mathbf{y}=\mathbf{\Phi x} \tag{6.3.23}$$

式中 $w_{i,j}^{(m)}=\frac{1}{\|(D\mathbf{x})_{i,j}\|+\epsilon}$ 是仿照式 (6.3.21) 的推导得到的结果。

[247] 使加权 TV 范数序列最小化的优化最小化算法如下[43]:

① 令 $m=0$ 和 $w_{i,j}^{(0)}$, $1\leqslant i,j\leqslant n-1$。

② 求解加权 TV 最小化问题

$$\mathbf{x}^{(m)}=\arg\min_{\mathbf{x}\in\mathbb{R}^n}\left\{\sum_{1\leqslant i,j\leqslant n-1}w_{i,j}^{(m)}\|(D\mathbf{x})_{i,j}\|\right\},\quad \text{s.t. } \mathbf{y}=\mathbf{\Phi x} \tag{6.3.24}$$

③ 对每一个 (i,j), $1\leqslant i,j\leqslant n-1$, 更新权重

$$w_{i,j}^{(m)}=\frac{1}{\|(D\mathbf{x})_{i,j}\|+\epsilon} \tag{6.3.25}$$

④ 若权向量收敛, 或者 m 达到规定的最大迭代数 $m_{\max}$, 则终止整个算法。否则, 令 $m\leftarrow m+1$, 并返回步骤 ②。

6.4 提升与概率近似正确学习

Valiant 与 Kearns[140, 254] 于 1989 年提出了弱学习和强学习的概念。误差

率小于 1/2 (即其精度只是稍微高于随机猜测) 的学习算法称为弱学习算法, 而精度非常高, 并且可以在多项式时间完成的学习算法称为强学习算法。同时, Valiant 与 Kearns 还提出了在概率近似正确 (probably approximately correct, PAC) 学习模型中弱学习与强学习之间的等价问题。即是说, 如果任意一种给出的弱学习算法只是稍微比随机猜测好, 是否能够将它提升为一种强学习算法? 1990 年, Schapire[221] 第一个构造了一种多项式级别的算法, 证明了: 一个比随机猜测稍好的弱学习算法可以提升为强学习算法, 而无须去直接寻找一种难于得到的强学习算法。这就是原始的提升算法。1995 年, Freund 与 Schapire[96] 改进了提升算法, 并提出了自适应提升 (AdaBoost) 算法。

提升 (或称自举) 是将许多 "弱" 分类器的性能综合, 以产生一个强大的 "委员会"。提升是在计算学习理论文献[96, 97, 221] 提出的, 从此备受关注[100]。

6.4.1 弱学习算法提升 [248]

提升是一种框架算法: 通过样本集的运算得到样本子集, 然后训练样本子集上的弱分类算法, 生成一系列的基分类器。

令 $\mathbf{x}_i$ 是一个样本, $X = \{\mathbf{x}_1, \cdots, \mathbf{x}_N\}$ 是一个样本集合, 称为 "域" (也称样本空间)。如果 D_s 是样本空间 X 上的任意概率分布, 并且 D_t 是训练样本 (标记样本) 集 $X \times Y$, 则 D_s 与 D_t 分别将称为示例分布 (或源分布) 与目标分布。在大多数机器学习中, 假定 $D_s = D_t$, 即示例分布与目标分布相同。

样本空间 X 上的一个概念c 是指具有未知标签的样本空间 X 的某个子集。一个概念可以等价定义是一个布尔映射 $c: X \to \{0, 1\}$, 其中 $c(\mathbf{x}) = 1$ 说明 $\mathbf{x}$ 是 c 的正例; $c(\mathbf{x}) = 0$ 则说明 $\mathbf{x}$ 为 c 的反例。

一个样本或域点 $\mathbf{x} \in X$ 的布尔映射或概念有时称为 $\mathbf{x}$ 的表示 h。

定义 6.5 (吻合、一致) [140] 一个表示 h 与一个样本 $(\mathbf{x}, y)$ 称为吻合 (agree), 若 $h(\mathbf{x}) = y$; 否则, 它们为非吻合 (disagree)。令 $S = \{(\mathbf{x}_1, y_1), \cdots, (\mathbf{x}_N, y_N)\}$ 是任意一个样本标签集, 其中每一个 $\mathbf{x}_i \in X$ 和 $y_i \in \{0, 1\}$。如果 c 是 X 上的一个概念, 对所有 $1 \leqslant i \leqslant N$ 有 $c(\mathbf{x}_i) = y_i$, 则概念或表示 c 与实际标签集 S 一致 (consistent), 或者等价地, S 与 c 一致。否则, 它们就是非一致。

对于 M 个目标类, 其中每一类用 $C_i, \forall i \in \{1, \cdots, M\}$ 表示, 分类器的任务是将输入样本 $\mathbf{x}$ 分配给 $(M+1)$ 类中的一类, 其中, 第 $(M+1)$ 类表示分类器拒绝 $\mathbf{x}$。令 $h_1, \cdots, h_K$ 是 K 个分类器, 其中, 每一个都给出自己的分类结果 $h_i(\mathbf{x})$。问题是如何从所有 K 个预测 $h_1(\mathbf{x}), \cdots, h_K(\mathbf{x})$ 产生一个综合结果 $H(\mathbf{x}) = j, j \in \{1, \cdots, M, M+1\}$。综合多个输出的最常用的方法为多数表决法。

多数表决由下列三步组成[281]。

① 定义一个二进制函数表示投票数

$$V_k(\mathbf{x} \in C_i) = \begin{cases} 1, & h_k(\mathbf{x}) = i, \, i \in \{1, \cdots, M\} \\ 0, & \text{其他} \end{cases} \tag{6.4.1}$$

② 将对每一个 C_i 的所有 K 给分类器的投票求和

$$V_H(\mathbf{x} \in C_i) = \sum_{k=1}^{K} V_k(\mathbf{x} \in C_i), \quad i = 1, \cdots, M \tag{6.4.2}$$

[249] ③ 综合结果 $H(\mathbf{x})$ 由下式确定

$$H(\mathbf{x}) = \begin{cases} i, & V_H(\mathbf{x} \in C_i) = \max\limits_{i \in \{1, \cdots, M\}} V_H(\mathbf{x} \in C_k) \\ & 且 V_H(\mathbf{x} \in C_i) \geqslant \alpha \cdot K \\ M+1, & 其他 \end{cases} \tag{6.4.3}$$

这里 α 是一个用户定义的阈值, 它控制最后决策的置信度。

对于一个学习算法, 我们主要关心它的计算效率。

定义 6.6 (多项式可计算) [140] 令 C 是 X 上的表示类。如果有一个多项式时间 (可能随机) 计算算法 A 对一个表示 $c \in C$ 和一个域输入 $\mathbf{x} \in X$, 能够在 $|c|$ 和 $|x|$ 的时间多项式内完成运行并做出是否 $\mathbf{x} \in c(\mathbf{x})$ 的决策, 则 C 是多项式可计算。

机器学习算法期望是强学习算法, 它是多项式可计算的, 并且其生成的表示 h 与给定的样本空间 S 一致, 然而, 直接设计强学习算法是困难甚至是不实际的。一种简单和有效的方法是对弱机器学习算法使用提升框架。

如果生成两类分类器的机器学习是基于随机猜测的掷硬币算法, 则它是一种弱学习。Schapire[221] 证明, 弱学习算法总是可以通过在输入数据流的过滤版本上训练两个额外的分类器来提高其性能。在第一个 N 训练点的初始分类器 h_1 进行学习之后, 如果两个额外的分类器生成如下[100, 221]:

① h_2 是对 N 点的新样本的学习结果, 其中一半的数据点由 h_1 错误分类。

② h_3 是对 h_1 和 h_2 不吻合的 N 个数据的学习结果。

③ 提升分类器为 $h_B = 多数投票(h_1, h_2, h_3)$。

则被提升的弱学习器可以 (以高概率) 生成一个性能保证比掷硬币显著要好的两类分类器。

一个加性逻辑斯谛回归模型定义为

$$\frac{\log P(Y=1|\mathbf{x})}{\log P(Y=-1|\mathbf{x})} = \beta_0 + \beta_1 \mathbf{x}_1 + \cdots + \beta_p \mathbf{x}_p \tag{6.4.4}$$

式中, $P(x) = \frac{1}{1+\mathrm{e}^{-x}}$ 称为逻辑斯谛函数, 常称 sigmoid 函数。

令 $F(\mathbf{x})$ 是加性函数, 其形式为

$$F(\mathbf{x}) = \sum_{m=1}^{M} f_m(\mathbf{x}) \tag{6.4.5}$$

[250] 并考虑最小化指数准则的问题

$$J(F) = E\{\mathrm{e}^{-yF(\mathbf{x})}\} \tag{6.4.6}$$

以估计 $F(\mathbf{x})$。

引理 6.2 [100] $E\{\mathrm{e}^{-yF(\mathbf{x})}\}$ 在

$$F(\mathbf{x}) = \frac{1}{2}\log\frac{P(y=1|\mathbf{x})}{P(y=-1|\mathbf{x})} \tag{6.4.7}$$

处最小化。因此,

$$P(y=1|\mathbf{x}) = \frac{\mathrm{e}^{F(\mathbf{x})}}{\mathrm{e}^{-F(\mathbf{x})}+\mathrm{e}^{F(\mathbf{x})}} \tag{6.4.8}$$

$$P(y=-1|\mathbf{x}) = \frac{\mathrm{e}^{-F(\mathbf{x})}}{\mathrm{e}^{F(\mathbf{x})}+\mathrm{e}^{-F(\mathbf{x})}} \tag{6.4.9}$$

引理 6.2 表明, 对于具有式 (6.4.5) 形式的加性函数 $F(\mathbf{x})$, 使式 (6.4.6) 的指数准则 $J(F)$ 的最小化是一个二类数据的加性逻辑斯谛回归问题。Friedman 等人[100] 发展了一种加性逻辑斯谛回归的提升算法, 简称逻辑提升 (LogitBoost), 参见算法 6.5。

算法 6.5 逻辑提升算法 (二类数据)[100]

---

1. **input:** weights $w_i = 1/N$, $i = 1, \cdots, N$, $F(\mathbf{x}) = 0$ 且 probability estimates $p(x_i) = 1/2$
2. **for** $m = 1$ to M **do**
3. Compute the working response and weights
   $z_i = \frac{y_i^* - p(x_i)}{p(x_i)(1-p(x_i))}$
   $w_i = p(x_i)(1-p(x_i))$
4. Fit the function $f_m(\mathbf{x})$ by a weighted least-squares regression of z_i to x_i using weights w_i
5. Update $F(\mathbf{x}) \leftarrow F(\mathbf{x}) + \frac{1}{2}f_m(\mathbf{x})$ and $p(\mathbf{x}) \leftarrow (\mathrm{e}^{F(\mathbf{x})})/(\mathrm{e}^{F(\mathbf{x})}+\mathrm{e}^{-F(\mathbf{x})})$
6. **end for**
7. **output:** the classifier $\mathrm{sign}[F(\mathbf{x})] = \mathrm{sign}[\sum_{m=1}^{M} f_m(\mathbf{x})]$

6.4.2 概率近似正确学习

假定按照分布 D_s, 从 $X \times Y$ 随机抽取的一组 N 个训练样本 $X = \{(\mathbf{x}_1, y_1), \cdots, (\mathbf{x}_N, y_N)\}$, 其中 Y 是在二分类中仅由两个可能的标签 $Y = \{0, 1\}$ 或者在多分类中由 C 个可能标签 $Y \in \{1, \cdots, C\}$ 组成的标签集。机器学习求一个假设或表示 h_f, 它与大多数样本一致 (即 $h_f(\mathbf{x}_i) = y_i$ 对多数 $1 \leqslant i \leqslant N$) 成立。一般地, 一个对训练集准确的假设有可能在训练集之外不准确;这个问题有时称 [251]
作“过拟合” [97]。避免过拟合是机器学习中必须考虑的重要问题之一。

定义 6.7 (概率近似正确模型) [141] 令 $\mathcal{C}$ 是在 X 内的概念类。我们称 $\mathcal{C}$ 是概率近似正确可学习的, 若存在算法 L 具有性质: 给定一个误差参数 ϵ 和一个置信参数 δ, 对每个概念 $c \in \mathcal{C}$、X 内的每个分布 D_s, 以及对所有 $0 \leqslant \epsilon \leqslant 1/2$ 和 $0 \leqslant \delta \leqslant 1/2$, 如果 L 在某段时间之后, 能够输出一个假设概念 $h \in \mathcal{C}$ 以概率 $1-\delta$ 满足 $\text{error}(h) \leqslant \epsilon$。

如果算法 L 在 $1/\epsilon$ 和 $1/\delta$ 的时间多项式内运行, 则我们就说 c 是概率近似正确有效可学习的。概率近似学习算法的假设 $h \in \mathcal{C}$ 是以高概率"近似正确的", 由此得名"概率近似正确学习" (PAC)[141]。

在机器学习中, 寻找一种学习算法, 其在 X 范围的概念对所有标签 $1 \leqslant i \leqslant N$ 均满足 $c(\mathbf{x}_i) = y_i$ 往往是困难, 甚至是不可能的。因此, 在机器学习中, 概率近似正确学习的目的是求假设 $h : X \to \{0,1\}$, 它与大多数 (而不是全部) 样本一致, 即 $h(\mathbf{x}_i) = y_i$ 对大多数 $1 \leqslant i \leqslant N$ 正确。在某个时间段之后, 学习算法必须输出一个假设 $h : X \to \{0,1\}$。数值 $h(\mathbf{x})$ 可以解释为 $\mathbf{x}$ 的标签的随机预测, 它以概率 $h(\mathbf{x})$ 等于 1, 以概率 $1-h(\mathbf{x})$ 等于 0。

定义 6.8 (强 PAC 学习算法) [97] 一个强 PAC 学习算法是这样一种算法: 给定精度 $\epsilon > 0$ 和可靠性参数 $\delta > 0$, 并获取随机数据样本之后, 算法能够以概率 $1-\delta$ 输出误差最多为 ϵ 的假设。

定义 6.9 (弱 PAC 学习算法) [97] 一个弱 PAC 学习算法是这样一种算法: 给定精度 $\epsilon > 0$, 并获取随机数据样本之后, 算法能够以概率 $1-\delta$ 输出误差至少为 $1/2-\gamma$ 的假设, 其中 $\gamma > 0$ 是一个常数或者随 $1/p$ 递减 (p 是一个相关参数的多项式)。

在强 PAC 学习中, 学习算法要求产生一个假设, 其误差小于所要求的精度 ϵ。另一方面, 在弱 PAC 学习中, 假设的精度要求只是比一个完全随机猜测的精度 1/2 稍好。当对给定分布的样本进行学习时, 弱学习和强学习是不等价的。

对于各种各样的学习问题, "提升算法"可以将性能略优于随机猜测的"弱" PAC 学习算法转换为具有任意高精度的"强" PAC 学习算法 [97]。

有两种框架可供提升应用: 基于滤波的提升和基于样本的提升[96]。

Freund 和 Schapire 的自适应提升 (AdaBoost)[97] 是一种流行的基于样本提升的算法, 它已经被广泛地与其他机器学习算法结合使用, 以提高它们的性能。

[252] 找到多个识别率低的弱分类算法要比找到一个识别率高的强分类算法容易得多。AdaBoost 的目标是通过仔细调整训练样本的权重来提高弱学习者的准确性, 并相应地学习一个分类器。经过 T 个这样的迭代, 最终假设 h_f 为输出。假设 h_f 使用加权多数票合并了 T 个弱假设的输出。算法 6.6 给出了自适应提升 (AdaBoost) 算法[97]。

算法 6.6 自适应提升 (AdaBoost) 算法[97]

---

1. **input**

1.1 sequence of N labeled examples $\{(\mathbf{x}_1, y_1), \cdots, (\mathbf{x}_N, y_N)\}$

1.2 distribution D over the N examples

1.3 weak learning algorithm **WeakLearn**

1.4 integer T specifying number of iterations

2. **initialization:** the weight vector $w_i^1 = D(i)$ for $i = 1, \cdots, N$
3. **for** $t = 1$ to T **do**
4. Set $\mathbf{p}^t = \frac{\mathbf{w}^t}{\sum_{i=1}^N w_i^t}$
5. Call **WeakLearn**, providing it with the distribution $\mathbf{p}_t$; get back a hypothesis $h_t : X \to \{0, 1\}$
6. Calculate the error of $\epsilon_t = \sum_{i=1}^N p_i^t |h_t(\mathbf{x}_i) - y_i|$
7. Set $\beta_t = \epsilon_t/(1 - \epsilon_t)$
8. Set the new weights vector to be $w_i^{t+1} = w_i^t \beta_t^{1-|h_t(\mathbf{x}_i)-y_i|}$
9. **output:** the hypothesis

$$h_f(\mathbf{x}) = \begin{cases} 1, & \text{if } \sum_{\mathrm{t}=1}^{\mathrm{T}} (\log 1/\beta_{\mathrm{t}}) \mathrm{h}_{\mathrm{t}}(\mathbf{x}) \geqslant \frac{1}{2} \sum_{\mathrm{t}=1}^{\mathrm{T}} \log(1/\epsilon_{\mathrm{t}}) \\ 0, & \text{otherwise} \end{cases}$$

Friedman 等人[100] 从统计的视角分析了 AdaBoost 方法: AdaBoost 可以被重新定义为一种以正向分段方式拟合加法模型 $\sum_m f_m(\mathbf{x})$ 的方法, 这在很大程度上解释了为什么它倾向于优于单个基础学习方法。通过拟合不同的和潜在的简单函数的加性模型, 它扩展了可以近似的函数类。

在每一步使用 Newton 步进而不是精确优化, Friedman 等人[100] 提出了 AdaBoost 算法的一个修正版本, 称为“温和”方法, 它代之以采用自适应 Newton 步进, 这一点很像 LogitBoost 算法, 见算法 6.7。

算法 6.7 温和自适应提升算法[100]

1. **input:** weights $w_i = 1/N$, $i = 1, \cdots, N$, $F(\mathbf{x}) = 0$
2. **for** $m = 1$ to M **do**
3. Fit the regression function $f_m(\mathbf{x})$ by weighted least-squares of y_i to $\mathbf{x}_i$ with weights w_i
4. Update $F(\mathbf{x}) \leftarrow F(\mathbf{x}) + f_m(\mathbf{x})$
5. Update $w_i \leftarrow w_i \exp(-y_i f_m(\mathbf{x}_i))$ and renormalize
6. **endfor**
7. **output:** the classifier $\mathrm{sign}[F(\mathbf{x})] = \mathrm{sign}[\sum_{m=1}^M f_m(\mathbf{x})]$

自适应提升算法在迁移学习中的应用将在第 6.20 节中讨论。 [253]

6.5 机器学习的基本理论

机器学习的先驱 Arthur Samuel 把机器学习定义为一个在没有明确编程的情况下，给计算机提供学习能力的研究领域。

6.5.1 学习机

考虑一个学习机，其任务是学习映射 $\mathbf{x}_i \to y_i$。学习机通常由一组可能的映射 $\mathbf{x} \to f(\mathbf{x}, \boldsymbol{\alpha})$ 组成，其函数 $f(\mathbf{x}, \boldsymbol{\alpha})$ 用可调节的参数向量 $\boldsymbol{\alpha}$ 标记。

学习机通常假定是确定性的：对于一个给定的输入向量 $\mathbf{x}$ 和 $\boldsymbol{\alpha}$ 的选择，它将总是给出相同的输出 $f(\mathbf{x}, \boldsymbol{\alpha})$。$\boldsymbol{\alpha}$ 的一个特定选择产生一个"训练机"。因此，一个具有固定结构和含有与 $\boldsymbol{\alpha}$ 相对应权重及偏差的神经网络[39]。

对于训练机而言，试验误差的期望定义为

$$R(\boldsymbol{\alpha}) = \int \frac{1}{2}|y - f(\mathbf{x}, \boldsymbol{\alpha})|\mathrm{d}P(\mathbf{x}, y) \tag{6.5.1}$$

式中，$P(\mathbf{x}, \boldsymbol{\alpha})$ 是某个未知的累积概率分布，数据 $\mathbf{x}$ 和 y 从此分布中抽取，即数据假定是独立同分布 (i.i.d.) 的。当累积概率分布的密度 $P(\mathbf{x}, y)$ 存在时，$\mathrm{d}P(\mathbf{x}, y)$ 可以写为 $p(\mathbf{x}, y)\mathrm{d}\mathbf{x}\mathrm{d}y$。

$R(\boldsymbol{\alpha})$ 称为选择 $\boldsymbol{\alpha}$ 的预期风险，或简称风险。"预期风险" $R_{\mathrm{emp}}(\boldsymbol{\alpha})$ 定义为给定训练集上测量的平均错误率

$$R_{\mathrm{emp}}(\boldsymbol{\alpha}) = \frac{1}{2N}\sum_{i=1}^{N}|y_i - f(\mathbf{x}_i, \boldsymbol{\alpha})| \tag{6.5.2}$$

式中，无概率分布出现。

$\frac{1}{2}|y_i - f(\mathbf{x}_i, \boldsymbol{\alpha})|$ 称为损失。对于 $\boldsymbol{\alpha}$ 的一个特定选择和一个特定的训练集 $\{\mathbf{x}_i, y_i\}$，$R_{\mathrm{emp}}(\boldsymbol{\alpha})$ 是个固定值。

函数族 $f(\mathbf{x}, \boldsymbol{\alpha})$ 的另一个名字是"学习机"。设计一个好的学习机取决于 $\boldsymbol{\alpha}$
[254] 的选择。建立 $\boldsymbol{\alpha}$ 的一种流行的方法是经验风险最小化 (ERM)。所谓经验风险最小化，就是经验风险 $R_{\mathrm{emp}}(\boldsymbol{\alpha})$ 对 $\boldsymbol{\alpha}$ 的所有可能选择意义下的最小化，它导致风险 $R(\boldsymbol{\alpha}^*)$ 接近其最小值。

不同损失函数的最小化将导致不同的机器学习方法。实际上，大多数机器学习方法应该有 3 个阶段 (训练、验证和测试)，而不是两个。训练完成后，可能有几个模型 (例如，人工神经网络) 可用，并且需要决定哪一个模型对它在测试集上实现的误差有一个良好的估计。为此，应该有第三个独立的数据集：验证数据集。

6.5.2 机器学习方法

有许多不同的机器学习方法可以对潜在的问题进行数据建模。这些机器学

习方法可以分为以下类型[38]。

1. 基于网络结构的机器学习

- 人工神经网络 (ANN) 受大脑的启发，由相互连接的能够对输入进行某种计算的人工神经元组成[120]。输入数据激励网络第一层的神经元，其输出输入到网络中第二个神经元层。类似地，每一层都将其输出传递给下一层，最后一层输出结果。输入层和输出层之间的层称为隐层。当人工神经网络用作分类器时，输出层生成最终的分类类别。
- 贝叶斯网络是一个概率图形模型，它表示变量以及变量之间的关系[98, 120, 130]。该网络以节点为离散或连续随机变量，以有向边为它们之间的关系，建立有向无环图。每个节点维护随机变量和条件变量的状态和条件概率形式。贝叶斯网络是利用专家知识或执行推理的有效算法建立的。

2. 基于统计分析的机器学习方法

- 关联规则：关联规则的概念由于 Agrawal 等人 1993 年的论文而得到普及。关联规则挖掘的目标是从数据中发现以前未知的关联规则。关联规则描述了项目集 X 与单个项目 Y 之间的关系 $X \Rightarrow Y$。关联规则有两个度量标准，可以说明给定关系出现在数据中的频率：支持表示项目集在数据集中出现的频率，而置信度表示该规则为真的频率。
- 聚类：聚类[126] 是一组在高维未标记数据中查找模式的技术。它是一种无 [255]
监督的模式发现方法，根据相似性测度将数据进行分组。
- 集成学习：一般来说，监督学习算法通过搜索假设空间来确定正确的假设，从而对给定问题做出良好的预测。虽然好的假设可能存在，但很难找到。集成方法结合多种学习算法，比单独的学习算法有更好的预测性能。通常，集成方法使用多个弱学习算法构建一个强学习算法[206]。
- 隐马尔可夫模型 (HMMs)：是一种统计马尔可夫模型，其中被建模的系统被假定为一个具有未观察 (即隐匿) 状态的马尔可夫过程[17]。主要的挑战是从可观测参数中确定隐藏参数。隐马尔可夫模型的状态表示正在建模的不可观测条件。通过在每个状态下具有不同的输出概率分布并允许系统随时间改变状态，该模型能够表示非平稳序列。
- 归纳学习：演绎法和归纳法是从数据中推断信息的两种基本技术。归纳学习是一种传统的有监督学习方法，它的目的是从标记的样本中学习一个模型，并试图预测我们没有看到或不知道的样本的标签。在归纳学习中，人们从具体的观察开始发现模式和规律，提出一些有待探索的假设，最后得出一些一般性的结论或理论。有几种机器学习算法是归纳学习，但通过归纳学习，我们通常指“重复增量修剪以产生误差减少” (RIPPER)[57] 和准最优 (AQ) 算法[177]。
- 朴素贝叶斯：众所周知[98]，具有特征之间独立的强假设条件的非常简单的贝叶斯分类器称为朴素贝叶斯，它可以与 C4.5 等最先进的分类器相竞争。一般来说，输入特性被假设是独立的，而在实际中却很少是正确的。通过将高维密度估计任务简化为一维核密度估计，在特征是独立的假设下，朴素贝叶斯分类器[98, 270] 可以处理任意数量的独立特征，无论是连续的还是分类的。尽管朴素贝叶斯分类器有一定的局限性, 但如果给定真实类的特征是条件独立的, 则它是一个最优分类器。朴素贝叶斯分类器的最大优点之一是, 它是一种在线算法, 训练可以在线性时间内完成。

3. 基于演化计算的机器学习方法

在计算机科学中, 演化计算是一类全局优化算法, 受到生物进化以及人工智
[256] 能和软计算子领域的启发 (据维基百科)。演化计算包括遗传算法 (GA)[107]、遗传编程[152]、演化策略[26]、粒子群优化 (PSO)[142]、蚁群优化 (ant-colony optimization)[78]、人工免疫系统[89] 等。演化计算将是第 9 章的主题。

6.5.3 机器学习算法的期望性能

我们希望一种机器学习算法具有以下期望性能[145]。

- 可扩展性: 这个参数可以定义为一个算法能够处理其规模增加的能力, 例如: 将更多的数据输入到系统中, 在输入数据中添加更多的特征或在神经网络中添加更多的层, 而不会无限地增加其复杂度[5]。
- 训练时间: 这是一个机器学习算法要经过充分训练、并能够做出其预测所需的时间量。
- 响应时间: 此参数与机器学习系统的敏捷性相关, 表示一个算法经过训练后, 对期望的自组织网络功能进行预测所需的时间。
- 训练数据: 机器学习算法的这个度量是一个算法需要的训练数据的数量和类型。需要大量训练数据的算法通常有更好的准确性, 但它们也需要更多的时间来训练。
- 复杂性: 一个系统的复杂性可以定义为为了得到一个期望解所执行的数学运算量。此参数可确定某些算法是否更适合在用户端部署。
- 准确度: 未来的网络预计将更加智能和快速, 支持高度不同类型的应用程序和用户需求。部署高精度的算法是保证某些自组织网络功能良好可操作性的关键。
- 收敛时间: 算法的这个测度不同于响应时间, 而与它多快认同某个特定问题所求得的解是当时的最优解有关。
- 收敛可靠性: 这是一个敏感性参数, 表示一些算法陷入局部极小值以及初始条件影响算法性能的程度。

6.6 分类与回归

本质上, 机器学习就是学习给定的训练样本, 以求解两个基本问题: 回归 (对
[257] 连续输出) 或分类 (对离散输出)。分类与模式识别密切相关, 其目的是通过学习输入数据的一组 “训练” 集设计一个分类器, 对未知样本进行识别或者分类。所谓回归, 是基于一组训练数据的机器学习结果, 设计一个回归器或预测器, 对未知的连续样本进行预测。

6.6.1 模式识别与分类

模式识别是专门研究将数据分类为不同类的方法的领域。Watanabe[262] 将模式定义为“混沌的对立面: 它是一个模糊定义的实体, 可以有自己的名字。”

模式识别广泛应用于人类特征 (如人脸、指纹、虹膜) 以及各种目标 (如飞机、船只) 的识别。在这些应用中, 信号特征的提取是关键的问题。例如, 当目标被视为线性系统时, 目标参数就是目标信号的特征。

给定一个模式, 其识别/分类可以是下列两个任务中的一个[262]:

- 有监督分类 (例如判别分析): 输入模式被标识为若干预先定义的类。
- 无监督分类 (例如聚类): 输入模式被分配给一个迄今未知的类。

模式识别/分类的任务习惯上分为 4 个不同的块: 数据表示 (采集与预处理)、特征选择或抽取、聚类和分类。

模式识别最有名的四种方法是[128]: 模板匹配、统计分类、句法或结构匹配、神经网络。

1. 数据表示

数据表示主要是针对特定问题的。在矩阵代数、信号处理、模式识别等领域, 数据预处理最常见的是零均值规格化 (即数据中心化): 针对每个数据向量 $\mathbf{x}_i$, 使用

$$x_{i,j}^{\text{cent}} = x_{i,j} - \bar{x}, \quad \bar{x} = \frac{1}{N}\sum_{k=1}^{N} x_{k,j}, \quad i = 1, \cdots, N \tag{6.6.1}$$

除去数据中无用的直流成分,其中 $x_{i,j}$ 是向量 $\mathbf{x}_i$ 的第 j 个元素。数据中心化也 [258]
称数据零均值化。

为了防止数据振幅的剧烈变化, 还要求将输入数据缩放到类似的范围

$$x_{i,j}^{\text{scal}} = \frac{x_{i,j}}{s}, \quad s = \sqrt{\sum_{k=1}^{N} x_k^2}, \quad i = 1, \cdots, N; \ j = 1, \cdots, n \tag{6.6.2}$$

这个预处理称为数据缩放。

2. 特征选择

在许多应用中, 由于高维原数据向量不能直接用于模式识别。因此, 应该尝试寻求数据中的不变特征, 它们尽可能描述各个类的差异。这就是说, 原数据向量必须借助某种变换/处理方法变成低维向量。这些低维向量称为模式向量或特征向量, 因为它们抽取了原数据向量的特征, 并且直接用于模式聚类和分类。例如, 云的颜色和声调参数分别是天气预报和语音分类中的模式或特征向量。

按照给定的训练集, 特征选择可以分为有监督和无监督两种。

- 有监督特征选择: 令 $X_l = \{(\mathbf{x}_1, y_1), \cdots, (\mathbf{x}_N, y_N)\}$ 是数据的标签集, 其中 $\mathbf{x}_i \in \mathbb{R}^n$ 是第 i 个数据向量, $y_i = k$ 表示数据向量 $\mathbf{x}_i$ 属于第 k 类, 并且 $k \in \{1, \cdots, M\}$ 是 M 个目标类的标签。模式识别使用有监督机器学习。令 l_p 是 $k = p$ 的数目, 并且 $l_1 + \cdots + l_M = M$, 则可以构造第 p 个

目标类的数据矩阵

$$\mathbf{X}^{(p)} = \left[\mathbf{x}_1^{(p)}, \cdots, \mathbf{x}_{l_p}^{(p)}\right]^{\mathrm{T}} \in \mathbb{R}^{N \times l_p}, \quad p = 1, \cdots, M \tag{6.6.3}$$

因此, 可以使用矩阵代数方法 (例如主成分分析等) 选择特征向量。这一选择, 作为一种有监督机器学习, 也称为特征选择或降维, 因为特征向量的维数远小于原数据向量的维数。

- 无监督特征选择: 当数据是未标记的, 即只已知数据向量 $\mathbf{x}_1, \cdots, \mathbf{x}_N$ 时, 模式识别是无监督的机器学习, 它比有监督模式识别更困难。在这种情况下, 需要使用映射或信号处理, 将数据变换为不变的特征, 如短时傅里叶变换、双谱、小波等。

[259] 特征选择是选择数据中最重要的特征, 并尝试为任务的剩余步骤降低维数 (即特征数量)。我们将在后面详细讨论有监督和无监督特征抽取。

3. 聚类

令 $\mathbf{w}$ 是聚类器的权向量。聚类器旨在使一个聚类内的模式比属于其他聚类的模式彼此更加相似。聚类方法用于求模式与标签 (或目标) 之间的实际映射。

这种分类有两种机器学习方法: 有监督学习 (对数据进行不同的标记) 和无监督学习 (将数据划分为类), 或这些任务中的多个任务的组合。

以上 3 个阶段 (数据表示、特征选择和聚类) 属于训练阶段。一旦有了这样一个聚类器, 即可在下一个测试阶段进行分类。

4. 分类

分类是人类活动中最常见的决策任务之一。当一个目标或对象需要分配到与该对象相关的一个或多个预定义组或类时, 基于一组观察到的属性对多个组或类进行聚类后, 就会出现分类问题。换句话说, 需要确定一个给定测试样本属于多个类中的哪个类。与前一个训练阶段相比, 此步骤称为测试阶段。显然, 这是一种监督的学习。

6.6.2 回归

在统计建模和机器学习中, 回归是拟合一个统计过程, 以估计变量之间的关系: 主要是一个相关变量 $\mathbf{x}$ 与一个或多个独立变量 (称为预测器) $\boldsymbol{\beta}$ 之间的关系。更具体地, 回归是分析当独立变量中任何一个变化, 而其他独立变量固定时, 相关变量的典型值是如何变化的。

机器学习广泛用于预测和预报, 其中它的应用与统计回归分析领域有着实质性的重叠。

考虑更一般的基于 p 个独立变量的多元回归模型

$$y_i = \beta_1 x_{i1} + \beta_2 x_{i2} + \cdots + \beta_p x_{ip} + \varepsilon_i \tag{6.6.4}$$

式中 x_{ij} 是第 j 个独立变量向量的第 i 个观测值。如果第一个独立变量对所有
[260] i 取 1, 即 $x_{i1} = 1$, 则回归模型简化为

$$y_i = \beta_1 + \beta_2 x_{i2} + \cdots + \beta_p x_{ip} + \varepsilon_i$$

并称 β_1 为回归截距。

回归残差定义为

$$\varepsilon_i = y_i - \hat{\beta}_1 x_{i1} - \cdots - \hat{\beta}_p x_{ip} \tag{6.6.5}$$

因此, 回归的法方程为

$$\sum_{i=1}^{n}\sum_{k=1}^{p} x_{ij}x_{ik}\hat{\beta}_k = \sum_{i=1}^{n} x_{ij}y_i, \quad j = 1, \ldots, p \tag{6.6.6}$$

使用矩阵符号, 法方程式 (6.6.6) 可以写为

$$(\mathbf{X}^{\mathrm{T}}\mathbf{X})\hat{\boldsymbol{\beta}} = \mathbf{X}^{\mathrm{T}}\mathbf{y} \tag{6.6.7}$$

式中 $\mathbf{X} = [x_{ij}]_{i=1,j=1}^{n,p}$ 是一个 $n \times p$ 矩阵, $\mathbf{y} = [y_i]_{i=1}^{n}$ 是一个 $n \times 1$ 向量, 且 $\hat{\boldsymbol{\beta}} = [\hat{\beta}_j]_{j=1}^{p}$ 是一个 $p \times 1$ 向量。最后, 回归问题的解为

$$\hat{\boldsymbol{\beta}} = (\mathbf{X}^{\mathrm{T}}\mathbf{X})^{-1}\mathbf{X}^{\mathrm{T}}\mathbf{y} \tag{6.6.8}$$

6.7 特征选择

机器学习方法的性能一般取决于数据表示的选择。表示选择严重依赖表示学习。表示学习也称特征学习。

在机器学习中, 表示学习是一组学习技术[22], 可以使系统从原始数据自动发现特征检测或分类所需的表示。

在挖掘大型数据集时, 无论是在数据维度还是在数据规模上, 我们都会在数据表示中给出一组原始变量 (如基因表达中的变量) 或一组提取的特征 (如通过主成分或次成分分析进行预处理)。一个重要的问题是如何选择原始变量的子集或原始特征的子集。前者称为变量选择, 后者称为特征选择或表示选择。

特征选择是数据挖掘和机器学习领域的一个基础性研究课题, 自 20 世纪 70 年代就已开始。随着科学技术的进步, 在数据挖掘和机器学习中越来越多的真实数据集涉及大量的特征。但是, 并不是所有的特征都是必要的, 因为许多特征是 [261]
多余的, 甚至是不相关的, 这可能会显著降低学习模型的准确性, 降低模型的学习速度和能力。通过去除不相关和冗余的特征, 特征选择可以降低数据的维数, 加快学习过程, 简化学习模型与/或提高性能[69, 112, 284]。

较小的一组代表性变量或特征保留了数据的最佳显著特征, 不仅降低了处理复杂度和时间, 而且克服了“过拟合”的风险, 并导致模型更加紧凑和更好的泛化能力。在给定数据类别标签的情况下, 我们面临有监督变量或特征选择, 否则我们应该使用无监督变量或特征选择。

由于变量选择和特征选择中使用的学习方法本质上是相同的, 因此我们将特征选择作为本节的主题。

6.7.1 有监督特征选择

机器学习的一个重要问题是降低特征空间的维数 D, 以克服“过拟合”的风险。当特征的数目 n 较大而训练模式的数目 m 相对较小时, 就会出现数据过度拟合。在这种情况下, 人们可以很容易地找到一个决策函数, 它能够分离训练数据, 但对测试数据的结果却很差。

特征选择已成为高维数据应用领域 (如互联网文档的文本处理、基因表达阵列分析、组合化学等) 的研究热点。特征选择的目标有 3 个[112]:

- 改善预测器的预测性能。
- 提供更快、更具成本效益的预测器。
- 更好地理解生成数据的基本过程。

许多特征选择算法都基于变量排序。作为特征选择的一个预处理步骤, 变量排序是一种滤波方法: 它独立于预测因子的选择。例如, 在基因选择问题中, 变量是基因表达系数对应于一些病人的样本中 mRNA 的丰度。一个典型的分类任务是根据基因表达谱筛查癌症患者[112]。

特征选择方法可分为穷举枚举法和贪婪法。

[262] • 穷举枚举法通过穷举所有特征子集, 选择满足给定“模型选择”标准的最佳特征子集。然而, 这种方法对于大量的特征是不切实际的。
- 贪婪法特别适用于大维输入空间的特征选择。在各种可能的方法中, 特征排序技术颇具吸引力。可以选择一些排名靠前的特征进行进一步分析或设计分类器。或者, 可以在排名标准上设置阈值, 仅保留准则超过阈值的特征。

考虑一组 m 个数据样本 $\{\mathbf{x}_k, y_k\}(k=1,\cdots,m)$, 其中 $\mathbf{x}_k=[x_{k,1},\cdots,x_{k,n}]^{\mathrm{T}}$, 而 y_k 是一个输出变量。令 $\bar{x}_i=\frac{1}{m}\sum_{k=1}^{m}x_{k,i}$ 和 $\bar{y}=\frac{1}{m}\sum_{k=1}^{m}y_k$ 代表关于标号 k 的平均值。变量排序使用由 $x_{k,i}$ 和 $y_k, k=1,\cdots,m$ 计算得到的评分函数 $S(i)$。按照惯例, 变量按照 $S(i)$ 的降序排序, 高分表示有价值的变量 (如基因)。

一种好的特征选择方法先选择几个对训练数据分类效果最好的特征, 然后增加特征个数。经典的特征选择方法包括相关法和表达比法。

一种典型的相关法基于 Pearson 相关系数

$$R(i)=\frac{\sum_{k=1}^{m}(x_{k,i}-\bar{x}_i)(y_k-\bar{y})}{\sqrt{\sum_{k=1}^{m}(x_{k,i}-\bar{x}_i)^2\sum_{k=1}^{m}(y_k-\bar{y})^2}} \tag{6.7.1}$$

式中, 分子表示类间方差, 分母表示类内方差。在线性回归中, 使用 $R(i)$ 的平方作为变量排序标准, 根据单个变量的线性拟合优度进行强制排序。

对于两类数据 $\{\mathbf{x}_k, y_k\}(k=1,\cdots,m)$, 其中, $\mathbf{x}_k=[x_{k,1},\cdots,x_{k,n}]^{\mathrm{T}}$ 由 n 个输入变量 $x_{k,i}(i=1,\cdots,n)$ 和 $y_k\in\{+1,-1\}$ (例如, 某些疾病与正常) 组成。令

$$\mu_i^+=\frac{1}{m^+}\sum_{k=1}^{m^+}x_{k,i},\quad \mu_i^-=\frac{1}{m^-}\sum_{k=1}^{m^-}x_{k,i} \tag{6.7.2}$$

$$\sigma_i^+=\sum_{k=1}^{m^+}(x_{k,i}-\mu_i^+)^2,\quad \sigma_i^-=\sum_{k=1}^{m^-}(x_{k,i}-\mu_i^-)^2 \tag{6.7.3}$$

式中，m^+ 和 m^- 分别是第 i 变量 $x_{k,i}$ 对应于 $y_i=+1$ 和 $y_i=-1$ 的个数；而 μ_i^+ 和 μ_i^- 分别是 $x_{k,i}$ 与 $y_i=+1$ 和 $y_i=-1$ 相关、在标号 k 上的平均值。

著名的表示比法使用比率[103, 109] [263]

$$F(x_i)=\left|\frac{\mu_i^+-\mu_i^-}{\sigma_i^++\sigma_i^-}\right| \tag{6.7.4}$$

这种方法选择在两个类别中平均差异最大，且各类得分中偏差较小的特征为首要特征。

表示比准则式 (6.7.4) 与 Fisher 鉴别准则[83] 类似。

应当注意，变量相关性在特征选择中不可能被忽略，原因如下[112]。

- 通过添加可能冗余的变量，可以降低噪声，从而获得更好的类分离。
- 完全相关的变量确实是多余的，因为添加它们不会获得额外的信息。
- 非常高的变量相关性 (或反相关性) 并不意味着没有变量互补性。
- 一个本身完全无用的变量在与其他变量一起使用时可以提供明显的性能改进。
- 两个各自无用的变量在一起时可能有用。

一种可能的特征排序应用是基于预先选择的一个特征子集，设计一个类型预测器。加权投票方案生成特定的线性鉴别分类器

$$D(\mathbf{x})=\langle\mathbf{w},\mathbf{x}-\boldsymbol{\mu}\rangle=\mathbf{w}^{\mathrm{T}}(\mathbf{x}-\boldsymbol{\mu}) \tag{6.7.5}$$

式中 $\boldsymbol{\mu}=\frac{1}{2}(\boldsymbol{\mu}^++\boldsymbol{\mu}^-)$，并且

$$\boldsymbol{\mu}^+=\frac{1}{n^+}\sum_{\mathbf{x}_i\in X^+}\mathbf{x}_i \tag{6.7.6}$$

$$\boldsymbol{\mu}^-=\frac{1}{n^-}\sum_{\mathbf{x}_i\in X^-}\mathbf{x}_i \tag{6.7.7}$$

这里 $X^+=\{(\mathbf{x}_i,y_i=+1)\}$，$X^-=\{(\mathbf{x}_i,y_i=-1)\}$，而 n^+ 和 n^- 分别是属于类别 (+) 和 (−) 的训练数据向量 $\mathbf{x}_i$ 的数目。

定义 $n\times n$ 类内散度矩阵

$$\mathbf{S}_w=\sum_{\mathbf{x}_i\in X^+}(\mathbf{x}_i-\boldsymbol{\mu}^+)(\mathbf{x}_i-\boldsymbol{\mu}^+)^{\mathrm{T}}+\sum_{\mathbf{x}_i\in X^-}(\mathbf{x}_i-\boldsymbol{\mu}^-)(\mathbf{x}_i-\boldsymbol{\mu}^-)^{\mathrm{T}} \tag{6.7.8}$$

根据 Fisher 线性判别准则，分类器为[113] [264]

$$\mathbf{w}=\mathbf{S}_w^{-1}(\boldsymbol{\mu}^+-\boldsymbol{\mu}^-) \tag{6.7.9}$$

一旦分类器 $\mathbf{w}$ 利用训练数据 $(\mathbf{x}_i,y_i),i=1,\cdots,n$ (其中 $y_i\in\{+1,-1\}$) 设计好，对于任意给出的数据向量 $\mathbf{x}$，新的模式即可根据下列决策函数的符号进行分类[113]

$$D(\mathbf{x})=\mathbf{w}^{\mathrm{T}}\mathbf{x}>0\Rightarrow\mathbf{x}\in 类(+)$$

$$D(\mathbf{x})=\mathbf{w}^{\mathrm{T}}\mathbf{x}<0\Rightarrow\mathbf{x}\in 类(-)$$

$$D(\mathbf{x}) = \mathbf{w}^{\mathrm{T}}\mathbf{x} = 0, \text{ 决策边界}$$

6.7.2 无监督特征选择

考虑对无标号 $y_i, i = 1, \cdots, n$ 的数据向量 $\mathbf{x}_i, i = 1, \cdots, n$ 的无监督特征选择。在这种情况下, 两个随机向量 $\mathbf{x}$ 和 $\mathbf{y}$ 之间存在下列两种常用的相似性测度[182]。

1. 相关系数

两个随机向量 $\mathbf{x}$ 和 $\mathbf{y}$ 之间的相关系数 $\rho(\mathbf{x}, \mathbf{y})$ 定义为

$$\rho(\mathbf{x}, \mathbf{y}) = \frac{\mathrm{cov}(\mathbf{x}, \mathbf{y})}{\sqrt{\mathrm{var}(\mathbf{x})\mathrm{var}(\mathbf{y})}} \tag{6.7.10}$$

式中 $\mathrm{var}(\mathbf{x})$ 表示随机向量 $\mathbf{x}$ 的方差, $\mathrm{cov}(\mathbf{x}, \mathbf{y})$ 表示 $\mathbf{x}$ 和 $\mathbf{y}$ 之间的协方差。相关系数具有以下性质。

(a) $0 \leqslant 1 - |\rho(\mathbf{x}, \mathbf{y})| \leqslant 1$。

(b) $1 - |\rho(\mathbf{x}, \mathbf{y})| = 0$, 当且仅当 $\mathbf{x}$ 和 $\mathbf{y}$ 线性相关。

(c) 对称性: $1 - |\rho(\mathbf{x}, \mathbf{y})| = 1 - |\rho(\mathbf{y}, \mathbf{x})|$。

(d) 伸缩与平移不变性: 若 $\mathbf{u} = \frac{\mathbf{x}-\mathbf{a}}{c}$ 和 $\mathbf{v} = \frac{\mathbf{y}-\mathbf{b}}{d}$ 对某个常数向量 $\mathbf{a}, \mathbf{b}$ 和常数 c, d 成立, 则 $1 - |\rho(\mathbf{x}, \mathbf{y})| = 1 - |\rho(\mathbf{u}, \mathbf{v})|$。

(e) 旋转敏感性: 若 $(\mathbf{u}, \mathbf{v})$ 是 $(\mathbf{x}, \mathbf{y})$ 的某个旋转, 则 $|\rho(\mathbf{x}, \mathbf{y})| \neq |\rho(\mathbf{u}, \mathbf{v})|$。

2. 最小二乘回归误差

令 $\mathbf{y} = a\mathbf{1} + b\mathbf{x}$ 是 $\mathbf{x}$ 具有回归系数 a 和 b 的线性回归。最小二乘回归误差定义为

$$e^2(\mathbf{x}, \mathbf{y}) = \frac{1}{n}\sum_{i=1}^{n}(e(\mathbf{x}, \mathbf{y})_i)^2 \tag{6.7.11}$$

[265] 式中 $e(\mathbf{x}, \mathbf{y})_i = y_i - a - bx_i$。回归系数由 $a = \frac{1}{n}\sum_{i=1}^{n} y_i$, $b = \frac{\mathrm{cov}(\mathbf{x},\mathbf{y})}{\mathrm{var}(\mathbf{x})}$ 给出, 并且均方误差 $e(\mathbf{x}, \mathbf{y}) = \mathrm{var}(\mathbf{y})(1 - \rho(\mathbf{x}, \mathbf{y})^2)$。若 $\mathbf{x}$ 和 $\mathbf{y}$ 线性相关, 则 $e(\mathbf{x}, \mathbf{y}) = 0$。反之, 若 $\mathbf{x}$ 和 $\mathbf{y}$ 完全不相关, 则 $e(\mathbf{x}, \mathbf{y}) = \mathrm{var}(\mathbf{y})$。测度 e^2 也称残差。最小二乘回归误差测度具有以下性质。

(a) $0 \leqslant e(\mathbf{x}, \mathbf{y}) \leqslant \mathrm{var}(\mathbf{y})$。

(b) $e(\mathbf{x}, \mathbf{y}) = 0$, 当且仅当 $\mathbf{x}$ 和 $\mathbf{y}$ 线性相关。

(c) 非对称性: $e(\mathbf{x}, \mathbf{y}) \neq e(\mathbf{y}, \mathbf{x})$。

(d) 伸缩敏感性: 若 $\mathbf{u} = \mathbf{x}/c$ 和 $\mathbf{v} = \mathbf{y}/d$ 对常数 c 和 d 成立, 则 $e(\mathbf{x}, \mathbf{y}) = d^2 e(\mathbf{u}, \mathbf{v})$。不过, e 对变量的平移具有不变性。

(e) 旋转敏感性: 测度 e 对散点图在 xy 平面中的旋转敏感。

特征相似性测度期望是对称的、对变量的缩放和平移敏感、对变量的旋转具有不变性。由于相关系数具有不希望的性质 (d) 和 (e), 而最小二乘回归是非对称的 (性质 (c)), 并且对旋转敏感 (性质 (d)), 因此上述两个相似性测度都不是我们期望的。

为了使相似性测度具有所有所期望的性能, Mitra 等人[182] 提出了一种最大信息压缩指数 λ_2, 定义为

$$2\lambda_2(\mathbf{x},\mathbf{y}) = \text{var}(\mathbf{x}) + \text{var}(\mathbf{y}) - \sqrt{(\text{var}(\mathbf{x}) + \text{var}(\mathbf{y}))^2 - 4\text{var}(\mathbf{x})\text{var}(\mathbf{y})(1-\rho(\mathbf{x},\mathbf{y})^2)} \quad (6.7.12)$$

式中, $\lambda_2(\mathbf{x},\mathbf{y})$ 表示随机变量向量 $\mathbf{x}$ 和 $\mathbf{y}$ 的协方差矩阵 $\mathbf{\Sigma}$ 的最小特征值。

特征相似性测度 $\lambda_2(\mathbf{x},\mathbf{y})$ 具有以下性质[182]。

(a) $0 \leqslant \lambda_2(\mathbf{x},\mathbf{y}) \leqslant 0.5(\text{var}(\mathbf{x}) + \text{var}(\mathbf{y}))$。

(b) $\lambda_2(\mathbf{x},\mathbf{y}) = 0$, 当且仅当 $\mathbf{x}$ 和 $\mathbf{y}$ 线性相关。

(c) 对称性: $\lambda_2(\mathbf{x},\mathbf{y}) = \lambda_2(\mathbf{y},\mathbf{x})$。

(d) 伸缩敏感性: 若 $\mathbf{u} = \mathbf{x}/c$ 和 $\mathbf{v} = \mathbf{y}/d$ 对非零常数 c 和 d 成立, 则 $\lambda_2(\mathbf{x},\mathbf{y}) \neq \lambda_2(\mathbf{u},\mathbf{v})$。由于 $\lambda_2(\mathbf{x},\mathbf{y})$ 表达式不包含均值, 只包含方差和协方差项, 所以它对 $\mathbf{x}$ 和 $\mathbf{y}$ 的平移是不变的。

(e) λ_2 对变量围绕原点的旋转具有旋转不变性。

令特征的原来数目为 D, 并且原特征集为 $O = \{F_i, i = 1,\cdots,D\}$。应用线性相关测度 (例如 $\rho(F_i,F_j), e(F_i,F_j)$ 与/或 $\lambda_2(F_i,F_j)$) 计算 F_i 与 F_j 之间的相异性, 并记为 $d(F_i,F_j)$。$d(F_i,F_j)$ 的值越小, 特征 F_i 与 F_j 越相似。令 r_i^k 表示特征 F_i 与其在 R 内的近邻特征之间的相异性, 并且 $\inf_{F_i\in R} r_i^k$ 表示 r_i^k 在 $F_i \in R$ 内的下确界。

算法 6.8 列出了 Mitra 等人的特征聚类算法[182]。 [266]

算法 6.8 特征聚类算法[182]

1. **input:** the original feature set $O = \{F_1,\cdots,F_D\}$
2. **initialization:** Choose an initial value of $k \leqslant d_1$ and set $R \leftarrow O$
3. **for** each $F_i \in R$ compute r_i^k
4. find feature $F_{i'}$ for which $r_{i'}^k$ is minimum. Retain this feature in R and discard k nearest features of $F_{i'}$
5. let $\epsilon = r_{i'}^k$
6. **if** $k > |R| - 1$ **then** $k = |R| - 1$
7. **if** $k = 1$ **then** goto Step 14
8. **while** $r_{i'}^k > \epsilon$ **do**
9. (a) $k = k - 1$
10. $r_{i'}^k = \inf_{F_i\in R} r_i^k$
    ("k is decremented by 1, until the "kth nearest-neighbor of at least one of features in R is less than ϵ-dissimilar with the feature.)
11. (b) **if** $k = 1$ **then** goto Step 14
    (if no feature in R has less than ϵ-similar the "nearest-neighbor" select all the remaining feature in R.)
12. **end while**
13. goto Step 3
14. **output:** return feature set R as the reduced feature set

---

6.7.3 非线性联合无监督特征选择

令 $\mathbf{X} = [\mathbf{x}_1, \cdots, \mathbf{x}_n]$ 是 n 个数据样本的原始特征矩阵, 其中 $\mathbf{x}_i \in \mathbb{R}^D$ 和 x_{ip} 表示 $\mathbf{x}_i$ 的第 $p(p = 1, \cdots, D)$ 个特征。考虑选择 $d(d \leqslant D)$ 个高质量特征。为此, 使用 $\mathbf{s} \in \{0, 1\}^D$ 作为选择指示向量, 其中 $s_p = 1$ 表示已选择第 p 个特征, $s_p = 0$ 表示未选择。

对于一个给定的特征映射 $\boldsymbol{\phi}(\mathbf{x}) : X \to F$, $\boldsymbol{\phi}(\mathbf{x}) - E\{\boldsymbol{\phi}(\mathbf{x})\}$ 称为中心化特征映射, 其中 $E\{\boldsymbol{\phi}(\mathbf{x})\}$ 是其期望值。

定义 6.10 (中心化核函数) [267] 中心化后的核函数 $K \in \mathbb{R}^{n\times n}$ 由下式给出

$$K_c(\mathbf{x}_i, \mathbf{x}_j) = (\boldsymbol{\phi}(\mathbf{x}_i) - E\{\boldsymbol{\phi}(\mathbf{x}_i)\})^{\mathrm{T}} (\boldsymbol{\phi}(\mathbf{x}_i) - E\{\boldsymbol{\phi}(\mathbf{x}_i)\}) \tag{6.7.13}$$

对于有限个样本, 特征向量由减去其经验期望值实现中心化, 即 $\boldsymbol{\phi}(\mathbf{x}_i) - \bar{\boldsymbol{\phi}}$, 其中 $\bar{\boldsymbol{\phi}} = \frac{1}{n}\sum_{j=1}^{n} \boldsymbol{\phi}(\mathbf{x}_j)$。

定义 6.11 (中心化核矩阵) [267] 中心化后的核矩阵 $\mathbf{K} \in \mathbb{R}^{n\times n}$ 的元素定义为

$$(K_c)_{ij} = K_{ij} - \frac{1}{n}\sum_{i=1}^{n} K_{ij} - \frac{1}{n}\sum_{j=1}^{n} K_{ij} + \frac{1}{n^2}\sum_{i=1}^{n}\sum_{j=1}^{n} K_{ij} \tag{6.7.14}$$

[267] 记 $\mathbf{H} = \mathbf{I} - \frac{1}{n}\mathbf{1}\mathbf{1}^{\mathrm{T}}$,则中心化后的核矩阵 $\mathbf{K} \in \mathbb{R}^{n\times n}$ 可以表示成 $\mathbf{K}_c = \mathbf{HKH}$。易知, $\mathbf{H}$ 是一个幂等矩阵, 即 $\mathbf{HH} = \mathbf{H}$。

定义 6.12 (核校准) [65, 267] 对于两个核矩阵 $\mathbf{K}_1 \in \mathbb{R}^{n\times n}$ 和 $\mathbf{K}_2 \in \mathbb{R}^{n\times n}$ (假定 $\|\mathbf{K}_1\|_F > 0$ 和 $\|\mathbf{K}_2\|_F > 0$), 则 $\mathbf{K}_1$ 和 $\mathbf{K}_2$ 的校准定义为矩阵迹的形式 $\rho(\mathbf{K}_1, \mathbf{K}_2) = \mathrm{tr}(\mathbf{K}_1\mathbf{K}_2)$。

假定 $\mathbf{L} \in \mathbb{R}^{n\times n}$ 是一个由原特征矩阵 $\mathbf{X}$ 计算的核矩阵, $\mathbf{K} \in \mathbb{R}^{n\times n}$ 是一个由选择的特征计算的核矩阵。

记

$$\boldsymbol{\Phi}(\mathbf{X}) = [\boldsymbol{\phi}(\mathbf{x}_1), \cdots, \boldsymbol{\phi}(\mathbf{x}_n)] \in \mathbb{R}^{D\times n} \tag{6.7.15}$$

$$\boldsymbol{\Phi}(\mathbf{X}_s) = [\boldsymbol{\phi}(\mathbf{Diag}(\mathbf{s})\mathbf{x}_1), \cdots, \boldsymbol{\phi}(\mathbf{Diag}(\mathbf{s})\mathbf{x}_n)] \tag{6.7.16}$$

则

$$\mathbf{L} = (\boldsymbol{\Phi}(\mathbf{X}))^{\mathrm{T}}\boldsymbol{\Phi}(\mathbf{X}) \in \mathbb{R}^{n\times n} \tag{6.7.17}$$

$$\mathbf{K} = (\boldsymbol{\Phi}(\mathbf{X}_s))^{\mathrm{T}}\boldsymbol{\Phi}(\mathbf{X}_s) \in \mathbb{R}^{n\times n} \tag{6.7.18}$$

由定义式 6.12, 并使用 $\mathrm{tr}(\mathbf{AB}) = \mathrm{tr}(\mathbf{BA})$ 和 $\mathbf{HH} = \mathbf{H}$, $\mathbf{L}_c$ 和 $\mathbf{K}_c$ 之间的核校准可以表示为

$$\rho(\mathbf{L}_c, \mathbf{K}_c) = \mathrm{tr}(\mathbf{HLHHKH}) = \mathrm{tr}(\mathbf{HHLHHK}) = \mathrm{tr}(\mathbf{HLHK}) \tag{6.7.19}$$

非线性联合无监督特征选择的核心问题是寻找一个最优选择向量 $\mathbf{s}$, 这样从

D 个原始特征中选择的 d 个高质量特征就可以是以下约束优化问题的解

$$\mathbf{s} = \arg\min_{\mathbf{s}} \{f(\mathbf{K}) = -\text{tr}(\mathbf{HLHK})\} \tag{6.7.20}$$

$$\text{s.t.} \sum_{p=1}^{D} s_p = d, \quad s_p \in \{1,0\}, \forall p = 1,\cdots,D \tag{6.7.21}$$

或者

$$\mathbf{s} = \arg\min_{\mathbf{s}} \{f(\mathbf{K}) = -\text{tr}(\mathbf{HLHK}) + \lambda\|\mathbf{s}\|_1\} \tag{6.7.22}$$

$$\text{s.t. } s_p \in \{1,0\}, \forall p = 1,\cdots,D \tag{6.7.23}$$

高斯核 $K_{ij} \sim N(0,\sigma^2)$ 相对于选择向量 $\mathbf{s}_p$ 的梯度为 [268]

$$\frac{\partial K_{ij}}{\partial \mathbf{s}_p} = -K_{ij}\frac{2(x_{iP} - x_{jp})^2 \mathbf{s}_p}{\sigma^2} \tag{6.7.24}$$

因此, 目标函数 $f(\mathbf{K})$ 相对于选择向量 $\mathbf{s}_p$ 的梯度为[267]

$$\begin{aligned}\frac{\partial f(\mathbf{K})}{\partial \mathbf{s}_p} &= -\sum_{i=1}^{n}\sum_{j=1}^{n}\left(\mathbf{HLH}_{ij} \cdot \frac{\partial K_{ij}}{\partial \mathbf{s}_p}\right) + \lambda \\ &= \sum_{i=1}^{n}\sum_{j=1}^{n}\left(\left((\mathbf{HLH})_{ij} \odot \mathbf{K}\right)_{ij}(x_{ip} - x_{jp})^2\right)\frac{2\mathbf{s}_p}{\sigma^2} + \lambda.\end{aligned} \tag{6.7.25}$$

这个问题可以利用谱投影梯度 (SPG) 求解, 参见算法 6.9。

算法 6.9 非线性联合无监督特征选择的谱投影梯度 (SPG) 算法

---

input: $\mathbf{s}_0 = \mathbf{1}$

initialization: Set step length α_0, step length bound $\alpha_{\min} = 10^{-10}$, $\alpha_{\max} = 10^{10}$, history $h = 10$, $t = 0$

while not converged **do**

$\alpha_t = \min\{\alpha_{\max}, \max(\alpha_{\min}, \alpha_0)\}$

$\mathbf{d}_t = \text{Proj}_{[0,1]}(\mathbf{s}_t - \alpha_t \Delta f(\mathbf{s}_t)) - \mathbf{s}_t$

bound $f_b = \max\{f(\mathbf{s}_t), f(\mathbf{s}_{t-1}), \cdots, f(\mathbf{s}_{t-h})\}$

set $\alpha = 1$

if $f(\mathbf{s}_t + \alpha\mathbf{d}_t) > f_b + \eta\alpha(\Delta f(\mathbf{s}_t))^{\mathrm{T}}\mathbf{d}_t$ **then**

Choose $\alpha \in (0, \alpha)$

end if

$\mathbf{s}_{t+1} = \mathbf{s}_t + \alpha\mathbf{d}_t$

$\mathbf{u}_t = \mathbf{s}_{t+1} - \mathbf{s}_t$

$\mathbf{y}_t = \Delta f(\mathbf{s}_{t+1}) - \Delta f(\mathbf{s}_t)$

$\alpha_0 = \mathbf{y}_t^{\mathrm{T}}\mathbf{y}_t / \mathbf{u}_t^{\mathrm{T}}\mathbf{y}_t$

$t = t+1$

end while

output: the selected features with corresponding entry in $\mathbf{s}$ equal to 1

[269] 6.8 主成分分析

主成分分析 (PCA)是一种强大的数据处理和降维技术, 用于从可能的高维数据集中提取结构[134]。主成分分析有多种重要的变形和推广: 鲁棒主成分分析、核主成分分析、稀疏主成分分析等。主成分分析广泛应用于工程、生物学和社会科学, 例如: 人脸识别、手写邮政编码分类、基因表达数据分析等。

6.8.1 主成分分析基础

给定有高维数据向量 $\mathbf{x} = [x_1, \cdots, x_N]^{\mathrm{T}} \in \mathbb{R}^N$, 其中 N 很大。我们使用 N 维特征抽取向量 $\mathbf{a}_i = [a_{i1}, \cdots, a_{iN}]^{\mathrm{T}}$ 抽取数据向量 $\mathbf{x}$ 的第 i 个特征, 记作 $\tilde{x}_i = \mathbf{a}_i^{\mathrm{T}}\mathbf{x} = \sum_{j=1}^N a_{ij}x_j$。如果我们希望使用一个 $K \times N$ 特征抽取矩阵 $\mathbf{A} = [\mathbf{a}_1, \cdots, \mathbf{a}_K] \in \mathbb{R}^{N\times K}$ 抽取 $\mathbf{x}$ 的 K 个特征, 则 K 维特征向量 $\tilde{\mathbf{x}} \in \mathbb{R}^K$ 为

$$\tilde{\mathbf{x}} = \mathbf{A}^{\mathrm{T}}\mathbf{x} = \begin{bmatrix} \mathbf{a}_1^{\mathrm{T}}\mathbf{x} \\ \vdots \\ \mathbf{a}_K^{\mathrm{T}}\mathbf{x} \end{bmatrix} = [\tilde{x}_1, \cdots, \tilde{x}_K]^{\mathrm{T}} \in \mathbb{R}^K \tag{6.8.1}$$

对于一个数据矩阵 $\mathbf{X} = [\mathbf{x}_1, \cdots, \mathbf{x}_P] \in \mathbb{R}^{N\times P}$, 其特征矩阵 $\tilde{\mathbf{X}}$ 为

$$\tilde{\mathbf{X}} = \mathbf{A}^{\mathrm{T}}\mathbf{X} = \mathbf{A}^{\mathrm{T}}[\mathbf{x}_1, \cdots, \mathbf{x}_P] = \begin{bmatrix} \mathbf{a}_1^{\mathrm{T}}\mathbf{x}_1 & \cdots & \mathbf{a}_1^{\mathrm{T}}\mathbf{x}_P \\ \vdots & & \vdots \\ \mathbf{a}_K^{\mathrm{T}}\mathbf{x}_1 & \cdots & \mathbf{a}_K^{\mathrm{T}}\mathbf{x}_P \end{bmatrix} = [\tilde{\mathbf{x}}_1, \cdots, \tilde{\mathbf{x}}_P] \in \mathbb{R}^{K\times P} \tag{6.8.2}$$

式中

$$\tilde{\mathbf{x}}_i = \mathbf{A}^{\mathrm{T}}\mathbf{x}_i = [\tilde{x}_{i1}, \cdots, \tilde{x}_{iK}]^{\mathrm{T}} \in \mathbb{R}^K, i = 1, \cdots, P \tag{6.8.3}$$

特征向量 $\tilde{\mathbf{x}}_i, i = 1, \cdots, P$ 应该满足下列要求。

- 降维: 由于数据向量的相关性, 在每个数据向量 $\mathbf{x}_i = [x_{i1}, \cdots, x_{iN}]^{\mathrm{T}}$ $(i = 1, \cdots, P)$ 的 N 个分量中存在冗余。我们希望构造低维特征向量 $\tilde{\mathbf{x}}_i = [\tilde{x}_{i1}, \cdots, \tilde{x}_{iK}]^{\mathrm{T}} \in \mathbb{R}^K$ 的一个新集合, 其中 $K \ll N$。这样一个工程称为特征抽取或者降维。
- 正交性: 为了避免冗余的信息, P 个特征向量应该相互正交, 即 $\tilde{\mathbf{x}}_i^{\mathrm{T}}\tilde{\mathbf{x}}_j = \delta_{ij}$ 对所有 $i, j \in \{1, \cdots, P\}$ 成立。

- 功率最大化: 在 $P < N$ 的假设下, 令 $\sigma_1^2 \geqslant \cdots \geqslant \sigma_K^2$ 是 $P \times P$ 协方差矩阵 $\mathbf{X}^{\mathrm{T}}\mathbf{X}$ 的 K 个最大特征值。于是, 我们有 [270]

$$E_{\tilde{x}_i} = E\{|\tilde{x}_i|_2^2\} = \mathbf{v}_i^{\mathrm{T}}(\mathbf{X}^{\mathrm{T}}\mathbf{X})\mathbf{v}_i = \sigma_i^2$$

式中, σ_i 是数据矩阵 $\mathbf{X} = \mathbf{U\Sigma V}^{\mathrm{T}}$ 的第 i 最大奇异值, 或 $\lambda_i = \sigma_i^2$ 是协方差矩阵 $\mathbf{X}^{\mathrm{T}}\mathbf{X} = \mathbf{V\Lambda V}^{\mathrm{T}}$ 的第 i 个最大特征值, 其中 $\mathbf{\Sigma} = \mathbf{Diag}(\sigma_1, \cdots, \sigma_P)$ 和 $\mathbf{\Lambda} = \mathbf{Diag}(\lambda_1, \cdots, \lambda_P)$。由于特征值 σ_i^2 按照非增顺序排列, 因此 $E_{\tilde{\mathbf{x}}_1} \geqslant E_{\tilde{\mathbf{x}}_2} \geqslant \cdots \geqslant E_{\tilde{\mathbf{x}}_P}$。于是, $\tilde{\mathbf{x}}_1$ 常称为 $\mathbf{X}$ 的第一个主成分特征、$\tilde{\mathbf{x}}_2$ 为 $\mathbf{X}$ 的第二个主成分特征等。因此, 我们有

$$E\{\tilde{\mathbf{x}}_1\}+\cdots+E\{\tilde{\mathbf{x}}_P\} = \sigma_1^2+\cdots+\sigma_K^2 \approx E\{|\mathbf{x}_1|_2^2\}+\cdots+E\{|\mathbf{x}_P|_2^2\} \tag{6.8.4}$$

满足上述要求条件的一种直接选择是在式 (6.8.2) 中选取 $\mathbf{A} = \mathbf{U}_1$, 给出主成分特征矩阵

$$\tilde{\mathbf{X}}_1 = [\tilde{\mathbf{x}}_1, \cdots, \tilde{\mathbf{x}}_P] = \mathbf{U}_1^{\mathrm{T}}\mathbf{X} = \mathbf{\Sigma}_1\mathbf{V}_1^{\mathrm{T}} = \begin{bmatrix} \sigma_1\mathbf{v}_1^{\mathrm{T}} \\ \vdots \\ \sigma_K\mathbf{v}_K^{\mathrm{T}} \end{bmatrix} \in \mathbb{R}^{K\times P} \tag{6.8.5}$$

因为

$$\begin{aligned} \mathbf{X} = \mathbf{U\Sigma V}^{\mathrm{T}} &= [\mathbf{U}_1, \mathbf{U}_2]\begin{bmatrix} \mathbf{\Sigma}_1 & \mathbf{O}_{K\times(P-K)} \\ \mathbf{O}_{(P-K)\times K} & \mathbf{\Sigma}_2 \end{bmatrix}\begin{bmatrix} \mathbf{V}_1^{\mathrm{T}} \\ \mathbf{V}_2 \end{bmatrix} \\ &= \mathbf{U}_1\mathbf{\Sigma}_1\mathbf{V}_1^{\mathrm{T}}+\mathbf{U}_2\mathbf{\Sigma}_2\mathbf{V}_2^{\mathrm{T}} \end{aligned}$$

式中 $\mathbf{U}_1 = [\mathbf{u}_1, \cdots, \mathbf{u}_K] \in \mathbb{R}^{N\times K}$, $\mathbf{U}_2 = [\mathbf{u}_{K+1}, \cdots, \mathbf{u}_P] \in \mathbb{R}^{N\times(P-K)}$, $\mathbf{V}_1 = [\mathbf{v}_1, \cdots, \mathbf{v}_K] \in \mathbb{R}^{P\times K}$, $\mathbf{V}_2 = [\mathbf{v}_{K+1}, \cdots, \mathbf{v}_P] \in \mathbb{R}^{P\times(P-K)}$, 而 $\mathbf{\Sigma}_1 = \mathbf{Diag}(\sigma_1, \cdots, \sigma_K)$, $\mathbf{\Sigma}_2 = \mathbf{Diag}(\sigma_{K+1}, \cdots, \sigma_P)$。

具有选择 $\mathbf{A}_1 = \mathbf{U}_1$ 的特征抽取方法称为主成分分析 (PCA)。主成分分析具有下面的重要性质:

- 主成分顺序捕获 $\mathbf{x}$ 中各列之间的最大变异性, 从而保证最小的信息损失。
- 主成分之间不相关, 所以我们可以讨论一个主成分而不涉及其他成分。

6.8.2 次成分分析

定义 6.13 (次成分) [169, 282] 令 $\mathbf{X}^{\mathrm{T}}\mathbf{X}$ 是 $N \times P$ 数据矩阵 $\mathbf{X}$ 的协方差矩阵, 具有 K 个主要特征值和 $(P-K)$ 个次要特征值 (即小特征值)。与这些次要特征值对应的 $(P-K)$ 个特征向量 $\mathbf{v}_{K+1}, \cdots, \mathbf{v}_P$ 称为数据矩阵 $\mathbf{X}$ 的次成分。

基于 $(P-K)$ 个次成分的数据或信号分析称为次成分分析 (MCA)。与主成分分析不同, 次成分分析在式 (6.8.2) 中选择 $\mathbf{A} = \mathbf{U}_2$, 使得 $(P-K) \times P$ 个次成分特征矩阵为 [271]

$$\tilde{\mathbf{X}}_2 = \mathbf{U}_2\mathbf{X} = \mathbf{\Sigma}_2\mathbf{V}_2^{\mathrm{T}} = \begin{bmatrix} \sigma_{K+1}\mathbf{v}_{K+1}^{\mathrm{T}} \\ \vdots \\ \sigma_P\mathbf{v}_P^{\mathrm{T}} \end{bmatrix} \in \mathbb{R}^{(P-K)\times P} \tag{6.8.6}$$

有趣的是, 在主成分分析中第 i 个主奇异向量 $\mathbf{v}_i$ 的贡献比为 $\sigma_i/(\sigma_1^2+\cdots+\sigma_K^2)^{1/2}, i=1,\cdots,K$, 而在次成分分析中第 j 个次奇异向量 $\mathbf{v}_j$ 的贡献比则为 $\sigma_j/(\sigma_{K+1}^2+\cdots+\sigma_P^2)^{1/2}$, 其中 $j=K+1,\cdots,P$。

在信号/数据处理、模式识别 (例如人脸、指纹、虹膜识别等)、图像处理中, 主成分对应信号主体或图像背景, 因为它们描述了一个信号或一幅图像的整体能量。与之相反, 次成分对应信号或图像的细节, 它通常是由图像背景中的运动目标决定的。

6.8.3 主子空间分析

主子空间分析 (PSA) 和次子空间分析 (MSA) 在许多应用中具有重要意义, 而主成分分析和次成分分析分别只是主子空间分析和次子空间分析的特例。主子空间分析或次子空间分析的目的是从一个具有协方差 $\mathbf{C}=E\{\mathbf{x}(k)\mathbf{x}^{\mathrm{T}}(k)\}$ 的平稳随机过程 $\mathbf{x}(k)\in\mathbb{R}^N$ 分别抽取由 m 个主特征向量或次特征向量张成的子空间[79]。

对于具有 K 个主成分向量 $\mathbf{V}_s=[\mathbf{v}_1,\cdots,\mathbf{v}_K]$ 的矩阵 $\mathbf{X}\in\mathbb{R}^{N\times P}$, $\mathbf{X}$ 的主子空间 (也称信号子空间) 定义为

$$\mathcal{S}=\mathrm{span}(\mathbf{V}_s)=\mathrm{span}\{\mathbf{v}_1,\cdots,\mathbf{v}_K\} \tag{6.8.7}$$

且正交投影 (即信号投影矩阵) 由

$$\mathbf{P}_{\mathcal{S}}=\mathbf{V}_s(\mathbf{V}_s^{\mathrm{T}}\mathbf{V}_s)^{-1}\mathbf{V}_s^{\mathrm{T}}=\mathbf{V}_s\mathbf{V}_s^{\mathrm{T}} \tag{6.8.8}$$

给出, 式中 $\mathbf{V}_s=[\mathbf{v}_1,\cdots,\mathbf{v}_K]$ 是 $P\times K$ 半正交矩阵, 满足 $\mathbf{V}_s^{\mathrm{T}}\mathbf{V}_s=\mathbf{I}_{K\times K}$。

类似地, $\mathbf{X}$ 的次子空间 (也称噪声子空间) 定义为

$$\mathcal{N}=\mathrm{span}(\mathbf{V}_n)=\mathrm{span}\{\mathbf{v}_{K+1},\cdots,\mathbf{v}_P\} \tag{6.8.9}$$

[272] 相应的正交投影 (即噪声投影矩阵) 由

$$\mathbf{P}_{\mathcal{N}}=\mathbf{V}_n(\mathbf{V}_n^{\mathrm{T}}\mathbf{V}_n)^{-1}\mathbf{V}_n^{\mathrm{T}}=\mathbf{V}_n\mathbf{V}_n^{\mathrm{T}} \tag{6.8.10}$$

定义, 式中 $\mathbf{V}_n=[\mathbf{v}_{K+1},\cdots,\mathbf{v}_P]$ 是 $P\times(P-K)$ 半正交矩阵, 满足 $\mathbf{V}_n^{\mathrm{T}}\mathbf{V}_n=\mathbf{I}_{(P-K)\times(P-K)}$。

注意, 主子空间和次子空间彼此正交, 即有 $\mathcal{S}\perp\mathcal{N}$, 因为

$$\mathbf{P}_{\mathcal{S}}^{\mathrm{T}}\mathbf{P}_{\mathcal{N}}=\mathbf{V}_s\mathbf{V}_s^{\mathrm{T}}\mathbf{V}_n\mathbf{V}_n^{\mathrm{T}}=\mathbf{O}_{P\times P}\quad(\text{零矩阵})$$

另外, 由于

$$\mathbf{P}_{\mathcal{S}}+\mathbf{P}_{\mathcal{N}}=\mathbf{V}_s\mathbf{V}_s^{\mathrm{T}}+\mathbf{V}_n\mathbf{V}_n^{\mathrm{T}}=[\mathbf{V}_s,\mathbf{V}_n]\begin{bmatrix}\mathbf{V}_s^{\mathrm{T}}\\ \mathbf{V}_n^{\mathrm{T}}\end{bmatrix}=\mathbf{V}_{P\times P}\mathbf{V}_{P\times P}^{\mathrm{T}}=\mathbf{I}_{P\times P}$$

所以主子空间和次子空间之间存在以下关系

$$\mathbf{P}_{\mathcal{S}} = \mathbf{I} - \mathbf{P}_{\mathcal{N}} \quad 或 \quad \mathbf{V}_s\mathbf{V}_s = \mathbf{I} - \mathbf{V}_n\mathbf{V}_n^{\mathrm{T}} \tag{6.8.11}$$

因此, 主子空间分析寻求主子空间 $\mathbf{V}_s\mathbf{V}_s^{\mathrm{T}}$ 代替主成分分析中的主成分 $\mathbf{V}_s = [\mathbf{v}_1, \cdots, \mathbf{v}_K]$, 而次子空间分析寻找次子空间 $\mathbf{V}_n\mathbf{V}_n^{\mathrm{T}}$ 代替次成分分析中的次成分 $\mathbf{V}_n = [\mathbf{v}_{K+1}, \cdots, \mathbf{v}_P]$。

为了推导主子空间分析和次子空间分析的更新算法, 考虑目标函数 $J(\mathbf{W})$ 的最小化, 其中 $\mathbf{W}$ 是一个 $n \times r$ 矩阵。关于 $\mathbf{W}$ 的常见约束有两种类型:

- 正交性约束: $\mathbf{W}$ 要求满足正交性条件 $\mathbf{W}^{\mathrm{H}}\mathbf{W} = \mathbf{I}_r$ $(n \geqslant r)$ 或 $\mathbf{W}\mathbf{W}^{\mathrm{H}} = \mathbf{I}_n$ $(n < r)$。满足这种条件的矩阵 $\mathbf{W}$ 称为半正交矩阵。
- 齐 (同质) 性约束: 要求 $J(\mathbf{W}) = J(\mathbf{W}\mathbf{Q})$, 其中 $\mathbf{Q}$ 是一个 $r \times r$ 正交矩阵。

对于无约束优化问题 $\min J(\mathbf{W}_{n\times r})$ (其中 $n > r$), 其解为单个矩阵 $\mathbf{W}$。然而, 对于服从半正交约束 $\mathbf{W}^{\mathrm{H}}\mathbf{W} = \mathbf{I}_r$ 和齐性约束 $J(\mathbf{W}) = J(\mathbf{W}\mathbf{Q})$ (其中 $\mathbf{Q}$ 为 $r \times r$ 正交矩阵) 的优化问题, 即

$$\min J(\mathbf{W}) \quad \text{s.t.} \quad \mathbf{W}^{\mathrm{H}}\mathbf{W} = \mathbf{I}_r, J(\mathbf{W}) = J(\mathbf{W}\mathbf{Q}) \tag{6.8.12}$$

其解是半正交矩阵集合中的任何一个解。半正交矩阵集合定义为

$$\mathrm{Gr}(n, r) = \left\{\mathbf{W} \in \mathbb{C}^{n\times r} \,\middle|\, \mathbf{W}^{\mathrm{H}}\mathbf{W} = \mathbf{I}_r, \ \mathbf{W}_1\mathbf{W}_1^{\mathrm{H}} = \mathbf{W}_2\mathbf{W}_2^{\mathrm{H}}\right\} \tag{6.8.13}$$

这个集合称为半正交矩阵 $\mathbf{W}_{n\times r}$ 的 Grassmann 流形。其中, 半正交矩阵满足 $\mathbf{W}^{\mathrm{T}}\mathbf{W} = \mathbf{I}$, 但 $\mathbf{W}\mathbf{W}^{\mathrm{T}}$ 是 $n \times n$ 奇异矩阵。 [273]

对于两个给定的半正交矩阵 $\mathbf{W}_1$ 和 $\mathbf{W}_2$, 它们的子空间称为等效子空间, 若 $\mathbf{W}_1\mathbf{W}_1^{\mathrm{T}} = \mathbf{W}_2\mathbf{W}_2^{\mathrm{T}}$。基于等效子空间的特征抽取方法称为子空间分析法。

因此, 主子空间分析和次子空间分析的目标是分别找到等价的主子空间和次子空间。

子空间分析法有下列的特性[287]。

- 信号 (或主) 子空间法和噪声 (或次) 子空间法只需要少量奇异向量或特征向量。
- 在许多应用中, 不一定需要知道奇异值或特征值; 只需要知道矩阵的秩和它的奇异向量或特征向量足矣。
- 在大多数情况下, 不一定需要精确地知道奇异向量或者特征向量, 只需要张成主子空间或次子空间的基向量即可。
- 主子空间 $\mathbf{V}_s\mathbf{V}_s^{\mathrm{H}}$ 和次子空间 $\mathbf{V}_n\mathbf{V}_n^{\mathrm{H}}$ 可以利用 $\mathbf{V}_n\mathbf{V}_n^{\mathrm{H}} = \mathbf{I} - \mathbf{V}_s\mathbf{V}_s^{\mathrm{H}}$ 相互转换。

关于更多子空间分析的基础理论与应用, 读者可参考文献 [294]。

下面, 我们推导主子空间分析算法。令 $\mathbf{C} = E\{\mathbf{x}\mathbf{x}^{\mathrm{T}}\}$ 表示 $N \times 1$ 随机向量 $\mathbf{x} \in \mathbb{R}^N$ 的协方差矩阵, 并考虑下面的约束优化问题

$$\min_{\mathbf{W}} E\left\{\|\mathbf{x} - \mathbf{P}_W\mathbf{x}\|_2^2\right\} \quad \text{s.t.} \quad \mathbf{W}^{\mathrm{T}}\mathbf{W} = \mathbf{I} \tag{6.8.14}$$

式中 $\mathbf{P}_W = \mathbf{W}(\mathbf{W}^{\mathrm{T}}\mathbf{W})^{-1}\mathbf{W}^{\mathrm{T}}$ 是权矩阵 $\mathbf{W}_{N\times P}$ (其中 $N > P$) 的投影矩阵, 而

$\mathbf{P}_W\mathbf{x}$ 表示由 $\mathbf{W}$ 抽取的 $\mathbf{x}$ 的特征向量。显然, $\mathbf{x}-\mathbf{P}_W\mathbf{x}$ 代表原输入数据向量与其抽取的特征向量之间的误差。因此, 式 (6.8.14) 是一个最小平方误差 (MSE) 准则。

有趣的是, 约束优化问题式 (6.8.14) 可以等价写成下面的无约束优化问题

$$\min_{\mathbf{W}} \quad E\left\{\left\|\mathbf{x}-\mathbf{W}\mathbf{W}^{\mathrm{T}}\mathbf{x}\right\|_2^2\right\} \tag{6.8.15}$$

其目标函数为[287]

$$\begin{aligned}
J(\mathbf{W}) &= E\left\{\left\|\mathbf{x}-\mathbf{W}\mathbf{W}^{\mathrm{T}}\mathbf{x}\right\|_2^2\right\} \\
&= E\left\{\left(\mathbf{x}-\mathbf{W}\mathbf{W}^{\mathrm{T}}\mathbf{x}\right)^{\mathrm{T}}\left(\mathbf{x}-\mathbf{W}\mathbf{W}^{\mathrm{T}}\mathbf{x}\right)\right\} \\
&= E\{\mathbf{x}^{\mathrm{T}}\mathbf{x}\}-2E\{\mathbf{x}^{\mathrm{T}}\mathbf{W}\mathbf{W}^{\mathrm{T}}\mathbf{x}\}+E\{\mathbf{x}^{\mathrm{T}}\mathbf{W}\mathbf{W}^{\mathrm{T}}\mathbf{W}\mathbf{W}^{\mathrm{T}}\mathbf{x}\}
\end{aligned} \tag{6.8.16}$$

[274] 因为

$$\begin{aligned}
E\{\mathbf{x}^{\mathrm{T}}\mathbf{x}\} &= \sum_{i=1}^{n} E\{|x_i|^2\} = \mathrm{tr}\left(E\{\mathbf{x}\mathbf{x}^{\mathrm{T}}\}\right) = \mathrm{tr}(\mathbf{C}) \\
E\{\mathbf{x}^{\mathrm{T}}\mathbf{W}\mathbf{W}^{\mathrm{T}}\mathbf{x}\} &= \mathrm{tr}\left(E\{\mathbf{W}^{\mathrm{T}}\mathbf{x}\mathbf{x}^{\mathrm{T}}\mathbf{W}\}\right) = \mathrm{tr}\left(\mathbf{W}^{\mathrm{T}}\mathbf{C}\mathbf{W}\right) \\
E\{\mathbf{x}^{\mathrm{T}}\mathbf{W}\mathbf{W}^{\mathrm{T}}\mathbf{W}\mathbf{W}^{\mathrm{T}}\mathbf{x}\} &= \mathrm{tr}\left(E\{\mathbf{W}^{\mathrm{T}}\mathbf{x}\mathbf{x}^{\mathrm{T}}\mathbf{W}\mathbf{W}^{\mathrm{T}}\mathbf{W}\}\right) \\
&= \mathrm{tr}\left(\mathbf{W}^{\mathrm{T}}\mathbf{C}\mathbf{W}\mathbf{W}^{\mathrm{T}}\mathbf{W}\right)
\end{aligned}$$

故式 (6.8.16) 的目标函数可以表示为矩阵迹的形式

$$J(\mathbf{W}) = \mathrm{tr}(\mathbf{C}) - 2\mathrm{tr}(\mathbf{W}^{\mathrm{T}}\mathbf{C}\mathbf{W}) + \mathrm{tr}(\mathbf{W}^{\mathrm{T}}\mathbf{C}\mathbf{W}\mathbf{W}^{\mathrm{T}}\mathbf{W}) \tag{6.8.17}$$

式中 $\mathbf{W}$ 是一个 $N\times P$ 矩阵, 其秩假定为 K。

由式 (6.8.17) 可以看出, 在时变情况下, 目标函数 $J(\mathbf{W}(t))$ 的矩阵微分由下式给出

$$\begin{aligned}
\mathrm{d}J(\mathbf{W}(t)) = &-2\mathrm{tr}\Big(\mathbf{W}^{\mathrm{T}}(t)\mathbf{C}(t)\mathrm{d}\mathbf{W}(t) + (\mathbf{C}(t)\mathbf{W}(t))^{\mathrm{T}}\mathrm{d}\mathbf{W}^*(t)\Big) \\
&+ \mathrm{tr}\Big((\mathbf{W}^{\mathrm{T}}(t)\mathbf{W}(t)\mathbf{W}^{\mathrm{T}}(t)\mathbf{C}(t) + \mathbf{W}(t)\mathbf{C}(t)\mathbf{W}(t)\mathbf{W}^{\mathrm{T}}(t))\mathrm{d}\mathbf{W}(t) \\
&+ (\mathbf{C}(t)\mathbf{W}(t)\mathbf{W}^{\mathrm{T}}(t)\mathbf{W}(t) + \mathbf{W}(t)\mathbf{W}^{\mathrm{T}}(t)\mathbf{C}(t)\mathbf{W}(t))^{\mathrm{T}}\mathrm{d}\mathbf{W}^*(t)\Big)
\end{aligned}$$

由此得梯度矩阵

$$\begin{aligned}
\nabla_W J(\mathbf{W}(t)) &= -2\mathbf{C}(t)\mathbf{W}(t) + \mathbf{C}(t)\mathbf{W}(t)\mathbf{W}^{\mathrm{T}}(t)\mathbf{W}(t) + \mathbf{W}(t)\mathbf{W}^{\mathrm{T}}(t)\mathbf{C}(t)\mathbf{W}(t) \\
&= \mathbf{W}(t)\mathbf{W}^{\mathrm{T}}(t)\mathbf{C}(t)\mathbf{W}(t) - \mathbf{C}(t)\mathbf{W}(t)
\end{aligned}$$

式中使用了半正交约束条件 $\mathbf{W}^{\mathrm{T}}(t)\mathbf{W}(t)=\mathbf{I}$。

将 $\mathbf{C}(t) = \mathbf{x}(t)\mathbf{x}^{\mathrm{T}}(t)$ 代入上述梯度矩阵公式, 即可得到求解最小化问题 $\mathbf{W}(t) = \mathbf{W}(t-1) - \mu\nabla_W J(\mathbf{W}(t))$ 的梯度下降算法

$$\mathbf{y}(t) = \mathbf{W}^{\mathrm{T}}(t)\mathbf{x}(t) \tag{6.8.18}$$

$$\mathbf{W}(t+1) = \mathbf{W}(t) + \beta(t)\big(\mathbf{y}^{\mathrm{T}}(t)\mathbf{x}(t) - \mathbf{W}(t)\mathbf{y}(t)\mathbf{y}^{\mathrm{T}}(t)\big) \tag{6.8.19}$$

这里, $\beta(t) > 0$ 为学习参数。这种算法称为投影逼近子空间跟踪 (PAST), 由 Yang[287] 在 1995 年从子空间角度提出。

关于 PAST 算法, 下面两个定理为真。

定理 6.1 [287] 矩阵 $\mathbf{W}$ 是目标函数 $J(\mathbf{W})$ 的一个平稳点, 当且仅当 $\mathbf{W} =$ [275]
$\mathbf{V}_r\mathbf{Q}$, 其中 $\mathbf{V}_r \in \mathbb{R}^{P\times r}$ 由协方差矩阵 $\mathbf{C} = \mathbf{V}_r\mathbf{D}_r\mathbf{V}_r^{\mathrm{T}}$ 的 r 个特征向量构成, 并且 $\mathbf{Q} \in \mathbb{R}^{r\times r}$ 是任意一个正交矩阵。在每一个平稳点, 目标函数 $J(\mathbf{W})$ 的值等于与不在 $\mathbf{V}_r$ 的特征向量对应的特征值之和。

定理 6.2 [287] 目标函数 $J(\mathbf{W})$ 的所有平稳点都是鞍点, 除非 $\mathbf{C}$ 的秩等于 K, 即 $\mathbf{V}_r = \mathbf{V}_s$ 由协方差矩阵 $\mathbf{C}$ 的 K 个主特征向量构成。在这种特殊情况下, $J(\mathbf{W})$ 抵达一个全局最小值。

定理 6.1 和定理 6.2 表明了以下事实:

① 式 (6.8.17) 的目标函数 $J(\mathbf{W})$ 的无约束最小化中, 不要求 $\mathbf{W}$ 的列正交, 但是两个定理却表明, 目标函数 $J(\mathbf{W})$ 的最小化会自动导致一个半正交矩阵 $\mathbf{W}$ 满足 $\mathbf{W}^{\mathrm{T}}\mathbf{W} = \mathbf{I}$。

② 定理 6.2 表明, 当 $\mathbf{W}$ 的列空间等于信号或主子空间即 $\mathrm{col}(\mathbf{W}) = \mathrm{span}(\mathbf{V}_s)$ 时, 目标函数 $J(\mathbf{W})$ 达到全局极小值, 并且没有其他局部最小值。

③ 从定义式 (6.8.17) 容易看出, $J(\mathbf{W}) = J(\mathbf{WQ})$ 对所有 $K \times K$ 酉矩阵 $\mathbf{Q}$ 成立, 即目标函数自动满足齐性约束。

④ 由于式 (6.8.17) 定义的目标函数自动满足齐性约束, 并且其最小化自动具有结果: $\mathbf{W}$ 满足半正交性约束 $\mathbf{W}^{\mathrm{H}}\mathbf{W} = \mathbf{I}$, 所以解 $\mathbf{W}$ 不是唯一确定的, 而是 Grassmann 流形上的一个点。这一事实大大松弛了优化问题 (6.8.17) 的求解。

⑤ 投影矩阵 $\mathbf{P} = \mathbf{W}(\mathbf{W}^{\mathrm{T}}\mathbf{W})^{-1}\mathbf{W}^{\mathrm{T}} = \mathbf{W}\mathbf{W}^{\mathrm{T}} = \mathbf{V}_s\mathbf{V}_s^{\mathrm{T}}$ 是唯一确定的, 即是说, 不同的解 $\mathbf{W}$ 张成相同的列空间。

⑥ 当 $r = 1$, 即目标函数是向量变元 $\mathbf{w}$ 的实值函数时, 目标函数 $J(\mathbf{w})$ 最小化的解 $\mathbf{w}$ 是与协方差矩阵 $\mathbf{C}$ 的最大特征值对应的特征向量。

因此, 式 (6.8.19) 给出优化问题式 (6.8.16) 的全局解, 值得强调的是, 式 (6.8.19) 是 Oja[194] 的主子空间分析规则。

另一方面, 有两种次子空间分析算法。一个是[49]

$$\mathbf{W}(t+1) = \mathbf{W}(t) + \beta(t)\left(\mathbf{W}(t)\mathbf{W}^{\mathrm{T}}(t)\mathbf{y}(t)\mathbf{x}(t) - \mathbf{y}(t)\mathbf{y}^{\mathrm{T}}(t)\mathbf{W}(t)\right) \tag{6.8.20}$$

另一个是[79]

$$\begin{aligned}\mathbf{W}(t+1) = &\mathbf{W}(t) - \beta(t)\left(\mathbf{W}(t)\mathbf{W}^{\mathrm{T}}(t)\mathbf{W}(t)\mathbf{W}^{\mathrm{T}}(t)\mathbf{y}(t)\mathbf{x}^{\mathrm{T}}(t)\right.\\ &\left. - \mathbf{y}(t)\mathbf{y}^{\mathrm{T}}(t)\mathbf{W}(t)\right)\end{aligned} \tag{6.8.21}$$

Douglas 算法式 (6.8.21) 是自稳定的,因为向量无须周期性地归一化为单位 [276]
模。

6.8.4 鲁棒主成分分析

给定一个观测或数据矩阵 $\mathbf{D}=\mathbf{A}+\mathbf{E}$, 其中 $\mathbf{A}$ 和 $\mathbf{E}$ 未知, 但 $\mathbf{A}$ 已知是一个低秩真实数据矩阵, $\mathbf{E}$ 已知是加性稀疏噪声矩阵。我们的目的是恢复 $\mathbf{A}$。由于低秩矩阵 $\mathbf{A}$ 可以看成是数据矩阵 $\mathbf{D}$ 的主成分, 稀疏矩阵 $\mathbf{E}$ 可能有少量严重的误差或离群的观察值, 所以基于奇异值分解的主成分分析通常会失效。因此, 这个问题属于鲁棒主成分分析问题[164, 272]。

所谓鲁棒主成分分析, 就是能够正确恢复数据矩阵的潜在的低秩结构, 即便数据矩阵存在严重误差或离群观测值。这个问题也称主成分追踪 (PCP) 问题[46], 因为它通过最小化核范数 $\|\mathbf{A}\|_*$ 与加权 ℓ_1 范数 $\mu\|\mathbf{E}\|_1$ 的组合来跟踪数据矩阵 $\mathbf{D}$ 的主成分

$$\min_{\mathbf{A},\mathbf{E}}\{\|\mathbf{A}\|_*+\mu\|\mathbf{E}\|_1\}\quad \text{s.t.}\quad \mathbf{D}=\mathbf{A}+\mathbf{E} \tag{6.8.22}$$

这里, $\|\mathbf{A}\|_*=\sum_i^{\min\{m,n\}}\sigma_i(\mathbf{A})$ 表示 $\mathbf{A}$ 的核范数, 即所有奇异值之和, 它反映了低秩矩阵 $\mathbf{A}$ 的成本, 而 $\|\mathbf{E}\|_1=\sum_{i=1}^m\sum_{j=1}^n|E_{ij}|$ 是加性噪声矩阵 $\mathbf{E}$ 所有元素的绝对值之和, 其中某些误差矩阵元素可能任意大。常数 $\mu>0$ 的作用是平衡低秩与稀疏性之间的矛盾需求。

利用式 (6.8.22) 中的最小化, 初始未知的低秩矩阵 $\mathbf{A}$ 和未知的稀疏矩阵 $\mathbf{E}$ 可以从数据矩阵 $\mathbf{D}\in\mathbb{R}^{m\times n}$ 恢复。这就是说, 鲁棒主成分分析和或主成分追踪问题可以表示为

$$\min_{\mathbf{A},\mathbf{E}}\left\{\|\mathbf{A}\|_*+\mu\|\mathbf{E}\|_1+\frac{1}{2}(\|\mathbf{A}+\mathbf{E}-\mathbf{D})\|_F^2\right\} \tag{6.8.23}$$

可以证明[44], 在相当弱的假设下, 主成分追踪估计能准确从具有粗稀疏误差矩阵 $\mathbf{E}$ 的数据矩阵 $\mathbf{D}=\mathbf{A}+\mathbf{E}$ 恢复低秩矩阵 $\mathbf{A}$。

为了求解鲁棒主成分分析或主成分追踪问题式 (6.8.23), 我们来考虑一类更一般的优化问题

$$F(\mathbf{X})=f(\mathbf{X})+\mu h(\mathbf{X}) \tag{6.8.24}$$

[277] 式中 $f(\mathbf{X})$ 是一个凸的、光滑 (即可微分) 的 L-Lipschitz 函数, 且 $h(\mathbf{X})$ 是一个凸但非光滑的函数, 例如 $\|\mathbf{X}\|_1,\|\mathbf{X}\|_*$ 等。

我们不直接最小化组合函数 $F(\mathbf{X})$, 而是最小化该函数在一个特别选择的点 $\mathbf{Y}$ 可分离的二次逼近 $Q(\mathbf{X},\mathbf{Y})$ 函数

$$\begin{aligned}Q(\mathbf{X},\mathbf{Y})&=f(\mathbf{Y})+\langle\nabla f(\mathbf{Y}),\mathbf{X}-\mathbf{Y}\rangle+\frac{1}{2}(\mathbf{X}-\mathbf{Y})^{\mathrm{T}}\nabla^2 f(\mathbf{Y})(\mathbf{X}-\mathbf{Y})+\mu h(\mathbf{X})\\&=f(\mathbf{Y})+\langle\nabla f(\mathbf{Y}),\mathbf{X}-\mathbf{Y}\rangle+\frac{L}{2}\|\mathbf{X}-\mathbf{Y}\|_F^2+\mu h(\mathbf{X})\end{aligned} \tag{6.8.25}$$

式中 $\nabla^2 f(\mathbf{Y})$ 用 $L\mathbf{I}$ 近似。

当相对于 $\mathbf{X}$ 最小化 $Q(\mathbf{X},\mathbf{Y})$ 时, 函数项 $f(\mathbf{Y})$ 可以当作一常数项忽略。因此, 我们有

$$
\begin{aligned}
\mathbf{X}_{k+1} &= \arg\min_{\mathbf{X}} \left\{ \mu h(\mathbf{X}) + \frac{L}{2} \left\| \mathbf{X} - \mathbf{Y}_k + \frac{1}{L}\nabla f(\mathbf{Y}_k) \right\|_F^2 \right\} \\
&= \mathbf{prox}_{\mu L^{-1} h} \left(\mathbf{Y}_k - \frac{1}{L}\nabla f(\mathbf{Y}_k) \right)
\end{aligned} \tag{6.8.26}
$$

如果我们令 $f(\mathbf{Y}) = \frac{1}{2}\|\mathbf{A}+\mathbf{E}-\mathbf{D}\|_F^2$ 和 $h(\mathbf{X}) = \|\mathbf{A}\|_* + \lambda\|\mathbf{E}\|_1$, 则 Lipschitz 常数 $L = 2$ 和 $\nabla f(\mathbf{Y}) = \mathbf{A} + \mathbf{E} - \mathbf{D}$。于是,

$$
Q(\mathbf{X}, \mathbf{Y}) = \mu h(\mathbf{X}) + f(\mathbf{Y}) = (\mu\|\mathbf{A}\|_* + \mu\lambda\|\mathbf{E}\|_1) + \frac{1}{2}\|\mathbf{A} + \mathbf{E} - \mathbf{D}\|_F^2
$$

简化为鲁棒主成分分析问题的二次逼近。

由定理 4.5, 我们有

$$
\mathbf{A}_{k+1} = \mathbf{prox}_{\mu/2\|\cdot\|_*} \left(\mathbf{Y}_k^A - \frac{1}{2}(\mathbf{A}_k + \mathbf{E}_k - \mathbf{D}) \right) = \mathbf{U}\text{soft}(\boldsymbol{\Sigma}, \lambda)\mathbf{V}^{\mathrm{T}}
$$

$$
\mathbf{E}_{k+1} = \mathbf{prox}_{\mu\lambda/2\|\cdot\|_1} \left(\mathbf{Y}_k^E - \frac{1}{2}(\mathbf{A}_k + \mathbf{E}_k - \mathbf{D}) \right) = \text{soft}\left(\mathbf{W}_k^E, \frac{\mu\lambda}{2} \right)
$$

式中 $\mathbf{U}\boldsymbol{\Sigma}\mathbf{V}^{\mathrm{T}}$ 是 $\mathbf{W}_k^A$ 的奇异值分解, 且

$$
\mathbf{W}_k^A = \mathbf{Y}_k^A - \frac{1}{2}(\mathbf{A}_k + \mathbf{E}_k - \mathbf{D}) \tag{6.8.27}
$$

$$
\mathbf{W}_k^E = \mathbf{Y}_k^E - \frac{1}{2}(\mathbf{A}_k + \mathbf{E}_k - \mathbf{D}) \tag{6.8.28}
$$

算法 6.10 示出了鲁棒主成分分析算法。

算法 6.10 基于加速迫近梯度的鲁棒主成分分析[164, 272] [278]

---

input: Data matrix $\mathbf{D} \in \mathbb{R}^{m\times n}$, λ, allowed tolerance ϵ

initialization: $\mathbf{A}_0, \mathbf{A}_{-1} \leftarrow \mathbf{O}; \mathbf{E}_0, \mathbf{E}_{-1} \leftarrow \mathbf{O};\ t_0, t_{-1} \leftarrow 1; \bar{\mu} \leftarrow \delta\mu_0$

repeat

$\quad \mathbf{Y}_k^A \leftarrow \mathbf{A}_k + \dfrac{t_{k-1} - 1}{t_k}(\mathbf{A}_k - \mathbf{A}_{k-1})$

$\quad \mathbf{Y}_k^E \leftarrow \mathbf{E}_k + \dfrac{t_{k-1} - 1}{t_k}(\mathbf{E}_k - \mathbf{E}_{k-1})$

$\quad \mathbf{W}_k^A \leftarrow \mathbf{Y}_k^A - \frac{1}{2}(\mathbf{A}_k + \mathbf{E}_k - \mathbf{D})$

$\quad (\mathbf{U}, \boldsymbol{\Sigma}, \mathbf{V}) = \text{svd}(\mathbf{W}_k^A)$

$\quad r = \max\left\{ j : \sigma_j > \frac{\mu_k}{2} \right\}$

$\quad \mathbf{A}_{k+1} = \sum_{i=1}^{r} \left(\sigma_i - \frac{\mu_k}{2}\mathbf{u}_i\mathbf{v}_i^{\mathrm{T}} \right)$

$\quad \mathbf{W}_k^E \leftarrow \mathbf{Y}_k^E - \frac{1}{2}(\mathbf{A}_k + \mathbf{E}_k - \mathbf{D})$

$\quad \mathbf{E}_{k+1} = \text{soft}\left(\mathbf{W}_k^E, \frac{\lambda\mu_k}{2} \right)$

$\quad t_{k+1} \leftarrow \dfrac{1 + \sqrt{4t_k^2 + 1}}{2}$

$\quad \mu_{k+1} \leftarrow \max(\eta\mu_k, \bar{\mu})$

$\mathbf{S}_{k+1}^{A} = 2(\mathbf{Y}_k^A - \mathbf{A}_{k+1}) + (\mathbf{A}_{k+1} + \mathbf{E}_{k+1} - \mathbf{Y}_k^A - \mathbf{Y}_k^E)$

$\mathbf{S}_{k+1}^{E} = 2(\mathbf{Y}_k^E - \mathbf{E}_{k+1}) + (\mathbf{A}_{k+1} + \mathbf{E}_{k+1} - \mathbf{Y}_k^A - \mathbf{Y}_k^E)$

exit if $\|\mathbf{S}_{k+1}\|_F^2 = \|\mathbf{S}_{k+1}^A\|_F^2 + \|\mathbf{S}_{k+1}^E\|_F^2 \leqslant \epsilon$

return $k \leftarrow k+1$

output: $\mathbf{A} \leftarrow \mathbf{A}_k$, $\mathbf{E} \leftarrow \mathbf{E}_k$

鲁棒主成分分析具有以下收敛性。

定理 6.3 [164] 令 $F(\mathbf{X}) = F(\mathbf{A}, \mathbf{E}) = \mu\|\mathbf{A}\|_* + \mu\lambda\|\mathbf{E}\|_1 + \frac{1}{2}\|\mathbf{A}+\mathbf{E}-\mathbf{D}\|_F^2$, 则对于所有 $k > k_0 = C_1/\log(1/n)$ (其中 $C_1 = \log(\mu_0/\mu)$), 有

$$F(\mathbf{X}) - F(\mathbf{X}^*) \leqslant \frac{4\|\mathbf{X}_{k_0} - \mathbf{X}^*\|_F^2}{(k-k_0+1)^2} \tag{6.8.29}$$

式中 $\mathbf{X}^*$ 是鲁棒主成分分析问题 $\min\limits_{\mathbf{X}} F(\mathbf{X})$ 的解。

6.8.5 稀疏主成分分析

考虑线性回归问题: 已知一个观测的响应向量 $\mathbf{y} = [y_1, \cdots, y_n]^{\mathrm{T}} \in \mathbb{R}^n$ 和一个观测的数据矩阵 $\mathbf{X} = [\mathbf{x}_1, \cdots, \mathbf{x}_p] \in \mathbb{R}^{n\times p}$, 求拟合系数向量 $\boldsymbol{\beta} = [\beta_1, \cdots, \beta_p]^{\mathrm{T}} \in \mathbb{R}^p$ 使得

$$\hat{\beta} = \arg\min_{\boldsymbol{\beta}} \|\mathbf{y} - \mathbf{X}\boldsymbol{\beta}\|_2^2 = \left\|\mathbf{y} - \sum_{i=1}^{p} \mathbf{x}_i\beta_i\right\|_2^2 \tag{6.8.30}$$

[279] 式中$\mathbf{y}$ 和 $\mathbf{x}_i, i = 1, \cdots, p$ 假定分别已经中心化即零均值化。

最小化上述平方误差通常会导致敏感的解。有许多正则化方法可以减小这种敏感性。其中, Tikhonov 正则化[247] 和 Lasso[84, 244] 是两种广泛熟知和被引用的算法, 如同文献 [283] 指出的那样。

Lasso (最小绝对伸缩与选择算子) 是一种惩罚最小二乘法

$$\hat{\beta}_{\text{Lasso}} = \arg\min_{\boldsymbol{\beta}} \left\|\mathbf{y} - \sum_{i=1}^{p} \mathbf{x}_i\beta_i\right\|_2^2 + \lambda\|\boldsymbol{\beta}\|_1 \tag{6.8.31}$$

式中 $\|\boldsymbol{\beta}\|_1 = \sum_{i=1}^p |\beta_i|$ 是 ℓ_1 范数, 而 λ 非负。

Lasso 可以提供一个稀疏预测系数解向量, 因为 ℓ_1 范数罚项的本质是通过不断地将预测系数收缩到零, 并通过偏差的方差权衡来达到其预测精度。

虽然 Lasso 在许多应用中获得成功, 但是它有某些局限[307]:

- 如果 $p > n$, 由于凸优化问题的性质, Lasso 在饱和之前最多选择 n 个变量。这似乎是变量选择方法的一个限制特性。此外, Lasso 没有很好的定义, 除非 $\boldsymbol{\beta}$ 的 ℓ_1 范数上的界小于某个值。
- 如果存在一组变量, 其中的成对相关性非常高, 那么 Lasso 倾向于只从组

中选择一个变量, 而不关心是哪一个变量被选择。

- 对于常见的 $n > p$ 情况, 若预测值 $\mathbf{x}_i$ 之间存在高度相关性, 则经验性地会观察到, Lasso 的预测性能主要受岭回归控制[244]。

为了克服这些缺点, Zou 和 Hastie[307] 通过推广 Lasso 提出了弹性网 (elastic net)

$$\hat{\beta}_{\text{en}} = (1+\beta_2)\left(\arg\min_{\boldsymbol{\beta}} \left\|\mathbf{y} - \sum_{i=1}^{p} \mathbf{x}_i \beta_i\right\|_2^2 + \lambda_1 \sum_{i=1}^{p} |\beta_i| + \lambda_2 \sum_{i=1}^{p} |\lambda_i|^2\right) \tag{6.8.32}$$

式中 λ_1 和 λ_2 是任意非负的常数。弹性网惩罚是岭回归和 Lasso 惩罚的凸组合。如果 $\lambda_2 = 0$, 则弹性网简化为 Lasso。

定理 6.4 [308] 令 $\mathbf{X} = \mathbf{U}\mathbf{D}\mathbf{V}^{\mathrm{T}}$ 是 $\mathbf{X}$ 的秩 K 奇异值分解。对于每一个 i, $\mathbf{z}_i = d_{ii}\mathbf{u}_i$ 表示第 i 个主成分。考虑正的常数 λ 和式 (6.8.33) 给出的岭估计 [280]

$$\hat{\boldsymbol{\beta}}_{\text{ridge}} = \arg\min_{\boldsymbol{\beta}} \|\mathbf{z}_i - \mathbf{X}\boldsymbol{\beta}\|_2^2 + \lambda\|\boldsymbol{\beta}\|_2^2 \tag{6.8.33}$$

令 $\hat{\mathbf{v}} = \frac{\hat{\boldsymbol{\beta}}_{\text{ridge}}}{\|\hat{\boldsymbol{\beta}}_{\text{ridge}}\|}$, 则 $\hat{\mathbf{v}} = \mathbf{v}_i$。

定理 6.4 建立了主成分分析与回归方法之间的联系。

定理 6.5 [308] 令 $\mathbf{A}_{p\times k} = [\boldsymbol{\alpha}_1, \cdots, \boldsymbol{\alpha}_k]$ 和 $\mathbf{B}_{p\times k} = [\boldsymbol{\beta}_1, \cdots, \boldsymbol{\beta}_k]$。对于任意 $\lambda > 0$, 考虑约束优化问题

$$(\hat{\mathbf{A}}, \hat{\mathbf{B}}) = \arg\min_{\mathbf{A},\mathbf{B}} \left\|\mathbf{X} - \mathbf{X}\mathbf{B}\mathbf{A}^{\mathrm{T}}\right\|_F^2 + \lambda \sum_{j=1}^{k} \|\boldsymbol{\beta}_j\|_2^2 \tag{6.8.34}$$

约束条件为 $\mathbf{A}^{\mathrm{T}}\mathbf{A} = \mathbf{I}_{k\times k}$。于是, 对于 $j = 1, \cdots, k$ 有 $\hat{\boldsymbol{\beta}}_j \propto \mathbf{v}_j$。

若增加 Lasso 惩罚项, 则准则式 (6.8.34) 变为下列优化问题

$$(\hat{\mathbf{A}}, \hat{\mathbf{B}}) = \arg\min_{\mathbf{A},\mathbf{B}} \left\|\mathbf{X} - \mathbf{X}\mathbf{A}\mathbf{B}^{\mathrm{T}}\right\|_F^2 + \lambda \sum_{j=1}^{k} \|\boldsymbol{\beta}_j\|_2^2 + \sum_{j=1}^{k} \lambda_{1,j} \|\boldsymbol{\beta}_j\|_1 \tag{6.8.35}$$

约束条件为 $\mathbf{A}^{\mathrm{T}}\mathbf{A} = \mathbf{I}_{k\times k}$。由于 $\|\mathbf{A}\|_F^2 = \|\mathbf{A}^{\mathrm{T}}\mathbf{A}\|_2 = 1$, 故有

$$\|\mathbf{X} - \mathbf{X}\mathbf{B}\mathbf{A}^{\mathrm{T}}\|_F^2 = \|\mathbf{X}\mathbf{A} - \mathbf{X}\mathbf{B}\|_F^2 = (\mathbf{A} - \mathbf{B})^{\mathrm{T}}\mathbf{X}^{\mathrm{T}}\mathbf{X}(\mathbf{A} - \mathbf{B})$$

将结果代入式 (6.8.35), 得

$$(\hat{\boldsymbol{\alpha}}_j, \hat{\boldsymbol{\beta}}_j) = \arg\min_{\boldsymbol{\alpha}_j, \boldsymbol{\beta}_j} (\boldsymbol{\alpha}_j - \boldsymbol{\beta}_j)^{\mathrm{T}}\mathbf{X}^{\mathrm{T}}\mathbf{X}(\boldsymbol{\alpha}_j - \boldsymbol{\beta}_j) + \lambda\|\boldsymbol{\beta}_j\|_2^2 + \lambda_{1,j}\|\boldsymbol{\beta}_j\|_1 \tag{6.8.36}$$

解耦优化问题可以利用交替方法求解。

综合以上讨论, Zou 等人提出的稀疏主成分分析 (SPCA) 算法[308] 可以用算法 6.11 描述。

[281] **算法 6.11** 稀疏主成分分析算法[308]

1. **input:** The data matrix $\mathbf{X} \in \mathbb{R}^{n\times p}$ and the response vector $\mathbf{y} \in \mathbb{R}^n$
2. **initialization:**

   2.1 Make the truncated SVD $\mathbf{X} = \sum_{i=1}^{k} d_i \mathbf{u}_i \mathbf{v}_i^{\mathrm{T}}$

   2.2 let $\boldsymbol{\alpha}_j = \mathbf{v}_j,\ j = 1, \cdots, k$

   2.3 select $\lambda > 0$ and $\lambda_{1,i} > 0,\ i = 1, \cdots, k$
3. given a fixed $\mathbf{A} = [\boldsymbol{\alpha}_1, \cdots, \boldsymbol{\alpha}_k]$, solve the following elastic net problem for $j = 1, \cdots, k$: $\boldsymbol{\beta}_j = \arg\min\limits_{\boldsymbol{\beta}} (\boldsymbol{\alpha}_j - \boldsymbol{\beta})^{\mathrm{T}} \mathbf{X}^{\mathrm{T}} \mathbf{X} (\boldsymbol{\alpha}_j - \boldsymbol{\beta}) + \lambda \|\boldsymbol{\beta}\|_2^2 + \lambda_{1,j} \|\boldsymbol{\beta}\|_1$
4. for a fixed $\mathbf{B} = [\boldsymbol{\beta}_1, \cdots, \boldsymbol{\beta}_k]$, compute the SVD of $\mathbf{X}^{\mathrm{T}}\mathbf{X}\mathbf{B} = \mathbf{U}\mathbf{D}\mathbf{V}^{\mathrm{T}}$, then update $\mathbf{A} = \mathbf{U}\mathbf{V}^{\mathrm{T}}$
5. repeat Steps 3-4, until convergence
6. Normalization: $\boldsymbol{\beta}_j \leftarrow \frac{\boldsymbol{\beta}_j}{\|\boldsymbol{\beta}_j\|_2}$ for $j = 1, \cdots, k$
7. **output:** normalized fitting coefficient vectors $\boldsymbol{\beta}_j, j = 1, \cdots, k$

6.9 监督学习回归

以回归 (对连续输出) 和分类 (对离散输出) 形式表示的有监督学习是统计学和机器学习的一个重要领域。

机器学习的目的是借助学习数据样本和标签之间的对应关系, 建立输入与输出之间的映射。顾名思义, 有监督的学习是一种机器学习, 它是建立在监督者 (数据标签专家) 的基础上的有标签的输入 (或训练) 数据的学习。

在监督学习中, 我们已知输入向量的“训练集” $\{\mathbf{x}_n\}_{n=1}^N$ 及相应的目标 $\{y_n\}_{n=1}^N$。数据集 $\{\mathbf{x}_n, y_n\}_{n=1}^N$ 称为标签数据集。

令输入样本的域为 X、标签域为 Y, 并令 $P(x, y)$ 是样本和标签域 $X \times Y$ 上的 (未知) 联合概率分布。给定从 $P(\mathbf{x})$ 采样的独立同分布 (i.i.d.) 的训练数据 $\{\mathbf{x}_i\}_{i=1}^N$, 记作 $\mathbf{x}_i \overset{\text{i.i.d.}}{\sim} P(\mathbf{x})$, 有监督学习训练某个函数族 F 中的函数 $f: X \to Y$, 用这个函数预测新数据 $\mathbf{x}$ 的真实标签, 其中, $\mathbf{x} \overset{\text{i.i.d.}}{\sim} P(\mathbf{x})$。

根据目标 y 的不同, 有监督学习问题进一步分为两种最常见的监督学习形式: 分类和回归。

- 分类是具有离散类标签 y 的监督学习问题, 例如 $y = \{+1, -1\}$。函数 f 称为分类器。
- 回归是具有实值 y 的监督学习问题。函数 f 称为回归函数。

我们希望从这个训练集学习一个依赖于输入模型的目标, 为的是对之前未看到的值 $\mathbf{x}$ 准确预测 y。

模型选择的目标包括[116]:

- 准确预测。

- 可解释模型: 确定哪一个预测是有意义的。
- 稳定性: 数据的小变化不应导致使用的预测子集、相关系数或预测的大变化。 [282]
- 避免变量选择期间或之后假设检验的偏差。

6.9.1 主成分回归

从训练样本中近似实值函数的任务被称为预测、回归、插值或函数逼近。

在统计建模中, 回归分析是一组统计过程, 用于估计因变量 (也称为"标准变量") X 和一个或多个自变量 (或称"预测因子") Y 之间的关系。更具体地说, 回归分析有助于我们了解当任何一个自变量发生变化, 而其他自变量保持不变时, 因变量的典型值是如何变化的。

通常, 回归分析在给定自变量的情况下估计因变量的条件期望。在所有情况下, 独立变量的函数 (即回归函数) 是需要估计的。

给定有训练集 $X = \{\mathbf{x}_1, \cdots, \mathbf{x}_n\}$, 其中 $\mathbf{x}_i = [x_{i1}, \cdots, x_{ip}]^{\mathrm{T}}, i \in [n] \overset{\mathrm{def}}{=} \{1, \cdots, n\}$。记 $\mathbf{X} = [\mathbf{x}_1, \cdots, \mathbf{x}_n]$, 并考虑监督学习问题: 学习映射函数 $f(\mathbf{X}) : \mathbf{X} \to \mathbf{y}$, 使 $f(\mathbf{X})$ 是 $\mathbf{y}$ 的对应值的一个"好的"预测值, 即最小化 $\frac{1}{2}\|\mathbf{y} - f(\mathbf{X})\|_2^2$。由于历史的原因, 函数 f 称为假设。

回归模型涉及以下参数和变量:

- 未知参数通常是一个向量, 记作 $\boldsymbol{\beta} = [\beta_1, \cdots, \beta_p]^{\mathrm{T}}$。
- 独立变量矩阵 $\mathbf{X} = [x_{ij}]_{i=1,j=2}^{n,p}$。
- 相关变量向量, 记作 $\mathbf{y} = [y_1, \cdots, y_n]^{\mathrm{T}}$。

回归模型使用 $\mathbf{X}$ 和 $\boldsymbol{\beta}$ 的函数

$$\mathbf{y} \approx f(\mathbf{X}, \boldsymbol{\beta}) \tag{6.9.1}$$

为 $E(\mathbf{y}|\mathbf{X}) = f(\mathbf{X}, \boldsymbol{\beta})$ 的逼近。

1. 标准线性回归方法

考虑更一般的多元回归

$$y_i = \beta_1 x_{i1} + \beta_2 x_{i2} + \cdots + \beta_p x_{ip} + \varepsilon_i \tag{6.9.2}$$

为数据预处理, 通常假定 $\mathbf{y}$ 和 $\mathbf{X}$ 的 p 列的每一列已经中心化, 使它们都具有零经验均值。

中心化之后, $\mathbf{y}$ 对 $\mathbf{X}$ 的标准高斯–马尔可夫线性回归模型可以表示为 [283]

$$\mathbf{y} = \mathbf{X}\boldsymbol{\beta} + \boldsymbol{\varepsilon} \tag{6.9.3}$$

式中 $\boldsymbol{\beta} \in \mathbb{R}^p$ 表示未知的回归系数参数向量, $\boldsymbol{\varepsilon}$ 表示随机误差向量, 其均值为 $E(\boldsymbol{\varepsilon}) = \mathbf{0}$, 方差为 $\mathrm{var}(\boldsymbol{\varepsilon}) = \sigma^2 \mathbf{I}_{n \times n}$, 其中, 未知方差参数 $\sigma^2 > 0$。

回归参数向量 $\boldsymbol{\beta}$ 的最小二乘估计为

$$\hat{\boldsymbol{\beta}}_{\mathrm{LS}} = (\mathbf{X}^{\mathrm{T}}\mathbf{X})^{-1}\mathbf{X}^{\mathrm{T}}\mathbf{y} \tag{6.9.4}$$

其中, 数据矩阵 $\mathbf{X}$ 为满列秩。

令正则化成本函数

$$L(\boldsymbol{\beta})=\frac{1}{2}\|\mathbf{y}-\mathbf{X}\boldsymbol{\beta}\|_2^2+\lambda\|\boldsymbol{\beta}\|_2^2, \tag{6.9.5}$$

则 Tikhonov 正则化最小二乘解为

$$\hat{\boldsymbol{\beta}}_{\text{Tik}}=(\mathbf{X}^{\text{H}}\mathbf{X}+\lambda\mathbf{I})^{-1}\mathbf{X}^{\text{H}}\mathbf{y} \tag{6.9.6}$$

其中, 数据矩阵 $\mathbf{X}$ 是列秩亏缺的。

回归参数向量 $\boldsymbol{\beta}$ 的总体最小二乘 (TLS) 估计为

$$\hat{\boldsymbol{\beta}}_{\text{TLS}}=(\mathbf{X}^{\text{H}}\mathbf{X}-\lambda\mathbf{I})^{-1}\mathbf{X}^{\text{H}}\mathbf{y} \tag{6.9.7}$$

其中, 数据矩阵 $\mathbf{X}$ 具有满列秩和观测误差。

2. 主成分回归方法

主成分回归[175] 是另一种估计 $\boldsymbol{\beta}$ 的技术, 它基于主成分分析。

令 $\mathbf{R}=\mathbf{X}^{\text{T}}\mathbf{X}$ 是样本自相关矩阵, 其奇异值分解为 $\mathbf{R}=\mathbf{V}\boldsymbol{\Lambda}\mathbf{V}^{\text{T}}$, 其中 $\mathbf{V}=[\mathbf{v}_1,\cdots,\mathbf{v}_p]$ 是主载荷矩阵。于是, $\mathbf{XV}=[\mathbf{X}\mathbf{v}_1,\cdots,\mathbf{X}\mathbf{v}_p]$ 是 $\mathbf{X}$ 的主成分。

主成分回归的思想是简单的[175]: 使用 $\mathbf{X}$ 的主成分 $\mathbf{W}=\mathbf{XV}$ 代替标准线性回归 $\mathbf{y}=\mathbf{X}\boldsymbol{\beta}$ 中的原数据矩阵 $\mathbf{X}$ 进行回归

$$\mathbf{y}=\mathbf{W}\boldsymbol{\gamma}=\mathbf{XV}\boldsymbol{\gamma} \tag{6.9.8}$$

将主成分回归 $\mathbf{y}=\mathbf{XV}\boldsymbol{\gamma}$ 与线性回归 $\mathbf{y}=\mathbf{X}\boldsymbol{\beta}$ 进行比较, 我们立即有 $\boldsymbol{\beta}=\mathbf{V}\boldsymbol{\gamma}$。

于是, 主成分回归方法由以下步骤组成。

[284]

- 主成分抽取: 主成分回归从中心化数据矩阵 $\mathbf{X}$ 的自相关矩阵的 SVD 开始: $\mathbf{R}=\mathbf{X}^{\text{T}}\mathbf{X}=\mathbf{V}\boldsymbol{\Lambda}\mathbf{V}^{\text{T}}$, 其中 $\boldsymbol{\Lambda}_{p\times p}=\mathbf{Diag}\left(\lambda_1^2,\cdots,\lambda_p^2\right)$, 而 $\lambda_1\geqslant\cdots\geqslant\lambda_p\geqslant 0$ 表示 $\mathbf{X}^{\text{T}}\mathbf{X}$ 的非负特征值 (也称主特征值)。于是, 对每一个 $j\in\{1,\cdots,p\}$, $\mathbf{v}_j$ 表示与第 j 个最大主特征值 λ_j 对应的第 j 个主成分方向 (或称主成分分析载荷)。因此, $\mathbf{V}$ 称为 $\mathbf{X}^{\text{T}}\mathbf{X}$ 的主成分回归载荷。
- 主成分回归模型: 对任意 $k\in\{1,\cdots,p\}$, 令 $\mathbf{V}_k$ 表示由 $\mathbf{V}$ 的前 k 个标准正交列组成的 $p\times k$ 矩阵。令 $\mathbf{W}_k=\mathbf{XV}_k=[\mathbf{X}\mathbf{v}_1,\cdots,\mathbf{X}\mathbf{v}_k]$ 表示 $n\times k$ 矩阵, 其列为 $\mathbf{V}$ 的前 k 个主成分。于是, $\mathbf{W}$ 可以视为利用变换的协变量 $\mathbf{x}_i^k=\mathbf{V}_k^{\text{T}}\mathbf{x}_i\in\mathbb{R}^k$ 代替原协变量 $\mathbf{x}_i\in\mathbb{R}^p,\forall i=1,\cdots,n$ 得到的矩阵。因此, 如果标准高斯–马尔可夫线性回归模型被视为全成分回归, 则利用主成分矩阵 $\mathbf{W}_k=\mathbf{XV}_k$ 代替原数据矩阵 $\mathbf{X}$, 即得到主成分回归模型

$$\mathbf{y}_k=\mathbf{W}_k\gamma_k \tag{6.9.9}$$

- 主成分回归估计 $\hat{\gamma}_k$: 主成分回归式 (6.9.9) 的解由 $\hat{\gamma}_k=\left(\mathbf{W}_k^{\text{T}}\mathbf{W}_k\right)^{-1}\cdot\mathbf{W}_k^{\text{T}}\mathbf{y}_k\in\mathbb{R}^k$ 给出, 它表示响应向量 $\mathbf{y}$ 对数据矩阵 $\mathbf{W}_k$ 应用普通最小二乘回归得到的估计回归系数向量。
- 主成分回归估计 $\hat{\boldsymbol{\beta}}_k$: 将 $\mathbf{W}_k=\mathbf{XV}_k$ 代入式 (6.9.9) 中, 即得 $\mathbf{y}_k=\mathbf{XV}_k\gamma_k$。通过 $\mathbf{y}_k=\mathbf{XV}_k\gamma_k$ 与 $\mathbf{y}_k=\mathbf{X}\boldsymbol{\beta}_k$ 的比较, 易知: 对于任意

$k \in \{1, \cdots, p\}$, 使用前 k 个主成分得到的 $\boldsymbol{\beta}$ 的最终主成分回归估计由 $\hat{\boldsymbol{\beta}}_k = \mathbf{V}_k \hat{\gamma}_k \in \mathbb{R}^p, \quad k \in \{1, \cdots, p\}$ 给出。

算法 6.12 示出了主成分回归算法。

算法 6.12 主成分回归算法[175]

---

1. **input**

   1.1 The data matrix $\mathbf{X} \in \mathbb{R}^{n \times p}$ of observed covariants

   1.2 The vector $\mathbf{y} \in \mathbb{R}^n$ of observed outcomes, where $n \geqslant p$

2. **initialization:** $x_{ij} \leftarrow x_{ij} - \bar{x}_j$ with $\bar{x}_j = \frac{1}{n}\sum_{i=1}^n x_{ij}, j = 1, \cdots, p$, and $y_i \leftarrow y_i - \bar{y}$, $\bar{y} = \frac{1}{n}\sum_{i=1}^n y_i$
3. Compute the SVD: $\mathbf{X} = \mathbf{U}\boldsymbol{\Sigma}\mathbf{V}^{\mathrm{T}}$, and save the singular values $\sigma_1, \cdots, \sigma_p$ and the right singular-vector matrix $\mathbf{V}$
4. Determine k largest principal eigenvalues $\lambda_i = \sigma_i^2, i = 1, \cdots, k$ with $k \in \{1, \cdots, p\}$, and denote $\mathbf{V}_k = [\mathbf{v}_1, \cdots, \mathbf{v}_k]$
5. Construct the transformed data matrix $\mathbf{W}_k = [\mathbf{X}\mathbf{v}_1, \cdots, \mathbf{X}\mathbf{v}_k], k \in \{1, \cdots, p\}$
6. Compute the PCR estimate $\hat{\gamma}_k = \left(\mathbf{W}_k^{\mathrm{T}}\mathbf{W}_k\right)^{-1}\mathbf{W}_k^{\mathrm{T}}\mathbf{y} \in \mathbb{R}^k, k \in \{1, \cdots, p\}$
7. The regression parameter estimate based on k principal components is given by

   $$\hat{\boldsymbol{\beta}}_k = \mathbf{V}_k \hat{\gamma}_k \in \mathbb{R}^p, k \in \{1, \cdots, p\}$$

8. **output:** $\hat{\boldsymbol{\beta}}_k, k \in \{1, \cdots, p\}$

6.9.2 偏最小二乘回归 [285]

令 $\mathcal{X} \subset \mathbb{R}^N$ 是一个表示第一变量块的 N 维空间, 且 $\mathcal{Y} \subset \mathbb{R}^M$ 是表示第二变量块的空间。线性偏最小二乘 (PLS) 算法的一般设置是利用得分向量, 对这两个数据集 (变量块) 之间的关系建模。

偏最小二乘模型可以认为由 $\mathcal{X}$ 块和 $\mathcal{Y}$ 块的外部关系以及连接这两个变量块的内部关系共同组成。

令 p 表示模型中的分量数目, N 是目标数目。偏最小二乘回归 (RLS) 模型的主要符号如下:

$\mathbf{X}$: $N \times K$ 预测变量矩阵。

$\mathbf{Y}$: $N \times M$ 响应变量矩阵。

$\mathbf{E}$: $N \times K$ 预测变量矩阵 $\mathbf{X}$ 的残差矩阵。

$\mathbf{F}^*$: $N \times M$ 响应变量矩阵 $\mathbf{Y}$ 的残差矩阵。

$\mathbf{B}$: $K \times M$ PLS 回归系数矩阵。

$\mathbf{W}$: 预测变量矩阵 $\mathbf{X}$ 的 $K \times p$ PLS 权矩阵。

$\mathbf{C}$: 响应变量矩阵 $\mathbf{Y}$ 的 $M \times p$ PLS 权矩阵。

$\mathbf{P}$: 预测变量矩阵 $\mathbf{X}$ 的 $K \times p$ PLS 载荷矩阵。

$\mathbf{Q}$: 响应变量矩阵 $\mathbf{Y}$ 的 $M \times p$ PLS 载荷矩阵。

$\mathbf{T}$: 预测变量矩阵 $\mathbf{X}$ 的 $N \times p$ PLS 得分矩阵。

$\mathbf{U}$: 响应变量矩阵 $\mathbf{Y}$ 的 $N \times p$ PLS 得分矩阵。

$\mathcal{X}$ 变量块和 $\mathcal{Y}$ 变量块的外部关系为[105]

$$\mathbf{X} = \mathbf{T}\mathbf{P}^{\mathrm{T}} + \mathbf{E} = \sum_{h=1}^{p} \mathbf{t}_h \mathbf{p}_h^{\mathrm{T}} + \mathbf{E} \tag{6.9.10}$$

$$\mathbf{Y} = \mathbf{U}\mathbf{Q}^{\mathrm{T}} + \mathbf{F}^* = \sum_{h=1}^{p} \mathbf{u}_h \mathbf{q}_h^{\mathrm{T}} + \mathbf{F}^* \tag{6.9.11}$$

式中 $\mathbf{T} = [\mathbf{t}_1, \cdots, \mathbf{t}_p] \in \mathbb{R}^{K \times p}$ 和 $\mathbf{U} = [\mathbf{u}_1, \cdots, \mathbf{u}_p] \in \mathbb{R}^{M \times p}$ 分别具有从 $\mathbf{X}$ 和 $\mathbf{Y}$ 抽取的 p 个得分向量 (得分成分、潜在向量); $K \times p$ 矩阵 $\mathbf{P} = [\mathbf{p}_1, \cdots, \mathbf{p}_p]$ 和 $M \times p$ 矩阵 $\mathbf{Q} = [\mathbf{q}_1, \cdots, \mathbf{q}_p]$ 表示载荷矩阵, 而 $\mathbf{E} \in \mathbb{R}^{N \times K}$ 和 $\mathbf{F}^* \in \mathbb{R}^{N \times M}$ 为残差矩阵。

令 $\mathbf{t} = \mathbf{X}\mathbf{w}$ 是 $\mathcal{X}$ 空间得分向量 (简称 $\mathcal{X}$ 得分), $\mathbf{u} = \mathbf{Y}\mathbf{c}$ 是 $\mathcal{Y}$ 空间得分向量 (简称 $\mathcal{Y}$ 得分)。对于偏最小二乘的用户, 有必要知道 PLS 因子的下列主要性质[105, 121]。

① PLS 权向量 $\mathbf{w}_i$ 相互正交

$$\langle \mathbf{w}_i, \mathbf{w}_j \rangle = \mathbf{w}_i^{\mathrm{T}} \mathbf{w}_j = 0, \quad i \neq j \tag{6.9.12}$$

[286] ② PLS 得分向量 $\mathbf{t}_i$ 相互正交

$$\langle \mathbf{t}_i, \mathbf{t}_j \rangle = \mathbf{t}_i^{\mathrm{T}} \mathbf{t}_j = 0, \quad i \neq j \tag{6.9.13}$$

③ 对 $\mathbf{X}$ 而言, PLS 权向量 $\mathbf{w}_i$ 与 PLS 载荷向量 $\mathbf{p}_j$ 正交

$$\langle \mathbf{w}_i, \mathbf{p}_j \rangle = \mathbf{w}_i^{\mathrm{T}} \mathbf{p}_j = 0, \quad i < j \tag{6.9.14}$$

④ PLS 载荷向量 $\mathbf{p}_i$ 在 $\mathbf{X}$ 的核空间内正交

$$\langle \mathbf{p}_i, \mathbf{p}_j \rangle_X = \mathbf{p}_i^{\mathrm{T}} (\mathbf{X}^{\mathrm{T}} \mathbf{X})^{\dagger} \mathbf{p}_j = 0, \quad i \neq j \tag{6.9.15}$$

⑤ $\mathbf{X}$ 的 PLS 载荷向量 $\mathbf{p}_i$ 与 $\mathbf{Y}$ 的 PLS 载荷向量 $\mathbf{q}_i$ 对每一个 i 都具有单位长度: $\|\mathbf{p}_i\| = \|\mathbf{q}_i\| = 1$。

⑥ $\mathbf{X}$ 的 PLS 得分向量 $\mathbf{t}_h$ 与 $\mathbf{Y}$ 的 PLS 得分向量 $\mathbf{u}_h$ 对每一个 h 都具有零均值, 即有 $\sum_{i=1}^{K} t_{hi} = 0$ 和 $\sum_{i=1}^{M} u_{hi} = 0$。

递推最小二乘的经典形式是求权向量 $\mathbf{w}$ 和 $\mathbf{c}$, 使得连接 $\mathcal{X}$ 块与 $\mathcal{Y}$ 块的内部关系满足条件[121]

$$[\mathrm{cov}(\mathbf{t}, \mathbf{u})]^2 = [\mathrm{cov}(\mathbf{X}\mathbf{w}, \mathbf{Y}\mathbf{c})]^2 = \max_{\|\mathbf{r}\|=\|\mathbf{s}\|=1} [\mathrm{cov}(\mathbf{X}\mathbf{r}, \mathbf{Y}\mathbf{s})]^2 \tag{6.9.16}$$

式中 $\mathrm{cov}(\mathbf{t}, \mathbf{u}) = \mathbf{t}^{\mathrm{T}}\mathbf{u}/N$ 表示得分向量 $\mathbf{t}$ 和 $\mathbf{u}$ 之间的样本协方差。这个经典的递推最小二乘算法称为非线性迭代偏最小二乘 (NIPALS) 算法, 由 Wold 在 1975 提出[274], 参见算法 6.13。

算法 6.13 非线性迭代偏最小二乘 (NIPALS) 算法[274]

```
input:  Data blocks X = [x_1, ..., x_K] and Y = [y_1, ..., y_M]
initialization:  randomly generate 𝒴-space score vector u
repeat
   // 𝒳-space score vector update
   w = X^T u/(u^T u)
   ||w|| → 1
   t = Xw
   // 𝒴-space score vector update
   c = Y^T t/(t^T t)
   ||c|| → 1
   u = Yc
   exit if both t and u converge
return
output:  𝒳-space score vector t and 𝒴-space score vector u
```

下面是偏最小二乘的特性[105]。

- 存在形如 $\mathbf{X}=\mathbf{TP}^{\mathrm{T}}+\mathbf{E}$ 与 $\mathbf{Y}=\mathbf{UQ}^{\mathrm{T}}+\mathbf{F}^*$ 的外部关系。
- 存在内部关系 $\mathbf{u}_h=b_h\mathbf{t}_h$。 [287]
- 混合关系为 $\mathbf{Y}=\mathbf{TBQ}^{\mathrm{T}}+\mathbf{F}^*$, 其中 $\|\mathbf{F}^*\|$ 需要最小化。
- 在迭代算法中, $\mathbf{X}$ 块和 $\mathbf{Y}$ 块得到彼此的得分, 这将给出更好的内部关系。
- 为了像在主成分分析中那样, 得到正交的 $\mathcal{X}$ 得分, 必须引入权向量。

在偏最小二乘、主成分分析和典型相关分析之间存在下列有趣的联系[215]。

① 主成分分析的优化准则可以写为

$$\max_{\|\mathbf{r}\|=1}\left\{\mathrm{var}(\mathbf{Xr})\right\} \tag{6.9.17}$$

式中 $\mathrm{var}(\mathbf{t})=\mathbf{t}^{\mathrm{T}}\mathbf{t}/N$ 表示样本方差。

② 典型相关分析通过求解优化问题

$$\max_{\|\mathbf{r}\|=\|\mathbf{s}\|=1}\left\{[\mathrm{corr}(\mathbf{Xr},\mathbf{Ys})]^2\right\} \tag{6.9.18}$$

获得最大相关的方向, 式中 $[\mathrm{corr}(\mathbf{t},\mathbf{u})]^2=[\mathrm{cov}(\mathbf{t},\mathbf{u})]^2/(\mathrm{var}(\mathbf{t})\mathrm{var}(\mathbf{u}))$ 表示样本平方相关。

③ 偏最小二乘优化准则式 (6.9.18) 可以改写为

$$\begin{aligned}&\max_{\|\mathbf{r}\|=\|\mathbf{s}\|=1}\left\{[\mathrm{cov}(\mathbf{Xr},\mathbf{Ys})]^2\right\}\\ =&\max_{\|\mathbf{r}\|=\|\mathbf{s}\|=1}\left\{\mathrm{var}(\mathbf{Xr})[\mathrm{corr}(\mathbf{Xr},\mathbf{Ys})]^2\mathrm{var}(\mathbf{Ys})\right\}\end{aligned} \tag{6.9.19}$$

这表示偏最小二乘是典型相关分析的一种形式, 其中最大相关准则相当

于要求在 $\mathcal{X}$ 空间和 $\mathcal{Y}$ 空间中尽可能多地解释方差。注意, $\mathcal{X}$ 空间方差涉及一维 $\mathcal{Y}$ 空间的情况。

基于偏最小二乘模型式 (6.9.10) 和式 (6.9.11) 的回归称为偏最小二乘 (PLS) 回归。为了将式 (6.9.10) 和式 (6.9.11) 组合成偏最小二乘回归的标准模型, 需进行以下两个假设:

- 得分向量 $\{\mathbf{t}_i\}_{i=1}^{p}$ 是 $\mathbf{Y}$ 好的预测, 其中 p 表示抽取的 $\mathcal{X}$ 得分向量的数目。
- 存在得分向量 $\mathbf{t}$ 和 $\mathbf{u}$ 之间的内部关系, 即 $\mathbf{u}_i = \alpha_i \mathbf{t}_i + \mathbf{h}_i$, 其中 $\mathbf{h}_i$ 表示残差向量。因此, $\mathbf{U} = [\mathbf{u}_1, \cdots, \mathbf{u}_p]$ 和偏最小二乘回归系数的 $K \times M$ 矩阵 $\mathbf{T} = [\mathbf{t}_1, \cdots, \mathbf{t}_p]$ 有以下关系

$$\mathbf{U} = \mathbf{TD} + \mathbf{H} \tag{6.9.20}$$

[288] 式中$\mathbf{D} = \mathbf{Diag}(\alpha_1, \cdots, \alpha_p)$ 是一个 $p \times p$ 对角矩阵, 且 $\mathbf{H} = [\mathbf{h}_1, \cdots, \mathbf{h}_p]$ 为残差矩阵。

若令 $\mathbf{W}$ 是加权矩阵, 使得 $\mathbf{EW} = \mathbf{O}$(零矩阵), 并且用 $\mathbf{W}$ 右乘式 (6.9.10), 则有

$$\mathbf{XW} = \mathbf{TP}^{\mathrm{T}}\mathbf{W} \quad \Rightarrow \quad \mathbf{T} = \mathbf{XW}(\mathbf{P}^{\mathrm{T}}\mathbf{W})^{-1} \tag{6.9.21}$$

另一方面, 将式 (6.9.20) 代入式 (6.9.11), 有

$$\mathbf{Y} = \mathbf{TDQ}^{\mathrm{T}} + \mathbf{HQ}^{\mathrm{T}} + \mathbf{F}^* \quad \Rightarrow \quad \mathbf{Y} = \mathbf{TC}^{\mathrm{T}} + \mathbf{F} \tag{6.9.22}$$

式中 $\mathbf{C} = \mathbf{QD}$ 表示回归系数的 $N \times M$ 矩阵, 且 $\mathbf{F} = \mathbf{HQ}^{\mathrm{T}} + \mathbf{F}^*$ 为残差矩阵。于是, 若将式 (6.9.21) 代入式 (6.9.22), 则有 $\mathbf{Y} = \mathbf{XW}(\mathbf{P}^{\mathrm{T}}\mathbf{W})^{-1}\mathbf{C}^{\mathrm{T}} + \mathbf{F}^*$, 或者可以将偏最小二乘模型表示为

$$\mathbf{Y} = \mathbf{XB}_{\mathrm{PLS}} + \mathbf{F}, \quad \mathbf{B}_{\mathrm{PLS}} = \mathbf{W}(\mathbf{P}^{\mathrm{T}}\mathbf{W})^{-1}\mathbf{C}^{\mathrm{T}} \tag{6.9.23}$$

它表示偏最小二乘回归系数的矩阵。

在 NIPALS 算法中, $\mathbf{w} = \mathbf{X}^{\mathrm{T}}\mathbf{u}/(\mathbf{u}^{\mathrm{T}}\mathbf{u})$ 和 $\mathbf{c} = \mathbf{Y}^{\mathrm{T}}\mathbf{t}/(\mathbf{t}^{\mathrm{T}}\mathbf{t})$ 是生成的, 这意味着

$$\mathbf{W} = \mathbf{X}^{\mathrm{T}}\mathbf{U}, \quad \mathbf{C} = \mathbf{Y}^{\mathrm{T}}\mathbf{T} \tag{6.9.24}$$

此外, 用 $\mathbf{T}^{\mathrm{T}}$ 左乘式 (6.9.21), 并利用 $\mathbf{T}^{\mathrm{T}}\mathbf{T} = \mathbf{I}$, 则有

$$(\mathbf{P}^{\mathrm{T}}\mathbf{W})^{-1} = (\mathbf{T}^{\mathrm{T}}\mathbf{XX}^{\mathrm{T}}\mathbf{U})^{-1} \tag{6.9.25}$$

将式 (6.9.24) 和式 (6.9.25) 代入式 (6.9.23) 得结果

$$\mathbf{B}_{\mathrm{PLS}} = \mathbf{X}^{\mathrm{T}}\mathbf{U}(\mathbf{T}^{\mathrm{T}}\mathbf{XX}^{\mathrm{T}}\mathbf{U})^{-1}\mathbf{T}^{\mathrm{T}}\mathbf{Y} \tag{6.9.26}$$

NIPALS 回归是一个迭代过程, 即: 在抽取一个分量 $\mathbf{t}_1$ 之后, 算法再次使用压缩矩阵 $\mathbf{X}$ 和 $\mathbf{Y}$, 抽取下一个分量 $\mathbf{t}_2$。这一过程重复, 直到压缩矩阵 $\mathbf{X}$ 为零矩阵。

NIPALS 回归的基本思想可总结如下。

- 由原数据块 $\mathbf{X}$ 和 $\mathbf{Y}$ 求第一个 $\mathcal{X}$ 得分 $\mathbf{t}_1 = \mathbf{Xw}$ 和第一个 $\mathcal{Y}$ 得分 $\mathbf{u}_1 = \mathbf{Yc}/(\mathbf{c}^{\mathrm{T}}\mathbf{c})$。

- 使用压缩映射构造残差矩阵 $\mathbf{X} = \mathbf{X} - \mathbf{t}\mathbf{p}^{\mathrm{T}}$ 和 $\mathbf{Y} = \mathbf{Y} - b\mathbf{t}\mathbf{c}^{\mathrm{T}}$。
- 由残差矩阵 $\mathbf{X} = \mathbf{X} - \mathbf{t}\mathbf{p}^{\mathrm{T}}$ 和 $\mathbf{Y} = \mathbf{Y} - b\mathbf{t}\mathbf{c}^{\mathrm{T}}$ 求第二个 $\mathcal{X}$ 得分 $\mathbf{t}_2$ 和第二个 $\mathcal{Y}$ 得分 $\mathbf{u}_2$。
- 分别构造 $\mathbf{X}$ 和 $\mathbf{Y}$ 的新残差矩阵, 求第三个 $\mathcal{X}$ 得分 $\mathbf{t}_3$ 和第三个 $\mathcal{Y}$ 得分 $\mathbf{u}_3$。重复这一过程, 直至残差矩阵 $\mathbf{X}$ 变成零矩阵。
- 利用式 (6.9.26) 计算回归系数矩阵 $\mathbf{B}$, 其中 $\mathbf{U} = [\mathbf{u}_1, \cdots, \mathbf{u}_p]$ 和 $\mathbf{T} = [\mathbf{t}_1, \cdots, \mathbf{t}_p]$ 分别由 p 个 $\mathcal{X}$ 得分和 $\mathcal{Y}$ 得分组成。

算法 6.14 示出了一个简单非线性迭代偏最小二乘 (NIPALS) 回归算法, 它是由 Wold 等人提出的[275]。

算法 6.14 简单非线性迭代偏最小二乘回归算法[275] [289]

---

input: 可选变换、伸缩和中心化数据 $\mathbf{X} = \mathbf{X}_0$ 和 $\mathbf{Y} = \mathbf{Y}_0$
initalization: 选择 $\mathbf{Y}$ 的一列向量作为 $\mathbf{u}$ 初始值。当 $\mathbf{Y}$ 只有一列 $\mathbf{y}$ 时, 取 $\mathbf{u} = \mathbf{y}$。令 $k = 0$
repeat
  计算 $\mathcal{X}$ 权向量: $\mathbf{w} = \mathbf{X}^{\mathrm{T}}\mathbf{u}/(\mathbf{u}^{\mathrm{T}}\mathbf{u})$
  计算 $\mathcal{X}$ 得分向量 $\mathbf{t} = \mathbf{X}\mathbf{w}$
  计算 $\mathcal{Y}$ 权向量 $\mathbf{c} = \mathbf{Y}^{\mathrm{T}}\mathbf{t}/(\mathbf{t}^{\mathrm{T}}\mathbf{t})$
  更新 $\mathcal{Y}$ 得分向量 $\mathbf{u}$ 为 $\mathbf{u} = \mathbf{Y}\mathbf{c}/(\mathbf{c}^{\mathrm{T}}\mathbf{c})$
  exit if 收敛 $\|\mathbf{t}_{\text{old}} - \mathbf{t}_{\text{new}}\|/\|\mathbf{t}_{\text{new}}\| < \varepsilon$ 已满足, 其中 ε 很小, 例如 10^{-6} 或 10^{-8}
return
从 $\mathbf{X}$ 和 $\mathbf{Y}$ 除去 (压缩掉) 现在的分量, 并使用压缩后的矩阵作为下一个分量的矩阵 $\mathbf{X}$ 和 $\mathbf{Y}$ 这里, $\mathbf{Y}$ 的压缩是可选的; 结果是等效的, 不管 $\mathbf{Y}$ 是否被压缩
计算 $\mathcal{X}$ 载荷: $\mathbf{p} = \mathbf{X}^{\mathrm{T}}\mathbf{t}/(\mathbf{t}^{\mathrm{T}}\mathbf{t})$
计算 $\mathcal{Y}$ 载荷: $\mathbf{q} = \mathbf{Y}^{\mathrm{T}}\mathbf{u}/(\mathbf{u}^{\mathrm{T}}\mathbf{u})$
由 $\mathbf{t}$ 回归 $\mathbf{u}$: $b = \mathbf{u}^{\mathrm{T}}\mathbf{t}/(\mathbf{t}^{\mathrm{T}}\mathbf{t})$
压缩 $\mathbf{X}, \mathbf{Y}$ 矩阵: $\mathbf{X} \leftarrow \mathbf{X} - \mathbf{t}\mathbf{p}^{\mathrm{T}}$ 和 $\mathbf{Y} \leftarrow \mathbf{Y} - b\mathbf{t}\mathbf{c}^{\mathrm{T}}$
$k \leftarrow k + 1$
$\mathbf{u}_k = \mathbf{u}$ 和 $\mathbf{t}_k = \mathbf{t}$
下一组迭代以上一次迭代的残差矩阵作为新矩阵 $\mathbf{X}$ 与 $\mathbf{Y}$ 开始。继续迭代, 直至停止准则满足或者 $\mathbf{X}$ 变为零矩阵
$\mathbf{U} = [\mathbf{u}_1, \cdots, \mathbf{u}_p]$ 及 $\mathbf{T} = [\mathbf{t}_1, \cdots, \mathbf{t}_p]$
$\mathbf{B}_{\text{PLS}} = \mathbf{X}^{\mathrm{T}}\mathbf{U}(\mathbf{T}^{\mathrm{T}}\mathbf{X}\mathbf{X}^{\mathrm{T}}\mathbf{U})^{-1}\mathbf{T}^{\mathrm{T}}\mathbf{Y}$
output: PLS 回归系数矩阵 $\mathbf{B}_{\text{PLS}}$

一旦对于一个给定的新数据块 $\mathbf{X}_{\text{new}}$, 偏最小二乘回归系数矩阵 $\mathbf{B}_{\text{PLS}}$ 由算法 6.14 求出, 则未知 $\mathcal{Y}$ 值即可利用式 (6.9.23) 预测为

$$\hat{\mathbf{Y}}_{\text{new}} = \mathbf{X}_{\text{new}}\mathbf{B}_{\text{PLS}} \tag{6.9.27}$$

6.9.3 惩罚回归

对于线性回归问题 $\mathbf{y} = \mathbf{X\beta} \in \mathbb{R}^n$, 其中 $\mathbf{X} \in \mathbb{R}^{n\times p}, \boldsymbol{\beta} \in \mathbb{R}^p$, 普通最小二
[290] 乘 (OLS) 回归使平方回归误差$\|\mathbf{y}-\mathbf{X\beta}\|_2^2 = (\mathbf{y}-\mathbf{X\beta})^{\mathrm{T}}(\mathbf{y}-\mathbf{X\beta})$ 最小化, 给出 $p\times 1$ 无偏估计 $\hat{\boldsymbol{\beta}}^{\mathrm{OLS}} = (\mathbf{X}^{\mathrm{T}}\mathbf{X})^{-1}\mathbf{X}^{\mathrm{T}}\mathbf{y}$。虽然 OLS 估计简单, 并且无偏, 但是如果设计矩阵 $\mathbf{X}$ 不是满秩的, 则 $\hat{\boldsymbol{\beta}}$ 不唯一, 并且其方差 $\mathrm{var}(\hat{\boldsymbol{\beta}}) = (\mathbf{X}^{\mathrm{T}}\mathbf{X})^{-1}\sigma^2$ (σ^2 是独立同分布误差的方差) 有可能非常大。

为了获得更好的预测, Hoerl 与 Kennard[117, 118] 引入了岭回归

$$\hat{\boldsymbol{\beta}} = \arg\max_{\boldsymbol{\beta}} \left\{\frac{1}{2}\|\mathbf{y}-\mathbf{X\beta}\|_2^2\right\} \quad \text{s.t.} \sum_{j=1}^{p}|\beta_j|^{\gamma} \leqslant t \tag{6.9.28}$$

式中 $\gamma \geqslant 1$ 和 $t \geqslant 0$。岭回归的等效形式是下面的惩罚回归[101]

$$\hat{\boldsymbol{\beta}} = \arg\max_{\boldsymbol{\beta}} \left\{\frac{1}{2}\|\mathbf{y}-\mathbf{X\beta}\|_2^2 + \lambda\sum_{j=1}^{p}|\beta_j|^{\gamma}\right\} \tag{6.9.29}$$

式中 $\gamma \geqslant 1$ 且 $\lambda \geqslant 0$ 为正标量; $\lambda = 0$ 对应为普通最小二乘回归。

当 γ 取不同的非负值时, 惩罚回归有不同的形式。最有名的惩罚回归有两种: 一种是 $\gamma = 2$ 的 ℓ_2 惩罚回归, 通常称为岭回归

$$\hat{\boldsymbol{\beta}}^{\mathrm{ridge}} = \arg\min_{\boldsymbol{\beta}} \left\{\frac{1}{2}\|\mathbf{y}-\mathbf{X\beta}\|_2^2 + \lambda\|\boldsymbol{\beta}\|_2^2\right\} \tag{6.9.30}$$

另一种是 $\gamma = 1$ 的 ℓ_1 惩罚回归, 称为最小绝对收缩与选择算子 (Lasso), 由式 (6.9.31) 给出

$$\hat{\boldsymbol{\beta}}^{\mathrm{Lasso}} = \arg\min_{\boldsymbol{\beta}} \left\{\frac{1}{2}\|\mathbf{y}-\mathbf{X\beta}\|_2^2 + \lambda\|\boldsymbol{\beta}\|_1\right\} \tag{6.9.31}$$

式中 $\|\boldsymbol{\beta}\|_1 = \sum_{i=1}^{p}|\beta_i|$ 为 ℓ_1 范数。

岭回归的解为

$$\hat{\boldsymbol{\beta}}^{\mathrm{ridge}} = (\mathbf{X}^{\mathrm{T}}\mathbf{X} + \lambda\mathbf{I})^{-1}\mathbf{X}^{\mathrm{T}}\mathbf{y} \tag{6.9.32}$$

它恰好是 Tikhonov 正则化解[246, 247]。

[291] 软阈值版本[77] 的 Lasso 解为[99]

$$\hat{\beta}_i^{\mathrm{Lasso}}(\gamma) = S(\hat{\beta}_i, \gamma) = \mathrm{sign}(\hat{\beta}_i)(|\hat{\beta}_i| - \gamma)_+ \tag{6.9.33}$$

$$= \begin{cases} \hat{\beta}_i - \gamma, & \hat{\beta}_i > 0 \text{ 且 } \gamma < |\hat{\beta}_i| \\ \hat{\beta}_i + \gamma, & \hat{\beta}_i < 0 \text{ 且 } \gamma < |\hat{\beta}_i| \\ 0, & \gamma \geqslant |\hat{\beta}_i| \end{cases} \tag{6.9.34}$$

其中

$$x_+ = \begin{cases} x, & x > 0 \\ 0, & x \leqslant 0 \end{cases} \tag{6.9.35}$$

岭回归和 Lasso 回归有两个重要的区别。

- Lasso 中的 ℓ_1 罚项导致变量选择, 因为具有零系数的变量会从模型中有效地被忽略, 但是岭回归中的 ℓ_2 罚项没有变量选择的作用。
- ℓ_2 罚项 $\lambda\sum_{j=1}^{n}\beta_j^2$ 具有与系数 β_j 的值成正比的压力, 将 β_j 收缩为零, 而 ℓ_1 罚项 $\lambda\sum_{j=1}^{n}|\beta_j|$ 对所有非零系数施加相同的压力。因此, 对于模型中最有价值的变量, 如果向零收缩不太理想, 则 ℓ_1 的惩罚收缩作用较小[114]。

通常, 带有不等式约束的优化问题使用标准的二次规划算法进行。另一种方法是为这些问题探索"一次一个"的坐标下降算法[97]。对于大型优化问题, 坐标下降法可以有效地给出一条解的路径, 并可应用于其他许多凸统计问题, 如大型 Lasso、弹性网等[99]。

下面是 Lasso 的几个典型版本及其各自的解[99]。

- 非负 garotte: 这一方法由 Breiman[35] 提出, 是 Lasso 的前身, 求解的问题为

$$\min_{c}\left\{\frac{1}{2}\sum_{i=1}^{n}\left(y_i-\sum_{j=1}^{p}x_{ij}c_j\hat{\beta}_j\right)^2+\gamma\sum_{j=1}^{p}c_j\right\}\quad \text{s.t. } c_j\geqslant 0 \tag{6.9.36}$$

式中 $\hat{\beta}_j$ 是通常的最小二乘估计 (假设 $p\leqslant n$)。相应的坐标更新为 [292]

$$c_j\leftarrow\left(\frac{\tilde{\beta}_j\hat{\beta}_j-\lambda}{\hat{\beta}_j^2}\right)_+ \tag{6.9.37}$$

式中 $\tilde{\beta}_j=\sum_{i=1}^{n}x_{ij}\left(y_i-\tilde{y}_i^{(j)}\right)$, 并且 $\tilde{y}_i^{(j)}=\sum_{k\neq j}x_{ik}c_k\hat{\beta}_k$。

- 弹性网: 这一方法[307] 对 Lasso 增加另一个约束 $\lambda_2\sum_{j=1}^{p}\beta_j^2/2$, 求解

$$\min_{\boldsymbol{\beta}}\left\{\frac{1}{2}\sum_{i=1}^{n}\left(y_i-\sum_{j=1}^{p}x_{ij}\beta_j\right)+\lambda_1\sum_{j=1}^{p}|\beta_j|+\lambda_2\sum_{j=1}^{p}\beta_j^2/2\right\} \tag{6.9.38}$$

坐标更新的形式是

$$\tilde{\beta}_j\leftarrow\frac{S\left(\sum_{i=1}^{n}x_{ij}\left(y_i-\tilde{y}_i^{(j)}\right),\lambda_1\right)_+}{1+\lambda_2} \tag{6.9.39}$$

- 分组 Lasso: 令 $\mathbf{X}_j$ 是 $N\times p_j$ 标准正交矩阵, 表示 p_j 变量的第 j 组, 其中 $j=1,\cdots,m$; 而 $\boldsymbol{\beta}_j$ 则是对应的系数向量。分组 Lasso[292] 求解

$$\min_{\boldsymbol{\beta}}\left\{\left\|\mathbf{y}-\sum_{j=1}^{m}\mathbf{X}_j\boldsymbol{\beta}_j\right\|_2^2+\sum_{j=1}^{m}\lambda_j\|\boldsymbol{\beta}_j\|_2\right\} \tag{6.9.40}$$

式中 $\lambda_j=\lambda\sqrt{p_j}$。坐标更新为

$$\tilde{\beta}_j\leftarrow(\|\mathbf{s}_j\|_2-\lambda_j)_+\frac{\mathbf{s}_j}{\|\mathbf{s}_j\|_2}, \tag{6.9.41}$$

这里, $\mathbf{s}_j=\mathbf{X}_j^{\mathrm{T}}\left(\mathbf{y}-\tilde{\mathbf{y}}^{(j)}\right)$, 其中 $\tilde{\mathbf{y}}^{(j)}=\sum_{k\neq j}\mathbf{X}_k\tilde{\boldsymbol{\beta}}_k$。

- “Berhu”惩罚: 这个方法[198] 是 Lasso 与岭回归的鲁棒混合算法, 其拉格朗日形式为

$$\min_{\boldsymbol{\beta}}\left\{\frac{1}{2}\sum_{i=1}^{n}\left(y_i-\sum_{j=1}^{p}x_{ij}\beta_j\right)\right.$$
$$\left.+\lambda\sum_{j=1}^{p}\left(|\beta_j|\cdot I(|\beta_j|<\delta)+\frac{(\beta_j^2+\delta^2)}{2\delta}\cdot I(|\beta_j|\geqslant\delta)\right)\right\} \tag{6.9.42}$$

[293] Berhu 惩罚是“Huber”函数的倒写。坐标更新为

$$\tilde{\beta}_j\leftarrow\begin{cases}S\left(\sum_{i=1}^{n}x_{ij}(y_i-\tilde{y}^{(j)}),\lambda\right), & |\beta_j|<\delta\\ \sum_{i=1}^{n}x_{ij}(y_i-\tilde{y}^{(j)})/(1+\lambda/\delta), & |\beta_j|\geqslant\delta\end{cases} \tag{6.9.43}$$

这是一个鲁棒混合方法, 由小于 δ 的 Lasso 式软阈值与超过 δ 的岭式回归组合而成。

6.9.4 稀疏重构中的梯度投影

作为 Lasso 问题的一般表达方法, 我们来考虑无约束凸优化问题

$$\min_{\mathbf{x}}\left\{\frac{1}{2}\|\mathbf{y}-\mathbf{A}\mathbf{x}\|_2^2+\tau\|\mathbf{x}\|_1\right\} \tag{6.9.44}$$

式中 $\mathbf{x}\in\mathbb{R}^n,\mathbf{y}\in\mathbb{R}^k,\mathbf{A}\in\mathbb{R}^{k\times n}$, 并且 τ 是一个非负参数。当变量 $\mathbf{x}$ 为稀疏向量时, 上述优化也称 $\mathbf{x}$ 的稀疏重构。

优化问题式 (6.9.44) 与下面两个约束凸优化问题密切相关: 二次约束线性规划 (QCLP)

$$\min_{\mathbf{x}}\|\mathbf{x}\|_1 \quad \text{s.t.} \quad \|\mathbf{y}-\mathbf{A}\mathbf{x}\|_2^2\leqslant\epsilon \tag{6.9.45}$$

和二次规划 (QP)

$$\min_{\mathbf{x}}\|\mathbf{y}-\mathbf{A}\mathbf{x}\|_2^2 \quad \text{s.t.} \quad \|\mathbf{x}\|_1\leqslant\alpha \tag{6.9.46}$$

式中, ϵ 与 α 均是非负实参数。

通过对应用于式 (6.9.44) 的二次规划公式的基本梯度投影 (GP) 算法的各种改进, Figueiredo 等人[92] 提出了一种稀疏重构的梯度投影 (GPSR) 方法。这种 GPSR 方法与文献 [102] 中的方法一样, 将变量 $\mathbf{x}$ 拆分为正负两部分

$$\mathbf{x}=\mathbf{u}-\mathbf{v}, \quad \mathbf{u}\geqslant\mathbf{0},\mathbf{v}\geqslant\mathbf{0} \tag{6.9.47}$$

式中, $u_i=(x_i)_+$, $v_i=(-x_i)_+\,\forall\, i=1,\cdots,n$, 其中 $(x)_+=\max\{0,x\}$。于是, 式
[294] (6.9.44) 可以改写为有界约束二次规划 (BCQP) 问题

$$\begin{aligned}&\min_{\mathbf{u},\mathbf{v}}\left\{\frac{1}{2}\|\mathbf{y}-\mathbf{A}(\mathbf{u}-\mathbf{v})\|_2^2+\tau\mathbf{1}_n^{\mathrm{T}}\mathbf{u}+\tau\mathbf{1}_n^{\mathrm{T}}\mathbf{v}\right\}\\&\text{s.t.} \quad \mathbf{u}\geqslant\mathbf{0},\mathbf{v}\geqslant\mathbf{0}\end{aligned} \tag{6.9.48}$$

式 (6.9.48) 可以用更标准的有界约束二次规划形式书写

$$\min_{\mathbf{z}} \left\{ F(\mathbf{z}) = \mathbf{c}^{\mathrm{T}}\mathbf{z} + \frac{1}{2}\mathbf{z}^{\mathrm{T}}\mathbf{B}\mathbf{z} \right\} \quad \text{s.t.} \quad \mathbf{z} \geqslant \mathbf{0} \tag{6.9.49}$$

式中

$$\mathbf{z} = \begin{bmatrix} \mathbf{u} \\ \mathbf{v} \end{bmatrix}, \quad \mathbf{b} = \mathbf{A}^{\mathrm{T}}\mathbf{y}, \quad \mathbf{c} = \tau \mathbf{1}_{2n} + \begin{bmatrix} -\mathbf{b} \\ \mathbf{b} \end{bmatrix} \tag{6.9.50}$$

及

$$\mathbf{B} = \begin{bmatrix} \mathbf{A}^{\mathrm{T}}\mathbf{A} & -\mathbf{A}^{\mathrm{T}}\mathbf{A} \\ -\mathbf{A}^{\mathrm{T}}\mathbf{A} & \mathbf{A}^{\mathrm{T}}\mathbf{A} \end{bmatrix} \tag{6.9.51}$$

当式 (6.9.44) 的解预先知道是非负时, 我们有

$$\frac{1}{2}\|\mathbf{y} - \mathbf{A}\mathbf{x}\|_2^2 = \frac{1}{2}\mathbf{y}^{\mathrm{T}}\mathbf{y} - \mathbf{y}^{\mathrm{T}}\mathbf{A}\mathbf{x} + \frac{1}{2}\mathbf{x}^{\mathrm{T}}\mathbf{A}^{\mathrm{T}}\mathbf{A}\mathbf{x}$$

因为 $\mathbf{x}^{\mathrm{T}}\mathbf{A}^{\mathrm{T}}\mathbf{y} = (\mathbf{x}^{\mathrm{T}}\mathbf{A}^{\mathrm{T}}\mathbf{y})^{\mathrm{T}} = \mathbf{y}^{\mathrm{T}}\mathbf{A}\mathbf{x}$。注意, 在 $\mathbf{x}$ 非负的假设下, $\mathbf{y}^{\mathrm{T}}\mathbf{y}$ 是一个常数, 与变量 $\mathbf{x}$ 和 $\tau\|\mathbf{x}\|_1 = \tau\mathbf{1}_n^{\mathrm{T}}\mathbf{x}$ 无关。因此, 式 (6.9.44) 可以等效写为

$$\min_{\mathbf{x}} \left\{ \left(\tau\mathbf{1}_n - \mathbf{A}^{\mathrm{T}}\mathbf{y}\right)^{\mathrm{T}}\mathbf{x} + \frac{1}{2}\mathbf{x}^{\mathrm{T}}\mathbf{A}^{\mathrm{T}}\mathbf{A}\mathbf{x} \right\} \quad \text{s.t.} \quad \mathbf{x} \geqslant \mathbf{0} \tag{6.9.52}$$

它具有与式 (6.9.49) 相同的形式。

梯度投影法是以无约束最小化形式求解凸集 C 上一般极小化问题的一种有效方法

$$\min_{\mathbf{x}} \{f(\mathbf{x}) + h(\mathbf{x})\} \tag{6.9.53}$$

式中, $f(\mathbf{x})$ 在凸集 C 上连续可微分, $h(\mathbf{x})$ 在 C 上非平滑。遵循一阶优化条件, 我们有

$$\mathbf{x}^* \in \arg\min_{\mathbf{x}\in C} \{f(\mathbf{x}) + h(\mathbf{x})\} \Leftrightarrow \mathbf{0} \in \nabla f(\mathbf{x}^*) + \partial h(\mathbf{x}^*) \tag{6.9.54}$$

式中, $\nabla f(\mathbf{x})$是连续可微分函数 f 的梯度, $\partial h(\mathbf{x})$ 是非平滑函数 h 的次微分。 [295]

特别地, 当 $f(\mathbf{x}) = \frac{1}{2}\|\mathbf{x} - \mathbf{z}\|_2^2$ 时, 我们有 $\nabla f(\mathbf{x}) = \mathbf{x} - \mathbf{z}$。因此, 上述一阶优化条件变为

$$\mathbf{0} \in (\mathbf{x} - \mathbf{z}) + \partial h(\mathbf{x}) \Leftrightarrow \mathbf{z} \in \mathbf{x} + \partial h(\mathbf{x}). \tag{6.9.55}$$

如果在式 (6.9.54) 中取 $\partial h(\mathbf{x}) = -\nabla f(\mathbf{x})$, 则式 (6.9.55) 给出以下结果

$$\mathbf{z} = \mathbf{x} - \nabla f(\mathbf{x}) \tag{6.9.56}$$

这正是 $\mathbf{x}$ 到凸集 C 上的梯度投影。于是, 基本的梯度投影更新公式为

$$\mathbf{x}_{k+1} = \mathbf{x}_k - \mu_k \nabla f(\mathbf{x}_k) \tag{6.9.57}$$

式中 μ_k 是第 k 步更新的步长。

求解式 (6.9.49) 的基本梯度投影法由下列两步组成[92]。

- 首先, 选择某个标量参数 $\alpha_k > 0$, 并设置

$$\mathbf{w}_k = (\mathbf{z}_k - \alpha_k \nabla F(\mathbf{z}_k))_+ \tag{6.9.58}$$

- 然后, 选择第二个标量 $\lambda_k \in [0,1]$, 并设置

$$\mathbf{z}_{k+1} = \mathbf{z}_k + \lambda_k(\mathbf{w}_k - \mathbf{z}_k) \tag{6.9.59}$$

在基本方法中, 每个 $\mathbf{z}_k$ 都沿负梯度方向 $-\nabla F(\mathbf{z}_k)$ 搜索, 投影到非负象限, 并执行回溯线搜索, 直至 F 足够减小[92]。

Figueiredo 等人[92] 提出了稀疏重构的两种梯度投影算法: 基本梯度投影 (GPSR-Basic) 算法和 Barzilai-Borwein 梯度投影 (GPSR-BB) 算法。

GPSR-BB 算法见算法 6.15, 是基于使用 $\mathbf{H}_k = \eta^{(k)}\mathbf{I}$ 作为 Hessian 矩阵的逼近的 Barzilai-Borwein(BB) 方法。这种算法可以用 MATLAB 实现。

[296]

算法 6.15 GPSR-BB 算法[92]

1. **input:** The data vector $\mathbf{y} \in \mathbb{R}^m$ and the input matrix $\mathbf{A} \in \mathbb{R}^{m\times n}$
2. **initialization:** Random generate a nonnegative vector $\mathbf{z}^{(0)} \in \mathbb{R}_+^{2n}$
3. Choose nonnegative parameters $\tau, \beta \in (0,1), \mu \in (0,1/2)$ and $\alpha_{\min}, \alpha_{\max}, \alpha_0 \in [\alpha_{\min}, \alpha_{\max}]$
4. Compute $\mathbf{b} = \mathbf{A}^{\mathrm{T}}\mathbf{y}$, $\mathbf{c} = \tau \mathbf{1}_{2n} + \begin{bmatrix} -\mathbf{b} \\ \mathbf{b} \end{bmatrix}$ and $\mathbf{B} = \begin{bmatrix} \mathbf{A}^{\mathrm{T}}\mathbf{A} & -\mathbf{A}^{\mathrm{T}}\mathbf{A} \\ -\mathbf{A}^{\mathrm{T}}\mathbf{A} & \mathbf{A}^{\mathrm{T}}\mathbf{A} \end{bmatrix}$
5. Set $k = 0$
6. **repeat**
7. Calculate the gradient $\nabla F(\mathbf{z}^{(k)}) = \mathbf{c} + \mathbf{B}\mathbf{z}^{(k)}$
8. Compute step: $\boldsymbol{\delta}^{(k)} = \left(\mathbf{z}^{(k)} - \alpha^{(k)}\nabla F(\mathbf{z}^{(k)})\right)_+ - \mathbf{z}^{(k)}$
9. (**line search**): Find the scalar $\lambda^{(k)}$ that minimizes $F(\mathbf{z}^{(k)} + \lambda^{(k)}\boldsymbol{\delta}^{(k)})$ on the interval $\lambda^{(k)} \in [0,1]$
10. Set $\mathbf{z}^{(k+1)} = \mathbf{z}^{(k)} + \lambda^{(k)}\boldsymbol{\delta}^{(k)}$
11. (**update** α): compute
    $$\gamma^{(k)} = \left(\boldsymbol{\delta}^{(k)}\right)^{\mathrm{T}} \mathbf{B}\boldsymbol{\delta}^{(k)}$$
    if $\gamma^{(k)} = 0$ then let $\alpha^{(k)} = \alpha_{\max}$, otherwise
    $$\alpha^{(k)} = \mathrm{mid}\left\{\alpha_{\min}, \frac{\|\boldsymbol{\delta}^{(k)}\|_2^2}{\gamma^{(k)}}, \alpha_{\max}\right\}$$
12. if $\left\|\mathbf{z}^{(k)} - \left(\mathbf{z}^{(k)} - \bar{\alpha}\nabla F(\mathbf{z})\right)_+\right\| \leqslant \mathrm{tolP}$, where tolP is a small parameter and $\bar{\alpha}$ is a positive constant, then terminate; otherwise set $k \leftarrow k+1$ return to Step 6
13. **output:** $\mathbf{z}^{(k+1)}$

6.10 监督学习分类

线性分类是机器学习和数据挖掘中的一种有用的工具。与将数据映射到一个更高维空间的非线性分类器 (例如核方法) 不同, 线性分类器直接处理输入空间中的原始数据。对于多维空间中的一些数据, 线性分类器的性能 (即测试精度) 已接近于非线性分类器[293]。

6.10.1 二进制线性分类器

定义 6.14 (样本) [306] 一个样本 $\mathbf{x}$ 表示一个特定目标。样本通常由 D 维特征向量 $\mathbf{x}=[x_1,\cdots,x_D]^{\mathrm{T}}\in\mathbb{R}^D$ 表示, 其中每一维称为一个特征。特征向量的长度称为特征向量的维数。

令这些样本从一个未知的潜在分布 $P(\mathbf{x})$ 独立进行采样, 用符号记为 $\{\mathbf{x}_i\}_{i=1}^N \overset{\text{i.i.d.}}{\sim} P(\mathbf{x})$, 其中 i.i.d. 代表独立同分布。

定义 6.15 (训练样本) [306] 训练样本是样本的集合: $\{\mathbf{x}_i\}_{i=1}^N=\{\mathbf{x}_1,\cdots,\mathbf{x}_N\}$ 为学习过程的输入。

定义 6.16 (标签) [306] 一个样本 $\mathbf{x}$ 上的期望预测 y 称为样本的标签。 [297]

定义 6.17 (监督学习分类) 令 $X=\{\mathbf{x}_i\}$ 是样本的域, $Y=\{y_i\}$ 为标签的域。令 $P(\mathbf{x},y)$ 是样本和标签 $X\times Y$ 上的 (未知) 联合概率分布。给出训练样本集 $\{(\mathbf{x}_i,y_i)\}_{i=1}^N \overset{\text{i.i.d.}}{\sim} P(\mathbf{x},y)$, 监督学习分类训练某个函数族 F 内的一个函数 $f:X\to Y$, 使得 $f(\mathbf{x})$ 预测将来的训练数据 $\mathbf{x}$ 的真实标签 y, 并且 $(\mathbf{x},y)\overset{\text{i.i.d.}}{\sim} P(\mathbf{x},y)$。

在二元分类中, 给定训练数据 $\{\mathbf{x}_i,y_i\}\in\mathbb{R}^D\times\{-1,+1\}$, 其中 $i=1,\cdots,N$。线性分类方法构造下面的决策函数

$$f(\mathbf{x})=\langle\mathbf{w},\mathbf{x}\rangle+b=\mathbf{w}\cdot\mathbf{x}+b=\mathbf{w}^{\mathrm{T}}\mathbf{x}+b \tag{6.10.1}$$

式中, $\mathbf{w}$ 称为权向量, b 为截距, 或称偏置。

为了产生决策函数 $f(\mathbf{x})=\mathbf{w}^{\mathrm{T}}\mathbf{x}$, 线性分类包含以下风险最小化问题[293]

$$\min_{\mathbf{w}}\left\{f(\mathbf{w})=R(\mathbf{w})+C\sum_{i=1}^N\xi(\mathbf{w}^{\mathrm{T}}\mathbf{x}_i,y_i)\right\} \tag{6.10.2}$$

式中

- $\mathbf{w}$ 是由线性分类参数组成的权向量;
- $R(\mathbf{w})$ 是一个正则化函数, 用于阻止过拟合的参数;
- $\xi(\mathbf{w}^{\mathrm{T}}\mathbf{x}_i;y_i)$ 为损失函数, 度量分类器的预测与第 i 个训练样本的真实输出 y_i 之间的差异;

- $C > 0$ 是一个标量常数 (由学习算法的用户预先规定), 它控制正则化函数 $R(\mathbf{w})$ 和损失函数 $\xi(\mathbf{w}^{\mathrm{T}}\mathbf{x}_i; y_i)$ 之间的平衡。

线性分类器的输出 $d(\mathbf{w}) = \mathbf{w}^{\mathrm{T}}\mathbf{x}$ 称为分类器的决策函数, 因为分类决策 (即标签 y) 由 $\hat{y} = \mathrm{sign}(\mathbf{w}^{\mathrm{T}}\mathbf{x})$ 确定。

正则化函数 $R(\mathbf{w})$ 的目的是为了防止对观测值过拟合。正则化项通常采用

$$R_1(\mathbf{w}) = \|\mathbf{w}\|_1 = \sum_{k=1}^{N} |w_k| \tag{6.10.3}$$

或者

$$R_2(\mathbf{w}) = \frac{1}{2}\|\mathbf{w}\|_2^2 = \frac{1}{2}\sum_{k=1}^{N} w_k^2 \tag{6.10.4}$$

[298] 正则化函数 $R_1(\mathbf{w}) = \|\mathbf{w}\|_1$ 有着以下局限:

- 它不是严格凸的, 所以解可能不唯一。
- 对于两个高度相关的特征, 由 R_1 正则化得到的解只能够选择两个特征当中的一个。因此, R_1 正则化可能丢弃高相关变量的群体效应[307]。

为了克服 R_1 正则化的以上两个局限, R_1 正则化和 R_2 正则化的凸组合形成了下面的弹性网[307]

$$R_e(\mathbf{w}) = \lambda\|\mathbf{w}\|_2^2 + (1-\lambda)\|\mathbf{w}\|_1 \tag{6.10.5}$$

式中 $\lambda \in (0, 1)$。

常用损失函数 $\xi(\mathbf{w}^{\mathrm{T}}\mathbf{x}_i, y_i)$ 包括: 适合于线性支持向量机的铰链损失 (即内罚函数)

$$\xi_1(\mathbf{w}^{\mathrm{T}}\mathbf{x}_i, y_i) = \max(0, 1 - y_i\mathbf{w}^{\mathrm{T}}\mathbf{x}_i) \tag{6.10.6}$$

$$\xi_2(\mathbf{w}^{\mathrm{T}}\mathbf{x}_i, y_i) = \max(0, 1 - y_i\mathbf{w}^{\mathrm{T}}\mathbf{x}_i)^2 \tag{6.10.7}$$

和适合线性逻辑斯谛回归的对数损失 (或对数惩罚项)[293]

$$\xi_3(\mathbf{w}^{\mathrm{T}}\mathbf{x}_i, y_i) = \log\left(1 + \mathrm{e}^{-y_i\mathbf{w}^{\mathrm{T}}\mathbf{x}_i}\right) \tag{6.10.8}$$

显然, 如果分类器的所有输出 $\mathbf{w}^{\mathrm{T}}\mathbf{x}_i$ 和对应的标签 y_i 分别具有相同的符号 (即正确决策), 则所有项 $y_i\mathbf{w}^{\mathrm{T}}\mathbf{x}_i > 0, \forall i = 1, \cdots, N$, 因此导致上述任意一种损失函数为零; 否则, 对某个 i, 至少存在一个 $\xi(\mathbf{w}^{\mathrm{T}}\mathbf{x}_i, y_i) > 0$, 因此损失函数受到惩罚。

6.10.2 多类线性分类器

在多类分类中, 有必要确定测试输入 $\mathbf{x}$ 属于有限类集中的哪一类。

令 $S = \{(\mathbf{x}_1, y_1), \cdots, (\mathbf{x}_N, y_N)\}$ 为 N 个训练样本的集合, 其中, 每个样本 $\mathbf{x}_i$ 从域 $\mathcal{X} \subseteq \mathbb{R}^D$ 中抽取, 并且每个标签 y_i 是集合 $\mathcal{Y} = \{1, \cdots, k\}$ 中的一个整数。

作为监督学习方法的一个具体例子, k 近邻法 (kNN) 是一种简单的分类算法, 见算法 6.16。

算法 6.16 k 近邻 (kNN) 法 [299]

---

1. **input:** Training data $(\mathbf{x}_1, y_1), \cdots, (\mathbf{x}_N, _N)$, distance function $d(\mathbf{a}, \mathbf{b})$, number of neighbors k testing instance $\mathbf{x}$
2. **initialization:** let the ith neighbor's data subset $L_i = \{\mathbf{x}_1^{(i)}, \cdots, \mathbf{x}_{n_i}^{(i)}\}$ for $y_1, \cdots, y_N \in \{i\}$, where $n_1 + \cdots + n_k = N$
3. Compute centers of k neighbors $\mathbf{m}^{(i)} = \frac{1}{N_i} \sum_{j=1}^{n_i} \mathbf{x}_j^{(i)}$ for $i = 1, \cdots, k$
4. Find the distances between $\mathbf{x}$ and the center $\mathbf{m}_i$ of the ith neighbor, denoted $d(\mathbf{x}, \mathbf{m}_i)$, for $i = 1, \cdots, k$
5. Find the nearest neighbor of $\mathbf{x}$ using label of $y \leftarrow \min_i\{d(\mathbf{x}, \mathbf{m}^{(1)}), \cdots, d(\mathbf{x}, \mathbf{m}^{(k)})\}$
6. **output:** label of y as the majority class of $y_{i_1}, \cdots, y_{i_k}$

作为一个 D 维特征向量, 测试样本 $\mathbf{x}$ 可以看作 D 维特征空间中的一个点。分类器为特征空间中的每个点指定一个标签。这将特征空间划分为多个决策区域, 每个决策区域中的点具有相同的标签。分隔这些区域的边界称为由分类器的决策边界。

多类分类器是一个函数 $H : \mathcal{X} \to \mathcal{Y}$, 它将一个样本 $\mathbf{x} \in \mathcal{X}$ 映射为 $\mathcal{Y}$ 的一个元素 y。

考虑下列形式的 k 类分类器[64]

$$H_{\mathbf{W}}(\mathbf{x}) = \underset{m=1,\cdots,k}{\arg\max}\, \mathbf{w}_m^{\mathrm{T}} \mathbf{x}, \tag{6.10.9}$$

式中 $\mathbf{W} = [\mathbf{w}_1, \cdots, \mathbf{w}_k]$ 是一个 $N \times k$ 加权矩阵, 而 $\mathbf{W}$ 的第 m 列与样本 $\mathbf{x}$ 的内积称为第 m 类的置信度或相似性得分。根据此定义, 新样本 $\mathbf{x}$ 的预测标签是加权矩阵 $\mathbf{W}$ 与 $\mathbf{x}$ 具有最高相似性分数的列标签。

对于 $k = 2$ 的情况, 线性二元分类器预测样本 $\mathbf{x}$ 的类标签为 1 (若 $\mathbf{w}_1^{\mathrm{T}}\mathbf{x} > 0$) 和 -1 (或 2), 若 $\mathbf{w}_2^{\mathrm{T}}\mathbf{x} \leqslant 0$。在这种情况下, 加权矩阵 $\mathbf{W} = [\mathbf{w}, -\mathbf{w}]$ 是一个 $N \times 2$ 矩阵。通过在 $k \geqslant 3$ 时使用简约模型式 (6.10.9), Crammer 与 Singer[64] 通过选择最相似的 $\mathbf{W}$ 的列的标签来标记新输入样本。

Crammer 与 Singer 的多类分类器[64] 求解下列具有“软”约束的原始优化问题

$$\min_{\mathbf{W},\xi} \left\{ \frac{1}{2}\beta \|\mathbf{W}\|_2^2 + \sum_{i=1}^{N} \xi_i \right\} \tag{6.10.10}$$

$$\text{s.t.} \quad \mathbf{w}_{y_i}^{\mathrm{T}} \mathbf{x}_i + \delta_{y_i,m} - \mathbf{w}_m^{\mathrm{T}} \mathbf{x}_i \geqslant 1 - \xi_i, \forall i = 1, \cdots, N;\ m = 1, \cdots, k$$

式中, $\beta > 0$ 为正则化参数, 对于 $m = y_i$, 上述不等式约束变为 $\xi_i \geqslant 0$; 而 $\delta_{p,q}$ 等于 1, 若 $p = q$, 否则等于 0。

[300] 利用拉格朗日乘子法, 式 (6.10.10) 的对偶优化问题为

$$\min_{\mathbf{W},\xi,\eta}\left\{\mathcal{L}(\mathbf{W},\xi,\eta)=\frac{1}{2}\beta\sum_{m=1}^{k}\|\mathbf{w}_m\|_2^2+\sum_{i=1}^{N}\xi_i\right.$$

$$\left.+\sum_{i=1}^{N}\sum_{m=1}^{k}\eta_{i,m}[(\mathbf{w}_m-\mathbf{w}_{y_i})^{\mathrm{T}}\mathbf{x}_i-\delta_{y_i,m}+1-\xi_i]\right\} \tag{6.10.11}$$

$$\text{s.t.}\quad \eta_{i,m}\geqslant 0,\quad \forall i=1,\cdots,N;\, m=1,\cdots,k$$

式中, $\eta_{i,m}$ 为拉格朗日乘子。

由 $\frac{\partial\mathcal{L}}{\partial\xi_i}=0$ 和 $\frac{\partial\mathcal{L}}{\partial\mathbf{w}_m}=\mathbf{0}$, 分别有

$$\sum_{m=1}^{r}\eta_{i,m}=1,\quad \forall i=1,\cdots,N \tag{6.10.12}$$

和

$$\mathbf{w}_m=\beta^{-1}\left(\sum_{i=1}^{N}(\delta_{y_i,m}-\eta_{i,m})\mathbf{x}_i\right),\quad m=1,\cdots,r \tag{6.10.13}$$

或者改写为

$$\mathbf{w}_m=\beta^{-1}\left(\sum_{i:y_i=m}(1-\eta_{i,m}\mathbf{x}_i+\sum_{i:y_i\neq m}(-\eta_{i,m})\mathbf{x}_i\right) \tag{6.10.14}$$

其中 $m=1,\cdots,r$。

式 (6.10.12) 和式 (6.10.14) 列出了 Crammer 和 Singer 的线性多类分类器[62] 的下列重要性能:

- 由于对于每一个模式 $\mathbf{x}_i$, 拉格朗日乘子集 $\{\eta_{i,1},\cdots,\eta_{i,k}\}$ 满足式 (6.10.12) 中的约束 $\eta_{i,1},\cdots,\eta_{i,k}\geqslant 0$ 和 $\sum_m\eta_{i,m}=1$, 所以每个拉格朗日乘子集都可以视为在标签 $\{1,\cdots,k\}$ 上的概率分布。在这个概率解释假设下, 样本 $\mathbf{x}_i$ 是一个支持模式, 当且仅当其对应的分布不集中在正确的标签 y_i 上。因此, 分类器是使用标签不确定的模式构造的, 其余的输入模式被忽略。
- 式 (6.10.14) 的第一个求和项对属于第 m 类的所有模式求和。这表明, 仅当 $\eta_{i,m}=\eta_{i,y_i}<1$ 时, 具有标签 $y_i=m$ 的样本 $\mathbf{x}_i$ 才是支持模式。
- 式 (6.10.14) 的第二个求和项对标签不同于 m 的其余模式求和。在这种情况下, 仅当 $\eta_{i,m}>0$ 时, 样本 $\mathbf{x}_i$ 才是支持模式。

[301] 6.11 监督张量学习

在许多学科中, 越来越多的问题需要 3 个或更多的下标来描述数据。3 个或 3 个以上下标的数据称为多通道数据, 其表示形式为张量。

随着现代应用的发展, 多路高阶数据模型已经成功应用于社会网络分析和

Web 挖掘等领域 (文献 [1, 150, 238])、计算机视觉 (文献 [111, 242, 258])、高光谱图像[47, 157, 204]、医学和神经科学[86]、人脸识别的多线性图像分析 (张量脸)[256]、癫痫张量[2]、化学[36] 等。

本节将主要讨论监督张量学习和回归张量学习。

6.11.1 张量代数基础

张量将用数学符号 $\mathcal{T},\mathcal{A},\mathcal{X}$ 等表示。N 路阵列的张量表示称为 N 阶张量, 定义为 N 维笛卡儿积向量空间上的多线性函数, 记为 $\mathcal{T}\in\mathbb{K}^{I_1\times I_2\times\cdots\times I_N}$, 其中 $\mathbb{K}$ 表示实域 $\mathbb{R}$ 或复域 $\mathbb{C}$, 并且 I_n 是第 n 个"方向"或模式的元素个数或维数。例如, 对于一个三阶张量 $\mathcal{T}\in\mathbb{K}^{4\times 2\times 5}$, 第一、第二和第三模式的维数分别等于 $4,2,5$。标量是零阶张量、向量为一阶张量、矩阵为二阶张量。N 阶张量是多线性映射

$$\mathcal{T}:\ \mathbb{K}^{I_1}\times\mathbb{K}^{I_2}\times\cdots\times\mathbb{K}^{I_N}\rightarrow\mathbb{K}^{I_1\times I_2\times\cdots\times I_N} \tag{6.11.1}$$

由于 $\mathcal{T}\in\mathbb{K}^{I_1\times\cdots\times I_N}$ 可以看作是一个 N 阶矩阵, 所以张量代数本质上是高阶矩阵代数。

如图 6.2 所示分别为三阶张量和五阶张量的例子。

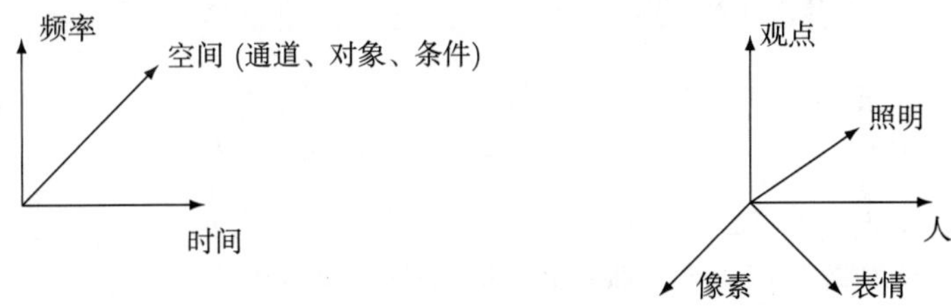

图 6.2　三路阵列 (左) 和人脸的张量建模 (右)

在线性代数 (即有限维向量空间的矩阵代数) 中, 一个线性算子定义在有限维向量空间。由于矩阵表示二阶张量, 所以线性代数也可以视为二阶张量的代数。在多线性代数 (即高阶张量代数) 中, 多线性算子也定义在一个有限维向量空间。 [302]

矩阵 $\mathbf{A}\in\mathbb{K}^{m\times n}$ 用其元素和符号 $[\cdot]$ 表示为 $\mathbf{A}=[a_{ij}]_{i,j=1}^{m,n}$。类似地, n 阶张量 $\mathcal{A}\in\mathbb{K}^{I_1\times\cdots\times I_n}$ 用双重矩阵符号 $[\![\cdot]\!]$ 表示为 $\mathcal{A}=[\![a_{i_1\cdots i_n}]\!]_{i_1,\cdots,i_n=1}^{I_1,\cdots,I_n}$, 其中 $a_{i_1\cdots i_n}$ 是该张量的第 $(i_1,\cdots,i_n)$ 个元素。n 阶张量有时也叫n 维超矩阵[60]。所有 $(I_1\times\cdots\times I_n)$ 维张量的集合记作 $\mathcal{T}(I_1,\cdots,I_n)$。

最常用的张量是三阶张量 $\mathcal{A}=[\![a_{ijk}]\!]_{i,j,k}^{I,J,K}\in\mathbb{K}^{I\times J\times K}$。三阶张量有时也称三维矩阵。一个正方的三阶张量 $\mathcal{X}\in\mathbb{K}^{I\times I\times I}$ 就说是立方的。特别地, 一个立方张量称为超对称张量[60], 其元素具有以下对称性

$$x_{ijk}=x_{ikj}=x_{jik}=x_{jki}=x_{kij}=x_{kji},\quad \forall i,j,k=1,\cdots,I$$

对于一个张量 $\mathcal{A}=[\![a_{i_1\cdots i_m}]\!]\in\mathbb{R}^{N\times\cdots\times N}$, 连接 $a_{11\cdots 1}$ 到 $a_{NN\cdots N}$ 的线段称为张量 $\mathcal{A}$ 的超对角线。一个张量 $\mathcal{A}$ 称为单位张量, 若其超对角线上的所有元素等于 1, 并且所有其他元素等于零, 即

$$a_{i_1\cdots i_m}=\delta_{i_1\cdots i_m}=\begin{cases}1, & i_1=\cdots=i_m\\ 0, & \text{其他}\end{cases} \tag{6.11.2}$$

一个三阶单位张量记作 $\mathcal{I}\in\mathbb{R}^{N\times N\times N}$。

在张量代数中, 将三阶张量视为一组向量或者矩阵会给我们带来方便。假定一个向量 $\mathbf{a}$ 的第 i 个元素记作 a_i, 并且矩阵 $\mathbf{A}=[a_{ij}]\in\mathbb{K}^{I\times J}$ 有 I 个行向量 $\mathbf{a}_{i:}, i=1,\cdots,I$ 和 J 个列向量 $\mathbf{a}_{:j}, j=1,\cdots,J$。然而, 行向量和列向量的概念对高阶张量不再直接适用。

三阶张量的三路阵列不称为行向量和列向量, 而是重新命名为张量纤维。纤维是只有一个下标为变量、其他下标固定的一路阵列变量。

一个三阶张量的纤维分垂直纤维、水平纤维和“深度”纤维。三阶张量 $\mathcal{A}\in\mathbb{K}^{I\times J\times K}$ 的垂直纤维也称列纤维, 记为 $\mathbf{a}_{:jk}$; 水平纤维也叫行纤维, 记为 $\mathbf{a}_{i:k}$; 而深度纤维也称为管状纤维, 用符号 $\mathbf{a}_{ij:}$ 记之。

[303] **定义 6.18 (张量向量化)** N 阶张量 $\mathcal{A}=[\![\mathcal{A}_{i_1,\cdots,i_N}]\!]\in\mathbb{K}^{I_1\times\cdots\times I_N}$ 的张量向量化记为 $\mathbf{a}=\mathrm{vec}(\mathcal{A})$, 其元素为

$$a_l=\mathcal{A}_{i_1,i_2,\cdots,i_N},\quad l=i_1+\sum_{n=2}^{N}\left((i_n-1)\prod_{k=1}^{n-1}I_k\right) \tag{6.11.3}$$

例如, $a_1=\mathcal{A}_{1,1,\cdots,1}, a_{I_1}=\mathcal{A}_{I_1,1,\cdots,1}, a_{I_2}=\mathcal{A}_{1,I_2,1,\cdots,1}, a_{I_1I_2\cdots I_N}=\mathcal{A}_{I_1,I_2,\cdots,I_N}$。张量变换为矩阵的运算称为张量矩阵化或者张量展开。

定义 6.19 (张量展开) 给出一个 N 阶张量 $\mathcal{A}\in\mathbb{K}^{I_1\times\cdots\times I_N}$, $\mathcal{A}$ 到 $\mathbf{A}_{(n)}$ 上的映射和 $\mathcal{A}$ 到 $\mathbf{A}^{(n)}$ 上的映射分别称为张量 $\mathcal{A}$ 的水平展开和纵向展开, 其中 $\mathbf{A}_{(n)}\in\mathbb{K}^{I_n\times(I_1\cdots I_{n-1}I_{n+1}\cdots I_N)}$ 称为张量 $\mathcal{A}$ 的 (模式-n) 水平展开矩阵, 矩阵 $\mathbf{A}^{(n)}=\mathbb{K}^{(I_1\cdots I_{n-1}I_{n+1}\cdots I_N)\times I_n}$ 叫作张量 $\mathcal{A}$ 的 (模式-n) 纵向展开矩阵。

有 3 种水平展开方法。

- Kiers 水平展开法: 给定 N 阶张量 $\mathcal{A}\in\mathbb{K}^{I_1\times\cdots\times I_N}$, Kiers 水平展开法由 Kiers 于 2000 年提出[141], 将张量元素 $a_{i_1i_2\cdots i_N}$ 映射为矩阵 $\mathbf{A}_{(n)}^{\mathrm{Kiers}}\in\mathbb{K}^{I_n\times(I_1\cdots I_{n-1}I_{n+1}\cdots I_N)}$ 的第 (i_n,j) 个元素, 即

$$\mathbf{A}_{(n)}^{\mathrm{Kiers}}(i_n,j)=a_{i_n,j}^{\mathrm{Kiers}}=a_{i_1,i_2,\cdots,i_N} \tag{6.11.4}$$

式中, $i_n=1,\cdots,I_n$, 并且

$$j=\sum_{p=1}^{N-2}\left((i_{N+n-p}-1)\prod_{q=n+1}^{N+n-p-1}I_q\right)+i_{n+1},\quad n=1,\cdots,N \tag{6.11.5}$$

其中 $I_{N+m}=I_m$ 和 $i_{N+m}=i_m (m>0)$。

- LMV 水平展开法：这种方法由 Lathauwer、Moor 和 Vanderwalle 于 2000 年提出[154]，将 N 阶张量 $\mathcal{A} \in \mathbb{K}^{I_1 \times \cdots \times I_N}$ 的元素 $a_{i_1,\cdots,i_N}$ 映射为矩阵 $\mathbf{A}_{(n)}^{\text{LMV}} \in \mathbb{K}^{I_n \times (I_1 \cdots I_{n-1} I_{n+1} \cdots I_N)}$ 的元素 $a_{i_n,j}^{\text{LMV}}$，其中

$$j = i_{n-1} + \sum_{k=1}^{n-2} \left((i_k - 1) \prod_{m=k+1}^{n-1} I_m \right) + \prod_{p=1}^{n-1} I_p \left(\sum_{k=n+1}^{N} \left((i_k - 1) \prod_{q=k}^{N} I_{q+1} \right) \right) \tag{6.11.6}$$

式中，$I_q = 1$ 若 $q > N$。

- Kolda 水平展开法：这种展开由 Kolda 于 2006 年引入[149]，将 N 阶张 [304]
量的元素 $a_{i_1,\cdots,i_N}$ 映射为矩阵 $\mathbf{A}_{(n)}^{\text{Kolda}} \in \mathbb{K}^{I_n \times (I_1 \cdots I_{n-1} I_{n+1} \cdots I_N)}$ 的元素 $a_{i_n,j}^{\text{Kolda}}$

$$j = 1 + \sum_{k=1,k\neq n}^{N} \left((i_k - 1) \prod_{m=1,m\neq n}^{k-1} I_m \right) \tag{6.11.7}$$

类似于上述 3 种水平展开方法，N 阶张量 $\mathbf{A}^{(n)} = \mathbb{K}^{(I_1 \cdots I_{n-1} I_{n+1} \cdots I_N) \times I_n}$ 还有 3 种纵向展开方法。三阶张量的纵向展开与水平展开有以下关系

$$\mathbf{A}_{\text{Kiers}}^{(n)} = (\mathbf{A}_{(n)}^{\text{Kiers}})^{\mathrm{T}}, \quad \mathbf{A}_{\text{LMV}}^{(n)} = (\mathbf{A}_{(n)}^{\text{LMV}})^{\mathrm{T}}, \quad \mathbf{A}_{\text{Kolda}}^{(n)} = (\mathbf{A}_{(n)}^{\text{Kolda}})^{\mathrm{T}} \tag{6.11.8}$$

定义 6.20 (张量内积) 对于两个张量 $\mathcal{A}, \mathcal{B} \in \mathbb{K}^{I_1 \times \cdots \times I_N}$，它们的张量内积 $\langle \mathcal{A}, \mathcal{B} \rangle$ 是一个标量，并定义为两个张量的列向量化的内积，即有

$$\begin{aligned} \langle \mathcal{A}, \mathcal{B} \rangle &\overset{\text{def}}{=} \langle \text{vec}(\mathcal{A}), \text{vec}(\mathcal{B}) \rangle = (\text{vec}(\mathcal{A}))^{\mathrm{H}} \text{vec}(\mathcal{B}) \\ &= \sum_{i_1=1}^{I_1} \sum_{i_2=1}^{I_2} \cdots \sum_{i_n=1}^{I_N} a_{i_1 i_2 \cdots i_n}^{*} b_{i_1 i_2 \cdots i_n} \end{aligned} \tag{6.11.9}$$

张量内积也称张量点积，用符号 $\mathcal{A} \cdot \mathcal{B}$ 表示，即有 $\mathcal{A} \cdot \mathcal{B} = \langle \mathcal{A}, \mathcal{B} \rangle$。

定义 6.21 (张量外积) 给出两个张量 $\mathcal{A} \in \mathbb{K}^{I_1 \times \cdots \times I_P}$ 和 $\mathcal{B} \in \mathbb{K}^{J_1 \times \cdots \times J_Q}$，它们的张量外积记为 $\mathcal{A} \circ \mathcal{B} \in \mathbb{K}^{I_1 \times \cdots \times I_P \times J_1 \times \cdots \times J_Q}$，并定义为

$$(\mathcal{A} \circ \mathcal{B})_{i_1 \cdots i_P j_1 \cdots j_Q} = a_{i_1 \cdots i_P} b_{j_1 \cdots j_Q}, \quad \forall i_1, \cdots, i_P, j_1, \cdots, j_Q \tag{6.11.10}$$

定义 6.22 (张量 Frobenius 范数) 张量 $\mathcal{A}$ 的 Frobenius 范数定义为

$$\|\mathcal{A}\|_F = \sqrt{\langle \mathcal{A}, \mathcal{A} \rangle} \overset{\text{def}}{=} \left(\sum_{i_1=1}^{I_1} \sum_{i_2=1}^{I_2} \cdots \sum_{i_n=1}^{I_N} |a_{i_1 i_2 \cdots i_n}|^2 \right)^{1/2} \tag{6.11.11}$$

定义 6.23 (Tucker 算子) 给出一个 N 阶张量 $\mathcal{G} \in \mathbb{K}^{J_1 \times J_2 \times \cdots \times J_N}$ 和矩 [305]
阵 $\mathbf{U}^{(n)} \in \mathbb{K}^{I_n \times J_n}$，其中 $n \in \{1, \cdots, N\}$。Tucker 算子定义为[149]

$$[\![\mathcal{G}; \mathbf{U}^{(1)}, \mathbf{U}^{(2)}, \cdots, \mathbf{U}^{(N)}]\!] \overset{\text{def}}{=} \mathcal{G} \times_1 \mathbf{U}^{(1)} \times_2 \mathbf{U}^{(2)} \times_3 \cdots \times_N \mathbf{U}^{(N)} \tag{6.11.12}$$

结果为 N 阶 $I_1 \times I_2 \times \cdots \times I_N$ 张量。

张量 $\mathcal{X} \in \mathbb{R}^{I_1 \times \cdots \times I_N}$ 与矩阵 $\mathbf{U} \in \mathbb{R}^{J \times I_n}$ 的模式 n 乘积用符号 $\mathcal{X} \times_n \mathbf{U}$ 表示, 是一个 $I_1 \times \cdots \times I_{n-1} \times J \times I_{n+1} \times \cdots \times I_N$ 的张量, 其元素定义为

$$(\mathcal{X} \times_n \mathbf{U})_{i_1,\cdots,i_{n-1},j,i_{n+1},\cdots,i_N} = \sum_{i_n=1}^{I_n} x_{i_1,\cdots,i_N} u_{ji_n} \tag{6.11.13}$$

等价的展开表达式为

$$\mathcal{Y} = \mathcal{X} \times_n \mathbf{U} \Leftrightarrow \mathbf{Y}_{(n)} = \mathbf{U}\mathbf{X}_{(n)} \tag{6.11.14}$$

特别地, 对于一个三阶张量 $\mathcal{X} \in \mathbb{K}^{I_1 \times I_2 \times I_3}$ 和矩阵 $\mathbf{A} \in \mathbb{K}^{J_1 \times I_1}, \mathbf{B} \in \mathbb{K}^{J_2 \times I_2}, \mathbf{C} \in \mathbb{K}^{J_3 \times I_3}$, Tucker 模式-1 积 $\mathcal{X} \times_1 \mathbf{A}$、Tucker 模式-2 积 $\mathcal{X} \times_2 \mathbf{B}$ 和 Tucker 模式-3 积 $\mathcal{X} \times_3 \mathbf{C}$ 分别记为[155];

$$(\mathcal{X} \times_1 \mathbf{A})_{j_1 i_2 i_3} = \sum_{i_1=1}^{I_1} x_{i_1 i_2 i_3} a_{j_1 i_1}, \ \forall j_1, i_2, i_3 \tag{6.11.15}$$

$$(\mathcal{X} \times_2 \mathbf{B})_{i_1 j_2 i_3} = \sum_{i_2=1}^{I_2} x_{i_1 i_2 i_3} b_{j_2 i_2}, \ \forall i_1, j_2, i_3 \tag{6.11.16}$$

$$(\mathcal{X} \times_3 \mathbf{C})_{i_1 i_2 j_3} = \sum_{i_3=1}^{I_3} x_{i_1 i_2 i_3} c_{j_3 i_3}, \ \forall i_1, i_2, j_3 \tag{6.11.17}$$

一个三阶张量的分解有两种基本形式。

① Tucker 分解

$$\mathcal{X} = \mathcal{G} \times_1 \mathbf{A} \times_2 \mathbf{B} \times_3 \mathbf{C} \ \Leftrightarrow \ x_{ijk} = \sum_{p=1}^{P}\sum_{q=1}^{Q}\sum_{r=1}^{R} g_{pqr}\, a_{ip}\, b_{jq}\, c_{kr} \tag{6.11.18}$$

这里, $\mathcal{G}$ 称为张量分解的核心张量。

[306] ② 典型分解 (CANDECOM)/平行因子分解 (PARFAC) 简称 CP 分解

$$\mathcal{X} = \mathcal{I} \times_1 \mathbf{A} \times_2 \mathbf{B} \times_3 \mathbf{C} \ \Leftrightarrow \ x_{ijk} = \sum_{p=1}^{P}\sum_{q=1}^{Q}\sum_{r=1}^{R} a_{ip}\, b_{jq}\, c_{kr} \tag{6.11.19}$$

式中 $\mathcal{I}$ 是一单位张量。

可以看出, Tucker 分解和 CP 分解之间存在以下不同:

- 在 Tucker 分解中, 核心张量 $\mathcal{G}$ 的元素 g_{pqr} 表明, 模式-A 向量 $\mathbf{a}_i = [a_{i1},\cdots,a_{iP}]^{\mathrm{T}}$ 的元素 a_{ip}、模式-B 向量 $\mathbf{b}_j = [b_{j1},\cdots,b_{jQ}]^{\mathrm{T}}$ 的元素 b_{jq}、模式-C 向量 $\mathbf{c}_k = [c_{k1},\cdots,c_{kR}]^{\mathrm{T}}$ 的元素 c_{kr} 之间存在相互作用。
- 在 CP 分解中, 核心张量是一个单位张量。由于超对角线 $p = q = r \in \{1,\cdots,R\}$ 上的元素全部等于 1, 所有其他元素为零, 故只在模式-A 向量 $\mathbf{a}_i$ 的第 r 个因子 a_{ir}、模式-B 向量 $\mathbf{b}_j$ 的第 r 个因子 b_{jr} 和模式-C 向量 $\mathbf{c}_k$ 的第 r 个因子 c_{kr} 之间存在相互作用。这意味着, 模式-A、模式-B 和模式-C 向量有相同的因子个数 R, 即所有模式抽取相同个数的因子。

因此, CP 分解可以理解为一种规范的 Tucker 分解。

Tucker 分解对高阶张量的推广称为高阶奇异值分解。

定理 6.6 (高阶奇异值分解) [154] 每一个 $I_1 \times I_2 \times \cdots \times I_N$ 维实张量 $\mathcal{X}$ 都可以分解为模式-n 积

$$\mathcal{X} = \mathcal{G} \times_1 \mathbf{U}^{(1)} \times_2 \mathbf{U}^{(2)} \times_3 \cdots \times_N \mathbf{U}^{(N)} = [\![\mathcal{G}; \mathbf{U}^{(1)}, \mathbf{U}^{(2)}, \cdots, \mathbf{U}^{(N)}]\!] \tag{6.11.20}$$

其元素为

$$x_{i_1 i_2 \cdots i_N} = \sum_{j_1=1}^{J_1} \sum_{j_2=1}^{J_2} \cdots \sum_{j_N=1}^{J_N} g_{i_1 i_2 \cdots i_N} u_{i_1 j_1}^{(1)} u_{i_2 j_2}^{(2)} \cdots u_{i_N j_N}^{(N)} \tag{6.11.21}$$

其中, $\mathbf{U}^{(n)} = [\mathbf{u}_1^{(n)}, \cdots, \mathbf{u}_{J_n}^{(n)}]$ 是一个 $I_n \times J_n$ 半正交矩阵: $(\mathbf{U}^{(n)})^{\mathrm{T}} \mathbf{U}^{(n)} = \mathbf{I}_{J_n} (J_n \leqslant I_n)$, 核心张量 $\mathcal{G}$ 是一个 $J_1 \times J_2 \times \cdots \times J_N$ 维张量, 子张量 $\mathcal{G}_{j_n=\alpha}$ 是具有固定 $j_n = \alpha$ 的张量 $\mathcal{X}$。子张量具有以下性质。

- 全正交性: 对于 $\alpha \neq \beta$, 两个子张量 $\mathcal{G}_{j_n=\alpha}$ 和 $\mathcal{G}_{j_n=\beta}$ 正交 [307]

$$\langle \mathcal{G}_{j_n=\alpha}, \mathcal{G}_{j_n=\beta} \rangle = 0, \quad \forall \alpha \neq \beta, n = 1, \cdots, N \tag{6.11.22}$$

- 排序:

$$\|\mathcal{G}_{i_n=1}\|_F \geqslant \|\mathcal{G}_{i_n=2}\|_F \geqslant \cdots \geqslant \|\mathcal{G}_{i_n=N}\|_F \tag{6.11.23}$$

模式-n 积简记为

$$\mathcal{X} \times_1 \mathbf{U}^{(1)} \times_2 \mathbf{U}^{(2)} \times_3 \cdots \times_N \mathbf{U}^{(N)} = \mathcal{X} \prod_{n=1}^{N} \times_n \mathbf{U}^{(n)} \tag{6.11.24}$$

注意, 典型的 CP 分解通常将一个 N 阶张量 $\mathcal{X} \in \mathbb{R}^{I_1 \times I_2 \times \cdots \times I_N}$ 分解为 R 个秩 1 张量的线性组合

$$\begin{aligned} \mathcal{X} &\approx \sum_{r=1}^{R} \mathbf{u}_r^{(1)} \circ \mathbf{u}_r^{(2)} \circ \cdots \circ \mathbf{u}_r^{(N)} \\ &= [\![\mathbf{U}^{(1)}, \mathbf{U}^{(2)}, \cdots, \mathbf{U}^{(N)}]\!] \end{aligned} \tag{6.11.25}$$

这个运算称为张量的秩 1 分解。这里, 算符 “$\circ$” 表示因子矩阵 $\mathbf{U}^{(n)} = [\mathbf{u}_1^{(n)}, \cdots, \mathbf{u}_R^{(n)}] \in \mathbb{R}^{I_n \times R}, n = 1, \cdots, N$ 的向量外积。

关于张量分析, 读者可进一步参考文献 [294]。

6.11.2 监督张量学习问题

已知 N 个训练张量-标量数据 $(\mathcal{X}_i, y_i), i = 1, \cdots, N$, 其中, 张量 $\mathcal{X}_i \in \mathbb{R}^{I_1, \cdots, I_M}$。监督张量学习就是训练一个具有秩 1 分解参数/加权张量 $\mathcal{W}$, $\mathcal{W} = \mathbf{w}_1 \circ \mathbf{w}_2 \circ \cdots \circ \mathbf{w}_M$, 使得

$$(\mathbf{w}_1, \cdots, \mathbf{w}_M; b, \mathbf{x}) = \underset{\mathbf{w}_1, \cdots, \mathbf{w}_M; b, \mathbf{x}}{\arg\min} \; f(\mathbf{w}_1, \cdots, \mathbf{w}_M; b, \mathbf{x})$$

$$\text{s.t. } y_i c_i \left(\mathcal{X}_i \prod_{k=1}^{M} \times_k \mathbf{w}_k + b \right) \geqslant \xi_i, \quad i = 1, \cdots, N \tag{6.11.26}$$

如果 $y_i \in \{+1, -1\}$, 则加权张量 $\mathcal{W}$ 称为张量分类器; 若 $y_i \in \mathbb{R}$, 则 $\mathcal{W}$ 称为张量预测器。

[308] 式 (6.11.26) 定义的监督张量学习的拉格朗日函数为

$$\begin{aligned} & L(\mathbf{w}_1, \cdots, \mathbf{w}_M; b, \mathbf{x}) \\ & = f(\mathbf{w}_1, \cdots, \mathbf{w}_M; b, \mathbf{x}) - \sum_{i=1}^{N} \lambda_i \left[y_i c_i \left(\mathcal{X}_i \prod_{k=1}^{M} \times_k \mathbf{w}_k + b \right) - \xi_i \right] \\ & = f(\mathbf{w}_1, \cdots, \mathbf{w}_M; b, \mathbf{x}) - \sum_{i=1}^{N} \lambda_i y_i c_i \left(\mathcal{X}_i \prod_{k=1}^{M} \times_k \mathbf{w}_k + b \right) - \boldsymbol{\lambda}^{\mathrm{T}} \mathbf{x} \end{aligned} \tag{6.11.27}$$

式中, $\boldsymbol{\lambda} = [\lambda_1, \cdots, \lambda_N]^{\mathrm{T}} \geqslant 0$ 是一非负拉格朗日乘子向量, 且 $\mathbf{x} = [\xi_1, \cdots, \xi_N]^{\mathrm{T}}$ 是一个松弛变量向量。

$L(\mathbf{w}_1, \cdots, \mathbf{w}_M; b, \mathbf{x})$ 相对于 $\mathbf{w}_j$ 的偏导由下式给出

$$\begin{aligned} \frac{\partial L}{\partial \mathbf{w}_j} & = \frac{\partial f}{\partial \mathbf{w}_j} - \sum_{i=1}^{N} \lambda_i y_i \frac{\partial c_i}{\partial \mathbf{w}_j} \frac{\partial}{\partial \mathbf{w}_j} \left(\mathcal{X}_i \prod_{k=1}^{M} \times_k \mathbf{w}_k + b \right) \\ & = \frac{\partial f}{\partial \mathbf{w}_j} - \sum_{i=1}^{N} \lambda_i y_i \frac{\mathrm{d} c_i}{\mathrm{d} \mathbf{z}} (\mathcal{X}_i \bar{\times}_j \mathbf{w}_j) \end{aligned} \tag{6.11.28}$$

式中, $\mathbf{z} = \mathcal{X}_i \prod_{k=1}^{M} \times_k \mathbf{w}_k + b$, 并且

$$\mathcal{X}_i \bar{\times}_j \mathbf{w}_j = \mathcal{X}_i \circ \mathbf{w}_1 \circ \cdots \circ \mathbf{w}_{j-1} \circ \mathbf{w}_{j+1} \circ \cdots \circ \mathbf{w}_M \tag{6.11.29}$$

类似地, $L(\mathbf{w}_1, \cdots, \mathbf{w}_M; b, \mathbf{x})$ 对于偏差 b 的偏导数为

$$\begin{aligned} \frac{\partial L}{\partial b} & = \frac{\partial f}{\partial b} - \sum_{i=1}^{N} \lambda_i y_i \frac{\partial c_i}{\partial b} \frac{\partial}{\partial b} \left(\mathcal{X}_i \prod_{k=1}^{M} \times_k \mathbf{w}_k + b \right) \\ & = \frac{\partial f}{\partial b} - \sum_{i=1}^{N} \lambda_i y_i \frac{\mathrm{d} c_i}{\mathrm{d} \mathbf{z}} \frac{\partial \mathbf{z}}{\partial b} \frac{\partial}{\partial b} \left(\mathcal{X}_i \prod_{k=1}^{M} \times_k \mathbf{w}_k + b \right) \\ & = \frac{\partial f}{\partial b} - \sum_{i=1}^{N} \lambda_i y_i \frac{\mathrm{d} c_i}{\mathrm{d} \mathbf{z}} \end{aligned} \tag{6.11.30}$$

令 $\frac{\partial L}{\partial \mathbf{w}_j} = \mathbf{0}$ 和 $\frac{\partial L}{\partial b} = \mathbf{0}$, 则由式 (6.11.28) 和式 (6.11.30) 知

$$\frac{\partial f}{\partial \mathbf{w}_j} = \sum_{i=1}^{N} \lambda_i y_i \frac{\mathrm{d} c_i}{\mathrm{d} \mathbf{z}} (\mathcal{X}_i \bar{\times}_j \mathbf{w}_j) \tag{6.11.31}$$

$$\frac{\partial f}{\partial b} = \sum_{i=1}^{N} \lambda_i y_i \frac{\mathrm{d} c_i}{\mathrm{d} \mathbf{z}} \tag{6.11.32}$$

[309]

因此, 我们有下列更新公式[242]

$$\mathbf{w}_{j,t} \leftarrow \mathbf{w}_{j,(t-1)} - \eta_{1,t} \sum_{i=1}^{N} \lambda_i y_i \frac{\mathrm{d}c_i}{\partial \mathbf{z}} (\mathcal{X}_i \bar{\times}_j \mathbf{w}_{j,t-1}) \tag{6.11.33}$$

$$b_t \leftarrow b_{t-1} - \eta_{2,t} \sum_{i=1}^{N} \lambda_i y_i \frac{\mathrm{d}c_i}{\mathrm{d}\mathbf{z}} \tag{6.11.34}$$

算法 6.17 列出了监督张量学习的一种交替投影算法[242]。

算法 6.17 监督张量学习的交替投影算法[242]

---

1. **input:** Training data $(\mathcal{X}_i, y_i)$, where $\mathcal{X}_i \in \mathbb{R}^{I_1\times\cdots\times I_N}$ and $y_i \in \mathbb{R}$ for $i = 1, \cdots, N$
2. **initialization:** Set $\mathbf{w}_k$ equal to random unit vector in $\mathbb{R}^{I_k}$ for $k = 1, \cdots, M$
3. **repeat**
4.   **for** $j = 1$ to M
5. $\mathbf{w}_j^{(t)} \leftarrow \mathbf{w}_j^{(t-1)} - \eta_1 \sum_{i=1}^{N} \lambda_i y_i \frac{\mathrm{d}c_i}{\mathrm{d}\mathbf{z}} (\mathcal{X}_i \bar{\times}_j \mathbf{w}_j)$
6. $b^{(t)} \leftarrow b^{(t-1)} - \eta_2 \sum_{i=1}^{N} \lambda_i y_i \frac{\mathrm{d}c_i}{\mathrm{d}\mathbf{z}}$
7.   **end for**
8.   **if** $\sum_{i=k}^{M} \left(|\mathbf{w}_{k,t}^{\mathrm{T}} \mathbf{w}_{k,t-1}|/\|\mathbf{w}_{k,t}\|_F^2 - 1\right) \leqslant \epsilon$, **then** goto Step 11
9. $t \leftarrow t + 1$
10. **return**
11. **output:** the parameters in classification tensorplane $\mathbf{w}_1, \cdots, \mathbf{w}_M$ and b

---

6.11.3 张量 Fisher 判别分析

Fisher 判别分析 (FDA)[94] 是一种广泛应用的分类方法。假设存在 N 个训练数据 ($\mathbf{x}_i \in \mathbb{R}^I$, $1 \leqslant i \leqslant N$), 对应的类标签为 $y_i \in \{+1, -1\}$。

设 N_+ 和 N_- 分别是正训练测量 $(\mathbf{x}_i, y_i = +1)$ 和负训练测量 $(\mathbf{x}_i, y_i = -1)$ 的个数。记

$$\mathbb{1}(y_i = +1) = \begin{cases} 1, & y_i = +1 \\ 0, & \text{其他} \end{cases} \tag{6.11.35}$$

$$\mathbb{1}(y_i = -1) = \begin{cases} 1, & y_i = -1 \\ 0, & \text{其他} \end{cases} \tag{6.11.36}$$ [310]

对于 N_+ 个正训练测量 $(\mathbf{x}_i, y_i = +1)$, 它们的均值向量为 $\mathbf{m}_+ = (1/N_+)\mathbb{1}(y_i = +1)\mathbf{x}_i$; 对于 N_- 个负训练测量 $(\mathbf{x}_i, y_i = -1)$, 它们的均值向量可以计算为 $\mathbf{m}_- = (1/N_-)\mathbb{1}(y_i = -1)\mathbf{x}_i$; 而所有训练测量的均值向量和协方差分别为 $\mathbf{m} = (1/N)\sum_{i=1}^{N} \mathbf{x}_i$ 和 $\mathbf{\Sigma} = \sum_{i=1}^{N} (\mathbf{x}_i - \mathbf{m})(\mathbf{x}_i - \mathbf{m})^{\mathrm{T}}$。

两类目标 $(\mathbf{x}_i, y_i = +1)$ 和 $(\mathbf{x}_i, y_i = -1)$ 的类间散射矩阵 $\mathbf{S}_b$ 和类内散射矩

阵 $\mathbf{S}_w$ 分别定义为

$$\mathbf{S}_b = (\mathbf{m}_+ - \mathbf{m}_-)(\mathbf{m}_+ - \mathbf{m}_-)^{\mathrm{T}} \tag{6.11.37}$$

$$\mathbf{S}_w = \sum_{i=1}^{N}(\mathbf{x}_i - \mathbf{m})(\mathbf{x}_i - \mathbf{m})^{\mathrm{T}} = N\boldsymbol{\Sigma} \tag{6.11.38}$$

Fisher 判别分析准则是设计分类器 $\mathbf{w}$ 的条件

$$\mathbf{w} = \arg\max_{\mathbf{w}} \left\{ J_{\mathrm{FDA}} = \frac{\mathbf{w}^{\mathrm{T}}\mathbf{S}_b\mathbf{w}}{\mathbf{w}^{\mathrm{T}}\mathbf{S}_w\mathbf{w}} \right\} \tag{6.11.39}$$

或等效为

$$\mathbf{w} = \arg\max_{\mathbf{w}} \left\{ J_{\mathrm{FDA}} = \frac{\|\mathbf{m}_+ - \mathbf{m}_-\|}{\sqrt{\mathbf{w}^{\mathrm{T}}\boldsymbol{\Sigma}\mathbf{w}}} \right\} \tag{6.11.40}$$

Fisher 判别分析的张量推广称为张量 Fisher 判别分析 (TFDA), 由 Tao 等人[242] 提出, 是一种 Fisher 判别分析与监督张量学习的组合。

已知训练张量测量数据 $\mathcal{X}_i \in \mathbb{R}^{I_1\times\cdots\times I_M}(1 = 1,\cdots,N)$ 及它们对应的类标签 $y_i \in \{+1,-1\}$。训练正测量数据的均值张量为 $\mathcal{M}_+ = (1/N_+)\sum_{i=1}^{N}\mathbb{1}(y_i = +1)\mathcal{X}_i$; 训练负测量数据的均值张量由 $\mathcal{M}_- = (1/N_-)\sum_{i=1}^{N}\mathbb{1}(y_i = -1)\mathcal{X}_i$ 给出; 所有训练测量数据的均值张量则为 $\mathcal{M} = (1/N)\sum_{i=1}^{N}\mathcal{X}_i$。

依照张量 Fisher 判别分析准则设计一个张量分类器 $\mathcal{W}$, 使得

$$(\mathbf{w}_1,\cdots,\mathbf{w}_M) = \arg\max_{\mathbf{w}_1,\cdots,\mathbf{w}_M} \left\{ J_{\mathrm{TFDA}} = \frac{\left\|(\mathcal{M}_+ - \mathcal{M}_-)\prod_{k=1}^{M}\times_k\mathbf{w}_k\right\|_2^2}{\sum_{i=1}^{N}\left\|(\mathcal{X}_i - \mathcal{M})\prod_{k=1}^{M}\times_k\mathbf{w}_k\right\|_2^2} \right\} \tag{6.11.41}$$

关于监督张量学习的更多应用, 参见文献 [242]。

[311] 6.11.4 张量回归学习

给定一个标记训练集 $\{\mathcal{X}_i, y_i\}_{i=1}^{N}$, 其中 $\mathcal{X}_i \in \mathbb{R}^{I_1\times\cdots\times I_M}$ 是 M 模式张量, y_i 是相关联的标量目标。

向量空间中经典的线性预测器 $y = \langle\mathbf{x},\mathbf{w}\rangle + b$ 可以从向量空间扩展到张量空间

$$\hat{y}_i = \langle\mathcal{X}_i,\mathcal{W}\rangle + b \tag{6.11.42}$$

式中, $\mathcal{W} \in \mathbb{R}^{I_1\times\cdots\times I_M}$ 为权重张量, 标量 b 为偏差。

张量回归试图设计权重张量 $\mathcal{W}$ 来给出回归输出 $\hat{y}_i = \langle\mathcal{X}_i,\mathcal{W}\rangle + b$。为此, 令权重张量 $\mathcal{W}$ 是 R 个秩 1 张量

$$\mathcal{W} = \sum_{r=1}^{R}\mathbf{u}_r^{(1)}\circ\mathbf{u}_r^{(2)}\circ\cdots\circ\mathbf{u}_r^{(M)} \triangleq [\![\mathbf{U}^{(1)},\mathbf{U}^{(2)},\cdots,\mathbf{U}^{(M)}]\!] \tag{6.11.43}$$

式中, $\mathbf{U}^{(m)}=[\mathbf{u}_1^{(m)},\cdots,\mathbf{u}_R^{(m)}]$, $m=1,\cdots,M$。于是, 张量回归可以改写为

$$\hat{y}_i=\langle\mathcal{X}_i,\mathcal{W}\rangle+b=\langle\mathcal{X}_i,[\![\mathbf{U}^{(1)},\mathbf{U}^{(2)},\cdots,\mathbf{U}^{(M)}]\!]\rangle+b \tag{6.11.44}$$

因此, 高秩张量岭回归 (hrTRR) 是最小化损失函数[111]

$$\begin{aligned}L(\mathbf{U}^{(1)},\cdots,\mathbf{U}^{(M)};b)=&\frac{1}{2}\sum_{i=1}^{N}\Big(y_i-\langle\mathcal{X}_i,[\![\mathbf{U}^{(1)},\cdots,\mathbf{U}^{(M)}]\!]\rangle-b\Big)^2\\&+\frac{\lambda}{2}\|[\![\mathbf{U}^{(1)},\cdots,\mathbf{U}^{(M)}]\!]\|_F^2\end{aligned} \tag{6.11.45}$$

优化问题 $\arg\min_{\mathbf{U}^{(1)},\cdots,\mathbf{U}^{(M)};b}L(\mathbf{U}^{(1)},\cdots,\mathbf{U}^{(M)};b)$ 的闭式解为[111]

$$b=\sum_{i=1}^{N}\Big(y_i-\langle\mathcal{X}_i,[\![\mathbf{U}^{(1)},\cdots,\mathbf{U}^{(M)}]\!]\rangle\Big) \tag{6.11.46}$$

和

$$\hat{\mathbf{u}}^{(m)}=(\mathbf{\Phi}_{(m)}^{\mathrm{T}}\mathbf{\Phi}_{(m)}+\lambda\mathbf{I})^{-1}\mathbf{\Phi}_{(m)}^{\mathrm{T}}\mathbf{y},\quad m=1,\cdots,M \tag{6.11.47}$$

式中, $\hat{\mathbf{u}}^{(m)}=[\mathrm{vec}(\hat{\mathbf{U}}^{(m)})^{\mathrm{T}},b]^{\mathrm{T}}$ 是未知的向量, $\mathbf{y}=[y_1,\cdots,y_N]^{\mathrm{T}}$ 为目标, 矩阵 [312]
$\mathbf{\Phi}_{(m)}$ 的第 i 行是 $[\mathrm{vec}(\tilde{\mathbf{X}}_{i(m)}),1]$。这里, 矩阵 $\tilde{\mathbf{X}}_{i(m)}$ 可以构造为

$$\mathbf{U}^{(-m)}=\mathbf{U}^{(M)}\odot\cdots\odot\mathbf{U}^{(m+1)}\odot\mathbf{U}^{(m-1)}\odot\cdots\odot\mathbf{U}^{(1)} \tag{6.11.48}$$

$$\mathbf{B}_{(m)}=\mathbf{U}^{(-m)\mathrm{T}}\mathbf{U}^{(-m)} \tag{6.11.49}$$

$$\tilde{\mathbf{X}}_{i(m)}=\mathbf{X}_{i(m)}\mathbf{U}^{(-m)}\mathbf{B}_{(m)}^{1/2} \tag{6.11.50}$$

其中, $\mathbf{X}_{i(m)}\in\mathbb{R}^{I_m\times(I_1\cdots I_{m-1}I_{m+1}\cdot I_M)}$ 是基于 Kiers 方法、LMV 方法和 Kolda 方法之中任何一种方法的水平展开矩阵。

在上述高秩张量岭回归中, 使用了 Frobenius 范数正则化, 需要先验选择张量秩 R。考虑用群稀疏范数正则化代替 Frobenius 范数正则化[109]

$$\psi(\mathbf{W})=\sum_{r=1}^{R}\left(\sum_{m=1}^{M}\|\mathbf{U}_{:,r}^{(m)}\|_2^2\right)^{1/2} \tag{6.11.51}$$

式中, $\mathbf{U}_{:,r}^{(m)},m=1,\cdots,M$ 表示矩阵 $\mathbf{U}^{(m)}$ 的第 r 列。

引理 6.3 [111] 群稀疏范数正则化可等价写为

$$\begin{aligned}\psi(\mathbf{W})&=\sum_{r=1}^{R}\left(\sum_{m=1}^{M}\|\mathbf{U}^{(m)}\|_2^2\right)^{1/2}\\&=\min_{\eta\in\mathbb{R}}\left\{\frac{1}{2}\sum_{r=1}^{R}\frac{\sum_{m=1}^{M}\|\mathbf{U}_{:,r}^{(m)}\|_2^2}{\eta_r}+\frac{1}{2}\|\boldsymbol{\eta}\|_1\right\}\end{aligned} \tag{6.11.52}$$

最小值为

$$\eta_r = \left(\sum_{m=1}^{M} \|\mathbf{U}_{:,r}^{(m)}\|_2^2\right)^{1/2}, \forall r = 1, \cdots, R \tag{6.11.53}$$

由于最小化 $\psi(\mathbf{W})$ 包含 $\|\boldsymbol{\eta}\|_1$ 的最小化, 最优秩 R 可以由 $\boldsymbol{\eta}$ 的稀疏性得到。于是, 最优秩张量岭回归 (orTRR)$(\hat{\mathbf{U}}^{(m)}, b) = \arg\min_{\mathbf{U}^{(m)},b} L_m(\mathbf{U}^{(m)}, b)$ 可以表示为

$$\begin{aligned}(\hat{\mathbf{U}}^{(m)}, b) = \underset{\mathbf{U}^{(m)},b}{\arg\min}\Bigg\{&\frac{1}{2}\left(\sum_{i=1}^{N} y_i - \mathrm{tr}\left(\mathbf{U}^{(m)}\mathbf{U}^{(-m)\mathrm{T}}\mathbf{X}_{i(m)}^{\mathrm{T}}\right) - b\right)^2 \\ &+ \frac{\lambda}{2}\mathrm{tr}\left(\mathbf{U}^{(m)}\boldsymbol{\Lambda}\mathbf{U}^{(m)\mathrm{T}}\right)\Bigg\}\end{aligned} \tag{6.11.54}$$

[313] 式中 $\boldsymbol{\Lambda} = \mathbf{Diag}\left(\frac{1}{\eta_1}, \cdots, \frac{1}{\eta_R}\right)$。

最优秩张量岭回归的闭式解为

$$\hat{b} = \sum_{i=1}^{N} y_i - \mathrm{tr}\left(\mathbf{U}^{(m)}\mathbf{U}^{(-m)\mathrm{T}}\mathbf{X}_{i(m)}^{\mathrm{T}}\right) \tag{6.11.55}$$

$$\hat{\mathbf{u}}^{(m)} = \left(\boldsymbol{\Phi}^{\mathrm{T}}\boldsymbol{\Phi} + \frac{\lambda}{2}\tilde{\boldsymbol{\Lambda}}\right)^{-1}\boldsymbol{\Phi}^{\mathrm{T}}\mathbf{y} \tag{6.11.56}$$

式中 $\tilde{\boldsymbol{\Lambda}} = \boldsymbol{\Lambda} \otimes \mathbf{I}_{I_m \times I_m}$。

Guo 等人[111] 开发了一种回归张量学习算法, 见算法 6.18。

算法 6.18 回归张量学习算法[111]

---

input: 训练张量的集合及其对应的目标, 即 $\{\mathcal{X}_i, y_i\}_{i=1}^{N}$
initialization: 随机构造 $\{\mathbf{U}_0^{(1)}, \cdots, \mathbf{U}_0^{(M)}\}$, 将 $\mathcal{X}_i$ 展开为矩阵 $\mathbf{X}_{i(m)}$, 并令 $t = 0$
repeat
  for: $k = 1, \cdots, M$
    对高秩张量岭回归 (hrTRR), 计算
      $\mathbf{U}_t^{(-j)} = \mathbf{U}_t^{(M)} \odot \cdots \odot \mathbf{U}_t^{(j+1)} \odot \mathbf{U}_t^{(j-1)} \odot \cdots \odot \mathbf{U}_t^{(1)}$
      $\mathbf{B}_t = \mathbf{U}_t^{(-j)\mathrm{T}}\mathbf{U}_t^{(-j)}$
      $\tilde{\mathbf{X}}_{i(j)} = \mathbf{X}_{i(j)}\mathbf{U}_t^{(-j)}\mathbf{B}_t^{1/2}$
      矩阵 $\boldsymbol{\Phi}_{(m)}$ 的第 i 行由 $[\mathrm{vec}(\tilde{\mathbf{X}}_{i(m)}), 1]$ 给出
      计算 $b = \sum_{i=1}^{N}\left(y_i - \left\langle \mathcal{X}_i, [\![\mathbf{U}^{(1)}, \cdots, \mathbf{U}^{(M)}]\!]\right\rangle\right)$
      计算 $\hat{\mathbf{u}}^{(j)} = (\boldsymbol{\Phi}_{(m)}^{\mathrm{T}}\boldsymbol{\Phi}_{(m)} + \lambda\mathbf{I})^{-1}\boldsymbol{\Phi}_{(m)}^{\mathrm{T}}\mathbf{y}$
    对最优秩张量岭回归 (orTRR), 计算
      $\eta_r = \left(\sum_{m=1}^{M}\|\mathbf{U}_{:,r}^{(m)}\|_2^2\right)^{1/2}, \forall r = 1, \cdots, R$
      $\boldsymbol{\Lambda} = \mathbf{Diag}\left(\frac{1}{\eta_1}, \cdots, \frac{1}{\eta_R}\right)$ 及 $\tilde{\boldsymbol{\Lambda}} = \boldsymbol{\Lambda} \otimes \mathbf{I}_{I_j \times I_j}$

计算 $b = \sum_{i=1}^{N} y_i - \mathrm{tr}\left(\mathbf{U}^{(m)}\mathbf{U}^{(-m)\mathrm{T}}\mathbf{X}_{i(m)}^{\mathrm{T}}\right)$

计算 $\hat{\mathbf{u}}^{(j)} = (\mathbf{\Phi}^{\mathrm{T}}\mathbf{\Phi} + \frac{\lambda}{2}\tilde{\mathbf{\Lambda}})^{-1}\mathbf{\Phi}^{\mathrm{T}}\mathbf{y}$

end for

更新参数 η: $\eta_r = (\sum_{m=1}^{M} \|\mathbf{U}_{:,r}^{(m)}\|_2^2)^{1/2}, r = 1, \cdots, R$

修剪因子矩阵的列向量 $\mathbf{U}_{:,r}^{(m)}$, 其中 $m \in \{1, \cdots, M\}$,$r \in \{j|\eta_j \leqslant \epsilon, j = 1, \cdots, R\}$

$\mathcal{W}^t \leftarrow [\![\mathbf{U}^{(1)}, \mathbf{U}^{(2)}, \cdots, \mathbf{U}^{(M)}]\!]$

$t \leftarrow t + 1$

until $\|\mathcal{W}^{(t)} - \mathcal{W}^{(t-1)}\|/\|\mathcal{W}^{(t-1)}\| \leqslant \epsilon$ 或 $t \geqslant T_{\max}$

end repeat

output: 使目标函数最小化的权 $\{\mathbf{U}^{(1)}, \cdots, \mathbf{U}^{(M)}\}$ 和偏置项 $b \in \mathbb{R}$

6.11.5 张量 K 均值聚类 [314]

对于一个具有 3 个模式 (图像模式、文本模式和音频模式) 的多模式对象, 经过特征学习之后, 可以得到三个特征向量: 图像特征向量 $\mathbf{a}$、文本特征向量 $\mathbf{b}$ 和音频特征向量 $\mathbf{c}$。因此, 我们可以为对象 $\mathbf{x}$ 建立一个三阶特征张量 $\mathcal{T} = \mathbf{a} \circ \mathbf{b} \circ \mathbf{c}$。

在特征融合后, 为每个异构对象建立一个特征张量。然而, 传统的 K 均值聚类算法能够对向量表示的对象进行聚类, 因此有必要将 K 均值聚类算法从特征向量扩展到特征张量。

给定两个特征张量 $\mathcal{X}, \mathcal{Y} \in \mathbb{R}^{I_1 \times I_1 \times \cdots \times I_n}$, $\mathcal{X}$ 与 $\mathcal{Y}$ 之间的张量距离 (TD) 记为 $d_{\mathrm{TD}}(\mathcal{X}, \mathcal{Y})$, 并定义为[37]

$$d_{\mathrm{TD}}(\mathcal{X}, \mathcal{Y}) = \sqrt{(\mathbf{x} - \mathbf{y})^{\mathrm{T}}\mathbf{G}(\mathbf{x} - \mathbf{y})} \tag{6.11.57}$$

式中, $\mathbf{x} = \mathrm{vec}(\mathcal{X})$ 和 $\mathbf{y} = \mathrm{vec}(\mathcal{Y})$ 分别是张量 $\mathcal{X}$ 和 $\mathcal{Y}$ 的向量化, $\mathbf{G}$ 表示用于显示张量空间中 $\mathcal{X}$ 和 $\mathcal{Y}$ 之间位置相关性的系数矩阵。

因此, 基于张量距离的张量 K 均值聚类算法可以概述为以下 4 步[37]。

① 随机选择 K 个对象作为聚类中心。

② 利用式 (6.11.57) 计算每个张量与每个聚类中心的张量距离, 将每个对象指定给最近的聚类中心。

③ 重新计算每一个聚类中心。

④ 若收敛, 则停止算法。否则, 返回步骤 ②。

张量 K 均值算法的关键步骤是计算每个对象与每一个聚类中心的张量距离, 因此, 张量 K 均值算法的计算复杂度为 $O(tnk)$, 其中 t, n, k 分别表示迭代数、目标数和聚类中心数。

6.12 无监督聚类

无监督学习方法的主要目的是从未标记的数据中提取通常有用的特征, 检测和消除输入冗余, 并在稳健和有区别的表示中仅保留数据的基本方面[174]。

由于没有或极少关于底层分布的信息, 复杂数据集的探索基本上依赖于数据中“自然”组结构的识别。基于自然组结构的数据分析称为“聚类分析”。

[315] 聚类分析是探索性数据分析中应用最广泛的技术之一, 其应用范围从统计学、计算机科学、信息科学与工程、生物学、医学到社会科学或心理学。

聚类准则可以大致分为 3 个基本类别[114]:

- 紧凑性: 这个概念通常是通过保持聚类内变化较小来实现的。这些方法对于球形或分离良好的聚类结构是非常有效的, 但是无法检测出更复杂的聚类结构。
- 连接性: 它的基本思想是相邻的数据项应该共享同一个聚类。它们非常适合检测任意形状的聚类, 但在聚类间空间分离很小的情况下会缺乏鲁棒性。
- 空间分离: 这个准则要求聚类之间尽可能分离。它通常与其他目标 (如聚类的紧凑性或聚类规模的平衡性) 结合使用。

在处理经验数据的每一个科学和工程领域中, 人们都试图通过识别数据中的“相似行为”组获取对数据的第一印象。

无监督学习包括聚类算法, 该算法对输入向量 (一个覆盖各种维数的数据集) 划分为满足特定标准的聚类。最流行的现代聚类算法是分层聚类、谱聚类、K 均值聚类等。

在无监督的学习中, 我们只有对象, 没有它们的标签。也就是说, 给定一组输入, 无监督学习算法是在没有监督者提供正确答案或每次观察的误差程度的情况下, 正确推断输出。

由于使用聚类算法时会出现以下两个问题, 因此需要验证步骤[114]:

- 由于它们自身的聚类准则, 聚类算法对特定聚类属性的偏倚是不可避免的。
- 无监督分类依赖于数据中存在一个不同的结构。然而, 大多数聚类算法即使在没有实际结构的情况下也会返回一个聚类结果, 让用户检测出返回结果缺乏重要性。

数据聚类主要用于以下 3 个目的[127]:

- 底层结构: 深入了解数据, 用于生成假设、检测异常和识别显著特征。
- 自然分类: 确定形态或有机体 (演化关系) 之间的相似程度。
- 压缩: 是一种通过聚类原型对数据进行组织和总结的方法。

[316] 6.12.1 相似性测度

无监督聚类与分类主要的数学工具之一是距离测度。

两个向量 $\mathbf{p}$ 和 $\mathbf{g}$ 之间的距离, 记作 $D(\mathbf{p}\|\mathbf{g})$, 是一种测度, 它具有以下性质:

- 非负性与正性: $D(\mathbf{p}\|\mathbf{g}) \geqslant 0$, 等号成立当且仅当 $\mathbf{p}=\mathbf{g}$。
- 对称性: $D(\mathbf{p}\|\mathbf{g}) = D(\mathbf{g}\|\mathbf{p})$。
- 三角不等式: $D(\mathbf{p}\|\mathbf{z}) \leqslant D(\mathbf{p}\|\mathbf{g}) + D(\mathbf{g}\|\mathbf{z})$。

无监督聚类与分类的基本原则是采用某种距离测度来度量两个特征向量的相似性。顾名思义, 这个相似性是度量向量之间相似程度的一种测度。

考虑模式识别 (如模板匹配) 中的聚类问题。为简单计, 假设存在 N 个模式向量 $\mathbf{s}_1,\cdots,\mathbf{s}_N$, 但类型数目未知。我们的问题是将 N 个模式向量聚类成多个类。为此, 我们需要比较这些模式向量, 将它们聚类成若干类, 使得属于相同类的模式向量比属于其他类的模式向量更为相似。在相似性比较的基础上, 可以得到无监督的模式聚类。

一个称为相异性的量用于反向测量向量之间的相似性: 两个相异性较小的向量更相似。

令 $D(\mathbf{s}_i,\mathbf{s}_j)(i,j=1,\cdots,N,$ 但 $j\neq i)$ 是第 i 个模式向量 $\mathbf{s}_i$ 和第 j 个模式向量 $\mathbf{s}_j$ 之间的相异度。若

$$D(\mathbf{s}_i,\mathbf{s}_{j_1}) < D(\mathbf{s}_i,\mathbf{s}_{j_2}) \tag{6.12.1}$$

则我们就说模式向量 $\mathbf{s}_{j_1}$ 与 $\mathbf{s}_i$ 比 $\mathbf{s}_{j_2}$ 与 $\mathbf{s}_i$ 更相似。

最简单和最直观的相异性参数是向量之间的欧几里得距离。第 i 个和第 j 个已知模式向量 $(\mathbf{s}_i,\mathbf{s}_j)$ 之间的正则化欧氏距离记为 $D_E(\mathbf{s}_i,\mathbf{s}_j)$, 定义为

$$D_E(\mathbf{s}_i,\mathbf{s}_j) = \frac{\|\mathbf{s}_i-\mathbf{s}_j\|_2}{\sqrt{\|\mathbf{s}_i\|^2+\|\mathbf{s}_j\|^2}} = \frac{\sqrt{(\mathbf{s}_i-\mathbf{s}_j)^{\mathrm{T}}(\mathbf{s}_i-\mathbf{s}_j)}}{\sqrt{\|\mathbf{s}_i\|^2+\|\mathbf{s}_j\|^2}} \tag{6.12.2}$$

两个极值分别意味着两个向量完全相似和完全相异, 即有

$$D_E(\mathbf{x},\mathbf{y}) = \begin{cases} 0 & \Leftrightarrow \quad \mathbf{x} \text{ 和 } \mathbf{y} \text{ 完全相似} \\ 1 & \Leftrightarrow \quad \mathbf{x} \text{ 和 } \mathbf{y} \text{ 完全相异} \end{cases} \tag{6.12.3}$$

如果 [317]

$$D_E(\mathbf{s}_1,\mathbf{s}_i) = \min_k D_E(\mathbf{s}_1,\mathbf{s}_k), \quad k=1,\cdots,N,\ i\neq 1 \tag{6.12.4}$$

则 $\mathbf{s}_i$ 称作是 $\mathbf{s}_1$ 的最近邻。

一个广泛使用的分类方法是最近邻分类法, 它判断 $\mathbf{s}_1$ 与最近邻 $\mathbf{s}_i$ 属于相同模型类型。

满足条件

$$D_E(\mathbf{s}_1,\mathbf{s}_j) \approx D_E(\mathbf{s}_1,\mathbf{s}_i), \quad j=2,\cdots,N,\ \text{且}\ j\neq i \tag{6.12.5}$$

的所有模式向量也都被称作是 $\mathbf{s}_1$ 的最近邻。因此, 这些模式向量都被判断属于类型 1。对其他未聚类的模式向量模仿这个过程, 直到所有向量都被聚类为止, 我们即可聚类所有其他可能的类 (类 2, 类 3 等), 并确定类的数目。这就是无监督聚类的基本思想。

另一个经常使用的距离函数是 Mahalanobis 距离，由 Mahalanobis 于 1936 年提出[172]，以后简称马氏距离。向量 $\mathbf{x}$ 到其均值 $\boldsymbol{\mu}$ 的马氏距离由下面形式给出

$$D_M(\mathbf{x},\boldsymbol{\mu})=\sqrt{(\mathbf{x}-\boldsymbol{\mu})^{\mathrm{T}}\mathbf{C}_x^{-1}(\mathbf{x}-\boldsymbol{\mu})} \tag{6.12.6}$$

式中，$\mathbf{C}_x=\mathrm{cov}(\mathbf{x},\mathbf{x})=E\{(\mathbf{x}-\boldsymbol{\mu})(\mathbf{x}-\boldsymbol{\mu})^{\mathrm{T}}\}$ 是向量 $\mathbf{x}$ 的自协方差矩阵。

两个向量 $\mathbf{x}\in\mathbb{R}^n$ 与 $\mathbf{y}\in\mathbb{R}^n$ 之间的马氏距离用符号 $D_M(\mathbf{x},\mathbf{y})$ 表示，并定义为[172]

$$D_M(\mathbf{x},\mathbf{y})=\sqrt{(\mathbf{x}-\mathbf{y})^{\mathrm{T}}\mathbf{C}_{xy}^{-1}(\mathbf{x}-\mathbf{y})} \tag{6.12.7}$$

式中，$\mathbf{C}_{xy}=\mathrm{cov}(\mathbf{x},\mathbf{y})=E\{(\mathbf{x}-\boldsymbol{\mu}_x)(\mathbf{y}-\boldsymbol{\mu}_y)^{\mathrm{T}}\}$ 是向量 $\mathbf{x}$ 与 $\mathbf{y}$ 的互协方差矩阵，而 $\boldsymbol{\mu}_x$ 和 $\boldsymbol{\mu}_y$ 分别是 $\mathbf{x}$ 和 $\mathbf{y}$ 的均值。

显然，如果协方差矩阵为单位矩阵，即 $\mathbf{C}=\mathbf{I}$，则马氏距离退化为欧氏距离。若协方差矩阵取对角形式，则相应的马氏距离称为归一化欧氏距离，并且由形式

$$D_M(\mathbf{x},\mathbf{y})=\sqrt{\sum_{i=1}^{n}\frac{(x_i-y_i)^2}{\sigma_i^2}} \tag{6.12.8}$$

给出，其中 σ_i 是整个样本集中的 x_i 和 y_i 的标准离差。

[318] 假设

$$\boldsymbol{\mu}=\frac{1}{N}\sum_{i=1}^{N}\mathbf{s}_i,\quad \mathbf{C}=\sum_{i=1}^{N}\sum_{j=1}^{N}(\mathbf{s}_i-\boldsymbol{\mu})(\mathbf{s}_j-\boldsymbol{\mu})^{\mathrm{T}} \tag{6.12.9}$$

分别是 N 个已知模式向量 $\mathbf{s}_i$ 的样本均值向量及样本互协方差矩阵。于是，从第 i 个模式向量 $\mathbf{s}_i$ 到第 j 个模式向量 $\mathbf{s}_j$ 的马氏距离定义为

$$D_M(\mathbf{s}_i,\mathbf{s}_j)=\sqrt{(\mathbf{s}_i-\mathbf{s}_j)^{\mathrm{T}}\mathbf{C}^{-1}(\mathbf{s}_i-\mathbf{s}_j)} \tag{6.12.10}$$

由最近邻分类方法知，若

$$D_M(\mathbf{s}_1,\mathbf{s}_i)=\min_k D_M(\mathbf{s}_1,\mathbf{s}_k),\quad k=1,\cdots,M \tag{6.12.11}$$

则模式向量 $\mathbf{s}_i$ 就识别为 $\mathbf{s}_1$ 属于的那个模式类型。

向量之间的相异性测度不一定只局限于距离函数。两个向量之间的锐角余弦

$$D(\mathbf{x},\mathbf{s}_i)=\cos\theta_i=\frac{\mathbf{x}^{\mathrm{T}}\mathbf{s}_i}{\|\mathbf{x}\|_2\|\mathbf{s}_i\|_2} \tag{6.12.12}$$

也是相异性的一种有效测度。

如果 $\cos\theta_i<\cos\theta_j,\forall j\neq i$ 成立，则未知模式向量 $\mathbf{x}$ 称为与已知模式向量 $\mathbf{s}_i$ 最相似。式 (6.12.12) 的变形

$$D(\mathbf{x},\mathbf{s}_i)=\frac{\mathbf{x}^{\mathrm{T}}\mathbf{s}_i}{\mathbf{x}^{\mathrm{T}}\mathbf{x}+\mathbf{s}_i^{\mathrm{T}}\mathbf{s}_i+\mathbf{x}^{\mathrm{T}}\mathbf{s}_i} \tag{6.12.13}$$

称为 Tanimoto 测度[251], 并且广泛应用于信息恢复、疾病分类和动植物分类等。

假设已知一个测试模式向量 $\mathbf{x}$ 和已聚类的类型个数 m。定义第 i 类的均值向量为

$$\bar{\mathbf{s}}^{(i)} = \frac{1}{N_i}\sum_{k=1}^{N_i}\mathbf{s}_k^{(i)} \tag{6.12.14}$$

式中, N_i 是第 i 类的模式向量的数目, 使得 $N_1+\cdots+N_m=N$, 并且 $\mathbf{s}_k^{(i)}$ 是第 i 类的第 k 个模式向量。

根据最近邻分类, 若 [319]

$$D(\mathbf{x},\bar{\mathbf{s}}^{(i)}) = \min_{k=1,\cdots,m} D(\mathbf{x},\bar{\mathbf{s}}^{(k)}) \tag{6.12.15}$$

则我们判决 $\mathbf{x}$ 属于第 i 类。

聚类中使用的相似性测度取决于应用问题。除了上述欧氏距离、马氏距离和 Tanimoto 距离外, 还有各种测度。对于两个对象 $\mathbf{x}$ 和 $\mathbf{y}$, 将对象 $\mathbf{x}$ 理解为对象 $\mathbf{y}$ 和将 $\mathbf{y}$ 理解为 $\mathbf{x}$ 的频次之和定义为[132, 178]

$$s(\mathbf{x},\mathbf{y}) = \frac{f(\mathbf{x},\mathbf{y})}{f(\mathbf{x},\mathbf{x})} + \frac{f(\mathbf{y},\mathbf{x})}{f(\mathbf{y},\mathbf{y})} \tag{6.12.16}$$

这种相似性测度在几种应用 (如语音分析、故障诊断等) 中很有用。例如, $f(\mathbf{x},\mathbf{y})$ 和 $f(\mathbf{y},\mathbf{x})$ 分别是辅音 $\mathbf{x}$ 听成辅音 $\mathbf{y}$ 以及辅音 $\mathbf{y}$ 听成辅音 $\mathbf{x}$ 的频次。

相似度值也称相似性强度。

已知 N 个对象 $\mathbf{x}_1,\cdots,\mathbf{x}_N$。其元素是成对相似性 s_{ij} 的矩阵称为相似性矩阵, 并记为 $\mathbf{S}=[s_{ij}]_{i=1,j=1}^{N,N}$, 其中

$$s_{ij} = s(\mathbf{x}_i,\mathbf{x}_j), \quad i=1,\cdots,N;\ j=1,\cdots,N \tag{6.12.17}$$

且 $s_{ii}=s(\mathbf{x}_i,\mathbf{x}_i)=0$。

类似地, 当在聚类中使用成对距离 d_{ij} 时, 具有元素

$$d_{ij} = d(\mathbf{x}_i,\mathbf{x}_j), \quad i=1,\cdots,N;\ j=1,\cdots,N \tag{6.12.18}$$

的矩阵 $\mathbf{D}$ 称为距离矩阵, 其中 $d_{ii}=d(\mathbf{x}_i,\mathbf{x}_i)=0$。

相似性矩阵是对称和非负矩阵

$$\mathbf{S}^{\mathrm{T}}=\mathbf{S}, \quad \mathbf{S}\geqslant 0 \tag{6.12.19}$$

这是因为相似性具有对称性 $s(\mathbf{x}_i,\mathbf{x}_j)=s(\mathbf{x}_j,\mathbf{x}_i)$ 和非负性 $s(\mathbf{x}_i,\mathbf{x}_j)\geqslant 0, \forall i,j$。

类似地, 距离矩阵 $\mathbf{D}$ 也是对称和非负的。

相似性评估通常依赖于实际应用。例如, 在临床文本识别中有以下相似性评估方法[50]:

- 词相似性: 一个词的向量由术语频率–逆文档频率 (TF-IDF) 方案加权, 用于表示每个句子。于是, 两个向量之间的余弦相似度计算为两个句子之 [320] 间的相似度。
- 语法相似性: 每个句子由 Stanford 解析器解析, 并使用从解析树导出的

依赖关系来形成向量。利用 TF-IDF 加权方案, 根据句子和语料库中的依存关系的个数对向量中的每个依存关系进行加权。最后, 类似于单词相似度的方法, 计算每对句子的余弦相似度。

- 语义相似度: 此方法根据概念相似度计算两个句子之间的语义相似度: (1) 提取每个句子中的临床概念, 以便每个句子可以用联合概念的向量表示; (2) 通过测量概念的两个句子向量之间的相似度和计算两个句子向量的余弦相似度, 计算任意两个概念之间的相似度。
- 组合相似度: 此方法将所有单词、语法和语义信息组合起来进行相似度计算。首先将同一句子的词和依存关系组合成一个向量, 然后根据新向量计算每对句子的余弦相似度。两个句子之间的最终组合相似度是新计算的词/依存向量之间的余弦相似度和基于统一医学语言系统 (Unified Medical Language System, UMLS) 的语义相似度的平均相似度。

6.12.2 分层聚类

在基于相似性测度的无监督聚类中, 如果对象的数量很大, 因为每对对象产生的相似性测度的数组可能非常庞大, 以至于底层的模式或结构不明显。

如果相似性测度按照其"值"或"强度"排列成不同的行, 我们就有一个相似性测度数组, 从而可以构建一个从第一个聚类 (顶行) 到最后一个聚类 (底行) 的分层聚类表示系统。第一层聚类是"弱"聚类 (即 N 个对象中的每一个被表示为单独的聚类), 最后一层聚类为"强"聚类 (即所有 N 个对象被聚成一类)。这是分层聚类方案 (HCS) 的基本思想。

为了引入分层聚类方案的一般概念, 假设已知 N 个对象, 它们用整数 1 到 N 表示。此外, 还假设有 $m+1$ 个聚类 $c_0, c_1, \cdots, c_m$ 的序列, 使得 $C = c_1 \cup c_2 \cup \cdots \cup c_m$ 和 $|C| = m+1$, 并且每个聚类 c_i 对应于相似度 $\alpha_i \in [0,1]$。设 c_0 为 N 个对象的弱聚类, 对任何 $i \neq j$, 它们的相异度 $\alpha_0 = D(\mathbf{x}_i, \mathbf{x}_j) = 0$ (即 N 个对象中任意一对都不可能完全相似), 并设 c_m 为具有最小相异度的强聚类。
[321] 我们还要求 α_i 是递增的 (即 $\alpha_{i+1} \geqslant \alpha_i$ 对 $i = 1, 2, \cdots, m$ 成立), 聚类也是"递增的", 即 $c_{i+1} > c_i$ 意味着 c_{i+1} 中的每个聚类都是 c_i 聚类的合并 (或并集)。这种总体安排称为分层聚类方案 (HCS)[132]。

分层聚类方法的步骤如下[185]:

① 定义决策变量、可行集和目标函数。

② 选择和应用 Pareto 优化算法, 如 NSGA-II。

③ 聚类分析:

- 聚类趋势: 通过可视化检查或数据投影, 验证分层聚类结构是数据的合理模型。
- 数据缩放: 由于使用范围缩放的相对缩放, 删除隐式变量权重。
- 接近性: 选择和应用适当的相似性度量数据, 这里使用欧氏距离。
- 算法选择: 考虑聚类算法的假设和特点, 选择最适合应用的算法, 这里是群平均连锁 (group average linkage)。
- 算法应用: 应用所选算法并获得一个树状图。

- 验证: 基于应用程序主题知识检查结果, 评估对输入数据的拟合和聚类结构的稳定性, 并比较多个算法 (如果使用) 的结果。

④ 表示、使用聚类和结构: 如果聚类是合理和有效的, 则检查分层结构中的各个部分的权衡和其他信息, 以帮助做出决策。

例 6.4 6 个对象具有下列相似度:

$$0.04: \quad (3,6) \tag{6.12.20}$$

$$0.08: \quad (3,5), (5,6) \tag{6.12.21}$$

$$0.22: \quad (1,3), (1,5), (1,6), (2,4) \tag{6.12.22}$$

$$0.35: \quad (1,2), (1,4) \tag{6.12.23}$$

$$>0.35: \quad (2,3),(2,4),(2,5),(3,4),(4,5),(4,6) \tag{6.12.24}$$

分层聚类结果为

$$0.00: \quad [1], [3], [5], [6], [4], [2] \tag{6.12.25}$$

$$0.04: \quad [1], [3,6], [2], [4], [5] \tag{6.12.26}$$

$$0.08: \quad [3,5,6], [1], [2], [4] \tag{6.12.27}$$

$$0.22: \quad [1,3,5,6], [2,4] \tag{6.12.28}$$

$$0.35: \quad [1,2,3,4,5,6] \tag{6.12.29}$$

表 6.1 列出了相似值及对应的分层聚类结果。

表 6.1 相似值与聚类结果 [322]

<table>
<tr><th rowspan="2">相似值</th><th colspan="6">对象编号</th></tr>
<tr><th>1</th><th>3</th><th>6</th><th>5</th><th>2</th><th>4</th></tr>
<tr><td>0.00</td><td>•</td><td>•</td><td>•</td><td>•</td><td>•</td><td>•</td></tr>
<tr><td>0.04</td><td>•</td><td colspan="2">XXXXXXXX</td><td>•</td><td>•</td><td>•</td></tr>
<tr><td>0.08</td><td>•</td><td colspan="3">XXXXXXXXXXXXXXX</td><td>•</td><td>•</td></tr>
<tr><td>0.22</td><td colspan="4">XXXXXXXXXXXXXXXXXXXXXXX</td><td>•</td><td>•</td></tr>
<tr><td>0.35</td><td colspan="4">XXXXXXXXXXXXXXXXXXXXXXX</td><td colspan="2">XXXXXXXX</td></tr>
</table>

在分层聚类中, 相似度具有以下性质[132]:

- $D(\mathbf{x},\mathbf{y}) = 0$, 当且仅当 $\mathbf{x} = \mathbf{y}$。
- $D(\mathbf{x},\mathbf{y}) = D(\mathbf{y},\mathbf{x})$ 对所有对象 $\mathbf{x}$ 和 $\mathbf{y}$ 成立。
- 超度量不等式

$$D(\mathbf{x},\mathbf{z}) \leqslant \max\{D(\mathbf{x},\mathbf{y}), D(\mathbf{y},\mathbf{z})\} \tag{6.12.30}$$

- 三角不等式

$$D(\mathbf{x},\mathbf{z}) \leqslant D(\mathbf{x},\mathbf{y}) + D(\mathbf{y},\mathbf{z}) \tag{6.12.31}$$

由于存在对称性 $D(\mathbf{x},\mathbf{y}) = D(\mathbf{y},\mathbf{x})$, 故对于 N 对象, 分层聚类方法只需要计算 $N(N-1)/2$ 个相异度。

相似度 (或距离) 矩阵 $\mathbf{S}$ 的第 (i,j) 个元素由第 i 和第 j 个对象之间的相似

度定义如下

$$s_{ij} \stackrel{\text{def}}{=} D(\mathbf{x}_i, \mathbf{x}_j) \tag{6.12.32}$$

应当注意, 如果所有对象在第 m 次聚类时用相似度 $\alpha^{(m)}$ 聚成一类, 则相似度矩阵的第 (i, j) 个元素为

$$s_{ij} = \begin{cases} s_{ij}, & s_{ij} \leqslant \alpha^{(m)} \\ \alpha^{(m)}, & s_{ij} > \alpha^{(m)} \end{cases} \tag{6.12.33}$$

在分层聚类中, 存在不同的距离函数, 它们对应不同的聚类。

表 6.2 给出了例 6.4 中的距离矩阵。

[323] **表 6.2** 例 6.4 中的距离矩阵

d_{ij}	1	2	3	4	5	6
1	0.00	0.35	0.22	0.35	0.22	0.22
2	0.35	0.00	0.35	0.22	0.35	0.35
3	0.22	0.35	0.00	0.35	0.08	0.04
4	0.35	0.22	0.35	0.00	0.35	0.35
5	0.22	0.35	0.08	0.35	0.00	0.08
6	0.22	0.35	0.04	0.35	0.08	0.00

第一次聚类 [1], [2], [3,6], [4], [5] 之后的距离矩阵见表 6.3。

表 6.3 例 6.4 中第一次聚类后的距离矩阵

d_{ij}	1	2	$[3, 6]$	4	5
1	0.00	0.35	0.22	0.35	0.22
2	0.35	0.00	0.35	0.22	0.35
$[3, 6]$	0.22	0.35	0.00	0.35	0.08
4	0.35	0.22	0.35	0.00	0.35
5	0.22	0.35	0.08	0.35	0.00

表 6.4 给出了例 6.4 中第二次聚类 [1], [2], [3,5,6], [4] 后的距离矩阵。

表 6.4 例 6.4 中第二次聚类后的距离矩阵

d_{ij}	1	2	$[3, 5, 6]$	4
1	0.00	0.35	0.22	0.35
2	0.35	0.00	0.35	0.22
$[3, 5, 6]$	0.22	0.35	0.00	0.35
4	0.35	0.22	0.35	0.00

模仿以上过程, 可以求出第三次聚类等以后的距离矩阵。

给定 N 个对象和满足超度量不等式 (6.12.30) 的相似度 $d=D(\mathbf{x},\mathbf{y})$, 分层聚类的最小方法如下[132]。

① 使用相似度 $d=0$ 进行弱聚类 C_0。

② 对于在 C_{i-1} 中为所有目标或聚类定义了距离矩阵的已知聚类 C_{i-1}, 令 α_i 是距离矩阵中最小非零元素。将这对目标与/或聚类同距离 α_i 合并, 创建 α_i 值的 C_i。

③ 利用下列方式为 C_i 建立一个新的相似度函数: 若 $\mathbf{x}$ 和 $\mathbf{y}$ 聚类在 C_i, 并且不在 C_{i-1} (即 $d(\mathbf{x},\mathbf{y})=\alpha_i$), 则定义从聚类 $[\mathbf{x},\mathbf{y}]$ 到任何第三个目标或聚类 $\mathbf{z}$ 的距离为 $d([\mathbf{x},\mathbf{y}],\mathbf{z})=\min\{d(\mathbf{x},\mathbf{z}),d(\mathbf{y},\mathbf{z})\}$。如果 $\mathbf{x}$ 和 $\mathbf{y}$ 是 C_{i-1} 中的目标与/或聚类, 而不是 C_i 中的聚类, 则 $d(\mathbf{x},\mathbf{y})$ 保持不变。这样, 我们就得到一个新的相似度函数 d 和 C_i。

④ 重复上述步骤 ② 和 ③, 直到最后得到强聚类。

如果在步骤 ③ 中的 $d([\mathbf{x},\mathbf{y}],\mathbf{z})=\min\{d(\mathbf{x},\mathbf{z}),d(\mathbf{y},\mathbf{z})\}$ 用 $d([\mathbf{x},\mathbf{y}],\mathbf{z})=$ [324]
$\max\{d(\mathbf{x},\mathbf{z}),d(\mathbf{y},\mathbf{z})\}$ 代替, 所得方法称为分层聚类的最大方法。

6.12.3 无监督聚类的 Fisher 判别分析

第 6.11.3 节介绍了监督二元分类的 Fisher 判别分析及其对张量数据的推广。本节讨论无监督多重聚类的 Fisher 判别分析。

散度是两个信号之间的距离或相异性的一种测度, 经常用于特征识别以及类型识别有效性的评估。

令 Q 表示由几种方法抽取的信号特征向量的共同维数。假定存在 c 类信号类型; 第 i 类和第 j 类之间的 Fisher 类分离测度简称 Fisher 测度, 用于确定特征向量的排序。考虑 c 类信号的类型识别。令 $\mathbf{v}_k^{(l)}$ 表示第 l 类信号的第 k 个样本特征向量, 其中 $l=1,\cdots,c$ 和 $k=1,\cdots,l_K$, 并且 l_K 是第 l 信号类的样本特征向量的个数。在随机向量 $\mathbf{v}^{(l)}=\mathbf{v}_k^{(l)}$ 的概率对 $k=1,\cdots,l_K$ 都相同 (即等概率) 的假设下, Fisher 测度定义为

$$m^{(i,j)}=\frac{\sum_{l=i,j}\left[\text{mean}_k\left(\mathbf{v}_k^{(l)}\right)-\text{mean}_l\left(\text{mean}\left(\mathbf{v}_k^{(l)}\right)\right)\right]^2}{\sum_{l=i,j}\text{var}_k\left(\mathbf{v}_k^{(l)}\right)} \tag{6.12.34}$$

式中:

$\text{mean}_k\left(\mathbf{v}_k^{(l)}\right)$ 是第 l 类信号的所有特征向量的均值 (形心);

$\text{var}\left(\mathbf{v}_k^{(l)}\right)$ 是第 l 类信号的所有特征向量的方差;

$\text{mean}_l\left(\text{mean}_k\left(\mathbf{v}_k^{(l)}\right)\right)$ 是所有类信号的总样本形心。

作为 Fisher 测度的推广, 考虑所有 $Q\times 1$ 特征向量到第 $(c-1)$ 维类判别空间上的投影。

令 $N=N_1+\cdots+N_c$, 其中 N_i 表示在训练阶段抽取的第 i 类信号的特征向量的数目。假设

$$\mathbf{s}_{i,k}=[s_{i,k}(1),\cdots,s_{i,k}(Q)]^{\mathrm{T}}$$

[325] 表示在训练阶段由第 i 类信号的第 k 组观测数据求得的第 i 个 $(Q\times 1)$ 维特征向量, 而

$$\mathbf{m}_i=[m_i(1),\cdots,m_i(Q)]^{\mathrm{T}}$$

是第 i 个信号特征向量的样本均值, 其中

$$m_i(q)=\frac{1}{N_i}\sum_{k=1}^{N_i}s_{i,k}(q),\quad i=1,\cdots,c,\ \ q=1,\cdots,Q$$

类似地, 令

$$\mathbf{m}=[m(1),\cdots,m(Q)]^{\mathrm{T}}$$

表示由所有观测数据获得的所有信号特征向量的总体均值, 其中

$$m(q)=\frac{1}{c}\sum_{i=1}^{c}m_i(q),\quad q=1,\cdots,Q$$

利用以上向量, 我们可以定义一个 $Q\times Q$ 类内散射矩阵[83]

$$\mathbf{S}_w\stackrel{\text{def}}{=}\frac{1}{c}\sum_{i=1}^{c}\left(\frac{1}{N_i}\sum_{k=1}^{N_i}(\mathbf{s}_{i,k}-\mathbf{m}_i)(\mathbf{s}_{i,k}-\mathbf{m}_i)^{\mathrm{T}}\right) \tag{6.12.35}$$

和一个 $Q\times Q$ 类间散射矩阵[83]

$$\mathbf{S}_b\stackrel{\text{def}}{=}\frac{1}{c}\sum_{i=1}^{c}(\mathbf{m}_i-\mathbf{m})(\mathbf{m}_i-\mathbf{m})^{\mathrm{T}} \tag{6.12.36}$$

为了确定最优类识别矩阵 $\mathbf{U}$, 定义准则函数

$$J(\mathbf{U})\stackrel{\text{def}}{=}\frac{\prod\limits_{\text{diag}}\mathbf{U}^{\mathrm{T}}\mathbf{S}_b\mathbf{U}}{\prod\limits_{\text{diag}}\mathbf{U}^{\mathrm{T}}\mathbf{S}_w\mathbf{U}} \tag{6.12.37}$$

式中, $\prod\limits_{\text{diag}}\mathbf{A}$ 表示矩阵 $\mathbf{A}$ 的对角元素之积。由于这一准则函数是类识别能力的测度, 所以 J 应该最大化。

[326] $\mathrm{span}(\mathbf{U})$ 称为类判别空间, 若

$$\mathbf{U}=\underset{\mathbf{U}\in\mathbb{R}^{Q\times Q}}{\arg\max}\,J(\mathbf{U})=\frac{\prod\limits_{\text{diag}}\mathbf{U}^{\mathrm{T}}\mathbf{S}_b\mathbf{U}}{\prod\limits_{\text{diag}}\mathbf{U}^{\mathrm{T}}\mathbf{S}_w\mathbf{U}} \tag{6.12.38}$$

这个优化问题可以等效写为

$$[\mathbf{u}_1,\cdots,\mathbf{u}_Q]=\underset{\mathbf{u}_i\in\mathbb{R}^Q}{\arg\max}\left\{\frac{\prod\limits_{i=1}^{Q}\mathbf{u}_i^{\mathrm{T}}\mathbf{S}_b\mathbf{u}_i}{\prod\limits_{i=1}^{Q}\mathbf{u}_i^{\mathrm{T}}\mathbf{S}_w\mathbf{u}_i}=\prod_{i=1}^{Q}\frac{\mathbf{u}_i^{\mathrm{T}}\mathbf{S}_b\mathbf{u}_i}{\mathbf{u}_i^{\mathrm{T}}\mathbf{S}_w\mathbf{u}_i}\right\}\tag{6.12.39}$$

其解由式 (6.12.40) 确定

$$\mathbf{u}_i=\underset{\mathbf{u}_i\in\mathbb{R}^Q}{\arg\max}\frac{\mathbf{u}_i^{\mathrm{T}}\mathbf{S}_b\mathbf{u}_i}{\mathbf{u}_i^{\mathrm{T}}\mathbf{S}_w\mathbf{u}_i},\quad i=1,\cdots,Q\tag{6.12.40}$$

这正好是广义 Rayleigh 商的最大化。上述公式有一个清晰的物理含义: 组成最优类识别子空间的矩阵 $\mathbf{U}$ 的列向量应该使类间散度最大化, 并使类内散度最小化, 即这些向量应该使广义 Rayleigh 商最大化。

对于 c 类信号, 最优类识别子空间是 $(c-1)$ 维的。因此, 式 (6.12.40) 只需要对 $c-1$ 个广义 Rayleigh 商最大化。换言之, 必须由广义特征值问题

$$\mathbf{S}_b\mathbf{u}_i=\lambda_i\mathbf{S}_w\mathbf{u}_i,\quad i=1,2,\cdots,c-1\tag{6.12.41}$$

求出 $c-1$ 个广义特征向量 $\mathbf{u}_1,\cdots,\mathbf{u}_{c-1}$。这些广义特征向量构成 $Q\times(c-1)$ 维矩阵

$$\mathbf{U}_{c-1}=[\mathbf{u}_1,\cdots,\mathbf{u}_{c-1}]\tag{6.12.42}$$

其列向量张成最优类识别子空间。

在得到 $Q\times(c-1)$ 矩阵 $\mathbf{U}_{c-1}$ 之后, 我们可以对训练阶段得到的每一个信号特征向量, 求它到最优类识别子空间上的投影

$$\mathbf{y}_{i,k}=\mathbf{U}_{c-1}^{\mathrm{T}}\mathbf{s}_{i,k},\quad i=1,\cdots,c,\ \ k=1,\cdots,N_i\tag{6.12.43}$$

当只有三类信号 $(c=3)$ 时, 最优类识别子空间是一个平面, 每一个特征向 [327]
量到最优类识别子空间上的投影为一个点。这些投影点直接反映信号分类中不同特征向量的识别能力。

6.12.4 K 均值聚类

聚类技术大致可分为两类: 分层聚类和非分层聚类[6]。K 均值[251] 作为一种应用较为广泛的非分层聚类技术, 其目的是通过迭代爬山算法最小化模式和聚类中心之间的欧氏平方距离之和。

已知 d 维向量空间 $\mathbb{R}^d$ 中 N 个数据点的集合, 考虑基于某个相似性/相异性测度, 建立一个规则将模式分配到一个特定聚类中心的域内, 从而将这些点划分为若干 (例如 $K\leqslant N$) 组 (或类别)。

令 N 个数据的集合是 $S=\{\mathbf{x}_1,\cdots,\mathbf{x}_N\}$, 并且 K 个聚类器为 $C_1,\cdots,C_K$。于是, 聚类是使 K 个聚类器满足下列条件[186]:

$$C_i\notin\varnothing,\quad i=1,\cdots,K$$

$$C_i \cap C_j = \varnothing, \quad i = 1, \cdots, K;\ j = 1, \cdots, K,\ i \neq j$$

$$\bigcup_{i=1}^{K} C_i = S$$

这里, 每一个观测向量属于具有最近均值的聚类器, 作为聚类的原型。

给定一个开集 $S \in \mathbb{R}^d$, 集合 $\{V_i\}_{i=1}^{K}$ 称为 S 镶嵌, 若 $V_i \cap V_j = \varnothing$ 对 $i \neq j$ 成立, 并且 $\cup_{i=1}^{K} V_i = S$。当一个点集合 $\{\mathbf{z}_i\}_{i=1}^{K}$ 为已知, 对应点 $\mathbf{z}_i$ 的集合 $\hat{V}_i$ 由式 (6.12.44) 定义

$$\hat{V}_i = \big\{\mathbf{x} \in S \big| \, \|\mathbf{x} - \mathbf{z}_i\| \leqslant \|\mathbf{x} - \mathbf{z}_j\|, j = 1, \cdots, K, j \neq i\big\} \tag{6.12.44}$$

点 $\{\mathbf{z}_i\}_{i=1}^{K}$ 称为生成器。集合 $\{\hat{V}_i\}_{i=1}^{K}$ 称为 S 的 Voronoi 镶嵌或者 Voronoi 图, 每一个 $\hat{V}_i$ 则称为与点 $\mathbf{z}_i$ 对应的 Voronoi 集。

K 均值算法要求三个由用户规定的参数: 聚类数 K、聚类初始化和距离测度[127, 245]。

- 聚类数 K: 最关键的参数是 K。由于没有完善的数学准则可用, K 均值算法对不同的 K 值独立运行, K 值的选择对领域专家来说是最有意义的分区。
[328] - 聚类初始化: 为了克服 K 均值聚类的局部最小解, K 均值算法从 N 个数据点 $\{\mathbf{x}_1, \cdots, \mathbf{x}_N\}$ 中随机选择 K 个初始聚类中心。
- 距离测度: 令 d_{ik} 表示数据 $\mathbf{x}_i = [x_{i1}, \cdots, x_{iN}]^{\mathrm{T}}$ 和 $\mathbf{x}_k = [x_{k1}, \cdots, x_{kN}]^{\mathrm{T}}$ 之间的距离。K 均值通常采用欧氏距离 $d_{ik} = \sum_j (x_{ik} - x_{jk})^2$ 或马氏距离计算点 $\mathbf{x}_i$、$\mathbf{x}_k$ 与聚类中心之间的距离。

最常见的算法使用迭代求精技术, 在不计算 Voronoi 集 $\hat{V}_i$ 的情况下找到局部最小解。由于它的普遍性, 它通常被称为 K 均值算法。然而, K 均值算法作为一种贪婪算法, 只能收敛到局部极小值。

规定 K 个中心的任一集合 Z, 对每个中心 $\mathbf{z} \in Z$, 令 $V(\mathbf{z})$ 表示其邻域, 即与 $\mathbf{z}$ 最近邻的数据点集合。基于随机序贯抽样方法, 随机 K 均值算法或者直接 K 均值算法都不需要计算 Voronoi 集。

算法 6.19 示出了随机 K 均值算法[15, 81]。

算法 6.19 随机 K 均值算法[15, 81]

---

1. **input:** Dataset $S = \{\mathbf{x}_1, \cdots, \mathbf{x}_N\}$ with $\mathbf{x}_i \in \mathbb{R}^d$, a positive integer K
2. **initialization**

    2.1 Select an initial set of K centers $Z = \{\mathbf{z}_1, \cdots, \mathbf{z}_K\}$, e.g., by using a Monte Carlo method

    2.2 Set $j_i = 1$ for $i = 1, \cdots, K$
3. **repeat**
4. Select a data point $\mathbf{x} \in S$ at random, according to the probability density function $\rho(x)$

5. Find the $\mathbf{z}_i \in \mathbb{R}^d$ that is closest to $\mathbf{x}$, for example, use

$$\mathbf{z}_i = \underset{\mathbf{z}_1,\cdots,\mathbf{z}_N}{\arg\min}\{\|\mathbf{x}-\mathbf{z}_1\|^2,\cdots,\|\mathbf{x}-\mathbf{z}_K\|^2\}$$

denote the index of that $\mathbf{z}_i$ by i^*. Ties are resolved arbitrarily

6. Set

$$\mathbf{z}_{i^*} \leftarrow \frac{j_{i^*}\mathbf{z}_{i^*}+\mathbf{x}}{j_{i^*}+1} \quad \text{and} \quad j_{i^*} \leftarrow j_{i^*}+1$$

this new $\mathbf{z}_{i^*}$, along with the unchanged $\mathbf{z}_i, i \neq i^*$, forms the new set of cluster centers $\mathbf{z}_1,\cdots,\mathbf{z}_K$

7. Assign point $\mathbf{x}_i, i=1,\cdots,n$ to cluster C_j, $j \in \{1,\cdots,K\}$ if and only if

$$\|\mathbf{x}_i-\mathbf{z}_j\| \leqslant \|\mathbf{x}_i-\mathbf{z}_p\|, \quad p=1,\cdots,K; \text{and } j \neq p$$

8. **exit if** K cluster centers $\mathbf{z}_1,\cdots,\mathbf{z}_K$ are converged

9. **return**

10. **output:** K cluster centroids $\mathbf{z}_1,\cdots,\mathbf{z}_K$

一旦有了 K 个聚类中心 $\mathbf{z}_1,\cdots,\mathbf{z}_K$，我们就可以实现新测试数据点 $\mathbf{y} \in \mathbb{R}^d$ 的分类

$$\mathbf{y}\text{的分类} = \mathbf{z}_k\text{的序号} = \min\{d(\mathbf{y},\mathbf{z}_1),\cdots,d(\mathbf{y},\mathbf{z}_K)\} \tag{6.12.45}$$

其中，$d(\mathbf{y},\mathbf{z})$ 是距离测度。

经典 K 均值聚类算法求出的聚类中心使数据点与最近的中心之间的距离最 [329]
小化。K 均值可以视为构造由 k 个向量组成的“字典” $\mathbf{D} \in \mathbb{R}^{n\times k}$ 的一种方式，以便数据向量 $\mathbf{x}_i \in \mathbb{R}^n, i=1,\cdots,m$ 可以映射为一个码向量 $\mathbf{s}_i$，使得重构的误差最小化[56]。

由文献 [56] 知，输入的初始化和预处理对于 K 均值聚类是有用和必要的。

- 尽管通常会用数据中随机选取的样本作为 K 均值的初始化，但这是一个很差的选择。相反，最好是从正态分布随机初始化聚类形心，然后将它们归一化为单位长度。
- 聚类形心由于数据的相关性，往往是有偏估计，而白化输入数据得到的形心更为正交。

在初始化和白化输入之后，K 均值的一个修正版本称为增益形矢量量化[290]或球形 K 均值[75]，可用于查找字典 $\mathbf{D}$。

包括初始化和预处理在内，完整的 K 均值训练如下。

① 规格化输入

$$\mathbf{x}_i \equiv \frac{\mathbf{x}_i - \text{mean}(\mathbf{x}_i)}{\text{var}(\mathbf{x}_i)+\epsilon_{\text{norm}}}, \quad \forall i \tag{6.12.46}$$

式中，$\text{mean}(\mathbf{x}_i)$ 和 $\text{var}(\mathbf{x}_i)$ 分别是向量 $\mathbf{x}_i$ 的元素的均值和方差。

② 白化输入

$$\mathrm{cov}(\mathbf{x}) = \mathbf{V}\mathbf{D}\mathbf{V}^{\mathrm{T}} \tag{6.12.47}$$

$$\mathbf{x}_i = \mathbf{V}(\mathbf{D} + \epsilon)^{-1/2}\mathbf{V}^{\mathrm{T}}\mathbf{x}_i, \quad \forall i \tag{6.12.48}$$

③ 循环直到收敛 (通常 10 次迭代即可)

$$s_i(j) = \begin{cases} \mathbf{d}_j^{\mathrm{T}}\mathbf{x}_i, & j = \arg\max\limits_{l} |\mathbf{d}_l^{\mathrm{T}}\mathbf{x}_i| \\ 0, & \text{其他} \end{cases} \quad (\forall j, i) \tag{6.12.49}$$

$$\mathbf{D} = \mathbf{X}\mathbf{S}^{\mathrm{T}} + \mathbf{D} \tag{6.12.50}$$

$$\mathbf{d}_j = \mathbf{d}_j / \|\mathbf{d}_j\|_2, \quad \forall j \tag{6.12.51}$$

字典矩阵 $\mathbf{D}$ 的列向量 $\mathbf{d}_j$ 给出聚类形心, K 均值倾向于学习低频类边缘形心。

[330] 这种规格化、白化和 K 均值聚类过程是一种有效的“现成的”无监督学习模块, 可以在许多特征学习中发挥作用[56]。

6.13 谱聚类

谱聚类是最流行的现代聚类算法之一, 在图像处理、数据挖掘和机器学习领域得到了广泛的研究, 例如参见文献 [190, 230, 257]。

在多元统计和数据聚类中, 谱聚类技术利用数据的相似性矩阵的谱 (特征值) 进行降维, 再进行低维聚类。相似性矩阵作为输入, 由数据集中每对点的相对相似性的定量评估组成。

6.13.1 谱聚类算法

假定数据由 N 个“点” $\mathbf{x}_1, \cdots, \mathbf{x}_N$ 组成, 这些数据点可以是任意目标。它们的成对相似性 $s_{ij} = s(\mathbf{x}_i, \mathbf{x}_j)$ 利用某个对称和非负的相似性函数度量, 并将对应的相似性矩阵用 $\mathbf{S} = [s_{ij}]_{i,j=1}^{N,N}$ 表示。

两种流行的谱聚类算法[190, 230] 都是基于谱图分割构造的。另一个有前途的选择是使用矩阵代数方法。

令 $\mathbf{h}_k$ 是一分类器, 它分割映射的数据 $\mathbf{\Phi} = [\phi(\mathbf{x}_1), \cdots, \phi(\mathbf{x}_N)]$, 产生输出 $\mathbf{\Phi}\mathbf{h}_k$。最大化输出能量得到

$$\max\left\{\|\mathbf{\Phi}\mathbf{h}_k\|_2^2 = \mathbf{h}_k^{\mathrm{T}}\mathbf{\Phi}^{\mathrm{T}}\mathbf{\Phi}\mathbf{h}_k = \mathbf{h}_k^{\mathrm{T}}\mathbf{W}\mathbf{h}_k\right\}$$

式中

$$\mathbf{W} = \mathbf{\Phi}^{\mathrm{T}}\mathbf{\Phi} = [K(\mathbf{x}_i, \mathbf{x}_j)]_{i,j=1}^{N,N} = [\phi^{\mathrm{T}}(\mathbf{x}_i)\phi(\mathbf{x}_j)]_{i,j=1}^{N,N} \tag{6.13.1}$$

在谱聚类中, 由于 $K(\mathbf{x}_i, \mathbf{x}_j) = s(\mathbf{x}_i, \mathbf{x}_j)$, 仿射矩阵 $\mathbf{W}$ 变为相似性矩阵 $\mathbf{S}$, 即

$\mathbf{W} = \mathbf{S}$。

对 K 个聚类器, 我们使总的输出能量最大化

$$\max_{\mathbf{h}_1,\cdots,\mathbf{h}_K} \left\{ \sum_{k=1}^{K} \mathbf{h}_k^{\mathrm{T}} \mathbf{W} \mathbf{h}_k \right\} \tag{6.13.2}$$

$$\text{s.t.} \quad \mathbf{h}_k^{\mathrm{T}} \mathbf{h}_k = 1, \forall k = 1, \cdots, K \tag{6.13.3}$$

由此得到原始约束优化问题 [331]

$$\max_{\mathbf{H}=[\mathbf{h}_1,\cdots,\mathbf{h}_K]} \operatorname{tr}(\mathbf{H}^{\mathrm{T}} \mathbf{W} \mathbf{H}) \tag{6.13.4}$$

$$\text{s.t.} \quad \mathbf{H}^{\mathrm{T}} \mathbf{H} = \mathbf{I} \tag{6.13.5}$$

利用拉格朗日乘子法, 上述约束优化可以改写为对偶无约束优化

$$\max_{\mathbf{H}} \left\{ \mathcal{L}(\mathbf{H}) = \operatorname{tr}(\mathbf{H}^{\mathrm{T}} \mathbf{W} \mathbf{H}) + \lambda(1 - \|\mathbf{H}\|_2^2) \right\} \tag{6.13.6}$$

由一阶优化条件及仿射矩阵 $\mathbf{W} = \mathbf{S}$ 的对称性, 我们有

$$\frac{\partial \mathcal{L}}{\partial \mathbf{H}} = \mathbf{O} \quad \Rightarrow \quad 2\mathbf{W}\mathbf{H} - 2\lambda \mathbf{H} = \mathbf{O} \quad \Rightarrow \quad \mathbf{W}\mathbf{H} = \lambda \mathbf{H} \tag{6.13.7}$$

即是说, $\mathbf{H} = [\mathbf{h}_1, \cdots, \mathbf{h}_K]$ 由 $\mathbf{W}$ 的 K 个主特征向量 (具有最大特征值) 作为列向量。

如果仿射矩阵 $\mathbf{W}$ 用规一化的拉普拉斯矩阵 $\mathbf{L}_{\text{sys}} = \mathbf{I} - \mathbf{D}^{-1/2} \mathbf{W} \mathbf{D}^{-1/2}$ 代替, 则 K 个谱聚类器 $\mathbf{h}_1, \cdots, \mathbf{h}_K$ 直接由 K 个主特征向量给出。这正是 Ng 等人的正则化谱聚类算法[190] 的关键点, 参见算法 6.20。

算法 6.20　正则化谱聚类算法 1[190]

---

1. **input:** Dataset $V = \{\mathbf{x}_1, \cdots, \mathbf{x}_N\}$ with $\mathbf{x}_i \in \mathbb{R}^n$, number k of clusters, kernel function $K(\mathbf{x}_i, \mathbf{x}_j) : \mathbb{R}^n \times \mathbb{R}^n \to \mathbb{R}$
2. Construct the $N \times N$ weighted adjacency matrix $\mathbf{W} = [\delta_{ij} K(\mathbf{x}_i, \mathbf{x}_j)]_{i,j=1}^{N,N}$
3. Compute the $N \times N$ diagonal matrix $[\mathbf{D}]_{ij} = \delta_{ij} \sum_{j=1}^{N} w_{ij}$
4. Compute the $N \times N$ normalized Laplacian matrix $\mathbf{L}_{\text{sys}} = \mathbf{I} - \mathbf{D}^{-1/2} \mathbf{W} \mathbf{D}^{-1/2}$
5. Compute the first k eigenvectors $\mathbf{u}_1, \cdots, \mathbf{u}_k$ of the eigenvalue problem $\mathbf{L}_{\text{sym}} \mathbf{u} = \lambda \mathbf{u}$
6. Let the matrix $\mathbf{U} = [\mathbf{u}_1, \cdots, \mathbf{u}_k] \in \mathbb{R}^{N \times k}$
7. Compute the (i, j)th entries of the $N \times k$ matrix $\mathbf{T} = [t_{ij}]_{i,j=1}^{N,k}$ as $t_{ij} = u_{ij} / (\sum_{m=1}^{k} u_{im}^2)^{1/2}$. Let $\mathbf{y}_i = [t_{i1}, \cdots, t_{ik}]^{\mathrm{T}} \in \mathbb{R}^k$, $i = 1, \cdots, N$
8. Cluster the points $\mathbf{y}_1, \cdots, \mathbf{y}_N$ via the K-means algorithm into clusters $C_1, \cdots, C_k$
9. **output:** clusters $A_1, \cdots, A_k$ with $A_i = \{j | \mathbf{y}_j \in C_i\}$

有趣的是，若令 $\tilde{\mathbf{H}} = \mathbf{D}^{1/2}\mathbf{H}$ 和 $\tilde{\mathbf{W}} = \mathbf{D}^{-1/2}\mathbf{W}\mathbf{D}^{-1/2}$，则优化问题

$$\max_{\mathbf{H}} \left\{ \mathcal{L}(\tilde{\mathbf{H}}) = \mathrm{tr}(\tilde{\mathbf{H}}^{\mathrm{T}}\tilde{\mathbf{W}}\tilde{\mathbf{H}}) + \lambda(1 - \|\tilde{\mathbf{H}}\|_2^2) \right\} \tag{6.13.8}$$

[332] 的解由 $\tilde{\mathbf{W}}\tilde{\mathbf{H}} = \lambda\tilde{\mathbf{H}}$ 的特征问题给出。利用 $\tilde{\mathbf{H}} = \mathbf{D}^{1/2}\mathbf{H}$ 和 $\tilde{\mathbf{W}} = \mathbf{D}^{-1/2}\mathbf{W}\mathbf{D}^{-1/2}$，该特征问题变为广义特征问题 $\mathbf{W}\mathbf{H} = \lambda\mathbf{D}\mathbf{H}$。因此，如果仿射矩阵 $\mathbf{W}$ 用规一化拉普拉斯矩阵 $\mathbf{L} = \mathbf{D} - \mathbf{W}$ 代替，则 K 个谱聚类器 $\mathbf{h}_1, \cdots, \mathbf{h}_K$ 由矩阵束 $(\mathbf{L}_{\mathrm{sys}}, \mathbf{D})$ 的 K 个主要广义特征向量 (对应于最大广义特征值) 组成。由此可以得到 Shi 和 Malik 的正则化谱聚类算法[230]，见算法 6.21。

算法 6.21 正则化谱聚类算法 2[230]

---

1. **input:** Dataset $V = \{\mathbf{x}_1, \cdots, \mathbf{x}_N\}$ with $\mathbf{x}_i \in \mathbb{R}^n$, number k of clusters, kernel function $K(\mathbf{x}_i, \mathbf{x}_j) : \mathbb{R}^n \times \mathbb{R}^n \to \mathbb{R}$
2. Construct the $N \times N$ weighted adjacency matrix $\mathbf{W} = [\delta_{ij}K(\mathbf{x}_i, \mathbf{x}_j)]_{i,j=1}^{N,N}$
3. Compute the $N \times N$ diagonal matrix $[\mathbf{D}]_{ij} = \delta_{ij}\sum_{j=1}^{N} w_{ij}$
4. Compute the $N \times N$ normalized Laplacian matrix $\mathbf{L}_{\mathrm{sys}} = \mathbf{D}^{-1/2}(\mathbf{D} - \mathbf{W})\mathbf{D}^{-1/2}$
5. Compute the first k generalized eigenvectors $\mathbf{u}_1, \cdots, \mathbf{u}_k$ of the generalized eigenproblem $\mathbf{L}_{\mathrm{sys}}\mathbf{u} = \lambda\mathbf{D}\mathbf{u}$
6. Let the matrix $\mathbf{U} = [\mathbf{u}_1, \cdots, \mathbf{u}_k] \in \mathbb{R}^{N \times k}$
7. Compute the (i, j)th entries of the $N \times k$ matrix $\mathbf{T} = [t_{ij}]_{i,j=1}^{N,k}$ as $t_{ij} = u_{ij}/(\sum_{m=1}^{k} u_{im}^2)^{1/2}$. Let $\mathbf{y}_i = [t_{i1}, \cdots, t_{ik}]^{\mathrm{T}} \in \mathbb{R}^k$, $i = 1, \cdots, N$
8. Cluster the points $\mathbf{y}_1, \cdots, \mathbf{y}_N$ via the K-means algorithm into clusters $C_1, \cdots, C_k$
9. **output:** clusters $A_1, \cdots, A_k$ with $A_i = \{j | \mathbf{y}_j \in C_i\}$

注释 1: 算法 6.20 和算法 6.21 都是正则化谱聚类算法，但是它们采用不同的规一化拉普拉斯矩阵。算法 6.21 使用 $\mathbf{L}_{\mathrm{sys}} = \mathbf{D}^{-1/2}(\mathbf{D} - \mathbf{W})\mathbf{D}^{-1/2}$，而算法 6.20 使用 $\mathbf{L}_{\mathrm{sys}} = \mathbf{I} - \mathbf{D}^{-1/2}\mathbf{W}\mathbf{D}^{-1/2}$。

注释 2: 若在两个算法的步骤 3 使用非规一化拉普拉斯矩阵 $\mathbf{L} = \mathbf{D} - \mathbf{W}$ 代替规一化拉普拉斯矩阵 $\mathbf{L}_{\mathrm{sys}}$，则分别得到非正则化谱聚类算法。

注释 3: 在 "理想" 加权邻接矩阵 $\mathbf{W}$ 的实际计算中，存在对 $\mathbf{A}$ 的扰动，这将导致算法 6.21 中广义特征向量或者算法 6.20 中特征向量的估计误差，即存在扰动形式 $\hat{\mathbf{T}} = \mathbf{T} + \mathbf{E}$，其中 $\mathbf{E}$ 是对 "理想的" 主要 (广义) 特征向量矩阵 $\mathbf{T}$ 的扰动矩阵。

谱聚类技术广泛被应用，由于它们的简单性以及与其他聚类方法 (如分层聚类、K 均值聚类等) 相比较的经验绩效优势。

近年来，谱聚类得到了新的推广和发展。在接下来的两个小节中，将分别介绍约束谱聚类和快速谱聚类。

6.13.2 约束谱聚类

[333]

K 均值聚类和分层聚类都是约束聚类, 但在这些算法设置中如何满足多个约束是一个棘手的问题。在聚类中编码许多约束的另一种方法是使用谱聚类。

为了有助于谱聚类从不希望的分割中恢复, 可以或多或少地引入各种形式的边信息[259]:

- 成对约束: 在某些情况下, 一对数据样本必须位于同一个聚类 (必须链接 Must-Link), 或者一对数据样本不能位于同一个聚类 (不能链接 Cannot-Link)。
- 部分标记: 有些样本上可以有标签, 但这些标签并不是完整的或详尽的。
- 交替弱距离度量: 在某些情况下, 可能有多个可用的距离度量。
- 知识迁移: 当图拉普拉斯域被视为目标域时, 它可以被视为从不同但相关的图传递知识。

考虑对边信息的编码时, 在 k 类聚类中, $N \times N$ 约束矩阵 $\mathbf{Q}$ 定义为[259]

$$Q_{ij} = Q_{ji} = \begin{cases} +1, & \text{节点 } \mathbf{x}_i, \mathbf{x}_j \text{ 属于相同聚类} \\ -1, & \text{节点 } \mathbf{x}_i, \mathbf{x}_j \text{ 属于不同聚类} \\ 0, & \text{无边信息可用} \end{cases} \tag{6.13.9}$$

定义聚类指示向量 $\mathbf{u} = [u_1, \cdots, u_N]^{\mathrm{T}}$ 为

$$u_i = \begin{cases} +1, & \mathbf{x}_i \text{ 属于聚类 } i \\ -1, & \mathbf{x}_i \text{ 不属于聚类} i \end{cases} \tag{6.13.10}$$

其中 $i = 1, \cdots, N$。于是

$$\mathbf{u}^{\mathrm{T}}\mathbf{Q}\mathbf{u} = \sum_{i=1}^{N}\sum_{j=1}^{N} u_i u_j Q_{ij} \tag{6.13.11}$$

变为实值测度, 测量 $\mathbf{Q}$ 中的约束在松弛的意义下被很好满足的程度。$\mathbf{u}^{\mathrm{T}}\mathbf{Q}\mathbf{u}$ 越大, 则聚类分配 $\mathbf{u}$ 越符合 $\mathbf{Q}$ 中的约束。

令常数$\alpha \in \mathbb{R}$ 是 $\mathbf{u}^{\mathrm{T}}\mathbf{Q}\mathbf{u}$ 的下界, 即 $\mathbf{u}^{\mathrm{T}}\mathbf{Q}\mathbf{u} \geqslant \alpha$。若用 $\mathbf{D}^{-1/2}\mathbf{v}$ 代替 $\mathbf{u}$, 其中 [334]
$\mathbf{D}$ 是一个相似度矩阵, 则这一不等式约束变为

$$\mathbf{v}^{\mathrm{T}}\bar{\mathbf{Q}}\mathbf{v} \geqslant \alpha \tag{6.13.12}$$

式中, $\bar{\mathbf{Q}} = \mathbf{D}^{-1/2}\mathbf{Q}\mathbf{D}^{-1/2}$ 是归一化约束矩阵。

这样一来, 约束谱聚类就可以写为一个约束优化问题[259]

$$\min_{\mathbf{v}\in\mathbb{R}^N} \mathbf{v}^{\mathrm{T}}\bar{\mathbf{L}}\mathbf{v} \quad \text{s.t. } \mathbf{v}^{\mathrm{T}}\bar{\mathbf{Q}}\mathbf{v} \geqslant \alpha, \mathbf{v}^{\mathrm{T}}\mathbf{v} = \mathrm{vol}, \mathbf{v} \neq \mathbf{D}^{1/2}\mathbf{1} \tag{6.13.13}$$

式中, $\bar{\mathbf{L}} = \mathbf{D}^{-1/2}\mathbf{L}\mathbf{D}^{-1/2}$, 且 $\mathrm{vol} = \sum_{i=1}^{N} D_{ii}$ 是图 $G(V, E)$ 的数据量。第二个约束 $\mathbf{v}^{\mathrm{T}}\mathbf{v} = \mathrm{vol}$ 将 $\mathbf{v}$ 归一化; 第三个约束 $\mathbf{v} \neq \mathbf{D}^{1/2}\mathbf{1}$ 将平凡解 $\mathbf{D}^{1/2}\mathbf{1}$ 排除在

外。由 Lagrange 乘子法, 可以得到对偶谱聚类问题

$$\min_{\mathbf{v}\in\mathbb{R}^N} \left\{\mathcal{L}_{\rm D} = \mathbf{v}^{\rm T}\bar{\mathbf{L}}\mathbf{v} + \lambda(\alpha - \mathbf{v}^{\rm T}\bar{\mathbf{Q}}\mathbf{v}) + \mu(\mathrm{vol} - \mathbf{v}^{\rm T}\mathbf{v})\right\} \tag{6.13.14}$$

由平稳点条件, 有

$$\frac{\partial \mathcal{L}_{\rm D}}{\partial \mathbf{v}} = \mathbf{0} \quad \Rightarrow \quad \bar{\mathbf{L}}\mathbf{v} - \lambda\bar{\mathbf{Q}}\mathbf{v} - \mu\mathbf{v} = \mathbf{0} \tag{6.13.15}$$

引入辅助变量 $\beta = -\frac{\mu}{\lambda}\mathrm{vol}$, 则平稳点条件为

$$\bar{\mathbf{L}}\mathbf{v} - \lambda\bar{\mathbf{Q}}\mathbf{v} + \frac{\lambda\beta}{\mathrm{vol}}\mathbf{v} = \mathbf{0} \quad 或 \quad \bar{\mathbf{L}}\mathbf{v} = \lambda\left(\bar{\mathbf{Q}} - \frac{\beta}{\mathrm{vol}}\mathbf{I}\right)\mathbf{v} \tag{6.13.16}$$

就是说, $\mathbf{v}$ 是矩阵束 $\left(\bar{\mathbf{L}}, \bar{\mathbf{Q}} - \frac{\lambda\beta}{\mathrm{vol}}\mathbf{I}\right)$ 与最大广义特征值 $\lambda_{\max}$ 对应的广义特征向量。

如果只有一个最大的广义特征值 $\lambda_{\max}$, 则对应的广义特征向量 $\mathbf{u}$ 是广义特征问题的唯一解。然而, 如果存在多个 (例如 p 个) 最大的广义特征值, 则 p 个对应的广义特征向量 $\mathbf{v}_1, \cdots, \mathbf{v}_p$ 都是广义特征问题的解。为了求唯一解, 令 $\mathbf{V}_1 = [\mathbf{v}_1, \cdots, \mathbf{v}_p] \in \mathbb{R}^{N\times p}$。使用 Household 变换矩阵 $\mathbf{H} \in \mathbb{R}^{p\times p}$, 使得

$$\mathbf{V}_1\mathbf{H} = \left[\begin{array}{c:ccc} \gamma & 0 & \cdots & 0 \\ \hdashline \mathbf{z} & & \times & \end{array}\right] \tag{6.13.17}$$

[335] 式中, $\gamma \neq 0$, 符号 $\times$ 表示可以取任意值。于是, 广义特征问题的唯一解由 $\mathbf{v} = \begin{bmatrix}\gamma \\ \mathbf{z}\end{bmatrix}$ 给出。然后, 更新解为 $\mathbf{v} \leftarrow \frac{\mathbf{v}}{\|\mathbf{v}\|}\sqrt{\mathrm{vol}}$。

算法 6.22 示出了二路聚类的约束谱聚类方法。

算法 6.22 二路聚类的约束谱聚类方法[259]

---

input: Affinity matrix $\mathbf{A}$, constraint matrix $\mathbf{Q}$, constant β

$\mathrm{vol} \leftarrow \sum_{i=1}^N \sum_{j=1}^N A_{ij}$, $\mathbf{D} \leftarrow \mathbf{Diag}\left(\sum_{j=1}^N A_{1j}, \cdots, \sum_{j=1}^N A_{Nj}\right)$

$\bar{\mathbf{L}} \leftarrow \mathbf{D}^{-1/2}\mathbf{L}\mathbf{D}^{-1/2}$, $\bar{\mathbf{Q}} \leftarrow \mathbf{D}^{-1/2}\mathbf{Q}\mathbf{D}^{-1/2}$

$\lambda_{\max} \leftarrow$ the largest eigenvalue of $\bar{\mathbf{Q}}$

if $\beta \geqslant \lambda_{\max}\cdot\mathrm{vol}$, **then**

  return $\mathbf{u} = \mathbf{0}$

  else

  Solve the generalized eigenproblem$\bar{\mathbf{L}}\mathbf{v} = \lambda\left(\bar{\mathbf{Q}} - \frac{\beta}{\mathrm{vol}}\mathbf{I}\right)\mathbf{v}$ for $(\lambda_i, \mathbf{v}_i)$

  if $\lambda_{\max} = \lambda_1$ is unique, **then**

    return $\mathbf{v} \leftarrow \frac{\mathbf{v}}{\|\mathbf{v}\|}\sqrt{\mathrm{vol}}$

    else

    $\mathbf{V}_1 \leftarrow [\mathbf{v}_1, \cdots, \mathbf{v}_p]$ for $\lambda_{\max} = \lambda_1 \approx \cdots \approx \lambda_p$

    Perform Household transform $\mathbf{V}_1\mathbf{H}$ in (6.13.17) to get $\mathbf{v} = \begin{bmatrix}\gamma \\ \mathbf{z}\end{bmatrix}$

return $\mathbf{v} \leftarrow \frac{\mathbf{v}}{\|\mathbf{v}\|}\sqrt{\text{vol}}$

$\mathbf{v}^* \leftarrow \arg\min_{\mathbf{v}} \mathbf{v}^{\mathrm{T}}\bar{\mathbf{L}}\mathbf{v}$, where $\mathbf{v}$ is among the feasible eigenvectors generated in the previous step

end if

end if

output: the optimal (relaxed) cluster indicator $\mathbf{u}^* \leftarrow \mathbf{D}^{-1/2}\mathbf{v}^*$

对于 K 路聚类, 给定所有可行特征向量, 根据 $\mathbf{v}^{\mathrm{T}}\bar{\mathbf{L}}\mathbf{v}$ 的最小值, 选择前 $K-1$ 个特征向量。与只使用一个最优可行特征向量 $\mathbf{u}^*$ 的算法 6.22 不同, K 路聚类需要保留与正特征值相关联的前 $(K-1)$ 个特征向量, 然后执行基于该嵌入的 K 均值聚类算法。令 $K-1$ 个特征向量组成矩阵 $\mathbf{V} \in \mathbb{R}^{N\times(K-1)}$ 的列, 则对 $\mathbf{V}$ 的行实行 K 均值聚类, 得到最后的聚类结果, 参见算法 6.23。

算法 6.23 K 路聚类的约束谱聚类方法[259] [336]

---

input: Affinity matrix $\mathbf{A}$, constraint matrix $\mathbf{Q}$, constant β, number of classes K

$\text{vol} \leftarrow \sum_{i=1}^{N}\sum_{j=1}^{N} A_{ij}$, $\mathbf{D} \leftarrow \mathbf{Diag}\left(\sum_{j=1}^{N} A_{1j}, \cdots, \sum_{j=1}^{N} A_{Nj}\right)$

$\bar{\mathbf{L}} \leftarrow \mathbf{D}^{-1/2}\mathbf{L}\mathbf{D}^{-1/2}$, $\bar{\mathbf{Q}} \leftarrow \mathbf{D}^{-1/2}\mathbf{Q}\mathbf{D}^{-1/2}$

$\lambda_{\max} \leftarrow$ the largest eigenvalue of $\bar{\mathbf{Q}}$

if $\beta \geqslant \lambda_{K-1}\text{vol}$, **then**

  return $\mathbf{u} = \mathbf{0}$

else

  Solve $\bar{\mathbf{L}}\mathbf{v}\left(\bar{\mathbf{L}} - \frac{\beta}{\text{vol}}\mathbf{I}\right)\mathbf{v}$ for $\mathbf{v}_1, \cdots, \mathbf{v}_{K-1}$

  $\mathbf{v} \leftarrow \frac{\mathbf{v}}{\|\mathbf{v}\|}\sqrt{\text{vol}}$

  $\mathbf{V}^* \leftarrow \arg\min_{\mathbf{V}\in\mathbb{R}^{N\times(K-1)}} \text{tr}(\mathbf{V}^{\mathrm{T}}\bar{\mathbf{L}}\mathbf{V})$,where the columns of $\mathbf{V}$ are a subset of the feasible eigenvectors generated in the previous step

  return $\mathbf{u}^* \leftarrow \text{kmeans}(\mathbf{D}^{-1/2}\mathbf{V}^*, K)$

end if

6.13.3 快速谱聚类

对于大型数据集, 谱聚类面临的一个严峻挑战是计算成对数据点之间的仿射矩阵。

将谱聚类算法与 Nyström 近似结合为图拉普拉斯算子, 即可得到 Choromanska 等人于 2013 年研发的快速谱聚类[52]。任何对称半正定矩阵 $\mathbf{L} \in \mathbb{R}^{N\times N}$ 的 Nyström 的 r 秩逼近如下。

① 对 $\mathbf{L}$ 执行均匀采样 (不带替代方案), 以采样的 l 列生成矩阵 $\mathbf{C} \in \mathbb{R}^{N\times l}$, 并令 $\mathcal{L}$ 作为 l 个采样列的标签集。

② 借助 $\mathcal{L}$ 中的标签从矩阵 $\mathbf{C}$ 中采样 l 行, 生成矩阵 $\mathbf{W} \in \mathbb{R}^{l\times l}$。

③ 计算 $\mathbf{W} = \mathbf{U}\mathbf{\Sigma}\mathbf{U}^{\mathrm{T}}$ 的特征值分解, 其中 $\mathbf{U}$ 为标准正交矩阵, $\mathbf{\Sigma} = \mathbf{Diag}(\sigma_1, \cdots, \sigma_l)$ 是一个 $l \times l$ 实对角矩阵, 其对角元素按照递减顺序排列。

④ 计算对 $\mathbf{W}$ 的最优秩 r 近似, 记作 $\mathbf{W}_r = \sum_{p=1}^{r} \sigma_p \mathbf{u}_p \mathbf{u}^p$, 其 Moore-Penrose 逆矩阵 $\mathbf{W}_r^{\dagger} = \sum_{p=1}^{r} \sigma_p^{-1} \mathbf{u}_p \mathbf{u}^p$, 其中 $\mathbf{u}_p$ 和 $\mathbf{u}^p$ 分别是 $\mathbf{U}$ 的第 p 列和第 p 行。

⑤ $\mathbf{L}$ 的 Nyström r 秩近似 $\mathbf{L}_r$ 可以求得为 $\mathbf{L}_r = \mathbf{C}\mathbf{W}_r^{\dagger}\mathbf{C}$。

⑥ 计算特征值分解 $\mathbf{W}_r = \mathbf{U}_{W_r}\mathbf{\Sigma}_{W_r}\mathbf{U}_{W_r}$。

⑦ Nyström r 秩近似 $\mathbf{L}_r$ 的特征值分解由 $\mathbf{L}_r = \mathbf{U}_{L_r}\mathbf{\Sigma}_{L_r}\mathbf{U}_{L_r}^{\mathrm{T}}$ 给出, 其中 $\mathbf{\Sigma}_{L_r} = \frac{N}{l}\mathbf{\Sigma}_{W_r}$ 和 $\mathbf{U}_{L_r} = N^{-1/2}\,\mathbf{C}\mathbf{U}_{W_r}\mathbf{\Sigma}_{W_r}^{-1}$。

算法 6.24 是矩阵逼近的 Nyström 方法。

算法 6.24 矩阵逼近的 Nyström 方法[52]

---

1. **input:** $N \times N$ symmetric matrix $\mathbf{L}$, number l of columns sampled, rank r of matrix approximation ($r \leqslant l \ll N$)
2. $\mathcal{L} \leftarrow$ indices of l columns sampled
3. $\mathbf{C} \leftarrow \mathbf{L}(:, \mathcal{L})$
4. $\mathbf{W} \leftarrow \mathbf{C}(\mathcal{L}, :)$
5. $\mathbf{W} = \mathbf{U}\mathbf{\Sigma}\mathbf{U}^{\mathrm{T}}$ and $\mathbf{W}_r = \sum_{p=1}^{r} \sigma_p \mathbf{u}_p \mathbf{u}^p$, where $\mathbf{u}_p$ and $\mathbf{u}^p$ are the pth column and row of $\mathbf{U}$
6. $\mathbf{W}_r = \mathbf{U}_{W_r}\mathbf{\Sigma}_{W_r}\mathbf{U}_{W_r}$.
7. $\mathbf{\Sigma}_{L_r} = \frac{N}{l}\mathbf{\Sigma}_{W_r}$ and $\mathbf{U}_{L_r} = \sqrt{\frac{l}{N}}\mathbf{C}\mathbf{U}_{W_r}\mathbf{\Sigma}_{W_r}^{-1}$
8. **output:** Nyström approximation of $\mathbf{L}$ is given by $\mathbf{L}_r = \mathbf{U}_{L_r}\mathbf{\Sigma}_{L_r}\mathbf{U}_{L_r}^{\mathrm{T}}$

---

[337] 一旦 $\mathbf{L}$ 的Nyström 近似求出, 即可得到 Choromanska 等人的快速谱聚类算法[52], 见算法 6.25。

算法 6.25 快速聚类算法[52]

---

1. **input:** $N \times d$ dataset $S = \{\mathbf{x}_1, \cdots, \mathbf{x}_N\} \in \mathbb{R}^d$, number k of clusters, number l of columns sampled, rank r of approximation ($k \leqslant r \leqslant l \ll N$)
2. **initialization:** $\mathbf{A} \in \mathbb{R}^{N \times N}$ with $a_{ij} = [\mathbf{A}]_{ij} = \delta_{ij} K(\mathbf{x}_i, \mathbf{x}_j)$ if $i \neq j$ and 0 otherwise
3. $\mathcal{L} \leftarrow$ indices of l columns sampled (uniformly without replacement)
4. $\hat{\mathbf{A}} = [\hat{a}_{ij}]_{i,j=1}^{N,l} \leftarrow \mathbf{A}(:, \mathcal{L})$
5. $\mathbf{D} \in \mathbb{R}^{N \times N}$ with $d_{ij} = \delta_{ij} 1/\sqrt{\sum_{j=1}^{l} \hat{a}_{ij}}$
6. $\mathbf{\Delta} \in \mathbb{R}^{l \times l}$ with $\Delta_{ij} = \delta_{ij} 1/\sqrt{\sum_{i=1}^{N} \hat{a}_{ij}}$

7. $\mathbf{C} \leftarrow \hat{\mathbf{I}} - \sqrt{\frac{l}{N}} \mathbf{D} \hat{\mathbf{A}} \boldsymbol{\Delta}$, where $\hat{\mathbf{I}}$ is an $N \times l$ matrix consisting of columns of the identity matrix $\mathbf{I}_{N \times N}$ indexed by $\mathcal{L}$
8. $\mathbf{W} \leftarrow \mathbf{C}(\mathcal{L}, :)$
9. $\mathbf{W} = \mathbf{U}\boldsymbol{\Sigma}\mathbf{U}^{\mathrm{T}}$ and $\mathbf{W}_r = \sum_{p=1}^{r} \sigma_p \mathbf{u}_p \mathbf{u}^p$, where $\mathbf{u}_p$ and $\mathbf{u}^p$ are the pth column and row of $\mathbf{U}$
10. $\mathbf{W}_r = \mathbf{U}_{W_r} \boldsymbol{\Sigma}_{W_r} \mathbf{U}_{W_r}$
11. $\boldsymbol{\Sigma}_{L_r} = \frac{N}{l} \boldsymbol{\Sigma}_{W_r}$ and $\mathbf{U}_{L_r} = \sqrt{\frac{l}{N}} \mathbf{C} \mathbf{U}_{W_r} \boldsymbol{\Sigma}_{W_r}^{-1}$
12. $\mathbf{Z} = [z_{im}] \in \mathbb{R}^{N \times k} \leftarrow k$ eigenvectors of $\mathbf{U}_{L_r}$ with k smallest eigenvalues
13. $[\mathbf{Y}]_{im} = y_{im} = z_{im} / (\sum_m z_{im}^2)^{1/2}$ for $i = 1, \cdots, N;\ j = 1, \cdots, k$
14. Use any k-clustering algorithm (e.g., K-means) to N rows of $\mathbf{Y} \in \mathbb{R}^{N \times k}$ to get k clusters $S_i = \{\mathbf{y}_{i_1}^r, \cdots, \mathbf{y}_{i_{m_i}}^r\}$, $i = 1, \cdots, k$ with $m_1 + \cdots + m_k = N$, where $\mathbf{y}_p^r$ is the pth row of $\mathbf{Y}$
15. **output:** k spectral clustering results of S are given by $S_i = \{\mathbf{x}_{i_1}, \cdots, \mathbf{x}_{i_{m_i}}\}$, $i = 1, \cdots, k$

6.14 半监督学习算法

半监督学习 (SSL) 的意义主要体现在以下 3 个方面[20]。

- 从工程的角度看, 由于标记数据的采集困难, 一种能够更好地利用未标记数据提高识别性能的模式识别方法具有潜在的重大现实意义。
- 可以说, 大多数自然 (人类或动物) 的学习都是在半监督状态下进行的。在许多情况下, 少量的反馈就足以让孩子掌握任何语言的声到语音映射。
- 在大多数模式识别任务中, 人类只能访问少量的标记样本。人类学习无监督概念 (例如, 学习聚类和对象类别) 的能力表明, 人类在这种“小样本”模式下的成功学习, 似乎是由于有效利用了大量未标记的数据来提取有助于泛化的信息。

半监督学习问题近来在机器学习界引起了很大的关注, 主要是由于当未标记数据与少量标记数据一起使用时, 学习精度有了很大的提高。 [338]

6.14.1 半监督归纳/直推学习

通常, 半监督学习使用少量标记数据和大量未标记数据。因此, 顾名思义, 半监督学习介于无监督学习 (没有任何标记的训练数据) 和监督学习 (有完全标记的训练数据) 之间。

在监督分类中, 人们总是对使用完全标签的训练数据将未来的测试数据进行分类感兴趣。然而, 在半监督分类中, 训练样本包含有标签和无标签的数据。

给定训练集 $D_{\text{train}} = (X_{\text{train}}, Y_{\text{train}})$, 它由标签集 $(X_{\text{labeled}}, Y_{\text{labeled}}) = \{(\mathbf{x}_1, y_1), \cdots, (\mathbf{x}_l, y_l)\}$ 和无交连的未标记集 $X_{\text{unlabeled}} = \{\mathbf{x}_{l+1}, \cdots, \mathbf{x}_{l+u}\}$ 组成。根据训练集和目标的不同, 有两种稍微不同的半监督学习: 半监督归纳学习和半监

督直推学习。

定义 6.24 (归纳学习) 如果训练集为 $\mathcal{D}_{\text{train}} = (X_{\text{train}}, Y_{\text{train}}) = (X_{\text{1abeled}}, Y_{\text{labeled}}) = \{(\mathbf{x}_1, y_1), \cdots, (\mathbf{x}_l, y_l)\}$, 并且在训练集中未出现的测试集为 $\mathcal{D}_{\text{test}} = X_{\text{test}}$ (未标记), 则将此设置称为归纳学习。

定义 6.25 (半监督归纳学习) [110, 234] 令训练集由大量的未标记数据 $X_{\text{unlabeled}} = \{\mathbf{x}_{l+1}, \cdots, \mathbf{x}_{l+u}\}$ 和少量辅助标记样本 $X_{\text{auxiliary}} = (X_{\text{labeled}}, Y_{\text{labeled}}) = \{(\mathbf{x}_1, y_1), \cdots, (\mathbf{x}_l, y_l)\}$ (其中 $l \ll u$) 组成。半监督归纳学习建立函数 f 使得 f 期望是 $\{\mathbf{x}_j\}_{j=l+1}^{l+u}$ 以外的将来数据集 X_{test} 的一个好的预测器。

如果我们不关心 X_{test}, 只想知道机器学习对 $X_{\text{unlabeled}}$ 的影响, 这个设置就称为半监督直推学习, 因为在训练中可以看到未标记集 $X_{\text{unlabeled}}$。

定义 6.26 (半监督直推学习) 令训练集由大量的未标记数据 $X_{\text{unlabeled}} = \{\mathbf{x}_{l+1}, \cdots, \mathbf{x}_{l+u}\}$ 和少量辅助标记样本 $(X_{\text{labeled}}, Y_{\text{labeled}}) = \{(\mathbf{x}_1, y_1), \cdots, (\mathbf{x}_l, y_l)\}$ (其中 $l \ll u$) 组成。半监督直推学习使用所有标记数据 $(X_{\text{labeled}}, Y_{\text{labeled}})$ 和未标记数据 $X_{\text{unlabeled}}$, 在不建立函数 f 的情况下产生 $X_{\text{unlabeled}}$, 或者 $X_{\text{unlabeled}}$ 的某个感兴趣的子集的预测或分类标签。

[339] 简单地说,归纳学习、半监督学习、半监督归纳学习和半监督直推学习有以下区别。

- 训练集的不同: 归纳学习只包括所有标记的数据 $(X_{\text{labled}}, Y_{\text{labled}})$, 而半监督学习、半监督归纳学习和半监督直推学习使用相同的训练集, 包括标记的数据 $(X_{\text{labeled}}, Y_{\text{labeled}}) = \{(\mathbf{x}_1, y_1), \cdots, (\mathbf{x}_l, y_l)\}$ 和未标记的数据 $X_{\text{unlabeled}} = \{\mathbf{x}_{l+1}, \cdots, x_{l+u}\}$。
- 测试数据的不同: 未标记数据 X_{unlabled} 不是归纳学习、半监督学习和半监督归纳学习中的测试数据, 即我们想要预测的样本在训练中是没有看到 (或使用) 的, 而未标记数据 X_{unlabled} 是直推学习中的测试数据, 即我们希望预测的样本已经在训练中看到 (或使用) 过: $X_{\text{test}} = X_{\text{unlabeled}}$。
- 预测函数的不同: 在归纳学习、半监督学习和半监督归纳学习中, 都需要建立作用在看不见的 (或未使用过的) 数据 (即训练数据之外) 上的预测函数 $f: D_{\text{train}} \to D_{\text{test}}$。但这个预测函数在半监督直推学习中无须建立。半监督直推学习只需要给出一些子集的预测, 而不是训练中看到的所有未标记数据。

半监督直推学习简称为直推学习。在半监督学习、半监督归纳学习和半监督直推学习中, 少量的标记数据集 $\{(\mathbf{x}_1, y_1), \cdots, (\mathbf{x}_l, y_l)\}$ 常被视为一个辅助集, 记为 $D_{\text{auxiliary}} = (X_{\text{labeled}}, Y_{\text{labeled}})$。注意, 少量的辅助标记数据 $X_{\text{auxiliary}}$ 通常有助于显著提高分类器或预测器的性能。

事实上, 大多数半监督学习策略都是基于无监督或监督学习的推广: 包含其他学习范式的典型附加信息。具体来说, 半监督学习包括以下不同的设置[305]:

- 半监督分类: 它是监督分类的一个扩展, 其目标是从有标签和无标签的数据中训练一个分类器 f, 使得它比仅在少量有标签数据上训练的监督分类器更好。

- 约束聚类: 这是对无监督聚类的扩展。有些“监督信息”可以是所谓的必须链接约束 (两个样本 $\mathbf{x}_i, \mathbf{x}_j$ 必须在同一个聚类中) 和不能链接约束 ($\mathbf{x}_i, \mathbf{x}_j$ 不能在同一个聚类中)。还可以限制聚类的大小。约束聚类的目标是获得比仅从未标记数据获得的聚类更好的聚类。

通常为学习问题获取标记数据是昂贵的, 因为它需要熟练的代理人员或实体实验。因此, 与标记过程相关联的成本可能使得完全标记的训练集不可行, 而 [340] 获取未标记的数据相对便宜。在这种情况下, 半监督学习尤其有用。

例如, 在过程型工业中, 标记检测到的故障数据样本类型是一项困难的任务。这可能需要过程工程师的过程知识和经验, 而且成本高昂, 可能需要大量时间。其结果是, 只有少数故障样本被标记到相应的类型, 而大多数故障样本都没有标签。因为这些未标记的样本仍然包含有关过程的重要信息, 它们可以大大提高故障分类系统的效率。在这种情况下, 与只依赖于一小部分标记数据样本的模型相比, 同时包含标记样本和未标记样本的半监督学习将提供一个改进的故障分类模型[104]。

为了在较少的标记数据和大量未标记数据的情况下获得更高的机器学习精度, 机器学习界已经提出了几种半监督学习方法。接下来, 我们主要介绍两种常用的半监督学习算法: 自训练和协同训练。

6.14.2 自训练

自训练是一种常用的半监督学习方法, 利用自己的预测进行自学的学习过程。出于这个原因, 它也被称为自学习或引导。

在自训练中, 首先用少量的标记数据找到一个分类器。然后, 利用分类器对未标记的数据进行分类。通常, 最确信的未标记点及其预测的标签会被添加到训练集中。重新训练分类器并重复该过程, 直到对所有未标记的数据进行分类。关于自训练的实现, 参见算法 6.26。

算法 6.26 自训练算法[306]

1. **input:** labeled data $\{(\mathbf{x}_i, y_i)\}_{i=1}^{l}$, unlabeled data $\{\mathbf{x}_j\}_{j=l+1}^{l+u}$
2. **initialization:** $L = \{(\mathbf{x}_i, y_i)\}_{i=1}^{l}$ and $U = \{\mathbf{x}_j\}_{j=l+1}^{l+u}$. Let $k = l + 1$
3. **repeat**
4. Train f from L using supervised learning
5. Apply f to the unlabeled instance $\mathbf{x}_k$ in U
6. Remove a subset S of learning success from U; and add $\{(\mathbf{x}_k, f(\mathbf{x}_k)) | \mathbf{x}_k \in S\}$ to L
7. **exit** if $k = l + u$
8. $k \leftarrow k + 1$
9. **return**
10. **output:** f

关于自训练有以下评论和考虑[306]。

[341] 注释 1: 对于自训练, 它自己的预测假设至少是高置信、往往是正确的预测。当分类来自很好分离的聚类器时, 可能会出现这种情况。

注释 2: 自训练实现简单, 是一种包装方法。这意味着步骤 4 中 f 的学习器的选择完全开放: 学习器可以是简单的 kNN 算法, 或者非常复杂的分类器。自训练程序“包装”在学习器周围而不改变其内部工作。这对很多实际应用而言很重要, 像自然语言处理这样的应用程序, 学习器可以是不能改变的复杂的黑盒。

对于比较大的标记数据集 L, 可以使用自训练。如果 L 很小, 则 f 会犯早期错误, 使用这个标签错误的数据重新训练将导致下一次迭代中更糟糕的 f。在这种情况下, 这个标签错误的数据可以使用其一个最近邻来代替, 从而缓解这一问题, 增强自训练算法本身。这就是半监督聚类的启发式方法, 参见算法 6.27。

算法 6.27 传播 1-最近邻聚类算法 [306]

---

input: labeled data $\{(\mathbf{x}_i, y_i)\}_{i=1}^{l}$, unlabeled data $\{\mathbf{x}_j\}_{j=l+1}^{l+u}$, distance function $d(\cdot,\cdot)$

initialization: $L = \{(\mathbf{x}_i, y_i)\}_{i=1}^{l}$ and $U = \{\mathbf{x}_j\}_{j=l+1}^{l+u} = \{\mathbf{z}_j\}_{j=l+1}^{l+u}$

repeat

  Select $\mathbf{z} = \arg\min_{\mathbf{z}\in U, \mathbf{x}\in L} d(\mathbf{z}, \mathbf{x})$

  Let k be the label of $\mathbf{x} \in L$ nearest to $\mathbf{z}$, and add the new labeled data $(\mathbf{z}, y_k)$ to L

  Remove $\mathbf{z}$ from U

  exit if U is empty

return

output: semi-supervised learning dataset $L = \{(\mathbf{x}_i, y_i)\}_{i=1}^{l+u}$

6.14.3 协同训练

传统的机器学习算法包括自训练和传播 1-最近邻聚类, 都是基于样本具有一个属性或一种信息的假设。然而, 在许多实际应用中, 有二视图数据和共现数据。这些数据可以用两种不同的属性或两种不同的“种类”信息来描述。例如, 一个网页包含两种不同的信息[30]:

- 有关网页的一种信息是出现在文档本身的文本。
- 另一种信息是附加到指向此页的超链接的锚文本, 来自 Web 上的其他页。

[342] 因此,分析二视图和共现数据是机器学习、模式识别和信号处理的一个重要挑战。典型的二视图和共现数据有文本、音频、音乐、图像和视频 (例如参见文献 [30, 80, 144, 193]) 以及传感器数据挖掘[62]。

更一般地, 当数据集有其特征的自然划分时, 可以应用协同训练设置[30]。协同训练设置通常假定:

- 特征可以划分为两个集合;

- 每个特征子集合足以训练一个好的分类器;
- 两个特征子集合在给定类别的情况下是条件独立的。

对这些领域进行学习的传统机器学习算法忽略了这个划分, 并将所有特征不加区别地混在一起。

定义 6.27 (协同训练算法) [30, 193] 协同训练算法是一种利用协同训练集的多视图弱监督算法, 可以在每个特征集上学习独立的分类器, 并结合它们的预测来减少分类错误。

给定标记二视图数据的一个小集合 $\mathcal{L} = \{(\mathbf{x}_i, \mathbf{y}_i), z_i\}_{i=1}^{l}$ 和未标记二视图数据的一个大集合 $\mathcal{U} = \{(\mathbf{x}_j, \mathbf{y}_j)\}_{j=l+1}^{l+u}$, 其中 $(\mathbf{x}_i, \mathbf{y}_i)$ 称为数据包, 并且 z_i 是与标记二视图数据包 $(\mathbf{x}_i, \mathbf{y}_i)$, $i = 1, \cdots, l$ 关联的类别标签。

两个分类器 $\mathbf{h}^{(1)}$ 和 $\mathbf{h}^{(2)}$ 以协同训练方式工作: $\mathbf{h}^{(1)}$ 是视图-1 分类器, 它只依赖于第一视图 $\mathbf{x}^{(1)}$ (例如 $\mathbf{x}_i$), 而忽略第二视图 $\mathbf{x}^{(2)}$ (例如 $\mathbf{y}_i$), 而 $\mathbf{h}^{(2)}$ 是视图-2 分类器, 它依赖第二视图 $\mathbf{x}^{(2)}$, 并忽略第一视图 $\mathbf{x}^{(1)}$。

协同训练的工作过程如下[189, 304]: 两个分离的分类器一开始分别用两个子特征集上标记的数据进行训练。然后, 每个分类器使用数据的一个视图, 从池中选择最有置信的预测, 并添加相应的样本将其预测的标签保存到标记数据中, 同时在标记数据中保持类分布。一个分类器 "教" 另一个分类器一些未标记的样本, 并提供他们最有信心的未标记数据预测作为另一个分类器的训练数据。每个分类器然后使用另一个分类器给出的附加训练样本重新训练, 并重复该过程。在协同训练过程中, 未标记的数据最终被耗尽。

协同训练是一种包装方法。即是说, 对于这两个分类器 $\mathbf{h}^{(1)}$ 和 $\mathbf{h}^{(2)}$, 学习算法是什么并不重要。唯一的要求是这两个分类器可以给他们的预测分配一个置信分数。置信度得分用于选择未标记的样本转换为其他视图的附加训练数据。协同训练作为一种包装方法, 广泛应用于许多任务。

二视图数据和共现数据的半监督学习最流行的算法是由 Blum 与 Mitchell[30] 研发的标准协同训练, 见算法 6.28。

算法 6.28 协同训练算法[30] [343]

1. **input:** labeled data set $L = \{\mathbf{x}_i, y_i\}_{i=1}^{l}$, unlabeled data set $U = \{\mathbf{x}_j\}_{j=l+1}^{l+u}$. Each instance has two views $\mathbf{x}_i = [\mathbf{x}_i^{(1)}, \mathbf{x}_i^{(2)}]$
2. **initialization:** create a pool U' of examples by choosing u examples at random from U
3. **repeat** until unlabeled data is used up
4. Train a view-1 classifier $\mathbf{h}^{(1)}$ from $\{\mathbf{x}_i^{(1)}, y_i\}$ in L
5. Train a view-2 classifier $\mathbf{h}^{(2)}$ from $\{\mathbf{x}_i^{(2)}, y_i\}$ in L
6. Allow $\mathbf{h}^{(1)}$ to label p positive and n negative examples from U'
7. Allow $\mathbf{h}^{(2)}$ to label p positive and n negative examples from U'
8. Add these self-labeled examples to L, and remove these from the unlabeled data U

Randomly choose $2p+2n$ examples from U to replenish U'
return
output: $\{\mathbf{x}_i, y_i\}_{i=1}^{l+u}$

下面是协同训练的两种变形[304]。

- 平等协同学习 [299]: 设 $\mathcal{L}$ 为标记数据集, $\mathcal{U}$ 为未标记数据集, 并且 $A_1, \cdots, A_n$ (对于 $n \geqslant 3$) 是提供的监督学习算法。平等的协同学习首先在原始标记数据集 $\mathcal{L}$ 上训练所有学习者。对于未标记数据集 $\mathcal{U}$ 中的每个样本 $\mathbf{x}_u$, 每个学习者都预测一个标签。如果大多数学习者自信地同意未标记点 $\mathbf{x}_u$ 的类, 则该分类用作 $\mathbf{x}_u$ 的标签。然后将 $\mathbf{x}_u$ 及其标签添加到训练数据中。所有学习者都会在更新的训练集上接受再训练。最后的预测由 n 个学习者中加权多数票的变量做出。
- 三训练法[300]: 如果 3 个训练学习者中的两个对一个未标记点的分类一致, 则此分类用于教第三个学习者。因此, 这种方法避免了任何学习者明确度量标签置信度的需要。三训练法可以应用于没有不同视图或不同类型分类器的数据集。

6.15 典型相关分析

如第 6.14 节所述, 对于由两个不同方面或视图的两组变量描述的过程, 分析这两个视图之间的关系有助于提高对系统的理解。两视图数据分析的另一种方法是典型相关分析。

典型相关分析 (CCA)[7, 122] 是一种标准二视图多元统计方法, 将两个随机向量之间的线性关系关联起来, 使它们最大相关, 因此是分析多维配对样本数据的有力工具。配对样本用随机方式选择, 因而是随机样本。

[344]

6.15.1 典型相关分析算法

在典型相关分析的情况下, 观测的变量可以分成两组, 这两组可以看成是数据的两个视图。令二视图矩阵 $\mathbf{X} = [\mathbf{x}_1, \cdots, \mathbf{x}_N] \in \mathbb{R}^{N\times p}$ 和 $\mathbf{Y} = [\mathbf{y}_1, \cdots, \mathbf{y}_N] \in \mathbb{R}^{N\times q}$ 分别有协方差矩阵 $(\mathbf{C}_{xx}, \mathbf{C}_{yy})$ 和互协方差矩阵 $(\mathbf{C}_{xy}, \mathbf{C}_{yx})$。行向量 $\mathbf{x}_n \in \mathbb{R}^{1\times p}$ 和 $\mathbf{y}_n \in \mathbb{R}^{1\times q} (n = 1, \cdots, N)$ 分别表示 $\mathbf{X}$ 和 $\mathbf{Y}$ 中的经验多元观测的集合。

典型相关分析的目的是抽取 $\mathbf{X}$ 和 $\mathbf{Y}$ 的变量之间的线性关系。为此, 考虑下面的变换

$$\mathbf{X}\mathbf{w}_x = \mathbf{z}_x, \quad \mathbf{Y}\mathbf{w}_y = \mathbf{z}_y \tag{6.15.1}$$

式中, $\mathbf{w}_x \in \mathbb{R}^p$ 和 $\mathbf{w}_y \in \mathbb{R}^q$ 分别是与数据矩阵 $\mathbf{X}$ 和 $\mathbf{Y}$ 相关联的投影向量, 而 $\mathbf{z}_x \in \mathbb{R}^N$ 和 $\mathbf{z}_y \in \mathbb{R}^N$ 分别是位置 $\mathbf{w}_x$ 和 $\mathbf{w}_y$ 的像点。位置 $\mathbf{w}_x$ 和 $\mathbf{w}_y$ 通常称为典型权向量, 像点 $\mathbf{z}_x$ 和 $\mathbf{z}_y$ 称为典型变量或得分变量[253, 265]。因此, 数据矩阵 $\mathbf{X}$ 和 $\mathbf{Y}$ 分别表示位置 $\mathbf{w}_x$ 和 $\mathbf{w}_y$ 到空间 $\mathbb{R}^N$ 内的像点 $\mathbf{z}_x$ 和 $\mathbf{z}_y$ 上的线性变换。

定义像点 $\mathbf{z}_x$ 和 $\mathbf{z}_y$ 之间夹角的余弦为

$$\cos(\mathbf{z}_x, \mathbf{z}_y) = \frac{\langle \mathbf{z}_x, \mathbf{z}_y \rangle}{\|\mathbf{z}_x\| \|\mathbf{z}_y\|} \tag{6.15.2}$$

它被称为典型相关。

典型相关分析关于映射的约束如下:

- 像点 $\mathbf{z}_x$ 和 $\mathbf{z}_y$ 的位置向量为单位范数向量;
- 像点 $\mathbf{z}_x$ 和 $\mathbf{z}_y$ 的夹角 $\theta \in [0, \frac{\pi}{2}]$[108] 需最小化。

典型相关分析的原则是分别求两个数据空间内的两个位置, 它们在单位球上有像点, 使得像点之间的夹角最小化, 从而使得典型相关最大化

$$\cos\theta = \max_{\mathbf{z}_x, \mathbf{z}_y \in \mathbb{R}^N} \langle \mathbf{z}_x, \mathbf{z}_y \rangle \tag{6.15.3}$$

服从约束 $\|\mathbf{z}_x\|_2 = 1$ 和 $\|\mathbf{z}_y\|_2 = 1$。

为了求解上述优化问题, 定义样本互协方差矩阵

$$\mathbf{C}_{xy} = \mathbf{X}^{\mathrm{T}}\mathbf{Y}, \quad \mathbf{C}_{yx} = \mathbf{Y}^{\mathrm{T}}\mathbf{X} = \mathbf{C}_{xy}^{\mathrm{T}} \tag{6.15.4}$$

和经验方差矩阵

$$\mathbf{C}_{xx} = \mathbf{X}^{\mathrm{T}}\mathbf{X}, \quad \mathbf{C}_{yy} = \mathbf{Y}^{\mathrm{T}}\mathbf{Y} \tag{6.15.5}$$

因此,约束条件 $\|\mathbf{z}_x\|_2 = 1$ 和 $\|\mathbf{z}_y\|_2 = 1$ 可以改写为 [345]

$$\|\mathbf{z}_x\|_2^2 = \mathbf{z}_x^{\mathrm{T}}\mathbf{z}_x = \mathbf{w}_x^{\mathrm{T}}\mathbf{C}_{xx}\mathbf{w}_x = 1 \tag{6.15.6}$$

$$\|\mathbf{z}_y\|_2^2 = \mathbf{z}_y^{\mathrm{T}}\mathbf{z}_y = \mathbf{w}_y^{\mathrm{T}}\mathbf{C}_{yy}\mathbf{w}_y = 1 \tag{6.15.7}$$

在这种情况下, 像点 $\mathbf{z}_x$ 和 $\mathbf{z}_y$ 之间的协方差矩阵也可以表示为

$$\mathbf{z}_x^{\mathrm{T}}\mathbf{z}_y = \mathbf{w}_x^{\mathrm{T}}\mathbf{X}^{\mathrm{T}}\mathbf{Y}\mathbf{w}_y = \mathrm{w}_x^{\mathrm{T}}\mathbf{C}_{xy}\mathbf{w}_y \tag{6.15.8}$$

于是, 优化问题式 (6.15.3) 变为

$$\cos\theta = \max_{\mathbf{z}_x, \mathbf{z}_y \in \mathbb{R}^N} \langle \mathbf{z}_x, \mathbf{z}_y \rangle = \max_{\mathrm{w}_x \in \mathbb{R}^p, \mathbf{w}_y \in \mathbb{R}^q} \mathbf{w}_x^{\mathrm{T}}\mathbf{C}_{xy}\mathbf{w}_y \tag{6.15.9}$$

服从约束 $\|\mathbf{z}_x\|_2^2 = \mathbf{w}_x^{\mathrm{T}}\mathbf{C}_{xx}\mathbf{w}_x = 1$ 和 $\|\mathbf{z}_y\|_2^2 = \mathbf{w}_y^{\mathrm{T}}\mathbf{C}_{yy}\mathbf{w}_y = 1$。

为了求解这一约束优化问题, 定义拉格朗日目标函数

$$\mathcal{L}(\mathbf{w}_x, \mathbf{w}_y) = \mathrm{w}_x^{\mathrm{T}}\mathbf{C}_{xy}\mathbf{w}_y - \lambda_1\left(\mathbf{w}_x^{\mathrm{T}}\mathbf{C}_{xx}\mathbf{w}_x - 1\right) - \lambda_2\left(\mathbf{w}_y^{\mathrm{T}}\mathbf{C}_{yy}\mathbf{w}_y - 1\right) \tag{6.15.10}$$

式中, λ_1 和 λ_2 是两个拉格朗日乘子。于是有

$$\frac{\partial \mathcal{L}}{\partial \mathbf{w}_x} = \mathbf{C}_{xy}\mathrm{w}_y - \lambda_1\mathbf{C}_{xx}\mathbf{w}_x = \mathbf{0} \Rightarrow \mathbf{w}_x^{\mathrm{T}}\mathbf{C}_{xy}\mathrm{w}_y - \lambda_1\mathbf{w}_x^{\mathrm{T}}\mathbf{C}_{xx}\mathbf{w}_x = 0 \tag{6.15.11}$$

$$\frac{\partial \mathcal{L}}{\partial \mathbf{w}_y} = \mathbf{C}_{yx}\mathrm{w}_x - \lambda_2\mathbf{C}_{yy}\mathbf{w}_y = \mathbf{0} \Rightarrow \mathbf{w}_y^{\mathrm{T}}\mathbf{C}_{yx}\mathrm{w}_x - \lambda_2\mathbf{w}_y^{\mathrm{T}}\mathbf{C}_{yy}\mathbf{w}_y = 0 \tag{6.15.12}$$

由于 $\mathbf{w}_x^{\mathrm{T}}\mathbf{C}_{xx}\mathbf{w}_x = 1, \mathbf{w}_y^{\mathrm{T}}\mathbf{C}_{yy}\mathbf{w}_y = 1$ 和 $\cos(\mathbf{z}_x, \mathbf{z}_y) = \mathbf{w}_x^{\mathrm{T}}\mathbf{C}_{xy}\mathrm{w}_y = \cos(\mathbf{z}_y, \mathbf{z}_x) =$

$\mathbf{w}_y^{\mathrm{T}}\mathbf{C}_{yx}\mathbf{w}_x$, 故得

$$\lambda_1 = \lambda_2 = \lambda \tag{6.15.13}$$

将式 (6.15.13) 分别代入式 (6.15.11) 和式 (6.15.12), 则有

$$\mathbf{C}_{xy}\mathbf{w}_y = \lambda\mathbf{C}_{xx}\mathbf{w}_x \tag{6.15.14}$$

$$\mathbf{C}_{yx}\mathbf{w}_x = \lambda\mathbf{C}_{yy}\mathbf{w}_y \tag{6.15.15}$$

[346] 它们可以综合成广义特征值分解问题[13, 115]:

$$\begin{bmatrix} \mathbf{O} & \mathbf{C}_{xy} \\ \mathbf{C}_{yx} & \mathbf{O} \end{bmatrix} \begin{bmatrix} \mathbf{w}_x \\ \mathbf{w}_y \end{bmatrix} = \lambda \begin{bmatrix} \mathbf{C}_{xx} & \mathbf{O} \\ \mathbf{O} & \mathbf{C}_{yy} \end{bmatrix} \begin{bmatrix} \mathbf{w}_x \\ \mathbf{w}_y \end{bmatrix} \tag{6.15.16}$$

式中, $\mathbf{O}$ 表示零矩阵。

式 (6.15.16) 表明, λ 和 $\begin{bmatrix} \mathbf{w}_x \\ \mathbf{w}_y \end{bmatrix}$ 分别是矩阵束

$$\left(\begin{bmatrix} \mathbf{O} & \mathbf{C}_{xy} \\ \mathbf{C}_{yx} & \mathbf{O} \end{bmatrix}, \begin{bmatrix} \mathbf{C}_{xx} & \mathbf{O} \\ \mathbf{O} & \mathbf{C}_{yy} \end{bmatrix} \right) \tag{6.15.17}$$

的广义特征值和对应的广义特征向量。

广义特征值分解问题式 (6.15.16) 也可以利用数据矩阵 $\mathbf{X}$ 和 $\mathbf{Y}$ 的奇异值分解求解。

令 $\mathbf{X} = \mathbf{U}_x\mathbf{D}_x\mathbf{V}_x^{\mathrm{T}}$ 和 $\mathbf{Y} = \mathbf{U}_y\mathbf{D}_y\mathbf{V}_y^{\mathrm{T}}$ 分别是 $\mathbf{X}$ 和 $\mathbf{Y}$ 的奇异值分解, 则有

$$\mathbf{C}_{xx} = \mathbf{X}^{\mathrm{T}}\mathbf{X} = \mathbf{V}_x\mathbf{D}_x^2\mathbf{V}_x^{\mathrm{T}} \tag{6.15.18}$$

$$\mathbf{C}_{yy} = \mathbf{Y}^{\mathrm{T}}\mathbf{Y} = \mathbf{V}_y\mathbf{D}_y^2\mathbf{V}_y^{\mathrm{T}} \tag{6.15.19}$$

$$\mathbf{C}_{xy} = \mathbf{X}^{\mathrm{T}}\mathbf{Y} = \mathbf{V}_x\mathbf{D}_x\mathbf{U}_x^{\mathrm{T}}\mathbf{U}_y\mathbf{D}_y\mathbf{V}_y^{\mathrm{T}} = C_{yx}^{\mathrm{T}} \tag{6.15.20}$$

由式 (6.15.14) 知, $\mathbf{w}_x = \frac{1}{\lambda}\mathbf{C}_{xx}^{-1}\mathbf{C}_{xy}\mathbf{w}_y$。将这一结果代入式 (6.15.15), 立即得

$$(\mathbf{C}_{yx}\mathbf{C}_{xx}^{-1}\mathbf{C}_{xy} - \lambda^2\mathbf{C}_{yy})\mathbf{w}_y = \mathbf{0} \tag{6.15.21}$$

将 $\mathbf{C}_{xx}^{-1} = \mathbf{V}_x\mathbf{D}_x^{-2}\mathbf{V}_x^{\mathrm{T}}$ 代入式 (6.15.21), 又有

$$\left(\mathbf{V}_y\mathbf{D}_y\mathbf{U}_y^{\mathrm{T}}\mathbf{U}_x\mathbf{V}_x^{\mathrm{T}}\mathbf{V}_x\mathbf{D}_x\mathbf{U}_x^{\mathrm{T}}\mathbf{U}_y\mathbf{D}_y\mathbf{V}_y^{\mathrm{T}} - \lambda^2\mathbf{V}_y\mathbf{D}_y^2\mathbf{V}_y^{\mathrm{T}}\right) = \mathbf{0}$$

利用 $\mathbf{V}_x\mathbf{V}_x = \mathbf{I}$, 上式可以改写为

$$\left(\mathbf{V}_y\mathbf{D}_y\mathbf{U}_y^{\mathrm{T}}\mathbf{U}_x\mathbf{U}_y\mathbf{D}_y\mathbf{V}_y^{\mathrm{T}} - \lambda^2\mathbf{V}_y\mathbf{D}_y^2\mathbf{V}_y^{\mathrm{T}}\right) = \mathbf{0} \tag{6.15.22}$$

左乘 $\mathbf{D}_y^{-1}\mathbf{V}_y^{\mathrm{T}}$, 则式 (6.15.22) 简化为

$$\left(\mathbf{U}_y^{\mathrm{T}}\mathbf{U}_x\mathbf{U}_x^{\mathrm{T}}\mathbf{U}_y\mathbf{V}_y^{\mathrm{T}} - \lambda^2\right)\mathbf{D}_y\mathbf{V}_y^{\mathrm{T}}\mathbf{w}_y = \mathbf{0} \tag{6.15.23}$$

[347] 令 $\mathbf{U}_x^{\mathrm{T}}\mathbf{U}_y = \mathbf{U}\mathbf{D}\mathbf{V}^{\mathrm{T}}$ 是 $\mathbf{U}_x^{\mathrm{T}}\mathbf{U}_y$ 的奇异值分解, 则有

$$\left(\mathbf{V}\mathbf{D}^2\mathbf{V}^{\mathrm{T}} - \lambda^2\mathbf{I}\right)\mathbf{D}_y\mathbf{V}_y^{\mathrm{T}}\mathbf{w}_y = \mathbf{0} \tag{6.15.24}$$

或者

$$\mathbf{V}\left(\mathbf{D}^2-\lambda^2\mathbf{I}\right)\mathbf{V}^{\mathrm{T}}\mathbf{D}_y\mathbf{V}_y^{\mathrm{T}}\mathbf{w}_y=\mathbf{0} \tag{6.15.25}$$

左乘 $\mathbf{V}^{\mathrm{T}}$, 并注意到 $\mathbf{V}^{\mathrm{T}}\mathbf{V}=\mathbf{I}$, 式 (6.15.25) 可以简化为[265]

$$\left(\mathbf{D}^2-\lambda^2\mathbf{I}\right)\mathbf{V}^{\mathrm{T}}\mathbf{D}_y\mathbf{V}_y^{\mathrm{T}}\mathbf{w}_y=\mathbf{0} \tag{6.15.26}$$

显然, 当

$$\mathbf{w}_y=\mathbf{V}_y\mathbf{D}_y^{-1}\mathbf{V} \tag{6.15.27}$$

时, 式 (6.15.26) 给出结果

$$\left(\mathbf{D}^2-\lambda^2\mathbf{I}\right)=\mathbf{0} \quad \text{或} \quad |\mathbf{D}^2-\lambda^2\mathbf{I}|=0 \tag{6.15.28}$$

模仿该过程, 我们可知, 若

$$\mathbf{w}_x=\mathbf{V}_x\mathbf{D}_x^{-1}\mathbf{V} \tag{6.15.29}$$

则有

$$\left(\mathbf{D}^2-\lambda^2\mathbf{I}\right)\mathbf{V}^{\mathrm{T}}\mathbf{D}_x\mathbf{V}_x^{\mathrm{T}}\mathbf{w}_x=\mathbf{0} \tag{6.15.30}$$

以上分析表明, 广义特征值问题式 (6.15.16) 中的广义特征值 λ 由矩阵 $\mathbf{U}_x^{\mathrm{T}}\mathbf{U}_y$ 的奇异值矩阵 $\mathbf{D}$ 给出, 如式 (6.15.28) 所示; 并且对应的广义特征向量 (典型变量) 由式 (6.15.29) 中的 $\mathbf{w}_x=\mathbf{V}_x\mathbf{D}_x^{-1}\mathbf{V}$ 和式 (6.15.27) 中的 $\mathbf{w}_y=\mathbf{V}_y\mathbf{D}_y^{-1}\mathbf{V}$ 分别给出。

算法 6.29 总结了典型的相关分析算法。 [348]

算法 6.29 典型相关分析 (CCA) 算法[13, 115]

---

1. **input:** The two-view data vectors $\{(\mathbf{x}_n,\mathbf{y}_n)\}_{n=1}^N$ with $\mathbf{x}_n\in\mathbb{R}^{1\times p},\mathbf{y}_n\in\mathbb{R}^{1\times q}$
2. **initialization:** Normalize $\mathbf{x}_n\leftarrow\mathbf{x}_n-\frac{1}{p}\sum_{i=1}^p x_n(i)\mathbf{1}_{p\times 1}^{\mathrm{T}}$ and $\mathbf{y}_n\leftarrow\mathbf{y}_n-\frac{1}{q}\sum_{i=1}^q y_n(i)\mathbf{1}_{q\times 1}^{\mathrm{T}}$
3. Let $\mathbf{X}=[\mathbf{x}_1,\cdots,\mathbf{x}_N]$ and $\mathbf{Y}=[\mathbf{y}_1,\cdots,\mathbf{y}_N]$
4. Make the SVD $\mathbf{X}=\mathbf{U}_x\mathbf{D}_x\mathbf{V}_x^{\mathrm{T}}$, $\mathbf{Y}=\mathbf{U}_y\mathbf{D}_y\mathbf{V}_y^{\mathrm{T}}$
5. Calculate the SVD $\mathbf{U}_x^{\mathrm{T}}\mathbf{U}_y=\mathbf{U}\mathbf{D}\mathbf{V}^{\mathrm{T}}$
6. Calculate $\mathbf{w}_x=\mathbf{V}_x\mathbf{D}_x^{-1}\mathbf{V}$ and $\mathbf{w}_y=\mathbf{V}_y\mathbf{D}_y^{-1}\mathbf{V}$
7. **output:** the canonical variants $(\mathbf{w}_x,\mathbf{w}_y)$ of $(\mathbf{X},\mathbf{Y})$

6.15.2 核典型相关分析

令 X 和 Y 表示两个视图 (即两个描述数据的属性集), 并且 $(\mathbf{x},\mathbf{y},c)$ 是一个标记样本, 其中 $\mathbf{x}\in X$ 和 $\mathbf{y}\in Y$ 是样本的两部分, c 是它们的标签。为简单起见, 假设 $c\in\{0,1\}$, 其中 0 和 1 分别表示负类和正类。假设视图 X 上的决策函数为 f_X、视图 Y 上的决策函数为 f_Y, 使得 $f_X(\mathbf{x})=f_Y(\mathbf{y})=c$。直观地说, 这意味着每个样本都与两个视图相关联, 每个视图都包含足够的信息来确定样本的标签。

给出一个标记样本 $((\mathbf{x}_0,\mathbf{y}_0),1)$ 和大量的未标记样本 $U=\{\mathbf{x}_i,\mathbf{y}_i\}_{i=1}^{N-1}$, 半监督学习的任务是训练一个分类器, 对未标记的样本 $U=\{\mathbf{x}_i,\mathbf{y}_i\}_{i=1}^{N-1}$ 进行分类, 即确定未知的标签 $c_i, i=1,\cdots,N-1$。

对于由两个充分视图描述的数据, 这两个视图中的一些投影应该具有很强的相关性。

令 $\mathbf{X}=[\mathbf{x}_0,\mathbf{x}_1,\cdots,\mathbf{x}_{N-1}]$ 和 $\mathbf{Y}=[\mathbf{y}_0,\mathbf{y}_1,\cdots,\mathbf{y}_{N-1}]$ 是两个视图数据矩阵, 分别由一个标记的数据 $((\mathbf{x}_0,\mathbf{y}_0),1)$ 和 $N-1$ 个未标记数据 $\{\mathbf{x}_i,\mathbf{y}_i\}_{i=1}^{N-1}$ 组成。典型相关分析求两个投影向量 $\mathbf{w}_x$ 和 $\mathbf{w}_y$, 使得投影 $\mathbf{X}^{\mathrm{T}}\mathbf{w}_x$ 和 $\mathbf{Y}^{\mathrm{T}}\mathbf{w}_y$ 尽可能强相关, 即它们的相关系数最大化

$$
\begin{aligned}
(\mathbf{w}_x,\mathbf{w}_y) &= \underset{\mathbf{w}_x,\mathbf{w}_y}{\arg\max}\ \frac{\langle \mathbf{X}^{\mathrm{T}}\mathbf{w}_x, \mathbf{Y}^{\mathrm{T}}\mathbf{w}_y\rangle}{\|\mathbf{X}^{\mathrm{T}}\mathbf{w}_x\|\cdot\|\mathbf{Y}^{\mathrm{T}}\mathbf{w}_y\|} \\
&= \underset{\mathbf{w}_x,\mathbf{w}_y}{\arg\max}\left(\frac{\mathbf{w}_x^{\mathrm{T}}\mathbf{C}_{xy}\mathbf{w}_y}{\sqrt{\mathbf{w}_x^{\mathrm{T}}\mathbf{C}_{xx}\mathbf{w}_x\cdot\mathbf{w}_y^{\mathrm{T}}\mathbf{C}_{yy}\mathbf{w}_y}}\right)
\end{aligned}
\tag{6.15.31}
$$

$$
\text{s.t.}\begin{cases}\mathbf{w}_x^{\mathrm{T}}\mathbf{C}_{xx}\mathbf{w}_x=1\\ \mathbf{w}_y^{\mathrm{T}}\mathbf{C}_{yy}\mathbf{w}_y=1\end{cases}
\tag{6.15.32}
$$

式中, $C_{xy}=\frac{1}{N}\mathbf{X}\mathbf{Y}^{\mathrm{T}}$ 是 $\mathbf{X}$ 和 $\mathbf{Y}$ 的集合间协方差矩阵, 而 $\mathbf{C}_{xx}=\frac{1}{N}\mathbf{X}\mathbf{X}^{\mathrm{T}}$ 和 $\mathbf{C}_{yy}=\frac{1}{N}\mathbf{Y}\mathbf{Y}^{\mathrm{T}}$ 分别是 $\mathbf{X}$ 和 $\mathbf{Y}$ 的集合内协方差矩阵。

[349] 利用拉格朗日乘子法, 将上述原始约束优化问题的目标改写为以下对偶无约束优化问题的目标

$$
\mathcal{L}_{\mathrm{D}}(\mathbf{w}_x,\mathbf{w}_y)=\mathbf{w}_x^{\mathrm{T}}\mathbf{C}_{xy}\mathbf{w}_y-\frac{\lambda_x}{2}(\mathbf{w}_x^{\mathrm{T}}\mathbf{C}_{xx}\mathbf{w}_x-1)+\frac{\lambda_y}{2}(\mathbf{w}_y^{\mathrm{T}}\mathbf{C}_{yy}\mathbf{w}_y-1)
\tag{6.15.33}
$$

由一阶优化条件得

$$
\frac{\partial\mathcal{L}_{\mathrm{D}}}{\partial\mathbf{w}_x}=\mathbf{0}\quad\Rightarrow\quad\mathbf{C}_{xy}\mathbf{w}_y=\lambda_x\mathbf{C}_{xx}\mathbf{w}_x
\tag{6.15.34}
$$

$$
\frac{\partial\mathcal{L}_{\mathrm{D}}}{\partial\mathbf{w}_y}=\mathbf{0}\quad\Rightarrow\quad\mathbf{C}_{yx}\mathbf{w}_x=\lambda_y\mathbf{C}_{yy}\mathbf{w}_y
\tag{6.15.35}
$$

或者综合表示为

$$
\begin{aligned}
0&=\mathbf{w}_x^{\mathrm{T}}\mathbf{C}_{xy}\mathbf{w}_y-\lambda_x\mathbf{w}_x^{\mathrm{T}}\mathbf{C}_{xx}\mathbf{w}_x-\mathbf{w}_y^{\mathrm{T}}\mathbf{C}_{yx}\mathbf{w}_x+\lambda_y\mathbf{w}_y^{\mathrm{T}}\mathbf{C}_{yy}\mathbf{w}_y\\
&=\lambda_y\mathbf{w}_y^{\mathrm{T}}\mathbf{C}_{yy}\mathbf{w}_y-\lambda_x\mathbf{w}_x^{\mathrm{T}}\mathbf{C}_{xx}\mathbf{w}_x\\
&=\lambda_y-\lambda_x
\end{aligned}
$$

若令 $\lambda=\lambda_x=\lambda_y$, 并假设 $\mathbf{C}_{yy}$ 可逆, 则式 (6.15.35) 变为

$$
\mathbf{w}_y=\frac{1}{\lambda}\mathbf{C}_{yy}^{-1}\mathbf{C}_{yx}\mathbf{w}_x
\tag{6.15.36}
$$

将式 (6.15.36) 代入式 (6.15.34), 即得

$$\mathbf{C}_{xy}\mathbf{C}_{yy}^{-1}\mathbf{C}_{yx}\mathbf{w}_x = \lambda^2\mathbf{C}_{xx}\mathbf{w}_x \tag{6.15.37}$$

这意味着, 投影向量 $\mathbf{w}_x$ 是矩阵束 $(\mathbf{C}_{xy}\mathbf{C}_{yy}^{-1}\mathbf{C}_{yx}, \mathbf{C}_{xx})$ 与最大广义特征值 $\lambda_{\max}^2$ 对应的广义特征向量。

为了识别这两个视图之间的非线性相关投影, 我们可以应用典型相关分析的核扩展, 简称为核典型相关分析[115]。核典型相关分析将样本 $\mathbf{x}$ 和 $\mathbf{y}$ 分别映射为更高维的内核样本 $\boldsymbol{\phi}_x(\mathbf{x})$ 和 $\boldsymbol{\phi}_y(\mathbf{y})$。

令

$$\mathbf{S}_x = [\boldsymbol{\phi}_x(\mathbf{x}_0), \boldsymbol{\phi}_x(\mathbf{x}_1), \cdots, \boldsymbol{\phi}_x(\mathbf{x}_{N-1})] \tag{6.15.38}$$

$$\mathbf{S}_y = [\boldsymbol{\phi}_y(\mathbf{y}_0), \boldsymbol{\phi}_y(\mathbf{y}_1), \cdots, \boldsymbol{\phi}_y(\mathbf{y}_{N-1})] \tag{6.15.39}$$

则高维核空间的投影向量 $\boldsymbol{\phi}_x(\mathbf{x}_i)$ 和 $\boldsymbol{\phi}_y(\mathbf{y}_i)$ 可以分别改写为 $\mathbf{w}_x^{\phi} = \mathbf{S}_x\boldsymbol{\alpha}$ 和 [350]
$\mathbf{w}_y^{\phi} = \mathbf{S}_y\boldsymbol{\beta}$, 其中 $\boldsymbol{\alpha}, \boldsymbol{\beta} \in \mathbb{R}^N$。

因此, 线性相关投影的目标函数式 (6.15.33) 变为非线性相关投影的目标函数[303]

$$L(\boldsymbol{\alpha}, \boldsymbol{\beta}) = \frac{\langle \mathbf{S}_x^{\mathrm{T}}\mathbf{w}_x^{\phi}, \mathbf{S}_y^{\mathrm{T}}\mathbf{w}_y^{\phi}\rangle}{\|\mathbf{S}_x^{\mathrm{T}}\mathbf{w}_x^{\phi}\| \cdot \|\mathbf{S}_y^{\mathrm{T}}\mathbf{w}_y^{\phi}\|} = \frac{\boldsymbol{\alpha}^{\mathrm{T}}\mathbf{S}_x^{\mathrm{T}}\mathbf{S}_x\mathbf{S}_y^{\mathrm{T}}\mathbf{S}_y\boldsymbol{\beta}}{\|\boldsymbol{\alpha}^{\mathrm{T}}\mathbf{S}_x^{\mathrm{T}}\mathbf{S}_x\| \cdot \|\boldsymbol{\beta}^{\mathrm{T}}\mathbf{S}_y^{\mathrm{T}}\mathbf{S}_y\|} \tag{6.15.40}$$

令

$$K_x(\mathbf{x}_i, \mathbf{x}_j) = \langle \boldsymbol{\phi}_x(\mathbf{x}_i), \boldsymbol{\phi}_x(\mathbf{x}_j)\rangle = \boldsymbol{\phi}_x^{\mathrm{T}}(\mathbf{x}_i)\boldsymbol{\phi}_x(\mathbf{x}_j), i, j = 0, 1, \cdots, N-1 \tag{6.15.41}$$

$$K_y(\mathbf{y}_i, \mathbf{y}_j) = \langle \boldsymbol{\phi}_y(\mathbf{y}_i), \boldsymbol{\phi}_y(\mathbf{y}_j)\rangle = \boldsymbol{\phi}_y^{\mathrm{T}}(\mathbf{y}_i)\boldsymbol{\phi}_y(\mathbf{y}_j), i, j = 0, 1, \cdots, N-1 \tag{6.15.42}$$

是两个视图上的核函数。

若定义核矩阵

$$\begin{aligned}\mathbf{K}_x = \mathbf{S}_x^{\mathrm{T}}\mathbf{S}_x &= \begin{bmatrix} \boldsymbol{\phi}_x^{\mathrm{T}}(\mathbf{x}_0) \\ \boldsymbol{\phi}_x^{\mathrm{T}}(\mathbf{x}_1) \\ \vdots \\ \boldsymbol{\phi}_x^{\mathrm{T}}(\mathbf{x}_{N-1}) \end{bmatrix} [\boldsymbol{\phi}_x(\mathbf{x}_0), \boldsymbol{\phi}_x(\mathbf{x}_1), \cdots, \boldsymbol{\phi}_x(\mathbf{x}_{N-1})] \\ &= [K_x(\mathbf{x}_i, \mathbf{x}_j)]_{i,j=0}^{N-1,N-1}\end{aligned} \tag{6.15.43}$$

和

$$\begin{aligned}\mathbf{K}_y = \mathbf{S}_y^{\mathrm{T}}\mathbf{S}_y &= \begin{bmatrix} \boldsymbol{\phi}_y^{\mathrm{T}}(\mathbf{y}_0) \\ \boldsymbol{\phi}_y^{\mathrm{T}}(\mathbf{y}_1) \\ \vdots \\ \boldsymbol{\phi}_y^{\mathrm{T}}(\mathbf{y}_{N-1}) \end{bmatrix} [\boldsymbol{\phi}_y(\mathbf{y}_0), \boldsymbol{\phi}_y(\mathbf{y}_1), \cdots, \boldsymbol{\phi}_y(\mathbf{y}_{N-1})] \\ &= [K_y(\mathbf{y}_i, \mathbf{y}_j)]_{i,j=0}^{N-1,N-1}\end{aligned} \tag{6.15.44}$$

则式 (6.15.40) 中的目标函数可以简化为

$$L(\boldsymbol{\alpha},\boldsymbol{\beta}) = \frac{\langle \mathbf{K}_x\boldsymbol{\alpha}, \mathbf{K}_y\boldsymbol{\beta}\rangle}{\|\mathbf{K}_x\boldsymbol{\alpha}\|\cdot\|\mathbf{K}_y\boldsymbol{\beta}\|} = \frac{\boldsymbol{\alpha}^{\mathrm{T}}\mathbf{K}_x^{\mathrm{T}}\mathbf{K}_y\boldsymbol{\beta}}{\sqrt{\boldsymbol{\alpha}^{\mathrm{T}}\mathbf{K}_x^{\mathrm{T}}\mathbf{K}_x\boldsymbol{\alpha}\cdot\boldsymbol{\beta}^{\mathrm{T}}\mathbf{K}_y^{\mathrm{T}}\mathbf{K}_y\boldsymbol{\beta}}} \tag{6.15.45}$$

[351]

$$\text{s.t.}\begin{cases}\boldsymbol{\alpha}^{\mathrm{T}}\mathbf{K}_x^{\mathrm{T}}\mathbf{K}_x\boldsymbol{\alpha} = 1\\ \boldsymbol{\beta}^{\mathrm{T}}\mathbf{K}_y^{\mathrm{T}}\mathbf{K}_y\boldsymbol{\beta} = 1\end{cases} \tag{6.15.46}$$

利用拉格朗日乘子法和正则化法, 即可得到对偶优化的目标函数

$$\begin{aligned}\mathcal{L}_{\mathrm{D}}(\boldsymbol{\alpha},\boldsymbol{\beta}) = {} & \boldsymbol{\alpha}^{\mathrm{T}}\mathbf{K}_x^{\mathrm{T}}\mathbf{K}_y\boldsymbol{\beta} - \frac{\lambda_x}{2}\left(\boldsymbol{\alpha}^{\mathrm{T}}\mathbf{K}_x^{\mathrm{T}}\mathbf{K}_x\boldsymbol{\alpha} - 1\right) - \frac{\nu_x}{2}\|\mathbf{S}_x^{\mathrm{T}}\boldsymbol{\alpha}\|^2\\ & - \frac{\lambda_y}{2}\left(\boldsymbol{\beta}^{\mathrm{T}}\mathbf{K}_y^{\mathrm{T}}\mathbf{K}_y\boldsymbol{\beta} - 1\right) - \frac{\nu_y}{2}\|\mathbf{S}_y^{\mathrm{T}}\boldsymbol{\beta}\|^2\end{aligned} \tag{6.15.47}$$

一阶优化条件给出结果

$$\begin{aligned}\frac{\partial\mathcal{L}_{\mathrm{D}}}{\partial\boldsymbol{\alpha}} = \mathbf{0} \ &\Rightarrow\ \mathbf{K}_x^{\mathrm{T}}\mathbf{K}_y\boldsymbol{\beta} = \lambda_x\mathbf{K}_x^{\mathrm{T}}\mathbf{K}_x\boldsymbol{\alpha} + \nu_x\mathbf{K}_x^{\mathrm{T}}\boldsymbol{\alpha}\\ &\Rightarrow\ \mathbf{K}_y\boldsymbol{\beta} = \lambda_x\mathbf{K}_x\boldsymbol{\alpha} + \nu_x\boldsymbol{\alpha}\end{aligned} \tag{6.15.48}$$

$$\begin{aligned}\frac{\partial\mathcal{L}_{\mathrm{D}}}{\partial\boldsymbol{\beta}} = \mathbf{0} \ &\Rightarrow\ \mathbf{K}_y^{\mathrm{T}}\mathbf{K}_x\boldsymbol{\alpha} = \lambda_y\mathbf{K}_y^{\mathrm{T}}\mathbf{K}_y\boldsymbol{\beta} + \nu_y\mathbf{K}_y^{\mathrm{T}}\boldsymbol{\beta}\\ &\Rightarrow\ \mathbf{K}_x\boldsymbol{\alpha} = \lambda_y\mathbf{K}_y\boldsymbol{\beta} + \nu_y\boldsymbol{\beta}\end{aligned} \tag{6.15.49}$$

为简单, 令 $\lambda = \lambda_1 = \lambda_2$, $\nu = \nu_1 = \nu_2$ 和 $\kappa = \frac{\nu}{\lambda}$。于是, 由式 (6.15.49) 得

$$\boldsymbol{\beta} = \frac{1}{\lambda}(\mathbf{K}_y + \kappa\mathbf{I})^{-1}\mathbf{K}_x\boldsymbol{\alpha} \tag{6.15.50}$$

将此结果代入式 (6.15.48), 又有

$$(\mathbf{K}_x + \kappa\mathbf{I})^{-1}\mathbf{K}_y(\mathbf{K}_y + \kappa\mathbf{I})^{-1}\mathbf{K}_x\boldsymbol{\alpha} = \lambda^2\boldsymbol{\alpha} \tag{6.15.51}$$

或者

$$\mathbf{K}_y(\mathbf{K}_y + \kappa\mathbf{I})^{-1}\mathbf{K}_x\boldsymbol{\alpha} = \lambda^2(\mathbf{K}_x + \kappa\mathbf{I})\boldsymbol{\alpha} \tag{6.15.52}$$

这意味着, 通过求解特征值问题式 (6.15.51) 或广义特征值问题式 (6.15.52), 可以求出若干个 $\boldsymbol{\alpha}$ (和相应的 λ)。

一旦 $\boldsymbol{\alpha}$ 求出, 式 (6.15.50) 即可用于对每个 $\boldsymbol{\alpha}$ 求唯一的 $\boldsymbol{\beta}$。即是说, 除了最强相关的一对投影外, 还可以辨识其他投影对之间的相关, 并且相关的强度可以用 λ 的值度量。

在第 j 个投影中, 原未标记样本 $(\mathbf{x}_i, \mathbf{y}_i)$, $i = 1, 2, \cdots, N-1$ 和原标记样本
[352] $(\mathbf{x}_0, \mathbf{y}_0)$ 之间的相似度可以用下式度量[303]

$$\begin{aligned}\mathrm{sim}_{i,j} = {} & \exp(-d^2(P_j(\mathbf{x}_i), P_j(\mathbf{x}_0))) + \exp(-d^2(P_j(\mathbf{y}_i), P_j(\mathbf{y}_0))),\\ & i = 1, \cdots, N-1;\ j = 1, \cdots, m\end{aligned} \tag{6.15.53}$$

式中, $d(\mathbf{a}, \mathbf{b})$ 是 $\mathbf{a}$ 与 $\mathbf{b}$ 之间的欧氏距离, m 是与标记样本 $(\mathbf{x}_0, \mathbf{y}_0)$ 相关的未标记样本 $(\mathbf{x}_i, \mathbf{y}_i)$ 的个数, 而 $(P_j(\mathbf{x}_i), P_j(\mathbf{y}_i))$ 分别是样本 $(\mathbf{x}_i, \mathbf{y}_i)$ 在高维核样本 $\mathbf{K}_x\boldsymbol{\alpha}$ 和 $\mathbf{K}_y\boldsymbol{\beta}$ 的投影。

6.15.3 惩罚典型相关分析

给定两个视图数据矩阵 $(\mathbf{X}, \mathbf{Y})$, 标准典型相关分析试图求 $(\mathbf{u}, \mathbf{v})$ 使 $\mathrm{cor}(\mathbf{Xu}, \mathbf{Yv}) = \mathbf{u}^{\mathrm{T}}\mathbf{XYv}$ 最大化

$$\max_{\mathbf{u},\mathbf{v}} \mathbf{u}^{\mathrm{T}}\mathbf{XYv} \quad \text{s.t. } \|\mathbf{Xu}\|_2^2 \leqslant 1,\ \|\mathbf{Yv}\|_2^2 \leqslant 1 \tag{6.15.54}$$

如果在典型相关分析中加入惩罚项 $p_1(\mathbf{u}) \leqslant c_1$ 和 $p_2(\mathbf{v}) \leqslant c_2$, 则可以得到惩罚典型相关分析[271]

$$\begin{aligned} &\max_{\mathbf{u},\mathbf{v}} \mathbf{u}^{\mathrm{T}}\mathbf{XYv} \\ &\text{s.t. } \|\mathbf{Xu}\|_2^2 \leqslant 1,\ \|\mathbf{Yv}\|_2^2 \leqslant 1,\ p_1(\mathbf{u}) \leqslant c_1,\ p_2(\mathbf{v}) \leqslant c_2 \end{aligned} \tag{6.15.55}$$

若事先对两个数据矩阵 $\mathbf{X}, \mathbf{Y} \in \mathbb{R}^{N\times P}$ 的列向量分别归一化, 使得它们变成半正交矩阵, 即 $\mathbf{X}^{\mathrm{T}}\mathbf{X} = \mathbf{I}_{P\times P}$ 和 $\mathbf{Y}^{\mathrm{T}}\mathbf{Y} = \mathbf{I}_{P\times P}$, 则惩罚典型相关分析简化为[271]

$$\begin{aligned} &\max_{\mathbf{u},\mathbf{v}} \mathbf{u}^{\mathrm{T}}\mathbf{XYv} \\ &\text{s.t.} \|\mathbf{u}\|_2^2 \leqslant 1,\ \|\mathbf{v}\|_2^2 \leqslant 1,\ p_1(\mathbf{u}) \leqslant c_1,\ p_2(\mathbf{v}) \leqslant c_2 \end{aligned} \tag{6.15.56}$$

因为 $\|\mathbf{Xu}\|_2^2 = \mathbf{u}^{\mathrm{T}}\mathbf{X}^{\mathrm{T}}\mathbf{Xu} = \|\mathbf{u}\|_2^2$ 和 $\|\mathbf{Yv}\|_2^2 = \|\mathbf{v}\|_2^2$。

式 (6.15.56) 称为 "对角惩罚典型相关分析"。若惩罚项取 $p_1(\mathbf{u}) = \|\mathbf{u}\|_1$ 和 $p_2(\mathbf{v}) = \|\mathbf{v}\|_1$, 则对角惩罚典型相关分析变为稀疏典型相关分析, 给出稀疏典型变量 $\mathbf{u}$ 和 $\mathbf{v}$。

令 soft 表示软阈值算子, 定义为

$$\mathrm{soft}(a, c) = \mathrm{sign}(a)(|a| - c)_+ \tag{6.15.57}$$

式中, $c > 0$ 为常数, 并且 [353]

$$x_+ = \begin{cases} x, & \text{若 } x > 0 \\ 0, & \text{若 } x \leqslant 0 \end{cases} \tag{6.15.58}$$

引理 6.4 [271] 对于优化问题

$$\max_{\mathbf{u}} \ \mathbf{u}^{\mathrm{T}}\mathbf{a} \quad \text{s.t. } \|\mathbf{u}\|_2^2 \leqslant 1, \|\mathbf{u}\|_1 \leqslant c \tag{6.15.59}$$

其解为

$$\mathbf{u} = \frac{\mathbf{s}(\mathbf{a}, \varDelta)}{\|\mathbf{s}(\mathbf{a}, \varDelta)\|_2} \tag{6.15.60}$$

式中, $\mathbf{s}(\mathbf{a}, \varDelta) = [\mathrm{soft}(a_1, \varDelta), \cdots, \mathrm{soft}(a_P, \varDelta)]^{\mathrm{T}}$, 并且 $\varDelta = 0$ 若它导致 $\|\mathbf{u}\|_1 \leqslant c$, 否则选择 $\varDelta$ 为满足 $\|\mathbf{u}\|_1 = c$ 的正常数。

对于惩罚 (稀疏) 典型相关分析问题

$$(\mathbf{u}, \mathbf{v}) = \arg\max_{\mathbf{u},\mathbf{v}} \mathbf{u}^{\mathrm{T}}\mathbf{Xv}$$

$$\text{s.t. } \|\mathbf{u}\|_2^2 \leqslant 1, \|\mathbf{v}\|_2^2 \leqslant 1, \|\mathbf{u}\|_1 \leqslant c_1, \|\mathbf{v}\|_1 \leqslant c_2 \tag{6.15.61}$$

算法 6.30[271] 给出稀疏典型变量 $\mathbf{u}_i, \mathbf{v}_i$, $i = 1, \cdots, K$。

算法 6.30 惩罚 (稀疏) 典型相关分析 (CCA) 算法

---

1. **input:** The matrix $\mathbf{X}$
2. **initialization:** Make the truncated SVD $\mathbf{X} = \sum_{i=1}^{K} d_i \mathbf{u}_i \mathbf{v}_i$. Put $\mathbf{X}_1 = \mathbf{X}$
3. **for** $k = 1$ to K **do**
4. $\quad \mathbf{u}_k \leftarrow \frac{\mathrm{s}(\mathbf{X}_k \mathbf{v}_k, \Delta_1)}{\|\mathrm{s}(\mathbf{X}_k \mathbf{v}_k, \Delta_1)\|_2}$, where $\Delta_1 = 0$ if this results in $\|\mathbf{u}\|_1 \leqslant c_1$; otherwise, Δ_1 is chosen to be a positive constant such that $\|\mathbf{u}\|_1 = c_1$
5. $\quad \mathbf{u}_k \leftarrow \mathbf{u}_k / \|\mathbf{u}_k\|_2$
6. $\quad \mathbf{v}_k \leftarrow \frac{\mathrm{s}(\mathbf{X}_k^{\mathrm{T}} \mathbf{u}_k, \Delta_2)}{\|\mathrm{s}(\mathbf{X}_k^{\mathrm{T}} \mathbf{u}_k, \Delta_2)\|_2}$, where $\Delta_2 = 0$ if this results in $\|\mathbf{v}\|_1 \leqslant c_2$; otherwise, Δ_2 is chosen to be a positive constant such that $\|\mathbf{v}\|_1 = c_2$
7. $\quad \mathbf{v}_k \leftarrow \mathbf{v}_k / \|\mathbf{v}_k\|_2$
8. $\quad$ **if** $\mathbf{u}_k, \mathbf{v}_k$ are converged then **do**
9. $\quad\quad d_k = \mathbf{u}_k^{\mathrm{T}} \mathbf{X}_k \mathbf{v}_k,$
10. $\quad$ **else** goto Step 4
11. $\quad$ **end if**
12. $\quad$ **exist** if $k = K$
13. $\quad \mathbf{X}_{k+1} \leftarrow \mathbf{X}_k - d_k \mathbf{u}_k \mathbf{v}_k^{\mathrm{T}}$
14. **end for**
15. **output:** $\mathbf{u}_k, \mathbf{v}_k$, $k = 1, \cdots, K$

---

[354]

6.16 图机器学习

机器学习中的许多实际应用都建立在非规则的或非欧几里得结构之上。非欧几里得结构也称图形结构, 因为这种结构是图论抽象意义上的拓扑图。图形结构数据的突出例子是社会网络、信息网络、生物调节网络的基因数据、文字嵌入的文本文档[73]、电信网络日志数据、遗传调控网络、大脑功能网络、离散流形表示的三维图形等[158]。此外, 与图的顶点相关联的信号值携带在观测或物理测量中感兴趣的信息。现实应用中有许多这样的例子, 如地理区域内的温度、交通网络中枢纽的交通容量或社交网络中的人类行为[76]。

当信号值定义在加权无向图的顶点集上时, 结构化数据被称为图信号, 其中图的顶点表示元素, 边的权重反映了这些元素之间的成对关系或相似性。

图可以编码复杂的几何结构, 可以用谱图理论[53] 等强大的数学工具来研究。谱图理论的一个主要目标是从图谱推导出图的基本性质和结构。谱图理论包含三个基本方面: 相似图、图拉普拉斯矩阵和图谱。

本节主要讨论基于图的机器学习, 包含以下两部分:

- 谱图理论: 相似图、图拉普拉斯矩阵和图谱。
- 基于图的学习: 在半监督学习和无监督学习情况下, 由训练样本学习图的结构, 也称为图构造。

6.16.1 图

标准的欧几里得 (氏) 结构指在 n 维向量空间上具有以下 4 个欧几里得测度的空间结构:

- $\mathbb{R}^m$ 上的标准内积 (也称点积)

$$\langle \mathbf{x}, \mathbf{y} \rangle = \mathbf{x} \cdot \mathbf{y} = \mathbf{x}^{\mathrm{T}}\mathbf{y} = x_1 y_1 + \cdots + x_m y_m$$

- 向量在 $\mathbb{R}^m$ 上的欧氏长度 [355]

$$\|\mathbf{x}\| = \sqrt{\langle \mathbf{x}, \mathbf{y} \rangle} = \sqrt{x_1^2 + \cdots + x_m^2}$$

- $\mathbb{R}^m$ 空间上 $\mathbf{x}$ 和 $\mathbf{y}$ 之间的欧氏距离

$$d(\mathbf{x}, \mathbf{y}) = \|\mathbf{x} - \mathbf{y}\| = \sqrt{(x_1 - y_1)^2 + \cdots + (x_m - y_m)^2}$$

- $\mathbb{R}^m$ 空间上 $\mathbf{x}$ 和 $\mathbf{y}$ 之间的 (非自反) 角 $\theta\,(0^\circ \leqslant \theta \leqslant 180^\circ)$

$$\theta = \arccos\left(\frac{\langle \mathbf{x}, \mathbf{y} \rangle}{\|\mathbf{x}\|\|\mathbf{y}\|}\right) = \arccos\left(\frac{\mathbf{x}^{\mathrm{T}}\mathbf{y}}{\|\mathbf{x}\|\|\mathbf{y}\|}\right)$$

无上述欧几里得测度的空间结构称为非欧几里得结构。

给定数据点 $\mathbf{x}_1, \cdots, \mathbf{x}_N$ 的集合 (其中 $\mathbf{x}_i \in \mathbb{R}^d$) 和所有数据点对 $(\mathbf{x}_i, \mathbf{x}_j)$ 之间的某个核函数 $K(\mathbf{x}_i, \mathbf{x}_j)$。

核函数 $K(\mathbf{x}_i, \mathbf{x}_j)$ 必须是对称和非负的

$$K(\mathbf{x}_i, \mathbf{x}_j) = K(\mathbf{x}_j, \mathbf{x}_i), \quad K(\mathbf{x}_i, \mathbf{x}_j) \geqslant 0 \tag{6.16.1}$$

其中 $K(\mathbf{x}_i, \mathbf{x}_i) = 0, \forall i = 1, \cdots, N$。

满足上述条件的核函数可以是任何一种距离测度 $d(\mathbf{x}_i, \mathbf{x}_j)$, 或任何一种相似性测度 $s(\mathbf{x}_i, \mathbf{x}_j)$ 或高斯相似函数 $s(\mathbf{x}_i, \mathbf{x}_j) = \exp\left(-\|\mathbf{x}_i - \mathbf{x}_j\|^2/(2\sigma^2)\right)$ (其中, 参数 σ 控制邻区的宽度), 视应用对象而定。

如果我们没有比数据点之间的相似性更多的信息, 一种很好的数据表示方法是加权无向相似图 $G = (V, E, \mathbf{W})$ 或 $G = (V, E)$。

定义 6.28 (图) [241, 261] 图 $G(V, E, \mathbf{W})$ 或简记为 $G(V, E)$, 是顶点集 (或节点集) $V = \{v_1, \cdots, v_N\}$ 和边集 $E = \{e_{ij}\}_{i,j=1}^N$ 的集合。图 G 包含与每条边关联的非负边权重: $w_{ij} \geqslant 0$。如果 v_i 和 v_j 相互不连接, 则 $w_{ij} = 0$。对于无向图 G, $e_{ij} = e_{ji}$ 和 $w_{ij} = w_{ji}$。若 G 为有向图, 则 $e_{ij} \neq e_{ji}$ 及 $w_{ij} \neq w_{ji}$。

显然, 任何图都是非欧几里得结构。

边权重 w_{ij} 通常被当作节点 v_i 和 v_j 之间的相似性测度。边权重越高, 两个节点就越相似。

定义 6.29 (邻接矩阵) 图 $G(V,E,\mathbf{W})$ 的邻接矩阵记为 $\mathbf{W}=[w_{ij}]_{i,j=1}^{N,N}$,
[356] 系指用于表示图中节点连接的矩阵。邻接矩阵 $\mathbf{W}$ 既可以是二进制的, 也可以是加权的。对于具有 N 个节点的无向图, 邻接矩阵是一个 $N\times N$ 实对称矩阵。

邻接矩阵也叫图的仿射矩阵。

定义 6.30 (度矩阵) 图 $G(V,E,\mathbf{W})$ 中节点的度 (或度函数), 记为 $d_j: V\to\mathbb{R}$, 表示连接到节点 j 的边数目

$$d_j=\sum_{i\sim j}w_{ij} \tag{6.16.2}$$

式中 $i\sim j$ 表示通过边 $(i,j)\in E$ 与 j 相连接的所有节点 i。图的度矩阵是一个对角矩阵 $\mathbf{D}=\mathbf{Diag}(D_{11},\cdots,D_{NN})=\mathbf{Diag}(d_1,\cdots,d_N)$, 其第 i 个对角元素 $D_{ii}=d_i$ 用于描述图的节点 i 的度。

就是说, 度函数 d_i 由仿射矩阵 $\mathbf{W}$ 的第 i 行的所有元素之和定义。

图的每个顶点 (或节点) 对应一个基准, 边对数据之间的成对关系或相似性进行编码。例如, web 的顶点只是 web 页面, 边表示超链接; 在市场购物篮分析中, 还可以通过连接出现在同一购物篮中的任意两个项而形成一个图[301]。

定义在图的节点上的信号 $\mathbf{x}: V\to\mathbb{R}$ 可以看成是一个向量 $\mathbf{x}\in\mathbb{R}^d$。令顶点 $\mathbf{v}_i\in V=\{\mathbf{v}_1,\cdots,\mathbf{v}_N\}$ 表示一个数据点 $\mathbf{x}_i$ 或文本 doc_i。于是, 每个边 $e(i,j)\in E$ 被分配一个相似性得分 w_{ij}, 反映两个顶点 $\mathbf{v}_i$ 和 $\mathbf{v}_j$ 之间的相似性。这些相似性得分构成仿射矩阵 $\mathbf{W}$。

图的节点是特征空间中的点, 每对节点之间形成一个边。关于每个边的非负权重 $w_{ij}\geqslant 0$ 是节点 i 和 j 之间的相似性函数。如果边权重函数 $w_{ij}=0$, 则顶点 $\mathbf{v}_i$ 和 $\mathbf{v}_j$ 不被边连接。

图聚类选择将顶点集 V 分割为无交联的 m 个子集 $V_1,\cdots,V_m$, 其中, 根据某种测度, 集合 V_i 内的顶点之间的相似度高, 跨不同集合 (V_i,V_j) 的两个顶点相似度低, 其中 $V_i=\{\mathbf{x}_{i1},\cdots,\mathbf{x}_{i,m_i}\}$ 是第 i 个聚类顶点子集, 并满足 $k_1+\cdots+k_m=N$。顶点集合 V 的无交联子集 $V_1,\cdots,V_m$ 意味着 $V_1\cup V_2\cup\cdots\cup V_m=V$ 和 $V_i\cap V_j=\varnothing$ 对所有 $i\neq j$ 成立。

由于无向图 $G=(V,E)$ 的假设, 我们要求 $w_{ij}=w_{ji}$。图的仿射矩阵或加权邻接矩阵为 $\mathbf{W}=[w_{ij}]_{i,j=1}^{N,N}$, 以边权重$w_{ij}$ 为元素, 其中

$$w_{ij}=\begin{cases}K(\mathbf{x}_i,\mathbf{x}_j), & i\neq j\\ 0, & i=j\end{cases} \tag{6.16.3}$$

[357] **定义 6.31 (加权图)** [301] 如果一个图与一个函数 $w: V\times V\to\mathbb{R}$ 相关联, 则它是加权图。其中, 权重满足

$$w_{ij}\geqslant 0,\quad (i,j)\in E \tag{6.16.4}$$

和

$$w_{ij}=w_{ji} \tag{6.16.5}$$

考虑一个具有 N 个顶点的图, 其中, 每个顶点对应一个数据点。对于两个数据点 $\mathbf{x}_i$ 与 $\mathbf{x}_j$, 连接顶点 i 和 j 的边的权重 w_{ij} 有以下 4 种常用的选择[41, 232]。

- 0-1 加权: $w_{ij}=1$, 当且仅当节点 i 和 j 通过一个边连接; 否则, $w_{ij}=0$。这是最简单的加权方法, 非常容易计算。
- 热核加权: 如果节点 i 和 j 连接, 则

$$w_{ij}=\mathrm{e}^{-\frac{\|\mathbf{x}_i-\mathbf{x}_j\|^2}{\sigma}} \tag{6.16.6}$$

  称为热核加权。这里, σ 是某个预先选择的参数。
- 阈值高斯核加权: 连接节点 i 和 j 的边的权重通过阈值高斯核加权函数定义为

$$w_{ij}=\begin{cases}\exp\left(-\dfrac{[\mathrm{dist}(i,j)]^2}{2\theta^2}\right), & \mathrm{dist}(i,j)\leqslant\kappa\\ 0, & \text{否则}\end{cases} \tag{6.16.7}$$

  其中, θ 和 κ 为参数。这里, $\mathrm{dist}(i,j)$ 可以表示节点 i 和 j 之间的物理距离或者描述节点 i 和 j 的两个特征向量之间的欧氏距离。欧氏距离在基于图的半监督学习方法中尤其常见。
- 点积加权: 如果两个节点 i 和 j 相连接, 则

$$w_{ij}=\mathbf{x}_i\cdot\mathbf{x}_j=\mathbf{x}_i^{\mathrm{T}}\mathbf{x}_j \tag{6.16.8}$$

  称为点积加权。注意, 如果 $\mathbf{x}$ 被归一化具有单位范数, 则两个向量的点积等价于这两个向量的余弦相似度。

将一个具有成对相似度 s_{ij} 或成对距离 d_{ij} 的给定数据点集合 $\mathbf{x}_1,\cdots,\mathbf{x}_N$ 转换为图, 可以得到不同的常用相似性图。以下是构造相似性图的 3 种常用方法[257]。

① ϵ 邻域图: 成对距离小于 ϵ 的所有点都连接。因为所有连接点之间的距 [358]
离大致相同 (最多为 ϵ), 故对边进行加权将不会给图增加有关数据的更多共同信息。因此, ϵ 邻域图通常被认为是未加权图。

② k 近邻图: 如果节点 $\mathbf{v}_j$ 在节点 $\mathbf{v}_i$ 的 k 邻域, 则将 $\mathbf{v}_i$ 与 $\mathbf{v}_j$ 连接。由于非对称邻域关系, 这个定义将导致一有向图。有两种方法可以使有向图变为无向图。

- 可以直接忽略边的方向, 即 $\mathbf{v}_i$ 和 $\mathbf{v}_j$ 用无向边连接, 若 $\mathbf{v}_i$ 是 $\mathbf{v}_j$ 的 k 近邻或者 $\mathbf{v}_j$ 是 $\mathbf{v}_i$ 的 k 近邻。得到的图称为 k 近邻图。
- 若节点 $\mathbf{v}_i$ 是节点 $\mathbf{v}_j$ 的 k 近邻, 并且 $\mathbf{v}_j$ 也是 $\mathbf{v}_i$ 的 k 近邻, 则 $\mathbf{v}_i$ 和 $\mathbf{v}_j$ 相连接。这将导致互 k 近邻图。在这些情况下, 在连接适当的顶点之后, 边由其顶点的相似性加权。

③ 全连接图: 简单地连接彼此具有正相似性的所有点, 并用 s_{ij} 加权所有边。因为图应该表示局部邻域关系, 所以这种构造只有在使用相似函数本身来建模局部邻域时才有用。高斯相似函数 $s(\mathbf{x}_i,\mathbf{x}_j)=\exp\left(-\|\mathbf{x}_i-\mathbf{x}_j\|^2/(2\sigma^2)\right)$ 就是这种正相似函数的一个例子。正相似函数的作用与 ϵ 邻域图中的参数 ϵ 类似。

上述 3 种图的主要区别如下。

- ϵ 邻域图使用小于阈值 ϵ 的距离测度, 是一种无加权图。
- k 近邻图考虑节点的 k 近邻, 边由它们的顶点的相似性加权。
- 全连接图使用正的 (而不是非负的) 相似性。

6.16.2 图拉普拉斯矩阵

学习图拓扑的关键问题可以归结为学习所谓的图拉普拉斯矩阵的问题, 因为它唯一地刻画了一个图。换句话说, 图拉普拉斯矩阵是谱图理论中的一个重要算子[53]。

[359] **定义 6.32 (图拉普拉斯矩阵)** 图 $G(V, E, \mathbf{W})$ 的拉普拉斯矩阵定义为 $\mathbf{L} = \mathbf{D} - \mathbf{W}$, 其元素

$$L(u, v) = \begin{cases} d_v, & u = v \\ -1, & (u, v) \in E \\ 0, & \text{否则} \end{cases} \tag{6.16.9}$$

这里, d_v 表示节点 i 的度。对应的归一化拉普拉斯矩阵为[53]

$$\mathcal{L}(u, v) = \begin{cases} 1, & u = v, d_v \neq 0 \\ -\dfrac{1}{\sqrt{d_u}\sqrt{d_v}}, & (u, v) \in E \\ 0, & \text{否则} \end{cases} \tag{6.16.10}$$

非归一化的图拉普拉斯矩阵 $\mathbf{L}$ 也称为组合图拉普拉斯矩阵。

有两种常用的归一化图拉普拉斯矩阵[257]:

- 对称归一化图拉普拉斯矩阵

$$\mathbf{L}_{\text{sym}} = \mathbf{D}^{-1/2}\mathbf{L}\mathbf{D}^{-1/2} = \mathbf{I} - \mathbf{D}^{-1/2}\mathbf{W}\mathbf{D}^{-1/2} \tag{6.16.11}$$

- 随机游走归一化图拉普拉斯矩阵

$$\mathbf{L}_{\text{rw}} = \mathbf{D}^{-1}\mathbf{L} = \mathbf{I} - \mathbf{D}^{-1}\mathbf{W} \tag{6.16.12}$$

拉普拉斯矩阵的二次型为

$$\begin{aligned} \mathbf{u}^{\mathrm{T}}\mathbf{L}\mathbf{u} = \mathbf{u}^{\mathrm{T}}\mathbf{D}\mathbf{u} - \mathbf{u}^{\mathrm{T}}\mathbf{W}\mathbf{u} &= \sum_{i=1}^{N} d_i u_i^2 - \sum_{j=1}^{N}\left(\sum_{i=1}^{N} u_i w_{ij}\right) u_j \\ &= \sum_{i=1}^{N} d_i u_i^2 - \sum_{i=1}^{N}\sum_{j=1}^{N} u_i u_j w_{ij} \\ &= \frac{1}{2}\left(\sum_{i=1}^{N} d_i u_i^2 - 2\sum_{i=1}^{N}\sum_{j=1}^{N} u_i u_j w_{ij} + \sum_{j=1}^{N} d_i u_j^2\right) \end{aligned}$$

$$= \frac{1}{2}\left(\sum_{i=1}^{N} u_i^2 \sum_{j=1}^{N} w_{ij} - 2\sum_{i=1}^{N}\sum_{j=1}^{N} u_i u_j w_{ij} + \sum_{j=1}^{N} u_j^2 \sum_{i=1}^{N} w_{ij}\right)$$

即 [360]

$$\mathbf{u}^{\mathrm{T}}\mathbf{L}\mathbf{u} = \frac{1}{2}\sum_{i=1}^{N}\sum_{j=1}^{N} w_{ij}(u_i - u_j)^2 \geqslant 0 \tag{6.16.13}$$

当且仅当 $u_i = u_j, \forall i, j \in \{1, \cdots, N\}$, 即 $\mathbf{u} = \mathbf{1}_N = [1, \cdots, 1]^{\mathrm{T}} \in \mathbb{R}^N$ 时, 式 (6.16.13) 中的等式成立。

若 $\mathbf{u} = \mathbf{1}_N$, 则

$$[\mathbf{L}\mathbf{u}]_i = [(\mathbf{D} - \mathbf{W})\mathbf{u}]_i = \sum_{j=1}^{N} d_{ij} u_j - \sum_{j=1}^{N} w_{ij} u_j = d_i - d_i = 0$$

因为 $u_j \equiv 1$, $\sum_{j=1}^{N} d_{ij} = d_i$ 和 $\sum_{j=1}^{N} w_{ij} = d_i$。因此, 我们有

$$\mathbf{L}\mathbf{u} = \mathbf{0} \overset{\mathbf{L}\mathbf{u}=\lambda\mathbf{u}}{\Longleftrightarrow} \lambda = 0,\ \mathbf{u} = \mathbf{1}_N \tag{6.16.14}$$

式 (6.16.13) 和式 (6.16.14) 给出了拉普拉斯矩阵的下列重要性质。

- 拉普拉斯矩阵 $\mathbf{L} = \mathbf{D} - \mathbf{W}$ 是半正定矩阵。
- 拉普拉斯矩阵 $\mathbf{L}$ 的最小特征值为 0, 与之对应的特征向量是一个所有元素为 1 的向量 (即求和向量)。

6.16.3 图谱

由于组合图拉普拉斯矩阵和两个归一化图拉普拉斯矩阵都是实对称半正定矩阵, 故它们有特征分解 $\mathbf{L} = \mathbf{U}\boldsymbol{\Lambda}\mathbf{U}^{\mathrm{T}}$, 其中 $\mathbf{U} = [\mathbf{u}_0, \mathbf{u}_1, \cdots, \mathbf{u}_{n-1}] \in \mathbb{R}^{n\times n}$ 和 $\boldsymbol{\Lambda} = \mathbf{Diag}(\lambda_0, \lambda_1, \cdots, \lambda_{n-1}) \in \mathbb{R}^{n\times n}$。一组完备的标准正交特征向量 $\{\mathbf{u}_0, \mathbf{u}_1, \cdots, \mathbf{u}_{n-1}\}$ 称为图傅里叶基。零拉普拉斯特征值的多重数等于图的连通分量的个数, 因此实非负特征值排序为 $0 = \lambda_0 \leqslant \lambda_1 \leqslant \lambda_2 \leqslant \cdots \leqslant \lambda_{n-1} = \lambda_{\max}$。图拉普拉斯特征值的集合 $\sigma(L) = \{\lambda_0, \lambda_1, \cdots, \lambda_{n-1}\}$ 通常称为 $\mathbf{L}$ 的图谱 (或关联图 G 的谱)。

因此, 在图信号处理和机器学习中, 拉普拉斯矩阵 $\mathbf{L}$ 的特征值通常按照递增次序和各自的多重度进行排列。所谓“前 k 个特征向量”, 是指与 k 个最小特征值对应的特征向量[257]。

命题 6.4 [53, 184] 图拉普拉斯矩阵 $\mathbf{L}$ 具有以下性质: [361]

① 对于每一个向量 $\mathbf{f} \in \mathbb{R}^n$ 和 $\mathbf{L}, \mathbf{L}_{\mathrm{sym}}, \mathbf{L}_{\mathrm{rw}}$ 当中的任一个拉普拉斯矩阵, 均有

$$\mathbf{f}^{\mathrm{T}}\mathbf{L}\mathbf{f} = \frac{1}{2}\sum_{i=1}^{n}\sum_{j=1}^{n} w_{ij}(f_i - f_j)^2$$

② $\mathbf{L}$、$\mathbf{L}_{\mathrm{sym}}$、$\mathbf{L}_{\mathrm{rw}}$ 当中的任何一个拉普拉斯矩阵都是对称的和半正定的。

③ $\mathbf{L}$ 或者 $\mathbf{L}_{\text{rw}}$ 的最小特征值为 0, 且 $\mathbf{1}$ 是与特征值 0 对应的特征向量, 其中, $\mathbf{1}$ 是一个全部元素等于 1 的常数向量。虽然 0 也是 $\mathbf{L}_{\text{sym}}$ 的特征值, 但与之对应的特征向量为 $\mathbf{D}^{1/2}\mathbf{1}$。

④ 如果图拉普拉斯矩阵有 k 个零特征值, 则它有 $N-k$ 个非负的实特征值 $0=\lambda_1 \leqslant \cdots \leqslant \lambda_N$。

相关特征向量是与拉普拉斯矩阵 $\mathbf{L}$ 的几个最小特征值对应的特征向量, 最小特征值 0 除外。为了提高计算效率, 通常计算对应于拉普拉斯矩阵 $\mathbf{L}$ 的几个最大特征值的特征向量。这些结果暗示了以下基于图的方法。

- 图主成分分析: 对于给定的数据向量 $\mathbf{x}_1, \cdots, \mathbf{x}_N$ 和具有拉普拉斯矩阵 $\mathbf{L}$ 的图 $G(V, E, \mathbf{W})$, 若 p 是特征值等于 0 的个数, q 是 0 以外的最小特征值的个数, 则拉普拉斯矩阵 $\mathbf{L}$ 有 $N-(p+q)$ 个主特征值。在标准主成分分析 (参见第 6.8 节) 的主成分被拉普拉斯矩阵的主成分代替之后, $\mathbf{L}$ 与主特征值对应的特征向量给出图主成分分析。
- 图次成分分析: 如果标准次成分分析 (参见第 6.8 节) 中的次特征向量用与拉普拉斯矩阵 $\mathbf{L}$ 的 q 个最小特征值 (特征值 0 除外) 对应的特征向量代替, 则标准次分析即扩展为图次成分分析。
- 图 K 均值聚类: 如果 N 个数据样本内存在 K 个不同的聚类区, 则存在 $K=N-(p+q)$ 个主要的非负特征值, 它们提供了一种在图 K 均值聚类中估计数据样本中可能的聚类数的方法。

定义 6.33 (边导数) [301] 令 $e=(i,j)$ 表示顶点 i 与 j 之间的边。函数 f 相对于顶点 i 的边的边导数定义为

$$\left.\frac{\partial f}{\partial e}\right|_i = \sqrt{\frac{w_{ij}}{d_i}} f_i - \sqrt{\frac{w_{ij}}{d_j}} f_j \tag{6.16.15}$$

[362] 函数 f 在每个顶点 j 上的局部变化则定义为

$$\|\nabla_j f\| = \sqrt{\sum_{e \vdash j} \left(\left.\frac{\partial f}{\partial e}\right|_j \right)^2} \tag{6.16.16}$$

式中, $e \vdash j$ 表示顶点为 j 的边集。

很自然地, 函数 f 的平滑度由其在每个顶点的局部变化之和度量

$$S(f) = \frac{1}{2} \sum_j \|\nabla_j f\|^2 \tag{6.16.17}$$

图拉普拉斯矩阵 $\mathbf{L}=\mathbf{D}-\mathbf{W}$ 是一个差分算子, 因为对任意一个信号 $\mathbf{f} \in \mathbb{R}^n$,$\mathbf{L}$ 都满足

$$(\mathbf{L}\mathbf{f})(i) = \sum_{j \in \mathcal{N}_i} w_{ij}[f_i - f_j] \tag{6.16.18}$$

式中, 邻域 $\mathcal{N}_i$ 是通过一个边与顶点 i 相连接的顶点集合。

经典的傅里叶变换

$$\hat{f}(\xi) = \langle f, \mathrm{e}^{\mathrm{j}2\pi\xi t}\rangle = \int_{\mathbb{R}} f(t)\mathrm{e}^{-\mathrm{j}2\pi\xi t}\mathrm{d}t \tag{6.16.19}$$

是函数 f 的复指数展开, 这些复指数是一维 (1-D) 拉普拉斯算子的特征函数

$$-L(\mathrm{e}^{\mathrm{j}2\pi\xi t}) = -\frac{\partial^2}{\partial t^2}\mathrm{e}^{\mathrm{j}2\pi\xi t} = (2\pi\xi)^2\mathrm{e}^{\mathrm{j}2\pi\xi t} \tag{6.16.20}$$

类似地, 在 G 的顶点上的任一函数 $\mathbf{f} = [f(0), f(1), \cdots, f(n-1)]^{\mathrm{T}} \in \mathbb{R}^n$ 的图傅里叶变换$\hat{f}(\lambda)$ 定义为 f 在特征向量 $\mathbf{u}_l = [u_l(0), u_l(1), \cdots, u_l(n-1)]^{\mathrm{T}}$ 上的展开

$$\hat{f}(\lambda_l) = \langle \mathbf{f}, \mathbf{u}_l\rangle = \sum_{i=0}^{n-1} f_i u_l^*(i),\ \ l = 0, 1, \cdots, n-1 \tag{6.16.21}$$

或者写为矩阵–向量形式

$$\hat{\mathbf{f}} = \mathbf{U}^{\mathrm{H}}\mathbf{f} \in \mathbb{R}^n,\ \ \mathbf{U} = [\mathbf{u}_0, \mathbf{u}_1, \cdots, \mathbf{u}_{n-1}] \tag{6.16.22}$$

于是, 图逆傅里叶变换为 [363]

$$f_i = \sum_{l=0}^{n-1} \hat{f}(\lambda_l) u_l(i),\ \ i = 0, 1, \cdots, n-1 \quad 或 \quad \mathbf{f} = \mathbf{U}\hat{\mathbf{f}} \tag{6.16.23}$$

在经典的傅里叶分析中, 特征值 $\{(2\pi\xi)^2\}_{\xi\in\mathbb{R}}$ 携带一个特定的频率概念: ξ 接近于零 (低频), 相关的复指数本征函数是平滑的、缓慢振荡的函数。相反, 如果 ξ 远离零 (高频), 那么相关的复指数特征函数振荡得更快。在图的设置中, 图的拉普拉斯特征值和特征向量提供了类似的频率概念[232]: 图与低频 λ_l 相关联的拉普拉斯特征向量在图中变化缓慢, 即如果两个顶点由具有较大权重的边连接, 则这些位置的特征向量可能相似。与较大特征值相关联的特征向量则振荡更快, 并且特征向量在由高权重边连接的顶点上更有可能相异。

6.16.4 图信号处理

本小节我们将主要介绍图信号处理中的一些基本运算。

1. 图滤波

在经典信号处理中, 给定一个输入时间信号 $f(t)$ 和一个时域滤波器 $h(t)$, 频率滤波定义为

$$\hat{f}_{\mathrm{out}}(\xi) = \hat{f}_{\mathrm{in}}(\xi)\hat{h}(\xi) \tag{6.16.24}$$

式中 $\hat{f}_{in}(\xi)$ 和 $\hat{f}_{\mathrm{out}}(\xi)$ 分别是输入和输出信号的谱, 而 $\hat{h}(\xi)$ 是滤波器的传递函数。取式 (6.16.24) 的傅里叶逆变换, 则时间滤波为

$$f_{\mathrm{out}}(t) = \int_{\mathbb{R}} \hat{f}_{\mathrm{in}}(\xi)\hat{h}(\xi)\mathrm{e}^{\mathrm{j}2\pi\xi t}\mathrm{d}\xi = \int_{\mathbb{R}} f_{\mathrm{in}}(\tau)h(t-\tau)\mathrm{d}\tau = (f * h)(t) \tag{6.16.25}$$

式中

$$(f*h)(t)=\int_{\mathbb{R}} f_{\text{in}}(\tau)h(t-\tau)\mathrm{d}\tau \tag{6.16.26}$$

表示连续信号 $f(t)$ 和连续滤波器 $h(t)$ 的卷积。

[364] 对于离散信号 $\mathbf{f}=[f_1,\cdots,f_N]^{\mathrm{T}}$, 式 (6.16.25) 给出离散信号的滤波结果

$$f_{\text{out}}(i)=(f*h)(i)=\sum_{k=0}^{N-1} f(k)h(i-k)=\sum_{k=0}^{N-1} h(k)f(i-k) \tag{6.16.27}$$

类似于式 (6.16.24), 图谱滤波可以定义为

$$\hat{f}_{\text{out}}(\lambda_\ell)=\hat{f}_{\text{in}}(\lambda_\ell)\hat{h}(\lambda_\ell) \tag{6.16.28}$$

式中 λ_ℓ 是拉普拉斯矩阵 $\mathbf{L}$ 的第 ℓ 个特征值。取式 (6.16.28) 的傅里叶逆变换, 即得离散时间图滤波

$$f_{\text{out}}(i)=\sum_{\ell=0}^{N-1}\hat{f}_{\text{in}}(\lambda_\ell)\hat{h}(\lambda_\ell)u_\ell(i) \tag{6.16.29}$$

式中 $u_\ell(i)$ 是与特征值 λ_ℓ 对应的 $N\times 1$ 特征向量 $\mathbf{u}_\ell=[u_\ell(1),\cdots,u_\ell(N)]^{\mathrm{T}}$ 的第 i 个元素。

2. 图卷积

由于图信号是离散的, 图滤波式 (6.16.29) 仍然可以表示为与离散信号相同的卷积, 即有

$$f_{\text{out}}(i)=(f_{\text{in}}*h)_G(i) \tag{6.16.30}$$

但是, 图卷积没有经典卷积的标准形式 $(f*h)(i)=\sum_{k=0}^{N-1}f(k)h(i-k)=\sum_{k=0}^{N-1}h(k)f(i-k)$, 因为任何图信号 $f(i)$ 都没有延迟形式 $f(i-k)$。

通过式 (6.16.30) 与式 (6.16.25) 的比较, 可得到图信号的卷积公式

$$(f*h)_G(i)=\sum_{\ell=0}^{N-1}\hat{f}_{\text{in}}(\lambda_\ell)\hat{h}(\lambda_\ell)u_\ell(i) \tag{6.16.31}$$

当使用拉普拉斯矩阵 $\mathbf{L}$ 表示图卷积时, 记为

$$\mathbf{f}_{\text{in}}=[f_{\text{in}}(1),\cdots,f_{\text{in}}(N)]^{\mathrm{T}} \tag{6.16.32}$$

$$\mathbf{f}_{\text{out}}=[f_{\text{out}}(1),\cdots,f_{\text{out}}(N)]^{\mathrm{T}} \tag{6.16.33}$$

$$\hat{h}(\mathbf{L})=\mathbf{U}\begin{bmatrix}\lambda_0 & & 0\\ & \ddots & \\ 0 & & \lambda_{N-1}\end{bmatrix}\mathbf{U}^{\mathrm{H}} \tag{6.16.34}$$

[365] 于是,图卷积公式 (6.16.31) 可以用矩阵–向量形式改写为[232]

$$(\mathbf{f}*\mathbf{h})_G=\hat{h}(\mathbf{L})\mathbf{f}_{in} \tag{6.16.35}$$

即是说，图滤波可以用拉普拉斯矩阵形式表示为

$$\mathbf{f}_{\text{out}} = \hat{h}(\mathbf{L})\mathbf{f}_{in} \tag{6.16.36}$$

3. p-Dirichlet 范数

考虑图 G 上的离散函数的逼近问题。

大量的学习算法都在输入空间 $\mathcal{X}$ 而不是在整个 n 维向量空间 $\mathbb{R}^n$ 上运行。离散输入空间，如字符串、图、树、自动机等，称为流形。在欧氏空间，一个向量函数 $\mathbf{f}$ 的平滑度通常用欧几里得范数表示为 $\|\mathbf{f}\|_2^2 = \sum_{i=1}^N \sum_{j=1}^N (f_j - f_i)^2$。然而，这一表示对流形中的图信号并不适用。

考虑一个无向无加权的图 $G(V, E, \mathbf{W})$，它由一组顶点 V (编号为 1 到 n) 和一组边 E (即顶点对 (i,j)) 组成，其中 $i,j \in V$ 和 $(i,j) \in E \Leftrightarrow (j,i) \in E$。为方便起见，有时用 $i \sim j$ 表示 i 和 j 是近邻，即 $(i,j) \in E$。图 G 的邻接矩阵是 $n \times n$ 实矩阵 $\mathbf{W}$，其元素 $w_{ij} = 1$ (若 $i \sim j$) 或者 0(其他)。由构造知，$\mathbf{W}$ 是对称矩阵，其对角元素等于零。

为了逼近加权矩阵为 $\mathbf{W}$ 的图 G 上的函数，我们需要求一个"好"函数，它对两个连接的节点 i 和 j 来说，不会产生太多的"跳跃"。这个好函数可以通过最小化光滑函数 $S(\mathbf{f}) = \sum_{i \sim j} w_{ij}(f_i - f_j)^2$ 形成。更一般地，我们有关于图上的光滑函数的下述定义。

定义 6.34 [232] 图信号 $\mathbf{f} = [f_1, \cdots, f_N]^{\mathrm{T}}$ 的离散 p-Dirichlet 范数定义为

$$S_p(\mathbf{f}) = \frac{1}{p} \sum_{i \in V} \left[\sum_{j \in \mathcal{N}_i} w_{ij}(f_j - f_i)^2 \right]^{p/2} \tag{6.16.37}$$

下面是图信号 $\mathbf{f}$ 的两种常用的 p-Dirichlet 范数。

- 当 $p = 1$ 时，1-Dirichlet 范数

$$S_1(\mathbf{f}) = \sum_{i \in V} \left[\sum_{j \in \mathcal{N}_i} w_{ij}(f_j - f_i)^2 \right]^{1/2} \tag{6.16.38}$$

  是信号相对于图形的总变化。

- 当 $p = 2$ 时，2-Dirichlet 范数 [366]

$$\begin{aligned} S_2(\mathbf{f}) &= \frac{1}{2} \sum_{i \in V} \sum_{j \in \mathcal{N}_i} w_{ij}(f_j - f_i)^2 \\ &= \sum_{i,j \in E} w_{ij}(f_j - f_i)^2 = \mathbf{f}^{\mathrm{T}}\mathbf{L}\mathbf{f} \end{aligned} \tag{6.16.39}$$

  是由拉普拉斯矩阵 $\mathbf{L}$ 加权的图信号向量 $\mathbf{f}$ 的向量范数。

与欧几里得范数相比，2-Dirichlet 范数可以被认为是由两个节点的邻接系数加权的欧几里得范数。

4. 图 Tikhonov 正则化

给出一个有噪声的图信号 $\mathbf{y}=\mathbf{f}_0+\mathbf{e}$, 其中, $\mathbf{f}_0$ 为图信号向量, $\mathbf{e}$ 为不相关的加性高斯噪声。为了恢复真实的图信号 $\mathbf{f}_0$, 如果使用图信号 $\mathbf{f}$ 的 2-Dirichlet 范数 $S_2(\mathbf{f})=\mathbf{f}^{\mathrm{T}}\mathbf{L}\mathbf{f}$ 代替 Tikhonov 正则化方法中的正则化项 $\|\mathbf{f}\|_2^2$, 则图信号的 Tikhonov 正则化为

$$\arg\min_{\mathbf{f}}\left\{\|\mathbf{f}-\mathbf{y}\|_2^2+\lambda\mathbf{f}^{\mathrm{T}}\mathbf{L}\mathbf{f}\right\} \tag{6.16.40}$$

命题 6.5 [231] 式 (6.16.40) 的 Tikhonov 解 $\mathbf{f}_*$ 由

$$\mathbf{f}_*(i)=\sum_{\ell=0}^{N-1}\left[\frac{1}{1+\gamma\lambda_\ell}\right]\hat{y}(\lambda_\ell)u_\ell(i) \tag{6.16.41}$$

给出, 其中 $i=\{1,2,\cdots,N\}$。

5. 图核

基于核的算法借助核 $K:\mathcal{X}\times\mathcal{X}\to\mathbb{R}$ 捕捉 $\mathcal{X}$ 的结构。离散测度空间最一般的表示形式之一是图。图的正则化是流形学习的重要步骤。

对于 Mercer 核 $K:\mathcal{X}\times\mathcal{X}\to\mathbb{R}$, 存在与 $\mathcal{X}\to\mathbb{R}$ (对应范数为 $\|\cdot\|_K$) 相关的再生核希尔伯特空间 (RKHS) $\mathcal{H}_K$。给出一组标记的样本 $(\mathbf{x}_i,y_i),\ i=1,\cdots,l$ 和一组未标记的样本 $\{\mathbf{x}_j\}_{j=l+1}^{l+u}$, 我们来考虑下面的优化问题

$$\mathbf{f}^*=\arg\min_{\mathbf{f}\in\mathcal{H}_K}\left\{\frac{1}{l}\sum_{i=1}^{l}V(\mathbf{x}_i,y_i,\mathbf{f})+\gamma_A\|\mathbf{f}\|_K^2+\frac{\gamma_I}{l+u}\hat{\mathbf{f}}^{\mathrm{T}}\mathbf{L}\hat{\mathbf{f}}\right\} \tag{6.16.42}$$

式中 $\hat{\mathbf{f}}=[f(\mathbf{x}_1),\cdots,f(\mathbf{x}_{l+u})]^{\mathrm{T}}$ (因为 $n=l+u$), 并且 $f_i=f(\mathbf{x}_i),i=1,\cdots,n$, 而 $\mathbf{L}$ 是拉普拉斯矩阵 $\mathbf{L}=\mathbf{D}-\mathbf{W}$, 其中 w_{ij} 是数据邻接图中的边权重。这里,
[367] 对角矩阵 $\mathbf{D}$ 由 $\mathbf{D}_{l+u}$ 给出, 其元素 $D_{ii}=\sum_{j=1}^{l+u}w_{ij}$。正则化系数 $\frac{1}{(l+u)^2}$ 是拉普拉斯算子经验估计的自然比例因子。对于稀疏邻接图, 这个自然比例因子可以用 $\sum_{i=1}^{l+u}\sum_{j=1}^{l+u}w_{ij}$ 代替。

推论 6.1 [235] 用 $\mathbf{P}=r(\tilde{\mathbf{L}})$ 表示正则化矩阵, 则对应的核矩阵由逆矩阵 $\mathbf{K}=r^{-1}(\tilde{\mathbf{L}})$ 或者伪逆矩阵 $\mathbf{K}=r^{\dagger}(\tilde{\mathbf{L}})$ (视情况而定) 给出。更具体地, 若 $\{(\lambda_i,\mathbf{v}_i)\}$ 组成 $\tilde{\mathbf{L}}$ 的特征系统, 则有

$$\mathbf{K}=\sum_{i=1}^{m}r^{-1}(\lambda_i)\mathbf{v}_i\mathbf{v}_i^{\mathrm{T}} \tag{6.16.43}$$

式中 $0^{-1}=0$。

在谱图理论和分割的背景下, 下面的图核矩阵特别令人感兴趣[235]

$\mathbf{K}=(\mathbf{I}+\sigma^2\tilde{\mathbf{L}})^{-1}$ (正则化拉普拉斯)

$\mathbf{K}=\exp(\sigma^2/2\tilde{\mathbf{L}})$ (数据融合过程)

$\mathbf{K}=(a\mathbf{I}-\tilde{\mathbf{L}})^p,a\geqslant 2$ (一步随机游走)

$$\mathbf{K} = \cos(\tilde{\mathbf{L}}\pi/4) \qquad\qquad (逆余弦)$$

定理 6.7 [20] 优化问题式 (6.16.42) 的解可使用标记的样本 $(\mathbf{x}_i, y_i\}_{i=1}^{l}$ 和未标记的样本 $\{\mathbf{x}_j\}_{j=1}^{l+u}$ 展开为

$$f^*(\mathbf{x}) = \sum_{i=1}^{l+u} \alpha_i K(\mathbf{x}_i, \mathbf{x}) \tag{6.16.44}$$

如果在式 (6.16.42) 中取平方损失函数

$$V(\mathbf{x}_i, y_i, f) = (y_i - f(\mathbf{x}_i))^2 \tag{6.16.45}$$

则式 (6.16.44) 中的 $(l+u)$ 维展开系数向量 $\boldsymbol{\alpha} = [\alpha_1, \cdots, \alpha_{l+u}]^{\mathrm{T}}$ 为[20]

$$\boldsymbol{\alpha}^* = \left(\mathbf{JK} + \gamma_A l\mathbf{I} + \frac{\gamma_I l}{(l+u)^2}\mathbf{LK}\right)^{-1} \mathbf{y} \tag{6.16.46}$$

式中 $\mathbf{K}$ 是标记点和未标记点上的 $(l+u) \times (l+u)$ 格拉姆矩阵; $\mathbf{y}$ 为 $(l+u)$ 维标签向量, 由 $\mathbf{y} = [y_1, \cdots, y_l, 0, \cdots, 0]^{\mathrm{T}}$ 给出; 而 $\mathbf{J} = \mathbf{Diag}(1, \cdots, 1, 0, \cdots, 0)$ 是 [368]
$(l+u) \times (l+u)$ 对角矩阵, 其前 ℓ 个对角元素为 1, 其他元素为 0。

算法 6.31 总结了上述流形正则化算法。

算法 6.31 流形正则化算法[20]

---

1. **input:** l labeled examples $\{\mathbf{x}_i, y_i\}_{i=1}^{l}$ and u unlabeled examples $\{\mathbf{x}_j\}_{j=1}^{l+u}$
2. Construct data adjacency graph with $(l+u)$ nodes using, e.g, k-nearest neighbors. Choose edge weights $w_{ij} = \exp\big(-\|\mathbf{x}_i - \mathbf{x}_j\|^2/(4l)\big)$
3. Choose a kernel function $K(x, y)$ and compute the Gram matrix $K_{ij} = K(\mathbf{x}_i, \mathbf{x}_j)$
4. Compute graph Laplacian matrix $\mathbf{L} = \mathbf{D} - \mathbf{W}$ where $\mathbf{D} = \mathbf{Diag}(W_{1,1}, \cdots, W_{l+u,l+u})$
5. Choose γ_A and γ_I
6. Compute $\boldsymbol{\alpha}^* = \left(\mathbf{JK} + \gamma_A l\mathbf{I} + \frac{\gamma_I l}{(l+u)^2}\mathbf{LK}\right)^{-1} \mathbf{y}$
7. **output:** $f^*(\mathbf{x}) = \sum_{i=1}^{l+u} \alpha_i K(\mathbf{x}_i, \mathbf{x})$

当 $\gamma_I = 0$ 时, 式 (6.16.42) 给出未标记数据上的零系数, 所以标记数据的系数完全是标准递推最小二乘方法的系数。

6.16.5 半监督图学习: 调和函数法

在图信号处理、图模式识别、图机器学习 (谱聚类、图主成分分析、图 K 均值聚类等) 的实际应用中, 图结构的数据 (如社会网络、信息网络、文本文档等) 通常都是以普通的采样数据而不是图的形式给出的。为了对采样数据应用谱图理论, 我们必须学习这些数据, 并将它们变换为图形, 即加权的邻接矩阵 $\mathbf{W}$ 或图拉普拉斯矩阵 $\mathbf{L}$。

图学习问题通常可以认为是寻找一个函数 $\mathbf{f}$, 该函数是光滑的, 并且同时接近另一个给定的函数 $\mathbf{y}$。这一观点可以表示为以下优化问题[301]

$$\mathbf{f} = \underset{\mathbf{f}\in\ell^2(V)}{\arg\min}\left\{S(\mathbf{f}) + \frac{\mu}{2}\|\mathbf{f}-\mathbf{y}\|_2^2\right\} \tag{6.16.47}$$

第一项 $S(\mathbf{f})$ 度量函数 $\mathbf{f}$ 的平滑度, 第二项 $\frac{\mu}{2}\|\mathbf{f}-\mathbf{y}\|_2^2$ 度量函数 $\mathbf{f}$ 对已知函数 $\mathbf{y}$ 的接近度。这两个条件的平衡由非负参数 μ 控制。

给出 l 个标记点 $\{(\mathbf{x}_1, y_1), \cdots, (\mathbf{x}_l, y_l)\}$ 和 u 个未标记点 $\{\mathbf{x}_{l+1}, \cdots, \mathbf{x}_{l+u}\}$, 其中 $\mathbf{x}_i \in \mathbb{R}^d$, 并且典型情况下 $l \ll u$。令 $n = l + u$ 是数据点的总个数。

考虑连接图 $G(V, E, \mathbf{W})$, 其节点集 V 对应 n 个数据点, 节点子集 $L =$
[369] $\{1, \cdots, l\}$ 对应具有类型标签 $y_1, \cdots, y_l$ 的标记数据,而 $U = \{l+1, \cdots, l+u\}$ 对应未标记数据。半监督图标记的任务是先估计有关图 G 的实值函数 $f: V \to \mathbb{R}$, 使得 f 同时满足以下两个条件[304]

- f_i 应该接近标记节点的已知标签 y_i。
- $\mathbf{f}$ 在整个图上应该是平滑的。

函数 f 通常被约束到对标记数据 $\{(\mathbf{x}_1, y_1), \cdots, (\mathbf{x}_l, y_l)\}$ 取值

$$f_i = f_i^{(l)} = f^{(l)}(\mathbf{x}_i) \equiv y_i \tag{6.16.48}$$

同时, 函数 $\mathbf{f}_u = [f_{l+1}, \cdots, f_{l+u}]^{\mathrm{T}}$ 在二元分类 $y_i \in \{-1, +1\}$ 中通过 $\hat{y}_{l+i} = \mathrm{sign}(f_{l+i})$, 给未标记的样本 $\mathbf{x}_{l+1}, \cdots, \mathbf{x}_{l+u}$ 分配标签 y_{l+i}。

基于图的半监督标记的一种方法由 Zhu 等人[305] 提出。在这种方法中, 标记数据和未标记数据表示为加权图的顶点, 其边权重对样本之间的相似性进行编码。于是, 半监督标记问题可以用这个图的高斯随机场表示, 其中, 高斯随机场的均值用调和函数描述, 可以利用矩阵代数方法有效求得。

假定图的边上的 $n \times n$ 对称加权矩阵 $\mathbf{W}$ 为已知。例如, 当 $\mathbf{x}_i \in \mathbb{R}^d$ 时, 加权矩阵的第 (i, j) 个元素可以是

$$w_{ij} = \exp\left(-\sum_{k=1}^{d}\frac{(x_{ik} - x_{jk})^2}{\sigma_k}\right) \tag{6.16.49}$$

式中 x_{ik} 是样本 $\mathbf{x}_i \in \mathbb{R}^d$ 的第 k 分量, $\sigma_1, \cdots, \sigma_d$ 是每一维的长度比例超参数。因此, 加权矩阵可以分解为分块矩阵形式[306]

$$\mathbf{W} = \begin{bmatrix}\mathbf{W}_{ll} & \mathbf{W}_{lu}\\ \mathbf{W}_{ul} & \mathbf{W}_{uu}\end{bmatrix} \tag{6.16.50}$$

式中

$$W_{ll}(i, j) = w_{ij}, i, j = 1, \cdots, l;$$

$$W_{lu}(i, j) = w_{i,l+j}, i = 1, \cdots, l; j = 1, \cdots, u;$$

$$W_{ul}(i, j) = w_{l+i,j}, i = 1, \cdots, u; j = 1, \cdots, l;$$

$$W_{uu}(i, j) = w_{l+i,l+j}, i, j = 1, \cdots, u$$

高斯函数式 (6.16.49) 表明, 欧氏空间中的邻近点被赋予较大的边权重或其他更合适的权值。 [370]

令实值函数向量

$$\mathbf{f}=\begin{bmatrix}\mathbf{f}_l\\ \mathbf{f}_u\end{bmatrix}=[f(1),\cdots,f(l),f(l+1),\cdots,f(l+u)]^{\mathrm{T}} \tag{6.16.51}$$

式中

$$\mathbf{f}_l=[f_1(l),\cdots,f_l(l)]^{\mathrm{T}} \quad \text{或} \quad f_l(i)=f(i)\equiv y_i, i=1,\cdots,l \tag{6.16.52}$$

$$\mathbf{f}_u=[f_u(1),\cdots,f_u(u)]^{\mathrm{T}} \quad \text{或} \quad f_u(i)=f(l+i), i=1,\cdots,u \tag{6.16.53}$$

由于 $f_l(i)\equiv y_i, i=1,\cdots,l$ 为已知, 所以 $\mathbf{f}_u$ 是待求的 $u\times 1$ 向量。一旦 $\mathbf{f}_u$ 可以利用图求出, 则对未标记的数据 $\mathbf{x}_{l+1},\cdots,\mathbf{x}_{l+u}$ 即可分配标签 $\hat{y}_{l+i}=\mathrm{sign}(f_u(i)), i=1,\cdots,u$。直觉告诉我们, 图中相邻近的未标记点应该具有类似的标签。这导致了二次型能量函数

$$E(f)=\frac{1}{2}\sum_{i,j}w_{ij}(f_i-f_j)^2 \tag{6.16.54}$$

由文献 [306] 可知, 最小能量函数 $\mathbf{f}=\arg\min_{\mathbf{f}|_L=\mathbf{f}^{(l)}}E(f)$ 为调和函数, 即它在未标记数据点 U 上满足 $\boldsymbol{\Delta}\mathbf{f}=\mathbf{0}$, 而在标记数据点 L 上等于 $\mathbf{f}_l$, 其中 $\boldsymbol{\Delta}=\mathbf{D}-\mathbf{W}$ 是图 G 的拉普拉斯矩阵。

由 $\boldsymbol{\Delta}\mathbf{f}=\mathbf{0}$ 或者

$$\left(\begin{bmatrix}\mathbf{D}_{ll} & \\ & \mathbf{D}_{uu}\end{bmatrix}-\begin{bmatrix}\mathbf{W}_{ll} & \mathbf{W}_{lu}\\ \mathbf{W}_{ul} & \mathbf{W}_{uu}\end{bmatrix}\right)\begin{bmatrix}\mathbf{f}_l\\ \mathbf{f}_u\end{bmatrix}=\begin{bmatrix}\mathbf{0}_{l\times 1}\\ \mathbf{0}_{u\times 1}\end{bmatrix}$$

可以得出结论: 调和解为[306]

$$\mathbf{f}_u=(\mathbf{D}_{uu}-\mathbf{W}_{uu})^{-1}\mathbf{W}_{ul}\mathbf{f}_l=(\mathbf{I}-\mathbf{P}_{uu})^{-1}\mathbf{P}_{ul}\mathbf{f}_l \tag{6.16.55}$$

式中

$$\begin{aligned}\mathbf{P}=\mathbf{D}^{-1}\mathbf{W}&=\begin{bmatrix}\mathbf{D}_{ll}^{-1}\mathbf{W}_{ll} & \mathbf{D}_{ll}^{-1}\mathbf{W}_{lu}\\ \mathbf{D}_{uu}^{-1}\mathbf{W}_{ul} & \mathbf{D}_{uu}^{-1}\mathbf{W}_{uu}\end{bmatrix}\\ &=\begin{bmatrix}\mathbf{P}_{ll} & \mathbf{P}_{lu}\\ \mathbf{P}_{ul} & \mathbf{P}_{uu}\end{bmatrix}\end{aligned} \tag{6.16.56}$$

上述讨论可以总结为半监督图学习的调和函数算法, 见算法 6.32。

算法 6.32 半监督图学习的调和函数算法[305] [371]

---

1. **input:** Labeled data $(\mathbf{x}_1,y_1),\cdots,(\mathbf{x}_l,y_l)\}$ and unlabeled data $\{\mathbf{x}_{l+1},\cdots,\mathbf{x}_{l+u}\}$ with $l\ll u$
2. Choice a Gaussian weight function w_{ij} on the graph $G(E,V)$, where $i,j=1,\cdots,n$ and $n=l+u$

3. Compute the degree $d_j = \sum_{i=1} w_{ij}, j = 1, \cdots, n$
4. Compute $\mathbf{D}_{uu} = \mathbf{Diag}(d_{l+1}, \cdots, d_{l+u})$, $\mathbf{W}_{uu} = [w_{l+i,l+j}]_{i,j=1}^{u,u}$ and $\mathbf{W}_{ul} = [w_{l+i,j}]_{i,j=1}^{u,l}$
5. $\mathbf{P}_{uu} \leftarrow \mathbf{D}_{uu}^{-1}\mathbf{W}_{uu}, \mathbf{P}_{ul} \leftarrow \mathbf{D}_{uu}^{-1}\mathbf{W}_{ul}$
6. $\mathbf{f}_u \leftarrow (\mathbf{I} - \mathbf{P}_{uu})^{-1}\mathbf{P}_{ul}\mathbf{f}_l$
7. **output:** the labels $\hat{y}_{l+i} = \text{sign}(f_u(i)), i = 1, \cdots, u$

半监督标记与重要应用密切相关。例如, 在电网中, 图 G 的边可以假设是电导为 W 的电阻, 其中标记为 1 的节点连接到正电压源, 标记为 0 的点接地[305]。于是, $f_u(i)$ 是第 i 个未标记节点上生成的电网电压。

一旦估计出标签 $\hat{y}_{l+1}$, 半监督图分类或回归就变成了监督图分类或回归。

6.16.6 半监督图学习: 最小割集法

半监督图学习旨在根据标记数据 $\{(\mathbf{x}_1, y_1), \cdots, (\mathbf{x}_l, y_l)\}$ 和未标记数据 $\{\mathbf{x}_{l+1}, \cdots, \mathbf{x}_{l+u}\}$ 构造一个图形, 其中 $\mathbf{x}_i \in \mathbb{R}^d, i = 1, \cdots, l+u$。这些数据是按照一个域 $M \subseteq \mathbb{R}^d$ 上的概率密度函数 $p(x)$ 随机抽取的。

问题是如何将图中的节点划分为不相交的子集 S 和 T, 使得源 s 位于子集 S, 汇 (sink) t 位于 T。这个问题称为 s/t 切割问题。在组合优化中, s/t 切割的成本 $C = \{S, T\}$ 定义为 "分界" 边 (p, q) 的成本之和, 其中 $p \in S$ 和 $q \in T$。图的最小切割 (min-cut) 问题就是求一个切割, 使得它在所有切割中具有最小成本。

1. 最小割集

令 $X = \{\mathbf{x}_1, \cdots, \mathbf{x}_{l+u}\}$ 是 $l+u$ 个数据点集合, S 是一个平滑的超曲面, 它将空间 X 分离为两部分 S_1 和 S_2, 使得 $X_1 = X \cap S_1 = \{\mathbf{x}_1, \cdots, \mathbf{x}_l\}$ 和 $X_2 = X \cap S_2 = \{\mathbf{x}_{l+1}, \cdots, \mathbf{x}_{l+u}\}$ 分别是处于 S_1 和 S_2 的数据子集。

已知节点 $L = \{1, \cdots, l\}$ 的两个无交连子集 $S = L_+$ 和 $T = L_-$, 它们分别对应 l 标记点 $y_1, \cdots, y_l$ 中具有标签 + 和 − 的数据点子集, 即 $L = S \cup T$, 并且 $S \cap T = \varnothing$。这两个数据块 S 和 T 之间的相异度可以计算为业已被去除的边的总加权。用图论语言表述, 这个总加权称为切割, 记作 $\text{cut}(S, T)$, 并定义为[230]

$$\text{cut}(S, T) = \sum_{i \in S, j \in T} w_{ij} \tag{6.16.57}$$

[372] 图的最优二元分类就是最小化这个割集值, 由此产生了一种最流行的求图的最小割集的方法。

2. 归一化割集

然而, 最小割集准则有利于图中孤立节点集构成的割集[279]。为了避免这种划分小集合的偏差, Shi 和 Malik[230] 提出了归一化割集 (Ncut) 作为解关联测度。这一测度将切割成本计算为图中所有节点的总边连接的一部分, 而不是寻找连接两个切割分区 (S, T) 的总边权重的值。

定义 6.35 (归一化割集) [230] 两个不相交分区 $S\cup T=L$ 和 $S\cap T=\varnothing$ 的归一化割集 (Ncut) 记为 $\mathrm{Ncut}(S,T)$, 并定义为

$$\mathrm{Ncut}(S,T)=\frac{\mathrm{cut}(S,T)}{\mathrm{assoc}(S,L)}+\frac{\mathrm{cut}(S,T)}{\mathrm{assoc}(T,L)} \tag{6.16.58}$$

式中

$$\mathrm{assoc}(S,L)=\sum_{i\in S,j\in L}w_{ij}\quad,\quad \mathrm{assoc}(T,L)=\sum_{i\in T,j\in L}w_{ij} \tag{6.16.59}$$

分别是从 S 和 T 中的节点到图中所有节点的总边权重。

本着同样的思想, 对于一个给定的分区, 组内总归一化关联的测度可以定义为[230]

$$\mathrm{Nassoc}(S,T)=\frac{\mathrm{assoc}(S,S)}{\mathrm{assoc}(S,L)}+\frac{\mathrm{assoc}(T,T)}{\mathrm{assoc}(T,L)} \tag{6.16.60}$$

式中 $\mathrm{assoc}(S,S)$ 和 $\mathrm{assoc}(T,T)$ 分别是连接 S 和 T 内部点总的边加权。

一个分区的关联与非关联是自然相关的

$$\begin{aligned}\mathrm{Ncut}(S,T)&=\frac{\mathrm{cut}(S,T)}{\mathrm{assoc}(S,L)}+\frac{\mathrm{cut}(S,T)}{\mathrm{assoc}(T,L)}\\&=\frac{\mathrm{assoc}(S,L)-\mathrm{assoc}(S,S)}{\mathrm{assoc}(S,L)}+\frac{\mathrm{assoc}(T,L)-\mathrm{assoc}(T,T)}{\mathrm{assoc}(T,L)}\\&=2-\left(\frac{\mathrm{assoc}(S,S)}{\mathrm{assoc}(S,L)}+\frac{\mathrm{assoc}(T,T)}{\mathrm{assoc}(T,L)}\right)\\&=2-\mathrm{Nassoc}(S,T)\end{aligned} \tag{6.16.61}$$

这意味着, 最小化 $\mathrm{Ncut}(S,T)$(数据组 (S,T) 之间的非关联) 和最大化 $\mathrm{Nassoc}(S,$ [373]
$T)$ (数据组内的关联) 的两个分区准则事实上是相同的。

3. 图最小割集学习

考虑完整的图, 其顶点或节点与数据点 $\mathbf{x}_i,\mathbf{x}_j$ 相关联, 其中, $\mathbf{x}_i$ 与 $\mathbf{x}_j, i\neq j$ 之间的边权重为已知。

令 $\mathbf{f}=[f_1,\cdots,f_N]^{\mathrm{T}}$ 是 X_1 的指示向量

$$f_i=\begin{cases}1, & x_i\in X_1\\0, & 其他\end{cases} \tag{6.16.62}$$

有两个感兴趣的量[187]:

- $\int_S p(s)\mathrm{d}s$ 根据边界的加权体积来衡量分区 S 的质量。
- $\mathbf{f}^{\mathrm{T}}\mathbf{L}\mathbf{f}$ 根据分割的大小来度量经验分割的质量。

进行图构造时, 须考虑从下列 3 种图类型选择哪一种图[19, 173]。

① k 近邻图: 样本 $\mathbf{x}_i$ 和 $\mathbf{x}_j$ 被认为是近邻, 若 $\mathbf{x}_i$ 位于 $\mathbf{x}_j$ 的 k 近邻内, 或者 $\mathbf{x}_j$ 位于 $\mathbf{x}_i$ 的 k 近邻内, 其中 k 为整数, 并且 k 近邻采用常用的欧氏距离度量。

② r 球体近邻图: 样本 $\mathbf{x}_i$ 和 $\mathbf{x}_j$ 被认为是近邻, 当且仅当 $\|\mathbf{x}_i - \mathbf{x}_j\| < r$, 其中, 范数为常用的欧几里得范数, r 是一固定的半径。并且两点相连接, 若它们的距离不超过阈值半径 r。注意, 由于距离的对称性, 对于这种图, 我们没有必要区分有向图和无向图。r 球体近邻图有时简称 "r 近邻图"。

③ 完全加权图: 如果在每对不同的节点 $\mathbf{x}_i$ 和 $\mathbf{x}_j$ 之间有一个边 $e = (i, j)$ (但没有循环), 这种图一般不被视为邻域图。然而, 如果选择权函数, 使得邻域节点之间的边的权重很高, 而远离彼此的点之间的权重几乎可以忽略不计, 则该图的表现应与邻域图的表现相似。一种典型的权函数是高斯权函数 $w_{ij} = \exp(-\|\mathbf{x}_i - \mathbf{x}_j\|^2/(2\sigma^2))$。

k 近邻图是有向图, 而 r 球体近邻图为无向图。

用于近邻图的权函数通常与边两个顶点的距离有关, 它们是非增函数。换言之, 边 $(\mathbf{x}_i, \mathbf{x}_j)$ 的权系数 w_{ij} 由 $w_{ij} = f(\text{dist}(\mathbf{x}_i, \mathbf{x}_j))$ 给出, 具有非增的权函数f。

[374] 这里考虑的权函数为单位权函数 $f \equiv 1$(它将导致非加权图) 和高斯权函数

$$f(u) = \frac{1}{(2\pi\sigma^2)^{d/2}} \exp\left(-\frac{1}{2}\frac{u^2}{\sigma^2}\right) \tag{6.16.63}$$

其中, 参数 $\sigma > 0$ 定义高斯函数的展宽。

通常假设, 对于可测集 $S \subseteq \mathbb{R}^d$, 沿决策边界 S 的曲面积分 $\mu(S) = \int_S p(S)\text{d}S$ 是由概率分布 p 诱导的 $\mathbb{R}^d$ 上的测度。此测度称为加权边界体积。

Narayanan 等人[187] 证明, 加权边界体积可用 $\frac{\sqrt{\pi}}{N\sqrt{\sigma}}\mathbf{f}^{\text{T}}\mathbf{L}\mathbf{f}$ 近似

$$\int_S p(s)\text{d}s \approx \frac{\sqrt{\pi}}{N\sqrt{\sigma}}\mathbf{f}^{\text{T}}\mathbf{L}\mathbf{f} \tag{6.16.64}$$

式中, $\mathbf{L}$ 是归一化的图拉普拉斯矩阵, $\mathbf{f} = [f_1, \cdots, f_{l+u}]^{\text{T}}$ 为加权向量函数, 而 σ 是边权重高斯函数的展宽。

对于分类问题, 给定训练样本数据 $\mathbf{X} = [\mathbf{x}_1, \cdots, \mathbf{x}_N]$, 其中 $\mathbf{x}_i \in \mathbb{R}^d$, 且 N 为训练样本的总个数。传统的图构造方法将图构造过程分解为两步: 图邻接矩阵构造和图权计算[286]。

① 图邻接矩阵构造: 有 ϵ 球体近邻法和 k 近邻法两种主要的构造方法[19]。

② 3 种图权计算方法[286]:

- 热核[19]

$$w_{ij} = \begin{cases} \text{e}^{\frac{-\|\mathbf{x}_i - \mathbf{x}_j\|^2}{t}}, & \mathbf{x}_i \text{ 和 } \mathbf{x}_j \text{ 是近邻} \\ 0, & \text{其他} \end{cases} \tag{6.16.65}$$

式中, t 是热核参数。注意, 当 $t \to \infty$ 时, 热核将产生二元权重, 所构造的图为二元图, 即

$$w_{ij} = \begin{cases} 1, & \mathbf{x}_i \text{ 和 } \mathbf{x}_j \text{ 是近邻} \\ 0, & \text{其他} \end{cases} \tag{6.16.66}$$

- 逆欧氏距离[63]

$$w_{ij} = \|\mathbf{x}_i - \mathbf{x}_j\|_2^{-1} \tag{6.16.67}$$

式中 $\|\mathbf{x}_i - \mathbf{x}_j\|_2$ 是 $\mathbf{x}_i$ 和 $\mathbf{x}_j$ 的欧氏距离。

- 局部线性重构系数[216] [375]

$$\xi(\mathbf{W}) = \sum_i \left\|\mathbf{x}_i - \sum_j w_{ij}\mathbf{x}_j\right\|^2, \quad \text{s.t.} \sum_j w_{ij} = 1, \forall i \tag{6.16.68}$$

式中, 若 $\mathbf{x}_i$ 和 $\mathbf{x}_j$ 不是近邻, 则 $w_{ij} = 0$。

如果原始数据中有 N 个样本, 则留一交叉验证 (LOOCV) 将每个样本分别用作测试集, 而其他 $N-1$ 个样本用作训练集。因此, LOOCV 将得到 N 个模型。在这种情况下, N 个模型的最终测试集的分类精度的平均值将作为 LOOCV 分类器的性能指标。

LOOCV 误差定义为在 $\mathbf{x} \in L \cup U$ 具有与其最近邻居标签不同的 $\mathbf{x}$ 的计数。这也是割集的值。

对于 k 近邻图, 令 $nn_{\mathbf{uv}}$ 是 "$\mathbf{v}$ 是 $\mathbf{u}$ 的近邻" 的指示符。对于 k 平均近邻图, 令 $w_{\mathbf{uv}}$ 是分类 $\mathbf{u}$ 时 $\mathbf{v}$ 标签的权值。

定理 6.8[29] 对于每一个节点对 $\mathbf{u}$ 和 $\mathbf{v}$, 假设样本节点之间的边权重定义为 $nn_{\mathbf{uv}} = 1$ (若 $\mathbf{v}$ 是 $\mathbf{u}$ 的最近邻居) 和 $nn_{\mathbf{uv}} = 0$ (其他)。若定义 $w(\mathbf{u}, \mathbf{v}) = nn_{\mathbf{uv}} + nn_{\mathbf{vu}}$ (对 k 近邻图) 或者 $w(\mathbf{u}, \mathbf{v}) = nn_{\mathbf{uv}} + nn_{\mathbf{vu}}$ (对 k 平均近邻图), 则对于样本 $\mathbf{u} \in U$ 的任何二进制标记, 相关割集的成本等于 $\mathbf{u}$ 在 $L \cup U$ 上的一个最近邻居犯的 LOOCV 错误数。

上述定理表明, k 近邻域图或 k 平均近邻域图的最小割集与最小化 $L \cup U$ 上的 LOOCV 误差是等同的。

下面总结了图最小割集学习算法[29] 的步骤。

① 构造加权图 $G = (V, E, \mathbf{W})$, 其中 $V = L \cup U \cup \{v_+, v_-\}$ 和 $E \subseteq V \times V$。与每个边 $e \in E$ 关联的是一个权值 $w(e)$。顶点 v_+ 和 v_- 称为分类顶点, 所有其他顶点称为样本顶点。

② $w(v, v_+) = \infty$ (对所有 $v \in L_+$) 和 $w(v, v_-) = \infty$ (对所有 $v \in L_-$)。

③ 为样本节点 $\mathbf{x}_i, \mathbf{x}_j$ 之间的边分配权重的函数称为边权重函数 w_{ij}。

④ v_+ 被视为源, v_- 被视为汇, 边权重被视为容量。除去割集中的边, 将图分割为两组顶点: V_+ (具有 $v_+ \in V_+$) 和 V_- (具有 $v_- \in V_-$)。为方便计, 如果有多个最小割集, 则算法选择 V_+ 最小的那个割集 (这总是定义明确的并且容易获得的)。

⑤ 将正标签分配给集合 V_+ 中所有未标记的样本, 将负标签分配给集合 V_- 中所有未标记的样本。

4. 最小归一化割集 [376]

如果在 $S = L_+$ 中的一个节点被视为源 $s \in S$, 而在 $T = L_-$ 中的节点被视为汇 $t \in T$, 则最小化 $\text{Ncut}(S, T)$ 是最小 s/t 切割问题。组合优化的一个基本结果是[34]: 通过寻找从源 s 到汇 t 的最大流, 可以解决最小 s/t 切割问题。宽松地说, 如果把图边理解为容量等于边权重的有向"管道", 则最大流量是从源到汇流出的最大"水量"。Ford 和 Fulkerson[95] 的定理表明, 从 s 到 t 的最大流可以使图中的一组边饱和, 将节点分成与最小切割对应的两个无交连部分 s, t。因此, 最小切割和最大流问题是等价的。从这个意义上讲, 最小切割、最大流和最小切割/最大流方法属同一种方法。

令 $\mathbf{f}$ 是一个 $N = |L|$ 维指示向量, 并且 $f_i = 1$ (若节点 i 位于 L_+) 和 -1 (其他)。在 $d_i = \sum_{j=1} w_{ij}$ 是从节点 i 到所有其他节点的总连接的假设下, $\mathrm{Ncut}(S,T)$ 可以改写为

$$
\begin{aligned}
\mathrm{Ncut}(S,T) &= \frac{\mathrm{cut}(S,T)}{\mathrm{assoc}(S,L)} + \frac{\mathrm{cut}(S,T)}{\mathrm{assoc}(T,L)} \\
&= \frac{\sum_{(f_i>0,f_j<0)} -w_{ij} f_i f_j}{\sum_{f_i>0} d_i} + \frac{\sum_{(f_i<0,f_j>0)} -w_{ij} f_i f_j}{\sum_{f_i<0} d_i} \\
&= \mathrm{Ncut}(\mathbf{f})
\end{aligned} \tag{6.16.69}
$$

业已证明[230], 归一化割集 $\mathrm{Ncut}(S,T) = \mathrm{Ncut}(\mathbf{f})$ 的最小化等同于在归一化条件 $\mathbf{f}^{\mathrm{T}}\mathbf{1} = 0$ 和 $\|\mathbf{f}\| = 1$ 的约束之下瑞利商 $R(\mathbf{f})$ 的最小化

$$
\min_{\mathbf{f}} \mathrm{Ncut}(\mathbf{f}) = \min_{\mathbf{u}} \left\{ R(\mathbf{u}) = \frac{\mathbf{u}^{\mathrm{T}}(\mathbf{D}-\mathbf{W})\mathbf{u}}{\mathbf{u}^{\mathrm{T}}\mathbf{D}\mathbf{u}} \right\} \tag{6.16.70}
$$

命题 6.6 [230] 瑞利商的最小化式 (6.16.70) 可以表示为广义特征值问题 $\mathbf{L}\mathbf{f} = \lambda\mathbf{D}\mathbf{f}$: 其解是与矩阵束 $(\mathbf{L}, \mathbf{D})$ 的第二个最小广义特征值对应的广义特征向量, 其中 $\mathbf{L} = \mathbf{D} - \mathbf{W}$ 是图 G 的拉普拉斯矩阵。

在图像分割中, 一个关键的问题是如何将一幅图像的域 I 分割为若干个子集, 并选择"正确"的一个子集。基于分组的图论公式, 一种基于分组方法的最小归一化割集由 Shi 和 Malik[230] 提出。在这种分组中, 顶点集被分割为无交连的集合 $V_1, V_2, \cdots, V_m$。其中, 根据某个测度, 集合 V_i 中的顶点之间的相似度高, 而不同集合 V_i, V_j 中的顶点之间的相似度低。

利用最小归一化割集与矩阵束 $(\mathbf{D}-\mathbf{W}, \mathbf{D})$ 的广义特征值分解之间的关系, 一种基于归一化割集的图像分割算法如下[230]。

[377] ① 给定一个图像或图像序列, 建立一个加权图 $G(V, E, \mathbf{W})$, 并将连接两个节点的边的权重设置为两个节点之间相似性的度量。

② 求解 $(\mathbf{D}-\mathbf{W})\mathbf{u} = \lambda\mathbf{D}\mathbf{u}$, 得到与最小特征值对应的特征向量。

③ 利用具有第二个最小特征值的特征向量对图进行二分割。

④ 决定是否应该细分当前分区, 并在必要时递归地重新划分已分割的部分。

6.16.7 无监督图学习: 稀疏编码法

在第 6.16.5 节和第 6.16.6 节, 我们讨论了半监督图学习或图构造的调和函数法和最小割集法。现在, 我们转而讨论仅根据未标记训练样本进行的图构造。

给出一组 N 个 d 维训练样本 $\mathbf{x}_1, \cdots, \mathbf{x}_N$, 它们组成 $d \times N$ 训练矩阵 $\mathbf{X} = [\mathbf{x}_1, \cdots, \mathbf{x}_N]$, 其中 $d \ll N$。令 $\mathbf{y} = [y_1, \cdots, y_d]^{\mathrm{T}}$ 为目标信号, $\mathbf{a} = [a_1, \cdots, a_N]^{\mathrm{T}}$

为系数向量, 使得

$$\mathbf{e} = \mathbf{y} - \mathbf{X}\mathbf{a} \tag{6.16.71}$$

系数向量 $\mathbf{a}$ 可以借助优化 $\min \|\mathbf{y} - \mathbf{X}\mathbf{a}\|_2^2$ 进行估计。对应的矩阵方程为

$$[\mathbf{X}, \mathbf{I}_d] \begin{bmatrix} \mathbf{a} \\ \mathbf{e} \end{bmatrix} = \mathbf{y} \quad \text{或} \quad \mathbf{B}\boldsymbol{\alpha} = \mathbf{y} \tag{6.16.72}$$

式中 $\mathbf{B} = [\mathbf{X}, \mathbf{I}_d] \in \mathbb{R}^{d\times(N+d)}$, 且 $\mathbf{I}_d$ 是 $d \times d$ 单位矩阵, $\boldsymbol{\alpha} = \begin{bmatrix} \mathbf{a} \\ \mathbf{e} \end{bmatrix} \in \mathbb{R}^{d+N}$。然而, 由于 $d \ll N$, 矩阵方程 $\mathbf{B}\boldsymbol{\alpha} = \mathbf{y}$ 为欠定方程, 有无穷多个解 $\boldsymbol{\alpha}$。

利用稀疏编码方法, 欠定方程 (6.16.72) 的唯一解可通过最小化重构误差 $\|\mathbf{e}\|_2^2$ 和系数向量 $\boldsymbol{\alpha}$ 的 ℓ_1 范数得到, 变为求解[273]

$$\hat{\boldsymbol{\alpha}} = \arg\min_{\boldsymbol{\alpha}} \|\boldsymbol{\alpha}\|_1 \quad \text{s.t.}\ \mathbf{B}\boldsymbol{\alpha} = \mathbf{y} \tag{6.16.73}$$

在无监督学习的情况下, 目标 $\mathbf{y}$ 不适用, 可以把第 i 个训练示例 $\mathbf{x}_i$ 想象成目标 $\mathbf{y}$, 从而将 ℓ_1 优化问题式 (6.16.73) 变换为[286]

$$\hat{\boldsymbol{\alpha}}_i = \arg\min_{\boldsymbol{\alpha}} \|\boldsymbol{\alpha}\|_1 \quad \text{s.t.}\ \mathbf{B}\boldsymbol{\alpha} = \mathbf{x}_i \tag{6.16.74}$$

式中 [378]

$$\boldsymbol{\alpha}_i = \left[a_1^{(i)}, \cdots, a_{N-1}^{(i)}, e_1^{(i)}, \cdots, e_d^{(i)}\right]^{\mathrm{T}} \in \mathbb{R}^{N-1+d} \tag{6.16.75}$$

$$\mathbf{B} = [\mathbf{X} \setminus \mathbf{x}_i, \mathbf{I}_d] \in \mathbb{R}^{d\times(N-1+d)}, i = 1, \cdots, N \tag{6.16.76}$$

这里, $[\mathbf{X} \setminus \mathbf{x}_i] = [\mathbf{x}_1, \cdots, \mathbf{x}_{i-1}, \mathbf{x}_{i+1}, \cdots, \mathbf{x}_N]$, $i = 1, \cdots, N$。

此外, 图的权重由 $w_{ij} = |a_j^{(i)}|$ 给出。这种利用稀疏编码, 由训练样本 $\mathbf{x}_1, \cdots, \mathbf{x}_N$ 求得的图称为ℓ_1 图[286]。

算法 6.33 给出了 ℓ_1 有向图构造算法。

算法 6.33 ℓ_1 有向图构造算法[286]

---

input: Column sample matrix $\mathbf{X} = [\mathbf{x}_1, \cdots, \mathbf{x}_N]$

initialization: Normalize the training samples to have unit ℓ_2 norm

for $i = 1 : N$ **do**

  Set $[\mathbf{X} \setminus \mathbf{x}_k] = [\mathbf{x}_1, \cdots, \mathbf{x}_{k-1}, \mathbf{x}_{k+1}, \cdots, \mathbf{x}_N] \in \mathbb{R}^{d\times(N-1)}$, and $\mathbf{B} = [\mathbf{X} \setminus \mathbf{x}_k, \mathbf{I}_d] \in \mathbb{R}^{d\times(d+N-1)}$

  Solve the ℓ_1 optimization problem $\hat{\boldsymbol{\alpha}} = \arg\min_{\boldsymbol{\alpha}} \|\boldsymbol{\alpha}\|_1$ subject to $\mathbf{B}\boldsymbol{\alpha} = \mathbf{x}_k$

  Let $\mathbf{a} = \hat{\boldsymbol{\alpha}}_{1:N}$ and $\mathbf{e} = \hat{\boldsymbol{\alpha}}_{N+1:N+d-1}$

  for $j = 1 : N - 1$ **do**

    if $j < i$ then set $w_{ij} = |a_j|$

```
        else set $w_{ij} = |a_{j-1}|$
    end for
end for
output:  $\mathbf{W} = [w_{ij}]_{i,j=1}^{N,N}$
```

6.17 主动学习

从学习者与指导者的关系看, 机器学习可分为“被动”学习和“主动”学习。

- 被动学习以导师/指导者为中心, 学习者/用户从讲师/指导者那里接收信息, 并将其消化后进行分类或预测 (或回归)。
- 主动学习 (AL) 通常指在决定要训练的数据时, 学习者具有某种主动性或参与性角色的学习问题或系统。这与被动学习形成对比, 被动学习只是向学习者提供了无法控制的训练集[58]。

从 20 世纪 70 年代开始, 主动学习问题在实验设计的名义[51, 90] 下被研究了几十年。

主动学习和半监督学习面对同样的问题: 没有类型标签的数据是相当丰富的, 而有标签的数据是稀缺和难以获得的。在这种情况下, 我们可以让学习算法主动提取出要标记的数据, 然后将这些新的标记数据添加到训练样本集中来训练学习算法。这个过程通常被称为主动学习。因此, 主动学习是半监督机器学习的一种特殊情况, 在这种情况下, 学习算法能够交互式地查询用户 (或某些其他信息源), 以在新的数据点获得所需的输出[40]。把主动学习和半监督学习结合起来, 从两方面入手解决问题。

[379]

主动学习和半监督学习的根本区别在于: 在主动学习中, 学习者有能力或者有需求能够影响或者选择自己的训练数据; 而半监督学习却没有这种能力或需求。

6.17.1 主动学习的背景

在许多机器学习问题中, 训练数据被视为问题定义的一部分。然而, 在实际中, 训练数据往往不是事先固定的。相反, 作为训练过程中的积极参与者, 学习者有机会在决定哪些数据用于训练中发挥作用。在主动学习中, 学习者必须采取行动来获取信息, 并且必须决定哪些主动选择的数据将为他/她提供可最大程度减少未来损失的信息[58]。

在许多应用中, 未标记的数据通常很丰富, 但手动标记它们的成本很昂贵。如果在这些应用中采用更复杂的监督 (和半监督) 学习算法, 标记数据非常困难、耗时或者很昂贵。下面给出几个例子[40]。

- 信息抽取: 良好的信息提取系统必须通过使用带有详细注释的标记文档进行训练。即使是简单的新闻报道, 定位实体和关系也可能需要花费半个小时[224]。对其他知识领域的注释可能还需要额外的专业知识, 例如, 对生物医学信息提取中提到的基因和疾病进行注释通常需要博士级的生物学家。

- 分类与滤波: 学习对文档 (如文章或网页) 或任何其他类型的媒体 (如图像、音频和视频文件) 进行分类需要用户在每个文档或媒体文件上贴上特定的标签, 如与查询"相关"或"不相关"。对一个人来说, 注释成千上万个这样的样本可能是乏味的, 甚至是多余的。
- 临床命名实体识别: 临床概念或临床命名实体识别 (NER) 是建立临床自然语言处理系统的重要任务。Chen 等人[50] 报道, 对于包含 349 个临床文档的带有 20 423 个独特句子的标注的 NER 语料库, 很难用现有的临床 NER 语料库对带有注释的医疗问题、治疗和实验室测试的临床笔记进行模拟实验。

有效地管理数字视频资源对于人类行为检索来说是一项艰巨的任务, 因为行为检索比动作识别更具挑战性。 [380]

相关反馈是一种常用的技术, 用于减轻人类行为检索系统中缺乏训练样本的影响。为了提高检索系统的准确性, 用户可以通过相关反馈将返回的每个结果反馈给检索系统, 以便将它们标记为与查询相关或无关。然后, 检索系统将执行初始查询, 并将最相关的 T 个结果返回给用户, 以便根据需要标记尽可能多的"相关"或尽可能少的"不相关"。接下来, 用户再次运行查询产生改进的结果, 直至类内变异在查询中得到更好的表示。

然而, 即使有相关反馈, 检索结果仍然可能很差[135]: 反馈的数量通常很小, 因为用户提供反馈以改进查询的耐心有限; 由于只有很少的训练样本, 检索结果通常不稳定和不可靠。

对于检索系统来说, 主动学习比相关反馈是一种更好的选择。与相关反馈类似, 主动学习 (也称为"查询学习") 也要求用户根据与查询的相关性标记多个数据库项。然后使用这些标签更新查询, 并改进检索结果。

相关反馈和主动学习的关键区别在于用户为哪些数据库项提供标签[135]:

- 在相关反馈中, 用户自己标记检索系统返回的 T 个最相关的结果。
- 在主动学习中, 用户可以 (主动地) 向老师/专家询问需要标签的样本, 以获得更高的准确性。

由于有更多的信息反馈, 所以主动学习有更快的学习速度, 并且通常比相关反馈表现更好。

主动学习是机器学习的一个子领域, 更广泛地说, 是人工智能的一个分支[40]。主动学习的关键思想是, 如果允许机器学习算法选择从中学习的数据, 它将在较少的训练下表现得更好。

6.17.2 统计主动学习

当主动学习用于分类或回归时, 有 3 种最重要的模式: 成员查询学习、基于池的主动学习和基于流的主动学习。

- 成员查询学习[9]: 也称建构性主动学习。在成员查询学习中, 学习者可以创建或选择未标记的样本, 供人类专家进行标记[42]。

[381]
- 基于池的主动学习[159, 176]: 在文本分类和语音识别等许多应用中很受欢迎, 因为在这些应用中, 未标记的数据非常丰富且便宜, 但标签的获取昂贵且缓慢。在基于池的主动学习中, 学习者可能不会提出要标记的点, 而是可以访问一组未标记的样本, 并且可以选择其中的哪一个来请求进行标记。
- 基于流的主动学习[11]: 也称为顺序主动学习或选择性采样。基于流的主动学习在许多方面类似于基于池的学习, 只是学习者必须决定是否将未标记的样本作为数据流进行查询或丢弃。

选择要标记的样本可以看作是在数据空间表示法[33] 的探索和开发之间的两难选择。主动学习的目的是通过某种查询策略, 为 $\mathcal{T}_{C,i}$(一个选择标记的子集) 选择数据点的最佳方法。

用于确定应标记哪些数据点的查询策略可以组织成不同的类别[40]:

- 不确定性抽样[159] 是最流行的查询标准之一, 可以用来选择未标记数据的最不确定样本。
- 委员会查询 (QBC) 方法[226] 是一种有效的主动学习方法。给定模型的一个委员会 $C = \{\theta^{(1)}, \cdots, \theta^{(C)}\}$, 这些模型都是在当前标签集 $\mathcal{L}$ 上训练的, 并且是查询候选模型。委员会查询方法直接测量委员会成员的投票差异, 选择类别标签投票不一致的样本作为训练数据, 而信息量最大的查询是他们最有异议的样本。
- 期望模型更改方法[225] 是查询一个样本, 如果我们知道其标签, 它会给当前模型带来最大的改变。
- 方差减小方法[59] 对那些可能使输出方差 (查询误差的组成部分之一) 最小化的数据点进行标记。
- 平衡探索和开发: 在这种情况下, 选择要标记的样本被视为探索和开发之间的两难选择。该策略通过将主动学习问题建模为上下文冲突问题来管理这种折中。常用的算法有贪婪算法、Softmax 算法、Bayes-Bandit 算法等。
- 最小确定性选择子集合 $\mathcal{N}_a$, 其元素位于查询队列 Q 的底部。
- 中间不确定性选择子集合 $\mathcal{N}_a$, 其元素位于查询队列 Q 的中部。
- 指数梯度搜索[32] 可以通过最佳随机搜索改进任何主动学习算法。

统计主动学习的目标通常是依靠学习者对自身不确定性进行统计建模的能
[382] 力, 找到能使某种形式的期望损失最小化的模型参数。统计主动学习的过程通常如下[58]:

① 首先为样本的一个随机小样本请求标记, 然后对标记的数据拟合一个统计模型。

② 对任何实例 $\mathbf{x}$, 用统计模型估计其标签 $y = y(\mathbf{x})$ 的统计期望及其与期望标签之间的方差 $\sigma^2_{\hat{y}(\mathbf{x})}$。

③ 考虑一候补数据点 $\tilde{\mathbf{x}}$, 并询问如果我们将其标记为 $\tilde{y}$, 损失将减少多少。

④ 估计为候选点 $\tilde{\mathbf{x}}$ 获得标签 $\tilde{y}$ 后的预期效果, 对 M 个候选点的样本重复此计算, 然后为期望损失减少最多的候选点请求进行标记。将新标记的

样本添加到训练集中，重新训练，然后开始寻找候选点，以便在下一次迭代中添加。

6.17.3 主动学习算法

给定未标记样本的一个大数据池 $\mathcal{U}$ 和一个小的标记样本集 $\mathcal{L}$，其中 $|\mathcal{L}| \ll |\mathcal{U}|$，并且 $\mathcal{X} = \mathcal{L} \cup \mathcal{U}$。这里，$|\cdot|$ 表示一个集合的基数。典型的，基于池的主动学习 (PAL) 使用 $\mathcal{L}$ 训练分类器 $\mathbf{h}$。接下来，基于选择策略 Q 确定用于申请标记的未标记样本的查询集 $\mathcal{S}$。该策略使用 $\mathbf{h}$ 中包含的“知识”进行样本选择，并呈现给智囊 $\mathcal{O}$。然后，将标记好的样本添加到 $\mathcal{L}$，并更新分类器 $\mathbf{h}$。

基于池的主动学习框架可以归纳如下[50]：

- 初始模型生成：开始时，查询少量样本以获取用于构建初始模型的注释。两种常见的初始抽样策略是随机抽样或面向应用的抽样 (例如，用于临床文本中命名实体识别的最长句子抽样)。
- 查询：然后根据查询算法对未注释的样本进行排序。不同的算法使用不同的查询策略进行排名。
- 训练：选定的未标记子集将在更新的注释集上重新训练。
- 迭代：重复上述查询步骤和训练步骤，直至停止准则满足。

基于池的主动学习在许多实际应用中得到了广泛的应用，如文本分类[119, 250]、视频搜索[266]、图像分类[160]、动作检索[135] 等。

算法 6.34 是一种基于最小 (或中等) 不确定性查询策略的传统主动学习方法[295]。

算法 6.34 主动学习算法[295] [383]

---

input: labeled dataset $\mathcal{L} = \{\mathbf{x}_i, y_i\}_{i=1}^{l}$ and unlabeled dataset $\mathcal{U} = \{\mathbf{x}_i\}_{i=l+1}^{l+u}$
repeat
  Upsample the labeled dataset $\mathcal{L}$ to obtain even class distribution $\mathcal{L}_D$
  Use $\mathcal{L}/\mathcal{L}_D$ to train a classifier $\mathbf{h}$, and then classify the unlabeled dataset $\mathcal{U}$
  Rank the data based on the prediction confidence value C and store them in queue Q
  Select subset $\mathcal{N}_a$ whose elements are in the bottom of the rank queue Q (least certainty) or select $\mathcal{N}_a$ whose elements are in the meddle of the rank queue Q (meddle certainty)
  Submit the selected subset $\mathcal{N}_a$ to human annotation
  Remove $\mathcal{N}_a$ from the unlabeled dataset to get $\mathcal{U} = \mathcal{U} \setminus \mathcal{N}_a$
  Add $\mathcal{N}_a$ to the labeled dataset $\mathcal{L}$, i.e., $\mathcal{L} = \mathcal{L} \cup \mathcal{N}_a$
until unlabeled data is used up
output: $\{\mathbf{x}_i, y_i\}_{i=1}^{l+u}$

主动学习很容易扩展到双视图数据的情况。这种扩展的主动学习称为协同

主动学习, 参见算法 6.35。

算法 6.35 协同主动学习[295]

input: a learning domain with features $V = \{\mathbf{x}_i, y_i\}_{i=1}^{l} \cup \{\mathbf{x}_i\}_{i=l+1}^{l+u}$
repeat
Split the domain V into two "eviews": $V_1 = \{\mathbf{x}_i^{(1)}\}_{i=1}^{l}$ and $V_2 = \{\mathbf{x}_i^{(2)}\}_{i=1}^{l}$, where $V_1 \cap V_2 = \varnothing$
Upsample "views" V_1 and V_2 to obtain even class distributions V_{D_1} and V_{D_2}, respectively
Use V/V_{D_1} and V/V_{D_2} to train classifiers $\mathbf{h}_1$ and $\mathbf{h}_2$, respectively; and then use $\mathbf{h}_1$ and $\mathbf{h}_2$ to classify the unlabeled dataset $\mathcal{U}$, respectively
Rank the data based on the prediction confidence value C and store them in queue Q
Select subset $\mathcal{N}_a$ whose elements are in the meddle of the rank queue Q (middle certainty)
Submit the selected subset $\mathcal{N}_{ca} = \mathcal{U}_{a1} \cup \mathcal{U}_{a2}$ to human annotation
Remove $\mathcal{N}_{ca}$ from the unlabeled dataset $\mathcal{U}$: $\mathcal{U} = \mathcal{U} \setminus \mathcal{N}_{ca}$
Add $\mathcal{N}_{ca}$ to the labeled dataset $\mathcal{L}$, i.e., $\mathcal{L} = \mathcal{L} \cup \mathcal{N}_{ca}$
until unlabeled data is used up
output: $\{\mathbf{x}_i, y_i\}_{i=1}^{l+u}$

6.17.4 基于主动学习的二元线性分类器

考虑具有两个类“+”和“−”的二元分类。已知一个小的标记样本集 $\mathcal{L} = \{\mathbf{x}_i, y_i\}_{i=1}^{l}$ 和一个大的未标记样本集 $\mathcal{U} = \{\mathbf{x}_i\}_{i=l+1}^{l+u}$, 其中 $\mathbf{x}_i \in \mathbb{R}^d$, $y_i \in \{+1, -1\}$。我们的任务是给出任意一个测试样本 $\mathbf{x}$, 利用基于池的主动学习对 $\mathbf{x}$ 属于哪一类做决策。

为此, 我们需要在分离超平面附近找到一对相反的 $\{\mathbf{x}_+, \mathbf{x}_-\}$。

令 C_+ 和 C_- 分别是标记正和负的样本的形心

$$\mathbf{c}_+ = \frac{1}{|\mathcal{L}_+|}\sum_{i\in\mathcal{L}_+}\mathbf{x}_i, \quad \mathbf{c}_- = \frac{1}{|\mathcal{L}_-|}\sum_{i\in\mathcal{L}_-}\mathbf{x}_i \tag{6.17.1}$$

[384] 当标记集 $\mathcal{L}$ 很小时,我们不能分别使用 $\mathbf{x}_+ = \mathbf{c}_+$ 和 $\mathbf{x}_- = \mathbf{c}_-$ 作为 $\mathbf{x}_+$ 和 $\mathbf{x}_-$ 的估计结果, 因为这些估计通常非常差。

通过基于池的主动学习, 我们合成第一个样本 $\mathbf{x}_s = \frac{1}{2}(\mathbf{x}_+ + \mathbf{x}_-)$, 并查询其标签。由于这是一个伪样本, 人类注释者可能无法识别它, 特别是在基于视觉的任务中更无法识别[260]。

相反, 应该从未标记集 $\mathcal{U}$ 中搜索其最近的邻居 (由 $\mathbf{x}_q$ 表示) 并查询其标签。如果标签为正, 则使用 $\mathbf{x}_q$ 和 $\mathbf{c}_-$ 的中点作为新的合成样本。重复此过程, 直到可以在分类边界附近找到接近分类边界的另一个相反对 $\{\mathbf{x}_+, \mathbf{x}_-\}$。

算法 6.36 示出了求接近分离超平面的相反对的基于池的主动学习算法, 它由 Wang 等人[260] 开发。

算法 6.36 求接近分离超平面的相反对的主动学习[260]

---

input: labeled data set $\mathcal{L}^0 = \{\mathbf{x}_i, y_i\}_{i=1}^{l}$, unlabeled data set $\mathcal{U}^0 = \{\mathbf{x}\}_{i=l+1}^{l+u}$

input: let $\mathbf{x}_+^0 = \frac{1}{|\mathcal{L}_+|}\sum_{i\in\mathcal{L}_+}\mathbf{x}_i$ and $\mathbf{x}_-^0 = \frac{1}{|\mathcal{L}_-|}\sum_{i\in\mathcal{L}_-}\mathbf{x}_i$

repeat

  Synthesize an instance $\mathbf{x}_s = \frac{1}{2}(\mathbf{x}_+ + \mathbf{x}_-)$

  Use the nearest neighbor method to compute the instance $\mathbf{x}_q$ in $\mathcal{U}$ for query, e.g.

    $\mathbf{x}_q \leftarrow \underset{\mathbf{x}_i\in\mathcal{U}}{\arg\min}\, d(\mathbf{x}_s, \mathbf{x}_i)$

  Query $\mathbf{x}_q$

  $\mathcal{L} = \mathcal{L} \cup \mathbf{x}_q$ and $\mathcal{U} = \mathcal{U}\backslash\mathbf{x}_q$

  if $\mathbf{x}_q$ is positive, **then**

    $\mathbf{x}_+ \leftarrow \mathbf{x}_q$

  else

    $\mathbf{x}_- \leftarrow \mathbf{x}_q$

  end if

until $\mathbf{x}_+$ and $\mathbf{x}_-$ being converged, respectively; or the number of binary search being run

output: $(\{\mathbf{x}_+, \mathbf{x}_-\}, \mathcal{L}, \mathcal{U}) = findPair(\{\mathbf{x}_+^0, \mathbf{x}_-^0\}, \mathcal{L}^0, \mathcal{U}^0)$

在上述算法中, $d(\mathbf{a}, \mathbf{b})$ 是一个可用于实际应用的距离函数。

一旦通过算法 6.36 找到增强的标记数据集 $\mathcal{L}$ 和剩余的未标记数据集 $\mathcal{U}$, 我们就可以应用任何半监督的二进制分类/回归方法求出二进制分类器或回归器 $\mathbf{h}$。然后, 对于任何测试样本 $\mathbf{x}$, 即可得到分类 $\text{sign}(\mathbf{h}^{\mathrm{T}}\mathbf{x})$ 或回归 $\hat{y} = \mathbf{h}^{\mathrm{T}}\mathbf{x}$。

6.17.5 使用极限学习机的主动学习

假设我们得到 N 个任意的不同训练样本 $\{\mathbf{x}_i, \mathbf{y}_i\}_{i=1}^{N}$, 其中 $\mathbf{x}_i \in \mathbb{R}^n$ 和 $\mathbf{y}_i \in \mathbb{R}^m$。

考虑单隐层前馈网络 (SLFN), 它用 L 个隐藏节点零误差近似 N 个样本: [385]
存在 $\boldsymbol{\beta}_i, a_i$ 和 b_i 使得

$$f_L(\mathbf{x}_j) = \sum_{i=1}^{L} \boldsymbol{\beta}_i G(a_i, b_i, \mathbf{x}_j) = \mathbf{y}_j, \quad j = 1, \cdots, N \tag{6.17.2}$$

式中, a_i 和 b_i 分别表示隐层的第 i 个权重和偏差, 并且 $\boldsymbol{\beta}_i$ 是将第 i 个隐藏节点与输出节点连接的加权向量。

令

$$\mathbf{H} = \begin{bmatrix} G(a_1, b_1, \mathbf{x}_1) & \cdots & G(a_L, b_L, \mathbf{x}_1) \\ \vdots & & \vdots \\ G(a_1, b_1, \mathbf{x}_N) & \cdots & G(a_L, b_L, \mathbf{x}_N) \end{bmatrix} \in \mathbb{R}^{N\times L} \tag{6.17.3}$$

$$\mathbf{B} = \begin{bmatrix} \boldsymbol{\beta}_1^{\mathrm{T}} \\ \vdots \\ \boldsymbol{\beta}_L^{\mathrm{T}} \end{bmatrix} \in \mathbb{R}^{L\times m} \tag{6.17.4}$$

$$\mathbf{Y} = \begin{bmatrix} \mathbf{y}_1^{\mathrm{T}} \\ \vdots \\ \mathbf{y}_N^{\mathrm{T}} \end{bmatrix} \in \mathbb{R}^{N\times m} \tag{6.17.5}$$

则式 (6.17.2) 可以写为下述紧凑的矩阵形式

$$\mathbf{HB} = \mathbf{Y} \tag{6.17.6}$$

这里, $G(a_i, b_i, \mathbf{x}_j)$ 表示激励函数, 用于计算第 i 个隐藏节点对第 j 个训练样本的输出, $\mathbf{H}$ 称为隐层输出矩阵, 其第 i 列表示第 i 个隐藏节点相对于输入 $\mathbf{x}_1, \cdots, \mathbf{x}_N$ 的输出, 其第 j 行表示隐层相对于输入 $\mathbf{x}_j$ 的输出向量。

式 (6.17.6) 的解由 $\hat{\mathbf{B}} = \mathbf{H}^{\dagger}\mathbf{Y}$ 给出, 其中 $\mathbf{H}^{\dagger}$ 是隐层输出矩阵 $\mathbf{H}$ 的 Moore-Penrose 逆矩阵, 并且 $\mathbf{H}^{\dagger} = (\mathbf{H}^{\mathrm{T}}\mathbf{H})^{-1}\mathbf{H}^{\mathrm{T}}$, 若 $\mathbf{H}$ 满列秩, 或者 $\mathbf{H}^{\dagger} = \mathbf{H}^{\mathrm{T}}(\mathbf{H}\mathbf{H}^{\mathrm{T}})^{-1}$ 若 $\mathbf{H}$ 满行秩。超定矩阵方程 (6.17.6) 的解 $\hat{\mathbf{H}}$ 为最小范数最小二乘解, 即 $\hat{\mathbf{B}} = \mathbf{H}^{\dagger}\mathbf{Y}$ 对所有其他可能的解 $\mathbf{Z}$ 具有最小范数 $\|\hat{\mathbf{H}}\| \leqslant \|\mathbf{Z}\|$ 和最小方差 $\mathrm{var}(\hat{\mathbf{H}}) \leqslant$
[386] $\mathrm{var}(\mathbf{Z})$。由于输出权矩阵的范数 $\|\mathbf{B}\|$ 与神经网络的泛化能力密切相关[16], 所以极限学习机应该同时使 $\|\mathbf{B}\|$ 和 $\|\mathbf{HB} - \mathbf{Y}\|$ 最小化, 即

$$\min_{\mathbf{B}} \left\{ L_{\mathrm{ELM}} = \frac{1}{2}\|\mathbf{B}\|^2 + \frac{C}{2}\|\mathbf{HB} - \mathbf{Y}\|^2 \right\} \tag{6.17.7}$$

根据一阶优化条件, 我们有

$$\frac{\partial L_{\mathrm{ELM}}}{\partial \mathbf{B}} = \mathbf{O} \quad \Rightarrow \quad \mathbf{B} + C(\mathbf{H}^{\mathrm{T}}\mathbf{HB} - \mathbf{H}^{\mathrm{T}}\mathbf{Y}) = \mathbf{O} \tag{6.17.8}$$

若令 $\lambda = 1/C$, 则优化问题式 (6.17.7) 的解为

$$\mathbf{B} = \begin{cases} (\mathbf{H}^{\mathrm{T}}\mathbf{H} + \lambda\mathbf{I})^{-1}\mathbf{H}^{\mathrm{T}}\mathbf{Y}, & \text{若 } \mathbf{H}^{\mathrm{T}}\mathbf{H} \text{ 非奇异} \\ \mathbf{H}^{\mathrm{T}}(\mathbf{H}\mathbf{H}^{\mathrm{T}} + \lambda\mathbf{I})^{-1}\mathbf{Y}, & \text{若 } \mathbf{H}\mathbf{H}^{\mathrm{T}} \text{ 非奇异} \end{cases} \tag{6.17.9}$$

换言之, 优化问题式 (6.17.7) 的解等价于超定矩阵方程式 (6.17.6) 的 Tikhonov 正则化解。

定义输出函数 (行) 向量 $\mathbf{f}(\mathbf{x}) = [f_1(\mathbf{x}), \cdots, f_m(\mathbf{x})] \in \mathbb{R}^{1\times m}$ 和激励函数 (行) 向量 $\mathbf{h}(\mathbf{x}) = [G(a_1, b_1, \mathbf{x}), \cdots, G(a_L, b_L, \mathbf{x})] \in \mathbb{R}^{1\times L}$, 其中 $f_i(\mathbf{x})$ 表示第 i 个输出节点对应样本 $\mathbf{x}$ 的实际输出。

由式 (6.17.6) 可知 $\mathbf{f}(\mathbf{x}) = \mathbf{h}(\mathbf{x})\mathbf{B} = \mathbf{y}$。

在极限学习机中, 一个样本总是标记为具有最大输出的类型[123, 124]。一旦加权矩阵 $\mathbf{B}$ 利用式 (6.17.9) 求出, 并且给出了一个新的测试样本 $\mathbf{x}$, 即可进行二进制分类 $\text{label}(\mathbf{x}) = \arg\max_i f_i(\mathbf{x}),\ i = [1, \cdots, m]$ 或回归 $\hat{\mathbf{y}} = \mathbf{h}(\mathbf{x})\hat{\mathbf{B}}$。

通过从极限学习机的实际输出 $f(\mathbf{x})$ 定义的样本 $\mathbf{x}$ 的后验概率为

$$P(y = 1|f_i(\mathbf{x})) = \frac{1}{1 + \exp(-f_i(\mathbf{x}))} \tag{6.17.10}$$

以及归一化后验概率定义为

$$\bar{P}(y = 1|f_i(\mathbf{x})) = \frac{P(y = 1|f_i(\mathbf{x}))}{\sum_{j=1}^{m} P(y = 1|f_j(\mathbf{x}))} \tag{6.17.11}$$

Yu 等人[291] 提出了一种主动学习 – 极限学习机, 见算法 6.37。

算法 6.37 主动学习 – 极限学习机 (AL-ELM) 算法[291] [387]

---

1. **input:** a small labeled set $\mathcal{L} = \{\mathbf{x}_i, y_i\}_{i=1}^{l}$, $\mathbf{x}_i \in \mathbb{R}^n, y_i \in \mathbb{R}^m$ and a large unlabeled set $\mathcal{U} = \{\mathbf{x}_i\}_{i=1}^{l+u}$ activation function $G(\mathbf{x})$,penalty factor C and the number of hidden nodes L
2. **initialization:** let $k = 0$

   2.1 Assign random hidden nodes by randomly generating parameters (a_i, b_i) according to any continuous sampling distribution, where $i = 1, \cdots, L$

   2.2 Calculate the initial hidden layer output matrix $\mathbf{H}_0$ by using (6.17.3) from the labeled instances $\mathbf{x}_i$ in set $\mathcal{L}$

   2.3 Use (6.17.9) to find the solution $\mathbf{B}^{(0)}$ of the matrix equation (6.17.8)
3. **repeat**
4.   **for** $k = 1$ **to** M **do**
5.   Use $\mathbf{B}^{(k)}$ to calculate the actual outputs of each instance in the unlabeled set $\mathcal{U}$
6.   Calculate converted posteriori probabilities by (6.17.10). For multiclass problems, they need to be further converted to the normalized posteriori probabilities by (6.17.11)
7.   Calculate uncertainty level of each instance in $\mathcal{U}$ by margin sampling strategy
8.   Sort instances based on the uncertainty levels in ascending order
9.   Extract some instances corresponding to the smallest uncertainty levels and remove them from the unlabeled set $\mathbf{U}$
10.   Label the extracted unlabeled instances manually by the human annotators, and then put them into $\mathcal{L}$
11.   Update the hidden layer output matrix, getting $\mathbf{H}_{k+1}$ by using new set $\mathcal{L}$
12.   Update the output weights, getting $\mathbf{B}^{(k+1)}$ by using (6.17.9)
13.   **end for**
14. **until** the pre-designed stopping criterion being satisfied
15. **output:** $\mathbf{h}(\mathbf{x}) = [G(a_1, b_1, \mathbf{x}), \cdots, G(a_L, b_L, \mathbf{x})]$

6.18 强化学习

人工智能 (AI) 领域的主要目标之一是产生能够与环境交互的完全自治的代理 (也叫智能体), 以便通过反复试验的方式改进所采用的策略, 从而学习最优动作。这种经验驱动的自主学习称为 "强化学习"[269]。

6.18.1 基本概念与理论

强化学习机通过在一个动态环境中反复实验的交互进行学习, 以达到目的。在每个离散的时间步 $t \in \{0,1,2,\cdots\}$, 代理观测环境的状态描述向量 $\mathbf{s}_t$, 基于状态 $\mathbf{s}_t$, 决定和采取某种动作 $\mathbf{a}_t \in A(\mathbf{s}_t)$。在从环境中接收到一个奖励信号 $r_t \in \mathbb{R}$ 后, 代理借助于一个称为策略的函数 $\pi(\mathbf{s}) = \mathbf{a}$ 决定要执行的动作。策略函数也可能是随机函数 $\pi(\mathbf{a}|\mathbf{s}) = \Pr\{\mathbf{a}_t = \mathbf{a}|\mathbf{s}_t = \mathbf{s}\}$。使累积奖励函数最大化的策略记为 π^*。策略给出对某个状态选择何种动作的概率。然后, 环境状态移至下一个状态 $\mathbf{s}_{t+1}$, 代理从而获得一个新的奖励 r_{t+1}, 其中, 状态 $\mathbf{s}_{t+1}$ 从相对于先前状态 $\mathbf{s}_t$ 和动作 $\mathbf{a}_t$ 的转移概率中提取。从初始状态到终止状态的一系列步骤称为
[388] 片段。

根据文献 [137], 一个标准的强化学习模型通常由以下 4 部分组成:

- 代理。
- 环境状态 $\mathbf{s}_t$ 的离散集 $S = \{\mathbf{s}_t\}$。
- 代理动作 $\mathbf{a}_t$ 的离散集 $A = \{\mathbf{a}_t\}$。
- 奖励函数 $R : S \times A \to R$。

定义 6.36 (代理) [276] 代理系指一硬件或者一基于 (更常见的) 软件的计算机系统, 它具有以下性质:

- 自主性: 代理在没有人类或者其他群体的直接干预下工作, 对它们的动作和内部状态能够进行某种控制。
- 社交能力: 代理借助某种代理通信语言, 与其他代理 (可能包括人类) 进行交互。
- 反应性: 代理操作其环境 (可能是物理世界, 也可能是这些环境的用户), 并能够及时响应其中发生的变化。
- 自发动作: 代理不只是直接对环境做出反应, 而且能够主动展示目标导向动作。

强化学习是一个代理通过与动态环境的反复交互对动作进行不断学习的过程。

定义 6.37 (状态) [220] 状态是指对系统进行建模所需要的所有变量 (离散或连续)。一个系统的所有状态用向量 $\mathbf{s}$ 紧凑表示。

一个状态 $\mathbf{s}$ 包含有关当前情况的所有相关信息, 以预测一个系统的未来状态 (或可观察到的状态)。

定义 6.38 (状态–动作空间) [220] 由动作 $\mathbf{a}$ 和状态 $\mathbf{s}$ 联合张成的数学空间称为状态–动作空间。求解一个移动任务可以认为是在这个状态的两点 (初始状态和目标状态) 之间找到一条解决路径。

强化学习基于代理与其所处环境之间的交互。代理选择动作 $\mathbf{a}_t$, 导致状态 $\mathbf{s}_t$ 的一个变化, 并由环境返回一个奖励信号 r_t。

定义 6.39 (动作) [220] 一个动作是指可以使一个系统的状态主动变化的所有变量 (离散或连续的)。通常, 动作是运动指令, 缩写为一个向量 $\mathbf{a}$。

定义 6.40 (奖励函数) [220] 函数 r_t 称为奖励函数, 若它能够提供一个有关状态 $\mathbf{s}$ 中的动作 $\mathbf{a}$ 的优度值 (离散或连续的标量)。

常用的奖励函数有 3 种不同类型[147]。

- 奖励 $R = R(\mathbf{s})$ 仅取决于当前状态。
- 奖励 $R = R(\mathbf{s}, \mathbf{a})$ 取决于当前状态和动作。
- 奖励 $R = R(\mathbf{s}', \mathbf{a}, \mathbf{s})$ 包含状态转移 $\mathbf{s} \to \mathbf{s}'$, 其中 $\mathbf{s}'$ 是下一个状态, $\mathbf{s}$ 为前 [389]
  面的状态。

强化学习通常要求移动系统状态和动作的明确表示, 以及标量奖励函数的存在。

强化学习通过尝试在特定状态下的动作和可能延迟的奖励, 对评价函数进行更新, 为可能的动作分配期望的奖励。经过学习, 每个状态下具有最高期望值的动作 $\mathbf{a}$ 被选择出来实现任务目标, 比如说控制 (或者改变) 系统的状态[220]。

强化学习的目的是求出从状态 $\mathbf{s}_t$ 到动作 $\mathbf{a}_t$ 之间的映射关系。这种映射称为策略 $\boldsymbol{\pi}$, 它在给定的状态 $\mathbf{s}$ 下选择动作 $\mathbf{a}$, 最大化累积期望奖励, 使累积期望奖励最大化。

定义 6.41 (控制策略) [220] 函数称为控制策略, 若它将移动系统的状态 $\mathbf{s}$ 及其环境映射为一个特定任务的适当动作 $\mathbf{a}$, 即 $\mathbf{a} = \boldsymbol{\pi}(\mathbf{s}, t, \boldsymbol{\alpha})$。如前所述, 函数 $\boldsymbol{\pi}$ 可以直接取决于时间 t 和开放参数的向量 $\boldsymbol{\alpha}$, 这些参数可能有助于为特定任务目标调整策略。

策略分为以下两种[147]:

- 确定性策略: $\boldsymbol{\pi}$ 始终对给定状态, 使用完全相同的动作 $\mathbf{a}$, 其形式为 $\mathbf{a} = \boldsymbol{\pi}(\mathbf{s})$。
- 概率策略: 当遇到一种状态时, $\boldsymbol{\pi}$ 从动作分布抽取一个样本, 即 $\mathbf{a} \sim \boldsymbol{\pi}(\mathbf{s}, \mathbf{a}) = P(\mathbf{a}|\mathbf{s})$。

由于采取的动作不一定会对奖励函数产生直接影响, 却有可能在将来影响奖励函数, 所以代理的目标是尽量减少其平均长期惩罚。即是说, 代理需要推断一个 “好的” (理想情况下为最优的) 策略 (或控制器) $\boldsymbol{\pi}$, 即状态与动作之间的一个好的映射。

强化学习的本质是通过与其环境的交互进行学习。强化学习代理首先接收一个从一种状态转移到另一种状态的标量值即收益 (payoff)。然后, 代理确定控制策略, 使回报 (return) 最大化。所谓“回报”, 就是已经收到的收益的预期贴现总额。

强化学习不同于监督学习的广泛研究的问题, 表现在以下几个方面[138]:

- 最大的区别是在强化学习中不存在输入与输出对的表示。取而代之的是在选择一项动作后, 代理会被告知立即获得的奖励和随后的状态, 但不会被告知哪项动作将符合其最佳的长期利益。代理必须尽可能地收集关于系统状态、操作、转换和奖励的有用经验, 以便主动采取最佳动作。
- [390] 强化学习采用马尔可夫决策过程作为模型,而监督学习则使用线性或非线性分类/回归模型。
- 监督学习主要关切所期望的将来预测精度或统计有效性。
- 在监督学习中, 一个代理被直接给定正确预测的一系列独立的样本, 用于在不同的情况下做出正确的预测。在模仿学习中, 一个代理被提供在给定情况下一个好的策略的动作示范[147]。

根据文献 [138], 强化学习是必须从与动态环境的反复交互中学习动作的代理所面临的问题, 所以恰当的做法是把它看成是一类问题, 而不是一组技术。

具有函数逼近的强化学习是近似策略评估和动态规划的一种常用的框架。

定义 6.42 (函数逼近) [213] 这是一类数学和统计技术, 用于以表格等形式表示在计算或信息论中难以精确或明确表示的函数。

通常, 在强化学习中, 函数逼近是根据在与环境交互期间收集的样本数据实现的。函数逼近在几乎每一个强化学习问题中都是至关重要的, 而在连续状态学习问题中, 函数逼近更是不可避免的[147]。

有 3 种常用的最优行为模型[137]。

- 有限阶段模型: 在给定的时间内, 代理应在接下来的 h 步中优化其预期奖励

$$E\left\{\sum_{t=0}^{h} r_t\right\} \tag{6.18.1}$$

  式中, r_t 表示 t 步接收到的标量奖励。有限阶段模型并不总是合适, 因为在许多情况下, 我们可能事先不知道代理者的确切代理期限。

- 无限期折现模型: 它考虑了代理者的长期奖励, 而未来收到的奖励根据贴现系数 γ (其中 $0 \leqslant \gamma < 1$) 按几何比例贴现

$$E\left\{\sum_{t=0}^{\infty} \gamma^{\,t} r_t\right\} \tag{6.18.2}$$

  这里, γ 可以看为一个利率、下一步存活的概率, 或是抑制无穷求和的某个数学技巧。折现模型比有限阶段模型更容易数学处理。这是这种模式受到广泛关注的主要原因。

- [391] 平均奖励模型: 在此模型中, 代理应采取优化其长期平均回报的动作

$$\lim_{h \to \infty} E\left\{\sum_{t=0}^{\infty} r_t\right\} \tag{6.18.3}$$

这一模型可以看作当折现因子 γ 趋于 1 时, 无限期折现模型 (6.18.2) 的极限情况[24]。这样一种策略称为增益最优策略。

6.18.2 马尔可夫决策过程

马尔可夫 (Markov) 决策过程 (MDP) 是离散时间的随机控制过程, 用于对代理与环境之间的同步交互进行建模[138], 如图 6.3 所示。

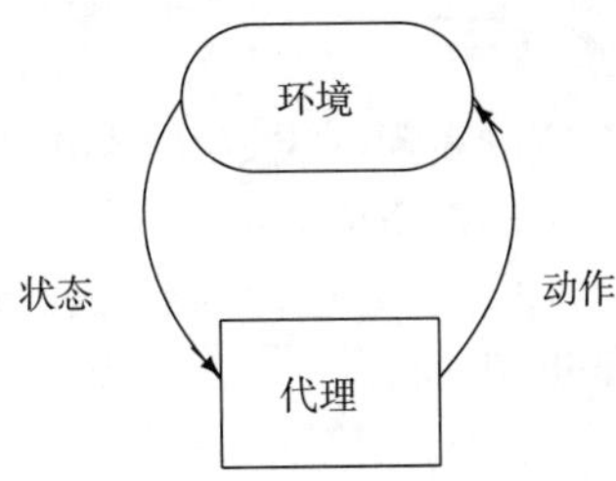

图 6.3 Markov 决策过程模型

马尔可夫决策过程设置对应于标准的强化学习模型: 时间步 t 的环境可以用状态描述向量的有限离散集合 $S=\{\mathbf{s}_1,\cdots,\mathbf{s}_n\}$ 表示, 代理实现的每一状态的动作用有限离散集合 $A=\{\mathbf{a}_1,\cdots,\mathbf{a}_n\}$ 表示。与每一状态的每个动作关联的是状态–转移函数 $P(\mathbf{s}_{t+1}|\mathbf{s}_t,\mathbf{a}_t): S\times A\times S\to\mathbb{R}$, 它确定在已知环境状态 $\mathbf{s}_t$ 和代理动作 $\mathbf{a}_t$ 的情况下结束于状态 $\mathbf{s}_{t+1}$ 的转移概率分布。因此, 在标准的强化学习框架[138, 239] 内, 一个马尔可夫决策过程可以描述为一个五元组 (S,A,P,R,γ):

- $S=\{\mathbf{s}_1,\cdots,\mathbf{s}_n\}$ 是环境状态的有限集合, 称为状态空间。
- $A=\{\mathbf{a}_1,\cdots,\mathbf{a}_n\}$ 是代理的动作的有限集合, 称为动作空间。
- 状态转移函数 $P(\mathbf{s}_{t+1}|\mathbf{s}_t,\mathbf{a}_t): S\times A\times S\to\mathbb{R}$ 对环境状态 $\mathbf{s}_t$ 和代理动作 $\mathbf{a}_t$ 给出结束于状态 $\mathbf{s}_{t+1}$ 的概率。
- $R(\mathbf{s}_t,\mathbf{a}_t): S\times A\to\mathbb{R}$ 表示一个奖励函数, 它在由状态 $\mathbf{s}_t\in S$ 到 [392]
  $\mathbf{s}_{t+1}\in S$ 的状态转移时实行某个动作 $\mathbf{a}_t$ 获得的一个即时奖励$r_{t+1}=R(\mathbf{s}_t,\mathbf{a}_t,\mathbf{s}_{t+1})$。期望奖励为 $R_s^a=E\{r_{t+1}|\mathbf{s}_t=\mathbf{s},\mathbf{a}_t=\mathbf{a}\}$。
- $\gamma\in[0,1]$ 是一个预先设定的折扣因子, 它表示未来奖励与即时奖励之间重要性的差别。其中, 折扣因子越低, 越注重即时奖励 $r_t=R(\mathbf{s}_t,\mathbf{a}_t,\mathbf{s}_{t+1})$。

换言之, 代理通过感知和动作, 与其所处环境进行以下联络。

- 在交互的每一步, 代理接收环境的目前状态 $\mathbf{s}_t$ 的某种标示作为输入。
- 代理选择一个动作 $\mathbf{a}_t$, 以生成一个输出。
- 动作 $\mathbf{s}_t$ 改变环境的状态, 这个状态转移值通过标量的"强化信号" r_t 传递给代理。

- 代理的行为 B 选择某些动作, 使之倾向于增加强化信号数值的长期总和。

求解强化学习问题的一种通用方法是将环境描述为一个马尔可夫决策过程, 它具有一组状态值函数对、一组动作值、一个策略和一个奖励函数。

当动作 $\mathbf{a}_t$ 在状态 $\mathbf{s}_t$ 下触发时, 系统发射强化信号 $R(\mathbf{s}_t, \mathbf{a}_t)$。每一个状态下的动作选择即学习者的行为 B 由其策略确定。策略是状态到动作的一种映射, 记为 $\boldsymbol{\pi} = [\pi(\mathbf{s}_1), \cdots, \pi(\mathbf{s}_{|S|})]$, 其中 $|S|$ 是状态集 S 的基数。学习者每当处于状态 $\mathbf{s}_t$ 时都遵循策略 $\boldsymbol{\pi}$, 在固定的策略中选择动作 $\mathbf{a}_t = \boldsymbol{\pi}(\mathbf{s}_t)$。每一个策略有一个评价函数

$$V^{\pi}(\mathbf{s}) = E_{\pi}\left\{\sum_{t=0}^{\infty} \gamma^{\ t} R(\mathbf{s}_t, \boldsymbol{\pi}(\mathbf{s}_t))|\mathbf{s}_0 = \mathbf{s}\right\} \tag{6.18.4}$$

用于量化学习者与强化函数对应的表现。式 (6.18.4) 中, E_{π} 表示在使用策略 $\boldsymbol{\pi}$ 以及初始状态为 $\mathbf{s}$ 的假设条件下的期望值。折扣因子 $\gamma \in [0, 1]$ 用于对原始强化信号相对于时间进行加权。$\gamma = 0$ 意味着评价函数代表原始强化信号, 其他 γ 值则表示在无穷时间步骤的期望折扣回报。

定义 6.43 (改善) [136] 令 $\boldsymbol{\pi}$ 和 $\boldsymbol{\pi}'$ 是两种策略; $\boldsymbol{\pi}'$ 是对 $\boldsymbol{\pi}$ 的改善, 若 $V^{\pi'}(\mathbf{s}) \geqslant V^{\pi}(\mathbf{s}), \forall\, \mathbf{s} \in S$, 且至少对一个状态满足严格不等式。

强化学习的一般框架包含各种各样的问题, 从一个极端的各种形式的函数优化到另一个极端的学习控制[269]。下面, 我们从学习控制的视角讨论强化学习[14]。

[393] 强化学习被认为是最关键、最有效的在线控制策略之一。首先, 根据试错模型选择一个控制操作。然而, 在经过一定时间之后, 该算法被训练来间接地对不同的设备应用适当的控制操作。对于此方法中的每个状态, 将采用不同的控制操作。例如, 若 $\mathbf{s}_t$ 和 $\mathbf{a}_t$ 表示在时间 t 的系统状态和系统控制, 则在时间 $t+1$ 的状态为[21]

$$\mathbf{s}_{t+1} = \mathbf{f}(\mathbf{s}_t, \mathbf{a}_t), \quad \mathbf{a}_t \in A, \forall\, t > 0 \tag{6.18.5}$$

对于每一个控制操作 $\mathbf{a}_t$, 奖励或惩罚是推定的。换句话说, 如果这一操作改善了系统误差, 则这一操作将得到奖励; 否则, 它将受到惩罚。奖罚的选择是通过比较 t 和 $t+1$ 中的错误确定的。因此, 每一个控制操作 $\mathbf{a}_t$ 在时间 t 的即时奖励函数为

$$R(\mathbf{s}_t, \mathbf{a}_t) = \sum_{t=0}^{\infty} \gamma^{\ t} r(\mathbf{s}_t, \mathbf{a}_t) \tag{6.18.6}$$

式中, $0 < \gamma < 1$ 及 $r(\mathbf{s}_t, \mathbf{a}_t) \leqslant B$, 而 B 则是最大的奖励值, 它通过反复试验选择。

状态值函数定义为即时奖励函数的最大值

$$V(\mathbf{s}) = \max_{\mathbf{a}_t \in A} R(\mathbf{s}_t, \mathbf{a}_t) \tag{6.18.7}$$

状态值函数由 Bellman 方程[21] 描述

$$V(\mathbf{s}) = \max_{\mathbf{a}\in A} \{r(\mathbf{s},\mathbf{a}) + \gamma V(\mathbf{f}(\mathbf{s},\mathbf{a}))\} \tag{6.18.8}$$

称为收益的变量值由控制系统接收, 以便从一个状态转换到另一个状态。系统的目标是求出一个控制策略, 使接收到的期望未来收益折现 (称为“回报”) 最大化[218]。

状态值函数 $V(\mathbf{s}_t)$ 表示从时间步骤 t 开始收到的收益的贴现金额, 并且该金额将取决于所采取操作的顺序。所采取的操作序列称为“策略”。

因此, 最优控制策略可以表示为

$$\mathbf{a}^*(\mathbf{s}) = \arg\max_{\mathbf{a}\in A} \{r(\mathbf{s},\mathbf{a}) + \gamma V(\mathbf{f}(\mathbf{s},\mathbf{a}))\} \tag{6.18.9}$$

由此可以得到一个奖励或者惩罚函数

$$Q(\mathbf{s},\mathbf{a}) = r(\mathbf{s},\mathbf{a}) + \gamma V(\mathbf{f}(\mathbf{s},\mathbf{a})) \tag{6.18.10}$$

称之为动作价值函数或简称 Q 函数。

利用 Q 函数,状态价值函数 $V(\mathbf{s})$ 可以重新表示为 [394]

$$V(\mathbf{s}) = \max_{\mathbf{a}\in A} Q(\mathbf{s},\mathbf{a}) \tag{6.18.11}$$

由此得到最优控制策略

$$\mathbf{a}^*(\mathbf{s}) = \arg\max_{\mathbf{a}\in A} Q(\mathbf{s},\mathbf{a}) \tag{6.18.12}$$

状态价值函数 $V(\mathbf{s})$ 或者动作价值函数 $Q(\mathbf{s},\mathbf{a})$ 根据某个策略 $\boldsymbol{\pi}$ 进行更新, 其中 $\boldsymbol{\pi}$ 是一个将状态 $\mathbf{s}\in S$ 映射为行动 $\mathbf{a}\in A$ 函数, 即 $\boldsymbol{\pi}: S\to A \Rightarrow \mathbf{a}=\boldsymbol{\pi}(\mathbf{s})$。

6.19 Q 学习

Q 学习由 Watkins 于 1989 年提出[263], 是一种流行的强化学习算法, 可以用于求解最优马尔可夫决策过程。此外, Q 学习是基于动作价值函数来评价采取何种动作的技术。动作价值函数决定了在一定状态下采取某种动作的价值。

6.19.1 基本 Q 学习

作为一种重要的无模型异步动态规划 (DP) 技术, Q 学习通过体验动作的后果, 为代理提供学习在马尔可夫域中最佳行动的能力, 而无须构建域的映射。

顾名思义, Q 学习就是学习价值函数即 Q 函数。有两种学习 Q 函数的方法[248]。

- 策略方法主要是 Sarsa 策略控制方法[218]

$$\Delta_{\text{Sarsa}} \leftarrow \big[r_{t+1} + \gamma Q(\mathbf{s}_{t+1}, \mathbf{a}_{t+1}) - Q(\mathbf{s}_t, \mathbf{a}_t)\big] \tag{6.19.1}$$

$$Q(\mathbf{s}_t, \mathbf{a}_t) \leftarrow Q(\mathbf{s}_t, \mathbf{a}_t) + \alpha\Delta_{\text{Sarsa}} \tag{6.19.2}$$

- 非策略方法是非策略控制的 Q 学习[263]

$$\mathbf{b}^* \leftarrow \text{argmax}_{\mathbf{b}\in A(\mathbf{s}_{t+1})} Q(\mathbf{s}_{t+1}, \mathbf{b}) \tag{6.19.3}$$

$$\Delta_{\text{Qlearning}} \leftarrow \big[r_{t+1} + \gamma Q(\mathbf{s}_{t+1}, \mathbf{b}^*) - Q(\mathbf{s}_t, \mathbf{a}_t)\big] \tag{6.19.4}$$

$$Q(\mathbf{s}_t, \mathbf{a}_t) \leftarrow Q(\mathbf{s}_t, \mathbf{a}_t) + \alpha\Delta_{\text{Qlearning}} \tag{6.19.5}$$

其中, α 为步长参数[106]。

[395] Q 学习的基本框架如下。在系统状态数目和代理动作数目必须有限的假设下, 学习系统由一个环境状态的有限集 $S = \{\mathbf{s}_1, \cdots, \mathbf{s}_n\}$ 和一个代理动作的有限集 $A = \{\mathbf{a}_1, \cdots, \mathbf{a}_n\}$ 组成。在与环境交互的每一步, 代理观测环境状态 $\mathbf{s}_t$, 基于系统状态赋予一个动作 $\mathbf{a}_t$。通过执行动作 $\mathbf{a}_t$, 系统从一个状态 $\mathbf{s}_t$ 转移到另一个状态 $\mathbf{s}_{t+1}$。新的状态 $\mathbf{s}_{t+1}$ 给代理一个惩罚 $p_t = p(\mathbf{s}_t)$, 指出状态转移 $\mathbf{s}_t \to \mathbf{s}_{t+1}$ 的价值。代理为每一个状态–动作对 $(\mathbf{s}, \mathbf{a})$ 保持一个价值函数 (即 Q 函数) $Q^\pi(\mathbf{s}, \mathbf{a})$, 它表示如果系统从状态 $\mathbf{s}$ 开始, 采取动作 $\mathbf{a}$, 然后服从策略 $\boldsymbol{\pi}$ 所能够得到的预期长期惩罚或奖励。根据这个 Q 函数, 代理决定应采取何种行动以达到最低的长期惩罚或者最大奖励。

因此, Q 学习的核心是 Q 值函数的价值迭代更新。每一个状态–价值对的 Q 值最初由设计器选择, 然后它将在每次赋予动作并根据以下表达式接收惩罚时进行更新[229]

$$\begin{aligned} &Q(\mathbf{s}_{t+1}, \mathbf{a}_{t+1}) \\ &= \underbrace{Q(\mathbf{s}_t, \mathbf{a}_t)}_{\text{旧值}} + \underbrace{\eta_t(\mathbf{s}_t, \mathbf{a}_t)}_{\text{学习速率}} \times \left(\overbrace{\underbrace{p_{t+1}}_{\text{罚项}} + \underbrace{\gamma}_{\text{折扣因子}} \underbrace{\min_{\mathbf{a}} Q(\mathbf{s}_{t+1}, \mathbf{a})}_{\text{最小未来价值}}}^{\text{期望折扣惩罚}} - \overbrace{Q(\mathbf{s}_t, \mathbf{a}_t)}^{\text{旧值}}\right) \end{aligned} \tag{6.19.6}$$

其中, $\mathbf{s}_t, \mathbf{a}_t$ 和 p_t 分别表示代理在时间 t 访问的状态、采取的动作和接收到的惩罚, $\eta_t(\mathbf{s}, \mathbf{a}) \in (0, 1)$ 则为学习速率。折扣因子 γ 取 0 与 1 之间的值: 折扣值越大, 它对不久将来的惩罚比遥远将来的惩罚更重。

有趣的是, 若令 $Q(\mathbf{s}_t, \mathbf{a}_t) = x_i$, $\eta_t(\mathbf{s}_t, \mathbf{a}_t) = \alpha$, $\gamma \min_{\mathbf{a}} Q(\mathbf{s}_{t+1}, \mathbf{a}) = F_i(\mathbf{x})$, $p_{t+1} = n_i$, 则 Q 学习式 (6.19.6) 与随机逼近算法具有相同的一般结构[252]

$$x_i = x_i + \alpha\big(F_i(\mathbf{x}) - x_i + n_i\big), \quad i = 1, \cdots, n \tag{6.19.7}$$

式中, $\mathbf{x} = [x_1, \cdots, x_n]^{\mathrm{T}} \in \mathbb{R}^n$ 和 $F_1, \cdots, F_n$ 是从 $\mathbb{R}^n$ 到 $\mathbb{R}$ 的映射, 即 $F_i : \mathbb{R}^n \to \mathbb{R}$, 而 n_i 是随机噪声项, 且 α 是一个小的、通常为递减的步长。

关于映射向量函数 $\mathbf{f}(\mathbf{x}) = [F_1(\mathbf{x}), \cdots, F_n(\mathbf{x})]^{\mathrm{T}} \in \mathbb{R}^n$, 常进行以下假设[252]。

(a) 映射 $\mathbf{f}$ 为单调函数, 即若 $\mathbf{x} \leqslant \mathbf{y}$, 则 $\mathbf{f}(\mathbf{x}) \leqslant \mathbf{f}(\mathbf{y})$。

(b) 映射 $\mathbf{f}$ 为连续函数。

(c) 映射 $\mathbf{f}(\mathbf{x})$ 有唯一的固定点 $\mathbf{x}^*$。

(d) 若 $\mathbf{1} \in \mathbb{R}^n$ 是所有分量等于 1 的求和向量, 并且 r 为正的标量, 则有 [396]

$$\mathbf{f}(\mathbf{x}) - r\mathbf{1} \leqslant \mathbf{f}(\mathbf{x} - r\mathbf{1}) \leqslant \mathbf{f}(\mathbf{x} + r\mathbf{1}) \leqslant \mathbf{f}(\mathbf{x}) + r\mathbf{1} \tag{6.19.8}$$

在基本 Q 学习中, 代理或智能体的经历包括一系列不同的阶段或片段。在第 t 个片段, 代理的动作如下[264]:

- 观测环境的当前状态 $\mathbf{s}_t$。
- 选择和执行动作 $\mathbf{a}_t$。
- 观测后续状态 $\mathbf{s}_{t+1}$。
- 接收即时收益 r_t。
- 利用 $\eta_t(\mathbf{s}_t, \mathbf{a}_t)$, 按照公式 (6.19.6) 调整其 Q 函数值。

算法 6.38 为一基本 Q 学习算法。

算法 6.38 Q 学习[296]

初始化: $Q, \mathbf{s}$
重复 (对每一步)
  从基于 Q 值的状态 $\mathbf{s}$ 以及某种探索策略 (如 ϵ 贪婪策略) 选择动作 $\mathbf{a}$
  执行动作 $\mathbf{a}$, 并观测 $r, \mathbf{s}'$
  $\mathbf{a}^* \leftarrow \arg\max_{\mathbf{a}} Q(\mathbf{s}', \mathbf{a})$
  $\delta \leftarrow r + \gamma Q(\mathbf{s}', \mathbf{a}^*) - Q(\mathbf{s}, \mathbf{a})$
  $Q(\mathbf{s}, \mathbf{a}) \leftarrow Q(\mathbf{s}, \mathbf{a}) + \alpha(\mathbf{s}, \mathbf{a})\delta$
  $\mathbf{s} \leftarrow \mathbf{s}'$
直至结束
输出: $\mathbf{s}$

Q 学习有 4 种重要变形: 双 Q 学习、加权双 Q 学习、在线连接式 Q 学习和 Q 体验式学习。

6.19.2 双 Q 学习与加权双 Q 学习

虽然 Q 学习可以用于求解马尔可夫决策过程, 但是由于对动作值的过估计比较大, Q 学习的性能在随机马尔可夫决策过程中有可能也比较差[255]。

为了解决 Q 学习引起的过估计, 双 Q 学习[255] 使用双估计器 (两组估计器) $\mu^A = \{\boldsymbol{\mu}_1^A, \cdots, \boldsymbol{\mu}_M^A\}$ 和 $\mu^B = \{\boldsymbol{\mu}_1^B, \cdots, \boldsymbol{\mu}_M^B\}$ 估计下一状态的 Q 函数的最大期望值 $\max_{\mathbf{a}'} E\{Q(\mathbf{s}', \mathbf{a}')\}$。两组估计器都用抽取的样本子集进行更新, 以使得 $S = S^A \cup S^B$ 和 $S_A \cap S_B = \varnothing$。与单个估计器 $\boldsymbol{\mu}_i$ 类似, 若假设样本以适当的(例如随机的) 方式分配给两组估计器, 则两组估计器 $\boldsymbol{\mu}_i^A$ 和 $\boldsymbol{\mu}_i^B$ 都是无偏的。 [397]

给定一组 M 个随机变量 $X = \{\mathbf{x}_1, \cdots, \mathbf{x}_M\}$, 在许多问题中, 我们对求最大

期望值$\max_i E\{\mathbf{x}_i\}$ 感兴趣。然而, 如果不知道关于函数形式和 X 中变量的基本分布函数的知识, 就不可能精确确定 $\max_i E\{\mathbf{x}_i\}$。因此, 对最大期望值 $\max_i\{\mathbf{x}_i\}$ 通常只能求它们的近似值。

令 $S = \bigcup_{i=1}^{M} S_i$ 是一组样本, 其中 S_i 是包含变量 $\mathbf{x}_i$ 的样本组成的子集。假定 S_i 中的所有样本为独立同分布。于是, 期望值的无偏估计可以用每个变量的样本平均求得, 即有 $E\{\mathbf{x}_i\} = E\{\boldsymbol{\mu}_i\} \approx \boldsymbol{\mu}_i(S) \stackrel{\text{def}}{=} \frac{1}{|S_i|}\sum_{\mathbf{s}\in S_i}\mathbf{s}$, 其中 μ_i 是变量 $\mathbf{x}_i$ 的均值估计。这个逼近是无偏的, 因为每个样本 $\mathbf{s} \in S_i$ 是期望值 $E\{\mathbf{x}_i\}$ 的无偏估计。

如算法 6.39 所示, 双 Q 学习存储两个 Q 函数 Q^A 和 Q^B, 并使用两个独立的经验样本子集来学习它们。选择要执行的动作是根据每个动作的两个 Q 值的平均值和 ϵ-贪婪探索策略计算的。在相同的概率下, 每个 Q 函数使用来自另一个 Q 函数的值来更新下一个状态。然后, 基于 Q_1 值, 选择状态 $\mathbf{s}'$ 中的最大化动作 $\mathbf{a}^*$。

算法 6.39 双 Q 学习[255]

input: $X = \{\mathbf{x}_1, \cdots, \mathbf{x}_M\}$
initialize $Q^A, Q^B, \mathbf{s}$
repeat
  Choose $\mathbf{a}$ from $\mathbf{s}$ based on $Q^A(\mathbf{s},\cdot)$ and $Q^B(\mathbf{s},\cdot)$(e.g., Q-greedy in $Q^A + Q^B$)
  Take action $\mathbf{a}$, observe $r, \mathbf{s}'$
  With 0.5 probability to Choose whether to update Q^A or Q^B
  if update Q^A **then**
    $\mathbf{a}^* \leftarrow \arg\max_{\mathbf{a}} Q^A(\mathbf{s}', \mathbf{a})$
    $\alpha^A(\mathbf{s}, \mathbf{a}) \leftarrow r + \gamma Q^B(\mathbf{s}', \mathbf{a}^*) - Q^A(\mathbf{s}, \mathbf{a})$
    $\delta^A \leftarrow r + \gamma Q^B(\mathbf{s}', \mathbf{a}^*) - Q^A(\mathbf{s}, \mathbf{a})$
    $Q^A(\mathbf{s}, \mathbf{a}) \leftarrow Q^A(\mathbf{s}, \mathbf{a}) + \alpha^A(\mathbf{s}, \mathbf{a})\delta^A$
    else if update Q^B **then**
    $\mathbf{a}^* \leftarrow \arg\max_{\mathbf{a}} Q^B(\mathbf{s}', \mathbf{a})$
    $\alpha^B(\mathbf{s}, \mathbf{a}) \leftarrow r + \gamma Q^A(\mathbf{s}', \mathbf{a}^*) - Q^B(\mathbf{s}, \mathbf{a})$
    $\delta^B \leftarrow r + \gamma Q^A(\mathbf{s}', \mathbf{a}^*) - Q^B(\mathbf{s}, \mathbf{a})$
    $Q^B(\mathbf{s}, \mathbf{a}) \leftarrow Q^B(\mathbf{s}, \mathbf{a}) + \alpha^B(\mathbf{s}, \mathbf{a})\delta^B$
    $\mathbf{s} \leftarrow \mathbf{s}'$
  end if
until end
output: $\hat{\mathbf{x}}_i \approx \mu_i(S) = \frac{1}{|S_i|}\sum_{\mathbf{s}\in S_i}\mathbf{s}$

与 Q 学习相反, 双 Q 学习使用 Q 值 $Q^B(\mathbf{s}', \mathbf{a}^*)$ 而不是 $Q^A(\mathbf{s}', \mathbf{a}^*)$ 更新 Q^A。

由于 Q^B 是利用一组不同的经验样本更新的，所以相对于动作值 $\mathbf{a}^*$ 的 Q 值 $Q^B(\mathbf{s}',\mathbf{a}^*)$ 在 $E\{Q^B(\mathbf{s}',\mathbf{a}^*)\} = E\{Q(\mathbf{s}',\mathbf{a}^*)\}$ 的意义上是无偏估计。类似地，$Q^A(\mathbf{s}',\mathbf{a}^*)$ 也是无偏估计。然而，由于 $E\{Q^B(\mathbf{s}',\mathbf{a}^*)\} \leqslant \max_{\mathbf{a}} E\{Q^B(\mathbf{s}',\mathbf{a})\}$ 和 $E\{Q^A(\mathbf{s}',\mathbf{a}^*)\} \leqslant \max_{\mathbf{a}} E\{Q^A(\mathbf{s}',\mathbf{a})\}$，故两个估计器 $Q^B(\mathbf{s}',\mathbf{a}^*)$ 和 $Q^A(\mathbf{s}',\mathbf{a}^*)$ 有时会有负偏差。这会导致双 Q 学习在某些随机环境中得到欠估计的动作值。 [398]

加权双 Q 学习[296] 综合了 Q 学习和双 Q 学习，为的是避免 Q 学习中的过估计和双 Q 学习中的欠估计。算法 6.40 示出了加权双 Q 学习算法。

算法 6.40 加权双 Q 学习算法[296]

input: $X = \{\mathbf{x}_1, \cdots, \mathbf{x}_M\}$
initialize $Q^A, Q^B, \mathbf{s}$
repeat
  Choose $\mathbf{a}$ from $\mathbf{s}$ based on Q^A and Q^B (e.g., ϵ-greedy in $Q^A + Q^B$)
  Take action $\mathbf{a}$, observe$r, \mathbf{s}'$
  With 0.5 probability to Choose whether to update Q^A or Q^B
  if chose to update Q^A **then**
    $\mathbf{a}^* \leftarrow \arg\max_{\mathbf{a}} Q^A(\mathbf{s}',\mathbf{a})$
    $\mathbf{a}_L \leftarrow \arg\min_{\mathbf{a}} Q^A(\mathbf{s}',\mathbf{a})$
    $\beta^A \leftarrow \frac{|Q^B(\mathbf{s}',\mathbf{a}^*) - Q^B(\mathbf{s}',\mathbf{a}_L)|}{c + |Q^B(\mathbf{s}',\mathbf{a}^*) - Q^B(\mathbf{s}',\mathbf{a}_L)|}$
    $\delta^A \leftarrow r + \gamma[\beta^A Q^A(\mathbf{s}',\mathbf{a}^*) + (1-\beta^A) Q_B(\mathbf{s}',\mathbf{a}^*)] - Q^A(\mathbf{s},\mathbf{a})$
    $\alpha^A(\mathbf{s},\mathbf{a}) \leftarrow r + \gamma Q^B(\mathbf{s}',\mathbf{a}^*) - Q^A(\mathbf{s},\mathbf{a})$
    $Q^A(\mathbf{s},\mathbf{a}) \leftarrow Q^A(\mathbf{s},\mathbf{a}) + \alpha^A(\mathbf{s},\mathbf{a})\delta^A$
    else if chose to update Q^B **then**
    $\mathbf{a}^* \leftarrow \arg\max_{\mathbf{a}} Q^B(\mathbf{s}',\mathbf{a})$
    $a_L \leftarrow \arg\min_{\mathbf{a}} Q^B(\mathbf{s}',\mathbf{a})$
    $\beta^B \leftarrow \frac{|Q^A(\mathbf{s}',\mathbf{a}^*) - Q^A(\mathbf{s}',\mathbf{a}_L)|}{c + |Q^A(\mathbf{s}',\mathbf{a}^*) - Q^A(\mathbf{s}',\mathbf{a}_L)|}$
    $\delta^B \leftarrow r + \gamma[\beta^B Q^B(\mathbf{s}',\mathbf{a}^*) + (1-\beta^B) Q^A(\mathbf{s}',\mathbf{a}^*)] - Q^B(\mathbf{s},\mathbf{a})$
    $\alpha^B(\mathbf{s},\mathbf{a}) \leftarrow r + \gamma Q^A(\mathbf{s}',\mathbf{a}^*) - Q^B(\mathbf{s},\mathbf{a})$
    $Q^B(\mathbf{s},\mathbf{a}) \leftarrow Q^B(\mathbf{s},\mathbf{a}) + \alpha^B(\mathbf{s},\mathbf{a})\delta^B$
    $\mathbf{s} \leftarrow \mathbf{s}'$
  end if
until end
output: $\hat{\mathbf{x}}_i \approx \mu_i(S) = \frac{1}{|S_i|}\sum_{\mathbf{s}\in S_i} \mathbf{s}$

下面是 Q 学习、双 Q 学习和加权双 Q 学习之间的比较。

- Q 学习是 $Q(\mathbf{s},\mathbf{a})$ 的单一估计器。
- 双 Q 学习是针对 $Q^A(\mathbf{s},\mathbf{a})$ 和 $Q^B(\mathbf{s},\mathbf{a})$ 的双估计器。
- 加权双 Q 学习是针对 $Q^A(\mathbf{s},\mathbf{a})$ 和 $Q^B(\mathbf{s},\mathbf{a})$ 的加权双估计器。

[399] 双 Q 学习算法 6.39 与加权双 Q 学习算法 6.40 之间的主要区别:

① 算法 6.40 使用加权项 $\beta^A Q^A(\mathbf{s}', \mathbf{a}^*) + (1-\beta^A)Q^B(\mathbf{s}', \mathbf{a}^*)$ 代替了算法 6.39 更新 δ^A 时的 $Q^B(\mathbf{s}', \mathbf{a}^*)$ 项。

② 算法 6.40 使用加权项 $\beta^B Q^B(\mathbf{s}', \mathbf{a}^*) + (1-\beta^B)Q^A(\mathbf{s}', \mathbf{a}^*)$ 代替算法 6.39 更新 δ^B 时的 $Q^A(\mathbf{s}', \mathbf{a}^*)$ 项。

6.19.3 在线连接 Q 学习算法

为了表示 Q 函数, Lin[163] 选择使用对每个动作使用一个神经网络, 这样可以避免隐藏节点从不同输出接收冲突的错误信号。

神经网络加权更新为[163]

$$\mathbf{w}_{t+1} = \mathbf{w}_t + \eta \left(r_t + \gamma \max_{\mathbf{a} \in A} Q_{t+1} - Q_t \right) \nabla_w Q_t \tag{6.19.9}$$

式中, η 为学习常数, r_t 是由状态 $\mathbf{x}_t$ 到 $\mathbf{x}_{t+1}$ 的转移收到的回报, $Q_t = Q(\mathbf{x}_t, \mathbf{a}_t)$, 并且 $\nabla_w Q_t$ 是由反向传播计算的输出梯度向量 $\partial Q_t / \partial \mathbf{w}_t$。

Rummery 和 Niranjan[218] 提出了另一种更新算法, 称为修正连接 Q 学习。该算法更强烈地基于时间差分, 并使用以下更新规则

$$\Delta \mathbf{w}_t = \eta (r_t + \gamma Q_{t+1} - Q_t) \sum_{k=0}^{t} (\gamma\lambda)^{t-k} \nabla_w Q_k \tag{6.19.10}$$

此更新规则不同于正常 Q 学习: 使用与所选动作关联的 Q_{t+1} 代替贪婪算法 $\max_{\mathbf{a} \in A} Q_{t+1}$ 选择的 Q_{t+1}。

下面讨论如何计算梯度 $\nabla_w Q_t$。为此, 将反向传播神经网络定义为一组分层排列的互连单元。设 i, j 和 k 分别表示网络中输出层、隐层和输入层的神经元; 误差信号从右向左传播, 如图 6.4 所示。

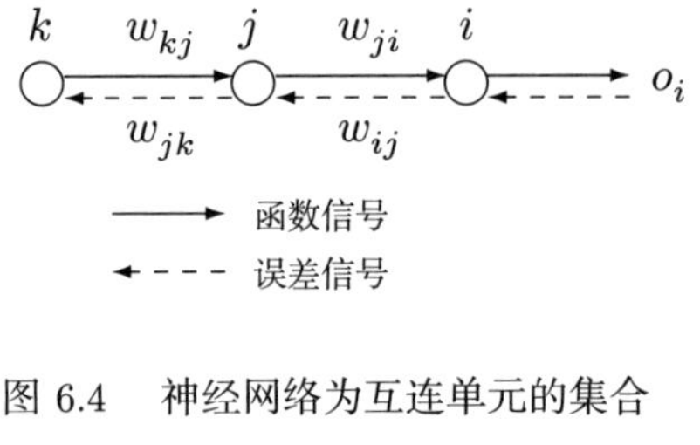

图 6.4　神经网络为互连单元的集合

[400] 神经元 j 位于神经元 i 左侧的一层, 当神经元 j 是一个隐藏单元时, 神经元 k 位于神经元 j 左侧的一层。

若令 w_{ij} 是从层 i 到 j 的连接的权重, 则层 i 的输出为[218]

$$o_i = f(\sigma_i) \tag{6.19.11}$$

式中, $\sigma_i = \sum_j w_{ij} o_j$ 和 $f(\sigma)$ 是一个 Sigmoid 函数。

输出 o_i 相对于输出层权重 w_{ij} 的梯度定义为

$$\frac{\partial o_i}{\partial w_{ij}} = \frac{\partial f(\sigma_i)}{\partial w_{ij}} = \frac{\partial f(\sigma_i)}{\partial \sigma_i} \cdot \frac{\partial \sigma_i}{\partial w_{ij}} = f'(\sigma_i) o_j \tag{6.19.12}$$

式中, $f'(\sigma_i) = \frac{\partial f(\sigma_i)}{\partial \sigma_i}$ 是 Sigmoid 函数 $f(\sigma_i)$ 的一阶微分。

输出 o_i 相对于隐层权重 w_{jk} 的梯度定义为

$$\begin{aligned}\frac{\partial o_i}{\partial w_{jk}} = \frac{\partial f(\sigma_i)}{\partial w_{jk}} &= \frac{\partial f(\sigma_i)}{\partial \sigma_i} \cdot \frac{\partial \sigma_i}{\partial o_j} \cdot \frac{\partial o_j}{\partial \sigma_j} \cdot \frac{\partial \sigma_j}{\partial w_{jk}} \\ &= f'(\sigma_i) \cdot w_{ij} \cdot f'(\sigma_j) \cdot o_k \end{aligned} \tag{6.19.13}$$

Rummery 和 Niranjan[218] 的修正连接 Q 学习算法见算法 6.41。

算法 6.41 修正连接 Q 学习算法[218]

---

1. **initialization:** Reset all eligibilities $\mathbf{e}_0 = \mathbf{0}$ and put $t = 0$
2. **repeat**
3. Select action $\mathbf{a}_t$
4. If $t > 0$
5. $\mathbf{w}_t = \mathbf{w}_{t-1} + \eta(r_{t-1} + Q_t - Q_{t-1})\mathbf{e}_{t-1}$
6. Calculate $\nabla_w Q_t$ with respect to selected action $\mathbf{a}_t$ only
7. $\mathbf{e}_t = \nabla_w Q_t + \gamma\lambda \mathbf{e}_{t-1}$
8. Perform action $\mathbf{a}_t$, and receive the payoff r_t
9. If trial has not ended, $t \leftarrow t + 1$ and go to Step 3
10. **until end**
11. **output:** Q_t

6.19.4 Q 体验式学习

当使用诸如神经网络的非线性函数逼近器来表示动作值, 即 Q 函数时, 强化学习被认为是不稳定的, 甚至是发散的。这种不稳定有几个原因[183]: [401]

- 观察序列中的相关性。
- 对 Q 的小更新可能会显著更改策略, 从而更改数据分布。
- 动作值 Q 与目标值 $r + \max\limits_{\mathbf{a}'} Q(\mathbf{s}', \mathbf{a}')$ 之间的相关性。

为了解决这些不稳定性问题, 一种新的 Q 学习方法由 Mnih 等人研发[183]。这一方法使用了两个关键思想。

- 采用了一种被称为体验重放的生物学激励机制, 该机制对数据随机化, 从而消除了观测序列中的相关性, 平滑了数据分布的变化。
- 使用迭代更新来调整动作值 Q 以达到仅定期更新目标值, 从而降低与目标的相关性。

为了生成体验重放，近似值函数 $Q(\mathbf{s},\mathbf{a};\boldsymbol{\theta}_i)$ 首先被参数化，其中 $\boldsymbol{\theta}_i$ 是迭代 i 的 Q 网络的参数 (即权重)。然后，代理的体验 $e_t=(\mathbf{s}_t,\mathbf{a}_t,r_t,\mathbf{s}_{t+1})$ 在每次步骤 t 存储在数据集 $D_t=\{e_1,\cdots,e_t\}$ 中，以执行体验重放。这种具有体验重放的 Q 学习称为 Q 体验式学习。

算法 6.42 示出了深度 Q 体验式学习算法，它由 Mnih 等人研发[183]。

算法 6.42 具有体验重放的深度 Q 体验式学习算法[183]

1. **initialization**
   - 1.1 replay memory D to capacity N
   - 1.2 action-value function Q with random weights $\boldsymbol{\theta}$
   - 1.3 target action-value function $\hat{Q}$ with weights $\boldsymbol{\theta}^-=\boldsymbol{\theta}$
2. **for** episode $=1,M$ **do**
3. Initialize sequence $s_1=\{\mathbf{x}_1\}$ and preprocessed sequence $\phi_1=\phi(s_1)$
4. **for** $t=1,T$ **do**
5. With probability ϵ select a random action $\mathbf{a}_t$
6. otherwise select $\mathbf{a}_t=\arg\max_{\mathbf{a}} Q(\phi(s_t),\mathbf{a};\boldsymbol{\theta})$
7. Execute action $\mathbf{a}_t$ in emulator and observe reward r_t and image $\mathbf{x}_{t+1}$
8. Set $s_{t+1}=s_t,\mathbf{a}_t,\mathbf{x}_{t+1}$ and preprocess $\phi_{t+1}=\phi(s_{t+1})$
9. Store transition $(\phi_t,\mathbf{a}_t,r_t,\phi_{t+1})$ in D
10. Sample random mini batch of transitions $(\phi_j,\mathbf{a}_j,r_j,\phi_{j+1})$ from D
11. Set $y_j=\begin{cases} r_j, & \text{if episode terminates at step } j+1 \\ r_j+\max_{\mathbf{a}'}\hat{Q}(\phi_{j+1},\mathbf{a}';\boldsymbol{\theta}^-), & \text{otherwise}\end{cases}$
12. Perform a gradient descent step on $(y_j-Q(\phi_j,\mathbf{a}_j;\boldsymbol{\theta}))^2$ with respect to the network parameters $\boldsymbol{\theta}$
13. Every C steps reset $\hat{Q}=Q$
14. **end for**
15. **end for**

在学习过程中，Q 学习更新应用于从存储的样本池中均匀随机抽取的经验
[402] 样本 (或小批量) $(\mathbf{s},\mathbf{a},r,\mathbf{s}')\sim U(D)$。迭代 i 的 Q 学习更新使用以下损失函数

$$L_i(\theta_i)=E_{(\mathbf{s},\mathbf{a},r,\mathbf{s}')\sim U(D)}\left\{r+\gamma\max_{\mathbf{a}'}Q(\mathbf{s}',\mathbf{a}';\boldsymbol{\theta}_i^-)-Q(\mathbf{s},\mathbf{a};\boldsymbol{\theta}_i)\right\} \tag{6.19.14}$$

式中，γ 是决定代理范围的折扣因子，$\boldsymbol{\theta}_i$ 是迭代 i 时 Q 网络的参数，$\boldsymbol{\theta}_i^-$ 是迭代 i 时用于计算目标的网络参数。目标网络参数 $\boldsymbol{\theta}_i^-$ 仅每 C 步使用 Q 网络参数 $\boldsymbol{\theta}_i$ 更新一次，并且在每两次更新之间保持不变。

6.20 迁移学习

传统机器学习/数据挖掘只在训练集和试验集来自相同特征空间, 并且具有相同分布时才工作得好。这意味着, 每当数据改变时, 模型就需要重新训练, 这可能很麻烦, 因为:

- 为新的数据集获取新的训练数据花费是非常昂贵的, 也很困难。
- 某些数据集容易过时, 即不同时间周期的数据分布将会不同。

因此, 在许多实际应用中, 当分布变化或者数据过时时, 大多数的统计模型不再适用, 需要利用新收集的训练数据进行重新建模。重新收集所需要的训练数据和重新建立模型是昂贵和困难的。在这样的情况下, 任务和域之间的知识转移或者迁移学习是可取的。

与传统机器学习不同, 迁移学习允许在训练和试验阶段使用不同域、任务和分布。

另一方面, 我们很容易通过互联网随机下载, 获得大量的未标记图像 (或音频样本、或文本文档), 并希望使用这种未标记的图像来改进给定图像 (或音频、或文本) 分类的任务。显然, 在这些情况下, 就不能假定未标记的数据与标记的数据服从相同类型的类型标签或者生成分布。在监督分类中使用未标记的数据称为自学习方法 (由未标记数据迁移学习)[210]。因此, 迁移学习或自学习可以广泛适用于许多实际学习问题中的典型半监督学习或迁移学习的设定。

迁移学习可以将先前的知识转移给新的任务, 有助新任务的学习。

从 1995 年开始, 各种叫法的迁移学习受到越来越多的关注: 学会学习、终身学习、知识迁移、归纳学习、多任务学习、知识整合、情境敏感学习、基于知识的归纳偏差、元学习、增量/累积学习和自学习[199, 210, 243]。

6.20.1 符号与定义 [403]

定义 6.44 (域) [199] 域 $\mathcal{D}$ 由两部分组成: 特征空间 $\mathcal{X}$ 与边缘概率分布 $P(X)$, 记为 $\mathcal{D} = \{\mathcal{X}, P(X)\}$, 其中 $X = \{\mathbf{x}_1, \cdots, \mathbf{x}_n\} \in \mathcal{X}$ 是特定的学习样本 (集)。

对于具有包单词表示的文档分类, $\mathcal{X}$ 是所有文档表示的空间, $\mathbf{x}_i$ 是对应某个文档的第 i 个向量, X 是用于训练的文档样本集。

在前面介绍过的监督学习、无监督学习、半监督学习、归纳学习和半监督直推学习中, 源域和目标域假定具有相同的特征空间或相同的边缘概率分布。在这些情况下, 我们将标记集 $D^{(l)}$、未标记集 $D^{(u)}$ 和试验集 $D^{(t)}$ 分别记为

$$D^{(l)} = \{(\mathbf{x}_{l_1}, y_{l_1}), \cdots, (\mathbf{x}_{l_{n_l}}, y_{l_{n_l}})\} \tag{6.20.1}$$

$$D^{(u)} = \{\mathbf{x}_{u_1}, \cdots, \mathbf{x}_{u_{n_u}}\} \tag{6.20.2}$$

$$D^{(t)} = \{\mathbf{x}_{t_1}, \cdots, \mathbf{x}_{t_{n_t}}\} \tag{6.20.3}$$

在机器学习中有两个域: 源域 $\mathcal{D}_S = \{\mathcal{X}_S, P(X_S)\}$ 和目标域 $\mathcal{D}_T = \{\mathcal{X}_T,$

$P(X_T)\}$。这两个域通常是不同的: 它们可以有不同的特征空间 $\mathcal{X}_S \neq \mathcal{X}_T$ 与/或不同的边缘概率分布 $P(X_S) \neq P(X_T)$。

令 $X_S = \{\mathbf{x}_{S_1}, \cdots, \mathbf{x}_{S_{n_s}}\}$ 和 $Y_S = \{y_{S_1}, \cdots, y_{S_{n_s}}\}$ 分别是源域 $\mathcal{D}_S$ 的所有标记数据集和所有相应的类别标签集。类似地, 记目标域的标记数据集 $X_T = \{\mathbf{x}_{T_1}, \cdots, \mathbf{x}_{T_{n_t}}\}$ 和相应的类别标签集 $Y_T = \{y_{T_1}, \cdots, y_{T_{n_t}}\}$。源域数据和目标域数据分别表示为

$$D_S = (X_S, Y_S) = X_S \cup Y_S = \{(\mathbf{x}_{S_1}, y_{S_1}), \cdots, (\mathbf{x}_{S_{n_s}}, y_{S_{n_s}})\} \in \mathcal{D}_S \tag{6.20.4}$$

$$D_T = (X_T, Y_T) = X_T \cup Y_T = \{(\mathbf{x}_{T_1}, y_{T_1}), \cdots, (\mathbf{x}_{T_{n_t}}, y_{T_{n_t}})\} \in \mathcal{D}_T \tag{6.20.5}$$

式中

- $\mathbf{x}_{S_i} \in \mathcal{X}_S$ 是源域 $\mathcal{D}_S$ 的第 i 个样本向量, $y_{S_i} \in \mathcal{Y}_S$ 是 $\mathbf{x}_{S_i}$ 相对应的类别标签。例如, 在文档分类中。标签集是包含 true 和 false 的二进制集, 即 $y_{S_i} \in \{\text{true}, \text{false}\}$ 取值 true 或 false, 而 $f(\mathbf{x})$ 则表示学习者, 它预测文本向量 $\mathbf{x}$ 的标签值。
- $\mathbf{x}_{T_i} \in \mathcal{X}_T$ 是目标域 $\mathcal{D}_T$ 的第 i 个样本向量, $y_{T_i} \in \mathcal{Y}_T$ 是 $\mathbf{x}_{T_i}$ 的对应类别标签。
- n_s 和 n_t 分别是源域数据向量的数目和目标域数据向量的数目。在大多数情况下, $0 \leqslant n_t \ll n_s$。

[404] 令 $D_S^{(l)}$ 和 $D_S^{(u)}$ 分别是从源域 $\mathcal{D}_S$ 抽取的数据的标记集和未标记集。类似地, $D_T^{(l)}$ 和 $D_T^{(u)}$ 分别表示从目标域 $\mathcal{D}_T$ 抽取的数据的标记集和未标记集

$$D_S^{(l)} = \{(\mathbf{x}_{S_1}^{(l)}, y_{S_1}^{(l)}), \cdots, (\mathbf{x}_{S_{n_l}}^{(l)}, y_{S_{n_l}}^{(l)})\}, \quad D_S^{(u)} = \{\mathbf{x}_{S_1}^{(u)}, \cdots, \mathbf{x}_{S_{n_u}}^{(u)}\}$$

$$D_T^{(l)} = \{(\mathbf{x}_{T_1}^{(l)}, y_{T_1}^{(l)}), \cdots, (\mathbf{x}_{T_{n_l}}^{(l)}, y_{T_{n_l}}^{(l)})\}, \quad D_T^{(u)} = \{\mathbf{x}_{T_1}^{(u)}, \cdots, \mathbf{x}_{T_{n_u}}^{(u)}\}$$

式中

- $\mathbf{x}_{S_i}^{(l)}, \mathbf{x}_{S_i}^{(u)} \in \mathcal{D}_S$ 分别是从源域抽取的第 S_i 个已标记的和未标记的数据向量, $y_{S_i}^{(l)} \in \mathcal{Y}_S$ 是从源域抽取的数据向量 $\mathbf{x}_{S_i}^{(l)}$ 相对应的类型标签。
- $\mathbf{x}_{T_i}^{(l)}, \mathbf{x}_{T_i}^{(u)} \in \mathcal{D}_T$ 分别是从目标域抽取的第 T_i 个已标记和未标记的数据向量, $y_{T_i}^{(l)} \in \mathcal{Y}_T$ 是从目标域抽取的数据向量 $\mathbf{x}_{T_i}^{(l)}$ 相对应的类型标签。
- n_l 和 n_u 分别是源域 (或目标域) 中的标记数据和未标记数据的数目。

应当注意, $D_S^{(l)}$ 和 $D_S^{(u)}$ 是无交联的, 即 $D_S^{(l)} \cap D_S^{(u)} = \varnothing$。类似地, 有 $D^{(l)} \cap D^{(u)} = \varnothing$。这些无交联的条件正如前面已介绍的监督学习、无监督学习、半监督学习、归纳学习和半监督直推学习中曾经要求的条件那样。

当讨论两个不同域 $\mathcal{D}_S$ 和 $\mathcal{D}_T$ 的机器学习时, 我们有两个可能的训练集, 即源域 $\mathcal{D}_S$ 抽取的训练集 D_S^{train} 和目标域 $\mathcal{D}_T$ 抽取的训练集 D_T^{train}

$$D_S^{\text{train}} = D_S^{(l)} \cup D_S^{(u)} \in \mathcal{D}_S \tag{6.20.6}$$

$$D_T^{\text{train}} = D_T^{(l)} \cup D_T^{(u)} \in \mathcal{D}_T \tag{6.20.7}$$

式中, $D_S^{(l)}$ 和 $D_S^{(u)}$ 中有一个可能是空集, 而 $D_T^{(l)}$ 或 $D_T^{(u)}$ 也有可能是空集, 它们

分别对应无监督学习和监督学习的情况。

定义 6.45 (任务) [199] 对于一个给定的 (源或目标) 域 $\mathcal{D} = \{\mathcal{X}, P(X)\}$, 任务 $\mathcal{T}$ 由两部分组成: 标签空间 $\mathcal{Y}$ 和目标预测函数 $f(\cdot)$, 记为 $\mathcal{T} = \{\mathcal{Y}, f(\cdot)\}$。目标预测函数 $f(\cdot)$ 是不可观测的, 但可以从特征向量和标签对 $(\mathbf{x}_i, y_i)$ 中学习, 其中 $\mathbf{x}_i \in \mathcal{X}$ 和 $y_i \in \mathcal{Y}$。

函数 $f(\cdot)$ 可以用于预测一个新的样本向量 $\mathbf{x}_i$ 的类型标签 $f(\mathbf{x}_i)$。从概率观点看, $f(\mathbf{x}_i)$ 常写为 $P(y_i|\mathbf{x}_i)$。

如果给定的特定域是源域, 即 $\mathcal{D} = \mathcal{D}_S$, 则学习任务称为源学习任务并记为 $\mathcal{T}_S = \{\mathcal{Y}_S, f_S(\cdot)\}$。类似地, 目标域的学习任务称为目标学习任务, 记为 $\mathcal{T}_T = \{\mathcal{Y}_T, f_T(\cdot)\}$。 [405]

对于两个不同但相关的域或任务, 如果我们将在一个域 (或任务) 中训练过的模型参数转移到另一个域 (或任务), 将明显有助于训练新数据集, 因为知识转移可以将学习到的参数同新模型分享, 加速和优化新模型的学习, 而无须像以前那样从零开始学习。这样一种学习称为迁移学习。

以下是迁移学习的统一定义。

定义 6.46 (迁移学习) [199] 给定一个源域 $\mathcal{D}_S$ 和源学习任务 $\mathcal{T}_S$、一个目标域 $\mathcal{D}_T$ 和目标域学习任务 $\mathcal{T}_T$。当两个域、两个任务和两个分布类似但不相同时, 迁移学习强调跨域、跨任务、跨分布之间的知识转移, 目的是利用 $\mathcal{D}_S$ 和 $\mathcal{T}_S$ 中的知识, 帮助改善目标域 $\mathcal{D}_T$ 中目标预测函数 $f_T(\cdot)$ 的学习。其中, $\mathcal{D}_S \neq \mathcal{D}_T$ 或 $\mathcal{T}_S \neq \mathcal{T}_T$。

定义 6.46 表明, 迁移学习由 3 部分组成[302]:

- 定义源域和目标域。
- 源域中的学习。
- 目标域上的预测或泛化 (或推广)。

在迁移学习中, 求解源域 (或目标域) 中的源 (或目标) 任务时得到的知识被存储, 然后使用这些知识求解感兴趣的另一个问题。图 6.5 示出了迁移学习的设置。

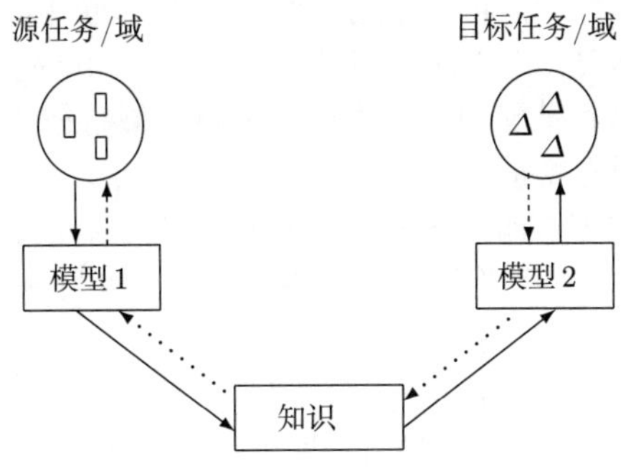

图 6.5　迁移学习设置

在多数情况下, 只存在单个回路的迁移学习 (如带实线的箭头所示), 但在两种语言的机器翻译中, 却存在双回路迁移学习设置, 如图 6.5 所示。

在迁移学习中, 有以下 3 个主要研究问题[199, 268]。

[406]
- 转移的内容: 哪部分知识可以跨域或跨任务转移? 如果某些知识是特定于单个域或任务的, 则无须转移它。相反, 当某些知识在不同域之间是公共的时, 就有必要转移这部分知识, 因为它们可能有助于提高目标域或任务的性能。
- 转移的方法: 如何训练一个合适的模型? 在发现可以转移的知识之后, 需要开发学习算法来转移知识。
- 何时转移: 迁移学习是通过使用来自相关源域的数据改进目标学习者。但是, 如果源域与目标域没有很好的关联, 那么目标学习者可能会受到这种弱关联的负面影响。这样一种转移称为负转移。

在迁移学习的定义 6.46 中, 一个域定义为二元组 $\mathcal{D} = \{\mathcal{X}, P(X)\}$, 一个任务定义为另一个二元组 $\mathcal{T} = \{\mathcal{Y}, P(Y|X)\}$。因此, 两个不同域 $\mathcal{D}_S \neq \mathcal{D}_T$ 的条件有两种可能的情况: $\mathcal{X}_S \neq \mathcal{X}_T$ 与/或 $P(X_S) \neq P(X_T)$, 而两个不同的任务 $\mathcal{T}_S \neq \mathcal{T}_T$ 也有两种可能的情况: $\mathcal{Y}_S \neq \mathcal{Y}_T$ 与/或 $P(Y_S|X_S) \neq P(Y_T|X_T)$。换言之, 存在以下 4 种迁移学习情况:

- $\mathcal{X}_S \neq \mathcal{X}_T$ 意味着源域和目标域的特征空间不同。例如, 在自然语言处理中, 用两种语言写成的文档就属于这种情况, 通常称之为跨语言适应。
- $P(X_S) \neq P(X_T)$ 意味着源域和目标域的边缘概率分布不同。例如, 当文档关注不同的主题时。这种情况通常称为域适配。
- $\mathcal{Y}_S \neq \mathcal{Y}_T$ 意味着源域和目标域的标签空间不同, 称为类型空间的失配。这种情况的一个例子是: 当源码软件项目的标签空间为二进制标签空间 (容易出现故障的模块为 true, 不容易出现故障的模块为 false), 而目标域却有一个标签空间, 定义了 5 个级别的易出现故障的模块[268]。

[407]
- $P(Y_S|X_S) \neq P(Y_T|X_T)$ 意味着源域和目标域的条件概率分布不同。例如, 源文档和目标文档的类型不平衡时。这种情况在实际中是相当常见的。

6.20.2 迁移学习的分类

基于特征的迁移学习方法可以采用两种方式[268], 如图 6.6 所示。

- 对称变换 T_S 和 T_T 发现域之间潜在的有意义的结构, 如图 6.6(a) 所示。它是一种将源域特征集 $X_S = \{\mathbf{x}_{S_i}\}$ 和目标域特征集 $X_T = \{\mathbf{x}_{T_i}\}$ 映射为一个共同的潜在特征集的变换。
- 非对称变换 T_T 通过重新加权来变换源的特征, 以更接近于目标域[201]。如图 6.6(b) 所示, 是一种将源域特征集 X_S 映射为目标特征集 X_T 的变换。

根据不同的角度, 迁移学习有不同的分类方法。

根据特征空间, 迁移学习可以分为两类[268]。

- 同构迁移学习: 源域和目标域有相同的特征空间, 即 $\mathcal{X}_S = \mathcal{X}_T$, 包括基于示例的迁移学习[48]、基于非对称特征的迁移学习[70]、域适应[203]、基于参数的迁移学习[249]、基于关系的迁移学习[161]、基于混合 (示例和参数) 的

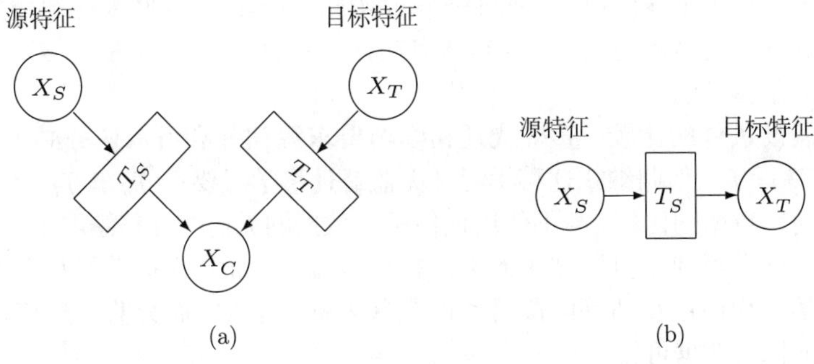

图 6.6 变换映射[268]

迁移学习[280] 等。

- 异构迁移学习: 源域和目标域有不同的特征空间, 即 $\mathcal{X}_S \neq \mathcal{X}_T$, 包括基于对称特征的迁移学习[207]、基于非对称特征的迁移学习[153] 等。

根据计算智能, 迁移学习可以分类如下[167]。

- 使用神经网络的迁移学习, 包括使用深度神经网络的迁移学习[55]、使用卷积神经网络的迁移学习[196]、使用多任务神经网络的迁移学习[45, 233] 和使用径向基函数神经网络的迁移学习[285] 等。
- 使用贝叶斯学习的迁移学习包括使用贝叶斯算法的迁移学习[170, 217]、使用贝叶斯网络的迁移学习[168, 192] 和使用分层贝叶斯模型的迁移学习[93] 等。
- 使用模糊系统和遗传算法的迁移学习, 包括基于模糊理论的直推式迁移学习[18]、生成智能环境下模糊预测模型的模糊迁移学习框架[227, 228]、广义隐映射岭回归[74]、遗传迁移学习[148] 等。

根据任务, 迁移学习可以分为以下 3 类[199]: 归纳式迁移学习、直推式迁移 [408]
学习[10] 和无监督迁移学习。

定义 6.47 (归纳式迁移学习) [199] 令目标任务 $\mathcal{T}_T$ 与源任务 $\mathcal{T}_S$ 不同, 即 $\mathcal{T}_S \neq \mathcal{T}_T$, 无论源域和目标域是否相同, 归纳式迁移学习利用目标域中的一些标记数据建立目标预测模型 $f_T(\cdot)$ 以供目标域中的应用。

定义 6.48 (直推式迁移学习) [10, 199] 给定源域 $\mathcal{D}_S$ 及其相应的一个学习任务 $\mathcal{T}_S$、一个目标域 $\mathcal{D}_T$ 及其相应的一个学习任务 $\mathcal{T}_T$, 直推式迁移学习旨在利用 $\mathcal{D}_S$ 和 $\mathcal{T}_S$ 中的知识, 提高目标预测函数 $f_T(\cdot)$ 的学习。此外, 在训练阶段, 必须有某些未标记的目标域数据可以使用。

定义 6.49 (无监督迁移学习) [199] 当 $\mathcal{D}_S \neq \mathcal{D}_T$ 和 $\mathcal{T}_S \neq \mathcal{T}_T$, 并且源域和目标域的标记数据不可用时, 无监督迁移学习旨在使用 $\mathcal{D}_S$ 和 $\mathcal{T}_S$ 中的知识帮助改善目标域 $\mathcal{D}_T$ 中目标预测函数 $f_T(\cdot)$ 的学习。

由上述 3 个定义, 我们可以得到 3 种迁移学习的比较。

- 共同点: 归纳式迁移学习、直推式迁移学习和无监督迁移学习都不假定

未标记数据 $\mathbf{x}_j^{(u)}$ 是从相同分布抽取的, 也不假定这些未标记数据和标记数据的类型标签相关。这是任何迁移学习的共同点, 也是与传统机器学习的基本区别。

- 假设条件的比较: 直推式迁移学习要求源任务和目标任务必须相同, 即 $\mathcal{T}_S = \mathcal{T}_T$, 但归纳式迁移学习和无监督迁移学习要求 $\mathcal{T}_S \neq \mathcal{T}_T$。
- 使用数据的比较: 与不使用任何标记数据的无监督迁移学习不同, 归纳式迁移学习使用目标域中的某些标记数据, 直推式迁移学习和自学式迁移学习均使用在训练阶段可用的某些未标记数据, 而无监督迁移学习无任何标记数据可用。
- 任务的比较: 归纳式迁移学习催生目标预测模型 $f_T(\cdot)$, 而直推式迁移学习和无监督迁移学习旨在使用 $\mathcal{D}_S$ 和 $\mathcal{T}_S$ 中的知识, 改善目标预测函数的学习。另外, 归纳式迁移学习和无监督迁移学习均要求 $\mathcal{T}_S \neq \mathcal{T}_T$, 而直推
[409] 式迁移学习要求 $\mathcal{T}_S = \mathcal{T}_T$。

根据在源域内的标记数据和未标记数据的不同情况, 归纳式迁移学习设置又可以进一步分为两种情况[199]。

- 多任务学习: 在源域有大量的标记数据可用的情况下, 归纳式迁移学习的设置与多任务学习的设置类似。然而, 归纳式迁移学习设置只是旨在通过从源任务转移知识来实现目标任务的高性能, 而多任务学习则试图同时学习目标任务和源任务。
- 自学式迁移学习: 源域没有任何标记数据可用。在这种情况下, 归纳式迁移学习设置与 Raina 等人提出的自学式迁移学习设置[210] 类似。

定义 6.50 (多任务学习) 对于多个相关的任务, 多任务学习定义为一种基于共享表示的归纳式迁移学习方法, 其中, 多个相关的任务利用来自源域的标记数据一起学习。每个任务学习的内容可以帮助其他任务更好地学习。

定义 6.50 表明, 多任务学习由 3 部分组成[302]:

- 建立与任务相关的模型。
- 同时学习所有的任务。
- 各个任务可以有不同的数据或特征。

定义 6.51 (自学式迁移学习) [210] 给定一组从某个分布 D 抽取的 m 个样本组成的标记训练集 $\{(\mathbf{x}_1^{(l)}, y_1^{(l)}), \cdots, (\mathbf{x}_m^{(l)}, y_m^{(l)})\}$, 其中 $\mathbf{x}_i^{(l)} \in \mathbb{R}^n$ 表示第 i 个输入特征向量, 上标 "l" 表示该向量是已标记 (labeled) 的向量; 在分类问题中, $y_i^{(l)} \in \{1, \cdots, C\}$ 是相应的类型标签。此外, 我们还有一组 k 个未标记样本 $\mathbf{x}_1^{(u)}, \cdots, \mathbf{x}_k^{(u)} \in \mathbb{R}^n$。自学式迁移学习旨在通过对未标记数据的迁移学习, 确定 $\mathbf{x}_i^{(l)}$ 和 $\mathbf{x}_j^{(u)}$ 是否来自相同的输入"类型"或"模式"。

在自学式迁移学习设置中, 源域和目标域之间的标签空间可能不相同, 这意味着源域的边信息不可能直接使用。这一点与源域无可用标记数据的归纳式迁移学习设置类似。

在传统的机器学习设置中, 直推式学习[131] 指的是所有的试验数据都要求在训练阶段是可以观测的, 并且学习到的模型不能对将来的数据重复使用。相反,

定义 6.48 中的术语“直推式”强调的是这类迁移学习的概念, 任务必须相同, 目标域必须要有某些可用的未标记数据。因此, 当某些新的试验数据抵达时, 它们必须与所有已有数据一起分类。

在直推式迁移学习设置中, 源任务和目标任务要求相同, 而源域和目标域不同。在这种情况下, 目标域无标记数据可用, 而源域有大量标记数据可用。 [410]

根据源域和目标域之间的不同情况, 直推式迁移学习可以进一步分为两种情况。

- 源域和目标域之间的特征空间不同, 即 $\mathcal{X}_S \neq \mathcal{X}_T$, 这就是所谓的异构迁移学习。
- 源域和目标域之间的特征空间相同, 即 $\mathcal{X}_S = \mathcal{X}_T$, 但输入数据的边缘概率分布不同, 即 $P(X_S) \neq P(X_T)$。这种特殊情况与“域适应”密切相关。

定义 6.52 (域适应) 给定两个不同的域 $\mathcal{D}_S \neq \mathcal{D}_T$ 和单个任务 $\mathcal{T}_S = \mathcal{T}_T$。域适应使用标记的源域数据和未标记的或少量标记的目标域数据, 旨在改善目标预测函数 $f_T(\cdot)$ 的学习。

迁移学习已有的两种主要方法。

- 基于样本的方法学习不同的加权, 对源域的训练样本进行排序, 以便在目标域更好地进行学习。例如, Dai 等人的迁移学习的提升或自举算法[66]。
- 基于特征的方法试图学习来自不同域的共同特征结构。这种共同特征结构能够把两个域联系起来, 以进行知识转移。例如, Ando 和 Zhang 的多任务学习[8]、Blitzer 等人的多域学习[27]、Raina 等人的自学式迁移学习[210] 和 Pan 等人借助降维的迁移学习[201] 等。

6.20.3 迁移学习的提升

考虑下面情况的迁移学习: 当一个任务来自一个新的域时, 只有来自类似的旧域的标记数据可用。在这些情况下, 对新数据进行标记可能成本高昂, 而且扔掉所有旧数据也是一种浪费。一个自然会问的问题是: 只利用很少量的新数据和大量的旧数据, 是否能够构造一个高质量的分类模型, 即便新数据不足以单独训练一个模型。为此, 作为自适应提升 (AdaBoost)[97] 的一种扩展, 由 Dai 等人提出了一种专为迁移学习设计的 AdaBoost, 称为迁移学习的自适应提升方法, 简称 TrAdaBoost[66]。

对于或多或少过时的训练数据, 有些部分数据仍然可以使用。换句话说, 从这部分数据中学习到的知识仍然可以用于为新数据训练一个分类器。TrAdaBoost 的目标是迭代地减少低质量的源域数据, 并保留可重用的训练数据。

假定存在两类训练数据[66]。

- 同分布训练数据: 与试验数据具有相同分布的部分标记的训练数据对建立分类模型是有用的。这些同分布的训练数据的数量通常不足以对试验数据训练出一个好的分类器, 但是却有助于每个旧数据样本有用性的投票表决。 [411]
- 不同分布训练数据: 训练数据具有不同于试验数据的分布, 可能是因为它们过时了。这些训练数据假定是大量的。由于不同的数据分布，由这些数据训练的分类器不可能对试验数据很好地进行分类。

TrAdaBoost 就是通过自动调整训练数据的权重，使用提升方法，过滤出与同一分布数据明显不同的训练数据。这样，即使在相同分布的训练数据很少的情况下，剩余的不同分布数据也可当作额外的训练数据，极大地提高学习模型的置信度。

令 X_s 是相同分布的样本空间，X_d 是不同分布的样本空间，并且 $Y=\{0,1\}$ 是类型标签集。有关的一个概念是将 X 映射为 Y 的 Boolean 函数 c，其中 $X=X_s\cup X_d$。试验数据集用 $S=\{(\mathbf{x}_i^t)\}$ 表示，其中 $\mathbf{x}_i^t\in X_s, i=1,\cdots,k$。这里，$k$ 是未标记试验集 S 的大小。训练数据集 $T\subseteq\{X\times Y\}$ 分割为两个标签集 T_d 和 T_s，其中 T_d 表示不同分布训练集数据，由 $T_d=\{(\mathbf{x}_i^d, c(\mathbf{x}_i^d))\}$ 构成，并且 $\mathbf{x}_i^d\in X_d, i=1,\cdots,n$。$T_s$ 表示相同分布训练集数据，由 $T_s=\{(\mathbf{x}_j^s, c(\mathbf{x}_j^s))\}$ 定义，其中 $\mathbf{x}_j^s\in X_s, j=1,\cdots,m$，并且 n 和 m 分别是 T_d 和 T_s 的大小。合成的训练集 $T=\{(\mathbf{x}_i, c(\mathbf{x}_i))\}$ 定义为

$$\mathbf{x}_i=\begin{cases}\mathbf{x}_i^d, & i=1,\cdots,n\\ \mathbf{x}_i^s, & i=n+1,\cdots,n+m\end{cases}\tag{6.20.8}$$

算法 6.43 给出了迁移自适应提升学习框架 (TrAdaBoost)，它由 Dai 等人提出[66]。

[412] **算法 6.43** TrAdaBoost 算法[66]

1. **input:** two labeled data sets T_d and T_s, the unlabeled data set S, a base learning algorithm
   Learner, and the maximum number of iterations N
2. **initialization:** the initial weight vector $\mathbf{w}^1=[w_1^1,\cdots,w_{n+m}^1]^{\mathrm{T}}$, or the initial values is specified for $\mathbf{w}^1$
3. **for** $t=1$ to N **do**
4. Set $\mathbf{p}^t=\mathbf{w}^t/(\sum_{i=1}^{n+m}\mathbf{w}_i^t)$
5. Call **Learner**, providing it the combined training set T with the distribution $\mathbf{p}^t$ over T and the unlabeled data set S. Then, get back a hypothesis $h_t: X\to Y$ (or $[0,1]$ by confidence)
6. Calculate the error of h_t on T_s
   $$\epsilon_t=\sum_{i=n+1}^{n+m}\frac{w_i^t\cdot|h_t(\mathbf{x}_i)-c(\mathbf{x}_i)|}{\sum_{i=n+1}^{n+m}w_i^t}$$
7. Set $\beta_t=\epsilon_t/(1-\epsilon_t)$ and $\beta=1/(1+\sqrt{2\ln n/N})$. Note that $\epsilon_t\leqslant 1/2$ is required
8. Update the new weight vector
   $$w_i^{t+1}=\begin{cases}w_i^t\beta^{|h_t(\mathbf{x}_i)-c(\mathbf{x}_i)|}, & \text{for } 1\leqslant i\leqslant n\\ w_i^t\beta_t^{|h_t(\mathbf{x}_i)-c(\mathbf{x}_i)|}, & \text{for } n+1\leqslant i\leqslant n+m\end{cases}$$
9. **end for**
10. **output:** the hypothesis
   $$h_f(\mathbf{x})=\begin{cases}1, & \text{if } \prod_{t=\lceil N/2\rceil}\beta_t^{-h_t(\mathbf{x})}\geqslant\prod_{t=\lceil N/2\rceil}\beta_t^{-1/2}\\ 0, & \text{otherwise}\end{cases}$$

6.20.4 多任务学习

标准的监督学习寻求一个预测器, 将输入向量 $\mathbf{x} \in \mathcal{X}$ 映射为对应的输出 $y \in \mathcal{Y}$。考虑 m 个学习问题, 以 $\ell \in \{1,\cdots,m\}$ 为学习问题的标号。给出训练样本的一个有限集 $\{(\mathbf{x}_1^\ell, y_1^\ell),\cdots,(\mathbf{x}_{n_\ell}^\ell, y_{n_\ell}^\ell)\}$。这些训练数据是按照某个未知的概率分布 $\mathcal{D}$ 独立生成的, 其中 $\ell = 1,\cdots,m$。基于训练样本的这个有限集, 从函数集 $\mathcal{H}$ 中选择预测器。集合 $\mathcal{H}$ 称为假设空间, 由从 $\mathcal{X}$ 映射为 $\mathcal{Y}$ 的函数组成, 可用于预测在 $\mathcal{X}$ 的一个输入数据在 $\mathcal{Y}$ 中的输出。

在多任务情况, 学习系统的目标是通过分享多个任务之间的信息, 求解所有多个监督学习任务。例如, 识别多个目标或预测多个属性。

定义 6.53 (结构学习) [8] 结构学习旨在学习一些潜在的预测函数结构 (平滑函数类), 这些结构可以描述好的预测函数是什么样的。换言之, 其目标是求一个预测器 f, 使得其相对于 $\mathcal{D}$ 的误差尽可能小。

给定输入空间 $\mathcal{X}$, 一个线性预测器不一定在原空间 $\mathcal{X}$ 是线性的, 反而有可能被视为一个高维特征空间 $\mathcal{F}$ 上的线性函数。假定存在一个已知函数映射 $\varPhi: \mathcal{X} \to \mathcal{F}$。于是, 一个已知的高维特征映射由 $\mathbf{w}^{\mathrm{T}}\boldsymbol{\phi}(\mathbf{x})$ 给出, 其中 $\mathbf{w}$ 是一个在高维特征映射 $\boldsymbol{\phi}(\mathbf{x})$ 的权向量。为了应用结构学习框架, 考虑一个参数化的低维特征映射, 它由 $\mathbf{v}^{\mathrm{T}}\boldsymbol{\psi}_\theta(\mathbf{x})$ 定义, 其中 $\mathbf{v}$ 是一个低维特征映射 $\boldsymbol{\psi}(\mathbf{x})$ 上的权向量, θ 表示由所有 m 个学习问题共享的共同结构参数。即是说, 结构学习框架中的线性预测器 $f(\mathbf{x})$ 具有以下形式[8]

$$f(\mathbf{x}) = \mathbf{w}^{\mathrm{T}}\boldsymbol{\phi}(\mathbf{x}) + \mathbf{v}^{\mathrm{T}}\boldsymbol{\psi}_\theta(\mathbf{x}) \tag{6.20.9}$$

为了简化数值计算, Ando 与 Zhang[8] 提出使用特征映射的一个简单的线性形式 $\boldsymbol{\psi}_\theta(\mathbf{x}) = \boldsymbol{\Theta}\boldsymbol{\psi}(\mathbf{x})$, 其中 $\boldsymbol{\Theta}$ 是一个 $h \times p$ 矩阵, 且 $\boldsymbol{\psi}$ 是一个已知的 p 维向量函数。于是, 线性预测器可以重新表示为

$$f_{\Theta}(\mathbf{w},\mathbf{v};\mathbf{x}) = \mathbf{w}^{\mathrm{T}}\boldsymbol{\phi}(\mathbf{x}) + \mathbf{v}^{\mathrm{T}}\boldsymbol{\Theta}\boldsymbol{\psi}(\mathbf{x}) \tag{6.20.10}$$

令 $\boldsymbol{\phi}(\mathbf{x}) = \boldsymbol{\psi}(\mathbf{x}) = \mathbf{x}_i^\ell \in \mathbb{R}^p$, 则 [413]

$$f_\ell(\mathbf{w}_\ell,\mathbf{v}_\ell;\mathbf{x}_i^\ell) = (\mathbf{w}_\ell^{\mathrm{T}} + \mathbf{v}_\ell^{\mathrm{T}}\boldsymbol{\Theta})\mathbf{x}_i^\ell, \quad \ell = 1,\cdots,m \tag{6.20.11}$$

关于训练数据 $\{(\mathbf{x}_1^\ell, y_i^\ell),\cdots,(\mathbf{x}_{n_\ell}^\ell, y_{n_\ell}^\ell)\}$ 的经验误差 $L(f_\ell(\mathbf{w}_\ell,\mathbf{v}_\ell;\boldsymbol{\Theta}), y_i^\ell)$ 可以取作修正的 Huber 损失函数[8]

$$L(p,y) = \begin{cases} \max(0, 1-py)^2, & py \geqslant -1 \\ -4py, & \text{其他} \end{cases} \tag{6.20.12}$$

因此, 多任务学习的优化问题可以写为

$$[\{\hat{\mathbf{w}}_\ell, \hat{\mathbf{v}}_\ell\}; \hat{\boldsymbol{\Theta}}] = \underset{\{\mathbf{w},\mathbf{v}\};\boldsymbol{\Theta}}{\arg\min} \left\{ \frac{1}{n_\ell} \sum_{i=1}^{n_\ell} L(f_\ell(\mathbf{w}_\ell,\mathbf{v}_\ell;\boldsymbol{\Theta}), y_i^\ell) + \lambda_\ell \|\mathbf{w}\|_2^2 \right\} \tag{6.20.13}$$

算法 6.44 示出了求 $\mathbf{w}_\ell$ 的基于奇异值分解的交替结构优化算法。

算法 6.44 基于 SVD 的交替结构优化算法[8]

```
input:  training data {(x_i^ℓ, y_i^ℓ)}, l = 1,…,m; i = 1,…,n_ℓ; parameters: h and λ_1,…,λ_m
initialization:  u_ℓ = 0 (ℓ = 1,…,m) and arbitrary matrix Θ
iterate
  for ℓ = 1 to m  do
    With fixed Θ and v_ℓ = Θu_ℓ, approximately solve for ŵ_ℓ
        ŵ_ℓ = arg min_{w_ℓ} { (1/n_ℓ) Σ_{i=1}^{n_ℓ} L(w_ℓ^T x_i^ℓ + (v_ℓ^T Θ) x_i^ℓ, y_i^ℓ) + λ_ℓ ||w_ℓ||_2^2 }
    Let u_ℓ = ŵ_ℓ + Θ^T v_ℓ
  end for
  Compute the SVD of U = [√λ_1 u_1, …, √λ_m u_m]
        U = V_1 D V_2^T (with diagonals of D in descending order)
  Let the rows of Θ be the first h rows of V_1^T
until converge
output:  h × p dimensional matrix Θ
```

对于许多自然语音处理 (NLP) 任务, 由于新域中标记数据稀少或者不存在, 人们往往试图将现有的模型从资源丰富的源域适应到资源贫乏的目标域。为此, Blitzer 等人[27] 引入了一种结构对应学习, 以自动诱导来自不同领域的特征之间的对应关系。

定义 6.54 (结构对应学习) [27] 结构对应学习 (SCL) 就是通过对不同域的特征与核心特征 (pivot features) 之间的对应关系的建模, 辨识不同域的特征之间的对应关系。核心特征是对两个域的识别学习能够以相同方式表现的特征, 也
[414] 称可推广特征。如果来自不同域的非核心特征被认为是与许多相同的核心特征相对应的, 则这些非核心特征被认为具有类似的识别能力的。

结构对应学习方法由以下 3 个步骤组成。

① 求核心特征, 例如可以使用第 6.7 节介绍的特征选择方法中的任何一种。核心特征预测器是结构对应学习的关键环节。

② 使用权向量 $\hat{\mathbf{w}}_\ell$ 对非核心特征与核心特征之间的方差进行编码, 以学习从两个域的原始特征空间到共享的低维实值特征空间的映射矩阵 $\boldsymbol{\Theta}$, 这是结构对应学习的核心。

③ 对每个源域 $\mathcal{D}_\ell, \ell = 1, \cdots, m$, 构造它在目标域上的线性预测器

$$f_\ell(\mathbf{x}) = \mathrm{sign}(\hat{\mathbf{w}}_\ell^{\mathrm{T}} \mathbf{x}), \quad \ell = 1, \cdots, m \tag{6.20.14}$$

算法 6.45 总结了 Blitzer 等人[27] 开发的结构对应学习算法。

算法 6.45 结构对应学习算法[27]

1. **input:** labeled source data $\{(\mathbf{x}_t, y_t)_{t=1}^{\mathrm{T}}\}$ and unlabeled data $\{\mathbf{x}_j\}$ from both domains
2. Choose m pivot features $\tilde{\mathbf{x}}_i, i = 1, \cdots, m$ using feature selection method
3. **for** $\ell = 1$ to m **do**
4. $\quad \hat{\mathbf{w}}_\ell = \arg\min\limits_{\mathbf{w}} \left\{ \sum_j L(\mathbf{w}^{\mathrm{T}}\mathbf{x}_j, p_\ell(\mathbf{x}_j)) + \lambda \|\mathbf{w}\|_2^2 \right\}$

   where $L(p, q)$ is the modified Huber loss function given in (6.20.12)
5. **end for**
6. Construct the matrix $\mathbf{W} = [\hat{\mathbf{w}}_1, \cdots, \hat{\mathbf{w}}_m]$
7. Compute the SVD $[\mathbf{U}, \mathbf{D}, \mathbf{V}^{\mathrm{T}}] = \mathrm{SVD}$ of $\mathbf{W}$
8. Put $\boldsymbol{\Theta} = \mathbf{U}_{1:h,:}^{\mathrm{T}}$
9. **output:** predictor $f_\ell : X_\ell \to Y_T$ is given by $f_\ell(\mathbf{x}) = \mathrm{sign}(\hat{\mathbf{w}}_\ell^{\mathrm{T}}\mathbf{x})$, where $\ell = 1, \cdots, m$

6.20.5 特征迁移

迁移学习中有两个目标数据集: 一个有标签的目标训练数据集 $\mathcal{X}_t = \{\mathbf{x}_i^{(t)}\}_{i=1}^n$ 和一个待预测的目标试验数据集 $\mathcal{X}_u = \{\mathbf{x}_i^{(u)}\}_{i=1}^k$。与传统机器学习不同, 我们还有一个辅助数据集 $\mathcal{X}_a = \{\mathbf{x}_i^{(t)}\}_{i=1}^m$, 用于帮助目标学习。

在谱学习[53] 中, 输入是表示目标任务的加权图 $G = (V, E)$, 其中 $V = \{v_i\}_{i=1}^n$ 和 $E = \{e_{ij}\}_{i,j=1}^{n,n}$ 分别表示图中的节点集和边集。

为了对迁移学习应用谱学习, 用下列方法构造一个目标图 $G(V, E)$[68]。 [415]

- 节点构造: 图 G 中的节点 V 表示特征 $\{f^{(i)}\}_{i=1}^s$, 数据样本 $\{\mathbf{x}_i(t)\}_{i=1}^n$, $\{\mathbf{x}_i^{(a)}\}_{i=1}^m$, $\{\mathbf{x}_i^{(u)}\}_{i=1}^k$ 或类型标签 $c(\mathbf{x}_i)$。
- 边构造: 边 E 表示这些节点之间的关系, 其中边的权重基于两端节点目标与辅助数据之间的共同出现的次数。

因此, 任务图 $G(V, E)$ 包含有几乎所有的迁移学习任务的信息, 包括目标数据和辅助数据。通常, 任务图 G 是稀疏的、对称的、实的和半正定的, 故可以有效地计算图 G 的谱。

下面是图迁移学习的统一框架的两个步骤[68]。

① 为三种类型的迁移学习构造加权图 $G(V, E)$。

- 跨域学习: 表示跨域学习问题的图 $G(V, E)$ 为

$$V = \mathcal{X}_t \cup \mathcal{X}_a \cup \mathcal{X}_u \cup \mathcal{F} \cup \mathcal{C} \tag{6.20.15}$$

$$e_{ij}=\begin{cases}\phi_{v_i,v_j}, & v_i\in\mathcal{X}_t\cup\mathcal{X}_a\cup\mathcal{X}_u\wedge v_j\in\mathcal{F}\\ \phi_{v_j,v_i}, & v_i\in\mathcal{F}\wedge v_j\in\mathcal{X}_t\cup\mathcal{X}_a\cup\mathcal{X}_u\\ 1, & v_i\in\mathcal{X}_t\wedge v_j\in\mathcal{C}\wedge C(v_i)=v_j\\ 1, & v_i\in\mathcal{C}\wedge v_j\in\mathcal{X}_t\wedge C(v_j)=v_i\\ 1, & v_i\in\mathcal{X}_a\wedge v_j\in\mathcal{C}\wedge C(v_i)=v_j\\ 1, & v_i\in\mathcal{C}\wedge v_j\in\mathcal{X}_a\wedge C(v_j)=v_i\\ 0, & \text{其他}\end{cases} \tag{6.20.16}$$

- 跨类学习: 表示跨类学习问题的图 $G(V,E)$ 为

$$V=\mathcal{X}_t\cup\mathcal{X}_a\cup\mathcal{X}_u\cup\mathcal{F}\cup\mathcal{C}_t\cup\mathcal{C}_a \tag{6.20.17}$$

$$e_{ij}=\begin{cases}\phi_{v_i,v_j}, & v_i\in\mathcal{X}_t\cup\mathcal{X}_a\cup\mathcal{X}_u\wedge v_j\in\mathcal{F}\\ \phi_{v_j,v_i}, & v_i\in\mathcal{F}\wedge v_j\in\mathcal{X}_t\cup\mathcal{X}_a\cup\mathcal{X}_u\\ 1, & v_i\in\mathcal{X}_t\wedge v_j\in\mathcal{C}_t\wedge\mathcal{C}(v_i)=v_j\\ 1, & v_i\in\mathcal{C}_t\wedge v_j\in\mathcal{X}_t\wedge\mathcal{C}(v_j)=v_i\\ 1, & v_i\in\mathcal{X}_a\wedge v_j\in\mathcal{C}_a\wedge\mathcal{C}(v_i)=v_j\\ 1, & v_i\in\mathcal{C}_a\wedge v_j\in\mathcal{X}_a\wedge\mathcal{C}(v_j)=v_i\\ 0, & \text{其他}\end{cases} \tag{6.20.18}$$

[416]

- 自学式学习: $G(V,E)$ 为

$$V=\mathcal{X}_t\cup\mathcal{X}_a\cup\mathcal{X}_u\cup\mathcal{F}\cup\mathcal{C}_t \tag{6.20.19}$$

$$e_{ij}=\begin{cases}\phi_{v_i,v_j}, & v_i\in\mathcal{X}_t\cup\mathcal{X}_a\cup\mathcal{X}_u\wedge v_j\in\mathcal{F}\\ \phi_{v_j,v_i}, & v_i\in\mathcal{F}\wedge v_j\in\mathcal{X}_t\cup\mathcal{X}_a\cup\mathcal{X}_u\\ 1, & v_i\in\mathcal{X}_t\wedge v_j\in\mathcal{C}_t\wedge\mathcal{C}(v_i)=v_j\\ 1, & v_i\in\mathcal{C}_t\wedge v_j\in\mathcal{X}_t\wedge\mathcal{C}(v_j)=v_i\\ 0, & \text{其他}\end{cases} \tag{6.20.20}$$

其中, $\phi_{x,f}$ 表示在样本 $\mathbf{x}\in\mathcal{X}_t\cup\mathcal{X}_a\cup X_u$ 出现的特征 $f\in\mathcal{F}$ 的重要性, $\mathcal{C}(\mathbf{x})$ 表示样本 $\mathbf{x}$ 真实的类型标签。

② 学习图谱。

- 构造一个与图 $G(V,E)$ 对应的邻接矩阵 $\mathbf{W}\in\mathbb{R}^{n\times n}$

$$\mathbf{W}=\begin{bmatrix}w_{11} & \cdots & w_{1n}\\ \vdots & & \vdots\\ w_{n1} & \cdots & w_{nn}\end{bmatrix}\quad (w_{ij}=e_{ij}) \tag{6.20.21}$$

- 利用邻接矩阵 $\mathbf{W}$ 构造对角矩阵 $\mathbf{D} = [d_{ij}]_{i,j=1}^{n,n}$

$$d_{ij} = \begin{cases} \sum_{t=1}^{n} w_{it}, & i = j \\ 0, & i \neq j \end{cases} \tag{6.20.22}$$

- 计算图 G 的拉普拉斯矩阵 $\mathbf{L} = \mathbf{D} - \mathbf{W}$。
- 使用规一化切割技术[230] 学习新的特征表示, 以启动转移学习:
  (a) 计算广义特征问题 $\mathbf{Lv} = \lambda\mathbf{Dv}$ 的前 m 个广义特征向量 $\mathbf{v}_1, \cdots, \mathbf{v}_m$。
  (b) 使用前 m 个广义特征向量构造迁移学习的特征表示: $\mathbf{U} = [\mathbf{v}_1, \cdots, \mathbf{v}_m]$。

上述基于谱特征的图迁移学习称为特征迁移[68]。

特征迁移可以对多种现有的迁移学习问题与求解进行建模。在这一框架中, 首先构造任务图, 用于表示迁移学习任务。然后, 基于谱学习理论, 由任务图学习特征表示。

在新的特征表示下, 辅助数据的知识倾向于传递, 以帮助目标学习。 [417]

算法 6.46 给出了一种特征聚类算法。

算法 6.46 特征聚类: 转移学习的统一框架[68]

---

1. **input:** the target data set $\mathcal{X}_t = \{\mathbf{x}_i^{(t)}\}_{i=1}^n$, the auxiliary data set $\mathcal{X}_a = \{\mathbf{x}_i^{(a)}\}_{i=1}^m$, and the test data set $\mathcal{X}_u = \{\mathbf{x}_i^{(u)}\}_{i=1}^k$
2. Construct the task graph $G(V, E)$ based on the target clustering task (c.f. (6.20.15)–(6.20.20))
3. Construct the $n \times n$ adjacent matrix $\mathbf{W}$ whose entries $w_{ij} = e_{ij}$ based on the task graph $G(V, E)$
4. Use (6.20.22) to calculate the diagonal matrix $\mathbf{D}$
5. Construct the Laplacian matrix $\mathbf{L} = \mathbf{D} - \mathbf{W}$
6. Calculate the first N generalized eigenvectors $\mathbf{v}_1, \cdots, \mathbf{v}_N$ of $\mathbf{Lv} = \lambda\mathbf{Dv}$
7. Let $\mathbf{U} = [\mathbf{v}_1, \cdots, \mathbf{v}_N]$
8. **for each** $\mathbf{x}_i^{(t)} \in \mathcal{X}_t$ **do**
9.   Let $y_i^{(t)}$ be the corresponding row in $\mathbf{U}$ with respect to $\mathbf{x}_i^{(t)}$
10. **end for**
11. Train a classifier based on $\mathcal{Y}^{(t)} = \{y_i^{(i)}\}_{i=1}^n$ instead of $\mathcal{X}_t = \{\mathbf{x}_i^{(t)}\}_{i=1}^n$ using a traditional classification algorithm, and then classify the test data $\mathcal{X}_u = \{\mathbf{x}_i^{(u)}\}_{i=1}^k$
12. **output:** classification result on $\mathcal{X}_u$

6.21 域适应

域适应的任务是设计一种学习算法, 它可以从一个域轻松移植到另一个域。当我们在一个“源”域中有大量标记数据, 但真正希望得到的却是在第二个“目标”域中表现良好的模型时, 域适应这个问题就显得特别令人感兴趣和重要。

令 $\mathcal{S}=\{\mathbf{x}_i^{(s)},y_i^{(s)}\}_{i=1}^{N_s}$, 其中 $\mathbf{x}_i^{(s)}\in\mathbb{R}^N$ 表示来自源域的标记数据, 称为一个观测; 且 $y_i^{(s)}$ 是对应的类型标签。来自目标域的标记数据用 $\mathcal{T}_l=\{\mathbf{x}_i^{(t)},y_i^{(t)}\}_{i=1}^{N_{t_l}}$ 表示, 其中 $\mathbf{x}_i^{(t)}\in\mathbb{R}^M$。类似地, 目标域的未标记数据用 $\mathcal{T}_u=\{\mathbf{x}_i^{(u)}\}_{i=1}^{N_{t_u}}$ 表示, 其中 $\mathbf{x}\in\mathbb{R}^M$。通常假定 $N=M$。若记 $\mathcal{T}=\mathcal{T}_l\cup\mathcal{T}_u$, 则 $N_t=N_{t_l}+N_{t_u}$ 表示目标域中的样本总数。

令 $\mathbf{S}=[\mathbf{x}_1^{(s)},\cdots,\mathbf{x}_{N_s}^{(s)}]$ 是由源域 $\mathcal{S}$ 的 N_s 个数据向量组成的矩阵, 类似地, 对于目标域 $\mathcal{T}$, 令 $\mathbf{T}_l=[\mathbf{x}_1^{(t)},\cdots,\mathbf{x}_{N_{t_l}}^{(t)}]$ 是由 $\mathcal{T}_l$ 的 N_{t_l} 数据向量组成的矩阵, $\mathbf{T}_u=[\mathbf{x}_1^{(u)},\cdots,\mathbf{x}_{N_{t_l}}^{(u)}]$ 是由 $\mathcal{T}_u$ 的 N_{t_u} 个数据向量组成的矩阵, 而 $\mathbf{T}=[\mathbf{T}_l,\mathbf{T}_u]=[\mathbf{x}_1^{(t)},\cdots,\mathbf{x}_{N_t}^{(t)}]$ 是 $\mathcal{T}$ 的 N_t 数据向量组成的矩阵。

[418] 域适应的目的是学习函数 $f(\cdot)$, 它能够预测目标域中新试验样本的类型标签。取决于源域和目标域数据的可用性, 域适应问题可以有几种不同的方式定义[205]。

- 在半监督域适应中, 函数 $f(\cdot)$ 是使用 $\mathcal{S}$ 和 $\mathcal{T}_l$ 中的知识学习的。
- 在无监督学习中, 函数 $f(\cdot)$ 是使用 $\mathcal{S}$ 和 $\mathcal{T}_u$ 中的知识学习的。
- 在多源域适应中, 函数 $f(\cdot)$ 是从 $\mathcal{S}$ 中的多个域中学习的, 前两种情况都有可能发生。
- 在异构域适应中, 假定源域和目标域的特征维数不相同。换言之, $N\neq M$。

下面介绍几种域适应方法。

6.21.1 特征增强法

最简单的域适应方法之一是 Daumé 的特征增强法[70]。

对于原问题中的每一个已知特征向量 $\mathbf{x}\in\mathbb{R}^F$, 构造 3 种版本: 常规版、源特定版和目标特定版。增强的源数据 $\boldsymbol{\phi}_s(\mathbf{x}):\mathbb{R}^F\to\mathbb{R}^{3F}$ 将只包含常规版和源特定版, 而增强的目标数据 $\boldsymbol{\phi}_t(\mathbf{x}):\mathbb{R}^F\to\mathbb{R}^{3F}$ 只包含常规版和目标特定版

$$\boldsymbol{\phi}_s(\mathbf{x})=\begin{bmatrix}\mathbf{x}\\\mathbf{x}\\\mathbf{0}\end{bmatrix},\quad \boldsymbol{\phi}_t(\mathbf{x})=\begin{bmatrix}\mathbf{x}\\\mathbf{0}\\\mathbf{x}\end{bmatrix} \tag{6.21.1}$$

式中 $\mathbf{0}$ 是一个 $F\times 1$ 零向量。

考虑异构域适应 (HDA) 问题, 其中源域和目标域的数据维数不同。通过引入源数据和目标数据的一个共同子空间, 利用两个投影矩阵 $\mathbf{W}_1\in\mathbb{R}^{l\times N}$ 和 $\mathbf{W}_2\in\mathbb{R}^{l\times M}$, N 维源数据和 M 维目标数据被分别投影到 l 维的潜在域。于是, 源域和目标域到共同空间的增强特征映射定义为[162]

$$\boldsymbol{\phi}_s(\mathbf{x}_i^{(s)})=\begin{bmatrix}\mathbf{W}_1\mathbf{x}_i^{(s)}\\\mathbf{x}_i^{(s)}\\\mathbf{0}_M\end{bmatrix}\in\mathbb{R}^{l+N+M} \tag{6.21.2}$$

[419]

$$\boldsymbol{\phi}_t(\mathbf{x}_i^{(l)}) = \begin{bmatrix} \mathbf{W}_2\mathbf{x}_i^{(t)} \\ \mathbf{0}_N \\ \mathbf{x}_i^{(t)} \end{bmatrix} \in \mathbb{R}^{l+N+M} \tag{6.21.3}$$

式中 $\mathbf{x}_i^{(s)} \in \mathcal{S}$, $\mathbf{x}_i^{(t)} \in \mathcal{T}_l$, 而 $\mathbf{0}_M$ 是一个 $M \times 1$ 零向量, $\mathbf{0}_N$ 是一个 $N \times 1$ 零向量。

在引入 $\mathbf{W}_1$ 和 $\mathbf{W}_2$ 之后, 两个域中的数据在共同的子空间就可以很容易地进行比较。一旦两个域的数据变换到一个共同空间, 异构特征增强 (HFA)[162] 即可计算如下

$$\min_{\mathbf{W}_1,\mathbf{W}_2} \min_{\mathbf{w},b,\xi_i^{(s)},\xi_i^{(t)}} \left\{ \frac{1}{2}\|\mathbf{w}\|^2 + C\left(\sum_{i=1}^{N_s}\xi_i^{(s)} + \sum_{i=1}^{N_t}\xi_i^{(t)}\right) \right\} \tag{6.21.4}$$

$$\text{s.t.}\quad y_i^{(s)}(\mathbf{w}^{\mathrm{T}}\boldsymbol{\phi}_s(\mathbf{x}_i^{(s)}) + b) \geqslant 1 - \xi_i^{(s)},\ \xi_i^{(s)} \geqslant 0 \tag{6.21.5}$$

$$y_i^{(t)}(\mathbf{w}^{\mathrm{T}}\boldsymbol{\phi}_t(\mathbf{x}_i^{(t)}) + b) \geqslant 1 - \xi_i^{(t)},\ \xi_i^{(t)} \geqslant 0 \tag{6.21.6}$$

$$\|\mathbf{W}_1\|_F^2 \leqslant \lambda_{w1}, \|\mathbf{W}_2\|_F^2 \leqslant \lambda_{w2} \tag{6.21.7}$$

式中 $C > 0$ 是一个权衡参数, 用于平衡模型复杂度和有关两个域上训练样本的经验损失; 此外, λ_{w1} 和 $\lambda_{w2} > 0$ 是两个预先定义的参数, 分别用于控制 $\mathbf{W}_1$ 和 $\mathbf{W}_2$ 的复杂度。

将源域样本的内核表示为 $\mathbf{K}_s = \boldsymbol{\Phi}_s^{\mathrm{T}}\boldsymbol{\Phi}_s \in \mathbb{R}^{n_s\times n_s}$, 其中 $\boldsymbol{\Phi}_s = [\boldsymbol{\phi}_s(\mathbf{x}_1^{(s)}), \cdots, \boldsymbol{\phi}_s(\mathbf{x}_{n_s}^{(s)})]$, 并且 $\boldsymbol{\phi}_s(\cdot)$ 是由 $\mathbf{K}_s$ 诱导的非线性特征映射函数。类似地, 目标域样本的内核记为 $\mathbf{K}_t = \boldsymbol{\Phi}_t^{\mathrm{T}}\boldsymbol{\Phi}_t \in \mathbb{R}^{n_t\times n_t}$, 其中 $\boldsymbol{\Phi}_t = [\boldsymbol{\phi}_t(\mathbf{x}_1^{(t)}), \cdots, \boldsymbol{\phi}_t(\mathbf{x}_{n_t}^{(t)})]$, 并且 $\boldsymbol{\phi}_t(\cdot)$ 是由 $\mathbf{K}_t$ 诱导的非线性特征映射函数。

对增强特征空间, 定义特征加权向量 $\mathbf{w} = [\mathbf{w}_c, \mathbf{w}_s, \mathbf{w}_t] \in \mathbb{R}^{d_c+d_s+d_t}$, 其中 $\mathbf{w}_c \in \mathbb{R}^{d_c}, \mathbf{w}_s \in \mathbb{R}^{d_s}$ 和 $\mathbf{w}_t \in \mathbb{R}^{d_t}$ 也分别是对共同子空间、源域和目标域定义的加权向量。引入变换测度矩阵

$$\mathbf{H} = [\mathbf{W}_1, \mathbf{W}_2]^{\mathrm{T}}[\mathbf{W}_1, \mathbf{W}_2] \in \mathbb{R}^{(d_s+d_t)\times(d_s+d_t)} \tag{6.21.8}$$

它是半正定的, 即 $\mathbf{H} \succeq 0$。

利用 $\mathbf{H}$, 优化问题可以重新表示为[162]

$$\min_{\mathbf{H}\succeq 0}\max_{\boldsymbol{\alpha}} \left\{ J(\boldsymbol{\alpha}) = \mathbf{1}^{\mathrm{T}}\boldsymbol{\alpha} - \frac{1}{2}(\boldsymbol{\alpha}\odot\mathbf{y})^{\mathrm{T}}\mathbf{K}_{\mathrm{H}}(\boldsymbol{\alpha}\odot\mathbf{y}) \right\} \tag{6.21.9}$$

$$\text{s.t.}\quad \mathbf{y}^{\mathrm{T}}\boldsymbol{\alpha} = 0, \mathbf{0} \leqslant \boldsymbol{\alpha} \leqslant C\mathbf{1},\quad \mathrm{tr}(\mathbf{H}) \leqslant \lambda \tag{6.21.10}$$

式中, $\mathbf{a}\odot\mathbf{b}$ 表示两个向量 $\mathbf{a}$ 与 $\mathbf{b}$ 的元素形式积, 并且 [420]

- $\boldsymbol{\alpha} = [\alpha_1^{(s)}, \cdots, \alpha_{n_s}^{(s)}, \alpha_1^{(t)}, \cdots, \alpha_{n_t}^{(t)}]^{\mathrm{T}}$ 是对偶变量的向量。
- $\mathbf{y} = [y_1^{(s)}, \cdots, y_{n_s}^{(s)}, y_1^{(t)}, \cdots, y_{n_t}^{(t)}]^{\mathrm{T}}$ 是所有训练样本的类型标签向量。
- $\mathbf{K}_{\mathrm{H}} = \boldsymbol{\Phi}^{\mathrm{T}}(\mathbf{H}+\mathbf{I})\boldsymbol{\Phi}$ 是源域和目标域中样本的派生核矩阵, 其中 $\boldsymbol{\Phi} = \begin{bmatrix} \boldsymbol{\Phi}_s & \mathbf{O}_{d_s\times n_t} \\ \mathbf{O}_{d_t\times n_s} & \boldsymbol{\Phi}_t \end{bmatrix} \in \mathbb{R}^{(d_s+d_t)\times(n_s+n_t)}$。

- $\lambda = \lambda_{w1} + \lambda_{w2}$。

令变换测度矩阵 $\mathbf{H}$ 由秩 1 的归一化半正定测度矩阵的线性组合构成

$$\mathbf{H}_{\boldsymbol{\theta}} = \sum_{r=1}^{\infty} \theta_r \mathbf{M}_r, \quad \mathbf{M}_r \in \mathcal{M} \tag{6.21.11}$$

式中 θ_r 为线性组合系数, $\mathcal{M} = \{\mathbf{M}_r|_{r=1}^{\infty}\}$ 表示秩 1 归一化半正定矩阵 $\mathbf{M}_r = \mathbf{h}_r\mathbf{h}_r^{\mathrm{T}}$ 的集合, 且 $\mathbf{h}_r \in \mathbb{R}^{n_s+n_t}$ 和 $\mathbf{h}_r^{\mathrm{T}}\mathbf{h}_r = 1$。若记 $\mathbf{K} = \mathbf{\Phi}^{\mathrm{T}}\mathbf{\Phi} = \mathbf{K}^{1/2}\mathbf{K}^{1/2}$, 则式 (6.21.9)—式 (6.21.10) 的异构特征增强的优化问题可以重新表示为[162]

$$\min_{\boldsymbol{\theta}} \max_{\boldsymbol{\alpha}\in\mathcal{A}} \left\{ \mathbf{1}^{\mathrm{T}}\boldsymbol{\alpha} - \frac{1}{2}(\boldsymbol{\alpha}\odot\mathbf{y})^{\mathrm{T}}\mathbf{K}^{1/2}(\mathbf{H}_{\boldsymbol{\theta}}+\mathbf{I})\mathbf{K}^{1/2}(\boldsymbol{\alpha}\odot\mathbf{y}) \right\} \tag{6.21.12}$$

$$\text{s.t.} \quad \mathbf{H}_{\boldsymbol{\theta}} = \sum_{r=1}^{\infty} \theta_r \mathbf{M}_r, \mathbf{M}_r \in \mathcal{M}, \quad \mathbf{1}^{\mathrm{T}}\boldsymbol{\theta} \leqslant \lambda, \boldsymbol{\theta} \geqslant 0 \tag{6.21.13}$$

若令 $\boldsymbol{\theta} \leftarrow \frac{1}{\lambda}\boldsymbol{\theta}$, 则上述异构特征增强可以进一步重写为[162]

$$\min_{\boldsymbol{\theta}\in\mathcal{D}_\theta} \max_{\boldsymbol{\alpha}\in\mathcal{A}} \left\{ \mathbf{1}^{\mathrm{T}}\boldsymbol{\alpha} - \frac{1}{2}(\boldsymbol{\alpha}\odot\mathbf{y})^{\mathrm{T}} \left(\sum_{r=1}^{\infty} \theta_r \mathbf{K}_r \right) (\boldsymbol{\alpha}\odot\mathbf{y}) \right\} \tag{6.21.14}$$

式中, $\mathcal{A} = \{\boldsymbol{\alpha}|\boldsymbol{\alpha}^{\mathrm{T}}\mathbf{y} = 0, \mathbf{0}_n \leqslant \boldsymbol{\alpha} \leqslant C\mathbf{1}_n\}$ 是对偶变量 $\boldsymbol{\alpha}$ 的可行集, $\mathbf{K}_r = [k_r(\mathbf{x}_i,\mathbf{x}_j)]_{i,j=1}^{n,n} = [\boldsymbol{\phi}_k^{\mathrm{T}}(\mathbf{x}_i)\boldsymbol{\phi}_k(\mathbf{x}_j)]_{i,j=1}^{n,n} \in \mathbb{R}^{n\times n}$ 是标记模式的第 k 个基核矩阵, 而线性组合系数向量 $\boldsymbol{\theta} = [\theta_1,\cdots,\theta_\infty]^{\mathrm{T}}$ 为非负向量, 即 $\boldsymbol{\theta} \geqslant 0$。

式 (6.21.14) 中的优化问题是一个无穷核学习 (IKL) 问题, 每个基本核为 $\mathbf{K}_r$, 可以用多核学习求解方法求解。

普通的机器学习和支持向量机是在一个核矩阵上运行的, 表示来自一个数据源的信息。然而, 许多机器学习问题的特点往往是包含有来自多个数据源的数据。多核学习通过将多个核矩阵组合成一个分类器, 实现了多个特征集的表示, 有利于多源数据的处理。

[421] **定义 6.55 (多核学习)** 多核学习 (MKL) 旨在用多个基核统一表示多个域数据, 由下面 3 部分组成:

- 使用核矩阵作为多源数据的统一表示。
- 将每个特征表示下的数据转换为核矩阵 $\mathbf{K}$。
- M 类特征将导致 M 个基核 $\{k_m(\mathbf{x}_i,\mathbf{x}_j)\}_{m=1}^{M}$。即是说, 统一表示的集成核是基核的线性组合

$$K_{ij} = K(\mathbf{x}_i,\mathbf{x}_j) = \sum_{m=1}^{M} \theta_m k_m(\mathbf{x}_i,\mathbf{x}_j) \tag{6.21.15}$$

核矩阵 $\mathbf{K}$ 的第 (i,j) 个元素可以是线性核函数 $K_{ij} = K(\mathbf{x}_i,\mathbf{x}_j) = \mathbf{x}_i^{\mathrm{T}}\mathbf{x}_j$; 多项式核函数 $K_{ij} = K(\mathbf{x}_i,\mathbf{x}_j) = (\gamma\mathbf{x}_i^{\mathrm{T}}\mathbf{x}_j + b)^d, \gamma > 0$; 高斯核函数 $K_{ij} = K(\mathbf{x}_i,\mathbf{x}_j) = \exp(-\gamma d^2(\mathbf{x}_i,\mathbf{x}_j))$ 等。这里, $d(\mathbf{x}_i,\mathbf{x}_j)$ 是两个向量 $\mathbf{x}_i$ 和 $\mathbf{x}_j$ 之间的相异度或距离。

利用训练数据 $\{\mathbf{x}_i,y_i\}_{i=1}^{N}$(其中 $y_i \in \{-1,+1\}$) 和基核函数 $\{k_m\}_{m=1}^{M}$, 学习

的模型具有形式

$$
\begin{aligned}
h(\mathbf{x}) &= \sum_{i=1}^{N} \alpha_i y_i k(\mathbf{x}_i, \mathbf{x}) + b \\
&= \sum_{i=1}^{N} \alpha_i y_i \sum_{m=1}^{M} \theta_m k_m(\mathbf{x}_i, \mathbf{x}) + b
\end{aligned} \tag{6.21.16}
$$

式中, 线性组合系数 θ_m 表示第 m 个基核函数 $k_m(\mathbf{x}_i, \mathbf{x}_j)$ 的重要性, 而 b 为学习偏差。

于是, 多核学习的任务就是使用所有训练数据 $\{(\mathbf{x}_n, y_n)\}_{n=1}^{N} = \{(\mathbf{x}_i^{(s)}, y_i^{(s)})\}_{i=1}^{N_s} \cup \{(\mathbf{x}_j^{(t)}, y_j^{(t)})\}_{j=1}^{N_t} (N = N_s + N_t)$, 对 $\{\alpha_i\}_{i=1}^{N}$ 和 $\{\theta_m\}_{m=1}^{M}$ 进行优化。

算法 6.47 给出了用于式 (6.21.9) 中 $\boldsymbol{\theta}$ 和 $\boldsymbol{\alpha}$ 的交叉优化的 ℓ_p 范数多核学习算法。算法 6.48 为异构特征增强算法[162]。

算法 6.47 ℓ_p 范数多核学习算法[146] [422]

---

input: the accuracy parameter ϵ and the subproblem size Q

initialization: $g_{m,i} = \hat{g}_i = \alpha_i = 0, \forall i = 1, \cdots, N$; $L = S = -\infty$; $\theta_m = \sqrt[p]{1/M}, \forall m = 1, \cdots, M$

iterate

  Calculate the gradient $\hat{g}$ of $J(\boldsymbol{\alpha})$ in (6.21.9) w.r.t $\boldsymbol{\alpha}$
  $\hat{\mathbf{g}} = \frac{\partial J(\boldsymbol{\alpha})}{\partial \boldsymbol{\alpha}} = \mathbf{1} - \left(\sum_{m=1}^{M} \theta_m \mathbf{K}_m\right)(\boldsymbol{\alpha} - \mathbf{y})$

  Select Q variables $\alpha_{i1}, \cdots, \alpha_{iQ}$ based on the gradient $\hat{\mathbf{g}}$

  Store $\boldsymbol{\alpha}^{\text{old}} = \boldsymbol{\alpha}$ and then update $\boldsymbol{\alpha} \leftarrow \boldsymbol{\alpha} - \mu\hat{\mathbf{g}}$

  Update gradient $g_{m,i} \leftarrow g_{m,i} + \sum_{q=1}^{Q}(\alpha_{i_q} - \alpha_{i_q}^{\text{old}}) k_m(x_{i_q}, x_i), \forall m = 1, \cdots, M; i = 1, \cdots, N$

  Compute the quadratic terms $S_m = \frac{1}{2}\sum_i g_{m,i}\alpha_i$, $q_m = 2\theta_m^2 S_m, \forall m = 1, \cdots, M$

  $L_{\text{old}} = L$, $L = \sum_i y_i \alpha_i$, $S_{\text{old}} = S$, $S = \sum_m \theta_m S_m$

  if $\left|1 - \frac{L - S}{L_{\text{old}} - S_{\text{old}}}\right| \geqslant \epsilon$ **then**
  $\theta_m = (q_m)^{1/(p+1)} \Big/ \left(\sum_{m'=1}^{M}(q_{m'})^{p/(p+1)}\right)^{1/p}, \forall m = 1, \cdots, M$

  else

    break

  end if

  $\hat{g}_i = \sum_m \theta_m g_{m,i}, \forall i = 1, \cdots, N$

output: $\boldsymbol{\theta} = [\theta_1, \cdots, \theta_M]^{\mathrm{T}}$ and $\boldsymbol{\alpha} = [\alpha_1, \cdots, \alpha_N]^{\mathrm{T}}$

算法 6.48 异构特征增强[162]

input: labeled source samples $\{(\mathbf{x}_i^{(s)}, y_i^{(s)})\}_{i=1}^{N_s}$ and labeled target samples $\{(\mathbf{x}_j^{(t)}, y_j^{(t)})\}_{j=1}^{N_t}$

initialization: $\mathcal{M}_1 = \{\mathbf{M}_1\}$ with $\mathbf{M}_1 = \mathbf{h}_1\mathbf{h}_1^{\mathrm{T}}$ and $\mathbf{h}_1 = \frac{1}{\sqrt{N_s+N_t}}\mathbf{1}_{N_s+N_t}$

repeat

  Use 算法 6.47 to solve $\boldsymbol{\theta}$ and $\boldsymbol{\alpha}$ in 式 (6.21.9) based on $\mathbf{M}_r$

  Obtain a rank-one PSD matrix $\mathbf{M}_{r+1} = \mathbf{h}\mathbf{h}^{\mathrm{T}} \in \mathbb{R}^{(N_s+N_t)\times(N_s+N_t)}$ with $\mathbf{h} = \frac{\mathbf{K}^{1/2}(\boldsymbol{\alpha}\odot\mathbf{y})}{\|\mathbf{K}^{1/2}(\boldsymbol{\alpha}\odot\mathbf{y})\|}$

  令 $\mathcal{M}_{r+1} = \mathcal{M}_r \cup \{\mathbf{M}_{r+1}\}$, $r = r+1$

exit if the objective converges

output: $\boldsymbol{\alpha}$ and $\mathbf{H} = \lambda\sum_{r=1}^{Q}\theta_r\mathbf{M}_r$

6.21.2 跨域变换法

令 $\mathbf{W} : \mathbf{x}^{(t)} \to \mathbf{x}^{(s)}$ 表示从目标域 $\mathbf{x}^{(t)} \in \mathcal{D}_T$ 到源域 $\mathbf{x}^{(s)} \in \mathcal{D}_S$ 的线性变换矩阵。于是, $\mathbf{x}^{(s)}$ 和变换后的 $\mathbf{W}\mathbf{x}^{(t)}$ 之间的内积相似度函数可以描述为

$$\mathrm{sim}(\mathbf{W}) = \langle\mathbf{x}^{(s)}, \mathbf{W}\mathbf{x}^{(t)}\rangle = (\mathbf{x}^{(s)})^{\mathrm{T}}\mathbf{W}\mathbf{x}^{(t)} \tag{6.21.17}$$

基于跨域变换的域适应[219] 的目的就是在给出某种形式的监督下, 学习线性变换 $\mathbf{W}$, 然后将学习的相似度函数用于分类或者聚类算法中。

给出 N 点集合 $\{\mathbf{x}_1, \cdots, \mathbf{x}_N\} \in \mathbb{R}^d$, 求一个正定 Mahalanobis 矩阵 $\mathbf{W}$, 对 (平方) Mahalanobis 距离进行参数化

$$d_W(\mathbf{x}_i, \mathbf{x}_j) = (\mathbf{x}_i - \mathbf{x}_j)^{\mathrm{T}}\mathbf{W}(\mathbf{x}_i - \mathbf{x}_j) \tag{6.21.18}$$

从标签源域样本 $(\mathbf{x}_i^{(s)}, y_i^{(s)})$ 和标记目标域样本 $(\mathbf{x}_j^{(t)}, y_j^{(t)})$ 抽取一个随机对, 然后生成两个约束

[423]
$$d_W(\mathbf{x}_i^{(s)}, \mathbf{x}_j^{(t)}) \leqslant u, \quad y_i^{(s)} = y_j^{(t)} \tag{6.21.19}$$

$$d_W(\mathbf{x}_i^{(s)}, \mathbf{x}_j^{(t)}) \geqslant \ell, \quad y_i^{(s)} \neq y_j^{(t)} \tag{6.21.20}$$

式中, u 为相对较小的值, ℓ 是足够大的值。上述两个约束可以重新写为

$$\mathbf{x}_i^{(s)} \text{ 相似于 } \mathbf{x}_j^{(t)}, \quad d_W(\mathbf{x}_i^{(s)}, \mathbf{x}_j^{(t)}) \leqslant u \tag{6.21.21}$$

$$\mathbf{x}_i^{(s)} \text{ 相异于 } \mathbf{x}_j^{(t)}, \quad d_W(\mathbf{x}_i^{(s)}, \mathbf{x}_j^{(t)}) \geqslant \ell \tag{6.21.22}$$

Mahalanobis 距离的学习可以表述如下。

① 给出 N 个源特征点 $\{\mathbf{x}_1^{(s)}, \cdots, \mathbf{x}_N^{(s)}\} \in \mathbb{R}^d$ 和 N 个目标特征点 $\{\mathbf{x}_1^{(t)}, \cdots, \mathbf{x}_N^{(t)}\} \in \mathbb{R}^d$。

② 给出与特征点对相关的不等式约束:

- 相似约束: $d_W(\mathbf{x}_i^{(s)}, \mathbf{x}_j^{(t)}) \leqslant u$。
- 相异约束: $d_W(\mathbf{x}_i^{(s)}, \mathbf{x}_j^{(t)}) \geqslant \ell$。

③ 问题: 学习半正定 Mahalanobis 矩阵 $\mathbf{W}$, 使得 Mahalanobis 距离 $d_W(\mathbf{x}_i^{(s)}, \mathbf{x}_j^{(t)}) = (\mathbf{x}_i^{(s)} - \mathbf{x}_j^{(t)})^{\mathrm{T}}\mathbf{W}(\mathbf{x}_i^{(s)} - \mathbf{x}_j^{(t)})$ 满足上述相似和相异约束。

这个问题称为 Mahalanobis 测度学习问题, 它可以使用公式表示为约束优化问题[219]

$$\min_{\mathbf{W}\succeq 0} \quad \{\mathrm{tr}(\mathbf{W}) - \log\det(\mathbf{W})\} \tag{6.21.23}$$

$$\text{s.t.} \quad d_W(\mathbf{x}_i^{(s)}, \mathbf{x}_j^{(t)}) \leqslant u, (i,j) \in S \tag{6.21.24}$$

$$d_W(\mathbf{x}_i^{(s)}, \mathbf{x}_j^{(t)}) \geqslant \ell, (i,j) \in D \tag{6.21.25}$$

式中, 正则项 $\mathrm{tr}(\mathbf{W}) - \log\det(\mathbf{W})$ 仅在两个半正定矩阵之间定义, 并且 S 和 D 分别为相似对集合和相异对集合。

约束优化式 (6.21.23) 提供了一种 Mahalanobis 测度学习方法, 称为信息论测度学习 (ITML), 见算法 6.49。

算法 6.49 信息论测度学习[71] [424]

---

input: $d \times n$ matrix $\mathbf{X} = [\mathbf{x}_1, \cdots, \mathbf{x}_n]$, set of similar pairs S, set of dissimilar pairs D, distance threshold u for similarity constraint, distance threshold ℓ for dissimilarity constrain, Mahalanobis matrix $\mathbf{W}_0$, slack parameter γ, constraint index function $c(\cdot)$

initialization: $\mathbf{W} \leftarrow \mathbf{W}_0$, $\lambda_{ij} \leftarrow 0, \forall i, j$

Let $\xi_{c(i,j)} = \begin{cases} u, & \text{if } (i,j) \in S \\ \ell, & \text{otherwise} \end{cases}$

repeat

  Pick a constraint $(i,j) \in S$ or $(i,j) \in D$

  Update $p \leftarrow (\mathbf{x}_i - \mathbf{x}_j)^{\mathrm{T}}\mathbf{W}(\mathbf{x}_i - \mathbf{x}_j)$

  $\delta = \begin{cases} 1, & \text{if } (i,j) \in S \\ -1, & \text{otherwise} \end{cases}$

  $\alpha \leftarrow \min\left\{\lambda_{ij}, \frac{\delta}{2}\left(\frac{1}{p} - \gamma\xi_{c(i,j)}\right)\right\}$

  $\beta \leftarrow \delta\alpha/(1 - \delta\alpha p)$

  $\xi_{c(i,j)} \leftarrow \gamma\xi_{c(i,j)}/(\gamma + \delta\alpha\xi_{c(i,j)})$

  $\lambda_{ij} \leftarrow \lambda_{ij} - \alpha$

  $\mathbf{W} \leftarrow \mathbf{W} + \beta\mathbf{W}(\mathbf{x}_i - \mathbf{x}_j)(\mathbf{x}_i - \mathbf{x}_j)^{\mathrm{T}}\mathbf{W}$

until convergence

output: Mahalanobis matrix $\mathbf{W}$

6.21.3 迁移成分分析法

令 $\mathcal{P}(X_S)$ 和 $\mathcal{Q}(X_T)$ 分别是来自源域 $X_S = \{\mathbf{x}_{S_i}\}$ 和目标域 $X_T = \{\mathbf{x}_{T_i}\}$ 的边缘分布, 其中 $\mathcal{P}$ 和 $\mathcal{Q}$ 不相同。大多数的域适应方法都基于一个关键假设:

$\mathcal{P} \neq \mathcal{Q}$, 但 $P(Y_S|X_S) = P(Y_T|X_T)$。然而, 在许多实际应用中, 由于观测数据的噪声或动态因素的影响, 条件概率 $P(Y|X)$ 也有可能跨域变化。

令 $\boldsymbol{\phi}$ 是变换向量, 使得 $\boldsymbol{\phi}(X_S) = [\phi(\mathbf{x}_{S_1}), \cdots, \phi(\mathbf{x}_{S_{n_s}})] \in \mathbb{R}^{1\times n_s}$ 和 $\boldsymbol{\phi}(X_T) = [\phi(\mathbf{x}_{T_1}), \cdots, \phi(\mathbf{x}_{T_{n_t}})] \in \mathbb{R}^{1\times n_t}$, 其中 n_s 和 n_t 分别是源特征和目标特征的数目。考虑在弱假设条件下的域适应: $\mathcal{P} \neq \mathcal{Q}$ 但存在变换向量 $\boldsymbol{\phi}$ 使得 $P(\boldsymbol{\phi}(X_S)) \approx P(\boldsymbol{\phi}(X_T))$ 和 $P(Y_S|\boldsymbol{\phi}(X_S)) \approx P(Y_T|\boldsymbol{\phi}(X_T))$。

一个关键问题是: 如何求这个变换 $\boldsymbol{\phi}$。由于目标域没有任何标记数据, 故 $\boldsymbol{\phi}$ 不可能直接通过最小化 $P(Y_S|\boldsymbol{\phi}(X_S))$ 和 $P(Y_T|\boldsymbol{\phi}(X_T))$ 进行学习。Pan 等人[203] 提出学习 $\boldsymbol{\phi}$ 使得:

- 边缘分布 $P(\boldsymbol{\phi}(X_S))$ 与 $P(\boldsymbol{\phi}(X_T))$ 之间的距离小。
- $\boldsymbol{\phi}(X_S)$ 和 $\boldsymbol{\phi}(X_T)$ 分别保留 X_S 和 X_T 的重要性能。

为了求满足条件 $P(Y_S|\boldsymbol{\phi}(X_S)) \approx P(Y_T|\boldsymbol{\phi}(X_T))$ 的变换向量 $\boldsymbol{\phi}$, 假定 $\boldsymbol{\phi}$ 是由一通用核诱导的特征映射向量。最大平均差异嵌入 (MMDE)[201] 使用非线性映射 $\boldsymbol{\phi}$, 将源域和目标域同时嵌入到一个共享的低维共同潜在空间。这一非线性映射是一个对称的特征变换 $\boldsymbol{\phi} = T_S = T_T$, 如图 6.6(b) 所示。

[425] 定义 4 个格拉姆矩阵,它们分别定义在源域 (S,S)、目标域 (T,T), 以及两个跨域 (S,T) 和 (T,S)

$$\mathbf{K}_{S,S} = \boldsymbol{\phi}^{\mathrm{T}}(X_S)\boldsymbol{\phi}(X_S) = \begin{bmatrix} \phi(\mathbf{x}_{S_1}) \\ \vdots \\ \phi(\mathbf{x}_{S_{n_s}}) \end{bmatrix} \begin{bmatrix} \phi(\mathbf{x}_{S_1}) \cdots \phi(\mathbf{x}_{S_{n_s}}) \end{bmatrix} \in \mathbb{R}^{n_s\times n_s} \tag{6.21.26}$$

$$\mathbf{K}_{S,T} = \boldsymbol{\phi}^{\mathrm{T}}(X_S)\boldsymbol{\phi}(X_T) = \begin{bmatrix} \phi(\mathbf{x}_{S_1}) \\ \vdots \\ \phi(\mathbf{x}_{S_{n_s}}) \end{bmatrix} \begin{bmatrix} \phi(\mathbf{x}_{T_1}) \cdots \phi(\mathbf{x}_{T_{n_t}}) \end{bmatrix} \in \mathbb{R}^{n_s\times n_t} \tag{6.21.27}$$

$$\mathbf{K}_{T,S} = \boldsymbol{\phi}^{\mathrm{T}}(X_T)\boldsymbol{\phi}(X_S) = \mathbf{K}_{S,T}^{\mathrm{T}} \in \mathbb{R}^{n_t\times n_s} \tag{6.21.28}$$

$$\mathbf{K}_{T,T} = \boldsymbol{\phi}^{\mathrm{T}}(X_T)\boldsymbol{\phi}(X_T) = \begin{bmatrix} \phi(\mathbf{x}_{T_1}) \\ \vdots \\ \phi(\mathbf{x}_{T_{n_t}}) \end{bmatrix} \begin{bmatrix} \phi(\mathbf{x}_{T_1}) \cdots \phi(\mathbf{x}_{T_{n_t}}) \end{bmatrix} \in \mathbb{R}^{n_t\times n_t} \tag{6.21.29}$$

为了学习对称的核矩阵

$$\mathbf{K} = \begin{bmatrix} \mathbf{K}_{S,S} & \mathbf{K}_{S,T} \\ \mathbf{K}_{T,S} & \mathbf{K}_{T,T} \end{bmatrix} \in \mathbb{R}^{(n_s+n_t)\times(n_s+n_t)} \tag{6.21.30}$$

构造一个矩阵 $\mathbf{L}$, 其元素为

$$L_{ij} = \begin{cases} 1/n_s^2, & \mathbf{x}_i, \mathbf{x}_j \in X_S \\ 1/n_t^2, & \mathbf{x}_i, \mathbf{x}_j \in X_T \\ -1/(n_s n_t), & \text{其他} \end{cases} \tag{6.21.31}$$

于是, 最大平均差异嵌入的目标函数可以表示为[203]

$$\max_{\mathbf{K} \geqslant 0} \{\text{tr}(\mathbf{KL}) - \lambda \text{tr}(\mathbf{K})\} \quad \text{服从关于 } \mathbf{K} \text{ 的约束} \tag{6.21.32}$$

式中目标函数的第一项使分布之间的距离最小化, 而第二项则使特征空间的方差最大化, $\lambda \geqslant 0$ 是一个权衡参数。然而, 由于 n_s 与/或 n_t 较大, $\mathbf{K}$ 是一个高维核矩阵, 所以必须使用半正交矩阵 $\bar{\mathbf{W}} \in \mathbb{R}^{(n_s+n_t)\times m}$ 使 $\bar{\mathbf{W}}^{\mathrm{T}}\bar{\mathbf{W}} = \mathbf{I}_m$ 将 $\mathbf{K}^{-1/2}$ 变换到一个 m 维矩阵 $\mathbf{W} = \mathbf{K}^{-1/2}\bar{\mathbf{W}}$ (其中 $m \ll n_s + n_t$)。这样一来, 分布之 [426]
间的距离 $\text{dist}(X'_S, X'_T) = \text{tr}(\mathbf{KL})$ 即变为

$$\text{tr}(\mathbf{KL}) = \text{tr}(\mathbf{KK}^{-1/2}\bar{\mathbf{W}}(\mathbf{K}^{-1/2}\bar{\mathbf{W}})^{\mathrm{T}}\mathbf{KL}) = \text{tr}(\mathbf{KWW}^{\mathrm{T}}\mathbf{KL}) = \text{tr}(\mathbf{W}^{\mathrm{T}}\mathbf{KLKW})$$

因此, 式 (6.21.32) 表示的最大平均差异嵌入目标函数可以改写为[203]

$$\min_{\mathbf{W}} \left\{\text{tr}(\mathbf{W}^{\mathrm{T}}\mathbf{KLKW}) + \mu \text{tr}(\mathbf{W}^{\mathrm{T}}\mathbf{W})\right\} \tag{6.21.33}$$

$$\text{s.t.} \quad \mathbf{W}^{\mathrm{T}}\mathbf{KHKW} = \mathbf{I}_m \tag{6.21.34}$$

式中 $\mathbf{H}$ 是中心化矩阵, 定义为

$$\mathbf{H} = \mathbf{I}_{n_s+n_t} - \frac{1}{n_t + n_t}\mathbf{1}\mathbf{1}^{\mathrm{T}} \tag{6.21.35}$$

约束优化问题式 (6.21.33) 和式 (6.21.34) 可以重新表示为无约束优化问题[203]

$$\max_{\mathbf{W}} \left\{J(\mathbf{W}) = \text{tr}\left((\mathbf{W}^{\mathrm{T}}(\mathbf{KLK} + \mu\mathbf{I})\mathbf{W})^{-1}\mathbf{W}^{\mathrm{T}}\mathbf{KHKW}\right)\right\} \tag{6.21.36}$$

在 $\mathbf{W} = [\mathbf{w}_1, \cdots, \mathbf{w}_m]$ 的列向量彼此正交的条件下, 上述优化问题可以分割为 m 个优化子问题

$$\begin{aligned} \mathbf{w}_i &= \arg\max_{\mathbf{w}_i} \left\{\text{tr}\left((\mathbf{w}_i^{\mathrm{T}}(\mathbf{KLK} + \mu\mathbf{I})\mathbf{w}_i)^{-1}\mathbf{w}_i^{\mathrm{T}}\mathbf{KHK}\mathbf{w}_i\right)\right\} \\ &= \arg\max_{\mathbf{w}_i} \frac{\mathbf{w}_i^{\mathrm{T}}\mathbf{KHK}\mathbf{w}_i}{\mathbf{w}_i^{\mathrm{T}}(\mathbf{KLK} + \mu\mathbf{I})\mathbf{w}_i}, \quad i = 1, \cdots, m \end{aligned} \tag{6.21.37}$$

这是典型的广义 Rayleigh 商问题。因此, $\mathbf{w}_i$ 是矩阵束 $(\mathbf{KHK}, \mathbf{KLK} + \mu\mathbf{I})$ 与第 i 个最大广义特征值对应的广义特征向量, 或是矩阵 $(\mathbf{KLK} + \mu\mathbf{I})^{-1}\mathbf{KLK}$ 的第 i 个最大特征值对应的特征向量。这就是域适应的迁移成分分析 (TCA), 它是 Pan 等人[203] 提出的。

迁移学习业已存在很多实际应用[199, 268]:

- 自然语言处理[27], 包括情绪分类[28]、跨语言分类[165]、文本分类[67] 等。
- 图像分类[277]、Wi-Fi 定位分类[200, 202, 289, 297, 298]、视频概念检测[82] 等。
- 模式识别,包括人脸识别[139]、头部姿势分类[211]、病害预报[195]、大气气溶 [427]

胶粒子分类[171]、手语识别[88]、图像识别[205] 等。

本章小结

- 本章介绍了机器学习树。
- 机器学习旨在使用学习机建立输入数据到输出数据的映射。
- 机器学习的主要任务是分类 (对离散数据) 和预测 (对连续数据)。
- 本章重点介绍了机器学习的一些主题和进展: 图机器学习、强化学习、Q 学习和迁移学习等。

参考文献

[1] Acar E., Camtepe S. A., Krishnamoorthy M., Yener B.: Modeling and multi-way analysis of chatroom tensors. In: Proc. IEEE International Conference on Intelligence and Security Informatics. Berlin: Springer, 256–268 (2005).

[2] Acar E., Aykut-Bingo C., Bingo H., Bro R., Yener B.: Multiway analysis of epilepsy tensors. Bioinformatics, **23**: i10-i18 (2007)

[3] Agrawal R., Imielinski T., Swami A. N.: Mining association rules between sets of items in large databases. In: Proceeding of the ACM SIGMOD Int. Conf. Manage. Data, pp. 207–216 (1992)

[4] Ali M. M., Khompatraporn C., Zabinsky Z. B.: A numerical evaluation of several stochastic algorithms on selected continuous global optimization on test problems. J. Global Optimization, **31**: 635–672 (2005)

[5] Aliu O. G., Imran A., Imran M. A., Evans B.: A survey of self organisation in future cellular networks. IEEE Commun. Surveys Tutorials., **15** (1), 336–361 (2013)

[6] Anderberg M. R.: *Cluster Analysis for Application*. New York: Academic Press (1973)

[7] Anderson T. W.: *An Introduction to Multivariate Statistical Analysis*. 2nd ed. New York: John Wiley and Sons (1984)

[8] Ando R. K., Zhang T.: A framework for learning predictive structures from multiple tasks and unlabeled data. Journal of Machine Learning Research, **6**: 1817–1853 (2005)

[9] Angluin D: Queries and concept learning. Machine Learn, **2** (4): 319–342 (1988)

[10] Arnold A., Nallapati R., Cohen W. W.: A comparative study of methods for transductive transfer learning. In: Proc. Seventh IEEE Int. Conf. Data Mining Workshops, pp. 77–82 (2007)

[11] Atlas L., Cohn D., Ladner R., El-Sharkawi M. A., Marks II R. J.: Training connectionist networks with queries and selective sampling. In: Advances in Neural Information Processing Systems 2, Morgan Kaufmann, pp. 566–573 (1990)

[12] Auslender A.: *Optimisation Méthodes Numériques*. Paris: Masson (1976)

[13] Bach F. R., Jordan M. I.: Kernel independent component analysis. J. Machine Learning Research, **3**: 1–48 (2002)

[14] Bagheri M., Nurmanova V., Abedinia O., Naderi M. S.: Enhancing power quality in microgrids with a new online control Strategy for DSTATCOM using reinforcement learning algorithm. IEEE Access, **6**: 38986–38996 (2018)

[15] Bandyopdhyay S., Maulik U.: An evolutionary technique based on K-means algo- [428]
rithm for optimal clustering in $\mathbb{R}^N$. Inform. Sci, **146** (1–4): 221–237 (2002)

[16] Bartlett P. L.: The sample complexity of pattern classification with neural networks: the size of the weights is more important than the size of the network. IEEE Trans. Inf. Theory, **44** (2): 525–536 (1998)

[17] Baum L. E., Eagon J. A.: An inequality with applications to statistical estimation for probabilistic functions of Markov processes and to a model for ecology. Bull. Amer. Math. Soc., **73** (3): 360 (1967)

[18] Behbood V., Lu J., Zhang G.: Fuzzy bridged refinement domain adaptation: Long-term bank failure prediction. Int. J. Computational Intelligence and Applications, **12**(1): Art. no. 1350003 (2013)

[19] Belkin M., Niyogi P.: Laplacian eigenmaps for dimensionality reduction and data representation. Neural Computation, **15** (6): 1373–1396 (2003)

[20] Belkin M., Niyogi P., Sindhwani V.: Manifold regularization: A geometric framework for learning from labeled and unlabeled examples. J. Machine Learning Research (JMLR), **7**: 2399–2434 (2006)

[21] Bellman R.: *Dynamic Programming*. Princeton: Princeton Univ. Press (1957)

[22] Bengio Y., Courville, A., Vincent, P.: Representation learning: A review and new perspectives. IEEE Trans. Pattern Analysis and Machine Intelligence, **35** (8): 1798–1828 (2013)

[23] Bersini H., Dorigo M., Langerman S.: Results of the first international contest on evolutionary optimization. IEEE International Conference on Evolutionary Computation. Nagoya, pp. 611–615 (1996)

[24] Bertsekas D. P.: *Dynamic Programming and Optimal Sequence of States of the Markov Decision Process*. Control, vol 11. Nashua: Athena Scientific (1995)

[25] Bertsekas D. P.: *Nonlinear Programming*, 2nd ed. Nashua: Athena Scientific (1999)

[26] Beyer H. G., Schwefel H. P.: Evolution strategies: a comprehensive introduction. J. Nat. Comput., **1** (1): 3–52 (2002)

[27] Blitzer J., McDonald R., Pereira F.: Domain adaptation with structural correspondence learning. In: Proc. the 2006 conference on Empirical Methods in Natural Language Processing, pp. 120–128 (2006)

[28] Blitzer J., Dredze M., Pereira F.: Biographies, Bollywood, Boom-Boxes and Blenders: Domain adaptation for sentiment classification. In: Proc. 45th Ann. Meeting of the Assoc. Computational Linguistics, pp. 432–439 (2007)

[29] Blum A., Chawla S.: Learning from labeled and unlabeled data using graph mincuts. In: Proc. 18th International Conf. on Machine Learning (2001)

[30] Blum A., Mitchell T.: Combining labeled and unlabeled data with co-training. In: Proc. the 11th Annual Conference on Computational Learning Theorem (COLT′98), pp. 92–100 (1998)

[31] Bottou L., Curtis F. E., Nocedal J.: Optimization methods for large-scale machine learning. SIAM Review, **60** (2): 223–311 (2018)

[32] Bouneffouf D.: Exponentiated gradient exploration for active learning. Computers, **5** (1): 1–12 (2016)

[33] Bouneffouf D., Laroche R., Urvoy T., Fèraud R., Allesiardo R.: Contextual bandit for active learning: Active Thompson sampling. In: Proceedings of 21st International Conference on Neural Information Processing, ICONIP (2014)

[34] Boykov Y., Kolmogorov V.: An experimental comparison of min-cut/max-flow algorithms for energy minimization in vision. IEEE Trans. Pattern Analysis and Machine Intelligence, **26** (9): 1124–1137 (2004)

[35] Breiman L.: Better subset selection using the nonnegative garrote. Technometrics, **37**: 738–754 (1995)

[36] Bro R.: PARAFAC: tutorial and applications. Chemometrics and Intelligent Laboratory Systems, **38**: 149–171 (1997)

[37] Bu F.: A high-order clustering algorithm based on dropout deep learning for heterogeneous data in Cyber-Physical-Social systems. IEEE Access, **6**: 11687–11693 (2018)

[38] Buczak A. L., Guven E.: A survey of data mining and machine learning methods for cyber security intrusion detection. IEEE Commun. Surveys Tutorials, **18** (2): 1153–1176 (2016)

[429] [39] Burges C. J. C.: A tutorial on support vector machines for pattern recognition. Data Mining and Knowledge Discovery, **2**: 121–167 (1998)

[40] Burr S.: Active Learning Literature Survey. Computer Sciences Technical Report 1648. University of Wisconsin-Madison, Retrieved 2014-11-18 (2010)

[41] Cai D., Zhang C., He S.: Unsupervised feature selection for multi-cluster data. In: Proc. of the 16th ACM SIGKDD, Washington, pp. 333–342 (2010)

[42] Campbell C., Cristianini N., Smola A.: Query learning with large margin classifiers. In: Proc. International Conference on Machine Learning (ICML) (2000)

[43] Candès E. J., Wakin M. B., Boyd S. P.: Enhancing sparsity by reweighted ℓ_1 minimization. J. Fourier Analysis and Applications, **14** (5–6): 877–905 (2008)

[44] Candès E. J., Li X., Ma Y., Wright J.: Robust principal component analysis. J. ACM, **58** (3): 1–37 (2011)

[45] Caruana R. A.: Multitask learning. Machine Learning, **28**: 41–75 (1997)

[46] Chandrasekaran V., Sanghavi S., Parrilo P. A., Wilisky A S.: Rank-sparsity incoherence for matrix decomposition. SIAM J. Optim, **21** (2): 572–596 (2011)

[47] Chang C. I., Du Q.: Estimation of number of spectrally distinct signal sources in hyperspectral imagery. IEEE Trans. Geosci. Remote Sensing, **42** (3): 608–619 (2004)

[48] Chattopadhyay R., Sun Q., Fan W., Davidson I., Panchanathan S., Ye J.: Multi-source domain adaptation and its application to early detection of fatigue. ACM Transactions on Knowledge Discovery from Data (TKDD), **6**(4): 1-26 (2012)

[49] Chen T., Amari S., Lin Q.: A unified algorithm for principal and minor components extraction. Neural Networks, **11**: 385–390 (1998)

[50] Chen Y., Lasko T. A., Mei Q., Denny J. C, Xu H.: A study of active learning methods for named entity recognition in clinical text. J. Biomedical Informatics, **58**: 11–18 (2015)

[51] Chernoff H.: Sequential analysis and optimal design. In: CBMS-NSF Regional Conference Series in Applied Mathematics, vol. 8. SIAM, Philadelphia (1972)

[52] Choromanska A., Jebara T., Kim H., Mohan M., Monteleoni C.: Fast spectral clustering via the Nyström method. In: International Conference on Algorithmic Learning Theory ALT 2013, pp. 367–381 (2013)

[53] Chung F. R. K.: Spectral graph theory. CBMS Regional Conference Series, vol. 92. Conference Board of the Mathematical Sciences, Washington (1997)

[54] Chung C. J., Reynolds R. G.: CAEP: An evolution-based tool for real-valued function optimization using cultural algorithms. International J. Artificial Intelligence Tool, **7** (3): 239–291 (1998)

[55] Ciresan D. C., Meier U., Schmidhuber J.: Transfer learning for Latin and Chinese characters with deep neural networks. In: Proc. International Joint Conference on Neural Networks (IJCNN), Brisbane, pp. 1–6 (2012)

[56] Coates A., Ng A. Y.: Learning feature representations with K-means. In: Montavon G., Orr G. B., Müller K. -R. (eds.) *Neural Networks: Tricks of the Trade.* 2nd ed. . New York: Springer, pp. 561–580 (2012)

[57] Cohen W. W.: Fast effective rule induction. In: Proc. 12th Int. Conf. Mach. Learn., Lake Tahoe, pp. 115–123 (1995)

[58] Cohn D,: Active learning. In: Sammut C., Webb G. I. (eds.) Encyclopedia of Machine Learning, pp. 10–14 (2011)

[59] Cohn D., Ghahramani Z., Jordan M. I.: Active learning with statistical models. J. Artificial Intelligence Research, **4**: 129–145 (1996)

[60] Comon P., Golub G., Lim L. H., Mourrain B.: Symmetric tensora and symmetric tensor rank. SIAM J. Matrix Anal. Appl., **30** (3): 1254–1279 (2008)

[61] Corana A., Marchesi M., Martini C., Ridella S.: Minimizing multimodal functions of continuous variables with simulated annealing algorithms. ACM Trans. Mathematical Software, **13** (3): 262–280 (1987)

[62] Correa N. M., Adali T., Li Y. Q., Calhoun V. D.: Canonical correlation analysis for data fusion and group inferences. IEEE Signal Processing Magazine, **27** (4): 39–50 (2010)

[63] Cortes C., Mohri M.: On transductive regression. In: Proc. Neural Information Processing Systems (NIPS), pp. 305–312 (2006) [430]

[64] Crammer K., Singer Y.: On the algorithmic implementation of multiclass kernel-based vector machines. J. Mach. Learn. Res., **2**: 265–292 (2001)

[65] Cristianini N., Shawe-Taylor J., Elisseeff A., Kandola J. S.: On kernel-target alignment. In: NIPS'01 Proc. the 14th International Conference on Neural Information Processing Systems: Natural and Synthetic, pp. 367–373 (2001)

[66] Dai W., Yang Q., Xue G. R., Yu Y.: Boosting for transfer learning. In: Proc. of the 24th International Conference on Machine Learning, pp. 193–200 (2007)

[67] Dai W., Xue G., Yang Q., Yu Y.: Transferring naive Bayes classifiers for text classification. In: Proc. 22nd Assoc. for the Advancement of Artificial Intelligence (AAAI) Conf. Artificial Intelligence, pp. 540–545 (2007)

[68] Dai W., Jin O., Xue G. -R., Yang Q., Yu Y.: EigenTransfer: A unified framework for transfer learning. In: Proc. of the 26th International Conference on Machine Learning, Montreal, pp. 193–200 (2009)

[69] Dash M., Liu H.: Feature selection for classification. Intell. Data Anal., **1** (1–4): 131–156 (1997)

[70] Daumé III H.: Frustratingly easy domain adaptation. In: Proc. 45th Ann. Meeting of the Assoc. Computational Linguistics, pp. 256–263 (2007)

[71] Davis J. V., Kulis B., Jain P., Sra S., Dhillon I. S.: Information-theoretic metric learning. In: Proc. Int. Conf. Machine Learning, pp. 209–216 (2007)

[72] Defazio A., Bach F., Lacoste-Julien S.: SAGA: A fast incremental gradient method with support for non-strongly convex composite objectives. In: Advances in Neural Information Processing Systems vol. 27, pp. 1646–1654 (2014)

[73] Defferrard M., Bresson X., Vandergheynst P.: Convolutional neural networks on graphs with fast localized spectral filtering. In: Proc. 30th Conference on Neural Information Processing Systems (NIPS 2016), pp. 3837–3845 (2016)

[74] Deng Z., Choi K., Jiang Y.: Generalized hidden-mapping ridge regression, knowledge-leveraged inductive transfer learning for neural networks, fuzzy systems and kernel method. IEEE Trans. Cybernetics, **44**(12): 2585–2599 (2014)

[75] Dhillon I. S., Modha D. M.: Concept decompositions for large sparse text data using clustering. Machine Learning, **42** (1): 143–175 (2001)

[76] Dong X., Thanou D., Frossard P., Vandergheynst P.: Learning Laplacian matrix in smooth graph signal representations. IEEE Trans. Signal Processing, **64** (23): 6160–6173 (2016)

[77] Donoho D. L., Johnstone I.: Adapting to unknown smoothness via wavelet shrinkage. J. Amer. Statist. Assoc. **90**: 1200–1224 (1995)

[78] Dorigo M., Gambardella L. M.: Ant colony system: A cooperative learning approach to the traveling salesman problem. IEEE Trans. Evol. Comput., **1** (1): 53–66 (1997)

[79] Douglas S. C., Kung S. -Y., Amari S.: A self-stabilized minor subspace rule. IEEE Signal Processing Letters, **5** (12): 328–330 (1998)

[80] Downie J. S.: A window into music information retrieval research. Acoustic Science and Technology, **29** (4): 247–255 (2008)

[81] Du Q., Faber V., Gunzburger M.: Centroidal Voronoi tessellations: Applications and algorithms. SIAM Review, **41**: 637–676 (1999)

[82] Duan L., Tsang I. W., Xu D., Maybank S. J.: Domain transfer SVM for video concept detection. In: Proc. 2009 IEEE Conference on Computer Vision and Pattern Recognition (CVPR), pp. 1375–1381 (2009)

[83] Duda R. O., Hart P., E.: *Pattern Classification and Scene Analysis.* New York: [431]
Wiley (1973)

[84] Efron B., Hastie T., Johnstone I., Tibshirani R.: Least angle regression. Ann. Statist., **32**: 407–499 (2004)

[85] El-Attar R. A., Vidyasagar M., Dutta S. R. K.: An algorithm for II-norm minimization with application to nonlinear II-approximation. SIAM J. Numverical Analysis, **16** (1): 70–86 (1979)

[86] Estienne F., Matthijs N., Massart D. L., Ricoux P., Leibovici D.: Multi-way modeling of high-dimensionality electroencephalographic data. Chemometrics Intell. Lab. Syst., **58** (1): 59–72 (2001)

[87] Fan J., Han F., Liu H.: Challenges of big data analysis. Nat. Sci. Rev., **1** (2): 293–314 (2014)

[88] Farhadi A., Forsyth D., White R.: Transfer learning in sign language. In: Proc. IEEE 2007 conference on computer vision and pattern recognition, pp. 1–8 (2007)

[89] Farmer J., Packard N., Perelson A.: The immune system, adaptation and machine learning. Phys. D: Nonlinear Phenom., **2**: 187–204 (1986)

[90] Fedorov V. V.: *Theory of optimal experiments.* Trans. by Studden W. J., Klimko E. M.. New York: Academic Press (1972)

[91] Fercoq O., Richtárk P.: Accelerated, parallel, and proximal coordinate descent. SIAM J. Optim., **25** (4): 1997–2023 (2015)

[92] Figueiredo M. A. T., Nowak R. D., Wright S. J.: Gradient projection for sparse reconstruction: Application to compressed sensing and other inverse problems. IEEE J. Selected Topics In Signal Processing, **1** (4): 586–597 (2007)

[93] Finkel J. R., Manning C. D.: Hierarchical Bayesian domain adaptation. In: Proc. Annual Conference of the North American Chapter of the Association for Computational Linguistics, Los Angeles, pp. 602–610 (2009)

[94] Fisher R. A.: The statistical utilization of multiple measurements. Ann Eugenics **8**: 376–386 (1938)

[95] Ford L., Fulkerson D.: *Flows in Networks.* Princeton: Princeton Univ. Press (1962)

[96] Freund Y.: Boosting a weak learning algorithm by majority. Information and Computation, **12**(2): 256–285 (1995)

[97] Freund Y., Schapire R. E.: A decision-theoretic generalization of on-line learning and an application to boosting. Journal of Computer and System Sciences, **55**: 119–139 (1997)

[98] Friedman N., Geiger D., Goldszmidt M.: Bayesian Network Classifiers. Machine Learning, **29**: 131–163 (1997)

[99] Friedman J., Hastie T., Höeling H., Tibshirani R.: Pathwise coordinate optimization. The Annals of Applied Statistics, **1** (2): 302–332 (2007)

[100] Friedman J., Hastie T., Tibshirani R.: Additive logistic regression: A statistical view of boosting. The Annals of Statistics, **28**(2): 337–407 (2000)

[101] Fu W. J.: Penalized regressions: The bridge versus the Lasso. J. Computational and Graphical Statistics, **7** (3): 397–416 (1998)

[102] Fuchs J. J.: Multipath time-delay detection and estimation. IEEE Trans. Signal Processing, **47** (1): 237–243 (1999)

[103] Furey T. S., Cristianini N., Duffy N., Bednarski D. W., Schummer M., Haussler D.: Support vector machine classification and validation of cancer tissue samples using microarray expression data. Bioinformatics, **16** (10): 906–914 (2000)

[104] Ge Z., Song Z., Ding S. X., Huang B.: Data mining and analytics in the process industry: the role of machine learning. IEEE Acsses, **5**: 20590–20616 (2017)

[105] Geladi P., Kowalski B. R.: Partial least squares regression: A tutorial. Analytica Chimica Acta, **186**: 1–17 (1986)

[106] George A. P., Powell W. B.: Adaptive stepsizes for recursive estimation with applications in approximate dynamic programming. Machine Learning, **65**(1): 167–198 (2006)

[107] Goldberg D. E., Holland J. H.: Genetic algorithms and machine learning. Mach. Learn., **3** (2): 95–99 (1988)

[108] Golub G. H., Zha H.: The canonical correlations of matrix pairs and their numerical computation. In: *Linear Algebra for Signal Processing.* Berlin: Springer, pp. 27–49 (1995)

[432] [109] Golub T. R., Slonim D. K., Tamayo P., Huard C., Gaasenbeek M., Mesirov J. P., Coller H., Loh M. L., Downing J. R., Caligiuri M. A., Bloomfield C. D., Lander E.S.: Molecular classification of cancer: Class discovery and class prediction by gene expression monitoring. Science, **286**: 531–537 (1999)

[110] Grandvalet Y., Bengio Y.: Semi-supervised learning by entropy minimization. In: Advances in Neural Information Processing Systems, vol. 17, pp. 529–536 (2005)

[111] Guo W., Kotsia I., Ioannis P.: Tensor learning for regression. IEEE Trans. Image Processing, **21** (2): 816–827 (2012)

[112] Guyon I., Elisseeff A.: An introduction to variable and feature selection. J. Mach. Learn. Res., **3**: 1157–1182 (2003)

[113] Guyon I., Weston J., Barnhill S., Vapnik V.: Gene selection for cancer classification using support vector machines. Machine Learning, **46**: 389–422 (2002)

[114] Handl J., Knowles J., Kell D. B.: Computational cluster validation in post-genomic data analysis. Bioinformatics, **21** (15): 3201–3212 (2005)

[115] Hardoon D. R., Szedmak S., Shawe-Taylor J.: Canonical correlation analysis: an overview with application to learning methods. Neural computation, **16** (12): 2639–2664 (2004)

[116] Hesterberg T., Choi N. H., Meier L., Fraley C.: Least angle and ℓ_1 penalized regression: A review. Statistics Surveys, **2**: 61–93 (2008)

[117] Hoerl A. E., Kennard R. W.: Ridge regression: Biased estimates for non-orthogonal problems. Technometrics, **12**: 55–67 (1970)

[118] Hoerl, A.E., and Kennard, R.W.: Ridge regression: Applications to nonorthogonal problems. Technometrics, **12**: 69–82 (1970)

[119] Hoi S. C. H., Jin R., Lyu M. R.: Batch mode active learning with applications to text categorization and image retrieval. IEEE Trans. Knowl. Data Eng., **21** (9): 1233–1247 (2009)

[120] Hornik K., Stinchcombe M., White H.: Multilayer feedforward networks are universal approximators. Neural Netw., **2** (5): 359–366 (1989)

[121] Höskuldsson A.: PLS regression methods. Journal of Chemometrics, **2**: 211–228 (1988)

[122] Hotelling H.: Relations between two sets of variants. Biometrika, **28** (3/4): 321–377 (1936)

[123] Huang G. -B., Zhu Q. -Y., Siew C. -K.: Extreme learning machine: theory and applications. Neurocomputing, **70** (1–3): 489–501 (2006)

[124] Huang G. -B., Zhou H., Ding X., Zhang R.: Extreme learning machine for regression and multiclass classification. IEEE Trans. Syst., Man, and Cybernetics – PART B: Cybernetics, **42** (2): 513–529 (2012)

[125] Hunter D. R., Lange K.: A tutorial on MM algorithms. Amer. Statist. **58**: 30–37 (2004)

[126] Jain K., Dubes R. C.: *Algorithms for Clustering Data*. Englewood Cliffs: Prentice-Hall (1988)

[127] Jain A. K.: Data clustering: 50 years beyond K-means. Pattern Recognition Letters, **31**: 651–666 (2010)

[128] Jain A. K., Duin R. P. W., Mao J.: Statistical pattern recognition: a review. IEEE Trans. Pattern Analysis and Machine Intelligence, **22** (1): 4–37 (2000)

[129] Jamil M., Yang X. -S.: A literature survey of benchmark functions for global optimization problems. Int. Journal of Mathematical Modelling and Numerical Optimisation, **4** (2): 150–194 (2013)

[130] Jensen F. V.: *Bayesian Networks and Decision Graphs*. New York: Springer (2001)

[131] Joachims T.: Transductive inference for text classification using support vector machines. In: Proc. 16th Int. Conf. Machine Learning, pp. 200–209 (1999)

[132] Johnson S. C.: Hierarchical clustering schemes. Psycioietrika, **32** (3): 241–254 (1967)

[133] Johnson R., Zhang T.: Accelerating stochastic gradient descent using predictive variance reduction. In: Advances in Neural Information Processing Systems, vol. **26**: 315–323 (2013)

[134] Jolliffe I.: *Principal Component Analysis*. New York: Springer Verlag (1986)

[135] Jonesb S., Shaoa L., Dub K.: Active learning for human action retrieval using query pool selection. Neurocomputing, **124**: 89–96 (2014)

[136] Jouffe L.: Fuzzy inference system learning by reinforcement methods. IEEE Trans. Systems, Man, and Cybernetics. Part C, **28** (3): 338–355 (1998)

[137] Kaelbling L. P., Littman M. L., Moore A. W.: Reinforcement learning: a survey. [433]
Journal of Artificial Intelligence Research, **4**: 237–285 (1996)

[138] Kaelbling L. P., Littman M. L., Cassandra A. R.: Planning and acting in partially observable stochastic domains. Artificial Intelligence, **101** (1): 99–134 (1998)

[139] Kan M., Wu J., Shan S., Chen X.: Domain adaptation for face recognition: targetize source domain bridged by common subspace. Int. J. Comput. Vis., **109**(1–2): 94–109 (2014)

[140] Kearns M., Valiant L.: Crytographic limitations on learning Boolean formulae and finite automata. In: Proc. the Twenty-first Annual ACM Symposium on Theory of Computing, 433–444 (1989), or see Journal of the ACM, **41**(1): 67–95 (1994)

[141] Kearns M. J., Vazirani U. V.: *An Introduction to Computational Learning Theory*. Cambridge: MIT Press (1994)

[142] Kennedy J., Eberhart R.: Particle swarm optimization. In: Proc. IEEE Int. Conf. Neural Networks. (ICNN), vol. IV, pp. 1942–1948 (1995)

[143] Kiers H. A. L.: Towards a standardized notation and terminology in multiway analysis. J. Chemometrics, **14**: 105–122 (2000)

[144] Kimura A., Kameoka H., Sugiyama M., Nakano T., Maeda E., Sakano H., Ishiguro K.: SemiCCA: Efficient semi-supervised learning of canonical correlations. Information and Media Technologies, **8** (2): 311–318 (2013)

[145] Klaine P. V., Imran M. A., Souza R. D., Onireti O.: A survey of machine learning techniques applied to self-organizing cellular networks. IEEE Commun. Surveys & Tutorials, **19** (4): 2392–2431 (2017)

[146] Kloft M., Brefeld U., Sonnenburg S., and Zien A.: ℓ_p-norm multiple kernel learning. Journal of Machine Learning Research, **12**: 953–997 (2011)

[147] Kober J., Bangell J., Peters J.: Reinforcement learning in robotics: a survey. International Journal of Robustics Research, **32** (11): 1238–1274 (2013)

[148] Kocer B., Arslan A.: Genetic transfer learning. Expert Systems with Applications, **37**(10): 6997–7002 (2010)

[149] Kolda T. G.: Multilinear operators for higher-order decompositions. Sandia Report SAND2006–2081, California (2006)

[150] Kolda T. G., Bader B. W., Kenny J. P.: Higher-order web link analysis using multilinear algebra. In: Proc. 5th IEEE Inter. Conf. on Data Mining, pp. 242–249 (2005)

[151] Konečný J., Liu J., Richtárik P., Takáč M.: Mini-batch semi-stochastic gradient descent in the proximal setting. IEEE J. Selected Topics in Signal Processing, **10** (2): 242–255 (2016)

[152] Koza J. R.: *Genetic Programming: On the Programming of Computers by Means of Natural Selection*. Cambridge: MIT Press (1992)

[153] Kulis B., Saenko K., Darrell T.: What you saw is not what you get: domain adaptation using asymmetric kernel transforms. In: Proc. IEEE 2011 Conference on Computer Vision and Pattern Recognition, pp. 1785–1292 (2011)

[154] Lathauwer L. D., Moor B. D., Vandewalle J.: A multilinear singular value decomposition. SIAM J. Matrix Anal. Appl., **21**: 1253–1278 (2000)

[155] Lathauwer L. D., Nion D.: Decompositions of a higher-order tensor in block terms — Part III: alternating least squares algorithms. SIAM J. Matrix Anal. Appl., **30** (3): 1067–1083 (2008)

[156] Le Roux N., Schmidt M., Bach F. R.: A stochastic gradient method with an exponential convergence rate for finite training sets. In: Advances in Neural Information Processing Systems, vol. **25**: 2663–2671 (2012)

[157] Letexier D., Bourennane S., Blanc-Talon J.: Nonorthogonal tensor matricization for hyperspectral image filtering. IEEE Geosci. Remote Sensing. Lett., **5** (1): 3–7 (2008)

[158] Levie R., Monti F., Bresson X., Bronstein M. M.: CayleyNets: Graph convolutional neural networks with complex rational spectral filters. Available at: https: //arXiv: 1705.07664v2 (2018)

[159] Lewis D., Gale W.: A sequential algorithm for training text classifiers. In Proc. the ACM SIGIR Conference on Research and Development in Information Retrieval, pp. 3–12, ACM. New York: Springer (1994)

[160] Li X., Guo Y.: Adaptive active learning for image classification. In: Proc. the 26th [434]
IEEE Conference on Computer Vision and Pattern Recognition, pp. 1–8 (2013)

[161] Li F., Pan S. J., Jin O., Yang Q., Zhu X.: Cross-domain co-extraction of sentiment and topic lexicons. In: Proc. the 50th annual meeting of the association for computational linguistics long papers, vol. 1, pp. 410–419 (2012)

[162] Li W., Duan L., Xu D., Tsang I.: Learning with augmented features for supervised and semi-supervised heterogeneous domain adaptation. IEEE Trans. Pattern Anal. Mach. Intell., **36**(6): 1134–1148 (2014)

[163] Lin L.: Self-improving reactive agents based on reinforcement learning, planning and teaching. Machine Learning, **8**: 293–321 (1992)

[164] Lin Z., Chen M., Ma Y.: The augmented Lagrange multiplier method for exact recovery of corrupted low-rank matrices. Technical Report UILU-ENG-09–2215, Nov. (2009)

[165] Ling X., G.-R. Xue G. -R., Dai W., Jiang Y., Yang Q., Yu Y.: Can Chinese Web pages be classified with English data source. In: Proc. 17th Int. Conf. World Wide Web, pp. 969–978 (2008)

[166] Liu J., Wright S. J., Re C., Bittorf V., Sridhar S.: An asynchronous parallel stochastic coordinate descent algorithm. J. Machine Learning Res., **16**: 285–322 (2015)

[167] Lu J., Behbood V., Hao P., Zuo H., Xue S., Zhang G.: Transfer learning using computational intelligence: a survey. Knowl. Based Syst., **80**: 14–23 (2015)

[168] Luis R., Sucar L. E., Morales E. F.: Inductive transfer for learning Bayesian networks. Machine Learning, **79**(1–2): 227–255 (2010)

[169] Luo F. L., Unbehauen R., Cichock R.: A minor component analysis algorithm. Neural Netwarks, **10** (2): 291–297 (1997)

[170] Ma Y., Gong W., Mao F.: Transfer learning used to analyze the dynamic evolution of the dust aerosol. J. Quantitative Spectroscopy and Radiative Transfer, **153**: 119–130 (2015)

[171] Ma Y., Luo G., Zeng X., Chen A.: Transfer learning for cross-company software defect prediction. Information and Software Technology, **54**(3): 248–256 (2012)

[172] Mahalanobis P. C.: On the generalised distance in statistics. In: Proc. of the Natl. Inst. Sci. India, **2** (1): 49–55 (1936)

[173] Maier M., von Luxburg U., Hein M.: How the result of graph clustering methods depennds on the construction of the graph. ESAIM: Probability and Statistics, **17**: 370–418 (2013)

[174] Masci J., Meier U., Ciresan D., Schmidhuber J.: Stacked convolutional auto-encoders for hierarchical feature extraction. In: Proc. the 21st International Conference on Artificial Neural Networks, Part I, pp. 52–59 (2011)

[175] Massy W. F.: Principal components regression in exploratory statistical research. J. of the American Statistical Association, **60**(309): 234–256 (1965)

[176] McCallum A., Nigam, K.: Employing EM and pool-based active learning for text classification. In: Proceedings of the fifteenth international conference on Machine learning (ICML'98), pp. 359–367 (1998)

[177] Michalski R.: A theory and methodology of inductive learning. Mach. Learn., **1**: 83–134 (1983)

[178] Miller G. A., Nicely P. E.: An analysis of perceptual confusions among some English consonants. J. the Acoustical Society of America, **27**: 338–352 (1955)

[179] Mishra S. K.: Global optimization by differential evolution and particle swarm methods: Evaluation on some benchmark functions. Munich Research Papers in Economics (2006)

[180] Mishra S. K.: Performance of differential evolution and particle swarm methods on some relatively Harder multi-modal benchmark functions (2006)

[181] Mitchell T. M.: *Machine Learning*, vol. 45 (37). Burr Ridge: McGraw Hill (1997)

[182] Mitra P., Murthu C. A., Pal S. K.: Unsupervised feature selection using feature similarity. IEEE Trans. Pattern Anal. Mach. Intell. **24** (3): 301–312 (2002)

[183] Mnih V. et al.: Human-level control through deep reinforcement learning. Nature, **518**: 529–533 (2015)

[435] [184] Mohar B.: Some applications of Laplace eigenvalues of graphs. In: Hahn G., Sabidussi G. (eds.) Graph Symmetry: Algebraic Methods and Applications. NATO ASI Ser. C, vol.497, pp. 225–275. Dordrecht: Kluwer Academic Publishers (1997)

[185] Moulton C. M., Roberts S. A., Calatn P. H.: Hierarchical clustering of multiobjective optimization results to inform land-use decision making. URISA Journal, **21** (2): 25–38 (2009)

[186] Murthy C. A., Chowdhury N.: In search of optimal clusters using genetic algorithms. Pattern Recog. Lett., **17**: 825–832 (1996)

[187] Narayanan H., Belkin M., Niyogi P.: On the relation between low density separation, spectral clustering and graph cuts. In: Schölkopf B., Platt J. and Hoffman T. (eds.) Advances in Neural Information Processing Systems, vol. 19. Cambridge: MIT Press, 1025–1032 (2007)

[188] Nesterov Y.: Efficiency of coordinate descent methods on huge-scale optimization problems. SIAM J. Optim., **22**(2): 341–362 (2012)

[189] Ng V., Vardie C.: Weakly supervised natural language learning without redundant views. In: Proc. Human Language Technology/Conference of the North American Chapter of the Association for Computational Linguistics (HLT-NAACL), Main Papers, pp. 94–101 (2003)

[190] Ng A., Jordan M., Weiss Y.: On spectral clustering: analysis and an algorithm. In: Dietterich T., Becker S., Ghahramani Z. (eds.) Advances in Neural Information Processing Systems. Cambridge: MIT Press, vol. **14**: pp. 849–856 (2002)

[191] Nguyen H. D.: An introduction to Majorization-Minimization algorithms for machine learning and statistical estimation. WIREs: Data Mining and Knowledge Discovery, Volume 7, Issue 2 (2017)

[192] Niculescu-Mizil A., Caruana R.: Inductive transfer for Bayesian network structure learning. In: Proc. the 11th International Conference on Artificial Intelligence and Statistics (AISTATS), San Juan, (2007)

[193] Nigam K., Ghani R.: Analyzing the effectiveness and applicability of co-training. In: Proceedings of the International Conference on Information and Knowledge Management (CIKM), pp. 86–93 (2000)

[194] Oja E., Karhunen J.: On stochastic approximation of the eigenvectors and eigenvalues of the expectation of a random matrix. J. Math Anal. Appl., **106**: 69–84 (1985)

[195] Ogoe H. A., Visweswaran S., Lu X., Gopalakrishnan V.: Knowledge transfer via classification rules using functional mapping for integrative modeling of gene expression data. BMC Bioinform., **16**: 1–15 (2015)

[196] Oquab M., Bottou L., Laptev I.: Learning and transferring mid-level image representations using convolutional neural networks. In: Proc. IEEE Conference on Computer Vision and Pattern Recognition, pp. 1717–1724 (2014)

[197] Ortega J. M., Rheinboldt W. C.: *Iterative Solutions of Nonlinear Equations in Several Variables.* New York: Academic, pp. 253–255 (1970)

[198] Owen A. B.: A robust hybrid of lasso and ridge regression. Prediction and Discovery (Contemporary Mathematics), **443**: 59–71 (2007)

[199] Pan S. J., Yang Q.: A survey on transfer learning. IEEE Trans. Knowledge and Data Engineering, **22** (10): 1345–1359 (2010)

[200] Pan S. J., Kwok J. T., Yang Q., Pan J. J.: Adaptive localization in a dynamic Wi-Fi environment through multi-view learning. In: Proc. 22nd Assoc. for the Advancement of Artificial Intelligence (AAAI) Conf. Artificial Intelligence, pp. 1108–1113 (2007)

[201] Pan S. J., Kwok J. T., Yang Q.: Transfer learning via dimensionality reduction. In: Proc. the 23rd National Conference on Artificial Intelligence, vol. 2, pp. 677–682 (2008)

[202] Pan S. J., Shen D., Yang Q., Kwok J. T.: Transferring localization models across space. In: Proc. 23rd Assoc. for the Advancement of Artificial Intelligence (AAAI) Conf. Artificial Intelligence, pp. 1383–1388 (2008)

[203] Pan S. J., Tsang I. W., Kwok J. T, Yang Q.: Domain adaptation via transfer component analysis. IEEE Trans. Neural Networks, **22**(2): 199–210 (2011)

[204] Parra L., Spence C., Sajda P., Ziehe A., Muller K.: Unmixing hyperspectral data. [436]
In: Advances in Neural Information Processing Systems, vol. 12. Cambridge: MIT Press, pp. 942–948 (2000)

[205] Patel V. M, Gopalan R., Li R., Chellappa R.: Visual domain adaptation: A survey of recent advances. IEEE Signal Processing Magazine, **32**(3): 53–69 (2015)

[206] Polikar R.: Ensemble based systems in decision making. IEEE Circuits Syst. Mag., **6** (3): 21–45 (2006)

[207] Prettenhofer P., Stein B.: Cross-language text classification using structural correspondence learning. In: Proc. the 48th Annual Meeting of the Association for Computational Linguistics, pp. 1118–1127 (2010)

[208] Price W. L.: A controlled random search procedure for global optimisation. Computer Journal, **20** (4): 367–370 (1977)

[209] Rahnamayan S., Tizhoosh H. R., Salama N. M. M.: Opposition-based differential evolution. IEEE Trans. Evol. Comput., **12** (1): 64–79 (2008)

[210] Raina R., Battle A., Lee H., Packer B., Ng A. Y.: Self-taught learning: Transfer learning from unlabeled data. In: Proc. the 24th International Conference on Machine Learning, Corvallis, pp. 759–766 (2007)

[211] Rajagopal A. N., Subramanian R., Ricci E., Vieriu R. L., Lanz O., Ramak-rishnan K. R., Sebe N.: Exploring transfer learning approaches for head pose classification from multi-view surveillance images. Int. J. Comput. Vis., **109**(1 - 2): 146–167 (2014)

[212] Richtárik P., Takáč M.: Parallel coordinate descent methods for big data optimization. Math. Program., Ser. A, **156**: 433–484 (2016)

[213] Rivli J.: *An Introduction to the Approximation of Functions.* New York: Courier Dover Publications (1969)

[214] Robbins H., Monro S.: A stochastic approximation method. Ann. Math. Statist., **22**: 400–407 (1951)

[215] Rosipal R., Krämer N.: Overview and recent advances in partial least squares. In: Proc. Workshop on Subspace, Latent Structure and Feature Selection (SLSFS) 2005, pp. 34–51 (2006)

[216] Roweis S., Saul L.: Nonlinear dimensionality reduction by locally linear embedding. Science, **290** (5500): 2323–2326 (2000)

[217] Roy D. M., Kaelbling L. P.: Efficient Bayesian task-level transfer learning. In: Proc. the 20th International Joint Conference on Artificial Intelligence, Hyderabad, pp. 2599–2604 (2007)

[218] Rummery G. A., Niranjan M.: On-line Q-learning using connectionist systems. Technical Report CUED/F-INFENG/TR 166, Cambridge University (1994)

[219] Saenko K., Kulis B., Fritz M., Darrell T.: Adapting visual category models to new domains. In: Proc. European Conf. Computer Vision, vol. 6314, pp. 213–226 (2010)

[220] Schaal S.: Is imitation learning the route to humanoid robots. Trends in Cognitive Sciences, **3** (6): 233–242 (1999)

[221] Schapire R. E.: The strength of weak learnability. Machine Learning, **5**: 197–227 (1990)

[222] Schmidt M., Le Roux N., Bach F.: Minimizing finite sums with the stochastic average gradient. Technical report, INRIA, hal-0086005 (2013). See also Math. Program., **162**: 83–112 (2017)

[223] Schwefel H. P.: *Numerical Optimization of Computer Models.* Hoboken: John Wiley and Sons (1981)

[224] Settles B., Craven M., Friedland L.: Active learning with real annotation costs. In Proc. the NIPS Workshop on Cost-Sensitive Learning, pp. 1–10 (2008)

[225] Settles B., Craven M., Ray S.: Multiple-instance active learning. In: Advances in Neural Information Processing Systems (NIPS), vol.20, pp. 1289–1296. Cambridge: MIT Press (2008)

[226] Seung H. S., Opper M., Sompolinsky H.: Query by committee. In: Proc. the ACM Workshop on Computational Learning Theory, pp. 287–294 (1992)

[227] Shell J., Coupland S.: Towards fuzzy transfer learning for intelligent environments. [437]
Ambient Intelligence Lecture Notes in Computer Science, Vol. 7683, pp. 145–160 (2012)

[228] Shell J., Coupland S.: Fuzzy transfer learning: Methodology and application. Information Sciences, **293**: 59–79 (2015)

[229] Shen H., Tan Y., Lu J., Wu Q., Qiu Q.: Achieving autonomous power management using reinforcement learning. ACM Trans. Design Automation of Electronic Systems, **18** (2): 24: 1–24: 32 (2013)

[230] Shi J., Malik J.: Normalized cuts and image segmentation. IEEE Trans. Pattern Analysis and Machine Intelligence, **22**(8): 888–905 (2000)

[231] Shuman D. I., Vandergheynst P., Frossard P.: Chebyshev polynomial approximation for distributed signal processing. In: Proc. Int. Conf. Distr. Comput. Sensor Syst., Barcelona, pp. 1–8 (2011)

[232] Shuman D. I, Narang S. K, Frossard P., Ortega A., Vandergheynst P.: Extending high-dimensional data analysis to networks and other irregular domains. IEEE Signal Processing Magazine, **30**(3): 83–98 (2013)

[233] Silver D. L., Mercer R. E.: The parallel transfer of task knowledge using dynamic learning rates based on a measure of relatedness. In: Thrun S., Pratt L. Y. (eds.) *Laerning to Learn*. Boston: Kluwer Academic Publisher, pp. 213–233 (1997)

[234] Sindhwani V., Niyogi P., Belkin M.: Beyond the point cloud: from transductive to semi-supervised learning. In: Proceedings of the 22nd International Conference on Machine Learning (ICML), pp. 824–831. ACM, (2005)

[235] Smola J., Kondor R.: Kernels and regularization on graphs. In: *Learning Theory and Kernel Machines*. Berlin: Springer, pp. 144–158 (2003)

[236] Song J., Babu P., Palomar D. P.: Optimization methods for designing sequences with low autocorrelation sidelobes. IEEE Trans. Signal Processing, **63** (15): 3998–4009 (2015)

[237] Sriperumbudur B. K., Torres D. A., Lanckriet G. R. G.: A majorization-minimization approach to the sparse generalized eigenvalue problem. Machine Learning, **85**: 3–39 (2011)

[238] Sun J., Zeng H., Liu H., Lu Y., Chen Z. Cubesvd: a novel approach to personalized web search. In Proc. 14th Inter. Conf. on World Wide Web, pp. 652–662 (2005)

[239] Sutton R. S., Barto A. G.: Reinforcement Learning: An Introduction. Adaptive Computation and Machine Learning Series. Cambridge: MIT Press (1998)

[240] Tang K., Li X., Suganthan P. N., Yang Z., Weise T.: Benchmark functions for the CEC'2010 special session and competition on large-scale global optimization. Tech. Rep., 2009.

[241] Tang J., Qu M., Wang M., Zhang M., Yan J.,, Mei Q.: LINE: Large-scale information network embedding. In: Proc. the International World Wide Web Conference Committee (IW3C2), pp. 1067–1077 (2015)

[242] Tao D., Li X., Wu X., Hu W., Maybank S. J.: Supervised tensor learning. Knowl. Inform. System, **13**: 1–42 (2007)

[243] Thrun S., Pratt L. (eds.): *Learning to Learn.* Dordercht: Kluwer Academic Publishers (1998)

[244] Tibshirani R.: Regression shrinkage and selection via the lasso. J. R. Statist. Soc. B, **58**: 267–288 (1996)

[245] Tibshirani R., Walther G., Hastie T.: Estimating the number of clusters in a data set via the gap statistic. J. Roy. Statist. Soc. B, **63** (2): 411–423 (2001)

[246] Tikhonov A.: Solution of incorrectly formulated problems and the regularization method. Soviet Math. Dokl., **4**: 1035–1038 (1963)

[247] Tikhonov A. N., Arsenin V. Y.: *Solutions of Ill-Posed Problems.* New York: John Wiley & Sons (1977)

[248] Tokic M., Palm G.: Value-difference based exploration: Adaptive control between epsilon-greedy and softmax. KI 2011: Advances in Artificial Intelligence, pp. 335–346 (2011)

[249] Tommasi T., Orabona F., Caputo B.: Safety in numbers: learning categories from few examples with multi model knowledge transfer. In: Proc. IEEE Conf. Comput. Vision Pattern Recog., 2010, 3081–3088 (2010)

[438] [250] Tong S., Koller D.: Support vector machine active learning with applications to text classification. J. Mach. Learn. Res. **3**: 45–66 (2001)

[251] Tou J. T., Gonzalez R. C.: *Pattern Recognition Principles.* London: Addison-Wesley Publishing Comp. (1974)

[252] Tsitsiklis J. N.: Asynchronous stochastic approximation and Q-Learning. Machine Learning, **16**: 185–202 (1994)

[253] Uurtio V., Monteiro J. M., Kandola J., Shawe-Taylor J., Fernandez-Reyes D., Rousu J.: A tutorial on canonical correlation methods. ACM Computing Surveys, **50** (95): 14–38 (2017)

[254] Valiant, L. G.: A theory of the learnable. Communications of the ACM, **27**: 1134–1142 (1984)

[255] van Hasselt H.: Double Q-learning. In: Proc. Advances in Neural Information Processing Systems (NIPS), pp. 2613–2621 (2010)

[256] Vasilescu M. A. O., Terzopoulos D.: Multilinear analysis of image ensembles: TensorFaces. In: Proc. European Conf. on Computer Vision, Copenhagen, pp. 447–460 (2002)

[257] von Luxburg U.: A tutorial on spectral clustering. Stat. Comput., **17** (4): 395–416 (2007)

[258] Wang H., Ahuja N. Compact representation of multidimensional data using tensor rank-one decomposition. In: Proc. Inter. Conf. on Pattern Recognition, vol. 1, pp. 44–47 (2004)

[259] Wang X., Qian B., Davidson I.: On constrained spectral clustering and its applications. Data Min. Knowl. Disc. **28**: 1–30 (2014)

[260] Wang L., Hua X., Yuan B., Lu J.: Active learning via query synthesis and nearest neighbour search. Neurocomputing, **147**: 426–434 (2015)

[261] Wang D., Cui P., Zhu W.: Structural deep network embedding. In: Proc. the 22nd International Conference on Knowledge Discovery and Data Mining, ACM, pp. 1225–1234 (2016)

[262] Watanabe S.: *Pattern Recognition: Human and Mechanical.* New York: John Wiley and Son Inc. (1985)

[263] Watldns C. J. C. H.: Learning from delayed rewards. PhD Thesis, University of Cambridge (1989)

[264] Watkins C. J. C. H., Dayan R.: Q-learning. Machine Learning, **8**: 279–292 (1992)

[265] Weenink D.: Canonical correlation analysis. IFA Proceedings **25**: 81–99 (2003)

[266] Wei X. -Y., Yang Z. -Q.: Coached active learning for interactive video search. In: Proc. the ACM International Conference on Multimedia, pp. 443–452 (2011)

[267] Wei X., Cao B. Yu P. S.: Nonlinear joint unsupervised feature selection. In: Proc. the 2016 SIAM International Conference on Data Mining, pp. 414–422 (2016)

[268] Weiss K., Khoshgoftaar T. M., Wang D. D.: A survey of transfer learning. Journal of Big Data, **3** (9): 1–40 (2016)

[269] Williams R. J.: Simple statistical gradient-following algorithms for connectionist reinforcement learning. Machine Learning, **8**: 229–256 (1992)

[270] Witten I. H., Frank E.: *Data Mining: Practical Machine Learning Tools and Techniques*, 3rd edn. San Mateo: Morgan Kaufmann (2011)

[271] Witten D. M., Tibshirani R., Hastie T.: A penalized matrix decomposition, with applications to sparse principal components and canonical correlation analysis. Biostatistics, **10** (3): 515–534 (2009)

[272] Wright J., Ganesh A., Rao S., Peng Y., Ma Y.: Robust principal component analysis: exact recovery of corrupted low-rank matrices via convex optimization. In Proc. Adv. Neural Inform. Processing Syst., **87** (4): 20: 3–20: 56 (2009)

[273] Wright J., Ganesh A., Yang A. Y., Ganesh A., Sastry S., Ma Y.: Robust face recognition via sparse representation. IEEE Trans. Pttern reconginition and Machine Intelligence, **31** (2): 210–227 (2009)

[274] Wold H.: Path models with latent variables: The NIPALS approach. In: Blalock H. M., *et al.* (eds.). *Quantitative Sociology: International Perspectives on Mathematical and Statistical Model Building* Cambridge: Academic Press, pp. 307–357 (1975)

[275] Wold S., Sjöström M., Eriksson L.: PLS-regression: A basic tool of chemometrics. Chemometrics and Intelligent Laboratory Systems, **58** (2): 109–130 (2001)

[276] Wooldridge M. J., Jennings N. R.: Intelligent agent: theory and practice. Knowledge Engineering Review, **10** (2): 115–152 (1995)

[277] Wu P., Dietterich T. G.: Improving SVM accuracy by training on auxiliary data sources. In: Proc. 21st International Conference on. Machine Learning, pp. 871–878 (2004)

[278] Wu T. T., Lange K.: The MM alternative to EM. Statist. Sci., **25** (4): 492–505 [439]
(2010)

[279] Wu Z., Leahy R.: An optimal graph theoretic approach to data clustering: Theory and its application to image segmentation. IEEE Trans. Pattern Analysis and Machine Intelligence, **15** (11): 1,101–1,113 (1993)

[280] Xia R., Zong C., Hu X., Cambria E.: Feature ensemble plus sample selection: domain adaptation for sentiment classification. IEEE Intell. Syst., **28**(3): 10–18 (2013)

[281] Xu L., Krzyzak A., Suen C. Y.: Methods of combining multiple classifiers and their applications to handwriting recognition. IEEE Trans. Syst., Man, Cybern., **22**: 418–435 (1992)

[282] Xu L., Oja E., Suen C.: Modified Hebbian learning for curve and surface fitting. Neural Networks, **5**: 441–457 (1992)

[283] Xu H., Caramanis C., Mannor S.: Robust regression and Lasso. IEEE Trans. Inform. Theory, **56** (7): 3561–3574 (2010)

[284] Xue B., Zhang M., Browne W. N., Yao X.: A survey on evolutionary computation approaches to feature selection. IEEE Trans. Evol. Comput., **20** (4): 606–626 (2016)

[285] Yamauchi K.: Covariate shift and incremental learning. In: Advances in Neuro-Information Processing. Berlin: Springer, pp. 1154–1162 (2009)

[286] Yan S., Wang H.: Semi-supervised Learning by sparse representation. In: Proc. the SIAM International Conference on Data Mining, pp. 792–801 (2009)

[287] Yang B. Projection approximation subspace tracking. IEEE Trans. Signal Processing, **43**: 95–107 (1995)

[288] Yen T. -J.: A majorization-minimization approach to variable selection using spike and slab priors. The Annals of Statistics, **39** (3): 1748–1775 (2011)

[289] Yin J., Yang Q., Ni L. M.: Adaptive temporal radio maps for indoor location estimation. In: Proc. Third IEEE International Conference on Pervasive Computing and Communications (2005)

[290] Yu K., Zhang T., Gong Y.: Nonlinear learning using local coordinate coding. In: Advances in Neural Information Processing Systems, vol. 22, pp. 2223–2231 (2009)

[291] Yu H., Sun C., Yang W., Yang X., Zuo X.: AL-ELM: One uncertainty-based active learning algorithm using extreme learning machine. Neurocomputing, **166** (20): 140–150 (2015)

[292] Yuan M., Lin Y.: Model selection and estimation in regression with grouped variables. J. Roy. Statist. Soc. Ser. B **68**: 49–67 (2006)

[293] Yuan G. -X., Ho C. -H., Lin C. -J.: Recent advances of large-scale linear classification. Proc. IEEE, **100** (9): 2584–2603 (2012)

[294] Zhang X. D.: *Matrix Analysis and Applications.* Cambridge: Cambridge University Press, 2017.

[295] Zhang Z., Coutinho E., Deng J., Schuller B.: Cooperative learning and its application to emotion recognition from speech. IEEE/ACM Trans. Audio, Speech, and Language Processing, **23** (1): 115–126 (2015)

[296] Zhang Z., Pan Z., Kochenderfer M. J.: Weighted Double Q-learning. In: Proc. of the Twenty-Sixth International Joint Conference on Artificial Intelligence (IJCAI-17), pp. 3455–3461 (2017)

[297] Zheng V. W., Pan S. J., Yang Q., Pan J. J.: Transferring multi-device localization models using latent multi-task learning. In: Proc. 23rd Assoc. for the Advancement of Artificial Intelligence (AAAI) Conf. Artificial Intelligence, pp. 1427–1432 (2008)

[298] Zheng V. W., Yang Q., Xiang W., Shen D.: Transferring localization models over time. In: Proc. 23rd Assoc. for the Advancement of Artificial Intelligence (AAAI) Conf. Artificial Intelligence, pp. 1421–1426 (2008)

[299] Zhou Y., Goldman S.: Democratic co-learning. In: Proc. of the 16th IEEE International Conference on Tools with Artificial Intelligence (ICTAI), pp. 594–602 (2004)

[300] Zhou Z. -H., Li, M.: Tri-training: exploiting unlabeled data using three classifiers. IEEE Trans. Knowledge and Data Engineering, **17**: 1529–1541 (2005)

[301] Zhou D., Schölkopf B.: A regularization framework for learning from graph data. In: Proc. ICML Workshop Statist. Relational Learn., pp. 132–137 (2004)

[302] Zhou J., Chen J., Ye J.: Multi-task learning: theory, algorithms, and applications [440]
(2012)

[303] Zhou Z. -H., Zhan D. -C., Yang Q.: Semi-supervised learning with very few labeled training examples. Twenty-Second AAAI Conference on Artificial Intelligence (AAAI-07) (2007)

[304] Zhu X.: Semi-Supervised Learning Literature Survey. Computer Sciences TR 1530, University of Wisconsin - Madison (2005)

[305] Zhu X., Goldberg A. B.: Introduction to Semi-Supervised Learning. In: Brachman R. J., Dietterich T. (eds.) *Synthesis Lectures on Artificial Intelligence and Machine Learning* San Rafael: Morgan & Claypoo (2009)

[306] Zhu X., Ghahramani Z., Laffer J.: Semi-supervised learning using Gaussian fields and harmonic functions. In: Proc. of the Twentieth International Conference on Machine Learning (ICML-2003) (2003)

[307] Zou H., Hastie T.: Regularization and variable selection via the elastic net. J. Roy. Stat. Soc. B, **67** (2): 301–320 (2005)

[308] Zou H., Hastie T., Tibshirani R.: Sparse principal component analysis. J. Computational and Graphical Statistics, **15** (2): 265–286 (2006)

第 7 章 [441]

神经网络

神经网络可以被看为一种认知智能。本章首先介绍神经网络的分类树, 然后重点讨论神经网络中的优化问题、激活函数, 以及从矩阵代数的角度介绍基本神经网络。本章的主题是神经网络的精选主题和进展: 卷积神经网络 (CNN)、丢弃学习、自编码、极限学习机 (ELM)、图嵌入、流形学习、网络嵌入、图神经网络 (GNN)、批量规格化网络和生成对抗网络 (GAN)。

7.1 神经网络树

神经网络被视为自适应机器, Haykin[52] 给出了关于神经网络很好的定义: 神经网络是一种大规模并行分布式处理器, 非常适合存储实验知识和应用。它在两个方面与人类大脑相似:

- 知识是由网络通过学习过程获得的。
- 内部神经元连接强度称为突触权重, 用于存储知识。

机器学习在给出一组输入和输出的训练样本的情况下, 学习如何将一个输入和一些输出联系起来。在第 6 章中, 我们重点讨论了利用算法形式来实现机器学习。在本章中, 我们将讨论如何使用分层结构的神经网络来实现机器学习。

对于神经网络来说, 最重要的是如何根据训练集的数据得到各层的模型参数, 从而使损失最小化。由于其强大的非线性拟合能力, 在各个领域都有着重要的应用。

如第 6 章所述, 根据数据结构, 机器学习可分为两大类: “规则或欧氏结构化数据学习”和“非规则或非欧氏结构化数据学习”。类似地, 神经网络可分为两大类: 用于规则或欧氏结构模型学习的神经网络和用于不规则或非欧氏结构模型学习的神经网络。 [442]

1. 欧氏结构化模型学习的神经网络

(1) 随机 (概率) 模型学习的神经网络

- 贝叶斯神经网络: 其核心思想是最小化 KL 发散。贝叶斯神经网络可以很容易地从小数据集学习。贝叶斯方法通过其参数, 以概率分布形式提供了不确定性的进一步估计。同时, 利用先验概率分布对参数进行整合, 为网络提供正则化效果, 防止过 (度) 拟合。

- Boltzmann 机: 流行的 Boltzmann 机和受限的 Boltzmann 机的基本思想是, 在 Hopfield 网络中引入隐藏单元, 它可以从 Hopfield 网络的初始思想升级并进化来取代 Hopfield 网络。Boltzmann 机模型分为两部分: 可见单元和隐藏单元。
- 生成对抗网络 (GAN): 可用于任意数据分布的丰富特征表示的无监督学习。生成对抗网络从大量未标记的数据集中学习可重新使用的特征表示。生成对抗网络已经成为学习任意复杂数据分布的生成模型的强大框架, 它进行的是有两个连接模型的一种对抗博弈: 生成模型和识别模型。

(2) 确定性模型学习的神经网络

- 多层感知器 (MLP), 也被称为前馈神经网络, 旨在作为从输入到输出的映射函数的逼近器。逼近函数通常是由多个隐层堆叠在一起生成的。这些隐层以链的方式被激活, 以获得所需的输出。
- 反馈神经网络 (RNN): 与多层感知器相比, 反馈神经网络是一种输出, 不仅是当前输入, 而且是以前输出的函数输出, 以前输出被编码成隐藏状态 $\mathbf{h}$。由于具有先前输出的存储, 故反馈神经网络可以对序列中存在的信息进行编码, 这是多层感知器无法做到的。因此, 这种类型的模型非常适用于序列数据的学习。
- 卷积神经网络 (CNN) 是一种特殊类型的模型, 可以接受二维输入数据,
[443] 如图像或时间序列数据。卷积运算的输出通常通过一个非线性激活函数来运行, 然后通过一个池化函数进一步修改, 该池化函数将某个位置的输出替换为从附近输出获得的值。
- 丢弃网络是全连接神经网络层的一种正则化形式, 是一种非常有效的模型组合形式: 它通过在训练时以概率 q 让每个隐神经元不参与学习 (即所谓"丢弃"), 使其输出设置为零。此外, 在需要学习大量参数的深层神经网络中, 过拟合是一个严重的问题。这种过拟合可以通过丢弃而大大减少。
- 自编码器是一种具有对称结构的多层感知器, 用于以无监督方式学习数据集的有效表示 (编码)。自编码器的目的是使输出尽可能与输入相似。

2. 非欧氏结构模型学习的神经网络

(1) 图嵌入

将图或者信息网络嵌入到一个低维空间在许多应用中是很有用的。给定图 $G=(V,E)$ 的输入, 和一个预先定义的嵌入维数 d (其中 $d \ll |V|$), 图嵌入是将 G 转换成 d 维空间 $\mathbb{R}^d$。在此空间内, 图的性质 (例如, 一阶、二阶和高阶接近性) 尽可能多地被保留。图表示为一个 d 维向量 (对于整个图) 或者一组 d 维向量, 每个向量表示图的一部分 (如节点、边、子结构) 的嵌入。

(2) 网络嵌入

给定一个图 $G=(V,E)$, 网络嵌入的目的是学习一个映射函数 $f: \mathbf{v}_i \to \mathbf{y}_i \in \mathbb{R}^d$, 其中 $d \ll |V|$。该函数的目的是使 $\mathbf{y}_i$ 和 $\mathbf{y}_j$ 之间的相似性明确地保持 $\mathbf{v}_i$ 和 $\mathbf{v}_j$ 的一阶、二阶和高阶接近性。

(3) 图域神经网络

图域的神经网络分为半监督网络 (图神经网络和图卷积神经网络) 以及无监督网络 (图自编码器)。

- 图神经网络 (GNN) 是一种直接处理在图域中表示的数据的神经网络, 通过图的节点间的消息传递获取图的依赖性和元素间丰富的相关信息。
- 图卷积网络 (GCN) 是 Kipf 和 Welling[82] 提出的一种通过提取空间特征来实现图结构数据的机器学习方法。由于图像或文本的标准卷积不能直接应用于没有网格结构的图, 因此有必要将图变换到另一个具有网格结构的谱域。
- 图自编码器 (GAE): 这是 (变分) 图自编码器模型的张量流 (TensorFlow) 实现[81]。

上述神经网络分类可以用神经网络树形象地表示, 如图 7.1 所示。 [444]

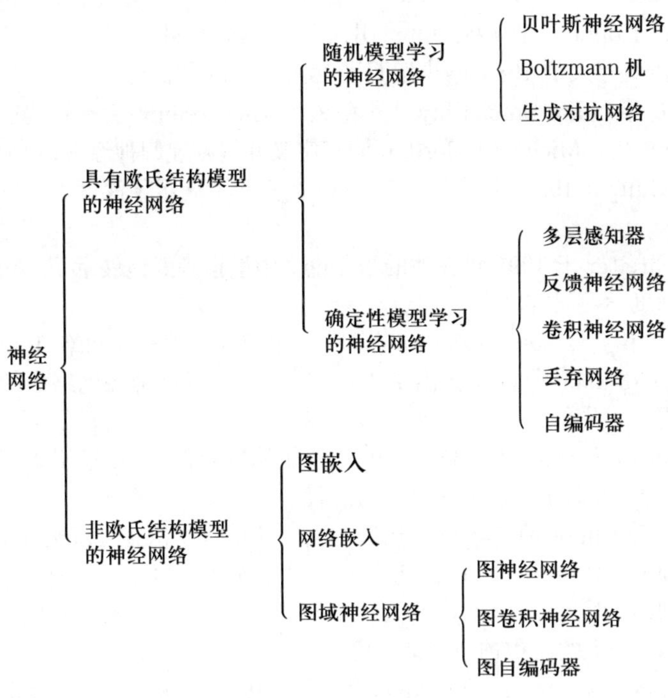

图 7.1 神经网络树

7.2 从现代神经网络到深度学习

一个标准的神经网络 (NN) 由许多简单的、相互连接的神经元组成, 每个神经元产生一系列实值激活。现代人工神经网络分为浅层神经网络和深层神经网络。浅层神经网络通常由三层组成 (一个输入层、一个或少量隐层、一个输出层)

组成, 而深层神经网络则包含了多个甚至许多的隐层。浅层神经网络只能捕捉数据中的浅层特征, 而深层神经网络则能提供对数据中特征的深刻理解。

下面是现代神经网络和深度学习研究的主要里程碑[130, 155]。

- McCulloch 与 Pitts[105] 于 1943 年引入了 MCP 模型, 该模型被认为是人工神经模型的鼻祖。
- Donald Hebb 被认为是神经网络之父, 因为他于 1949 年引入了 Hebbian 学习规则[57], 为现代神经网络奠定了基础。
- [445] Frank Rosenblatt于 1958 年[121] 引入了第一个感知器, 它与现代感知器高度相像。
- Paul Werbos 于 1975 年[158] 提到了将反向传播应用于人工神经网络的可能性。
- Kunihiko Fukushima 于 1980 年[32] 引入了神经认知器, 它启发了卷积神经网络。
- John Hopfield 于 1982 年[65] 引入了 Hopfield 网络。
- Ackley 等人于 1985 年[1] 发明了 Boltzmann 机。
- 1986 年, Paul Smolensky [139] 引入了 Harmonium(后来称为受限 Boltzmann 机), Michael I. Jordan 同年定义并引入递归神经网络[75]。
- Le Cun 于 1990 年引入了 LeNet, 在实践中展示了深度神经网络的可能性。
- Hochreiter 于 1991 年在他的毕业论文中里程碑式地展示了一个易于理解的深度学习研究。
- 1997 年, Schuster 和 Paliwal[132] 引入了双向反馈神经网络, Hochreiter 与 Schmidhuber[63] 同年提出了 LSTM, 解决了反馈神经网络中的梯度消失问题。
- Geoffrey Hinton 于 2006 年[61] 引入了深度置信网络, 还引入了分层预训练技术, 开启了当前的深度学习时代。
- Salakhutdinov 和 Hinton 于 2009 年[124] 引入了深度 Boltzmann 机。
- Geoffrey Hinton 于 2012 年[62] 引入了训练神经网络的一种有效方法: 丢弃网络, 而 Krizhevsky 等人[84] 同年发明了 AlexNet, 开启了用于 ImageNet 分类的卷积神经网络时代。
- Goodfellow、Bergio 和 Courville 于 2016 年出版了关于深度学习的综合性著作[39]。

浅层神经网络的普遍逼近性质以神经元呈指数增加为成本, 因此是不现实的。

7.3 神经网络的优化

假设 $X = \{\mathbf{x}_1, \cdots, \mathbf{x}_N\}$ 是输入数据向量的 (时间) 序列, 与之相应的输出数据向量的序列为 $Y = \{\mathbf{y}_1, \cdots, \mathbf{y}_N\}$, 相邻数据对 (时间) 以某种方式具有统计

依赖性。给定时间序列 X 和 Y 作为训练数据, 神经网络的目的是学习在给定输入数据 $\mathbf{x}$ 的情况下预测输出数据 $\mathbf{y}$ 的规则。一般来说, 输入和输出可以是连续与/或分类变量。当输出是连续的时候, 这个问题称为回归问题, 当它们是分类的(类标签) 时, 这个问题称为分类问题。在神经网络环境下, 术语“预测”通常被用为包括回归和分类在内的一般术语。

机器学习问题中的凸优化是离线凸优化: 给定一组有标签的数据 $(\mathbf{x}_i, y_i), i = 1, \cdots, N$ 或无标签的数据 $\mathbf{x}_1, \cdots, \mathbf{x}_N$, 通过一个固定的正则化函数 (如 ℓ_2 平方), [446]
求解优化问题 $\min_{\mathbf{x}\in F} f(\mathbf{x})$。然而, 在科学和工程的许多实际应用中, 我们面临着在线凸优化问题, 需要优化算法根据目前观测到的损失函数自适应地选择其正则化函数。

7.3.1 在线优化问题

给定一个凸集 $F \subseteq \mathbb{R}^n$ 和一个凸成本函数 $f : F \to \mathbb{R}$。凸优化包括在 F 中找到一个点 $\mathbf{x}^*$, 该点使 F 最小化。在在线凸优化中, 凸集 F 是预先已知的, 但在某些重复优化问题的每一步中, 必须在 F 中选择一个点, 然后才能看到该步骤的成本函数。令 $\mathbf{x} \in F$ 是位于凸可行集 F 内的可行决策向量。

定义 7.1 (凸优化问题) [177] 凸优化由凸可行集 F 和凸成本函数 $f(\mathbf{x}) : F \to \mathbb{R}$ 组成。最优解是使成本或成本最小化的解。

定义 7.2 (在线凸优化问题) [177] 在线凸优化由一个可行集 $F \subseteq \mathbb{R}^n$ 和一个无限序列 $\{f_1, f_2, \cdots\}$ 组成, 其中每个 $f_t : F \to \mathbb{R}$ 在时间步 t 是一个凸函数。

在每个时间步 t, 在线凸优化问题选择一个向量 $\mathbf{x}_t \in F$。在该向量被选择之后, 它将得到成本函数 f_t。

定义 7.3 (投影) 对于 $\mathbf{x} \in F$ 和 $\mathbf{y}$ 之间的距离函数 $d(\mathbf{x}, \mathbf{y}) = \|\mathbf{x} - \mathbf{y}\|$, 一个点 $\mathbf{y}$ 到 F 上的投影定义为[177]

$$P(\mathbf{y}) = \arg\min_{\mathbf{x}\in F} d(\mathbf{x}, \mathbf{y}) = \arg\min_{\mathbf{x}\in F} \|\mathbf{x} - \mathbf{y}\| \tag{7.3.1}$$

特别地, 标准的次梯度算法让预测 $\mathbf{x}_t$ 在次梯度向量 $\mathbf{g}_t$ 的反方向上移动, 并借助下面的投影梯度更新保持 $\mathbf{x}_t$ 在凸可行集内, 即 $\mathbf{x}_{t+1} \in F$[27, 177]

$$\mathbf{x}_{t+1} = P(\mathbf{x}_t - \eta \mathbf{g}_t) = \arg\min_{\mathbf{x}\in F} \|\mathbf{x} - (\mathbf{x}_t - \eta \mathbf{g}_t)\|_2^2 \tag{7.3.2}$$

如果取 Mahalanobis 范数 $\|\mathbf{x}\|_A = \langle \mathbf{x}, \mathbf{A}\mathbf{x}\rangle^{1/2}$, 并用 $P_A(\mathbf{y})$ 表示点 $\mathbf{y}$ 到 F 上的投影, 则贪婪投影算法变为

$$P_A(\mathbf{y}) = \arg\min_{\mathbf{x}\in F} \langle \mathbf{x} - \mathbf{y}, \mathbf{A}(\mathbf{x} - \mathbf{y})\rangle \tag{7.3.3}$$

选择一个任意 $\mathbf{x}_1 \in F$ 作为初始值和一组学习速率 $\eta_1, \eta_2, \cdots \in \mathbb{R}_+$(非负象 [447]
限)。在时间步 t, 得到一个代价函数 $f_t(\mathbf{x}_t)$ 之后, 贪婪投影算法选择下一步的向

量 $\mathbf{x}_{t+1}$ 为[177]

$$\mathbf{x}_{t+1} = P\left(\mathbf{x}_t - \eta_t \partial f_t(\mathbf{x}_t)\right) = \arg\min_{\mathbf{x}\in F} \|\mathbf{x} - (\mathbf{x}_t - \eta_t \partial f_t(\mathbf{x}_t))\| \tag{7.3.4}$$

或者

$$\begin{aligned}\mathbf{x}_{t+1} &= P_A\left(\mathbf{x}_t - \eta_t \partial f_t(\mathbf{x}_t)\right)\\ &= \arg\min_{\mathbf{x}\in F} \left\langle \mathbf{x} - (\mathbf{x}_t - \eta_t \partial f_t(\mathbf{x}_t)), \mathbf{A}\big(\mathbf{x} - (\mathbf{x}_t - \eta_t \partial f_t(\mathbf{x}_t))\big)\right\rangle\end{aligned} \tag{7.3.5}$$

定义 7.4 (成本、遗憾) [177] 给定算法 A 和凸优化问题 $(F, \{f_1, f_2, \cdots\})$, 若 $\{\mathbf{x}_1, \mathbf{x}_2, \cdots\}$ 是由 A 选择的向量, 则截止时间 T 的算法成本是

$$C_A(T) = \sum_{t=1}^{\mathrm{T}} f_t(\mathbf{x}_t) \tag{7.3.6}$$

截止时间 T 的静态可行解 $\mathbf{x} \in F$ 为

$$C_x(T) = \sum_{t=1}^{\mathrm{T}} f_t(\mathbf{x}) \tag{7.3.7}$$

算法 A 截止时间 T 的遗憾用 $R_A(T)$ 表示, 并定义为

$$R_A(T) = C_A(T) - \min_{\mathbf{x}\in F} C_x(T) = \sum_{t=1}^{T} f_t(\mathbf{x}_t) - \min_{\mathbf{x}\in F}\sum_{t=1}^{T} f_t(\mathbf{x}) \tag{7.3.8}$$

在线优化的目标是在已有损失函数的基础上, 通过自适应地选择正则化函数, 使遗憾最小化。

7.3.2 自适应梯度算法

在在线学习和随机学习的许多应用中, 输入数据具有很高的维数, 但在任何特定的高维数据中, 只有少数特征是非零的。标准的随机次梯度方法基本上遵循一种预先确定的程序方案, 这种方案不考虑观测数据的特性。

[448] 考虑组合函数的最小化[27]

$$\min_{\mathbf{x}\in F} \{\phi_t(\mathbf{x}) = f_t(\mathbf{x}) + \varphi(\mathbf{x})\} \tag{7.3.9}$$

式中, f_t 和 φ 是两个 (闭合) 凸函数。在机器学习的设置中, f_t 是优化任务中目标函数的瞬时损失或随机估计。函数 φ 充当固定正则化函数, 通常用于控制 $\mathbf{x}$ 的复杂性。在每次循环, 算法进行 $\mathbf{x}_t \in F$ 的预测, 然后接收函数 f_t。

将关于固定 (最优) 预测值 $\mathbf{x}^*$ 的遗憾定义为[27]

$$R_\phi(T) \triangleq \sum_{t=1}^{T} [\phi_t(\mathbf{x}_t) - \phi_t(\mathbf{x}_t^*)]$$

$$= \sum_{t=1}^{T} [f_t(\mathbf{x}_t) + \varphi(\mathbf{x}_t) - f_t(\mathbf{x}^*) - \varphi(\mathbf{x}^*)] \tag{7.3.10}$$

在线优化的目标是使遗憾 $R_\phi(T)$ 最小化。

下面是最小化遗憾式 (7.3.10) 的两种方法。

- 原始–对偶次梯度法[27, 107, 162]：在该方法中，算法使用平均梯度 $\bar{\mathbf{g}}_t = \frac{1}{t}\sum_{\tau=1}^{t}\mathbf{g}_\tau$，通过包括梯度相关线性项 $\langle\bar{\mathbf{g}}_t, \mathbf{x}\rangle$、正则化器 $\varphi(\mathbf{x})$ 和迫近项 $h_t(\mathbf{x})$ 实现良态预测的折中，得出第 t 次循环的预测 $\mathbf{x}_t$。更新等同于求解[27]

$$\mathbf{x}_{t+1} = \arg\min_{\mathbf{x}\in F} \left\{\eta\langle\bar{\mathbf{g}}_t, \mathbf{x}\rangle + \eta\varphi(\mathbf{x}) + \frac{1}{t}h_t(\mathbf{x})\right\} \tag{7.3.11}$$

  式中，η 为固定的步长，并且 $\mathbf{x}_1 = \arg\min_{\mathbf{x}\in F}\varphi(\mathbf{x})$。

- 复合镜像下降法：这种方法也称为迫近梯度法、前后向分裂法[26, 147]，其更新公式为

$$\mathbf{x}_{t+1} = \arg\min_{\mathbf{x}\in F} \{\eta\langle\mathbf{g}_t, \mathbf{x}\rangle + \eta\varphi(\mathbf{x}) + B_{h_t}(\mathbf{x}, \mathbf{x}_t)\} \tag{7.3.12}$$

  式中，$B_h(\mathbf{x}, \mathbf{y})$ 是强凸可微函数 $h(\mathbf{x})$ 的 Bregman 散度，定义为

$$B_h(\mathbf{x}, \mathbf{y}) = h(\mathbf{x}) - h(\mathbf{y}) - \langle\nabla h(\mathbf{y}), \mathbf{x} - \mathbf{y}\rangle \tag{7.3.13}$$

两个典型的正则化函数是 $\varphi(\mathbf{x}) = \|\mathbf{x}\|_1$ 和 $\varphi(\mathbf{x}) = \|\mathbf{x}\|_2$，对称非负矩阵 [449]
$\mathbf{H}_t \geqslant 0$ 的迫近函数通常取平方 Mahalanobis 范数 $h_t(\mathbf{x}) = \langle\mathbf{x}, \mathbf{H}_t\mathbf{x}\rangle = \mathbf{x}^{\mathrm{T}}\mathbf{H}_t\mathbf{x}$。例如

$$\mathbf{H}_t = \delta\mathbf{I} + \mathbf{Diag}(\mathbf{G}_t)^{1/2} \quad (\text{对角矩阵}) \tag{7.3.14}$$

和

$$\mathbf{H}_t = \delta\mathbf{I} + (\mathbf{G}_t)^{1/2} \quad (\text{全矩阵}) \tag{7.3.15}$$

式中，$\mathbf{G}_t = \sum_{\tau=1}^{t}\mathbf{g}_\tau\mathbf{g}_\tau^{\mathrm{T}}$ 是次梯度向量 $\mathbf{g}_t$ 的外积矩阵，$(\mathbf{G}_t)^{1/2}$ 是 $\mathbf{G}_t$ 的平方根。

如果取 $\mathbf{u} = \eta\bar{\mathbf{g}}_t, \eta\varphi(\mathbf{x}) = \lambda\|\mathbf{x}\|_2$ 和 $h_t(\mathbf{x}_t) = \frac{t}{2}\|\mathbf{x}_t\|_H = \langle\mathbf{x}_t, \mathbf{H}_t\mathbf{x}_t\rangle$，则原始–对偶次梯度优化式 (7.3.11) 变为组合函数的下列在线优化

$$\mathbf{x}_{t+1} = \arg\min_{\mathbf{x}_t\in F} \left\{\langle\mathbf{u}, \mathbf{x}_t\rangle + \lambda\|\mathbf{x}_t\|_2 + \frac{1}{2}\langle\mathbf{x}_t, \mathbf{H}_t\mathbf{x}_t\rangle\right\} \tag{7.3.16}$$

次梯度 $\mathbf{g}_t = \mathbf{u} + \lambda\mathbf{x}_t + \mathbf{H}_t\mathbf{x}_t$，并且 $\mathbf{G}_t = \sum_{\tau=1}^{t}\mathbf{g}_\tau\mathbf{g}_\tau^{\mathrm{T}}$。

若引入变量 $\mathbf{z} = \mathbf{x}$，则式 (7.3.16) 的等价问题变为约束优化问题

$$\min\left\{L(\mathbf{x}, \mathbf{z}, \boldsymbol{\alpha}) = \langle\mathbf{u}, \mathbf{x}\rangle + \frac{1}{2}\langle\mathbf{x}, \mathbf{H}\mathbf{x}\rangle + \lambda\|\mathbf{z}\|_2\right\}$$

约束条件为 $\mathbf{x} = \mathbf{z}$。对等式约束使用拉格朗日乘子向量 $\boldsymbol{\alpha}$，即可得到拉格朗日

函数

$$L(\mathbf{x},\mathbf{z},\boldsymbol{\alpha}) = \langle \mathbf{u},\mathbf{x}\rangle + \frac{1}{2}\langle \mathbf{x},\mathbf{H}\mathbf{x}\rangle + \lambda\|\mathbf{z}\|_2 + \langle \boldsymbol{\alpha},\mathbf{x}-\mathbf{z}\rangle \tag{7.3.17}$$

由一阶优化条件 $\frac{\partial L(\mathbf{x},\mathbf{z},\boldsymbol{\alpha})}{\partial \mathbf{x}} = \mathbf{u} + \mathbf{H}\mathbf{x} + \boldsymbol{\alpha} = \mathbf{0}$ 知, $L(\mathbf{x},\mathbf{z},\boldsymbol{\alpha})$ 在点 $\mathbf{x} = -\mathbf{H}^{-1}(\mathbf{u}+\boldsymbol{\alpha})$ 达到下确界。

基于以上分析, 可得到一种自适应梯度 (AdaGrad) 算法[27], 用于最小化组合函数 $\langle \mathbf{u},\mathbf{x}\rangle + \frac{1}{2}\langle \mathbf{x},\mathbf{H}\mathbf{x}\rangle + \lambda\|\mathbf{x}\|_2$, 见算法 7.1。

---

[450] **算法 7.1** 最小化 $\{\langle \mathbf{u},\mathbf{x}\rangle + \frac{1}{2}\langle \mathbf{x},\mathbf{H}\mathbf{x}\rangle + \lambda\|\mathbf{x}\|_2\}$ 的 AdaGrad 算法[27]

---

input: $\mathbf{u} \in \mathbb{R}^d, \lambda > 0$
initialization: Generate randomly a nonnegative matrix $\mathbf{H}_0$ and put $\mathbf{x}_0 = \mathbf{0}$
for $t = 1, 2, \cdots$ **do**
  $\mathbf{g}_t = \mathbf{u} + (\mathbf{H}_{t-1} + \lambda\mathbf{I})\mathbf{x}_{t-1}$
  $\mathbf{G}_t = \sum_{\tau=1}^{t} \mathbf{g}_\tau \mathbf{g}_\tau^{\mathrm{T}}$
  $\mathbf{H}_t = \delta\mathbf{I} + \mathbf{diag}(\mathbf{G}_t)^{1/2}$ or $\mathbf{H}_t = \delta\mathbf{I} + (\mathbf{G}_t)^{1/2}$
  Make the SVD $\mathbf{H}_t = \mathbf{U}\boldsymbol{\Sigma}\mathbf{V}^{\mathrm{T}}$ and denote the minimal and maximal singular values by $\sigma_{\min}(\mathbf{H}_t)$ and $\sigma_{\max}(\mathbf{H}_t)$, respectively
  $\mathbf{v}_t = \mathbf{H}_t^{-1}\mathbf{u} = \mathbf{V}\boldsymbol{\Sigma}^{-1}\mathbf{U}^{\mathrm{T}}\mathbf{u}$
  $\theta_{\max} = \|\mathbf{v}_t\|_2/\lambda - 1/\sigma_{\min}(\mathbf{H}_t)$
  $\theta_{\min} = \|\mathbf{v}_t\|_2/\lambda - 1/\sigma_{\max}(\mathbf{H}_t)$
  while $\theta_{\max} - \theta_{\min} > \epsilon$ **do**
    $\theta = (\theta_{\max} + \theta_{\min})/2$
    $\boldsymbol{\alpha}_t = -(\mathbf{H}_t^{-1} + \theta\mathbf{I})^{-1}\mathbf{v}_t$
    if $\|\boldsymbol{\alpha}_t\|_2 > \lambda$ **do**
      $\theta_{\min} = \theta$
    else
      $\theta_{\max} = \theta$
    end if
    $\mathbf{x}_t = -\mathbf{H}^{-1}\big(\mathbf{u} + \boldsymbol{\alpha}_t(\theta)\big)$
  end while
  exit: if $\mathbf{x}_t$ converges
end for
output: $\mathbf{x}_t = -\mathbf{H}^{-1}\big(\mathbf{u} + \boldsymbol{\alpha}_t(\theta)\big)$

7.3.3 自适应矩估计

在科学和工程领域中, 许多问题可以归结为某些标量参数化的目标函数相对于其参数的优化 (最小化或最大化)。目标函数通常是随机的。在这种情况下, 通过对各个子函数采取梯度步骤 (即随机梯度下降或上升), 可以使优化更加有效。

令 $f(\boldsymbol{\theta})$ 是含噪声的目标函数，即一随机标量函数，它相对于参数 $\boldsymbol{\theta}$ 是可微分的。我们考虑如何使这个函数的期望值 $E\{f(\boldsymbol{\theta})\}$ 相对于参数 $\boldsymbol{\theta}$ 最小化。令 $f_1(\boldsymbol{\theta}),\cdots,f_T(\boldsymbol{\theta})$ 是随机函数在后续时间步骤 $1,\cdots,T$ 的实现。随机性可能来自数据点的随机子样本 (小批量) 的估计，也可能来自固有的函数噪声。利用 $\mathbf{g}_t=\nabla_{\boldsymbol{\theta}}f_t(\boldsymbol{\theta})$ 表示梯度，即 f_t 相对于 $\boldsymbol{\theta}$ 在时间步骤 t 的偏导数向量。

给定一个任意的、未知的凸成本函数序列 $f_1(\boldsymbol{\theta}),\cdots,f_T(\boldsymbol{\theta})$。每次时间 t，在线优化的目标都是预测参数 $\boldsymbol{\theta}_t$，并在以前未知的成本函数 f_t 的基础上对预测的参数 $\boldsymbol{\theta}_t$ 进行评估。由于序列的性质是未知的，可以使用遗憾作为设计在线优化算法的目标函数。遗憾定义为在线预测 $f_t(\boldsymbol{\theta}_t)$ 和之前所有步骤的可行集 F 的最优固定点参数 $f_t(\boldsymbol{\theta}^*)$ 之间的所有先前差异之和。具体来说，遗憾的定义是 [451]

$$R(T)=\sum_{t=1}^{T}\left[f_t\left(\boldsymbol{\theta}_t\right)-f_t\left(\boldsymbol{\theta}^*\right)\right] \tag{7.3.18}$$

式中，$\boldsymbol{\theta}^*=\arg\min_{\boldsymbol{\theta}\in F}\sum_{t=1}^{T}f_t(\boldsymbol{\theta})$。

Kingma 与 Ba[80] 的 ADAM(Adaptive Moment) 是一阶梯度优化算法，它使用一阶矩 $\mathbf{m}$ 的估计和二阶矩向量 $\mathbf{v}$ 优化随机目标函数。一阶和二阶矩向量更新为

$$\mathbf{m}_{t+1}=\beta_1\mathbf{m}_t+(1-\beta_1)\mathbf{g}_{t+1} \tag{7.3.19}$$

$$\mathbf{v}_{t+1}=\beta_2\mathbf{v}_t+(1-\beta_2)\mathbf{g}_{t+1}^2 \tag{7.3.20}$$

式中，$\mathbf{g}_t$ 是损失函数的梯度，$\mathbf{g}_t^2$ 是一个元素平方函数。矩估计的指数衰减率建议使用 $\beta_1=0.9$ 和 $\beta_2=0.999$。一阶和二阶矩估计的偏差修正为

$$\hat{\mathbf{m}}_{t+1}=\mathbf{m}_t/(1-\beta_1^{t+1}) \tag{7.3.21}$$

$$\hat{\mathbf{v}}_{t+1}=\mathbf{v}_t/(1-\beta_2^{t+1}) \tag{7.3.22}$$

算法 7.2 给出了随机优化的 ADAM 算法。

算法 7.2 随机优化的 ADAM 算法[80]

---

input: Stepsize α (e.g., $\alpha=0.001$), exponential decay rates $\beta_1=0.9,\beta_2=0.999$, $f(\boldsymbol{\theta})$, and put $\epsilon=10^{-8}$

initialization: parameter vector $\boldsymbol{\theta}_0$, $\mathbf{m}_0\leftarrow\mathbf{0}$, $\mathbf{v}_0\leftarrow\mathbf{0}$, $t\leftarrow 0$

while θ not converged **do**

  $t\leftarrow t+1$

  $\mathbf{g}_t\leftarrow\nabla_\theta f_t(\theta_{t-1})$

  $\mathbf{m}_t\leftarrow\beta_1\mathbf{m}_{t-1}+(1-\beta_1)\cdot\mathbf{g}_t$

  $\mathbf{v}_t\leftarrow\beta_2\mathbf{v}_{t-1}+(1-\beta_2)\cdot\mathbf{g}_t^2$

  $\hat{\mathbf{m}}_t\leftarrow\mathbf{m}_t/(1-\beta_1^t)$

$\hat{\mathbf{v}}_t \leftarrow \mathbf{v}_t/(1-\beta_1^t)$

$\alpha_t = \alpha \cdot \sqrt{1-\beta_2^t}/(1-\beta_1^t)$

$\boldsymbol{\theta}_t \leftarrow \boldsymbol{\theta}_{t-1} + \alpha_t \cdot \hat{\mathbf{m}}_t/(\sqrt{\hat{\mathbf{v}}_t}+\epsilon)$

end while

output: $\boldsymbol{\theta}_t$

[452] 7.4 激活函数

在神经网络中, 一个单元或节点的期望值被称为其激活, 即一个单元或节点 (或神经元) 的激活函数定义了给定一个或一组输入时该单元或节点 (或神经元) 的输出。

7.4.1 逻辑斯谛回归与 S 型函数

神经网络通常使用 S 型非线性函数作为激活函数。

给出 T 个训练样本 $\{(\mathbf{x}_1, y_1), \cdots, (\mathbf{x}_T, y_T)\}$, 其中, 特征向量 $\mathbf{x}_t \in \mathbb{R}^n$。考虑二元分类问题, 其中 $y_t \in \{0,1\}$。

逻辑斯谛回归问题可以叙述如下: 对给定的训练样本, 设计一个权重向量 $\mathbf{w} \in \mathbb{R}^n$ 最小化逻辑斯谛损失函数 (也称互熵损失函数)

$$J(\mathbf{w}) = \frac{1}{T}\sum_{t=1}^{T} H(p_t, q_t) = -\frac{1}{T}\sum_{t=1}^{T}\Big[y_t \log \hat{y}_t + (1-y_t)\log(1-\hat{y}_t)\Big] \tag{7.4.1}$$

式中, $H(p_t, q_t)$ 是 p_t 与 q_t 间的互熵, 将在后面定义。其中, $\hat{y}_t \equiv g(\mathbf{w}^{\mathrm{T}}\mathbf{x}_t)$ 是具有 S 型函数 (也称逻辑斯谛函数或软阶跃函数) 的逻辑斯谛回归器[64]

$$g(z) = 1/(1+\mathrm{e}^{-z}) \ \in (0,1) \tag{7.4.2}$$

其导数为[11]

$$g'(z) = \frac{\partial}{\partial z}\left(\frac{1}{1+\mathrm{e}^{-z}}\right) = \frac{\mathrm{e}^{-z}}{(1+\mathrm{e}^{-z})^2} = \frac{1}{1+\mathrm{e}^{-z}}\left(1-\frac{1}{1+\mathrm{e}^{-z}}\right)$$

即

$$g'(z) = g(z)(1-g(z)) \tag{7.4.3}$$

在信息论中, 对于具有 K 个状态的两个离散分布 p 和 q, q 与 p 的 Kullback-Leibler(KL) 散度定义为

$$\mathrm{KL}(p\|q) \triangleq \sum_{k=1}^{K} p_k \log\frac{p_k}{q_k} \tag{7.4.4}$$

或者等价表示为 [453]

$$\mathrm{KL}(p\|q)=\sum_{k=1}^{K}p_k\log p_k-\sum_{k=1}^{K}p_k\log q_k=-H(p)+H(p,q) \tag{7.4.5}$$

或者

$$H(p,q)=H(p)+\mathrm{KL}(p\|q) \tag{7.4.6}$$

式中

$$H(p)=-\sum_{k=1}^{K}p_k\log p_k,\quad H(p,q)=-\sum_{k=1}^{K}p_k\log q_k \tag{7.4.7}$$

分别是 p 的熵和两个概率分布 p 与 q 之间在给定数据集的互熵。

KL 散度 $\mathrm{KL}(p\|q)$ 也称 p 相对于 q 的相对熵。

在逻辑斯谛回归中, 只有两个状态 $y_t=0$ 和 $y_t=1$, 即 $K=2$, 求输出 $y=0$ (对应 $k=1$) 的概率为

$$p_{y=0}=1-y \quad 和 \quad q_{y=0}=1-\hat{y} \tag{7.4.8}$$

而求输出 $y=1$ (对应 $k=2$) 的概率则为

$$p_{y=1}=y \quad 和 \quad q_{y=1}=\hat{y} \tag{7.4.9}$$

将式 (7.4.8) 和式 (7.4.9) 代入式 (7.4.4), 则逻辑斯谛回归中的 KL 散度为

$$\mathrm{KL}(p\|q)=(1-y)\log\frac{1-y}{1-\hat{y}}+y\log\frac{y}{\hat{y}} \tag{7.4.10}$$

类似地, 将式 (7.4.8) 和式 (7.4.9) 代入式 (7.4.7), 则给出互熵

$$H(p,q)=-(1-y)\log(1-\hat{y})-y\log\hat{y} \tag{7.4.11}$$

互熵 $H(p,q)$ 表示当使用"非自然"概率分布 q 拟合"真实"分布 p 时产生的信息损失。因为真实分布值 p 的熵是不变的, 所以从式 (7.4.6) 可以知道, 互熵和 KL 散度也描述了预测结果 $\hat{y}_t$ 和实际结果 y_t 之间的相似性, 可以用作损失函数, 以确保预测值 $\hat{y}_t$ 与真实值 y_t 一致。

因此, 逻辑斯谛损失为 [454]

$$J(\mathbf{w})=\frac{1}{T}\sum_{t=1}^{T}H(p_t,q_t)=-\frac{1}{T}\sum_{t=1}^{T}\Big[y_t\log\hat{y}_t+(1-y_t)\log(1-\hat{y}_t)\Big] \tag{7.4.12}$$

由 $\hat{y}_t=g(\mathbf{w}^{\mathrm{T}}\mathbf{x}_t)=1/(1+\mathrm{e}^{-\mathbf{w}^{\mathrm{T}}\mathbf{x}_t})$ 及式 (7.4.11), 上述逻辑斯谛损失函数变成

$$J(\mathbf{w})=\frac{1}{T}\sum_{t=1}^{T}\Big[y_t\log(1+\mathrm{e}^{-\mathbf{w}^{\mathrm{T}}\mathbf{x}_t})+(1-y_t)\mathbf{w}^{\mathrm{T}}\mathbf{x}_t\Big] \tag{7.4.13}$$

易知, $J(\mathbf{w})$ 相对于 $\mathbf{w}$ 的梯度为

$$\frac{\partial J(\mathbf{w})}{\partial \mathbf{w}} = \frac{1}{T}\sum_{t=1}^{T}\left(1 - \frac{y_t}{1+\mathrm{e}^{-\mathbf{w}^{\mathrm{T}}\mathbf{x}_t}}\right)\mathbf{x}_t \tag{7.4.14}$$

在逻辑斯谛回归中, 权重向量 $\mathbf{w}$ 可以通过梯度下降算法更新

$$\mathbf{w}_{k+1} = \mathbf{w}_k - \eta\frac{1}{T}\sum_{t=1}^{T}\left(1 - \frac{y_t}{1+\mathrm{e}^{-\mathbf{w}_k^{\mathrm{T}}\mathbf{x}_t}}\right)\mathbf{x}_t \tag{7.4.15}$$

直至 $\mathbf{w}_k$ 收敛。

对于具有 S 型激活函数 $\mathbf{g}(\mathbf{z}) = \mathbf{g}(\mathbf{W}\mathbf{x}+\mathbf{b})$ 的层, 其中 $\mathbf{x}$ 是层输入, 权重矩阵 $\mathbf{W}$ 和偏置向量 $\mathbf{b}$ 是需要学习的层参数, 并且 $g(z_i) = 1/(1+\exp(-z_i))$。随着某个 $|z_i|$ 的增加, $g'(z_i) = g(z_i)(1-g(-z_i))$ 趋于零。这意味着, 对应的梯度流 $-g'(z_i)$ 将逐渐消失, 因此, 模型训练将变缓慢。对于具有多个隐层的深度神经网络, 具有慢训练的层将会影响下面所有层的收敛性。因为这个影响会随网络的深度增加而被放大, 所以 S 型函数不适合作为深度神经网络里隐层的激活函数。

7.4.2 Softmax 回归与 softmax 函数

逻辑斯谛回归只适用于二元分类问题, 但是在科学与工程中却存在许多多重分类问题。令类型标签是 k 个不同的值, 不失一般性, 它们假定在 $\{1,\cdots,k\}$ 内取值。

[455] 已知一组训练样本 $\{(\mathbf{x}_1,y_1),\cdots,(\mathbf{x}_T,y_T)\}$, 其中 $\mathbf{x}_t\in\mathbb{R}^n, y_t\in\{1,\cdots,k\}$。在这种情况下, 我们希望设计一个权重矩阵 $\mathbf{W} = [\mathbf{w}_1,\cdots,\mathbf{w}_k]\in\mathbb{R}^{p\times n}$, 使得假设函数具有以下形式

$$\mathbf{h}_{\mathbf{W}}(\mathbf{x}_t) = \begin{bmatrix} p(y_t=1|\mathbf{x}_t;\mathbf{W}) \\ p(y_t=2|\mathbf{x}_t;\mathbf{W}) \\ \vdots \\ p(y_t=k|\mathbf{x}_t;\mathbf{W}) \end{bmatrix} = \frac{1}{\sum\limits_{j=1}^{k}\mathrm{e}^{\mathbf{w}_j^{\mathrm{T}}\mathbf{x}_t}}\begin{bmatrix} \mathrm{e}^{\mathbf{w}_1^{\mathrm{T}}\mathbf{x}_t} \\ \mathrm{e}^{\mathbf{w}_2^{\mathrm{T}}\mathbf{x}_t} \\ \vdots \\ \mathrm{e}^{\mathbf{w}_k^{\mathrm{T}}\mathbf{x}_t} \end{bmatrix} \tag{7.4.16}$$

另外, 对一个反馈神经网络, 其输出向量 $\mathbf{g}(\mathbf{W}\mathbf{x}_t)$ 直接用作假设函数, 即 $\mathbf{h}_{\mathbf{W}}(\mathbf{x}_t) = \mathbf{g}(\mathbf{W}\mathbf{x}_t)$。令 $\mathbf{z} = \mathbf{W}\mathbf{x}_t$ 或 $z_i = \mathbf{w}_i^{\mathrm{T}}\mathbf{x}_t, i=1,\cdots,k$, 则很自然会应用 softmax 函数 (软最大函数)

$$\mathrm{softmax}_i(\mathbf{z}) = \frac{\mathrm{e}^{z_i}}{\sum\limits_{j=1}^{k}\mathrm{e}^{z_j}} = \frac{\mathrm{e}^{\mathbf{w}_i^{\mathrm{T}}\mathbf{x}_t}}{\sum\limits_{j=1}^{k}\mathrm{e}^{\mathbf{w}_j^{\mathrm{T}}\mathbf{x}_t}},\quad i=1,\cdots,k \tag{7.4.17}$$

或者

$$\mathbf{softmax}(\mathbf{z}) = \frac{1}{\sum_{j=1}^{k} \mathrm{e}^{\mathbf{w}_j^{\mathrm{T}}\mathbf{x}_t}} \begin{bmatrix} \mathrm{e}^{\mathbf{w}_1^{\mathrm{T}}\mathbf{x}_t} \\ \vdots \\ \mathrm{e}^{\mathbf{w}_k^{\mathrm{T}}\mathbf{w}_t} \end{bmatrix} \in (0,1) \tag{7.4.18}$$

表示假设函数

$$\mathbf{h}_W(\mathbf{x}_t) = \mathbf{softmax}(\mathbf{W}\mathbf{x}_t) \tag{7.4.19}$$

由于 $\frac{\partial z_i}{\partial z_j} = \delta_{ij}$, softmax 函数的导数为

$$\frac{\partial \mathrm{softmax}_i(\mathbf{z})}{\partial z_j} = \frac{\partial}{\partial z_j}\left(\frac{\mathrm{e}^{z_i}}{\sum_{j=1}^{k} \mathrm{e}^{z_j}}\right) = \frac{\mathrm{e}^{z_i}\delta_{ij}}{\sum_{j=1}^{k} \mathrm{e}^{z_j}} + \mathrm{e}^{z_i} \cdot \frac{-\mathrm{e}^{z_j}}{(\sum_{j=1}^{k} \mathrm{e}^{z_j})^2}$$

即

$$\frac{\partial \mathrm{softmax}_i(\mathbf{z})}{\partial z_j} = \mathrm{softmax}_i(\mathbf{z})\,(\delta_{ij} - \mathrm{softmax}_j(\mathbf{z})) \in (0, 0.25) \tag{7.4.20}$$

因为函数 softmax($\mathbf{z}$) 的取值范围是 $(0,1)$。

常用的(硬) 最大函数 $\max\{z_1, \cdots, z_k\}$ 只取 $z_1, \cdots, z_k$ 当中的最大值。与最大函数不同, 软最大函数以概率形式取 k 值。与规格化函数不同, 软最大函数没有任何负概率。 [456]

例 7.1 如果 $\mathbf{z} = [3, 5, -4]^{\mathrm{T}}$, 则最大函数 $\max\{3, 5, -4\} = 5$, 规格化函数给出归一化向量 $[0.4243, 0.7071, -0.5657]^{\mathrm{T}}$, 软最大函数的结果为 $\mathbf{softmax}(\mathbf{z}) = [0.1192, 0.8807, 0.0001]^{\mathrm{T}}$。

将 softmax 函数与 max 函数、规格化函数进行比较是很有趣的。

- max 函数是一个单值函数, 给出唯一的结果, 而拒绝所有其他结果。
- 规格化函数是一个多值函数, 可能保留负值, 因此不能用作概率表示。
- softmax 函数也是一个多值函数, 但却可以提供 z_i 属于类型 i 的概率, 因此, 它可以将一个矩阵变换为非负甚至稀疏的矩阵。

因此, softmax 函数特别适用于多重分类问题。

7.4.3 其他激活函数

近年来, 越来越多的证据表明, 其他类型的非线性可以改善深度神经网络的性能。

双曲正切 (tanh) 函数通常作为点态非线性函数, 应用于深度神经网络的所有隐藏单元。双曲正切函数定义为

$$f(z) = \tanh(z) = \frac{\mathrm{e}^z - \mathrm{e}^{-z}}{\mathrm{e}^z + \mathrm{e}^{-z}} \in (-1, +1) \tag{7.4.21}$$

$$f'(z) = \frac{\partial \tanh(z)}{\partial z} = 1 - \tanh^2(z) \tag{7.4.22}$$

作为正切函数的另一形式, softsign (软符号) 函数定义为[11]

$$\mathrm{softsign}(z)=\frac{z}{1+|z|}\in(-1,1) \tag{7.4.23}$$

$$\mathrm{softsign}'(z)=\frac{\partial\mathrm{softsign}(z)}{\partial z}=\frac{1}{(1+|z|)^2} \tag{7.4.24}$$

显然, 当 $\tanh(z)\to -1$ 或 $+1$ 时, 双曲正切函数具有消失的梯度, 如式 (7.4.22) 所示。然而, 由式 (7.4.24) 可以看出, softsign 函数没有这样的麻烦。事实上, 双
[457] 曲正切函数与 softsign 函数的导数之比有以下渐近极限[11]

$$\lim_{z\to\infty}\frac{\frac{\partial\tanh(z)}{\partial z}}{\frac{\partial\left(\frac{1}{1+z}\right)}{\partial z}}=\lim_{z\to\infty}\frac{\frac{\partial}{\partial z}\left(\frac{2}{1+\exp(-z)}\right)}{\frac{\partial}{\partial z}\left(\frac{z}{1+z}\right)}=\lim_{z\to\infty}\exp(-z)z=0$$

受限线性单元 (ReLU) 函数[106] 定义为

$$f(z)=\mathrm{ReLU}(z)=\max\{z,0\}=\begin{cases}0, & z<0\\ z, & z\geqslant 0\end{cases} \tag{7.4.25}$$

取值范围为 $[0,\infty)$。ReLU 函数的导数为

$$f'(z)=\frac{\partial\mathrm{ReLU}(z)}{\partial z}=\begin{cases}0, & z<0\\ 1, & z\geqslant 0\end{cases} \tag{7.4.26}$$

Softplus 函数定义为

$$\mathrm{softplus}(z)=\log(1+\mathrm{e}^z) \tag{7.4.27}$$

这个函数可视为 ReLU 函数的平滑形式。根据神经科学家的研究, softplus 和 ReLU 函数与大脑神经元的激活频率函数相似。也就是说, 与早期的激活函数相比, softplus 和 ReLU 函数更接近脑神经元的激活模型, 而神经网络则是基于脑神经科学的发展。可以说, 这两种激活函数的应用推动了神经网络研究的新浪潮。

与 sigmoid 函数和 tanh 函数相比较, ReLU 函数具有以下两个优点:

- 当输入为正时, 不存在梯度饱和问题。
- 计算速度比 sigmoid 和 tanh 函数快得多。

然而, ReLU 函数也有以下两个缺点:

- 当输入为负时, ReLU 函数完全不活动。虽然这对前向传输不是问题, 但在后向传输过程, 负的输入有可能使梯度完全等于零, 这是一个与 sigmoid 函数和 tanh 函数相同的问题。
- ReLU 函数的输出要么是 0, 要么为正, 这意味着 ReLU 函数不是零中心函数。

[458] 为了改进 ReLU 函数, 已经开发了下列变形。

1. 泄漏受限线性单元 (Leaky ReLU) [102]

$$f(z)=\text{LReLU}(z)=\max\{z,0\}=\begin{cases}0.01z, & z<0\\ z, & z\geqslant 0\end{cases}\in(-\infty,+\infty) \tag{7.4.28}$$

$$f'(z)=\frac{\partial \text{LReLU}(z)}{\partial z}=\begin{cases}0.01, & z<0\\ 1, & z\geqslant 0\end{cases} \tag{7.4.29}$$

2. 参数化受限线性单元 (PReLU) [55]

$$f(z)=\text{PReLU}(z)=\max\{z,0\}=\begin{cases}\alpha z, & z<0\\ z, & z\geqslant 0\end{cases}\in(-\infty,+\infty) \tag{7.4.30}$$

$$f'(z)=\frac{\partial \text{PReLU}(z)}{\partial z}=\begin{cases}\alpha, & z<0\\ 1, & z\geqslant 0\end{cases} \tag{7.4.31}$$

显然, 当 $\alpha=0.01$ 时, PReLU 简化为 Leaky ReLU。注意, 随机化泄漏受限线性单元 (RLReLU) 在文献 [164] 中被独立提出, 而 RLReLU 和 PReLU 二者具有相同的形式。

深度学习方法的目标是学习特征层次。特征层次的特征来自低级别特征组合而成的高级别层次特征。训练深层神经网络是复杂的, 因为在训练过程中, 每一层的输入分布都会随着前几层参数的变化而变化[74]。

给定一个小批量 $B=\{z_1,\cdots,z_m\}$ 的数据值 z。令

$$\mu_B=\frac{1}{m}\sum_{i=1}^{m}z_i,\quad \sigma_B^2=\frac{1}{m}\sum_{i=1}^{m}(z_i-\mu_B)^2 \tag{7.4.32}$$

分别是小批量平均值和小批量方差。于是, 小批量规格化由下式给出

$$\hat{z}_i=\frac{z_i-E\{z_i\}}{\sqrt{\text{var}(z_i)}}=\frac{z_i-\mu_B}{\sqrt{\sigma_B^2+\epsilon}}\quad \text{或}\quad \hat{\mathbf{z}}=\frac{\mathbf{z}-\mu_B\mathbf{1}}{\sigma_B^2+\epsilon} \tag{7.4.33}$$

其中, ϵ 是一个小的常数, 为了数值稳定性而加到小批量方差。

批量规格化定义为[74] [459]

$$\text{BN}_{\gamma_i,\beta_i}(z_i)=\gamma_i\hat{z}_i+\beta_i\quad \text{或}\quad \mathbf{BN}_{\boldsymbol{\gamma},\boldsymbol{\beta}}(\mathbf{z})=\boldsymbol{\gamma}\odot\hat{\mathbf{z}}+\boldsymbol{\beta} \tag{7.4.34}$$

其中, $\boldsymbol{\gamma}=[\gamma_1,\cdots,\gamma_m]^{\mathrm{T}}$ 和 $\boldsymbol{\beta}=[\beta_1,\cdots,\beta_m]^{\mathrm{T}}$, 并且 γ_i 和 β_i 是两个需要学习的批量规格化参数, $\odot$ 表示两个向量的对应元素形式积, 即 $[\boldsymbol{\gamma}\odot\hat{\mathbf{z}}]_i=\gamma_i\hat{z}_i$。

业已证明[90], 这样的规格化将加速收敛, 即使特征没有解相关。

批量规格化可以用于网络中的任何一组激活函数。例如, 对于后面是元素式非线性的仿射变换

$$\mathbf{z}=g(\mathbf{W}\mathbf{u}+\mathbf{b}) \tag{7.4.35}$$

式中, $\mathbf{W}$ 和 $\mathbf{b}$ 是学习到的模型参数。如果非线性激活函数 $g(\cdot)$ (例如 sigmoid

函数或 ReLU 函数) 用

$$\mathbf{z} = g(\mathbf{BN}(\mathbf{Wu})) \tag{7.4.36}$$

代替, 则偏差 $\mathbf{b}$ 可以忽略不计, 因为它的影响将被后面的均值减法所抵消。

值得注意的是, 某层 (例如第 l 层) 一个神经元的输出 $\mathbf{z}$ 不是原始输入, 也就是说, 它不是第 $(l-1)$ 层中每个神经元的输出, 而是第 l 层中神经元的线性激活 $\mathbf{z} = \mathbf{Wu} + \mathbf{b}$, 这里 $\mathbf{u}$ 是第 $(l-1)$ 层中神经元的输出。因此, 一个神经元的原始激活 $\mathbf{z}$ 通过减去小批量平均值 $E\{\mathbf{z}\}$ 并除以小批量方差 $\mathrm{var}(\mathbf{z})$ 来转换。

通过规格化整个网络中的激活, 可以防止参数的微小变化放大为梯度中激活的较大和次优变化。因此, 批量规格化有助于解决传统深层网络中的以下问题: 学习速率过高可能导致梯度爆炸或消失, 以及陷入差的局部极小值[74]。

批量规格化的另一个优点是, 通过层的反向传播不受其参数尺度的影响, 因为对于具有用标量 α 尺度化的批量规格化 $\mathrm{BN}(\mathbf{Wu}) = \mathrm{BN}((\alpha\mathbf{W})\mathbf{u})$, 其关于 $\mathbf{u}$ 和 $\mathbf{W}$ 的导数分别为[74]

$$\frac{\partial \mathrm{BN}((\alpha\mathbf{W})\mathbf{u})}{\partial \mathbf{u}} = \frac{\partial \mathrm{BN}(\mathbf{Wu})}{\partial \mathbf{u}} \tag{7.4.37}$$

$$\frac{\partial \mathrm{BN}((\alpha\mathbf{W})\mathbf{u})}{\partial (\alpha\mathbf{W})} = \frac{1}{\alpha} \cdot \frac{\partial \mathrm{BN}(\mathbf{Wu})}{\partial \mathbf{W}} \tag{7.4.38}$$

[460] 也就是说, 尺度不会影响层 Jacobian, 也不会因此影响梯度传播。此外, 权重越大, 梯度越小, 批量规格化可以稳定参数增长。

关于批量规格化网络, 我们将在第 7.15 节中进一步讨论。

7.5 反馈神经网络

反馈神经网络 (RNN) 由 Rumelhartin 等人于 1986 年提出[123], 是一种对时间序列建模的神经网络模型。反馈神经网络提供了处理 (时间) 顺序数据非常强大的方法。传统的神经网络模型是从输入层到隐层再到输出层的, 这些层是完全连接的, 并且每个层的节点之间没有连接。对于涉及顺序输入 (如语音和语言) 的任务, 通常最好使用反馈神经网络。

反馈神经网络是 “模糊” 的, 因为它们不使用训练数据中的精确模板来进行预测, 但与其他神经网络一样, 使用内部表示执行训练样本之间的高维插值[44]。

7.5.1 常规反馈神经网络

“反馈” 的现代定义最早由 Jordan 于 1986 年提出[75]: 如果一个网络有一个或者多个循环, 也就是说, 如果沿着一条路径, 可以从一个单元返回到它自己, 那么该网络被称为反馈网络。非反馈网络没有任何环路。

令 $x_i(t)$ 表示输入单元 i 在时间 t 的激活, $h_j(t)$ 表示隐藏单元 j 在时间 t 的激活, 且 $y_k(t)$ 表示在 t 时刻的输出单元 k 的激活。

训练期间需要用使用和学习的变量和参数表示如下:

- $\mathbf{x}_t \in \mathbb{R}^n$: 隐层的输入向量。
- $\mathbf{h}_t \in \mathbb{R}^l$: 隐层的输出, 表示隐层状态。
- $\hat{\mathbf{y}}_t \in \mathbb{R}^m$: 反馈神经网络产生的输出, $\mathbf{y} \in \mathbb{R}^m$: 期望输出。
- $\mathbf{U}_{hx} = [U_{ji}] \in \mathbb{R}^{l \times n}$: 从第 i 个输入节点到第 j 个隐层状态的输入 – 隐层权矩阵。
- $\mathbf{W}_{hy} = [W_{jk}] \in \mathbb{R}^{l \times m}$: 从第 k 个输出节点到第 j 个隐层状态的输出 – 隐层权矩阵。
- $\mathbf{V}_{yh} = [V_{kj}] \in \mathbb{R}^{m \times l}$: 从第 j 个隐层状态到第 k 个输出节点的隐层 – 输出权矩阵。
- $\mathbf{b}_t \in \mathbb{R}^l$: 隐层的偏置向量 (也叫截距项)。 [461]
- $\mathbf{c}_t \in \mathbb{R}^m$: 输出层的偏置向量 (截距项)。
- $f(h_i) \in \mathbb{R}$: 隐层的元素形式激活函数。
- $g(y_i) \in \mathbb{R}$: 输出层的元素形式激活函数。

前馈网络 (FFN) 的动态系统由以下两部分组成。

- 前馈网络的隐层状态:

$$h_j(t) = f(\text{net}_j), \quad j = 1, \cdots, l \tag{7.5.1}$$

$$\text{net}_j = \sum_{i=1}^{n} U_{ji} x_i(t) + b_j(t), \quad j = 1, \cdots, l \tag{7.5.2}$$

- 前馈网络的输出节点:

$$y_k(t) = g(\text{net}_k), \quad k = 1, \cdots, m \tag{7.5.3}$$

$$\text{net}_k = \sum_{j=1}^{l} V_{kj} h_j(t) + c_j(t), \quad k = 1, \cdots, m \tag{7.5.4}$$

前馈网络的动态系统可以用矩阵 – 向量形式写为

$$\mathbf{h}_t = f(\mathbf{U}_{hx}\mathbf{x}_t + \mathbf{b}_t) \tag{7.5.5}$$

$$\mathbf{y}_t = g(\mathbf{V}_{yh}\mathbf{h}_t + \mathbf{c}_t) \tag{7.5.6}$$

反馈神经网络是一个模拟离散时间动态系统的神经网络, 系统输入为 $\mathbf{x}_t = [x_1(t), \cdots, x_n(t)]^{\mathrm{T}}$, 输出为 $\mathbf{y}_t = [y_1(t), \cdots, y_m(t)]^{\mathrm{T}}$, 隐藏状态向量为 $\mathbf{h}_t = [h_1(t), \cdots, h_l(t)]^{\mathrm{T}}$, 其中, 下标 t 表示时间步。

反馈神经网络有两种递归形式。如图 7.2 所示为具有隐藏状态递归的三层反馈神经网络的一般结构, z^{-1} 表示延迟线, 左图是具有一根延迟线的反馈神经网络, 右图是在两个时间步内展开的反馈神经网络。

图 7.2 的反馈神经网络可以用以下两个动态系统描述。

[462]

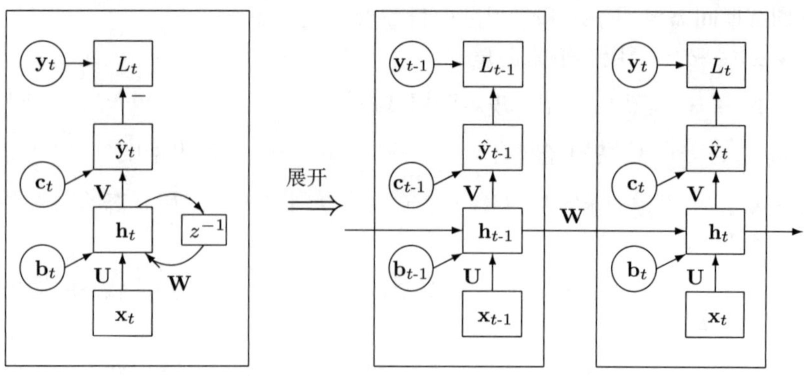

图 7.2 具有隐藏状态反馈的规则单向三层反馈神经网络的一般结构

- 隐藏状态反馈的隐藏状态

$$h_j(t) = f(\mathrm{net}_j), \quad j = 1, \cdots, l \tag{7.5.7}$$

$$\mathrm{net}_j = \sum_{i=1}^{n} U_{ji} x_i(t) + \sum_{\tilde{j}=1}^{l} W_{j\tilde{j}} h_{\tilde{j}}(t-1) + b_j, \quad j = 1, \cdots, l \tag{7.5.8}$$

- 隐藏状态反馈的输出节点

$$\hat{y}_k(t) = g(\mathrm{net}_k), \quad k = 1, \cdots, m \tag{7.5.9}$$

$$\mathrm{net}_k = \sum_{j=1}^{l} V_{kj} h_j(t) + c_j(t), \quad k = 1, \cdots, m \tag{7.5.10}$$

具有隐藏状态反馈的动态系统可以用矩阵 - 向量形式写为

$$\left.\begin{aligned} \mathbf{h}_t &= f(\mathbf{U}_{hx}\mathbf{x}_t + \mathbf{W}_{hh}\mathbf{h}_{t-1} + \mathbf{b}_t) \\ \hat{\mathbf{y}}_t &= g(\mathbf{V}_{yh}\mathbf{h}_t + \mathbf{c}_t) \\ L_t(\mathbf{y}_t, \hat{\mathbf{y}}_t) &= \mathbf{y}_t - \hat{\mathbf{y}}_t \end{aligned}\right\} \tag{7.5.11}$$

图 7.3 示出了具有输出反馈的三层反馈神经网络的一般结构。图 7.3 中, 左图是具有一条延迟线的反馈神经网络, 右图是在两个时间步内展开的反馈神经网络。

具有输出递归的反馈神经网络可以用以下两部分描述。

- 输出反馈的隐藏状态

$$h_j(t) = f(\mathrm{net}_j), \quad j = 1, \cdots, l \tag{7.5.12}$$

$$\mathrm{net}_j = \sum_{i=1}^{n} U_{ji} x_i(t) + \sum_{k=1}^{m} W_{jk} \hat{y}_k(t-1) + b_j, \quad j = 1, \cdots, l \tag{7.5.13}$$

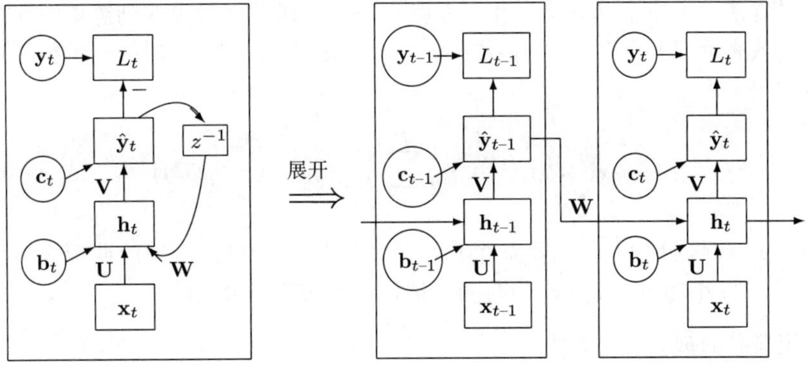

[463]

图 7.3　具有输出递归的三层反馈神经网络的一般结构

- 输出反馈的输出节点

$$\hat{y}_k(t) = g(\text{net}_k), \quad k = 1, \cdots, m \tag{7.5.14}$$

$$\text{net}_k = \sum_{j=1}^{l} V_{kj} h_j(t) + c_j(t), \quad k = 1, \cdots, m \tag{7.5.15}$$

具有输出反馈的反馈神经网络的动态系统可以写为以下矩阵–向量形式

$$\left.\begin{aligned} &\mathbf{h}_t = f(\mathbf{U}_{hx}\mathbf{x}_t + \mathbf{W}_{hy}\hat{\mathbf{y}}_{t-1} + \mathbf{b}_t) \\ &\hat{\mathbf{y}}_t = g(\mathbf{V}_{yh}\mathbf{h}_t + \mathbf{c}_t) \\ &L_t(\mathbf{y}_t, \hat{\mathbf{y}}_t) = \mathbf{y}_t - \hat{\mathbf{y}}_t \end{aligned}\right\} \tag{7.5.16}$$

下面将集中讨论具有输出反馈的反馈神经网络。

7.5.2　时间反向传播 (BPTT)

长度为 T 的输入序列 $\mathbf{x} \in \mathbb{R}^m$ 记为 $(\mathbb{R}^m)^T$, 输出序列 $\mathbf{y} \in \mathbb{R}^n$ 记为 $(\mathbb{R}^n)^T$。于是, 具有 m 个输入、n 个输出和权矩阵 $\mathbf{W}$ 并满足 $\mathbf{y} = \mathbf{W}\mathbf{x}$ 的递归神经网络可以视为连续映射 $(\mathbb{R}^m)^T \to (\mathbb{R}^n)^T$。

给定一组 N 个训练序列 $D = \left\{\left(\mathbf{x}_t^{(n)}, \mathbf{y}_t^{(n)}\right)_{t=1}^{T}\right\}_{n=1}^{N}$, 其中 $\left(\mathbf{x}_t^{(n)}, \mathbf{y}_t^{(n)}\right)$ 表示训练数据集的第 n 个子集的第 t 对样本。于是, 反馈神经网络的参数 $\boldsymbol{\theta} = (\mathbf{W}, \mathbf{U}, \mathbf{V})$ 可以通过最小化下列成本函数估计 [464]

$$J(\boldsymbol{\theta}) = \frac{1}{N}\sum_{n=1}^{N}\sum_{t=1}^{T} d\left(\mathbf{y}_t^{(n)}, \hat{\mathbf{y}}_t^{(n)}\right) \tag{7.5.17}$$

其中, $d(\mathbf{a}, \mathbf{b})$ 表示预先定义的 $\mathbf{a}$ 和 $\mathbf{b}$ 之间的散度测度, 例如欧氏距离 $d(\mathbf{a}, \mathbf{b}) = \|\mathbf{a} - \mathbf{b}\|_2 = \langle \mathbf{a} - \mathbf{b}, \mathbf{a} - \mathbf{b} \rangle^{1/2}$ 或者 Mahalanobis 距离 $d_H(\mathbf{a}, \mathbf{b}) = \|\mathbf{a} - \mathbf{b}\|_H = \langle \mathbf{a} - \mathbf{b}, \mathbf{H}(\mathbf{a} - \mathbf{b}) \rangle^{1/2}$ (其中, $\mathbf{H}$ 是一非负矩阵) 或 KL 散度 $\text{KL}(\mathbf{a}\|\mathbf{b})$。

最常使用的成本函数是求和平方误差 (SSE) 函数。假设在训练集中存在 P 个模式或表示以及反馈神经网络共有 K 个输出单元。于是, 时间 t 的损失或误差函数定义为

$$E_t(y_{pk}(t), \hat{y}_{pk}(t)) = \frac{1}{2}\sum_{p=1}^{P}\sum_{k=1}^{m}\big(y_{pk}(t) - \hat{y}_{pk}(t)\big)^2 \tag{7.5.18}$$

其中, $\mathbf{y}_{pk}(t)$ 是时间 t 在第 k 个输出单元的第 p 个模式有关的期望输出向量 (或给定的样本向量), $\hat{y}_{pk}(t)$ 为时间 t 估计或预测的输出向量。

定义总的损失或误差为

$$E(\mathbf{y}, \hat{\mathbf{y}}) = \sum_{t=1}^{T} E_t(y_{pk}(t), \hat{y}_{pk}(t)) \tag{7.5.19}$$

根据梯度下降法, 网络中每一个权变化 $\Delta\mathbf{W}$ 应该与成本函数相对于权矩阵 $\mathbf{W}$ 的负梯度成正比

$$\Delta\mathbf{W} = -\eta\frac{\partial E}{\partial \mathbf{W}} \tag{7.5.20}$$

其中, η 是学习步长或速率。

[465] 反馈神经网络的设计目标是计算误差相对参数 $\mathbf{U}$、$\mathbf{V}$ 和 $\mathbf{W}$ 的梯度, 然后使用随机梯度下降 (SGD) 学习好的参数。通过模拟误差之和, 每个时间步的梯度也对一个训练样本相加, 以得到

$$\frac{\partial E}{\partial \mathbf{W}} = \sum_{t=1}^{T}\frac{\partial E_t}{\partial \mathbf{W}} \tag{7.5.21}$$

$$\frac{\partial E}{\partial \mathbf{V}} = \sum_{t=1}^{T}\frac{\partial E_t}{\partial \mathbf{V}} \tag{7.5.22}$$

$$\frac{\partial E}{\partial \mathbf{U}} = \sum_{t=1}^{T}\frac{\partial E_t}{\partial \mathbf{U}} \tag{7.5.23}$$

时间反向传播算法[159] 在反馈神经网络设计中起着重要的作用。这个算法的基本思想是应用微分链式法则, 从误差反算上述梯度。

① 计算梯度 $\frac{\partial E_t}{\partial V_{kj}(t)}$

$$\begin{aligned}\frac{\partial E_t}{\partial V_{kj}(t)} &= \frac{\partial E_t}{\partial \hat{\mathbf{y}}_{pk}(t)}\cdot\frac{\partial \hat{\mathbf{y}}_{pk}(t)}{\partial \text{net}_{pk}(t)}\cdot\frac{\partial \text{net}_{pk}(t)}{\partial V_{kj}(t)}\\ &= -\big(y_{pk}(t) - \hat{y}_{pk}(t)\big)g'\big(\hat{y}_{pk}(t)\big)\sum_{j=1}^{l} h_{pj}(t)\\ &= -\delta_{pk}(t)\cdot\sum_{j=1}^{l} h_{pj}(t)\end{aligned} \tag{7.5.24}$$

式中，$\delta_{pk}(t)$ 称为输出节点在时间 t 的误差, 并定义为

$$\delta_{pk}(t) = -\frac{\partial E_t}{\partial \hat{y}_{pk}(t)} \cdot \frac{\partial \hat{y}_{pk}(t)}{\partial \mathrm{net}_{pk}(t)} = \big(y_{pk}(t) - \hat{y}_{pk}(t)\big) g'\big(\hat{y}_{pk}(t)\big) \quad (7.5.25)$$

② 计算梯度 $\frac{\partial E_t}{\partial W_{jk}(t)}$ [466]

$$\frac{\partial E_t}{\partial W_{jk}(t)} = \left[\sum_{k=1}^{m}\left(\frac{\partial E_t}{\partial \hat{\mathbf{y}}_{pk}(t)} \cdot \frac{\partial \hat{\mathbf{y}}_{pk}(t)}{\partial \mathrm{net}_{pk}(t)} \cdot \frac{\partial \mathrm{net}_{pk}(t)}{\partial h_{pj}(t)}\right)\right] \cdot \frac{\partial h_{pj}(t)}{\partial \mathrm{net}_{pj}(t)} \cdot \frac{\partial \mathrm{net}_{pj}(t)}{\partial W_{jk}(t)}$$

$$= -\delta_{pj}(t) \cdot \frac{\partial \mathrm{net}_{pj}(t)}{\partial W_{jk}(t)} = -\delta_{pj}(t) \cdot \sum_{k=1}^{m} \hat{y}_{pk}(t-1) \quad (7.5.26)$$

式中，$\delta_{pj}(t)$ 称为隐藏节点误差, 由式 (7.5.27) 给出

$$\delta_{pj}(t) = -\left(\sum_{k=1}^{m} \frac{\partial E_t}{\partial \hat{y}_{pk}(t)} \cdot \frac{\partial \hat{y}_{pk}(t)}{\partial \mathrm{net}_{pk}} \cdot \frac{\partial \mathrm{net}_{pk}}{\partial h_{pj}(t)}\right) \cdot \frac{\partial h_{pj}(t)}{\partial \mathrm{net}_{pj}}$$

$$= \left(\sum_{k=1}^{m} \delta_{pk} \cdot V_{kj}\right) f'(h_{pj}) \quad (7.5.27)$$

③ 计算梯度 $\frac{\partial E_t}{\partial U_{ji}(t)}$

$$\frac{\partial E_t}{\partial U_{ji}(t)} = \left[\sum_{k=1}^{m}\left(\frac{\partial E_t}{\partial \hat{\mathbf{y}}_{pk}(t)} \cdot \frac{\partial \hat{\mathbf{y}}_{pk}(t)}{\partial \mathrm{net}_{pk}(t)} \cdot \frac{\partial \mathrm{net}_{pk}(t)}{\partial h_{pj}(t)}\right)\right] \cdot \frac{\partial h_{pj}(t)}{\partial \mathrm{net}_{pj}(t)} \cdot \frac{\partial \mathrm{net}_{pj}(t)}{\partial U_{ji}(t)}$$

$$= -\delta_{pj}(t) \cdot \sum_{i=1}^{n} x_{pi}(t) \quad (7.5.28)$$

上述讨论可汇总为下列公式

$$\delta_{pk}(t) = \big(y_{pk}(t) - \hat{y}_{pk}(t)\big) g'\big(\hat{y}_{pk}(t)\big) \quad (7.5.29)$$

$$\delta_{pj}(t) = \left(\sum_{k=1}^{m} \big(\delta_{pk}(t) \cdot V_{jk}(t)\big)\right) \cdot f'\big(h_{pj}(t)\big) \quad (7.5.30)$$

$$V_{kj}(t+1) = V_{kj}(t) + \Delta V_{kj}(t) = V_{kj}(t) + \eta \sum_{p=1}^{P} \delta_{pk} \left(\sum_{j=1}^{l} h_{pj}(t)\right) \quad (7.5.31)$$

$$W_{jk}(t+1) = W_{jk}(t) + \Delta W_{jk}(t) = W_{jk}(t) + \eta \sum_{p=1}^{P} \delta_{pj} \left(\sum_{k=1}^{m} \hat{y}_{pk}(t-1)\right) \quad (7.5.32)$$

$$U_{ji}(t+1) = U_{ji}(t) + \Delta U_{ji}(t) = U_{ji}(t) + \eta \sum_{p=1}^{P} \delta_{pj} \left(\sum_{i=1}^{n} x_{pk}(t)\right) \quad (7.5.33)$$

[467] ### 7.5.3 Jordan 网络和 Elman 网络

在讨论了具有输出反馈的反馈神经网络之后, 我们现在聚集具有遗忘门的反馈神经网络。这种类型的反馈神经网络由下列各式给出[34, 47]

$$\mathbf{i}_t = \sigma\big(\mathbf{W}_{ix}\mathbf{x}_t + \mathbf{W}_{ih}\mathbf{h}_{t-1} + \mathbf{W}_{ic}\mathbf{c}_{t-1} + \mathbf{b}_i\big) \tag{7.5.34}$$

$$\mathbf{f}_t = \sigma\big(\mathbf{W}_{fx}\mathbf{x}_t + \mathbf{W}_{fh}\mathbf{h}_{t-1} + \mathbf{W}_{fc}\mathbf{c}_{t-1} + \mathbf{b}_f\big) \tag{7.5.35}$$

$$\mathbf{c}_t = \mathbf{f}_t \odot \mathbf{c}_{t-1} + \mathbf{i}_t \odot \tanh\big(\mathbf{W}_{cx}\mathbf{x}_t + \mathbf{W}_{ch}\mathbf{h}_{t-1} + \mathbf{b}_c\big) \tag{7.5.36}$$

$$\mathbf{y}_t = \sigma\big(\mathbf{W}_{ox}\mathbf{x}_t + \mathbf{W}_{oh}\mathbf{h}_{t-1} + \mathbf{W}_{oc}\mathbf{c}_t + \mathbf{b}_o\big) \tag{7.5.37}$$

$$\mathbf{h}_t = \mathbf{y}_t \odot \tanh(\mathbf{c}_t) \tag{7.5.38}$$

式中, $\odot$ 表示两个向量的 Hadamard 积或对应元素形式积, 训练中需要学习的变量为:

- $\mathbf{x}_t \in \mathbb{R}^d$ 网络单元的输入向量。
- $\mathbf{f}_t \in \mathbb{R}_t^h$ 遗忘门的激活向量。
- $\mathbf{i}_t \in \mathbb{R}^h$ 输入门的激活向量。
- $\mathbf{y}_t \in \mathbb{R}^h$ 输出门的激活向量。
- $\mathbf{h}_t \in \mathbb{R}^h$ 神经单元的输出向量。
- $\mathbf{c}_t \in \mathbb{R}^h$ 细胞状态向量。
- $\mathbf{W}_{ix}, \mathbf{W}_{fx}, \mathbf{W}_{ox}, \mathbf{W}_{cx} \in \mathbb{R}^{h\times d}$ 分别为输入向量到输入门的权矩阵、遗忘门到输出门的权矩阵、输出门到输入门的权矩阵, 以及细胞到输入门的权矩阵。
- $\mathbf{W}_{ih}, \mathbf{W}_{fh}, \mathbf{W}_{oh}, \mathbf{W}_{ch} \in \mathbb{R}^{h\times h}$ 分别为输入门到隐层门的权矩阵、遗忘门到隐层门的权矩阵、输出门到隐层门的权矩阵, 以及细胞到隐层门的权矩阵。
- $\mathbf{b} \in \mathbb{R}^h$ 为偏置向量。

这里, 上标 d 和 h 分别指输入特征的个数和隐层单元的个数; $\sigma(\cdot)$ 为逻辑斯谛 sigmoid 函数。

在每一步 t, 标准反馈神经网络根据当前输入向量 $\mathbf{x}_t$ 和以前的隐藏向量 $\mathbf{h}_{t-1}$, 利用非线性变换函数 $\phi: \mathbf{h}_t = \phi(\mathbf{x}_t, \mathbf{h}_{t-1})$, 计算隐藏向量 $\mathbf{h}_t$。这个计算称为反馈计算, 并且可以借助 3 种不同的定向机制进行[110]:

- 前向机制: 它从 1 反馈到 n, 并生成前向隐藏向量序列: $R(\mathbf{x}_1, \cdots, \mathbf{x}_n) = \overrightarrow{\mathbf{h}}_1, \cdots, \overrightarrow{\mathbf{h}}_n$。
- 反向机制: 反馈神经网络从 n 到 1 反向递归, 提供反向隐藏向量序列 $R(\mathbf{x}_n, \cdots, \mathbf{x}_1) = \overleftarrow{\mathbf{h}}_n, \cdots, \overleftarrow{\mathbf{h}}_1$。
- 双向机制: 这个机制在两个方向运行反馈神经网络, 产生前向和后向隐层
[468] 向量序列, 然后在每个位置连接它们以生成新的隐藏向量序列 $\mathbf{h}_1^b, \cdots, \mathbf{h}_n^b$, 其中 $\mathbf{h}_i^b = [\overrightarrow{\mathbf{h}}_i, \overleftarrow{\mathbf{h}}_i]$。

反馈神经网络的相互作用方式可以用从先前到当前隐层状态的确定性转移

来描述。确定性状态转移可以用下面的函数描述

$$\text{RNN}: \quad h_t^{l-1}, h_{t-1}^l \to h_t^l \tag{7.5.39}$$

对于经典反馈神经网络, 此函数为

$$h_t^l = f(T_{n,n}h_t^{l-1} + T_{n,n}h_{t-1}^l), \quad f \in \{\text{sigm}, \tanh\} \tag{7.5.40}$$

反馈神经网络还有一个特殊初始偏差 $\mathbf{b}_h^{\text{init}} \in \mathbb{R}^m$, 它取代了时间 $t=1$ 时的形式上未定义的表达式 $\mathbf{W}_{hh}\mathbf{h}_0$。

反馈神经网络有下面两种网络:

- Jordan 网络: 对于具有一个隐层的简单神经网络, 如果输入矩阵表示为 $\mathbf{X} = [\mathbf{x}_1, \cdots, \mathbf{x}_T]$、隐层的权重记为 $\mathbf{W}_h$、输出层的权重记为 $\mathbf{W}_y$、反馈计算的权重记为 $\mathbf{W}_r$、隐层表示记为 $\mathbf{h}$、输出记为 $\mathbf{y}$, 则 Jordan 网络可以表示为

$$\mathbf{h}_t = \sigma(\mathbf{W}_h\mathbf{X} + \mathbf{W}_r\mathbf{y}_{t-1}), \quad \mathbf{y} = \sigma(\mathbf{W}_y\mathbf{h}_t)$$

- Elman 网络: 由 Elman 于 1990 年引入[29], 可以表示为

$$\mathbf{h}_t = \sigma(\mathbf{W}_h\mathbf{X} + \mathbf{W}_r\mathbf{h}_{t-1}), \quad \mathbf{y} = \sigma(\mathbf{W}_y\mathbf{h}_t)$$

图 7.4 和图 7.5 分别显示了 Jordan 网络和 Elman 网络, 从中可以看出结构的不同。

[469]

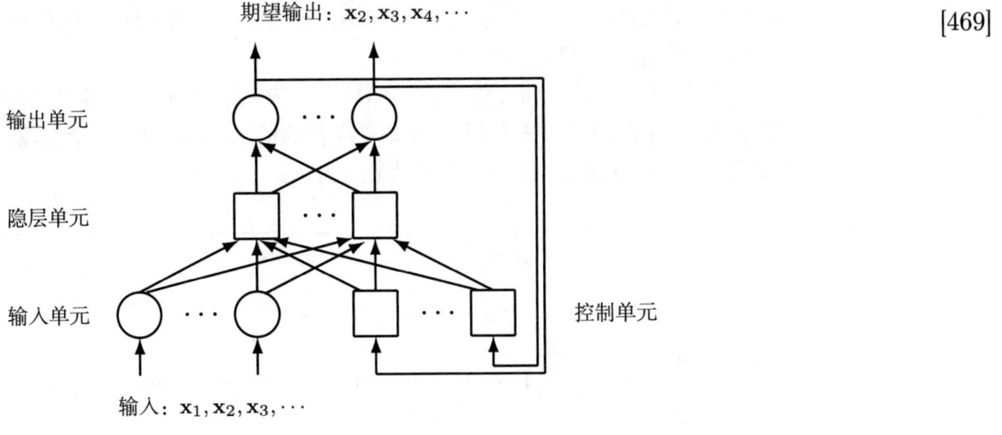

图 7.4　Jordan 网络

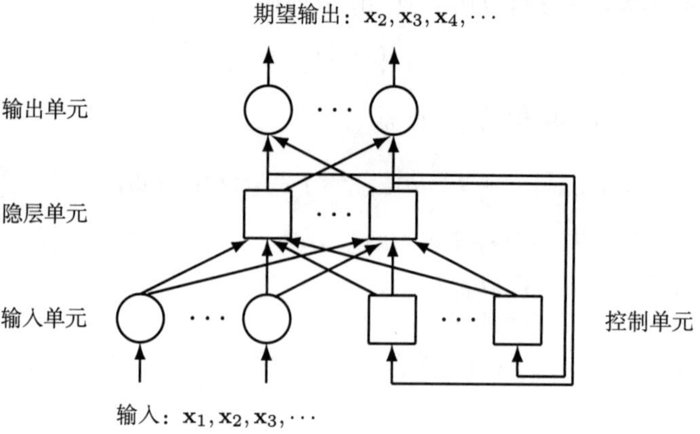

图 7.5　Elman 网络[97]

7.5.4　双向反馈神经网络

如果展开一个反馈神经网络, 就可以得到无限深的前向神经网络的结构。关键问题是: 对应于无限层双向模型的反馈结构是什么? 答案是双向反馈神经网络 (BRNN)[132]。

双向反馈神经网络由 Schuster 和 Paliwal 于 1997 年发明的[132], 其目的是对未展开的结构引入一个双向神经网络, 该网络可以使用特定时间段的过去和将来的可用输入信息进行训练。

如图 7.6 所示, 双向反馈神经网络将两个在相反方向运行的隐层与单个输出相连接, 允许它们接收来自过去和将来状态的信息。图 7.6 中, 上部为输出单元, 中部为前向和反向隐层单元, 下部为输入单元。

[470]

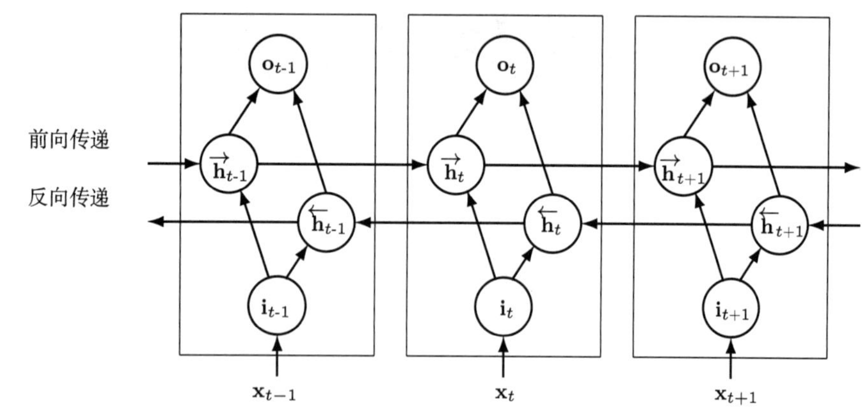

图 7.6　三步展开的双向反馈神经网络

与标准反馈神经网络不同, 双向反馈神经网络的思想是把一个规则的反馈神经网络的状态神经元分成两部分: 一部分负责正时间方向 (正向状态), 另一部分负责负时间方向 (反向状态)。这两种输出状态都不连接到相反方向的输入。在同时具有两个时间方向的情况下, 可以直接使用当前时间帧的过去和将来的输入数据来最小化目标函数。

根据 Graves 的研究[42], 双向反馈神经网络为首选, 因为每个输出向量都依赖于整个输入序列 (而不是像通常的反馈神经网络那样, 仅依赖以前的输入)。

在一般训练中, 前向和后向状态首先在 "前向" 通道中处理, 然后传递给输出神经元。对于后向通道, 则相反: 先处理输出神经元, 然后再传递前向和后向状态。权重仅在向前和向后传递完成后更新。

对于双向反馈神经网络, 随着时间的推移, 展开的双向网络的训练过程可以总结如下[42, 132]。

- 正向传递: 通过双向反馈神经网络运行一个时间帧 $1 \leqslant t \leqslant T$ 的所有输入数据, 并确定所有预测输出。

  ① 对前向状态 (从 $t=1$ 到 $t=T$) 和反向状态 (从 $t=T$ 到 $t=1$) 进行前向传递。

  ② 对输出神经元进行前向传递。

- 反向传递: 对时间帧 $1 \leqslant t \leqslant T$, 计算在正向传递中使用的目标函数导数部分。

  ① 对输出神经元进行反向传递。

  ② 仅对前向状态 (从 $t=1$ 到 $t=T$) 和反向状态 (从 $t=T$ 到 $t=1$) 执行向后传递。

给定长度为 T 的输入序列 $(\mathbf{x}_1, \cdots, \mathbf{x}_T)$, 双向反馈神经网络计算前向隐藏 [471]
序列 $(\overrightarrow{h_1}, \cdots, \overrightarrow{h_T})$, 通过首先迭代从 $t=T$ 到 1 的向后层来计算后向隐藏序列 $(\overleftarrow{h_1}, \cdots, \overleftarrow{h_T})$ 和转录序列 $(f_1, \cdots, f_T)$[42]

$$\overleftarrow{\mathbf{h}}_t = f_h\big(\mathbf{W}_{\overleftarrow{h}i}\mathbf{x}_t + \mathbf{W}_{\overleftarrow{h}\overleftarrow{h}}\overleftarrow{\mathbf{h}}_{t-1} + \mathbf{b}_{\overleftarrow{\mathbf{h}}}\big) \tag{7.5.41}$$

然后再从 $t=1$ 到 T, 迭代前向和输出层, 以计算后向隐藏序列和输出序列

$$\overrightarrow{\mathbf{h}}_t = f_h\big(\mathbf{W}_{\overrightarrow{h}i}\mathbf{x}_t + \mathbf{W}_{\overrightarrow{h}\overrightarrow{h}}\overrightarrow{\mathbf{h}}_{t-1} + \mathbf{b}_{\overrightarrow{\mathbf{h}}}\big) \tag{7.5.42}$$

$$\mathbf{y}_t = \mathbf{W}_{o\overrightarrow{h}}\overrightarrow{\mathbf{h}}_t + \mathbf{W}_{o\overleftarrow{h}}\overleftarrow{\mathbf{h}}_t + \mathbf{b}_o \tag{7.5.43}$$

7.5.5 长短期记忆 (LSTM)

标准反馈神经网络[113] 一直受到两大实际问题的困扰。

- 标准反馈神经网络存在短期记忆问题: 短期记忆影响较大, 但长期影响较小, 故总输出误差相对于以前输入的梯度会随着相关输入之间的时间滞后和错误的增加而快速消失。因此, 长时间滞后对现有网络结构不能存在[33]。
- 训练反馈神经网络需要大量成本。

长短期记忆 (LSTM)[63] 是一种反馈神经网络体系结构, 其设计目的是比标准反馈神经网络能够更好地存储和访问信息。长短期记忆本质上是一种反馈网络结构, 与一种基于梯度的学习算法相结合而成。

对于一般目的的序列建模, 已经广泛认识到 (例如参见文献 [43, 44, 63, 112, 135, 143]), 长短期记忆作为一种特殊的反馈神经网络, 业已被证明对长期相关性的建模是稳定和强大的。长短期记忆的主要创新之处在于它的存储细胞 $\mathbf{c}_t$, 它实质上充当状态信息的累加器。该细胞由几个自参数控制门进行访问、写入和清除。每当有新的输入出现时, 如果输入门被激活, 它的信息就会累积到单元中。此外, 在这个过程中, 如果遗忘门 $\mathbf{f}_t$ 工作, 则过去的细胞状态 $\mathbf{c}_{t-1}$ 就可能被"遗忘" [135]。

由长短期记忆单元组成的反馈神经网络通常被称为长短期记忆网络。一个通用的长短期记忆单元由一个细胞、一个输入门、一个输出门和一个遗忘门组成。

[472] 长短期记忆层由一组循环连接的块 (称为内存块) 组成。这些块可以看成是数字计算机中存储芯片的可微版本。每个块包含一个或多个重复连接的存储细胞和三个乘法单元: 输入门 ($\mathbf{i}$)、输出门 ($\mathbf{y}$) 和遗忘门 ($\mathbf{f}$)。在计算加权和的激活 (使用激活函数) 的前馈 (或多层) 神经网络中, 每个门都可以被视为"标准"神经元。向量 $\mathbf{i}_t$、$\mathbf{y}_t$ 和 $\mathbf{f}_t$ 分别表示在时间步 t 时输入门、输出门和遗忘门的激活。

细胞输出 y_c 通过当前细胞状态和四个输入源计算: net_c 是细胞本身的输入、而 net_i、net_f 和 net_o 分别是输入门、遗忘门和输出门的输入。

令 j 表示内存块的编号; v 是块 j (带有 S_j 个细胞) 中的存储细胞的编号, 使得 c_j^v 表示第 j 个内存块的第 v 个单元; w_{lm} 是从单元 m 到单元 l 的连接上的权重。对于门 f_l, $l \in \{i, o, f\}$ 是一个范围为 $[0,1]$ 的逻辑斯谛 sigmoid 函数。

在标准长短期记忆中, 一个典型的长短期记忆细胞由输入门、遗忘门、输出门和细胞激活组成。这些单元接收来自不同来源的激活信号, 并通过设计的乘法器控制细胞的激活, 如下所述[126]。

引入以下符号。

- S 表示进行训练的输入序列, 它从时间 τ_0 运行至 τ_1。
- i, f, o 分别表示输入门、遗忘门和输出门。
- c 表示细胞, 指的是一组细胞 C 的一个元素。
- $x_k(\tau)$ 是单元 k 在时间 τ 的网络输入, $y_k(\tau)$ 表示其激活。
- $s_c(\tau)$ 是细胞 c 在时间 τ 的状态值, 即在输入门和输出门被应用之后的值。
- $t_k(\tau)$ 表示输出单元 k 在时间 τ 的训练目标。
- $E(\tau)$ 指网络在时间 τ 的 (标量) 输出误差。
- $g(x_c)$ 和 $h(s_c)$ 分别是细胞输入和状态挤压函数。
- $\sigma(x_i)$、$\sigma(x_f)$ 和 $\sigma(x_o)$ 分别是输入门、遗忘门和输出门的挤压函数。
- w_{ij} 是单元 j 到单元 i 的权重。

下面是多层网络中全梯度长短期记忆层的伪码[45]。

1. 前向传播

- 重置所有激活为 0。
- 从时间 τ_0 向前运行到时间 τ_1, 输入并更新激活。存储所有隐层, 并在每个时间步输出激活。
- 对每个长短期记忆块, 激活更新: [473]

输入门

$$x_i(\tau) = \sum_{j \in N} w_{ij} y_j(\tau - 1) + \sum_{c \in C} w_{ic} s_c(\tau - 1)$$
$$y_i(\tau) = \sigma(x_i(\tau))$$

遗忘门

$$x_f(\tau) = \sum_{j \in N} w_{fj} y_j(\tau - 1) + \sum_{c \in C} w_{fc} s_c(\tau - 1)$$
$$y_f(\tau) = \sigma(x_f(\tau))$$

细胞

$$x_c(\tau) = \sum_{j \in N} w_{cj} y_j(\tau - 1), \forall c \in C$$
$$s_c(\tau) = y_f s_c(\tau - 1) + y_i g(x_c(\tau))$$

输出门

$$x_o(\tau) = \sum_{j \in N} w_{oj} y_j(\tau - 1) + \sum_{c \in C} w_{oc} s_c(\tau)$$
$$y_o(\tau) = \sigma(x_o(\tau))$$

细胞输出

$$y_c(\tau) = y_o(\tau) h(s_c(\tau)), \forall c \in C$$

2. 反向传播

- 重置所有偏导为 0。
- 从时间 τ_1 开始, 通过展开的网络, 使用 softmax 输出层的标准时间反向传播方程和互熵误差函数, 向后传播输出误差

$$\delta_k(\tau) = \frac{\partial E(\tau)}{\partial x_k(\tau)} = y_k(\tau) - t_k(\tau), k \in \text{输出单元}$$

- 对每一个长短期记忆块, 从时间 $\tau_1 - 1$ 到时间 τ_0, 计算各个 δ 值:

细胞输出

$$\epsilon_c(\tau) = \sum_{j \in N} w_{jc} \delta_j(\tau + 1), \forall c \in C$$

输出门

$$\delta_o(\tau) = \sigma'(x_o(\tau)) \sum_{c \in C} \epsilon_c(\tau) h(s_c(\tau))$$

状态

$$\frac{\partial E(\tau)}{\partial s_c(\tau)} = \epsilon_c(\tau) y_o(\tau) h'(s_c(\tau)) + \frac{\partial E(\tau + 1)}{\partial s_c(\tau + 1)} y_o(\tau + 1) + \delta_i(\tau + 1) w_{ic} + \delta_f(\tau + 1) w_{fc} + \delta_o(\tau + 1) w_{oc}$$

细胞

$$\delta_c(\tau) = y_i(\tau) g'(x_c(\tau)) \frac{\partial E(\tau)}{\partial s_c(\tau)}$$

遗忘门

$$\delta_f(\tau) = \sigma'(x_f(\tau)) \sum_{c \in C} \frac{\partial E(\tau-1)}{\partial s_c(\tau-1)}$$

[474] 输入门

$$\delta_i(\tau) = \sigma'(x_i(\tau)) \sum_{c \in C} \frac{\partial E(\tau)}{\partial s_c(\tau)} g(x_c(\tau))$$

- 利用标准时间反向传播公式，累加各个 δ 值，以得到累积序列误差的偏导数

$$E_{\text{total}}(S) = \sum_{\tau=\tau_0}^{\tau_1} E(\tau)$$

$$\nabla_{ij}(S) = \frac{E_{\text{total}}(S)}{\partial w_{ij}}$$

$$\Rightarrow \nabla_{ij}(S) = \sum_{\tau=\tau_0+1}^{\tau_1} \delta_i(\tau) y_j(\tau-1)$$

3. 更新权重

在序列 S 出示之后，选择学习速率 α 和动量因子 m，用附加动量因子的梯度下降算法更新所有权重

$$\Delta w_{ij}(S) = -\alpha \nabla_{ij}(S) + m \Delta w_{ij}(S-1)$$

激活函数可以选取:

- σ_f: sigmoid 函数。
- σ_i: 双曲正切函数。
- σ_o: 双曲正切函数，或者如窥视孔长短期记忆所推荐的函数 $\sigma_h(x) = x$。

7.5.6 长短期记忆的改进

反馈神经网络是强大的序列数据学习方法，但也存在局限性。

- 它们需要预先分割的训练数据，以及将输出转换为标签序列的后处理，它们对未分割的序列数据的适用性有限[46]。
- 它们可能无法理解比序列更复杂的输入结构[175]。

为了避免将训练数据预分割和后处理成标签序列，Graves 等人[46] 于 2006 年提出了一种训练反馈神经网络直接对未分割序列进行标记的方法，从而解决了这两个问题。称这个方法为时序分类 (CTC)。

[475] 设 S 为从固定分布 $\mathcal{D}_{\mathcal{X} \times \mathcal{Z}}$ 中抽取的一组训练样本。S 中的每个样本都包含一对序列 $(\mathbf{x}, \mathbf{z})$，其中目标序列 $\mathbf{z} = (z_1, \cdots, z_U)$ 最多与输入序列 $\mathbf{x} = (x_1, \cdots, x_T)$ 相同，即 $U \leqslant T$。由于这些输入序列和目标序列的长度不同，因此无法进行先验对齐。

CTC 方法使用一个 softmax 层来定义沿输入序列每一步 t 的单独输出分布 $P(k|t)$。这一分布包含 K 个音素加上一个额外的空白符号 $\varnothing$, 表示一个非输出 (因此, softmax 层的大小是 $K+1$)。

经 CTC 过滤的反馈神经网络通常是双向的, 以确保每个 $P(k|t)$ 依赖于整个输入序列, 而不仅仅是 t 的输入。例如, 对于深度双向网络, $P(k|t)$ 定义为[47]

$$\mathbf{y}_t = \mathbf{W}_{\overrightarrow{h}^N y}\overrightarrow{\mathbf{h}}_t^N + \mathbf{W}_{\overleftarrow{h}^N y}\overleftarrow{\mathbf{h}}_t^N + \mathbf{b}_y \tag{7.5.44}$$

$$P(k|t) = \frac{\exp(y_t[k])}{\sum_{k'=1}^{K}\exp(y_t[k'])} \tag{7.5.45}$$

式中, $y_t[k]$ 是长度为 $K+1$ 的非归一化输出向量 $\mathbf{y}_t$ 的第 k 个元素, N 表示双向级别数, 而 $\mathbf{W}_{\overrightarrow{h}^N y}$ 和 $\mathbf{W}_{\overleftarrow{h}^N y}$ 分别表示从前向隐藏状态和反向隐藏状态到输出门的权重矩阵。

LSTM 可以学习较长的序列相关性, 但它可能无法理解比序列更复杂的输入结构。克服 LSTM 中的梯度消失问题及从输入中学习长期依赖关系, Zhu 等人[175] 为 LSTM 建立了一个多子细胞或多子代细胞模型, 称为 S-LSTM 网络。S-LSTM 是由 S-LSTM 存储块构成的, 基于一个层次结构工作。

每一个 S-LSTM 存储块包含一个输入门和一个输出门, 但与 LSTM 不同, S-LSTM 有两个或多个遗忘门。遗忘门的数量取决于节点的子节点数量。对于两个子节点, 它们的隐藏向量 $\mathbf{h}_{t-1}^L$ 表示左子节点, 而 $\mathbf{h}_{t-1}^R$ 对应右子节点。这些隐藏向量被作为当前块的输入。

S-LSTM 记忆块的前向计算规定为[175]:

- 输入门 $\mathbf{i}_t$ 包含 4 个信息源: 隐层向量 ($\mathbf{h}_{t-1}^L$ 和 $\mathbf{h}_{t-1}^R$) 及其两个子节点的细胞向量 ($\mathbf{c}_{t-1}^L$ 和 $\mathbf{c}_{t-1}^R$), 即

$$\mathbf{i}_t = \sigma(\mathbf{W}_{hi}^L\mathbf{h}_{t-1}^L + \mathbf{W}_{hi}^R\mathbf{h}_{t-1}^R + \mathbf{W}_{ci}^L\mathbf{c}_{t-1}^L + \mathbf{W}_{ci}^R\mathbf{c}_{t-1}^R + \mathbf{b}_i) \tag{7.5.46}$$

式中, σ 是元素形式的逻辑斯谛函数, 用于将门控信号限制在 $[0,1]$ 范围内。

- 上述 4 个信息源通过不同的权重矩阵, 也用于形成左遗忘门 $\mathbf{f}_{t-1}^L$ 的门控 [476]
信号以及右遗忘门 $\mathbf{f}_{t-1}^R$ 的门控信号

$$\mathbf{f}_t^L = \sigma(\mathbf{W}_{hf_l}^L\mathbf{h}_{t-1}^L + \mathbf{W}_{hf_l}^R\mathbf{h}_{t-1}^R + \mathbf{W}_{cf_l}^L\mathbf{c}_{t-1}^L + \mathbf{W}_{cf_l}^R\mathbf{c}_{t-1}^R + \mathbf{b}_{f_l}) \tag{7.5.47}$$

$$\mathbf{f}_t^R = \sigma(\mathbf{W}_{hf_r}^L\mathbf{h}_{t-1}^L + \mathbf{W}_{hf_r}^R\mathbf{h}_{t-1}^R + \mathbf{W}_{cf_r}^L\mathbf{c}_{t-1}^L + \mathbf{W}_{cf_r}^R\mathbf{c}_{t-1}^R + \mathbf{b}_{f_r}) \tag{7.5.48}$$

- 细胞门的细胞考虑来自用两个分离的遗忘门得到的两个子细胞向量 ($\mathbf{c}_{t-1}^L$, $\mathbf{c}_{t-1}^R$) 的拷贝。左、右遗忘门可以独立进行控制, 允许传递来自子细胞向量的信息

$$\mathbf{x}_t = \mathbf{W}_{hx}^L\mathbf{h}_{t-1}^L + \mathbf{W}_{hx}^R\mathbf{h}_{t-1}^R + \mathbf{b}_x \tag{7.5.49}$$

$$\mathbf{c}_t = \mathbf{f}_t^L \odot \mathbf{c}_{t-1}^L + \mathbf{f}_t^R \odot \mathbf{c}_{t-1}^R + \mathbf{i}_t \odot \tanh(\mathbf{x}_t) \tag{7.5.50}$$

- 输出门 $\mathbf{o}_t$ 考虑来自子细胞的隐层向量和当前细胞向量

$$\mathbf{o}_t = \sigma(\mathbf{W}_{ho}^L \mathbf{h}_{t-1}^L + \mathbf{W}_{ho}^R \mathbf{h}_{t-1}^R + \mathbf{W}_{co}\mathbf{c}_t + \mathbf{b}_o) \tag{7.5.51}$$

- 当前块的隐层向量 $\mathbf{h}_t$ 和细胞向量 $\mathbf{c}_t$ 被传递给父块, 并根据当前块是父块的左子块还是右子块而使用

$$\mathbf{h}_t = \mathbf{o}_t \odot \tanh(\mathbf{c}_t) \tag{7.5.52}$$

S-LSTM 存储块的反向计算使用结构上的反向传播[175]

$$\boldsymbol{\epsilon}_t^h = \frac{\partial o}{\partial \mathbf{h}_t} \tag{7.5.53}$$

$$\frac{\partial o_t}{\partial \mathbf{x}} = \boldsymbol{\epsilon}_t^h \odot \tanh(\mathbf{c}_t) \odot \sigma'(o_t) \tag{7.5.54}$$

$$\frac{\partial f_t^l}{\partial \mathbf{x}} = \boldsymbol{\epsilon}_t^c \odot \mathbf{c}_{t-1}^L \odot \sigma'(f_t^L) \tag{7.5.55}$$

在方便的 LSTM 中, 每个门接收来自输入单元和所有细胞输出的连接, 但是没有来自“恒定错误传送带”(CEC) 的直接连接, 该传送带为长时间段提供短期记忆存储。一个简单但有效的补救方法是将 CEC 的加权“窥视孔”连接添加到同一个存储块的门上[34]。窥视孔连接允许所有输入门 i、输出门 y 和遗忘门
[477] f 检查当前单元状态, 即使输出门关闭。这些信息对于找到良好的网络解决方案至关重要。

从内存单元 $\mathbf{c}$ 到三个门 $\mathbf{i}$、$\mathbf{y}$ 和 $\mathbf{f}$ 的窥视孔连接实际上表示在时间步骤 $t-1$ 激活存储单元 $\mathbf{c}_{t-1}$ 的贡献, 即 $\mathbf{c}_{t-1}$ 的贡献而不是 $\mathbf{c}_t$ 的贡献。

带有窥视孔连接的 LSTM 称为窥视孔 LSTM, 由 Gers 等人[33, 34] 提出。窥视孔 LSTM 的关键更新方程为

$$\mathbf{f}_t = \sigma_g(\mathbf{W}_f \mathbf{x}_t + \mathbf{U}_f \mathbf{c}_{t-1} + \mathbf{b}_f) \tag{7.5.56}$$

$$\mathbf{i}_t = \sigma_g(\mathbf{W}_i \mathbf{x}_t + \mathbf{U}_i \mathbf{c}_{t-1} + \mathbf{b}_i) \tag{7.5.57}$$

$$\mathbf{y}_t = \sigma_g(\mathbf{W}_o \mathbf{x}_t + \mathbf{U}_o \mathbf{c}_{t-1} + \mathbf{b}_o) \tag{7.5.58}$$

$$\mathbf{c}_t = \mathbf{f}_t \odot \mathbf{c}_{t-1} + \mathbf{i}_t \odot \sigma_c(\mathbf{W}_c \mathbf{x}_t + \mathbf{U}_c \mathbf{c}_{t-1} + \mathbf{b}_c) \tag{7.5.59}$$

$$\mathbf{h}_t = \mathbf{y}_t \odot \sigma_h(\mathbf{c}_t) \tag{7.5.60}$$

7.6 Boltzmann 机

由 Ackley 等人于 1985 年发明的 Boltzmann 机[1], 是另一种依赖随机 (概率) 学习形式的神经网络。Boltzmann 机与 Hopfield 网络密切相关。

7.6.1 Hopfield 网络与 Boltzmann 机

基于能量的模型是一类特殊的神经网络。最简单的能量模型是 Hopfield 网络, 由 Hopfield 于 1982 年首次采用[65], 它通常被视为递归神经网络的一种形式。

Hopfield 网络是一个全连接的神经网络, 具有二进制阈值神经单元, 其值为 0 或 1。这些单位以一种“循环”的方式完全相连, 其中权重和神经元之间的连接是双向的。

使用这一设置, Hopfield 网络的能量定义为

$$E = -\sum_{i} s_i b_i - \sum_{i,j} s_i s_j w_{ij} \tag{7.6.1}$$

式中, s_i 是单元 i 的状态, b_i 表示其偏差, w_{ij} 表示连接单元 i 和 j 的双向权系数。

Hopfield 网络有两种推理过程[155]。 [478]

- 异步更新: 对于一个数据状态, 网络测试如果反转一个单元的状态, 能量是否会减少。如果是这样, 网络将反转这一状态, 并继续测试下一个单元。
- 同步更新: 网络首先测试所有单元, 然后将所有单元同时反转。

Hopfield 网络的主要缺点有两个[155]。

- 异步和同步更新方法都可能导致局部最优。同步更新甚至可能导致能量增加, 并可能收敛到状态的振荡或循环。
- Hopfield 网络无法保持存储的高效性, 因为 N 个单元的网络最多只能存储 $0.15N^2$ bit, 但是存储 N 单元所需的比特数是 $N^2 \log(2M+1)$ (M 为数据的样本个数)[65]。

有趣而重要的是, 随着 Hopfield 网络中隐藏单元的引入, 模型可以从 Hopfield 网络的最初思想升级并进化来取代 Hopfield 网络。这就是流行的 Boltzmann 机和受限 Boltzmann 机的基本思想。

Boltzmann 机的随机神经元分为两个功能组: 隐藏单元和可见单元。如图 7.7 所示为 Hopfield 网络和 Boltzmann 机的比较[155]。图 7.7 (a) 是 Hopfield 网络, 其中 6 个二值阈值神经单元构成完全连接的网络, 每个单元都与数据相连。图 7.7 (b) 是 Boltzmann 机, 其模型分为两部分: 可见单元和隐藏单元 (阴影节点), 虚线用于突出显示模型的分隔。

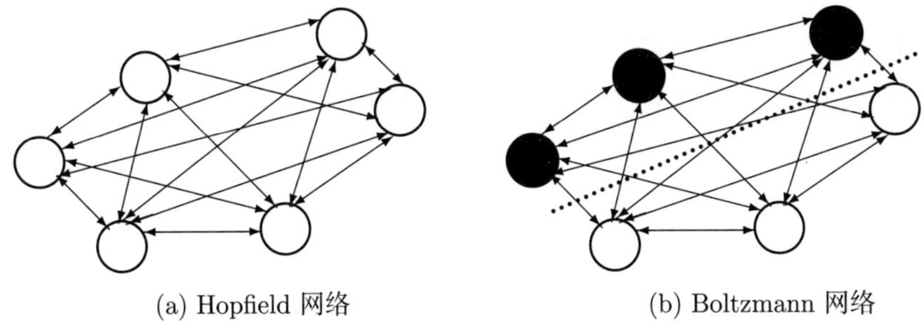

(a) Hopfield 网络　　(b) Boltzmann 网络

图 7.7　Hopfield 网络和 Boltzmann 机的比较

在 Boltzmann 机中，只有可见的单元与数据相连，而隐藏单元用来帮助可见单元描述数据的分布，但它仍然在这些单元之间保持一个完全连接的网络。

[479] Boltzmann 机和 Hopfield 网络具有以下共同特征[52]:

- 它们的处理单元的状态有二进制值 (比如 +1 和 −1)。
- 各单位间的所有突触连接均是对称的。
- 单元随机选取，一次一个进行更新。
- 它们没有自我反馈。

Boltzmann 机与 Hopfield 网络有 3 个重要区别[52]。

- Boltzmann 机允许使用隐藏的神经元，而在 Hopfield 网络中没有。
- Boltzmann 机使用具有概率触发机制的随机神经元，而标准 Hopfield 网络使用具有确定性触发机制的神经元。
- Boltzmann 机以有监督的方式运行，而 Hopfield 网络以无监督的方式运行。

上述共同特征和重要区别有助于更好地理解以下关于 Boltzmann 机的讨论。

Boltzmann 机对能量函数的定义与 Hopfield 网络的能量函数式 (7.6.1) 相同，只是 Boltzmann 机根据隐藏单元和可见单元分解能量函数[65]

$$E(\mathbf{x},\mathbf{h}) = -\mathbf{b}^{\mathrm{T}}\mathbf{x} - \mathbf{c}^{\mathrm{T}}\mathbf{h} - \mathbf{h}^{\mathrm{T}}\mathbf{W}\mathbf{x} - \mathbf{x}^{\mathrm{T}}\mathbf{U}\mathbf{x} - \mathbf{h}^{\mathrm{T}}\mathbf{V}\mathbf{h} \tag{7.6.2}$$

式中，$\mathbf{b}$ 和 $\mathbf{c}$ 分别是与输入 $\mathbf{x}$ (可见向量) 和隐层输出 $\mathbf{h}$ (隐藏向量) 相关联的偏移量；而 $\mathbf{W}$、$\mathbf{U}$ 和 $\mathbf{V}$ 分别是隐藏 – 可见单元、可见 – 可见单元和隐藏 – 隐藏单元的权矩阵。

如果只考虑一个观察到的部分 (用 $\mathbf{x}$ 表示) 和一个隐藏部分 $\mathbf{h}$，那么基于能量的概率分布可以定义为[8, 65]

$$P(\mathbf{x},\mathbf{h}) = \frac{\mathrm{e}^{-E(\mathbf{x},\mathbf{h})}}{Z} \tag{7.6.3}$$

式中，在可见和隐藏空间上求和的规格化因子

$$Z = \sum_{\mathbf{x},\mathbf{h}} \mathrm{e}^{-E(\mathbf{x},\mathbf{h})} \tag{7.6.4}$$

与物理系统类似，称为分拆函数。

[480] 因为只观察到 $\mathbf{x}$，所以只需要关心边缘分布

$$p(\mathbf{x}) = \frac{1}{Z}\sum_{\mathbf{h}} \mathrm{e}^{-E(\mathbf{x},\mathbf{h})} \tag{7.6.5}$$

将式 (7.6.4) 代入式 (7.6.5)，得到以下结果

$$p(\mathbf{x}) = \frac{\sum_{\mathbf{h}} \mathrm{e}^{-E(\mathbf{x},\mathbf{h})}}{\sum_{\bar{\mathbf{x}},\mathbf{h}} \mathrm{e}^{-E(\bar{\mathbf{x}},\mathbf{h})}} \tag{7.6.6}$$

式中, 对数–似然形式为

$$\log p(\mathbf{x}) = \log \sum_{\mathbf{h}} \mathrm{e}^{-E(\mathbf{x},\mathbf{h})} - \log \sum_{\bar{\mathbf{x}},\mathbf{h}} \mathrm{e}^{-E(\bar{\mathbf{x}},\mathbf{h})} \tag{7.6.7}$$

于是, 通过令 $\theta = (\mathbf{b}, \mathbf{c}, \mathbf{W}, \mathbf{U}, \mathbf{V})$ 表示 Boltzmann 模型的参数, 则有[8]

$$\begin{aligned}\frac{\partial \log p(\mathbf{x})}{\partial \theta} &= \frac{\partial \log \sum_{\mathbf{h}} \mathrm{e}^{-E(\mathbf{x},\mathbf{h})}}{\partial \theta} - \frac{\partial \log \sum_{\bar{\mathbf{x}},\mathbf{h}} \mathrm{e}^{-E(\bar{\mathbf{x}},\mathbf{h})}}{\partial \theta} \\ &= -\frac{1}{\sum_{\mathbf{h}} \mathrm{e}^{-E(\mathbf{x},\mathbf{h})}} \sum_{\mathbf{h}} \mathrm{e}^{-E(\mathbf{x},\mathbf{h})} \frac{\partial E(\mathbf{x},\mathbf{h})}{\partial \theta} + \\ &\quad \frac{1}{\sum_{\bar{\mathbf{x}},\mathbf{h}} \mathrm{e}^{-E(\bar{\mathbf{x}},\mathbf{h})}} \sum_{\bar{\mathbf{x}},\mathbf{h}} \mathrm{e}^{-E(\bar{\mathbf{x}},\mathbf{h})} \frac{\partial \mathrm{e}^{-E(\bar{\mathbf{x}},\mathbf{h})}}{\partial \theta} \\ &= -\sum_{\mathbf{h}} p(\mathbf{h}|\mathbf{x}) \frac{\partial E(\mathbf{x},\mathbf{h})}{\partial \theta} + \sum_{\bar{\mathbf{x}},\mathbf{h}} p(\bar{\mathbf{x}},\mathbf{h}) \frac{\partial E(\bar{\mathbf{x}},\mathbf{h})}{\partial \theta}\end{aligned} \tag{7.6.8}$$

令 $\mathbf{s} = \begin{bmatrix}\mathbf{x}\\ \mathbf{h}\end{bmatrix}$ 表示 Boltzmann 机中的所有单元, 则式 (7.6.2) 可以改写为

$$E(\mathbf{s}) = -[\mathbf{b}^{\mathrm{T}}, \mathbf{c}^{\mathrm{T}}] \begin{bmatrix}\mathbf{x}\\ \mathbf{h}\end{bmatrix} - [\mathbf{x}^{\mathrm{T}}, \mathbf{h}^{\mathrm{T}}] \begin{bmatrix}\mathbf{U} & \mathbf{O}\\ \mathbf{W} & \mathbf{V}\end{bmatrix} \begin{bmatrix}\mathbf{x}\\ \mathbf{h}\end{bmatrix} = -\mathbf{d}^{\mathrm{T}}\mathbf{s} - \mathbf{s}^{\mathrm{T}}\mathbf{A}\mathbf{s} \tag{7.6.9}$$

其中

$$\mathbf{d} = \begin{bmatrix}\mathbf{b}\\ \mathbf{c}\end{bmatrix}, \quad \mathbf{A} = \begin{bmatrix}\mathbf{U} & \mathbf{O}\\ \mathbf{W} & \mathbf{V}\end{bmatrix} \tag{7.6.10}$$

7.6.2 受限 Boltzmann 机

受限 Boltzmann 机 (RBM) 是 Boltzmann 机的一个版本, 其限制条件是可见单元或隐藏单元之间没有连接。受限 Boltzmann 机于 1986 年由 Smolensky 发明[139]。

图 7.8 所示为受限 Boltzmann 机与 Boltzmann 机的比较[155]。在受限 Boltzmann 机中, 隐藏单元 (阴影节点) 之间没有任何连接, 可见单元 (无阴影节点) 之间也没有任何连接。

受限 Boltzmann 机是两层、两部分组成的无向图形模型, 具有一组二进制隐藏单元 $\mathbf{h}$ 和一组 (二进制或实值) 的可见单元 $\mathbf{x}$。两层之间由权矩阵 $\mathbf{W}$ 对称连接。受限 Boltzmann 机的概率语义由 $p(\mathbf{x}; \mathbf{h})$ 表示, 并由其能量函数定义为

$$p(\mathbf{x}, \mathbf{h}) = \frac{\mathrm{e}^{-E(\mathbf{x},\mathbf{h})}}{Z(\mathbf{h})} \tag{7.6.11}$$

式中, $Z(\mathbf{h}) = \sum_{\bar{\mathbf{h}}} \mathrm{e}^{-E(\mathbf{x},\bar{\mathbf{h}})}$ 称为隐藏单元的分拆函数。

考虑一组假定为二值图像的二值向量的训练集。训练集可以使用一个称为受限 Boltzmann 机的双层网络来建模。在受限 Boltzmann 机中, 随机的二进制

[481]

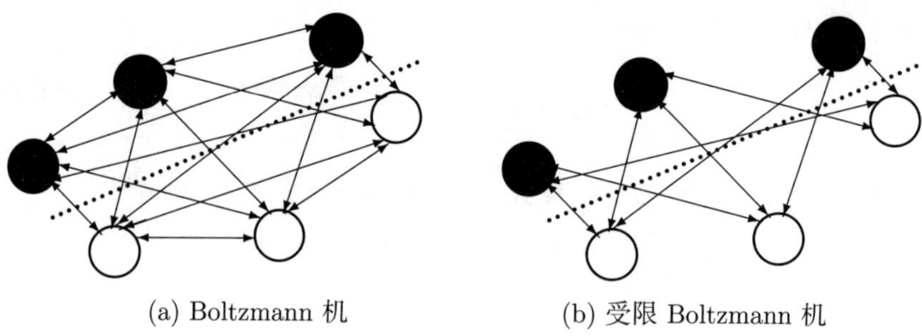

(a) Boltzmann 机　　(b) 受限 Boltzmann 机

图 7.8　Boltzmann 机与受限 Boltzmann 机的比较

像素通过对称加权连接连接到随机的二进制特征检测器。由于观察到像素的状态, 这些像素对应受限 Boltzmann 机的 “可见” 单元; 而特征检测器对应 “隐藏” 单元。在可见单元之间或者在隐藏单元之间无连接, 式 (7.6.2) 中的 $\mathbf{U}$ 和 $\mathbf{V}$ 是两个零权矩阵。

令 $x_i, i = 1, \cdots, m$ 和 $h_j, j = 1, \cdots, F$ 分别是观测到的可见变量和隐藏
[482] (潜在) 变量的二进制值。于是, Boltzmann 机的能量函数式 (7.6.2) 简化为受限 Boltzmann 机的能量函数[65]

$$
\begin{aligned}
E(\mathbf{x}, \mathbf{h}) &= -\sum_{i=1}^{m} b_i x_i - \sum_{j=1}^{F} c_j h_j - \sum_{i,j} x_i W_{ij} h_j \\
&= -\mathbf{x}^{\mathrm{T}} \mathbf{W} \mathbf{h} - \mathbf{b}^{\mathrm{T}} \mathbf{x} - \mathbf{c}^{\mathrm{T}} \mathbf{h}
\end{aligned} \tag{7.6.12}
$$

式中, x_i 和 h_j 分别是可见单元 i 和隐藏单元 j 的二进制状态, b_i 和 c_j 分别是它们的偏差, W_{ij} 则是它们之间的权重; 而 $\mathbf{b} = [b_i]$ 为可见单元偏差向量, $\mathbf{c} = [c_j]$ 为隐藏单元偏差向量。

在回归问题中, 可见单元 $\mathbf{x}$ 取实值, 并且能量函数定义为

$$
\begin{aligned}
E(\mathbf{x}, \mathbf{h}) &= \frac{1}{2} \sum_{i=1}^{m} x_i^2 - \sum_{i=1}^{m} \sum_{j=1}^{F} x_i W_{ij} h_j - \sum_{i=1}^{m} b_i x_i - \sum_{j=1}^{F} c_j h_j \\
&= \frac{1}{2} \mathbf{x}^{\mathrm{T}} \mathbf{x} - \mathbf{x}^{\mathrm{T}} \mathbf{W} \mathbf{h} - \mathbf{b}^{\mathrm{T}} \mathbf{x} - \mathbf{c}^{\mathrm{T}} \mathbf{h}
\end{aligned} \tag{7.6.13}
$$

显然, 当给定可见单元时, 隐藏单元彼此是条件独立的, 反之亦然。特别地, 二元层的单元 (以另一层为条件) 是独立的 Bernoulli 随机变量, 如果可见层是实数, 则可见单元 (以隐层为条件) 是具有对角协方差的高斯分布[92]。

因此, 可以容易地得到受限 Boltzmann 机的条件概率的易处理表达式为[8]

$$
\begin{aligned}
p(\mathbf{h}|\mathbf{x}) &= \frac{p(\mathbf{x})}{p(\mathbf{x}, \mathbf{h})} \\
&= \frac{\exp\left(\mathbf{b}^{\mathrm{T}} \mathbf{x} + \mathbf{c}^{\mathrm{T}} \mathbf{h} + \mathbf{x}^{\mathrm{T}} \mathbf{W} \mathbf{h}\right)}{\sum_{\bar{\mathbf{h}}} \exp\left(\mathbf{b}^{\mathrm{T}} \mathbf{x} + \mathbf{c}^{\mathrm{T}} \bar{\mathbf{h}} + \mathbf{x}^{\mathrm{T}} \mathbf{W} \bar{\mathbf{h}}\right)}
\end{aligned}
$$

$$= \frac{\prod_{j=1}^{F} \exp\left(c_j h_j + h_j \mathbf{w}_j^{\mathrm{T}} \mathbf{x}\right)}{\prod_{j=1}^{F} \sum_{j'=1}^{F} \exp\left(c_j h_{j'} + h_{j'} \mathbf{w}_j^{\mathrm{T}} \mathbf{x}\right)}$$

$$= \prod_{j=1}^{F} \frac{\exp\left(h_j(c_j + \mathbf{w}_j^{\mathrm{T}} \mathbf{x})\right)}{\sum_{j'=1}^{F} \exp\left(h_{j'}(c_j + \mathbf{w}_j^{\mathrm{T}} \mathbf{x})\right)}$$

$$= \prod_{j=1}^{F} P(h_j|\mathbf{x}) \tag{7.6.14}$$

其中，$\mathbf{w}_j$ 是权矩阵 $\mathbf{W} = [\mathbf{w}_1, \cdots, \mathbf{w}_F] \in \mathbb{R}^{m\times F}$ 的第 j 列。

由受限 Boltzmann 机的特殊结构 (即, 层之间有连接, 而层内的节点之间无连接) 可知, 在已知可见单元状态的情况下, 各个隐藏单元的激活状态是条件独立的。于是, 第 j 个隐藏单元的激活概率为 [483]

$$p(h_j = 1|\mathbf{x}) = \frac{\mathrm{e}^{c_j + \mathbf{w}_j^{\mathrm{T}} \mathbf{x}}}{1 + \mathrm{e}^{c_j + \mathbf{w}_j^{\mathrm{T}} \mathbf{x}}} = \sigma\left(c_j + \mathbf{w}_j^{\mathrm{T}} \mathbf{x}\right) \tag{7.6.15}$$

其中，$\sigma(z)$ 是逻辑斯谛 sigmoid 函数 $1/(1 + \exp(z))$。

由于 $\mathbf{x}$ 和 $\mathbf{h}$ 在能量函数中起着对称的作用, 所以类似地推导给定已知 $\mathbf{h}$ 时 $\mathbf{x}$ 的条件概率为

$$p(\mathbf{x}|\mathbf{h}) = \prod_{i=1}^{m} p(x_i|\mathbf{h}) \tag{7.6.16}$$

因为受限 Boltzmann 机的结构对称, 所以当隐藏单元的状态给定时, 每一个可见单元的激活状态条件独立。即是说, 第 i 个可见单元的激活概率为

$$p(x_i = 1|\mathbf{h}) = \sigma\left(b_i + \tilde{\mathbf{w}}_i \mathbf{h}\right) \tag{7.6.17}$$

式中，$\tilde{\mathbf{w}}_i$ 是权矩阵 $\mathbf{W} \in \mathbb{R}^{m\times F}$ 的第 i 行。

考虑向量 $\mathbf{x}$ 和参数 $\mathbf{W}$ 的联合概率分布[15]

$$p(\mathbf{x}; \mathbf{W}) = \frac{1}{Z(\mathbf{W})} \mathrm{e}^{-E(\mathbf{x};\mathbf{W})} \tag{7.6.18}$$

其中 $Z(\mathbf{W}) = \sum_{\mathbf{x}} \mathrm{e}^{-(\mathbf{x};\mathbf{W})}$ 为规格化常数，$E(\mathbf{x}; \mathbf{W})$ 为能量函数。

给定独立同分布样本 $\mathcal{X} = \{\mathbf{x}_n\}_{n=1}^{N}$，参数 $\mathbf{W}$ 的最大似然学习可以用梯度上升法更新为

$$\mathbf{W}^{(t+1)} = \mathbf{W}^{(t)} + \eta \left.\frac{\partial L(\mathbf{W}; \mathcal{X})}{\partial \mathbf{W}}\right|_{\mathbf{W}^{(t)}} \tag{7.6.19}$$

式中, 学习速率 η 不必是常数, 平均对数似然为

$$L(\mathbf{W}; \mathcal{X}) = \frac{1}{N} \sum_{n=1}^{N} \log p(\mathbf{x}_n; \mathbf{W})$$

$$= \langle \log p(\mathbf{x}; \mathbf{W}) \rangle_0$$

$$= -\langle E(\mathbf{x}; \mathbf{W}) \rangle_0 - \log Z(\mathbf{W}) \tag{7.6.20}$$

[484] 其中，$\langle\cdot\rangle_0$ 表示相对于数据分布的均值，即 $P_0(\mathbf{x}) = \langle E(\mathbf{x};\mathbf{W})\rangle_0 = \frac{1}{N}\sum_{n=1}^{N}\delta(\mathbf{x}-\mathbf{x}_n)$。对于梯度计算

$$\frac{\partial L(\mathbf{W};\mathcal{X})}{\partial \mathbf{W}} = -\left\langle \frac{\partial E(\mathbf{x};\mathbf{W})}{\partial \mathbf{W}} \right\rangle_0 + \left\langle \frac{\partial E(\mathbf{x};\mathbf{W})}{\partial \mathbf{W}} \right\rangle_\infty \tag{7.6.21}$$

式中，$\langle\cdot\rangle_\infty$ 表示相对于模型分布 $p_\infty(\mathbf{x};\mathbf{W}) = p(\mathbf{x};\mathbf{W})$ 的均值。均值 $\langle\cdot\rangle_0$ 容易利用样本数据 $\mathcal{X} = \{\mathbf{x}_n\}_{n=1}^{N}$ 计算，但是均值 $\langle\cdot\rangle_\infty$ 涉及规格化常数 $Z(\mathbf{W})$，它一般不能被有效计算 (因为是指数项的求和)。

7.6.3 对比散度学习

在受限 Boltzmann 机框架中，隐藏单元之间不存在任何直接相互作用，表示像素的可见单元之间也没有任何直接相互作用。在这一情况下，存在一种简单而有效的称为“对比散度”(CD) 方法[58]，从一组训练图像中学习一组好的特征检测器。

通过对训练数据的对数似然进行随机梯度上升，优化了 Boltzmann 参数。遗憾的是，计算对数似然的精确梯度通常是困难的。代替计算对数似然的精确梯度，可以使用对比散度法来近似精确梯度，这已被证明在实践中效果很好。

考虑被参数矩阵 $\mathbf{W}$ 加权的向量 $\mathbf{x}$ 的概率分布

$$p(\mathbf{x};\mathbf{W}) = \frac{1}{Z(\mathbf{W})}\mathrm{e}^{-E(\mathbf{x};\mathbf{W})} \tag{7.6.22}$$

式中，$E(\mathbf{x};\mathbf{W})$ 为能量函数，并且

$$Z(\mathbf{W}) = \sum_{\mathbf{x}} \mathrm{e}^{-E(\mathbf{x};\mathbf{W})} \tag{7.6.23}$$

是规格化常数。$p(\mathbf{x};\mathbf{W})$ 的对数似然为

$$\begin{aligned} L(\mathbf{x};\mathbf{W}) &= \log p(\mathbf{x};\mathbf{W}) = \log \mathrm{e}^{-E(\mathbf{x};\mathbf{W})} - \log Z(\mathbf{W}) \\ &= -E(\mathbf{x};\mathbf{W}) + \sum_{\mathbf{x}} E(\mathbf{x};\mathbf{W}) \end{aligned} \tag{7.6.24}$$

[485] 给定一独立同分布样本集 $X = \{\mathbf{x}_{n=1}^{N}\}$。于是，$p(\{\mathbf{x}_n\}_{n=1}^{N};\mathbf{W})$ 的平均对数似然，记为 $L(X;\mathbf{W})$，定义为

$$\begin{aligned} L(X;\mathbf{W}) &= \frac{1}{N}\sum_{n=1}^{N} L(\mathbf{x}_n;\mathbf{W}) = -\frac{1}{N}\sum_{n=1}^{N} E(\mathbf{x}_n;\mathbf{W}) + \sum_{\mathbf{x}} \frac{1}{N}\sum_{n=1}^{N} E(\mathbf{x}_n;\mathbf{W}) \\ &= -\langle E(\mathbf{x};\mathbf{W})\rangle_0 + \langle E(\mathbf{x};\mathbf{W})\rangle_\infty \end{aligned} \tag{7.6.25}$$

式中

$$\langle E(\mathbf{x};\mathbf{W})\rangle_0 = \frac{1}{N}\sum_{n=1}^{N} E(\mathbf{x};\mathbf{W})|_{\mathbf{x}=\mathbf{x}_n} \tag{7.6.26}$$

$$\langle E(\mathbf{x};\mathbf{W})\rangle_\infty = \sum_{\mathbf{x}} \frac{1}{N}\sum_{n=1}^{N} E(\mathbf{x};\mathbf{W})|_{\mathbf{x}=\mathbf{x}_n} \tag{7.6.27}$$

分别表示相对于数据分布 $p_0(\mathbf{x}) = \sum_{n=1}^{N}\delta(\mathbf{x}-\mathbf{x}_n)$ 的平均以及相对于模型分布 $p_\infty(\mathbf{x};\mathbf{W}) = P(\mathbf{x};\mathbf{W})$ 的平均。

因此, 权矩阵 $\mathbf{W}$ 在时间 t 的最大似然学习可以更新为

$$\mathbf{W}^{(t+1)} = \mathbf{W}^{(t)} - \eta \left.\frac{\partial L(\mathbf{W};X)}{\partial W}\right|_{\mathbf{W}^{(t)}} \tag{7.6.28}$$

式中, η 是一学习速率, 它允许是非常数, 并且梯度为

$$\frac{\partial L(\mathbf{W};X)}{\partial \mathbf{W}} = -\left\langle \frac{\partial E(\mathbf{x};\mathbf{W})}{\partial \mathbf{W}} \right\rangle_0 + \left\langle \frac{\partial E(\mathbf{x};\mathbf{W})}{\partial \mathbf{W}} \right\rangle_\infty \tag{7.6.29}$$

虽然第一项 $\langle\cdot\rangle_0$ 容易计算, 但第二项 $\langle\cdot\rangle_\infty$ 涉及指数项的求和, 它一般不能被有效计算。

为了避免计算对数似然梯度的困难, Hinton[58] 提出了对比散度法, 它可以逼近一个不同函数的梯度。最大似然学习最小化 Kullback-Leibler 散度

$$\mathrm{KL}(p_0\|p_\infty) = \sum_{\mathbf{x}} p_0(\mathbf{x}) \log \frac{p_0(\mathbf{x})}{p(\mathbf{x};\mathbf{W})} \tag{7.6.30}$$

对比散度学习逼近两个散度之差的梯度[58] [486]

$$\mathrm{CD}_n = \mathrm{KL}(p_0\|p_\infty) - \mathrm{KL}(p_n\|p_\infty) \tag{7.6.31}$$

对于没有隐藏单元 (即 $\mathbf{h}=\mathbf{0}$) 的全可见 Boltzmann 机 (VBMs), 若其输入 $\mathbf{x} = [x_1,\cdots,x_d]^{\mathrm{T}} \in \mathbb{R}^{d\times d}$, 则能量函数 $E(\mathbf{x};\mathbf{W}) = -\frac{1}{2}\mathbf{x}^{\mathrm{T}}\mathbf{W}\mathbf{x}$, 其中 $\mathbf{W} = [w_{ij}]$ 是一个对称的 $d\times d$ 实值权重矩阵。在可见 Boltzmann 机中, 对数似然有一个唯一的最优值, 因为它的 Hessian 矩阵是负定的。由于 $\partial E/\partial w_{ij} = -x_i x_j$, 故最大似然学习取以下形式[15]

$$w_{ij}(t+1) = w_{ij}(t) + \eta\big(\langle x_i x_j\rangle_0 - \langle x_i x_j\rangle_\infty\big) \tag{7.6.32}$$

而 CD_n 学习则取以下形式

$$w_{ij}(t+1) = w_{ij}(t) + \eta\big(\langle x_i x_j\rangle_0 - \langle x_i x_j\rangle_n\big) \tag{7.6.33}$$

$$b_i(t+1) = b_i(t) + \eta\big(\langle x_i\rangle_0 - \langle x_i\rangle_n\big) \tag{7.6.34}$$

$$c_j(t+1) = c_j(t) + \eta\big(\langle h_j\rangle_0 - \langle h_j\rangle_n\big) \tag{7.6.35}$$

基于受限 Boltzmann 机模型的对称结构和神经元状态的条件独立性, 可以使用 Gibbs 采样得到被受限 Boltzmann 机定义的随机分布样本。受限 Boltzmann 机中的 k 步 Gibbs 采样的具体算法是使用训练样本 (或可见层的任何规格化状态) 初始化可见层的状态 $\mathbf{x}_0$, 并交替采样

$$\mathbf{h}_0 \sim P(\mathbf{h}|\mathbf{x}_0), \qquad \mathbf{x}_1 \sim P(\mathbf{x}|\mathbf{h}_0)$$

$$\mathbf{h}_1 \sim P(\mathbf{h}|\mathbf{x}_1), \qquad \mathbf{x}_2 \sim P(\mathbf{x}|\mathbf{h}_1)$$

$$\vdots \qquad\qquad \vdots$$

$$\mathbf{h}_2 \sim P(\mathbf{h}|\mathbf{x}_k), \quad \mathbf{x}_{k+1} \sim P(\mathbf{x}|\mathbf{h}_k)$$

与 Gibbs 采样不同，当使用对比散度方法训练数据时，只需要使用 $k = 1$ 步 Gibbs 采样就可以得到足够好的近似 $(\mathbf{x}_1, \mathbf{h}_1)$ 和 $(\mathbf{x}_2, \mathbf{h}_2)$。基于 $k = 1$ Gibbs 采样的对比散度学习称为 CD_1 快速受限 Boltzmann 机学习算法。在这种情况下，CD_1 学习形式式 (7.6.33)—式 (7.6.35) 可以改写为矩阵–向量形式

$$\mathbf{W} \leftarrow \mathbf{W} + \eta\big(P(\mathbf{h}_1 = \mathbf{1}|\mathbf{x}_1)\mathbf{x}_1^{\text{T}} - P(\mathbf{h}_2 = \mathbf{1}|\mathbf{x}_2)\mathbf{x}_2^{\text{T}}\big) \tag{7.6.36}$$

$$\mathbf{b} \leftarrow \mathbf{b} + \eta(\mathbf{x}_1 - \mathbf{x}_2) \tag{7.6.37}$$

$$\mathbf{c} \leftarrow \mathbf{c} + \eta\big(P(\mathbf{h}_1 = \mathbf{1}|\mathbf{x}_1) - P(\mathbf{h}_2 = \mathbf{1}|\mathbf{x}_2)\big) \tag{7.6.38}$$

[487] 算法 7.3 总结了 CD_1 快速受限 Boltzmann 机学习算法的步骤。

算法 7.3 CD_1 快速受限 Boltzmann 机学习算法

---

input: a training sample $\mathbf{x}_0$, the number of hidden layer units, m, learning rate η, maximum training period T

initialization: initial state of visible layer unit $\mathbf{x}_1 = \mathbf{x}_0$; select randomly $\mathbf{W}, \mathbf{b}, \mathbf{c}$

for $t = 1$ to T **do**

  for $j = 1$ to m **do** (for all hidden units)

    calculate $P(h_{1j} = 1|\mathbf{x}_1) = \text{sigmoid}\left(c_j + \sum_i W_{ij} x_{1i}\right)$

  end for

  construct $P(\mathbf{h}_1 = \mathbf{1}|\mathbf{x}_1) = [P(h_{11} = 1|\mathbf{x}_1), \cdots, P(h_{1m} = 1|\mathbf{x}_1)]^{\text{T}}$

  for $i = 1$ to n (for all visible units)

    Calculate $P(x_{2i} = 1|\mathbf{h}_1) = \text{sigmoid}\left(b_i + \sum_j W_{ij} h_{1j}\right)$

  end for

  for $j = 1$ to m **do**

    calculate $P(h_{2j} = 1|\mathbf{x}_2) = \text{sigmoid}\left(c_j + \sum_i w_{ij} x_{2i}\right)$

  end for

  construct $P(\mathbf{h}_2 = \mathbf{1}|\mathbf{x}_2) = [P(h_{21} = 1|\mathbf{x}_2), \cdots, P(h_{2m} = 1|\mathbf{x}_2)]^{\text{T}}$

  $\mathbf{W} \leftarrow \mathbf{W} + \eta\left(P(\mathbf{h}_1 = \mathbf{1}|\mathbf{x}_1)\mathbf{x}_1^{\text{T}} - P(\mathbf{h}_2 = \mathbf{1}|\mathbf{x}_2)\mathbf{x}_2^{\text{T}}\right)$

  $\mathbf{b} \leftarrow \mathbf{b} + \eta(\mathbf{x}_1 - \mathbf{x}_2)$

  $\mathbf{c} \leftarrow \mathbf{c} + \eta(P(\mathbf{h}_1 = \mathbf{1}|\mathbf{x}_1) - P(\mathbf{h}_2 = \mathbf{1}|\mathbf{x}_2))$

end for

output: $\mathbf{W}, \mathbf{b}, \mathbf{c}$

7.6.4 多重受限 Boltzmann 机

在上面的讨论中, 观测到的“可见”单元用二进制向量 $\mathbf{x} = [x_1, \cdots, x_m]^{\mathrm{T}}$ 表示。现在考虑一个用户为 m 部电影或者商品评分的情况。假设该用户对电影 i 的评分为 k, 其中 $k \in \{1, \cdots, K\}$。于是, 观测到的“可见”二进制评分矩阵定义为

$$\mathbf{X} = [x_i^k]_{k=1,i=1}^{K,m} = [\mathbf{x}_1, \cdots, \mathbf{x}_m] = \begin{bmatrix} x_1^1 & x_2^1 & \cdots & x_m^1 \\ x_1^2 & x_2^2 & \cdots & x_m^2 \\ \vdots & \vdots & & \vdots \\ x_1^K & x_2^K & \cdots & x_m^K \end{bmatrix} \in \mathbb{R}^{K \times m} \tag{7.6.39}$$

式中, 第 (k, i) 个元素为

$$x_i^k = \begin{cases} 1, & \text{若用户对电影 } i \text{ 评分为 } k \\ 0, & \text{其他} \end{cases} \tag{7.6.40}$$

因此, 我们就有 K 个具有二进制隐藏单元和 softmax 可见单元的受限 Boltzmann 机。对每一个用户, 受限 Boltzmann 机只含有用户已经评分的电影的 softmax 单元[125]。所有 K 个受限 Boltzmann 机具有隐藏 (潜在) 变量 $\mathbf{h}$ 的相同二进制值。 [488]

如果使用条件多项式分布 (softmax) 对观察到的可见二进制评分矩阵 $\mathbf{X}$ 的每一列进行建模, 并利用条件 Bernoulli 分布对隐藏的用户特征 $\mathbf{h}$ 进行建模, 则[125]

$$p(x_i^k = 1|\mathbf{h}) = \frac{\exp\left(b_i^k + \sum_{j=1} h_j W_{ij}^k\right)}{\sum_{l=1} \exp\left(b_i^l + \sum_{j=1} h_j W_{ij}^l\right)} \tag{7.6.41}$$

$$p(h_j = 1|\mathbf{X}) = \sigma\left(c_j + \sum_{i=1}^{m} \sum_{k=1}^{K} x_i^k W_{ij}^k\right) \tag{7.6.42}$$

式中, W_{ij}^k 是特征 j 与电影 i 的评分 k 之间的对称相互作用参数, b_i^k 是对电影 i 评分 k 引起的偏差, c_j 是特征 j 的偏差。注意, b_i^k 可以用所有用户各自基本评分的对数作为初始化设定。

可见评分 $\mathbf{X}$ 的边缘分布为[125]

$$p(\mathbf{X}) = \sum_{\mathbf{h}} \frac{\exp(-E(\mathbf{X}, \mathbf{h}))}{\sum_{\mathbf{X}'} \sum_{\mathbf{h}'} \exp(-E(\mathbf{X}', \mathbf{h}'))} \tag{7.6.43}$$

其中的“能量”项为

$$E(\mathbf{X}, \mathbf{h}) = -\sum_{i=1}^{m} \sum_{j=1}^{F} \sum_{k=1}^{K} W_{ij}^k h_j x_i^k + \log(Z_i) - \sum_{i=1}^{m} \sum_{k=1}^{K} x_i^k b_i^k - \sum_{j=1}^{F} h_j c_j \tag{7.6.44}$$

式中，$Z_i = \sum_{l=1}^{K} \exp(b_i^l + \sum_{j=1}^{F} h_j W_{ij}^l)$ 是规格化项, 用于确保 $\sum_{l=1}^{K} p(x_i^l = 1|\mathbf{h}) = 1$。无评分的电影对能量函数不提供任何贡献。

对称相互作用矩阵 $\mathbf{W}$ 以梯度上升形式更新: $W_{ij} \leftarrow W_{ij} - \eta\Delta W_{ij}$, 其中

$$\Delta W_{ij} = \frac{\partial \log p(\mathbf{X})}{\partial W_{ij}^k} = \langle x_i^k h_j \rangle_{\text{data}} - \langle x_i^k h_j \rangle_{\text{model}} \tag{7.6.45}$$

[489] 式中, 期望值 $\langle x_i^k h_j \rangle_{\text{data}}$ 定义了当特征检测器利用式 (7.6.42) 由训练集观测到的用户评分数据激励的频率，$\langle x_i^k h_j \rangle_{\text{model}}$ 是隐藏单元被重构的图像激励时的对应频率。

为了避免计算 $\langle \cdot \rangle_{\text{model}}$, Salakhutdinov 等人[125] 提出对不同目标函数的梯度进行逼近, 称为对比散度[58]

$$\Delta W_{ij}^k = \langle x_i^k h_j \rangle_{\text{data}} - \langle x_i^k h_j \rangle_T \tag{7.6.46}$$

期望值 $\langle \cdot \rangle_T$ 表示运行 Gibbs 采样器 (式 (7.6.41) 和式 (7.6.42)) 得到的样本分布, 且经过 T 步数据初始化。T 通常在学习开始时设置为 1, 并随着学习的收敛而增加。

上述讨论的受限 Boltzmann 机都假定使用二进制可见单元和隐藏单元, 但是许多其他类型的单元也可以使用。其他类型单元的主要用途是处理由二进制 (或逻辑) 可见单元没有很好的建模数据。

下面是受限 Boltzmann 机中可以使用的两种典型单元[59, 157]。

- Softmax 与多项式单元: 对一个二进制单元, 开启的概率由其总输入 $\mathbf{x}$ 的逻辑斯谛 sigmoid 函数给出

$$p = \sigma(x) = \frac{1}{1 + \mathrm{e}^x} = \frac{\mathrm{e}^x}{\mathrm{e}^x + \mathrm{e}^0} \tag{7.6.47}$$

  该单元贡献的能量为 $-x$ (若其开启) 或者为 0(若其关闭)。两个状态的逻辑斯谛 sigmoid 函数可以推广到 K 个状态, 即

$$p_j = \frac{\mathrm{e}^{x_j}}{\sum_{i=1} \mathrm{e}^{x_i}} \tag{7.6.48}$$

  通常称之为“softmax”单元。softmax 单元的进一步推广是对概率分布采样 N 次, 而不是仅采样一次。这些 K 个不同状态于是有大于 1 的整数值, 该值必须加上 N。这称为多项式单元, 学习规则再次不变。

- 高斯可见单元: 二进制可见单元用具有独立高斯噪声的线性单元代替。在这种情况下, 能量函数变为

$$E(\mathbf{x}, \mathbf{h}) = \sum_{j \in \text{visible}} \frac{(x_j - b_j)^2}{2\sigma_j^2} - \sum_{i \in \text{hidden}} c_i h_i - \sum_{i,j} h_i \frac{x_j}{\sigma_j} w_{ij} \tag{7.6.49}$$

  式中，σ_i 是可见单元 i 的高斯噪声的标准离差。

7.7 贝叶斯神经网络 [490]

考虑在贝叶斯学习框架中的分类任务。假定数据由参数化模型产生, 并使用训练数据计算模型参数的贝叶斯最优估计。然后, 利用这些估计, 分类器使用贝叶斯规则转换生成模型对新的测试数据进行分类, 并计算产生该测试数据的类型的后验概率。分类于是就变成了选择最可能类的简单问题。

7.7.1 朴素贝叶斯分类

一个广泛使用的分类框架的理论基础由一个简单的概率定理贝叶斯规则 (也称为贝叶斯定理或贝叶斯公式) 提供[94, 104]

$$p(c_k|\mathbf{x}) = p(c_k) \times \frac{p(\mathbf{x}|c_k)}{p(\mathbf{x})} \tag{7.7.1}$$

其中

$$p(\mathbf{x}) = \sum_{i=1}^{M} p(\mathbf{x}|c_i)p(c_i) \tag{7.7.2}$$

这里, M 是类或组的数目, $\mathbf{x} = [x_1, \cdots, x_d]^{\mathrm{T}}$ 是特征值向量, 而 $p(c_k|\mathbf{x})$ 是一个已知向量 $\mathbf{x}$ 属于类型 c_k 的条件概率。通常假定所有可能的事件都属于 M 类或组 $\{c_1, \cdots, c_M\}$ 中的一个。

朴素贝叶斯分类根据最高条件概率 $p(c_k|\mathbf{x})$ 将给出的特征向量 $\mathbf{x}$ 指定为类 c_k。自然, 条件概率 $p(c_1|\mathbf{x}), \cdots, p(c_M|\mathbf{x})$ 是未知的, 它们必须由数据估计。但这种估计很难直接进行。

贝叶斯规则建议首先估计 $p(\mathbf{x}|c_k), p(c_k)$ 和 $p(\mathbf{x})$, 然后利用这些估计得到 $p(c_k|\mathbf{x})$ 的估计, 但是, 估计 $p(\mathbf{x}|c_k)$ 仍然是一个问题, 因为 $\mathbf{x}$ 含有 d 个分量 $x_1, \cdots, x_d$。一个常见的策略是: 假设以 c_k 为条件的 $\mathbf{x}$ 的分布对所有 c_k 都可以分解为下列形式[94]

$$p(\mathbf{x}|c_k) = \prod_{i=1}^{d} p(x_i|c_k) \tag{7.7.3}$$

这个假设意味着, 如果给定数据属于某个类 c_k, x_i 的一个特定值的发生则与任何其他值 $x_j, j \neq i$ 的发生统计独立。 [491]

在式 (7.7.3) 的假设下, 式 (7.7.1) 变为

$$p(c_k|\mathbf{x}) = p(c_k) \times \frac{\prod_{i=1}^{d} p(x_i|c_k)}{p(\mathbf{x})} \tag{7.7.4}$$

由此得

$$p(\mathbf{x}) = \sum_{l=1}^{M} p(c_l) \times \prod_{i=1}^{d} p(x_i|c_l) \tag{7.7.5}$$

于是, 估计公式为[94]

$$\hat{p}(c_k|\mathbf{x}) = \frac{\hat{p}(c_k) \times \prod_{i=1}^{d} \hat{p}(x_i|c_k)}{\hat{p}(\mathbf{x})} \tag{7.7.6}$$

这一估计即可以用于分类。

7.7.2 贝叶斯分类理论

贝叶斯决策理论为人们提供了分类方法的基本概率模型。

考虑一般的 M 组分类问题, 其中每个对象都有一个 d 维的关联属性向量。令 $\mathbf{x} \in \mathbb{R}^d$ 是一个关联的属性向量, ω_j 表示隶属变量, 若一个对象属于组 j, 则隶属变量取值为 1。定义 $p(\omega_j)$ 为组 j 的先验概率, $f(\mathbf{x}|\omega_j)$ 为概率密度函数。根据贝叶斯规则, 有

$$p(\omega_j|\mathbf{x}) = \frac{f(\mathbf{x}|\omega_j)p(\omega_j)}{f(\mathbf{x})} \tag{7.7.7}$$

式中, $p(\omega_j|\mathbf{x})$ 是组 j 的后验概率, $f(\mathbf{x})$ 为概率密度函数: $f(\mathbf{x}) = \sum_{j=1}^{M} f(\mathbf{x}|\omega_j) \cdot p(\omega_j)$。

假设观察到具有特定特征向量 $\mathbf{x}$ 的对象。如果决定了 $\mathbf{x}$ 的组隶属身份为 j, 则分类错误的概率为[170]

$$p(\text{Error}|\mathbf{x}) = \sum_{i \neq j} p(\omega_i|\mathbf{x}) = 1 - p(\omega_j|\mathbf{x}) \tag{7.7.8}$$

[492] 贝叶斯分类规则的目的是使总的分类错误概率 (错分率) 最小化

$$\text{判定 } \omega_k, \text{ 若 } p(\omega_k|\mathbf{x}) = \max\{p(\omega_1|\mathbf{x}), \cdots, p(\omega_M|\mathbf{x})\} \tag{7.7.9}$$

令 c_{ij} 是实际属于组 j 而错分为组 i 的成本或成本。与分配给组 i 相关联的期望成本为

$$C_i(\mathbf{x}) = \sum_{j=1}^{M} c_{ij} p(\omega_j|\mathbf{x}), \quad i = 1, \cdots, M \tag{7.7.10}$$

C_i 也称条件风险函数。使总期望成本最小化的最优贝叶斯决策规则可以表示为

$$\text{判定 } \omega_k \text{ 对 } \mathbf{x}, \text{ 若 } C_k(\mathbf{x}) = \min\{C_1(\mathbf{x}), \cdots, C_M(\mathbf{x})\} \tag{7.7.11}$$

对于只具有两类 ω_1 和 ω_2 的二元分类, 我们应该分配给类 $+1$, 若

$$c_{12}(\mathbf{x})p(\omega_2)f(\mathbf{x}|\omega_2) < c_{21}(\mathbf{x})p(\omega_1)f(\mathbf{x}|\omega_1) \tag{7.7.12}$$

或者

$$\frac{f(\mathbf{x}|\omega_1)}{f(\mathbf{x}|\omega_2)} > \frac{c_{21}(\mathbf{x})p(\omega_2)}{c_{12}(\mathbf{x})p(\omega_1)} \tag{7.7.13}$$

否则, 我们应该分配给类 -1。

现在讨论贝叶斯分类与神经网络分类之间的关系。为此, 令 C 是一个确定类隶属度的随机变量, 即 $C = c_k$ 表示第 k 类的隶属度。于是, 分类的目的就是对给定的 $\mathbf{x} \in X$, 确定 C 的值。为了最小化分类错误的概率, 最优决策规则对应选择 c_k, 使后验概率 $p(c_k|\mathbf{x})$ 最大化。

定义 $\mathbf{y} = [y_1, \cdots, y_m]^{\mathrm{T}} \in \mathbb{R}^M$, 其中 M 是类型数目。令 $\mathbf{e}_k = [0, \cdots, 0, 1, 0, \cdots, 0]^{\mathrm{T}} \in \mathbb{R}^M$ 为 $M \times 1$ 基本向量, 其第 k 个元素等于 1, 其他元素等于零。因此, 如果 $\mathbf{y} = \mathbf{e}_k$, 则 $\mathbf{x}$ 属于类 k。这意味着, 当且仅当 $\mathbf{y} = \mathbf{e}_k$ 时, $\mathbf{y}$ 和 c_k 具有相同的信息。文献 [151] 中提到这个表示的优点是: 最小二乘估计 $\hat{\mathbf{y}} = E\{\mathbf{y}|\mathbf{x}\}$ 的第 k 个分量可以写为

$$\hat{y}_k = E\{y_k|\mathbf{x}\} = \sum_{y_k \in \{0,1\}} y_k p(y_k|\mathbf{x}) = p(y_k = 1|\mathbf{x}) = p(c_k|\mathbf{x})$$

即 [493]

$$E\{y_k|\mathbf{x}\} = p(c_k|\mathbf{x}) \tag{7.7.14}$$

这个结果提供了神经网络分类器的理论解释: 它的训练也是通过最小化均方误差进行的。一个神经网络可以被认为是估计后验概率分布的一种非参数化技术。

7.7.3 稀疏贝叶斯学习

给定 N 个“训练”样本对 $\{\mathbf{x}_n, \mathbf{t}_n\}_{n=1}^{N}$, 其中 $\mathbf{t} = [t_1, \cdots, t_N]^{\mathrm{T}}$ 是目标向量, 表示为近似向量 $\mathbf{y} = [y(x_1), \cdots, y(\mathbf{x}_N)]^{\mathrm{T}}$ 和“误差”向量 $\boldsymbol{\epsilon} = [\epsilon_1, \cdots, \epsilon_N]^{\mathrm{T}}$ 之和

$$\mathbf{t} = \mathbf{y} + \boldsymbol{\epsilon} = \boldsymbol{\Phi}\mathbf{w} + \boldsymbol{\epsilon} \tag{7.7.15}$$

其中, $\mathbf{w}$ 是参数向量, $\boldsymbol{\Phi} = [\boldsymbol{\phi}_1, \cdots, \boldsymbol{\phi}_M]$ 是 $N \times M$ “设计”矩阵, 其列组成 M 个“基向量”的完整集合。

在稀疏贝叶斯框架中, 假定误差被概率建模成独立的零均值高斯过程, 其方差为 σ^2, 即

$$p(\boldsymbol{\epsilon}) = \prod_{n=1}^{N} N(\epsilon_n|0, \sigma^2) \tag{7.7.16}$$

上述误差模型意味着目标向量 $\mathbf{t}$ 的多变量高斯似然为

$$p(\mathbf{t}|\mathbf{w}, \sigma^2) = \frac{(2\pi)^{-N/2}}{\sigma^N} \exp\left\{-\frac{\|\mathbf{t} - \mathbf{y}\|^2}{2\sigma^2}\right\} \tag{7.7.17}$$

由文献 [146] 可知, 若给定超参数 $\boldsymbol{\alpha} = [\alpha_1, \cdots, \alpha_M]^{\mathrm{T}}$, 则在贝叶斯规则下, 结合似然和先验给出了基于数据的后验参数分布

$$p(\mathbf{w}|\mathbf{t}, \boldsymbol{\alpha}, \sigma^2) = p(\mathbf{t}|\mathbf{w}, \sigma^2) p(\mathbf{w}|\boldsymbol{\alpha}) / p(\mathbf{t}|\boldsymbol{\alpha}, \sigma^2) \tag{7.7.18}$$

这是高斯分布 $N(\boldsymbol{\mu}, \boldsymbol{\Sigma})$, 其均值和方差为 [494]

$$\boldsymbol{\mu} = \sigma^{-2}\boldsymbol{\Sigma}\boldsymbol{\Phi}^{\mathrm{T}}\hat{\mathbf{t}} \tag{7.7.19}$$

$$\boldsymbol{\Sigma} = (\mathbf{A} + \sigma^{-2} - \boldsymbol{\Phi}^{\mathrm{T}}\boldsymbol{\Phi})^{-1} \tag{7.7.20}$$

式中，$\mathbf{A} = \mathbf{Diag}(\alpha_1, \cdots, \alpha_M)$ 是一个 $M \times M$ 对角矩阵。

为了求得解向量 $\boldsymbol{\alpha} = \boldsymbol{\alpha}_{\mathrm{MP}}$, Tipping 等人[146] 提出使用稀疏贝叶斯学习来计算相对于 $\boldsymbol{\alpha}$ 的 (局部) 最大化

$$\begin{aligned}\mathcal{L}(\boldsymbol{\alpha}) &= \log p(\mathbf{t}|\boldsymbol{\alpha}, \sigma^2) \\ &= \log \int_{-\infty}^{\infty} p(\mathbf{t}|\mathbf{w}, \sigma^2)p(\mathbf{w}|\boldsymbol{\alpha})\mathrm{d}\mathbf{w} \\ &= -\frac{1}{2}\left(N\log 2\pi + \log|\mathbf{C}| + \mathbf{t}^{\mathrm{T}}\mathbf{C}^{-1}\mathbf{t}\right)\end{aligned} \tag{7.7.21}$$

其中

$$\mathbf{C} = \sigma^2\mathbf{I} + \boldsymbol{\Phi}\mathbf{A}^{-1}\boldsymbol{\Phi}^{\mathrm{T}} \tag{7.7.22}$$

若考虑 $\mathcal{L}(\boldsymbol{\alpha})$ 与单个超参数 $\alpha_i, i \in \{1, \cdots, M\}$ 的相关性, 则式 (7.7.22) 中的 $\mathbf{C}$ 可以分解为

$$\begin{aligned}\mathbf{C} &= \sigma^2\mathbf{I} + \sum_{m \neq i} \alpha_m^{-1}\boldsymbol{\phi}_m\boldsymbol{\phi}_m^{\mathrm{T}} + \alpha_i^{-1}\boldsymbol{\phi}_i\boldsymbol{\phi}_i^{\mathrm{T}} \\ &= \mathbf{C}_{-i} + \alpha_i^{-1}\boldsymbol{\phi}_i\boldsymbol{\phi}_i^{\mathrm{T}}\end{aligned} \tag{7.7.23}$$

式中，$\mathbf{C}_{-i}$ 是已经除去第 i 个基向量的矩阵 $\mathbf{C}$。

于是, 可以求得损失函数 $\mathcal{L}(\boldsymbol{\alpha})$ 中的矩阵行列式 $|\mathbf{C}|$ 和逆矩阵 $\mathbf{C}^{-1}$ 分别为[146]

$$|\mathbf{C}| = |\mathbf{C}_{-i}| \cdot \left|1 + \alpha_i^{-1}\boldsymbol{\phi}_i^{\mathrm{T}}\mathbf{C}_{-i}^{-1}\boldsymbol{\phi}_i\right| \tag{7.7.24}$$

和

$$\mathbf{C}^{-1} = \mathbf{C}_{-i}^{-1} - \frac{\mathbf{C}_{-i}^{-1}\boldsymbol{\phi}_i\boldsymbol{\phi}_i^{\mathrm{T}}\mathbf{C}_{-i}^{-1}}{\alpha_i + \boldsymbol{\phi}_i^{\mathrm{T}}\mathbf{C}_{-i}^{-1}\boldsymbol{\phi}_i} \tag{7.7.25}$$

[495] 因此, 我们有

$$\begin{aligned}\mathcal{L}(\boldsymbol{\alpha}) &= -\frac{1}{2}\Bigg(N\log(2\pi) + \log|\mathbf{C}_{-i}| + \mathbf{t}^{\mathrm{T}}\mathbf{C}_{-i}^{-1}\mathbf{t} \\ &\quad - \log\alpha_i + \log(\alpha_i + \boldsymbol{\phi}_i^{\mathrm{T}}\mathbf{C}_{-i}^{-1}\boldsymbol{\phi}_i) - \frac{(\boldsymbol{\phi}_i^{\mathrm{T}}\mathbf{C}_{-i}^{-1}\mathbf{t})^2}{\alpha_i + \boldsymbol{\phi}_i^{\mathrm{T}}\mathbf{C}_{-i}^{-1}\boldsymbol{\phi}_i}\Bigg) \\ &= \mathcal{L}(\boldsymbol{\alpha}_{-i}) + \frac{1}{2}\left(\log\alpha_i - \log(\alpha_i + s_i) + \frac{q_i^2}{\alpha_i + s_i}\right) \\ &= \mathcal{L}(\boldsymbol{\alpha}_{-i}) + \ell(\alpha_i)\end{aligned} \tag{7.7.26}$$

式中

$$s_i = \boldsymbol{\phi}_i^{\mathrm{T}}\mathbf{C}_{-i}^{-1}\boldsymbol{\phi}_i \quad \text{和} \quad q_i = \boldsymbol{\phi}_i^{\mathrm{T}}\mathbf{C}_{-i}^{-1}\mathbf{t} \tag{7.7.27}$$

- 稀疏因子s_i 可以看作基向量 $\boldsymbol{\phi}_i$ 与模型中已有向量“重叠”程度的度量。
- 质量因子q_i 可以表示为 $q_i = \sigma^{-2}\boldsymbol{\phi}_i^{\mathrm{T}}(\mathbf{t} - \mathbf{y}_{-i})$, 因此, 是 $\boldsymbol{\phi}_i$ 与排除该向量的模型错误对齐的度量。

稀疏贝叶斯学习的分析[30] 表明, $\mathcal{L}(\boldsymbol{\alpha})$ 相对于 α_i 有唯一最大值

$$\alpha_i = \begin{cases} s_i^2 q_i^2 - s_i, & q_i^2 > s_i \\ \infty, & q_i^2 \leqslant s_i \end{cases} \tag{7.7.28}$$

这个结果意味着:

- 如果 $\boldsymbol{\phi}_i$ “在模型中” (即 $\alpha_i < \infty$), 并且 $q_i^2 \leqslant s_i$, 则 $\boldsymbol{\phi}_i$ 可以删去 (即, 置 $\alpha_i = \infty$)。
- 如果 $\boldsymbol{\phi}_i$ 不在模型中 (即 $\alpha_i = \infty$), 并且 $q_i^2 > s_i$, 则可以将 $\boldsymbol{\phi}_i$ 加入模型 (即, 置 $\alpha_i = s_i^2 q_i^2 - s_i$)。

通过以上分析, Tipping 等人[146] 提出了下面的序贯稀疏贝叶斯学习算法。

① 如果是回归, 则初始化 σ^2 为某个合理值 (例如, $\sigma^2 = \mathrm{var}(\mathbf{t}) \times 0.1$)。

② 使用单个基向量 $\boldsymbol{\phi}_i$ 初始化, 设置

$$\alpha_i = \frac{\|\boldsymbol{\phi}_i\|^2}{\|\boldsymbol{\phi}_i^{\mathrm{T}}\mathbf{t}\|^2/\|\boldsymbol{\phi}_i\|^2 - \sigma^2} \tag{7.7.29}$$

所有其他 α_m 概念上设置为无穷大。

③ 对所有 M 个基向量 $\boldsymbol{\phi}_m$ 显式计算 $\boldsymbol{\Sigma}$ 和 $\boldsymbol{\mu}$ (它们最初是标量) 以及 s_m [496]
和 q_m 的初始值。

④ 重新计算/更新 $\boldsymbol{\Sigma}, \boldsymbol{\mu}$

$$\boldsymbol{\Sigma} = (\boldsymbol{\phi}^{\mathrm{T}}\mathbf{B}\boldsymbol{\phi} + \mathbf{A})^{-1} \tag{7.7.30}$$

$$\hat{\mathbf{t}} = (\mathbf{I} - \boldsymbol{\phi}\boldsymbol{\Sigma}\boldsymbol{\phi}^{\mathrm{T}}\mathbf{B})^{-1}(\mathbf{t} - \mathbf{y}) \tag{7.7.31}$$

$$\boldsymbol{\mu}_{\mathrm{MP}} = \boldsymbol{\Sigma}\boldsymbol{\phi}^{\mathrm{T}}\mathbf{B}\hat{\mathbf{t}} \tag{7.7.32}$$

式中, $\mathbf{A} = \mathbf{Diag}(\alpha_1, \cdots, \alpha_M)$ 和 $\mathbf{B} = \sigma^{-2}\mathbf{I}$。

⑤ 从所有 M 个基向量集合中选择一个候补基向量 $\boldsymbol{\phi}_i$。

⑥ 计算 $\theta_i = q_i^2 - s_i$。

⑦ 如果 $\theta_i > 0$ 和 $\alpha_i < \infty$ (即 $\boldsymbol{\phi}_i$ 在模型中), 则重新估计 α_i。

⑧ 若 $\theta_i > 0$ 和 $\alpha_i = \infty$, 则将 $\boldsymbol{\phi}_i$ 加到具有更新的 α_i 的模型中。

⑨ 若 $\theta_i \leqslant 0$ 和 $\alpha_i < \infty$, 则从模型中删去 $\boldsymbol{\phi}_i$, 并令 $\alpha_i = \infty$。

⑩ 在回归和估计噪声水平时, 更新 $\sigma^2 = \|\mathbf{t} - \mathbf{y}\|^2/(N - M + \sum_m \alpha_m \Sigma_{mm})$, 其中 $\mathbf{y} \approx \boldsymbol{\phi}\boldsymbol{\mu}_{\mathrm{MP}}$, 并且 Σ_{mm} 是第 (m, m) 个对角元素。

⑪ 计算

$$S_m = \boldsymbol{\phi}_m^{\mathrm{T}}\mathbf{B}\boldsymbol{\phi}_m - \boldsymbol{\phi}_m^{\mathrm{T}}\mathbf{B}\boldsymbol{\phi}\boldsymbol{\Sigma}\boldsymbol{\phi}^{\mathrm{T}}\mathbf{B}\boldsymbol{\phi}_m \tag{7.7.33}$$

$$Q_m = \boldsymbol{\phi}_m^{\mathrm{T}}\mathbf{B}\hat{\mathbf{t}} - \boldsymbol{\phi}_m^{\mathrm{T}}\mathbf{B}\boldsymbol{\phi}\boldsymbol{\Sigma}\boldsymbol{\phi}^{\mathrm{T}}\mathbf{B}\hat{\mathbf{t}} \tag{7.7.34}$$

式中, $\hat{\mathbf{t}} = \mathbf{t}$ (回归情况下) 和 $\hat{\mathbf{t}} = \boldsymbol{\phi}\boldsymbol{\mu}_{\mathrm{MP}} + \mathbf{B}^{-1}(\mathbf{t} - \mathbf{y})$ (分类情况下)。

这里, $\boldsymbol{\phi}$ 和 $\boldsymbol{\Sigma}$ 只包含模型中当前已有的那些基函数, 因此, 计算只是整个 M 的很小一部分。

⑫ 计算所有 s_m 和 q_m

$$s_m = \frac{\alpha_m S_m}{\alpha_m - S_m}, \quad q_m = \frac{\alpha_m Q_m}{\alpha_m - S_m} \tag{7.7.35}$$

⑬ 如果收敛, 则停止; 否则返回步骤 ⑤。

一旦利用 $\boldsymbol{\alpha} = \boldsymbol{\alpha}_{\text{MP}}$ 通过评估式 (7.7.20) 求出最大后验估计 $\boldsymbol{\mu}_{\text{MP}}$, 则对稀疏贝叶斯回归, 最后的 (后验均值) 逼近器由 $\mathbf{y} = \boldsymbol{\phi}\mathbf{w} \approx \boldsymbol{\phi}\boldsymbol{\mu}_{MP}$ 给出。

7.8 卷积神经网络

前几节介绍了一些经典的神经网络。从本节开始, 我们将集中讨论神经网络的某些主题和进展。这里, 我们首先讨论卷积神经网络。

[497] 卷积神经网络 (CNN) 在图像、语音、音频和视频识别任务中非常成功, 其中基础数据表示的坐标具有网格结构 (在一、二和三维), 这是因为它们能够利用相对于该网格结构的平移等方差/不变性[13]。

Gabor 滤波器组是一种有效的特征提取方法。该方法生成一组 N 个 Gabor 滤波器。然后, 每个滤波器与输入图像卷积以产生 N 个不同的图像。接下来, 将每个图像的像素合并以从每个图像中提取信息。Gabor 滤波方法主要分为卷积和池化两个步骤。

神经认知机 (neocognitron) 由 Fukushima 提出[32], 通常被视为在计算方面激发卷积神经网络的模型。

第一个卷积神经网络是 LeNet, 由 LeCun 等人发明[88], 用于手写数字识别, 后来因 LeCun 等人的论文[89] 而进一步流行。

与传统的全连接神经网络相比, 使用卷积神经网络的主要优点是减少了需要学习的参数。卷积神经网络一般由以下几层组成[31]。

- 输入层: 它向网络提供数据。输入可以是原始数据 (例如图像像素) 或它们的变换, 取决于哪一个能够更好地强调数据的某些特定方面。
- 卷积层: 它们包含一系列固定大小的滤波器, 用于对生成特征映射的数据执行卷积。
- 池化层: 这些层使得网络只关注最重要的模式, 减少了后面各层使用的特征映射的维数。池化层也叫下采样层。
- 整流线性单元 (ReLU): ReLU 层负责对前一层的输出 x 应用非线性函数, 例如 $f(x) = \max(0, x)$。根据文献 [84], ReLU 层可用于神经网络的快速收敛训练, 加快训练速度。
- 全连接层: 用于理解前几层生成的模式。这一层的神经元具有到上一层中的所有激活的全连接。它们也被称为内积层。经过训练后, 迁移学习方法可以提取这些层中的特征来训练另一个分类器。

- 损失层: 这些层指定网络训练如何惩罚预测标签和真实标签之间的偏差。可以使用适合不同任务的各种损失函数: softmax、sigmoid、互熵、欧氏损失等。

卷积层是卷积神经网络最核心的部分, 我们将首先进行讨论。

7.8.1 Hankel 矩阵与卷积 [498]

给定一个输入信号 $\mathbf{x}=[x(1),\cdots,x(n)]^{\mathrm{T}}\in\mathbb{R}^n$, 滤波器 (或核)$\mathbf{f}=[f(1),\cdots,f(d)]^{\mathrm{T}}\in\mathbb{R}^d$ 与输入 $\mathbf{x}$ 的卷积有下面 3 种形式

$$y_i=(\mathbf{x}*\mathbf{f})_i=\sum_{j=1}^{n}x(j)f(i-j+1),\quad i=1,\cdots,2d-1 \tag{7.8.1}$$

或者

$$y_i=(\mathbf{x}*\mathbf{f})_i=\sum_{j=1}^{d}x(i-j+1)f(j),\quad i=1,\cdots,2d-1 \tag{7.8.2}$$

或者

$$y_i=(\mathbf{x}*\mathbf{f})_i=\sum_{j=1}^{d}x(i+j-1)f(j),\quad i=1,\cdots,n-d+1 \tag{7.8.3}$$

由于当 $n\gg d$ 时可提供更多的生成, 所以式 (7.8.3) 通常用作卷积神经网络中的卷积运算。

式 (7.8.3) 的矩阵–向量形式为

$$\mathbf{y}=(\mathbf{x}*\mathbf{f})=\begin{bmatrix}x(1) & x(2) & \cdots & x(d)\\ x(2) & x(3) & \cdots & x(d+1)\\ \vdots & \vdots & & \vdots\\ x(n-d+1) & x(n-d+2) & \cdots & x(n)\end{bmatrix}\begin{bmatrix}f(1)\\ f(2)\\ \vdots\\ f(d)\end{bmatrix} \tag{7.8.4}$$

其紧凑形式为

$$\mathbf{y}=(\mathbf{x}*\mathbf{f})=\mathbf{H}(\mathbf{x})\mathbf{f} \tag{7.8.5}$$

式中

$$\mathbf{H}(\mathbf{x})=\begin{bmatrix}x(1) & x(2) & \cdots & x(d)\\ x(2) & x(3) & \cdots & x(d+1)\\ \vdots & \vdots & & \vdots\\ x(n-d+1) & x(n-d+2) & \cdots & x(n)\end{bmatrix}\in\mathbb{R}^{(n-d+1)\times d} \tag{7.8.6}$$

称为由 n 维向量 $\mathbf{x}=[x(1),\cdots,x(n)]^{\mathrm{T}}\in\mathbb{R}^n$ 生成的 Hankel 结构化矩阵。这里, d 是矩阵束参数。这一类型的 Hankel 结构化矩阵的空间记为 $\mathcal{H}(n,d)$。一个 Hankel 结构化矩阵有时也简称 Hankel 矩阵。

由 n 维向量 $\mathbf{x}=[x(1),\cdots,x(n)]^{\mathrm{T}}\in\mathbb{R}^n$ 生成的 $n\times d$ 环绕 Hankel 矩阵定 [499]

义为[165]

$$
\mathbf{H}_d(\mathbf{x}) = \left[\begin{array}{cccc} x(1) & x(2) & \cdots & x(d) \\ x(2) & x(3) & \cdots & x(d+1) \\ \vdots & \vdots & & \vdots \\ x(n-d+1) & x(n-d+2) & \cdots & x(n) \\ \hdashline x(n-d+2) & x(n-d+3) & \cdots & x(1) \\ \vdots & \vdots & & \vdots \\ x(n) & x(1) & \cdots & x(d-1) \end{array}\right] \in \mathbb{R}^{n\times d} \tag{7.8.7}
$$

显然, 由 $\mathbf{x}\in\mathbb{R}^n$ 生成的 $n\times d$ 环绕 Hankel 矩阵可以认为是下列加长向量的 Hankel 矩阵

$$
\bar{\mathbf{x}} = \left[\mathbf{x}^{\mathrm{T}}, x(1), x(2), \cdots, x(d-1)\right]^{\mathrm{T}} \in \mathbb{R}^{n+d-1} \tag{7.8.8}
$$

定理 7.1 [165] 令 $r+1$ 表示使信号 $\mathbf{x}=[x(1),\cdots,x(n)]^{\mathrm{T}}$ 湮灭的湮灭滤波器的最小长度。则, 对于给定的长度 $d>r$ 的 Hankel 结构化矩阵 $\mathbf{H}_d(\mathbf{x})\in\mathcal{H}(n,d)$, 其秩

$$
\mathrm{rank}(\mathbf{H}_d(\mathbf{x})) = r \tag{7.8.9}
$$

定理 7.1 意味着下面的两个结果。

- 如果 d 足够大, 则得到的 Hankel 矩阵是低秩的。
- Hankel 矩阵的秩可以显式地计算, 如定理 7.1 所示。

卷积运算可以推广到二维数据。给定一个二维输入 $I(m,n)$ 和一个二维核函数 $K(a,b)$, 它们的卷积运算定义为[77]

$$
s(t) = I(a,b) * K(a,b) = \sum_a \sum_b I(a,b)\cdot K(m-a,n-b) \tag{7.8.10}
$$

或者等价表示为

$$
s(t) = I(a,b) * K(a,b) = \sum_a \sum_b I(m-a,n-b)\cdot K(a,b) \tag{7.8.11}
$$

二维卷积运算也可以用互相关形式表示

$$
s(t) = I(a,b) * K(a,b) = \sum_a \sum_b I(m+a,n+b)\cdot K(a,b) \tag{7.8.12}
$$

[500] 给定一幅二维图像 $\mathbf{X}=[\mathbf{x}_1,\cdots,\mathbf{x}_p]\in\mathbb{R}^{n\times p}$ 和一个二维滤波器 $\boldsymbol{\Phi}=[\boldsymbol{\phi}_1,\cdots,\boldsymbol{\phi}_q]\in\mathbb{R}^{d\times q}$, 其中 $\mathbf{x}_j=[x_j(1),\cdots,x_j(n)]^{\mathrm{T}}\in\mathbb{R}^n, j=1,\cdots,p$ 和 $\boldsymbol{\phi}_i=[\phi_i(1),\cdots,\phi_i(d)]^{\mathrm{T}}\in\mathbb{R}^d, i=1,\cdots,q$。于是, 滤波器 $\boldsymbol{\Phi}$ 与图像 $\mathbf{X}$ 的二维卷积为

$$
(\mathbf{X} * \boldsymbol{\Phi})_{m,k} = \sum_{i=1}^{d} \sum_{j=1}^{q} x_{m+i-1,k+j-1}\phi_{i,j},
$$

$$m=1,2,\cdots,n-d+1;k=1,2,\cdots,p+q-1 \tag{7.8.13}$$

或

$$\mathbf{Y}=(\mathbf{X}*\mathbf{\Phi})=\begin{bmatrix}\mathbf{H}(\mathbf{x}_1)\boldsymbol{\phi}_1 & \cdots & \mathbf{H}(\mathbf{x}_1)\boldsymbol{\phi}_q\\ \vdots & & \vdots\\ \mathbf{H}(\mathbf{x}_p)\boldsymbol{\phi}_1 & \cdots & \mathbf{H}(\mathbf{x}_p)\boldsymbol{\phi}_q\end{bmatrix}=\mathbf{H}_{d,q}(\mathbf{X})\mathbf{\Phi} \tag{7.8.14}$$

式中

$$\mathbf{Y}=[\mathbf{y}_1,\cdots,\mathbf{y}_p]=\begin{bmatrix}y_1(1) & \cdots & y_{p+q-1}(1)\\ \vdots & & \vdots\\ y_1(n-d+1) & \cdots & y_{p+q-1}(n-d+1)\end{bmatrix} \tag{7.8.15}$$

$$\mathbf{H}_{d,q}(\mathbf{X})=\begin{bmatrix}\mathbf{H}(\mathbf{x}_1)\\ \vdots\\ \mathbf{H}(\mathbf{x}_p)\end{bmatrix} \tag{7.8.16}$$

$$\mathbf{H}(\mathbf{x}_j)=\begin{bmatrix}x_j(1) & x_j(2) & \cdots & x_j(d)\\ x_j(2) & x_j(3) & \cdots & x_j(d+1)\\ \vdots & \vdots & & \vdots\\ x_j(n-d+1) & x_j(n-d+2) & \cdots & x_j(n)\end{bmatrix} \tag{7.8.17}$$

其中, $j=1,\cdots,p$, 并且 $x_j(i)$ 是第 j 个输入信道 $\mathbf{x}_j$ 的第 i 个元素。

由于二维卷积式 (7.8.13) 对 $\mathbf{X}$ 的每一个 m 和 k 进行计算, 所以我们说卷积步幅等于 1。在某些情况下, 可能有兴趣使用更大的步幅计算卷积。例如, 我们要计算间隔像素的卷积。在这种情况下, 卷积步幅取为 2, 从而得到卷积公式[2]

$$(\mathbf{X}*\mathbf{\Phi})_{m,k}=\sum_{i=1}^{d}\sum_{j=1}^{q}x_{m+i-1,k+j-1}\phi_{i,j},$$
$$m=1,3,5,\cdots,n-d+1;k=1,3,5,\cdots,p+q-1 \tag{7.8.18}$$

对于向量 $\mathbf{v}=[v(1),\cdots,v(n)]^{\mathrm{T}}\in\mathbb{R}^n$, 反序排列的向量 $\overline{\mathbf{v}}=[v(n),\cdots,v(1)]^{\mathrm{T}}\in$ [501]
$\mathbb{R}^n$ 称为 $\mathbf{v}$ 的翻转向量。

类似地, 对于矩阵

$$\mathbf{\Phi}=[\boldsymbol{\phi}_1,\cdots,\boldsymbol{\phi}_q]=\begin{bmatrix}\phi_1(1) & \phi_2(1) & \cdots & \phi_q(1)\\ \phi_1(2) & \phi_2(2) & \cdots & \phi_q(2)\\ \vdots & \vdots & & \vdots\\ \phi_1(d) & \phi_2(d) & \cdots & \phi_q(d)\end{bmatrix}\in\mathbb{R}^{d\times q} \tag{7.8.19}$$

其翻转矩阵定义为

$$\overline{\boldsymbol{\Phi}} = [\overline{\boldsymbol{\phi}}_1, \cdots, \overline{\boldsymbol{\phi}}_q] = \begin{bmatrix} \phi_1(d) & \phi_2(d) & \cdots & \phi_q(d) \\ \phi_1(d-1) & \phi_2(d-1) & \cdots & \phi_q(d-1) \\ \vdots & \vdots & & \vdots \\ \phi_1(1) & \phi_2(1) & \cdots & \phi_q(1) \end{bmatrix} \in \mathbb{R}^{d\times q} \tag{7.8.20}$$

对于一个 $pd \times q$ 块矩阵

$$\boldsymbol{\Phi} = [\boldsymbol{\Phi}_1^{\mathrm{T}}, \cdots, \boldsymbol{\Phi}_p^{\mathrm{T}}]^{\mathrm{T}} \in \mathbb{R}^{pd\times q} \tag{7.8.21}$$

其翻转块结构矩阵具有以下形式

$$\overline{\boldsymbol{\Phi}} = \begin{bmatrix} \overline{\boldsymbol{\Phi}}_1 \\ \overline{\boldsymbol{\Phi}}_2 \\ \vdots \\ \overline{\boldsymbol{\Phi}}_p \end{bmatrix} \tag{7.8.22}$$

式中, 子翻转矩阵定义为

$$\overline{\boldsymbol{\Phi}}_j = [\overline{\boldsymbol{\phi}}_1^j, \cdots, \overline{\boldsymbol{\phi}}_q^j] = \begin{bmatrix} \phi_1^j(d) & \phi_2^j(d) & \cdots & \phi_q^j(d) \\ \phi_1^j(d-1) & \phi_2^j(d-1) & \cdots & \phi_q^j(d-1) \\ \vdots & \vdots & & \vdots \\ \phi_1^j(1) & \phi_2^j(1) & \cdots & \phi_q^j(1) \end{bmatrix} \in \mathbb{R}^{d\times q},\ \ j = 1, \cdots, p \tag{7.8.23}$$

下面是不同情况下的 4 种卷积[166]。

1. 单输入 – 单输出 (SISO) 卷积

对于单个输入信道 $\mathbf{x} = [x(1), \cdots, x(n)]^{\mathrm{T}} \in \mathbb{R}^n$ 和单个滤波器向量 $\boldsymbol{\phi} = [\phi(1), \cdots, \phi(d)]^{\mathrm{T}} \in \mathbb{R}^d$, 输入向量 $\mathbf{x}$ 与滤波器向量 $\boldsymbol{\phi}$ 的 SISO 卷积可以用矩阵
[502] 形式表示为

$$\mathbf{y} = \mathbf{x} * \boldsymbol{\phi} = \mathbf{H}_d(\mathbf{x})\boldsymbol{\phi} \tag{7.8.24}$$

式中, $\mathbf{y} = [y_1, \cdots, y_d]^{\mathrm{T}}$, 且 $\mathbf{H}_d(\mathbf{x})$ 是一个环绕 Hankel 矩阵

$$\mathbf{H}_d(\mathbf{x}) = \begin{bmatrix} x(1) & x(2) & \cdots & x(d) \\ x(2) & x(3) & \cdots & x(d+1) \\ \vdots & \vdots & & \vdots \\ x(n) & x(1) & \cdots & x(d-1) \end{bmatrix} \in \mathbb{R}^{n\times d} \tag{7.8.25}$$

2. 单输入 – 多输出 (SIMO) 卷积

单输入向量 $\mathbf{x}$ 与 q 个滤波器向量 $\boldsymbol{\phi}_1, \cdots, \boldsymbol{\phi}_q$ 的卷积可以表示为

$$\mathbf{Y} = \mathbf{x} * \boldsymbol{\Phi} = \mathbf{H}_d(\mathbf{x})\boldsymbol{\Phi} \tag{7.8.26}$$

式中

$$\mathbf{Y} = [\mathbf{y}_1, \cdots, \mathbf{y}_q] \in \mathbb{R}^{n\times q}, \quad \mathbf{\Phi} = [\boldsymbol{\phi}_1, \cdots, \boldsymbol{\phi}_q] \in \mathbb{R}^{d\times q} \tag{7.8.27}$$

3. 多输入–多输出 (MIMO) 卷积

p 个信道输入向量 $\mathbf{Z} = [\mathbf{z}_1, \cdots, \mathbf{z}_p] \in \mathbb{R}^{n\times p}$ 与 q 个信道滤波器向量 $\boldsymbol{\phi}^1, \cdots, \boldsymbol{\phi}^q$ 的卷积可以表示为

$$\mathbf{y}_i = \sum_{j=1}^{p} \mathbf{z}_j * \boldsymbol{\phi}_i^j, \quad i = 1, \cdots, q \tag{7.8.28}$$

式中, $\boldsymbol{\phi}_i^j \in \mathbb{R}^d$ 表示长度为 d、相对于第 j 个输入信道和第 i 个输出信道的卷积。如果定义一个 MIMO 滤波器核为

$$\mathbf{\Phi} = \begin{bmatrix} \mathbf{\Phi}_1 \\ \vdots \\ \mathbf{\Phi}_p \end{bmatrix}, \quad \text{其中} \quad \mathbf{\Phi}_j = [\boldsymbol{\phi}_1^j, \cdots, \boldsymbol{\phi}_q^j] \in \mathbb{R}^{d\times q} \tag{7.8.29}$$

则 MIMO 卷积的对应矩阵表示为

$$\mathbf{Y} = \sum_{j=1}^{p} \mathbf{H}_d(\mathbf{z}_j)\mathbf{\Phi}_j = \mathbf{H}_{d|p}(\mathbf{Z})\mathbf{\Phi} \tag{7.8.30}$$

式中 [503]

$$\mathbf{H}_{d|p}(\mathbf{Z}) = [\mathbf{H}_d(\mathbf{z}_1), \cdots, \mathbf{H}_d(\mathbf{z}_p)] \tag{7.8.31}$$

是扩展 Hankel 矩阵, 它由 p 个 Hankel 矩阵依次排列而成。

4. 多输入–单输出 (MISO) 卷积

如果 $q = 1$, 则 MIMO 卷积简化为 MISO 卷积

$$\mathbf{y} = \mathbf{H}_{d|p}(\mathbf{Z})\boldsymbol{\phi} \tag{7.8.32}$$

式中 $\boldsymbol{\phi} = [\phi_1, \cdots, \phi_p]^{\mathrm{T}}$。

上述 SISO、SIMO、MIMO 和 MISO 卷积运算很容易推广到图像域卷积神经网络的二维卷积运算。为此, (扩展)Hankel 矩阵需要定义为块扩展矩阵。对于由 $\mathbf{x}_i \in \mathbb{R}^{n_1}, i = 1, \cdots, n_2$ 组成的二维输入 $\mathbf{X} = [\mathbf{x}_1, \cdots, \mathbf{x}_{n_2}] \in \mathbb{R}^{n_1\times n_2}$, 与 $d_1 \times d_2$ 维滤波器相关联的块 Hankel 矩阵定义为[166]

$$\mathbf{H}_{d_1,d_2}(\mathbf{X}) = \begin{bmatrix} \mathbf{H}_{d_1}(\mathbf{x}_1) & \mathbf{H}_{d_1}(\mathbf{x}_2) & \cdots & \mathbf{H}_{d_1}(\mathbf{x}_{d_2}) \\ \mathbf{H}_{d_1}(\mathbf{x}_2) & \mathbf{H}_{d_1}(\mathbf{x}_3) & \cdots & \mathbf{H}_{d_1}(\mathbf{x}_{d_2+1}) \\ \vdots & \vdots & & \vdots \\ \mathbf{H}_{d_1}(\mathbf{x}_{n_2}) & \mathbf{H}_{d_1}(\mathbf{x}_1) & \cdots & \mathbf{H}_{d_1}(\mathbf{x}_{d_2-1}) \end{bmatrix} \in \mathbb{R}^{n_1 n_2 \times d_1 d_2} \tag{7.8.33}$$

于是, 图像 $\mathbf{X} \in \mathbb{R}^{n_1\times n_2}$ 与二维滤波器 $\mathbf{K} \in \mathbb{R}^{d_1\times d_2}$ 的二维 SISO 卷积的输出

$\mathbf{Y} = \mathbf{H}_{d_1,d_2}(\mathbf{X})\mathbf{K} \in \mathbb{R}^{n_1\times n_2}$ 可以表示为矩阵–向量形式

$$\text{vec}(\mathbf{Y}) = \mathbf{H}_{d_1,d_2}(\mathbf{X})\text{vec}(\mathbf{K}) \tag{7.8.34}$$

式中，vec($\mathbf{Y}$) 是矩阵 $\mathbf{Y}$ 的各列依次堆砌而成的向量化表示。

类似地, 对于一个 p 信道 $n_1 \times n_2$ 输入图像 $\mathbf{X}^{(j)} = [\mathbf{x}_1^{(j)}, \cdots, \mathbf{x}_{n_2}^{(j)}], j = 1, \cdots, p$, 其扩展块 Hankel 矩阵定义为

$$\mathbf{H}_{d_1,d_2|p}\left([\mathbf{X}^{(1)}, \cdots, \mathbf{X}^{(p)}]\right) = \left[\mathbf{H}_{d_1,d_2}(\mathbf{X}^{(1)}), \cdots, \mathbf{H}_{d_1,d_2}(\mathbf{X}^{(p)})\right] \in \mathbb{R}^{n_1 n_2 \times d_1 d_2 p} \tag{7.8.35}$$

于是, 对于 p 个输入图像 $\mathbf{X}^{(j)} \in \mathbb{R}^{n_1\times n_2}, j = 1, \cdots, p$ 以及一个与第 j 个输入信道和第 i 个输出信道相关联的二维滤波器 $\overline{\mathbf{K}}_{(i)}^{(j)} \in \mathbb{R}^{d_1\times d_2}$, 它们的二维 MIMO 卷积可以用矩阵–向量形式表示为

$$\text{vec}(\mathbf{Y}^{(i)}) = \sum_{j=1}^{p} \mathbf{H}_{d_1,d_2}(\mathbf{X}^{(j)})\text{vec}\left(\mathbf{K}_{(i)}^{(j)}\right), \quad i = 1, \cdots, q \tag{7.8.36}$$

[504] 若定义

$$\mathcal{Y} = [\text{vec}(\mathbf{Y}^{(1)}), \cdots, \text{vec}(\mathbf{Y}^{(p)})] \tag{7.8.37}$$

$$\mathcal{K} = \begin{bmatrix} \text{vec}(\mathbf{K}_{(1)}^{(1)}) & \cdots & \text{vec}(\mathbf{K}_{(q)}^{(1)}) \\ \vdots & & \vdots \\ \text{vec}(\mathbf{K}_{(1)}^{(p)}) & \cdots & \text{vec}(\mathbf{K}_{(q)}^{(p)}) \end{bmatrix} \tag{7.8.38}$$

则二维 MIMO 卷积可以改写为

$$\mathcal{Y} = \mathbf{H}_{d_1,d_2|p}\left([\mathbf{X}^{(1)}, \cdots, \mathbf{X}^{(p)}]\right)\mathcal{K} \tag{7.8.39}$$

7.8.2 池化层

在讨论了卷积层之后, 我们现在讨论卷积神经网络的其他层。池化层用于进行下采样, 即转换原始数据, 以便强调数据的某些特定方面。以计算机视觉为例, 需要将图像转换为灰度, 从分析中去除颜色信息。给定输入的 RGB 图像 I, 其中一个像素由 $I(i,j) = (R(i,j), G(i,j), B(i,j))$ 表示, 其转换为灰度级的过程为[31]

$$C(i,j) = 0.2989R(i,j) + 0.5870G(i,j) + 0.1140B(i,j) \tag{7.8.40}$$

式中 C 是转换为灰度级的图像, 用为网络的输入, 而 R、G 和 B 是初始图像的颜色通道。

假设 180×180 图像连接到包含 50 个大小为 7×7 滤波器的卷积层。卷积层的输出将是 $174\times174\times50 = 1\,513\,800$ 维向量。显然, 这个维数非常高。为此, 需要一个池化层来降低特征映射的维数, 即下采样特征向量。池跨距也称为下采样因子。令 s 表示池跨距。例如, 对于 12 维向量 $\mathbf{x} = [1, 10, 8, 2, 3, 6, 7, 0, 5, 4, 9, 2]$, 使用跨距 $s = 2$ 下采样 $\mathbf{x}$, 意味着我们必须从标号为 0 处的元素开始, 每间隔一

个元素取一个像素值, 这将产生向量 $[1, 8, 3, 7, 5, 9]$。通过这样做, $\mathbf{x}$ 的维数除以 $s = 2$, 就变成了一个六维向量。

池化是 CNN 最重要的运算之一。池化算子在单个特征通道上操作, 用于聚集本区域 (例如矩形) 的数据, 并将其转换为单个值。常见的选择包括最大池化 (使用最大运算符) 和平均池化 (使用平均运算符), 这两者都是手工选择的。滑动步长大于一个像素的传统卷积也可以看成是一个池化运算。但是, 这种池化运算并不独立处理每个输入特性通道。相反, 它使用所有的输入特征通道来生成每个输出特征通道。因此, 卷积池化运算需要额外的参数。 [505]

关于池化运算, 应该注意以下事项[77]。

- 池化对一部分输入进行运算, 并对此输入使用函数 f 生成输出。
- 函数 f 通常选 max 运算 (导致最大池化), 但其他变形如平均运算或者 ℓ_2 范数运算也可供选择。
- 对于二维输入, 池是一个长方形。
- 池化结果生成的输出在维数上远比输入的维数小。

令 $\mathbf{w}_k^l$ 和 b_k^l 分别是第 l 层的第 k 个滤波器的权向量和偏差项, $\mathbf{x}_{i,j}^l$ 是第 l 层的位置 (i, j) 为中心的输入小块。于是, 在 l 层的第 k 个特征映射中位于 (i, j) 的特征值 $z_{i,j,k}^l$ 可以计算为

$$z_{i,j,k}^l = (\mathbf{w}_k^l)^{\mathrm{T}} \mathbf{x}_{i,j}^l + b_k^l \tag{7.8.41}$$

卷积特征 $z_{i,j,k}^l$ 的激活值 $a_{i,j,k}^l$ 可以计算为

$$a_{i,j,k}^l = a(z_{i,j,k}^l) \tag{7.8.42}$$

式中, $a(\cdot)$ 表示激活函数。

池化层的目的是通过降低特征映射的分辨率来实现平移不变性。它通常位于两个卷积层之间。池化层的每个特征映射与其前一个卷积层的对应特征映射相连接。若记每一个特征映射 $a_{i,j,k}^l$ 的池化函数为 $\mathrm{pool}(\cdot)$, 则有

$$y_{i,j,k}^l = \mathrm{pool}(a_{m,n,k}^l), \quad \forall\, m, n \in \mathbb{R}_{ij} \tag{7.8.43}$$

式中, $\mathbb{R}_{ij}$ 是一个围绕 (i, j) 的局部邻域。

下面是卷积神经网络中常用的一些池化方法[48]。

1. $\boldsymbol{\ell_p}$ 池化

这种池化是一个受复杂细胞的生物学启发的池建模过程[72]。ℓ_p 池化中的统计量是池中输入的 ℓ_p 范数。也就是说, 如果节点 (i, j) 位于池 k 中, 则这个池的输出为

$$y_{i,j,k} = \left[\sum_{(m,n) \in \mathbb{R}_{ij}} (a_{m,n,k})^p \right]^{1/p} \tag{7.8.44}$$

式中 $a_{m,n,k}$ 是第 k 个特征映射的池化区域 $\mathbb{R}_{ij}$ 内部位置 (m, n) 的特征值。ℓ_p 池化包括以下两个习惯选择。 [506]

- 当 $p=1$ 时，ℓ_1 池化给出求和池化

$$y_{i,j,k}=\sum_{(m,n)\in\mathbb{R}_{ij}} a_{m,n,k} \tag{7.8.45}$$

在求和池化中, 池化区域的所有元素都被考虑。当与线性校正的非线性相结合时, 由于求和值中包含许多零元素, 强激励函数可能会被向下加权。更糟糕的情况是, 对于 $\tanh(\cdot)$ 非线性, 强的正激励和负激励可以相互抵消, 导致小的池化响应。

- 当 $p\to\infty$ 时，ℓ_p 池化对应为最大池化

$$y_{i,j,k}=\max|a_{m,n,k}|\cdot \mathrm{sign}(\arg\max|a_{m,n,k}|),\quad 对所有 i,j \tag{7.8.46}$$

下采样的常见形式是最大池化, 池化层的跨距大小等于池的大小。最大池化可以减小特征向量的个数和卷积神经网络的参数, 减少训练时间和内存需求, 但这种池化在实际应用中容易对训练集过拟合, 使它很难推广到测试样本中。

2. 混合池化

这种池化方法是最大池化和平均池化的组合, 即

$$y_{i,j,k}=\lambda\max_{(m,n)\in\mathbb{R}_{ij}} a_{m,n,k}+(1-\lambda)\frac{1}{|\mathbb{R}_{ij}|}\sum_{(m,n)\in\mathbb{R}_{ij}} a_{m,n,k} \tag{7.8.47}$$

式中 λ 是一个要么为 0, 要么为 1 的随机数值, 指示选择平均池化还是最大池化。在正向传播过程中, λ 被记录, 并将用于反向传播运算。

3. 随机池化

它先计算每个区域 (i,j) 的概率 p,方法是对该区域内的激励函数归一化为[168]

$$p_j=\frac{a_j}{\sum_{i\in\mathbb{R}_j} a_i} \tag{7.8.48}$$

然后从基于 p 的多项式分布中抽取样本, 在区域内选择 j 的位置。池化后的激励直接为

$$y_j=a_l,\qquad l\sim P(p_1,\cdots,p_{|R_j|}) \tag{7.8.49}$$

[507] 最大池化只捕获具有每个区域输入的滤波器模板的最强激励。然而, 当在网络上传递信息时, 在相同的池化区域中可能存在其他激励需要考虑。随机池化可以确保这些非最大激励也将被利用。与平均池化和最大池化不同, 随机池化通过选择不同的 l, 可以表示区域内激励的多模式分布。与最大池化相比, 随机池化可以避免由于随机成分而导致的过度拟合。

4. 谱池化

Rippel 等人 2015 年提出谱池化的想法[120] 来源于下列观察: 频域为具有空间结构的输入提供了理想的基础。给定输入 $\mathbf{x}\in\mathbb{R}^{M\times N}$, 以及一些所需的输出映射维数 $H\times W$。首先, 计算输入到频域的离散傅里叶变换 (DFT) 为 $\mathbf{y}=\mathcal{F}(\mathbf{x})\in\mathbb{C}^{M\times N}$, 并假设直流分量已按照标准做法移动到域的中心。然后, 将 $\mathbf{y}$ 截

为 $\hat{\mathbf{y}} \in \mathbb{C}^{H\times W}$。最后, 在 $\mathbb{R}^{H\times W}$ 中, 将其逆 DFT 返回为 $\hat{\mathbf{x}} = \mathcal{F}^{-1}(\hat{\mathbf{y}}) \in \mathbb{R}^{H\times W}$。谱池化的主要优点是[138]: 快速卷积计算, 高参数信息保持 (压缩), 池化输出维度的灵活性, 以及通过实施频谱参数化进一步减少了计算量。

5. 空间金字塔池化 (SPP)

最后一个池化层 (例如, 在最后一个卷积层之后) 替换为空间金字塔池化层[56]。假设空间金字塔池化层由 M 个池化箱组成。在每一个池化箱, 空间金字塔池化使用某种池化方法 (例如, 最大池化) 生成固定长度的表示, 而不考虑输入大小, 从而产生空间金字塔池的 kM 维输出矢量 (k 是最后一个卷积层中的滤波器数)。然后, 固定维向量是全连接层的输入。

如图 7.9 所示为使用 4 种不同池化技术的一个简单示例。左图: 在给定的池区域内产生的激活。右图: 四种不同的池化技术给出的池化结果。如果取 $\lambda = 0.4$, 则混合池化结果为 1.46。混合池化和随机池化可以表示区域内激活的多模态分布。 [508]

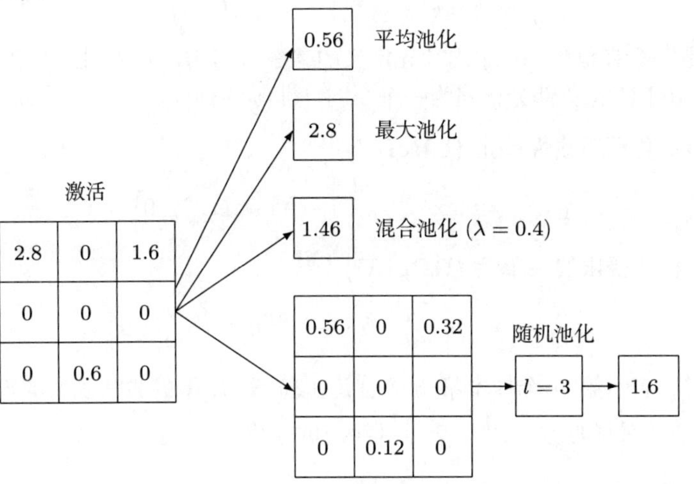

图 7.9 使用四种不同池化技术的简单示例

7.8.3 卷积神经网络的激活函数

下面是在卷积神经网络中通常使用的激活函数[48]。

1. 受限线性单元 (ReLU)

将一个神经元的输出 f 建模成其输入 x 的函数的标准方法是使用 $f(x) = \tanh(x)$ 或 $f(x) = (1+\mathrm{e}^{-x})^{-1}$。然而, 在梯度下降算法中, 这些饱和非线性激活函数比非饱和非线性激活函数 $f(x) = \max(0,x)$ 收敛慢得多。根据 Nair 和 Hinton[106] 的研究可知, 具有非线性函数 $f(x) = \max(0,x)$ 的神经元称为受限线性单元 ReLU。ReLU 是最重要的非饱和激活函数之一, 定义为

$$a_{i,j,k} = \max\{z_{i,j,k}, 0\} \tag{7.8.50}$$

式中，$z_{i,j,k}$ 是第 k 个信道的位置 (i,j) 上的激活函数的输入。ReLU 单元的一个潜在缺点是：当该单元不活动时，它具有零梯度，这可能导致最初不活动的单元永远不会变为活动的，因为基于梯度的优化不会调整它们的权重。此外，由于零梯度的存在，训练过程可能会变慢。

2. 含噪受限线性单元 (NReLU)[106]

$$a_{i,j,k} = \max\{z_{i,j,k} + N(0,\sigma^2)\} \tag{7.8.51}$$

式中，$N(0,\sigma^2)$ 是零均值、方差为 σ^2 的高斯噪声。业已证明[106]，在识别目标和比较人脸方面，NReLU 比二进制隐藏单元更有效，并且比二进制单元更能自然地处理大强度变化。

3. 泄漏受限线性单元 (Leaky ReLU)[102]

$$a_{i,j,k} = \max\{z_{i,j,k}, 0\} + \lambda \min\{z_{i,j,k}, 0\} \tag{7.8.52}$$

[509] 式中，λ 是一个在范围 $(0,1)$ 内预先定义的参数。与 ReLU 相比，当单元不活动时 Leaky ReLU 将负部分压缩为一个小的、非零的梯度。

4. 参数化受限线性单元 (PReLU) [55]

$$a_{i,j,k} = \max\{z_{i,j,k}, 0\} + \lambda \min\{z_{i,j,k}, 0\} \tag{7.8.53}$$

5. 随机化受限线性单元 (RReLU) [164]

$$a_{i,j,k}^{(n)} = \max\left\{z_{i,j,k}^{(n)}, 0\right\} + \lambda_k^{(n)} \min\left\{z_{i,j,k}^{(n)}, 0\right\} \tag{7.8.54}$$

式中，$z_{i,j,k}^{(n)}$ 表示第 n 个样本第 k 个信道上位置 (i,j) 的激活函数的输入，$\lambda_k^{(n)}$ 表示其对应的采样参数，$a_{i,j,k}^{(n)}$ 表示其对应的输出。

6. 指数线性单元 (ELU) [16]

$$a_{i,j,k} = \max\{z_{i,j,k}, 0\} + \min\{\lambda(\mathrm{e}^{z_{i,j,k}} - 1), 0\} \tag{7.8.55}$$

式中，λ 是一个预先定义的参数，用于控制一个指数线性单元对负输入的饱和值。

7. 最大输出 (Maxout)[37]

$$a_{i,j,k} = \max_{k\in[1,K]} z_{i,j,k} \tag{7.8.56}$$

式中，$z_{i,j,k}$ 是特征图的第 k 个信道。由于 ReLU 实际上是 maxout 的特例，例如，$\max\{\mathrm{w}_1^{\mathrm{T}}\mathrm{x} + b_1, \mathrm{w}_2^{\mathrm{T}} + b_2\}$，其中，$\mathrm{w}_1$ 为零向量，b_1 为零。所以 maxout 具有 ReLU 的所有优点。此外，maxout 特别适合于丢弃训练。

8. 概率输出 (Probout)[141]

概率输出是 maxout 的基于概率的变形，它先定义 k 个线性单元的概率为

$$\hat{p}_0 = 0.5 \tag{7.8.57}$$

$$\hat{p}_i = \mathrm{e}^{\lambda z_i} \bigg/ \left(2\sum_{j=1}^{k} \mathrm{e}^{\lambda z_j} \right) \tag{7.8.58}$$

然后, 对激活函数进行采样

$$a_i = \begin{cases} 0, & i = 0 \\ z_i, & \text{其他} \end{cases} \tag{7.8.59}$$

式中, $i \sim \text{multinomial}\{\hat{p}_0, \cdots, \hat{p}_k\}$。Probout 可以在保持 maxout 单元的理想性质和提高其不变性之间取得平衡, 但在测试过程中, 由于额外的概率计算, probout 比 maxout 计算成本高。 [510]

7.8.4 损失函数

卷积神经网络的一个关键是学习低维映射: 给定一组输入向量 $\mathcal{I} = \{\mathbf{x}_1, \cdots, \mathbf{x}_N\}$, 其中 $\mathbf{x}_i \in \mathbb{R}^D, \forall i = 1, \cdots, N$, 求参数化函数 $\mathbf{w}: \mathbb{R}^D \to \mathbb{R}^d$ $(d \ll D)$, 使得它具有下列性质[49]:

- 只需要知道训练样本之间的邻域关系。这些关系可能来自先验知识, 或手动标记, 并且独立于任何距离测度。
- 可以学习对输入的复杂非线性变换 (如光照变化和几何畸变) 保持不变的函数。
- 学习后的函数可用于映射训练期间未看到的新样本, 而无须这些新样本的先验知识。

为了求得具有上述 3 个性质的参数化函数 $\mathbf{w}$, 选择合适的损失函数是一个重要问题。下面介绍神经网络设计中常用的损失函数[48]。

1. 铰链损失

它通常用于训练大边距分类器。令 $\mathbf{w}$ 是一个分类器的权向量, $\mathbf{y}^{(i)} \in \{1, \cdots, K\}$ 表示训练样本在 K 类中的正确类型标签。分类器 $\mathbf{w}$ 的铰链损失定义为

$$\mathcal{L}_{\text{hinge}} = \frac{1}{N} \sum_{i=1}^{N} \sum_{j=1}^{K} \left(\max\left(0, 1 - \delta(y^{(i)}, j) \mathbf{w}^{\mathrm{T}} \mathbf{x}_i \right) \right)^p \tag{7.8.60}$$

式中

$$\delta(y^{(i)}, j) = \begin{cases} 1, & y^{(i)} = j \\ -1, & \text{其他} \end{cases} \tag{7.8.61}$$

下面是铰链损失的两个特例:

- 若 $p = 1$, 则铰链损失称为 ℓ_1 损失

$$\mathcal{L}_1 = \frac{1}{N} \sum_{i=1}^{N} \sum_{j=1}^{K} \max\left(0, 1 - \delta(y^{(i)}, j) \mathbf{w}^{\mathrm{T}} \mathbf{x}_i \right) \tag{7.8.62}$$

[511] • 若 $p=2$, 则铰链损失称为平方铰链损失或者ℓ_2 损失[171]

$$\mathcal{L}_2=\frac{1}{N}\sum_{i=1}^{N}\sum_{j=1}^{K}\Big(\max\left(0,1-\delta(y^{(i)},j)\mathbf{w}^{\mathrm{T}}\mathbf{x}_i\right)\Big)^2 \tag{7.8.63}$$

2. 软最大 (softmax) 损失

由于其简单性和概率解释, softmax 函数广泛应用于许多卷积神经网络 (例如参见文献 [55, 84])。已知训练集 $(\mathbf{x}^{(i)},y^{(i)})$, 其中 $i\in\{1,\cdots,N\}$, $y^{(i)}\in\{1,\cdots,K\}$, 并且 $\mathbf{x}^{(i)}$ 是第 i 个输入图像块, 而 $y^{(i)}$ 是它在 K 类中的目标类标签。第 i 个输入第 j 类的预测利用 softmax 函数进行变换

$$p_j^{(i)}=\frac{\mathrm{e}^{z_j^{(i)}}}{\sum_{l=1}^{K}\mathrm{e}^{z_l^{(i)}}} \tag{7.8.64}$$

式中, $z_j^{(i)}$ 通常是密集连接层的激活, 故 $z_j^{(i)}$ 可以表示为 $z_j^{(i)}=\mathbf{w}_j^{\mathrm{T}}a^{(i)}+b_j$。softmax 函数将预测值调整为非负值, 并且将它们规格化, 以得到在所有类型上的概率分布。这些概率预测用于计算多项式逻辑斯谛损失, 即 softmax 损失定义为

$$\mathcal{L}_{\text{softmax}}=-\frac{1}{N}\sum_{i=1}^{N}\sum_{j=1}^{K}\mathbb{1}\{y^{(i)}=j\}\log p^{(i)} \tag{7.8.65}$$

式中, $\mathbb{1}\{y^{(i)}=j\}$ 表示指示函数: 若 $y^{(i)}=j$, 则返回函数值 1, 否则返回 0。尽管它很受欢迎, 但是 softmax 损失并没有同时具有类内紧致性和类间可分性。为了强化卷积神经网络具有更多的识别信息, 期待学习到的特征同时最大化它们的类内紧致性和类间可分性。在这种思想的启发下, 已经提出了对 softmax 损失的某些改进, 以增强类内紧致性和类间可分性。这些改进有对比损失[49]、三重态损失[131] 和大边距 softmax 损失[99]。

3. 对比损失

考虑从标记为匹配或非匹配的数据样本对中学习相似性度量的弱监督方案。已知第 i 对输入向量 $(\mathbf{x}_1^{(i)},\mathbf{x}_2^{(i)})$ 和分配给这对向量的二进制标签; 若 $\mathbf{x}_1$ 和 $\mathbf{x}_2$ 被认为相似, 则指定 $y=0$; 如果它们被认为不相似, 则 $y=1$。令 $(\mathbf{z}_1^{(i,l)},\mathbf{z}_2^{(i,l)})$ 表示第 l $(l\in[1,\cdots,L])$ 层的相应输出对。对比损失函数定义为[49]

$$\mathcal{L}_{\text{contrastive}}=\frac{1}{2N}\sum_{i=1}^{N}(1-y)\cdot(d^{(i,L)})^2+y\cdot\max\left\{m-d^{(i,L)},0\right\} \tag{7.8.66}$$

[512] 式中, $d^{(i,L)}=\|\mathbf{z}_1^{(i,L)}-\mathbf{z}_2^{(i,L)}\|_2^2$, m 是影响不匹配对的边距参数。Lin 等人[96] 从实验中发现, 当对所有网络细调时, 对比损失函数会引起恢复结果的急剧下降。作为一种解决方案, Lin 等人[96] 提出具有附加参数影响匹配对的双对比损失

$$\mathcal{L}_{\text{d-contrastive}}=\frac{1}{2N}\sum_{i=1}^{N}y\cdot\max\left\{d^{(i,L)}-m_1,0\right\}+$$

$$(1-y)\cdot\max\left\{m_2-d^{(i,L)},0\right\} \tag{7.8.67}$$

4. 三重损失

考虑三重单元 $(\mathbf{x}_a^{(i)},\mathbf{x}_p^{(i)},\mathbf{x}_n^{(i)})$, 其中 $\mathbf{x}_a^{(i)}$ 是一个可靠样本, $\mathbf{x}_p^{(i)}$ 是来自 $\mathbf{x}_a^{(i)}$ 相同类的正面样本, $\mathbf{x}_n^{(i)}$ 是一个反面样本。令 $(\mathbf{z}_a^{(i)},\mathbf{z}_p^{(i)},\mathbf{z}_n^{(i)})$ 代表三重单元的特征表示, 则三重损失定义为[131]

$$\mathcal{L}_{\text{triplet}}=\frac{1}{N}\sum_{i=1}^{N}\max\left\{d_{(a,p)}^{(i)}-d_{(a,n)}^{(i)}+m,0\right\} \tag{7.8.68}$$

式中, $d_{(a,p)}^{(i)}=\|\mathbf{z}_a^{(i)}-\mathbf{z}_p^{(i)}\|_2^2$ 和 $d_{(a,n)}^{(i)}=\|\mathbf{z}_a^{(i)}-\mathbf{z}_n^{(i)}\|_2^2$。三重损失的目标是使可靠样本和正面样本之间的距离最小化, 使反面样本与可靠样本之间的距离最大化。

耦合聚类损失函数定义为[98]

$$\mathcal{L}_{\text{cc}}=\frac{1}{N_p}\sum_{i=1}^{N_p}\frac{1}{2}\max\left\{\|\mathbf{z}_p^{(i)}-\mathbf{c}_p\|_2^2-\|\mathbf{z}_n^{(*)}-\mathbf{c}_p\|_2^2+m,0\right\} \tag{7.8.69}$$

式中, N_p 是每个集合的样本数, $\mathbf{z}_n^{(*)}$ 是离估计的中心点 $\mathbf{c}_p=(\sum_{i=1}^{N_p}\mathbf{z}_p^{(i)})/N_p$ 最近的反面样本 $\mathbf{x}_n^{(*)}$ 的特征表示。

5. 大边距 softmax 损失

考虑二进制分类, 一个样本 $\mathbf{x}$ 已知为类 1。原始 softmax 强迫 $\mathbf{W}_1^{\mathrm{T}}\mathbf{x}>\mathbf{W}_2^{\mathrm{T}}\mathbf{x}$ (即 $\|\mathbf{W}_1\|\|\mathbf{x}\|\cos(\theta_1)>\|\mathbf{W}_2\|\|\mathbf{x}\|\cos(\theta_2)$), 以便对 $\mathbf{x}$ 正确分类。但是, 我们希望使分类更加严格, 以便产生决策边距。为此, 我们考虑要求 $\|\mathbf{W}_1\|\|\mathbf{x}\|\cos(m\theta_1)>\|\mathbf{W}_2\|\|\mathbf{x}\|\cos(\theta_2)\ (0\leqslant\theta_1\leqslant\pi/m)$, 其中 m 是一个正整数。由于不等式成立

$$\|\mathbf{W}_1\|\|\mathbf{x}\|\cos(\theta_1)\geqslant\|\mathbf{W}_1\|\|\mathbf{x}\|\cos(m\theta_1)>\|\mathbf{W}_2\|\|\mathbf{x}\|\cos(\theta_2)$$

故新的分类准则对 $\mathbf{x}$ 的正确分类提出了更高的要求, 为类 1 生成更严格的决策 [513]
边界。通过在输入特征向量 $\mathbf{a}^{(i)}$ 和权重矩阵 $\mathbf{W}$ 的第 j 列 $\mathbf{w}_j$ 之间的角度引入角边距, Liu 等人[99] 提出大边距 softmax(L-softmax) 损失函数。L-softmax 损失的预测 $p_j^{(i)}$ 定义为

$$p_j^{(i)}=\frac{\mathrm{e}^{\|\mathbf{w}_j\|\|\mathbf{a}^{(i)}\|\psi(\theta_j)}}{\mathrm{e}^{\|\mathbf{w}_j\|\|\mathbf{a}^{(i)}\|\psi(\theta_j)}+\sum_{l\neq j}\mathrm{e}^{\|\mathbf{w}_l\|\|\mathbf{a}^{(i)}\|\cos(\theta_l)}} \tag{7.8.70}$$

式中

$$\psi(\theta_j)=(-1)^k\cos(m\theta_j)-2^k,\quad \theta_j\in[k\pi/m,(k+1)\pi/m] \tag{7.8.71}$$

这里, $k\in[0,m-1]$ 是一个整数, m 控制各个目标类中的边距。与 softmax 损失相比, L-softmax 具有下列性能[99]:

- 在训练阶段, 原始 softmax 损失要求 $\theta_1<\theta_2$ 以将样本 $\mathbf{x}$ 分类为类 1, 而做出同样的决策, L-softmax 损失则要求 $m\theta_1<\theta_2$。因此, 随着 m 的

增加 (在相同的训练损失下), 类间的理想边距变大, 学习难度也增加。当 $m=1$ 时, L-softmax 损失与原来的 softmax 损失一致。

- L-softmax 损失定义了一个相对困难的学习目标, 具有可调整的边距 (难度)。一个困难的学习目标可以有效地避免过拟合, 充分利用对深广结构的强学习能力的全部优点。
- L-softmax 损失可以很容易用来替代标准损失函数, 也可以与其他性能提升方法和模块一起使用, 包括学习激活函数、数据增强、池化函数或其他修改的网络架构。

6. Kullback-Leibler (KL) 散度

给定一个离散变量 x 及其两个概率分布 $p(x)$ 和 $q(x)$。从 $q(x)$ 到 $p(x)$ 的 KL 散度定义为

$$\begin{aligned}\mathrm{KL}(q\|p) &= -H(p(x)) - E_p\{\log q(x)\} \\ &= \sum_x p(x)\log p(x) - \sum_x p(x)\log q(x) \\ &= \sum_x p(x)\log\frac{p(x)}{q(x)}\end{aligned} \tag{7.8.72}$$

[514] 式中, $H(p(x))$ 是 $p(x)$ 的香农熵, $E_p(\log q(x))$ 是 $p(x)$ 与 $q(x)$ 的互熵。KL 散度不具有对称性, 即 $\mathrm{KL}(q\|p)\neq\mathrm{KL}(p\|q)$。

7. Jensen-Shannon (JS) 散度

$$\begin{aligned}D_{\mathrm{JS}}(p\|q) = &\frac{1}{2}\mathrm{KL}\left(p(x)\middle\|\frac{p(x)+q(x)}{2}\right)+ \\ &\frac{1}{2}\mathrm{KL}\left(q(x)\middle\|\frac{p(x)+q(x)}{2}\right)\end{aligned} \tag{7.8.73}$$

是 KL 散度的对称形式。它测量 $p(x)$ 与 $q(x)$ 之间的相似度。通过最小化 JS 散度, 两个分布 $p(x)$ 和 $q(x)$ 尽可能接近。

7.9 丢弃学习

结合许多不同模型的预测是减少测试误差的一个非常成功的方法, 但对于大型神经网络来说, 这似乎太昂贵了。丢弃学习是模型组合的一个非常有效的版本, 它将每个隐藏神经元的输出概率 q 设置为零, 使其失去学习的机会 (丢弃学习也称辍学)。此外, 在需要学习大量参数的深层神经网络中, 过度拟合是一个严重的问题。这种过拟合可以通过使用丢弃而大大减少。

丢弃学习由 Hinton 等人于 2012 提出[62], 是全连接神经网络层的一种正则化形式。每一层输出的元素以概率 p 保存, 否则在训练时以概率 $(1-p)$ 随机丢弃一些单元。这种丢弃方法不仅性能良好, 而且实现简单。

丢弃学习方法可以从下面两个角度进行解释。

- 随机省略: 每个隐藏单元以 $q=1-p$ (比如 $q=0.5$) 的概率从网络中随机省略, 这样可以防止训练数据的复杂协同适应。
- 模型平均: 训练多个独立层中的所有神经元或节点, 然后以标准方式将这些网络应用于测试数据, 在计算上是昂贵的。然而, 丢弃学习随机地用神经网络进行模型平均, 使所有这些网络有可能对存在的隐藏单元共享相同的权重。

丢弃学习对避免特征检测器协同适应是有效的[5], 因此可以防止与协同适应相关的过拟合。

7.9.1 浅层与深层学习的丢弃学习 [515]

丢弃学习是一种用于浅层和深层学习的算法, 它似乎比全连接神经网络更有效, 但是对于下面几个问题, 却缺乏满意的解释[5]:

- 当应用于多个层时, 什么样的模型平均是丢弃学习的准确实施或近似实施?
- 它的参数有多重要? 例如, $q=0.5$ 是否必要, 当使用其他值时会发生什么情况? 当使用其他传递函数时又会发生什么情况?
- 对于不同的层, 不同的 q 值有什么影响? 如果将丢弃学习应用于层与层之间的连接而不是各个层的单元, 会发生什么情况?
- 丢弃学习的正则化和平均化究竟有什么样的性质?
- 丢弃学习的收敛性是什么?

通过思考机器学习或神经网络中常见的推理问题, 可以更好地理解丢弃学习的动机。考虑一个方案, 这个方案需要由 100 人共同提出。显然, 一个由其中随机选择的 50 人小组用较少的时间可以提出第一个方案 $\mathbf{y}^{(1)}$。如果由另外 50 人组成另一个小组, 在 $\mathbf{y}^{(1)}$ 的基础上又会更快做出第二个方案 $\mathbf{y}^{(2)}$。接下来, 将原 100 人重新分成两个小组, 每组 50 人。在第二个方案 $\mathbf{y}^{(2)}$ 的基础上又可做出第三、第四个方案。以此类推, 那么一个好的方案就很可能由几个小组比直接由 100 人组成的大组更快地做出。

为了建模丢弃学习问题, 我们来考虑一个具有 L 个隐层的神经网络。令 $l\in\{1,\cdots,L\}$ 是网络第 l 个隐层的标号, $\mathbf{z}^{(l)}$ 表示层 l 的输入向量, $\mathbf{y}^{(l)}$ 则是层 l 的输出向量, 其中 $\mathbf{y}^{(0)}=\mathbf{x}$ 是输入。对于 $l\in\{0,\cdots,L-1\}$ 和任意隐藏单元, 一个标准全连接神经网络的前馈运算可以描述为

$$\mathbf{z}^{(l+1)}=\mathbf{W}^{(l)}\mathbf{y}^{(l)}+\mathbf{b}^{(l)} \tag{7.9.1}$$

$$\mathbf{y}^{(l+1)}=f\big(\mathbf{z}^{(l+1)}\big) \tag{7.9.2}$$

这里, $\mathbf{W}^{(l)}$ 和 $\mathbf{b}^{(l)}$ 分别是层 l 的权矩阵和偏置向量, 而 $f(\cdot)$ 是任意元素形式的激活函数, 例如 $f(z)=1/(1+\exp(-z))$ 或者 $f(z)=\tanh(z)$。

如果对全连接层使用丢弃, 则上述两个表达式可以改写为

$$\mathbf{z}^{(l+1)}=(\mathbf{M}^{(l)}\odot\mathbf{W})\mathbf{y}^{(l)}+\mathbf{b}^{(l)} \tag{7.9.3}$$

$$\mathbf{y}^{(l+1)}=f\big(\mathbf{z}^{(l+1)}\big) \tag{7.9.4}$$

[516] 式中, $\mathbf{M}\odot\mathbf{W}$ 表示两个 $d\times n$ 矩阵 $\mathbf{M}$ 和 $\mathbf{W}$ 的对应元素形式积, $\mathbf{M}^{(l)}\in\mathbb{R}^{d\times n}$ 是一个二进制矩阵, 通过元素

$$M_{ij}^{(l)}\sim \text{Bernoulli}(p) \tag{7.9.5}$$

对连接信息进行编码。式中, Bernoulli(p) 表示二进制随机变量 v 的 Bernoulli 分布

$$P(v=1)=p=1-P(v=0)=1-q \tag{7.9.6}$$

图 7.10 给出了应用于全连接神经网络的一个丢弃学习例子。如图 7.10 所示, 带叉的单元业已被丢弃, 第一、二、三层的丢弃学习概率分别为 0.4、0.6 和 0.4。

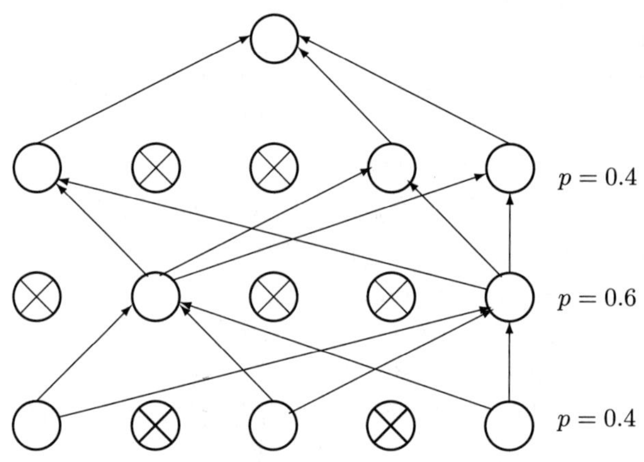

图 7.10　全连接神经网络使用丢弃学习的一个示例

虽然不同的隐层可以使用不同值 q 的丢弃学习概率, 即: 使每一个隐层的单元丢弃学习的单元数可以不同, 但是在实际应用中通常都对每一个隐层将丢弃学习概率固定为相同值。

令 $\mathbf{y}^{(l)}=\left[y_1^{(l)},\cdots,y_n^{(l)}\right]^{\mathrm{T}}$ (其中 $\mathbf{y}^{(0)}=\mathbf{x}\in\mathbb{R}^{n\times 1}$), $\mathbf{m}^{(l)}=\left[m_1^{(l)},\cdots,m_n^{(l)}\right]^{\mathrm{T}}$ 表示元素为 1 和 0 的二进制 Bernoulli 向量, d 是每个隐层中所有单元的数目, 而 $\mathbf{w}_i\in\mathbb{R}^{n\times 1}$ 是权矩阵 $\mathbf{W}\in\mathbb{R}^{d\times n}$ 的第 i 行。

有了丢弃学习, 前馈运算构成丢弃学习神经网络模型为[142]

$$m_i^{(l)}\sim \text{Bernoulli}(p) \tag{7.9.7}$$

$$\tilde{\mathbf{y}}^{(l)}=\mathbf{m}^{(l)}\odot\mathbf{y}^{(l)} \tag{7.9.8}$$

$$\mathbf{z}^{(l+1)}=\mathbf{W}^{(l+1)}\tilde{\mathbf{y}}^{(l)}+\mathbf{b}^{(l+1)} \tag{7.9.9}$$

$$\mathbf{y}^{(l+1)}=f(\mathbf{z}^{(l+1)}) \tag{7.9.10}$$

[517] 式中, $l\in\{0,1,\cdots,L-1\}$, 且 i 代表第 i 个隐藏单元。向量 $\mathbf{m}^{(l)}$ 被采样, 并与第 l 层的输出 $\mathbf{y}^{(l)}$ 进行对应元素相乘, 以产生稀疏化的输出 $\tilde{\mathbf{y}}^{(l)}$。然后, 稀疏化

的输出 $\tilde{\mathbf{y}}^{(l)}$ 用作下一层的输入。

考虑一个标准的卷积神经网络, 它由交替的卷积层和池化层组成, 最顶层是完全连接的层。在训练样本的每个表示中, 如果第 l 层后面跟着一个池化层, 则没有丢弃学习的前向传播可以描述为

$$a_j^{(l+1)} = \text{pool}\big(a_1^{(l)}, \cdots, a_n^{(l)}\big), i \in \mathbb{R}_j^{(l)} \tag{7.9.11}$$

式中, $a_i^{(l)}, i \in \mathbb{R}_j^{(l)}$。$\mathbb{R}_j^{(l)}$ 表示第 l 层的第 j 个池化区, $a_i^{(l)}$ 是第 l 层内每个神经元的激活, 而 $n = \big|R_j^{(l)}\big|$ 是在池化区 $\mathbb{R}_j^{(l)}$ 内的单元数。

通过丢弃学习, 训练时间的最大池化丢弃学习的前向传播变为[160]

$$\hat{\mathbf{a}}^{(l)} = \mathbf{m}^{(l)} \odot \mathbf{a}^{(l)} \tag{7.9.12}$$

$$a_j^{(l+1)} = \text{pool}\big(\hat{a}_1^{(l)}, \cdots, \hat{a}_n^{(l)}\big),\ \ i \in \mathbb{R}_j^{(l)} \tag{7.9.13}$$

式中, 每一个池化区 j 内的激活 $\big(\hat{a}_1^{(l)}, \cdots, \hat{a}_n^{(l)}\big)$ 按非降顺序重新排序, 即 $0 \leqslant \hat{a}_1^{\prime(l)} \leqslant \cdots \leqslant \hat{a}_n^{\prime(l)}$。

如果第 l 层后跟卷积层, 具有丢弃学习的前向传播可以表示为[160]

$$m_k^{(l)}(i) \sim \text{Bernoulli}(p) \tag{7.9.14}$$

$$\hat{\mathbf{a}}_k^{(l)} = \mathbf{a}_k^{(l)} \odot \mathbf{m}_k^{(l)} \tag{7.9.15}$$

$$\mathbf{z}_j^{(l+1)} = \sum_{k=1}^{n^{(l)}} \text{conv}\big(\mathbf{W}_j^{(l+1)}, \hat{\mathbf{a}}_k^{(l)}\big) \tag{7.9.16}$$

$$\mathbf{a}_j^{(l+1)} = f\big(\mathbf{z}_j^{(l+1)}\big) \tag{7.9.17}$$

式中, $\mathbf{a}_k^{(l)}$ 表示第 l 层的特征图 $k\,(k = 1, \cdots, n^{(l)})$ 的激活。向量 $\mathbf{m}_k^{(l)}$ 由独立的 Bernoulli 变量 $m_k^{(l)}(i)$ 组成。然后, 此向量被采样, 并且与第 l 层的第 k 个特征图的激活相乘, 以产生丢弃学习修正的激活 $\hat{\mathbf{a}}_k^{(l)}$。这些修正的激活与滤波器 $W_k^{(l+1)}$ 卷积, 产生卷积的特征 $\mathbf{z}_j^{(l)}$。函数 $f(\cdot)$ 是元素形式函数, 应用于卷积后的特征, 得到卷积层的激活 $a_j^{(l+1)}$。

7.9.2 丢弃学习球形 K 均值聚类 [518]

机器学习或神经网络的一个主要目标是为其他任务学习深层次的特征。许多算法可用于从未标记的数据 (尤其是文本文档和图像) 中学习深层次的特征。已经发现[17, 18, 21], 在这些类型的 "特征学习" 中, 使用 K 均值聚类作为无监督学习模块, 可以产生优异的结果, 通常可以与最先进的系统相媲美。

经典的 K 均值聚类算法可以找到使数据点和最近的形心之间的距离最小化的聚类形心。K 均值也称为 "矢量量化" (VQ), 因为 K 均值可以被视为构造一个由 K 个列向量 $\mathbf{d}^{(j)}, j = 1, \cdots, K$ 组成的 "字典" $\mathbf{D} \in \mathbb{R}^{n \times K}$, 以便可以将数据向量 $\mathbf{x}^{(i)} \in \mathbb{R}^n\ (i = 1, \cdots, m)$ 映射到码向量 $\mathbf{s}^{(i)}$, 从而使重构误差最小化。

K 均值的一个流行的修正版本称为“增益形状矢量量化” [169] 或者“球形 K 均值” [21]。

给定 m 个数据向量 $\mathbf{x}^{(i)} \in \mathbb{R}^n, i=1,\cdots,m$。数据向量 $\mathbf{x}^{(i)}$ 的矢量量化可以用模型

$$\mathbf{x}^{(i)} = \mathbf{C}\mathbf{s}^{(i)}, i=1,\cdots,m \tag{7.9.18}$$

描述, 式中 $\mathbf{s}^{(i)}$ 为与输入 $\mathbf{x}^{(i)}$ 对应的量化系数向量或“码向量”, $\mathbf{D} \in \mathbb{R}^{K\times n}$ 表示码本矩阵或“字典”, 其第 j 列记为 $\mathbf{d}^{(j)}$。球形 K 均值的目标等价于从输入 $\mathbf{x}^{(i)}$ 求 $\mathbf{D}$ 和 $\mathbf{s}^{(i)}$[18]

$$\min_{\mathbf{D},\mathbf{s}} \left\{ \sum_{i=1}^{m} \|\mathbf{D}\mathbf{s}^{(i)} - \mathbf{x}^{(i)}\|_2^2 \right\} \tag{7.9.19}$$

$$\text{s.t.} \quad \|\mathbf{s}^{(i)}\|_0 \leqslant 1, \forall i=1,\cdots,m \quad 和 \quad \|\mathbf{d}^{(j)}\|_2 = 1, \forall j=1,\cdots,K \tag{7.9.20}$$

式中, 码向量 $\mathbf{s}^{(i)}$ 可以想象成每个训练样本 $\mathbf{x}^{(i)}$ 的“特征表示”, 它满足以下几个准则:

- 给定 $\mathbf{s}^{(i)}$ 和 $\mathbf{D}$, 原样本 $\mathbf{x}^{(i)}$ 应该能够很好地重构。
- 第一个约束 $\|\mathbf{s}^{(i)}\|_0 \leqslant 1$ 意味着每个 $\mathbf{s}^{(i)}$ 应该最多有一个非零元素 (与矢量量化相关)。因此, $\mathbf{x}^{(i)}$ 新的表示应该尽可能与它保持一致, 但也应该是一个非常简单或简约的表示。
- 第二个约束 $\|\mathbf{d}^{(j)}\|_2 = 1$ 要求每一个字典列具有单位长度, 以防止它们变成任意大或任意小。

[519] 学习特征表示的完整 K 均值算法可以归纳为[18]:

① 规格化输入

$$\mathbf{x}^{(i)} = \frac{\mathbf{x}^{(i)} - \text{mean}\big(\mathbf{x}^{(i)}\big)}{\sqrt{\text{var}\big(\mathbf{x}^{(i)}\big) + \epsilon_{\text{norm}}}}, \quad \forall i=1,\cdots,m \tag{7.9.21}$$

② 特征值分解与估计输入

$$\text{cov}\big(\mathbf{x}^{(i)}\big) = \mathbf{V}\mathbf{D}\mathbf{V}^{\mathrm{T}}, \quad i=1,\cdots,m \tag{7.9.22}$$

$$\mathbf{x}^{(i)} = \mathbf{V}(\mathbf{D} + \epsilon_{\text{norm}}\mathbf{I})^{-1/2}\mathbf{V}^{\mathrm{T}}\mathbf{x}^{(i)}, \quad i=1,\cdots,m \tag{7.9.23}$$

③ 循环直到收敛 (通常 10 次迭代即可)

$$s_j^{(i)} = \begin{cases} \mathbf{d}^{(j)\mathrm{T}}\mathbf{x}^{(i)}, & j = \arg\max\limits_{l} \|\mathbf{D}^{(l)}\mathbf{x}^{(i)}\|_1 \\ 0, & 其他 \end{cases} \tag{7.9.24}$$

$$\mathbf{d}^{(j)} = \mathbf{X}\mathbf{s}_j + \mathbf{d}^{(j)} \tag{7.9.25}$$

$$\mathbf{d}^{(j)} = \mathbf{d}^{(j)}/\|\mathbf{d}^{(j)}\|_2 \tag{7.9.26}$$

式中, $j=1,\cdots,K, i=1,\cdots,m$; 当 $\mathbf{X} = [\mathbf{x}^{(1)},\cdots,\mathbf{x}^{(m)}] \in \mathbb{R}^{n\times m}$ 和 $\mathbf{s}_j = [s_j^{(1)},\cdots,s_j^{(m)}]^{\mathrm{T}} \in \mathbb{R}^{m\times 1}$ 分别为数据 (或样本) 矩阵和码向量。

当对字典的输出应用丢弃学习时, 球形 K 均值扩展为丢弃学习球形 K 均值[173]。丢弃学习球形 K 均值聚类的优化问题可以表示为

$$\min_{\mathbf{D},\mathbf{s}}\left\{\sum_{i=1}^{m}\|(\mathbf{M}\odot\mathbf{D})\mathbf{s}^{(i)}-\mathbf{x}^{(i)}\|_2^2\right\} \tag{7.9.27}$$

$$\text{s.t.}\|\mathbf{s}^{(i)}\|_0\leqslant 1,\ \forall i=1,\cdots,m\ \text{和}\ \|\mathbf{d}^{(j)}\|_2=1,\ \forall j=1,\cdots,K \tag{7.9.28}$$

式中, $\mathbf{M}$ 是一个维数与 $\mathbf{D}$ 相同的二进制掩码矩阵, 并且每列从 $\mathbf{M}_j\sim\text{Bernoulli}(p)$ 试验中独立抽取。

给定字典 $\mathbf{D}$ 和丢弃学习掩码矩阵 $\mathbf{M}$, 则 $\mathbf{M}\odot\mathbf{D}$ 可以被视为“稀疏字典” [520]
$\mathbf{D}_{\text{thin}}=\mathbf{M}\odot\mathbf{D}$, 其中 $\mathbf{D}_{\text{thin}}\in\mathbf{D}$。因此, 式 (7.9.24) 变为

$$s_j^{(i)}=\begin{cases}\mathbf{d}_{\text{thin}}^{(j)\text{T}}\mathbf{x}^{(i)}, & j=\arg\max\limits_{l}\|\mathbf{D}_{\text{thin}}^{(l)}\mathbf{x}^{(i)}\|_1\\ 0, & \text{其他}\end{cases} \tag{7.9.29}$$

式中 $j=1,\cdots,K;\ i=1,\cdots,m$。

码向量 $\mathbf{s}^{(i)}$ 求出之后, 新的形心可以计算如下

$$\begin{aligned}\mathbf{D}_{\text{new}}&=\arg\min_{\mathbf{D}_{\text{thin}}}\left\{\|\mathbf{D}_{\text{thin}}\mathbf{S}-\mathbf{X}\|_2^2+\|\mathbf{D}_{\text{thin}}-\mathbf{D}_{\text{old}}\|_2^2\right\}\\&=(\mathbf{S}\mathbf{S}^{\text{T}}+\mathbf{I})^{-1}(\mathbf{X}\mathbf{S}^{\text{T}}+\mathbf{D}_{\text{thin}})\\&\propto\mathbf{X}\mathbf{S}^{\text{T}}+\mathbf{D}_{\text{thin}}\end{aligned} \tag{7.9.30}$$

学习特征表示的完整丢弃学习 K 均值算法可以归纳如下[173]:

① 规格化输入: 利用式 (7.9.21) 计算正则化输入向量 $\mathbf{x}^{(i)}$。

② 特征值分解与估计输入: 利用式 (7.9.22) 估计协方差矩阵 $\text{cov}(\mathbf{x}^{(i)})$ 的特征值分解, 然后利用式 (7.9.23) 估计输入 $\mathbf{x}^{(i)}$。

③ 循环直至收敛: 利用式 (7.9.29) 计算码向量 $\mathbf{s}^{(i)}$, 并更新 $\mathbf{D}_{\text{new}}=\mathbf{X}\mathbf{S}^{\text{T}}+\mathbf{D}_{\text{thin}}$。最后, 进行规格化 $\mathbf{d}^{(j)}=\mathbf{d}^{(j)}/\|\mathbf{d}^{(j)}\|_2$。

7.9.3 丢弃学习连接

正如文献 [5] 指出的, 一个重要而有趣的问题是: 如果丢弃学习应用于连接而不是单元, 将会发生何种情况? 将应用于连接的丢弃学习称为丢弃学习连接 (DropConnect), 是由 Wan 等人[152] 提出的。更具体地, 丢弃学习连接是丢弃学习的一种推广, 其中, 每一个连接而不是输出单元以概率 $1-p$ 被停止学习 (丢弃学习)[152]。

从训练网络角度出发, 丢弃学习与丢弃学习连接之间的比较如下。

- 具有丢弃学习的训练网络: 各层输出向量 $\mathbf{r}$ 的每个元素以概率 p 保持, 否则以概率 $1-p$ 置为 0

$$\mathbf{r}=\mathbf{m}\odot a(\mathbf{W}\mathbf{v})=a\big(\mathbf{m}\odot(\mathbf{W}\mathbf{v})\big) \tag{7.9.31}$$

[521] 式中, $\mathbf{v}$ 是全连接层输入 (即输入数据向量 $\mathbf{x}$ 的输出特征向量), $\mathbf{W}$ 是全连接层权重,$\odot$ 表示对应元素形式乘积, 而 $\mathbf{m}$ 是二进制掩码向量, 其维数 d, 每个元素 j 从 $m_j \sim \text{Bernoulli}(p)$ 独立抽取。激活函数 $a(\cdot)$ 可以是 tanh 和 ReLU 函数, 初始值 $a(0)=0$。

- 具有丢弃学习连接的训练网络: 丢弃学习的推广, 每个连接而不是每个输出单元以概率 $1-p$ 被丢弃学习

$$\mathbf{r} = a\big((\mathbf{M} \odot \mathbf{W})\mathbf{v}\big) \tag{7.9.32}$$

式中, $\mathbf{M}$ 是权掩码矩阵, 其元素 $M_{ij} \sim \text{Bernoulli}(p)$。在丢弃学习连接中, 在激活函数的输入端应用丢弃学习。

如图 7.11 所示为一个全连接神经网络的丢弃学习连接, 图中虚线表示被丢弃学习的连接。

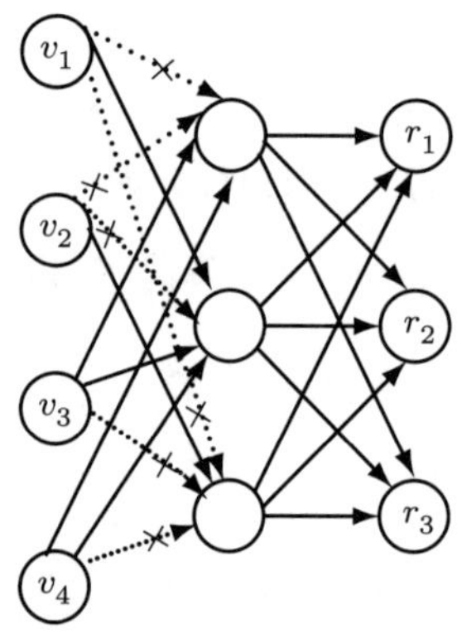

图 7.11　丢弃学习连接示例

由图 7.10 和图 7.11 可以看出, 丢弃学习与丢弃学习连接之间的相似性与不同之处。

- 丢弃学习和丢弃学习连接均仅适合于全连接层, 并且能够在模型内部引入动态稀疏性。
- 丢弃学习通过以概率 $1-p$ 使激活丢弃学习, 具有输出单元的稀疏性, 而丢弃学习连接通过以概率 $1-p$ 引入零元素, 使权矩阵 $\mathbf{W}$ 而不是一层的输出向量变成稀疏矩阵。也就是说, 具有丢弃学习连接的全连接层变成一个稀疏连接的层。然而, 这并不等价于在训练期间设置 $\mathbf{W}$ 为一个固定的稀疏矩阵。
- 丢弃学习是除去随机丢弃学习的隐藏单元的输出, 而丢弃学习连接则是以概率 $1-p$ 置连接输入和隐藏单元的权值为零。换言之, 任何被丢弃学习的隐藏单元在所有输出方向都没有输出, 但是丢弃学习连接的层只在丢弃学习连接方向上没有输出。

[522] **定义 7.5 (丢弃学习连接网络)** [153] 令具有标签 $\{y_1, \cdots, y_l\}$ 的 $\{x_1, \cdots,$

$x_l\}$ 是 l 个元素的数据集 S。丢弃学习连接网络定义为混合模型

$$\mathbf{o}=\sum_m p(\mathbf{M})f(\mathbf{x};\boldsymbol{\theta},\mathbf{M})=E_m\{f(\mathbf{x};\boldsymbol{\theta},\mathbf{M})\} \tag{7.9.33}$$

式中，m 是丢弃学习连接层掩码，$\boldsymbol{\theta}=\{\mathbf{W}_s,\mathbf{W},\mathbf{W}_g\}$ 为网络参数：$\mathbf{W}_s$ 是 softmax 层参数，$\mathbf{W}$ 是丢弃学习连接层参数，而 $\mathbf{W}_g$ 则是特征抽取器参数。每一个网络 $f(\mathbf{x};\boldsymbol{\theta},\mathbf{M})$ 有权重 $p(\mathbf{M})$，使得 $M_{ij}\sim \text{Bernoulli}(p)$。

当 $\mathbf{M}$ 的每个元素具有相等的连接和断开的概率 $(p=0.5)$ 时，混合模型对所有的子模型 $f(\mathbf{x};\boldsymbol{\theta},\mathbf{M})$ 具有相同的加权，否则混合模型在某些子模型会比其他子模型具有更大的加权。

标准的丢弃学习连接模型结构由以下基本部分组成[152]。

- 特征抽取器

$$\mathbf{v}=g(\mathbf{x};\mathbf{W}_g) \tag{7.9.34}$$

  式中，$\mathbf{v}\in\mathbb{R}^{n\times 1}$ 是输出特征向量，$\mathbf{x}\in\mathbb{R}^{I\times 1}$ 是整个模型的输入数据向量，并且 $\mathbf{W}_g\in\mathbb{R}^{n\times I}$ 是特征抽取器的参数矩阵。$g(\cdot)$ 选择为多层卷积神经网络，其中 $\mathbf{W}_g$ 是卷积神经网络的卷积滤波器 (和偏差)。

- 丢弃学习连接层

$$\mathbf{r}=f(\mathbf{u})=f((\mathbf{M}\odot\mathbf{W})\mathbf{v})\in\mathbb{R}^{d\times 1}, \tag{7.9.35}$$

  式中，$\mathbf{v}$ 是特征抽取器的输出，$\mathbf{W}\in\mathbb{R}^{d\times n}$ 为全连接权矩阵，f 为非线性激活函数，而 $\mathbf{M}\in\mathbb{R}^{d\times n}$ 是二进制掩码矩阵。

- Softmax 分类层

$$o_i=\text{softmax}(\mathbf{r};\mathbf{W}_s)=\frac{\exp\big(-\mathbf{w}_{s,i}^{\mathrm{T}}\mathbf{r}\big)}{1+\sum_j\exp\big(-\mathbf{w}_{s,j}^{\mathrm{T}}\mathbf{r}\big)} \tag{7.9.36}$$

  式中，$\mathbf{W}_s\in\mathbb{R}^{k\times d}$ 是 softmax 分类层的权矩阵，它以 $\mathbf{r}$ 为输入，使用 $\mathbf{W}_s$ 将此输入映射为 k 维输出向量 $\mathbf{o}$ (k 是目标类的数目).

定义 7.6 (逻辑斯谛损失) [153] 在 k 类分类上定义的下列损失函数称为逻辑斯谛损失函数 [523]

$$A(\mathbf{o})=-\sum_i y_i\ln\frac{\exp(o_i)}{\sum_j\exp(o_j)}=-o_i+\ln\sum_j\exp(o_j) \tag{7.9.37}$$

式中，$\mathbf{y}=[y_1,\cdots,y_k]^{\mathrm{T}}$ 是二进制向量，其第 i 个元素设定为工作状态。

引理 7.1 逻辑斯谛损失函数 A 具有下列性质[153]:

- $A(0)=\ln k$，即 $A(0)$ 取决于与标签个数有关的某个常数。
- $-1\leqslant A'(0)\leqslant 1$，其中 $A'(0)=\frac{\partial A(\mathbf{o})}{\partial\mathbf{o}}\big|_{\mathbf{o}}=\mathbf{0}$。这就是说，$A$ 是 L-Lipschitz 函数，其中 $L=1$。
- $A''(\mathbf{o})\geqslant 0$，即 A 相对于 $\mathbf{x}$ 是一个凸函数。

使用丢弃学习连接, 前馈运算变为丢弃学习连接网络[152]

$$M_{ij}^{(l)} \sim \text{Bernoulli}(p) \tag{7.9.38}$$

$$\tilde{\mathbf{W}}^{(l)} = \mathbf{W}^{(l)} \odot \mathbf{M} \tag{7.9.39}$$

$$z_i^{(l+1)} = \sum_j \tilde{W}_{ij} y_j^{(l)} + b_i^{(l)} \tag{7.9.40}$$

$$\mathbf{y}^{(l+1)} = f(\mathbf{z}^{(l+1)}) \tag{7.9.41}$$

由于 Bernoulli 变量 M_{ij} 的加权求和, 单元 $u_i = \sum_j (W_{ij} v_j) M_{ij}$ 可用高斯过程 $N(\mu_u, \sigma_u^2)$ 近似, 即 $\mathbf{u} \sim N(\boldsymbol{\mu}_u, \sigma_u^2 \mathbf{I})$, 其中均值向量和方差矩阵分别由 $\boldsymbol{\mu}_u = E\{\mathbf{u}\} = p\mathbf{W}\mathbf{v}$ 和 $\sigma_u^2 \mathbf{I} = E\{\mathbf{u}\mathbf{u}^{\mathrm{T}}\} = p(1-p)(\mathbf{W} \odot \mathbf{W})(\mathbf{v} \odot \mathbf{v})$ 给出。

丢弃学习和丢弃学习连接网络推断的比较如下[152]:

- 丢弃学习网络推断 (均值推断)

$$E_m\{a(\mathbf{m} \odot \mathbf{W}\mathbf{v})\} \approx a(E_m\{\mathbf{m} \odot \mathbf{W}\mathbf{v}\}) = a(p\mathbf{W}\mathbf{v}) \tag{7.9.42}$$

- 丢弃学习连接网络推断 (采样)

$$E_M\{a((\mathbf{M} \odot \mathbf{W})\mathbf{v})\} \approx E_u\{a(\mathbf{u})\} \tag{7.9.43}$$

式中, $\mathbf{u} = (\mathbf{M} \odot \mathbf{W})\mathbf{v}$, 其元素为 $u_i = \sum_j (W_{ij} v_j) M_{ij}$, 它是 Bernoulli 变量 M_{ij} 的加权和。每个神经元 u_i 可以借助矩匹配, 由一个高斯过程近似, 即有

$$\mathbf{u} \sim N\big(p\mathbf{W}\mathbf{v}, p(1-p)(\mathbf{W} \odot \mathbf{W})(\mathbf{v} \odot \mathbf{v})\big) \tag{7.9.44}$$

[524] 式中, 均值向量 $E_M\{\mathbf{u}\} = p\mathbf{W}\mathbf{v}$, 方差矩阵 $\text{var}_M(\mathbf{u}) = p(1-p)(\mathbf{W} \odot \mathbf{W})(\mathbf{v} \odot \mathbf{v})$。

因此, 当参数 $\boldsymbol{\theta} = \{\mathbf{W}_g, \mathbf{W}, \mathbf{W}_s\}$ 和随机抽取的掩码矩阵 $\mathbf{M}$ 给定时, 整体模型 $f(\mathbf{x}; \boldsymbol{\theta}, \mathbf{M})$ 通过上述一系列运算将输入数据 $\mathbf{x}$ 映射为输出 $\mathbf{o}$。输出 $\mathbf{o}$ 的正确值可以通过对所有可能的掩码矩阵 $\mathbf{M}$ 相加获得

$$\mathbf{o} = \sum_M p(\mathbf{M}) f(\mathbf{x}; \boldsymbol{\theta}, \mathbf{M}) \tag{7.9.45}$$

若掩码概率 $p(\mathbf{M})$ 在所有掩模 $\mathbf{M}$ 上是均匀的, 则

$$\begin{aligned} \mathbf{o} &= \frac{1}{|\mathbf{M}|} \sum_M f(\mathbf{x}; \boldsymbol{\theta}, \mathbf{M}) \\ &= \frac{1}{|\mathbf{M}|} \sum_M \text{softmax}(f((\mathbf{M} \odot \mathbf{W})\mathbf{v}); \mathbf{W}_s) \end{aligned} \tag{7.9.46}$$

然后, 模型 $\boldsymbol{\theta}$ 中的参数可以借助随机梯度下降 (SGD), 通过损失函数相对于参数 $A'_{\boldsymbol{\theta}}$ 的反向传播梯度进行更新, 参见文献 [152]。

7.10 自动编码器

多层感知器 (MLP) 形成了一类具有前向分层结构的神经网络。

考虑只有一个隐层的普通多层感知器, 它由一个输入层 (含有 n_i 个单元) 和两个具有计算单元的层 (具有 p 个单元的隐层和具有 n_o 个单元的输出层) 组成。

在标准多层感知器中, 为了通过自动关联来实现降维, 输入单元需要通过一个隐层将其值传递给输出单元, 该隐层充当有限容量瓶颈, 必须对输入向量进行最佳编码。因此, 在这个特定的应用中, $n_i = n_o = n$ 和 $p < n$。

图 7.12 示出了实现自动关联的单隐层组成的多层感知器。图 7.12 中, 整个网络的形状类似于一个倒置的沙漏器。 [525]

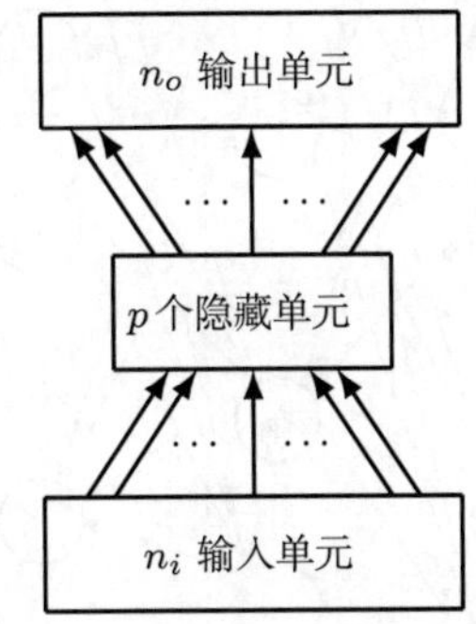

图 7.12　用于自动关联的单隐层组成的多层感知器

当输入一个 n 维实输入向量 $\mathbf{x}_k(k = 1, \cdots, N)$ 时, 隐藏单元的输出值形成一个 p 向量, 由

$$\mathbf{h}_k = F(\mathbf{W}^{(1)}\mathbf{x}_k + \mathbf{b}^{(1)}) \tag{7.10.1}$$

给出, 其中 $\mathbf{W}^{(1)}$ 是一个 (输入到隐层)$p \times n$ 权矩阵, 而 $\mathbf{b}^{(1)}$ 为 p 维偏置向量。

7.10.1 基本自动编码器

小扰动不变的特征称为不变特征。在目标识别的背景下, 一个特别有趣和具有挑战性的问题是, 无监督学习是否可以用来学习不变特征抽取器的层次结构[117]。由 Rumelhart 等人[123] 于 1986 年提出的自编码器提供了求解这一问题的有效方法。自动编码器的基本思想是逐层训练。

不变特征学习的关键思想是用两个分量表示一个输入块[117]: 不变特征向量 (它表示图像中的内容) 和变换参数 (它对图像中每个特征出现的位置进行编码)。

自动编码器是一个具有对称结构的多层感知器, 用于以一种无监督学习的方式学习数据集的有效表示 (编码)。自动编码器的目的是使输出尽可能类似输入。

从结构上讲, 自动编码器最简单的形式是一个前馈的、非递归的神经网络, 与多层感知器中的许多单层感知器非常相似: 有一个输入层、一个输出层 (也称重构层) 和一个或多个连接它们的隐层, 但输出层和输入层具有相同的节点数。

自动编码器的目的是重构自己的输入, 而不是预测给定输入 X 情况下的目标值 Y。因此, 自编码是一种无监督的学习模型。

自动编码器由两个网络组成: 编码网络和解码网络, 如图 7.13 所示。图中, 整个网络最左边的层为输入层, 最右边的层为输出层。中间的节点层称为隐层, 因为它的值在训练集中是不可观测的。标有"+1"的圆圈称为偏置单元, 它对应截距项 $\mathbf{b}$[109]。I_i 表示标号 $i, i=1,\cdots,n$。

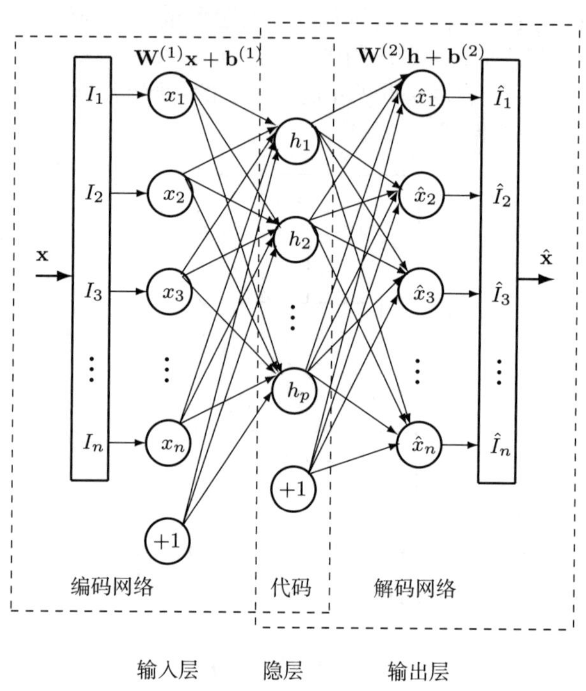

图 7.13 用于高级特征学习的自动编码器的结构[109]

自动编码器的基本思想是自动对信息进行编码 (压缩, 而不是加密), 由此而得名。中间的隐层较小, 两边的输入层和输出层较大。自动编码器总是对称的, 中间层 (一层或两层取决于奇数或偶数的神经网络层数)。中间层前面的层是编码层, 中间层后面的层是解码层。

[526]

- 编码网络: 编码器 $\mathbf{f}(\mathbf{x})$ 是一种以特定的参数化闭式提取特征向量的函数, 将原始的高维输入 (n 维向量)$\mathbf{x}\in\mathbb{R}^n$ 映射为低维特征或中间 (p 维向量) 表示 $\mathbf{h}=\mathbf{f}(\mathbf{W}^{(1)}\mathbf{x})\in\mathbb{R}^p$

$$\mathbf{h}=\mathbf{f}(\mathbf{x})=s_f(\mathbf{W}^{(1)}\mathbf{x}+\mathbf{b}_h):\mathbb{R}^n\to\mathbb{R}^p,\quad n>p \tag{7.10.2}$$

式中, $\mathbf{h}$ 是由 $\mathbf{x}$ 计算的特征向量或表示或代码, $\mathbf{W}^{(1)}\in\mathbb{R}^{p\times n}$ 是编码矩阵, s_f 是元素形式的非线性激活函数, 典型选择为逻辑斯谛函数 $s_f(z_i)=\mathrm{sigmoid}(z_i)=\frac{1}{1+\mathrm{e}^{-z_i}}$, 其中 $\mathbf{z}=[z_i]_{i=1}^p$ 是 $s_f(\mathbf{z})$ 的参数向量。编码器的参数用偏置向量 $\mathbf{b}_h\in\mathbb{R}^p$ 表示。

- 解码网络: 对称解码器 $\mathbf{g}(\mathbf{h})$ 是另一个闭式参数化向量函数, 它将 $\mathbf{h}$ 映射

回 n 维输出向量, 产生一个重构 $\mathbf{y}=\mathbf{g}(\mathbf{h})$。这个重构希望尽可能与原输入向量 $\mathbf{x}$ 类似, 即 $\mathbf{y}=\hat{\mathbf{x}}$

$$\mathbf{y}=\mathbf{g}(\mathbf{h})=s_g(\mathbf{W}^{(2)}\mathbf{h}+\mathbf{b}_y):\mathbb{R}^p\to\mathbb{R}^n \tag{7.10.3}$$

式中, $\mathbf{W}^{(2)}\in\mathbb{R}^{n\times p}$ 为解码矩阵, $\mathbf{g}$ 也是一个元素形式的非线性函数, 而 s_g 是解码器的激活函数, 取恒等函数 (给出线性重构) 或者 sigmoid 函数。解码器的参数由偏置向量 $\mathbf{b}_y\in\mathbb{R}^n$ 表示。一般来说, 我们只研究绑定加权情况, 即 $\mathbf{W}^{(2)}=(\mathbf{W}^{(1)})^{\mathrm{T}}=\mathbf{W}^{\mathrm{T}}$。 [527]

因为输入层和输出层有相同数量的神经元 n, 它比隐层的神经元数量 p 大, 所以中间隐层是整个自动编码器的瓶颈。

图 7.13 示出的自动编码器是一个典型的前馈神经网络, 因为连通图没有任何有向回路或循环。自动编码器训练是根据训练样本集 D_n 求出使重构误差最小化的参数

$$\min_{\boldsymbol{\theta}}\left\{J_{\mathrm{AE}}(\boldsymbol{\theta})=\sum_{\mathbf{x}\in D_n}L(\mathbf{x},\mathbf{g}(\mathbf{f}(\mathbf{x})))\right\} \tag{7.10.4}$$

式中, $L(\mathbf{x},\mathbf{y})$ 为重构误差, 其典型选择包括[119]:

- 平方误差 $L(\mathbf{x},\mathbf{y})=\|\mathbf{x}-\mathbf{y}\|^2$。
- 互熵损失函数$L(\mathbf{x},\mathbf{y})=-\sum_{i=1}^n x_i\log(y_i)+(1-x_i)\log(1-y_i)$。

自动编码器训练流程图如图 7.14 所示。图 7.14 中, 编码器 f 将输入 $\mathbf{x}$ 编码成 $\mathbf{h}=f(\mathbf{x})$, 解码器 g 将 $\mathbf{h}=f(\mathbf{x})$ 解码为输出 $\mathbf{y}=\hat{\mathbf{x}}=g(f(\mathbf{x}))$, 使得重构误差 $L(\mathbf{x},\mathbf{y})$ 最小化。

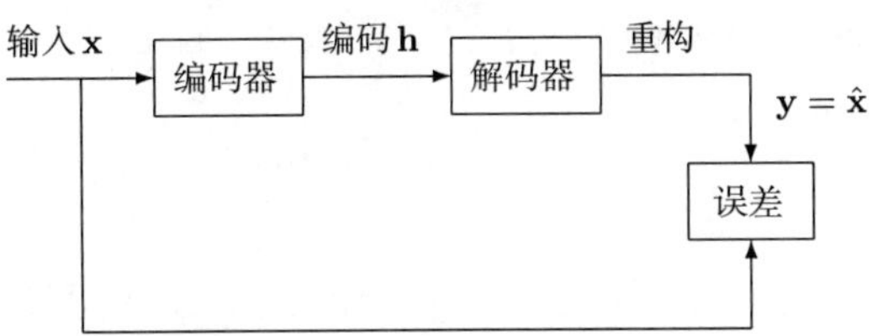

图 7.14　自动编码器训练流程图

在自动编码器框架中[10, 12, 60], 首先显式定义一个以特定参数化的闭合形式的特征提取函数。这个由 $\mathbf{f}_\theta$ 表示的函数称为编码器, 它将允许从输入 $\mathbf{x}$ 直接高效地计算特征向量 $\mathbf{h}=\mathbf{f}_{\theta_1}(\mathbf{x})$。对于来自数据集 $\{\mathbf{x}_1,\cdots,\mathbf{x}_T\}$ 的每个样本 $\mathbf{x}_t$, 将第二层 (隐层) 的隐藏神经元和激活定义为

$$\mathrm{net}_j^{(2)}=\sum_{i=1}^n w_{ji}^{(1)}x_i+b_j^{(1)},\quad j=1,\cdots,m \tag{7.10.5}$$ [528]

$$a_j^{(2)}=f(\mathrm{net}_j^{(2)}),\quad j=1,\cdots,m \tag{7.10.6}$$

类似地, 第三层 (输出层) 的隐藏神经元和激活分别定义为

$$\text{net}_i^{(3)} = \sum_{j=1}^{m} w_{ij}^{(2)} a_j^{(2)} + b_i^{(2)}, \quad i = 1, \cdots, n \tag{7.10.7}$$

$$a_i^{(3)} = f(\text{net}_i^{(3)}), \quad i = 1, \cdots, n \tag{7.10.8}$$

式中, f 是非线性 (典型为 sigmoid) 函数, 即 $f(z) = 1/(1 + \mathrm{e}^{-z})$。

基本自动编码器的问题是寻找最优权重矩阵 $\mathbf{W}^{(1)}, \mathbf{W}^{(2)}$ 和偏置向量 $\mathbf{b}^{(1)}$, $\mathbf{b}^{(2)}$, 以便最小化系统的总误差能量。

若记 $\boldsymbol{\theta} = (\boldsymbol{\theta}_1; \boldsymbol{\theta}_2) = \left(\mathbf{W}^{(1)}, \mathbf{b}^{(1)}; \mathbf{W}^{(2)}, \mathbf{b}^{(2)}\right)$, 则系统的能量是两项之和[115]

$$J_{\text{AE}}(\boldsymbol{\theta}) = \frac{1}{2m}\left[\sum_{j=1}^{m} E_e(a_j^{(2)}, \mathbf{W}^{(1)})\right] + \frac{1}{2n}\left[\sum_{i=1}^{n} E_d(a_i^{(3)}, \mathbf{W}^{(2)})\right] \tag{7.10.9}$$

式中

- $E_e\left(a_j^{(2)}, \mathbf{W}^{(1)}\right)$ 是码预测能量, 它度量编码器输出与码向量 $\mathbf{a}^{(2)} = \left[a_1^{(2)}, \cdots, a_m^{(2)}\right]^{\mathrm{T}}$ 之间的差异。码预测能量的典型定义为

$$\begin{aligned} E_e\left(a_j^{(2)}, \mathbf{W}^{(1)}\right) &= \frac{1}{2}\left(a_j^{(2)} - \text{Encode}\left(x_i, \mathbf{W}^{(1)}\right)\right)^2 \\ &= \frac{1}{2}\left(a_j^{(2)} - w_{ji}^{(1)} x_i\right)^2 \end{aligned} \tag{7.10.10}$$

- $E_d(a_i^{(3)}, \mathbf{W}^{(2)})$ 是重构能量, 用于度量由解码器生成的重构图像块与输入图像块 X 之间的差异。重构能量常用的选择是

$$\begin{aligned} E_d\left(a_i^{(3)}, \mathbf{W}^{(2)}\right) &= \frac{1}{2}\left(a_i^{(3)} - \text{Decode}\left(\bar{\mathbf{y}}_t, \mathbf{W}^{(2)}\right)\right)^2 \\ &= \frac{1}{2}\left(a_i^{(3)} - x_i\right)^2 \end{aligned} \tag{7.10.11}$$

[529] 因此, 在基本自动编码器优化中的损失函数式 (7.10.9) 可以表示为

$$J_{\text{AE}}(\boldsymbol{\theta}) = \frac{1}{2m}\sum_{j=1}^{m}\left(a_j^{(2)} - w_{ji}^{(1)} x_i\right)^2 + \frac{1}{2n}\sum_{i=1}^{n}\left(a_i^{(3)} - x_i\right)^2 \tag{7.10.12}$$

通常, 反向传播算法是训练具有 n 个输入和 m 个隐藏单元的自动编码器参数的有效方法。根据反向传播算法, 损失函数 $J_{\text{AE}}(\boldsymbol{\theta})$ 相对于权重 $w_{ij}^{(2)}$ 和 $b_i^{(2)}$ 的偏导可以分别利用两次链式法则求得

$$\frac{\partial J_{\text{AE}}}{\partial w_{ij}^{(2)}} = \frac{\partial J_{\text{AE}}}{\partial a_i^{(3)}} \cdot \frac{\partial a_i^{(3)}}{\partial \text{net}_i^{(3)}} \cdot \frac{\partial \text{net}_i^{(3)}}{\partial w_{ij}^{(2)}} \tag{7.10.13}$$

$$\frac{\partial J_{\text{AE}}}{\partial b_i^{(2)}} = \frac{\partial J_{\text{AE}}}{\partial a_i^{(3)}} \cdot \frac{\partial a_i^{(3)}}{\partial \text{net}_i^{(3)}} \cdot \frac{\partial \text{net}_i^{(3)}}{\partial b_i^{(2)}} \tag{7.10.14}$$

式中

$$\frac{\partial \text{net}_i^{(3)}}{\partial w_{ij}^{(2)}} = \frac{\partial}{\partial w_{ij}^{(2)}}\left(\sum_{j=1}^{m} w_{ij}^{(2)} a_j^{(2)} + b_i^{(2)}\right) = a_j^{(2)} \tag{7.10.15}$$

$$\frac{\partial \text{net}_i^{(3)}}{\partial b_i^{(2)}} = \frac{\partial}{\partial b_i^{(2)}}\left(\sum_{j=1}^{m} w_{ij}^{(2)} a_j^{(2)} + b_i^{(2)}\right) = 1 \tag{7.10.16}$$

$$\frac{\partial a_i^{(3)}}{\partial \text{net}_i^{(3)}} = f'\big(\text{net}_i^{(3)}\big) = f\big(\text{net}_i^{(3)}\big)\big(1 - f(\text{net}_i^{(3)})\big) = a_i^{(3)}\big(1 - a_i^{(3)}\big) \tag{7.10.17}$$

$$\frac{\partial J_{\text{AE}}}{\partial a_i^{(3)}} = \frac{\partial}{\partial a_i^{(3)}} \frac{1}{2}\big(a_i^{(3)} - x_i\big)^2 = a_i^{(3)} - x_i \tag{7.10.18}$$

因此, 我们有

$$\sigma_i^{(3)} = \frac{\partial J_{\text{AE}}}{\partial a_i^{(3)}} \frac{\partial a_i^{(3)}}{\partial \text{net}_i^{(3)}} = \big(a_i^{(3)} - x_i\big)\big(a_i^{(3)}(1 - a_i^{(3)})\big) \tag{7.10.19}$$

$$\Delta b_i^{(2)} = \Delta b_i^{(2)} + \sigma_i^{(3)} \tag{7.10.20}$$

$$\Delta w_{ij}^{(2)} = \Delta w_{ij}^{(2)} + a_j^{(2)} \sigma_i^{(3)} \tag{7.10.21}$$

其中, $i = 1, \cdots, n;\ j = 1, \cdots, m$。

类似地, 损失函数 $J_{\text{AE}}(\boldsymbol{\theta})$ 相对于权重 $w_{ji}^{(1)}$ 和 $b_j^{(1)}$ 的偏导分别由两次链式 [530]
法则给出

$$\frac{\partial J_{\text{AE}}}{\partial w_{ji}^{(1)}} = \frac{\partial J_{\text{AE}}}{\partial a_j^{(2)}} \cdot \frac{\partial a_j^{(2)}}{\partial \text{net}_j^{(2)}} \cdot \frac{\partial \text{net}_j^{(2)}}{\partial w_{ji}^{(1)}} \tag{7.10.22}$$

$$\frac{\partial J_{\text{AE}}}{\partial b_j^{(1)}} = \frac{\partial J_{\text{AE}}}{\partial a_j^{(2)}} \cdot \frac{\partial a_j^{(2)}}{\partial \text{net}_j^{(2)}} \cdot \frac{\partial \text{net}_j^{(2)}}{\partial b_j^{(1)}} \tag{7.10.23}$$

式中

$$\frac{\partial \text{net}_j^{(2)}}{\partial w_{ji}^{(1)}} = \frac{\partial}{\partial w_{ji}^{(1)}}\left(\sum_{i=1}^{n} w_{ji}^{(1)} x_i + b_j^{(1)}\right) = x_i$$

$$\frac{\partial \text{net}_j^{(2)}}{\partial b_j^{(1)}} = \frac{\partial}{\partial b_j^{(1)}}\left(\sum_{i=1}^{n} w_{ji}^{(1)} x_i + b_j^{(1)}\right) = 1$$

$$\frac{\partial a_j^{(2)}}{\partial \text{net}_j^{(2)}} = f'\big(\text{net}_j^{(2)}\big) = f\big(\text{net}_j^{(2)}\big)\big(1 - f(\text{net}_j^{(2)})\big) = a_j^{(2)}\big(1 - a_j^{(2)}\big)$$

$$\frac{\partial J_{\text{AE}}}{\partial a_j^{(2)}} = \sum_{i=1}^{n} \frac{\partial J_{\text{AE}}}{\partial a_i^{(3)}} \frac{\partial a_i^{(3)}}{\partial \text{net}_i^{(3)}} \frac{\partial \text{net}_i^{(3)}}{\partial a_j^{(2)}} = \sum_{i=1}^{n} \frac{\partial J_{\text{AE}}}{\partial a_i^{(3)}} \frac{\partial a_i^{(3)}}{\partial \text{net}_i^{(3)}} w_{ij}^{(2)} = \sum_{i=1}^{n} \sigma_i^{(3)} w_{ij}^{(2)}$$

于是, 有[174]

$$\sigma_j^{(2)} = \frac{\partial J_{\mathrm{AE}}}{\partial a_j^{(2)}} \frac{\partial a_j^{(2)}}{\partial \mathrm{net}_j^{(2)}} = \left(\sum_{i=1}^{n} \sigma_i^{(3)} w_{ij}^{(2)}\right)\left(a_j^{(2)}(1 - a_j^{(2)})\right) \tag{7.10.24}$$

$$\Delta b_j^{(2)} = \Delta b_j^{(2)} + \sigma_j^{(2)} \tag{7.10.25}$$

$$\Delta w_{ji}^{(1)} = \Delta w_{ji}^{(1)} + x_i \sigma_j^{(2)}, \quad i = 1, \cdots, n;\ j = 1, \cdots, m \tag{7.10.26}$$

基本自动编码器的反向传播算法见算法 7.4。

[531] **算法 7.4** 基本自动编码器的后向传播算法[174]

input: $\{(\mathbf{x}^{(j)}, \mathbf{y}^{(j)})\}_{j=1}^{m}$ with $\mathbf{x}^{(j)} = [x_1^{(j)}, \cdots, x_n^{(j)}]^{\mathrm{T}}$, η and *threshold*
initialization
for $iteration = 1, 2, \cdots, iterater_{\max}$ **do**
  for $example = 1, 2, \cdots, N$ **do**
    for $j = 1, 2, \cdots, m$ **do**
      $\mathrm{net}_j^{(2)} = \sum_{i=1}^{n} w_{ji}^{(1)} x_i + b_j^{(1)}$
      $a_j^{(2)} = f(\mathrm{net}_j^{(2)})$
    end for
    for $i = 1, 2, \cdots, n$ **do**
      $\mathrm{net}_i^{(3)} = \sum_{j=1}^{m} w_{ij}^{(2)} a_j^{(2)} + b_i^{(2)}$
      $a_i^{(3)} = f(\mathrm{net}_i^{(3)})$
    end for
    if $J_{\mathrm{TAE}}(\boldsymbol{\theta}) > threshold$ **then** compute
      $\sigma_i^{(3)} = \left(a_i^{(3)} \cdot (1 - a_i^{(3)})\right) \cdot \left(a_i^{(3)} - x_i\right)$, $i = 1, \cdots, n$
      $\sigma_j^{(2)} = \left(\sum_{i=1}^{n} w_{ij}^{(2)} \sigma_i^{(3)}\right)\left(a_j^{(2)}(1 - a_j^{(2)})\right)$, $j = 1, \cdots, m$
      $\Delta b_i^{(2)} = \Delta b_i^{(2)} + \sigma_i^{(3)}$, $i = 1, \cdots, n$
      $\Delta w_{ij}^{(2)} = \Delta w_{ij}^{(2)} + a_j^{(2)} \cdot \sigma_i^{(3)}$, $i = 1, \cdots, n; j = 1, \cdots, m$
      $\Delta b_j^{(1)} = \Delta b_j^{(1)} + \sigma_j^{(2)}$, $j = 1, \cdots, m$
      $\Delta w_{ji}^{(1)} = \Delta w_{ji}^{(1)} + x_i \cdot \sigma_j^{(2)}$, $i = 1, \cdots, n; j = 1, \cdots, m$
      $\mathbf{W}^{(1)} = \mathbf{W}^{(1)} - \eta(\frac{1}{N}\Delta W^{(1)})$
      $\mathbf{W}^{(2)} = \mathbf{W}^{(2)} - \eta(\frac{1}{N}\Delta W^{(2)})$
      $\mathbf{b}^{(1)} = \mathbf{b}^{(1)} - \eta(\frac{1}{N}\Delta \mathbf{b}^{(1)})$
      $\mathbf{b}^{(2)} = \mathbf{b}^{(2)} - \eta(\frac{1}{N}\Delta \mathbf{b}^{(2)})$
    end if
  end for
end for
output: $\boldsymbol{\theta} = \{\mathbf{W}^{(1)}, \mathbf{b}^{(1)}; \mathbf{W}^{(2)}, \mathbf{b}^{(2)}\}$

对于正则化的自动编码器, 最简单的正则形式是权延迟 (wd), 它代之以通过优化下面的正则化目标来支持小权重

$$J_{\mathrm{AE+wd}}(\boldsymbol{\theta}) = \sum_{\mathbf{x}\in D_n} L(\mathbf{x}, \mathbf{g}(\mathbf{f}(\mathbf{x}))) + \lambda \sum_{i,j} W_{ij}^2 \tag{7.10.27}$$

其中，λ 是超参数，用于控制正则化的强度。

如果选取惩罚项

$$\|\mathbf{J}_f(\mathbf{x})\|_F^2 = \sum_{i,j} \left(\frac{\partial h_j(\mathbf{x})}{\partial x_i} \right)^2 \tag{7.10.28}$$

作为正则化项，则得到的正则化自动编码器称为压缩式自动编码器 (CAE)，由 Rifai 等人提出[119]。因此，压缩式自动编码器的目标函数为 [532]

$$J_{\mathrm{CAE}}(\boldsymbol{\theta}) = \sum_{\mathbf{x}\in D_n} L(\mathbf{x}, \mathbf{g}(\mathbf{f}(\mathbf{x}))) + \lambda \|\mathbf{J}_f(\mathbf{x})\|_F^2 \tag{7.10.29}$$

式中，λ 是超参数，控制正则化的强度。惩罚 $\|\mathbf{J}_f\|_F^2$ 支持到特征空间的映射在训练数据的邻域中是压缩的，故得名“压缩自动编码器”。

7.10.2 堆栈稀疏自动编码器

自动编码器有多种主要的扩展：堆栈自动编码器、稀疏自动编码器、堆栈稀疏自动编码器、堆栈去噪自动编码器、堆栈卷积自动编码器和堆栈卷积去噪自动编码器。

Bengio 等人的堆栈自动编码器[9] 是一个多层神经网络，每一层是前一个自动编码器的隐层和下一个自动编码器的输入层。因此，一个堆栈自动编码器可以看成是用一种以贪婪的分层方式连续连接的多个自动编码器组成的神经网络。

图 7.15 给出了具有两个隐层的堆栈自动编码器的一个例子。

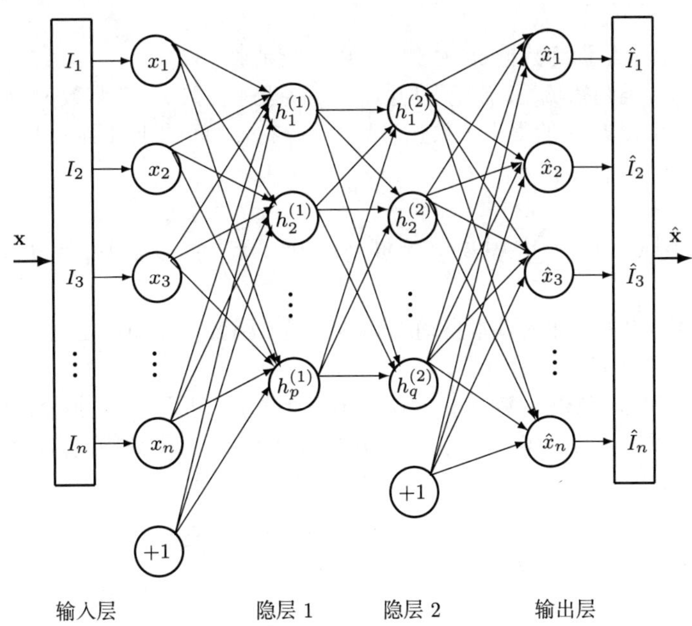

图 7.15 具有两个隐层的堆栈自动编码器

图 7.15 中，$\mathbf{h}^{(d)} = f(\mathbf{W}_1^{(d)}\mathbf{x}^{(d)} + \mathbf{b}_1^{(d)})$ 和 $\mathbf{y}^{(d)} = f(\mathbf{W}_2^{(d)}\mathbf{h}^{(d)} + \mathbf{b}_2^{(d)})$, $d = 1, 2$, 并且 $\mathbf{x}^{(1)} = \mathbf{x}$, $\mathbf{x}^{(2)} = \mathbf{y}^{(1)}$ 和 $\hat{\mathbf{x}} = \mathbf{y}^{(2)}$。

令第 d 个堆栈自动编码器的输入为 $\mathbf{x}_t^{(d)}$, 并且 $\mathbf{x}_t^{(1)} = \mathbf{x}_t$, 则第 d 个自动编码器方程可以用隐层表示为

$$\mathbf{h}_t^{(d)} = f(\mathbf{W}_1^{(d)}\mathbf{x}_t^{(d)} + \mathbf{b}_1^{(d)}) \tag{7.10.30}$$

$$\mathbf{y}_t^{(d)} = f(\mathbf{W}_2^{(d)}\mathbf{h}_t^{(d)} + \mathbf{b}_2^{(d)}) \tag{7.10.31}$$

式中，$\mathbf{h}_t^{(d)}$ 和 $\mathbf{y}_t^{(d)}$ 分别表示第 d 个自动编码器对应的隐层的特征表示和输出层的输出，$\mathbf{W}_1^{(d)}$ 和 $\mathbf{W}_2^{(d)}$ 分别代表编码步和解码步中的权矩阵, 而 $\mathbf{b}_1^{(d)}$ 和 $\mathbf{b}_2^{(d)}$ 则分别是隐层和输出层的偏置。激活函数 $f(\cdot)$ 通常使用 sigmoid 函数 $f(x) = 1/(1 + \exp(-x))$。

[533] 通过取第 $(d-1)$ 层的特征表示 $\mathbf{y}^{(d-1)}$ 作为第 d 层的输入 $\mathbf{x}^{(d)}$, 即 $\mathbf{x}^{(d)} = \mathbf{y}^{(d-1)}$, 则目标函数为

$$J(\mathbf{W}_1^{(d)}, \mathbf{b}_1^{(d)}; \mathbf{W}_2^{(d)}, \mathbf{b}_2^{(d)}) = \frac{1}{2T}\sum_{t=1}^{T}\left\|\mathbf{y}_t^{(d)} - \mathbf{x}_t^{(d)}\right\|_2^2 + \frac{\beta}{2}\left(\|\mathbf{W}_1^{(d)}\|_2^2 + \|\mathbf{W}_2^{(d)}\|_2^2\right) \tag{7.10.32}$$

稀疏自动编码器[116, 117] 是一种在隐层引入稀疏惩罚项的自动编码器, 使得编码器在稀疏约束下可以得到更加精确和有效的低维数据特征, 以更好地表示输入数据。

假设隐层中神经元的平均激活为

$$\hat{\rho}_j = \frac{1}{T}\sum_{t=1}^{T} x_{t,j}, \quad j = 1, \cdots, n \tag{7.10.33}$$

式中，$x_{t,j}$ 是训练数据 $\mathbf{x}_t \in \mathbb{R}^n$ 的第 j 个元素。

为了强制稀疏性, 希望平均激活 $\hat{\rho}_j$ 接近一常数 ρ。该常数为稀疏度参数, 选择为一个接近 0 的很小正数。为此，$\hat{\rho}_j$ 与 ρ 之间的 Kullback-Leibler (KL) 散

[534] 度即

$$\mathrm{KL}(\rho\|\hat{\boldsymbol{\rho}}) = \sum_{j=1}^{n}\rho\log\frac{\rho}{\hat{\rho}_j} + (1-\rho)\log\frac{1-\rho}{1-\hat{\rho}_j}, \quad j = 1, \cdots, n \tag{7.10.34}$$

作为正则化项, 加入基本自动编码器的误差函数 $J_{\mathrm{AE}}(\boldsymbol{\theta})$。这里，$\hat{\boldsymbol{\rho}} = [\hat{\rho}_1, \cdots, \hat{\rho}_n]^{\mathrm{T}}$ 是平均隐层激励向量。

记 $\mathbf{W} = (\mathbf{W}^{(1)}, \mathbf{W}^{(2)})$ 和 $\mathbf{b} = (\mathbf{b}^{(1)}, \mathbf{b}^{(2)})$。为了防止过拟合, 还需要将一个权衰减项加入 $J_{\mathrm{AE}}(\boldsymbol{\theta}) = J_{\mathrm{AE}}(\mathbf{W}, \mathbf{b})$ 的成本函数中, 得到稀疏自动编码器的最终成本函数[67]

$$J_{\mathrm{SAE}}(\mathbf{W}, \mathbf{b}) = J_{\mathrm{AE}}(\mathbf{W}, \mathbf{b}) + \beta J_{\mathrm{KL}}(\rho\|\hat{\boldsymbol{\rho}}) + \frac{\lambda}{2}\sum_{l=1}^{2}\sum_{i=1}^{s_l}\sum_{j=1}^{s_{l+1}}\left(w_{ij}^{(l)}\right)^2 \tag{7.10.35}$$

式中，β 控制稀疏惩罚项，$J_{\mathrm{KL}}(\rho\|\hat{\boldsymbol{\rho}}) = \mathrm{KL}(\rho\|\hat{\boldsymbol{\rho}})$, λ 控制有助于权衰减的惩罚

项, 而 s_l 和 s_{l+1} 是相邻层的大小。

堆栈稀疏自动编码器 (SSAE) 是一个由多个稀疏自编码端到端连接的神经网络。每个稀疏自动编码器的前面一层的输出用作自动编码器的下一层的输入, 使得可以得到输入数据的高级特征表示。因此, 一个堆栈稀疏自动编码器是堆栈和稀疏自动编码器的组合。堆栈稀疏自动编码器具有与堆栈自动编码器类似的结构, 但增加了稀疏约束。

堆栈稀疏自动编码器第 d 层的目标函数为[68]

$$J_{\text{SSAE}}(\mathbf{W}^{(d)},\mathbf{b}_1^{(d)},\mathbf{W}_2^{(d)},\mathbf{b}_2^{(d)})=\frac{1}{2T}\sum_{t=1}^{T}\left\|\mathbf{y}_t^{(d)}-\mathbf{x}_t^{(d)}\right\|_2^2+\beta\sum_{j=1}^{K_d}\text{KL}(\rho\|\hat{\rho}_j)+\frac{\alpha}{2}\left(\|\mathbf{W}_1^{(d)}\|_2^2+\|\mathbf{W}_2^{(d)}\|_2^2\right)\tag{7.10.36}$$

式中

- K_d 表示第 d (其中 $d=2,\cdots,D$) 层中隐藏单元的个数, D 是层的数目。
- T 是输入数。
- α 表示权衰减参数。
- β 表示稀疏惩罚的权系数。
- ρ 是稀疏度参数, 通常设定为一个小值。
- $\hat{\rho}_j$ 是第 d 层中第 j 个隐藏单元在训练集范围的平均激活。
- $\text{KL}(\rho,\hat{\rho}_j)$ 表示 ρ 和 $\hat{\rho}_j$ 之间的 Kullback-Leibler 散度。

参数 $\mathbf{W}_1^{(d)}$、$\mathbf{W}_2^{(d)}$、$\mathbf{b}_1^{(d)}$、$\mathbf{b}_2^{(d)}$ 由下面的随机梯度下降算法更新[68] [535]

$$\mathbf{W}_1^{(d)}\leftarrow\mathbf{W}_1^{(d)}-\eta\left(\frac{1}{T}\sum_{t=1}^{T}\mathbf{h}_i^{(d)}\delta_i^1+\alpha\mathbf{W}_1^{(d)}\right)\tag{7.10.37}$$

$$\mathbf{W}_2^{(d)}\leftarrow\mathbf{W}_2^{(d)}-\eta\left(\frac{1}{T}\sum_{t=1}^{T}\mathbf{h}_i^{(d)}\delta_i^2+\alpha\mathbf{W}_2^{(d)}\right)\tag{7.10.38}$$

$$\mathbf{b}_1^{(d)}\leftarrow\mathbf{b}_1^{(d)}-\frac{\eta}{T}\sum_{i=1}^{T}\delta_i^1\tag{7.10.39}$$

$$\mathbf{b}_2^{(d)}\leftarrow\mathbf{b}_2^{(d)}-\frac{\eta}{T}\sum_{i=1}^{T}\delta_i^2\tag{7.10.40}$$

式中, η 为学习速率, 并且

$$\delta_i^1=\left(\mathbf{W}_2^{(d)}\delta_i^2+\beta(-(\rho/\hat{\rho}_t)+(1-\rho/1-\hat{\rho}_t))\right)f'(\mathbf{W}_1^{(d)}\mathbf{x}_i^{(d)}+\mathbf{b}_1^{(d)})\tag{7.10.41}$$

$$\delta_i^2=\left(\mathbf{y}_i^{(d)}-\mathbf{x}_i^{(d)}\right)f'(\mathbf{W}_2^{(d)}\mathbf{h}_i^{(d)}+\mathbf{b}_2^{(d)})\tag{7.10.42}$$

7.10.3 堆栈去噪自动编码器

在没有任何附加约束的情况下, 一般的自动编码器只能学习恒等映射。这个问题可以使用去噪自动编码器[149] 加以避免。去噪自动编码器试图训练一个自

动编码器，使之能够自动地对手动加入随机噪声而被污染的输入数据进行去噪。因此，可以为后面的分类任务生成更好的特征表示。

令原输入数据为 $\mathbf{x} \in \mathbb{R}^d$，其中 d 表示数据的维数。去噪自动编码器首先通过对 $\mathbf{x}$ 加高斯噪声或者一个根据输入图像特征分布的可变噪声 $\mathbf{v}$，生成一个向量 $\tilde{\mathbf{x}}$。去噪自动编码器从被污染的输入 $\tilde{\mathbf{x}}$ 重构去噪输入 $\mathbf{x}$。输入层的单元数为 d，它等于输入数据 $\tilde{\mathbf{x}}$ 的维数。

去噪自动编码器首先通过找到潜在的表示来训练输入去噪

$$\mathbf{h} = f_e(\mathbf{W}\tilde{\mathbf{x}} + \mathbf{b}) \tag{7.10.43}$$

[536] 式中，$\mathbf{h} \in \mathbb{R}^h$ 是隐层的输出，也可称为特征表示或编码，h 是隐层的单元数，$\mathbf{W} \in \mathbb{R}^{h\times d}$ 为输入层到隐层的权重，$\mathbf{b}$ 表示偏差，$\mathbf{W}\tilde{\mathbf{x}} + \mathbf{b}$ 代表隐层的输入，$f_e(\cdot)$ 称为隐层的激活函数。当选择 ReLU 函数为激活函数时，则有

$$\mathbf{h} = f_e(\mathbf{W}\tilde{\mathbf{x}} + \mathbf{b}) = \max(0, \mathbf{W}\tilde{\mathbf{x}} + \mathbf{b}) \tag{7.10.44}$$

显然，如果 $\mathbf{W}\tilde{\mathbf{x}} + \mathbf{b}$ 的值小于零，隐层的输出将为零，因此，ReLU 激活函数能够产生稀疏的特征表示，具有更好的分离能力。此外，ReLU 还可以对神经网络进行大规模数据训练，并且比其他激活函数能更快、更有效。

原输入的解码和重构可以使用映射函数 $f_d(\cdot)$ 获得，即有

$$\mathbf{z} = f_d(\mathbf{W}'\mathbf{y} + \mathbf{b}') \tag{7.10.45}$$

式中，$\mathbf{z} \in \mathbb{R}^d$ 是去噪自动编码器的输出，它也是原数据 $\mathbf{x}$ 的重构。输出层具有与输入层相同的节点数。$\mathbf{W}' = \mathbf{W}^{\mathrm{T}}$ 称为绑定权重矩阵。

如果 $\mathbf{x}$ 的元素值位于 0 到 1 之间，则选择 softplus 函数作为解码函数 $f_d(z_i) = \log(1 + \mathrm{e}^{z_i})$；否则，通过零相位分量分析 (ZCA) 预先将 $\mathbf{x}$ 白化，并使用线性函数作为解码函数

$$f_d(\mathbf{W}'\mathbf{y} + \mathbf{b}') = \begin{cases} \log(1 + \mathrm{e}^{\mathbf{W}'\mathbf{y}+\mathbf{b}'}), & \mathbf{x} \in [0,1]^d \\ \mathbf{W}'\mathbf{y} + \mathbf{b}', & \text{其他} \end{cases} \tag{7.10.46}$$

去噪自动编码器的目标是通过要求输出数据 $\mathbf{z}$ 能够重构输入数据 $\mathbf{x}$ 来训练网络，这也被称为面向重构的训练。因此，重构误差应作为目标函数或成本函数，其定义为[163]

$$J(\mathbf{W}) = \begin{cases} -\frac{1}{m}\sum_{i=1}^{m}\sum_{j=1}^{d}\left[\mathbf{x}_j^{(i)}\log\left(\mathbf{z}_j^{(i)}\right) + \left(1 - \mathbf{x}_j^{(i)}\right)\log\left(1 - \mathbf{z}_j^{(i)}\right)\right] + \frac{\lambda}{2}\|\mathbf{W}\|_2^2, & \mathbf{x} \in [0,1]^d \\ \frac{1}{m}\sum_{i=1}^{m}\left\|\mathbf{x}^{(i)} - \mathbf{z}^{(i)}\right\|_F^2 + \frac{\lambda}{2}\|\mathbf{W}\|_2^2, & \text{其他} \end{cases} \tag{7.10.47}$$

式中，$\mathbf{x}_j^{(i)}$ 是第 i 个样本向量的第 j 个元素，$\|\mathbf{W}\|_2^2$ 为 ℓ_2 正则化项，也称权重衰减项，而参数 λ 控制正则化项的重要性。

去噪自动编码器可以堆叠以构建具有多个隐层的深层网络。这种堆叠的去噪自动编码器简称 SDAE。典型的 SDAE 结构包括两个编码层和两个解码层。在编码部分, 第一编码层的输出作为第二编码层的输入数据。假设编码部分有 L 个隐层, 我们就有第 k 个编码层的激活函数 [537]

$$\mathbf{y}^{(k+1)} = f_e(\mathbf{W}^{(k)}\mathbf{y}^{(k)} + \mathbf{b}^{(k)}), \quad k = 0, \cdots, L-1 \tag{7.10.48}$$

式中, 输入 $\mathbf{y}^{(0)}$ 是原始数据 $\mathbf{x}$。最后一个编码层的输出 $\mathbf{y}^{(L)}$ 是由堆栈去噪自动编码器网络抽取的高水平特征。

在解码部分, 第一解码层的输出被视为第二解码层的输入。第 k 解码层的解码函数为

$$\mathbf{z}^{(k+1)} = f_e(\mathbf{W}^{(L-k)\mathrm{T}}\mathbf{a}^{(k)} + \mathbf{b}'^{(k+1)}), \quad k = 0, \cdots, L-1 \tag{7.10.49}$$

式中, 第一解码层的输入 $\mathbf{z}^{(0)}$ 是最后一个编码层的输出 $\mathbf{y}^{(L)}$。最后一个解码层的输出 $\mathbf{z}^{(L)}$ 是原始数据 $\mathbf{x}$ 的重构。

堆栈去噪自动编码器的训练过程为[163]:

① 选择输入数据, 它可从高光谱图像中随机选择。

② 训练第一个去噪自动编码器, 其中包括第一个编码层和最后一个解码层。获取网络权重 $\mathbf{W}^{(1)}$、$\mathbf{b}^{(1)}$ 和作为第一个编码层输出函数的特征 $\mathbf{y}^{(1)}$。

③ 使用 $\mathbf{y}^{(k)}$ 作为第 $(k+1)$ 个编码层的输入数据。训练第 $(k+1)$ 个去噪自动编码器, 得到 $\mathbf{W}^{(k+1)}$、$\mathbf{b}^{(k+1)}$ 和特征 $\mathbf{y}^{(k+1)}$, 其中 $k = 1, \cdots, L-1$, L 是网络中隐层的数量。

堆栈去噪自动编码器的这种训练称为逐层训练, 因为每一个去噪自动编码器都是独立训练。

和由两个去噪自动编码器堆栈的一般堆栈去噪自动编码器不同, Xing 等人[163] 的堆栈去噪自动编码器保留了特征抽取的编码部分, 以生成初始特征, 并增加了一个逻辑斯谛回归 (LR) 部分, 用于取代解码部分, 以便微调和分类。整个网络的输出层也称逻辑斯谛回归层, 它使用下列 sigmoid 函数为激活函数

$$h(\mathbf{x}) = \frac{1}{1 + \exp(-\mathbf{W}\mathbf{x} - \mathbf{b})} \tag{7.10.50}$$

式中, $\mathbf{x}$ 是最后一个编码层的输出 $\mathbf{y}^{(L)}$。

具有逻辑斯谛回归部分的堆栈去噪自动编码器网络简称 SDAE-LR 网络, [538]
其训练如下[163]:

① 利用 SDAE 训练初始网络权重。

② 随机设定 LR 层的初始权重。

③ 训练数据用作输入数据, 它们的预测分类结果由整个网络的初始权重产生。

④ 网络权重使用小批量随机梯度下降 (MSGD) 算法, 由互熵函数迭代调整

$$\mathrm{Cost} = -\frac{1}{m}\left[\sum_{i=1}^{m} l^{(i)} \log\left(h\left(\mathbf{x}^{(i)}\right)\right) + \left(1 - l^{(i)}\right) \log\left(1 - h\left(\mathbf{x}^{(i)}\right)\right)\right] \tag{7.10.51}$$

式中, $l^{(i)}$ 表示样本 $\mathbf{x}^{(i)}$ 的标签。

7.10.4 卷积自动编码器

全连接的自动编码器和去噪自动编码器均忽略了二维的图像结构, 这会引入参数的冗余, 迫使每个特征是整体特征。为了发现局部的特征, 卷积自动编码器 (CAE) 是一种合适的选择。

卷积自动编码器不同于普通的自动编码器, 因为它们的权重在输入的所有位置之间共享, 从而保留了空间的局部结构[103]。卷积自动编码器体系结构与去噪自动编码器直观上相似, 只是权重是共享的。

对于一个单信道输入 $\mathbf{x}$, 第 k 个特征映射的潜在表示为[103]

$$\mathbf{h}^{(k)} = \sigma\big(\mathbf{x} * \mathbf{W}^{(k)} + \mathbf{b}^{(k)}\big) \tag{7.10.52}$$

式中, 偏差被传播到整个映射上, $\sigma(\cdot)$ 为激活函数, 而 $*$ 表示二维卷积。每个潜在映射使用一个单一的偏差, 这样每个滤波器强调的是整个输入的特征 (每个像素一个偏差会引入太多的自由度)。

输入 $\mathbf{x}$ 的重构为

$$\mathbf{y}^{(k)} = \sigma\left(\sum_{k\in H} \mathbf{h}^{(k)} * \bar{\mathbf{W}}^{(k)} + \mathbf{c}\right) \tag{7.10.53}$$

式中, $\mathbf{c}$ 是每个输入信道的一个偏差, H 表示潜在特征映射组, $\bar{\mathbf{W}}$ 表示权重的两个维度上的翻转操作。

[539] 卷积自动编码器的成本函数定义为均方误差

$$E(\boldsymbol{\theta}) = \frac{1}{2n}\sum_{i=1}^{n}(x_i - y_i)^2 \tag{7.10.54}$$

由卷积运算易知

$$\frac{\partial E(\boldsymbol{\theta})}{\partial \mathbf{W}^{(k)}} = \mathbf{x} * \delta\mathbf{h}^{(k)} + \bar{\mathbf{h}}^{(k)}\delta\mathbf{y} \tag{7.10.55}$$

式中, $\delta\mathbf{h}$ 和 $\delta\mathbf{y}$ 分别是隐藏状态和重构的细节; 而 $\bar{\mathbf{h}}$ 是 $\mathbf{h}$ 的翻转运算。因此, 权重矩阵 $\mathbf{W}$ 可以更新为

$$\begin{aligned}\mathbf{W}^{(k+1)} &= \mathbf{W}^{(k)} - \eta\frac{\partial E(\boldsymbol{\theta})}{\partial \mathbf{W}^{(k)}}\\ &= \mathbf{W}^{(k)} - \eta\left(\mathbf{x} * \delta\mathbf{h}^{(k)} + \bar{\mathbf{h}}^{(k)}\delta\mathbf{y}\right)\end{aligned} \tag{7.10.56}$$

卷积自动编码器的网络结构由 3 个基本模块组成: 卷积层、最大池化层和分类层。

7.10.5 堆栈卷积去噪自动编码器

堆栈卷积去噪自动编码器 (SCDAE) 由 Du 等人[25] 提出, 是一种无监督的深度网络, 它以卷积的方式将设计良好的去噪自动编码器堆栈而成, 以生成高级特征表示。整体架构由逐层训练优化。

具有丢弃的堆栈卷积去噪自动编码器的结构如下[25]。

1. 潜在向量映射

去噪自动编码器借助随机映射, 以某个概率 λ 将输入向量 $\mathbf{x}$ 讹误为向量 $\tilde{\mathbf{x}}$

$$\tilde{\mathbf{x}} \sim D(\tilde{\mathbf{x}}|\mathbf{x}, \lambda) \tag{7.10.57}$$

式中, D 是由 $\mathbf{x}$ 的原始分布和添加到 $\mathbf{x}$ 的随机噪声类型确定的分布类型。然后, 使用确定性函数 f 将 $\tilde{\mathbf{x}}$ 映射为潜在向量表示 $\mathbf{h}$

$$\mathbf{h} = f_e(\mathbf{W}\tilde{\mathbf{x}} + \mathbf{b}) \tag{7.10.58}$$

2. 丢弃学习

通过使用丢弃技术, 网络优化训练过程, 隐层的神经元以概率 q 随机被忽略。表示 $\mathbf{h}$ 随后通过与一个屏蔽向量 $\mathbf{m} \sim \text{Bernoulli}(1-q)$ 的标量积被变换成丢弃表示 $\tilde{\mathbf{h}}$ [540]

$$\tilde{\mathbf{h}} = \mathbf{m} \odot \mathbf{h} \tag{7.10.59}$$

式中, $(\mathbf{m} \odot \mathbf{h})_i = m_i \cdot h_i$。由于一个大的神经网络是迭代更新的, 因此在每次迭代中随机地将神经元丢弃在隐层中, 从而训练出一个唯一的网络。当训练过程收敛时, 该网络得到 $2^{|\mathbf{m}|}$ 个网络的平均表示。

3. 解码

将丢弃的隐藏特征向量 $\tilde{\mathbf{h}}$ 反向映射到最终特征 $\mathbf{z}$, 以便利用另一个映射函数重构原始输入 $\mathbf{x}$

$$\mathbf{z} = f_d(\mathbf{W}'\tilde{\mathbf{h}} + \mathbf{b}') \tag{7.10.60}$$

4. 优化

优化函数为

$$(\mathbf{W}, \mathbf{W}', \mathbf{b}, \mathbf{b}') = \underset{\mathbf{W}, \mathbf{W}', \mathbf{b}, \mathbf{b}'}{\arg\min} \|\mathbf{z} - \mathbf{x}\|_2^2 + \text{sparse}(\tilde{\mathbf{h}}) \tag{7.10.61}$$

式中, $\text{sparse}(\tilde{\mathbf{h}})$ 表示稀疏约束的类型, 如 KL 距离。

5. 卷积层

每个卷积层的输入是一个三维特征图, 是输入图像的中层表示。在每个卷积层中, 卷积去噪自动编码器通过学习到的去噪滤波器, 将输入特征转化为更加稳健和更加抽象的特征映射。

7.10.6 非负稀疏自动编码器

非负稀疏自动编码器受非负矩阵分解 (NMF)[91] 和稀疏编码的启发。

1. 非负约束

一个非负矩阵 $\mathbf{X} \in \mathbb{R}_{+,0}^{M\times N}$ 的分解 $\mathbf{X} = \mathbf{AS}$ 称为非负矩阵分解, 若非负矩阵的 $M \times p$ 因子矩阵 $\mathbf{A}$ 和 $p \times N$ 因子矩阵 $\mathbf{S}$ 二者都是非负的。受非负矩阵分

解的启发, 对神经网络的权重矩阵加上非负约束。非负矩阵分解具有以下关键特征[172]。

- 分布式非负编码: 非负矩阵分解不允许在因子矩阵 $\mathbf{A}$ 和 $\mathbf{S}$ 中有负的元素。与矢量量化 (VQ) 的单一约束不同, 非负矩阵约束允许使用基础向量的组合表示整个信号。与主成分分析 (PCA) 不同, 非负矩阵分解只允许加性组合; 因为 $\mathbf{A}$ 和 $\mathbf{S}$ 的非零元素全部是正的, 可以避免基础图像或信号之间的任何减法运算的发生。使用优化准则的术语, 矢量量化采用“赢
[541] 者通吃”约束, 主成分分析则基于“全体共享”约束, 但非负矩阵分解服从的是“分组共享”约束以及非负约束。从编码的观点看, 非负矩阵分解是一种分布式编码, 它常常会导致稀疏编码。
- 部分组合: 非负矩阵分解给人的直观印象是, 它并不是所有特征的组合, 而是某些特征的组合 (简称为部分) 构成一个 (目标) 整体。从机器学习的角度来看, 非负矩阵分解是一种基于若干部分组合的机器学习方法, 具有提取主要特征的能力。
- 多线性数据分析能力: 主成分分析使用所有基向量的线性组合来表示数据, 只能抽取数据的线性结构。与之不同, 非负矩阵分解使用具有不同标签的基向量的组合 (组件) 表示数据, 可以抽取数据的多线性结构。因此, 它具有一定的非线性数据分析能力。

2. 稀疏约束

受稀疏编码的启发, 施加给连接权重的稀疏约束可以起到“丢弃”作用, 优化整个自动编码器。丢弃是一种应用于全连接层的技术, 可以防止过拟合。

实际中许多信号具有非负数值。下面是非负矩阵的 4 个重要的实际例子[87]。

- 文本文档作为向量存储。文档向量的每个元素都是文档中出现的术语次数的计数 (可能是加权的)。一个接一个地堆叠文档向量将产生一个非负的“术语 $\times$ 文档”矩阵, 该矩阵用数字形式表示整个文档集合。
- 在图像集合中, 每个图像由一个向量表示, 向量的每个元素对应一个像素。一个像素的强度和颜色由一个非负的值给出, 从而产生一个非负的“像素 $\times$ 图像”矩阵。
- 对于商品集或推荐系统, 客户的购买历史或对一部分商品的评级信息存储在非负的稀疏矩阵中。
- 在基因表达中, 通过观察在不同实验条件下产生的基因序列, 形成非负的“基因 $\times$ 实验”矩阵。

为了支持连接权重矩阵 $\mathbf{W}$ 中的非负性, 稀疏自动编码器式 (7.10.35) 中的权重衰减项 $(w_{ij}^{(l)})^2$ 替换为二次型函数 $f(w_{ij}^{(l)})$, 从而产生非负性约束自动编码器的成本函数

$$J_{\mathrm{NCAE}}(\mathbf{W},\mathbf{b}) = J_{\mathrm{AE}}(\mathbf{W},\mathbf{b}) + \beta J_{\mathrm{KL}}(\rho\|\hat{\boldsymbol{\rho}}) + \frac{\alpha}{2}\sum_{l=1}^{2}\sum_{i=1}^{s_l}\sum_{j=1}^{s_{l+1}} f\big(w_{ij}^{(l)}\big) \tag{7.10.62}$$

[542] 式中 $\alpha \geqslant 0$, 并且

$$f(w_{ij}) = \begin{cases} w_{ij}^2, & w_{ij} < 0 \\ 0, & w_{ij} \geqslant 0 \end{cases} \tag{7.10.63}$$

然后, 使用反向传播算法计算梯度

$$w_{ij}^{(l)} = w_{ij}^{(l)} - \eta \frac{\partial J_{\mathrm{NCAE}}(\mathbf{W}, \mathbf{b})}{\partial w_{ij}^{(l)}} \tag{7.10.64}$$

$$b_i^{(l)} = b_i^{(l)} - \eta \frac{\partial J_{\mathrm{NCAE}}(\mathbf{W}, \mathbf{b})}{\partial b_i^{(l)}} \tag{7.10.65}$$

式中, $\eta > 0$ 为学习速率, 并且

$$\frac{\partial J_{\mathrm{NCAE}}(\mathbf{W}, \mathbf{b})}{\partial w_{ij}^{(l)}} = \frac{\partial J_{\mathrm{AE}}(\mathbf{W}, \mathbf{b})}{\partial w_{ij}^{(l)}} + \beta \frac{\partial J_{\mathrm{KL}}(\rho \| \hat{\boldsymbol{\rho}})}{\partial w_{ij}^{(l)}} + \alpha g(w_{ij}^{(l)}) \tag{7.10.66}$$

$$\frac{\partial J_{\mathrm{NCAE}}(\mathbf{W}, \mathbf{b})}{\partial b_i^{(l)}} = \frac{\partial J_{\mathrm{AE}}(\mathbf{W}, \mathbf{b})}{\partial b_i^{(l)}} + \beta \frac{\partial J_{\mathrm{KL}}(\rho \| \hat{\boldsymbol{\rho}})}{\partial b_i^{(l)}} \tag{7.10.67}$$

其中

$$g(w_{ij}) = \begin{cases} w_{ij}, & w_{ij} < 0 \\ 0, & w_{ij} \geqslant 0 \end{cases} \tag{7.10.68}$$

具有正则化约束的自动编码器称为正则化自动编码器[10]。堆栈稀疏自动编码器和非负稀疏自动编码器由于它们的稀疏正则化, 是两个典型的正则化自动编码器[115]。重要的是, 正则化的自编码器可以捕获信号密度的局部结构[10]。

7.11 极限学习机

极限学习机 (ELM) 是一种用于单隐层前馈网络 (SLFN) 的机器学习算法, 它随机选择隐藏节点, 解析地确定单隐层前馈网络的输出权重。理论上, 该算法能够以极快的学习速度提供良好的泛化性能[70]。

对于有限训练集中的函数逼近, 单隐层前馈网络具有最多 N 个隐藏节点和 [543]
几乎任何非线性激活函数, 能精确地学习 N 个不同的观测值[69]。极限学习机是单隐层前馈网络的一个有效的解决方案。

由于极限学习机分类速度快, 在数据流分类任务中得到了广泛的应用。

7.11.1 具有随机隐藏节点的单隐层前馈网络

首先, 我们介绍随机隐藏节点的概念。

定义 7.7 (分段连续) [150] 如果一个函数在任何区间内只有有限个间断, 并且在每个间断处定义了它的左极限和右极限 (不一定相等), 则称之为分段连续。

定义 7.8 (随机生成) 函数序列 $\{g_n = g(\langle \mathbf{w}_n, \mathbf{x}\rangle + b_n)\}$ 或 $\{g_n = g(\|\mathbf{w}_n - \mathbf{x}\|/b_n)\}$ 称为随机生成的, 若对应的参数是根据或者基于连续采样分布概率随机生成的。

定义 7.9 (随机节点) 一个节点称为随机节点, 若它的参数 $(\mathbf{w}, b)$ 是基于连续采样分布概率随机生成的。

单隐层前馈网络有两种主要网络体系结构:

- 具有加性隐藏节点的单隐层前馈网络。
- 具有径向基函数 (RBF) 网络的单隐层前馈网络, 它在隐层使用径向基函数节点。

具有 d 个隐藏节点的单隐层前馈网络的网络函数可以表示为

$$f_d(\mathbf{x}) = \sum_{i=1}^{d} \beta_i g_i(\mathbf{x}), \quad \mathbf{x} \in \mathbb{R}^n, \beta_i \in \mathbb{R} \tag{7.11.1}$$

其中, g_i 表示第 i 个隐藏节点输出函数。

两种常用的第 i 个隐藏节点输出函数 g_i 是:

对加性节点, 定义为

$$g_i(\mathbf{x}) = g(\langle \mathbf{w}_i, \mathbf{x}\rangle + b_i) = g(\mathbf{w}_i^{\mathrm{T}}\mathbf{x} + b_i), \quad \mathbf{w}_i \in \mathbb{R}^n, b_i \in \mathbb{R} \tag{7.11.2}$$

对径向基函数节点, 定义为

$$g_i(\mathbf{x}) = g\left(\frac{\|\mathbf{x} - \mathbf{a}_i\|}{b_i}\right), \quad \mathbf{a}_i \in \mathbb{R}^n, b_i \in \mathbb{R}_+ \tag{7.11.3}$$

[544] 式中, $\mathbf{a}_i$ 和 b_i 分别是第 i 个径向基函数节点的中心和影响因子, 并且是第 i 个径向基函数隐藏节点与输出节点连接的权重, 而 $\mathbb{R}_+$ 表示所有正实数集合。

换言之, 具有 d 个加性节点和 d 个径向基函数节点的单隐层前馈网络的输出可以分别表示为

$$f_d(\mathbf{x}) = \sum_{i=1}^{d} \beta_i g\left(\mathbf{w}_i^{\mathrm{T}}\mathbf{x} + b_i\right) \in \mathbb{R} \tag{7.11.4}$$

和

$$f_d(\mathbf{x}) = \sum_{i=1}^{d} \beta_i g\left(\frac{\|\mathbf{x} - \mathbf{a}_i\|}{b_i}\right) \in \mathbb{R}, \quad \mathbf{a}_i \in \mathbb{R}^n \tag{7.11.5}$$

Hornik[66] 已证明, 如果激活函数连续、有界和非常数, 则连续映射可以用紧输入集上的加性隐藏节点的单隐层前馈网络近似。更重要的是, 具有加性隐藏节点和非多项式激活函数的单隐层前馈神经网络可以逼近任意连续的目标函数 [93]。

考虑具有权重 $\boldsymbol{\beta}_1, \cdots, \boldsymbol{\beta}_d$ 的单隐层前馈网络。如果该单隐层前馈网络产生 N 不同样本 $(\mathbf{x}_i, \mathbf{y}_i)$, $i = 1, \cdots, N$, 其中 $\mathbf{x}_i = [x_{i1}, \cdots, x_{in}]^{\mathrm{T}} \in \mathbb{R}^n$ 和 $\mathbf{y}_i = [y_{i1}, \cdots, y_{im}]^{\mathrm{T}} \in \mathbb{R}^m$, 则具有 d 个隐藏节点和激活函数 $g(x)$ 的标准单隐层前馈

网络可以数学建模为

$$\begin{cases} \sum_{i=1}^{d} \boldsymbol{\beta}_i g(\mathbf{w}_i^{\mathrm{T}}\mathbf{x}_1 + b_i) = \mathbf{y}_1 \\ \qquad\qquad \vdots \\ \sum_{i=1}^{d} \boldsymbol{\beta}_i g(\mathbf{w}_i^{\mathrm{T}}\mathbf{x}_N + b_i) = \mathbf{y}_N \end{cases} \tag{7.11.6}$$

式中，$\mathbf{w}_i = [w_{i1}, \cdots, w_{in}]^{\mathrm{T}} \in \mathbb{R}^n$ 是连接第 i 个隐藏节点和输入节点的权向量，$\boldsymbol{\beta}_i = [\beta_{i1}, \cdots, \beta_{iN}]^{\mathrm{T}} \in \mathbb{R}^N$ 是连接第 i 个隐藏节点和输出节点的权向量，而 b_i 则是第 i 个隐藏节点的阈值。

式 (7.11.6) 中的 N 个方程可以写为以下矩阵形式[70]

$$\mathbf{HB} = \mathbf{Y} \tag{7.11.7}$$

式中 [545]

$$\mathbf{H} = \begin{bmatrix} g(\mathbf{w}_1^{\mathrm{T}}\mathbf{x}_1 + b_1) & \cdots & g(\mathbf{w}_d^{\mathrm{T}}\mathbf{x}_1 + b_d) \\ \vdots & & \vdots \\ g(\mathbf{w}_1^{\mathrm{T}}\mathbf{x}_N + b_1) & \cdots & g(\mathbf{w}_d^{\mathrm{T}}\mathbf{x}_N + b_d) \end{bmatrix} \in \mathbb{R}^{N\times d} \tag{7.11.8}$$

$$\mathbf{B} = \begin{bmatrix} \boldsymbol{\beta}_1^{\mathrm{T}} \\ \vdots \\ \boldsymbol{\beta}_d^{\mathrm{T}} \end{bmatrix} = \begin{bmatrix} \beta_{11} & \cdots & \beta_{1m} \\ \vdots & & \vdots \\ \beta_{d1} & \cdots & \beta_{dm} \end{bmatrix} \in \mathbb{R}^{d\times m} \tag{7.11.9}$$

$$\mathbf{Y} = \begin{bmatrix} \mathbf{y}_1^{\mathrm{T}} \\ \vdots \\ \mathbf{y}_N^{\mathrm{T}} \end{bmatrix} = \begin{bmatrix} y_{11} & \cdots & y_{1m} \\ \vdots & & \vdots \\ y_{N1} & \cdots & y_{Nm} \end{bmatrix} \in \mathbb{R}^{N\times m} \tag{7.11.10}$$

$\mathbf{H}$ 称为神经网络的隐层输出矩阵[69]。矩阵 $\mathbf{H}$ 的第 i 列是输入为 $\mathbf{x}_1, \cdots, \mathbf{x}_N$ 时，第 i 个隐藏节点的输出。

定理 7.2 [70] 给定一个标准单隐层前馈网络，它具有 N 个隐藏节点和激活函数 $g: \mathbb{R} \to \mathbb{R}$。假定对 N 个任意不同样本 $(\mathbf{x}_i, \mathbf{y}_i), i = 1, \cdots, N$，该激活函数在任何区间都是无限可微分的，其中 $\mathbf{x}_i \in \mathbb{R}^n$ 和 $\mathbf{y}_i \in \mathbb{R}^m$。于是，对于分别从 $\mathbb{R}^n$ 和 $\mathbb{R}$ 的任意区间按照任意连续概率分布选择的任何 $\mathbf{w}_i$ 和 b_i 而言，单隐层前馈网络的隐层输出矩阵 $\mathbf{H}$ 以概率 1 可逆，并且 $\|\mathbf{HB} - \mathbf{Y}\| = 0$。

定理 7.3 [70] 如果我们已知任意小的正数值 $\epsilon > 0$ 和在任意区间无限可微分的激活函数 $g: \mathbb{R} \to \mathbb{R}$，并且存在 $d \leqslant N$ 使得对 N 个任意不同样本 $\mathbf{x}_1, \cdots, \mathbf{x}_N$，其中 $\mathbf{x}_i \in \mathbb{R}^n$ 和 $\mathbf{y}_i \in \mathbb{R}^m$，对于任意连续概率分布，从任意 $\mathbb{R}^n$ 和 $\mathbb{R}$ 的任意区间随机选择的 $\mathbf{w}_i$ 和 b_i，则以概率 1 有 $\|\mathbf{H}_{N\times d}\mathbf{B}_{d\times m} - \mathbf{Y}_{N\times m}\| < \epsilon$。

无限可微激活函数包括 sigmoid 函数以及径向基、正弦、余弦、指数和许多其他非正则函数[69]。

7.11.2 回归与二元分类的极限学习机算法

式 (7.11.7) 的离线解为

$$\mathbf{B} = \mathbf{H}^{\dagger}\mathbf{Y} \tag{7.11.11}$$

[546] 式中，$\mathbf{H}^{\dagger}$ 是隐层输出矩阵 $\mathbf{H}$ 的 Moore-Penrose 广义逆矩阵。

基于最小范数最小二乘解 $\mathbf{B} = \mathbf{H}^{\dagger}\mathbf{Y}$, Huang 等人[70] 提出了用极限学习机作为单隐层前馈网络的一种简单的学习算法, 见算法 7.5。

算法 7.5 极限学习机 (ELM) 算法[70]

---

1. **input:** A training set $\{(\mathbf{x}_i, \mathbf{y}_i)|\mathbf{x}_i \in \mathbb{R}^n, \mathbf{y}_i \in \mathbb{R}^m, i = 1, \cdots, N\}$, activation function $g(x)$ and hidden node number d
2. **initialization:** Randomly assign input weight $\mathbf{w}_i$ and bias b_i, $i = 1, \cdots, d$
3. **learning step**

   3.1 Use (7.11.8) to calculate the hidden layer output matrix $\mathbf{H}$

   3.2. Use (7.11.10) to construct the training output matrix $\mathbf{Y}$

   3.3. Calculate the minimum norm least squares weight matrix $\mathbf{B} = \mathbf{H}^{\dagger}\mathbf{Y}$, and get $\boldsymbol{\beta}_i$ from

   $\mathbf{B}^{\mathrm{T}} = [\boldsymbol{\beta}_1, \cdots, \boldsymbol{\beta}_d]$
4. **testing step:** for given testing sample $\mathbf{x} \in \mathbb{R}^n$, the output of SLFNs is given by

   $\mathbf{y} = \sum_{i=1}^{d} \boldsymbol{\beta}_i g\left(\mathbf{w}_i^{\mathrm{T}}\mathbf{x} + b_i\right)$

业已证明[71], 极限学习机可以使用多种类型的特征映射 (隐层输出函数), 包括随机隐藏节点和内核。利用这个推广, 可以对前馈神经网络、径向基函数网络、最小二乘支持向量机和近似支持向量机得到统一的极限学习机解。

在极限学习机中, 隐层不需要调整。对于一个输出节点的情况, 广义单隐层前馈网络的极限学习机的输出函数为

$$f_d(\mathbf{x}) = \sum_{j=1}^{d} \beta_j h_j(\mathbf{x}) = \mathbf{h}^{\mathrm{T}}(\mathbf{x})\boldsymbol{\beta} \tag{7.11.12}$$

式中，$\mathbf{h}(\mathbf{x}) = [h_1(\mathbf{x}), \cdots, h_d(\mathbf{x})]^{\mathrm{T}}$ 是隐层相对于输入 $\mathbf{x}$ 的输出向量，$\boldsymbol{\beta} = [\beta_1, \cdots, \beta_d]^{\mathrm{T}}$ 是隐层中 d 个节点之间的输出权向量。

输出向量 $\mathbf{h}(\mathbf{x})$ 是一个特征映射: 它实际上将数据从 n 维输入空间映射到 d 维隐层特征空间 (极限学习机特征空间)$\mathcal{H}$。对于二元分类, 极限学习机的决策函数为

$$f_d(\mathbf{x}) = \operatorname{sign}\left(\mathbf{h}^{\mathrm{T}}(\mathbf{x})\boldsymbol{\beta}\right) \tag{7.11.13}$$

基于单输出节点的极限学习机用于产生 N 个输出样本

$$\sum_{j=1}^{d}\beta_j h_j(\mathbf{x}_i)=y_i,\quad i=1,\cdots,N \tag{7.11.14}$$

或者重写为 [547]

$$\mathbf{h}^{\mathrm{T}}(\mathbf{x}_i)\boldsymbol{\beta}=y_i,\ i=1,\cdots,N\quad \text{或}\quad \mathbf{H}\boldsymbol{\beta}=\mathbf{y} \tag{7.11.15}$$

式中

$$\mathbf{H}=\begin{bmatrix} h_1(\mathbf{x}_1) & \cdots & h_d(\mathbf{x}_1)\\ \vdots & & \vdots\\ h_1(\mathbf{x}_N) & \cdots & h_d(\mathbf{x}_N)\end{bmatrix} \tag{7.11.16}$$

$$\boldsymbol{\beta}=\begin{bmatrix}\beta_1\\ \vdots\\ \beta_d\end{bmatrix} \tag{7.11.17}$$

$$\mathbf{y}=\begin{bmatrix}y_1\\ \vdots\\ y_N\end{bmatrix}=\begin{bmatrix}\mathbf{h}^{\mathrm{T}}(\mathbf{x}_1)\\ \vdots\\ \mathbf{h}^{\mathrm{T}}(\mathbf{x}_N)\end{bmatrix} \tag{7.11.18}$$

具有单输出节点的极限学习机回归和二元分类的约束优化问题可以表述为[71]

$$\min_{\boldsymbol{\beta},\xi_i}\quad \left\{\mathcal{L}_{\mathrm{P_{ELM}}}=\frac{1}{2}\|\boldsymbol{\beta}\|_2^2+\frac{C}{2}\sum_{i=1}^{N}\xi_i^2\right\} \tag{7.11.19}$$

$$\text{s.t.}\quad \mathbf{h}^{\mathrm{T}}(\mathbf{x}_i)\boldsymbol{\beta}=y_i-\xi_i,\quad i=1,\cdots,N \tag{7.11.20}$$

对偶无约束优化问题为

$$\min_{\boldsymbol{\beta},\xi_i,\alpha_i}\left\{\mathcal{L}_{\mathrm{D_{ELM}}}(\boldsymbol{\beta},\xi_i,\alpha_i)=\frac{1}{2}\|\boldsymbol{\beta}\|_2^2+\frac{C}{2}\sum_{i=1}^{N}\xi_i^2-\sum_{i=1}^{N}\alpha_i(\mathbf{h}^{\mathrm{T}}(\mathbf{x}_i)\boldsymbol{\beta}-y_i+\xi_i)\right\} \tag{7.11.21}$$

其中, 拉格朗日乘子 $\alpha_i\geqslant 0,\ i=1,\cdots,N$。

由优化条件有

$$\frac{\partial\mathcal{L}_{\mathrm{D_{ELM}}}}{\partial\boldsymbol{\beta}}=0\quad\Rightarrow\quad \boldsymbol{\beta}=\sum_{i=1}^{N}\alpha_i\mathbf{h}(\mathbf{x}_i)=\mathbf{H}^{\mathrm{T}}\boldsymbol{\alpha} \tag{7.11.22}$$

式中, $\boldsymbol{\alpha}=[\alpha_1,\cdots,\alpha_N]^{\mathrm{T}}$。

将式(7.11.22) 代入式 (7.11.15), 并使用式 (7.11.18), 可以得到矩阵方程 [548]

$$\mathbf{H}^{\mathrm{T}}\mathbf{H}\boldsymbol{\alpha}=\mathbf{y} \tag{7.11.23}$$

其中

$$
\begin{aligned}
\mathbf{H}^{\mathrm{T}}\mathbf{H} &= \begin{bmatrix} \mathbf{h}^{\mathrm{T}}(\mathbf{x}_1) \\ \vdots \\ \mathbf{h}^{\mathrm{T}}(\mathbf{x}_N) \end{bmatrix} [\mathbf{h}(\mathbf{x}_1), \cdots, \mathbf{h}(\mathbf{x}_N)] \\
&= \begin{bmatrix} \mathbf{h}^{\mathrm{T}}(\mathbf{x}_1)\mathbf{h}(\mathbf{x}_1) & \cdots & \mathbf{h}^{\mathrm{T}}(\mathbf{x}_1)\mathbf{h}(\mathbf{x}_N) \\ \vdots & & \vdots \\ \mathbf{h}^{\mathrm{T}}(\mathbf{x}_N)\mathbf{h}(\mathbf{x}_1) & \cdots & \mathbf{h}^{\mathrm{T}}(\mathbf{x}_N)\mathbf{h}(\mathbf{x}_N) \end{bmatrix}
\end{aligned} \tag{7.11.24}
$$

矩阵方程式 (7.11.23) 的最小二乘解为

$$
\boldsymbol{\alpha} = (\mathbf{H}^{\mathrm{T}}\mathbf{H})^{\dagger}\mathbf{y} \tag{7.11.25}
$$

如果特征映射 $\mathbf{h}(\mathbf{x})$ 对用户是未知的, 用户可以对极限学习机应用 Mercer 条件。因此, 极限学习机的核矩阵可以定义为[71]

$$
K(\mathbf{x}, \mathbf{x}_i) = \mathbf{h}^{\mathrm{T}}(\mathbf{x})\mathbf{h}(\mathbf{x}_i) \tag{7.11.26}
$$

如果使用式 (7.11.26), 则式 (7.11.24) 可以改写为下列核形式

$$
\mathbf{H}^{\mathrm{T}}\mathbf{H} = \begin{bmatrix} K(\mathbf{x}_1, \mathbf{x}_1) & \cdots & K(\mathbf{x}_1, \mathbf{x}_N) \\ \vdots & & \vdots \\ K(\mathbf{x}_N, \mathbf{x}_1) & \cdots & K(\mathbf{x}_N, \mathbf{x}_N) \end{bmatrix} \tag{7.11.27}
$$

它的第 (i,j) 元素为 $\left[\mathbf{H}^{\mathrm{T}}\mathbf{H}\right]_{ij} = K(\mathbf{x}_i, \mathbf{x}_j)$, 其中 $i = 1, \cdots, N;\ j = 1, \cdots, N$。

这表明, 没有必要使用特征映射 $\mathbf{h}(\mathbf{x})$, 相反, 使用相应的内核 $K(\mathbf{x}, \mathbf{x}_i)$ 就足够了, 例如使用 $K(\mathbf{x}, \mathbf{x}_i) = \exp(-\gamma\|\mathbf{x} - \mathbf{x}_i\|)$。

最后, 由式 (7.11.22) 知, 极限学习机回归函数为

$$
\hat{y} = \mathbf{h}^{\mathrm{T}}(\mathbf{x})\boldsymbol{\beta} = \mathbf{h}^{\mathrm{T}}(\mathbf{x}) \sum_{i=1}^{N} \alpha_i \mathbf{h}(\mathbf{x}_i) = \sum_{i=1}^{N} \alpha_i K(\mathbf{x}, \mathbf{x}_i) \tag{7.11.28}
$$

而极限学习机二元分类的决策函数为

$$
\text{class of x} = \text{sign}\left(\sum_{i=1}^{N} \alpha_i K(\mathbf{x}, \mathbf{x}_i) \right) \tag{7.11.29}
$$

[549] 算法 7.6 示出了回归与二元分类的极限学习机算法。

算法 7.6 回归与二元分类的 ELM 算法[71]

---

1. **input:** A training set $\{(\mathbf{x}_i, y_i) | \mathbf{x}_i \in \mathbb{R}^n,\ y_i \in \mathbb{R},\ i = 1, \cdots, N\}$, hidden node number d and the kernel function $K(\mathbf{u}, \mathbf{v}) = \exp(-\gamma\|\mathbf{u} - \mathbf{v}\|)$
2. **initialization:** $\mathbf{y} = [y_1, \cdots, y_N]^{\mathrm{T}}$
3. **learning step**

3.1 Use the kernel function to construct the matrix $\left[\mathbf{H}^{\mathrm{T}}\mathbf{H}\right]_{ij} = K(\mathbf{x}_i, \mathbf{x}_j),\ i, j = 1, \cdots, N$

3.2 Calculate the minimum norm least square solution $\boldsymbol{\alpha} = (\mathbf{H}^{\mathrm{T}}\mathbf{H})^{\dagger}\mathbf{y}$

4. **testing step:** for given testing sample $\mathbf{x} \in \mathbb{R}^n$, the ELM regression is $\sum_{i=1}^{N} \alpha_i K(\mathbf{x}, \mathbf{x}_i)$, while the ELM binary classification is class of x = $\mathrm{sign}\left(\sum_{i=1}^{N} \alpha_i K(\mathbf{x}, \mathbf{x}_i)\right)$

7.11.3 多类分类的极限学习机算法

对于多类应用, 令极限学习机有多输出节点而不是单输出节点。考虑 k 类分类器, 假定已知 N 个训练集 $\{\mathbf{x}_i, \mathbf{y}_i | \mathbf{x}_i \in \mathbb{R}^n, \mathbf{y}_i \in \mathbb{R}^d\}, i = 1, \cdots, N$。如果原类标签为 p, 则 d 个输出节点的期望输出向量 $\mathbf{y}_i = [y_{i1}, \cdots, y_{id}]^{\mathrm{T}} \in \mathbb{R}^d$ 的第 j 个元素可以表示为

$$y_{ij} = \begin{cases} +1, & j = p \\ -1, & j \neq p \end{cases} \tag{7.11.30}$$

式中, $p = \{1, \cdots, k\}$。即是说, 仅 $\mathbf{y}_i$ 的第 p 个元素为 $+1$, 而剩余的其他元素都被置为 -1。

极限学习机多输出节点的第 m 类的原始分类问题可以表述为[71]

$$\min \quad \mathcal{L}_{\mathrm{P_{ELM}}}^{(m)} = \frac{1}{2}(\|\boldsymbol{\beta}_m\|_2^2 + b_m^2) + \frac{C}{2}\sum_{i=1}^{N} \xi_{m,i}^2 \tag{7.11.31}$$

$$\text{s.t.} \quad \begin{cases} \mathbf{h}_m^{\mathrm{T}}(\mathbf{x}_1)\boldsymbol{\beta}_m + b_m = y_1^{(m)} - \xi_{m,1} \\ \qquad\vdots \\ \mathbf{h}_m^{\mathrm{T}}(\mathbf{x}_N)\boldsymbol{\beta}_m + b_m = y_N^{(m)} - \xi_{m,N} \end{cases} \tag{7.11.32}$$

对应的对偶无约束优化问题为 [550]

$$\min \left\{ \mathcal{L}_{\mathrm{D_{ELM}}}^{(m)} = \frac{1}{2}(\|\boldsymbol{\beta}_m\|_2^2 + b_m^2) + \frac{C}{2}\sum_{i=1}^{N} \xi_{m,i}^2 - \sum_{i=1}^{N} \alpha_{m,i}\left(y_i^{(m)}(\mathbf{h}_m^{\mathrm{T}}(\mathbf{x}_i)\boldsymbol{\beta}_m + b_m) - 1 + \xi_{m,i}\right) \right\} \tag{7.11.33}$$

由优化条件, 有

$$\frac{\partial \mathcal{L}_{\mathrm{D_{ELM}}}^{(m)}}{\partial \boldsymbol{\beta}_m} = \mathbf{0} \ \Rightarrow \ \boldsymbol{\beta}_m = \sum_{i=1}^{N} \alpha_{m,i} y_i^{(m)} \mathbf{h}_m(\mathbf{x}_i) \tag{7.11.34}$$

$$\frac{\partial \mathcal{L}_{\mathrm{D_{ELM}}}^{(m)}}{\partial b_m} = 0 \ \Rightarrow \ b_m = \sum_{i=1}^{N} \alpha_{m,i} y_i^{(m)} \tag{7.11.35}$$

$$\frac{\partial \mathcal{L}_{\mathrm{D_{ELM}}}^{(m)}}{\partial \xi_{m,i}} = 0 \Rightarrow \xi_{m,i} = C^{-1}\alpha_{m,i} \tag{7.11.36}$$

$$\frac{\partial \mathcal{L}_{\mathrm{D_{ELM}}}^{(m)}}{\partial \alpha_{m,i}} = 0 \Rightarrow y_i^{(m)}(\mathbf{h}_m^{\mathrm{T}}(\mathbf{x}_i)\boldsymbol{\beta}_m + b_m) - 1 + \xi_{m,i} = 0 \tag{7.11.37}$$

其中，$i = 1, \cdots, N$。

消去上述方程中的 $\boldsymbol{\beta}_m$ 和 $\xi_{m,i}$，可以得到 KKT 方程

$$b_m = \sum_{i=1}^{N} \alpha_{m,i} y_i^{(m)} = \boldsymbol{\alpha}_m^{\mathrm{T}} \mathbf{y}_m \tag{7.11.38}$$

以及

$$(C^{-1}\mathbf{I} + \mathbf{H}_m^{\mathrm{T}}\mathbf{H}_m + \mathbf{y}_m\mathbf{y}_m^{\mathrm{T}})\boldsymbol{\alpha}_m = \mathbf{1} \tag{7.11.39}$$

式中，$\mathbf{I}$ 为 $N \times N$ 单位矩阵，$\mathbf{1}$ 是一个 $N \times 1$ 求和向量，其全部元素等于 1，并且

$$\mathbf{H}_m = \left[y_1^{(m)}\mathbf{h}_m(\mathbf{x}_1), \cdots, y_N^{(m)}\mathbf{h}_m(\mathbf{x}_N)\right] \tag{7.11.40}$$

$$\mathbf{y}_m = \left[y_1^{(m)}, \cdots, y_N^{(m)}\right]^{\mathrm{T}} \tag{7.11.41}$$

$$\boldsymbol{\alpha}_m = [\alpha_{m,1}, \cdots, \alpha_{m,N}]^{\mathrm{T}} \tag{7.11.42}$$

[551] 易知，矩阵 $\mathbf{H}_m\mathbf{H}_m^{\mathrm{T}}$ 的第 (i,j) 个元素可以表示为

$$[\mathbf{H}_m^{\mathrm{T}}\mathbf{H}_m]_{ij} = y_i y_j \mathbf{h}_m^{\mathrm{T}}(\mathbf{x}_i)\mathbf{h}_m(\mathbf{x}_j) = y_i y_j K_m(\mathbf{x}_i, \mathbf{x}_j) \tag{7.11.43}$$

式中，$K_m(\mathbf{x}_i, \mathbf{x}_j) = \mathbf{h}_m^{\mathrm{T}}(\mathbf{x}_i)\mathbf{h}_m(\mathbf{x}_j)$ 是第 m 个极限学习机分类器的核函数。

算法 7.7 给出了极限学习机多类分类算法。

算法 7.7 极限学习机多类分类算法[71]

---

1. **input:** A training set $\{(\mathbf{x}_i, \mathbf{y}_i)|\mathbf{x}_i \in \mathbb{R}^n, \mathbf{y}_i \in \mathbb{R}^d, i = 1, \cdots, N\}$, hidden node number d, the number k of classes and the kernel function $K_m(\mathbf{u}, \mathbf{v})$ for the mth classifier $m = 1, \cdots, k$, such as $K_m(\mathbf{u}, \mathbf{v}) = \exp(-\gamma\|\mathbf{u} - \mathbf{v}\|_2)$
2. **initialization:** Reconstruct the mth class's output vector $\mathbf{y}^{(m)} = \left[y_1^{(m)}, \cdots, y_N^{(m)}\right]^{\mathrm{T}}$ with

$$y_i^{(m)} = \begin{cases} +1, & y_i = m; \\ -1, & y_i \neq m; \end{cases} \quad m = 1, \cdots, k; i = 1, \cdots, N$$

3. **learning step**
4. **while** $m = 1, \cdots, k$
5. Use the kernel function $K_m(\mathbf{x}_i, \mathbf{x}_j)$ and the mth class's output vector $\mathbf{y}^{(m)}$ to construct the matrix $\left[\mathbf{H}_m^{\mathrm{T}}\mathbf{H}_m\right]_{ij} = y_i^{(m)} y_j^{(m)} K_m(\mathbf{x}_i, \mathbf{x}_j)$, $i, j = 1, \cdots, N$
6. Calculate the minimum norm least square solution $\boldsymbol{\alpha}_m = \left(\mathbf{H}_m^{\mathrm{T}}\mathbf{H}_m + \mathbf{y}_m\mathbf{y}_m^{\mathrm{T}} + C^{-1}\mathbf{I}\right)^{\dagger}\mathbf{1}$

Calculate $b_m = \boldsymbol{\alpha}_m^{\mathrm{T}} \mathbf{y}_m$

endwhile

testing step: For given testing sample $\mathbf{x} \in \mathbb{R}^n$, the decision function of the ELM multiclass classifier is given by

$$\text{class of x} = \underset{m=1,\cdots,k}{\arg\max} \left(\sum_{i=1}^{N} \alpha_{m,i} y_i^{(m)} K_m(\mathbf{x}, \mathbf{x}_i) + b_m \right)$$

7.12 图嵌入

图 (例如社交媒体网络中的社交图/扩散图、词共现网络、电子商务领域中的用户兴趣图、知识图和通信网络等) 自然存在于现实世界场景的广泛多样性中。

分析或学习这些图可以洞察社会结构、语言和不同的交流模式。例如, 在社交网络研究中, 基于社交图将用户分类为有意义的社交群体, 可以产生许多有价值的实际应用, 如用户搜索、有针对性的广告投放和推荐。

将图或信息网络嵌入低维空间在许多应用中都很有用。为了进行嵌入, 必须 [552]
保留图结构。第一个直觉是必须保留局部图形结构, 即顶点之间的局部成对接近。因此, 图嵌入的两个主要任务是降维和保持局部图结构。降维问题出现在信息处理的许多领域, 如机器学习、数据压缩、神经计算、模式识别、科学可视化等。

7.12.1 接近度与图嵌入

首先介绍图嵌入中基本概念的定义。

给定图 $G = (V, E)$, 其中 $v \in V$ 是一个顶点或节点, $e \in E$ 是一个边。G 与节点类型映射函数 $f_v : V \to \mathcal{T}^v$ 和边类型映射函数 $f_e : E \to \mathcal{T}^e$ 相关联, 其中, $\mathcal{T}^v$ 和 $\mathcal{T}^e$ 分别表示节点类型和边类型的集合。每一个节点 $v_i \in V$ 属于一个特别的类型, 即 $f_v(v_i) \in \mathcal{T}^v$。类似地, 对于 $e_{ij} \in E$, 有 $f_e(e_{ij}) \in \mathcal{T}^e$。

图 (形) 学习与图接近和图嵌入密切相关。图学习任务可以概括为以下 4 类[41]:

- 节点分类的目的是根据其他标记节点和网络拓扑结构确定节点 (即顶点) 的标签。
- 连接预测是指预测未来可能发生或丢失的链路任务。
- 聚类用于发现相似节点的子集, 并将它们分组在一起。
- 可视化有助于深入了解网络结构。

一个图的降维和结构保持的最基本测度是图的接近度。通常采用接近度来量化嵌入空间中要保留的图形属性。

图的微观结构可以用其一阶接近度和二阶接近度来描述。顶点之间的一阶接近度是它们仅由边连接的节点之间的局部成对相似度。

定义 7.10 (一阶接近度) [144] 一阶接近度是观测到的两个节点 v_i 与 v_j 之

间的成对接近度, 记为 $S_{ij}^{(1)} = s_{ij}$, 其中 s_{ij} 是两个节点之间的边权重。如果在节点 i 和 j 之间没有观察到边, 则它们的一阶接近度 $S_{ij}^{(1)} = 0$。

一阶接近度是两个节点之间相似性的首要和最重要的度量。如果两个节点是由观察到的边连接的, 则一阶接近意味着这两个节点在现实世界中的网络总
[553] 是相似的。例如, 如果一篇论文引用了另一篇论文, 它们应该包含一些常见的主题或关键字。然而, 仅捕获一阶接近度是不够的, 还需要引入二阶接近度来捕获全局网络结构。

定义 7.11 (二阶接近度) [144] 令 $\mathbf{s}_i^{(1)} = \mathbf{s}_i = [S_{i,1}^{(1)}, \cdots, S_{i,n}^{(1)}]^{\mathrm{T}}$ 和 $\mathbf{s}_i^{(2)} = [S_{i,1}^{(2)}, \cdots, S_{i,n}^{(2)}]^{\mathrm{T}}$ 分别是节点 i 和其他节点之间的一阶和二阶接近度向量, 则二阶接近度$S_{ij}^{(2)}$ 由 $\mathbf{s}_i$ 和 $\mathbf{s}_j$ 的相似度确定。如果标签为 i 和 j 的节点之间没有任何连接, 则节点 v_i 和 v_j 之间的二阶接近度为零, 即 $S_{ij}^{(2)} = 0$。

事实上, 图中一对节点 (i,j) 之间的二阶接近度 $S_{ij}^{(2)}$ 是 v_i 的邻域 $s_i^{(1)}$ 和 v_j 的邻域 $s_j^{(1)}$ 之间的相似度。

- 一阶接近度比较节点 i 和 j 之间的相似度。两个节点越相似, 则它们之间的接近度就越大。
- 二阶接近度比较节点的邻域结构之间的相似度。两个节点的邻域越相似, 则它们之间的二阶接近度就越大。

类似地, 可以定义图中一对节点 (i,j) 之间的高阶接近度 $S_{ij}^{(k)}$, 其中 $k \geqslant 3$。

定义 7.12 (k 阶接近度) 令 $\mathbf{s}_i^{(k)} = [S_{i,1}^{(k)}, \cdots, S_{i,n}^{(k)}]^{\mathrm{T}}$ 是节点 i 和其他节点之间的 k 阶接近度, 则 k 阶接近度 $S_{ij}^{(k)}$ 由 $\mathbf{s}_i^{(k-1)}$ 和 $\mathbf{s}_j^{(k-1)}$ 的相似度确定。

特别地, 当 $k \geqslant 3$ 时, k 阶接近度一般称为高阶接近度。矩阵 $\mathbf{S}^{(k)} = [S_{ij}^{(k)}]$ 称为 k 阶接近度矩阵。高阶接近度矩阵也可以利用某些其他测度定义, 例如 Katz Index、Rooted PageRank、Adamic-Adar 等, 它们将在第 7.13.3 节进行介绍。

由定义 7.10、定义 7.11和定义 7.12可知, 一阶、二阶和三阶接近矩阵 $\mathbf{S}^{(k)} = [S_{ij}^{(k)}] \in \mathbb{R}^{n \times n}$ (其中 $k = 1, 2, 3$) 均是非负矩阵。

如果考虑用余弦相似度作 k 阶接近度, 则对于节点 v_i 和 v_j, 我们有以下结果:

[554] - 一阶接近度 $S_{ij}^{(1)} = s_{ij}$, 其中, s_{ij} 是两个节点之间的边权重。
- 二阶接近度

$$
\begin{aligned}
S_{ij}^{(2)} &= \frac{\langle \mathbf{s}_i, \mathbf{s}_j \rangle}{\|\mathbf{s}_i\| \cdot \|\mathbf{s}_j\|} \\
&= \frac{\sum_{l=1}^{n} S_{il}^{(1)} S_{jl}^{(1)}}{\sqrt{\sum_{l=1}^{n} \left|S_{il}^{(1)}\right|^2} \sqrt{\sum_{l=1}^{n} \left|S_{jl}^{(1)}\right|^2}} \\
&= \frac{\sum_{l=1}^{n} s_{il} s_{jl}}{\sqrt{\sum_{l=1}^{n} |s_{il}|^2} \sqrt{\sum_{l=1}^{n} |s_{jl}|^2}}
\end{aligned}
\tag{7.12.1}
$$

在这一情况下, 二阶接近度处于区间 $[0,1]$ 内。

- 三阶接近度

$$S_{ij}^{(3)} = \frac{\sum_{l=1}^{n} S_{il}^{(2)} S_{jl}^{(2)}}{\sqrt{\sum_{l=1}^{n} \left|S_{il}^{(2)}\right|^2} \sqrt{\sum_{l=1}^{n} \left|S_{jl}^{(2)}\right|^2}} \tag{7.12.2}$$

定义 7.13 (图嵌入) [14, 41] 给定图 $G = (V, E)$ 的输入, 嵌入的预定维数 d $(d \ll |V|)$, 图嵌入是将 G 变换成一个 d 维空间 $\mathbb{R}^d$。在这一空间里, 图性质 (如一阶、二阶和高阶接近) 得以尽可能保留。图被表示为 d 维向量 (对整个图) 或者一组 d 维向量, 每一向量表示图的一部分 (例如节点、边、子结构) 的嵌入。

因此, 图嵌入将图 $G(E, V)$ 的每个节点映射为一个低维特征向量 $\mathbf{y}_i$, 并试图保留顶点之间的连接强度。例如, 通过将 $\sum_{i,j} s_{ij} \|\mathbf{y}_i - \mathbf{y}_j\|_2^2$ 最小化, 可以得到保持一阶接近的图。

图嵌入是学习网络中的顶点的低维表示的一种重要方法, 旨在捕获和保留网络结构。学习网络表示面临以下巨大挑战[154]:

- 高非线性: 图或网络的底层结构是高度非线性的。因此, 如何设计一个模型来捕获高度非线性结构是相当困难的。
- 拓扑结构保持: 为了支持网络分析中的应用, 需要网络嵌入来保持网络结构。然而, 网络的底层结构非常复杂。顶点的相似性依赖于局部和全局网络结构。因此, 如何同时保持局部和全局结构是一个棘手的问题。
- 稀疏性: 现实世界中的许多网络往往是如此的稀疏, 以至于仅仅利用非常有限的观测链路是不足以达到令人满意的性能的。

定义 7.14 (局部拓扑保持) [101] 给定一个对称、无方向图 G, 它具有边权 [555]
重 $s_{ij} = w_{ij}$ 和一个相应的嵌入 $(\mathbf{y}_1, \cdots, \mathbf{y}_n)$, 其中 n 是该图的节点数。当下列条件成立时, 称嵌入是局部拓扑保持的, 即

$$w_{ij} \geqslant w_{pq}, \qquad \|\mathbf{y}_i - \mathbf{y}_j\|_2^2 \leqslant \|\mathbf{y}_p - \mathbf{y}_q\|_2^2, \quad \forall i, j, p, q \tag{7.12.3}$$

粗略地讲, 上述定义说的是: 如果两个节点对 (v_i, v_j) 和 (v_p, v_q) 与连接强度相关, 使得 $s_{ij} \geqslant s_{pq}$, 则 v_i 和 v_j 将映射到嵌入空间中彼此更紧密的点, 而不是 v_p 和 v_q 的映射。即是说, 对任意节点对 (v_i, v_j), 它们越相似 (边权重 w_{ij} 或者一阶接近 $S_{ij}^{(1)}$ 越大), 它们被嵌入在一起应该越紧密 ($\|\mathbf{y}_i - \mathbf{y}_j\|$ 应该越小)。

为了描述图或网络的拓扑结构, 有必要引入两个节点之间的距离测度。如果 n 个点 $\mathbf{x}_i \in \mathbb{R}^d$, $i = 1, \cdots, n$ 具有 (正交的) 坐标 $(x_{il}, \cdots, x_{id})$, 则从点 x_i 到 x_j 的欧几里得 (或 Pythagorean) 度规距离为

$$d_{ij} = \left(\sum_{l=1}^{d} (x_{il} - x_{jl})^2\right)^{1/2} \tag{7.12.4}$$

另一个常用的距离测度是 Minkowski p 距离测度 (或称做ℓ_p 距离测度)

$$d_{ij} = \left(\sum_{l=1}^{d} (x_{il} - x_{jl})^p \right)^{1/p}, \quad p \geqslant 1 \tag{7.12.5}$$

显然, 欧几里得度规距离是 Minkowski p 距离测度取 $p = 2$ 的一个特例。对于 $p = 1$, Minkowski 测度变为所谓的“城市街区距离”或“Manhattan 测度”

$$d_{ij} = \sum_{l=1}^{d} |x_{il} - x_{jl}| \tag{7.12.6}$$

对于 $p = \infty$, Minkowski 测度变为常见测度

$$d_{ij} = \max_{l} |x_{il} - x_{jl}| \tag{7.12.7}$$

众所周知, 非线性空间的局部子空间可以是线性的。类似地, 一个非欧几里得空间的局部结构子空间也可以是局部欧几里得结构空间。需要注意的是, 欧几
[556] 里得距离仅适用于图或者网络中的欧几里得结构空间或局部欧几里得空间, 但 Minkowski p 距离测度 $(p \neq 2)$ 却可用于描述非欧几里得结构空间中两个节点之间的距离。

线性降维的一般问题是: 给出空间 $\mathbb{R}^D$ 中的点集合 $\mathbf{x}_1, \cdots, \mathbf{x}_n$, 求 $n \times d$ 变换矩阵 $\mathbf{W}$, 将这些 n 个点映射为空间 $\mathbb{R}^d (d \ll D)$ 中的点集合 $\mathbf{y}_1, \cdots, \mathbf{y}_n$, 其中 $d \ll n$, 使得 $\mathbf{y}_i = \mathbf{W}^{\boldsymbol{T}} \mathbf{x}_i$ “表示” $\mathbf{x}_i$。

两种流行的线性降维技术是主成分分析 (PCA) 和线性鉴别分析 (LDA)。

令 $\mathbf{C}_x = \frac{1}{n} \sum_{i=1}^{n} \mathbf{x}_i \mathbf{x}_i^{\mathrm{T}}$ 是 n 个数据向量 $\mathbf{x}_1, \cdots, \mathbf{x}_n$ 的协方差矩阵, $\mathbf{u}_1, \cdots, \mathbf{u}_p$ 是 p 个与 $\mathbf{C}$ 的主特征值对应的特征向量, 其中 $p \ll D$。于是, 变换矩阵由 $\mathbf{W} = [\mathbf{u}_1, \cdots, \mathbf{u}_p] \in \mathbb{R}^{n \times p}$ 给出, 并且低维向量 $\mathbf{y}_i = \mathbf{W}^{\mathrm{T}} \mathbf{x}_i \in \mathbb{R}^p$ 是高维数据向量 $\mathbf{x}_i$ 很好的表示。

主成分分析寻找对数据表示有效的方向, 而线性鉴别分析寻找对数据鉴别有效的方向。假设数据点属于 c 个类。为了保证类间可分离性和类内紧致性, 线性鉴别分析的目标函数为

$$\mathbf{w}_{\mathrm{opt}} = \arg \max_{\mathbf{w}} \frac{\mathbf{w}^{\mathrm{T}} \mathbf{S}_b \mathbf{w}}{\mathbf{w}^{\mathrm{T}} \mathbf{S}_w \mathbf{w}} \tag{7.12.8}$$

式中, 类间散射矩阵 $\mathbf{S}_b$ 和类内散射矩阵 $\mathbf{S}_w$ 分别计算如下

$$\mathbf{S}_b = \sum_{i=1}^{c} n_i \left(\mathbf{m}^{(i)} - \mathbf{m} \right) \left(\mathbf{m}^{(i)} - \mathbf{m} \right)^{\mathrm{T}} \tag{7.12.9}$$

$$\mathbf{S}_w = \sum_{i=1}^{c} \left[\sum_{j=1}^{n_i} \left(\mathbf{x}_j^{(i)} - \mathbf{m}^{(i)} \right) \left(\mathbf{x}_j^{(i)} - \mathbf{m}^{(i)} \right)^{\mathrm{T}} \right] \tag{7.12.10}$$

其中, $\mathbf{m}$ 是总样本均值向量, n_i 是第 i 类的样本数, $\mathbf{m}^{(i)}$ 是第 i 类的均值向量, 而 $\mathbf{x}_j^{(i)}$ 是第 i 类中第 j 个样本向量。

线性鉴别分析的解 $\mathbf{w}$ 是与矩阵束 $(\mathbf{S}_b, \mathbf{S}_w)$ 的最大广义特征值对应的广义特征向量。变换矩阵 $\mathbf{W}$ 由矩阵束 $(\mathbf{S}_b, \mathbf{S}_w)$ 的 p 个主要广义特征值对应的 p 个

广义特征向量组成。

接下来, 我们重点研究 4 种图嵌入技术: 经典的多维标度, 以及等距映射、局部线性嵌入和拉普拉斯特征映射 3 种流形学习技术。

7.12.2 多维标度 [557]

给定n 个数据点 $\mathbf{x}_1, \cdots, \mathbf{x}_n$, 其中 $\mathbf{x}_i \in \mathbb{R}^D$。当一个配置在模型空间中被认为是 n 个点时, 一个同样有效的配置可以被认为是配置空间的一个点

$$(x_{11}, \cdots, x_{1D}, \cdots, x_{n1}, \cdots, x_{nD}) \tag{7.12.11}$$

令 d_{ij} 表示顶点 i 和 j 之间的距离, s_{ij} 是两个顶点之间的相似性度量。例如, 在配对联想实验中, 两种刺激的心理相似性的测量方法为[133]

$$s_{ij} = \sqrt{\frac{p_{ij}p_{ji}}{p_{ii}p_{jj}}} \tag{7.12.12}$$

式中, p_{ij} 是当呈现刺激 i 时, 分配给刺激 j 的响应条件概率的经验估计。

相似性数据 s_{ij} 的另一个例子是[134]

$$s_{ij} = \sum_{k=1}^{K} w_k p_{ik} p_{jk} \tag{7.12.13}$$

式中, w_k 是两种刺激共有的离散特性的正心理权重, 并且

$$p_{ik} = \begin{cases} 1, & \text{目标 } i \text{ 具有性质 } k \\ 0, & \text{其他} \end{cases} \tag{7.12.14}$$

定义归一化应力为[85]

$$S^* = \sum_{i<j} (d_{ij} - \hat{d}_{ij})^2 \tag{7.12.15}$$

$$T^* = \sum_{i<j} d_{ij}^2 \tag{7.12.16}$$

$$\text{Stress} = S = \sqrt{\frac{S^*}{T^*}} = \sqrt{\frac{\sum\limits_{i<j} (d_{ij} - \hat{d}_{ij})^2}{\sum\limits_{i<j} d_{ij}^2}} \tag{7.12.17}$$

这里, $\hat{d}_{ij}$ 是与相似性数据 s_{ij} 无关的数值, 且每次迭代中使应力相对于空间距离 d_{ij} 最小化。 [558]

假设 s_{ij} 的数值为已知, 于是, 对于配置空间的任意点, 即对于任何配置, 存在一定的应力值 S。换言之, S 是定义在配置空间点上的函数

$$S = S(x_{11}, \cdots, x_{1D}, \cdots, x_{n1}, \cdots, x_{nD}) \tag{7.12.18}$$

多维标度 (MDS) 问题是求使 S 最小化的点。这是一个标准的数值分析问题: 使几个变量的函数最小化。

以下是文献 [85, 86] 中建议的言辞评价。

Stress	拟合度
20%	差
10%	一般
5%	良好
2.5%	优秀
0%	完美

所谓“完美”, 只是指相异性与距离之间存在一种完美的单调关系。

在最陡下降法中, (负) 梯度为

$$\left(-\frac{\partial S}{\partial x_{11}},\cdots,-\frac{\partial S}{\partial x_{1d}},\cdots,-\frac{\partial S}{\partial x_{n1}},\cdots,-\frac{\partial S}{\partial x_{nd}}\right) \tag{7.12.19}$$

对于 Minkowski p 测度, (负) 梯度 $g_{kl}=-\frac{\partial S}{\partial x_{kl}}$ 为[86]

$$g_{kl}=\sum_{i,j}(\delta_{ki}-\delta_{jk})\left(\frac{d_{ij}-\hat{d}_{ij}}{S^*}-\frac{d_{ij}}{T^*}\right)\frac{|x_{il}-x_{jl}|^{p-1}}{d_{ij}^{p-1}}\text{sign}(x_{il}-x_{jl}) \tag{7.12.20}$$

式中

$$\text{sign}(x)=\begin{cases}+1, & x>0\\ -1, & x<0\\ 0, & x=0\end{cases} \tag{7.12.21}$$

[559]

7.12.3 流形学习: 等距映射

给定高维向量空间 $\mathbb{R}^D$ 中的 n 个点 $\mathbf{x}_1,\cdots,\mathbf{x}_n$, 我们的目的是找到低维空间 $\mathbb{R}^d$ $(d\ll D)$ 的一组点 $\mathbf{y}_1,\cdots,\mathbf{y}_n$, 使得每个低维点 i 可以“代表”相应的高维数据点 $\mathbf{x}_i$。这里, 考虑下面的特殊情况: $\mathbf{x}_1,\cdots,\mathbf{x}_n\in\mathcal{M}$, 并且 $\mathcal{M}$ 是嵌入在高维向量空间 $\mathbb{R}^D$ 中的流形。要构造低维点 $\mathbf{y}_1,\cdots,\mathbf{y}_n$, 就必须学习流形 $\mathcal{M}$ 的结构。

流形学习用于抽取图中的低维特征 $\mathbf{y}_i$ (降维), 以表示原高维数据点 $\mathbf{x}_i$。在本节中, 我们专注于基于等距映射 (Isomap) 的流形学习算法, 其他流形学习算法将在第 7.12.4 节中讨论。

等距映射由 Tenenbaum 等人[145] 提出, 是一种计算一组高维数据点的准等距、低维嵌入的算法。等距映射算法通过高维空间中最近的欧几里得邻域来定义每个数据点的连通性。

等距映射算法求一个低维表示, 它能够最忠实地保持所有尺度上特征向量之间的成对距离。

等距映射算法包含 3 个步骤[145]

① 用合适的方法构造观测数据 $\{\mathbf{x}\}$ 的图 $G(V,E)$ 的邻域图。

- k 近邻: $G(V,E)$ 可能包含边 $e=(i,j)$, 当且仅当 $\mathbf{x}_j$ 是 $\mathbf{x}_i$ 的 k 个近邻中的一个, 反之亦然。这将导致一个有向图。这一构造方法称为k 等距映射。
- ϵ 邻域: $G(V,E)$ 可能包含边 $e=(i,j)$, 当且仅当 $\|\mathbf{x}_i-\mathbf{x}_j\|^2<\epsilon$ 对某个 ϵ 成立。这将导致无向图。这种构造方法称为ϵ 等距映射。

② 对所有数据点, 计算图中的最短路径。初始化

$$d_G(i,j)=\begin{cases}d_x(i,j), & i,j \text{ 由一条边连接}\\ \infty, & \text{其他}\end{cases} \tag{7.12.22}$$

然后, 对于 $k=1,2,\cdots,n$ 的每个值, 依次更新所有元素

$$d_G(i,j)=\min\{d_G(i,j),d_G(i,k)+d_G(k,j)\} \tag{7.12.23}$$

终值矩阵 $\mathbf{D}_G=[d_G(i,j)]$ 将包含图 $G(V,E)$ 中所有点对之间的最短路径距离。

③ 构造d 维嵌入: 令 λ_p 是矩阵 $\mathbf{D}_G$ 的第 p 个特征值 (按降序排列), 并令 $v_p(i)$ 是第 p 个特征向量 $\mathbf{v}_p$ 的第 i 个分量。然后, 令 d 维坐标向量 $\mathbf{y}_i$ 的第 p 个分量等于 $\sqrt{\lambda_p}v_p(i)$, 即 $y_i(p)=\sqrt{\lambda_p}v_p(i)$。 [560]

最后一步将经典的多维标度 (MDS) 应用于图距离矩阵 $\mathbf{D}_G=[d_G(i,j)]$, 以构造在 d 维欧几里得空间 Y 中的嵌入。这个嵌入可以最好地保留流形的估计内蕴几何。选择 Y 中的点的坐标向量 $\mathbf{y}_i$ 以最小化成本函数

$$E=\|\mathbf{D}_G-\mathbf{D}_Y\|_F^2 \tag{7.12.24}$$

式中, $\mathbf{D}_Y$ 表示欧几里得距离矩阵, 其元素 $d_Y(i,j)=\|\mathbf{y}_i-\mathbf{y}_j\|_2$。通过将坐标 $\mathbf{y}_i$ 设置为矩阵 $\mathbf{D}_G$ 的前 d 个特征向量, 可以实现 E 的全局最小值。

等角等距映射[137] 是等距映射的一个推广, 它能够学习某些曲率流形的结构。在等角等距映射中, 在上述步骤 ① 中构造 k 个最近邻居, 步骤 ② 替换为: 计算图中的所有最短路径的成对数据点。图中的每一条边 (i,j) 的加权是 $\|\mathbf{x}_i-\mathbf{x}_j\|/\sqrt{M(i)M(j)}$, 其中, $M(i)$ 是 $\mathbf{x}_i$ 到其 k 最近邻的平均距离, 重标度因子 $\sqrt{M(i)M(j)}$ 是 $\mathbf{x}_i$ 和 $\mathbf{x}_j$ 的近邻中的等角标度因子的渐近精确逼近。

7.12.4 流形学习: 局部线性嵌入

通过消除离散数据点之间的成对距离估计, 局部线性嵌入 (LLE)[122] 可以从局部线性拟合恢复全局非线性结构。

局部线性嵌入算法基于简单的几何直觉。

令数据由 N 个实值向量 $\mathbf{x}_i\in\mathbb{R}^D$, $i=1,\cdots,N$ 构成, 它们采样自某个隐含的流形。假设存在足够的数据 (使得流形是被很好采样的), 可以期望每个数据点及其邻域位于或接近流形的局部线性块上。这些块的局部几何特征由从邻域重

建每个数据点的线性系数所描述, 其中, 重构误差由下面的成本函数度量

$$E(\mathbf{W})=\sum_{i=1}^{N}\left\|\mathbf{x}_i-\sum_{j=1}^{N}w_{ij}\mathbf{x}_j\right\|_2^2 \tag{7.12.25}$$

[561] 它将所有数据点 $\mathbf{x}_1,\cdots,\mathbf{x}_N$ 及它们的重构 $\sum_j w_{ij}\mathbf{x}_j$ 之间的平方距离相加。权重 w_{ij} 概括了第 j 个数据点 $\mathbf{x}_j$ 对第 i 个数据点 $\mathbf{x}_i$ 的重构贡献。

成本函数的最小化服从以下两个约束。

- 每个数据点 $\mathbf{x}_i$ 只由其邻居集重构, 以迫使 $w_{ij}=0$ (若 $\mathbf{x}_j$ 不属于 $\mathbf{x}_i$ 的邻域)。每个数据点的邻居集可以通过多种方式分配: 通过选择欧几里得距离中的 k 个最近邻, 通过考虑固定半径球内的所有数据点, 或使用先验知识。对于固定数量的邻居, 局部线性嵌入可以期望恢复的最大嵌入维度严格小于邻居的数量。
- 权重矩阵的行元素之和为 1: $\sum_j w_{ij}=1$。

嵌入向量 $\mathbf{y}_i$ 通过成本函数的最小化求出

$$\phi(\mathbf{y})=\sum_i\|\mathbf{y}_i-w_{ij}\mathbf{y}_j\|^2 \tag{7.12.26}$$

其中, $\mathbf{y}_i$ 具有固定的加权 w_{ij}。

局部线性嵌入算法可以叙述如下[122, 128]:

- 分配邻居: 对每一个数据点 $\mathbf{x}_i, i=1,\cdots,N$, 识别其在欧几里得距离的 k 个最近邻居对应的标签。令 $\mathcal{N}_i=\{\boldsymbol{\eta}_1,\cdots,\boldsymbol{\eta}_k\}$ (其中, $k=|\mathcal{N}_i|$) 表示这些邻居的集合。
- 计算权重 w_{ij}, 该权重能够通过约束线性拟合使式 (7.12.25) 中的成本最小化, 从其邻居最佳重构每个数据点 $\mathbf{x}_i$。这一约束线性拟合由以下三步组成。

  ① 求邻域间的内积, 计算邻域相关矩阵 $C_{jk}=\langle\boldsymbol{\eta}_j,\boldsymbol{\eta}_k\rangle=\boldsymbol{\eta}_j^{\mathrm{T}}\boldsymbol{\eta}_k$ 及其逆矩阵 $\mathbf{C}^{-1}=(\mathbf{C}+\sigma\mathbf{I})^{-1}$, 其中 $\sigma>0$ 是一个很小的值。

  ② 计算拉格朗日乘子 $\lambda=\alpha/\beta$, 其中 $\alpha=1-\sum_{j,k}C_{jk}^{-1}\mathbf{x}_i^{\mathrm{T}}\boldsymbol{\eta}_k$, 且 $\beta=C_{jk}^{-1}$。

  ③ 计算与 $\mathbf{x}_i$ 关联的重构权重

  $$w_{ij}=w_j^{(i)}=\sum_k C_{jk}^{-1}(\mathbf{x}_i^{\mathrm{T}}\boldsymbol{\eta}_k+\lambda) \tag{7.12.27}$$

- 通过求解约束极小化, 计算由 w_{ij} 重构的低维嵌入向量 $\mathbf{y}_i$

  $$\mathbf{y}=\underset{\mathbf{y}^{\mathrm{T}}\mathbf{y}=1}{\arg\min}\ \phi(\mathbf{y})=\sum_i\|\mathbf{y}_i-w_{ij}\mathbf{y}_j\|^2 \tag{7.12.28}$$

  [562] 或者

  $$\mathbf{y}=\arg\min_{\mathbf{y}}\mathcal{L}(\mathbf{y})=\sum_i\|\mathbf{y}_i-w_{ij}\mathbf{y}_j\|^2+\lambda(1-\mathbf{y}_j^{\mathrm{T}}\mathbf{y}_j) \tag{7.12.29}$$

式中, 约束 $\mathbf{y}^{\mathrm{T}}\mathbf{y}=\sum_i y_i^2=1$ 用于避免退化解 $\mathbf{y}=\mathbf{0}$。由 $\frac{\partial \mathcal{L}}{\partial \mathbf{y}_j}=\mathbf{0}$, 可得

$$\frac{\partial \mathcal{L}}{\partial \mathbf{y}_j}=(\delta_{ij}-w_{ji})(\delta_{ij}y_j-w_{ij}y_j)-\lambda\mathbf{y}_j=\mathbf{0}$$

于是, 有矩阵方差

$$(\mathbf{I}-\mathbf{W})^{\mathrm{T}}(\mathbf{I}-\mathbf{W})\mathbf{y}_j=\lambda\mathbf{y}_j \tag{7.12.30}$$

这就是说, 嵌入坐标 $\mathbf{y}_j$ 可以通过矩阵 $(\mathbf{I}-\mathbf{W})^{\mathrm{T}}(\mathbf{I}-\mathbf{W})$ 底部的 $d+1$ 个特征向量 (它们对应 $d+1$ 个最小特征值) 有效求出。一旦获得 $\mathbf{y}_j$, 我们可以使坐标以原点为中心: $\mathbf{y}_j \leftarrow \mathbf{y}_j-\boldsymbol{\mu}$ ($\boldsymbol{\mu}$ 是 $\mathbf{y}_j$ 的均值向量), 以便除去每个嵌入坐标的自由度。

邻域保持嵌入 (NPE)[55] 是对局部线性嵌入算法的一种逼近。

与保持总体结构的主成分分析不同, 邻域保持嵌入保持局部流形结构, 其中每一个数据点都可以表示为其邻域的线性组合。

令 $\mathbf{y}=\mathbf{X}^{\mathrm{T}}\mathbf{a}$ 是对 $\mathbf{y}$ 的线性变换逼近, 并设

$$z_i=y_i-\sum_j w_{ij}y_j \quad 或 \quad \mathbf{z}=\mathbf{y}-\mathbf{W}\mathbf{y}=(\mathbf{I}-\mathbf{W})\mathbf{X}^{\mathrm{T}}\mathbf{a} \tag{7.12.31}$$

于是, 式 (7.12.26) 的成本函数可以表示为

$$\begin{aligned}\phi(\mathbf{a})&=\sum_i (z_i)^2=\mathbf{z}^{\mathrm{T}}\mathbf{z}=\mathbf{a}^{\mathrm{T}}\mathbf{X}(\mathbf{I}-\mathbf{W})^{\mathrm{T}}(\mathbf{I}-\mathbf{W})\mathbf{X}^{\mathrm{T}}\mathbf{a}\\&=\mathbf{a}^{\mathrm{T}}\mathbf{X}\mathbf{M}\mathbf{X}^{\mathrm{T}}\mathbf{a}\end{aligned} \tag{7.12.32}$$

式中 $\mathbf{M}=(\mathbf{I}-\mathbf{W})^{\mathrm{T}}(\mathbf{I}-\mathbf{W})$。因此, 约束的局部线性嵌入最小化式 (7.12.28) 变成邻域保持嵌入最小化

$$\mathbf{a}=\underset{\mathbf{a}^{\mathrm{T}}\mathbf{X}\mathbf{X}^{\mathrm{T}}\mathbf{a}=1}{\arg\min}\ \phi(\mathbf{a})=\mathbf{a}^{\mathrm{T}}\mathbf{X}\mathbf{M}\mathbf{X}^{\mathrm{T}}\mathbf{a} \tag{7.12.33}$$

它可以改写为无约束最小化问题 [563]

$$\mathbf{a}=\arg\min_{\mathbf{a}}\left\{\mathcal{L}(\mathbf{a})=\mathbf{a}^{\mathrm{T}}\mathbf{X}\mathbf{M}\mathbf{X}^{\mathrm{T}}\mathbf{a}+\lambda(1-\mathbf{a}^{\mathrm{T}}\mathbf{X}\mathbf{X}^{\mathrm{T}}\mathbf{a})\right\} \tag{7.12.34}$$

优化条件 $\frac{\partial \mathcal{L}}{\partial \mathbf{a}}=\mathbf{0}$ 直接给出最优解公式

$$\mathbf{X}\mathbf{M}\mathbf{X}^{\mathrm{T}}\mathbf{a}=\lambda\mathbf{X}\mathbf{X}^{\mathrm{T}}\mathbf{a} \tag{7.12.35}$$

即: d 个线性变换向量 $\mathbf{a}_i$ 由矩阵束 $(\mathbf{X}\mathbf{M}\mathbf{X}^{\mathrm{T}},\mathbf{X}\mathbf{X}^{\mathrm{T}})$ 的广义特征向量给出。这些广义特征向量按照矩阵束的广义特征值 $\lambda_0<\cdots<\lambda_{d-1}$ 的次序排列。

Donoho 与 Grimes[24] 介绍了一种基于 Hessian 矩阵的局部线性嵌入方法。该方法派生自流形 $\mathcal{M}$ 中局部等距的概念框架。由于需要估计二阶导数, Hessian 方法在数值上是有噪声的, 或者在非常高维的数据样本中难于实现。

局部线性嵌入算法需要分别求解 N 个独立的 $k\times k$ 特征值问题和单个 $N\times N$ 稀疏特征值问题。与一般的非解析特征问题相比, 该特征问题的稀疏性具有实质性的优势。这是区分局部线性嵌入技术与等距映射技术的一个重要因

素, 因为等距映射会产生一个完全稠密的 $N \times N$ 特征分析矩阵[24]。

7.12.5 流形学习：拉普拉斯特征映射

拉普拉斯特征映射[6] 在特征空间中找到最忠实地保留局部相似结构的低维表示。

已知数据集 $\{\mathbf{x}_1, \cdots, \mathbf{x}_n\}$, 期望构造一个连通加权图 $G = (V, E)$, 其边连接附近的点。考虑将加权图 $G(V, E)$ 映射到一条直线的问题, 以便连接点尽可能靠近。令 $\mathbf{y} = [y_1, \cdots, y_n]^{\mathrm{T}}$ 是这样一个映射。

在拉普拉斯嵌入中, 输入数据是 n 个数据对象之间的成对相似性的矩阵 $\mathbf{W}$。于是, $\mathbf{W}$ 可视为具有 n 个节点的图上的边权重矩阵。拉普拉斯嵌入的任务是将图的节点嵌入到具有坐标 $(y_1, \cdots, y_n)$ 的一维空间; 目标是: 若节点 i, j 相似 (即 w_{ij} 大), 则它们就应该在嵌入空间内临近, 即 $(y_i - y_j)^2$ 应该尽可能小。这个目标可以通过目标函数的最小化达到[6, 7]

$$\min_{\mathbf{y}} \left\{ E(\mathbf{y}) = \frac{1}{2} \sum_{i,j} (y_i - y_j)^2 w_{ij} \right\} \tag{7.12.36}$$

[564] 无约束优化可以重写为

$$\min_{\mathbf{y}} \left\{ E(\mathbf{y}) = \mathbf{y}^{\mathrm{T}} (\mathbf{D} - \mathbf{W}) \mathbf{y} \right\} \tag{7.12.37}$$

因为

$$\begin{aligned}
\sum_{i,j} (y_i - y_j)^2 w_{ij} &= \sum_i y_i^2 \sum_j w_{ij} - 2 \sum_i \sum_j y_i y_j w_{ij} + \sum_j y_j^2 \sum_i w_{ij} \\
&= \sum_i y_i^2 d_{ii} + \sum_j y_j^2 d_{jj} - 2 \sum_{i,j} y_i y_j w_{ij} \\
&= 2\mathbf{y}^{\mathrm{T}} (\mathbf{D} - \mathbf{W}) \mathbf{y}
\end{aligned}$$

式中, $\mathbf{D} = \mathbf{Diag}(d_{11}, \cdots, d_{nn})$, 并且 $d_{ii} = \sum_{j=1}^{n} w_{ij}$, $i = 1, \cdots, n$。

然而, 无约束优化问题式 (7.12.37) 只有零解 $\mathbf{y} = \mathbf{0}$, 因为 $\frac{\partial E(\mathbf{y})}{\partial \mathbf{y}} = 2(\mathbf{D} - \mathbf{W})\mathbf{y} = \mathbf{0}$。

为了避免平凡解 $\mathbf{y} = \mathbf{0}$, 无约束最小化式 (7.12.37) 应该加上约束条件: 一个条件是规格化 $\sum_i y_i^2 = 1$, 另一个是中心化 $\sum_i y_i = 0$。

为了消除嵌入中的任意比例因子, 规格化约束 $\sum_i y_i^2 = \mathbf{y}^{\mathrm{T}} \mathbf{y} = 1$ 可以松弛到 $\mathbf{y}^{\mathrm{T}} \mathbf{D} \mathbf{y} = 1$。于是, 约束形式式 (7.12.37) 变为

$$\begin{aligned}
&\min_{\mathbf{y}} \left\{ E(\mathbf{y}) = \mathbf{y}^{\mathrm{T}} \mathbf{L} \mathbf{y} \right\} \\
&\text{s.t.} \quad \mathbf{y}^{\mathrm{T}} \mathbf{D} \mathbf{y} = 1
\end{aligned} \tag{7.12.38}$$

式中, $\mathbf{L} = \mathbf{D} - \mathbf{W}$ 是图拉普拉斯矩阵。上述约束最小化可以改写为拉格朗日乘

子形式

$$\min_{\mathbf{y}} L(\mathbf{y}) = \mathbf{y}^{\mathrm{T}}\mathbf{L}\mathbf{y} + \lambda(1 - \mathbf{y}^{\mathrm{T}}\mathbf{D}\mathbf{y}) \tag{7.12.39}$$

由 $\frac{\partial L(\mathbf{y})}{\partial \mathbf{y}} = \mathbf{0}$ 得

$$\mathbf{L}\mathbf{y} = \lambda \mathbf{D}\mathbf{y} \tag{7.12.40}$$

或者等价于矩阵 $\mathbf{D}^{-1}\mathbf{L}$ 的特征值分解

$$\mathbf{D}^{-1}\mathbf{L}\mathbf{y} = \lambda \mathbf{y} \tag{7.12.41}$$

因此, 这个拉普拉斯嵌入方法称为拉普拉斯特征映射法[7]。

此外, 另一个约束条件 $\sum_{i=1} y_i = \mathbf{y}^{\mathrm{T}}\mathbf{1} = 0$ 也可以松弛为 $\mathbf{y}^{\mathrm{T}}\mathbf{D}\mathbf{1} = 0$, 这可 [565]
以解释为去除了 $\mathbf{y}$ 中的平移不变性。但是, 在实际应用中, 我们通常只实现具有约束 $\mathbf{y}^{\mathrm{T}}\mathbf{D}\mathbf{y}$ 的最小化问题, 因为约束 $\mathbf{y}^{\mathrm{T}}\mathbf{1} = 0$ 容易实现: 求出的解 $\mathbf{y}$ 只要用 $\mathbf{y} - \boldsymbol{\mu}$ 代替即可, 其中, $\boldsymbol{\mu}$ 是 $\mathbf{y}$ 的均值向量。换言之, 拉普拉斯特征映射变为下列最小化问题

$$\mathbf{y} = \arg\min_{\mathbf{y}^{\mathrm{T}}\mathbf{D}\mathbf{y}=1} \left\{\mathbf{y}^{\mathrm{T}}\mathbf{L}\mathbf{y}\right\} \tag{7.12.42}$$

拉普拉斯特征映射包含以下 3 个步骤[6]。

① 通过 ϵ 邻域或 n 最近邻域构造邻域图。

- ϵ 邻域: 节点 i 和 j 通过一条边相连接, 若 $\|\mathbf{x}_i - \mathbf{x}_j\|_2^2 < \epsilon$。
- n 最近邻: 节点 i 和 j 由一条边相连接, 若 i 在 j 的 n 个最近邻之中或者 j 在 i 的 n 个最近邻之中。

② 使用热核选择边权重, 或者简单地将边权重设置为 1(如果已连接), 否则设置为 0。

- 热核为

$$w_{ij} = \begin{cases} \exp\left(-\frac{\|\mathbf{x}_i - \mathbf{x}_j\|_2^2}{t}\right), & \text{节点 } i \text{ 与 } j \text{ 相连接} \\ 0, & \text{其他} \end{cases} \tag{7.12.43}$$

- 简单选择: 当且仅当顶点 i 和 j 由边连接时, 取 $w_{ij} = 1$。这种简化避免了选择 t 的必要性。

③ 生成特征映射: 对于图 $G(V, E)$, 求解广义特征向量问题 $\mathbf{L}\mathbf{y} = \lambda\mathbf{D}\mathbf{y}$。去掉与零特征值相关联的特征向量 $\mathbf{y}$, 并使用接下来的 d 个特征向量嵌入 d 维欧几里得空间: $\mathbf{x}_i \to (y_1(i), \cdots, y_d(i))$。最后, 进行中心化 $\mathbf{y} \leftarrow \mathbf{y} - \boldsymbol{\mu}$。

局部保持投影 (LPP)[53] 是拉普拉斯特征映射的线性近似, 即式 (7.12.36) 中的嵌入坐标向量 $\mathbf{y}$ 由线性变换 $\mathbf{y} = \mathbf{X}^{\mathrm{T}}\mathbf{a}$ 近似, 其中, $\mathbf{X} = [\mathbf{x}_1, \cdots, \mathbf{x}_n]$ 是数据矩阵, $\mathbf{a}$ 为线性变换向量。在局部线性嵌入优化问题式 (7.12.42) 中使用 $\mathbf{X}^{\mathrm{T}}\mathbf{a}$ 代替 $\mathbf{y}$ 之后, 局部保持投影的目标为

$$\mathbf{a} = \arg\min_{\mathbf{a}^{\mathrm{T}}\mathbf{X}\mathbf{D}\mathbf{X}^{\mathrm{T}}\mathbf{a}=1} \mathbf{a}^{\mathrm{T}}\mathbf{X}\mathbf{L}\mathbf{X}^{\mathrm{T}}\mathbf{a} \tag{7.12.44}$$

[566] 若设 $\mathcal{L}(\mathbf{a}) = \mathbf{a}^{\mathrm{T}}\mathbf{XLX}^{\mathrm{T}}\mathbf{a} + \lambda(1 - \mathbf{a}^{\mathrm{T}}\mathbf{XDX}^{\mathrm{T}}\mathbf{a})$, 则由 $\frac{\partial \mathcal{L}}{\partial \mathbf{a}} = \mathbf{0}$ 可知, 最优线性变换 $\mathbf{a}$ 为

$$\mathbf{XLX}^{\mathrm{T}}\mathbf{a} = \lambda \mathbf{XDX}^{\mathrm{T}}\mathbf{a} \tag{7.12.45}$$

因此, 线性变换向量 $\mathbf{a}_0, \cdots, \mathbf{a}_{d-1}$ 由矩阵束 $(\mathbf{XLX}^{\mathrm{T}}, \mathbf{XDX}^{\mathrm{T}})$ 的广义特征向量确定, 这些广义特征向量根据它们对应的广义特征值 $\lambda_0 < \cdots < \lambda_{d-1}$ 进行排列。

在拉普拉斯特征映射中保持局部拓扑的概念在许多情况下是错误的, 是因为下述原因[101]:

- 在大距离 (小相似度) 下, 拉普拉斯嵌入的二次函数强调大距离对, 用小的权重 w_{ij} 强制节点对 $(\mathbf{x}_i, \mathbf{x}_j)$ 相隔遥远。
- 在小距离 (大相似度) 下, 拉普拉斯嵌入的二次函数不强调小距离对, 导致许多小距离对的局部拓扑保护的破坏。

换言之, 由于在嵌入之间的距离上使用二次惩罚函数, 因此拉普拉斯特征映射的目标函数强调保存节点之间的不相似性多于它们的相似性。这可能会产生不保留局部拓扑的嵌入, 导致作为边权重 (w_{ij}) 的相对顺序等同于嵌入空间 $\|\mathbf{y}_i - \mathbf{y}_j\|$ 中距离的逆排序。

为了解决这个问题, Luo 等人[101] 通过用 $\|\mathbf{y}_i - \mathbf{y}_j\|^2/(\|\mathbf{y}_i - \mathbf{y}_j\|^2 + \sigma^2)$ 代替二次函数 $\|\mathbf{y}_i - \mathbf{y}_j\|^2$, 提出了柯西图嵌入。经过重新排列, 柯西图嵌入变成约束最大化问题

$$\mathbf{y} = \underset{\mathbf{y}^{\mathrm{T}}\mathbf{y}=1, \mathbf{y}^{\mathrm{T}}\mathbf{1}=0}{\arg\max}\ \phi(\mathbf{y}) = \sum_{i,j} \frac{\|\mathbf{y}_i - \mathbf{y}_j\|^2}{\|\mathbf{y}_i - \mathbf{y}_j\|^2 + \sigma^2} \quad \text{对每个 } i \tag{7.12.46}$$

上述目标函数是距离的逆函数, 因此强调相似节点而不是不同节点, 从而强制在嵌入空间中保持局部拓扑结构。

下面是图嵌入的全局与局部方法的比较[137]:

- 局部方法 (线性局部嵌入、拉普拉斯特征映射、柯西图嵌入) 试图保持数据的局部几何结构; 本质上, 它们寻求将流形上的附近点映射到低维表示中的附近点。
- 全局方法 (Isomap) 试图在所有尺度上保留几何结构, 将流形上的附近点映射到低维空间中的附近点, 并将遥远点映射到遥远点。

与全局方法 (Isomap) 相比, 低维嵌入的局部方法 (即拉普拉斯特征映射、柯西图嵌入) 有两个主要优点: 它们能容忍一定的弯曲度, 自然会导致稀疏特征值问题。在实际应用中, 局部等距假设似乎比等距映射中更严格的全局等距假设更有可能成立[24]。

与局部方法相比, 全局方法的优势在于它可以更准确地表示数据的全局结构。

7.13 网络嵌入

许多复杂的网络系统, 如社会网络、生物网络和信息网络, 通常表示为图 $G(V,E)$, 其中 V 是表示网络中节点的顶点集, E 是表示节点之间关系的边集。对于拥有数十亿节点的大型网络, 传统的网络表示在网络处理和分析受到了一些挑战[19]。

1. 高计算复杂度

网络中的节点在一定程度上是相互关联的, 在传统的网络表示中由边集 E 编码。这些关系将导致高的计算复杂度: 大多数网络处理或者分析算法要么是迭代的, 要么需要组合的计算步骤。

2. 低并行性

传统方式表示的网络数据给并行和分布式算法的设计和实现带来了严重的困难, 瓶颈在于网络中的节点之间通过 E 显式地相互耦合。

3. 机器学习方法的不适用性

对于以传统方式表示的网络数据, 大多数现成的机器学习方法可能不适用, 因为这些方法通常假设数据样本可以由向量空间中的独立向量表示, 而网络数据 (即节点) 中的样本在某种程度上相互依赖。

图形嵌入不能解决上述挑战, 因为图形嵌入主要是针对由特征表示的数据集如何进行图构造, 其中, 由边权重编码的节点之间的接近度在原始特征空间中被很好地定义。相反, 在自然形成的网络中, 如社交网络、生物网络和电子商务网络, 节点之间的接近度没有明确或直接的定义。

7.13.1 结构与属性保持的网络嵌入 [568]

基于节点和链路的网络嵌入的丰富结构信息与邻域结构[114]、节点的高阶接近度[154] 和社团结构[155] 密切相关。

定义 7.15 (网络嵌入) [154] 给定图 $G=(V,E)$, 网络嵌入旨在学习一个映射函数 $f:\mathbf{v}_i\to\mathbf{y}_i\in\mathbb{R}^d$, 其中 $d\ll|V|$。该函数的目的是使 $\mathbf{y}_i$ 和 $\mathbf{y}_j$ 之间的相似性明确地保持 $\mathbf{v}_i$ 和 $\mathbf{v}_j$ 的一阶、二阶和高阶接近度。

网络的微观结构可以通过其一阶接近度和二阶接近度来描述。

网络嵌入通常有以下两个目的[19]。

- 网络重构: 为了学习网络节点的低维向量表示, 需要通过向量空间中节点之间的距离来捕捉节点之间的关系 (这些关系最初由图中的边或其他高阶拓扑测度表示), 并将节点的拓扑结构特征编码到其嵌入向量中。
- 网络推理: 学习的嵌入空间可以有效地支持网络推理, 如预测未知链接、识别重要节点, 并推断节点标签。

大规模信息网络嵌入问题可以用一阶和二阶接近度描述。

定义 7.16 (信息网络) [144] 信息网络定义为 $G=(V,E)$, 其中, V 是顶点集, 每个顶点代表一个数据对象, E 是顶点之间的边集, 每条边代表两个数据对象之间的关系。每一条边 $e\in E$ 是一个有序对 $e=(i,j)$, 并且与一个权重 $w_{ij}>0$ 相关联, 该权重显示关系的强度。如果 $G(V,E)$ 是无向的, 则 $(i,j)\equiv(j,i)$, 并且 $w_{ij}\equiv w_{ji}$。若 $G(V,E)$ 是有向的, 则 $(i,j)\neq(j,i)$, 并且 $w_{ij}\neq w_{ji}$。

定义 7.17 (大规模信息网络嵌入) [144] 给定一个大规模网络 $G=(V,E)$, 大规模信息网络嵌入的目的是将每个顶点 $v\in V$ 表示到一个低维空间 $\mathbb{R}^d$, 即学习一个函数 $f_G:V\to\mathbb{R}^r$, 其中 $d\ll|V|$。在 $\mathbb{R}^d$ 空间里, 顶点之间的一阶接近度和二阶接近度得以保持。

一阶接近度可以用两个节点 v_i 和 v_j 之间的联合概率分布度量

$$p_1(\mathbf{v}_i,\mathbf{v}_j)=\frac{1}{1+\exp\big(-\mathbf{u}_i^{\mathrm{T}}\mathbf{u}_j\big)} \tag{7.13.1}$$

[569] 式中, $\mathbf{u}_i\in\mathbb{R}^d$ 是顶点 $\mathbf{v}_i$ 的低维向量表示。为了保持一阶接近度, 一个直接的方法是使下面的目标函数最小化

$$O_1=-\sum_{(i,j)\in E}\log p_1(\mathbf{v}_i,\mathbf{v}_j) \tag{7.13.2}$$

二阶接近度由节点 $\mathbf{x}_i$ 生成的下一个节点 $\mathbf{x}_j$ 的概率进行建模, 即

$$p_2(\mathbf{v}_j|\mathbf{v}_i)=\frac{\exp(\bar{\mathbf{u}}_j^{\mathrm{T}}\mathbf{u}_i)}{\sum_k^{|V|}\exp(\bar{\mathbf{u}}_k^{\mathrm{T}}\mathbf{u}_i)} \tag{7.13.3}$$

式中, 当 $\mathbf{v}_i$ 被视为一个顶点时, $\mathbf{u}_i$ 是 $\mathbf{v}_i$ 的表示; 而当 $\mathbf{v}_i$ 被视为一个特定的“上下文”时, $\bar{\mathbf{u}}_i$ 是 $\mathbf{v}_i$ 的表示。为了保持二阶接近度, 一个简单的方法是最小化以下目标函数

$$O_2=-\sum_{(i,j)\in E}\log p_2(\mathbf{v}_j|\mathbf{v}_i) \tag{7.13.4}$$

通过学习最小化这个目标函数的 $\{\mathbf{u}_i\},i=1,\cdots,|V|$ 和 $\{\bar{\mathbf{u}}_i\},i=1,\cdots,|V|$, 我们可以用一个 d 维向量 $\mathbf{u}_i$ 表示每一个顶点 $\mathbf{v}_i$。

7.13.2 社区保持的网络嵌入

给定一个具有 $|V|$ 个节点和 $|E|$ 个边的网络 $G(V,E)$, 它由一个邻接矩阵或相似矩阵 $\mathbf{S}=[S_{ij}]\in\mathbb{R}^{|V|\times|E|}$ 表示。我们想确定它的顶点是否自然划分成不重叠的组或社区, 这些社区可以是任何大小的。网络中真正的社区结构对应于统计上令人惊讶的边排列, 可以通过使用称为模块性的度量来量化[108]。

假定已知网络含有 n 个节点。对于网络分为两组的特殊划分, 令社区隶属度$h_i=1$ (若顶点 i 属于组 1) 和 $h_i=-1$ (若顶点 i 属于组 2), 并且顶点 i 和 j 之间的边数为 A_{ij}, 它通常为 0 或 1, 尽管在允许多条边的网络中可能有较大

的值。如果边是随机放置的, 则顶点 i 和 j 之间的期望边数为 $k_i k_j/2m$, 其中 k_i 和 k_j 分别是顶点 i 和 j 的度数, $m=\frac{1}{2}\sum_i k_i$ 是网络中边的总数。

定义 7.18 (模块化) [108] 模块化 (顶多相差一个乘数因子) 是落在组内的边数减去具有随机配置边的一个等效网络的期望边数。数学上, 模块化 Q 可以表示为 [570]

$$Q=\frac{1}{4m}\sum_{i,j}\left(A_{ij}-\frac{k_i k_j}{2m}\right)h_i h_j \tag{7.13.5}$$

式 (7.13.5) 可以使用矩阵–向量形式简便表示为

$$Q=\frac{1}{4m}\mathbf{h}^{\mathrm{T}}\mathbf{B}\mathbf{h} \tag{7.13.6}$$

式中, 称 $\mathbf{h}$ 为社区成员向量 (列向量), 其元素为社区成员 h_i; 称 $\mathbf{B}$ 为模块化矩阵, 其元素

$$B_{ij}=A_{ij}-\frac{k_i k_j}{2m} \tag{7.13.7}$$

模块化既可以是正数, 也可以是负数, 其中, 正数值表示社区结构的可能存在。

然而, 许多网络含有两个以上的社区。一个直接的方法是将这样的网络不断地分割为两个社区: 首先将该网络分割为两部分, 然后再把每个部分分割, 以此类推。另一个更好的方法是在将大小为 n_g 的 g 组进一步分成两个后, 将额外的贡献 ΔQ 写入模块化[108]

$$\begin{aligned}\Delta Q&=\frac{1}{2m}\left(\frac{1}{2}\sum_{i,j\in g}B_{ij}(h_i h_j+1)-\sum_{i,j\in g}B_{ij}\right)\\&=\frac{1}{4m}\left(\sum_{i,j\in g}B_{ij}h_i h_j-\sum_{i,j\in g}B_{ij}\right)\\&=\frac{1}{4m}\left(\sum_{i,j\in g}B_{ij}-\delta_{ij}\sum_{k\in g}B_{ik}\right)h_i h_j\\&=\frac{1}{4m}\mathbf{h}^{\mathrm{T}}\mathbf{B}^{(g)}\mathbf{h}\end{aligned} \tag{7.13.8}$$

式中, $\delta_{ij}=1$, 若 $i=j$; 否则, $\delta_{ij}=0$; 且 $\mathbf{B}^{(g)}$ 是 $n_g\times n_g$ 矩阵, 其元素为

$$B_{ij}^{(g)}=B_{ij}-\delta_{ij}\sum_{k\in g}B_{ik} \tag{7.13.9}$$

为了保持一阶和二阶接近度, 将最终相似矩阵定义为 $\mathbf{S}=\mathbf{S}^{(1)}+\eta\mathbf{S}^{(2)}$, 其 [571]
中 $\eta>0$ 是二阶接近度的加权系数。由于 $\mathbf{S}^{(1)}$ 和 $\mathbf{S}^{(2)}$ 都是非负矩阵, 故相似矩阵 $\mathbf{S}$ 也是非负矩阵。

令 $\mathbf{M}\in\mathbb{R}^{n\times m}$ 是一个非负的基矩阵, 并且 $\mathbf{U}\in\mathbb{R}^{n\times m}$ 是非负的表示矩阵, 其中 m 表示维数, 而 $\mathbf{U}$ 的第 i 行 $\mathbf{u}_i$ 是节点 i 的表示。

社区保持网络嵌入[156] 利用非负矩阵分解 (NMF) 求非负矩阵 $\mathbf{M}$ 和 $\mathbf{U}$

$$(\mathbf{M}, \mathbf{U}) = \arg\min_{\mathbf{M},\mathbf{U}} \|\mathbf{S} - \mathbf{M}\mathbf{U}\|_F^2 \tag{7.13.10}$$

$$\text{s.t.} \quad \mathbf{M} \geqslant 0, \mathbf{U} \geqslant 0 \tag{7.13.11}$$

由于 $\mathbf{S}$ 含有一阶和二阶接近度矩阵, 上述非负矩阵分解只能保持微观结构 (成对节点相似性)。

为了保持网络的介观结构, Wang 等人[156] 提出了引入辅助社区表示矩阵的网络社区结构。

对于具有 $k > 2$ 个社区的网络, 社区成员资格指示符定义为 $\mathbf{H} \in \mathbb{R}^{n \times k}$, 每列对应一个社区。在 $\mathbf{H}$ 的每一行中, 只有一个元素是 1, 所有其他元素都是 0, 因此对社区的约束为

$$\text{tr}(\mathbf{H}^{\text{T}}\mathbf{H}) = n \tag{7.13.12}$$

在抑制对模块化的最大值没有影响的常数之后, 得到

$$\mathbf{H} = \arg\min_{\mathbf{H}} \left\{ Q = \text{tr}(\mathbf{H}^{\text{T}}\mathbf{B}\mathbf{H}) \right\} \tag{7.13.13}$$

$$\text{s.t.} \quad \text{tr}(\mathbf{H}^{\text{T}}\mathbf{H}) = n \tag{7.13.14}$$

除了上述两个模型式 (7.13.10) 和式 (7.13.13) 外, 还需要将社区结构结合起来, 以指导表示矩阵 $\mathbf{U}$ 的学习过程。为此, 引入一个辅助的非负矩阵 $\mathbf{C} \in \mathbb{R}^{k \times m}$, 称为社区表示矩阵, 其中第 r 行 $\mathbf{c}_r$ 是社区 r 的表示。因此, 非负社区指示矩阵 $\mathbf{H}$ 必须满足以下非负矩阵分解[156]

$$(\mathbf{U}, \mathbf{C}) = \arg\min_{\mathbf{U},\mathbf{C}} \|\mathbf{H} - \mathbf{C}\mathbf{U}\|_F^2 \tag{7.13.15}$$

$$\text{s.t.} \quad \mathbf{U} \geqslant 0, \mathbf{C} \geqslant 0 \tag{7.13.16}$$

[572] 综合式 (7.13.10)、式 (7.13.13) 和式 (7.13.15) 可知, 社区保护网络嵌入的目标是[156]

$$\arg\min_{\mathbf{M},\mathbf{U},\mathbf{H},\mathbf{C}} \quad (1-\alpha)\|\mathbf{S} - \mathbf{M}\mathbf{U}\|_F^2 + \alpha\|\mathbf{H} - \mathbf{C}\mathbf{U}\|_F^2 - \beta\text{tr}(\mathbf{H}^{\text{T}}\mathbf{B}\mathbf{H}) \tag{7.13.17}$$

$$\text{s.t.} \quad \mathbf{M} \geqslant 0, \mathbf{U} \geqslant 0, \mathbf{H} \geqslant 0, \mathbf{C} \geqslant 0, \text{tr}(\mathbf{H}^{\text{T}}\mathbf{H}) = n \tag{7.13.18}$$

式中, α 和 β 是两个正的参数, 用于调整对应项的贡献。

对于非凸目标函数式 (7.13.17), 其优化可以通过利用两个子问题求解。

1. H-子问题

式 (7.13.17) 中的其他参数固定, 只更新 $\mathbf{H}$, 将导致下面的优化子问题[156]

$$\arg\min_{\mathbf{H}} \alpha\|\mathbf{H} - \mathbf{U}\mathbf{C}^T\|_F^2 - \beta\text{tr}(\mathbf{H}^{\text{T}}\mathbf{B}\mathbf{H}) \tag{7.13.19}$$

$$\text{s.t.} \quad \text{tr}(\mathbf{H}^{\text{T}}\mathbf{H}) = n \tag{7.13.20}$$

约束条件 $\text{tr}(\mathbf{H}^{\mathrm{T}}\mathbf{H}) = n$ 可以松弛到正则化 $\mathbf{H}^{\mathrm{T}}\mathbf{H} = \mathbf{I}$, 使得优化问题变为

$$\mathbf{H} = \arg\min_{\mathbf{H}} \alpha\|\mathbf{H} - \mathbf{U}\mathbf{C}^{\mathrm{T}}\|_F^2 - \beta\text{tr}(\mathbf{H}^{\mathrm{T}}\mathbf{B}\mathbf{H}) + \lambda\|\mathbf{H}^{\mathrm{T}}\mathbf{H} - \mathbf{I}\|_F^2 \tag{7.13.21}$$

式中, $\lambda > 0$ 应当足够大, 以保证正交性满足。由 $\mathbf{H}$ 的非负性的 Karush-Kuhn-Tucker(KKT) 条件, 可以证明, 若已知 $\mathbf{H}$ 的初始值, 则其连续更新规则为

$$\mathbf{H} \leftarrow \mathbf{H} \odot \sqrt{\frac{-2\beta\mathbf{B}_1\mathbf{H} + \sqrt{\mathbf{\Delta}}}{8\lambda\mathbf{H}\mathbf{H}^{\mathrm{T}}\mathbf{H}}} \tag{7.13.22}$$

式中 $\odot$ 表示两个矩阵的 Hadamard 积, 并且

$$\begin{aligned}\mathbf{\Delta} = {} & 2\beta(\mathbf{B}_1\mathbf{H}) \odot 2\beta(\mathbf{B}_1\mathbf{H}) + \\ & 16\lambda(\mathbf{H}\mathbf{H}^{\mathrm{T}}\mathbf{H}) \odot (2\beta\mathbf{A}\mathbf{H} + 2\alpha\mathbf{U}\mathbf{C}^{\mathrm{T}} + (4\lambda - 2\alpha)\mathbf{H})\end{aligned} \tag{7.13.23}$$

其中, 两个矩阵的 Hadamard 除法为

$$\left[\sqrt{\frac{-2\beta\mathbf{B}_1\mathbf{H} + \sqrt{\mathbf{\Delta}}}{8\lambda\mathbf{H}\mathbf{H}^{\mathrm{T}}\mathbf{H}}}\right]_{ij} = \sqrt{\frac{-2\beta[\mathbf{B}_1\mathbf{H}]_{ij} + \sqrt{\Delta_{ij}}}{8\lambda[\mathbf{H}\mathbf{H}^{\mathrm{T}}\mathbf{H}]_{ij}}} \tag{7.13.24}$$

2. 联合非负矩阵分解子问题 [573]

固定式 (7.13.17) 中的 $\mathbf{H}$, 更新 $\mathbf{M}$、$\mathbf{U}$、$\mathbf{C}$, 导致联合非负矩阵分解子问题[3]

$$\arg\min_{\mathbf{M},\mathbf{U},\mathbf{C}} \quad (1-\alpha)\|\mathbf{S} - \mathbf{M}\mathbf{U}\|_F^2 + \alpha\|\mathbf{H} - \mathbf{C}\mathbf{U}\|_F^2 \tag{7.13.25}$$

$$\text{s.t.} \quad \mathbf{M} \geqslant 0, \mathbf{U} \geqslant 0, \mathbf{C} \geqslant 0 \tag{7.13.26}$$

对于基向量矩阵 $\mathbf{M}$ 和 $\mathbf{C}$, 更新规则立即执行并读取

$$\mathbf{M} = \mathbf{M} \odot \frac{\mathbf{S}\mathbf{U}^{\mathrm{T}}}{\mathbf{M}\mathbf{U}\mathbf{U}^{\mathrm{T}}} \tag{7.13.27}$$

$$\mathbf{C} = \mathbf{C} \odot \frac{\mathbf{H}\mathbf{U}^{\mathrm{T}}}{\mathbf{C}\mathbf{U}\mathbf{U}^{\mathrm{T}}} \tag{7.13.28}$$

由于系数矩阵 $\mathbf{U}$ 使两个基矩阵 $\mathbf{M}$ 和 $\mathbf{C}$ 耦合, 所以它的更新稍微复杂一些。$\mathbf{U}$ 的固定点更新的简化形式为[3]

$$\mathbf{U} = \mathbf{U} \odot \frac{(1-\lambda)\mathbf{M}^{\mathrm{T}}\mathbf{S} + \lambda\mathbf{C}^{\mathrm{T}}\mathbf{H}}{((1-\lambda)\mathbf{M}^{\mathrm{T}}\mathbf{M} + \lambda\mathbf{C}^{\mathrm{T}}\mathbf{C})\mathbf{U}} \tag{7.13.29}$$

7.13.3 高阶接近度保持的网络嵌入

图嵌入算法的目的是将一个图嵌入到一个向量空间中, 在向量空间中保留图的结构和固有特性, 而不考虑如何保持图的非对称传递性, 这是有向图的一个关键特性。

传递性是无向图和有向图的一个共同特征[111, 140], 在计算节点间的相似性和度量节点重要性等图形推理和分析任务中起着关键作用。

- 在无向图中, 如果顶点 $\mathbf{u}$ 和 $\mathbf{w}$ 之间有一条边, 而 $\mathbf{w}$ 和 $\mathbf{v}$ 之间又有一条边, 则 $\mathbf{u}$ 和 $\mathbf{v}$ 就会由一条边连接。传递性在无向图中是对称的。
- 在有向图中, 存在从 $\mathbf{u}$ 到 $\mathbf{v}$ 的有向路径, 但不是从 $\mathbf{v}$ 到 $\mathbf{u}$ 的有向路径。也就是说, 有向图的传递性是不对称的。

考虑有向图 $G=(V,E)$, 其中 $V=\{\mathbf{v}_1,\cdots,\mathbf{v}_N\}$ 为顶点集, N 为顶点数; E 是有向边集, 即 $e_{ij}=(\mathbf{v}_i,\mathbf{v}_j)\in E$ 表示一条从 $\mathbf{v}_i$ 到 $\mathbf{v}_j$ 的有向边。邻接矩阵用 $\mathbf{A}$ 表示。如果 S_{ij} 是 $\mathbf{v}_i$ 和 $\mathbf{v}_j$ 之间的高阶接近, 则 $\mathbf{S}=[S_{ij}]$ 称为高阶接近度
[574] 矩阵。令 $\mathbf{U}=[\mathbf{U}_s,\mathbf{U}_t]$ 是嵌入矩阵, 其第 i 行 $\mathbf{u}_i$ 是 $\mathbf{v}_i$ 的嵌入向量, 并且 $\mathbf{U}_s$、$\mathbf{U}_t\in\mathbb{R}^{N\times K}$ 分别是源嵌入矩阵和目标嵌入矩阵, 其中 K 是嵌入维数。

高阶接近度保持嵌入 (HOPE)[111] 可以陈述如下: 给定一个高阶接近度矩阵 $\mathbf{S}$, 求源嵌入矩阵 $\mathbf{U}_s$ 和目标嵌入矩阵 $\mathbf{U}_t$。这个问题的目标函数定义为[111]

$$\min\|\mathbf{S}-\mathbf{U}_s\mathbf{U}_t^{\mathrm{T}}\|_F^2 \tag{7.13.30}$$

令高阶接近度矩阵 $\mathbf{S}$ 的奇异值分解 (SVD) 是

$$\mathbf{S}=\sum_{i=1}^{N}\sigma_i\mathbf{v}_i^s(\mathbf{v}_i^t)^{\mathrm{T}} \tag{7.13.31}$$

式中, $\sigma_1,\cdots,\sigma_N$ 是按递减次序排列的奇异值, $\mathbf{v}_i^s$ 和 $\mathbf{v}_i^t$ 分别是与 $\mathbf{S}$ 的奇异值 σ_i 对应的左和右奇异向量。

通过式 (7.13.31) 与式 (7.13.30) 的比较, 易知源嵌入矩阵和目标嵌入矩阵可以分别由以下两式确定

$$\mathbf{U}_s=[\sqrt{\sigma_1}\mathbf{v}_1^s,\cdots,\sqrt{\sigma_K}\mathbf{v}_K^s] \tag{7.13.32}$$

$$\mathbf{U}_t=[\sqrt{\sigma_1}\mathbf{v}_1^t,\cdots,\sqrt{\sigma_K}\mathbf{v}_K^t] \tag{7.13.33}$$

式中, K 是 $\mathbf{S}$ 的最大奇异值的个数, 它给出嵌入维数的估计。

许多图的高阶接近度测度可以反映非对称传递性。高阶接近度矩阵有一个通用公式

$$\mathbf{S}=\mathbf{M}_g^{-1}\mathbf{M}_l \tag{7.13.34}$$

其中 $\mathbf{M}_g$ 和 $\mathbf{M}_l$ 均为矩阵多项式。

下面是高阶接近度矩阵的几个例子[111]。

- Katz 指数[76]

$$\mathbf{S}^{\mathrm{Katz}}=\sum_{l=1}^{\infty}\beta\mathbf{A}_l=\beta\mathbf{A}\mathbf{S}^{\mathrm{Katz}}+\beta\mathbf{A} \tag{7.13.35}$$

[575] 由此得

$$\mathbf{S}^{\mathrm{Katz}}=(\mathbf{I}-\beta\mathbf{A})^{-1}\beta\mathbf{A} \tag{7.13.36}$$

式中, β 是衰减参数。β 应该小于邻接矩阵的谱半径。显然, 对于 Katz

指数, 有

$$\mathbf{M}_g = (\mathbf{I} - \beta\mathbf{A}), \quad \mathbf{M}_l = \beta\mathbf{A} \tag{7.13.37}$$

- 根页排名 (RPR)

$$\mathbf{S}^{\text{RPR}} = \alpha\mathbf{S}^{\text{RPR}}\mathbf{P} + (1-\alpha)\mathbf{I} \Rightarrow \mathbf{S}^{\text{RPR}} = (\mathbf{I} - \alpha\mathbf{P})^{-1}(1-\alpha)\mathbf{I} \tag{7.13.38}$$

式中, $\alpha \in [0,1)$ 是对一个邻居随机游走的概率, $\mathbf{P}$ 是满足条件 $\sum_{i=1}^{N} P_{ij} = 1$ 的概率转移矩阵。显然, 对于 RPR, 有

$$\mathbf{M}_g = \mathbf{I} - \alpha\mathbf{P}, \quad \mathbf{M}_l = (1-\alpha)\mathbf{I} \tag{7.13.39}$$

- 共同邻居 (CN): S_{ij}^{CN} 统计连接到 $\mathbf{v}_i$ 和 $\mathbf{v}_j$ 的顶点数。对于有向图, S_{ij}^{CN} 是顶点的数目, 这些顶点是始于 $\mathbf{v}_i$ 的边的目标, 并且是到达 $\mathbf{v}_j$ 的边的源。共同邻居可表示为

$$\mathbf{S}^{\text{CN}} = \mathbf{A}^2 \tag{7.13.40}$$

由此可以得到

$$\mathbf{M}_g = \mathbf{I}, \quad \mathbf{M}_l = \mathbf{A}^2 \tag{7.13.41}$$

- Adamic-Adar(AA) 是共同邻居的一种变形

$$\mathbf{S}^{\text{AA}} = \mathbf{ADA} \tag{7.13.42}$$

其结果是

$$\mathbf{M}_g = \mathbf{I}, \quad \mathbf{M}_l = \mathbf{ADA} \tag{7.13.43}$$

式中

$$D_{ii} = \left(\sum_j (A_{ij} + A_{ji})\right)^{-1} \tag{7.13.44}$$

由 $\mathbf{M}_g$ 和 $\mathbf{M}_l$ 计算高阶接近度矩阵 $\mathbf{S}$ 需要矩阵求逆 $\mathbf{M}_g^{-1}$。为了改进高阶 [576]
接近度保留的嵌入数值的稳定性, Ou 等人[111] 建议使用矩阵对 $(\mathbf{M}_g, \mathbf{M}_l)$ 的广义奇异值分解 (GSVD) 代替矩阵 $\mathbf{S}$ 的奇异值分解

$$\mathbf{V}_t^{\text{T}}\mathbf{M}_l^{\text{T}}\mathbf{X} = \mathbf{Diag}(\sigma_1^l, \cdots, \sigma_N^l) \tag{7.13.45}$$

$$\mathbf{V}_s^{\text{T}}\mathbf{M}_g^{\text{T}}\mathbf{X} = \mathbf{Diag}(\sigma_1^g, \cdots, \sigma_N^g) \tag{7.13.46}$$

式中, $\mathbf{X}$ 是非奇异矩阵, 并且

$$\sigma_1^l \geqslant \sigma_2^l \geqslant \cdots \geqslant \sigma_N^l \geqslant 0 \tag{7.13.47}$$

$$0 \leqslant \sigma_1^g \leqslant \sigma_2^g \leqslant \cdots \leqslant \sigma_N^g \tag{7.13.48}$$

$$(\sigma_i^l)^2 + (\sigma_i^g)^2 = 1, \forall\, i \tag{7.13.49}$$

大多数现有的嵌入方法侧重静态网络, 而忽略了真实世界网络的演化特性。最近, Zhu 等人[176] 提出了一种用于动态网络的高阶接近度保留嵌入。

7.14 图域神经网络

许多学习任务都是处理图形数据的。图是一种不规则的数据结构, 它将一组对象 (节点) 及其关系 (边) 建模在图域中, 而不是欧几里得域中。在第 6.16 节中, 我们讨论了图机器学习。本节主要介绍图域神经网络。

图域神经网络分为半监督网络和无监督网络。最早的图域半监督神经网络由 Gori 等人[40] 于 2005 年引入, 被称为图神经网络 (GNN)。图神经网络可以通过图的节点间的消息传递来获取图的相关性和元素间丰富的关系信息。另一种图域半监督网络是图卷积网络 (GCN)。图域无监督网络是图自动编码器 (GAE)。

最初的图神经网络框架[40, 129] 需要重复应用压缩映射作为传播函数, 直到节点表示达到稳定的不动点。后来, Li 等人[95] 在 2016 年将递归神经网络训练引入到最初的图神经网络框架中, 从而缓解了这种限制。这种缓解的图神经网络称为门控图神经网络 (GG-NN)。Duvenaud 等人[28] 于 2015 年引入一种图域类卷积的传播规则, 称为图卷积网络 (GCN)。2017 年, Gilmer 等人[35] 针对图神经经
[577] 网络的几种变形提出了一个统一的框架, 称为消息传递神经网络 (MPNN)。

7.14.1 图神经网络

图神经网络是一种直接处理图域数据的神经网络。图神经网络的一个典型应用是节点分类。实际上, 图中的每个节点都与一个标签相关联。我们的目标是预测没有基本事实的节点的标签。

令顶点或节点 x_i $(i = 1, \cdots, n)$ 表示第 i 个数据点 (特征)。图神经网络的目的是学习静态嵌入 $\mathbf{h}_i \in \mathbb{R}^s$, 它含有第 i 个节点 x_i 的邻域信息。

图神经网络是一种根据图结构 $G = (V, E)$ 定义的通用神经网络体系结构。节点 $j \in V$ 从 $\{1, \cdots, |V|\}$ 中取唯一值, 边用节点对 $e = (i, j) \in V \times V$ 表示。在有向图中, (i, j) 表示一个有向边 $i \to j$。节点向量也称节点表示或节点嵌入, 节点 j 的节点向量用 $\mathbf{x}_j \in \mathbb{R}^D$ 表示。图还可以含有每个节点 j 的节点标签$l_j \in \{1, \cdots, L_{|V|}\}$ 和每个边的边标签或者边类型$l_e \in \{1, \cdots, L_{|E|}\}$。令 S 为节点集, E 为边集, 并假设 $\mathbf{x}_S = \{\mathbf{x}_j | j \in S\}$ 和 $l_E = \{l_e | e \in E\}$。

设 f_i 为参数函数 (对于节点 i), 称为局部传递函数, 它表示节点 i 对其邻域的依赖性, 并设 g_i 为局部输出函数 (对于节点 i), 它描述如何生成输出。

集合 $\text{ne}[n]$ 代表顶点 n 的邻域, 即通过弧线与 n 连接的所有节点, 而 $\text{co}[n]$ 表示以 n 为顶点的所有弧线的集合。

状态向量或状态嵌入$\mathbf{h}_i$, 以及输出 $\mathbf{o}_i$ 可以表示为[129]

$$\mathbf{h}_i = f_i(\mathbf{x}_i, \mathbf{x}_{\text{co}[i]}, \mathbf{h}_{\text{ne}[i]}, \mathbf{x}_{\text{ne}[i]}) \tag{7.14.1}$$

$$\mathbf{o}_i = g_i(\mathbf{h}_i, \mathbf{x}_i) \tag{7.14.2}$$

式中:

- $\mathbf{x}_i$ 为节点 i 的特征。
- $\mathbf{x}_{\text{co}[i]}$ 为与节点 i 连接的边的特征。

- $\mathbf{h}_{\text{ne}[i]}$ 为节点 i 的邻域节点的嵌入。
- $\mathbf{x}_{\text{ne}[i]}$ 为节点 i 的邻域中的节点的特征。
- f_i 为将上述 4 个输入映射为 d 维空间的转移函数。
- g_i 为当输入为 $\mathbf{x}_i$、过渡状态为 $\mathbf{h}_i$ 时的输出函数。

例 7.2 令 $\mathbf{x}_1,\cdots,\mathbf{x}_8$ 是 8 个数据点, 其中 $\mathbf{x}_2$、$\mathbf{x}_3$、$\mathbf{x}_4$、$\mathbf{x}_6$ 是 $\mathbf{x}_1$ 的邻居。于是, $\mathbf{x}_{\text{co}[1]}=(e_{(1,2)},e_{(3,1)},e_{(1,4)},e_{(6,1)})$, 其中 $e_{(ij)}$ 表示连接节点 i 到节点 j 的边标签, $\mathbf{x}_{\text{ne}[1]}=(\mathbf{x}_2,\mathbf{x}_3,\mathbf{x}_4,\mathbf{x}_6)$, 并且 $\mathbf{h}_{\text{ne}[1]}=(\mathbf{h}_2,\mathbf{h}_3,\mathbf{h}_4,\mathbf{h}_6)$。换言之, 有 [578]

$$\mathbf{h}_1=f\big(\mathbf{x}_1,\underbrace{(e_{(1,2)},e_{(3,1)},e_{(1,4)},e_{(6,1)})}_{\mathbf{x}_{\text{co}[1]}},\underbrace{(\mathbf{h}_2,\mathbf{h}_3,\mathbf{h}_4,\mathbf{h}_6)}_{\mathbf{h}_{\text{ne}[1]}},\underbrace{(\mathbf{x}_2,\mathbf{x}_3,\mathbf{x}_4,\mathbf{x}_6)}_{\mathbf{x}_{\text{ne}[1]}}\big)$$

它包含第一个节点 $\mathbf{x}_1$ 的邻域信息。

假设 $\mathbf{h}$、$\mathbf{o}$、$\mathbf{x}$ 和 $\mathbf{x}_N$ 分别是由叠加所有状态、所有输出、所有特征和所有节点特征构造的向量。式 (7.14.1) 和式 (7.14.2) 可以改写为下列紧凑形式[129]

$$\mathbf{h}=\mathbf{f}(\mathbf{h},\mathbf{x}) \tag{7.14.3}$$

$$\mathbf{o}=\mathbf{g}(\mathbf{h},\mathbf{x}_N) \tag{7.14.4}$$

式中, $\mathbf{f}=[f_1,\cdots,f_N]^{\mathrm{T}}$ 和 $\mathbf{g}=[g_1,\cdots,g_N]^{\mathrm{T}}$ 分别是对应于所有 N 个节点的局部转移函数和局部输出函数的叠加形式, 并分别称为图中所有节点的全局转移函数和全局输出函数。图神经网络的目的是学习全局转移函数 $\mathbf{f}$ 和全局输出函数 $\mathbf{g}$。

令 $\mathbf{t}_i=\mathbf{W}\mathbf{h}_i$ 是监督的目标信息 (对于特定节点 i), 损失函数可以表示为

$$\mathcal{L}(\mathbf{W})=\frac{1}{2}\sum_{i=1}^{p}\|\mathbf{t}_i-\mathbf{o}_i\|_2^2 \tag{7.14.5}$$

式中 p 是监督节点的个数。

由 Banach 定点定理[78], 图神经网络使用以下经典迭代方案更新状态

$$\mathbf{h}_{t+1}=\mathbf{f}(\mathbf{h}_t,\mathbf{x}) \tag{7.14.6}$$

式中, $\mathbf{h}_t$ 表示 $\mathbf{h}$ 的第 t 次迭代。对于任意初始值 $\mathbf{h}_0$, 更新以指数级速度快速收敛为式 (7.14.3) 的解。

基于 $\mathbf{f}$ 和 $\mathbf{g}$ 的计算的动态系统可以解释为前馈神经网络。为了学习 $\mathbf{f}$ 和 $\mathbf{g}$ 的参数, 若已知监督的目标信息 $\mathbf{t}$, 则式 (7.14.5) 中的损失函数可以改写为

$$\mathcal{L}(\mathbf{W})=\frac{1}{2}\|\mathbf{t}-\mathbf{o}\|_2^2=\frac{1}{2}\|\mathbf{W}\mathbf{h}-\mathbf{o}\|_2^2 \tag{7.14.7}$$

学习算法基于梯度下降法, 由下列步骤构成[129]。 [579]

① 使用式 (7.14.1) 迭代更新状态 $\mathbf{h}_i^{(t)}$ 到时间 T。它们接近式 (7.14.3) 的定点解: $\mathbf{h}(T)\approx\mathbf{h}$。

② 计算权重的梯度

$$\nabla \mathcal{L}(\mathbf{W}_t) = \frac{\partial \mathcal{L}}{\partial \mathbf{W}_t} = (\mathbf{W}_t \mathbf{h} - \mathbf{o}_t)\mathbf{h}^{\mathrm{T}} \tag{7.14.8}$$

③ 权矩阵更新为 $\mathbf{W}_{t+1} = \mathbf{W}_t - \mu_t \nabla \mathcal{L}(\mathbf{W}_t)$。

④ 返回步骤 ①，并重复上述步骤，直至 $\mathbf{W}$ 收敛。

7.14.2 DeepWalk 与 GraphSAGE

原始的图神经网络有 3 个主要限制:

- 如果放松 “定点” 的假设, 则可以使用多层感知器学习更稳定地表示, 并且可以删除迭代更新过程。
- 不处理边的信息 (例如, 知识图中的不同边可能表示节点之间的不同关系)。
- 定点阻碍了节点分布的多样性, 不适合学习节点的良好表示。

针对原始图神经网络的上述局限性, 后人提出了其多种变形。两个典型的变形是 DeepWalk 和 GraphSAGE。

1. DeepWalk

社会表征应具有以下特征[114]:

- 适应性: 真实的社交网络不断发展, 新的社交关系不应要求再次重复学习过程。
- 社区意识: 潜在维度之间的距离应代表评估网络相应成员之间社会相似性的一个指标, 这允许在具有同形性的网络中进行泛化。
- 低维: 当标记数据稀少时, 低维模型可更好地推广, 并加快收敛和推断。
- 连续: 需要潜在的表示来模拟连续空间中的部分社区成员。除了提供社区成员关系的细致入微的视图外, 连续表示在社区之间具有平滑的决策边界, 从而允许更稳健的分类。

[580] Perozzi 等人 [114] 引入的 DeepWalk 使用最初为语言建模而设计的优化技术, 从短随机行走流中学习顶点表示, 以满足要求。

- 随机行走: 在图中的节点上执行随机行走以生成节点序列。以顶点 v_i 为根的随机行走表示为 $\mathcal{W}_{v_i}$, 它是一个随机过程, 具有随机变量 $\mathcal{W}_{v_i}^1, \cdots, \mathcal{W}_{v_i}^k$ 使得 $\mathcal{W}_{v_i}^{k+1}$ 是一个从顶点 v_k 的邻域中随机选择的顶点。由于网络的局部结构, 短随机行走流可以作为从网络中提取信息的基本工具。此外, 使用随机行走还有另外两个可取的性质[114]。
  ① 局部搜索很容易并行实现。几个随机的步行者 (在不同的线程、进程或机器中) 可以同时探索同一个图的不同部分。
  ② 依赖于从短随机行走中获得的信息, 可以在不需要全局重新计算的情况下适应图结构的微小变化, 这样学习的模型就可以用新的随机行走从时间次线性里的变化区域迭代更新到整个图。
- 语言建模: 根据随机行走生成的节点序列, 运行跳字模型 (skip gram) 学习每个节点的嵌入。语言建模可以推广到通过短随机行走流来探索图形。

这些随机行走可以被认为是一种特殊语言中的短句和短语; 直接的模拟是, 给定到目前为止在随机行走中访问过的所有顶点, 估计观察顶点 v_i 的可能性, 即

$$\Pr\big(v_i|(v_1, v_2, \cdots, v_{i-1})\big) \tag{7.14.9}$$

算法 7.8 列出了深度行走程序, 算法 7.9 提供了跳字模型。

算法 7.8 DeepWalk (G, w, d, γ, t) [114]

---

input: Graph $G(V, E)$; window size w; embedding size d; walks per vertex γ; walk length t

initialization: Sample $\mathbf{\Phi}$ from $\mathcal{U}^{|V|\times d}$

Build a binary Tree T from V

for $i = 0$ to γ **do**

  $\mathcal{O} = \text{Shuffle}(V)$

  for each $v_i \in \mathcal{O}$ **do**

    $\mathcal{W}_{v_i} = \text{RandomWalk}(G, v_i, t)$

    $\text{SkipGram}(\mathbf{\Phi}, \mathcal{W}_{v_i}, w)$

  end for

end for

output: matrix of vertex representations $\mathbf{\Phi} \in \mathbb{R}^{|V|\times d}$

算法 7.9 SkipGram $(\mathbf{\Phi}, \mathcal{W}_{v_i}, w)$ [114] [581]

---

for each $v_j \in \mathcal{W}_{v_i}$ **do**

  for each $u_k \in \mathcal{W}_{v_i}[j - w : j + w]$ **do**

    $J(\mathbf{\Phi}) = -\log \Pr(u_k|\mathbf{\Phi}(v_j))$

    $\mathbf{\Phi} = \mathbf{\Phi} - \alpha \frac{\partial J}{\partial \mathbf{\Phi}}$

  end for

end for

然而, DeepWalk 的主要问题是缺乏泛化能力。每当一个新节点出现时, 它必须重新训练表示该节点的模型。因此, 这种图神经网络对具有变化节点的动态图不适用。

2. GraphSAGE

大多数的图嵌入方法都需要图中的所有节点参与训练过程, 这属于直推式学习, 不能直接推广到此前未曾看到的节点。

带样本和聚合图 (GraphSAGE) 由 Hamilton 等人[50] 提出。GrapSAGE 对大规模网络使用归纳节点嵌入, 可以快速生成新节点的嵌入, 而无须额外的训练过程。GraphSAGE 的框架如下所述[50]:

- 嵌入生成: 与基于矩阵分解的嵌入方法不同, GraphSAGE 利用节点特性 (例如, 文本属性、节点配置文件信息、节点度) 来学习嵌入函数, 将可见节点泛化为不可见的节点。
- 参数学习: 通过在参数学习中引入节点特征, GraphSAGE 同时学习每个节点邻域的拓扑结构及其邻域中节点特征的分布。
- 聚合结构: GraphSAGE 不是为每个节点训练不同的嵌入向量, 而是训练一组聚合函数, 这些函数学习从节点的本地邻域聚合特征信息。每个聚合函数从给定节点的不同跳数或搜索深度聚合信息。

GraphSAGE 中应用的聚合函数必须满足以下基本要求:

- 聚合函数必须在无序向量集上操作, 因为节点的邻居没有自然顺序。
- 聚合函数将是对称的 (即, 对其输入的排列是不变的), 同时仍然是可训练的、并保持高的表示能力。

满足上述两个基本要求的聚合函数有以下 3 种[50]。

[582] • 平均聚合函数: 基本算子只取 $\{\mathbf{h}_v^{k-1}, \forall u \in \mathcal{N}(v)\}$ 中向量的元素平均值

$$\text{AGG}_{\text{mean}} = \text{MEAN}\big(\{\mathbf{h}_u^{k-1}, \forall u \in \mathcal{N}(v)\}\big) = \sum_{u\in\mathcal{N}(v)} \frac{\mathbf{h}_u^{k-1}}{|\mathcal{N}(v)|} \tag{7.14.10}$$

节点 v 在第 k 层的嵌入为

$$\mathbf{h}_v^k = \sigma\left(\mathbf{W}_k \sum_{u\in\mathcal{N}(v)} \frac{\mathbf{h}_v^{k-1}}{|\mathcal{N}(v)|} + \mathbf{B}_k \mathbf{h}_v^{k-1}\right), \quad \forall k > 0 \tag{7.14.11}$$

一种更好的选择是图卷积网络 (GCN) 邻域聚合函数, 定义为

$$\begin{aligned}\text{AGG}_{\text{GCN}} &= \text{MEAN}\big(\{\mathbf{h}_v^{k-1}\} \cup \{\mathbf{h}_u^{k-1}, \forall u \in \mathcal{N}(v)\}\big)\\ &= \sum_{u\in\mathcal{N}(v)\cup v} \frac{\mathbf{h}_u^{k-1}}{\sqrt{|\mathcal{N}(u)|\cdot|\mathcal{N}(v)|}} \end{aligned}\tag{7.14.12}$$

$$\Rightarrow \mathbf{h}_v^k = \sigma\left(\mathbf{W}_k \sum_{u\in\mathcal{N}(v)\cup v} \frac{\mathbf{h}_v^{k-1}}{\sqrt{|\mathcal{N}(u)|\cdot|\mathcal{N}(v)|}}\right), \quad \forall k > 0 \tag{7.14.13}$$

- 长短期记忆 (LSTM) 聚合函数: 这是基于 LSTM 架构的一种更复杂的聚合函数[63]

$$\text{AGG}_{\text{LSTM}} = \text{LSTM}\big(\{\mathbf{h}_v^{k-1}, \forall v \in \mathcal{N}(v)\}\big) \tag{7.14.14}$$

  与均值聚合函数比较, 长短期记忆聚合函数的优点是具有更强的表达能力。然而, 长短期记忆不是天生对称的, 有必要通过简单地将长短期记忆应用于节点邻域的随机排列, 使长短期记忆适应在无序集上操作。

- 池化聚合函数: 此聚合器是对称的, 可训练的。在这种池化方法中, 每个邻域的向量都是通过一个完全连接的神经网络独立地输入; 在这个转换之后, 应用一个元素形式的最大池化运算来聚合整个邻域集的信息

$$\text{AGG}_{\text{pool}} = \gamma\big(\{\mathbf{h}_{u_i}^k + \mathbf{b}, \forall u_i \in \mathcal{N}(v)\}\big) \tag{7.14.15}$$

式中, γ 通常取元素形式的 mean/max 函数。

算法 7.10 示出了 GraphSAGE 嵌入生成算法[50]。

算法 7.10 GraphSAGE 嵌入生成算法[50] [583]

input: Graph $G(V,E)$; input features $\{\mathbf{x}_v, \forall v \in V\}$; depth K; weight matrices $\mathbf{W}_k, k=1,\cdots,K$; non-linearity σ; neighborhood function $\mathcal{N}: v \to 2^V$

$\mathbf{h}_v^0 \leftarrow \mathbf{x}_v, \forall v \in V$;

for $k=1,\cdots,K$ **do**

  for $v \in V$ **do**

    $\mathbf{h}_v^k \leftarrow \sigma\big(\mathbf{W} \cdot \text{MEAN}(\{\mathbf{h}_u^{k-1}, \forall u \in \mathcal{N}(v)\}\big)$

    or $\mathbf{h}_v^k \leftarrow \sigma\big(\mathbf{W} \cdot \text{MEAN}(\{\mathbf{h}_v^{k-1}\}) \cup \{\mathbf{h}_u^{k-1}, \forall u \in \mathcal{N}(v)\}\big)$

  end for

  $\mathbf{h}_v^k \leftarrow \mathbf{h}_v^k / \|\mathbf{h}_v^k\|, \forall v \in V$

end for

$\mathbf{z}_v \leftarrow \mathbf{h}_v^K, \forall v \in V$

output: vector representations $\mathbf{z}_v$ for all $v \in V$

GraphSAGE 不仅适用于特征丰富的图 (例如, 具有文本属性的引文数据、具有功能/分子标记的生物数据) 以利用在所有图中存在的结构特征 (如节点度), 而且也可应用于没有节点特征的图。

7.14.3 图卷积网络

在图数据中有两类空间信息: 节点信息和结构信息。

- 节点信息: 某个顶点或节点都有自身的信息或者特征, 这些信息由节点自身表示。
- 结构信息: 图数据中的每个节点都有自身的结构信息, 它们是与节点之间相关联的信息, 并且由连接一个节点与另一个节点的边表示。

一般地讲, 图数据不仅应该考虑节点信息, 而且也应该考虑结构信息。图卷积神经网络不仅可以自动地学习节点信息, 而且还可以自动学习节点之间的相关联信息。

图卷积网络 (GCN) 由 Kipf 与 Welling[82] 引入, 是一种通过抽取空间特征, 学习图结构化数据的机器学习方法。由于图像或文本的标准卷积不能直接应用于没有网格结构的图数据, 所以有必要将图形变换到具有网格结构的另一个 (频) 谱域。

空间卷积 (例如 GraphSAGE) 是一种基于顶点域 (空间域) 卷积的方法, 它由每个节点的连接关系直接定义。与空间卷积不同, 图卷积中采用谱卷积, 它是一种频 (率) 域方法。

Bruna 等人[13] 利用图拉普拉斯矩阵 $\mathbf{L}$ 首次引入谱域图数据的卷积。这种关于图的谱域的卷积称为谱卷积。

[584] 拉普拉斯矩阵有许多重要的性质, 下面是与图卷积网络有关的两个重要性质。

- 拉普拉斯矩阵为对称矩阵, 可以进行特征值分解 (谱分解), 它对应于图卷积网络的谱域。
- 拉普拉斯矩阵只在中心顶点和一阶连通顶点处有非零元素, 其余元素为 0。

在经典的信号处理中, 时域卷积定理为

$$f(t) * h(t) = \int_{-\infty}^{\infty} \hat{f}(\omega)\hat{h}(\omega)e^{-\mathrm{j}\omega t}\mathrm{d}\omega \tag{7.14.16}$$

频域卷积定理为

$$\hat{f}(\omega) * \hat{h}(\omega) = \int_{-\infty}^{\infty} f(t)h(t)e^{\mathrm{j}\omega t}\mathrm{d}t \tag{7.14.17}$$

由于图信号 $\mathbf{f}$ 没有网格结构, 所以标准卷积无法直接应用于 $\mathbf{f}$。与顶点域的图信号 $\mathbf{f}$ 不同, 图谱域中的频谱图信号 $\hat{\mathbf{f}}$ 却有网格结构, 因此卷积运算直接对 $\hat{\mathbf{f}}$ 适用。谱信号 $\hat{f}(\lambda_\ell)$ 称为顶点信号 $f(i)$ 的内核。

为了引入图信号的卷积, 我们需要在欧几里得结构的标准卷积中寻找正交基而不是基函数 $e^{\pm\mathrm{j}\omega t}$。

由于规一化拉普拉斯矩阵和非规一化拉普拉斯矩阵都是对称的半正定矩阵, 它们允许特征值分解 $\mathbf{L} = \mathbf{U\Lambda U}^{\mathrm{T}}$, 其中 $\mathbf{U} = [\mathbf{u}_1, \cdots, \mathbf{u}_n]$ 是标准正交的特征向量, 而 $\mathbf{\Lambda} = \mathbf{Diag}(\lambda_1, \cdots, \lambda_n)$ 是对应的非负特征值 (谱)$\lambda_1 \geqslant \lambda_2 \geqslant \cdots \geqslant \lambda_n = 0$ 的对角矩阵。特征向量在经典谐波分析中起着傅里叶原子的作用, 特征值可以解释为频率的平方。

考虑在无向、连通、加权图 $G(V,E)$ 上定义的信号, 其中 $G(V,E)$ 由一组有限的顶点 V(其中 $|V| = N$)、一组边 E 和一个加权邻接矩阵 $\mathbf{A}$ 组成。如果存在连接顶点 i 和 j 的边 $e = (i,j)$, 则元素 w_{ij} 表示该边的权重; 否则, $w_{ij} = 0$。如果图 $G(V,E)$ 不是全连通的, 只有 M 个连通部分 $(M > 1)$, 则 $G(V,E)$ 就被分割为 M 个子图 $G_1, \cdots, G_M$, 图 $G(V,E)$ 上的信号被分割为与 M 个连通部分对应的 M 块, 并独立处理每个子图上分离的信号。

定义在图顶点上的信号或函数 $f : V \to \mathbb{R}$ 可以表示成一个向量 $\mathbf{f} \in \mathbb{R}^N$, 其中, 向量 $\mathbf{f}$ 的第 i 分量表示顶点集 V 中第 i 个顶点的函数值。

[585] 假设已知位于 $G(V,E)$ 的顶点上的两个信号 $\mathbf{f} = [f_1, \cdots, f_N]^{\mathrm{T}}$ 和 $\mathbf{h} = [h_1, \cdots, h_N]^{\mathrm{T}}$。通过用特征向量 $\mathbf{u}_i$ 和 $\mathbf{u}_i^*$ 代替 $e^{\pm\mathrm{j}\omega t}$, 可以分别定义图傅里叶变换和图卷积如下[136]。

- 图傅里叶变换: $G(V,E)$ 的顶点上的任何图信号或者函数向量 $\mathbf{f} \in \mathbb{R}^N$ 定义为 $\mathbf{f}$ 使用图拉普拉斯矩阵 $\mathbf{L}$ 的特征向量 $\mathbf{u}_1, \cdots, \mathbf{u}_N$ 的展开, 即有

$$\hat{f}(\lambda_\ell) = \sum_{i=1}^{N} f(i)u_\ell^*(i) \quad 或 \quad \hat{\mathbf{f}} = \mathbf{U}^{\mathrm{H}}\mathbf{f} \tag{7.14.18}$$

式中, $\mathbf{U} = [\mathbf{u}_1, \cdots, \mathbf{u}_N]^{\mathrm{T}}$ 是特征值分解 $\mathbf{L} = \mathbf{U\Lambda U}^{\mathrm{H}}$ 的特征向量组成的矩阵。

- 逆图傅里叶变换为

$$f(i)=\sum_{\ell=0}^{N-1}\hat{f}(\lambda_\ell)u_\ell(i) \quad 或 \quad \mathbf{f}=\mathbf{U}\hat{\mathbf{f}} \tag{7.14.19}$$

- 时域卷积定理 $f(t)*h(t)=\int_{-\infty}^{\infty}\hat{f}(\omega)\hat{h}(\omega)e^{-\mathrm{j}\omega t}d\omega$ 变为图卷积定理

$$f(i)*_G h(i)=\sum_{\ell=0}^{N-1}\hat{f}(\lambda_\ell)\hat{h}(\lambda_\ell)u_\ell(i) \tag{7.14.20}$$

或者写为谱卷积形式

$$\mathbf{f}*_G\mathbf{h}=\mathbf{U}\mathbf{Diag}(\hat{h}_1,\cdots,\hat{h}_N)\hat{\mathbf{f}}=\mathbf{U}\mathbf{Diag}(\hat{h}_1,\cdots,\hat{h}_N)\mathbf{U}^{\mathrm{T}}\mathbf{f} \tag{7.14.21}$$

这使得顶点域的卷积等价于图谱域的乘法。

给定信号 $\mathbf{x}\in\mathbb{R}^N$ 和被 $\boldsymbol{\theta}=[\theta_1,\cdots,\theta_N]^{\mathrm{T}}\in\mathbb{R}^N$ 参数化的滤波器 $\mathbf{g}_{\boldsymbol{\theta}}=\mathbf{Diag}(\theta_1,\cdots,\theta_N)$, 则式 (7.14.21) 中的图谱卷积变为

$$\mathbf{x}*\mathbf{g}_{\boldsymbol{\theta}}=\mathbf{U}\mathbf{g}_{\boldsymbol{\theta}}\mathbf{U}^{\mathrm{T}}\mathbf{x} \tag{7.14.22}$$

式中, $\mathbf{U}$ 是归一化图拉普拉斯矩阵 $\mathbf{L}=\mathbf{I}_N-\mathbf{D}^{-1/2}\mathbf{A}\mathbf{D}^{-1/2}=\mathbf{U}\boldsymbol{\Lambda}\mathbf{U}^{\mathrm{T}}$ 的特征向量矩阵, 其中 $\boldsymbol{\Lambda}$ 为其特征值的对角矩阵, $\mathbf{U}^{\mathrm{T}}\mathbf{x}$ 是 $\mathbf{x}$ 的图傅里叶变换。$\mathbf{g}_{\boldsymbol{\theta}}$ 可以理解为 L 的特征值的函数, 即 $\mathbf{g}_{\boldsymbol{\theta}}(\boldsymbol{\Lambda})$。此特征值函数可以用切比雪夫多项式 $T_k(\mathbf{x})$ 的 K 阶截断展开很好地近似[51, 82] [586]

$$\mathbf{g}_{\boldsymbol{\theta}'}(\boldsymbol{\Lambda})\approx\sum_{k=0}^{K}\theta'_k T_k(\tilde{\boldsymbol{\Lambda}}) \tag{7.14.23}$$

式中, $\tilde{\boldsymbol{\Lambda}}=\frac{2}{\lambda_{\max}}\boldsymbol{\Lambda}-\mathbf{I}_N$, 并且 $\lambda_{\max}$ 表示 L 的最大特征值, $\boldsymbol{\theta}'\in\mathbb{R}^K$ 是切比雪夫系数向量。

由式 (7.14.22) 和式 (7.14.23) 知, 图信号 $\mathbf{x}$ 与滤波器 $\mathbf{g}_{\boldsymbol{\theta}'}$ 的图卷积为[82]

$$\mathbf{x}*\mathbf{g}_{\boldsymbol{\theta}'}\approx\sum_{k=0}^{K}\theta'_k T_k(\tilde{\mathbf{L}})\mathbf{x} \tag{7.14.24}$$

式中, $\tilde{\mathbf{L}}=\frac{2}{\lambda_{\max}}\mathbf{L}-\mathbf{I}_N$ and $T_k(\tilde{\mathbf{L}})=2\tilde{\mathbf{L}}T_{k-1}(\tilde{\mathbf{L}})-T_{k-2}(\tilde{\mathbf{L}})$, 且 $T_0(\tilde{\mathbf{L}})=1$ 和 $T_1(\tilde{\mathbf{L}})=\tilde{\mathbf{L}}$。

在近似 $\lambda\approx 2$ 的情况下, 式 (7.14.24) 简化为

$$\mathbf{x}*\mathbf{g}_{\boldsymbol{\theta}'}\approx\theta'_0\mathbf{x}+\theta'_1(\mathbf{L}-\mathbf{I}_N)\mathbf{x}=\theta'_0\mathbf{x}-\mathbf{D}^{-1/2}\mathbf{A}\mathbf{D}^{-1/2}\mathbf{x} \tag{7.14.25}$$

如果取单个参数 $\theta=\theta'_0=-\theta'_1$, 则式 (7.14.25) 给出下列表示[82]

$$\mathbf{x}*\mathbf{g}_{\boldsymbol{\theta}'}\approx\theta\left(\mathbf{I}_N+\mathbf{D}^{-1/2}\mathbf{A}\mathbf{D}^{-1/2}\right)\mathbf{x} \tag{7.14.26}$$

式中, $\mathbf{I}_N+\mathbf{D}^{-1/2}\mathbf{A}\mathbf{D}^{-1/2}$ 的特征值取值范围为 $[0,2]$。

在式 (7.14.26) 中直接应用迭代将导致数值不稳定, 在深度神经网络模型中

可能导致梯度爆炸或消失。为了缓解这一问题, 需要使用重新规格化技术: $\mathbf{I}_N + \mathbf{D}^{-1/2}\mathbf{A}\mathbf{D}^{-1/2} \to \tilde{\mathbf{D}}^{-1/2}\tilde{\mathbf{A}}\tilde{\mathbf{D}}^{-1/2}$, 其中 $\tilde{\mathbf{A}} = \mathbf{A} + \mathbf{I}_N$ 和 $\tilde{D}_{ii} = \sum_{j=1}^{N} \tilde{A}_{ij}$。

上述定义可以推广到具有 C 个通道的信号 $\mathbf{X} \in \mathbb{R}^{N\times C}$ (即对每个节点, 为 C 维特征向量) 和 F 个滤波器或特征映射, 从而有

$$\mathbf{Z} = \tilde{\mathbf{D}}^{-1/2}\tilde{\mathbf{A}}\tilde{\mathbf{D}}^{-1/2}\mathbf{X}\boldsymbol{\Theta} \tag{7.14.27}$$

式中, $\mathbf{Z} \in \mathbb{R}^{N\times F}$ 是卷积的信号矩阵, $\boldsymbol{\Theta} \in \mathbb{R}^{C\times F}$ 是滤波器参数的矩阵。

[587] 对于半监督的多类分类问题, 损失由所有标记样本的互熵误差定义

$$\mathcal{L} = -\sum_{l\in\mathcal{Y}_L}\sum_{f=1}^{F} Y_{lf} \ln Z_{lf} \tag{7.14.28}$$

其中 $\mathcal{Y}_L$ 是有标签的节点索引集。

对于具有对称邻接矩阵 $\mathbf{A}$ (二进制或加权) 的图上用于半监督节点分类的双层图卷积网络, 前向模型采用简单的形式

$$\mathbf{Z} = f(\mathbf{X}, \mathbf{A}) = \mathrm{softmax}\left(\hat{\mathbf{A}}\mathrm{ReLU}\big(\hat{\mathbf{A}}\mathbf{X}\mathbf{W}^{(0)}\big)\mathbf{W}^{(1)}\right) \tag{7.14.29}$$

式中:

- $\hat{\mathbf{A}} = \tilde{\mathbf{D}}^{-1/2}\tilde{\mathbf{A}}\tilde{\mathbf{D}}^{-1/2}$ 在预处理步骤中计算。
- $\mathbf{W}^{(0)} \in \mathbb{R}^{C\times H}$ 是具有 H 个特征映射的隐层的输入 – 隐层的加权矩阵。
- $\mathbf{W}^{(1)} \in \mathbb{R}^{H\times F}$ 是隐层到输出层的权重矩阵。
- softmax 激励函数定义为 $\mathrm{softmax}(x_i) = \frac{1}{Q}\exp(x_i)$, 其中 $Q = \sum_i \exp(x_i)$, 并按行应用。

图卷积网络具有以下 4 个特征:

- 图卷积网络是卷积神经网络在图域中的自然推广。图卷积广泛适用于具有任何拓扑结构的节点和图形。
- 局部特征: 图卷积网络关注的是以节点为中心的 K 阶邻域内的信息, 这与图神经网络 (GNN) 有本质的区别。
- 一阶特征: 经过许多近似后, 图卷积网络成为一阶模型。也就是说, 单层图卷积网络可以用来处理图中一阶邻域的信息, 多层图卷积网络可以用来处理 K 阶邻域。
- 参数分享: 对于每个节点, 其滤波器参数 $\mathbf{W}$ 是共享的, 这就是为什么称之为图卷积网络的原因之一。

图卷积网络邻域聚集与 GraphSAGE 中基本邻域聚集的比较如下。

- 基本邻域聚集

$$\mathbf{h}_v^k = \sigma\left(\mathbf{W}_k \sum_{u\in\mathcal{N}(v)} \frac{\mathbf{h}_v^{k-1}}{|\mathcal{N}(v)|} + \mathbf{B}_k\mathbf{h}_v^{k-1}\right) \tag{7.14.30}$$

[588] 式中, $\mathbf{h}_v^k$ 是节点 v 在第 k 层的嵌入, $\sigma(\cdot)$ 是非线性激活函数, 求和项表示平均节点 v 的邻域节点 $u \in \mathcal{N}(v)$ 的第 $k-1$ 层中的嵌入, 第二项表示节点 v 在层 $k-1$ 的嵌入。

- 图卷积网络邻域聚集

$$\mathbf{h}_v^k = \sigma\left(\mathbf{W}_k \sum_{u\in\mathcal{N}(v)\cup v} \frac{\mathbf{h}_v^{k-1}}{\sqrt{|\mathcal{N}(u)|\cdot|\mathcal{N}(v)|}}\right) \tag{7.14.31}$$

式中，$\mathbf{W}_k \sum_{u\in\mathcal{N}(v)\cup v}$ 表示节点 v 本身和其邻域嵌入的同一矩阵，$\frac{\mathbf{h}_v^{k-1}}{\sqrt{|\mathcal{N}(u)|\cdot|\mathcal{N}(v)|}}$ 则表示每个邻域的规格化。

7.15 批量规格化网络

批量规格化 (BatchNorm)[74] 是深度学习发展中的一个里程碑式技术, 它使各种网络都能够训练。业已证明[127], 批量规格化从根本上影响了网络训练: 它使相应优化问题的全局更加平滑。这尤其确保梯度更具预测性, 从而允许使用更大范围的学习速率和更快的网络收敛。

7.15.1 批量规格化

考虑这样的层, 它具有 D 维输入 $\mathbf{x} = [x_1, \cdots, x_D]^{\mathrm{T}}$ 和一个全连接矩阵 $\mathbf{W}$, 用于抽取 d 维特征向量 $\mathbf{y} = \mathbf{W}\mathbf{x} = [y_1, \cdots, y_d]^{\mathrm{T}}$, 其中 $d \ll D$。批量规格化 (BatchNorm 或 BN) 通过减少每个层的输入激活分布对前面所有层的依赖性来解决内部协变量移位问题。此目的可以通过规格化每个特征的激活 $\mathbf{y}_i$ 来实现。

假设 T 个特征向量 $\mathbf{y}_1, \cdots, \mathbf{y}_T$, 其中 $\mathbf{y}_i = [y_{i1}, \cdots, y_{id}]^{\mathrm{T}}, i = 1, \cdots, T$。将训练数据集 $\{\mathbf{y}_1, \cdots, \mathbf{y}_T\}$ 分为每批大小为 N 的 K 个小批量数据, 使得 $T = KN$。第 k 个小批量 $\mathcal{B}^{(k)}$ 由批数据 $\mathbf{y}_1^{(k)}, \cdots, \mathbf{y}_N^{(k)}$ 组成

$$\mathcal{B}^{(k)} = \{\mathbf{y}_{1\cdots N}^{(k)}\} = \{\mathbf{y}_1^{(k)}, \cdots, \mathbf{y}_N^{(k)}\} \tag{7.15.1}$$

为了简洁起见, 我们以后省略批量指数 k。

定义 7.19 (批量规格化) [74] 假设已知小批量特征向量 $\mathbf{y}_{1\cdots N} = \{\mathbf{y}_1, \cdots,$ [589]
$\mathbf{y}_N\}$。令小批量向量 $\mathbf{y}_{1\cdots N}$ 的规格化值为 $\hat{\mathbf{y}}_{1\cdots N}$, 它们的线性变换 $\mathbf{z}_{1\cdots N}$ 为

$$\mathbf{z}_{1\cdots N} = \gamma\hat{\mathbf{y}}_{1\cdots N} + \boldsymbol{\beta} \tag{7.15.2}$$

这里 $\boldsymbol{\beta} = \beta\mathbf{1}$ 和

$$\hat{\mathbf{y}}_{1\cdots N} = \frac{\mathbf{y}_{1\cdots N} - \mu_{\mathcal{B}}\mathbf{1}}{\sqrt{\sigma_{\mathcal{B}}^2 + \epsilon}} \tag{7.15.3}$$

式中

$$\mu_{\mathcal{B}} = \frac{1}{N}\sum_{n=1}^{N} y_t \tag{7.15.4}$$

$$\sigma_{\mathcal{B}} = \sqrt{\frac{1}{N}\sum_{n=1}^{N}(y_n - \mu_{\mathcal{B}})^2} \tag{7.15.5}$$

于是，$\hat{\mathbf{y}}_{1\cdots N}$ 称为批量数据 $\mathbf{y}_{1\cdots N}$ 的批量规格化 (BatchNorm), 并且线性变换

$$\mathrm{BN}_{\gamma,\beta} : \mathbf{y}_{1\cdots N} \to \hat{\mathbf{y}}_{1\cdots N} \tag{7.15.6}$$

称为批量规格化变换。

在上面的定义中，γ 和 β 分别是尺度和平移参数, 另一个参数 ϵ 是一个非常小的正数, 以避免 $\sigma_{\mathcal{B}} \approx 0$。

式 (7.15.5) 意味着 BatchNorm 是对整个小批量数据的规格化。这就是为什么式 (7.15.3) 和式 (7.15.5) 称为批量规格化的原因。

图 7.16 示出了两种网络结构的比较。其中, 图 7.16 (a) 是没有 BatchNorm 层的网络; 图 7.16 (b) 是与 (a) 相同的网络, 但在全连接层 $\mathbf{W}$ 之后插入了一个 BatchNorm 层。两个网络中的所有的层参数完全相同, 并且两个网络具有相同的损失函数 $\mathcal{L}$, 即 $\hat{\mathcal{L}} = \mathcal{L}$。

[590]

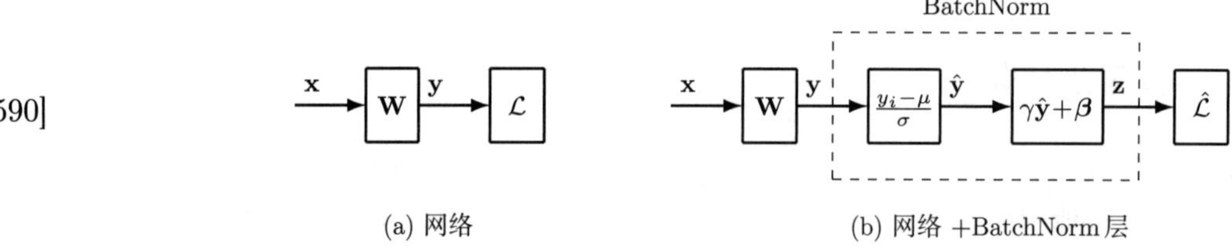

图 7.16　批量数据的两种网络结构比较

假设已知小批量数据的特征向量: $\mathcal{B} = \{\mathbf{y}_1, \cdots, \mathbf{y}_N\}$。BatchNorm 由以下两步组成[74]

$$\boldsymbol{\mu}_{\mathcal{B}} \leftarrow \frac{1}{N}\sum_{n=1}^{N}\mathbf{y}_n \tag{7.15.7}$$

以及

$$\sigma_{\mathcal{B}} \leftarrow \sqrt{\frac{\sum_{n=1}^{N}(\mathbf{y}_n - \boldsymbol{\mu}_{\mathcal{B}})^{\mathrm{T}}(\mathbf{y}_n - \boldsymbol{\mu}_{\mathcal{B}})}{N} + \epsilon} \tag{7.15.8}$$

$$\hat{\mathbf{y}}_n \leftarrow \frac{\mathbf{y}_n - \boldsymbol{\mu}_{\mathcal{B}}}{\sigma_{\mathcal{B}}}, \quad n = 1, \cdots, N \tag{7.15.9}$$

$$\mathbf{z}_n \leftarrow \gamma\hat{\mathbf{y}}_n + \beta\mathbf{1} = \mathrm{BN}(\mathbf{y}_n), \quad n = 1, \cdots, N \tag{7.15.10}$$

根据所要解决的应用问题, 设计损失函数 $\mathcal{L}(\mathbf{y}, \hat{\mathbf{y}}, \mathbf{z}, \gamma, \beta)$, 其中 γ 和 β 是批量规格化中需要学习的参数。

为了学习两个参数 γ 和 β, 在训练期间, 损失函数 $\mathcal{L}$ 的梯度需要通过下面的线性变换 $\mathrm{BN}_{\gamma,\beta} : \mathbf{y}_{1\cdots N} \to \hat{\mathbf{y}}_{1\cdots N}$ 反向传播[74]

$$\frac{\partial \mathcal{L}}{\partial \hat{\mathbf{y}}_i}=\frac{\partial \mathcal{L}}{\partial \mathbf{z}_i}\cdot\gamma \tag{7.15.11}$$

$$\frac{\partial \mathcal{L}}{\partial \sigma_{\mathcal{B}}^2}=\sum_{i=1}^{N}\frac{\partial \mathcal{L}}{\partial \hat{\mathbf{y}}_i}(\mathbf{y}_i-\boldsymbol{\mu}_{\mathcal{B}})\cdot\frac{-1}{2}(\sigma_{\mathcal{B}}^2+\epsilon)^{-3/2} \tag{7.15.12}$$

$$\frac{\partial \mathcal{L}}{\partial \boldsymbol{\mu}_{\mathcal{B}}}=\left(\sum_{i=1}^{N}\frac{\partial \mathcal{L}}{\partial \hat{\mathbf{y}}_i}\cdot\frac{-1}{\sqrt{\sigma_{\mathcal{B}}^2+\epsilon}}\right)+\frac{\partial \mathcal{L}}{\partial \sigma_{\mathcal{B}}^2}\cdot\frac{-\sum_{i=1}^{N}2(\mathbf{y}_i-\boldsymbol{\mu}_{\mathcal{L}})}{N} \tag{7.15.13}$$

$$\frac{\partial \mathcal{L}}{\partial \mathbf{y}_i}=\frac{\partial \mathcal{L}}{\partial \hat{\mathbf{y}}_i}\cdot\frac{1}{\sqrt{\sigma_{\mathcal{B}}^2+\epsilon}}+\frac{\partial \mathcal{L}}{\partial \sigma_{\mathcal{B}}^2}\cdot\frac{2(\mathbf{y}_i-\boldsymbol{\mu}_{\mathcal{B}})}{N}+\frac{\partial \mathcal{L}}{\partial \boldsymbol{\mu}_{\mathcal{B}}}\cdot\frac{1}{N} \tag{7.15.14}$$

$$\frac{\partial \mathcal{L}}{\partial \gamma}=\frac{1}{N}\sum_{i=1}^{N}\frac{\partial \mathcal{L}}{\partial \mathbf{z}_i}\cdot\hat{\mathbf{y}}_i=\frac{1}{N}\sum_{i=1}^{N}\left(\frac{\partial \mathcal{L}}{\partial \mathbf{z}_i}\right)^{\mathrm{T}}\hat{\mathbf{y}}_i \tag{7.15.15}$$

以及 [591]

$$\frac{\partial \mathcal{L}}{\partial \beta}=\frac{1}{N}\sum_{i=1}^{N}\left(\frac{\partial \mathcal{L}}{\partial \mathbf{z}_i}\right)^{\mathrm{T}}\mathbf{1} \tag{7.15.16}$$

在推断期间, 标准的操作是利用滑动平均 $\boldsymbol{\mu}$ 和 σ^2 代替小批量均值 $\boldsymbol{\mu}_{\mathcal{B}}$ 和方差 $\sigma_{\mathbf{B}}^2$, 对激活函数进行规格化[74]

$$\mathbf{z}_{\text{inference}}=\frac{\mathbf{y}-\boldsymbol{\mu}}{\sigma}\cdot\gamma+\beta\mathbf{1} \tag{7.15.17}$$

这一规格化仅与单个输入样本 $\mathbf{y}$ 有关, 而与整个小批量数据无关。

考虑相对于小批量规格化激活函数 z_j 的优化。

- 对损失函数 $\mathcal{L}$, 假定它是 Lipschitz 连续的, 其 Lipschitz 常数 L 在优化中起着关键作用, 因为它控制当进行一次迭代时损失函数的改变量。
- 梯度幅度 $\|\nabla_{z_j}\hat{\mathcal{L}}\|$ 捕获损失函数 $\hat{\mathcal{L}}$ 的 Lipschitz 度。

Santurkar 等人业已证明[127], 在没有任何关于具体权重或损失的假设下, 具有批量规格化激活 $\mathbf{z}_j$ 的优化表现得更好, 包括 Lipschitz 连续性中的有利性质和梯度的可预测性。

1. BatchNorm 对 Lipschitz 度的影响

定理 7.4 [127] 对于一个具有损失函数 $\hat{\mathcal{L}}$ 的 BatchNorm 网络和具有 (相同) 损失 $\mathcal{L}$ 的同一非 BatchNorm 网络, 下面的不等式为真

$$\|\nabla_{z_j}\hat{\mathcal{L}}\|^2\leqslant\frac{\gamma^2}{\sigma_j^2}\left(\|\nabla_{z_j}\mathcal{L}\|^2-\frac{1}{N}\langle\mathbf{1},\nabla_{z_j}\mathcal{L}\rangle^2-\frac{1}{\sqrt{N}}\langle\nabla_{z_j}\mathcal{L},\hat{z}_j\rangle^2\right) \tag{7.15.18}$$

即使 BatchNorm 的缩放与原始层缩放相同 (即 $\gamma=\sigma_j$ 时), 梯度幅度的减小 $\|\nabla_{z_i}\hat{\mathcal{L}}\|\leqslant\frac{\gamma^2}{\sigma_j^2}\|\nabla_{z_i}\mathcal{L}\|$ 也会产生效果。由于梯度幅度 $\|\nabla_{z_j}\hat{\mathcal{L}}\|$ 捕获了损失 $\hat{\mathcal{L}}$ 的 Lipschitz 常数, 所以 BatchNorm 展现了损失 $\mathcal{L}$ 的更好的 Lipschitz 常数。

[592] **2. BatchNorm 对平滑度的影响**

定理 7.5 [127] 令 $\hat{\mathbf{g}}_j = \nabla_{z_j}\mathcal{L}$ 和 $\mathbf{H}_{jj} = \frac{\partial \mathcal{L}}{\partial \mathbf{z}_j \partial \mathbf{z}_j}$ 分别是损失函数相对层输出的梯度向量与 Hessian 矩阵, 则有

$$(\nabla_{z_j}\hat{\mathcal{L}})^{\mathrm{T}}\frac{\partial \hat{\mathcal{L}}}{\partial \mathbf{z}_j \partial \mathbf{z}_j}(\nabla_{z_j}\hat{\mathcal{L}}) \leqslant \frac{\gamma^2}{\sigma^2}(\nabla_{z_i}\hat{\mathcal{L}})^{\mathrm{T}}\mathbf{H}_{jj}(\nabla_{z_j}\hat{\mathcal{L}}) - \frac{\gamma}{N\sigma^2}\langle \hat{\mathbf{g}}_j, \hat{\mathbf{z}}_j\rangle \left\|\frac{\partial \hat{\mathcal{L}}}{\partial \mathbf{z}_j}\right\|^2 \tag{7.15.19}$$

若$\mathbf{H}_{jj}$ 还保留了 $\hat{\mathbf{g}}_j$ 和 $\nabla_{z_j}\hat{\mathcal{L}}$ 的相关范数, 则

$$(\nabla_{z_j}\hat{\mathcal{L}})^{\mathrm{T}}\frac{\partial \hat{\mathcal{L}}}{\partial \mathbf{z}_j \partial \mathbf{z}_j}(\nabla_{z_j}\hat{\mathcal{L}}) \leqslant \frac{\gamma^2}{\sigma^2}\left(\hat{\mathbf{g}}_j^{\mathrm{T}}\mathbf{H}_{jj}\hat{\mathbf{g}}_j - \frac{1}{N\gamma}\langle \hat{\mathbf{g}}_j, \hat{\mathbf{z}}_j\rangle \left\|\frac{\partial \hat{\mathcal{L}}}{\partial \mathbf{z}_j}\right\|\right) \tag{7.15.20}$$

损失 Hessian 矩阵的二次型捕获梯度在当前点附近的泰勒级数展开的二次项。因此, 如果涉及损失 Hessian $\mathbf{H}_{jj}$ 和内积 $\langle \hat{\mathbf{y}}_j, \hat{\mathbf{g}}_j\rangle$ 的二次型函数是非负的 (两个相当温和的假设), 则定理 7.5 意味着, BatchNorm 网络中的损失 Hessian 矩阵的二次型比标准网络中的二次型减小, 因而一阶项 (gradient) 在 BatchNorm 网络中更有预测性。

3. BatchNorm 导致更好的初始化

引理 7.2 [127] 令 $\mathbf{W}^*$ 和 $\hat{\mathbf{W}}^*$ 分别是标准网络和 BatchNorm 网络中权重的局部最优点的集合。对于任意初始值 $\mathbf{W}_0$, 若 $\langle \mathbf{W}^*, \mathbf{W}_0\rangle > 0$, 其中 $\hat{\mathbf{W}}^*$ 和 $\mathbf{W}^*$ 分别是 BatchNorm 网络和标准网络的隐蔽的最优点, 则

$$\|\mathbf{W}_0 - \hat{\mathbf{W}}^*\|^2 \leqslant \|\mathbf{W}_0 - \mathbf{W}^*\|^2 - \frac{1}{\|\mathbf{W}^*\|^2}\left(\|\mathbf{W}^*\|^2 - \langle \mathbf{W}^*, \mathbf{W}_0\rangle\right)^2 \tag{7.15.21}$$

这个引理表明, $\|\mathbf{W}_0 - \hat{\mathbf{W}}^*\|^2 < \|\mathbf{W}_0 - \mathbf{W}^*\|^2$。即是说, BatchNorm 网络与标准网络相比, 任何初始值 $\mathbf{W}_0$ 对隐蔽的最优值 $\hat{\mathbf{W}}^*$ 的影响都更小。换言之, 对 BatchNorm 网络而言, 优化中的初始化更加有利。

[593] 7.15.2 批量规格化的变形与扩展

正如 Ioffe 所指出的[73], 批量规格化激活函数对整个批量数据的依赖使 BatchNorm 有效, 但是此依赖性也是 BatchNorm 缺点的起因。

- 当训练的小批量数据很小时, 均值和方差的估计精度变差。这些误差与网络的深度有关, 会导致其性能下降。
- 如果训练的小批量数据与独立的样本不一致, 那么在训练阶段和推断阶段之间就会产生不同的激活, 从而引发错误的推断。

为了解决上述两个问题, 已提出了批量规格化的几种变形与扩展。这些变形包括批量再规格化、层规格化 (LN)、示例规格化 (IN)、分组规格化 (GN) 等。

1. 批量再规格化 [73]

给定 m 个小批量 $\mathcal{B}_t, \cdots, \mathcal{B}_{t-m+1}$, 其中 t 表示当前时间。小批量统计量 $(\boldsymbol{\mu}_{\mathcal{B}}, \sigma_{\mathcal{B}}^2)$ 的滑动平均记为 $(\boldsymbol{\mu}, \sigma^2)$, 由下式给出

$$\boldsymbol{\mu} = \frac{1}{m}\sum_{i=1}^{m} \boldsymbol{\mu}_{\mathcal{B}_{t-i+1}} \tag{7.15.22}$$

$$\sigma = \frac{1}{m}\sum_{i=1}^{m} \sigma_{\mathcal{B}_{t-i+1}} \tag{7.15.23}$$

如果我们使用滑动平均 $(\boldsymbol{\mu}, \sigma^2)$ 规格化源数据 $\mathbf{y}$, 即可得到其批量规格化 $\hat{\mathbf{y}}$ 和激活 $\mathbf{z}$

$$\hat{y}_i = \frac{y_i - \mu}{\sigma}, \quad z_i = \gamma \hat{y}_i + \beta \tag{7.15.24}$$

这里仍然有一个问题: 当源数据具有不同分布时, 源数据的滑动平均规格化统计量仍然不能表示目标 (或试验) 数据的规格化统计量, 因而不能用于对试验数据进行推断。

为了解决上述问题, 考虑使用小批量统计量 $(\boldsymbol{\mu}_{\mathcal{B}}, \sigma_{\mathcal{B}}^2)$ 进行批量规格化, 并产生激活 [594]

$$\hat{y}_i = \frac{y_i - \mu_{\mathcal{B}}}{\sigma_{\mathcal{B}}} \cdot r + d, \quad z_i = \gamma \hat{y}_i + \beta \tag{7.15.25}$$

式中 r 和 d 是两个待确定的超参数。

显然, 若选择

$$r = \frac{\sigma_{\mathcal{B}}}{\sigma}, \quad d = \frac{\mu_{\mathcal{B}} - \mu}{\sigma} \tag{7.15.26}$$

则式 (7.15.25) 与式 (7.15.24) 相同。

处理非独立同分布和小批量数据, Ioffe[73] 提出式 (7.15.25) 中的参数 r 和 d 用以下两式确定

$$r \leftarrow \text{stop\_gradient}\left(\text{clip}_{[1/r_{\max}, r_{\max}]}\left(\frac{\sigma_{\mathcal{B}}}{\sigma}\right)\right) \tag{7.15.27}$$

$$d \leftarrow \text{stop\_gradient}\left(\text{clip}_{[-d_{\max}, d_{\max}]}\left(\frac{\mu_{\mathcal{B}} - \mu}{\sigma}\right)\right) \tag{7.15.28}$$

其中, 对于给定的训练步骤, 用 stop_gradient 标记的值被视为常量, 并且梯度不会通过它们传播, 并且

$$\text{clip}_{[1/r_{\max}, r_{\max}]}\left(\frac{\sigma_{\mathcal{B}}}{\sigma}\right) = \begin{cases} 1/r_{\max}, & \frac{\sigma_{\mathcal{B}}}{\sigma} < 1/r_{\max} \\ \frac{\sigma_{\mathcal{B}}}{\sigma}, & 1/r_{\max} \leqslant \frac{\sigma_{\mathcal{B}}}{\sigma} \leqslant r_{\max} \\ r_{\max}, & \frac{\sigma_{\mathcal{B}}}{\sigma} > r_{\max} \end{cases} \tag{7.15.29}$$

$$\text{clip}_{[-d_{\max}, d_{\max}]}\left(\frac{\mu_{\mathcal{B}} - \mu}{\sigma}\right) = \begin{cases} -d_{\max}, & \frac{\mu_{\mathcal{B}} - \mu}{\sigma} < -d_{\max} \\ \frac{\mu_{\mathcal{B}} - \mu}{\sigma}, & -d_{\max} \leqslant \frac{\mu_{\mathcal{B}} - \mu}{\sigma} \leqslant d_{\max} \\ d_{\max}, & \frac{\mu_{\mathcal{B}} - \mu}{\sigma} > d_{\max} \end{cases} \tag{7.15.30}$$

基于式 (7.15.27) 中的 r 和式 (7.15.28) 中的 d 的规格化 $\hat{y}_i$ 由 Ioffe[73] 提出，称为特征数据 y_i 的批量再规格化。

算法 7.11 示出了 Ioffe 的批量再规格化[73]。

[595] **算法 7.11** Batch renormalization, applied to activation $\mathbf{y}$ over a mini-batch [73]

1. **input:** Feature vectors $\mathbf{y}$ over a training mini-batch $\mathcal{B} = \{\mathbf{y}_{1\cdots m}\}$; parameters γ, β; current moving mean $\boldsymbol{\mu}$ and standard deviation σ; moving average update rate; maximum allowed correction $r_{\max}, d_{\max}$
2. $\boldsymbol{\mu}_{\mathcal{B}} \leftarrow \frac{1}{m}\sum_{i=1}^{m}\mathbf{y}_i$
3. $\sigma_{\mathcal{B}} \leftarrow \sqrt{\epsilon + \frac{1}{m}\sum_{i=1}^{m}(\mathbf{y}_i - \boldsymbol{\mu}_{\mathcal{B}})^{\mathrm{T}}(\mathbf{y}_i - \boldsymbol{\mu}_{\mathcal{B}})}$
4. $r \leftarrow \text{stop\_gradient}\left(\text{clip}_{[1/r_{\max}, r_{\max}]}\left(\frac{\sigma_{\mathcal{B}}}{\sigma}\right)\right)$
5. $d \leftarrow \text{stop\_gradient}\left(\text{clip}_{[-d_{\max}, d_{\max}]}\left(\frac{\mu_{\mathcal{B}} - \mu}{\sigma}\right)\right)$
6. $\hat{\mathbf{y}}_i \leftarrow \frac{\mathbf{y}_i - \boldsymbol{\mu}_{\mathcal{B}}}{\sigma_{\mathcal{B}}} \cdot r + d\mathbf{1}$
7. $\mathbf{z}_i \leftarrow \gamma\hat{\mathbf{y}}_i + \beta\mathbf{1}$
8. $\boldsymbol{\mu} \leftarrow \boldsymbol{\mu} + \alpha(\boldsymbol{\mu}_{\mathcal{B}} - \boldsymbol{\mu})$// Update moving averages
9. $\sigma \leftarrow \sigma + \alpha(\sigma_{\mathcal{B}} - \sigma)$
10. **output:** $\mathbf{z}_i = \text{BatchRenorm}(\mathbf{y}_i)$; updated $\boldsymbol{\mu}, \sigma$
11. Inference: $\mathbf{z} \leftarrow \gamma \cdot \frac{\mathbf{y} - \boldsymbol{\mu}}{\sigma} + \beta\mathbf{1}$

该算法更新指数衰减的移动平均值 $\boldsymbol{\mu}$ 和 σ, 并利用梯度优化算法优化模型的其他参数, 其中, 梯度由反向传播计算

$$\frac{\partial\mathcal{L}}{\partial\hat{\mathbf{y}}_i} = \frac{\partial\mathcal{L}}{\partial\mathbf{z}_i} \cdot \gamma \tag{7.15.31}$$

$$\frac{\partial\mathcal{L}}{\partial\sigma_{\mathcal{B}}} = \left(\sum_{i=1}^{m}\frac{\partial\mathcal{L}}{\partial\hat{\mathbf{y}}_i}\right)^{\mathrm{T}}(\mathbf{y}_i - \boldsymbol{\mu}_{\mathcal{B}}) \cdot \frac{-r}{\sigma^2} \tag{7.15.32}$$

$$\frac{\partial\mathcal{L}}{\partial\boldsymbol{\mu}_{\mathcal{B}}} = \sum_{i=1}^{m}\frac{\partial\mathcal{L}}{\partial\hat{\mathbf{y}}_i} \cdot \frac{-r}{\sigma_{\mathcal{B}}} \tag{7.15.33}$$

$$\frac{\partial\mathcal{L}}{\partial\mathbf{y}_i} = \frac{\partial\mathcal{L}}{\partial\hat{\mathbf{y}}_i} \cdot \frac{r}{\sigma_{\mathcal{B}}} + \frac{\partial\mathcal{L}}{\partial\sigma_{\mathcal{B}}} \cdot \frac{\mathbf{y}_i - \boldsymbol{\mu}_{\mathcal{B}}}{m\sigma_{\mathcal{B}}} + \frac{\partial\mathcal{L}}{\partial\sigma_{\mathcal{B}}} \cdot \frac{1}{m}\mathbf{1} \tag{7.15.34}$$

$$\frac{\partial\mathcal{L}}{\partial\gamma} = \left(\sum_{i=1}^{m}\frac{\partial\mathcal{L}}{\partial\mathbf{z}_i}\right)^{\mathrm{T}}\hat{\mathbf{y}}_i \tag{7.15.35}$$

$$\frac{\partial\mathcal{L}}{\partial\beta} = \left(\sum_{i=1}^{m}\frac{\partial\mathcal{L}}{\partial\mathbf{z}_i}\right)^{\mathrm{T}}\mathbf{1} \tag{7.15.36}$$

考虑卷积神经网络的批量规格化, BatchNorm 层的输入和输出 (激活) 分别是四维张量 $\mathcal{Y}, \mathcal{Z} \in \mathbb{R}^{N\times C\times H\times W}$, 元素分别是 Y_{nijk} 和 Z_{nijk}。这里, n 是小批量图像的标号, i 是通道的标号, j 和 k 分别跨越空间高度和宽度维度。对于输入图像, 通道对应 RGB 通道。然后, N 是每个批中输入图像的数目, C 是特

征通道的数目，H 和 W 分别是层中激活映射的空间高度和宽度。 [596]

2. 层规格化 (LN)[4]

一层输出的变化往往会导致下一层总输入的高度的变化，特别是对于输出变化很大的 ReLU 单元。为了减少这种“协变量移位”问题，一种简单而有效的方法是确定每一层内的总输入的均值和方差。

对同一层中所有隐藏单元的规格化称为层规格化 (LN)。两个层规格化统计量计算如下

$$\mu_{n,i} = \frac{1}{HW}\sum_{j=1}^{H}\sum_{k=1}^{W} y_{nijk} \tag{7.15.37}$$

$$\sigma_{n,i} = \sqrt{\frac{1}{HW}\sum_{j=1}^{H}\sum_{k=1}^{W}(y_{nijk} - \mu_i)^2} \tag{7.15.38}$$

其中 $i = 1, \cdots, C$。这表明，层规格化通过 C 个通道执行规格化，故得名层规格化。

3. 样本规格化 (IN)[148]

对于小批量中的第 n 幅图像，两个规格化统计量由

$$\mu_n = \frac{1}{CHW}\sum_{i=1}^{C}\sum_{j=1}^{H}\sum_{k=1}^{W} y_{nijk} \tag{7.15.39}$$

$$\sigma_n = \sqrt{\frac{1}{CHW}\sum_{i=1}^{C}\sum_{j=1}^{H}\sum_{k=1}^{W}(y_{nijk} - \mu_n)^2} \tag{7.15.40}$$

给出。这表明，样本规格化执行每幅图像 (即样本) 的规格化，故得名样本规格化 (IN)。

样本规格化也称“对比规格化”。

4. 分组规格化 (GN)[161] [597]

与批量规格化、层规格化、样本规格化不同，分组规格化 (GN)[161] 将 C 个通道分为 G 组，每组含 C/G 通道。分组规格化计算每组内规格化均值和方差

$$\mu_n = \frac{1}{(C/G)HW}\sum_{i=1}^{C/G}\sum_{j=1}^{H}\sum_{k=1}^{W} y_{nijk} \tag{7.15.41}$$

$$\sigma_n = \sqrt{\frac{1}{(C/G)HW}\sum_{i=1}^{C/G}\sum_{j=1}^{H}\sum_{k=1}^{W}(y_{nijk} - \mu_n)^2} \tag{7.15.42}$$

视觉表示的通道并不是完全独立的。因此，分组表示在视觉表示中得到了广泛的应用。例如：

- 标度不变特征变换 (SIFT)[100] 将图像数据变换为与局部特征相关的标度不变坐标。

- 面向梯度的直方图 (HOG) 描述符的网格[20] 显著优于现有的人体检测特征集。

在这些应用中, 每一组通道都是由某种直方图构成的。这些特征通常通过对每个直方图或每个方向进行分组规格化来处理[161]。

分组规格化与层规格化和样本规格化的关系如下:

- 若 $G = 1$, 则式 (7.15.41) 和式 (7.15.42) 分别简化为式 (7.15.39) 和式 (7.15.40), 即 $G = 1$ 的分组规格化与样本规格化相同。
- 当 $G = C$ 时, 式 (7.15.41) 和式 (7.15.42) 分别变为式 (7.15.37) 和式 (7.15.38), 即 $G = C$ 的分组规格化与层规格化等同。

层规格化、样本规格化和分组规格化的共同特点是, 这些规格化都与批量大小 N 无关。

可以将批量规格化 (BN)、层规格化 (LN)、样本规格化 (IN) 和分组规格化 (GN) 的规格化统计量统一表示为

$$\mu_l = \frac{1}{m}\sum_{p\in S} y_{nijk} \tag{7.15.43}$$

$$\sigma_l = \sqrt{\frac{1}{m}\sum_{p\in S}(y_{nijk} - \mu_l)^2} \tag{7.15.44}$$

[598] 式中, S 是 $\{n, i, j, k\}$ 的某个预先设计的子集, l 是 $\{n, i, j, k\} \setminus S$ 的标号。于是, 我们有:

- BN: $S = \{p\} = \{1, \cdots, N\}$ 和 $m = |S| = N$。在这种情况下, $\sum_{p\in S} = \sum_{n=1}^{N}$, 式 (7.15.43) 和式 (7.15.44) 的两个规格化统计量分别为

$$\mu_{\text{BN}}(i, j, k) = \frac{1}{N}\sum_{n=1}^{N} y_{nijk} \tag{7.15.45}$$

$$\sigma_{\text{BN}}(i, j, k) = \sqrt{\frac{1}{N}\sum_{n=1}^{N}(y_{nijk} - \mu_{\text{BN}}(i, j, k))^2} \tag{7.15.46}$$

  它们恰好是批量规格化中的两个规格化统计量。

- LN: $S = \{p\} = (H, W)$ 和 $m = HW$。此种情况下, $\sum_{p\in S} = \sum_{j=1}^{H}\sum_{k=1}^{W}$, 并且式 (7.15.43) 和式 (7.15.44) 的两个规格化统计量分别与式 (7.15.37) 和式 (7.15.38) 给出的规格化统计量相同。
- IN: $S = \{p\} = (C, H, W)$ 和 $m = CHW$。此时, $\sum_{p\in S} = \sum_{i=1}^{C}\sum_{j=1}^{H}\sum_{k=1}^{W}$, 并且式 (7.15.43) 和式 (7.15.44) 的两个规格化统计量分别与式 (7.15.39) 和式 (7.15.40) 给出的规格化统计量等同。
- GN: $S = \{p\} = (C/G, H, W)$ 和 $m = (C/G)HW$。此时, $\sum_{p\in S} = \sum_{i=1}^{C/G}\sum_{j=1}^{H}\sum_{k=1}^{W}$, 并且式 (7.15.43) 和式 (7.15.44) 的两个规格化统计量分别退化为式 (7.15.41) 和式 (7.15.42) 的两个规格化统计量。

7.16 生成对抗网络

在模式识别 (例如, 人脸识别) 和计算机视觉的背景下, 实际上有无限数量的可重复使用的图像和视频来自大的未标记数据集。从大量未标记的数据集中学习可重新使用的特征表示一直是一个活跃的研究课题, 生成对抗网络 (GAN)[38] 就是这样一个研究领域。

7.16.1 生成对抗网络框架

作为一种深度学习模型, 生成对抗网络已经成为学习任意复杂数据分布生成模型的有力框架。生成对抗网络是一个有两个关联模型的对抗博弈: 生成模型和鉴别模型。鉴别模型中的损失函数由于其输出目标相对简单, 易于定义。但对于生成模型, 其损失函数的定义并不容易。定义生成模型损失函数的一个简单而有效的选择是在生成模型中使用鉴别模型作为反馈。这样, 生成模型和鉴别模型便紧密相连。这是 Goodfellow 的生成对抗网络[36] 的基本思想。换句话说, 生成对抗网络的基本思想是在两个玩家之间建立一个博弈。其中一个称为生成器G, 另一个称为对抗性的鉴别器D。

令数据集 $\{\mathbf{x}_1, \cdots, \mathbf{x}_m\}$ 从实际分布 $P_{\text{data}}(\mathbf{x})$ (如自然图像) 采集, 并令 $P_{\mathbf{z}}(\mathbf{z})$ 是输入噪声变量 $\mathbf{z}$ 的先验分布 (如观测的图像)。生成对抗网络的基本结构如图 7.17 所示。其中, 生成器 G 使用随机噪声 $\mathbf{z}$ 生成合成数据 $\hat{\mathbf{x}} = G(\mathbf{z})$, 鉴别器 D 试图辨识合成数据 $\hat{\mathbf{x}}$ 是否为真实数据 $\mathbf{x}$, 即进行真实或虚假的推断。

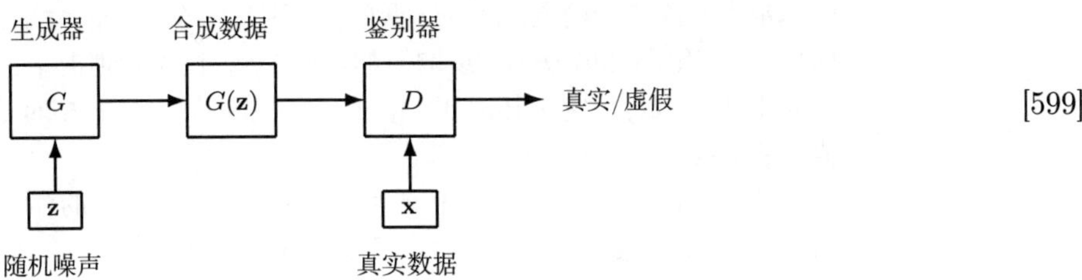

[599]

图 7.17 生成对抗网络的基本结构

生成对抗网络的框架如下。

- 生成器由一个可微分函数 G 直接定义, 它取 $\mathbf{z}$ 作为输入, 用 $\boldsymbol{\theta}_G$ 作参数。当 $\mathbf{z} = (\mathbf{x}_i; \boldsymbol{\theta})$ 从某个简单的先验分布采样时, $G(\mathbf{z}) = G(\mathbf{x}_i; \boldsymbol{\theta})$ 给出从 $P_{\text{model}} = P_G$ 抽取的独立同分布样本 $\mathbf{x}_i$。生成器希望求最大似然估计

$$\begin{aligned}\boldsymbol{\theta}_G^* &= \arg\max_{\boldsymbol{\theta}} \log \prod_{i=1}^{m} P_G(\mathbf{x}_i; \boldsymbol{\theta}) \\ &= \arg\max_{\boldsymbol{\theta}} \sum_{i=1}^{m} \log P_G(\mathbf{x}_i; \boldsymbol{\theta})\end{aligned}$$

$$
\begin{aligned}
&\approx \arg\max_{\boldsymbol{\theta}} E_{\mathbf{x}\sim P_{\text{data}}}[\log P_G(\mathbf{x}_i;\boldsymbol{\theta})]\\
&= \arg\max_{\boldsymbol{\theta}} \int_{\mathbf{x}} P_{\text{data}}(\mathbf{x}) \log P_G(\mathbf{x};\boldsymbol{\theta})\mathrm{d}\mathbf{x} - \arg\max_{\boldsymbol{\theta}} P_{\text{data}}(\mathbf{x}) \int_{\mathbf{x}} \log P_{\text{data}}(\mathbf{x})\mathrm{d}\mathbf{x}\\
&= \arg\max_{\boldsymbol{\theta}} \int_{\mathbf{x}} P_{\text{data}}(\mathbf{x})[\log P_G(\mathbf{x};\boldsymbol{\theta}) - \log P_{\text{data}}(\mathbf{x})]\mathrm{d}\mathbf{x}\\
&= \arg\min_{\boldsymbol{\theta}} \int_{\mathbf{x}} P_{\text{data}}(\mathbf{x}) \log \frac{P_{\text{data}}(\mathbf{x})}{P_G(\mathbf{x};\boldsymbol{\theta})}\mathrm{d}\mathbf{x}\\
&= \arg\min_{\boldsymbol{\theta}} \mathrm{KL}(P_{\text{data}}(\mathbf{x}) \| P_G(\mathbf{x};\boldsymbol{\theta})) \qquad (7.16.1)
\end{aligned}
$$

[600] 生成器 G 试图使鉴别器相信生成的样本来自先前的数据分布。生成器可以被认为是仿冒者, 想制造假币。

- 鉴别器是函数 D, 它以样本 $\mathbf{x}$ 作为输入, 用 $\boldsymbol{\theta}_D$ 作为参数, 并且试图鉴别输入样本究竟是来自数据分布还是来自故意的生成器, 即尽可能准确地鉴别实际样本和生成样本之间的真伪。鉴别器可以想象成类似警察的作用, 让真币流通, 假币被查获。

生成对抗网络框架学习一个生成器和一个对抗性的鉴别器, 生成器将样本从一个任意的潜在分布映射为数据, 鉴别器则试图尽可能准确地区分真实样本和生成的样本。生成器的目标是通过生成尽可能接近真实数据的样本来"愚弄"鉴别器[23]。

因为每个玩家的成本取决于其他玩家的参数, 但是每个玩家又不能控制其他玩家的参数, 所以这个场景最直接的描述为一个博弈, 而不是一个优化问题[36]。一个优化问题的解是一个 (局部) 最小值, 它是参数空间中所有相邻点的成本都大于或等于的点, 而一个博弈的解则是一个 Nash 均衡。在生成对抗网络框架中, 使用局部微分 Nash 均衡的术语[118]。在这种情况下, Nash 均衡是一个二元组 $(\boldsymbol{\theta}_D, \boldsymbol{\theta}_G)$, 它由相对于 $\boldsymbol{\theta}_D$ 的局部最小值 J_D 和相对于 $\boldsymbol{\theta}_G$ 的局部最小值 J_G 组成。

如果将概率分布 $P_G(\mathbf{z})$ 定义为当 $\mathbf{z} \sim P_{\mathbf{z}}(\mathbf{z})$ 时得到的样本 $G(\mathbf{z})$ 的分布, 则当生成器 G 由输入 $\mathbf{z}$ 输出 $\mathbf{x}$ 即 $G(\mathbf{z}) = \mathbf{x}$ 时, 概率分布 $P_G(\mathbf{z})$ 变为 $P_G(\mathbf{x})$。换言之, $P_G(\mathbf{x})$ 可视为由生成器 G 生成 $\mathbf{x}$ 的概率分布, 而 $P_{\text{data}}(\mathbf{x})$ 被定义为数据生成分布。

关于最优分布 $D_G^*(\mathbf{x})$, Goodfellow 等人[38] 证明了下面的命题。

命题 7.1 当生成器 G 固定时, 最优鉴别器 D 为

$$
D_G^*(\mathbf{x}) = \frac{P_{\text{data}}(\mathbf{x})}{P_{\text{data}}(\mathbf{x}) + P_G(\mathbf{x};\boldsymbol{\theta})} \qquad (7.16.2)
$$

利用 $P_G(\mathbf{x})$ 和 $P_{\text{data}}(\mathbf{x})$ 二者的定义, 我们有以下结果:

- $P_G(\mathbf{x};\boldsymbol{\theta}) \leqslant P_{\text{data}}(\mathbf{x})$。
- $E_{\mathbf{x}\sim P_{\text{data}}(\mathbf{x})}\{\log D(\mathbf{x})\}$ 表示鉴别器 D 正确时的对数概率。
- $E_{\mathbf{z}\sim P_{\text{data}}(\mathbf{z})}\big\{\log(1 - D(G(\mathbf{z})))\big\} = E_{\mathbf{x}\sim P_G(\mathbf{x};\boldsymbol{\theta})}\big\{\log(1 - D(\mathbf{x}))\big\}$ 表示鉴别器 D 错误时的对数概率。

在生成对抗网络中，鉴别器 D 被训练，以便最大化对数概率 $E_{\mathbf{x}\sim P_{\text{data}}(\mathbf{x})}\{\log D(\mathbf{x})\}$，并同时训练生成器 G，最小化犯错的鉴别器 D 的对数概率 $E_{\mathbf{z}\sim P_{\mathbf{z}}(\mathbf{z})}\{\log(1-D(G(\mathbf{z})))\}$[38] [601]

$$\min_G \max_D V(D,G) = E_{\mathbf{x}\sim P_{\text{data}}(\mathbf{x})}\{\log D(\mathbf{x})\} + E_{\mathbf{z}\sim P_{\mathbf{z}}(\mathbf{z})}\{\log(1-D(G(\mathbf{z})))\} \tag{7.16.3}$$

这就是说，鉴别器 D 和生成器 G 使用价值函数 $V(D,G)$ 进行两个玩家的极小极大 (minmax) 博弈，他们的解决方案涉及外循环中相对于 G 的最小化，以及内循环中相对于 D 的最大化。重要的是，minmax 博弈之所以最受关注，是因为它易于进行理论分析[36]。

生成对抗网络优化式 (7.16.3) 的小批量随机梯度下降训练见算法 7.12。

算法 7.12 生成对抗网络的小批量随机梯度下降训练[38]

---

1. **input:** The number k of steps to apply to the discriminator
2. **for** number of training iterations **do**
3. **for** k steps **do**
4. Sample mini-batch of m noise samples $\{\mathbf{z}_1,\cdots,\mathbf{z}_m\}$ from noise prior $P_g(\mathbf{z})$
5. Sample mini-batch of m examples $\{\mathbf{x}_1,\cdots,\mathbf{x}_m\}$ from data generating distribution $P_{\text{data}}(\mathbf{x})$
6. Update the discriminator by ascending its stochastic gradient
   $\nabla\boldsymbol{\theta}_d \frac{1}{m}\sum_{i=1}^m [\log D(\mathbf{x}_i) + \log((1-D)(G(\mathbf{z}_i)))]$
7. **end for**
8. Sample mini-batch of m noise samples $\{\mathbf{z}_1,\cdots,\mathbf{z}_m\}$ from noise prior $P_g(\mathbf{z})$
9. Update the generator by descending its stochastic gradient
   $\nabla\boldsymbol{\theta}_g \frac{1}{m}\sum_{i=1}^m \log(1-D(G(\mathbf{z}_i)))$
10. **end for**

鉴别器 D 的训练目标可以解释为最大化对数似然，以估计条件概率 $p(Y=y|\mathbf{x})$，其中 Y 表示 $\mathbf{x}$ 来自 $P_{\text{data}}(\mathbf{x})$ (若 $y=1$) 还是来自 $P_G(\mathbf{x};\boldsymbol{\theta})$ (若 $y=0$)。若记

$$\begin{aligned} C(G) = & \max_D V(D,G) \\ = & E_{\mathbf{x}\sim P_{\text{data}}(\mathbf{x})}\left\{\log \frac{P_{\text{data}}(\mathbf{x})}{P_{\text{data}}(\mathbf{x})+P_G(\mathbf{x};\boldsymbol{\theta})}\right\} + \\ & E_{\mathbf{x}\sim P_G(\mathbf{x};\boldsymbol{\theta})}\left\{\log \frac{P_G(\mathbf{x};\boldsymbol{\theta})}{P_{\text{data}}(\mathbf{x})+P_G(\mathbf{x};\boldsymbol{\theta})}\right\} \end{aligned} \tag{7.16.4}$$

则式 (7.16.3) 中的极小极大博弈可以重新公式化为[38]

$$\min_G C(G) = \min_G \max_D V(D,G) \tag{7.16.5}$$

[602] **定理 7.6**[38] 虚拟训练准则 $C(G)$ 将达到全局最小值, 当且仅当 $P_G(\mathbf{x};\boldsymbol{\theta}) = P_{\rm data}(\mathbf{x})$。在该点, $C(G)$ 的值为 $-\log 4$。

考虑借助最大似然 (ML) 原理工作的生成模型。这里, 似然指的是对于一个包含 m 个训练样本 $\mathbf{x}_i$ 的数据集, 模型分配给训练数据的概率[36]: $\prod_{i=1}^m P_G(\mathbf{x}_i,\boldsymbol{\theta})$。最大似然的原理简单地说就是为模型选择参数 $\boldsymbol{\theta}$, 使训练数据 $\mathbf{x}_1,\cdots,\mathbf{x}_m$ 的可能性最大化。

如式 (7.16.1) 所示, 最大似然估计是使数据生成分布 $P_{\rm data}(\mathbf{x})$ 与模型分布 $P_G(\mathbf{x};\boldsymbol{\theta})$ 之间的 KL 散度最小化。如果此最大似然估计可以求出, 并且 $P_{\rm data}(\mathbf{x})$ 位于分布族 $P_G(\mathbf{x};\boldsymbol{\theta})$, 则模型就能够精确恢复 $P_{\rm data}(\mathbf{x})$。然而, $P_{\rm data}(\mathbf{x})$ 本身只能从包含 m 个样本的训练集估计。此估计记作 $\hat{P}_{\rm data}(\mathbf{x})$, 它是近似 $P_{\rm data}(\mathbf{x})$ 的一种经验分布。最小化 $\hat{P}_{\rm data}(\mathbf{x})$ 与 $P_G(\mathbf{x};\boldsymbol{\theta})$ 之间的 KL 散度与最大化训练集的对数似然二者等价。

令 $V(\boldsymbol{\theta}_D,\boldsymbol{\theta}_G)$ 是指定鉴别器收益 $J_D(\boldsymbol{\theta}_D,\boldsymbol{\theta}_G)$ 的价值函数, 即

$$V(\boldsymbol{\theta}_D,\boldsymbol{\theta}_G) = -J_D(\boldsymbol{\theta}_D,\boldsymbol{\theta}_G) \tag{7.16.6}$$

于是, 生成器 G 的解涉及外循环中相对于 $\boldsymbol{\theta}_G$ 的最小化以及内循环中相对于 $\boldsymbol{\theta}_D$ 的最大化[36]

$$\boldsymbol{\theta}_G^* = \arg\min_{\boldsymbol{\theta}_G}\max_{\boldsymbol{\theta}_D} V(\boldsymbol{\theta}_D,\boldsymbol{\theta}_G) \tag{7.16.7}$$

在原始生成对抗网络的理论中, G 和 D 不是神经网络, 而只是可以生成和鉴别的函数。但是, 在实际应用中, 深度神经网络通常用作 G 和 D。

7.16.2 双向生成对抗网络

生成对抗网络框架可以学习从简单潜在分布到任意复杂数据分布的生成模型映射。然而, 在许多应用中, 生成对抗网络学习逆映射 (将数据投影回潜在空间) 的能力也很重要。当使用生成对抗框架时, 一个自然而然的问题是: 生成对抗网络能否用于任意数据分布的丰富特征表示的无监督学习?

具有正映射和逆映射的生成对抗网络称为双向生成对抗网络 (BiGANs)。这种网络由 Donahue 等人提出[23]。

如图 7.18 所示, 双向生成对抗网络由两部分构成:

- 标准生成对抗网络框架下的生成器 G 将潜在样本 $\mathbf{z}$ 映射为生成的数据 $G(\mathbf{z})$[38]。然后, 输出器二元组 $(G(\mathbf{z}),\mathbf{z})$ 作为两个输入集合之一, 输入给鉴别器 D。
- 编码器 E 将数据 $\mathbf{x}$ 映射为输出 $E(\mathbf{x})$。编码器二元组 $(\mathbf{x},E(\mathbf{x}))$ 作为两个输入集合的另一个, 输入给鉴别器 D。根据两组输入 $(G(\mathbf{z}),\mathbf{z})$ 和 $(\mathbf{x},E(\mathbf{x}))$, 鉴别器 D 产生关于先验数据分布 $p(y)$ 的推断输出。

双向生成对抗网络的鉴别器 D 不仅在数据空间鉴别 ($\mathbf{x}$ 与 $G(\mathbf{z})$), 而且在数据与潜在空间联合鉴别二元组 $(\mathbf{x},E(\mathbf{x}))$ 和 $(G(\mathbf{z}),\mathbf{z})$, 其中, 潜在分量是编码器输出 $E(\mathbf{x})$ 或生成器输入 $\mathbf{z}$。当双向生成对抗网络的编码器 E 学习反转生成器

[603]

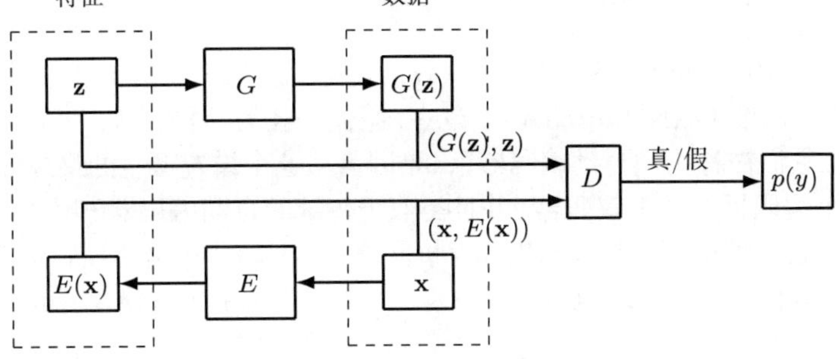

图 7.18　双向生成对抗网络 (BiGAN) 是标准生成对抗网络与编码器的组合[23]

G, 这两个模块不能直接相互“通信”：编码器 E “看不见” 生成器的输出 $G(\mathbf{z})$, 即 $E(G(\mathbf{z}))$ 不是计算的, 反之亦然。

令$\mathbf{x} \in \Omega_{\mathbf{x}}$ 和 $\mathbf{z} \in \Omega_{\mathbf{z}}$, 其中 $\Omega_{\mathbf{x}}$ 与 $\Omega_{\mathbf{z}}$ 分别称为数据空间与潜在空间。双向生成对抗网络不仅训练生成器 G, 而且还额外训练一个编码器 E: $\Omega_{\mathbf{x}} \to \Omega_{\mathbf{z}}$, 并且训练目标函数定义为一个极小极大目标函数[23]

$$\min_{G,E}\max_{D} V(G,E,D) = E_{\mathbf{x}\sim P_{\mathbf{x}}}\Big\{\underbrace{E_{\mathbf{z}\sim P_E(\cdot|\mathbf{x})}\{\log D(\mathbf{x},\mathbf{z})\}}_{\log D(\mathbf{x},E(\mathbf{x}))}\Big\}+$$

$$E_{\mathbf{z}\sim P_{\mathbf{z}}}\Big\{\underbrace{E_{\mathbf{x}\sim P_G(\cdot|\mathbf{z})}\{\log(1-D(\mathbf{x},\mathbf{z}))\}}_{\log(1-D(G(\mathbf{z}),\mathbf{z}))}\Big\} \tag{7.16.8}$$

在视觉特征学习中, 编码器 E 可以接受更高分辨率的输入, 而生成器输出和鉴别器输入保持低分辨率。因此, 通常需要将生成器 G 的输出和编码器 E 的 [604] 输入参数化为不同的、通常较小的空间 $\Omega'_{\mathbf{x}}$ 和 $\Omega'_{\mathbf{z}}$, 而不是直接使用原始数据空间 $\Omega_{\mathbf{x}}$ 和原始潜在空间 $\Omega_{\mathbf{z}}$。

引入:

- 两个广义函数 $g(\mathbf{x}) : \Omega_{\mathbf{x}} \to \Omega'_{\mathbf{x}}$ 和 $g(\mathbf{z}) : \Omega_{\mathbf{z}} \to \Omega'_{\mathbf{z}}$。
- 广义编码器 $E : \Omega_{\mathbf{x}} \to \Omega'_{\mathbf{z}}$。
- 广义生成器 $G : \Omega_{\mathbf{z}} \to \Omega'_{\mathbf{x}}$。
- 广义鉴别器 $D : \Omega'_{\mathbf{x}} \times \Omega'_{\mathbf{z}} \to [0,1]$。

于是, 双向生成对抗网络目标函数可以推广为[23]

$$V(G,E,D) = E_{\mathbf{x}\sim P_{\mathbf{x}}}\Big\{\underbrace{E_{\mathbf{z}'\sim P_E(\cdot|\mathbf{x})}\{\log D(g(\mathbf{x}),\mathbf{z}')\}}_{\log D(g(\mathbf{x}),E(\mathbf{x}))}\Big\}+$$

$$E_{\mathbf{z}\sim P_{\mathbf{z}}}\Big\{\underbrace{E_{\mathbf{x}'\sim P_G(\cdot|\mathbf{z})}\{\log(1-D(\mathbf{x}',g(\mathbf{z})))\}}_{\log(1-D(G(\mathbf{z}),g(\mathbf{z})))}\Big\} \tag{7.16.9}$$

显然, 若 $g(\mathbf{x}) = \mathbf{x}$ 和 $g(\mathbf{z}) = \mathbf{z}$ (从而 $\Omega'_{\mathbf{x}} = \Omega_{\mathbf{x}}$ 和 $\Omega'_{\mathbf{z}} = \Omega_{\mathbf{z}}$), 则上述广义双向生成对抗网络目标函数给出式 (7.16.8) 中的原始双向生成对抗网络目标函数。

7.16.3 变分自动编码器

在第 7.16.1 节和第 7.16.2 节中, 我们讨论了从噪声向量 $\mathbf{z}$ 生成数据点 $\mathbf{x}$ 的两种方法: 标准 GAN 和 BiGAN。现在, 我们关注另一种方法: 变分自动编码器 (VAE)。它们被称为"自动编码器", 是因为从这个设置派生的最终训练目标确实有一个编码器和一个解码器, 并且类似于传统的自动编码器[22]。如图 7.19 所示为差分自动编码器。与双向生成对抗网络 (其编码器输出 $E(\mathbf{x})$ 是双向输入之一) 不同, 自动编码器 E 执行变量 $\mathbf{z}\sim E(\mathbf{x})$, 该变量用作 GAN 中的随机噪声。

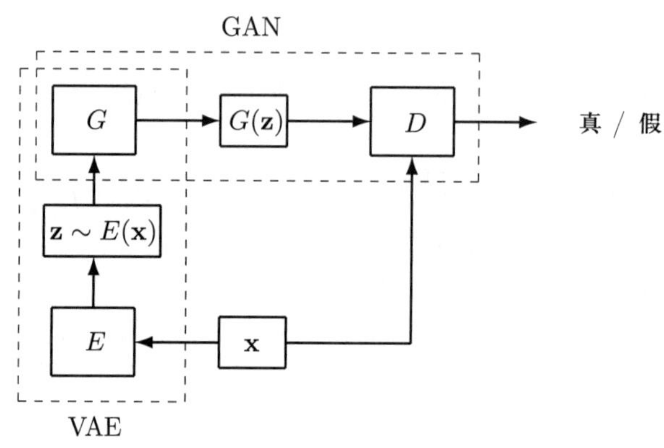

图 7.19 与一个标准生成对抗网络连接的差分自动编码器

[605] "生成建模"是机器学习的一个广泛领域, 它处理分布 $p(\mathbf{x})$ 的模型, 其中 $\mathbf{x}\in X$ 具有某个潜在的高维空间 X。对于图像这种常见的数据, 每一个"数据点"(图像) 都有上千或上百万个维度 (像素), 而生成建模就是以某种方式捕获像素之间的依赖关系, 例如, 附近的像素具有相似的颜色, 并且被组织成对象[22]。

令 $f_{\boldsymbol{\theta}}(\mathbf{z})$ 为生成器 G 中的随机函数族, 由某个空间 Θ 中的固定生成模型参数向量 $\boldsymbol{\theta}$ 参数化。当 $\mathbf{z}$ 是空间 Z 中的随机噪声向量时, 考虑如何使用 $f:Z\times\Theta\to X$ 在 X 中生成数据点 $\mathbf{x}=f_{\boldsymbol{\theta}}(\mathbf{z})\in X$。我们的目标是根据

$$\mathbf{x}=\arg\max_{\mathbf{x}}\left\{P_{\boldsymbol{\theta}}(\mathbf{x})=\int_{\mathbf{z}}f_{\boldsymbol{\theta}}(\mathbf{z})P_{\boldsymbol{\theta}}(\mathbf{z})\mathrm{d}\mathbf{z}\right\}\tag{7.16.10}$$

生成数据点。

由于随机函数 $f_{\boldsymbol{\theta}}(\mathbf{z})$ 难以确定, 所以一种合理的解决方案是使用分布 $P_{\boldsymbol{\theta}}(\mathbf{x}|\mathbf{z})$ 代替 $f_{\boldsymbol{\theta}}(\mathbf{z})$, 这使得我们可以通过使用全概率律使 $\mathbf{x}$ 对 $\mathbf{z}$ 的依赖关系显式化。

于是, 式 (7.16.10) 的最大化变成了在整个生成过程中, 训练集中每个 $\mathbf{x}$ 的概率最大化, 即有[22]

$$\mathbf{x}=\arg\max_{\mathbf{x}}\left\{P_{\boldsymbol{\theta}}(\mathbf{x})=\int_{\mathbf{z}}P_{\boldsymbol{\theta}}(\mathbf{x}|\mathbf{z})P_{\boldsymbol{\theta}}(\mathbf{z})\mathrm{d}\mathbf{z}\right\}\tag{7.16.11}$$

为了求解式 (7.16.11), $\mathbf{z}$ 的样本可以从一个标准高斯分布 $N(\mathbf{0},\mathbf{I})$ 中抽取。

设潜在变量上的先验概率为中心各向同性多变量高斯分布 $P_{\boldsymbol{\theta}}(\mathbf{z})=N(\mathbf{z};\mathbf{0},\mathbf{I})$,

并且 $P_{\boldsymbol{\theta}}(\mathbf{x}|\mathbf{z})$ 为多变量高斯分布 (对于实值数据) 或伯努利分布 (对于二进制数据), 其分布参数利用多层感知器 (MLP)(具有单个隐层的全连接神经网络) 由 $\mathbf{z}$ 计算, 具体如下[79]。

- 伯努利多层感知器作解码器: 使用一个具有单个隐层的完全连接的神经网络由 $\mathbf{z}$ 计算多变量伯努利概率 $P_{\boldsymbol{\theta}}(\mathbf{x}|\mathbf{z})$

$$\log P_{\boldsymbol{\theta}}(\mathbf{x}|\mathbf{z}) = \sum_{i=1}^{D} x_i \log y_i + (1-x_i)\log(1-y_i) \tag{7.16.12}$$

式中

$$\mathbf{y} = f_\sigma(\mathbf{W}_2 \tanh(\mathbf{W}_1 + \mathbf{z} + \mathbf{b}_1) + \mathbf{b}_2) \tag{7.16.13}$$

其中, f_σ 是元素形式的 sigmoid 激活函数, $\boldsymbol{\theta} = \{\mathbf{W}_1, \mathbf{W}_2, \mathbf{b}_1, \mathbf{b}_2\}$ 是多层感知器的权重和偏差向量。

- 高斯多层感知器作编码器和解码器: 编码器或解码器是一个具有对角协方差结构的多变量高斯过程 [606]

$$\log P_{\boldsymbol{\theta}}(\mathbf{x}|\mathbf{z}) = \log N(\mathbf{x}; \boldsymbol{\mu}, \sigma^2\mathbf{I}) \tag{7.16.14}$$

式中

$$\boldsymbol{\mu} = \mathbf{W}_4\mathbf{h} + \mathbf{b}_4 \tag{7.16.15}$$

$$\log\sigma^2 = \|\mathbf{W}_5\mathbf{h} + \mathbf{b}_5\|_2 \tag{7.16.16}$$

$$\mathbf{h} = \tanh(\mathbf{W}_3\mathbf{z} + \mathbf{b}_3) \tag{7.16.17}$$

其中, $\{\mathbf{W}_3, \mathbf{W}_4, \mathbf{W}_5, \mathbf{b}_3, \mathbf{b}_4, \mathbf{b}_5\}$ 是用作解码器时多层感知器和 $\boldsymbol{\theta}$ 的一部分。注意, 当这一网络用作编码器 $q_\phi(\mathbf{z}|\mathbf{x})$ 时, 则 $\mathbf{z}$ 和 $\mathbf{x}$ 被交换, 并且权重和偏差是变分参数 ϕ。

然而, 当使用样本 $\mathbf{z} \sim N(\mathbf{z}; \mathbf{0}, \mathbf{I})$ 计算式 (7.16.11) 时, 存在以下两个问题[22]:

- 如果大量的 $\mathbf{z}$ 值 $\{\mathbf{z}_1, \cdots, \mathbf{z}_n\}$ 从 $N(\mathbf{z}; \mathbf{0}, \mathbf{I})$ 抽取, 那么 $P_{\boldsymbol{\theta}}(\mathbf{x})$ 即可以近似计算为 $P_{\boldsymbol{\theta}}(\mathbf{x}) \approx \frac{1}{n}\sum_{i=1}^{n} P_{\boldsymbol{\theta}}(\mathbf{x}|\mathbf{z}_i)$。一个新的问题随之产生: 在高维空间, n 有可能需要非常大的值, 才能精确估计 $P_{\boldsymbol{\theta}}(\mathbf{x})$。
- 对于大多数 $\mathbf{z}$, $P_{\boldsymbol{\theta}}(\mathbf{x}|\mathbf{z})$ 将接近零, 因而对 $P_{\boldsymbol{\theta}}(\mathbf{x})$ 的估计几乎没有贡献。

变分自动编码器的关键思想是尝试对可能产生 $\mathbf{x}$ 的 $\mathbf{z}$ 值进行采样, 并仅从这些采样值中计算 $P_{\boldsymbol{\theta}}(\mathbf{x})$。这意味着[22], 我们需要一个新的函数 $Q(\mathbf{z}|\mathbf{x})$, 它可以接受 $\mathbf{x}$ 的值, 并在 $\mathbf{z}$ 值上给出一个可能产生 $\mathbf{x}$ 的分布。

$E_{\mathbf{z}\sim Q}P(\mathbf{x}|\mathbf{z})$ 和 $P(\mathbf{x})$ 之间的关系是变分贝叶斯方法的基石之一。对某个任意的 Q(它可能依赖于 $\mathbf{x}$, 也可能不依赖于 $\mathbf{x}$), 定义 Kullback-Leibler 散度

$$\mathrm{KL}[Q(\mathbf{z})\|P(\mathbf{z}|\mathbf{x})] = E_{\mathbf{z}\sim Q}\{\log Q(\mathbf{z}) - \log P(\mathbf{z}|\mathbf{x})\} \tag{7.16.18}$$

利用贝叶斯规则 $P(\mathbf{z}|\mathbf{x}) = \frac{P(\mathbf{x}|\mathbf{z})P(\mathbf{z})}{P(\mathbf{x})}$, 并注意到 $\log P(\mathbf{x})$ 与 $\mathbf{z}$ 无关, 则上述方程变为[22]

$$\mathrm{KL}[Q(\mathbf{z})\|P(\mathbf{z}|\mathbf{x})] = \quad E_{\mathbf{z}\sim Q}\{\log Q(\mathbf{z}) - \log P(\mathbf{x}|\mathbf{z}) - \log P(\mathbf{z})\} + \log P(\mathbf{x}) \tag{7.16.19}$$

[607] 或等价为

$$\log P(\mathbf{x}) - \mathrm{KL}[Q(\mathbf{z})\|P(\mathbf{z}|\mathbf{x})] = E_{\mathbf{z}\sim Q}\{\log P(\mathbf{x}|\mathbf{z}) - \mathrm{KL}[Q(\mathbf{z})\|P(\mathbf{z})]\} \tag{7.16.20}$$

由于我们的兴趣是推断 $P(\mathbf{x})$, 所以构造一个依赖于 $\mathbf{x}$ 的 Q 是有意义的。特别地, 这个 Q 能够使得 $\mathrm{KL}[Q(\mathbf{z})\|P(\mathbf{z}|\mathbf{x})]$ 尽可能小

$$\begin{aligned}&\log P(\mathbf{x}) - \mathrm{KL}[Q(\mathbf{z}|\mathbf{x})\|P(\mathbf{z}|\mathbf{x})]\\ &\quad = E_{\mathbf{z}\sim Q}\{\log P(\mathbf{x}|\mathbf{z}) - \mathrm{KL}[Q(\mathbf{z}|\mathbf{x})\|P(\mathbf{z})]\}\end{aligned} \tag{7.16.21}$$

上式是变分自动编码器的核心[22]。

- 左边有最大化的项 $\log P(\mathbf{x})$, 外加一个误差项 $\mathrm{KL}[Q(\mathbf{z}|\mathbf{x})\|P(\mathbf{z}|\mathbf{x})]$, 它将使 Q 产生的 $\mathbf{z}$ 可以重生已知的 $\mathbf{x}$; 如果 Q 是大容量的, 则误差项将很小。
- 右边是通过随机梯度下降进行优化的结果, 给出了正确的 Q(尽管它尚待证明)。

结论: Q 是将 $\mathbf{x}$ "编码" 为 $\mathbf{z}$, 而 P 是对 $\mathbf{z}$ 的 "解码", 以重构 $\mathbf{x}$。

本章小结

- 本章介绍了神经网络 (分类) 树。
- 神经网络的目标是利用具有分层结构的网络来实现机器学习。
- 神经网络分为两大类型: 欧几里得结构模型学习的神经网络和非欧几里得结构模型学习的神经网络。
- 本章重点介绍了神经网络的研究主题和进展: 卷积神经网络、丢弃学习、自动编码器、极限学习机、图嵌入、流形学习、网络嵌入、图域神经网络、批量规格化网络, 以及生成对抗网络。

参考文献

[1] Ackley D. H., Hinton G. E., Sejnowski T. J.: A learning algorithm for boltzmann machines. Cognitive science, **9**(1): 147–169 (1985)

[2] Aghdam H. H., Heravi E. J.: *Guide to Convolutional Neural Networks*. Berlin: Springer (2017)

[3] Akata Z., Thurau C., Bauckhage, C.: Non-negativematrix factorization in multimodality data for segmentation and label prediction. In: Proc. 16th Computer vision winter workshop (2011)

[608] [4] Ba J. L., Kiros J. R., Hinton G. E.: Layer normalization. Available at: arXiv:

1607.06450 (2016)

[5] Baldi P., Sadowski P.: The dropout learning algorithm. Artificial Intelligence, **210**: 78–122 (2014)

[6] Belkin M., Niyogi P.: Laplacian eigenmaps and spectral techniques for embedding and clustering. In: Proceedings of the 14th International Conference on Neural Information Processing Systems: Natural and Synthetic, pp. 585–591 (2001)

[7] Belkin M., Niyogi P.: Laplacian eigenmaps for dimensionality reduction and data representation. Neural Computation, **15**(6): 1373–1396 (2003)

[8] Bengio Y.: Learning deep architectures for AI. Foundations and Trends in Machine Learning, **2**(1): 1–127 (2009)

[9] Bengio Y., Lamblin P., Popovici D., Larochelle H.: Greedy layer-wise training of deep networks. In: Conference on Advances in Neural Information Processing Systems (NIPS), vol. **19**: 153–160 (2007)

[10] Bengio Y., Courville, A., Vincent, P.: Representation learning: A review and new perspectives. IEEE Trans. Pattern Analysis and Machine Intelligence, **35**(8): 1798–1828 (2013)

[11] Bergstra J., Guillaume D., Pascal L., Yoshua B.: Quadratic polynomials learn better image features. Technical Report 1337. Département d'Informatique et de Recherche Opérationnelle, Université de Montréal (2009)

[12] Bourlard H., Kamp Y.: Auto-association by multilayer perceptrons and singular value decomposition. Biological Cybernetics, **59**: 291–294 (1988)

[13] Bruna J., Zaremba W., Szlam A., LeCun Y.: Spectral networks and locally connected networks on graphs. Available at: https: //arXiv: 1312.6203v3 (2014)

[14] Cai H., Zheng V. W., Chang K. C. -C: A comprehensive survey of graph embedding: Problems, techniques, and applications. IEEE Trans. Knoeledge and Data Engineering, **30**(9): 1616–1677 (2018)

[15] Carreira-Perpinan M. A., Hinton G. E.: On contrastive divergence learning. In: Cowell R. G., Ghahramani Z. (eds.) Proc. the Tenth International Workshop on Artificial Intelligence and Statistics (AISTATS'05), Society for Artificial Intelligence and Statistics, pp. 33–40 (2005)

[16] Clevert D. -A., Unterthiner T., Hochreiter S.: Fast and accurate deep network learning by exponential linear units (ELUs). In: Proc. the International Conference on Learning Representations (ICLR) (2016)

[17] Coates, A., Lee, H., Ng, A.Y.: An analysis of single-layer networks in unsupervised feature learning. In: Proceedings of the 14th International Conference on AI and Statistics, pp. 215–223 (2011)

[18] Coates A., Ng A. Y.: Learning feature representations with K-means. In: Montavon G., Orr G. B., Müller K. -R. (eds.) *Neural Networks: Tricks of the Trade.* 2nd ed. Berlin: Springer, pp. 561–580 (2012)

[19] Cui P., Wang X., Pei J., Zhu W.: A survey on network embedding. IEEE Trans. Knowledge and Data Engineering (2018)

[20] Dalal N. Triggs B.: Histograms of oriented gradients for human detection. In: Proc. International Conference on Computer Vision and Pattern Recognition (CVPR), pp. 886–893 (2005)

[21] Dhillon I. S., Modha D. M.: Concept decompositions for large sparse text data using clustering. Machine Learning, **42**(1): 143–175 (2001)

[22] Doersch C.: Tutorial on variational autoencoders. Available at: arXiv: 1606.05908v2 (2016)

[23] Donahue J., Krähenbühl P., Darrell T.: Adversarial feature learning. In: Proceedings of the International Conference on Learning Representations. ICLR (2017)

[24] Donoho D. L., Grimes C.: Hessian eigenmaps: Locally linear embedding techniques for high-dimensional data. National Academy of Sciences, **100**(10): 5591–5596 (2003)

[25] Du B., Xiong W., Wu J., Zhang L. F., Zhang L. P., Tao D.: Stacked convolutional denoising auto-encoders for feature representation. IEEE Trans. Cybernetics, **47**(4): 1017–1027 (2017)

[26] Duchi J., Shalev-Shwartz S., Singer Y., Tewari A.: Composite objective mirror descent. In: Proc. the Twenty Third Annual Conference on Computational Learning Theory (2010)

[609] [27] Duchi J., Hazan E., Singer Y.: Adaptive subgradient methods for online learning and stochastic optimization. J. Machine Learning Research, **12**: 2121–2159 (2011)

[28] Duvenaud D. K., Maclaurin D., Iparraguirre J., Bombarell R., Hirzel T., Aspuru-Guzik A., Adams R. P.: Convolutional networks on graphs for learning molecular fingerprints. In: Advances in Neural Information Processing Systems (NIPS), pp. 2224–2232 (2015)

[29] Elman J. L.: Finding structure in time. Cognitive science, **14**(2): 179–211 (1990)

[30] Faul A. C., Tipping M. E.: Analysis of sparse Bayesian learning. In: Dietterich T. G., Becker S., Ghahramani Z. (eds). Advances in Neural Information Processing (NIPS 14), pp. 383–389 (2002)[Online]

[31] Ferreira A., Giraldi G.: Convolutional Neural Network approaches to granite tiles classification. Expert Systems with Applications, **84**: 1–11 (2017)

[32] Fukushima K.: Neocognitron: A self-organizing neural network model for a mechanism of pattern recognition unaffected by shift in position. Biological cybernetics, **36**(4): 193–202 (1980)

[33] Gers F. A., Schmidhuber J.: LSTM recurrent networks learn simple context free and context sensitive languages. IEEE Trans. Neural Networks, **12**(6): 1333–1340 (2001)

[34] Gers F. A., Schraudolph N., Schmidhuber J.: Learning precise timing with LSTM recurrent networks. J. Machine Learning Research, **3**: 115–143 (2002)

[35] Gilmer J., Schoenholz S.S., Riley P. F., Vinyals O., Dahl G. E.: Neural message passing for quantum chemistry. In: Proc. the 34th International Conference on Machine Learning, PMLR 70 (2017)

[36] Goodfellow I.: NIPS 2016 Tutorial: Generative Adversarial Networks. Available at: arXiv: 1701.00160v4 [cs.LG] (2017)

[37] Goodfellow, I. J., Warde-Farley, D., Mirza, M., Courville, A., Bengio, Y.: Maxout networks. In: Proceedings of the International Conference on Machine Learning(ICML), pp. 1319–1327 (2013)

[38] Goodfellow I., Pouget-Abadie J., Mirza M., Xu B., Warde-Farley D., Ozair S., Courville A., Bengio Y.: Generative adversarial nets. In: Proceeding of the Advances in Neural Information Processing Systems (NIPS), pp. 2672–2680 (2014)

[39] Goodfellow I. J., Bengio Y., Courville A.: *Deep Learning*. Cambridge: MIT Press (2016)

[40] Gori M., Monfardini G., Scarselli F.: A new model for learning in graph domains. In: Proc. 2005 IEEE International Joint Conference on Neural Networks., vol. 2: 729–734 (2005)

[41] Goyal P., Ferrara E.: Graph embedding techniques, applications, and performance: a survey. Knowledge-Based Systems, **151**: 78–94 (2018)

[42] Graves A.: Sequence transduction with recurrent neural networks. In ICML Representation Learning Worksop (2012)

[43] Graves A.: Long short-term memory. In: *Supervised Sequence Labelling with Recurrent Neural Networks*. Berlin: Springer. pp. 37–45 (2012)

[44] Graves A.: Generating sequences with recurrent neural networks (2013)

[45] Graves A., Schmidhuber J.: Framewise phoneme classification with bidirectional LSTM and other neural network architectures.Neural Networks, **18**: 602–610 (2005)

[46] Graves A., Fernandez S., Gomez F., Schmidhuber J.: Connectionist temporal classification: Labelling unsegmented sequence data with recurrent neural networks. In: Proc. of the 23rd International Conference on Machine Learning (ICML), pp. 369–376 (2006)

[47] Graves A., Mohamed A., Hinton G.: Speech recognition with deep recurrent neural networks. In: Proceedings of the IEEE International Conference on Acoustics, Speech and Signal Processing. ICASSP 13, pp. 6645–6649 (2013)

[48] Gu J., Wang Z., Kuen J., Ma L., Shahroudy A., Shuai B., Liu T., Wang X., Wang G., Cai J., Chen T.: Recent advances in convolutional neural networks. Pattern Recognition, **77**: 354–377 (2018)

[49] Hadsell R., Chopra S., LeCun Y.: Dimensionality reduction by learning an invariant mapping. In: Proc. the 2006 IEEE Computer Society Conference on Computer Vision and Pattern Recognition (IEEE CVPR'06), pp. 1735–1742 (2006)

[50] Hamilton W. I., Ying R., Leskovec J.: Inductive representation learning on large [610]
graphs. In: Proc. 31st Conference on Neural Information Processing Systems (NIPS 2017)(2017)

[51] Hammond D. K., Vandergheynst P., Gribonval R.: Wavelets on graphs via spectral graph theory. Applied and Computational Harmonic Analysis, **30**(2): 129–150 (2011)

[52] Haykin S.: *Neural Networks: A Comprehensive Foundation*. New York: Macmillan Colledge Publishing Company (1994)

[53] He X., Niyogi P.: Locality Preserving Projections. In: Proc. of the 16th International Conference on Neural Information Processing Systems 16, pp. 153–160 (2003)

[54] He X., Cai D., Yan S., Zhang H. -J.: Neighborhood preserving embedding. In: Proc. Tenth IEEE International Conference on Computer Vision (ICCV'05) Volume 1 (2005)

[55] He K., Zhang X., Ren S., Sun J.: Delving deep into rectifiers: Surpassing human-level performance on imagenet classification. In: Proc. the International Conference on Computer Vision (ICCV), pp. 1026–1034 (2015)

[56] He K., Zhang X., Ren S., Sun R.: Spatial Pyramid Pooling in Deep Convolutional Networks for Visual Recognition. IEEE Trans. Pattern Analysis and Machine Intelligence, **37**(9): 1904–1916 (2015)

[57] Hebb D. O.: *The Organization of Behavior: A Neuropsychological Theory*. London: Psychology Press (1949)

[58] Hinton G. E.: Training products of experts by minimizing contrastive divergence. Neural Computation, **14**(8): 1771–1800 (2002)

[59] Hinton G. E.: A practical guide to training restricted Boltzmann machines (Version 1). UTML TR 2010-003, pp. 1–20 (2010)

[60] Hinton G. E., Zemel R. S.: Autoencoders, minimum description length, and Helmholtz free energy. In: Neural Information and Processing Systems (1993)

[61] Hinton G. E., Osindero S., Teh Y. -W.: A fast learning algorithm for deep belief nets. Neural Computation, **18**: 1527–1554 (2006)

[62] Hinton G. E., Srivastava N., Krizhevsky A., Sutskever I., Salakhutdinov R. R.: Improving neural networks by preventing co-adaptation of feature detectors. arXiv preprint arXiv: 1207.0580 (2012)

[63] Hochreiter S., Schmidhuber J.: Long short-term memory. Neural Computation, **9**(8): 1735–1780 (1997)

[64] Hodgkin A. L., Huxley A. F.: A quantitative description of membrane current and its application to conduction and excitation in nerve. J. Physiol. **117**(4): 500–544 (1952)

[65] Hopfield J. J.: Neural networks and physical systems with emergent collective computational abilities. National Academy of Sciences, **79**(8): 2554–2558 (1982)

[66] Hornik K.: Approximation capabilities of multilayer feedforward networks. Neural Netw., **4**: 251–257 (1991)

[67] Hosseini-Asl E., Zurada J. M., Nasraoui O.: Deep learning of part-based representation of data using sparse autoencoders with nonnegativity constraints. IEEE Trans. Neural Networks and Learning Ststems, **27**(12): 3486–3498 (2016)

[68] Hu Y., Fan J., Wang J.: Classification of PolSAR images based on adaptive nonlocal stacked sparse autoencoder. IEEE Geoscience and Remote Sensing Letters, **15**(7): 1050–1054 (2018)

[69] Huang G. -B., Babri H. A.: Upper bounds on the number of hidden neurons in feedforward networks with arbitrary bounded nonlinear activation functions. IEEE Trans. Neural Networks, **9**(1): 224–229 (1998)

[70] Huang G. -B., Zhu Q. -Y., Siew C. -K.: Extreme learning machine: Theory and applications.Neurocomputing, **70**(1–3): 489–501 (2006)

[71] Huang G. -B., Zhou H., Ding X., Zhang R.: Extreme learning machine for regression and multiclass classification. IEEE Trans. Syst., Man, and Cybernetics – PART B: Cybernetics, **42**(2): 513–529 (2012)

[72] Hyvärinen A., Köster U.: Complex cell pooling and the statistics of natural images. Network, **18**(2): 81–100 (2007)

[73] Ioffe A.: Batch renormalization: Towards reducing minibatch dependence in [611]
batch-normalized models. In: Proc. 31st Conference on Neural Information Processing Systems (NIPS 2017)(2017)

[74] Ioffe A., Szegedy C.: Banch normalization: Accelerating deep network training by reducing internal covariate shift. In Proc. of the 32nd International Conference on Machine Learning (ICML-15), pp. 448–456 (2015)

[75] Jordan M. I.: Serial order: a parallel distributed processing approach. Advances in psychology, **121**: 471–495 (1986)

[76] Katz L.: A new status index derived from sociometric analysis. Psychometrika, **18**(1): 39–43 (1953)

[77] Ketkar N.: *Deep Learning with Python*. Berlin: Springer (2017)

[78] Khamsi M. A., Kirk W. A.: An Introduction to Metric Spaces and Fixed Point Theory, vol. 53. Hoboken: John Wiley & Sons (2011)

[79] Kingma D. P., Welling M.: Auto-encoding variational bayes. Available at: arXiv: 1312.6114v10 (2014)

[80] Kingma D. P., Mohamed S., Rezende D. J., Welling M.: Semisupervised learning with deep generative models. In: Advances in Neural Information Processing Systems, pp. 3581–3589 (2014)

[81] Kipf T. N., Welling M.: Variational graph auto-encoders. In NIPS Workshop on Bayesian Deep Learning (2016)

[82] Kipf T. N., Welling M.: Semi-supervised classification with graph convolutional networks. In: Proceedings of the International Conference on Learning Representations(ICLR) (2017)

[83] Kohonen T.: Automatic formation of topological maps of patterns in a self-organizing system. In: Proc. 2nd Scandinavian Conf. on lmage Analysis, pp. 214–220 (1981)

[84] Krizhevsky A., Sutskever I., Hinton G. E.: ImageNet classification with deep convolutional neural networks. In: Advances in Neural Information Processing Systems (NIPS), vol. 25: 1097–1105 (2012)

[85] Kruskal J. B.: Multidimensional scaling by optimizing goodness of fit to a non-metric hypothesis. Psychometrika, **29**(1): 1–26 (1964)

[86] Kruskal J. B.: Nonmetric multidimensional scaling: a numerical method. Psychometrika, **29**(2): 115–129 (1964)

[87] Langville A. N., Meyer C. D., Albright R., Cox J., Duling D.: Algorithms, initializations, convergence for the nonnegative matrix factorization. SAS Technical Report, ArXiv: 1407.7299 (2014)

[88] Le Cun B. B., Denker J. S., Henderson D., Howard R. E., Hubbard W., D Jackel L. D.: Handwritten digit recognition with a back-propagation network. In: Proceedings of the Advances in neural information processing systems. Citeseer, 1990.

[89] LeCun Y., Bottou L., Bengio Y., Haffner P.: Gradient-based learning applied to document recognition. Proc. IEEE, **86**(11): 2278–2324 (1998)

[90] LeCun Y., Bottou L., Orr G., Muller K.: Efficient backprop. In: Orr G., Muller K. (eds) *Neural Networks: Tricks of the Trade*. Berlin: Springer (1998)

[91] Lee D. D., Seung H. S.: Learning the parts of objects by non-negative matrix factorization. Nature, **401**: 788–791 (1999)

[92] Lee H., Grosse R., Ranganath R., Ng A. Y.: Convolutional deep belief networks for scalable unsupervised learning of hierarchical representations. In: Proc. the 26th Annual International Conference on Machine Learning, pp. 609–616 (2009)

[93] Leshno M., Lin V. Y., Pinkus A., Schocken S.: Multilayer feedforward networks with a nonpolynomial activation function can approximate any function. Neural Networks, **6**: 861–867 (1993)

[94] Lewis D. D.: Naive (Bayes) at forty: The independence assumption in information retrieval. In: Proc. European conference on machine learning (1998)

[95] Li Y. Tarlow D., Brockschmidt M., Zemel R.: Gated graph sequence neural networks. In: Proceedings of the International Conference on Learning Representations(ICLR) (2016)

[612] [96] Lin J., Morere O., Chandrasekhar V., Veillard A., Goh H.: Deephash: getting regularization, depth and fine-tuning right. In: Proc. the 2017 ACM on International Conference on Multimedia Retrieval (ICMR), pp. 133–141 (2017)

[97] Liou C. -Y., Cheng W. -C., Liou J. -W., Liou D. -R.: Autoencoder for words. Neurocomputing, **139**: 84–96 (2014)

[98] Liu H., Tian Y., Yang Y., Pang L., Huang T.: Deep relative distance learning: tell the difference between similar vehicles. In: Proc. the IEEE Conference on Computer Vision and Pattern Recognition (CVPR), pp. 2167–2175 (2016)

[99] Liu W., Wen Y., Yu Z., Yang M.: Large-margin softmax loss for convolutional neural networks. In: Proc. the 33rd International Conference on Machine Learning (ICML), pp. 507–516 (2016)

[100] Lowe D. G.: Distinctive image features from scale-invariant keypoints. International journal of computer vision, **60**(2): 91–110 (2004)

[101] Luo D., Ding C., Nie F., Huang H.: Cauchy graph embedding. In: Proc. the 28th International Conference on Machine Learning (2011)

[102] Maas A. L., Hannun A. Y., Ng A. Y.: Rectifier nonlinearities improve neural network acoustic models. In: Proc. the 30th International Conference on Machine Learning (ICML), **30**(1) (2013)

[103] Masci J., Meier U., Ciresan D., Schmidhuber J.: Stacked convolutional autoencoders for hierarchical feature extraction. In: Proc. the 21st International Conference on Artificial Neural Networks, Part I, pp. 52–59 (2011)

[104] McCallum A., Nigam K.: A comparison of event models for naive bayes text classification. In: Proc. AAAI-98 Workshop on Learning for Text Categorization (1998)

[105] McCulloch W. S., Pitts W.: A logical calculus of the ideas immanent in nervous activity. The Bulletin of Mathematical Biophysics, **5**(4): 115–133 (1943)

[106] Nair V., Hinton G. E.: Rectified linear units improve restricted Boltzmann machines. In: Proc. the 27th International Conference on Machine Learning (ICML), pp. 807–814 (2010)

[107] Nesterov Y.: Primal-dual subgradient methods for convex problems. Mathematical Programming, **120**(1): 221–259 (2009)

[108] Newman M. E.: Modularity and community structure in networks. National Academy of Sciences, **103**(23): 8577–8582 (2006)

[109] Ng A.: Sparse autoencoder. CS294A Lecture Notes (2011)

[110] Nguyen T. R., Grishman R.: Combining neural networks and log-linear models to improve relation extraction. Available at https: //arXiv: 1511.05926v1 (2015)

[111] Ou M., Cui P., Pei J., Zhang Z., Zhu W.: Asymmetric transitivity preserving graph embedding. In: Proceedings of the KDD' 16 Proc. the 22nd ACM SIGKDD International Conference on Knowledge Discovery and Data Mining, pp. 1105–1114 (2016)

[112] Pascanu R., Mikolov T., Bengio Y.: On the difficulty of training recurrent neural networks. In: Proc. the 30th International Conference on Machine Learning (ICML), pp. 1310–1318 (2013)

[113] Pearlmutter B. A.: Gradient calculations for dynamic recurrent neural networks: A survey. IEEE Trans. Neural Networks, **6**(5): 1212–1228 (1995)

[114] Perozzi B., Al-Rfou R., Skiena S.: DeepWalk: Online learning of social representations. In: Proc. of the 20th ACM SIGKDD International Conference on Knowledge Discovery and Data Mining, pp. 701–710 (2014)

[115] Ranzato M., Poultney C., Chopra S., LeCun Y.: Efficient learning of sparse representations with an energy-based Model. In: Proc. 19th International Conference on Neural Information and Processing Systems, pp. 1137–1144 (2006)

[116] Ranzato C. P. M., Chopra S., LeCun Y.: Efficient learning of sparse representations with an energy-based model. In: Proc. the 2007 Advances in Neural Information Processing Systems, pp. 1137–1144 (2007)

[117] Ranzato M., Huang F. J., Boureau Y. -L., LeCun Y.: Unsupervised learning of [613]
invariant feature hierarchies with applications to object recognition. In: Proc. the 2007 Conference on Computer Vision and Pattern Recognition, IEEE, pp. 1–8 (2007)

[118] Ratliff L. J., Burden S. A., Sastry, S. S.: Characterization and computation of local nash equilibria in continuous games. In 51st Annual Allerton Conference on Communication, Control, and Computing (Allerton), pp. 917–924 (2013)

[119] Rifai S., Vincent P., Muller X., Glorot X., Bengio Y.: Contractive auto-encoders: Explicit invariance during feature extraction. In: Proc. International Conference on Machine Learning, pp. 833–840 (2011)

[120] Rippel O., Snoek J., Adams R. P.: Spectral representations for convolutional neural networks. In: Proc. the Advances in Neural Information Processing Systems (NIPS), pp. 2449–2457 (2015)

[121] Rosenblatt F.: The perceptron: A probabilistic model for information storage and organization in the brain.Psychological Review, **65**(6): 386 (1958)

[122] Roweis S., Saul L.: Nonlinear dimensionality reduction by locally linear embedding. Science, **290**(5500): 2323–2326 (2000)

[123] Rumelhart D. E., Hinton G. E., Williams R. J.: Learning representations by backpropagating errors. Nature, **323**(6088): 533–536 (1986)

[124] Salakhutdinov R., Hinton G. E.: Deep Boltzmann machines. In: Proc. of the 13th International Conf. on Artificial Intelligence and Statistics (AISTATS), vol. 1: 3 (2009)

[125] Salakhutdinov R., Mnih A., Hinton G. E.: Restricted Boltzmann machines for collaborative filtering. In: Proc. of the 24th International Conference on Machine Learning, pp. 791–798 (2007)

[126] Salehinejad H., Sankar S., Barfett J., Colak E., Valaee S.: Recent advances in Recurrent Neural Networks.arXiv: 1801.01078v3 [cs.NE] (2018)

[127] Santurkar S., Tsipras D., Ilyas A., Madry A.: How does batch normalization help optimization. In: Proc. Advances in Neural Information Processing Systems 31 (NIPS 2018) (2018)

[128] Saul L. K., Roweis S. T.: Think globally, fit locally: unsupervised learning of low dimensional manifolds. Journal of Machine Learning Research, **4**: 119–155 (2003)

[129] Scarselli F., Gori M., Tsoi A. C., Hagenbuchner M., Monfardini G.: The graph neural network model. IEEE Trans.Neural Networks, **20**(1): 61–80 (2009)

[130] Schmidhuber J.: Deep learning in neural networks: an overview. Neural Networks, **61**: 85–117 (2015)

[131] Schroff F., Kalenichenko D., Philbin J.: Facenet: a unified embedding for face recognition and clustering. In: Proc.the IEEE Conference on Computer Vision and Pattern Recognition (CVPR), pp. 815–823 (2015)

[132] Schuster M., Paliwal K. K.: Bidirectional recurrent neural networks. IEEE Trans. Signal Processing, **45**(11): 2673–2681 (1997)

[133] Shepard R. N.: Stimulus and response generalization: deduction of the generalization gradient from a trace model. Psychol. Rev., **55**: 242–256 (1958)

[134] Shepard R. N.: Multidimensional scaling, tree-fitting, and clustering. Science, **210**(24): 390–398(1980)

[135] Shi J., Chen Z., Wang H., Yeung D. -U., Wong W. -K., Woo W. -C.: Convolutional LSTM network: a machine learning Approach for precipitation nowcasting. In: Proc. the 28th International Conference on Neural Information Processing Systems, pp. 802–810 (2015)

[136] Shuman D. I., Ricaud B., Vandergheynst P.: A windowed graph Fourier transform. In: Proc. IEEE Stat. Signal Process. Workshop(SSP), pp. 133–136 (2012)

[137] Silva V. D., Tenenbaum J. B.: Global versus local methods in nonlinear dimensionality reduction. Advances in Neural Information Processing Systems 15. Cambridge: MIT Press, pp. 705–712 (2003)

[614] [138] Smith J., Wishum M.: Review: spectral representations for convolutional neural networks. In: COMP 7970 Presentations. Berlin: Springer (2018)

[139] Smolensky P.: Information processing in dynamical systems: Foundations of harmony theory. Technical report,DTIC Document (1986)

[140] Snijders T. A., Pattison P. E., Robins G. L., Handcock M. S.: New specifications for exponential random graph models. Sociological methodology, **36** (1): 99–153 (2006)

[141] Springenberg J. T., Riedmiller M.: Improving deep neural networks with probabilistic maxout units. Preprint CoRR abs/1312.6116 (2013)

[142] Srivastava V., Hinton G. E., Krizhevsky A., Sutskever I., Salakhutdinov R.: Dropout: a simple way to prevent neural networks from overfitting. J. Machine Learning Research, **15**(1): 1929–1958 (2014)

[143] Sutskever T., Vinyals O., Le Q. V.: Sequence to sequence learning with neural networks. In: Proceedings of the Conference on Neural Information Processing Systems(NIPS), pp. 3104–3112 (2014)

[144] Tang J., Qu M., Wang M., Zhang M., Yan J., , Mei Q.: LINE: Large-scale information network embedding. In: Proc. the International World Wide Web Conference Committee (IW3C2), pp. 1067–1077 (2015)

[145] Tenenbaum J. B., de Silva V., Langford3 J. C.: A global geometric framework for nonlinear dimensionality reduction. Science, **290**(5500): 2319–2323 (2000)

[146] Tipping M. E., Faul A. C.: Fast marginal likelihood maximization for sparse Bayesian models. In: Bishop C. M., Frey B. J. (eds) The 9th Int. Workshop Artificial Intelligence and Statistics (2003)

[147] Tseng P.: On accelerated proximal gradient methods for convex-concave optimization. Technical report, Department of Mathematics, University of Washington (2008)

[148] Ulungu E. L., Teghem J., Fortemps Ph., Tuyttens D.: Mosa method: a tool for solving multiobjective combinatorial optimization problems. J. Multi-Criteria Decision Analysis, **8**: 221–236 (1999)

[149] Vincent P., Larochelle H., Bengio Y., Manzagol P. A.: Extracting and composing robust features with denoising autoencoders. In: Proc. the 25th International Conference on Machine Learning, pp. 1096–1103 (2008)

[150] Voxman W. L., Roy J., Goetschel H.: *Advanced Calculus: an Introduction to Modern Analysis.* New York: Marcel Dekker (1981)

[151] Wan E. A.: Neural network classification: a Bayesian interpretation. IEEE Trans. Neural Networks, **1**(4): 303–305 (1990)

[152] Wan L., Zeiler M., Zhang S., LeCun Y., Fergus R.: Regularization of neural networks using DropConnect. Journal of Machine Learning Research, **28**(3): 1058–1066 (2013)

[153] Wan L., Zeiler M., Zhang S., LeCun Y., Fergus R.: Regularization of neural networks using DropConnect (Supplementary Material). In: Proceedings of the 30th International Conference on Machine Learning (ICML), vol. 30 (2013)

[154] Wang D., Cui P., Zhu W.: Structural deep network embedding. In: Proc. the 22nd International Conference on Knowledge Discovery and Data Mining. New York: ACM, pp. 1225–1234 (2016)

[155] Wang H., Raj B.: On the origin of deep learning. Available at: https: //arXiv: 1702.07800v4 (2017)

[156] Wang X., Cui P., Wang J., Pei J., Zhu W., Yang S.: Community preserving network embedding. In: Proc. the Thirty-First AAAI Conference on Artificial Intelligence (AAAI-17), pp. 203–209 (2017)

[157] Welling M., Rosen-Zvi M., Hinton G. E.: Exponential family harmoniums with an application to information retrieval. In: Proceedings of the Advances in Neural Information Processing Systems. Cambridge: MIT Press, pp. 1481–1488 (2005)

[158] Werbos P. J.: Beyond regression: New tools for prediction and analysis in the behavioral sciences. Ph. D. Dissertation, Harvard University (1975)

[159] Werbos P. J.: Backpropagation through time: what it does and how to do it. IEEE, **78**(10): 1550–1560 (1990)

[615] [160] Wu H., Gu X.: Towards dropout training for convolutional neural networks. Neural Networks, **71**: 1–10 (2015)

[161] Wu Y., He K.: Group normalization. In: Proc. The European Conference on Computer Vision (ECCV-2018), pp. 3–19 (2018)

[162] Xiao L.: Dual averaging methods for regularized stochastic learning and online optimization. J. Machine Learning Research (JMLR), **11**(1): 2543–2596 (2010)

[163] Xing C., Ma L., Yang X.: Stacked denoise autoencoder based feature extraction and classification for hyperspectral images. Journal of Sensors, Article ID 3632943 (2016)

[164] Xu B., Wang N., Chen T., Li M.: Empirical evaluation of rectified activations in convolutional network. In: Proc. the International Conference on Machine Learning (ICML) Workshop, (2015)

[165] Ye J. C., Kim J. M., Jin K. H., Lee K.: Compressive sampling using annihilating filter-based low-rank interpolation. IEEE Trans. Inform. Theory, **63**(2): 777–801 (2017)

[166] Ye J. C., Han Y., Cha E.: Deep convolutional framelets: A general deep learning framework for inverse problems. SIAM J. Imaging Sciences, **11**(2): 991–1048 (2018)

[167] Yu D., Wang H., Chen P., Wei Z.: Mixed pooling for convolutional neural networks. In: Proc. of the Rough Sets and Knowledge Technology (RSKT), pp. 364–375 (2014)

[168] Zeiler M. D., Fergus R.: Stochastic pooling for regularization of deep convolutional neural networks. In: Proc. of the International Conference on Learning Representations (ICLR) (2013)

[169] Zetzsche C., Krieger G., Wegmann B.: The atoms of vision: Cartesian or polar. J. of the Optical Society of America, **16**(7): 1554–1565 (1999)

[170] Zhang G. P.: Neural networks for classification: a survey. IEEE Trans. Systems, Man, and Cybernetics — PART C: Applications and Reviews, **30**(4): 451–462 (2000)

[171] Zhang T.: Solving large scale linear prediction problems using stochastic gradient descent algorithms. In: Proc.the 21st International Conference on Machine Learning (ICML), pp. 116–123 (2004)

[172] Zhang X. D.: *Matrix Analysis and Applications.* Cambridge: Cambridge University Press (2017)

[173] Zhang F., Du B., Zhang L. P., Zhang L. F.: Hierarchical feature learning with dropout k-means for hyperspectral image classification. Neurocomputing, **187**: 75–82 (2016)

[174] Zhang Z., Cui P., Zhu W.: Deep learning on graphs: a survey. Available at: arXiv. 1812.04202v1 [cs.LG] (2018)

[175] Zhu X., Sobhani P., Guo H.: Long short-term memory over recursive structures. In: Proc. International Conference on Machine Learning, pp.1604–1612 (2015)

[176] Zhu D., Cui P., Zhang Z., Pei J., Zhu W.: High-order proximity preserved embedding for dynamic networks. IEEE Trans. Knowledge and Data Eengineering, **30**(11): 2134–2144 (2018)

[177] Zinkevich M.: Online convex programming and generalized infinitesimal gradient ascent. In: Proc. the Twentieth International Conference on Machine Learning (ICML-2003), pp. 928–936 (2003)

第 8 章 [617]

支持向量机

监督回归/分类方法学习目标响应 $\{y_i\}_{i=1}^N$ 与相应的输入向量 $\{\mathbf{x}_i\}_{i=1}^N$ 之间的关系模型, 该模型由 N 个训练样本组成, 并利用该模型预测/分类未观测到的输入的目标值。

在实际数据中, 噪声 (在回归中) 和类重叠 (在分类中) 的存在意味着建模的主要挑战是避免训练集的“过拟合”, 这是建模的一个重要关注点。

传统的神经网络方法很难泛化, 产生的模型可能会过拟合数据。与传统的神经网络方法不同, 支持向量机[43] 是一种基于统计学习理论 (Vapnik-Chervonenkis 或 VC 理论) 的、用于分类、回归和其他学习任务的流行机器学习方法。

在回归和分类中, 支持向量机利用了两个主要的实际观测结果[5]:

- 在足够高的维度上, 模式彼此正交, 因此更容易找到高维度数据的分离超平面。
- 并非所有的模式都是寻找分离超平面所必需的。事实上, 仅使用组间边界附近的点来构造边界就足够了。

作为一种泛化智能, 本章介绍支持向量机及其在目标回归和分类中的应用。

8.1 支持向量机基本理论

支持向量机包含一类新的学习算法, 最初是为模式识别而开发的[3, 46], 并受到统计学习理论结果的启发[43]。

经验数据建模问题与许多工程应用密切相关。在经验数据建模中, 我们使用归纳过程来建立所研究系统的模型, 并希望能够推导出尚未观察到的系统的响应。 [618]

支持向量机的目标是通过最大化分离超平面①和数据之间的边距来最小化泛化误差的上界, 使支持向量机具有吸引力的是在训练数据中压缩信息并使用非常小的数据点数量 (支持向量, SV) 提供稀疏表示的性质[17]。

① 在几何上的余量最大限度地减小泛化误差的上界, 超平面是其维数小于其周围空间的子空间。例如, 如果一个空间是三维的, 那么它的超平面是二维平面, 而如果空间是二维的, 它的超平面是一维的直线。

8.1.1 统计学习理论

本小节将对统计学习理论[42, 44] 进行非常简单的介绍。

基于统计学习理论的建模旨在从假设空间中选择一个模型, 它最接近 (相对于某个误差测度) 目标空间中的底层函数。

支持向量机建模的误差源于两种情况[19]:

- 逼近误差是作出了假设空间小于目标空间这个差的选择带来的结果, 这将导致大的逼近误差, 并且被称为模型失配。
- 估计误差是由学习过程而产生的误差, 它将导致从假设空间中选择非最优模型。

为了选择最佳的逼近监督器的响应, 重要的是要测量损失或者监督器对已知输入 $\mathbf{x}$ 的响应 y 与学习机提供的响应 $f(\mathbf{w},\mathbf{x})$ 之间的差异 $L(y, f(\mathbf{w},\mathbf{x}))$。

给定一个 N 个独立观察 $(\mathbf{x}_1, y_1), \cdots, (\mathbf{x}_N, y_N)$ 的训练集。我们希望找到函数 f, 以便将损失的预期值 (称为风险函数) 最小化

$$R(\mathbf{w}) = \int L(y, f(\mathbf{w},\mathbf{x}))\mathrm{d}P(\mathbf{x}, y) \tag{8.1.1}$$

式中, $P(\mathbf{x}, y)$ 为联合概率分布。支持向量机的目标是使风险函数 $R(\mathbf{w})$ 相对于函数类 $f(\mathbf{w},\mathbf{x}), \mathbf{w} \in W$ 最小化。

[619] 问题: 联合概率分布 $P(\mathbf{x}, y) = P(y|\mathbf{x})P(\mathbf{x})$ 未知, 并且唯一可用的信息只包含在训练集 $\{(\mathbf{x}_1, y_1), \cdots, (\mathbf{x}_N, y_N)\}$ 中。

为了解决这一问题, 不可计算的风险函数 $R(\mathbf{w})$ 应该由经验风险函数

$$R_{\mathrm{emp}}(\mathbf{w}) = \frac{1}{N}\sum_{i=1}^{N} L(y_i, f(\mathbf{w},\mathbf{x}_i)) \tag{8.1.2}$$

代替, 它可用通过训练集 $\{(\mathbf{x}_1, y_1), \cdots, (\mathbf{x}_N, y_N)\}$ 构造。式 (8.1.2) 中, 输入特征 $\mathbf{x}_i$ 的 Boolean 函数 $f(\mathbf{w},\mathbf{x}_i)$ 和输入特征集 $\{f(\mathbf{w},\mathbf{x}_i), \mathbf{w} \in W, \mathbf{x}_i \in X\}$ 的 Boolean 函数集分别称为假设和假设空间。

经验风险最小化 (ERM) 原则是使 $R_{\mathrm{emp}}(\mathbf{w})$ 在整个集合 $\mathbf{w} \in W$ 上最小化, 从而得到一个接近最小值的风险 $R(\mathbf{w}_i^*)$。

评估经验风险最小化原则的可靠性需要回答以下两个问题[42]:

- 经验风险 $R_{\mathrm{emp}}(\mathbf{w})$ 是否在整个集合 $f(\mathbf{w},\mathbf{x}), \mathbf{w} \in W$ 上均匀收敛为实际风险 $R(\mathbf{w})$, 即

$$\mathrm{Prob}\left\{\sup_{\mathbf{w}\in W} |R(\mathbf{w}) - R_{\mathrm{emp}}(\mathbf{w})| > \varepsilon\right\} \to 0 \quad , \quad N \to \infty \tag{8.1.3}$$

- 收敛速率如何?

经验风险均匀收敛为实际风险的理论包括充分必要条件和收敛速度的界限。这些界限与分布函数 $P(\mathbf{x}, y)$ 无关, 与函数 $f(\mathbf{w},\mathbf{x})$ 的 Vapnik Chervonekis(VC) 维度有关, 而 VC 维度由学习机实现。

对于函数集 $\{f(\mathbf{w})\}$, $\mathbf{w}$ 是一组通用参数: $\mathbf{w}$ 的选择指定了一个特定的函数,

并且可以对多种函数 f 进行定义。

只考虑与两类模式识别情况对应的函数: $f(\mathbf{w},\mathbf{x}) \in \{-1,1\}, \forall \mathbf{w},\mathbf{x}$。

如果已知 N 数据点的一个集合可以使用 2^N 种可能的方式进行标记, 并且对每一个标记可以找到正确分配这些标签的集合 $\{f(\mathbf{w})\}$ 中的一个函数, 则该点集就称为被函数集分割。

假定数据位于的空间为 $\mathbb{R}^2$, 并且集合 $\{f(\mathbf{w})\}$ 由定向直线组成, 使得对于给定的直线, 一侧的所有点都被指定为类 1, 另一侧的所有点都被指定为类 -1, 如图 8.1 所示。图 8.1 中, 箭头指向标记为黑色的点。 [620]

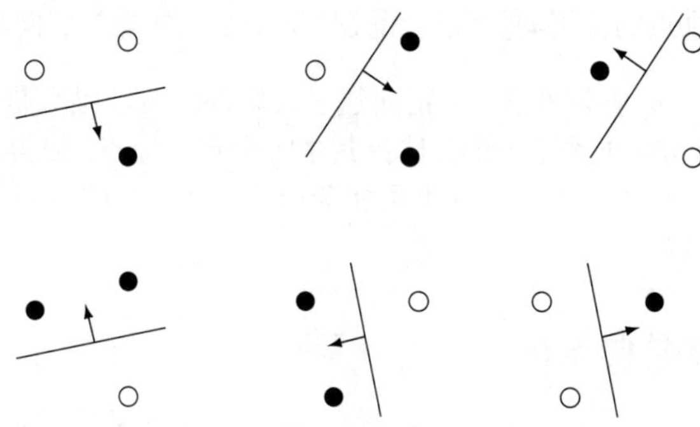

图 8.1 $\mathbb{R}^2$ 中的 3 个点被定向直线分隔

在二维空间中至少可以找到一组 3 个点, 所有这些点的 $2^3 = 8$ 可能的标签都可以被某个超平面分隔。方向由箭头显示, 指定线条点的哪一侧分配标签 1。任何 4 个点的集合, 其所有可能的标签都不能被任何超平面分开。

考虑更加一般的情况: 假设我们有一个包含 N 点的数据集。这些 N 个点可以用 2^N 的方式标记为 "+" 或 "−"。因此, N 个数据点可以定义 2^N 个不同的学习问题。如果对于这些问题中的任何一个, 我们可以找到一个假设 $h \in \mathcal{H}$ 将正标记 "+" 和负标记 "−" 分开, 那么我们说 $\mathcal{H}$ 可以分隔 N 个点。也就是说, 任何由 N 个样本定义的学习问题都可以通过从 $\mathcal{H}$ 中提取的一个假设进行无错误学习。

定义 8.1 (指示函数) [12] 令 $\mathcal{D}$ 是一个 $2n$ 个变量的全因子设计①, 每个变量取水平 -1 和 $+1$, 而部分因子设计② $\mathcal{F}$ 是 $\mathcal{D}$ 的子集。部分因子设计 $\mathcal{F}$ 中的指示函数 F 是在 $\mathcal{D}$ 上定义的函数

$$F(\mathbf{x}) = \begin{cases} +1, & \mathbf{x} \in \mathcal{F} \\ -1, & \mathbf{x} \in \mathcal{D} \setminus \mathcal{F} \end{cases} \tag{8.1.4}$$

① 全因子设计 (full factorial design) 将所有试验点作为真正的试验点。若设计变量 m 个, 每个变量取 k 个水平, 则试验点个数为 k^m。——译者注

② 部分因子设计 (fraction factorial design) 只从可能产生的所有试验点中挑选部分作为真正的试验点。例如对于 3 变量 3 水平的试验, 全因子设计需要 $3^3 = 27$ 个试验点, 而只选择两个变量的部分因子设计则只需要 $3^2 = 9$ 个试验点。——译者注

定义 8.2 (VC 维数) [42] 一组指示函数 $f(\mathbf{w},\mathbf{x}), \mathbf{w}\in W$ 的 VC 维数是由 $f(\mathbf{w},\mathbf{x}), \mathbf{w}\in W$ 可分割的所有 $2h$ 种方式的最大向量数 h。

例如, 对于 n 维空间的线性决策规则, $h=n+1$。这是因为它们最多可以被 $n+1$ 点分割。

众所周知[45], 由学习机实现的指示函数集的 VC 维数的有限性构成了与概率测度独立的经验风险最小化方法一致性的充要条件。VC 维数的有限性也意味着快速收敛。

定理 8.1 [6] 考虑 $\mathbb{R}^n$ 空间中 m 个点的某个集合。选择任意一个点作为原点, 当且仅当剩余点的位置向量线性无关时, m 个点才能被定向超平面分割。

推论 8.1 [6] n 维空间 $\mathbb{R}^n$ 中定向超平面集合的 VC 维数是 $n+1$, 因为我们总是可以选择 $n+1$ 个点, 然后选择其中一个点为原点, 使得剩余 n 个点的位置向量是线性独立的, 但是永远不可能选择 $n+2$ 这样的点 (因为 $\mathbb{R}^n$ 中没有
[621] $n+1$ 向量是线性独立的)。

8.1.2 线性支持向量机

下面分两种情况讨论支持向量机: 可分离情况与不可分离情况。

1. 可分离情况

首先考虑可分离情况: 根据分离数据训练线性支持向量机。已知标记的训练数据 $\{\mathbf{x}_i, y_i\}$, 其中 $i=1,\cdots,N, y_i\in\{-1,+1\}, \mathbf{x}_i\in\mathbb{R}^n$。假设我们有一个 "可分割的超平面" 能够将正和负标签的数据样本分离开。点 $\mathbf{x}$ 位于满足 $\mathbf{w}^{\mathrm{T}}\mathbf{x}+b=0$ 的超平面上, 其中 $\mathbf{w}$ 垂直于超平面, $|b|/\|\mathbf{w}\|_2$ 是从超平面到原点的垂直距离, 并且 $\|\mathbf{w}\|_2$ 是 $\mathbf{w}$ 的欧几里得范数。

引理 8.1 [6] 向量空间 $\mathbb{R}^n$ 的两个点集可以被分离, 当且仅当它们的凸包的交集是空集。

令 d_+ 和 d_- 分别是从分离超平面到最近正、负数据样本的最短距离。于是, 分离超平面的 "边距" 可以定义为 $d_+ + d_-$。

对于线性可分离情况, 支持向量算法的目标是具有最大边缘 $d_+ + d_-$ 的分离超平面。为此, 所有向量数据需要满足以下条件

$$\mathbf{w}^{\mathrm{T}}\mathbf{x}_i + b \geqslant +1, \quad y_i = +1 \tag{8.1.5}$$

$$\mathbf{w}^{\mathrm{T}}\mathbf{x}_i + b \leqslant -1, \quad y_i = -1 \tag{8.1.6}$$

上述两个条件可以综合为一组不等式约束

$$y_i(\mathbf{w}^{\mathrm{T}}\mathbf{x}_i + b) - 1 \geqslant 0, \quad \forall i = 1,\cdots,N \tag{8.1.7}$$

显然, 满足式 (8.1.5) 中等式的点位于超平面 $H_1 : \mathbf{w}^{\mathrm{T}}\mathbf{x}_i + b = 1$ 上, 法线为 $\mathbf{w}$, 并且与原点的垂直距离为 $|1-b|/\|\mathbf{w}\|_2$。类似地, 满足式 (8.1.6) 中等式的点位于超平面 $H_2 : \mathbf{w}^{\mathrm{T}}\mathbf{x} + b = -1$, 其法线也是 $\mathbf{w}$, 与原点的垂直距离为

$|-1-b|/\|\mathbf{w}\|_2$。于是, $d_+ = d_- = 1/\|\mathbf{w}\|_2$, 因而边距直接为 $2/\|\mathbf{w}\|_2$。

由于有相同的法线, H_1 和 H_2 平行, 没有任何训练点会落在它们之间。因此, 给出最大边距的超平面对 (H_1, H_2) 可以通过在式 (8.1.7) 的约束下最小化 $\frac{1}{2}\|\mathbf{w}\|_2^2$ 获得。即是说, 我们有约束优化问题 [622]

$$\min_{\mathbf{w},b} \frac{1}{2}\|\mathbf{w}\|_2^2 \tag{8.1.8}$$

$$\text{s.t.} \quad y_i(\mathbf{w}^{\mathrm{T}}\mathbf{x}_i + b) - 1 \geqslant 0, \quad \forall i = 1, \cdots, N \tag{8.1.9}$$

对于上述等式约束, 拉格朗日乘子法给出下列无约束原始优化问题

$$\min_{\mathbf{w},b,\boldsymbol{\alpha}} \mathcal{L}_P(\mathbf{w}, b, \boldsymbol{\alpha}) = \frac{1}{2}\|\mathbf{w}\|_2^2 - \sum_{i=1}^{N} \alpha_i y_i(\mathbf{w}^{\mathrm{T}}\mathbf{x}_i + b) + \sum_{i=1}^{N} \alpha_i \tag{8.1.10}$$

其中, 非负拉格朗日乘子 $\alpha_i \geqslant 0, \forall i = 1, \cdots, N$。

由一阶优化条件, 有

$$\frac{\partial \mathcal{L}}{\partial \mathbf{w}} = 0 \quad \Rightarrow \quad \mathbf{w} = \sum_{i=1}^{N} \alpha_i y_i \mathbf{x}_i \tag{8.1.11}$$

$$\frac{\partial \mathcal{L}_P}{\partial b} = 0 \quad \Rightarrow \quad \sum_{i=1}^{N} \alpha_i y_i = 0 \tag{8.1.12}$$

将式 (8.1.11) 和式 (8.1.12) 代入式 (8.1.10), 可以消去 b, 从而得到对偶目标函数

$$\mathcal{L}_D(\boldsymbol{\alpha}) = \sum_{i=1}^{N} \alpha_i - \frac{1}{2}\sum_{i=1}^{N}\sum_{j=1}^{N} \alpha_i \alpha_j y_i y_j \mathbf{x}_i^{\mathrm{T}} \mathbf{x}_j \tag{8.1.13}$$

综合式 (8.1.13) 与式 (8.1.12), 可以得到可分离情况下与式 (8.1.10) 对应的 Wolfe 对偶优化问题如下

$$\max_{\boldsymbol{\alpha}} \mathcal{W}(\boldsymbol{\alpha}) = \sum_{i=1}^{N} \alpha_i - \frac{1}{2}\sum_{i=1}^{N}\sum_{j=1}^{N} \alpha_i \alpha_j y_i y_j \mathbf{x}_i^{\mathrm{T}} \mathbf{x}_j \tag{8.1.14}$$

$$\text{s.t.} \quad \sum_{i=1}^{N} \alpha_i y_i = 0 \tag{8.1.15}$$

2. 不可分离情况 [623]

当应用于不可分离的数据时, 上述可分离优化算法将导致无可行解。因此, 式 (8.1.5) 和式 (8.1.6) 的不等式约束必须通过引入正的松弛变量 $\xi_i, i = 1, \cdots, N$, 放宽为

$$\mathbf{w}^{\mathrm{T}}\mathbf{x}_i + b \geqslant +1 - \xi_i, \quad y_i = +1 \tag{8.1.16}$$

以及

$$\mathbf{w}^{\mathrm{T}}\mathbf{x}_i + b \leqslant -1 + \xi_i, \quad y_i = -1 \tag{8.1.17}$$

$$\xi_i \geqslant 0, \quad \forall i = 1, \cdots, N \tag{8.1.18}$$

当误差发生时, 相应的 ξ_i 必然超过 1, 故 $\sum_i \xi_i$ 是关于训练误差个数的上限。因此, 为错误分配额外成本的自然方法是将需要最小化的目标函数从 $\|\mathbf{w}\|_2^2/2$ 更改为 $\|\mathbf{w}\|_2^2/2 + C(\sum_i \xi_i)$, 其中 C 是由用户选择的参数。一个较大的 C 对应于对错误分配更高的惩罚。

考虑原始最小化问题

$$\min_{\mathbf{w},b,\boldsymbol{\alpha},C} \mathcal{L}_P(\mathbf{w}, b, \boldsymbol{\alpha}, C) = \frac{1}{2}\|\mathbf{w}\|_2^2 - \sum_{i=1}^{N} \alpha_i y_i (\mathbf{w}^{\mathrm{T}}\mathbf{x}_i + b) + C\sum_{i=1}^{N}\xi_i + \sum_{i=1}^{N}\alpha_i \tag{8.1.19}$$

$$\text{s.t.} \quad 0 \leqslant \alpha_i \leqslant C, \quad i = 1, \cdots, N \tag{8.1.20}$$

根据一阶优化条件可知

$$\frac{\partial \mathcal{L}_P}{\partial \mathbf{w}} = 0 \quad \Rightarrow \quad \mathbf{w} = \sum_{i=1}^{N} \alpha_i y_i \mathbf{x}_i \tag{8.1.21}$$

$$\frac{\partial \mathcal{L}_P}{\partial C} = 0 \quad \Rightarrow \quad \sum_{i=1}^{N} \xi_i = 0 \tag{8.1.22}$$

$$\frac{\partial \mathcal{L}_P}{\partial b} = 0 \quad \Rightarrow \quad \sum_{i=1}^{N} \alpha_i y_i = 0 \tag{8.1.23}$$

[624] 将式 (8.1.21) 和式 (8.1.22) 代入式 (8.1.19), 并且使用约束条件式 (8.1.20) 和式 (8.1.23), 我们即可消去损失函数中的 ξ_i 和 C, 得到

$$\max_{\boldsymbol{\alpha}} \left\{ \sum_{i=1}^{N} \alpha_i - \sum_{i=1}^{N}\sum_{j=1}^{N} \alpha_i \alpha_j y_i y_j \mathbf{x}_i^{\mathrm{T}} \mathbf{x}_j \right\} \tag{8.1.24}$$

$$\text{s.t.} \quad 0 \leqslant \alpha_i \leqslant C, \quad i = 1, \cdots, N \tag{8.1.25}$$

$$\sum_{i=1}^{N} \alpha_i y_i = 0 \tag{8.1.26}$$

称这个优化问题为求 $\boldsymbol{\alpha}$ 的 Wolfe 对偶优化问题。

8.2 核回归方法

随着支持向量机的发展, 正定核在机器学习界受到了广泛的关注。

8.2.1 再生核与 Mercer 核

考虑如何将一个线性支持向量机推广到决策函数 $f(\mathbf{x})$(其符号表示分配给数据点 $\mathbf{x}$ 的类型), 而不是数据点 $\mathbf{x}$ 的线性函数的情况。

定义 8.3 (再生核 Hilbert 空间) [47] 一个再生核 Hilbert 空间 (RKHS) 是紧凑域 X 上的实值函数的 Hilbert 空间 $\mathcal{H}$。该空间具有再生性质: 对于 $f \in \mathcal{H}$ 和每一个 $\mathbf{x} \in X$, 存在与 f 无关的 M_x 使得

$$\mathcal{F}_x[f] = |f(\mathbf{x})| = \langle f(\cdot), K_x(\cdot)\rangle \leqslant M_x\|f\|, \quad \forall f \in \mathcal{H} \tag{8.2.1}$$

式中, $\mathcal{F}_x[f]$ 称为 f 的评价函数。即是说, $\mathcal{F}_x[f]$ 是有界线性函数。

上述再生性质表明: 函数 f 与核函数 K_x 的内积 $\langle f(\cdot), K_x(\cdot)\rangle$ 是在再生核 Hilbert 空间中的 $f(\mathbf{x})$。由于 K_x 必须保证函数 f 的再生, 函数 $K_x(\cdot)$ 称为再生核 Hilbert 空间 H 中 f 的再生核。

一个自然会问的问题: 如何选择函数 K_x 使得它是一个再生核? 为了回答这个问题, 我们定义 K_x 为两变量函数 [625]

$$K(\mathbf{x}, \mathbf{y}) = K_x(\mathbf{y}) \tag{8.2.2}$$

定义 8.4 (Gram 矩阵) [35] 给定一个核 $K(\mathbf{x}, \mathbf{y})$ 和 N 个模式 $\mathbf{x}_1, \cdots, \mathbf{x}_N \in X$, 其中 X 是 $\mathbb{R}^n$ 的闭子集。若 $N \times N$ 矩阵 $\mathbf{K}$ 具有元素

$$K_{ij} = K(\mathbf{x}_i, \mathbf{x}_j) \quad , \quad K_{ij} = K_{ji} \tag{8.2.3}$$

则称 $\mathbf{K}$ 为核 K 相对模式 $\mathbf{x}_1, \cdots, \mathbf{x}_N$ 的 Gram 矩阵。

定义 8.5 (正定核) [47] 令 X 是 $\mathbb{R}^n$ 的闭子集, 并且 $K: X \times X \to \mathbb{R}$ 是一个满足以下条件的对称函数: 对 X 中的任意有限点集 $\{\mathbf{x}_i\}_{i=1}^N$ 和实数 $\{a_i\}_{i=1}^N$, 有

$$\sum_{i=1}^N \sum_{j=1}^N a_i a_j K(\mathbf{x}_i, \mathbf{x}_j) \geqslant 0 \tag{8.2.4}$$

于是, K 称为 X 上的正定核。

若核记为 $K_i: X \times X \to \mathbb{R}$, 则正定 (pd) 核有下列一般性质。

① 若 $K_1, \cdots, K_n$ 为正定核, 并且 $\lambda_1, \cdots, \lambda_n \geqslant 0$, 则它们的加权和 $\sum_{i=1}^n \lambda_i K_i$ 是正定的。

② 若 $K_1, \cdots, K_n$ 为正定核, 并且 $\alpha_1, \cdots, \alpha_n \in \{1, \cdots, N\}$, 则它们的乘积 $\prod_{i=1}^n K_i^{\alpha_i}$ 是正定的。

③ 对于正定核序列, 极限 $K = \lim_{n\to\infty} K_n$ 是正定的, 如果极限存在的话。

④ 如果 $X_0 \subseteq X$, 则 $K_0: X_0 \times X_0 \to \mathbb{R}$ 也是正定核。

⑤ 如果 $K_i: X_i \times X_i \to \mathbb{R}$ 组成一个正定核序列, 则

- $K((\mathbf{x}_1, \cdots, \mathbf{x}_n), (\mathbf{y}_1, \cdots, \mathbf{y}_n)) = \prod_{i=1}^n K_i(\mathbf{x}_i, \mathbf{y}_i)$ 是 $X_1 \times \cdots \times X_n$ 上的正定核。

- $K((\mathbf{x}_1,\cdots,\mathbf{x}_n),(\mathbf{y}_1,\cdots,\mathbf{y}_n))=\sum_{i=1}^n K_i(\mathbf{x}_i,\mathbf{y}_i)$ 是 $X_1\times\cdots\times X_n$ 上的正定核。

定义 8.6 (再生核) [1] 令 F 是定义在集合 E 内的函数类 $f(\mathbf{x})$, 它们形成 Hilbert 空间 (复或实)。集合 E 内的点 $\mathbf{x}$ 和 $\mathbf{y}$ 的函数 $K(\mathbf{x},\mathbf{y})$ 称为 F 的再生核, 若

① 对每一个 $\mathbf{y}$, $K(\mathbf{x},\mathbf{y})$ 作为 $\mathbf{x}$ 的函数属于 F。

[626] ② 再生性质: 对每一个 $\mathbf{y}\in E$ 和每一个 $f\in F$

$$f(\mathbf{y})=\langle f(\mathbf{x}),K(\mathbf{x},\mathbf{y})\rangle_{x^*} \tag{8.2.5}$$

这里, 标量积的下标 x^* 表示标量积应用于 $\mathbf{x}$ 的函数。

定理 8.2 (Moore-Aronszajn 定理) [1] 令 $\mathbf{x},\mathbf{y}\in X$, 并且 $K(\mathbf{x},\mathbf{y}):X\times X\to\mathbb{R}$ 正定, 则必定存在唯一的再生核 Hilbert 空间 $\mathcal{H}\subset\mathbb{R}^X$, 其再生核是 $K(\mathbf{x},\mathbf{y})$。而且, 如果空间 $\mathcal{H}_0=\mathrm{span}(\{K(\cdot,\mathbf{x})\}_{\mathbf{x}\in X})$ 具有内积

$$\langle f,g\rangle_{\mathcal{H}_0}=\sum_{i=1}^n\sum_{j=1}^n\alpha_i\beta_jK(\mathbf{x}_i,\mathbf{x}_j) \tag{8.2.6}$$

式中 $f=\sum_{i=1}^n\alpha_iK(\cdot,\mathbf{x}_i)$ 和 $g=\sum_{j=1}^n\beta_jK(\cdot,\mathbf{x}_j)$, 则 $\mathcal{H}_0$ 是一个有效的再生核 Hilbert 空间。

Moore-Aronszajn 定理表述的是: 在正定核函数 $K(\mathbf{x},\mathbf{y})$ 与再生核 Hilbert 空间 $\mathcal{H}$ 之间存在一一对应的关系。

再生核有以下基本性质[1]。

- 唯一性: 若再生核 $K(\mathbf{x},\mathbf{y})$ 存在, 则它是唯一的。
- 存在性: 再生核 $K(\mathbf{x},\mathbf{y})$ 存在的充分必要条件是, 对于集合 E 的每一个 $\mathbf{y}$, $f(\mathbf{y})$ 是在 Hilbert 空间 F 中运行的 f 的连续函数。
- 正性: $\mathbf{K}=[K(\mathbf{x}_i,\mathbf{y}_j)]_{i,j=1}^{n,n}$ 在 E 的意义上是一个正矩阵。
- 一一对应性: 对每一个正矩阵 $\mathbf{K}=[K(\mathbf{x}_i,\mathbf{y}_j)]_{i,j=1}^{n,n}$, 存在一个并且唯一的一个函数类与它的唯一确定的二次型相对应, 它们形成 Hilbert 空间, 接受 $K(\mathbf{x},\mathbf{y})$ 作为再生核。
- 收敛性: 如果类 F 具有再生核 $K(\mathbf{x},\mathbf{y})$, 则每一个函数序列 $\{f_n\}$ 强收敛为 Hilbert 空间 F 的函数 f, 收敛是普通意义下每个点的收敛, 即 $\lim f_n(\mathbf{x})=f(\mathbf{x})$。

下面的 Mercer 定理提供了非线性再生核函数的一种构造方法。

定理 8.3 (Mercer 定理) 每个定义在紧凑域 $X\times X$ 的正定核 $K(\mathbf{x},\mathbf{y})$ 都可以表示为

$$K(\mathbf{x},\mathbf{y})=\sum_{i=1}^M\lambda_i\phi_i(\mathbf{x})\phi_i(\mathbf{y}),\quad M\leqslant\infty \tag{8.2.7}$$

[627] 满足 Mercer 定理的核称为 Mercer 核。根据 Mercer 定理, 非线性核函数通

常可构造为

$$K(\mathbf{x}_i, \mathbf{y}_i) = \boldsymbol{\phi}^{\mathrm{T}}(\mathbf{x}_i)\boldsymbol{\phi}(\mathbf{y}_i) \tag{8.2.8}$$

式中，$\boldsymbol{\phi}(\mathbf{x}) = [\phi_1(\mathbf{x}), \cdots, \phi_M(\mathbf{x})]^{\mathrm{T}}$ 是非线性函数。

广泛应用的 Mercer 核是高斯径向基函数 (GRBF) 核

$$K(\mathbf{x}_i, \mathbf{x}_j) = \exp\left(-\frac{\|\mathbf{x}_i - \mathbf{x}_j\|_2^2}{2\sigma^2}\right) \tag{8.2.9}$$

或者指数径向基函数核

$$K(\mathbf{x}_i, \mathbf{x}_j) = \exp\left(-\frac{\|\mathbf{x}_i - \mathbf{x}_j\|_2}{2\sigma^2}\right) \tag{8.2.10}$$

对于径向基函数 (RBF) 核, 有下面的近似[16]

$$\int_{\mathbf{x}} p(\mathbf{x})^2 \mathrm{d}\mathbf{x} \approx \frac{1}{N^2}\sum_{i=1}^{N}\sum_{j=1}^{N} K_{ij} = \mathbf{1}_N^{\mathrm{T}}\mathbf{K}\mathbf{1}_N \tag{8.2.11}$$

式中，$\mathbf{1}_N$ 是 $N \times 1$ 求和向量, 其全部元素等于 1。

如果 $N \times N$ 核矩阵 $\mathbf{K}$ 有特征值分解 $\mathbf{K} = \mathbf{U}\boldsymbol{\Lambda}\mathbf{U}^{\mathrm{T}}$, 则

$$\mathbf{1}_N^{\mathrm{T}}\mathbf{K}\mathbf{1}_N = \mathbf{1}_N^{\mathrm{T}}\left(\sum_{i=1} \lambda_i \mathbf{u}_i \mathbf{u}_i^{\mathrm{T}}\right)\mathbf{1}_N = \sum_{i=1}^{N} \lambda_i \left(\mathbf{1}_N^{\mathrm{T}}\mathbf{u}_i\right)^2 \tag{8.2.12}$$

这个结果有两个重要应用。

- 核主成分分析: 对于给定的数据向量 $\mathbf{x}_1, \cdots, \mathbf{x}_N$ 和一个径向基函数核, 在标准主成分分析中的主成分用核矩阵 $\mathbf{K}$ 的主成分代替后, 核矩阵 $\mathbf{K}$ 的 K 个主特征值及它们对应的特征向量给出核主成分分析。核主成分分析最初由 Schölkopf 等人[33] 提出。
- 核 K 均值聚类: 如果在 N 个数据样本中存在 K 个不同的聚类区域, 则将有 K 个主导项 $\lambda_i\left(\mathbf{1}_N^{\mathrm{T}}\mathbf{u}_i\right)$, 它们提供了用基于核的 K 均值聚类估计数据样本内可能的聚类器数目的方法[16]。

核主成分分析是主成分分析的非线性推广, 因为它是在任意大 (可能无穷大) 维数的特征空间执行主成分分析的。如果使用核 $K(\mathbf{x}_i, \mathbf{x}_j) = \mathbf{x}_i^{\mathrm{T}}\mathbf{x}_j$, 则核主 [628]
成分分析退化为标准的主成分分析。与标准主成分分析相比, 核主成分分析的主要优点是: 不涉及任何非线性优化, 它本质上是线性代数, 与标准主成分分析一样简单。

8.2.2 表示定理与核回归

下面主要研究核函数在支持向量机中的应用[19, 36]:

- 线性支持向量机使用线性核函数

$$K(\mathbf{x}, \mathbf{x}_k) = \langle \mathbf{x}, \mathbf{x}_k \rangle = \mathbf{x}^{\mathrm{T}}\mathbf{x}_k \tag{8.2.13}$$

- 多项式支持向量机使用 d 次多项式核

$$K(\mathbf{x},\mathbf{x}_k)=(\langle\mathbf{x},\mathbf{x}_k\rangle+1)^d \tag{8.2.14}$$

- 径向基函数 (RBF) 支持向量机由高斯径向基函数

$$K(\mathbf{x},\mathbf{x}_k)=\exp\left(\frac{\|\mathbf{x}-\mathbf{x}_k\|^2}{2\sigma^2}\right) \tag{8.2.15}$$

  或者指数径向基函数

$$K(\mathbf{x},\mathbf{x}_k)=\exp\left(\frac{\|\mathbf{x}-\mathbf{x}_k\|}{2\sigma^2}\right) \tag{8.2.16}$$

  组成。

- 多层支持向量机使用多层感知核函数

$$K(\mathbf{x},\mathbf{x}_k)=\tanh(\rho\langle\mathbf{x},\mathbf{x}_k\rangle+\vartheta)=\tanh(\rho\mathbf{x}^{\mathrm{T}}\mathbf{x}_k+\vartheta) \tag{8.2.17}$$

  其中，ρ 为尺度参数，ϑ 为补偿参数。这里, 支持向量对应第一层, 拉格朗日乘子对应权重。

- B 样条支持向量机由 $2M+1$ 阶 B 样条核函数组成

$$K(\mathbf{x},\mathbf{x}_k)=B_{2M+1}(\|\mathbf{x}-\mathbf{x}_k\|) \tag{8.2.18}$$

  其中

$$B_k(x)=\sum_{r=0}^{k+1}\frac{(-1)^r}{k!}\binom{k+1}{r}\left(x+\frac{k+1}{2}-r\right)_+ \tag{8.2.19}$$

[629]

- 求和支持向量机使用加性核函数

$$K(\mathbf{x},\mathbf{x}_k)=\sum_i K_i(\mathbf{x},\mathbf{x}_k) \tag{8.2.20}$$

  它通过对核求和获得, 因为两个正定函数之和仍然是正定的。

为了解决支持向量机、正则化网络、高斯过程和样条方法泛化性能差的问题, 一种流行的方法是在再生核 Hilbert 空间 $\mathcal{H}$ 中求解正则化优化问题

$$\mathbf{f}^*=\arg\min_{\mathbf{f}\in\mathcal{H}}\frac{1}{l}\sum_{i=1}^{l}V(\mathbf{x}_i,y_i,\mathbf{f})+\frac{1}{2}\gamma\|\mathbf{f}\|_{\mathcal{H}}^2 \tag{8.2.21}$$

式中，$\mathbf{f}$ 代表回归器或者分类器。

问题式 (8.2.21) 的解由 Kimeldorf 和 Wahba 于 1971 年给出[24], 称为表示定理。

定理 8.4 (监督学习表示定理) [24, 47] 给定一组 l 标记样本 $\{(\mathbf{x}_i,y_i)\}_{i=1}^{l}$。

优化问题式 (8.2.21) 的任何支持向量机解都具有下列形式的表示

$$f(\mathbf{x})=\sum_{j=1}^{l}\alpha_jK(\mathbf{x},\mathbf{x}_j) \tag{8.2.22}$$

式中 $\{\alpha_j\}_{j=1}^{l}\in\mathbb{R}$。

若记 $f_i=f(\mathbf{x}_i)=\sum_{j=1}^{l}\alpha_jK(\mathbf{x}_i,\mathbf{x}_j)$, 则有

$$\mathbf{f}=[f_1,\cdots,f_l]^{\mathrm{T}}=\begin{bmatrix}\sum_{j=1}^{l}\alpha_jK(\mathbf{x}_1,\mathbf{x}_j)\\ \vdots\\ \sum_{j=1}^{l}\alpha_jK(\mathbf{x}_l,\mathbf{x}_j)\end{bmatrix}\Rightarrow\|\mathbf{f}\|_{\mathcal{H}}^2=\mathbf{f}^{\mathrm{T}}\mathbf{f}=\boldsymbol{\alpha}^{\mathrm{T}}\mathbf{K}\boldsymbol{\alpha} \tag{8.2.23}$$

令 $\sum_{i=1}^{l}V(\mathbf{x}_i,y_i,\mathbf{f})=\sum_{i=1}^{l}(y_i-\hat{f}_i)^2=\|\mathbf{y}-\mathbf{K}\boldsymbol{\alpha}\|_2^2$, 然后将式 (8.2.22) 代入式 (8.2.21) 中, 并使用式 (8.2.23), 即可得到由 $\boldsymbol{\alpha}$ 表示的损失函数

$$L(\boldsymbol{\alpha})=(\mathbf{y}-\mathbf{K}\boldsymbol{\alpha})^{\mathrm{T}}(\mathbf{y}-\mathbf{K}\boldsymbol{\alpha})+\frac{1}{2}\gamma_A\boldsymbol{\alpha}^{\mathrm{T}}\mathbf{K}\boldsymbol{\alpha} \tag{8.2.24}$$

由 $\frac{\partial L(\boldsymbol{\alpha})}{\partial\boldsymbol{\alpha}}=\mathbf{0}$ 知, $(-\mathbf{K})(\mathbf{y}-\mathbf{K}\boldsymbol{\alpha})+\gamma_A\mathbf{K}\boldsymbol{\alpha}=\mathbf{0}$, 从而给出最优解 [630]

$$\boldsymbol{\alpha}^*=(\mathbf{K}+\gamma_A\mathbf{I})^{-1}\mathbf{y} \tag{8.2.25}$$

这恰好是 Tikhonov 正则化最小二乘解。

8.2.3 半监督与图回归

监督学习的表示定理 (定理 8.4) 可以扩展到半监督学习与或图信号。

定理 8.5 (半监督学习/图表示定理) [2] 给定一组 l 个标记样本 $\{(\mathbf{x}_i,y_i)\}_{i=1}^{l}$、一组 u 个未标记样本 $\{\mathbf{x}_j\}_{j=l+1}^{l+u}$, 以及图拉普拉斯矩阵 $\mathbf{L}$。利用标记和未标记的样本, 半监督学习/图优化问题的极小化

$$\mathbf{f}^*=\arg\min_{\mathbf{f}}\left\{\frac{1}{l}\sum_{i=1}^{l}V(\mathbf{x}_i,y_i,\mathbf{f})+\frac{1}{2}\gamma_A\|\mathbf{f}\|_{\mathcal{H}}^2+\frac{\gamma_l}{(u+l)^2}\mathbf{f}^{\mathrm{T}}\mathbf{L}\mathbf{f}\right\} \tag{8.2.26}$$

有扩展表示

$$\mathbf{f}^*(\mathbf{x})=\sum_{i=1}^{l+u}\alpha_iK(\mathbf{x},\mathbf{x}_i) \tag{8.2.27}$$

注意, 上述表示定理[2] 与文献 [35] 中的广义表示定理不同。当图拉普拉斯矩阵 $\mathbf{L}=\mathbf{I}$ 时, 定理 8.5 简化为半监督学习的表示定理。若令 $u=0$, 则定理 8.5 简化为监督学习的表示定理 8.4。

定理 8.5 表明, 优化问题式 (8.2.26) 等价于求最优解 $\boldsymbol{\alpha}^*$。

令损失函数 $V(\boldsymbol{\alpha})=\sum_{i=1}^{l}(y_i-\hat{f}_i(\boldsymbol{\alpha}))^2=\|\mathbf{y}-\mathbf{JK}\boldsymbol{\alpha}\|_2^2$, 并使用式 (8.2.23),

则式 (8.2.26) 中的损失函数可以表示为[2]

$$L(\boldsymbol{\alpha})=\frac{1}{l}(\mathbf{y}-\mathbf{JK}\boldsymbol{\alpha})^{\mathrm{T}}(\mathbf{y}-\mathbf{JK}\boldsymbol{\alpha})+\frac{1}{2}\gamma_A\boldsymbol{\alpha}^{\mathrm{T}}\mathbf{K}\boldsymbol{\alpha}+\frac{\gamma_l}{2(u+l)^2}\boldsymbol{\alpha}^{\mathrm{T}}\mathbf{KLK}\boldsymbol{\alpha} \tag{8.2.28}$$

[631] 式中, $\mathbf{K}$ 是 $(l+u)\times(l+u)$ 的 Gram 矩阵 $K_{ij}=K(\mathbf{x}_i,\mathbf{x}_j)$, $\mathbf{y}=[y_1,\cdots,y_l,0,\cdots,0]^{\mathrm{T}}$ 是 $(l+u)$ 维标签向量, 而 $\mathbf{J}=\mathbf{Diag}(1,\cdots,1,0,\cdots,0)$ 是一个 $(l+u)\times(l+u)$ 对角矩阵, 其前 l 个对角元素为 1, 其他元素为 0。

由 $\frac{\partial L(\boldsymbol{\alpha})}{\partial\boldsymbol{\alpha}}=\mathbf{0}$, 有一阶优化条件

$$\frac{1}{l}\left(-(\mathbf{JK})^{\mathrm{T}}\right)(\mathbf{y}-\mathbf{JK}\boldsymbol{\alpha})+\left(\gamma_A\mathbf{K}+\frac{\gamma_l}{(u+l)^2}\mathbf{KLK}\right)\boldsymbol{\alpha}=\mathbf{0} \tag{8.2.29}$$

由于 $\mathbf{K}^{\mathrm{T}}\mathbf{J}^{\mathrm{T}}=\mathbf{KJ}$, $\mathbf{JJ}=\mathbf{J}$, $\mathbf{Jy}-\mathbf{JJK}\boldsymbol{\alpha}=\mathbf{Jy}-\mathbf{JK}\boldsymbol{\alpha}$, 所以优化条件式 (8.2.29) 给出最优解为

$$\boldsymbol{\alpha}^*=\left(\mathbf{JK}+\gamma_A l\mathbf{I}+\frac{\gamma_l l}{(u+l)^2}\mathbf{LK}\right)^{-1}\mathbf{Jy} \tag{8.2.30}$$

称为拉普拉斯正则化最小二乘 (LapRLS) 解[2]。

有趣的是, 拉普拉斯正则化最小二乘解也适用于图监督回归和分类。在这种设定中, 未标记样本的数目 u 等于零, 从而导致 $l\times l$ 矩阵 $\mathbf{J}=\mathbf{I}$, 因此式 (8.2.30) 变为

$$\boldsymbol{\alpha}^*=\left(\mathbf{K}+\gamma_A l\mathbf{I}+\frac{\gamma_l}{l}\mathbf{LK}\right)^{-1}\mathbf{y} \tag{8.2.31}$$

这就是监督回归与分类的拉普拉斯正则化最小二乘解。

另一个有趣的事实, 拉普拉斯正则化最小二乘的一个特例为正则化最小二乘。非图信号的正则化最小二乘算法是一种全监督方法, 其优化问题是求下列解

$$\mathbf{f}^*=\arg\min_{\mathbf{f}}\frac{1}{l}\sum_{i=1}^{l}(y_i-f(\mathbf{x}_i))^2+\gamma_A\|\mathbf{f}\|_K^2 \tag{8.2.32}$$

根据经典表示定理, 解可以由式 (8.2.33) 给出

$$\mathbf{f}^*(\mathbf{x})=\sum_{i=1}^{l}\alpha_i^*K(\mathbf{x},\mathbf{x}_i) \tag{8.2.33}$$

将式 (8.2.33) 代入式 (8.2.32), 则有

$$\boldsymbol{\alpha}^*=\arg\min_{\boldsymbol{\alpha}}\left\{\frac{1}{l}(\mathbf{y}-\mathbf{K}\boldsymbol{\alpha})^{\mathrm{T}}(\mathbf{y}-\mathbf{K}\boldsymbol{\alpha})+\gamma_A\boldsymbol{\alpha}^{\mathrm{T}}\mathbf{K}\boldsymbol{\alpha}\right\} \tag{8.2.34}$$

由一阶优化条件 $\frac{\partial V(\boldsymbol{\alpha})}{\partial\boldsymbol{\alpha}}=\mathbf{0}$, 易得

$$\boldsymbol{\alpha}^*=(\mathbf{K}+\gamma_A l\mathbf{I})^{-1}\mathbf{y} \tag{8.2.35}$$

[632] 它正是 Tikhonov 正则化最小二乘解。显然, Tikhonov 正则化最小二乘解是当图拉普拉斯矩阵 $\mathbf{L}$ 为零矩阵时, 拉普拉斯正则化最小二乘解式 (8.2.31) 的一个

特例。

8.2.4 核偏最小二乘回归

给定两个数据块 $\mathbf{X}$ 和 $\mathbf{Y}$, 考虑偏最小二乘回归的核方法。这类方法统称核偏最小二乘回归。核偏最小二乘回归是第 6.9.2 节中讨论过的偏最小二乘回归的自然扩展。

偏最小二乘回归的关键步骤为:

① $\mathbf{w} = \mathbf{X}^{\mathrm{T}}\mathbf{u}/(\mathbf{u}^{\mathrm{T}}\mathbf{u})$。

② $\mathbf{t} = \mathbf{X}\mathbf{w}$。

③ $\mathbf{c} = \mathbf{Y}^{\mathrm{T}}\mathbf{t}/(\mathbf{t}^{\mathrm{T}}\mathbf{t})$。

④ $\mathbf{u} = \mathbf{Y}^{\mathrm{T}}\mathbf{c}/(\mathbf{c}^{\mathrm{T}}\mathbf{c})$。

⑤ $\mathbf{p} = \mathbf{X}^{\mathrm{T}}\mathbf{t}/(\mathbf{t}^{\mathrm{T}}\mathbf{t})$。

⑥ $\mathbf{q} = \mathbf{Y}^{\mathrm{T}}\mathbf{u}/(\mathbf{u}^{\mathrm{T}}\mathbf{u})$。

⑦ $\mathbf{X} = \mathbf{X} - \mathbf{t}\mathbf{p}^{\mathrm{T}}$。

⑧ $\mathbf{Y} = \mathbf{Y} - \mathbf{t}\mathbf{c}^{\mathrm{T}}$。

于是, 我们有

$$\mathbf{t} = \mathbf{X}\mathbf{X}^{\mathrm{T}}\mathbf{u}/(\mathbf{u}^{\mathrm{T}}\mathbf{u}) \tag{8.2.36}$$

$$\mathbf{c} = \mathbf{Y}^{\mathrm{T}}\mathbf{t} \tag{8.2.37}$$

$$\mathbf{u} = \mathbf{Y}^{\mathrm{T}}\mathbf{u}/(\mathbf{u}^{\mathrm{T}}\mathbf{u}) \tag{8.2.38}$$

$$\mathbf{X} = \mathbf{X} - \mathbf{t}\mathbf{t}^{\mathrm{T}}\mathbf{X} \tag{8.2.39}$$

$$\mathbf{Y} = \mathbf{Y} - \mathbf{t}\mathbf{c}^{\mathrm{T}} \tag{8.2.40}$$

使用 $\boldsymbol{\Phi} = \boldsymbol{\Phi}(\mathbf{X})$ 代替 $\mathbf{X}$, 则式 (8.2.36) 和式 (8.2.39) 变为

$$\mathbf{t} = \boldsymbol{\Phi}\boldsymbol{\Phi}^{\mathrm{T}}\mathbf{u}/(\mathbf{u}^{\mathrm{T}}\mathbf{u}) \quad , \quad \boldsymbol{\Phi} = \boldsymbol{\Phi} - \mathbf{t}\mathbf{t}^{\mathrm{T}}\boldsymbol{\Phi} \tag{8.2.41}$$

因此, 核非线性迭代偏最小二乘 (NIPALS) 回归的关键步骤如下[28, 32]。

给定 $\boldsymbol{\Phi}_0 = \boldsymbol{\Phi}$ 和数据块 $\mathbf{Y}_0 = \mathbf{Y}$。

① 随机初始化 $\mathbf{u}$。

② $\mathbf{t} = \boldsymbol{\Phi}\boldsymbol{\Phi}^{\mathrm{T}}\mathbf{u}, \mathbf{t} \leftarrow \mathbf{t}/(\mathbf{t}^{\mathrm{T}}\mathbf{t})$。

③ $\mathbf{c} = \mathbf{Y}^{\mathrm{T}}\mathbf{t}$。

④ $\mathbf{u} = \mathbf{Y}^{\mathrm{T}}\mathbf{u}, \mathbf{u} \leftarrow \mathbf{u}/(\mathbf{u}^{\mathrm{T}}\mathbf{u})$。

⑤ 重复步骤 ②—④ 直至 $\mathbf{t}$ 收敛。 [633]

⑥ 压缩矩阵: $\boldsymbol{\Phi}\boldsymbol{\Phi}^{\mathrm{T}} = (\mathbf{I} - \mathbf{t}\mathbf{t}^{\mathrm{T}})\boldsymbol{\Phi}\boldsymbol{\Phi}^{\mathrm{T}}(\mathbf{I} - \mathbf{t}\mathbf{t}^{\mathrm{T}})^{\mathrm{T}}$。

⑦ 压缩矩阵: $\mathbf{Y} = \mathbf{Y} - \mathbf{t}\mathbf{c}^{\mathrm{T}}$。

核非线性迭代偏最小二乘回归是一种迭代过程: 抽取第一个分量 $\mathbf{t}_1$ 后, 算法利用步骤 ⑥ 和 ⑦ 中计算的压缩矩阵 $\boldsymbol{\Phi}\boldsymbol{\Phi}^{\mathrm{T}}$ 和 $\mathbf{Y}$ 再次启动, 并重复步骤 ②

— ⑦ 直至压缩矩阵 $\mathbf{\Phi\Phi}^{\mathrm{T}}$ 或者 $\mathbf{Y}$ 变为零矩阵。

一旦利用核非线性迭代偏最小二乘回归算法求出了两个矩阵 $\mathbf{T}=[\mathbf{t}_1,\cdots,\mathbf{t}_p]$ 与 $\mathbf{U}=[\mathbf{u}_1,\cdots,\mathbf{u}_p]$, 则回归系数矩阵 $\mathbf{B}$ 即可用与式 (6.9.26) 相类似的形式计算

$$\mathbf{B}=\mathbf{\Phi}_0^{\mathrm{T}}\mathbf{U}(\mathbf{T}^{\mathrm{T}}\mathbf{\Phi}_0\mathbf{\Phi}_0^{\mathrm{T}}\mathbf{U})^{-1}\mathbf{T}^{\mathrm{T}}\mathbf{Y}_0 \tag{8.2.42}$$

然后, 对于一个给定的新数据块 $\mathbf{X}_{\mathrm{new}}$ 和 $\mathbf{\Phi}_{\mathrm{new}}=\mathbf{\Phi}(\mathbf{X}_{\mathrm{new}})$, 则未知的 $\mathbf{Y}$ 值即可预测为

$$\hat{\mathbf{Y}}_{\mathrm{new}}=\mathbf{\Phi}_{\mathrm{new}}\mathbf{B} \tag{8.2.43}$$

核最小二乘算法的 MATLIB 代码可以在[28] 中找到。

8.2.5 拉普拉斯支持向量机

考虑图信号的支持向量机。给定一组 l 个标记的图样本 $\{(\mathbf{x}_i,y_i)\}_{i=1}^{l}$ 和一组 u 个未标记的图样本 $\{\mathbf{x}_j\}_{j=l+1}^{l+u}$。令 $\mathbf{f}$ 是图训练样本的半监督支持向量机。图或拉普拉斯支持向量机通过求解以下优化问题推广了支持向量机[2]

$$\mathbf{f}^*=\arg\min_{\mathbf{f}}\left\{\frac{1}{l}\sum_{i=1}^{l}\big(1-y_if(\mathbf{x}_i)\big)_+ +\gamma_A\|\mathbf{f}\|_K^2+\frac{\gamma_l}{(u+l)^2}\mathbf{f}^{\mathrm{T}}\mathbf{L}\mathbf{f}\right\} \tag{8.2.44}$$

根据扩展的表示定理 (定理 8.5), 问题式 (8.2.44) 的解为

$$\mathbf{f}^*=\sum_{i=1}^{l+u}\alpha_i^*K(\mathbf{x},\mathbf{x}_i) \tag{8.2.45}$$

将式 (8.2.45) 代入式 (8.2.44), 并且在 $\mathbf{f}^*$ 中增加一个非正则化偏差项 b, 则优化 $\boldsymbol{\alpha}$ 的原始问题可以写为

$$\underset{\boldsymbol{\alpha}\in\mathbb{R}^{l+u},\boldsymbol{\xi}\in\mathbb{R}^{l}}{\arg\min}\left\{\frac{1}{l}\sum_{i=1}^{l}\xi_i+\gamma_A\boldsymbol{\alpha}^{\mathrm{T}}\mathbf{K}\boldsymbol{\alpha}+\frac{\gamma_l}{(u+l)^2}\boldsymbol{\alpha}^{\mathrm{T}}\mathbf{KLK}\boldsymbol{\alpha}\right\} \tag{8.2.46}$$

[634]

$$\text{s.t.}\quad y_i\left(\sum_{j=1}^{l+u}\alpha_jK(\mathbf{x}_i,\mathbf{x}_j)+b\right)\geqslant 1-\xi_i,\quad i=1,\cdots,l \tag{8.2.47}$$

$$\xi_i\geqslant 0,\quad i=1,\cdots,l \tag{8.2.48}$$

应用增广拉格朗日乘子法, 对偶无约束问题的拉格朗日函数为

$$\begin{aligned}L(\boldsymbol{\alpha},\boldsymbol{\xi},b,\beta,\zeta)=&\frac{1}{l}\sum_{i=1}^{l}\xi_i+\frac{1}{2}\boldsymbol{\alpha}^{\mathrm{T}}\left(2\gamma_A\mathbf{K}+2\frac{\gamma_l}{(l+u)^2}\mathbf{KLK}\right)\boldsymbol{\alpha}-\\&\sum_{i=1}^{l}\beta_i\left[y_i\left(\sum_{j=1}^{l+u}\alpha_jK(\mathbf{x}_i,\mathbf{x}_j)+b\right)-1+\xi_i\right]-\sum_{i=1}^{l}\zeta_i\xi_i\end{aligned} \tag{8.2.49}$$

由一阶优化条件, 有

$$\frac{\partial L}{\partial b}=0 \quad\Rightarrow\quad \sum_{i=1}^{l}\beta_i y_i=0$$

$$\frac{\partial L}{\partial \xi_i}=0 \quad\Rightarrow\quad \frac{1}{l}-\beta_i-\zeta_i=0$$

$$\Rightarrow\quad 0\leqslant\beta_i\leqslant\frac{1}{l}\quad(\zeta_i,\xi_i\text{非负})$$

利用上面的恒等式, 式 (8.2.49) 中的拉格朗日函数可以简化为

$$\begin{aligned}L^R(\boldsymbol{\alpha},\boldsymbol{\beta})&=\frac{1}{2}\boldsymbol{\alpha}^{\mathrm{T}}\left(2\gamma_A\mathbf{K}+2\frac{\gamma_l}{(u+l)^2}\mathbf{KLK}\right)\boldsymbol{\alpha}-\sum_{i=1}^{l}\beta_i\left(y_i\sum_{j=1}^{l+u}\alpha_j K(\mathbf{x}_i,\mathbf{x}_j)-1\right)\\&=\frac{1}{2}\boldsymbol{\alpha}^{\mathrm{T}}\left(2\gamma_A\mathbf{K}+2\frac{\gamma_l}{(u+l)^2}\mathbf{KLK}\right)\boldsymbol{\alpha}-\boldsymbol{\alpha}^{\mathrm{T}}\mathbf{KJ}^{\mathrm{T}}\mathbf{Y}\boldsymbol{\beta}+\sum_{i=1}^{l}\beta_i\end{aligned}\tag{8.2.50}$$

式中, $\mathbf{J}=[1,\cdots,1,0,\cdots,0]$ 是 $1\times(l+u)$ 矩阵, 其前 l 个元素等于 1, 其余元素为 0, 并且 $\mathbf{Y}=\mathbf{Diag}(y_1,\cdots,y_l)$。

由一阶优化条件

$$\frac{\partial L^R}{\partial\boldsymbol{\alpha}}=\left(2\gamma_A\mathbf{K}+2\frac{\gamma_l}{(u+l)^2}\mathbf{KLK}\right)\boldsymbol{\alpha}-\mathbf{KJ}^{\mathrm{T}}\mathbf{Y}\boldsymbol{\beta}=\mathbf{0}\tag{8.2.51}$$

可得 [635]

$$\boldsymbol{\alpha}^*=\left(2\gamma_A\mathbf{I}+2\frac{\gamma_l}{(u+l)^2}\mathbf{LK}\right)^{-1}\mathbf{J}^{\mathrm{T}}\mathbf{Y}\boldsymbol{\beta}^*\tag{8.2.52}$$

8.3 支持向量机回归

支持向量机回归是一种二元回归算法, 它寻找一个最优超平面作为高维空间的决策函数。

8.3.1 支持向量机回归器

假定已知由 N 个数据点的训练集 $\{\mathbf{x}_k,y_k\},k=1,\cdots,N$, 其中, $\mathbf{x}_k\in\mathbb{R}^n$ 是第 k 个输入模式, $y_k\in\mathbb{R}$ 是第 k 个相关联的“事实”。

令 $\boldsymbol{\phi}:I\subseteq\mathbb{R}^n\to F\subseteq\mathbb{R}^N$ 是从输入空间 $I\subseteq\mathbb{R}^n$ 到特征空间 F 的映射。这里, $\boldsymbol{\phi}(\mathbf{x}_i)$ 是输入 $\mathbf{x}_i$ 的抽取特征。

支持向量机学习算法旨在通过约束优化求超平面 $(\mathbf{w},b)$

$$\min_{\mathbf{w},b}\left\{f(\mathbf{w},b)=\|\mathbf{w}\|_2^2\right\}\tag{8.3.1}$$

$$\text{s.t.} \quad \sum_{i=1}^{N} y_i \left[\mathbf{w}^{\mathrm{T}} \boldsymbol{\phi}(\mathbf{x}_i) - b\right] \geqslant 0 \tag{8.3.2}$$

式中, 等式约束 $(\langle \mathbf{w}, \boldsymbol{\phi}(\mathbf{x}) \rangle - b)$ 对应点 $\mathbf{x}_i$ 与决策边界之间的距离, 而

$$\gamma = \sum_{i=1}^{N} y_i [\langle \mathbf{w}, \boldsymbol{\phi}(\mathbf{x}_i) \rangle - b] \tag{8.3.3}$$

称为边距。

约束优化问题式 (8.3.1) 可以改写为拉格朗日形式的无约束优化

$$\min_{\mathbf{w},b} \left\{ L(\mathbf{w}, b) = \|\mathbf{w}\|_2^2 - \sum_{i=1}^{N} \alpha_i y_i \left[\mathbf{w}^{\mathrm{T}} \boldsymbol{\phi}(\mathbf{x}_i) - b\right] \right\} \tag{8.3.4}$$

其中, 拉格朗日乘子 α_i 非负。

[636] 由优化条件, 我们有

$$\frac{\partial L(\mathbf{w}, b)}{\partial \mathbf{w}} = \mathbf{w} - \sum_{i=1}^{N} \alpha_i y_i \boldsymbol{\phi}(\mathbf{x}_i) = 0 \Rightarrow \mathbf{w} = \sum_{i=1}^{N} \alpha_i y_i \boldsymbol{\phi}(\mathbf{x}_i) \tag{8.3.5}$$

$$\frac{\partial L(\mathbf{w}, b)}{\partial b} = \sum_{i=1}^{N} \alpha_i y_i = 0. \tag{8.3.6}$$

将这两个结果代入式 (8.3.1), 即得下列相对于 $\boldsymbol{\alpha}$ 的约束优化问题

$$\min_{\boldsymbol{\alpha}} \left\{ J_1(\boldsymbol{\alpha}) = \sum_{i=1}^{N} \sum_{j=1}^{N} \alpha_i \alpha_j y_i y_j K(\mathbf{x}_i, \mathbf{x}_j) - \sum_{i=1}^{N} \alpha_i \right\} \tag{8.3.7}$$

或

$$\max_{\boldsymbol{\alpha}} \left\{ J_2(\boldsymbol{\alpha}) = \sum_{i=1}^{N} \alpha_i - \sum_{i=1}^{N} \sum_{j=1}^{N} \alpha_i \alpha_j y_i y_j K(\mathbf{x}_i, \mathbf{x}_j) \right\} \tag{8.3.8}$$

服从约束

$$\sum_{i=1}^{N} \alpha_i y_i = 0, \quad \alpha_i > 0, \quad i = 1, \cdots, N \tag{8.3.9}$$

式中, $K(\mathbf{x}_i, \mathbf{x}_j) = \langle \boldsymbol{\phi}(\mathbf{x}_i), \boldsymbol{\phi}(\mathbf{x}_j) \rangle = \boldsymbol{\phi}^{\mathrm{T}}(\mathbf{x}_i) \boldsymbol{\phi}(\mathbf{x}_j)$。

支持向量机回归的目标是设计下面的机器学习算法:

- 求解式 (8.3.8) 和式 (8.3.9) 的最大化问题, 得到拉格朗日乘子 $\alpha_i, i = 1, \cdots, N$。
- 更新偏差: $b \leftarrow b - \eta \sum_{i=1}^{N} \alpha_i y_i$。
- 使用式 (8.3.5) 计算支持向量回归器 $\mathbf{w}$。

8.3.2 ϵ 支持向量回归

ϵ 支持向量回归的基本思想是求解函数 $f(\mathbf{x}) = \mathbf{w}^{\mathrm{T}}\boldsymbol{\phi}(\mathbf{x}) + b$, 使得对于所有的训练数据 $\mathbf{x}_1, \cdots, \mathbf{x}_N$, 函数 $f(\mathbf{x})$ 与实际获得的目标 y_i 的偏差最多为 ϵ, 即 $|f(\mathbf{x}_i) - y_i| \leqslant \epsilon,\ i = 1, \cdots, N$, 同时 $\mathbf{w}$ 尽可能平坦。换言之, 我们并不介意有误差, 只要偏差小于 ϵ 即可, 但不接受任何大于 ϵ 的偏差[36]。

保证 $\mathbf{w}$ 的平坦度的一种方法是使其范数 $\|\mathbf{w}\|_2^2 = \langle \mathbf{w}, \mathbf{w} \rangle$ 最小化。因此, ϵ 支持向量回归的基本形式可以表示成一个凸优化问题[36, 43] [637]

$$\min_{\mathbf{w}} \quad \frac{1}{2}\|\mathbf{w}\|_2^2 \tag{8.3.10}$$

$$\text{s.t.} \quad \begin{cases} y_k - \langle \mathbf{w}, \phi(\mathbf{x}_k) \rangle - b \leqslant \epsilon \\ \langle \mathbf{w}, \phi(\mathbf{x}_k) \rangle + b - y_k \leqslant \epsilon \end{cases} \tag{8.3.11}$$

式中, $\epsilon > 0$ 为回归误差。

为了避免违反式 (8.3.11) 中的约束条件, 通过对已知参数 $C > 0$ 和 $\epsilon > 0$ 引入松弛参数 (ξ_k, ξ_k^*), 可以得到支持向量回归的标准形式[44]

$$\min_{\mathbf{w}, b, \xi_k, \xi_k^*} \left\{ \frac{1}{2}\langle \mathbf{w}, \mathbf{w} \rangle + C \sum_{k=1}^{N} (\xi_k + \xi_k^*) \right\} \tag{8.3.12}$$

$$\text{s.t.} \quad y_k - (\langle \mathbf{w}, \boldsymbol{\phi}(\mathbf{x}_k) \rangle + b) \leqslant \epsilon + \xi_k \tag{8.3.13}$$

$$(\langle \mathbf{w}, \boldsymbol{\phi}(\mathbf{x}_k) \rangle + b) - y_k \leqslant \epsilon + \xi_k^* \tag{8.3.14}$$

$$\xi_k, \xi_k^* \geqslant 0, \quad k = 1, \cdots, N \tag{8.3.15}$$

这里, $C > 0$ 是一个正则化参数, 它表示支持向量机错误分类的扰动, 且是一个预先规定的值; ξ_k 表示上训练误差, ξ_k^* 是下训练误差, 并且 ϵ 服从约束 $|y_k - (\langle \mathbf{w}, \boldsymbol{\phi}(\mathbf{x}_k) \rangle + b)| \leqslant \epsilon$。

为了求解上述约束优化问题, 定义拉格朗日函数如下[36]

$$\begin{aligned} \mathcal{L} &= \mathcal{L}(\mathbf{w}, b, \xi_k, \xi_k^*) \\ &= \frac{1}{2}\|\mathbf{w}\|_2^2 + C \sum_{k=1}^{N} (\xi_k + \xi_k^*) - \sum_{k=1}^{N} (\eta_k \xi_k + \eta_k^* \xi_k^*) - \\ &\quad \sum_{k=1}^{N} \alpha_k \left(\epsilon + \xi_k - y_k + \langle \mathbf{w}, \boldsymbol{\phi}(\mathbf{x}_k) \rangle + b\right) - \\ &\quad \sum_{k=1}^{N} \alpha_k^* \left(\epsilon + \xi_k^* + y_k - \langle \mathbf{w}, \boldsymbol{\phi}(\mathbf{x}_k) \rangle - b\right) \end{aligned} \tag{8.3.16}$$

式中, $\eta_k, \eta_k^*, \alpha_k, \alpha_k^*$ 为拉格朗日乘子, 它必须满足正性约束

$$\eta_k^{(*)}, \alpha_k^{(*)} \geqslant 0 \tag{8.3.17}$$

其中 $\eta_k^{(*)} = \{\eta_k, \eta_k^*\}$ 和 $\alpha_k^{(*)} = \{\alpha_k, \alpha_k^*\}$。

[638] 由一阶优化条件可知

$$\frac{\partial \mathcal{L}}{\partial \mathbf{w}}=0 \quad \Rightarrow \quad \mathbf{w}=\sum_{k=1}^{N}(\alpha_k-\alpha_k^*)\boldsymbol{\phi}(\mathbf{x}_k) \tag{8.3.18}$$

$$\frac{\partial \mathcal{L}}{\partial b}=0 \quad \Rightarrow \quad \sum_{k=1}^{N}(\alpha_k-\alpha_k^*)=0 \tag{8.3.19}$$

$$\frac{\partial \mathcal{L}}{\partial \xi_k}=0 \quad \Rightarrow \quad \eta_k+\alpha_k=C \tag{8.3.20}$$

$$\frac{\partial \mathcal{L}}{\partial \xi_k^*}=0 \quad \Rightarrow \quad \eta_k^*+\alpha_k^*=C \tag{8.3.21}$$

式 (8.3.18) 称为支持向量展开, 即 $\mathbf{w}$ 可以完全描述成训练模式 $\mathbf{x}_i$ 的线性组合。

将式 (8.3.18) 和式 (8.3.19) 代入式 (8.3.16), 可以消去对偶变量 η_i,η_i^*, 并给出对偶函数

$$\begin{aligned}\mathcal{L}_D(\boldsymbol{\alpha},\boldsymbol{\alpha}^*)=&-\frac{1}{2}\sum_{i=1}^{N}\sum_{j=1}^{N}(\alpha_i-\alpha_i^*)(\alpha_j-\alpha_j^*)\langle\boldsymbol{\phi}(\mathbf{x}_i),\boldsymbol{\phi}(\mathbf{x}_j)\rangle-\\&\epsilon\sum_{i=1}^{N}(\alpha_i+\alpha_i^*)+\sum_{i=1}^{N}y_i(\alpha_i-\alpha_j^*)\end{aligned} \tag{8.3.22}$$

另一方面, 由式 (8.3.17)、式 (8.3.20) 和式 (8.3.21) 有

$$0\leqslant\alpha_i,\alpha_i^*\leqslant C,\quad i=1,\cdots,N \tag{8.3.23}$$

式 (8.3.22) 连同约束式 (8.3.19) 和式 (8.3.23) 组成了 Wolfe 对偶 ϵ 支持向量机回归问题

$$\max_{\boldsymbol{\alpha},\boldsymbol{\alpha}^*}\left\{-\frac{1}{2}(\boldsymbol{\alpha}-\boldsymbol{\alpha}^*)^{\mathrm{T}}\mathbf{Q}(\boldsymbol{\alpha}-\boldsymbol{\alpha}^*)-\epsilon\sum_{i=1}^{N}(\alpha_i+\alpha_i^*)+\sum_{i=1}^{N}y_i(\alpha_i-\alpha_j^*)\right\} \tag{8.3.24}$$

$$\text{s.t.}\quad \sum_{k=1}^{N}(\alpha_k-\alpha_k^*)=0 \tag{8.3.25}$$

$$0\leqslant\alpha_i,\alpha_i^*\leqslant C,\quad i=1,\cdots,N \tag{8.3.26}$$

[639] 式中, $\mathbf{Q}=[K(\mathbf{x}_i,\mathbf{x}_j)]_{i,j=1}^{N,N}$ 是一个 $N\times N$ 半正定矩阵, 其中 $K(\mathbf{x}_i,\mathbf{x}_j)=\langle\boldsymbol{\phi}(\mathbf{x}_i),\boldsymbol{\phi}(\mathbf{x}_j)\rangle$ 是支持向量机的核函数。

于是, 回归函数为

$$f(\mathbf{x})=\mathbf{w}^{\mathrm{T}}\boldsymbol{\phi}(\mathbf{x})+b=\sum_{i=1}^{N}(\alpha_i-\alpha_i^*)K(\mathbf{x}_i,\mathbf{x})+b \tag{8.3.27}$$

其中, $\mathbf{w}$ 由支持向量展开式 (8.3.18) 描述。

对偶约束优化问题式 (8.3.24) 的 KKT 条件为[36]

$$\alpha_i(\epsilon+\xi_i-y_i+\langle\mathbf{w},\mathbf{x}_i\rangle+b)=0 \tag{8.3.28}$$

$$\alpha_i^*(\epsilon + \xi_i^* - y_i + \langle \mathbf{w}, \mathbf{x}_i \rangle + b) = 0 \tag{8.3.29}$$

$$(C - \alpha_i)\xi_i = 0 \tag{8.3.30}$$

$$(C - \alpha_i^*)\xi_i^* = 0 \tag{8.3.31}$$

由上述条件, 我们有

$$\epsilon - y_i + \langle \mathbf{w}, \mathbf{x}_i \rangle + b \geqslant 0 \quad \text{和} \quad \xi_i = 0 \quad , \alpha_i < C \tag{8.3.32}$$

$$\epsilon - y_i + \langle \mathbf{w}, \mathbf{x}_i \rangle + b \leqslant 0 \quad , \alpha_i > 0 \tag{8.3.33}$$

$$\epsilon - y_i + \langle \mathbf{w}, \mathbf{x}_i \rangle + b \geqslant 0 \quad \text{和} \quad \xi_i^* = 0 \quad , \alpha_i^* < C \tag{8.3.34}$$

$$\epsilon - y_i + \langle \mathbf{w}, \mathbf{x}_i \rangle + b \leqslant 0 \quad , \alpha_i^* > 0 \tag{8.3.35}$$

于是, b 的计算为[36]

$$\begin{aligned} &\max\{-\epsilon + y_i - \langle \mathbf{w}, \mathbf{x}_i \rangle | \alpha_i < C \quad \text{或} \quad \alpha_i^* > 0\} \leqslant b \leqslant \\ &\min\{-\epsilon + y_i - \langle \mathbf{w}, \mathbf{x}_i \rangle | \alpha_i > 0 \quad \text{或} \quad \alpha_i^* < C\} \end{aligned} \tag{8.3.36}$$

如果某个 $\alpha_i \in (0, C)$ 或者 $\alpha_i^* \in (0, C)$, 则不等式变为等式。

8.3.3 ν 支持向量机回归

在上面介绍的标准支持向量机回归中, 每个点 $\mathbf{x}_i$ 都会有 ϵ 的误差。通过引入一个常数 $\nu \geqslant 0$, ϵ 的大小可以对模型的大小与模型复杂度和松弛变量进行权衡。这正是 Schölkopf 等人[34] 的 ν 支持向量机回归的基本思想

$$\min_{\mathbf{w}, \xi_i, \boldsymbol{\xi}_i^*, \epsilon} \left\{ \frac{1}{2}\|\mathbf{w}\|_2^2 + C\left(\nu\epsilon + \frac{1}{N}\sum_{i=1}^N (\xi_i + \xi_i^*)\right) \right\} \tag{8.3.37}$$

$$\text{s.t.} \quad (\mathbf{w}^{\mathrm{T}}\mathbf{x}_i + b) - y_i \leqslant \epsilon + \xi_i \tag{8.3.38}$$ [640]

$$y_i - (\mathbf{w}^{\mathrm{T}}\mathbf{x}_i + b) \leqslant \epsilon + \xi_i^* \tag{8.3.39}$$

$$\xi_i \geqslant 0, \xi_i^* \geqslant 0, \quad i = 1, \cdots, N \tag{8.3.40}$$

通过引入拉格朗日乘子 $\alpha_i^*.\eta_i^*, \beta \geqslant 0$, 即可得到拉格朗日函数[34]

$$\begin{aligned} &\mathcal{L}(\mathbf{w}, b, \boldsymbol{\xi}^*, \epsilon, \boldsymbol{\alpha}^*, \beta, \boldsymbol{\eta}^*) \\ &\quad = \frac{1}{2}\|\mathbf{w}\|_2^2 + C\nu\epsilon + \frac{C}{N}\sum_{i=1}^N (\xi_i + \xi_i^*) - \beta\epsilon - \sum_{i=1}^N (\eta_i\xi_i + \eta_i^*\xi_i^*) - \\ &\quad \sum_{i=1}^N \alpha_i \left(\xi_i + y_i - \mathbf{w}^{\mathrm{T}}\mathbf{x}_i - b + \epsilon\right) - \\ &\quad \sum_{i=1}^N \alpha_i^* \left(\xi_i^* + \mathbf{w}^{\mathrm{T}}\mathbf{x}_i + b - y_i + \epsilon\right) \end{aligned} \tag{8.3.41}$$

一阶优化条件给出下列结果: 对原始变量 $\mathbf{w}, \epsilon, b, \xi_i^*$ 的最小化, 有

$$\frac{\partial \mathcal{L}}{\partial \mathbf{w}} = 0 \quad \Rightarrow \quad \mathbf{w} = \sum_{i=1}^{N} (\alpha_i^* - \alpha_i)\mathbf{x}_i \tag{8.3.42}$$

$$\frac{\partial \mathcal{L}}{\partial \epsilon} = 0 \quad \Rightarrow \quad C\nu - \sum_{i=1}^{N} (\alpha_i + \alpha_i^*) - \beta = 0 \tag{8.3.43}$$

$$\frac{\partial \mathcal{L}}{\partial b} = 0 \quad \Rightarrow \quad \sum_{i=1}^{N} (\alpha_i - \alpha_i^*) = 0 \tag{8.3.44}$$

$$\frac{\partial \mathcal{L}}{\partial \xi_i^*} = 0 \quad \Rightarrow \quad \frac{C}{N} - \alpha_i^* - \eta_i^* = 0, \quad i = 1, \cdots, N \tag{8.3.45}$$

而对于对偶变量 $\alpha_i^*, \eta_i^*, \beta$ 的最大化, 则有

$$\frac{\partial \mathcal{L}}{\partial \alpha_i^*} = 0 \quad \Rightarrow \quad \xi_i^* + \mathbf{w}^{\mathrm{T}}\mathbf{x}_i + b - y_i + \epsilon = 0$$

以及

$$\frac{\partial \mathcal{L}}{\partial \eta_i^*} = 0 \quad \Rightarrow \quad \epsilon = 0, \quad \frac{\partial \mathcal{L}}{\partial \beta} = 0 \quad \Rightarrow \quad \xi_i^* = 0$$

[641] 因此, 回归结果为

$$y_i = \mathbf{w}^{\mathrm{T}}\mathbf{x}_i + b \tag{8.3.46}$$

将 4 个约束条件式 (8.3.42)—式 (8.3.45) 代入式 (8.3.41) 定义的拉格朗日函数 $\mathcal{L}$ 中, 便得到了称为 Wolfe 对偶的优化问题。Wolfe 对偶 ν 支持向量机回归问题可以写为[34]

$$\max \left\{ \mathcal{W}(\boldsymbol{\alpha}^*) = \sum_{i=1}^{N} (\alpha_i^* - \alpha_i) y_i - \frac{1}{2} \sum_{i=1}^{N} \sum_{j=1}^{N} (\alpha_i^* - \alpha_i)(\alpha_j^* - \alpha_j) K(\mathbf{x}_i, \mathbf{x}_j) \right\} \tag{8.3.47}$$

$$\text{s.t.} \quad \sum_{i=1}^{N} (\alpha_i - \alpha_i^*) = 0, \alpha_i^* \in \left[0, \frac{C}{N}\right], \sum_{i=1}^{N} (\alpha_i + \alpha_i^*) \leqslant C\nu \tag{8.3.48}$$

求解 Wolfe 对偶问题之后, 新样本 $\mathbf{x}$ 的回归即为

$$f(\mathbf{x}) = \sum_{i=1}^{N} (\alpha_i^* - \alpha_i) K(\mathbf{x}, \mathbf{x}_i) + b \tag{8.3.49}$$

命题 8.1 [34] 假设 ν 支持向量回归应用于某个数据集, 并且得到的 ϵ 非零。下面叙述成立:

- ν 是误差分数的上界。
- ν 是支持向量的下界。

以下函数是文献中用于说明回归的支持向量机的常用选择

$$y(x)=\begin{cases}\sin(x)/x, & x\neq 0\\ 0, & x=0\end{cases} \tag{8.3.50}$$

8.4 支持向量机二元分类

数据分析与模式识别的一个基本任务是分类, 它要求构造一个分类器, 即一个能够为由一组属性描述的样本分配类标签的函数。

本节介绍具有两类的支持向量机二元分类问题。

8.4.1 支持向量机二元分类器 [642]

给定 N 个数据点的训练集 $\{\mathbf{x}_k, y_k\}, k=1,\cdots,N$, 其中 $\mathbf{x}_k$ 是第 k 个输入模式, y_k 是第 k 输出模式。记数据的集合

$$\mathcal{D}=\{(\mathbf{x}_1,y_1),\cdots,(\mathbf{x}_N,y_N)\},\quad \mathbf{x}_k\in\mathbb{R}^n,\, y_k\in\{-1,+1\} \tag{8.4.1}$$

支持向量机分类器是一个线性分类器, 即求一个超平面, 能够以超平面与最接近数据点 (称之为边缘) 之间的最大距离对数据进行分离。

线性分离超平面是一个决策函数, 其形式为

$$f(\mathbf{x})=\text{sign}(\mathbf{w}^{\mathrm{T}}\mathbf{x}+b) \tag{8.4.2}$$

式中, $\mathbf{x}$ 为输入模式, $\mathbf{w}$ 为权向量, b 是偏差项。因此, 我们有

$$\mathbf{w}^{\mathrm{T}}\mathbf{x}+b\begin{cases}>0, & \mathbf{x}\in \text{class } S_+\\ <0, & \mathbf{x}\in \text{class } S_-\\ =0, & \mathbf{x}\in \text{class } S_+ \quad 或 \quad \mathbf{x}\in \text{class } S_-\end{cases} \tag{8.4.3}$$

类似地, 对于介意非线性映射 $\boldsymbol{\phi}:\mathbf{x}\rightarrow\boldsymbol{\phi}(\mathbf{x})$ 的非线性分类器 $\mathbf{w}$, 其试验输出 $y=f(\mathbf{x})=\mathbf{w}^{\mathrm{T}}\boldsymbol{\phi}(\mathbf{x})+b$, 其中 b 表示偏差项。于是, 我们有

$$\mathbf{w}^{\mathrm{T}}\boldsymbol{\phi}(\mathbf{x})+b\begin{cases}>0, & \mathbf{x}\in \text{class } S_+\\ <0, & \mathbf{x}\in \text{class } S_-\\ =0, & \mathbf{x}\in \text{class } S_+ \quad 或 \quad \mathbf{x}\in \text{class } S_-\end{cases} \tag{8.4.4}$$

因此, 非线性分类器的决策函数为

$$\text{class of } \mathbf{x}=\text{sign}\left(\mathbf{w}^{\mathrm{T}}\boldsymbol{\phi}(\mathbf{x})+b\right) \tag{8.4.5}$$

对于一个具有核函数 $K(\mathbf{x},\mathbf{x}_i)=\boldsymbol{\phi}^{\mathrm{T}}(\mathbf{x})\boldsymbol{\phi}(\mathbf{x}_i)$ 的支持向量机, 其分类器 $\mathbf{w}$

通常设计为

$$\mathbf{w}=\sum_{i=1}^{N}\alpha_i y_i \boldsymbol{\phi}(\mathbf{x}_i) \tag{8.4.6}$$

将式 (8.4.6) 代入式 (8.4.5), 我们直接得到支持向量机分类器的决策函数为

$$\text{class of } \mathbf{x}=\text{sign}\left(\sum_{i=1}^{N}\alpha_i y_i K(\mathbf{x},\mathbf{x}_i)+b\right) \tag{8.4.7}$$

[643] 因此, 当设计任何支持向量机分类器时, 其加权向量 $\mathbf{w}$ 必须具有式 (8.4.6) 所示形式。

向量集合 $\{\mathbf{x}_1,\cdots,\mathbf{x}_N\}$ 被称为是超平面的最佳分离, 若它是无误差分离的, 并且最接近向量与超平面之间的距离为最大。

为了设计分类器 $\mathbf{w}$, 假定

$$\mathbf{w}^{\mathrm{T}}\boldsymbol{\phi}(\mathbf{x}_k)+b\geqslant 1,\qquad y_k=+1 \tag{8.4.8}$$

$$\mathbf{w}^{\mathrm{T}}\boldsymbol{\phi}(\mathbf{x}_k)+b\leqslant -1,\qquad y_k=-1 \tag{8.4.9}$$

即是说, 如果数据被正确分类, 则这个超平面应该保证

$$y_k\left(\mathbf{w}^{\mathrm{T}}\boldsymbol{\phi}(\mathbf{x}_k)+b\right)>0,\quad k=1,\cdots,N \tag{8.4.10}$$

其中假设 $y\in\{-1,+1\}$。这里, $\boldsymbol{\phi}(\mathbf{x}_k)$ 是非线性向量函数, 它将输入空间 $\mathbb{R}^n$ 映射为高维空间, 但该函数不能显式构造。

点 $\mathbf{x}_k$ 与超平面的距离记为 $d(\mathbf{w},b;\mathbf{x}_k)$, 并且定义为

$$d(\mathbf{w},b;\mathbf{x}_k)=\frac{|\langle\mathbf{w},\boldsymbol{\phi}(\mathbf{x}_k)\rangle+b|}{\|\mathbf{w}\|} \tag{8.4.11}$$

由式 (8.4.10) 中约束条件 $y_k\left(\langle\mathbf{w},\boldsymbol{\phi}(\mathbf{x}_k)\rangle+b\right)\geqslant 1$, 分类器的边距为

$$\begin{aligned}
\rho(\mathbf{w},b)&=\min_{\mathbf{x}_k:y_k=-1}d(\mathbf{w},b;\mathbf{x}_k)+\min_{\mathbf{x}_k:y_k=1}d(\mathbf{w},b;\mathbf{x}_k)\\
&=\min_{\mathbf{x}_k:y_k=-1}\frac{|\langle\mathbf{w},\boldsymbol{\phi}(\mathbf{x}_k)\rangle+b|}{\|\mathbf{w}\|}+\min_{\mathbf{x}_k:y_k=1}\frac{|\langle\mathbf{w},\boldsymbol{\phi}(\mathbf{x}_k)\rangle+b|}{\|\mathbf{w}\|}\\
&=\frac{1}{\|\mathbf{w}\|}\left(\min_{\mathbf{x}_k:y_k=-1}|\langle\mathbf{w},\boldsymbol{\phi}(\mathbf{x}_k)\rangle+b|+\min_{\mathbf{x}_k:y_k=1}|\langle\mathbf{w},\boldsymbol{\phi}(\mathbf{x}_k)\rangle+b|\right)\\
&=\frac{2}{\|\mathbf{w}\|}
\end{aligned} \tag{8.4.12}$$

最优超平面 $\mathbf{w}_{\text{opt}}$ 由最大化上述边距给出, 即有

$$\mathbf{w}=\arg\max_{\mathbf{w}}\left\{\rho(\mathbf{w},b)=\frac{2}{\|\mathbf{w}\|}\right\} \tag{8.4.13}$$

[644] 它等价于

$$\mathbf{w}=\arg\min_{\mathbf{w}}\frac{1}{2}\|\mathbf{w}\| \tag{8.4.14}$$

为了避免违反式 (8.4.10) 的可能性, 需要引入变量 ξ_k 使得

$$y_k\left(\mathbf{w}^{\mathrm{T}}\boldsymbol{\phi}(\mathbf{x}_k)+b\right)\geqslant 1-\xi_k,\quad k=1,\cdots,N \tag{8.4.15}$$

$$\xi_k\geqslant 0,\quad k=1,\cdots,N \tag{8.4.16}$$

根据结构风险最小化原理, 在式 (8.4.15) 的约束下构造优化问题, 使风险边界最小化

$$\min\left\{\frac{1}{2}\|\mathbf{w}\|^2+C\sum_{k=1}^{N}\xi_k\right\} \tag{8.4.17}$$

式中, C 是用户规定的参数, 用于提供分离边距与训练误差的距离之间的平衡。

因此, 支持向量机分类器的原始优化问题是约束优化问题

$$\min\left\{\mathcal{L}_{\mathrm{P_{SVM}}}=\frac{1}{2}\|\mathbf{w}\|_2^2+C\sum_{i=1}^{N}\xi_i\right\} \tag{8.4.18}$$

$$\text{s.t.}\quad y_i\left(\mathbf{w}^{\mathrm{T}}\boldsymbol{\phi}(\mathbf{x}_i)+b\right)\geqslant 1-\xi_i,\ \xi_i\geqslant 0\ (i=1,\cdots,N) \tag{8.4.19}$$

上述原始优化问题的对偶形式为

$$\min\left\{\mathcal{L}_{\mathrm{D_{SVM}}}=\frac{1}{2}\sum_{i=1}^{N}\sum_{j=1}^{N}y_iy_j\alpha_i\alpha_j\langle\boldsymbol{\phi}(\mathbf{x}_i),\boldsymbol{\phi}(\mathbf{x}_j)\rangle-\sum_{i=1}^{N}\alpha_i\right\} \tag{8.4.20}$$

$$\text{s.t.}\quad \sum_{i=1}^{N}\alpha_iy_i=0,\ 0\leqslant\alpha_i\leqslant C\ (i=1,\cdots,N) \tag{8.4.21}$$

式中, α_i 是对应于第 i 个训练样本 $(\mathbf{x}_i,y_i)$ 的拉格朗日乘子, 而满足 $y_i(\mathbf{w}^{\mathrm{T}}\boldsymbol{\phi}(\mathbf{x}_i)+b)=1$ 的向量 $\mathbf{x}_i$ 称为支持向量。

在支持向量机线性算法中, 通常使用核函数 $K(\mathbf{u},\mathbf{v})=\langle\boldsymbol{\phi}(\mathbf{u}),\boldsymbol{\phi}(\mathbf{v})\rangle$, 并且 [645]
支持向量机二元分类器的对偶优化问题表示为

$$\min\left\{\mathcal{L}_{\mathrm{D_{SVM}}}=\frac{1}{2}\sum_{i=1}^{N}\sum_{j=1}^{N}y_iy_j\alpha_i\alpha_jK(\mathbf{x}_i,\mathbf{x}_j)-\sum_{i=1}^{N}\alpha_i\right\} \tag{8.4.22}$$

$$\text{s.t.}\quad \sum_{i=1}^{N}\alpha_iy_i=0,\ 0\leqslant\alpha_i\leqslant C\ (i=1,\cdots,N) \tag{8.4.23}$$

由 Bousquet 等人[5] 可知, 在设计分类器时, 应考虑几个重要的实用要点。

- 为了减少分类器对训练数据的过度拟合的可能性, 训练样本与特征数的比率应该至少为 10 : 1。出于同样的原因, 训练样本与未知参数的比率也应至少为 10 : 1。
- 重要的是, 应该使用适当的误差估计方法。特别是在为分类器选择参数时, 适当的误差估计方法显得尤其重要。
- 某些算法要求将输入特征缩放到类似的范围, 例如输入的某种加权平均。
- 没有单一的最佳分类算法。

8.4.2 ν 支持向量二元分类器

与 ν 支持向量回归类似, 通过在支持向量机分类中引入一个新参数 $\nu \in (0,1]$, Schölkopf 等人[34] 介绍了一种 ν 支持向量分类器 (ν-SVC)。

ν 支持向量分类器的原始优化问题可以描述为

$$\min_{\mathbf{w},\boldsymbol{\xi},\rho} \left\{ \frac{1}{2}\|\mathbf{w}\|_2^2 - \nu\rho + \sum_{i=1}^{N} \xi_i \right\} \tag{8.4.24}$$

$$\text{s.t.} \quad y_i(\mathbf{w}^{\mathrm{T}}\boldsymbol{\phi}(\mathbf{x}_i) + b) \geqslant \epsilon - \xi_i, \quad \xi_i \geqslant 0\ (i = 1, \cdots, N), \quad \rho \geqslant 0 \tag{8.4.25}$$

令拉格朗日乘子为 $\alpha_i, \beta_i, \delta \geqslant 0$, 并考虑拉格朗日函数

$$\begin{aligned} \mathcal{L}(\mathbf{w}, \boldsymbol{\xi}, b, \rho, \boldsymbol{\alpha}, \beta, \delta) = \frac{1}{2}\|\mathbf{w}\|_2^2 - \nu\rho + \frac{1}{N}\sum_{i=1}^{N}\xi_i - \delta\rho - \\ \sum_{i=1}^{N}\left(\alpha_i\left[y_i(\mathbf{w}^{\mathrm{T}}\mathbf{x}_i + b) - \rho + \xi_i\right] + \beta_i\xi_i\right) \end{aligned} \tag{8.4.26}$$

[646] 这个函数需要相对于原始标量 $\mathbf{w}, \boldsymbol{\xi}, b, \rho$ 最小化, 以及对偶变量 $\boldsymbol{\alpha}, \boldsymbol{\beta}, \delta$ 的最大化。

最小化的一阶优化条件给出下列结果

$$\frac{\partial \mathcal{L}}{\partial \mathbf{w}} = 0 \quad \Rightarrow \quad \mathbf{w} = \sum_{i=1}^{N} \alpha_i y_i \mathbf{x}_i \tag{8.4.27}$$

$$\frac{\partial \mathcal{L}}{\partial \xi_i} = 0 \quad \Rightarrow \quad \alpha_i + \beta_i = 1/N, \quad i = 1, \cdots, N \tag{8.4.28}$$

$$\frac{\partial \mathcal{L}}{\partial b} = 0 \quad \Rightarrow \quad \sum_{i=1}^{N} \alpha_i y_i = 0 \tag{8.4.29}$$

$$\frac{\partial \mathcal{L}}{\partial \rho} = 0 \quad \Rightarrow \quad \sum_{i=1}^{N} \alpha_i - \delta = \nu \tag{8.4.30}$$

若将式 (8.4.27)—式 (8.4.30) 代入拉格朗日函数 $\mathcal{L}$, 使用 $\alpha_i, \beta_i, \delta \geqslant 0$, 并在点积中用核函数 $K(\mathbf{x}, \mathbf{x}_i)$ 代替 $\mathbf{x}_i$, 则可以得到 ν 支持向量分类的 Wolfe 对偶优化问题为

$$\max_{\boldsymbol{\alpha}} \left\{ \mathcal{W}(\boldsymbol{\alpha}) = -\frac{1}{2}\sum_{i=1}^{N}\sum_{j=1}^{N} \alpha_i\alpha_j y_i y_j K(\mathbf{x}_i, \mathbf{x}_j) \right\} \tag{8.4.31}$$

$$\text{s.t.} \quad 0 \leqslant \alpha_i \leqslant 1/N (i = 1, \cdots, N); \quad \sum_{i=1}^{N} \alpha_i y_i = 0; \quad \sum_{i=1}^{N} \alpha_i \geqslant \nu \tag{8.4.32}$$

为了计算原始 ν 支持向量分类优化问题中的参数 b 和 ρ, 考虑两个集合 S_+ 和 S_-, 它们包含支持向量 $\mathbf{x}_i$, 其中 $0 \leqslant \alpha_i < 1$ 和 $y_i = \pm 1$。

令

$$s_1 = |S_+| = |\{i|0 < \alpha_i < 1, y_i = 1\}| \tag{8.4.33}$$

$$s_2 = |S_-| = |\{i|0 < \alpha_i < 1, y_i = -1\}| \tag{8.4.34}$$

分别是集合 S_+ 和 S_- 的大小。

若定义

$$r_1 = \frac{1}{s_1} \sum_{\mathbf{x}\in S_+} \sum_{j=1}^{N} \alpha_j y_j K(\mathbf{x}, \mathbf{x}_j) \tag{8.4.35}$$

[647]

$$r_2 = -\frac{1}{s_2} \sum_{\mathbf{x}\in S_-} \sum_{j=1}^{N} \alpha_j y_j K(\mathbf{x}, \mathbf{x}_j) \tag{8.4.36}$$

则有[7, 34]

$$b = -\frac{r_1 - r_2}{2} \quad 和 \quad \rho = \frac{r_1 + r_2}{2}. \tag{8.4.37}$$

8.4.3 最小二乘支持向量机二元分类器

标准支持向量机是一种强大的数据分类工具, 通过将数据分配给两个不相交半空间中的一个来进行二值分类。这两个半空间可以是线性分类器的原始输入空间, 也可以是非线性分类器的高维特征空间。最小二乘支持向量机 (LS-SVM)[37] 和近似支持向量机 (PSVMs)[14, 15] 是两个非常简单的分类器, 其中每个数据类分配给两个平行平面的最近的一个 (在输入或特征空间), 使得它们尽可能分开。

最小二乘支持向量机将二进制分类问题表示为

$$\min_{\mathbf{w},b,e} \left\{ \frac{1}{2}\|\mathbf{w}\|_2^2 + \frac{C}{2}\sum_{k=1}^{N} e_k^2 \right\} \tag{8.4.38}$$

$$\text{s.t.} \quad y_k \left(\mathbf{w}^{\mathrm{T}} \boldsymbol{\phi}(\mathbf{x}_k) + b\right) = 1 - e_k, \quad k = 1, \cdots, N \tag{8.4.39}$$

其中, $y_k \in \{-1, 1\}$ 为二元分类。

定义拉格朗日函数

$$\begin{aligned} \mathcal{L} &= \mathcal{L}(\mathbf{w}, b, \mathbf{e}; \boldsymbol{\alpha}) \\ &= \frac{1}{2}\|\mathbf{w}\|_2^2 + \frac{C}{2}\sum_{k=1}^{N} e_k^2 - \sum_{k=1}^{N} \alpha_k \left[y_k \left(\mathbf{w}^{\mathrm{T}} \boldsymbol{\phi}(\mathbf{x}_k) + b\right) - 1 + e_k \right] \end{aligned} \tag{8.4.40}$$

式中, α_k 是拉格朗日乘子。与具有不等式约束的支持向量机拉格朗日乘子法不同, 在最小二乘支持向量机中, 因为等式约束的缘故, 拉格朗日乘子 α_k 可以是正的或者负的。

基于 KKT 条件, 式 (8.4.40) 的最优条件如下[11]

$$\nabla_{\mathbf{w}}\mathcal{L} = \frac{\partial \mathcal{L}}{\partial \mathbf{w}} = \mathbf{0} \Rightarrow \mathbf{w} = \sum_{k=1}^{N} \alpha_k y_k \boldsymbol{\phi}(\mathbf{x}_k) \Rightarrow \mathbf{w} = \mathbf{Z}\boldsymbol{\alpha} \tag{8.4.41}$$

[648]

$$\nabla_b \mathcal{L} = \frac{\partial \mathcal{L}}{\partial b} = 0 \Rightarrow \sum_{k=1}^{N} \alpha_k y_k = 0 \Rightarrow \mathbf{y}^{\mathrm{T}}\boldsymbol{\alpha} = 0 \tag{8.4.42}$$

$$\nabla_e \mathcal{L} = \frac{\partial \mathcal{L}}{\partial e_k} = 0 \Rightarrow \alpha_k = Ce_k, k = 1, \cdots, N \Rightarrow \boldsymbol{\alpha} = C\mathbf{e} \tag{8.4.43}$$

$$\nabla_{\alpha_k} \mathcal{L} = \frac{\partial \mathcal{L}}{\partial \alpha_k} = 0 \Rightarrow y_k \left(\mathbf{w}^{\mathrm{T}}\boldsymbol{\phi}(\mathbf{x}_k) + b\right) - 1 + e_k = 0,\ \ k = 1, \cdots, N$$

$$\Rightarrow \mathbf{Z}^{\mathrm{T}}\mathbf{w} + b\mathbf{y} + \mathbf{e} = \mathbf{1} \tag{8.4.44}$$

式中, $\mathbf{Z} = [y_1\boldsymbol{\phi}(\mathbf{x}_1), \cdots, y_N\boldsymbol{\phi}(\mathbf{x}_N)] \in \mathbb{R}^{m\times N}, \mathbf{y} = [y_1, \cdots, y_N]^{\mathrm{T}}, \mathbf{1} = [1, \cdots, 1]^{\mathrm{T}}$, $\mathbf{e} = [e_1, \cdots, e_N]^{\mathrm{T}}$ 和 $\boldsymbol{\alpha} = [\alpha_1, \cdots, \alpha_N]^{\mathrm{T}}$。

KKT 条件式 (8.4.41)—式 (8.4.44) 可以写成下面的矩阵方程形式[11]

$$\begin{bmatrix} \mathbf{I} & \mathbf{0} & \mathbf{0} & -\mathbf{Z} \\ \mathbf{0} & \mathbf{0} & \mathbf{0} & -\mathbf{y}^{\mathrm{T}} \\ \mathbf{0} & \mathbf{0} & C\mathbf{I} & -\mathbf{I} \\ \mathbf{Z}^{\mathrm{T}} & \mathbf{y} & \mathbf{I} & \mathbf{0} \end{bmatrix} \begin{bmatrix} \mathbf{w} \\ b \\ \mathbf{e} \\ \boldsymbol{\alpha} \end{bmatrix} = \begin{bmatrix} 0 \\ 0 \\ 0 \\ \mathbf{1} \end{bmatrix} \tag{8.4.45}$$

消去 $\mathbf{w}$ 和 $\mathbf{e}$ 之后, 上述 KKT 方程简化为

$$\begin{bmatrix} 0 & \mathbf{y}^{\mathrm{T}} \\ \mathbf{y} & \mathbf{Z}^{\mathrm{T}}\mathbf{Z} + C^{-1}\mathbf{I} \end{bmatrix} \begin{bmatrix} b \\ \boldsymbol{\alpha} \end{bmatrix} = \begin{bmatrix} 0 \\ \mathbf{1} \end{bmatrix} \tag{8.4.46}$$

Mercer 条件可以应用于矩阵 $\mathbf{Z}^{\mathrm{T}}\mathbf{Z}$, 从而得到[37]

$$\left[\mathbf{Z}^{\mathrm{T}}\mathbf{Z}\right]_{ij} = y_i y_j \boldsymbol{\phi}^{\mathrm{T}}(\mathbf{x}_i)\boldsymbol{\phi}(\mathbf{x}_j) = y_i y_j K(\mathbf{x}_i, \mathbf{x}_j) \tag{8.4.47}$$

给定训练集 $\{(\mathbf{x}_i, y_i)|\mathbf{x}_i \in \mathbb{R}^n,\ y_i \in \{-1, 1\},\ i = 1, \cdots, N\}$, 常数 $C > 0$ 和核函数 $K(\mathbf{x}_i, \mathbf{x}_j)$。最小二乘支持向量机二元分类算法执行下列学习步骤:

① 构造 $N \times N$ 矩阵 $[\mathbf{Z}^{\mathrm{T}}\mathbf{Z}]_{ij} = y_i y_j \boldsymbol{\phi}^{\mathrm{T}}(\mathbf{x}_i)\boldsymbol{\phi}(\mathbf{x}_j) = y_i y_j K(\mathbf{x}_i, \mathbf{x}_j)$。

② 求解 KKT 矩阵方程式 (8.4.46), 得到 $\boldsymbol{\alpha} = [\alpha_1, \cdots, \alpha_N]^{\mathrm{T}}$ 和 b。

在测试阶段, 对于给定的测试样本 $\mathbf{x} \in \mathbb{R}^n$, 其决策由下式确定

$$\text{class of } \mathbf{x} = \text{sign}\left(\sum_{j=1}^{N} \alpha_j y_j K(\mathbf{x}, \mathbf{x}_j) + b\right) \tag{8.4.48}$$

[649]

8.4.4 近似支持向量机二元分类器

由于实现的简单性, 最小二乘支持向量机和近似支持向量机 (proximal support vector machine, PSVM) 已经广泛应用于二元分类应用。

在标准的支持向量机二元分类器中, 两个平行边界平面之间的一个平面用来约束两个不相交的半空间, 每个半空间包含的点大多是 1 或 2。与最小二乘支

持向量机相似, 近似支持向量机[14] 的关键思想是分离超平面是“近似”(即最接近的) 平面, 而不是有界平面。近似平面根据接近于两个分离平面中的任一个的目标对数据点进行分类, 以便尽可能远地被分开。与最小二乘支持向量机不同, 近似支持向量机使用 $(\|\mathbf{w}\|_2^2 + b_2)$ 取代 $\|\mathbf{w}\|_2^2$ 作为目标函数, 使优化问题变为强凸优化, 并且对原始优化问题不会有任何影响[22]。

线性近似支持向量机的原始优化问题可以描述为

$$\min \left\{ \mathcal{L}_{\mathrm{P_{PSVM}}}(\mathbf{w}, b, \xi_i) = \frac{1}{2}(\|\mathbf{w}\|_2^2 + b^2) + \frac{C}{2}\sum_{i=1}^{N} \xi_i^2 \right\} \tag{8.4.49}$$

$$\text{s.t.} \quad y_i(\mathbf{w}^{\mathrm{T}}\mathbf{x}_i + b) = 1 - \xi_i, \quad i = 1, \cdots, N \tag{8.4.50}$$

由文献 [15] 可知, 近似支持向量机公式 (8.4.49) 也可以解释为线性方程组 $y_i(\mathbf{x}_i^{\mathrm{T}}\mathbf{w} + b) = 1, i = 1, \cdots, N$ 的正则化最小二乘解[38], 它求 $y_i(\mathbf{x}_i^{\mathrm{T}}\mathbf{w} + b) = 1$ 的近似解 $(\mathbf{w}, b)$。近似解具有最小 ℓ_2 范数 $\left\|\begin{matrix}\mathbf{w}\\ b\end{matrix}\right\|_2^2 = \|\mathbf{w}\|_2^2 + b^2$。

对应的对偶无约束优化问题为

$$\begin{aligned} \min \quad & \mathcal{L}_{\mathrm{D_{PSVM}}}(\mathbf{w}, b, \xi_i, \alpha_i) \\ & = \frac{1}{2}(\|\mathbf{w}\|_2^2 + b^2) + \frac{C}{2}\sum_{i=1}^{N}\xi_i^2 - \sum_{i=1}^{N}\alpha_i\left(y_i(\mathbf{w}^{\mathrm{T}}\mathbf{x}_i + b) - 1 + \xi_i\right) \end{aligned} \tag{8.4.51}$$

利用一阶优化条件 $\frac{\partial \mathcal{L}}{\partial \mathbf{w}} = \mathbf{0}$, $\frac{\partial \mathcal{L}}{\partial b} = 0$, $\frac{\partial \mathcal{L}}{\partial \xi_i} = 0$ 和 $\frac{\partial \mathcal{L}}{\partial \alpha_i} = 0$, 并消去 $\mathbf{w}$ 和 ξ_i, 即得线性近似支持向量机分类器的 KKT 方程的矩阵形式为

$$\left(C^{-1}\mathbf{I} + \mathbf{Z}\mathbf{Z}^{\mathrm{T}} + \mathbf{y}\mathbf{y}^{\mathrm{T}}\right)\boldsymbol{\alpha} = \mathbf{1} \tag{8.4.52}$$

以及 [650]

$$b = \sum_{i=1}^{N}\alpha_i y_i \tag{8.4.53}$$

其中

$$\mathbf{Z} = [y_1\mathbf{x}_1, \cdots, y_N\mathbf{x}_N] \tag{8.4.54}$$

$$\mathbf{y} = [y_1, \cdots, y_N]^{\mathrm{T}} \tag{8.4.55}$$

$$\boldsymbol{\alpha} = [\alpha_1, \cdots, \alpha_N]^{\mathrm{T}} \tag{8.4.56}$$

与最小二乘支持向量机类似, 训练数据 $\mathbf{x}$ 可以从输入空间 $\mathbb{R}^n$ 映射为特征空间 $\boldsymbol{\phi} : \mathbf{x} \to \boldsymbol{\phi}(\mathbf{x})$。因此, 非线性近似支持向量机分类器仍然有 KKT 方程 (8.4.52), 只是 $\mathbf{Z}$ 取式 (8.4.54) 中的形式 $\mathbf{Z} = [y_1\boldsymbol{\phi}(\mathbf{x}_1), \cdots, y_N\boldsymbol{\phi}(\mathbf{x}_N)]$。

算法 8.1 给出了近似支持向量机二元分类算法。

算法 8.1 PSVM 二元分类算法

1. **input:** Training set $\{(\mathbf{x}_i, y_i)|\mathbf{x}_i \in \mathbb{R}^n, y_i \in \{-1,1\}, i = 1,\cdots,N\}$, constant $C > 0$ and the kernel function $K(\mathbf{x},\mathbf{x}_i)$
2. **initialization:** $\mathbf{y} = [y_1,\cdots,y_N]^{\mathrm{T}}$
3. **learning step**

   3.1 Construct the $N \times N$ matrix $[\mathbf{Z}^{\mathrm{T}}\mathbf{Z}]_{ij} = y_i y_j \boldsymbol{\phi}^{\mathrm{T}}(\mathbf{x}_i)\boldsymbol{\phi}(\mathbf{x}_j) = y_i y_j K(\mathbf{x}_i,\mathbf{x}_j)$

   3.2 Solve the KKT matrix equation (8.4.52) for $\boldsymbol{\alpha} = [\alpha_1,\cdots,\alpha_N]^{\mathrm{T}}$

   3.3 Compute $b = \sum_{i=1}^{N} \alpha_i y_i$
4. **testing step:** for given testing sample $\mathbf{x} \in \mathbb{R}^n$, its decision is given by

   class of $\mathbf{x} = \mathrm{sign}\left(\sum_{i=1}^{N} \alpha_i y_i K(\mathbf{x},\mathbf{x}_i) + b\right)$

支持向量机、最小二乘支持向量机和近似支持向量机的二元分类器具有相同形式

$$f(\mathbf{x}) = \mathrm{sign}\left(\sum_{i=1}^{N} \alpha_i y_i K(\mathbf{x},\mathbf{x}_i) + b\right) \tag{8.4.57}$$

式中，y_i 是训练数据 $\mathbf{x}_i$ 对应目标类标签，α_i 是学习机需要计算的拉格朗日乘子, 而 $K(\mathbf{x},\mathbf{x}_i)$ 是需要用户给定的核函数。

下面是支持向量机、最小二乘支持向量机和近似支持向量机的比较。

- 支持向量机、最小二乘支持向量机和近似支持向量机最早都是为二元分类提出的。
- 最小二乘向量机和近似支持向量机提供了传统支持向量机的快速实现。最小二乘支持向量机与近似支持向量机都使用等式优化约束代替传统支持向量机中的不等式约束, 从而得到直接的最小二乘解, 避免了二次规划。

[651] 应当注意[22], 在最小二乘支持向量机中, 拉格朗日乘子 α_i 与训练误差 ξ_i 成正比, 而在通常的支持向量机中, 许多拉格朗日乘子 α_i 等于零。与之相比, 最小二乘支持向量机没有这种稀疏性, 这对近似支持向量机也是一样的。

8.4.5 支持向量机递推特征消除

只是训练模式的简单加权和外加偏差的决策函数称为线性判别函数[9]

$$D(\mathbf{x}) = \langle \mathbf{w}, \mathbf{x} \rangle + b \tag{8.4.58}$$

式中，$\mathbf{w}$ 为权向量，b 为偏差值。

构造最优超平面 $(\mathbf{w}, b)$, 使得

$$\mathbf{w}_{\mathrm{opt}}^{\mathrm{T}}\mathbf{x} + b_{\mathrm{opt}} = 0 \tag{8.4.59}$$

它将分离训练数据集 $(\mathbf{x}_1, y_1),\cdots,(\mathbf{x}_n, y_n)$。满足 $y_i(\mathbf{w}^{\mathrm{T}}\mathbf{x}_i + b) = 1$ 的向量 $\mathbf{x}_i$

称为支持向量。因此, 求最优权向量 $\mathbf{w}$ 的约束优化问题可以描述为

$$\min_{\mathbf{w},b}\left\{f(\mathbf{w},b)=\frac{1}{2}\|\mathbf{w}\|_2^2\right\} \tag{8.4.60}$$

$$\text{s.t.}\quad y_i(\mathbf{x}_i^{\mathrm{T}}\mathbf{w}+b)\geqslant 1,\quad i=1,\cdots,n \tag{8.4.61}$$

式中, 不等式约束是为了保证 $\mathbf{x}$ 是支持向量而设的。

上述约束优化可以改写为拉格朗日形式的无约束优化

$$\min_{\mathbf{w},b,\boldsymbol{\alpha}}\left\{L(\mathbf{w},b,\boldsymbol{\alpha})=\frac{1}{2}\|\mathbf{w}\|_2-\sum_{i=1}^{n}\alpha_i[y_i(\mathbf{x}_i^{\mathrm{T}}\mathbf{w}+b)-1]\right\} \tag{8.4.62}$$

式中, $\boldsymbol{\alpha}=[\alpha_1,\cdots,\alpha_n]^{\mathrm{T}}$ 是非负拉格朗日乘子组成的向量 $\alpha_i\geqslant 0, i=1,\cdots,n$。

相对于 $\mathbf{w}$ 和 b 的优化条件为

$$\frac{\partial L(\mathbf{w},b,\boldsymbol{\alpha})}{\partial\mathbf{w}}=\left(\mathbf{w}-\sum_{i=1}^{n}\alpha_i y_i\mathbf{x}_i\right)=0\Rightarrow\mathbf{w}=\sum_{i=1}^{n}\alpha_i y_i\mathbf{x}_i \tag{8.4.63}$$

$$\frac{\partial L(\mathbf{x},b,\boldsymbol{\alpha})}{\partial b}=\sum_{i=1}^{n}\alpha_i y_i=0 \tag{8.4.64}$$

将式 (8.4.63) 和式 (8.4.64) 代入式 (8.4.62), 得到[8] [652]

$$\min_{\boldsymbol{\alpha}}\left\{J(\boldsymbol{\alpha})=\frac{1}{2}\sum_{i=1}^{n}\sum_{j=1}^{n}\alpha_i\alpha_j y_i y_j\mathbf{x}_i^{\mathrm{T}}\mathbf{x}_j-\sum_{i=1}^{n}\alpha_i\right\}$$
$$\text{s.t.}\quad \mathbf{0}\leqslant\boldsymbol{\alpha}\leqslant C\mathbf{I}\quad 和\quad \boldsymbol{\alpha}^{\mathrm{T}}\mathbf{y}=0 \tag{8.4.65}$$

总之, 当用于分类时, 支持向量机利用超平面 $(\mathbf{W},b)$ 将给定的二进制标记的训练数据集 $(\mathbf{x}_i,y_i)$ 分离, 该超平面与数据的距离最大。这样的超平面称为“最大边距超平面”。

在非线性二元分类情形下, 式 (8.4.65) 变为

$$\min_{\boldsymbol{\alpha}}\left\{\frac{1}{2}\sum_{i=1}^{n}\sum_{j=1}^{n}\alpha_i\alpha_j y_i y_j\boldsymbol{\phi}^{\mathrm{T}}(\mathbf{x}_i)\boldsymbol{\phi}(\mathbf{x}_j)-\sum_{i=1}^{n}\alpha_i\right\}$$
$$\text{s.t.}\quad \mathbf{0}\leqslant\boldsymbol{\alpha}\leqslant C\mathbf{I}\quad 和\quad \boldsymbol{\alpha}^{\mathrm{T}}\mathbf{y}=0 \tag{8.4.66}$$

支持向量机递推特征消除 (SVM-RFE) 算法由 Guyon 等人提出[20], 其目的是寻求 d 个变量中大小为 $r(r<d)$ 的一个子集, 使得基于后向序列选择的预测器的性能最大化。从所有特征开始, 每个时间除去一个特征。除去的第 i 个特征是使 $\|\mathbf{w}\|_2^2$ 的变异最小化的那个特征[31]

$$\begin{aligned}&\left|\|\mathbf{w}\|_2^2-\mathbf{w}^{(i)}\|_2^2\right|\\&=\frac{1}{2}\left|\sum_{j=1}^{d}\sum_{k=1}^{d}\alpha_j\alpha_k y_j y_k K(\mathbf{x}_j,\mathbf{x}_k)-\sum_{j=1}^{d}\sum_{k=1}^{d}\alpha_j^{(i)}\alpha_k^{(i)}y_j y_k K^{(i)}(\mathbf{x}_j,\mathbf{x}_k)\right|\end{aligned} \tag{8.4.67}$$

式中，$[\mathbf{K}^{(i)}]_{jk} = K_{jk}^{(i)} = \langle \boldsymbol{\phi}(\mathbf{x}_j^{(i)}), \boldsymbol{\phi}(\mathbf{x}_k^{(i)}) \rangle$ 是当除去变量 i 时序列数据的 Gram 矩阵 $\mathbf{K}^{(i)}$ 的第 (j,k) 元素，$\alpha_j^{(i)}$ 是式 (8.4.66) 的对应解。为简单计，通常取 $\alpha_j^{(i)} = \alpha_j$，即使一个变量已经被除去，以便降低 SVM-RFE 算法的计算复杂度。

算法 8.2 给出了 SVM-RFE 算法，它是递推特征消除使用权幅值作为排序准则的一个应用。

---

[653] **算法 8.2** SVM 递推特征消除 (SVM-RFE) 算法[20]

---

1. **input:** Training data $X = \{\mathbf{x}_1, \cdots, \mathbf{x}_d\}$, class labels $Y = \{y_1, \cdots, y_d\}$ and expected feature number r
2. **initialization:** Index subset of surviving features $S = \{1, \cdots, d\}$
3. **repeat**
4. Restrict training examples to good feature indices (X, Y)
5. Solve (8.4.65) or (8.4.66) for the classifier $\boldsymbol{\alpha}$
6. Compute the weight vector of dimension $m = \text{length}(S)$ as $\mathbf{w} = \sum_{k=1}^{m} \alpha_k y_k \mathbf{x}_k$
7. Compute the ranking criteria $c_i = (w_i)^2$ for all $i = 1, \cdots, m$
8. Find the feature index with smallest ranking criterion using index$i$ = $\arg\min\{c_1, \cdots, c_m\}$
9. Eliminate the variable i with smallest ranking criterion and update $X \leftarrow X \setminus \mathbf{x}_i$, $Y \leftarrow Y \setminus y_i$ and $S \leftarrow S \setminus i$
10. **until** $\text{length}(S) = r$
11. **output:** feature ranked list X

8.5 支持向量机多类分类

一个多类分类器是一个函数 $H : \mathcal{X} \to \mathcal{Y}$，它将一个样本 $\mathbf{x} \in \mathcal{X}$(例如 $\mathcal{X} = \mathbb{R}^n$) 映射为 $\mathcal{Y}$ 的一个元素 y(例如 $y \in \{1, \cdots, k\}$)。

8.5.1 多类分类的分解方法

求解 k 类型问题的一种流行方法是将它分解为 L 个二元分类问题。一对一 (one-versus-one 或者 one-against-one)、一对多 (one-versus-rest 或者 one-against-all) 和有向无环图支持向量机方法是 3 种最常用的分解方法[21, 41, 48]。

1. 一对多方法

k 类支持向量机分类构造 $L = k$ 个二元分类器 $\mathcal{C}_m, m = 1, \cdots, k$。第 i 个支持向量机被第 i 类中具有正标签的所有样本和具有负标签的所有其他样本进行训练。然后，第 m 个模型的权向量 $\mathbf{w}_m$ 由任意线性分类器产生。这样一种支持向量机分类方法称为一对多方法[4, 27]。

令 $S = \{(\mathbf{x}_1, y_1), \cdots, (\mathbf{x}_N, y_N)\}$ 是 N 个训练样本的集合，并且每个样本 $\mathbf{x}_i$

从域 $\mathcal{X} \subseteq \mathbb{R}^n$ 抽取, 而 $y_i \in \{1, \cdots, k\}$ 是 $\mathbf{x}_i$ 的类型。

第 m 个一对多分类器求解下列约束优化问题

$$\min_{\mathbf{w}_m, b_m, \xi_m} \left\{ \frac{1}{2}\|\mathbf{w}_m\|_2^2 + C\sum_{i=1}^{N} \xi_{m,i} \right\} \tag{8.5.1}$$

[654]

$$\begin{aligned} \text{s.t.} \quad & \mathbf{w}_m^{\mathrm{T}} \boldsymbol{\phi}(\mathbf{x}_i) + b_m \geqslant 1 - \xi_{m,i}, \qquad y_i = m \\ & \mathbf{w}_m^{\mathrm{T}} \boldsymbol{\phi}(\mathbf{x}_i) + b_m \leqslant -1 + \xi_{m,i}, \quad y_i \neq m, \\ & \xi_{m,i} \geqslant 0, \quad i = 1, \cdots, N \end{aligned} \tag{8.5.2}$$

式中, $\mathbf{w}_m = [w_{m,1}, \cdots, w_{m,n}]^{\mathrm{T}}$, $m = 1, \cdots, k$ 是第 m 个分类器的权向量, C 是罚参数, 而 $\xi_{m,i}$ 则是相对于第 m 类和第 i 个训练数据 $\mathbf{x}_i$ 的训练误差, 数据 $\mathbf{x}_i$ 通过函数 $\boldsymbol{\phi}(\mathbf{x}_i)$ 映射到一个高维空间。

最小化 $\frac{1}{2}\|\mathbf{w}_m\|_2^2$ 意味着将两组数据之间的边距 $2/\|\mathbf{w}_m\|$ 最大化。当数据不是线性可分离时, 存在罚项 $C\sum_{i=1}^{N} \xi_{m,i}$, 它可以减小第 m 个分类器的训练误差。一对多 SVM 的基本概念是对 m 个分类器寻找正则化项 $\frac{1}{2}\|\mathbf{w}_m\|_2^2$ 与训练误差 $C\sum_{i=1}^{N} \xi_{m,i}$ 之间的平衡。

"决策函数" 意味着一个函数 $f(\mathbf{x})$ 的符号表示分配给数据点 $\mathbf{x}$ 的类。

式 (8.5.1) 的解给出 k 个决策函数 $\mathbf{w}_m^{\mathrm{T}} \boldsymbol{\phi}(\mathbf{x}) + b_m, m = 1, \cdots, k$。因此, 一个新的测试样本 $\mathbf{x}$ 就说是属于 k 个决策函数中具有最大值的那个类

$$\text{class of } \mathbf{x} = \underset{m=1,\cdots,k}{\arg\max} \left\{ \mathbf{w}_m^{\mathrm{T}} \boldsymbol{\phi}(\mathbf{x}) + b_m \right\} \tag{8.5.3}$$

2. 一对一方法

一对一 (OAO) 方法[13, 25] 通过求解 $k(k-1)/2$ 个二元分类问题, 构造 $L = k(k-1)/2$ 个二元分类器[25]。每个二元分类器构造一个模型: 来自一类的数据为正, 另一类为负。由于 k 类存在 $k(k-1)/2$ 个二类的组合, 所以需要构造 $k(k-1)/2$ 权向量 $\mathbf{w}_{1,2}, \cdots, \mathbf{w}_{1,k}; \mathbf{w}_{2,3}, \cdots, \mathbf{w}_{2,k}; \cdots; \mathbf{w}_{k-1,k}$。

对于来自第 i 类和第 j 类的数据, 我们求解下列二元分类问题

$$\min_{\mathbf{w}^{ij}, b^{ij}, \xi^{ij}} \left\{ \frac{1}{2}(\mathbf{w}^{ij})^{\mathrm{T}} \mathbf{w}^{ij} + C\sum_{n=1}^{N} \xi_n^{ij} (\mathbf{w}^{ij})^{\mathrm{T}} \boldsymbol{\phi}(\mathbf{x}_n) \right\} \tag{8.5.4}$$

$$\text{s.t.} \quad (\mathbf{w}^{ij})^{\mathrm{T}} \boldsymbol{\phi}(\mathbf{x}_n) + b^{ij} \geqslant 1 - \xi_n^{ij}, \qquad \text{当 } y_n = i \tag{8.5.5}$$

$$(\mathbf{w}^{ij})^{\mathrm{T}} \boldsymbol{\phi}(\mathbf{x}_n) + b^{ij} \leqslant -1 + \xi_n^{ij}, \quad \text{当 } y_n = j \tag{8.5.6}$$

$$\xi_n^{ij} \geqslant 0, \quad n = 1, \cdots, N \tag{8.5.7}$$

式中, $\mathbf{w}^{ij}$ 是针对第 i 类和第 j 类的二元分类器, b^{ij} 为实参数, 并且 ξ_{ij} 是对应于第 i 类和第 j 类的训练误差。

通过对 $i, j = 1, \cdots, k$ 求解上述二元分类问题, 构造出全部 $k(k-1)/2$ 二元分类器之后, 就可以使用[25] 建议的下述投票策略: 如果决策函数 $\mathrm{sign}((\mathbf{w}^{ij})^{\mathrm{T}} \boldsymbol{\phi}(\mathbf{x}) + b^{ij})$ 确定 $\mathbf{x}$ 属于第 i 类, 则对第 i 类的票数增加一。否则, 第 j 类的票 [655]

数加一。最后，$\mathbf{x}$ 被预测是具有最大票数的类。这一投票方法也叫“最大赢家”策略。如果两个类拥有相同的票数，便认为这可能不是一个好的策略，我们只选择标签较小的那个类[21]。

3. DAGSVM 方法

有向无环图支持向量机 (DAGSVM) 方法由 Platt 等人提出[27]，简称为 DAGSVM 方法。

DAGSVM 方法的训练阶段与求解二元支持向量机分类问题的一对一方法的训练相同，然而，在测试阶段，DAGSVM 方法使用一种不同的投票策略。这种策略称为有根二元有向无环图，它具有 $k(k-1)/2$ 个内部节点和 k 个叶。每个节点是第 i 类和第 j 类的二元支持向量机分类器。

有向无环图 (DAG) 是一个边有方向但无环的图。

定义 8.7 (决策有向无环图) [27] 给定空间 X 和一组布尔函数 $\mathcal{F} = \{f : X \to \{0,1\}\}$，在空间 $\mathcal{F}$ 上 k 类的决策有向无环图 (DDAGs) 是一组函数，它可以使用一个有根的二进制有向无环图来实现，其中 $L = k(k-1)/2$ 内部节点中的每个节点都用 $\mathcal{F}$ 的一个元素标记。这些节点排列成三角形，顶部有一个根节点，第二层有两个节点，以此类推，直到 k 个叶的最后一层。层 $j < k$ 中的第 i 个与第 $(j+1)$ 层的第 $(i+1)$ 个节点相连接。

对于 k 类分类，根二元有向无环图有 k 个层：顶层有一个根节点，第二层有两个节点，以此类推，直到第 k(即最底) 层有 k 个节点，所以一个根二进制有向无环图有 k 个叶和 $1+2+\cdots+k = k(k-1)/2$ 内部节点。每个节点都是一个第 i 类和第 j 类的二进制支持向量机。

决策有向无环图相当于在列表上操作，其中每个节点从列表中删除一个类。列表是用所有类的列表初始化的。根据与列表的第一个和最后一个元素相对应的决策节点计算测试点。如果节点喜欢这两个类中的一个，则从列表中删除另一个类，DDAG 将继续测试新列表的第一个和最后一个元素。当列表中只剩下一个类时，DDAG 终止。因此，对于 k 类的问题，将对 $k-1$ 决策节点进行评估，以得出答案。

例 8.1 给定 N 个测试样本 $\{\mathbf{x}_i, y_i\}, i = 1, \cdots, N$，其中 $\mathbf{x}_i \in \mathbb{R}^n$ 和 $y_i \in \{1,2,3,4\}$。决策有向无环图相当于在列表 $\{1,2,3,4\}$ 上操作，其中每个节点从
[656] 列表中删除一个类。列表从顶层的根节点 1 与 4 开始，计算二进制决策函数。如果输出值不是类 1，则从列表中删除它，以生成新的列表 $\{2,3,4\}$，并且将对两个类 2 与 4 进行二进制决策。然后，第二层有两个节点 $(2,4)$ 和 $(1,3)$。因此，我们通过一条路径，直到决策有向无环图在列表中只剩下一个类时。

如图 8.2 所示为上述 4 类中求最优类的决策有向无环图[27]。

DDAGs 自然地推广了决策树的类，允许更有效地表示冗余和通过允许合并不同的决策路径，可以在树的不同分支中发生重复[27]。

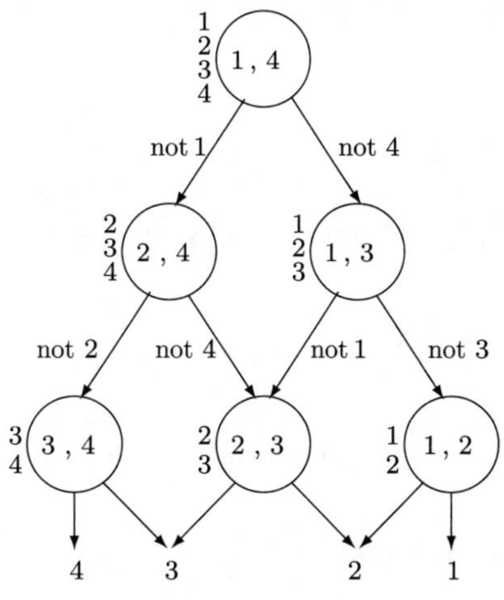

图 8.2　4 类中求最优类的决策有向无环图

8.5.2　最小二乘支持向量机多类分类器

第 8.5.1 节讨论了支持向量机二元分类器。在本小节中, 我们讨论多类分类情况。

对于具有 k 个标签的多类情况, 最小二乘支持向量机 (LS-SVM) 使用 k 个输出节点, 以便对多类数据进行编码, 其中 $y_{i,j}$ 表示第 j 输出节点对训练数据 $\mathbf{x}_i$ 的输出值[41]。k 个输出可用于对高达 2^k 个不同类进行编码。对于多类情况, LS-SVM 的初始优化问题可以表示为[41] [657]

$$\min\left\{\mathcal{L}_{\text{LS-SVM}}=\frac{1}{2}\sum_{m=1}^{k}\|\mathbf{w}_m\|^2+\frac{C}{2}\sum_{i=1}^{N}\sum_{m=1}^{k}\xi_{m,i}^2\right\}$$

$$\text{s.t.}\ \begin{cases} y_i^{(1)}(\mathbf{w}_1^{\mathrm{T}}\boldsymbol{\phi}_1(\mathbf{x}_i)+b_1)=1-\xi_{1,i}\\ \vdots\\ y_i^{(k)}(\mathbf{w}_k^{\mathrm{T}}\boldsymbol{\phi}_k(\mathbf{x}_i)+b_k)=1-\xi_{k,i}\end{cases}\tag{8.5.8}$$

其中 $i=1,\cdots,N$。

对偶 LS-SVM 多类分类器的拉格朗日函数可以描述为

$$\mathcal{L}_{\mathrm{D}}=\frac{1}{2}\sum_{m=1}^{k}\|\mathbf{w}_m\|^2+\frac{C}{2}\sum_{i=1}^{N}\sum_{m=1}^{k}\xi_{m,i}^2-\tag{8.5.9}$$

$$\sum_{i=1}^{N}\sum_{m=1}^{k}\alpha_{m,i}\left[y_i\left(\mathbf{w}_m^{\mathrm{T}}\boldsymbol{\phi}_m(\mathbf{x}_i)+b_m\right)-1+\xi_{m,i}\right]\tag{8.5.10}$$

与求解二元分类的 LS-SVM 类似, LS-SVM 多类分类的优化条件为

$$\frac{\partial \mathcal{L}_{\mathrm{D}}}{\partial \mathbf{w}_m} = \mathbf{0} \Rightarrow \mathbf{w}_m = \sum_{i=1}^{N} \alpha_{m,i} y_i^{(m)} \boldsymbol{\phi}_m(\mathbf{x}_i) \Rightarrow \mathbf{w}_m = \mathbf{Z}_m \boldsymbol{\alpha}_m \tag{8.5.11}$$

$$\frac{\partial \mathcal{L}_{\mathrm{D}}}{\partial b_m} = 0 \Rightarrow \sum_{i=1}^{N} \alpha_{m,i} y_i^{(m)} = 0 \Rightarrow \boldsymbol{\alpha}_m^{\mathrm{T}} \mathbf{y}^{(m)} = 0 \tag{8.5.12}$$

$$\frac{\partial \mathcal{L}_{\mathrm{D}}}{\partial \xi_{m,i}} = 0 \Rightarrow \alpha_{m,i} = C\xi_{m,i} \Rightarrow \boldsymbol{\alpha}_m = C\boldsymbol{\xi}_m \tag{8.5.13}$$

$$\frac{\partial \mathcal{L}_{\mathrm{D}}}{\partial \alpha_{m,i}} = 0 \Rightarrow y_i^{(m)} \left(\mathbf{w}_m^{\mathrm{T}} \boldsymbol{\phi}_m(\mathbf{x}_i) + b_m\right) - 1 + \xi_{m,i} = 0$$

$$\Rightarrow \mathbf{Z}_m^{\mathrm{T}} \mathbf{w}_m + b_m \mathbf{y}^{(m)} + \boldsymbol{\xi}_m = \mathbf{1} \tag{8.5.14}$$

其中

$$\mathbf{Z}_m = [y_1^{(m)} \boldsymbol{\phi}_m(\mathbf{x}_1), \cdots, y_N^{(m)} \boldsymbol{\phi}_m(\mathbf{x}_N)] \tag{8.5.15}$$

$$\mathbf{w}_m = [w_{m,1}, \cdots, w_{m,N}]^{\mathrm{T}} \tag{8.5.16}$$

$$\mathbf{y}^{(m)} = [y_1^{(m)}, \cdots, y_N^{(m)}]^{\mathrm{T}} \tag{8.5.17}$$

[658]

$$\boldsymbol{\alpha}_m = [\alpha_{m,1}, \cdots, \alpha_{m,N}]^{\mathrm{T}} \tag{8.5.18}$$

$$\boldsymbol{\xi}_m = [\xi_{m,1}, \cdots, \xi_{m,N}]^{\mathrm{T}} \tag{8.5.19}$$

由于每个分类器都是二进制的, 所以对给定的 $y_i \in \{1, \cdots .k\}$, 有

$$y_i^{(m)} = \begin{cases} +1, \ y_i = m \\ -1, \ y_i \neq m \end{cases} \quad (m = 1, \cdots, k; i = 1, \cdots, N) \tag{8.5.20}$$

式 (8.5.15)—式 (8.5.19) 可以改写为矩阵形式的 KKT 公式

$$\begin{bmatrix} 0 & (\mathbf{y}^{(m)})^{\mathrm{T}} \\ \mathbf{y}^{(m)} & \boldsymbol{\Omega}^{(m)} \end{bmatrix} \begin{bmatrix} b_m \\ \boldsymbol{\alpha}_m \end{bmatrix} = \begin{bmatrix} 0 \\ \mathbf{1} \end{bmatrix}, \quad m = 1, \cdots, k \tag{8.5.21}$$

式中, $\boldsymbol{\Omega}^{(m)} = \left(\mathbf{Z}_m^{\mathrm{T}} \mathbf{Z}_m + C^{-1}\mathbf{I}\right)$, 其第 (i,j) 个元素

$$\boldsymbol{\Omega}_{ij}^{(m)} = y_i^{(m)} y_j^{(m)} K_m(\mathbf{x}_i, \mathbf{x}_j) + C^{-1}\delta_{ij}, \quad i, j = 1, \cdots, N \tag{8.5.22}$$

其中, $\delta_{ij} = 1$(若 $i = j$) 或者 0(其他); $K_m(\mathbf{x}_i, \mathbf{x}_j) = \boldsymbol{\phi}_m^{\mathrm{T}}(\mathbf{x}_i)\boldsymbol{\phi}_m(\mathbf{x}_j)$ 是多类分类的第 m 个支持向量机的核函数。

算法 8.3 示出了 LS-SVM 多类分类算法。

算法 8.3 LS-SVM 多类分类算法[41]

---

1. **input:** Training set $\{(\mathbf{x}_i, y_i) | \mathbf{x}_i \in \mathbb{R}^n, \ y_i \in \{1, \cdots, k\}, \ i = 1, \cdots, N\}$, constant $C > 0$ and the kernel function $K_m(\mathbf{x}, \mathbf{x}_i), m = 1, \cdots, k$

2. **initialization:** $y_i^{(m)} = \begin{cases} +1, & y_i = m; \\ -1, & y_i \neq m; \end{cases}$ for $m = 1, \cdots, k$; $i = 1, \cdots, N$

3. **learning step**

   while $m = 1, \cdots, k$

   3.1 Construct the $N \times 1$ vector $\mathbf{y}^{(m)} = \left[y_1^{(m)}, \cdots, y_N^{(m)}\right]^{\mathrm{T}}$

   3.2 Use (8.5.22) to construct all (i, j)th entries of the $N \times N$ matrix $\boldsymbol{\Omega}^{(m)}$

   3.3 Solve the KKT matrix equation (8.5.21) for b_m and $\boldsymbol{\alpha}_m = [\alpha_{m,i}]_{i=1}^N$

   end while

4. **testing step:** for given testing sample $\mathbf{x} \in \mathbb{R}^n$, its decision is given by

   class of $\mathbf{x} = \underset{m=1,\cdots,k}{\arg\max} \left(\sum_{i=1}^N \alpha_{m,i} y_i^{(m)} K_m(\mathbf{x}, \mathbf{x}_i) + b_m\right)$

8.5.3 近似支持向量机多类分类器 [659]

PSVM 多类分类器的原始约束优化问题可以描述为

$$\min \left\{ \mathcal{L}_{\mathrm{P_{PSVM}}}(m)(\mathbf{w}_m, b_m, \xi_{m,i}) = \frac{1}{2}(\|\mathbf{w}_m\|_2^2 + b_m^2) + \frac{C}{2}\sum_{i=1}^N \xi_{m,i}^2 \right\} \tag{8.5.23}$$

$$\text{s.t.} \begin{cases} y_i^{(1)}(\mathbf{w}_1^{\mathrm{T}} \boldsymbol{\phi}_m(\mathbf{x}_1) + b_1) = 1 - \xi_{1,i} \\ \qquad \vdots \\ y_i^{(k)}(\mathbf{w}_k^{\mathrm{T}} \boldsymbol{\phi}_m(\mathbf{x}_i) + b_k) = 1 - \xi_{k,i} \end{cases} \tag{8.5.24}$$

对应的对偶无约束优化问题为

$$\begin{aligned} \min \quad \mathcal{L}_{\mathrm{D_{PSVM}}}^{(m)} = & \frac{1}{2}(\|\mathbf{w}_m\|_2^2 + b_m^2) + \frac{C}{2}\sum_{i=1}^N \xi_{m,i}^2 - \\ & \sum_{i=1}^N \alpha_{m,i}\left(y_i^{(m)}(\mathbf{w}_m^{\mathrm{T}} \boldsymbol{\phi}_m(\mathbf{x}_i) + b_m) - 1 + \xi_{m,i}\right) \end{aligned} \tag{8.5.25}$$

由优化条件, 我们有

$$\frac{\partial \mathcal{L}_{\mathrm{D_{PSVM}}}^{(m)}}{\partial \mathbf{w}_m} = \mathbf{0} \quad \Rightarrow \quad \mathbf{w}_m = \sum_{i=1}^N \alpha_{m,i} y_i^{(m)} \boldsymbol{\phi}_m(\mathbf{x}_i) \tag{8.5.26}$$

$$\frac{\partial \mathcal{L}_{\mathrm{D_{PSVM}}}^{(m)}}{\partial b_m} = 0 \quad \Rightarrow \quad b_m = \sum_{i=1}^N \alpha_{m,i} y_i^{(m)} \tag{8.5.27}$$

$$\frac{\partial \mathcal{L}_{\mathrm{D_{PSVM}}}^{(m)}}{\partial \xi_{m,i}} = 0 \quad \Rightarrow \quad \xi_{m,i} = C^{-1}\alpha_{m,i} \tag{8.5.28}$$

$$\frac{\partial \mathcal{L}_{\mathrm{D_{PSVM}}}^{(m)}}{\partial \alpha_{m,i}} = 0 \quad \Rightarrow \quad y_i^{(m)}(\mathbf{w}_m^{\mathrm{T}} \boldsymbol{\phi}_m(\mathbf{x}_i) + b_m) - 1 + \xi_{m,i} = 0 \tag{8.5.29}$$

其中，$m=1,\cdots,k$。

消去式 (8.5.29) 中的 $\mathbf{w}_m$ 和 $\xi_{m,i}$，便得到 KKT 条件

$$b_m=\sum_{i=1}^{N}\alpha_{m,i}y_i^{(m)}=\boldsymbol{\alpha}_m^{\mathrm{T}}\mathbf{y}_m \tag{8.5.30}$$

[660] 和

$$(C^{-1}\mathbf{I}+\mathbf{Z}_m^{\mathrm{T}}\mathbf{Z}_m+\mathbf{y}_m\mathbf{y}_m^{\mathrm{T}})\boldsymbol{\alpha}_m=\mathbf{1} \tag{8.5.31}$$

其中

$$\mathbf{Z}_m=\left[y_1^{(m)}\boldsymbol{\phi}_m(\mathbf{x}_1),\cdots,y_N^{(m)}\boldsymbol{\phi}_m(\mathbf{x}_N)\right] \tag{8.5.32}$$

$$\mathbf{y}_m=[y_1^{(m)},\cdots,y_N^{(m)}]^{\mathrm{T}} \tag{8.5.33}$$

$$\boldsymbol{\alpha}_m=[\alpha_{m,1},\cdots,\alpha_{m,N}]^{\mathrm{T}} \tag{8.5.34}$$

算法 8.4 列出了 PSVM 多类分类算法。

算法 8.4 PSVM 多类分类算法

---

1. **input:** Training set $\{(\mathbf{x}_i,y_i)|\mathbf{x}_i\in\mathbb{R}^n,\, y_i\in\{1,\cdots,k\},\, i=1,\cdots,N\}$, constant $C>0$ and the kernel function $K_m(\mathbf{x},\mathbf{x}_i), m=1,\cdots,k$
2. **initialization:** $y_i^{(m)}=\begin{cases}+1, & y_i=m;\\ -1, & y_i\neq m;\end{cases}$ for $m=1,\cdots,k;\ i=1,\cdots,N$
3. **learning step**

   while $m=1,\cdots,k$

   3.1 Construct the $N\times N$ matrix $[\mathbf{Z}_m^{\mathrm{T}}\mathbf{Z}_m]_{ij}=y_i^{(m)}y_j^{(m)}K_m(\mathbf{x}_i,\mathbf{x}_j)$

   3.2 Solve the KKT matrix equation (8.5.31) for $\boldsymbol{\alpha}_m=(C^{-1}\mathbf{I}+\mathbf{Z}_m^{\mathrm{T}}\mathbf{Z}_m+\mathbf{y}_m\mathbf{y}_m^{\mathrm{T}})^{\dagger}\mathbf{1}$

   3.3 Compute $b_m=\boldsymbol{\alpha}_m^{\mathrm{T}}\mathbf{y}_m$

   endwhile
4. **testing step:** for given testing sample $\mathbf{x}\in\mathbb{R}^n$, its decision is given by

   class of $\mathbf{x}=\underset{m=1,\cdots,k}{\arg\max}\left(\sum_{i=1}^{N}\alpha_{m,i}y_i^{(m)}K_m(\mathbf{x},\mathbf{x}_i)+b_m\right)$

8.6 回归与分类的高斯过程

第 6 章讨论了基于传统参数化模型的机器学习。参数化模型在易解释性方面可能具有优势，但对于复杂的数据集，简单的参数化模型可能缺乏表达能力，更复杂的对应模型 (如前馈神经网络) 在实际应用中可能不容易使用[29, 30]。内核机器的出现，如高斯过程、稀疏贝叶斯学习和相关向量机开启了灵活模型的可能性。

在这节中, 我们讨论回归和分类问题的高斯过程方法。

8.6.1 联合概率、边缘概率与条件概率 [661]

令 n 个 (离散或连续) 随机变量 $y_1,\cdots,y_n$ 具有联合概率 $p(y_1,\cdots,y_n)$ 或 $p(\mathbf{y})$。从严格意义上讲, 人们应该区分 (离散变量的) 概率和连续变量的概率密度。在本书中, 我们通常使用 "概率" 一词来指代两者。将 $\mathbf{y}$ 中的变量分为两组 $\mathbf{y}_A$ 和 $\mathbf{y}_B$, 其中 $A\cup B=\{1,\cdots,n\}$ 和 $A\cap B=\varnothing$ 使得 $p(\mathbf{y})=p(\mathbf{y}_A,\mathbf{y}_B)$。每组可以包含一个或者多个变量。$\mathbf{y}_A$ 的边缘概率记为 $p(\mathbf{y}_A)$, 由下式给出

$$p(\mathbf{y}_A)=\int p(\mathbf{y}_A,\mathbf{y}_B)\mathrm{d}\mathbf{y}_\mathrm{B} \tag{8.6.1}$$

如果变量是离散值的, 则积分用求和代替。注意, 如果集合 A 包含一个以上的变量, 则边缘概率本身是这些变量的联合概率。如果联合分布等于边缘分布之积, 那么这些变量被认为是互相独立的, 否则为相关的。

条件概率函数定义为条件概率

$$p(\mathbf{y}_A|\mathbf{y}_B)=\frac{p(\mathbf{y}_A,\mathbf{y}_B)}{p(\mathbf{y}_B)} \tag{8.6.2}$$

其中 $p(\mathbf{y}_B)>0$, 因为对一个不可能事件的条件概率是没有意义的。如果 $\mathbf{y}_A$ 和 $\mathbf{y}_B$ 独立, 则边缘概率 $p(\mathbf{y}_A)$ 和条件概率 $p(\mathbf{y}_A|\mathbf{y}_B)$ 相等。

利用 $p(\mathbf{y}_A|\mathbf{y}_B)$ 和 $p(\mathbf{y}_B|\mathbf{y}_A)$ 二者的定义, 可以得到贝叶斯定理

$$p(\mathbf{y}_A|\mathbf{y}_B)=\frac{p(\mathbf{y}_A)p(\mathbf{y}_B|\mathbf{y}_A)}{p(\mathbf{y}_B)} \tag{8.6.3}$$

8.6.2 高斯过程

一个具有正态分布 $p(x)=(2\pi\sigma^2)^{-1}\exp\left(\frac{|x-\mu|^2}{2\sigma^2}\right)$ 的随机变量 x 称为单变量高斯分布, 并记作 $x\sim N(\mu,\sigma^2)$, 其中 $\mu=E\{x\}$ 和 $\sigma^2=\mathrm{var}(x)$ 分别是其均值和方差。

一个多变量高斯 (或正态) 分布具有下列联合概率密度

$$p(\mathbf{x}|\boldsymbol{\mu},\boldsymbol{\Sigma})=(2\pi)^{-N/2}|\boldsymbol{\Sigma}|^{-1/2}\exp\left(-\frac{1}{2}(\mathbf{x}-\boldsymbol{\mu})^\mathrm{T}\boldsymbol{\Sigma}^{-1}(\mathbf{x}-\boldsymbol{\mu})\right) \tag{8.6.4}$$

式中, $\boldsymbol{\mu}=[\mu_1,\cdots,\mu_N]^\mathrm{T}$ 是 $\mathbf{x}$ 的均值向量 (长度为 N), 其元素 $\mu_i=E\{x_i\}$; 且 [662]
$\boldsymbol{\Sigma}$ 是 $\mathbf{x}$ 的 $N\times N$(对称、正定) 协方差矩阵。多变量高斯分布简记为 $\mathbf{x}\sim N(\boldsymbol{\mu},\boldsymbol{\Sigma})$。

如果令 $\mathbf{x}$ 和 $\mathbf{y}$ 是联合高斯随机向量

$$\begin{bmatrix}\mathbf{x}\\ \mathbf{y}\end{bmatrix}\sim N\left(\begin{bmatrix}\boldsymbol{\mu}_x\\ \boldsymbol{\mu}_y\end{bmatrix},\begin{bmatrix}\mathbf{A} & \mathbf{C}\\ \mathbf{C}^\mathrm{T} & \mathbf{B}\end{bmatrix}\right)=N\left(\begin{bmatrix}\boldsymbol{\mu}_x\\ \boldsymbol{\mu}_y\end{bmatrix},\begin{bmatrix}\bar{\mathbf{A}} & \bar{\mathbf{C}}\\ \bar{\mathbf{C}}^\mathrm{T} & \bar{\mathbf{B}}\end{bmatrix}^{-1}\right) \tag{8.6.5}$$

则 $\mathbf{x}$ 的边缘分布和已知 $\mathbf{y}$ 情况下 $\mathbf{x}$ 的条件分布为

$$\begin{bmatrix}\mathbf{x}\\ \mathbf{y}\end{bmatrix} \sim N\left(\begin{bmatrix}\boldsymbol{\mu}_x\\ \boldsymbol{\mu}_y\end{bmatrix}, \begin{bmatrix}\mathbf{A} & \mathbf{C}\\ \mathbf{C}^{\mathrm{T}} & \mathbf{B}\end{bmatrix}\right) \Rightarrow \mathbf{y}|\mathbf{x} \sim N\left(\boldsymbol{\mu}_y+\mathbf{C}^{\mathrm{T}}\mathbf{A}^{-1}(\mathbf{x}-\boldsymbol{\mu}_x), \mathbf{B}-\mathbf{C}^{\mathrm{T}}\mathbf{A}^{-1}\mathbf{C}\right) \tag{8.6.6}$$

或者

$$\begin{bmatrix}\mathbf{x}\\ \mathbf{y}\end{bmatrix} \sim N\left(\begin{bmatrix}\boldsymbol{\mu}_x\\ \boldsymbol{\mu}_y\end{bmatrix}, \begin{bmatrix}\bar{\mathbf{A}} & \bar{\mathbf{C}}\\ \bar{\mathbf{C}}^{\mathrm{T}} & \bar{\mathbf{B}}\end{bmatrix}^{-1}\right) \Rightarrow \mathbf{y}|\mathbf{x} \sim N\left(\boldsymbol{\mu}_y-\bar{\mathbf{B}}^{-1}\bar{\mathbf{C}}^{\mathrm{T}}(\mathbf{x}-\boldsymbol{\mu}_x), \bar{\mathbf{B}}^{-1}\right) \tag{8.6.7}$$

高斯过程是多变量高斯分布的自然推广。

定义 8.8 (高斯过程) [29, 30] 高斯过程$f(\mathbf{x})$ 是随机变量 $\mathbf{x}$ 的集合, 任意有限个随机变量具有 (一致的) 联合高斯分布。

显然, 高斯分布是对向量定义的, 而高斯过程则是对函数 $f(\mathbf{x})$ 定义的, 其中, $\mathbf{x}$ 为高斯变量。

一个标量高斯过程 $f(x)$ 可以表示为

$$f \sim \mathrm{GP}(\mu, K) \tag{8.6.8}$$

其中, $\mu = E\{x\}$ 是随机变量 x 的均值, $K(x, x')$ 是 x 的协方差函数。式 (8.6.8) 意味着[29]: 函数 f 是一种 GP 分布, 具有均值函数 μ 和协方差函数 K。

向量值高斯过程 $\mathbf{f}(\mathbf{x})$ 由其均值函数和协方差函数完全指定

$$\boldsymbol{\mu}(\mathbf{x}) = E\{\mathbf{f}(\mathbf{x})\} \tag{8.6.9}$$

$$K(\mathbf{x}_i, \mathbf{x}_j) = E\{(\mathbf{f}(\mathbf{x}_i)-\boldsymbol{\mu}(\mathbf{x}_i))^{\mathrm{T}}(\mathbf{f}(\mathbf{x}_j)-\boldsymbol{\mu}(\mathbf{x}_j))\} \tag{8.6.10}$$

[663] 高斯过程表示为

$$\mathbf{f}(\mathbf{x}) \sim \mathrm{GP}(\boldsymbol{\mu}, \boldsymbol{\Sigma}) \tag{8.6.11}$$

式中, 协方差矩阵 $\boldsymbol{\Sigma}$ 的第 (i, j) 个元素定义为 $\Sigma_{ij} = K(\mathbf{x}_i, \mathbf{x}_j)$。

协方差函数 $K(\mathbf{x}_i, \mathbf{x}_j)$(也称内核、核函数或协方差核) 是回归与/或分类的高斯过程中的驱动因素。实际上, 核表示存在于待建模的数据 $\mathbf{x}_1, \cdots, \mathbf{x}_N$ 中的特别结构。应用高斯过程的主要困难之一是构造这样的一个核函数。

根据 Mercer 定理 (定理 8.3), 非线性核函数通常可以构造为

$$K(\mathbf{x}_i, \mathbf{x}_j) = \boldsymbol{\phi}^{\mathrm{T}}(\mathbf{x}_i)\boldsymbol{\phi}(\mathbf{x}_j) \tag{8.6.12}$$

8.6.3 高斯过程回归

令 $\{(\mathbf{x}_n, f_n)| n = 1, \cdots, N\}$ 是 N 个训练样本, 其中 $f_n, n = 1, \cdots, N$ 是 $\mathbf{x}_n$ 的无噪声训练输出, 通常对于回归采用连续函数, 对于分类采用离散函数。

记无噪声训练输出向量为 $\mathbf{f} = [f_1, \cdots, f_N]^{\mathrm{T}}$, 给定测试样本 $\mathbf{x}_1^*, \cdots, \mathbf{x}_{N_*}^*$ 情况下的测试输出向量为 $\mathbf{f}_* = [f_1^*, \cdots, f_{N_*}^*]^{\mathrm{T}}$。在高斯分布 $\mathbf{f} \sim N(\mathbf{0}, \mathbf{K}(\mathbf{X}, \mathbf{X}))$ 和

$\mathbf{f}_* \sim N(\mathbf{0}, \mathbf{K}(\mathbf{X}_*, \mathbf{X}_*))$ 的假设下，$\mathbf{f}$ 和 $\mathbf{f}_*$ 的联合分布为

$$\begin{bmatrix} \mathbf{f} \\ \mathbf{f}_* \end{bmatrix} \sim N\left(\mathbf{0}, \begin{bmatrix} \mathbf{K}(\mathbf{X},\mathbf{X}) & \mathbf{K}(\mathbf{X},\mathbf{X}_*) \\ \mathbf{K}(\mathbf{X}_*,\mathbf{X}) & \mathbf{K}(\mathbf{X}_*,\mathbf{X}_*) \end{bmatrix}\right) \tag{8.6.13}$$

式中，$\mathbf{X} = [\mathbf{x}_1, \cdots, \mathbf{x}_N]$ 和 $\mathbf{X}_* = [\mathbf{x}_1^*, \cdots, \mathbf{x}_{N_*}^*]$ 分别是 $N \times N$ 训练样本矩阵和 $N_* \times N_*$ 测试样本矩阵; $\mathbf{K}(\mathbf{X},\mathbf{X}) = \text{cov}(\mathbf{X}) \in \mathbb{R}^{N\times N}$, $\mathbf{K}(\mathbf{X},\mathbf{X}_*) = \text{cov}(\mathbf{X},\mathbf{X}_*) \in \mathbb{R}^{N\times N_*}$, $\mathbf{K}(\mathbf{X}_*,\mathbf{X}) = \text{cov}(\mathbf{X}_*,\mathbf{X}) = \mathbf{K}^{\mathrm{T}}(\mathbf{X},\mathbf{X}_*) \in \mathbb{R}^{N_*\times N}$ 和 $\mathbf{K}(\mathbf{X}_*,\mathbf{X}_*) = \text{cov}(\mathbf{X}_*) \in \mathbb{R}^{N_*\times N_*}$ 分别是协方差矩阵。

由式 (8.6.6) 可知, 给定 $\mathbf{f}$ 时 $\mathbf{f}_*$ 的条件分布可以表示为

$$\mathbf{f}_*|\mathbf{f} \sim N\big(\mathbf{K}(\mathbf{X}_*,\mathbf{X})\mathbf{K}^{-1}(\mathbf{X},\mathbf{X})\mathbf{f}, \mathbf{K}(\mathbf{X}_*,\mathbf{X}_*) - \mathbf{K}(\mathbf{X}_*,\mathbf{X})\mathbf{K}^{-1}(\mathbf{X},\mathbf{X})\mathbf{K}(\mathbf{X},\mathbf{X}_*)\big) \tag{8.6.14}$$

这正是对测试样本的一个特定集合的后验分布。

高斯过程回归的目的是借助最大化后验概率 $\mathbf{f}_*|\mathbf{f}$ 求 $\mathbf{f}_*$。然而，$\mathbf{f}$ 是不可观测的。在实际应用中, 通常观测到的是在加性高斯白噪声 $\mathbf{e} \sim N(\mathbf{0}, \sigma_n^2\mathbf{I})$ 中含噪训练输出向量 $\mathbf{y} = \mathbf{f} + \mathbf{e}$。在这种情况下，$\mathbf{y} \sim N(\mathbf{0}, \text{cov}(\mathbf{y}))$, 其中 [664]

$$\text{cov}(y_i, y_j) = K(y_i, y_j) + \sigma_n^2\delta_{ij} \quad 或 \quad \mathbf{y} \sim N\big(\mathbf{0}, \mathbf{K}(\mathbf{X},\mathbf{X}) + \sigma_n^2\mathbf{I}\big) \tag{8.6.15}$$

于是，$\mathbf{y}$ 和 $\mathbf{f}_*$ 的联合分布为

$$\begin{bmatrix} \mathbf{y} \\ \mathbf{f}_* \end{bmatrix} \sim N\left(\mathbf{0}, \begin{bmatrix} \mathbf{K}(\mathbf{X},\mathbf{X}) + \sigma_n^2\mathbf{I} & \mathbf{K}(\mathbf{X},\mathbf{X}_*) \\ \mathbf{K}(\mathbf{X}_*,\mathbf{X}) & \mathbf{K}(\mathbf{X}_*,\mathbf{X}_*) \end{bmatrix}\right) \tag{8.6.16}$$

由式 (8.6.6) 可得给定 $\mathbf{y}$ 情况下 $\mathbf{f}_*$ 的条件概率为

$$\mathbf{f}_*|\mathbf{y} \sim N\big(\bar{\mathbf{f}}_*, \text{cov}(\mathbf{f}_*)\big) \tag{8.6.17}$$

式中

$$\bar{\mathbf{f}}_* = E\{\mathbf{f}_*|\mathbf{y}\} = \mathbf{K}(\mathbf{X}_*,\mathbf{X})\big[\mathbf{K}(\mathbf{X},\mathbf{X}) + \sigma_n^2\mathbf{I}\big]^{-1}\mathbf{y} \tag{8.6.18}$$

$$\text{cov}(\mathbf{f}_*) = \mathbf{K}(\mathbf{X}_*,\mathbf{X}_*) - \mathbf{K}(\mathbf{X}_*,\mathbf{X})\big[\mathbf{K}(\mathbf{X},\mathbf{X}) + \sigma_n^2\mathbf{I}\big]^{-1}\mathbf{K}(\mathbf{X},\mathbf{X}_*) \tag{8.6.19}$$

这里，$\bar{\mathbf{f}}_*$ 是 N_* 个测试样本的均值向量, 即 $\bar{\mathbf{f}}_* = \bar{\mathbf{f}}(\mathbf{x}_1^*, \cdots, \mathbf{x}_{N_*})$。

如果只有一个测试样本 $\mathbf{x}_*$, 即 $\mathbf{X}_* = \mathbf{x}_*$, 则 $\mathbf{K}(\mathbf{X},\mathbf{X}_*)$ 简化为 $\mathbf{k}_* = \mathbf{k}(\mathbf{x}_*) = \mathbf{k}(\mathbf{x},\mathbf{x}_*)$, 它表示测试样本 $\mathbf{x}_*$ 和 X 中 n 个训练样本 $\mathbf{x}_1, \cdots, \mathbf{x}_N$ 的协方差向量。此时, 式 (8.6.18) 和式 (8.6.19) 简化为

$$\bar{\mathbf{f}}_* = \mathbf{k}_*^{\mathrm{T}}(\mathbf{K} + \sigma_n^2\mathbf{I})^{-1}\mathbf{y} \tag{8.6.20}$$

$$\text{cov}(\mathbf{f}_*) = K(\mathbf{x}_*,\mathbf{x}_*) - \mathbf{k}_*^{\mathrm{T}}(\mathbf{K} + \sigma_n^*\mathbf{I})^{-1}\mathbf{k}_* \tag{8.6.21}$$

若令 $\boldsymbol{\alpha} = (\mathbf{K} + \sigma_n^2\mathbf{I})^{-1}\mathbf{y}$, 则以测试样本点 $\mathbf{x}_*$ 为中心的均值向量 $\bar{\mathbf{f}}_* = \bar{\mathbf{f}}(\mathbf{x}_*)$ 为

$$\bar{\mathbf{f}}(\mathbf{x}_*) = \sum_{i=1}^{N} \alpha_i K(\mathbf{x}_i,\mathbf{x}_*) = \mathbf{k}_*^{\mathrm{T}}\boldsymbol{\alpha} \tag{8.6.22}$$

当使用式 (8.6.20) 和式 (8.6.21) 直接计算 $\bar{\mathbf{f}}_*$ 和 $\text{var}(\mathbf{f}_*)$ 时, 需要对矩阵 $\mathbf{K}+\sigma_n^2\mathbf{I}$ 求逆矩阵。一种比较快速和数值上比较稳定的计算方法是使用 Cholesky 分解。

[665] 令 $\mathbf{K}+\sigma_n^2\mathbf{I}$ 的 Cholesky 分解由 $(\mathbf{K}+\sigma_n^2\mathbf{I})=\mathbf{L}\mathbf{L}^{\mathrm{T}}$ 给出, 其中 $\mathbf{L}$ 为下三角矩阵。于是, $\boldsymbol{\alpha}=(\mathbf{K}+\sigma_n^2\mathbf{I})^{-1}\mathbf{y}$ 变为 $\boldsymbol{\alpha}=(\mathbf{L}^{\mathrm{T}})^{-1}\mathbf{L}^{-1}\mathbf{y}$。若记 $\mathbf{z}=\mathbf{L}^{-1}\mathbf{y}$ 和 $\boldsymbol{\alpha}=(\mathbf{L}^{\mathrm{T}})^{-1}\mathbf{z}$, 则有

$$\mathbf{z}=\mathbf{L}^{-1}\mathbf{y}\Leftrightarrow\mathbf{L}\mathbf{z}=\mathbf{y} \tag{8.6.23}$$

$$\boldsymbol{\alpha}=(\mathbf{L}^{\mathrm{T}})^{-1}\mathbf{z}\Leftrightarrow\mathbf{L}^{\mathrm{T}}\boldsymbol{\alpha}=\mathbf{z} \tag{8.6.24}$$

上述两个公式建议了一种有效的算法, 它能够在给定 $\mathbf{K}$ 和 $\mathbf{y}$ 的情况下求出 $\boldsymbol{\alpha}$:

① 进行 Cholesky 分解: $(\mathbf{K}+\sigma_n^2\mathbf{I})=\mathbf{L}\mathbf{L}^{\mathrm{T}}$。

② 利用前向替换求解三角 $\mathbf{L}\mathbf{z}=\mathbf{y}$ 的三角形矩阵方程 $\mathbf{L}\mathbf{z}=\mathbf{y}$, 得到解 $\mathbf{z}$。

③ 利用后向替换求解三角形矩阵方程 $\mathbf{L}^{\mathrm{T}}\boldsymbol{\alpha}=\mathbf{z}$, 获得解 $\boldsymbol{\alpha}$。

类似地, 我们有 $\mathbf{k}_*^{\mathrm{T}}(\mathbf{K}+\sigma_n^*\mathbf{I})^{-1}\mathbf{k}_*=\mathbf{k}_*^{\mathrm{T}}(\mathbf{L}^{\mathrm{T}})^{-1}\mathbf{L}^{-1}\mathbf{k}_*=\mathbf{v}^{\mathrm{T}}\mathbf{v}$, 其中 $\mathbf{v}=\mathbf{L}^{-1}\mathbf{k}_*\Leftrightarrow\mathbf{L}\mathbf{v}=\mathbf{k}_*$。这意味着, $\mathbf{v}$ 是三角矩阵方程 $\mathbf{L}\mathbf{v}=\mathbf{k}_*$ 的解。

一旦求出 $\boldsymbol{\alpha}$ 和 $\mathbf{v}$, 即可分别使用式 (8.6.20) 和式 (8.6.21) 得到 $\bar{\mathbf{f}}(\mathbf{x}_*)=\mathbf{k}_*^{\mathrm{T}}\boldsymbol{\alpha}$ 和 $\text{var}(\mathbf{f}_*)=k(\mathbf{x}_*,\mathbf{x}_*)-\mathbf{v}^{\mathrm{T}}\mathbf{v}$。

边缘似然是似然乘以先验的积分边缘

$$p(\mathbf{y}|\mathbf{X})=\int p(\mathbf{y}|\mathbf{f},\mathbf{X})p(\mathbf{f}|\mathbf{X})\mathrm{d}\mathbf{f} \tag{8.6.25}$$

术语“边缘似然”指对函数值 $\mathbf{f}$ 的边缘化。在高斯过程模型下, 先验服从高斯分布, $\mathbf{f}|\mathbf{X}\sim N(\mathbf{0},\mathbf{K}(\mathbf{X},\mathbf{X})$, 或者

$$\log p(\mathbf{f}|\mathbf{X})=-\frac{1}{2}\mathbf{f}^{\mathrm{T}}\mathbf{K}^{-1}\mathbf{f}-\frac{1}{2}\log|\mathbf{K}|-\frac{N}{2}\log(2\pi) \tag{8.6.26}$$

由于 $\mathbf{y}=\mathbf{f}+\mathbf{e}$, 其中 $\mathbf{e}\sim N(\mathbf{0},\sigma_n^2\mathbf{I})$, 所以边缘似然函数

$$\log p(\mathbf{y}|\mathbf{X})=-\frac{1}{2}\mathbf{y}^{\mathrm{T}}\left[\mathbf{K}+\sigma_n^2\mathbf{I}\right]^{-1}\mathbf{y}-\frac{1}{2}\log\left|\mathbf{K}+\sigma_n^2\mathbf{I}\right|-\frac{N}{2}\log(2\pi) \tag{8.6.27}$$

这里, 第一项是数据拟合项, 因为它是涉及观测目标 $\mathbf{y}$ 的唯一项。第二项 $\log|\mathbf{K}+\sigma_n^2\mathbf{I}|/2$ 为模型复杂度, 只与协方差函数和输入有关。最后一项 $\log(2\pi)/2$ 只是一个规格化常数。

算法 8.5 给出了高斯过程表示算法[30]。

---

[666] **算法 8.5** 高斯过程回归算法[30]

---

1. **input:** $\mathbf{X}$ (inputs), $\mathbf{y}$ (targets), k (covariance function), σ_n^2 (noise level), $\mathbf{x}_*$ (test input)
2. Construct the matrix $\mathbf{K}$ whose (i,j) elements $K_{ij}=k(\mathbf{x}_i,\mathbf{x}_j), i,j=1,\cdots,N$
3. Make Cholesky decomposition $\mathbf{K}+\sigma_n^2\mathbf{I}=\mathbf{L}\mathbf{L}^{\mathrm{T}}$

4. Solve the triangular system $\mathbf{Lz} = \mathbf{y}$ for $\mathbf{z}$ by forward substitution
5. Solve the triangular system $\mathbf{L}^{\mathrm{T}}\boldsymbol{\alpha} = \mathbf{z}$ for $\boldsymbol{\alpha}$ by back substitution
6. $\bar{\mathbf{f}}_* = \mathbf{k}_*^{\mathrm{T}}\boldsymbol{\alpha}$
7. Solve the triangular system $\mathbf{Lv} = \mathbf{k}_*$ for $\mathbf{v}$ by forward substitution
8. $\mathrm{var}(\mathbf{f}_*) = k(\mathbf{x}_*, \mathbf{x}_*) - \mathbf{v}^{\mathrm{T}}\mathbf{v}$
9. $\log p(\mathbf{y}|\mathbf{X}) = -\frac{1}{2}\mathbf{y}^{\mathrm{T}}\boldsymbol{\alpha} - \sum_{i=1}^{N} L_{ii} - \frac{N}{2}\log(2\pi)$
10. **output:** $\bar{\mathbf{f}}_*$ (mean), $\mathrm{var}(\mathbf{f}_*)$ (variance), $\log(\mathbf{y}|\mathbf{X})$ (log marginal likelihood)

8.6.4 高斯过程分类

回归和分类都可以看作函数逼近问题, 但它们的解决方案是完全不同的。这是因为回归中的目标是连续函数, 其中似然函数是高斯函数; 高斯过程与高斯似然相结合, 产生了函数的后验高斯过程, 所有的东西都保持了可分析的可处理性[30]。但是, 在分类模型中, 目标是离散的类标签, 故高斯似然不再适用。因此, 近似推理只能用于分类, 精确推理是不可行的。

推理可以分为两步[30]:

① 计算与测试情况对应的隐变量的分布

$$p(\mathbf{f}_*|\mathbf{X}, \mathbf{y}, \mathbf{x}_*) = \int p(\mathbf{f}_*|\mathbf{X}, \mathbf{x}_*, \mathbf{f})p(\mathbf{f}|\mathbf{X}, \mathbf{y})\mathrm{d}\mathbf{f} \tag{8.6.28}$$

式中, $p(\mathbf{f}|\mathbf{X}, \mathbf{y}) = p(\mathbf{y}|\mathbf{f})p(\mathbf{f}|\mathbf{X})/p(\mathbf{y}|\mathbf{X})$ 是隐变量的后验分布。

② 使用潜在变量 $\mathbf{f}_*$ 的这一分布产生概率预测

$$\bar{\pi}_* = p(\mathbf{y}_* = +1|\mathbf{X}, \mathbf{y}, \mathbf{x}_*) = \int \sigma(\mathbf{f}_*)p(\mathbf{f}_*|\mathbf{X}, \mathbf{y}, \mathbf{x}_*)\mathrm{d}\mathbf{f}_* \tag{8.6.29}$$

在分类中, 由于类标签是离散的, 式 (8.6.28) 中的后验 $p(\mathbf{f}|\mathbf{X}, \mathbf{y})$ 是非高斯的, 这使得式 (8.6.28) 中的似然是非高斯的, 其积分难以分析。类似地, 式 (8.6.29) 对于某些 sigmoid 函数也很难分析。

非高斯联合后验分布 $p(\mathbf{f}|\mathbf{X}, \mathbf{y})$ 可以用高斯分布逼近。为此, 考虑对积分式 (8.6.28) 中的非高斯后验分布 $p(\mathbf{f}|\mathbf{X}, \mathbf{y})$ 使用下列高斯逼近的拉普拉斯方法

$$q(\mathbf{f}|\mathbf{X}, \mathbf{y}) = N(\mathbf{f}|\hat{\mathbf{f}}, \mathbf{A}^{-1}) \propto \exp\left(\frac{1}{2}(\mathbf{f} - \hat{\mathbf{f}})^{\mathrm{T}}\mathbf{A}(\mathbf{f} - \hat{\mathbf{f}})\right) \tag{8.6.30}$$

式中, $\hat{\mathbf{f}} = \arg\min_{\mathbf{f}} p(\mathbf{f}|\mathbf{X}, \mathbf{y})$, $\mathbf{A} = -\nabla^2 \log p(\mathbf{f}|\mathbf{X}, \mathbf{y})|_{\mathbf{f}=\hat{\mathbf{f}}}$ 是该点的复对数后验的 [667]
Hessian 矩阵。

根据贝叶斯规则, 隐变量的后验由 $p(\mathbf{f}|\mathbf{X}, \mathbf{y}) = p(\mathbf{y}|\mathbf{f})p(\mathbf{f}|\mathbf{X})/p(\mathbf{y}|\mathbf{X})$ 给出, 但是由于 $p(\mathbf{y}|\mathbf{X})$ 与 $\mathbf{f}$ 独立, 所以当相对于 $\mathbf{f}$ 最大化时, 我们只需要考虑非规格化的后验。即只需要考虑 $p(\mathbf{f}|\mathbf{X}, \mathbf{y}) = p(\mathbf{y}|\mathbf{f})p(\mathbf{f}|\mathbf{X})$。取其对数, 并使用式 (8.6.26),则

$$\varPsi(\mathbf{f}) = \log p(\mathbf{y}|\mathbf{f}) + \log p(\mathbf{f}|\mathbf{X})$$

$$= \log p(\mathbf{y}|\mathbf{f}) - \frac{1}{2}\mathbf{f}^{\mathrm{T}}\mathbf{K}^{-1}\mathbf{f} - \frac{1}{2}\log|\mathbf{K}| - \frac{N}{2}\log(2\pi) \tag{8.6.31}$$

其关于 $\mathbf{f}$ 的一阶和二阶导数分别为

$$\nabla\Psi(\mathbf{f}) = \nabla \log p(\mathbf{y}|\mathbf{f}) - \mathbf{K}^{-1}\mathbf{f}$$

$$\nabla^2\Psi(\mathbf{f}) = \nabla^2 \log p(\mathbf{y}|\mathbf{f}) - \mathbf{K}^{-1}$$

由 $\nabla\Psi(\mathbf{f}) = \mathbf{0}$ 可知

$$\mathbf{f} = \mathbf{K}\mathbf{a}, \quad \mathbf{a} = \nabla \log p(\mathbf{y}|\mathbf{f}) \tag{8.6.32}$$

Hessian 矩阵可以写为

$$\nabla^2\Psi(\mathbf{f}) = -\mathbf{W} - \mathbf{K}^{-1}, \quad \mathbf{W} = -\nabla^2 \log p(\mathbf{y}|\mathbf{X}) \tag{8.6.33}$$

其中, $\mathbf{W}$ 是对角矩阵, 因为 y_i 的分布只与 f_i 有关, 而与 $f_{j\neq i}$ 无关。

高斯过程是稀疏贝叶斯学习和相关向量机的主要数学工具。关于相关向量机, 将在下节讨论。

8.7 相关向量机

在实际数据中, 噪声 (在回归中) 和类重叠 (在分类中) 的存在意味着主要的建模挑战是避免训练集的“过度拟合”。为了避免支持向量机的过度拟合 (因为支持向量太多), Tipping[39] 提出了一种基于相关向量的学习机, 称为相关向量机 (RVM)。“稀疏贝叶斯学习”是相关向量机的基础。

[668] ### 8.7.1 稀疏贝叶斯回归

假定数据集 $\{\mathbf{x}_n, t_n\}_{n=1}^N$, 其中, “目标”样本 $t_n = y(\mathbf{x}_n) + \epsilon_n$ 通常被认为是被某个加性噪声过程 $\{\epsilon_n\}$ 污染的确定性函数 y 的实现。函数 f 常常由 M 个固定的基函数 $\{\phi_m(\mathbf{x})\}_{m=1}^M$ 的线性加权和建模

$$\hat{y}(\mathbf{x}) = \sum_{m=1}^{M} w_m\phi_m(\mathbf{x}) \tag{8.7.1}$$

我们的目的是推断常数/权重的值 $w_m, m = 1, \cdots, M$, 使得 $\hat{y}(\mathbf{x})$ 是 $y(\mathbf{x})$ 的一个很好的逼近。

函数逼近有两个重要的度量指标: 精确度与“稀疏性”。稀疏性意味着一种稀疏学习算法可以将参数 w_m 的大部分成员设置为零。

支持向量机根据下列函数进行预测

$$y(\mathbf{x}; \mathbf{w}) = \sum_{i=1}^{N} w_i K(\mathbf{x}; \mathbf{x}_i) + \mathbf{w}_0 \tag{8.7.2}$$

式中，$K(\mathbf{x};\mathbf{x}_i)$ 为核函数，为训练集中的每个样本有效地定义一个基函数。

支持向量机有两个主要特点:

- 可以避免过度拟合，导致一个好的泛化。
- 进一步导致只与核函数的一个子集有关的稀疏模型。

然而，支持向量学习方法也存在一些显著和实际的缺点[39]:

- 虽然相对稀疏，但是由于支持向量的数量要求，支持向量机会不必要地使用多余基函数，因为所要求的支持向量个数通常随着训练集的大小线性增长。为了降低计算复杂度，某种形式的后处理是不可或缺的。
- 预测不是基于概率的。支持向量机在回归中输出一个点估计，在分类中输出一个“硬”二元决策。理想情况下，需要估计条件分布 $p(t|\mathbf{x})$，以便捕获预测中的不确定性。尽管后验概率估计可以通过后处理从支持向量机中得到，但是这些估计是不可靠的。
- 由于满足 Mercer 条件，核函数 $K(\mathbf{x};\mathbf{x}_i)$ 必须是正积分算子的连续对称核。

为了避免上述局限性，Tipping[39] 提出使用相关向量机 (relevance vector [669]
machine, RVM) 代替支持向量机作为式 (8.7.2) 的贝叶斯学习

$$y(\mathbf{x};\mathbf{w})=\sum_{i=1}^{m}w_i\phi_i(\mathbf{x})=\mathbf{w}^{\mathrm{T}}\boldsymbol{\phi}(\mathbf{x}) \tag{8.7.3}$$

式中，输出是 M 个非线性和固定基函数 $\boldsymbol{\phi}(\mathbf{x})=[\phi_1(\mathbf{x}),\cdots,\phi_m(\mathbf{x})]^{\mathrm{T}}$ 的线性加权求和。回归过程就是通过采用贝叶斯学习框架，确定 (或学习) 可调 (节) 参数 (或权重)$\mathbf{w}=[w_1,\cdots,w_m]^{\mathrm{T}}$。

贝叶斯学习方法的主要特点是，为了提供良好的泛化性能，推断的预测器非常稀疏，因为它们包含相对较少的非零 w_i 参数。因为大多数参数在学习过程中自动设置为零，这种学习方法称为回归的稀疏贝叶斯学习[39]。

下面是用于回归的稀疏贝叶斯学习框架。

1. 模型选择

给定输入 – 目标对的数据集 $\{\mathbf{x}_n,t_n\}_{n=1}^{N}$，其中 $\mathbf{x}_n\in\mathbb{R}^d, t_n\in\mathbb{R}$。通常假定，目标值从具有加性噪声 ϵ_n 的模型中抽样。基于这个假设，具有加性高斯噪声的标准回归模型为

$$t_n=y_n+\epsilon_n=y(\mathbf{x}_n;\mathbf{w})+\epsilon_n \tag{8.7.4}$$

式中，$y_n=y(\mathbf{x}_n;\mathbf{w})$ 是目标信号 t_n 的逼近信号，ϵ_n 是来自某个高斯噪声 $N(0,\sigma^2)$ 的独立样本。若令 $\mathbf{t}=[t_1,\cdots,t_N]^{\mathrm{T}}$ 为目标向量，$\mathbf{y}=[y_1,\cdots,y_N]^{\mathrm{T}}$ 为近似向量，则在目标向量 $\mathbf{t}$ 的独立性和高斯噪声 $\mathbf{e}=\mathbf{t}-\mathbf{y}$ 的假设下，完整数据集的似然函数可以写为

$$p(\mathbf{t}|\mathbf{w},\sigma^2)=(2\pi)^{-N/2}\sigma^{-N}\exp\left(-\frac{1}{2\sigma^2}\|\mathbf{t}-\mathbf{y}\|_2^2\right) \tag{8.7.5}$$

在不同的回归情况下，上述似然函数有不同的形式。

- 线性神经网络基于下列函数进行预测

$$y_n = y(\mathbf{x}_n;\mathbf{w}) = \mathbf{x}_n^{\mathrm{T}}\mathbf{w} \qquad 或 \qquad \mathbf{y} = \mathbf{X}^{\mathrm{T}}\mathbf{w} \tag{8.7.6}$$

[670] 式中, $\mathbf{w} = [w_1, \cdots, w_N]^{\mathrm{T}}$ 为权向量, $\mathbf{X} = [\mathbf{x}_1, \cdots, \mathbf{x}_N]$ 为数据矩阵。因此, 似然函数 (因为独立性假设) 为

$$\begin{aligned} p(\mathbf{t}|\mathbf{w},\sigma^2) &= \prod_{i=1}^{N} p(t_i|\mathbf{w},\sigma^2) \\ &= \prod_{i=1}^{N} \frac{1}{\sqrt{2\pi}\sigma} \exp\left(-\frac{\|t_i - \mathbf{x}_i^{\mathrm{T}}\mathbf{w}\|_2^2}{2\sigma^2}\right) \\ &= (2\pi)^{-N/2}\sigma^{-N} \exp\left(-\frac{1}{2\sigma^2}\|\mathbf{t} - \mathbf{X}^{\mathrm{T}}\mathbf{w}\|_2^2\right) \end{aligned} \tag{8.7.7}$$

- 支持向量机的预测为

$$y_n = \sum_{i=1}^{N} w_i K(\mathbf{x}_n;\mathbf{x}_i) + w_0 \qquad 或 \qquad \mathbf{y} = \mathbf{K}\mathbf{w} \tag{8.7.8}$$

式中, $\mathbf{K} = [\mathbf{k}(\mathbf{x}_1), \cdots, \mathbf{k}(\mathbf{x}_N)]^{\mathrm{T}}$ 是 $N \times (N+1)$ 核矩阵, 元素 $\mathbf{k}(\mathbf{x}_n) = [1, K(\mathbf{x}_n, \mathbf{x}_1), \cdots, K(\mathbf{x}_n, \mathbf{x}_N)]^{\mathrm{T}}$; 并且 $\mathbf{w} = [w_0, w_1, \cdots, w_N]^{\mathrm{T}}$。因此, 在独立性假设下, 似然函数为

$$p(\mathbf{t}|\mathbf{w},\sigma^2) = (2\pi)^{-N/2}\sigma^{-N} \exp\left(-\frac{1}{2\sigma^2}\|\mathbf{t} - \mathbf{K}\mathbf{w}\|_2^2\right) \tag{8.7.9}$$

- 相关向量机的预测为

$$y_n = \sum_{i=1}^{N} \boldsymbol{\phi}^{\mathrm{T}}(\mathbf{x}_i)\mathbf{w} + w_0 \quad 或 \quad \mathbf{y} = \boldsymbol{\Phi}\mathbf{w} \tag{8.7.10}$$

式中, $\boldsymbol{\Phi} = [\boldsymbol{\phi}(\mathbf{x}_1), \cdots, \boldsymbol{\phi}(\mathbf{x}_N)]^{\mathrm{T}}$ 表示 $N \times (N+1)$ "设计" 矩阵, 元素 $\boldsymbol{\phi}(\mathbf{x}_n) = [1, \phi_1(\mathbf{x}_n), \cdots, \phi_N(\mathbf{x}_n)]^{\mathrm{T}}$, 并且 $\mathbf{w} = [w_0, w_1, \cdots, w_N]^{\mathrm{T}}$。例如, $\boldsymbol{\phi}(\mathbf{x}_n) = [1, K(\mathbf{x}_n, \mathbf{x}_1), K(\mathbf{x}_n, \mathbf{x}_2), \cdots, K(\mathbf{x}_n, \mathbf{x}_N)]^{\mathrm{T}}$。因此, 似然函数 (由于独立性假设) 为

$$p(\mathbf{t}|\mathbf{w},\sigma^2) = (2\pi)^{-N/2}\sigma^{-N} \exp\left(-\frac{1}{2\sigma^2}\|\mathbf{t} - \boldsymbol{\Phi}\mathbf{w}\|_2^2\right) \tag{8.7.11}$$

2. 参数估计

贝叶斯线性模型中的推理是基于权重的后验分布, 由贝叶斯规则计算 [30]

$$\text{posterior} = \frac{\text{likelihood} \times \text{prior}}{\text{marginal likelihood}} \tag{8.7.12}$$

[671] 因此, 权重向量 $\mathbf{w}$ 上的后验分布是[39]

$$p(\mathbf{w}|\mathbf{t},\boldsymbol{\alpha},\sigma^2)=\frac{p(\mathbf{t}|\mathbf{w},\sigma^2)p(\mathbf{w},\boldsymbol{\alpha})}{p(\mathbf{t}|\boldsymbol{\alpha},\sigma^2)}$$

$$=(2\pi)^{-(N+1)/2}|\boldsymbol{\Sigma}|^{-1/2}\exp\left(-\frac{1}{2}(\mathbf{w}-\boldsymbol{\mu})^{\mathrm{T}}\boldsymbol{\Sigma}^{-1}(\mathbf{w}-\boldsymbol{\mu})\right) \quad (8.7.13)$$

式中, 后验协方差和均值分别如下[26]

$$\boldsymbol{\Sigma}=(\sigma^{-2}\boldsymbol{\Phi}^{\mathrm{T}}\boldsymbol{\Phi}+\mathbf{A})^{-1} \quad (8.7.14)$$

$$\boldsymbol{\mu}=\sigma^{-2}\boldsymbol{\Sigma}\boldsymbol{\Phi}^{\mathrm{T}}\mathbf{t} \quad (8.7.15)$$

其中, $\mathbf{A}=\mathbf{Diag}(\alpha_0,\alpha_1,\cdots,\alpha_N)$。

3. 稀疏贝叶斯学习

选择具有最大边缘似然性的模型的方法称为 II 型最大似然法, 由 Good[18] 提出。通过这个方法, 稀疏贝叶斯学习被表示成边缘似然相对于 $\boldsymbol{\alpha}$ 的 (局部) 最大化, 或者等价地, 其对数边缘为[39]

$$\mathcal{L}(\boldsymbol{\alpha})=\log p(\mathbf{t}|\boldsymbol{\alpha},\sigma^2)=\log\int_{-\infty}^{\infty}p(\mathbf{t}|\mathbf{w},\sigma^2)p(\mathbf{w}|\boldsymbol{\alpha})\mathrm{d}\mathbf{w}$$

$$=-\frac{1}{2}\Big(N\log(2\pi)+\log|\mathbf{C}|+\mathbf{t}^{\mathrm{T}}\mathbf{C}^{-1}\mathbf{t}\Big) \quad (8.7.16)$$

其中

$$\mathbf{C}=\sigma^2\mathbf{I}+\boldsymbol{\Phi}\mathbf{A}^{-1}\boldsymbol{\Phi}^{\mathrm{T}} \quad (8.7.17)$$

这里, 术语“边缘”强调非参数化模型。

在相关向量机的背景下, 贝叶斯学习问题变成了对超参数 $\boldsymbol{\alpha}$ 的搜索。在相关向量机中, 这些超平面由最小化 $\mathcal{L}(\boldsymbol{\alpha})$ 估计。有关这个估计问题, 将在第 8.7.3 节进行讨论。

作为相关向量机的一个典型应用, 我们来考虑压缩感知测量 $\mathbf{g}$[23]

$$\mathbf{g}=\boldsymbol{\Phi}\mathbf{w} \quad (8.7.18)$$

式中, $\boldsymbol{\Phi}=[\mathbf{r}_1,\cdots,\mathbf{r}_K]$ 是 $K\times N$ 矩阵, 假定该矩阵是随机压缩感知测量的结果。

求解压缩感知问题的一种典型方法是 ℓ_1 正则化 [672]

$$\mathbf{w}^*=\arg\min_{\mathbf{w}}\left\{\|\mathbf{g}-\boldsymbol{\Phi}\mathbf{w}\|_2^2+\gamma\|\mathbf{w}\|_1\right\} \quad (8.7.19)$$

在加性噪声 $\mathbf{n}$ 是零均值高斯分布 $N(\mathbf{0},\sigma^2\mathbf{I})$ 的假设下, 高斯似然模型可表示为

$$p(\mathbf{g}|\mathbf{w},\sigma^2)=(2\pi)^{-K/2}\sigma^{-K}\exp\left(-\frac{\|\mathbf{g}-\boldsymbol{\Phi}\mathbf{w}\|_2^2}{2\sigma^2}\right) \quad (8.7.20)$$

假定超平面 $\boldsymbol{\alpha}$ 和 α_0 为已知, 给定压缩感知测量 $\mathbf{g}$ 和投影矩阵 $\boldsymbol{\Phi}$, 则 $\mathbf{w}$ 的后验可以解析地表示为一个多变量高斯分布, 其均值和协方差分别为

$$\boldsymbol{\mu}=\alpha_0\boldsymbol{\Sigma}\boldsymbol{\Phi}^{\mathrm{T}}\mathbf{g},\quad \boldsymbol{\Sigma}=(\alpha_0\boldsymbol{\Phi}^{\mathrm{T}}\boldsymbol{\Phi}+\mathbf{A})^{-1} \quad (8.7.21)$$

于是, 贝叶斯压缩感知问题变成了稀疏贝叶斯回归问题。

8.7.2 稀疏贝叶斯分类

稀疏贝叶斯分类遵循基本相同的上述回归框架, 但使用 Bernoulli 似然和 sigmoid 链接函数来解释目标量的变化[39]。

对于输入向量 $\mathbf{x}$, 相关向量机分类器使用逻辑斯谛 sigmoid 链接函数 $\sigma(y) = 1/(1+e^{-y})$ 将输入类标签的概率分布建模为

$$p(d=1|\mathbf{x}) = \frac{1}{1+\exp(-f_{\text{RVM}}(\mathbf{x}))} \tag{8.7.22}$$

式中 $f_{\text{RVM}}(\mathbf{x})$ 称为相关向量机分类器函数, 由下式给出

$$f_{\text{RVM}}(\mathbf{x}) = \sum_{i=1}^{N} \alpha_i K(\mathbf{x}, \mathbf{x}_i) \tag{8.7.23}$$

其中, $K(\mathbf{x}, \mathbf{x}_i)$ 是核函数, $\mathbf{x}_i, i=1,\cdots,N$ 为训练样本。

通过对 $P(\mathbf{t}|\mathbf{x})$ 采用 Bernoulli 分布, 可以将似然函数写成

$$P(\mathbf{t}|\mathbf{w}) = \prod_{n=1}^{N} \sigma\big(y(\mathbf{x}_n, \mathbf{w})\big)^{t_n} \big(1-\sigma\big(y(\mathbf{x}_n, \mathbf{w})\big)\big)^{1-t_n} \tag{8.7.24}$$

其中, 目标 $t_n \in \{0,1\}$。

[673] 在稀疏贝叶斯回归中, 权向量 $\mathbf{w}$ 可以用解析方法合成。与回归情况不同, 稀疏贝叶斯分类不能用解析方法合成, 排除了权后验概率 $p(\mathbf{w}|\mathbf{t}, \boldsymbol{\alpha})$ 或边缘似然 $P(\mathbf{t}|\boldsymbol{\alpha})$ 闭合形式表示。为此, 利用拉普拉斯近似方法。

在数理统计和机器学习文献中, 拉普拉斯近似系指使用拉普拉斯方法评估边缘似然或自由能量。这等价于 $P(\mathbf{t}|\mathbf{w})$ 在围绕最大后验 (MAP) 估计的局部高斯逼近[40]。

8.7.3 快速边缘似然最大化

考虑 $\mathcal{L}(\boldsymbol{\alpha})$ 与单个超平面 $\alpha_m, m \in \{1,\cdots,M\}$ 的相关性。式 (8.7.16) 中的矩阵 $\mathbf{C}$ 可以分解为

$$\begin{aligned}\mathbf{C} &= \sigma^2\mathbf{I} + \sum_{i\neq m} \alpha_i^{-1} \boldsymbol{\phi}_i \boldsymbol{\phi}_i^{\mathrm{T}} + \alpha_m^{-1} \boldsymbol{\phi}_m \boldsymbol{\phi}_m^{\mathrm{T}} \\ &= \mathbf{C}_{-m} + \alpha_m^{-1} \boldsymbol{\phi}_m \boldsymbol{\phi}_m^{\mathrm{T}}\end{aligned} \tag{8.7.25}$$

式中, $\mathbf{C}_{-m} = [\mathbf{C} \setminus \mathbf{c}_m]$ 表示从矩阵 $\mathbf{C}$ 中挖去第 m 列 $\mathbf{c}_m$。因此, 通过应用行列式恒等式和矩阵求逆引理, $\mathcal{L}$ 中感兴趣的项即可写为

$$|\mathbf{C}| = |\mathbf{C}_m| \cdot |1 + \alpha_m^{-1} \boldsymbol{\phi}_m^{\mathrm{T}} \mathbf{C}_{-m}^{-1} \boldsymbol{\phi}_m| \tag{8.7.26}$$

$$\mathbf{C}^{-1}=\mathbf{C}_{-m}^{-1}-\frac{\mathbf{C}_{-m}^{-1}\boldsymbol{\phi}_m\boldsymbol{\phi}_m^{\mathrm{T}}\mathbf{C}_{-m}^{-1}}{\alpha_m+\boldsymbol{\phi}_m^{\mathrm{T}}\mathbf{C}_{-m}^{-1}\boldsymbol{\phi}_m} \tag{8.7.27}$$

于是，$\mathcal{L}(\boldsymbol{\alpha})$ 可以改写为

$$\begin{aligned}\mathcal{L}(\boldsymbol{\alpha})&=-\frac{1}{2}\Bigg(N\log(2\pi)+\log|\mathbf{C}_{-m}|+\mathbf{t}^{\mathrm{T}}\mathbf{C}_{-m}^{-1}\mathbf{t}-\\&\qquad\log\alpha_m+\log(\alpha_m+\boldsymbol{\phi}_m^{\mathrm{T}}\mathbf{C}_{-m}^{-1}\boldsymbol{\phi}_m)-\frac{(\boldsymbol{\phi}_m^{\mathrm{T}}\mathbf{C}_{-m}^{-1}\mathbf{t})^2}{\alpha_m+\boldsymbol{\phi}_m^{\mathrm{T}}\mathbf{C}_{-m}^{-1}\boldsymbol{\phi}_m}\Bigg)\\&=\mathcal{L}(\boldsymbol{\alpha}_{-m})+\frac{1}{2}\left(\log\alpha_m-\log(\alpha_m+s_m)+\frac{q_m^2}{\alpha_m+s_m}\right)\\&=\mathcal{L}(\boldsymbol{\alpha}_{-m})+\ell(\alpha_m)\end{aligned} \tag{8.7.28}$$

式中 [674]

$$s_m=\boldsymbol{\phi}_m^{\mathrm{T}}\mathbf{C}_{-m}^{-1}\boldsymbol{\phi}_m \quad 和 \quad q_m=\boldsymbol{\phi}_m^{\mathrm{T}}\mathbf{C}_{-m}^{-1}\mathbf{t},\quad m=1,\cdots,M \tag{8.7.29}$$

可以把“稀疏因子” s_m 视为基向量 $\boldsymbol{\phi}_m$ 与模型中已经存在的基向量 $\boldsymbol{\phi}_m$ 重叠程度的度量，而“质量因子” q_m 是 $\boldsymbol{\phi}_m$ 与该向量被排除的模型误差的对齐程度的度量。

由式 (8.7.28) 与优化条件 $\frac{\partial\mathcal{L}(\boldsymbol{\alpha})}{\partial\alpha_m}=\frac{\partial\ell(\alpha_m)}{\partial\alpha_m}=0$，我们有以下结果

$$\frac{1}{2}\left(\frac{1}{\alpha_m}-\frac{1}{\alpha_m+s_m}-\frac{q_m^2}{(\alpha_m+s_m)^2}\right)=0 \quad 或 \quad \alpha_m=\frac{s_m^2}{q_m^2-s_m} \tag{8.7.30}$$

因此，$\mathcal{L}(\boldsymbol{\alpha})$ 相对于 α_m 有唯一最大值[10]

$$\alpha_m=\begin{cases}\frac{s_m^2}{q_m^2-s_m}, & q_m^2>s_m\\ \infty, & 其他\end{cases} \tag{8.7.31}$$

其中 $m=1,\cdots,M$。

式 (8.7.31) 表明:

- 若 $\boldsymbol{\phi}_m$ “在模型中” (即 $\alpha_m<\infty$)，并且 $q_m^2\leqslant s_m$，则 $\boldsymbol{\phi}_m$ 可以删去 (即 α_m 设置为 ∞)。
- 若 $\boldsymbol{\phi}_m$ 被排除在模型 ($\alpha_m=\infty$) 外，并且 $q_m^2>s_m$，则 $\boldsymbol{\phi}_m$ 可以加入模型中 (即 α_m 设置为某个最优有限值)。

显然，与 $\mathbf{C}_{-m}^{-1},m=1,\cdots,M$ 相比较，维护和计算 $\mathbf{C}^{-1}$ 的值更容易。令

$$S_m=\boldsymbol{\phi}_m^{\mathrm{T}}\mathbf{C}^{-1}\boldsymbol{\phi}_m \quad 和 \quad Q_m=\boldsymbol{\phi}_m^{\mathrm{T}}\mathbf{C}^{-1}\mathbf{t},\quad m=1,\cdots,M \tag{8.7.32}$$

左乘 $\boldsymbol{\phi}_m^{\mathrm{T}}$，右乘 $\boldsymbol{\phi}_m$，并使用式 (8.7.29)，则式 (8.7.27) 给出下列结果

$$S_m=\boldsymbol{\phi}_m^{\mathrm{T}}\mathbf{C}^{-1}\boldsymbol{\phi}_m=\boldsymbol{\phi}_m^{\mathrm{T}}\left(\mathbf{C}_{-m}^{-1}-\frac{\mathbf{C}_{-m}^{-1}\boldsymbol{\phi}_m\boldsymbol{\phi}_m^{\mathrm{T}}\mathbf{C}_{-m}^{-1}}{\alpha_m+\boldsymbol{\phi}_m^{\mathrm{T}}\mathbf{C}_{-m}^{-1}\boldsymbol{\phi}_m}\right)\boldsymbol{\phi}_m$$

$$= s_m - \frac{s_m^2}{\alpha_m + s_m}, \quad m = 1, \cdots, M \tag{8.7.33}$$

[675] 类似地, 有

$$Q_m = \boldsymbol{\phi}_m^{\mathrm{T}} \mathbf{C}^{-1} \mathbf{t} = \boldsymbol{\phi}_m^{\mathrm{T}} \left(\mathbf{C}_{-m}^{-1} - \frac{\mathbf{C}_{-m}^{-1} \boldsymbol{\phi}_m \boldsymbol{\phi}_m^{\mathrm{T}} \mathbf{C}_{-m}^{-1}}{\alpha_m + \boldsymbol{\phi}_m^{\mathrm{T}} \mathbf{C}_{-m}^{-1} \boldsymbol{\phi}_m} \right) \mathbf{t}$$

$$= q_m - \frac{s_m q_m}{\alpha_m + s_m}, \quad m = 1, \cdots, M \tag{8.7.34}$$

由式 (8.7.33) 和式 (8.7.34) 可得

$$s_m = \frac{\alpha_m S_m}{\alpha_m - S_m} \quad 和 \quad q_m = \frac{\alpha_m Q_m}{\alpha_m - S_m} \tag{8.7.35}$$

其中, $m = 1, \cdots, M$。注意, 当 $\alpha_m = \infty$ 时, 有 $s_m = S_m$ 和 $q_m = Q_m$。

由 Duncan-Guttman 求逆公式

$$(\mathbf{A} + \mathbf{U}\mathbf{D}^{-1}\mathbf{V})^{-1} = \mathbf{A}^{-1} - \mathbf{A}^{-1}\mathbf{U}(\mathbf{D} + \mathbf{V}\mathbf{A}^{-1}\mathbf{U})^{-1}\mathbf{V}\mathbf{A}^{-1} \tag{8.7.36}$$

有

$$\begin{aligned} \mathbf{C}^{-1} &= (\sigma^2 \mathbf{I} + \boldsymbol{\Phi}\mathbf{A}^{-1}\boldsymbol{\Phi}^{\mathrm{T}})^{-1} \\ &= \mathbf{B} - \mathbf{B}\boldsymbol{\Phi}(\mathbf{A} + \boldsymbol{\Phi}^{\mathrm{T}}\mathbf{B}\boldsymbol{\Phi})^{-1}\boldsymbol{\Phi}^{\mathrm{T}}\mathbf{B} \\ &= \mathbf{B} - \mathbf{B}\boldsymbol{\Phi}\boldsymbol{\Sigma}\boldsymbol{\Phi}^{\mathrm{T}}\mathbf{B} \end{aligned} \tag{8.7.37}$$

式中

$$\mathbf{B} = \sigma^{-2}\mathbf{I} \quad , \quad \boldsymbol{\Sigma} = (\mathbf{A} + \boldsymbol{\Phi}^{\mathrm{T}}\mathbf{B}\boldsymbol{\Phi})^{-1} \tag{8.7.38}$$

将式 (8.7.37) 代入式 (8.7.32), 即得

$$S_m = \boldsymbol{\phi}_m^{\mathrm{T}}\mathbf{B}\boldsymbol{\phi}_m - \boldsymbol{\phi}_m\mathbf{B}\boldsymbol{\Phi}\boldsymbol{\Sigma}\boldsymbol{\Phi}^{\mathrm{T}}\mathbf{B}\boldsymbol{\phi}_m^{\mathrm{T}} \tag{8.7.39}$$

$$Q_m = \boldsymbol{\phi}_m^{\mathrm{T}}\mathbf{B}\hat{\mathbf{t}} - \boldsymbol{\phi}_m\mathbf{B}\boldsymbol{\Phi}\boldsymbol{\Sigma}\boldsymbol{\Phi}^{\mathrm{T}}\mathbf{B}\hat{\mathbf{t}} \tag{8.7.40}$$

下面是 Tipping 和 Faul[40] 提出的序列稀疏贝叶斯学习的边缘似然最大化算法。

① 将 σ^2 初始化为某个合理的值 (如 $\mathrm{var}[t] \times 0.1$)。

② 使用单个基向量 $\boldsymbol{\phi}_i$ 对 α_i 初始化, 并由式 (8.7.31) 设定

$$\alpha_i = \frac{\|\boldsymbol{\phi}_i\|_2^2}{\|\boldsymbol{\phi}_i^{\mathrm{T}}\mathbf{t}\|_2^2/\| - \sigma^2} \tag{8.7.41}$$

所有其他 α_m 则设置为无穷大。

[676] ③ 显式计算 $\boldsymbol{\Sigma}$ 和 $\boldsymbol{\mu}$ (它们最初为标量), 以及所有 M 个基于 $\boldsymbol{\phi}_m$ 的 s_m 和 q_m 的初始值。

④ 从所有 M 的集合中选择应该候补基向量 $\boldsymbol{\phi}_i$。

⑤ 计算 $\theta_i = q_i^2 - s_i$。

⑥ 如果 $\theta_i > 0$ 且 $\alpha_i < \infty$(即 $\boldsymbol{\phi}_i$ 在模型中), 就重新计算 α_i。定义 $\kappa_j =$

$(\Sigma_{jj}+(\bar{\alpha}_i-\alpha_i)^{-1})^{-1}$ 和 $\mathbf{\Sigma}_j$ 作为 $\mathbf{\Sigma}$ 的第 j 列

$$2\Delta\mathcal{L}=\frac{Q_i^2}{S_i+(\bar{\alpha}_i^{-1}-\alpha_i^{-1})^{-1}}-\log\left(1+S_i(\bar{\alpha}_i^{-1}-\alpha_i^{-1})\right) \tag{8.7.42}$$

$$\bar{\mathbf{\Sigma}}=\mathbf{\Sigma}-\kappa_j\mathbf{\Sigma}\mathbf{\Sigma}_j^{\mathrm{T}} \tag{8.7.43}$$

$$\bar{\boldsymbol{\mu}}=\boldsymbol{\mu}-\kappa_j\mu_j\mathbf{\Sigma}_j \tag{8.7.44}$$

$$\bar{S}_m=S_m+\kappa_j(\beta\mathbf{\Sigma}_j^{\mathrm{T}}\mathbf{\Phi}^{\mathrm{T}}\boldsymbol{\phi}_m)^2 \tag{8.7.45}$$

$$\bar{Q}_m=Q_m+\kappa_j\mu_j(\beta\mathbf{\Sigma}_j^{\mathrm{T}}\mathbf{\Phi}^{\mathrm{T}}\boldsymbol{\phi}_m) \tag{8.7.46}$$

⑦ 如果 $\theta_i>0$ 且 $\alpha_i=\infty$, 则将 $\boldsymbol{\phi}_i$ 加入具有更新的 α_i 的模型中

$$2\Delta\mathcal{L}=\frac{Q_i^2-S_i}{S_i}+\log\frac{S_i}{Q_i^2} \tag{8.7.47}$$

$$\bar{\mathbf{\Sigma}}=\begin{bmatrix}\mathbf{\Sigma}+\beta^2\Sigma_{ii}\mathbf{\Sigma}\mathbf{\Phi}^{\mathrm{T}}\boldsymbol{\phi}_i\boldsymbol{\phi}_i^{\mathrm{T}}\mathbf{\Phi}\mathbf{\Sigma} & -\beta^2\Sigma_{ii}\mathbf{\Sigma}\mathbf{\Phi}^{\mathrm{T}}\boldsymbol{\phi}_i\\ -\beta^2\Sigma_{ii}(\mathbf{\Sigma}\mathbf{\Phi}^{\mathrm{T}}\boldsymbol{\phi}_i)^{\mathrm{T}} & \Sigma_{ii}\end{bmatrix} \tag{8.7.48}$$

$$\bar{\boldsymbol{\mu}}=\begin{bmatrix}\boldsymbol{\mu}-\mu_i\beta\mathbf{\Sigma}\mathbf{\Phi}^{\mathrm{T}}\boldsymbol{\phi}_i\\ \mu_i\end{bmatrix} \tag{8.7.49}$$

$$\bar{S}_m=S_m-\Sigma_{ii}(\beta\boldsymbol{\phi}_m^{\mathrm{T}}\mathbf{e}_i)^2 \tag{8.7.50}$$

$$\bar{Q}_m=Q_m-\mu_i(\beta\boldsymbol{\phi}_m^{\mathrm{T}}\mathbf{e}_i) \tag{8.7.51}$$

其中, $\Sigma_{ii}=(\alpha_i+S_i)^{-1}$, $\mu_i=\Sigma_{ii}Q_i$, $\mathbf{e}_i=\boldsymbol{\phi}_i-\beta\mathbf{\Phi}\mathbf{\Sigma}\mathbf{\Phi}^{\mathrm{T}}\boldsymbol{\phi}_i$

⑧ 若 $\theta_i\leqslant 0$ 且 $\alpha_i<\infty$, 则从模型中删除 $\boldsymbol{\phi}_i$, 并令 $\alpha_i=\infty$

$$2\Delta\mathcal{L}=\frac{Q_i^2}{S_i-\alpha_i}-\log\left(1-\frac{S_i}{\alpha_i}\right) \tag{8.7.52}$$

$$\bar{\Sigma}=\mathbf{\Sigma}-\frac{1}{\Sigma_{jj}}\mathbf{\Sigma}_j\mathbf{\Sigma}_j^{\mathrm{T}} \tag{8.7.53}$$

$$\bar{\boldsymbol{\mu}}=\boldsymbol{\mu}-\frac{\mu_j}{\Sigma_{jj}}\mathbf{\Sigma}_j \tag{8.7.54}$$

$$\bar{S}_m=S_m+\frac{1}{\Sigma_{jj}}(\beta\mathbf{\Sigma}_j^{\mathrm{T}}\mathbf{\Phi}^{\mathrm{T}}\boldsymbol{\phi}_m)^2 \tag{8.7.55}$$ [677]

$$\bar{Q}_m=Q_m+\frac{\mu_j}{\Sigma_{jj}}(\beta\mathbf{\Sigma}_j^{\mathrm{T}}\mathbf{\Phi}^{\mathrm{T}}\boldsymbol{\phi}_m) \tag{8.7.56}$$

更新式 (8.7.53) 和式 (8.7.54) 之后, 从 $\bar{\mathbf{\Sigma}}$ 和 $\bar{\boldsymbol{\mu}}$ 中分别删除适当的第 j 行和第 j 列。

⑨ 如果是回归和估计噪声水平, 则更新 $\sigma^2=\|\mathbf{t}–\mathbf{y}\|_2^2/(N–M+\sum_m\alpha_m\Sigma_{mm})$。

⑩ 重新计算/更新 $\mathbf{\Sigma},\boldsymbol{\mu}$(在分类中使用拉普拉斯逼近法), 并使用式 (8.7.35) —式 (8.7.40) 更新所有 s_m 和 q_m。

⑪ 如果收敛, 则终止算法, 否则返回步骤 ④。

本章小结

- 由于引入了最大间隔, 支持向量机具有高分类精度。
- 当样本规模小时, 支持向量机也可以精确地分类, 因此具有很好的泛化能力。
- 核函数易于求解非线性问题。
- 支持向量机可以解决高维特征的分类与回归问题。

参考文献

[1] Aronszajn N.: Theory of reproducing kernels. Trans. Am. Math. Soc., **68**: 337–404 (1950)

[2] Belkin M., Niyogi P., Sindhwani V.: Manifold regularization: a geometric framework for learning from labeled and unlabeled examples. J. Machine Learning Research (JMLR), **7**: 2399–2434 (2006)

[3] Boser, B. E., Guyon, I. M., Vapnik, V. N.: a training algorithm for optimal margin classifiers. In: Haussler D. (ed.) Proceedings of the 5th Annual ACM Workshop on Computational Learning Theory. Pittsburgh: ACM Press, pp.144–152 (1992)

[4] Bottou L., Cortes C., Denker J., Drucker H., Guyon I., Jackel L., LeCun Y., Muller U., SackingerE., Simard P., Vapnik V.: Comparison of classifier methods: a case study in handwriting digit recognition. In: Proc. Int. Conf. Pattern Recognit., pp. 77–87 (1994)

[5] Bousquet O., von Luxburg U., Rätsch G. (eds.): *Advanced Lectures on Machine Learning*. Berlin: Springer (2004)

[6] Burges C. J. C.: A tutorial on support vector machines for pattern recognition. Data Mining and Knowledge Discovery, **2**: 121–167 (1998)

[7] Chang C. C., Lin C. J.: LIBSVM: A library for support vector machines. ACM Trans. Intelligent Systems and Technology, **2**(3): Article 27 (2011)

[8] Cortes C., Vapnik V.: Support vector networks. Machine Learning, **20**(3): 273–297 (1995)

[9] Duda R. O., Hart P., E.: *Pattern Classification and Scene Analysis*. New York: Wiley (1973)

[678] [10] Faul A. C., Tipping M. E.: Analysis of sparse Bayesian learning. In: Dietterich T. G., Becker S., Ghahramani Z. (eds.) Advances in Neural Information Processing, vol. 14, pp. 383–389 (2002).

[11] Fletcher R.: *Practical Methods of Optimization*. Chichester: John Wiley and Sons (1987)

[12] Fontana R., Pistone G., Rogantin M. P.: Classification of two-level factorial fractions. J.Statist. Plann. Inference, **87**: 149–172 (2000)

[13] Friedman J.: Another approach to polychotomous classification. Deptment of Statistics. Stanford University (1996)

[14] Fung G. M., Mangasarian O. L.: Proximal support vector machine classifiers. In: Proc. Int. Conf. Knowl. Discov. Data Mining, pp.77–86 (2001)

[15] Fung G. M., Mangasarian O. L.: Multicategory proximal support vector machine classifiers. Machine Learning, **59**(1–2): 77–97 (2005)

[16] Girolami M.: Mercer kernel-based clustering in feature space. IEEE Trans. Neural Networks, **13**(3):780–784 (2002)

[17] Girosi F.: An equivalence between sparse approximation and support vector machines. Neural Computation, **20**: 1455–1480 (1998)

[18] Good I. J.: *The Estimation of Probabilities.* Cambridge: MIT Press (1965)

[19] Gunn S. R.: Support Vector Machines for Classification and Regression. Technical Report,Faculty of Engineering. Science and Mathematics School of Electronics and Computer Science, University of Southampton (1998)

[20] Guyon I., Weston J., Barnhill S., Vapnik V.: Gene selection for cancer classification using support vector machines. Machine Learning, **46**: 389–422 (2002)

[21] Hsu C. W., Lin C. J.: A comparison of methods for multiclass support vector machines. IEEE Trans. Neural Networks, **13**(2): 415–425 (2002)

[22] Huang G. -B., Zhou H., Ding X., Zhang R.: Extreme learning machine for regression and multiclass classification. IEEE Trans. Syst. Man and Cybernetics — PART B: Cybernetics, **42**(2): 513–529 (2012)

[23] Ji S., Xue Y., Carin L.: Bayesian compressive sensing. IEEE Trans. Signal Processing, **56**(6): 2346–2356 (2008)

[24] Kimeldorf G., Wahba G.: Some results on Tchebycheffian spline functions. Journal of Mathematical Analysis and Applications, **33**: 82–95 (1971)

[25] Knerr S., Personnaz L., Dreyfus G.: Single-layer learning revisited: A stepwise procedure for building and training a neural network. In: Fogelman J. (ed.) Neurocomputing: Algorithms, Architectures and Applications. New York: Springer-Verlag (1990)

[26] MacKay D. J. C.: Bayesian interpolation. Neural Computation, **4**(3): 415–447 (1992)

[27] Platt J. C., Cristianini N., Shawe-Taylor J.: Large margin DAGs for multiclass classification. In: Advances in Neural Information Processing Systems. Cambridge: MIT Press, vol.12, pp. 547–553 (2000)

[28] Rännar S., Lindegren F., Geladi P., Wold S.: A PLS kernel algorithm for data sets with many variables and fewer objects.Part 1: Theory and algorithm. Journal of Chemometrics, **8**:111–125 (1994)

[29] Rasmussen C. E.: Gaussian processes in machine learning. In: Bousquet O. et al. (eds.) Machine Learning 2003, Lecture Notes in Artificial Intelligence, vol. 3176, pp. 63–71, Berlin : Springer-Verlag (2004)

[30] Rasmussen C. E., Williams C. K. I.: *Gaussian Processes for Machine Learning.* Cambridge: MIT Press (2005)

[31] Rokotomamonjy A. Variable selection using SVM-based criteria. J. Machine Learning Research, **3**: 1357–1370 (2003)

[32] Rosipal R., Trejo L. J.: Kernel partial least squares regression in reproducing kernel Hilbert space.J. Machine Learning Research, **2**: 97–123 (2001)

[33] Schölkopf B., Smola A., Müller K. -R.: Nonlinear component analysis as a kernel eigenvalue problem. Neural Comput., **10**: 1299–1319 (1998)

[34] Schölkopf B., Smola A. J., Williamson R. C., Bartlett P. L.: New support vector algorithms. Neural Comput., **12**: 1207–1245 (2000)

[679] [35] Schölkopf B., Herbrich R., Smola A. J.: A generalized representer theorem. In: Proc. International Conference on Computational Learning Theory (COLT2001), pp. 416–426 (2001)

[36] Smola A. J., Schölkopf B.: A tutorial on support vector regression. Statistics and Computing, **14**: 199–222 (2004)

[37] Suykens J. A. K., Vandewalle J.: Least squares support vector machine classifiers. Neural Processing Letters, **9**: 293–300 (1999)

[38] Tikhonov A. N., Arsenin V. Y.: *Solutions of Ill-Posed Problems.* New York: John Wiley & Sons (1977)

[39] Tipping M. E.: Sparse Bayesian learning and the relevance vector machine. J. Machine Learning Research, **1**: 211–244 (2001)

[40] Tipping M. E., Faul A. C.: Fast marginal likelihood maximization for spa-rse Bayesian models. In: Bishop C. M., Frey B. J. (eds.) Proc. 9th Int. Workshop Artificial Intelligence and Statistics (2003) [Online].

[41] Van Gestel T., Suykens J. A. K., Lanckriet G., Lambrechts A., De Moor B., Vandewalle J.: Multiclass LS-SVMs: Moderated outputs and coding-decoding schemes. Neural Process. Lett., **15**(1): 48–58 (2002)

[42] Vapnik V. N.: Principles of risk minimization for learning theory. Advances in Neural Information Processing Systems, **4**: 831–838 (1992)

[43] Vapnik V. N.: *The Nature of Statistical Learning Theory.* New York: Springer (1995)

[44] Vapnik V. N.: *Statistical Learning Theory*, vol. 1. New York: Wiley (1998)

[45] Vapnik V. N.: An overview of statistical learning theory. IEEE Trans. Neural Networks, **10**(5): 988–999 (1999)

[46] Vapnik, V. N., Chervonenkis, A.: Theory of pattern recognition (in Russian). Moscow Nauka: (1974). (German Translation: Wapnik W., Tscherwonenkis A.: Theorie der Zeichenerkennung). Berlin: Akademie-Verlag (1979)

[47] Wahba G.: Support Vector Machines, Reproducing Kernel Hilbert Spaces, and Randomized GACV. In: Schölkopf B., Burges C. J. C., Smola A. J. (eds.) *Advances in Kernel Methods — Support Vector Learning.* Cambridge: The MIT Press, pp. 69–88 (1999)

[48] Yuan G. -X., Ho C. -H., Lin C. -J.: Recent advances of large-scale linear classification. Proc. IEEE, **100**(9): 2584–2603 (2012)

第 9 章 [681]

演化计算

从人工智能的角度看, 演化计算属于计算智能。演化计算的起源可以追溯到 20 世纪 50 年代末 (参见文献 [12, 15, 46, 47]), 并在 20 世纪 70 年代开始受到重视 (参见文献 [41, 68, 133])。

学术刊物 *Evolutionary Computation* 1993 年第一期与 *IEEE Transactions on Evolutionary Computation* 1997 年第一期是演化计算迅速发展历史上的两个重要标志。

本章主要介绍演化计算的基本理论和方法, 包括多目标优化、多目标模拟退火、多目标遗传算法、多目标进化算法、演化规划、差分演化、蚁群优化、人工蜂群算法与粒子群优化。特别地, 本章还将重点介绍演化计算中的一些选定主题和进展: Pareto 优化理论、含噪多目标优化和基于对立的演化计算。

9.1 演化计算树

演化计算大致可分为三大类。

1. 受物理启发的演化计算

其典型代表是受到材料加热和冷却启发的模拟退火[100]。

2. 受达尔文进化论启发的演化计算

- 遗传算法 (GA) 灵感来自自然选择的过程。遗传算法通常通过依靠受生物启发的算子 (如变异、交叉、选择等), 用于产生优化和搜索问题的高质量解。
- 进化算法 (EA) 受到达尔文进化论的启发。达尔文进化论的基础是给定 [682]
环境下的适者生存原则。这些算法从试图在环境中生存的 (通过适应度定义) 的种群 (一组解) 开始, 父代群体通过多种进化机制 (例如遗传、交叉和变异), 将他们对环境适应的特性分享给他们的子代。
- 演化策略由 Schwefel 于 1981 年提出[143]。与遗传算法类似, 演化策略利用进化理论进行优化, 即遗传信息用于继承与变异一代一代的优胜劣汰, 从而得到最优解。二者的区别在于: ① 遗传算法中的 DNA 序列是实数编码, 而不是 0–1 二进制编码; ② 在演化策略中, 对 DNA 序列上的每个实数值加上突变强度, 以产生一个突变。

- 演化规划 (EP)[43]: 演化规划和演化策略对优化问题采用相同的编码 (数字串) 和相同的变异操作模式, 但它们采用不同的变异表达式和生存选择。此外, 演化策略中的交叉算子是可选的, 而演化规划中没有交叉算子。在父代选择方面, 演化策略采用概率选择的方法来形成父代, 并且可以使用相同的概率选择父代中的每一个个体, 而演化规划则采用确定性方法, 即当前种群中的每一个父代必须经过突变才能产生后代。
- 差分演化 (DE) 是由 Storn 和 Price 于 1997 年提出的[147]。与遗传算法相似, 其主要过程包括 3 个步骤: 变异、交叉和选择。不同的是, 遗传算法根据适应度值控制父代的交叉, 而差分演化的变异向量由父代的差分向量生成, 并与父代的个体向量交叉生成一个新的个体向量, 直接与父代个体一起选择。因此, 差分演化的逼近效果比遗传算法的逼近效果更为显著。

3. 受群体智能启发的演化计算

群体智能包括两个重要概念: ① 群体的概念意味着多样性、随机性、随意性和混乱性; ② 智能的概念意味着一种通过简单信息处理单元的交互来解决问题的能力。这种“集体智能”是由一群同质的代理 (即智能体) 建立的, 这些代理彼此之间以及与他们的环境之间存在交互作用。主要的群体智能演化计算包括:

- 蚁群优化 (ACO) 由 Dorigo 于 1992 年提出[28]: 一群蚂蚁可以解决非常复杂的问题, 比如在它们的巢穴和食物源之间找到最短的路径。如果把寻找最短路径看成一个优化问题, 那么起点 (它们的巢穴) 和终点 (食物源) 之间的每条路径都可以看作是一个可行的解决方案。
- 人工蜂群 (ABC) 算法是 2005 年 Karaboga 提出的[81], 其灵感来源于蜜
[683] 蜂群的智能觅食行为。在人工蜂群算法中, 食物源的位置表示优化问题的可能解, 食物源的花蜜量对应相关解的质量 (适应度)。
- 粒子群优化 (PSO) 是由 Kennedy 和 Eberhart 于 1995 年提出的[86], 本质上是一种基于群体智能的优化技术, 采用基于群体的随机算法, 通过粒子群中个体间的相互作用来寻找复杂搜索空间的最优区域。与进化算法不同, 粒子群不使用选择操作, 而所有种群成员之间的相互作用导致问题的解从试验开始到试验结束不断提高。

上述演化计算的分类可以用演化计算树表示, 如图 9.1 所示。

图 9.1 演化计算树

9.2 多目标优化

在科学和工程应用中, 许多优化问题涉及多个目标。与单目标问题不同, 多目标问题的目标往往是冲突的。例如, 在复杂硬件/软件系统的设计中, 优化设计可能是一种最小化成本和功耗, 但最大限度地提高总体性能的架构。这种结构性矛盾导致多目标优化理论和方法不同于单目标优化。多目标优化问题的求解需求催生了各种演化计算方法。

本节主要讨论两个多目标优化: 多目标组合优化问题和多目标优化问题。

9.2.1 多目标组合优化

[684]

组合优化是一个从有限的目标集合中寻找最优目标的课题。

多目标组合优化 (MOCO) 的一般框架可以描述为[152]

$$\min_{\mathbf{x}\in\Omega}\left\{\mathbf{c}_1^{\mathrm{T}}\mathbf{x}=z_1(\mathbf{x}),\cdots,\mathbf{c}_K^{\mathrm{T}}\mathbf{x}=z_K(\mathbf{x})\right\} \tag{9.2.1}$$

$$\text{s.t.}\quad D=\{\mathbf{x}:\mathbf{x}\in LD,\mathbf{x}\in B^n\},\quad LD=\{\mathbf{x}:\mathbf{A}\mathbf{x}\leqslant\mathbf{b}\} \tag{9.2.2}$$

式中, $\mathbf{c}_k\in\mathbb{R}^{n\times 1}$, 解 $\mathbf{x}=[x_1,\cdots,x_n]^{\mathrm{T}}\in\mathbb{R}^n$ 是离散决策变量的向量, $\mathbf{A}\in\mathbb{R}^{m\times n},\mathbf{b}\in\mathbb{R}^m$, $B=\{0,1\}$, 而 $\mathbf{A}\mathbf{x}\leqslant\mathbf{b}$ 表示元素形式的不等式 $(\mathbf{A}\mathbf{x})_i\leqslant b_i$, 其中 $i=1,\cdots,m$。

多目标组合优化大多与分配问题、运输问题和网络流问题有关。

1. 多目标分配问题[17]

$$\min z_k(\mathbf{x})=\sum_{i=1}^{n}\sum_{j=1}^{n}c_{ij}^k x_{ij},\quad k=1,\cdots,K \tag{9.2.3}$$

$$\sum_{j=1}^{n}x_{ij}=1,\qquad i=1,\cdots,n \tag{9.2.4}$$

$$\sum_{i=1}^{n}x_{ij}=1,\qquad j=1,\cdots,n \tag{9.2.5}$$

$$x_{ij}=(0,1),\qquad i,j=1,\cdots,n \tag{9.2.6}$$

2. 多目标运输问题[152]

$$\min z_k(\mathbf{x})=\sum_{i=1}^{r}\sum_{j=1}^{s}c_{ij}^k x_{ij},\quad k=1,\cdots K \tag{9.2.7}$$

$$\sum_{j=1}^{s}x_{ij}=a_i,\qquad i=1,\cdots,n \tag{9.2.8}$$

$$\sum_{i=1}^{r} x_{ij} = b_j, \qquad j = 1, \cdots, n \tag{9.2.9}$$

$$x_{ij} \geqslant 0\text{和整数}, \qquad i = 1, \cdots, r;\ j = 1, \cdots, q \tag{9.2.10}$$

这里, 不局限于假设等式约束 $\sum_{i=1}^{r} a_i = \sum_{j=1}^{q} b_j$。

[685] **3. 多目标网络流或转运问题**[152]

令 $G(N, A)$ 是网络流, 其节点集为 N, 弧线集为 A, 模型可以表述为

$$\min z_k(\mathbf{x}) = \sum_{(i,j)\in A} c_{ij}^k x_{ij}, \quad k = 1, \cdots, K \tag{9.2.11}$$

$$\sum_{j\in A\backslash i} x_{ij} - \sum_{j\in A\backslash i} x_{ji} = 0, \qquad \forall i \in \mathcal{N} \tag{9.2.12}$$

$$l_{ij} \leqslant x_{ij} \leqslant u_{ij}, \qquad \forall (i, j) \in \mathcal{A} \tag{9.2.13}$$

$$x_{ij} \geqslant 0\text{和整数} \tag{9.2.14}$$

式中, x_{ij} 是通过弧线 (i, j) 的网络流, c_{ij}^k 为第 k 个目标的弧线 (i, j) 的线性转运“成本”, 而 l_{ij} 和 u_{ij} 分别是 x_{ij} 的下界和上界。

4. 多目标最小和定位问题[134]

$$\min \sum_{i=1}^{m} f_i^k z_i + \sum_{i=1}^{m}\sum_{j=1}^{n} c_{ij}^k x_{ij}, \quad k = 1, \cdots, K \tag{9.2.15}$$

$$\sum_{i=1}^{m} x_{ij} = 1, \qquad j = 1, \cdots, n \tag{9.2.16}$$

$$a_i z_i \leqslant \sum_{j=1}^{n} d_{ij} x_{ij} \leqslant b_i z_i, \qquad i = 1, \cdots, m \tag{9.2.17}$$

$$x_{ij} = (0, 1), \qquad i = 1, \cdots, m;\ j = 1, \cdots, n \tag{9.2.18}$$

$$z_i = (0, 1), \qquad i = 1, \cdots, m \tag{9.2.19}$$

其中, 如果在站点 i 建立了设施, 则 $z_i = 1$; 若将客户 j 分配给站点 i, 则 $x_{ii} = 1$; d_{ij} 是客户 j 在站点 i 对设施的特定使用, 如果他/她被分配到该设施, 则 a_i 和 b_i 是对设施 i 允许的总客户使用的可能限制; c_{ij}^k 表示客户 j 被分配到设施 i 时目标 k 的可变成本 (或距离等); f_i^k 是目标 k 与站点 i 的设施相关的固定成本。

无约束组合优化问题$P = (S, f)$ 是这样一个优化问题[120]: S 是一组有限的解 (称为搜索空间), $f: S \to \mathbb{R}_+$ 是一个目标函数, 它为每个解向量 $\mathbf{s} \in S$ 分配一个正成本值。目标是在近似解技术的情况下, 在合理的时间内找到最小成本值或足够好的解。

[686] 多目标组合优化问题的困难来自下列两个因素[22]:

- 求解多目标组合优化问题需要与决策者密切合作, 这对用于生成有效解的有效工具提出了特别高的要求。

- 许多组合问题即使在单目标优化中都很困难, 它们的多目标优化常常更困难。

多目标决策问题 (MODM) 从数学的角度来看是不适定的, 因为除了在一般情况下, 它没有最优解。多目标决策方法的目标是找到一个最符合决策者偏好的解决方案, 即最佳折中方案。在决策者偏好的弱假设下, 最优折中解属于有效解集[136]。

9.2.2 多目标优化问题

考虑具有多个目标的优化问题, 这些目标通常是不相容的。

定义 9.1 (多目标优化问题) [78, 150] 一个多目标优化问题由一组 n 个参数 (即决策变量)、一组 m 个目标函数、一组 p 个不等式约束和 q 个等式约束组成, 可以用数学公式表示为

$$\text{minimize/maximize} \quad \left\{\mathbf{y} = \mathbf{f}(\mathbf{x}) = [f_1(\mathbf{x}), \cdots, f_m(\mathbf{x})]^{\mathrm{T}}\right\} \tag{9.2.20}$$

$$\text{s.t.} \quad g_i(\mathbf{x}) \leqslant 0 \ (i = 1, \cdots, p) \quad 或 \quad \mathbf{g}(\mathbf{x}) \leqslant \mathbf{0} \tag{9.2.21}$$

$$h_j(\mathbf{x}) = 0 \ (j = 1, \cdots, q) \quad 或 \quad \mathbf{h}(\mathbf{x}) = \mathbf{0} \tag{9.2.22}$$

这里, 整数 $m \geqslant 2$ 是目标函数的数目; $\mathbf{x} = [x_1, \cdots, x_n]^{\mathrm{T}} \in X$ 为决策向量, $\mathbf{y} = [y_1, \cdots, y_m]^{\mathrm{T}}$ 为目标向量; $f_i : \mathbb{R}^n \to \mathbb{R}, i = 1, \cdots, m$ 为目标函数, $g_i, h_j : \mathbb{R}^n \to \mathbb{R}, i = 1, \cdots, m; j = 1, \cdots, q$ 分别是优化问题的 p 个不等式约束和 q 个等式约束; 而 $X = \{\mathbf{x} \in \mathbb{R}^n\}$ 称为决策空间, $Y = \{\mathbf{y} \in \mathbb{R}^m | \mathbf{y} = \mathbf{f}(\mathbf{x}), \mathbf{x} \in X\}$ 称为目标空间。

决策空间和目标空间在多目标优化中为两个欧氏空间:

- n 维决策空间 $X \in \mathbb{R}^n$, 其中每个坐标轴对应决策向量 $\mathbf{x}$ 的一个分量 (称为决策变量)。
- m 维目标空间 $Y \in \mathbb{R}^m$, 其中每个坐标轴对应目标函数向量 $\mathbf{y} = \mathbf{f}(\mathbf{x}) =$ [687]
  $[f_1(\mathbf{x}), \cdots, f_m(\mathbf{x})]^{\mathrm{T}}$ 的一个分量 (即一个标量目标函数)。

多目标优化的评价函数 $\mathbf{f} : \mathbf{x} \to \mathbf{y}$ 将决策向量 $\mathbf{x} = [x_1, \cdots, x_n]^{\mathrm{T}}$ 映射为目标向量 $\mathbf{y} = [y_1, \cdots, y_m]^{\mathrm{T}} = [f_1(\mathbf{x}), \cdots, f_m(\mathbf{x})]^{\mathrm{T}}$。

如果某个目标函数 f_i 需要最大化 (或最小化), 则原优化问题写作负目标函数 $-f_i$ 的最小化 (或最大化)。因此, 我们只考虑多目标最小化 (或最大化) 问题, 而不是混合有最小化和最大化的优化问题。

约束条件 $\mathbf{g}(\mathbf{x}) \leqslant \mathbf{0}$ 和 $\mathbf{h}(\mathbf{x}) = \mathbf{0}$ 决定可行解的集合。

定义 9.2 (可行集) 可行集 X_f 定义为同时满足不等式约束 $\mathbf{g}(\mathbf{x}) \leqslant \mathbf{0}$ 和等式约束 $\mathbf{h}(\mathbf{x}) = \mathbf{0}$ 的决策向量 $\mathbf{x}$ 的集合, 即

$$X_f = \{\mathbf{x} \in X | \, \mathbf{g}(\mathbf{x}) \leqslant \mathbf{0}; \ \mathbf{h}(\mathbf{x}) = \mathbf{0}\} \tag{9.2.23}$$

例 9.1 动态经济排放调度问题是一个典型的多目标优化问题, 它试图使成本函数和排放函数在满足等式和不等式约束的情况下最小化[8]。

1. 目标

- 成本函数: 考虑到阀点效应, 每台热发电机的燃料成本函数表示为二次函数和正弦函数之和。以实际功率计算的燃料总成本可以表示为

$$f_1 = \sum_{m=1}^{M}\sum_{i=1}^{N}\left(a_i + b_i P_{im} + c_i P_{im}^2 + d_i\left|\sin\left(e_i(P_i^{\min} - P_{im})\right)\right|\right) \quad (9.2.24)$$

式中, N 是发电机组的数量, M 是时间范围内的小时数; a_i、b_i、c_i、d_i、e_i 是第 i 个机组的成本系数; P_{im} 是第 i 个机组在时间 m 的功率输出, $P_i^{\min}$ 是第 i 个机组的发电下限。

- 排放函数: 由化石燃料发电单元引起的大气污染物如硫氧化物 (SO_x) 和氮氧化物 (NO_x) 可单独建模。然而, 为了进行比较, 这些污染物的总排放量, 即二次函数和指数函数之和可以表示为

$$f_2 = \sum_{m=1}^{M}\sum_{i=1}^{N}\left(\alpha_i + \beta_i P_{im} + \gamma_i P_{im}^2 + \eta_i \exp(\delta_i P_{im})\right) \quad (9.2.25)$$

式中, α_i、β_i、γ_i、η_i、δ_i 为第 i 机组的排放系数。

2. 约束条件

[688] - 实际功率平衡约束

实际总发电量必须平衡考虑: ① 预测的功率需求外加输电线路的实际功率损耗; ② 在调度时间范围内的每个时间间隔, 即

$$\sum_{i=1}^{N} P_{im} - P_{Dm} - P_{Lm} = 0, \quad m = 1, \cdots, M \quad (9.2.26)$$

式中, P_{Dm} 是时间 m 的负荷需求, P_{Lm} 是时间 m 的输电线路损耗。

- 实际功率运行极限

$$P_i^{\min} \leqslant P_{im} \leqslant P_i^{\max}, \quad i = 1, \cdots, N,\ m = 1, \cdots, M \quad (9.2.27)$$

式中, $P_i^{\max}$ 是第 i 个机组的发电上限。

- 发电机组升降速率限制

$$P_{im} - P_{i(m-1)} \leqslant UR_i, \quad i = 1, \cdots, N,\ m = 1, \cdots, M \quad (9.2.28)$$

$$P_{i(m-1)} - P_{im} \leqslant DR_i, \quad i = 1, \cdots, N,\ m = 1, \cdots, M \quad (9.2.29)$$

式中, UR_i 和 DR_i 分别是第 i 个机组的上升和下降速率限制。

定义 9.3 (理想向量) [20] 令 $\mathbf{x}^{\text{opt},k} = [x_1^{\text{opt},k}, \cdots, x_n^{\text{opt},k}]^{\rm T}$ 是变量向量, 它使第 k 个目标函数 $f_k(\mathbf{x})$ 最优化 (最小化或最大化)。换言之, 如果向量 $\mathbf{x}^{\text{opt},k} \in X_f$ 满足

$$f_k^{\text{opt},k} = \underset{\mathbf{x}\in X}{\text{opt}}\, f_k(\mathbf{x}), \quad k \in \{1, \cdots, m\} \quad (9.2.30)$$

则目标向量 $\mathbf{f}^{\text{opt}} = [f_1^{\text{opt}}, \cdots, f_m^{\text{opt}}]^{\rm T}$(其中, f_k^{opt} 表示第 k 个目标函数的最优值)

对多目标优化是理想的, 并且 $\mathbb{R}^n$ 中决定这个向量的解点是理想解, 因而称之为理想向量。

然而, 由于 $\mathbf{x}$ 的 n 个决策变量之间的冲突与/或相互依存, 这样的理想解对于多目标优化是不可能: 没有任何一个可行解允许所有目标的同时最优解[63]。

换句话说, 每个目标的最优解通常是不同的。因此, 数学上最受欢迎的解应该提供最小的目标冲突。

许多现实问题可以描述为多目标优化问题。最典型的多目标优化问题是旅行商问题。

旅行商问题 (TSP) 可以叙述如下 (例如参见文献 [152]) [689]

$$\min \sum_{i\in\rho(i)} c_{i,\rho(i)}^{(k)}, \quad k=1,\cdots,K \tag{9.2.31}$$

式中, $\rho(i)$ 是一个 $\{1,\cdots,n\}$ 的旅游线路, k 表示行程 k。

令 $C=\{c_1,\cdots,c_{N_c}\}$ 是一组城市, 其中 c_i 是第 i 个城市, N_c 是所有城市的数目; $A=\{(r,s):r,s\in C\}$ 边集, $d(r,s)$ 是与 A 中的边 (r,s) 关联的成本度量。

对于一组 N_c 个城市, 旅行商问题涉及寻找每个城市只访问一次的最短长度封闭旅行。也就是说, 旅行商问题就是要找到最短的路线去每个城市访问一次, 最后回到起点城市。

下面是不同形式的旅行商问题[105]:

- 欧氏旅行商问题: 如果城市 $r\in C$ 由它们的坐标 (x_r,y_r) 给出, 并且 $d(r,s)$ 为城市 r 与 s 之间的欧氏距离, 则旅行商问题为欧氏旅行商问题。
- 对称旅行商问题: 如果 $d(r,s)=d(s,r)$ 对所有 (r,s) 成立, 则旅行商问题变为对称旅行商问题。
- 非对称旅行商问题: 如果 $d(r,s)\neq d(s,r)$ 对至少某个 (r,s) 成立, 则旅行商问题是非对称的旅行商问题。
- 动态旅行商问题: 动态旅行商问题是在运行时城市可以增加或减少的旅行商问题。

旅行商问题的目标是在每一次迭代后, 尽早找到一个给定集合内访问所有城市的最短封闭旅行线路。

多目标优化的另一个典型例子是多目标数据挖掘。

在数据挖掘问题中, 最重要的问题是如何根据数据类型评估与数据挖掘任务有关的候选模型。数据挖掘涉及发现不同类型的有趣且潜在有用的模式, 例如关联、摘要、规则、更改、异常值和重要结构[110]。数据挖掘任务大致可分为两类[6, 62]:

- 预测或监督技术从当前数据中学习, 以便对新的数据集的行为作出预测。
- 为描述性或无监督技术提供数据摘要。

最常用的数据挖掘任务包括特征选择、分类、回归、聚类、关联规则挖掘与偏差检测等[110]。

- 特征选择: 它处理识别过程 (分类或聚类) 所需的最佳相关特征或属性集的选择。一般来说, 特征选择问题 (Ω,P) 可以正式定义为一个优化问题:

确定特征集 F^* 满足

$$P(F^*) = \min_{F \in \Omega} P(F, X) \tag{9.2.32}$$

[690] 式中, Ω 是可能特征子集的集合, F 称为一个特征子集, $P : \Omega \times \Psi \to \mathbb{R}$ 表示一个准则, 用以衡量特征子集在对点集 $X \in \Psi$ 进行分类/聚类时的质量。

- 分类: 监督分类问题可以形式上表述如下。给定一个未知函数 $g : X \to Y$(真实标签), 将输入样本 $\mathbf{x} \in X$ 映射到输出类标签 $y \in Y$, 训练数据集 $D = \{(\mathbf{x}_1, y_1), \cdots, (\mathbf{x}_n, y_n)\}$, 它被假定为映射 g 的精确样本, 产生函数 $h : X \to Y$, 该函数尽可能接近正确映射 g。
- 聚类: 聚类是一种重要的无监督分类技术, 其中一组 n 模式 $\mathbf{x}_i \in \mathbb{R}^d$, $i = 1, \cdots, n$ 被分为 K 个聚类 $\{C_1, \cdots, C_K\}$, 相同类的模式在某种意义下相似, 不同类的模式在同一意义下相异。任何聚类技术的主要目标都是产生一个 $K \times n$ 分割矩阵 $\mathbf{U} = [u_{kj}]$, $k = 1, \cdots, K; j = 1, \cdots, n$, 其中 u_{kj} 是模式 $\mathbf{x}_j$ 属于聚类 C_k 的隶属度

$$u_{kj} = \begin{cases} 1, & \mathbf{x}_j \in C_k \\ 0, & \mathbf{x}_j \notin C_k \end{cases} \tag{9.2.33}$$

(用于数据的硬分类或清晰分类) 以及

$$\forall k \in \{1, \cdots, K\}, \quad 0 < \sum_{j=1}^{n} u_{kj} < n \tag{9.2.34}$$

$$\forall j \in \{1, \cdots, n\}, \quad \sum_{k=1}^{K} u_{kj} = 1 \tag{9.2.35}$$

(用于数据的概率模糊分类), 其中 $\sum_{k=1}^{K} \sum_{j=1}^{n} u_{kj} = n$。

- 关联规则挖掘: 关联规则挖掘 (ARM) 的原理[1] 在于市场购物篮或交易数据分析。关联分析是发现显示频繁发生的属性值关联的规则。关联规则挖掘的目标是找到诸如 $X \Rightarrow Y, X \cap Y = \varnothing$ 的所有规则。规则 $X \Rightarrow Y, X \cap Y = \varnothing$ 表明, 如果在交易中商品 X 的购买概率为 $c\%$, 则商品 Y 也会以概率 $c\%$ 被购买。

大多数数据挖掘问题都可以看作是优化问题, 而大多数数据挖掘问题都有多个需要优化的准则。例如, 特征选择问题可以尝试最大化分类精度, 同时最小化特征子集的大小。同样, 一个规则挖掘问题可以同时优化几个规则测度, 例如支持度、置信度、可理解性和提升度[110, 148]。

9.3 帕累托优化理论 [691]

人工智能中的许多实际问题涉及几个不可通约且常常相互竞争的目标的同时优化。在这些情况下, 可能存在问题的解, 但企图在不降低至少一个目标性能的情况下希望提高另一个目标的性能是不可能实现的。换言之, 对于所有目标, 通常没有单一的最优解。在实践中, 可能有一些多目标优化问题的解, 但一个解的适用性取决于许多因素, 包括设计者的选择和问题环境。这些解在更广泛的意义上是最优的: 当考虑所有目标时, 搜索空间中没有其他解优于它们。在这些问题中, 帕累托 (Pareto) 优化方法是一种自然的选择。Pareto 优化方法给出的解称为 Pareto 最优解, 它与 Pareto 概念密切相关。

9.3.1 帕累托概念

帕累托概念以 Vilfredo Pareto 冠名, 这些概念构成了多目标的 Pareto 优化理论。

考虑多目标优化问题

$$\max / \min_{\mathbf{x}\in S} \left\{ \mathbf{f}(\mathbf{x}) = [f_1(\mathbf{x}), \cdots, f_m(\mathbf{x})]^{\mathrm{T}} \right\} \tag{9.3.1}$$

式中, 目标 (或准则) 函数 $f_l, \cdots, f_m$ 是在一个闭合的凸集 S 上的实值连续、伪凹 (对最大化) 或者伪凸 (对最小化) 函数。

可以采取 3 种方法来解决上述问题[10]。

- 重新表述法: 这种方法需要将多目标优化问题重新表述为一个单目标优化问题。为此, 需要决策者提供一些附加信息, 如目标的相对重要性或权重、目标函数的目的层次、价值功能等。
- 决策方法: 这种方法需要决策者比较每对所得解之间的偏好, 与优化过程进行交互。
- Pareto 优化方法: 找到一组具有代表性的非支配解, 用于逼近 Pareto 前沿。Pareto 优化方法, 例如多目标优化进化算法, 允许决策者在不预先判断目标函数的相对重要性的情况下研究潜在的解。为了选择一个单一解, 后 Pareto 分析是必要的。

另一方面, 与其他启发式方法相比, 单目标进化算法最显著的特点是它能够 [692]
处理大量的解, 从而能够在一次运行中搜索一组解。由于这一特点, 单目标进化算法很容易推广到多目标优化问题。多目标进化算法 (MOEA) 已成为演化计算中最活跃的研究领域之一。

为了描述我们感兴趣的多目标优化解的 Pareto 最优性, 需要下面一些关键的 Pareto 概念: Pareto 支配、Pareto 最优性、Pareto 最优解和 Pareto 前沿。

为了便于叙述, 记 $\mathbf{x} = [x_1, \cdots, x_n]^{\mathrm{T}} \in F \subseteq S$ 和 $\mathbf{x}' = [x'_1, \cdots, x'_n]^{\mathrm{T}} \in F \subseteq S$, 其中 F 是满足约束条件的可行 (解) 区。

定义 9.4 (向量函数关系) [150] 对任何两个目标向量 $\mathbf{f}(\mathbf{x})$ 和 $\mathbf{f}(\mathbf{x}')$, 它们之

间的关系写为

$$\mathbf{f}(\mathbf{x}) = \mathbf{f}(\mathbf{x}') \Leftrightarrow f_i(\mathbf{x}) = f_i(\mathbf{x}'),\ \ \forall i = 1, \cdots, m \tag{9.3.2}$$

$$\mathbf{f}(\mathbf{x}) \neq \mathbf{f}(\mathbf{x}') \Leftrightarrow f_i(\mathbf{x}) \neq f_i(\mathbf{x}'),\ \ 至少\ 1\ 个 i \in \{1, \cdots, m\} \tag{9.3.3}$$

和

$$\mathbf{f}(\mathbf{x}) \leqslant \mathbf{f}(\mathbf{x}') \Leftrightarrow f_i(\mathbf{x}) \leqslant f_i(\mathbf{x}'),\ \ \forall i = 1, \cdots, m \tag{9.3.4}$$

$$\mathbf{f}(\mathbf{x}) < \mathbf{f}(\mathbf{x}') \Leftrightarrow \mathbf{f}(\mathbf{x}) \leqslant \mathbf{f}(\mathbf{x}') \wedge \mathbf{f}(\mathbf{x}) \neq \mathbf{f}(\mathbf{x}') \tag{9.3.5}$$

$$\mathbf{f}(\mathbf{x}) \geqslant \mathbf{f}(\mathbf{x}') \Leftrightarrow f_i(\mathbf{x}) \geqslant f_i(\mathbf{x}'),\ \ \forall i = 1, \cdots, m \tag{9.3.6}$$

$$\mathbf{f}(\mathbf{x}) > \mathbf{f}(\mathbf{x}') \Leftrightarrow \mathbf{f}(\mathbf{x}) \geqslant \mathbf{f}(\mathbf{x}') \wedge \mathbf{f}(\mathbf{x}) \neq \mathbf{f}(\mathbf{x}') \tag{9.3.7}$$

这里, 符号 $\wedge$ 可以理解为逻辑连接运算符 (AND)。

不言而喻, 上述关系也适用于 $\mathbf{f}(\mathbf{x}) = \mathbf{x}$ 和 $\mathbf{f}(\mathbf{x}') = \mathbf{x}'$。但是, 对于两个决策向量 $\mathbf{x}$ 和 $\mathbf{x}'$, 这些关系没有意义。在多目标优化中, 决策向量 $\mathbf{x}$ 和 $\mathbf{x}'$ 之间的关系称为 Pareto 支配, 它基于向量目标函数之间的关系。

定义 9.5 (Pareto 支配) [150, 171] 对于最小化问题中的任何两个决策向量 $\mathbf{x}$ 和 $\mathbf{x}'$, 称 $\mathbf{x}$ 支配 (或优于)$\mathbf{x}'$, 记作 $\mathbf{x} \succ \mathbf{x}'$, 当且仅当它们的目标函数或结果联合满足以下两个条件:

- $\mathbf{x}$ 在所有目标函数中不比 $\mathbf{x}'$ 差, 即 $f_i(\mathbf{x}) \leqslant f_i(\mathbf{x}')$ 对所有 $i \in \{1, \cdots, m\}$ 成立;
- $\mathbf{x}$ 至少在一个目标函数中比 $\mathbf{x}'$ 好, 即 $f_j(\mathbf{x}) < f_j(\mathbf{x}')$ 对至少一个 $j \in \{1, \cdots, m\}$ 成立。

[693] 或者等价表示为

$$\begin{aligned} \mathbf{x} \succ \mathbf{x}' \Leftrightarrow & \forall i \in \{1, \cdots, m\} : f_i(\mathbf{x}) \leqslant f_i(\mathbf{x}') \wedge \\ & \exists j \in \{1, \cdots, m\} : f_j(\mathbf{x}) < f_j(\mathbf{x}') \end{aligned} \tag{9.3.8}$$

或直接写为

$$\mathbf{x} \succ \mathbf{x}' \Leftrightarrow \mathbf{f}(\mathbf{x}) < \mathbf{f}(\mathbf{x}') \tag{9.3.9}$$

类似地, 对于最大化问题, 则

$$\begin{aligned} \mathbf{x} \succ \mathbf{x}' \Leftrightarrow & \forall i \in \{1, \cdots, m\} : f_i(\mathbf{x}) \geqslant f_i(\mathbf{x}') \wedge \\ & \exists j \in \{1, \cdots, m\} : f_j(\mathbf{x}) > f_j(\mathbf{x}') \end{aligned} \tag{9.3.10}$$

或直接写为

$$\mathbf{x} \succ \mathbf{x}' \Leftrightarrow \mathbf{f}(\mathbf{x}) > \mathbf{f}(\mathbf{x}') \tag{9.3.11}$$

Pareto 支配既可以是弱支配, 也可以是强支配。

定义 9.6 (弱 Pareto 支配) [150, 171] 将决策向量 $\mathbf{x}$ 弱支配另一个决策向

量 $\mathbf{x}'$, 记作 $\mathbf{x} \succeq \mathbf{x}'$, 当且仅当

$$\mathbf{x} \succeq \mathbf{x}' \Leftrightarrow \mathbf{f}(\mathbf{x}) \leqslant \mathbf{f}(\mathbf{x}') \quad (\text{对最小化}) \tag{9.3.12}$$

$$\mathbf{x} \succeq \mathbf{x}' \Leftrightarrow \mathbf{f}(\mathbf{x}) \geqslant \mathbf{f}(\mathbf{x}') \quad (\text{对最大化}) \tag{9.3.13}$$

定义 9.7 (强 Pareto 支配) [171] 将决策向量 $\mathbf{x}$ 强支配另一个决策向量 $\mathbf{x}'$, 记为 $\mathbf{x} \succ\succ \mathbf{x}'$, 当且仅当 $f_i(\mathbf{x})$ 在所有目标函数中比 $f_i(\mathbf{x}')$ 好, 即

$$\mathbf{x} \succ\succ \mathbf{x}' \Leftrightarrow \forall i \in \{1, \cdots, m\} : f_i(\mathbf{x}) < f_i(\mathbf{x}') \quad (\text{对最小化}) \tag{9.3.14}$$

$$\mathbf{x} \succ\succ \mathbf{x}' \Leftrightarrow \forall i \in \{1, \cdots, m\} : f_i(\mathbf{x}) > f_i(\mathbf{x}') \quad (\text{对最大化}) \tag{9.3.15}$$

定义 9.8 (不可比较) [150, 171] 两个决策向量 $\mathbf{x}$ 和 $\mathbf{x}'$ 称为不可比较的, 记为 $\mathbf{x} \parallel \mathbf{x}'$, 若 $\mathbf{x}$ 既不弱支配 $\mathbf{x}'$, $\mathbf{x}'$ 也不弱支配 $\mathbf{x}$, 即

$$\mathbf{x} \parallel \mathbf{x}' \Leftrightarrow \mathbf{x} \not\succeq \mathbf{x}' \wedge \mathbf{x}' \not\succeq \mathbf{x} \tag{9.3.16}$$

两个不可比较的解 $\mathbf{x}$ 和 $\mathbf{x}'$ 也称互不支配的。

定义 9.9 (非支配) [144, 171] 称决策向量 $\mathbf{x} \in X_f$ 对于一个集合 $A \subseteq X_f$ 是非支配的, 当且仅当在 A 中不存在任何一个决策向量 $\mathbf{a}$ 支配 $\mathbf{x}$; 数学表示为

$$\nexists \mathbf{a} \in A : \mathbf{a} \succ \mathbf{x} \tag{9.3.17}$$ [694]

换言之, 称一个解 $\mathbf{x}$ 是子集合 A 中的非支配解或者非劣解, 若在子集合 A 中不存在任何解 $\mathbf{a}$ 支配 $\mathbf{x}$。

Pareto 改进是对不同分配的更改, 它使至少一个目标变得更好, 而不会使任何其他目标变得更糟。当没有任何进一步的 Pareto 改进可以得到时, 一个试验解称为 "Pareto 有效" 或 "Pareto 最优" 或 "全局非支配"。

定义 9.10 (Pareto 最优性) [144, 171] 称决策向量 $\mathbf{x} \in X_f$ 是 Pareto 最优的, 当且仅当 $\mathbf{x}$ 是特征区域 X_f 内非支配的, 即

$$\nexists \mathbf{a} \in X_f : \mathbf{a} \succ \mathbf{x} \tag{9.3.18}$$

换句话说, 所有不受任何其他决策向量支配的决策向量称为 "非支配的" 或 Pareto 最优。术语 "Pareto 最优" 意味着, 解相对于整个决策变量空间 F 是最优的, 除非另有规定。

图 9.2 (参考 Economics Wiki on "Pareto Efficient and Pareto Optimal Tutorial") 示出了两个目标最小化问题 $\min_{\mathbf{x}} \mathbf{f}(\mathbf{x}) = [f_1(\mathbf{x}), f_2(\mathbf{x})]^{\mathrm{T}}$ 的 Pareto 有效性与 Pareto 改善的关系。图中, 点 A 是一个偏好准则 f_1 和 f_2 之间的低效率分配, 因为它不满足 f_1 和 f_2 的约束曲线。从点 A 移动到点 C 和点 D 的两个决策分别是 Pareto 改进, 它们提高了 f_1 和 f_2, 而没有让其他性能变糟。因此, 这两个移动分别是 Pareto 改进和 Pareto 最优。从点 A 移动到点 B 不会是 Pareto 改进, 因为它通过增加另一个成本 f_2 来降低成本 f_1, 即使一方更好的成本是使另一个更糟。从曲线下的任何点到曲线上的任何点的移动都不是 Pareto 改进, 因为它会使两个准则 f_1 和 f_2 中的一个变得更糟。

[695]

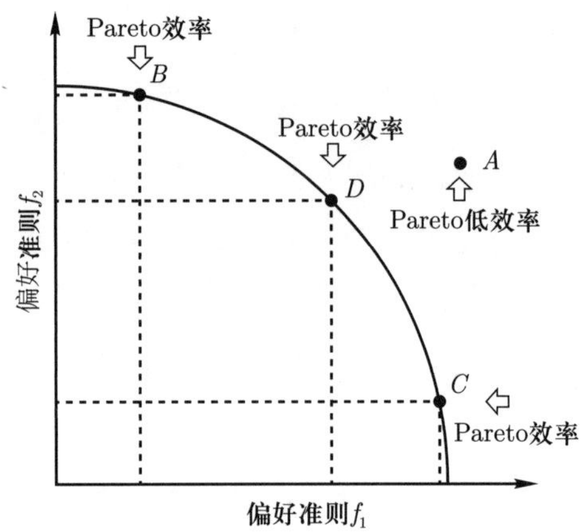

图 9.2 Pareto 有效性与 Pareto 改善

一个位于 $A \subseteq X_f$ 的非支配决策向量仅在局部决策空间 A 中是 Pareto 最优的, 而 Pareto 最优决策向量是在整个特征决策空间 X_f 中是 Pareto 最优的。因此, Pareto 最优决策向量肯定是非支配的, 但非支配向量不一定是 Pareto 最优的。

然而, 找到 Pareto 最优解仍然不是多目标优化的最终目标, 这是因为:

- 可能存在大量的 Pareto 最优解。为了获得对多目标优化问题和有关其他解的更深入的了解, 通常对寻找或逼近 Pareto 最优解集更感兴趣。
- 由于目标相互冲突, 只能得到一组折中解 (称为决策空间的 Pareto 最优集或目标空间的 Pareto 最优前沿), 而不是单一的最优解。

因此, 我们的目的是求在整个搜索空间非支配的决策向量。这些决策向量组成所谓的 Pareto 最优集合, 其定义如下所述。

定义 9.11 (非支配集) [150] 令 $A \subseteq X_f$ 和函数 $g(A)$ 给出在 A 中的非支配决策向量集

$$g(A) = \{\mathbf{a} \in A | \mathbf{a} \text{ 与 } A \text{ 无关}\} \tag{9.3.19}$$

称集合 $g(A)$ 是相对于 A 的非支配集 (NS)。当 $A = X_f$ 时, 对应的集合

$$NS_{\min} = \left\{\mathbf{x} \in X_f : \{\mathbf{f}(\mathbf{x}') \in Y : \ \mathbf{f}(\mathbf{x}') \leqslant \mathbf{f}(\mathbf{x}) \wedge \mathbf{f}(\mathbf{x}') \neq \mathbf{f}(\mathbf{x})\} = \varnothing\right\} \tag{9.3.20}$$

$$NS_{\max} = \left\{\mathbf{x} \in X_f : \{\mathbf{f}(\mathbf{x}') \in Y : \ \mathbf{f}(\mathbf{x}') \geqslant \mathbf{f}(\mathbf{x}) \wedge \mathbf{f}(\mathbf{x}') \neq \mathbf{f}(\mathbf{x})\} = \varnothing\right\} \tag{9.3.21}$$

分别称为最小化问题和最大化问题在整个决策空间的非支配集。

[696] **定义 9.12 (Pareto 最优集合)** [150] Pareto 最优集合 (PS) 是由非支配集 NS 中非支配决策向量给出的所有目标的集合, 即

$$PS_{\min} = \left\{\mathbf{f}(\mathbf{x}) \in Y : \{\mathbf{f}(\mathbf{x}') \in Y : \ \mathbf{f}(\mathbf{x}') \leqslant \mathbf{f}(\mathbf{x}) \wedge \mathbf{f}(\mathbf{x}') \neq \mathbf{f}(\mathbf{x})\} = \varnothing\right\} \tag{9.3.22}$$

$$PS_{\max} = \left\{\mathbf{f}(\mathbf{x}) \in Y : \{\mathbf{f}(\mathbf{x}') \in Y : \ \mathbf{f}(\mathbf{x}') \geqslant \mathbf{f}(\mathbf{x}) \wedge \mathbf{f}(\mathbf{x}') \neq \mathbf{f}(\mathbf{x})\} = \varnothing\right\} \tag{9.3.23}$$

这里, $PS_{\min}$ 和 $PS_{\max}$ 分别是最小化和最大化的 Pareto 最优集合。

Pareto 最优决策向量不可能在不导致至少另一个目标退化的情况下改进任何一个目标, 它们代表全局最优解。与单目标优化问题类似, Pareto 最优集合分为局部 Pareto 最优集合和全局 Pareto 最优集合。

定义 9.13 (局部 Pareto 最优集合) [23, 171] 考虑决策向量集 $X' \subseteq X_f$。称集合 X' 为局部 Pareto 最优集合, 当且仅当

$$\forall \mathbf{x}' \in X' | \nexists \mathbf{x} \in X_f : \mathbf{x} \prec \mathbf{x}' \wedge \|\mathbf{x} - \mathbf{x}'\| < \epsilon \wedge \\ \forall i \in \{1, \cdots, m\} : \|f_i(\mathbf{x}) - f_i(\mathbf{x}')\| < \delta \tag{9.3.24}$$

式中, $\|\cdot\|$ 是一个相应的距离测度, 并且 $\epsilon > 0, \delta > 0$。

定义 9.14 (全局 Pareto 最优集) [23, 171] 集合 X' 称为全局 Pareto 最优集, 当且仅当

$$\forall \mathbf{x}' \in X' : \nexists \mathbf{x} \in X_f : \mathbf{x} \prec \mathbf{x}' \tag{9.3.25}$$

由 Pareto 最优决策向量集给出的所有目标集称为 Pareto 最优前沿 (或简称 Pareto 前沿)。

定义 9.15 (Pareto 前沿) 给定目标向量 $\mathbf{f}(\mathbf{x}) = [f_1(\mathbf{x}), \cdots, f_m(\mathbf{x})]^{\mathrm{T}}$ 和一个 Pareto 最优集 PS, Pareto 前沿 PF 定义为由决策向量 $\mathbf{x} \in PS$ 给出的所有目标向量的集合, 即

$$PF \overset{\text{def}}{=} \left\{\mathbf{f}(\mathbf{x}) \in \mathbb{R}^m | \mathbf{x} \in PS\right\} \tag{9.3.26}$$

Pareto 前沿中的解代表了竞争目标之间可能的最佳权衡。

对于给定的系统, Pareto 前沿是所有 Pareto 有效或 Pareto 最优的集合。寻求 Pareto 前沿在工程中特别有用, 因为当给出潜在的最优解时, 设计者只需要关注在这个约束参数集中的折中, 而无须考虑所有参数范围。

需要注意的是, 全局 Pareto 最优集并不一定包含所有 Pareto 最优解。 [697]

Pareto 最优解是指在基因型搜索空间 (即决策空间) 内, 其相应的表型目标向量分量不能同时得到改进的解。这些解也被称为非劣解、可容许解或有效解[73], 因为它们相对所有其他比较解向量是非支配的, 并且除了它们在 Pareto 最优集上的隶属关系外, 可能没有任何其他明显的关系。

Pareto 最优解的 "当前" 集合记为 $P_{\text{current}}(t)$。其中, t 表示代数, 存储有通过各代求得的非支配解的第二种群用 P_{known} 表示, 而 "真实" Pareto 最优集用 P_{true} 表示。多目标优化问题的真实最优解是不可能已知的。与 $P_{\text{current}}(t)$、P_{known} 和 P_{true} 相关联的 Pareto 前沿分别称为 $PF_{\text{current}}(t)$、PF_{known} 和 PF_{true}。

决策者通常通过选择可接受的目标性能来选择解, 并用 (已知的)Pareto 前沿表示。选择仅优化一个目标的多目标优化解可能会忽略其他目标 "更好" 的解。

我们希望从满足不等式约束 (9.2.21) 和等式约束 (9.2.22) 的所有决策变量向量的集合 X 中确定 Pareto 最优集。但是, 并不是 Pareto 最优集中的所有解在实际中都是理想的或可实现的。例如, 我们可能不希望有不同的解映射到目标函数空间中的相同值。

接下来, 我们假设 Pareto 最优前沿是有界的。

所有 Pareto 最优解的目标值的下界和上界分别由理想目标向量 $\mathbf{z}^{\text{ideal}}$ 和小生境目标向量 $\mathbf{z}^{\text{nad}}$ 给出。小生境目标向量 $\mathbf{z}^{\text{nad}}$ 代表 Pareto 最优解集中最差的目标值。

定义 9.16 (小生境目标向量, 理想目标向量) 小生境目标向量$\mathbf{z}^{\text{nad}}$ 的第 i 个元素定义为

$$z_i^{\text{nad}} = \sup_{\mathbf{x}\in F\ \text{是 Pareto 最优}} f_i(\mathbf{x}), \quad \forall i = 1, \cdots, K \tag{9.3.27}$$

且理想目标向量$\mathbf{z}^{\text{ideal}}$ 的第 i 个元素定义为

$$z_i^{\text{ideal}} = \inf_{\mathbf{x}\in F} f_i(\mathbf{x}), \quad \forall\ i = 1, \cdots, K \tag{9.3.28}$$

换句话说, 小生境目标向量和理想目标向量的分量分别定义了 Pareto 最优
解目标函数值的上界和下界。在实践中, 小生境目标向量只能近似为整个 Pareto
[698] 最优解。此外, 由于数值原因, 不切实际的理想目标向量 $\mathbf{z}^{\text{utopian}}$ 的元素定义为

$$z_i^{\text{utopian}} = z_i^{\text{ideal}} - \epsilon, \quad \forall i = 1, \cdots, K \tag{9.3.29}$$

或写为向量形式

$$\mathbf{z}^{\text{utopian}} = \mathbf{z}^{\text{ideal}} - \epsilon\mathbf{1} \tag{9.3.30}$$

式中, $\epsilon > 0$ 是一个很小的常数, $\mathbf{1}$ 是一个全部元素为 1 的 K 维向量。

定义 9.17 (档案) 由启发式算法产生的非支配集称为估计的 Pareto 前沿的档案 (用 A 表示)。

估计的 Pareto 前沿的档案将只是真实 Pareto 前沿的一个近似。

求解多目标优化问题时, 由于存在许多可能的 Pareto 最优解, 而不是对可能冲突的多目标函数的单一最优解, 我们需要组织或划分找到的解, 以选择合适的解。Pareto 最优解的选择方法分为 4 类: 适应度选择法、非支配排序法、拥挤距离分配法和分层聚类法。

9.3.2 适应度选择法

为了公平地评价每个解的质量, 使解集朝着 Pareto 最优解的方向搜索, 重要的是如何实现适应度分配。

有一些基准测度或指标在评估 Pareto 前沿方面发挥着重要作用。这些测度或指标是: 超体积、间距、最大扩展和覆盖[139]。

定义 9.18 (超体积) [170] 对于非支配向量 $\mathbf{x}^i \in \mathcal{P}_a^*$, 其超体积 (HV) 定义为

$$HV = \left\{ \bigcup_i a_i | \mathbf{x}^i \in \mathcal{P}_a^* \right\} \tag{9.3.31}$$

式中, $\mathcal{P}_a^*$ 是被已获得的 Pareto 前沿覆盖的目标搜索空间的区域, a_i 是由 $\mathbf{x}^i$ 的分量和原点决定的超体积。

定义 9.19 (间距) 间距是衡量非支配解在 Pareto 前沿的扩散 (分布) 的一种测度。实际上, 它测量相邻非支配解之间距离的方差, 可以通过下式评估[139] [699]

$$S=\sqrt{\frac{1}{m-1}\sum_{i=1}^{m}(\bar{d}-d_i)^2} \tag{9.3.32}$$

式中, $\bar{d}$ 是所有相邻解之间的平均距离, m 是 Pareto 前沿中非支配解的个数, 并且

$$d_i=\min_j\{|f_1^i(\mathbf{x})-f_1^j(\mathbf{x})|+|f_2^i(\mathbf{x})-f_2^j(\mathbf{x})|,\quad i,j=1,\cdots,m \tag{9.3.33}$$

间距值等于零意味着所有解在 Pareto 前沿都是等距分布。

定义 9.20 (最大扩展) 由 Zitzler 等人[171] 提出, 用于评估 Pareto 前沿中非支配解覆盖的最大外延, 可由下式计算

$$MS=\sqrt{\sum_{i=1}^{K}\left(\max\left\{f_i^1,\cdots,f_i^m\right\}-\min\left\{f_i^1,\cdots,f_i^m\right\}\right)} \tag{9.3.34}$$

式中, m 是 Pareto 前沿中的最优解的数目, K 是给定问题中目标函数的数目。值得注意的是 MS 值越高, 表示性能越好。

定义 9.21 (覆盖) 两个集合 A 和 B 的覆盖测度由 Zitzler 与 Thiele[170] 提出, 并记为 $C(A,B)$, 它将有序对 (A,B) 映射为区间 $[0,1]$

$$C(A,B)=\frac{|\{\mathbf{b}\in B;\exists\,\mathbf{a}\in A:\mathbf{a}\succeq\mathbf{b}\}|}{|B|} \tag{9.3.35}$$

式中 $|B|$ 是集合 B 的元素个数。

一方面, 值 $C(A,B)=1$ 意味着集合 B 中的所有解都被 A 中的各个解弱支配。另一方面, $C(A,B)=0$ 意味着 B 中没有任何解被 A 弱支配。应当注意, $C(A,B)$ 和 $C(B,A)$ 二者都必须分别评估, 因为 $C(A,B)$ 不一定等于 $1-C(B,A)$。

如果 $0<C(A,B)<1$ 和 $0<C(B,A)<1$, 则 A 既不弱支配 B, B 也不弱支配 A。预测, 集合 A 和 B 是不可比的, 这意味着 A 不比 B 差, 反之亦然。

两种流行的适应度选择是二元锦标赛选择和轮盘赌选择[140]。 [700]

- 二元锦标赛选择: k 个个体从整个群体中抽取, 允许他们竞争 (比赛), 并从中选出最好的个体。k 值是锦标赛规模, 通常取 2。在这种特殊情况下, 我们称之为二元锦标赛选择。锦标赛选择只是更广泛的术语, 其中 k 可以取 $\geqslant 2$ 的任意整数。
- 轮盘赌选择: 也称适应度比例选择, 它是一种遗传算子, 用于选择重组的潜在有用解。在轮盘赌选择中, 与所有选择方法一样, 适应度函数将适应度分配给可能的解或染色体。该适应度水平用于将选择概率与每个个体

染色体相关联。如果 F_i 是该种群中第 i 个个体的适应度, 那么其被选择的概率则是

$$p_i = \frac{F_i}{\Sigma_{j=1}^{N} F_j} \tag{9.3.36}$$

式中, N 是种群的个体数。

算法 9.1 给出了一个轮盘赌选择算法。

算法 9.1 轮盘赌选择算法[140]

---

1. **input:** The population size k
2. **initialization:** Generate randomly the initial population of candidate solutions
3. Evaluate the fitness F_i of each individual in the population
4. Compute the probability (slot size) p of selecting each member of the population $p_i = F_i / \sum_{j=1}^{k} F_j$, where k is the population size
5. Calculate the cumulative probability q_i for each individual: $q_i = \sum_{j=1}^{i} p_j$
6. Generate a uniform random number $r \in (0, 1]$
7. If $r < q_1$, then select the first chromosome $\mathbf{x}_1$, else select the individual $\mathbf{x}_i$ such that $q_{i-1} < r < q_i$
8. Repeat steps 4-7 k times to create k candidates in the mating pool
9. **output:** k candidate solutions in the mating pool

9.3.3 非支配排序法

非支配选择基于非支配排序: 通过减去一个小的固定值, 使支配个体受到惩罚。但是, 当一个种群只有很少的非支配个体时, 此算法就会失效, 这是因为这些少数非支配点都有较大的适应度值, 难以进行非支配选择。

非支配排序背后的思想是双重的:

[701]

- 使用排名选择方法来强调好的解点。
- 使用小生境方法使好的解点位于稳定的子种群中。

如果一个个体 (或解) 不被所有其他个体支配, 那么它被指定为第一非支配等级。如果一个个体只被第一个非支配级的个体支配, 则称该个体具有第二非支配等级。类似地, 可以定义第三或更高的非支配等级中的个体。值得注意的是, 多个个体可能具有相同的非支配等级。令 i_{rank} 代表第 i 个个体的非支配等级。对于具有不同非支配等级的两个解, 如果 $i_{\text{rank}} < j_{\text{rank}}$, 则首选具有较低 (较好) 等级的第 i 个解。

算法 9.2 示出的是一种快速非支配排序方法。

算法 9.2 快速非支配排序 (P)[25]

---

1. **for** each $p \in P$

$S_p = \varnothing$
$n_p = 0$
for each $q \in P$
  if $(\mathbf{x}_p \prec \mathbf{x}_q)$ then   % if p dominates q
    $S_p = S_p \cup \{q\}$
  else if $(\mathbf{x}_q \prec \mathbf{x}_p)$ then
    $n_p = n_p + 1$
  end if
  if $n_p = 0$ then
    $p_{\text{rank}} = 1$
    $\mathcal{F}_1 = \mathcal{F}_1 \cup \{p\}$
  end if
end for
$i = 1$
while $\mathcal{F}_i \neq \varnothing$
  $Q = \varnothing$
  for each $p \in \mathcal{F}_i$
    for each $q \in S_p$
      $n_q = n_q - 1$
      if $n_q = 0$ then
        $q_{\text{rank}} = i + 1$
        $Q = Q \cup \{q\}$
      end if
    end for
  end for
  $i = i + 1$
  $\mathcal{F}_i = Q$
end while
end for
output: $\mathcal{F} = (\mathcal{F}_1, \mathcal{F}_2, \cdots)$ =fast-nondominated-sort(P), nondominated fronts of P

为了确定规模为 N_P 的种群中第一个非支配前沿的解, 每个解可以与该种群中的每一个其他解进行比较, 寻找它是否被支配。在这个阶段, 可以求出种群中第一级非支配层中的所有个体。为了求出第二级非支配层中的个体, 暂时忽略 [702]
第一级非支配层中的解。重复上述过程, 可以寻找第三级和更高级别的非支配层或者非支配解的排序。

9.3.4 拥挤距离分配法

如果两个解具有相同的非支配排序 (比如 $i_{\text{rank}} = j_{\text{rank}}$), 应该选择哪一个? 在这种情况下, 我们需要另一个量来选择更好的解。一种自然的选择是估计种群中某一特定解周围解的密度。为此, 需要计算沿每个目标函数一侧的两个点的平均距离。

定义 9.22 (拥挤距离) [132] 令 f_1 和 f_2 是一个多目标优化问题的两个目标函数, 并令 $\mathbf{x}$、$\mathbf{x}_i$ 和 $\mathbf{x}_j$ 是非支配解列表中的成员。此外, $\mathbf{x}_i$ 和 $\mathbf{x}_j$ 是目标空间中 $\mathbf{x}$ 的最近邻。非支配集合中试探解 $\mathbf{x}$ 的拥挤距离 (CD) 描述了由其最近邻 (即 x_i 和 $\mathbf{x}_j$) 在适应值曲面顶点处形成的超立方体的周长。

拥挤距离计算要求每个目标函数值的大小按升序对种群中的个体进行排序。令种群由 $|I|$ 个个体组成, 这些个体 (解) 按照它们的适应值从小到大的次序进行排序。又令 $f_k^i = f_k^i(\mathbf{x})$ 表示第 i 个个体的第 k 个目标函数, 其中 $i = 1, \cdots, |I|$ 和 $k = 1, \cdots, K$。除去边界个体 1 和 $|I|$ 之外, 在所有其他中间种群集合 $\{2, \cdots, |I| - 1\}$ 中的第 I 个个体被分配一个有限拥挤距离 (CD) 值[98]

$$CD_i = \frac{1}{K} \sum_{k=1}^{K} \left| f_k^{i+1} - f_k^{i-1} \right|, \quad i = 2, \cdots, |I| - 1 \tag{9.3.37}$$

或者[25, 163]

$$CD_i = \sum_{k=1}^{K} \frac{\left| f_k^{i+1} - f_k^{i-1} \right|}{f_k^{\max} - f_k^{\min}}, \quad i = 2, \cdots, |I| - 1 \tag{9.3.38}$$

而两个边界个体的距离则赋值为 $CD_1 = CD_{|I|} = \infty$。这里, $f_k^{\max} = \max\left\{f_k^1, \cdots, f_k^{|I|}\right\}$ 和 $f_k^{\min} = \min\left\{f_k^1, \cdots, f_k^{|I|}\right\}$ 分别是所有个体的第 k 个目标函数的最大值和最小值。

拥挤比较算子将算法各个阶段的选择过程引导到均匀分布的 Pareto 最优前
[703] 沿。每个种群都有两个属性: 非支配等级和拥挤距离。通过结合非支配等级和拥挤距离, 用偏序 ($\prec_n$) 定义拥挤比较算子为[25]

$$i \prec_n j, \quad \text{if}(i_{\text{rank}} < j_{\text{rank}}) \text{ 或} (i_{\text{rank}} = j_{\text{rank}}) \text{ 且} CD_i > CD_j \tag{9.3.39}$$

即, 在不同非支配等级的两个解之间, 优先采用具有较低等级 (更好) 的解。否则, 如果解同属于相同的 Pareto 前沿, 则首选位于较不拥挤区域的解。因此, 拥挤比较算子 ($\prec_n$) 引导算法各个阶段的选择过程趋于均匀分布的 Pareto 最优前沿。

算法 9.3 为拥挤距离分配算法。

算法 9.3 拥挤距离分配算法[25]

$l = |I|$

for each i, set $CD_i = 0$

  for each objective j

$I = \text{sour}(I, j)$

$CD_1 = CD_l = \infty$

for $i = 2$ to $(l-1)$

$CD_i = CD_i + (f_j^{i+1} - f_j^{i-1})/(f_j^{\max} - f_j^{\min})$

end for

end for

end for

在具有不同非支配等级的两个种群中, 优先选择具有较低 (更好) 等级的种群。如果两个种群属于同一前沿, 则优先选择具有较大拥挤距离的种群。

9.3.5 分层聚类法

聚类分析可应用于多目标优化算法的结果, 以根据它们的目标函数值组织或划分这些解。

分层聚类方法的步骤如下[108]:

① 定义决策变量、可行集和目标函数。

② 选择和应用一种 Pareto 优化算法。

③ 聚类分析:

- 聚类趋势: 通过可视化检查或数据投影, 验证分层聚类结构是数据的合理模型。
- 数据缩放: 由使用范围缩放的相对缩放, 删除隐式变量权重。
- 接近: 对数据选择和应用适当的相似性测度, 这里用 Euclid (欧氏) 距离。 [704]
- 算法选择: 考虑聚类算法的假设和特点, 选择最适合应用的群平均连锁算法。
- 算法应用: 应用选择的算法得到解的树状关系图。
- 验证: 基于应用主题知识检查解的结果, 评估对输入数据的拟合和聚类结构的稳定性, 并比较多个算法 (如果使用) 的结果。

④ 表示和使用聚类和结构: 如果聚类是合理和有效的, 则检查层次结构中的各个部分以获得权衡和其他信息, 并帮助决策。

9.3.6 多目标优化的基准函数

在设计人工智能算法或系统时, 我们需要选择基准函数或测试函数来检验它在收敛和保持一组不同的非支配解方面的有效性。一个非常简单的多目标测试函数是众所周知的单变量双目标函数[141]。这个函数定义为

$$\min \mathbf{f}_2(x) = [g(x), h(x)], \quad g(x) = x^2, h(x) = (x-2)^2 \tag{9.3.40}$$

式中 $x \in [0, 2]$。

下面是几种常用的多目标基准函数。

1. 优化问题 $\min \mathbf{f}(\mathbf{x}) = [g(\mathbf{x}), h(\mathbf{x})]$ 的基准函数

- ZDT1 函数[171]

$$\left.\begin{aligned} f_1(x_1) &= x_1 \\ g(\mathbf{x}) &= g(x_2,\cdots,x_m) = 1 + 9\sum_{i=1}^{m} x_i/(m-1) \\ h(\mathbf{x}) &= h(f_1(x_1), g(x_2,\cdots,x_m)) = \sqrt{1 - f_1/g} \end{aligned}\right\} \tag{9.3.41}$$

式中, $m = 30$, $x_i \in [0,1]$。

[705] • ZDT4 函数[171]

$$\left.\begin{aligned} f_1(x_1) &= x_1 \\ g(\mathbf{x}) &= g(x_2,\cdots,x_m) = 1 + 10(m-1) + \sum_{i=2}^{m} \left(x_i^2 - 10\cos(4\pi x_i)\right) \\ h(\mathbf{x}) &= h(f_1(x_1), g(x_2,\cdots,x_m)) = \sqrt{1 - f_1/g} \end{aligned}\right\} \tag{9.3.42}$$

式中, $m = 10$ 和 $x_i \in [0,1]$。

- ZDT6 函数[171]

$$\left.\begin{aligned} f_1(x_1) &= 1 - \exp(-4x_1)\sin^6(6\pi x_1) \\ g(\mathbf{x}) &= g(x_2,\cdots,x_m) = 1 + 9\left(\sum_{i=2}^{m} x_i/(m-1)\right)^{1/4} \\ h(\mathbf{x}) &= 1 - (f_1/g)^2 \end{aligned}\right\} \tag{9.3.43}$$

式中, $m = 10$ 和 $x_i \in [0,1]$。

2. 优化问题 $\min \mathbf{f}(\mathbf{x}) = [f_1(\mathbf{x}), f_2(\mathbf{x})]$ 的基准函数

- QV 函数[126]

$$\left.\begin{aligned} f_1(\mathbf{x}) &= \left(\frac{1}{n}\sum_{i=1}^{m}\left(x_i^2 - 10\cos(2\pi x_i) + 10\right)\right)^{1/4} \\ f_2(\mathbf{x}) &= \left(\frac{1}{n}\sum_{i=1}^{m}\left((x_i - 1.5)^2 - 10\cos\left(2\pi(x_i - 1.5)\right) + 10\right)\right)^{1/4} \end{aligned}\right\} \tag{9.3.44}$$

其中, $x_i \in [-5,5]$。

- KUR 函数[90]

$$\left.\begin{aligned}f_1(\mathbf{x}) &= \sum_{i=1}^{m-1}\left(-10\exp\left(-0.2\sqrt{x_i^2+x_{i+1}^2}\right)\right)\\ f_2(\mathbf{x}) &= \sum_{i=1}^{m}\left(|x_i|^{4/5}+\sin^3(x_i)\right)\end{aligned}\right\} \tag{9.3.45}$$

其中，$x_i \in [-10^3, 10^3]$。

3. 约束基准函数 [706]

- 部分可分离基准函数[23, 171]

$$\left.\begin{aligned}&\min\ \mathbf{f}(\mathbf{x}) = (f_1(x_1), f_2(\mathbf{x}))\\ &\text{s.t.}\quad f_2(\mathbf{x}) = g(x_2,\cdots,x_n)h(f_1(x_1)g(x_1,\cdots,x_n))\end{aligned}\right\} \tag{9.3.46}$$

式中，$\mathbf{x}=[x_1,\cdots,x_n]^{\mathrm{T}}$, 函数 f_1 只是第一个决策变量 x_1 的函数，g 是其余 $n-1$ 决策变量 $x_2,\cdots,x_n$ 的函数, 而 h 的参数是 f_1 和 g 的函数值。例如

$$\left.\begin{aligned}&f_1(x_1)=x_1,\quad g(x_2,\cdots,x_n)=1+\frac{9}{n-1}\sum_{i=2}^{n}x_i\\ &h(f_1,g)=1-\sqrt{f_1/g}\quad 或\quad h(f_1,g)=1-(f_1/g)^2\end{aligned}\right\} \tag{9.3.47}$$

式中，$n=30$ 和 $x_i\in[0,1]$。Pareto 最优前沿由 $g(\mathbf{x})=1$ 构成。

- 可分离基准函数[170]

$$\left.\begin{aligned}&\max\ \mathbf{f}(\mathbf{x}) = [f_1(\mathbf{x}), f_2(\mathbf{x})],\quad f_i(\mathbf{x})=\sum_{j=1}^{500}a_{ij}x_j,\ i=1,2\\ &\text{s.t.}\quad \sum_{j=1}^{500}b_{ij}x_j\leqslant c_i,\ i=1,2;\quad x_j=0\ \ 或\ \ 1,\ j=1,2,\cdots,500\end{aligned}\right\} \tag{9.3.48}$$

在这个测试中，$\mathbf{x}$ 是一个 500 维的二进制向量，a_{ij} 是数据包 i 的第 j 个数据分量的收益，b_{ij} 是数据包 i 的第 j 个数据分量的加权，c_i 是数据包 i 的容量 $(i=1,2;\ j=1,2,\cdots,500)$。

4. $\min \mathbf{f}(\mathbf{x}) = [\boldsymbol{f_1}(\mathbf{x}),\cdots,\boldsymbol{f_m}(\mathbf{x})]$ 的多目标基准函数

SPH-m 函数[92, 141]

$$f_j(\mathbf{x}) = \sum_{i=1,i\neq j}^{n}(x_i)^2+(x_j-1)^2, j=1,\cdots,m; m=2,3 \tag{9.3.49}$$

式中 $x_i\in[-10^3,10^3]$。

5. $\min \mathbf{f}(\mathbf{x}) = [\boldsymbol{f_1}(\mathbf{x}),\boldsymbol{f_2}(\mathbf{x}),\boldsymbol{g_3}(\mathbf{x}),\cdots,\boldsymbol{g_m}(\mathbf{x})]$ 的多目标基准函数

- ISH1 函数[79] [707]

$$
\left.\begin{aligned}
&g_i(\mathbf{x}) = f_i(\mathbf{x}),\ i = 1, 2 \\
&g_i(\mathbf{x}) = \alpha f_1(\mathbf{x}) + (1-\alpha) f_i(\mathbf{x}),\ i = 3, 5, 7, 9 \\
&g_i(\mathbf{x}) = \alpha f_2(\mathbf{x}) + (1-\alpha) f_i(\mathbf{x}),\ i = 4, 6, 8, 10
\end{aligned}\right\} \tag{9.3.50}
$$

式中, 值 $\alpha \in [0, 1]$ 可以视为相关强度。$\alpha = 0$ 对应最小相关强度 0, 其中 $g_i(\mathbf{x})$ 与随机生成的目标函数 $f_i(\mathbf{x})$ 相同。$\alpha = 1$ 对应最大相关强度 1, 其中 $g_i(\mathbf{x})$ 与 $f_1(\mathbf{x})$ 或 $f_2(\mathbf{x})$ 相同。

- ISH2 函数[79]

$$
\left.\begin{aligned}
&g_i(\mathbf{x}) = f_i(\mathbf{x}),\ i = 1, 2 \\
&g_i(\mathbf{x}) = \alpha_{ik} f_1(\mathbf{x}) + (1-\alpha_{ik}) f_2(\mathbf{x}),\ i = 3, 4, \cdots, k
\end{aligned}\right\} \tag{9.3.51}
$$

式中, α_{ik} 取值

$$
\alpha_{ik} = (i-2)/k - 1, \quad i = 3, 4, \cdots, k; k = 4, 6, 8, 10 \tag{9.3.52}
$$

例如, 4 目标问题的 ISH2 函数具体取

$$
\left.\begin{aligned}
&g_1(\mathbf{x}) = f_1(\mathbf{x}), \quad g_2(\mathbf{x}) = f_2(\mathbf{x}) \\
&g_3(\mathbf{x}) = 1/3 \cdot f_1(\mathbf{x}) + 2/3 \cdot f_2(\mathbf{x}) \\
&g_4(\mathbf{x}) = 2/3 \cdot f_1(\mathbf{x}) + 1/3 \cdot f_2(\mathbf{x})
\end{aligned}\right\} \tag{9.3.53}
$$

更多的测试函数可参考文献 [149, 165, 172]。Yao 等人[165] 汇总了 23 种基准测试函数。

9.4 含噪多目标优化

优化问题在现实生活中的各种应用往往具有多个相互冲突的目标和广泛的不确定性的两个特点。含有不确定性和多目标的优化问题称为不确定多目标优化问题。在演化优化领域, 目标函数的不确定性一般是随机噪声, 相应的多目标优化问题称为含噪 (或不精确) 多目标优化问题。

[708] 含噪多目标优化问题也称区间多目标优化问题, 因为被噪声向量 $\mathbf{c}_i$ 污染的目标函数 $f_i(\mathbf{x}, \mathbf{c}_i)$ 可以用区间值形式重新表示为 $f_i(\mathbf{x}, \mathbf{c}_i) = [\underline{f}_i(\mathbf{x}, \mathbf{c}_i), \overline{f}_i(\mathbf{x}, \mathbf{c}_i)]$。

9.4.1 含噪多目标优化的帕累托概念

至少有两种不同类型的不确定性对现实世界建模很重要[96]。

- 噪声也称随机不确定性。噪声是建模系统 (或对其性能进行建模) 的固有特性, 因此无法降低。文献 [117] 将随机不确定性定义为与所考虑的“物理系统或环境”相关的固有变化。

- 不精确也称认知不确定性, 描述的不是由于系统方差引起的不确定性, 而是在建模过程的任何阶段或活动中“缺乏知识或信息”导致的结果[117]。目标函数中的不确定性可以分为两种类型[58]。
- 与不同目标函数对应的决策向量 $\mathbf{x}\in\mathbb{R}^d$ 不再是固定点, 而是以 $(\mathbf{x},\mathbf{c})$ 作为特征, 其中, $\mathbf{c}=[c_1,\cdots,c_d]^{\mathrm{T}}$ 是 $\mathbf{x}$ 的邻域, 且 $c_i=[\underline{c}_i,\overline{c}_i]$ 是具有下限 $\underline{c}_i$ 和上限 $\overline{c}_i$, $i=1,\cdots,d$ 的区间。
- 目标函数 f_i 不再是一个固定值, 而是一个目标区间, 记为 $f_i(\mathbf{x},\mathbf{c})=[\underline{f}_i(\mathbf{x},\mathbf{c}),\overline{f}_i(\mathbf{x},\mathbf{c})]$

因此, 含噪多目标优化问题可以表述为[58]

$$\max/\min\ \left\{\mathbf{f}=[f_1(\mathbf{x},\mathbf{c}_1),\cdots,f_m(\mathbf{x},\mathbf{c}_m)]^{\mathrm{T}}\right\} \tag{9.4.1}$$

$$\text{s.t.}\quad \mathbf{c}_i=[c_{i1},\cdots,c_{il}]^{\mathrm{T}},\ c_{ij}=[\underline{c}_{ij},\overline{c}_{ij}],\quad \begin{cases} i=1,\cdots,m \\ j=1,\cdots,l \end{cases} \tag{9.4.2}$$

式中, $\mathbf{x}$ 是 d 维决策向量; X 是 $\mathbf{x}$ 的决策空间; $f_i(\mathbf{x},\mathbf{c}_i)=[\underline{f}_i(\mathbf{x},\mathbf{c}_i),\overline{f}_i(\mathbf{x},\mathbf{c}_i)]$ 是第 i 个目标函数, 其区间 $[\underline{f}_i,\overline{f}_i]$, $i=1,\cdots,m$(m 是目标函数个数, 并且 $m\geqslant 3$); $\mathbf{c}_i$ 是与决策向量 $\mathbf{x}$ 无关的固定区间向量 (即 $\mathbf{c}_i$ 与 $\mathbf{x}$ 一起保持不变), 而 $c_{ij}=[\underline{c}_{ij},\overline{c}_{ij}]$ 是 $\mathbf{c}_i$ 的第 j 个区间参数分量。

对于优化问题式 (9.4.1) 的任意两个解 $\mathbf{x}_1$ 和 $\mathbf{x}_2\in X$, 对应的第 i 个目标分别为 $f_i(\mathbf{x}_1,\mathbf{c}_i)$ 和 $f_i(\mathbf{x}_2,\mathbf{c}_i), i=1,\cdots,m$。

定义 9.23 (区间排序关系) 考虑两个目标区间 $\mathbf{f}(\mathbf{x}_1)=[\underline{\mathbf{f}}(\mathbf{x}_1),\bar{\mathbf{f}}(\mathbf{x}_1)]$ 和 $\mathbf{f}(\mathbf{x}_2)=[\underline{\mathbf{f}}(\mathbf{x}_2),\bar{\mathbf{f}}(\mathbf{x}_2)]$。它们的区间排序关系定义为 [709]

$$\mathbf{f}(\mathbf{x}_1)\leqslant_{IN}\mathbf{f}(\mathbf{x}_2)\Leftrightarrow \underline{\mathbf{f}}(\mathbf{x}_1)\leqslant\underline{\mathbf{f}}(\mathbf{x}_2)\wedge\bar{\mathbf{f}}(\mathbf{x}_1)\leqslant\bar{\mathbf{f}}(\mathbf{x}_2) \tag{9.4.3}$$

$$\mathbf{f}(\mathbf{x}_1)\geqslant_{IN}\mathbf{f}(\mathbf{x}_2)\Leftrightarrow \underline{\mathbf{f}}(\mathbf{x}_1)\geqslant\underline{\mathbf{f}}(\mathbf{x}_2)\wedge\bar{\mathbf{f}}(\mathbf{x}_1)\geqslant\bar{\mathbf{f}}(\mathbf{x}_2) \tag{9.4.4}$$

$$\mathbf{f}(\mathbf{x}_1)<_{IN}\mathbf{f}(\mathbf{x}_2)\Leftrightarrow \underline{\mathbf{f}}(\mathbf{x}_1)\leqslant\underline{\mathbf{f}}(\mathbf{x}_2)\wedge\bar{\mathbf{f}}(\mathbf{x}_1)\leqslant\bar{\mathbf{f}}(\mathbf{x}_2)\wedge\mathbf{f}(\mathbf{x}_1)\neq\mathbf{f}(\mathbf{x}_2) \tag{9.4.5}$$

$$\mathbf{f}(\mathbf{x}_1)>_{IN}\mathbf{f}(\mathbf{x}_2)\Leftrightarrow \underline{\mathbf{f}}(\mathbf{x}_1)\geqslant\underline{\mathbf{f}}(\mathbf{x}_2)\wedge\bar{\mathbf{f}}(\mathbf{x}_1)\geqslant\bar{\mathbf{f}}(\mathbf{x}_2)\wedge\mathbf{f}(\mathbf{x}_1)\neq\mathbf{f}(\mathbf{x}_2) \tag{9.4.6}$$

$$\mathbf{f}(\mathbf{x}_1)\,\|\,\mathbf{f}(\mathbf{x}_2)\ \Leftrightarrow \text{neither } \mathbf{f}(\mathbf{x}_1)\leqslant_{IN}\mathbf{f}(\mathbf{x}_2) \text{ nor } \mathbf{f}(\mathbf{x}_2)\leqslant_{IN}\mathbf{f}(\mathbf{x}_1) \tag{9.4.7}$$

在没有其他因素 (例如, 对于某些目标的偏好, 或者对于折中表面的特定区域), 演化多目标优化 (EMO) 算法的任务是提供与真实的 Pareto 前沿相似的逼近。比较两个演化多目标优化算法, 我们需要比较它们产生的非支配集。

由于区间也是由大于其下限和小于其上限的分量组成的集合, $\mathbf{x}_1=(\mathbf{x},\mathbf{c}_1)$ 和 $\mathbf{x}_2=(\mathbf{x},\mathbf{c}_2)$ 可以分别视为集合 A 和 B 中的两个分量。因此, 决策解 $\mathbf{x}_1$ 和 $\mathbf{x}_2$ 不是两个固定点, 而是两个逼近集, 分别记为 A 和 B。

与 (精确) 多目标优化中的决策向量所定义的 Pareto 概念不同, 由于逼近集的概念定义, 在含噪 (或不精确) 多目标优化中的 Pareto 概念被称为 Pareto 逼近集概念。

为了评估真实 Pareto 前沿的逼近, Hansen 和 Jaszkiewicz[64] 定义了多个优胜关系, 用于表示两个内部非支配目标向量集合 A 和 B 之间的关系。优胜关系被习惯称为支配关系。

定义 9.24 (集合支配) 一个逼近集合 A 被称为是支配另一个逼近集合 B, 记为 $A \succ B$, 若对所有目标函数, 每一个 $\mathbf{x}_2 \in B$ 都至少被一个 $\mathbf{x}_1 \in A$ 所支配[173], 即

$$A \succ B \Leftrightarrow \exists \mathbf{x}_1 \in A, \mathbf{f}(\mathbf{x}_1) <_{IN} \mathbf{f}(\mathbf{x}_2),\ \forall \mathbf{x}_2 \in B(\text{对最小化}) \tag{9.4.8}$$

$$A \succ B \Leftrightarrow \exists \mathbf{x}_1 \in A, \mathbf{f}(\mathbf{x}_1) >_{IN} \mathbf{f}(\mathbf{x}_2),\ \forall \mathbf{x}_2 \in B(\text{对最大化}) \tag{9.4.9}$$

或者写为[64, 89]

$$A \succ B \Leftrightarrow ND(A \cup B) = A, \qquad B \setminus ND(A \cup B) \neq \varnothing \tag{9.4.10}$$

其中, $ND(S)$ 表示 S 中的非支配点的集合。

定义 9.25 (弱集合支配) 一个逼近集合 A 被称为是弱支配 (或弱优胜)
[710] 另一个逼近集合 B, 记为 $A \succeq B$, 若在所有目标函数中每一个 $\mathbf{x}_2 \in B$ 至少被一个 $\mathbf{x}_1 \in A$ 弱支配[173]

$$A \succeq B \Leftrightarrow \exists \mathbf{x}_1 \in A, \mathbf{f}(\mathbf{x}_1) \leqslant_{IN} \mathbf{f}(\mathbf{x}_2),\ \forall \mathbf{x}_2 \in B\ (\text{对最小化}) \tag{9.4.11}$$

$$A \succeq B \Leftrightarrow \exists \mathbf{x}_1 \in A, \mathbf{f}(\mathbf{x}_1) \geqslant_{IN} \mathbf{f}(\mathbf{x}_2),\ \forall \mathbf{x}_2 \in B\ (\text{对最大化}) \tag{9.4.12}$$

或写为[64, 89]

$$A \succeq B \Leftrightarrow ND(A \cup B) = A, \qquad A \neq B \tag{9.4.13}$$

即是说, A 弱支配 B, 若 B 中的所有点都被 A 中的所有点所“覆盖”。这里,“覆盖”意味着等同或者支配, 并且 A 中至少有一点不包含在 B 中。

定义 9.26 (强集合支配) 一个逼近集合 A 被称为强支配 (或完全优胜) 另一个逼近集合 B, 记为 $A \succ\succ B$, 若在所有目标函数中, 每一个 $\mathbf{x}_2 \in B$ 都被至少一个 $\mathbf{x}_1 \in A$ 强支配, 即[173]

$$A \succ\succ B \Leftrightarrow \exists \mathbf{x}_1 \in A,\ f_i(\mathbf{x}_1) <_{IN} f_i(\mathbf{x}_2),\ \forall \mathbf{x}_2 \in B\,(\text{对最小化}) \tag{9.4.14}$$

$$A \succ\succ B \Leftrightarrow \exists \mathbf{x}_1 \in A,\ f_i(\mathbf{x}_1) >_{IN} f_i(\mathbf{x}_2),\ \forall \mathbf{x}_2 \in B\,(\text{对最大化}) \tag{9.4.15}$$

对所有 $i \in \{1, \cdots, m\}$ 成立, 或者写为[64, 89]

$$A \succ\succ B \Leftrightarrow ND(A \cup B) = A, \qquad B \cap ND(A \cup B) = \varnothing \tag{9.4.16}$$

定义 9.27 (更优) 一个逼近集合 A 被称为比另一个逼近集合 B 更优, 记为 $A \triangleright B$, 并定义为[173]

$$A \triangleright B \Leftrightarrow \exists \mathbf{x}_1 \in A, \mathbf{f}(\mathbf{x}_1) \leqslant_{IN} \mathbf{f}(\mathbf{x}_2),\ \forall \mathbf{x}_2 \in B \wedge A \neq B(\text{对最小化}) \tag{9.4.17}$$

$$A \triangleright B \Leftrightarrow \exists \mathbf{x}_1 \in A, \mathbf{f}(\mathbf{x}_1) \geqslant_{IN} \mathbf{f}(\mathbf{x}_2),\ \forall \mathbf{x}_2 \in B \wedge A \neq B(\text{对最大化}) \tag{9.4.18}$$

由关系 $\triangleright$ 的上述定义, 可以得出结论: $A \succeq B \Rightarrow A \triangleright B \vee A = B$。换句话说, 如果 A 弱支配 B, 则 A 要么比 B 更优, 要么它们相等。

注意

$$A \succ\succ B \Rightarrow A \succ B \Rightarrow A \rhd B \Rightarrow A \succeq B \tag{9.4.19}$$

换言之, 在集合支配关系中, 严格支配 (或完全优胜) 是最强的支配关系, 弱支配 [711]
(弱优胜) 是最弱的支配关系。

定义 9.28 (不可比集合) [173] 称一个逼近集合 A 与另一个逼近集合 B 不可比较, 记为 $A \parallel B$, 若 A 既不弱支配 B, B 也不弱支配 A, 即

$$A \parallel B \Leftrightarrow A \not\succeq B \wedge B \not\succeq A \tag{9.4.20}$$

表 9.1 比较了目标向量和逼近集合之间的关系。

表 9.1 目标向量与逼近集合之间的关系比较

关系	目标向量		逼近集合	
弱集合支配	$\mathbf{x} \succeq \mathbf{x}'$	$\mathbf{x}$ 不比 $\mathbf{x}'$ 差	$A \succeq B$	每一个 $\mathbf{f}(\mathbf{x}_2) \in B$ 至少被一个 $\mathbf{f}(\mathbf{x}_1) \in A$ 弱支配
集合支配	$\mathbf{x} \succ \mathbf{x}'$	$\mathbf{x}$ 在所有目标中不比 $\mathbf{x}'$ 差	$A \succ B$	每一个 $\mathbf{f}(\mathbf{x}_2) \in B$ 至少被一个 $\mathbf{f}(\mathbf{x}_1) \in A$ 支配
强集合支配	$\mathbf{x} \succ\succ \mathbf{x}'$	$\mathbf{x}$ 在所有目标中比 $\mathbf{x}'$ 更优	$A \succ\succ B$	每一个 $\mathbf{f}(\mathbf{x}_2) \in B$ 至少被一个 $\mathbf{f}(\mathbf{x}_1) \in A$ 强支配
更优			$A \rhd B$	每一个 $\mathbf{f}(\mathbf{x}_2) \in B$ 至少被一个 $\mathbf{f}(\mathbf{x}_1) \in A$ 弱支配且 $A \neq B$
不可比集合	$\mathbf{x} \parallel \mathbf{x}'$	$\mathbf{x} \not\succeq \mathbf{x}' \wedge \mathbf{x}' \not\succeq \mathbf{x}$	$A \parallel B$	$A \not\succeq B \wedge B \not\succeq A$

对于支配和非支配, 我们有以下概率表示:

- A 支配 B: 相应的概率表示为 $P(A \succ B) = 1$, $P(A \prec B) = 0$, $P(A \equiv B) = 0$。
- A 被 B 支配: 相应的概率表示为 $P(A \prec B) = 1$, $P(A \succ B) = 0$, $P(A \equiv B) = 0$。
- A 与 B 互相非支配: 相应的概率表示为 $P(A \succ B) = 0$, $P(A \prec B) = 0$, $P(A \equiv B) = 1$。

一个群体中个体的适应度是指与另一个群体中的某个个体的直接竞争 (能力)。因此, 适应度在评价个体演化过程中起着至关重要的作用。当考虑两个具有多个目标的适应值 A 和 B 时, 在没有噪声的情况下, 比较两个适应值有 3 种可能的结果。

在有噪多目标优化中, 除了收敛性、多样性和 Pareto 前沿的散布外, 还有两 [712]
个指标: 超体积与不精确性[96]。为方便计, 我们以后考虑多目标最大化。

为了确定一个非支配集是否是一个 Pareto 最优集, Zitzler 等人[171] 提出了

3 个可以确定和衡量的目标 (也见文献 [89]):

- 已获得的非支配前沿到 Pareto 最优前沿的距离应该最小化。
- 已求得的解在目标空间中期望具有好的 (大多数情况下为均匀的) 分布。
- 所获得的非支配前沿的程度应该最大化, 即对于每个目标, 应该存在宽范围的值。

性能测度或指标在评价含噪多目标优化算法中起着重要作用[53, 89, 173]。

定义 9.29 (集合超体积) [96] 对于问题式 (9.4.1) 的近似 Pareto 最优解集 X, 集合超体积定义为

$$H(X) = \left[\underline{H(X)}, \overline{H(X)}\right] = \wedge\left(\bigcup_{\mathbf{x}\in X}\left\{\mathbf{y}\in\mathbb{R}^n \middle| \mathbf{x}\succ_{IN}\mathbf{y}\succ_{IN}\mathbf{x}_{\text{ref}}\right\}\right) \tag{9.4.21}$$

式中, $\mathbf{x}_{\text{ref}}$ 是参考点; $\wedge$ 为 Lebesgue 测度; $\underline{H(X)}$ 和 $\overline{H(X)}$ 分别为最坏情况和最好情况的超体积。

定义 9.30 (集合不精确) 对于问题式 (9.4.1) 的近似 Pareto 最优解集 X, 对应 X 的最优前沿的不精确定义为[58]

$$I(X) = \sum_{\mathbf{x}\in X}\sum_{i=1}^{k}\left(\overline{f}_i(\mathbf{x},\mathbf{c}_i) - \underline{f}_i(\mathbf{x},\mathbf{c}_i)\right) \tag{9.4.22}$$

式中, $\mathbf{x}$ 是 X 中的一个解, $f_i(\mathbf{x},\mathbf{c}_i) = [\underline{f}_i(\mathbf{x},\mathbf{c}_i), \overline{f}_i(\mathbf{x},\mathbf{c}_i)]$ 是第 i 个目标函数 (间隔参数为 $\mathbf{c}_i = [\underline{\mathbf{c}}_i, \bar{\mathbf{c}}_i], i = 1, \cdots, m$)。

不精确值越小, 最优前沿的不确定性就越小。

9.4.2 逼近集合的性能测度

性能测度或指标在噪声多目标优化中起着重要的作用。

[713] 通常假定 (参见文献 [2, 14, 53, 75, 76, 89]) 噪声对目标空间中每个个体的值都有破坏性的影响, 即

$$\tilde{f}_i(\mathbf{x}) = f_i(\mathbf{x}) + N(0, \sigma^2) \tag{9.4.23}$$

式中, $N(0, \sigma^2)$ 表示一个正态分布函数, 其均值为零, 方差 σ^2 表示噪声水平; $\tilde{f}_i$ 和 f_i 分别表示有和没有加性噪声的第 i 个目标函数。σ^2 表示为 $f_i^{\max}$ 的百分比, 其中 $f_i^{\max}$ 是真实 Pareto 前沿中第 i 个目标的最大值。

以下是与优化目标相关的性能测度或指标: 接近度、多样性和分布[53]。

1. 接近指标

广义距离 (GD) 的测度给出了进化 Pareto 前沿 PF_{known} 与真实 Pareto 前

沿 PF_{true} 之间间隙的一个很好的指示, 可定义为

$$\text{GD} = \left(\frac{1}{n_{_{PF}}} \sum_{i=1}^{n_{_{PF}}} d_i^2 \right)^{1/2} \tag{9.4.24}$$

式中, n_{PF} 是 PF_{known} 中的成员数, d_i 是 PF_{known} 的第 i 个成员与其在 PF_{true} 的最近邻之间的欧氏距离 (在目标空间中)。直观上, 广义距离的低值是我们所希望的, 因为它反映了进化和真实 Pareto 前沿之间的小偏离。然而, 广义距离的测度却没有给出被评估的优化算法的多样性的任何有关信息。

2. 多样性指标

为了评估一个算法的多样性, 下面的修正最大扩展可用为多样性指标

$$\text{MS} = \sqrt{\frac{1}{m} \sum_{i=1}^{m} = \left[\left(\min\{f_i^{\max}, F_i^{\max}\} - \min\{f_i^{\min}, F_i^{\min}\} \right) / (F_i^{\max} - F_i^{\min}) \right]^2} \tag{9.4.25}$$

式中, m 是目标函数的个数, $f_i^{\max}$ 和 $f_i^{\min}$ 分别是 PF_{known} 中第 i 个目标的最大值和最小值, 而 $F_i^{\max}$ 和 $F_i^{\min}$ 则分别是 PF_{true} 中第 i 个目标的最大值和最小值。这个修正后的测度考虑了对 FP_{true} 的接近度。

3. 分布指标

为了评估非支配解在发现的 Pareto 前沿分布的均匀性, 修改后的间距测度定义为

$$S = \frac{1}{n_{PF}} \left(\frac{1}{n_{PF}} \sum_{i=1}^{n_{PF}} (d_i - \bar{d})^2 \right)^{1/2} \tag{9.4.26}$$

式中, $\bar{d} = \frac{1}{n_{PF}} \sum_{i=1}^{n_{PF}} d_i$ 是 PF_{known} 的所有成员与它们在 PF_{true} 中的最近邻成 [714]
员之间的平均欧氏距离。

9.5 多目标模拟退火

Metropolis 算法是由 Metropolis 等人于 1953 年提出的[100], 是一个简单的算法, 可以用来提供在给定温度下平衡原子集合的有效模拟。该算法由 Hastings 在 1970 年推广到更普遍的情况[65], 因此也被称为 Metropolis-Hastings 算法。Metropolis 算法是最早的模拟退火算法, 广泛用于求解多目标组合优化问题。

9.5.1 模拟退火原理

模拟退火的思想起源于热力学和冶金学[153]: 当铁水冷却得足够慢时, 它倾向于以最小能量的结构凝固。这个退火过程被一个局部搜索策略模仿: 一开始,

几乎任何一个动作都被接受, 这让人可以探索解的空间。然后, 温度逐渐减低, 使得人们在接受新的解时变得越来越有选择性。最后, 实际中只接受有改进的解。

用于生成多目标组合优化 (MOCO) 中有效解的工具, 如同单目标优化方法一样, 可分为以下类别之一[22]: 准确程序、专门的启发式程序和元启发式程序。

精确算法的主要缺点是其计算复杂度高和缺乏灵活性。

元启发式可以定义为一个迭代生成过程, 它通过智能地组合不同的概念来探索和利用搜索空间以指导从属启发式[118]。元启发式分为两类: 单解元启发式和种群元启发式[51]。

单解元启发式一次只考虑单个解 (和搜索轨迹), 其典型例子包括模拟退火 (SA)、禁忌搜索 (TS) 等。大多数进化算法是基于种群元启发式。

[715] 启发式有两种基本策略: 分而治之和迭代改进[88]。

- 分而治之: 将问题分解为可管理的子问题, 然后求解子问题。子问题的解必须修补在一起, 并且子问题必须是自然不相交的, 而所做的划分必须适当, 使修补过程中所犯的错误不会抵消对子问题应用更强大的方法所获得的收益。
- 迭代改进: 从已知配置的系统开始, 然后依次对系统的所有部分应用标准重排操作, 直到发现改进成本函数的重排配置。然后, 重新排列的配置将成为系统的新配置, 并且该过程将继续, 直到找不到进一步的改进为止。迭代改进在这个坐标空间中搜索导致下降的重排步骤。因为这个搜索通常会陷入局部最优而不是全局最优, 所以通常需要从不同随机生成的配置开始, 执行多次该过程, 并保存最佳结果。

元启发式程序只定义了必须为特定应用程序定制的优化过程的“骨架”。最早的元启发式方法是模拟退火[100], 其他元启发式方法包括禁忌搜索[52]、遗传算法[55] 等。

多目标元启发式程序的目标是找到一个可行解的样本, 它对有效解集是一个很好的近似解。

在物理退火方面, 粒子可以在高温下自由运动, 而随着温度的降低, 由于运动的高能量消耗, 它们越来越受到限制。从优化的角度出发, 将物理吸引态 $\mathbf{x}$ 的能量 $E(\mathbf{x})$ 看作是最小化的函数, 通过引入参数 T, 在整个模拟过程中根据退火调度降低了计算温度。

均衡分布的抽样通常是通过 Metropolis 抽样实现的, 这涉及生成新的解 $\mathbf{x}'$, 这些解被接受的概率为[145]

$$p = \min\left\{1, \exp\left(-\delta E(\mathbf{x}', \mathbf{x}_i)/T\right)\right\} \tag{9.5.1}$$

式中 $\delta E(\mathbf{x}', \mathbf{x}_i)$ 是从目前状态 $\mathbf{x}_i$ 转移到一个新状态 $\mathbf{x}'$ 的成本准则, 且 T 是退火温度。

对于单个目标框架, 根据 $\delta E(\mathbf{x}', \mathbf{x}_i)$ 的值, 我们对从当前状态 (或解)$\mathbf{x}_i$ 到新状态 $\mathbf{x}'$ 有以下不同的接受 (或转换)[145]:

- 任何导致负值 $\delta E(\mathbf{x}', \mathbf{x}_i) < 0$ 的解的移动都是改进的, 并且总是被接受的 $(p = 1)$。
- [716] 如果 $\delta E(\mathbf{x}', \mathbf{x}_i) > 0$ 是一个正的数值, 则接受 $\mathbf{x}'$ 为一个新的当前解 $\mathbf{x}_{i+1}$

的概率由 $p = \exp\left(-\delta E(\mathbf{x}', \mathbf{x}_i)/T\right)$ 给出。显然，差额 δE 越高，接受 $\mathbf{x}'$ 代替 $\mathbf{x}_i$ 的概率就越低。

- $\delta E(\mathbf{x}', \mathbf{x}_i) = 0$ 意味着新的状态 $\mathbf{x}'$ 与当前状态 $\mathbf{x}$ 处于相同的水平，可能存在两种方案：移动到新状态 $\mathbf{x}'$ 或停留在当前状态 $\mathbf{x}_i$。问题的分析表明，移动方式比停留方式更好。在停留方式中，搜索将在 Pareto 边界的两边结束，而不进入边界的中间。然而，如果使用移动方式，搜索将继续到边界的中间部分，在非支配状态之间自由移动，就像温度较低时的随机游动一样，并最终随着时间的推移均匀地分布在 Pareto 边界上[114]。这个结果与式 (9.5.1) 给出的 $p = 1$ 的结果一致。

Boltzmann 概率因子定义为 $P(E(\mathbf{x})) = \exp(-E(\mathbf{x})/k_B T)$，其中，$E(\mathbf{x})$ 为解 $\mathbf{x}$ 的能量，k_B 为 Boltzmann 常数。

在每一个温度 T，模拟退火算法旨在从均衡分布 $P(E(\mathbf{x})) = \exp(-E(\mathbf{x})/T)$ 中抽取样本。随着 $T \to 0$，任何来自 $P(E(\mathbf{x}))$ 的样本几乎肯定处于能量 E 的最小值。

模拟退火包括两个过程：首先“熔化”在一个高有效温度下待优化的系统，然后缓慢降温，直到系统“冻结”，不再发生变化。在每个温度下，模拟必须进行足够长的时间，以便系统达到稳定状态。$\{\mathbf{x}_i\}$ 的温度序列和重排次数试图在每个温度下达到平衡，可以认为是一个退火安排。

直观上，除了降低能量的扰动外，当 T 较高时，从 $\mathbf{x}$ 到 $\mathbf{x}'$ 增加能量的扰动可能被接受，并且样本可以探索状态空间。然而，随着温度 T 的减小，只有一些导致能量 E 小幅度增加的扰动被接受，所以只能有有限的探索，因为系统结束于 (所希望的) 全局最小值。

令 $E(\mathbf{x}_i)$ 和 $E(\mathbf{x}')$ 分别是当前解 (或状态)$\mathbf{x}_i$ 和新解 $\mathbf{x}'$ 的成本准则。模拟退火的实现需要 3 种不同的选择[153]。

- 决策规则：从当前解 (或状态)$\mathbf{x}_i$ 移动到新解 $\mathbf{x}'$ 时，成本准则定义为

$$\delta E(\mathbf{x}', \mathbf{x}_i) = E(\mathbf{x}') - E(\mathbf{x}_i) \tag{9.5.2}$$

- 邻域$V(\mathbf{x})$ 定义为一组接近 $\mathbf{x}$ 的可行解，使得满足多目标组合优化问题的约束条件 $D = \{\mathbf{x} : \mathbf{x} \in LD, \mathbf{x} \in B^n\}$ 和 $LD = \{\mathbf{x} : \mathbf{A}\mathbf{x} = \mathbf{b}\}$ 的任何解都可以在有限的移动之后获得。
- 某些模拟退火典型参数必须固定：
    (a) 初始温度参数 T_0 或者初始接受概率 p_0。 [717]
    (b) 冷却因子 $\alpha(\alpha < 1)$ 和冷却计划中的温度长度步长 N_{step}。
    (c) 停止规则：最终的温度 T_{stop} 与/或没有改进时的最大迭代数 N_{stop}。

算法 9.4 示出了一种单目标模拟退火算法。

算法 9.4 单目标模拟退火算法[153]

---

1. **input:** initial temperature parameter T_0, cooling factor α, temperature length step N_{step}, final temperature T_{stop} and the maximum number of iterations N_{stop}

2. **initialization:** draw at random an initial solution $\mathbf{x}_0$

   2.1 Evaluate $z(\mathbf{x}_0) = f(\mathbf{x}_0)$

   2.2 $X = \{\mathbf{x}_0\}$

   2.3 $N_{\text{count}} = n = 0$

3. **while** $n = 1, \cdots, N_{\text{stop}}$
4. Draw at random a solution $\mathbf{y}$ in the neighbourhood $V(\mathbf{x}_n)$ of $\mathbf{x}_n$
5. Evaluate $z(\mathbf{x}_n) = f(\mathbf{x}_n)$
6. Compute $\delta z = z(\mathbf{x}') - z(\mathbf{x}_n)$
7. The acceptance probability $p = \exp\left(-\frac{\delta z}{T_n}\right)$
8. If $\delta z \leqslant 0$ then we accept the new solution: $\mathbf{x}_{n+1} \leftarrow \mathbf{x}'$
9. If $\delta z > 0$ then we accept the new solution with a certain probability $\mathbf{x}_{n+1}\begin{cases} \xleftarrow{p} \mathbf{x}' \\ \xleftarrow{1-p} \mathbf{x}_n \end{cases}$
10. $n \leftarrow n + 1$
11. Update the temperature $T_n = \begin{cases} \alpha T_{n-1}, & n \ (\text{mod } N_{\text{stop}}) = 0 \\ T_{n-1}, & \text{其他} \end{cases}$
12. If $n = N_{\text{stop}}$ or $T < T_{\text{stop}}$ then exist
13. If $n < N_{\text{stop}}$ or $T > T_{\text{stop}}$ then goto step 4
14. **end while**
15. **output:** the optimal solution $\mathbf{x}_n$

模拟退火有以下两个重要特征[88]:

- 退火与迭代改进的不同之处在于, 退火不会陷入困境, 因为在非零温度下总是可能发生局部最优的转变。
- 退火是一种自适应的分而治之方法。系统最终状态的总体特征出现在较高的温度下, 而精细的细节则出现在较低的温度下。

[718]

9.5.2 多目标模拟退火算法

模拟退火背后的共同思想是[88, 91]:

- 邻域的概念;
- 以某个概率接受新的解;
- 概率对一个称为温度的参数的依赖性;
- 温度改变的方案。

与单目标模拟退火相比较, 基于种群的多目标模拟退火还采用了以下思想:

- 在模拟退火的每次迭代中, 应用了遗传算法[55] 中相互作用解的样本 (种群) 的概念。这些解称为生成 (的) 解。
- 为了保证生成解在整个有效解集上的分散性, 必须控制多目标规则中用于接受概率的目标权重, 以增加或减少提高特定目标值的概率。

与单目标框架不同, 在多目标框架中, 当根据 K 准则 $z_k(\mathbf{x}', \mathbf{x}_i), k = 1, \cdots, K$, 对当前解 $\mathbf{x}_i$ 与 $\mathbf{x}'$ 进行比较时, 显然会出现 3 种情况[153]:

- 若 $z_k(\mathbf{x}') \leqslant z_k(\mathbf{x}_n), \forall k = 1, \cdots, K$, 则由 $\mathbf{x}_i$ 到 $\mathbf{x}'$ 的移动相对于所有的目标 $\delta z_k(\mathbf{x}', \mathbf{x}_n) = z_k(\mathbf{x}') - z_k(\mathbf{x}_n) \leqslant 0, \forall k = 1, \cdots, K$ 是一种改善。因此, $\mathbf{x}'$ 总是被接受 ($p = 1$)。
- 在不同的代价准则 $\delta z_k < 0$ 和 $\delta z_{k'} > 0, \exists k \neq k' \in \{1, \cdots, K\}$ 下, 可以同时观察到解的改善和恶化, 以及第一个关键点是如何定义接受概率 p 的。
- 当所有的成本准则都恶化时: $\forall k, \delta z_k \geqslant 0$ 至少有一个严格的不等式成立, 必须计算接受 $\mathbf{x}'$ 而不是 $\mathbf{x}_i$ 的概率 p。令

$$\mathbf{z}(\mathbf{x}') = [z_1(\mathbf{x}'), \cdots, z_K(\mathbf{x}')]^{\mathrm{T}}, \qquad \mathbf{z}(\mathbf{x}_i) = [z_1(\mathbf{x}_i), \cdots, z_K(\mathbf{x}_i)]^{\mathrm{T}} \quad (9.5.3)$$

为了计算概率 p, 第二个关键点是如何计算 $\mathbf{z}(\mathbf{x}')$ 与 $\mathbf{z}(\mathbf{x}_i)$ 之间的“距离”。

为了克服以上两个困难, Ulungu 等人[153] 于 1999 年提出了准则尺度化方法。

定义从 $\mathbf{x}_i$ 到 $\mathbf{x}'$ 相对于第 k 个准则的概率为

$$\pi_k = \begin{cases} \exp\left(-\frac{\delta z_k}{T_i}\right), & \delta z_k > 0 \\ 1, & \delta z_k \leqslant 0 \end{cases} \quad (9.5.4)$$

于是, 全局接受概率 p 为 [719]

$$p = t(\Pi, \boldsymbol{\lambda}) = \{\pi_1, \cdots, \pi_K\}, \quad \Pi = (\pi_1, \cdots, \pi_K) \quad (9.5.5)$$

其中, $\Pi = (\pi_1, \cdots, \pi_K)$ 是 K 个准则 π_k 的聚合。

最直观的准则尺度化函数 $t(\Pi, \boldsymbol{\lambda})$ 为乘积函数

$$t(\Pi, \boldsymbol{\lambda}) = \prod_{k=1}^{K} (\pi_k)^{\lambda_k} \quad (9.5.6)$$

和最小值函数

$$t_{\min}(\Pi, \boldsymbol{\lambda}) = \min_{k=1,\cdots,K} (\pi_k)^{\lambda_k} \quad (9.5.7)$$

为了分别计算两个解之间的距离, 然后评估从 $\mathbf{x}_i$ 移动到 $\mathbf{x}'$ 相对于此特定准则的接受概率, 一种有效的准则尺度化方法是选择接受概率为

$$p = \begin{cases} 1, & \delta s \leqslant 0 \\ \exp\left(-\frac{\delta s}{T_i}\right), & \delta s > 0 \end{cases} \quad (9.5.8)$$

这里, $\delta s = s(\mathbf{z}(\mathbf{x}', \boldsymbol{\lambda})) - s(\mathbf{z}(\mathbf{x}_i, \boldsymbol{\lambda}))$ 可以取下列两种形式之中的任何一种:

- 加权和

$$s(\mathbf{z}(\mathbf{x},\boldsymbol{\lambda}))=\sum_{k=1}^{K}\lambda_k z_k(\mathbf{x}) \tag{9.5.9}$$

式中

$$\sum_{k=1}^{K}\lambda_k=1,\ \ \lambda_k>0,\ \ \forall\, k=1,\cdots,K \tag{9.5.10}$$

一种等效的选择是[39]

$$s(\mathbf{z}(\mathbf{x},\boldsymbol{\lambda}))=\sum_{k=1}^{K}\log z_k(\mathbf{x}) \tag{9.5.11}$$

- 加权 Chebyshev 范数 L_∞

$$s(\mathbf{z}(\mathbf{x},\boldsymbol{\lambda}))=\max_{1\leqslant k\leqslant K}\{\lambda_k|\tilde{z}_k-z_k|\},\quad \lambda_k>0,\forall\, k=1,\cdots,K \tag{9.5.12}$$

[720] 式中，$\tilde{z}_k$ 是理想点 $\tilde{z}_k=\min_{\mathbf{x}\in D} z_k(\mathbf{x})$ 的成本 (准则) 值。

容易证明[153]，式 (9.5.8) 中的全局接受概率 p 只是一个最直观的尺度化函数，即 $p=t(\Pi,\boldsymbol{\lambda})$。

由于多个目标函数是矛盾的，求解多目标优化问题的一种好的算法需要具有下列 4 个重要的性质[114]。

- 搜索精度：由于多目标优化问题的复杂性，算法很难找到 Pareto 最优解，因此必须找到最优解集的可能近似解。
- 搜索时间：算法必须在搜索时间内有效地找到最优解集。
- 最优集上的均匀概率分布：由于每一个解在多目标优化中都是重要的，因此所找到的解必须广泛地分布，或均匀地分布在真实 Pareto 最优集上，而不是收敛到一个点。
- 关于 Pareto 前沿的信息：算法必须提供尽可能多的关于 Pareto 前沿的信息。

一种多目标模拟退火算法见算法 9.5。

---

[721] **算法 9.5** 多目标模拟退火算法[153]

---

1. **input:** initial temperature parameter T_0, cooling factor α, temperature length step N_{step}, final temperature T_{stop} and the maximum number of iterations N_{stop}
2. **initialization:** draw at random an initial solution $\mathbf{x}_0$

   2.1 Evaluate $z_k(\mathbf{x}_0)=f_k(\mathbf{x}_0),\forall\, k=1,\cdots,K$

   2.2 The set of potentially optimal solutions PE $=\{\mathbf{x}_0\}$

   2.3 $N_{\text{count}}=n=0$
3. **while** $n=1,\cdots,N_{\text{stop}}$

4. Draw at random a solution $\mathbf{y}$ in the neighbourhood $V(\mathbf{x}_n)$ of $\mathbf{x}_n$
5. Evaluate $z_k(\mathbf{x}_n) = f_k(\mathbf{x}_n), \forall k = 1, \cdots, K$
6. Compute $\delta s = \sum_{k=1}^{K} \lambda_k \left(z_k(\mathbf{x}') - z_k(\mathbf{x}_n)\right)$
7. The acceptance probability $p = \exp\left(-\frac{\delta s}{T_n}\right)$
8. If $\delta s \leqslant 0$ then we accept the new solution: $\mathbf{x}_{n+1} \leftarrow \mathbf{x}'$
9. If $\delta s > 0$ then we accept the new solution with a certain probability $\mathbf{x}_{n+1} \begin{cases} \xleftarrow{p} \mathbf{x}' \\ \xleftarrow{1-p} \mathbf{x}_n \end{cases}$
10. Remove all the solutions dominated by $\mathbf{x}_{n+1}$ from PE. Add $\mathbf{x}_{n+1}$ to PE if no solutions in PE dominate $\mathbf{x}_{n+1}$
11. $n \leftarrow n + 1$
12. Update the temperature $T_n = \begin{cases} \alpha T_{n-1}, & n(\text{mod} N_{\text{stop}}) = 0 \\ T_{n-1}, & \text{otherwise} \end{cases}$
13. If $n = N_{\text{stop}}$ or $T < T_{\text{stop}}$ then exist
14. If $n < N_{\text{stop}}$ or $T > T_{\text{stop}}$ then goto step 4
15. **end while**
16. **output:** the Pareto optimal solutions PE $= \{\mathbf{x}_i \in D\}$

业已认识到 (例如文献 [114]), 多目标优化的模拟退火具有以下性质:

- 利用 Pareto 最优性和支配性的概念, 模拟退火可以获得较高的搜索精度。
- 模拟退火的主要缺点是它需要花费很长时间才能找到最优值。
- 模拟退火的一个有趣的优点是它的均匀概率分布特性, 因为从数学角度已经证明[50, 104], 它可以在一个标量有限状态问题中找到每一个具有相同概率的全局最优解。
- 对于多目标优化问题, 由于所有的 Pareto 解都有不同的成本向量, 且具有权衡关系, 因此决策者必须从 Pareto 解集中选择合适的解, 有时还需要对找到的解进行插值。

因此, 要将模拟退火应用于多目标优化, 必须减少搜索时间, 有效地搜索 Pareto 最优解。需要注意的是, Pareto 最优解集 PE 中的任何解都不应该被其他解支配, 否则任何被支配的解都应该从 PE 中删除。从这个意义上讲, Pareto 解集应该是最好的非支配解集。

9.5.3 存档多目标模拟退火

在 Smith 等人开发的多目标模拟退火 (MOSA) 算法[145] 中, 一个新解 $\mathbf{x}$ 的接受程度取决于它的能量函数。如果真正的 Pareto 前沿是可用的, 那么一个特定解 $\mathbf{x}$ 的能量被计算为支配 $\mathbf{x}$ 的所有解的总能量。在实际应用中, 由于真正的 Pareto 前沿并不总是可用的, 因此必须首先估计 Pareto 前沿 F', 这是迄今为止在这个过程中发现的一组互不支配的解。这些非支配解称为存档非支配解或存档中的非支配解。

为了估计 Pareto 前沿 F' 的能量, 在存档多目标模拟退火中应该考虑 Pareto 前沿内的存档非支配解的个数。

通过将非支配解合并到归档中, 可以确定是否接受新的解。这种方法称为存档多目标模拟退火, 由 Bandyopadhyay 等人于 2008 年提出[7], 见算法 9.6。

[722] **算法 9.6** 存档多目标模拟退火 (AMOSA) 算法[7]

input: $T_{\max}, T_{\min}, HL, SL, \text{iter}, \alpha, \text{temp} = T_{\max}$
initialization: Draw at random an initial Archive, and put curren-pt = random(Archive)
while temp $> T_{\min}$
  for $(i = 0; i < \text{iter}, i++)$
    new-pt=pertub(current-pt)
    Check the domination status of new-pt and current-pt
    if (current-pt dominates new-pt) **then**
      $\Delta dom_{\text{avg}} = \frac{1}{k+1}\left(\left(\sum_{i=1}^{k} \Delta dom_{i,\text{new}-\text{pt}}\right) + \Delta dom_{\text{current},\text{new}-\text{pt}}\right)$
      prob $= \frac{1}{1+\exp(\Delta dom_{\text{avg}} \cdot \text{temp})}$
    if (current-pt and new-pt are nondominated each other) **then**
      Check the domination status of new-pt and current-pt
      if (new-pt is dominated by $k\,(k \geqslant 1)$ points in the Archive) **then**
        prob$= \frac{1}{1+\exp(\Delta dom_{\text{avg}} \cdot \text{temp})}$
        $\Delta dom_{\text{avg}} = \frac{1}{k}\left(\sum_{i=1}^{k} \Delta dom_{i,\text{new}-\text{pt}}\right)$
        Set new-pt as current-pt with probability = prob
      if (new-pt is nondominated w.r.t all the points in the Archive) **then**
        Set new-pt as current-pt and add it to the Archive
        if Archive-size $> SL$ **then**
          Cluster Archive into HL number of clusters
      if (new-pt dominates $k\,(k \geqslant 1)$ points in the Archive) **then**
        Set new-pt as current-pt and add it to the Archive
        Remove all the k dominated points from the Archive
    if (new-pt dominates current-pt) **then**
      Check the domination status of new-pt and points in the Archive
      if (new-pt is dominated by $k\,(k \geqslant 1)$ points in the Archive) **then**
        $\Delta dom_{\min}$ = minimum of the difference of domination amount between the new-pt and the k points
        prob $= \frac{1}{1+\exp(-\Delta_{\min})}$
        Set point in the Archive which corresponds to $\Delta dom_{\min}$ as current-pt with prob
        else set new-pt as current-pt

```
30.         if (new-pt is nondominated w.r.t all the points in the Archive) then
31.             Set new-pt as current-pt and add it to the Archive
32.             if current-pt is in the Archive, remove it from the Archive
33.             else if Archive-size > SL, then cluster Archive into HL number of clusters
34.         if (new-pt dominates k other points in the Archive) then
35.             Set new-pt as current-pt and add it to the Archive
36.             Remove all the k dominated points from the Archive
37.     end for
38.   temp =α· temp
39. end while
40. if Archive-size > SL then
41.     Cluster Archive into HL number of clusters
42. end if
```

在算法 9.6 中, 需要预先设定下列参数。 [723]

- HL: 终止时存档的最大规模。该集合等于用户所需的非支配解的最大数目。
- SL: 在聚类之前可以填充存档的最大规模, 以将其规模减小到 HL。
- $T_{\max}$: 最大 (初始) 温度。
- $T_{\min}$: 最小 (结束) 温度。
- iter: 每个温度时的迭代数。
- α: 模拟退火的冷却速率。

令 $\bar{\mathbf{x}}^* = [\bar{x}_1^*, \cdots, \bar{x}_n^*]^{\mathrm{T}}$ 表示决策变量向量, 它们同时使目标函数 $\{f_1(\bar{\mathbf{x}}), \cdots, f_K(\bar{\mathbf{x}})\}$ 满足所有约束条件 (如果有约束的话) 的情况下最大化。在最大化问题中, 称一个解 $\bar{\mathbf{x}}_i$ 支配另一个解 $\bar{\mathbf{x}}_j$, 当且仅当

$$f_k(\bar{\mathbf{x}}_i) \geqslant f_k(\bar{\mathbf{x}}_j), \quad \forall k = 1, \cdots, m \tag{9.5.13}$$

$$f_k(\bar{\mathbf{x}}_i) = f_k(\bar{\mathbf{x}}_j), \quad 对某个\ k \in \{1, \cdots, m\} \tag{9.5.14}$$

在解集 P 中, 解的非支配集 P' 是不被集合 P 的任何成员支配的那些解。整个搜索空间 S 的非支配集为全局性 Pareto 最优解集。

在给定的温度 T, 新状态 s 被选择的概率为

$$P_{qs} = \frac{1}{1 + \exp\left(\frac{-(E(q,T) - E(s,T))}{\mathrm{T}}\right)} \tag{9.5.15}$$

式中, q 是当前状态, 而 $E(q,T)$ 和 $E(s,T)$ 分别是 q 和 s 的相应能量值。

解中一个点, 称为当前点 (current-pt), 在 temp $= T_{\max}$ 温度下从存档中随机选择作为初始解。当前 pt 被扰动以生成名为 new-pt 的新解决方案。根据现有 pt 和存档解决方案检查新 pt 的控制状态。

根据 current-pt 和 new-pt 之间的支配状态, 用不同概率选择 new-pt 作为 current-pt。这个过程构成了算法 9.6 的核心, 见步骤 4 到步骤 37。

9.6 遗传算法

遗传算法 (GA) 是一种受自然选择过程启发的元启发式算法。遗传算法通常用于产生优化和搜索问题高质量的解, 依靠的是基于生物启发的变异、交叉、选择等算子。

在遗传算法中, 优化问题的候补解 (称为个体、生物或表型) 的种群向更好的解进化。每个候选解都有一组属性 (其染色体或基因型), 这些属性可以突变和
[724] 改变; 传统上, 解用二进制表示为 0 和 1 的字符串, 但也可以进行其他编码。

演化是一个迭代过程: ① 它通常从随机产生的一个群体开始。每次迭代中的种群称为一代。② 在每一代中, 每个个体的适应度都会被评估。适应度通常是目标函数在求解优化问题时的值。③ 更合适的个体随机从当前群体中被挑选出来, 每个个体的基因组都经过了修改 (重组和可能随机的突变), 形成新的一代。④ 新一代的候选解将用于算法的下一次迭代。⑤ 当已经产生了最大的世代数时, 或者对于种群已经达到满意的适应度水平时, 算法终止。

9.6.1 基本遗传算法运算

遗传算法通常由编码染色体、适应度函数、繁殖、交叉和变异操作组成。

一个典型的遗传算法需要 3 个重要概念:

- 解域的遗传表示。
- 评价解域的适应度函数。
- 种群的概念。与传统的搜索方法不同, 遗传算法依赖于候选解的种群。

遗传算法 (GA) 是一种搜索技术, 用于寻找优化和搜索问题的真实或近似解。遗传算法是一类特殊的进化算法, 受进化生物学的启发, 使用遗传、变异、选择和交叉 (也称为重组)。

遗传算法将搜索问题的解 (或决策变量) 编码成具有一定基数的有限长字符串。候选解称为个体、生物或表型。个体的抽象表示称为染色体、基因型或基因组, 字符被称为基因, 而基因的值称为等位基因。与传统的优化技术相比, 遗传算法使用参数的编码, 而不使用参数本身。

一个个体群体可以看作是一个派往优化空间的 "搜索者"。每个搜索者由其基因定义, 即它在优化空间中的位置由其基因编码。每个搜索者都有责任找出它在优化空间中位置的质量值。

[725] 为了进化好的解以实现自然选择, 需要一个测度将好的解与坏的解加以识别。这个测度称为适应度。一旦基因表示和适应度函数被定义, 遗传算法开始运行时, 先产生一个大的随机染色体种群。每个被编码的染色体表示搜索问题的一个不同的解。

当两个有机体繁殖时, 它们共享自己的基因。由此产生的后代可能会有一半的基因来自父母中的一方, 另一半来自另一方。这个过程叫作重组。一个基因偶尔会变异。

遗传算法是一种解决问题的方法, 它模仿了大自然生物进化的相同过程。它

们使用同样的选择、重组 (即交叉) 和变异的组合, 以演化出一个问题的解。

1. 染色体编码

每个染色体都由一系列来自特定字母表的基因组成, 这些基因可以由二进制数字 (0 和 1)、浮点数、整数、符号 (即 A、B、C、D) 等组成。

在二进制基因表示法中, 一个可能的解需要编码成一串数位 (即染色体), 而这些数位需要表示解可用的所有不同字符。例如, 需要 4 位来表示所用字符的范围:

0 : 0000
1 : 0001
2 : 0010
3 : 0011
4 : 0100
5 : 0101
6 : 0110
7 : 0111
8 : 1000
9 : 1001
$+$: 1010
$-$: 1011
$*$: 1100
/ : 1101

这显示了所有不同的基因需要编码的问题描述。可能的基因 1110、1111 将保持未使用状态, 如果遇到它们, 算法将忽略这些基因。

一个由 4 位组成的字符串 "$7+6*4/2+1$" 将由 9 个基因表示, 如下所示

0111	1010	0110	1100	0100	1101	0010	1010	0001
7	+	6	*	4	/	2	+	1

这些基因串在一起即形成染色体 [726]

0111 1010 0110 1100 0100 1101 0010 1010 0001

因为该算法处理随机的基因排列, 所以经常会遇到这样的字符串

0010 0010 1010 1110 1011 0111 0010

解码后, 这个字符串表示

0010	0010	1010	1110	1011	0111	0010
2	2	+	n/a	$-$	7	2

2. 适应度选择

为了进化好的解并实现自然选择, 我们需要一种测度能够区分好的解和坏的解。本质上, 适应度测度必须确定候选解的相对适应度, 随后被遗传算法用来

指导好解的进化。这是遗传算法的一个特点：它只使用个体的适应度获得下一步搜索的相关信息。

为了分配适应度，Hajela 和 Lin[61] 提出了一种加权求和方法：给每个目标分配一个权重 $w_i \in (0, 1)$，满足 $\sum_i w_i = 1$。然后，通过对加权目标值 $w_i f_i(\mathbf{x})$ 求和，计算适应度值。为了能够并行搜索多个解，权值不是固定的，而是使用基因型编码，从而通过适应度共享，促进权值组合的多样性[61, 169]。其结果是，适应度分配使解和加权组合同时得到进化。

3. 再生[164]

个体通过一个基于适应度的过程选择：具有较低劣值的更适合的个体通常会有更多机会被选中。一方面，必须保留优秀的个体，避免过于随机的搜索和低效率。另一方面，这些高适应度个体又不期望过度繁殖，以避免算法的过早收敛。为简单和有效，采用精英选择策略。首先，种群 $p(t)$ 中的个体按劣值从小到大进行排序。然后，排在前 1/10 的个体被直接选择进入交叉池。剩下的 9/10 个体则通过与种群中所有个体的随机竞争获得进入交叉池的机会。

4. 交叉与变异

交叉是遗传算法在进化算法中独创性的一个特点。遗传交叉是一种模仿自
[727] 然界有性生殖的遗传重组过程。它的作用是把原来的好基因遗传给下一代，并产生具有更复杂遗传结构和更高适应值的新个体。

第 i 个个体改进的交叉概率P_{ci} 自适应调整为

$$P_{ci} = \begin{cases} P_c \times r_i / r_{\max}, & r_i < r_{\text{avg}} \\ P_c, & r_i \geqslant r_{\text{avg}} \end{cases} \tag{9.6.1}$$

式中，P_{ci} 是遗传算法的交叉概率，r_i 是个体的劣值，$r_{\max}$ 是最大劣值，r_{avg} 是种群的平均劣值。

简单地讲，交叉概率就是两条染色体交换它们的基因位的机会。一个好的交叉概率约为 0.7。交叉的实现是先沿着染色体长度随机选择一个基因，然后交换该点之后的所有基因。例如，给定两个基因

1000 1001 1100 0010 1010
0101 0001 1010 0001 0111

如果沿着长度选择一个随机位，例如在位置 9，然后交换该点之后的所有位，则有

1000 1001 1010 0001 0111
0101 0001 1100 0010 1010

由交叉概率公式 (9.6.1) 可以看出，当参与交叉的个体适应度值低于群体的平均适应度值时，即该个体是性能较差的个体时，便对其采用较大的交叉概率。当交叉算子的个体适应度值高于平均适应度值，即个体具有优异的性能时，则利用较小的交叉概率来降低交叉算子对性能较好个体的损害。

当交叉操作产生的子代适应度值不再优于父代，但未达到全局最优解时，遗

传算法会出现早熟收敛。此时, 在遗传算法中引入变异算子往往会产生良好的效果。

遗传算法中的变异模拟自然有机体演化过程中染色体上某个基因的突变, 以便改变染色体的结构和物理性质。

一方面, 变异算子可以恢复种群进化过程中丢失的遗传信息, 保持种群中个体的差异, 防止早熟收敛。另一方面, 当种群规模较大时, 若在交叉运算之后适 [728]
度引入变异, 还可以提高遗传算法的局部搜索效率, 从而增加种群的多样性, 达到全局搜索的领域。

第 i 个个体改进的变异概率P_{mi} 自适应调整为

$$P_{mi} = \begin{cases} P_m \times r_i/r_{\max}, & r_i < r_{\text{avg}} \\ P_m, & r_i \geqslant r_{\text{avg}} \end{cases} \tag{9.6.2}$$

种群的变异概率 P_m 按照当前种群的多样性自适应变化为

$$P_m = P_{m0}[1 - 2(r_{\max} - r_{\min})/3(\text{PopSize} - 1)] \tag{9.6.3}$$

式中, $r_{\max}$ 和 $r_{\min}$ 分别是个体的最大和最小劣值, PopSize 是个体的数目, 并且 P_{m0} 是程序的变异概率。

变异概率是所选染色体的一个或多个基因被翻转 (0 变成 1, 1 变成 0) 的机会, 通常是通过自适应选择来实现的

$$p_m = \begin{cases} k_2 \cdot \frac{f_{\max} - f}{f_{\max} - \bar{f}}, & f > \bar{f} \\ k_4, & f \leqslant \bar{f} \end{cases} \tag{9.6.4}$$

这里, k_2 和 k_4 等于 0.5, f 是染色体变异情况下的适应度。

从式 (9.6.1) 中的 P_{ci} 和式 (9.6.2) 中的 P_{mi} 的表达式中可以看出:

- 当个体的适应度值低于种群的平均适应值时, 即个体表现不佳时, 常采用较大的交叉概率和变异概率。
- 如果个体的适应度值高于平均适应值, 即个体表现优秀, 则根据适应值自适应地选取相应的交叉概率和变异概率。
- 当个体的适应度值接近最大适应度值时, 交叉概率和变异概率较小。
- 如果个体的适应度值等于最大适应度值, 则交叉概率和变异概率为零。

值得注意的是, 适应度最大的个体可能在种群中快速繁殖, 导致算法过早收敛。因此, 适应度最好的个体适合演化后期的种群, 但不利于演化早期, 因为演化早期的优势个体几乎处于无变化状态, 此时的优势个体不一定是最优的。为 [729]
了避免进化到一个局部最优解, 可以在演化早期对每个个体使用默认交叉概率 $p_c = 0.8$ 和默认变异概率 $p_m = 0.001$, 这样演化早期在群体中表现良好的个体的交叉概率和变异概率不再为零。

9.6.2 具有基因重排的遗传算法

遗传算法在演化过程中具有一定的退化性。退化问题主要是由求解问题的

解空间与遗传个体编码在演化过程中的非一一对应引起的[127]。

演化过程的退化性通常导致算法反复搜索局部解空间。因此, 避免进化过程的退化, 可以提高遗传算法的搜索效率。

为了说明退化是如何发生的, 我们来考虑一个聚类问题。在这个问题中, 一组模式被分成 K 个类别, 使得同一个类别中的模式在某种意义上是相似的, 并且与其他类别中的模式不同。记两个染色体为

$$\mathbf{x} = [x_{11}, \cdots, x_{1N}, \cdots, x_{K1}, \cdots, x_{KN}] = [\mathbf{x}_1, \cdots, \mathbf{x}_K] \tag{9.6.5}$$

$$\mathbf{y} = [y_{11}, \cdots, y_{1N}, \cdots, y_{K1}, \cdots, y_{KN}] = [\mathbf{y}_1, \cdots, \mathbf{y}_K] \tag{9.6.6}$$

其中, $\mathbf{x}_i = [x_{i1}, \cdots, x_{iN}] \in \mathbb{R}^{1\times N}, \mathbf{y}_i = [y_{i1}, \cdots, y_{iN}] \in \mathbb{R}^{1\times N}$, 而 $\mathbf{x}$ 称为参考向量。令 $P_1 = \{1, \cdots, K\}$ 是 $\{\mathbf{x}_1, \cdots, \mathbf{x}_K\}$ 的一组索引集, 并且 $P_2 = \varnothing$。考虑将 P_1 重组为 P_2

for $i = 1$ to K **do**

  $k = \arg\min\limits_{j\in P_1, j\notin P_2} \|\mathbf{y}_i - \mathbf{x}_j\|^2$

  $P_1 = P_1 \backslash k$ and $P_2(i) = k$

end for

则 P_2 的元素是 P_1 元素的重排, 并且 $\mathbf{y}$ 将根据 P_2 重新排列, 即有

$$\mathbf{y}'_k = \mathbf{y}_{P_2(k)} \tag{9.6.7}$$

定义 9.31 (基因重排) [16] 如果 $\mathbf{x}$ 和 $\mathbf{y}$ 是基因表示中的两个染色体, 并且
[730] $\mathbf{y}$ 的元素根据 P_2 中的索引进行过重排, 以得到一个新的向量, 其元素

$$\tilde{y}_i = y_{P_2(i)}, \quad i = 1, \cdots, N \tag{9.6.8}$$

则新的染色体 $\tilde{\mathbf{y}} = [\tilde{y}_i]_{i=1}^N = [y_{P_2(i)}]_{i=1}^N$ 称为原染色体 $\mathbf{y}$ 的基因重排。

具有基因重排的遗传算法见算法 9.7。

算法 9.7 具有基因重排的遗传算法 (GAGR)[16]

---

1. **initialization**
   1.1 Generate a group of cluster centers with size NP
   1.2 Consider only valid chromosomes (that have at least one data point in each cluster)
   1.3 Each data point of the set is assigned to the cluster with closest cluster center using the Euclidean distance
2. Evaluate each chromosome and copy the best chromosome pbest of the initial population in a separate location
3. If the termination condition is not reached, go to Step 4; else select the best individual from the population as the best cluster result
4. Select individuals from the population for crossover and mutation
5. Apply crossover operator to the selected individuals based on the crossover probability

6. Apply mutation operator to the selected individuals based on the mutation probability
7. Evaluate the newly generated candidates
8. Compare the worst chromosome in the new population with pbest in term of their fitness values. If the former is worse than the later, then replace it by pbest
9. Find the best chromosome in the new population and replace pbest
10. For the new population, select the best chromosome as a reference, which other chromosomes might fall into the gene rearrangement if needed
11. Go back to Step 3

下面是关于基因重排的遗传聚类算法 (GAGR) 步骤的说明[16]。

① 染色体表示: 比较实值和二进制遗传算法的广泛实验表明[102], 实值遗传算法在 CPU 时间方面更有效。在实值基因表示中, 每个染色体构成一个聚类中心序列, 即每个染色体由 $M = N \cdot K$ 个实数描述, 如下所示

$$\mathbf{m} = [m_{11}, \cdots, m_{1N}, \cdots, m_{K1}, \cdots, m_{KN}] = [\mathbf{m}_1, \cdots, \mathbf{m}_K] \tag{9.6.9}$$

式中, N 是特征空间的维数, K 是类别的个数; 并且前 N 个元素表示第一个聚类中心, 之后的 N 个元素表示第二个聚类中心, 以此类推。

② 种群初始化: 在 GAGR 聚类算法中, 可以随机生成大小为 N 的初始种
群, 并从数据集中随机选择 K 个数据点, 根据没有相同点形成染色体 [731]
的条件下, 形成一个染色体, 表示 K 个聚类中心。这个过程一直重复到 NP 个染色体生成为止。只有有效字符串 (即每个集群中至少有一个数据点的字符串) 才被视为包含在初始种群中。

在种群初始化之后, 使用下列公式将每个数据点分配给具有最近聚类中心的类别

$$\mathbf{x}_i \in C_j \leftrightarrow \|\mathbf{x}_i - \mathbf{m}_j\| = \min_{k=1,\cdots,K} \|\mathbf{x}_i - \mathbf{m}_k\| \tag{9.6.10}$$

式中, $\mathbf{m}_k$ 是第 k 个聚类中心。

③ 适应度函数: 适应度函数用于定义每个候选解的适应度值。一个常用的聚类准则或质量指标是平方误差 (SSE) 测度的总和, 定义为

$$SSE = \sum_{C_i} \sum_{\mathbf{x} \in C_i} (\mathbf{x} - \mathbf{m}_i)^{\mathrm{T}} (\mathbf{x} - \mathbf{m}_i) = \sum_{C_i} \sum_{\mathbf{x} \in C_i} \|\mathbf{x} - \mathbf{m}_i\|^2 \tag{9.6.11}$$

其中, $\mathbf{x} \in C_i$ 是分配给类别 C_i 的数据点。此度量值分别计算每个模式与其所在类别的中心的累积距离, 然后对所有类别的这些度量求和。如果这个测度很小, 那么从模式到类别中心的距离就很小, 聚类结果会被认为是好的。有趣的是, SSE 的理论最小值为零, 对应只包含一个数据点的所有聚类。于是, 将染色体的适应度函数定义为 SSE 的逆函数, 即

$$f = \frac{1}{SSE} \tag{9.6.12}$$

这个适应度函数在整个演化过程中被最大化, 从而导致平方误差的最小化。

④ 演化运算。

- 交叉: 令 $\mathbf{x}$ 和 $\mathbf{y}$ 是两个需要交叉的染色体, 则启发式交叉由

$$\mathbf{x}' = \mathbf{x} + r(\mathbf{x} - \mathbf{y}) \tag{9.6.13}$$

$$\mathbf{y}' = \mathbf{x} \tag{9.6.14}$$

给出, 其中 $r = U(0,1)$, 并且 $U(0,1)$ 是在区间 $[0,1]$ 的均匀分布; $\mathbf{x}$ 则假定在适应度方面比 $\mathbf{y}$ 更好。

- 变异: 令 $f_{\min}$ 和 $f_{\max}$ 分别为当前种群中的最小和最大适应度值。对

[732] 于适应值为 f 的个体, 使用均匀分布生成一个数字 $\delta \in [-R, +R]$, 其中 R 为[5]

$$R = \begin{cases} \frac{f - f_{\min}}{f_{\max} - f_{\min}}, & f_{\max} > f \\ 1, & f_{\max} = f \end{cases} \tag{9.6.15}$$

如果数据集在第 i 维 (其中 $i = 1, \cdots, N$) 的最小值和最大值分别是 $m_{\min}^i$ 和 $m_{\max}^i$, 则变异后, 个体的第 i 个元素为[5]

$$m^i = \begin{cases} m^i + \delta \cdot (m_{\max}^i - m^i), & \delta \geqslant 0 \\ m^i + \delta \cdot (m^i - m_{\min}^i), & \text{其他} \end{cases} \tag{9.6.16}$$

基因重排的一个关键特征是避免了在许多聚类问题中使用的基因表示所导致的退化性。退化性主要来源于基因表示与聚类结果之间的非一一对应。为了说明退化性, 令 $\mathbf{m}_1 = [1.1,\ 1.0, 2.2,\ 2.0, 3.4, 1.2]$ 和 $\mathbf{m}_2 = [3.2, 1.4, 1.8, 2.2, 0.5, 0.7]$ 分别表示具有 3 个聚类中心的二维数据集在一代中的两个聚类结果。若 $\mathbf{m}_1$ 选择为参考向量, 则经过定义 9.31 描述的基因重排之后, $\mathbf{m}_2$ 变为 $\mathbf{m}_2' = [0.5, 0.7, 1.8, 2.2, 3.2, 1.4]$。

图 9.3 示出了 $\mathbf{m}_1$ 和 $\mathbf{m}_2(\mathbf{m}_2')$ 的交叉结果, $*$ 表示染色体 $\mathbf{m}_1$ 的 3 个聚类中

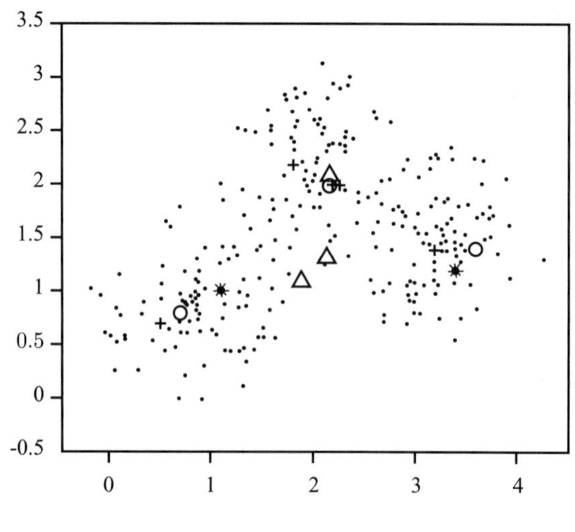

图 9.3　交叉引起的退化性[16]

心 (1.1, 1.0), (2.2, 2.0), (3.4, 1.2), + 表示染色体 $\mathbf{m}_2$ 的 3 个聚类中心 (3.2, 1.4), (1.8, 2.2), (0.5, 0.7), Δ 表示通过 $\mathbf{m}_1$ 和 $\mathbf{m}_2$ 的交叉得到的染色体, ∘ 表示由交叉 $\mathbf{m}_1$ 和 $\mathbf{m}_2'$ 得到的染色体, 3 个聚类中心为 (0.5, 0.7), (1.8, 2.2), (3.2, 1.4)。

从图 9.3 我们可以看出, 直接通过 $\mathbf{m}_1$ 和 $\mathbf{m}_2$ 的交叉获得的染色体 (三角形标记) 的性能很差, 因为 3 个聚类中的两个非常接近, 产生了一些混淆。相反, 从 [733] $\mathbf{m}_1$ 和 $\mathbf{m}_2'$ 获得的染色体 (圆圈的标记) 的效率更高, 因为没有任何一对聚类之间存在混淆。

由于 GAGR 算法通过基因重排与聚类结果有一对一的对应关系, 因此不存在退化性, 这使得 GAGR 算法比经典遗传算法更有效。

9.7 非支配多目标遗传算法

在基于代的进化算法或遗传算法中, 选择的个体被重组 (如交叉) 和变异, 构成新的种群。设计者/用户更喜欢增量的、稳定状态的种群更新, 它选择 (和可能删除) 只有一个或两个来自当前种群的个体, 并将新重组和变异的个体添加到其中。因此, 选择一个或两个个体是基于代的进化算法或遗传算法的关键步骤。

9.7.1 适应度函数

在遗传编程和遗传算法领域, 每一个解通常被表示为一个数字串 (称为染色体)。在每一轮测试或仿真之后, 设计者的目标是删除 "n" 个最差的解, 并从最佳解中培育出 "n" 个新的解。为此, 每个解都需要通过一个性能指标来评估, 以确定它与满足总体规范的接近程度。这个测度通常使用适应度函数来进行测试或模拟。

适应度函数是一种特殊类型的目标函数, 作为一个单一的性能指标, 用于遗传编程和遗传算法指导仿真朝着优化设计的方向发展。

根据 "适者生存" 机制, 遗传算法直接根据解的适应度值来评价解。遗传算法只要求适应度函数满足非负性。这个特点使得遗传算法具有广泛的适用性。

由于一个可行解 $\mathbf{x}_1 \in X$ 称为 (Pareto) 支配另一个解 $\mathbf{x}_2 \in X$, 若 $f_i(\mathbf{x}_1) \leqslant f_i(\mathbf{x}_2)$ 对所有 $i \in \{1, \cdots, k\}$ 成立, 并且 $f_j(\mathbf{x}_1) < f_j(\mathbf{x}_2)$ 对至少一个 $j \in \{1, \cdots, k\}$ 成立, 所以目标函数 $f_i(\mathbf{x})$ 很自然地被当作候补解 $\mathbf{x}$ 的适应度函数。然而, 在实际问题中, 适应度函数并不与问题中的目标函数完全一致。

在遗传算法中, 适应度是描述个体性能的关键指标。由于选择最适合的适应度, 适应度成为遗传算法的驱动力。从生物学的角度看, 适应度等同于生存竞 [734] 争。"生存" 的生物活性在遗传过程中具有重要意义。在群体演化过程中, 通过对优化问题的目标函数进行最优化, 可以将优化问题的目标函数映射为个体的适应度。适应度函数又称评价函数, 是根据目标函数来区分群体中好的个体和坏的个体。适应度总是非负的。无论如何, 适应度值越大越好。

已广泛意识到, 在选择操作中, 遗传算法会遇到两个欺骗问题:

- 在遗传算法的早期阶段，通常会产生一些超正常的个体。由于它们的卓越竞争力，这些超正常个体将控制选择过程，这影响了算法的全局优化性能。
- 在遗传算法的后期，如果算法趋于收敛，则由于种群中个体适应度的差异较小，从而降低了继续优化的可能性，会得到某个局部最优解。因此，如果适应度函数选择不当，将导致比欺骗更多的问题。因此，适应度函数的选择对遗传算法具有重要意义。

9.7.2 适应度选择

进化算法/遗传算法能够解决复杂的优化任务，其中目标函数 $f: I \to \mathbb{R}$ 将被最大化，并且 $i \in I$ 是来自可行解集的一个个体。种群是由多个个体组成的集合，按如下方式进行维护和更新：首先根据某种选择策略选择一个或多个个体。在基于代的进化算法中，选择的个体被重组 (例如，通过交叉) 和变异，构成新的种群。我们更喜欢从当前种群中只选择一个或者两个个体予以删除，并将新重组和变异的个体添加到种群中。我们感兴趣的是寻找一个单一个体，它对困难的多模态和欺骗问题具有最大的目标值。

下面是两种常用的选择方案[77]:

1. 标准选择方案

该方案偏好选择所有适应度较高的个体，并具有以下变形：

- 线性比例选择：选择个体的概率与个体的适应度呈线性关系[69]。
- 截断选择：选择最适应的个体，通常具有多重性以保持种群规模固定[109]。
- 排序选择：根据个体的适应度进行排序。因此，选择概率是排序的 (线性) 函数[157]。
- [735] 锦标赛选择：从个体中选出最优秀的个体，最初是为稳态进化算法开发的，但是可以适用基于代的遗传算法[4]。

2. 适应度均匀选择方案 (FUSS)

这个方案基于以下内容：人们主要感兴趣的不是种群收敛到最大的适应度，而只是在于具有最大适应度的单个个体。该方案能自动产生合适的选择压力，保持遗传适应值，有助于保持种群多样性。

所有上述选择方案都具有增加一个种群的平均适应度的性质 (和目标)，使种群往更高的适应度进化[77]。

为了将好解 (个体) 与坏解区分开，我们需要进行个体的适应度选择。为此，定义 $f(i)$ 和 $f(j)$ 之间的不同或者距离为[77]

$$d(i,j) = |f(i) - f(j)| \tag{9.7.1}$$

这个距离仅基于适应度函数，与个体的编码/表示以及其他问题细节无关，也与优化算法 (例如，遗传交叉和重组) 无关，并且很容易根据适应值进行计算。如果假设功能相似的个体具有相似的适应度，那么它们在距离 d 上也是相似的。此外，具有非常不同编码的个体，甚至功能不同的个体都有可能是 d 相似的。

两个个体 i 和 j 称为 ϵ 相似, 若 $d(i,j)=|f(i)-f(j)|\leqslant\epsilon$。

令当前种群中的最低和最高适应度分别为 $f_{\min}$ 和 $f_{\max}$。

适应度均匀选择方案是一个两阶段均匀选择过程[77]:

- 从 $F=[f_{\min},f_{\max}]$ 中随机选择一个适应度 f。
- 选择一个适应度最接近 f 的个体 $i\in P$, 有可能在变异和重组之后, 向种群 P 添加这个副本。

由于选择一个特定个体的概率与它到最近适应度邻居的距离成正比, 所以在具有高不适应密度和低适应密度的个体组成的种群中, 适应度更高的个体实际上更受青睐。

适应度选择是一个数学模型或计算机模拟, 甚至是一个主观函数, 用于选择更好的解而不是更差的解。为了指导遗传算法中好解的演化, 对种群中每个个体的适应度进行评价, 从当前种群中随机选择多个个体 (基于它们的适应度), 并对其进行修改 (重组和可能的变异) 以形成新种群。然后将新的种群用于遗传的下一次迭代中。重复这个迭代过程, 直到产生了代的最大数, 或者种群已经达到令人满意的适应度水平。然而, 如果算法由于最大迭代步数而终止, 则可能达到, 也可能尚未达到令人满意的解。 [736]

相反, 我们也可以通过删除而不是选择来保持多样性, 删除那些具有"常见"适应度的个体。这种方法称为适应度统一删除方案 (FUDS), 其作用是主动控制解空间的不同部分, 而不是将种群作为一个整体移向更高的适应度[77]。因此, 适应度统一删除方案至少是对必须正确设置选择强度参数问题的部分解决方案。

一种常见的适应度选择方法是 Goldberg 的非劣排序方法[54], 用于选择优越的个体。设 $\mathbf{x}_i(t)$ 是第 t 代种群 $p(t)$ 中的任意个体, $r_i(t)$ 表示此种群中不低于 $\mathbf{x}_i(t)$ 的个体数。然后, $r_i(t)$ 定义为总体中单个 $\mathbf{x}_i(t)$ 的低劣值。显然, 具有较小低劣值的个体是优越的, 并且接近 Pareto 解。在演化过程中, 整个种群不断接近 Pareto 边界。

9.7.3 非支配排序遗传算法

与单目标优化问题不同, 在多目标优化问题中, 一个目标的性能改进往往是以降低至少一个其他目标为成本的。换言之, 很难找到唯一的最优解, 而是称为 Pareto 最优前沿或非支配集的一类最优解。

多目标进化算法 (MOEA) 是求解多目标优化问题的一种常用方法, 因为这种方法能够在一次运行中找到多个 Pareto 最优解。由于一个多目标优化问题不可能有单一的解能够在一次单独的运行中同时优化所有的目标函数, 所以如果它能给出位于 Pareto 最优前沿或其附近的大量可供选择的解, 则这样的方法具有很大的实用价值。

早期的实用遗传算法, 称为矢量评估遗传算法 (VEGA), 是由 Schaffer 在 1985 年提出的[141]。这个算法的一个问题是它偏向于一些 Pareto 最优解。决策者可能希望找到尽可能多的非支配解点, 以避免对中等个体的任何偏见。

支配解点的数目 $d(\mathbf{s}, P(t))$ 是点 $\mathbf{s}$ 占优的集合 $P(t)$ 中点 $\mathbf{y}$ 的个数, 即

$$d(\mathbf{s}, P(t)) = |\{\mathbf{y} \in P(t) | \mathbf{y} \prec \mathbf{s}\}| \tag{9.7.2}$$

[737] $d(\mathbf{s}, P(t))$ 度量位于更好的前沿稀少区域的有利解。当种群可能只包含非支配解时, $d(\mathbf{s}, P(t))$ 选择方案不再适用。

定义 9.32 (小生境 Pareto 遗传算法) [74] 小生境 Pareto 遗传算法结合了锦标赛选择和 Pareto 支配的概念。对于两个竞争的个体和一个由随机抽取的其他个体组成的比较集, 如果其中一个竞争个体被集合中的任何成员支配, 而另一个不是, 则后者被选为锦标赛的获胜者。如果两个个体都被支配或都不被支配, 那么比赛的结果由分享决定: 选择在其小生境中拥有最少个体的个体进行繁殖。

小生境 Pareto 遗传算法由 Horn 等人于 1994 年提出[74]。

非支配排序遗传算法 (NSGA) 与简单遗传算法的区别仅仅在于选择算子方式的不同。交叉和变异算子保持不变: 在进行选择之前, 根据个体的非支配性对种群进行排序。首先从当前种群中识别出种群中存在的非支配个体, 然后假设所有这些个体构成种群中的第一个非支配前沿, 并分配一个较大的虚拟适应度值。如果一些非支配个体被赋予相同的适应度值, 那么所有这些非支配个体都有一个相等的繁殖潜能。为了保持种群的多样性, 这些分类后的个体随后与它们的虚拟适应度值共享。

令参数 $d(\mathbf{x}_i, \mathbf{x}_j)$ 是当前 Pareto 前沿的两个个体 $\mathbf{x}_i$ 和 $\mathbf{x}_j$ 之间的表型距离, σ_{share} 是任何两个个体成为小生境成员所允许的最大表型距离。

定义 9.33 (共享函数值) [146] 对于相同前沿中的两个个体 $\mathbf{x}_i$ 和 $\mathbf{x}_j$, 它们的共享函数值, 记为 $\text{sh}(\mathbf{x}_i, \mathbf{x}_j)$, 定义为

$$\text{sh}(\mathbf{x}_i, \mathbf{x}_j) = \begin{cases} 1 - \left(\frac{d(\mathbf{x}_i, \mathbf{x}_j)}{\sigma_{\text{share}}}\right)^2, & d(\mathbf{x}_i, \mathbf{x}_j) < \sigma_{\text{share}} \\ 0, & \text{其他} \end{cases} \tag{9.7.3}$$

例如, 取 $d(\mathbf{x}_1, \mathbf{x}_2) = \sqrt{\sum_{i=1}^{n} (x_{1i} - x_{2i})^2}$。

定义 9.34 (小生境数) [56] 给定 $X = \{\mathbf{x}_1, \cdots, \mathbf{x}_L\}$(父辈与后代的并集) 和 σ (小生境半径), 则 $\mathbf{x} \in X$ 的小生境数的定义为

$$\text{nc}(\mathbf{x}|X, \sigma) = \sum_{i=1, \mathbf{x}_i \neq \mathbf{x}}^{L} \text{sh}(\mathbf{x}, \mathbf{x}_i) \tag{9.7.4}$$

[738] 给定一个个体, 通过与其周围个体的数量成正比的量对个体的原始适应度值进行分割, 得到退化的适应度值。借助这些退化的适应度值执行选择运算, 即可达到非支配个体的共享。为了避免多个最优点在种群中共存, 这些共享的非支配个体被暂时忽略, 然后分配一个新的虚拟适应度值以保持小于前一个前沿的最小共享虚拟适应度。这个过程一直持续到整个种群被分成几个前沿为止[146]。

在多目标优化遗传算法中, 对整个种群进行检验, 并将所有非支配个体分配

排名序号 1。其他个体则按其对其他种群个体的非支配性排名。对于一个个体点，首先找到在群体中严格支配该点的个体数目。然后，这个个体的排名被指定为比这个个体数多一。在这个排名过程的最后，可能会有一些个体具有相同的排名。然后，选择过程使用这些排名选择或删除个体块，以形成繁殖池。

算法 9.8 给出了非支配排序遗传算法 (NSGA)[146]。

算法 9.8 非支配排序遗传算法 (NSGA)[146]

```
input:  maxgen (maximal generation number)
initialization:  population gen = 0
while gen < maxgen
  front = 1
  justify population classification
  if population is classified do
    flag_classified = 1
    else
    flag_classified = 0
  end if
  while flag_classified = 0
    identify nondominated individuals
    assign dummy fitness
    sharing in current front
    front = front + 1
    return step 2
  end while
  while flag_classified = 1
    reproduction according to dummy fitness
    crossover
    mutation
    if gen < maxgen do
      gen = gen + 1
      return step 1
      else
    end if
  end while
end while
output:  nondominated sorting population
```

9.7.4 精英非支配排序遗传算法 [739]

Srinivas 和 Deb 提出的非支配排序遗传算法 (NSGA)[146] 采用非支配排序和共享，其主要缺点有[25]:

- 非支配排序的高计算复杂度：普通的非支配排序算法的计算复杂度为 $O(kN^3)$, 其中 k 是目标函数的个数，N 为种群规模。
- 缺乏精英：精英策略可以显著提高遗传算法的性能, 也有助于防止一旦找到好的解就被失去。
- 需要指定共享参数 σ_{share}：希望有一种无参数的多样性保存机制。

为了克服上述 3 个缺点, Deb 等人于 2002 年提出了一种快速的精英多目标遗传算法 (NSGA-II)[25]。演化多目标算法使用生物启发的演化过程作为启发式算法, 以生成非支配解集。由于演化多目标算法返回的解有可能不是 Pareto 最优的 (即全局非支配的), 因此, 算法 NSGA-II 的设计旨在使接近 Pareto 前沿的解不断进化, 以捕获 Pareto 前沿存在的多样性, 从而获得 Pareto 前沿的一个良好近似[108]。

NSGA-II 主要以非支配排序和 $(\mu+\mu)$(μ 是解向量的数目) 选择方案组成。同一前沿解的二级排序准则称为拥挤距离。对于一个解, 拥挤距离定义为长方体通过 Pareto 前沿上相邻解的边长之和。对于极值解, 拥挤距离定义为无穷大。解的拥挤距离值取决于它的邻域, 而不是直接取决于点本身的位置。

在 NSGA-II 的一代末期, 种群的规模是原来的两倍。这个更大的种群是基于非支配排序修整的[80]。

基本的 NSGA-II 步骤如下[108]:

① 随机生成第一代。

② 将当前一代的父代和子代划分为 k 个前沿 $F_1,\cdots,F_k$, 使得每一个前沿的成员被更好的前沿的所有成员支配, 但不被更差的前沿的任何成员支配。

③ 计算每个潜在解的拥挤距离：对于每个前沿, 根据每个目标函数从最低值到最高值将该前沿的成员进行排序。在忽略其他目标函数的情况下, 计算解与最接近的较小解和最接近的较大解之间的差。对每个目标函数重复此过程。该解的拥挤距离是所有目标函数的平均差。注意, 每个目
[740] 标函数的极值解总是包含在内的。

④ 基于非支配性和多样性选择下一代:

  - 将最好的前沿 $F_1,\cdots,F_j$ 加到下一代, 直至达到目标种群规模为止。
  - 如果部分前沿 F_{j+1} 必须加到该代达到目标种群规模, 则按照从最不拥挤到最拥挤的次序对该代成员进行排序。然后, 从最不拥挤的成员开始, 加入尽可能多的成员。

⑤ 产生后代:

  - 应用二元锦标赛选择：先随机选择两个解, 然后以一个 $0.5\sim 1$ 的固定概率选取更高排序的解。
  - 应用单点交叉和位点突变产生后代。

⑥ 重复步骤 ② — ⑤, 直至达到希望的迭代数。

9.8 进化算法

优化在工程、运筹学、信息科学及相关领域发挥着非常重要的作用。优化技术可分为两类: 基于导数的方法和无导数的方法。作为无导数方法的一个重要分支, 进化算法 (EA) 在求解优化问题上取得了相当大的成功, 引起了越来越多的关注。

单目标进化算法是受达尔文自然进化原理启发的通用优化启发式算法。从一组候选解 (种群) 开始, 在每次迭代 (称为代) 中, 根据其适应度 (即目标函数下的函数值) 选择更好的解 (父代), 并用于通过以新的方式重新组合两个父辈的信息 (交叉) 或随机修改解 (变种), 产生新的解 (子代)。然后, 这些子代被插入到种群中, 替换一些较弱的解 (个体)[13]。

通过迭代选择更好的解, 并使用它们来创建新的候选解, 种群获得“进化”, 得到的解变得越来越适应优化问题, 就像自然界中的个体通过进化变得越来越适应它们的环境。

进化算法已经成功应用于各种复杂的优化问题, 因为它们可以成功地处理几乎任意复杂的目标函数和约束, 导致很少的假设, 甚至不需要问题的数学描述。

9.8.1 $(1+1)$ 进化算法 [741]

最简单的单目标进化算法称为 $(1+1)$ 进化算法。这个算法的基本思想和步骤如下[35]:

① 种群的规模只限于一个个体, 并且不使用交叉。

② 当前的个体表示为位字符串。

③ 使用位变异运算符, 该运算符以某种概率 p_m 独立于其他位翻转每个位。

④ 如果当前位字符串的适应度不优于新字符串的适应度, 则用新字符串替换当前位字符串。这种替换策略选择一个父母和一个孩子中最好的一个作为新一代。

$(1+1)$ 进化算法见算法 9.9。

算法 9.9 $(1+1)$ 进化算法[35]

---

input: $p_m = 1/n$

initialization: Choose randomly an initial bit string $\mathbf{x} \in \{0,1\}^n$

while $\mathbf{x}$ is not optimal **do**

  Compute $\mathbf{x}'$ by flipping independently each bit x_i with probability p_m

  Replace $\mathbf{x}$ by $\mathbf{x}'$ if and only if $f(\mathbf{x}') \geqslant f(\mathbf{x})$

end while

output: $\mathbf{x}$

个体在选择、交叉、变异、替换和具体表示上的不同选择提供了多种不同的进化算法。

组合优化问题可以描述如下：给出一个有限状态空间 S 和一个函数 $f(\mathbf{x})$, $\mathbf{x} \in S$, 求下列优化问题的解

$$\max_{\mathbf{x}\in S} f(\mathbf{x}) \tag{9.8.1}$$

假设 $\mathbf{x}^*$ 是一个具有最大函数值的状态，并且 $f_{\max} = f(\mathbf{x}^*)$。求解组合优化问题的进化算法可以叙述为：

① 初始化：随机或者启发式产生一个含有 $2N$ 个个体的初始种群，记为 $\xi_0 = (x_1, \cdots, x_{2N})$(其中，$N > 0$ 的整数)，并令 $k \leftarrow 0$。对于任一种群 ξ_k, 定义 $f(\xi_k) = \max\{f(x_i) : x_i \in \xi_k\}$。

② 生成：通过交叉和变异 (或生成后代的任何其他算子) 生成新的 (中间) 种群，并记为 $\xi_{k+1/2}$。

③ 选择：由种群 $\xi_{k+1/2}$ 和 ξ_k, 选择和复制 $2N$ 个体，得到另一个 (新的中间) 种群 ξ_{k+S}。

[742] ④ 如果 $f(\xi_{k+S}) = f_{\max}$, 则停止运算；否则，令 $\xi_{k+1} = \xi_{k+S}$, $k \leftarrow k+1$, 并返回步骤 ②，直至收敛。

9.8.2 进化算法的理论分析

几种不同的方法广泛应用于进化算法的理论分析。

1. 适应度划分

适应度划分方法是将目标适应度域划分为多个层次的非常基础的方法。

定理 9.1 [94] 考虑适应度函数 $f : D \to \mathbb{R}$ 的最大化问题。假设 D 可以划分为 L 个子集，并且对子集 i 中的任何解 $\mathbf{x}_i$ 和子集 j 中的任意解 $\mathbf{x}_j$, 我们有 $f(\mathbf{x}_i) < f(\mathbf{x}_j)$ 若 $i < j$。此外，子集 L 只包含 f 的最优解。如果一个算法可以从子集 k 跳到子集 $k+1$ 或更高，且概率至少为 p_k, 则该算法找到最优解的总预期时间满足

$$E(T) \leqslant \sum_{k=1}^{L-1} \frac{1}{p_k} \tag{9.8.2}$$

2. 偏差分析

通过考虑每个搜索点在一个步骤中取得的预期进展，偏差分析[60, 66] 可用于分析适应度划分难以分析的问题。

假设 $\mathbf{x}^*$ 是一个最优点，并令 $d(\mathbf{x}, \mathbf{x}^*)$ 是两个解点 $\mathbf{x}$ 和 $\mathbf{x}^*$ 之间的距离。若存在多个解 (即一个解集 S^*), 则 $d(\mathbf{x}, S^*) = \min\{d(\mathbf{x}, \mathbf{x}^*) : \mathbf{x}^* \in S^*\}$ 用作个体 $\mathbf{x}$ 与最优解集 S^* 之间的距离。用 $d(\mathbf{x})$ 表示该距离。通常，对任意 $\mathbf{x} \notin S^*$, $d(\mathbf{x})$ 满足 $d(\mathbf{x}^*) = 0$ 和 $d(\mathbf{x}) > 0$。

给定种群 $X = \{\mathbf{x}_1, \cdots, \mathbf{x}_{2N}\}$, 令

$$d(X) = \min\{d(\mathbf{x} : \mathbf{x} \in X)\} \tag{9.8.3}$$

并用于度量该种群到最优解的距离。

随机序列 $\{d(\xi_k); k=0,1,\cdots\}$ 在时间 k 的漂移为

$$\Delta\left(d(\xi_k)\right) = d(\xi_{k+1}) - d(\xi_k) \tag{9.8.4}$$

定义一个进化算法的停止时间为 $\tau = \min\{k : d(\xi_k) = 0\}$, 它是最优解的首次获得时间。漂移分析关注以下问题[66]: 在漂移 $\Delta\left(d(\xi_k)\right)$ 的何种条件下, 我们可以估计期望的首次获得时间 $E[\tau]$。

一个适应度函数 $f : \{0,1\}^n \to \mathbb{R}$ 可以写为多项式[35] [743]

$$f(s_1, \cdots, s_n) = \sum_{I \subseteq \{1,\cdots,n\}} c_f(I) \prod_{i \in I} s_i \tag{9.8.5}$$

式中, 系数 $c_f(I) \in \mathbb{R}$。

令适应度函数类 $f(s_1,\cdots,s_n)$, 对任何 $k=1,\cdots,n$ 和固定的 $s_1,\cdots,s_{k-1}$, $s_{k+1},\cdots,s_n$, 满足条件

$$f(s_1,\cdots,s_{k-1},0,s_{k+1},\cdots,s_n) < f(s_1,\cdots,s_{k-1},1,s_{k+1},\cdots,s_n) \tag{9.8.6}$$

这个条件表明, 如果任意位置的一个 “0” 位翻转为 “1” , 则适应度将增加。因此, $(1,\cdots,1)$ 是唯一最大点。

定理 9.2 [67] 对于任意一个满足式 (9.8.6) 的适应度函数式 (9.8.5), 突变概率为 $p_m = 1/(2n)$ 的进化算法平均需要 $O(n \log n)$ 步达到最优解。

9.9 多目标进化算法

多目标进化算法 (MOEA) 业已被证明非常适合求解具有矛盾目标函数的多目标优化问题, 因为这些算法可以在单次运行中用一个种群逼近 Pareto 最优前沿。

9.9.1 求解多目标优化问题的经典方法

求解多目标优化问题的所有经典方法都是将目标向量标量化为一个标量目标。下面是 3 种常用的经典方法[146]。

1. 目标加权法

多个目标函数综合为一个总的目标函数

$$Z(\mathbf{x}) = \sum_{i=1}^{m} w_i f_i(\mathbf{x}), \quad \mathbf{x} \in \Omega \tag{9.9.1}$$

式中, w_i 为分数 $(0 \leqslant w_i \leqslant l)$, 并且所有的加权相加等于 1, 即 $\sum_{i=1}^{k} w_i = 1$。在这种方法中, 最优解由权向量 $\mathbf{w} = [w_1,\cdots,w_k]^{\mathrm{T}}$ 控制, 每个目标函数 $f_i(\mathbf{x})$ 的 [744]
偏好可以通过修正其对应的权重 w_i 而改变。

2. 距离函数法

首先由决策者规定需求水平向量 $\bar{\mathbf{y}}$, 然后将目标向量 $\mathbf{f}(\mathbf{x}) = [f_1(\mathbf{x}), \cdots, f_k(\mathbf{x})]^{\mathrm{T}}$ 的标量化为

$$Z(\mathbf{x}) = \left(\sum_{i=1}^{m} \|f_i(\mathbf{x}) - \bar{\mathbf{y}}\|^r \right)^{1/r}, \quad 1 \leqslant r < \infty \tag{9.9.2}$$

式中, 通常选择欧几里德度规 $r = 2$, 需求水平向量 $\bar{\mathbf{y}}$ 由多个目标的个体最优构成。这种方法给出的解取决于所选择的需求水平向量。任意选择需求水平是不可取的; 错误的需求水平将导致非 Pareto 最优解。

3. 最小–最大方法

这种方法试图使单目标函数与个体最优的相对偏差最小, 即它试图最小化目标冲突

$$\min \mathcal{F}(\mathbf{x}) = \max Z_j(\mathbf{x}), \quad j = 1, \cdots, m \tag{9.9.3}$$

其中, $Z_j(\mathbf{x})$ 与非负的目标最优值 $\bar{f} > 0$ 的关系为

$$Z_j(\mathbf{x}) = \frac{f_j - \bar{f}_j}{\bar{f}_j}, \quad j = 1, \cdots, m \tag{9.9.4}$$

上述经典方法的缺点是: 单目标优化可以确保得到 Pareto 最优解, 但最终得到的是一个单点解。在现实世界中, 决策者在决策中往往需要不同的候补解。此外, 如果某些目标具有噪声或不连续变量空间, 则这些方法可能失效。

传统的搜索和优化方法 (如基于梯度的方法) 无法推广到多目标优化, 因为它们的基本设计排除了考虑多个解。相反, 基于种群的方法 (如单目标进化算法) 非常适合处理这种情况, 因为它们具有在单次运行中近似整个 Pareto 前沿的能力[20, 24, 110]。

多目标进化算法和单目标进化算法的基本区别在于它们如何在冲突的性能度量或者冲突的目标函数中对各个解进行排序与选择。许多现实的多目标问题必须同时优化, 以实现目标之间折中。

在单一目标的情况下, 个体解自然会根据这个目标进行排序, 并且很清楚哪些个体是最好的, 从而被选为父辈。但是, 如果有多个目标, 对个体的排名就不再
[745] 明显了。大多数人可能同意对 Pareto 前沿的一个好的近似应该有以下特点[13]:

- 解与真实 Pareto 前沿之间的距离近 (例如支配排序解)。
- 一组广泛的解, 即对众多极值的逼近 (例如极值解)。
- 具有好的解分布, 即沿 Pareto 前沿均匀散布 (如与其他解有较大距离的解)。

然后, 多目标进化算法根据各个解对上述目标的贡献进行排序。

在多目标进化算法中, 在收敛和多样性之间取得平衡的能力取决于选择策略。选择策略大致可分为: 基于 Pareto 支配的多目标进化算法 (PDMOEA)、基于指标的多目标进化算法和基于分解的多目标进化算法[119]。

处理多目标问题的困难大致可分为以下 5 类[87]。

- 搜索 Pareto 最优解的困难。
- 逼近整个 Pareto 前沿的困难。
- 所获得解的表示困难。
- 选择单个最终解的困难。
- 搜索算法的评估困难。

将进化算法应用于多目标优化必须解决两个主要问题[171]:

- 如何分别实现适应度分配和选择, 以引导搜索逼近 Pareto 最优集。
- 如何保持种群的多样性, 以防止过早收敛, 使折中的 Pareto 前沿具有均匀的分布。

9.9.2 基于分解的多目标进化算法

考虑多目标优化问题

$$\min\ \mathbf{f}(\mathbf{x}) = [f_1(\mathbf{x}), \cdots, f_m(\mathbf{x})]^{\mathrm{T}}, \quad \text{s.t.} \quad \mathbf{x} \in \Omega \tag{9.9.5}$$

式中, $\mathbf{x} = [x_1, \cdots, x_n]^{\mathrm{T}}$ 为决策 (变量) 向量, Ω 为决策 (变量) 空间, $\mathbb{R}^m$ 为目标空间, 而 $\mathbf{f}: \Omega \to \mathbb{R}^m$ 由 m 个实值目标函数组成。如果 Ω 是空间 $\mathbb{R}^m$ 中的一个封闭且连通的区域, 并且所有目标是 $\mathbf{x}$ 的连续函数, 则上述问题称为连续多目标优化问题。

点 $\mathbf{x}^* \in \Omega$ 称为 (全局)Pareto 最优, 若不存在任何点 $\mathbf{x} \in \Omega$, 能够使得 $\mathbf{f}(\mathbf{x})$ [746]
支配 $\mathbf{f}(\mathbf{x}^*)$, 即对每一个 $i = 1, \cdots, m$, $f_i(\mathbf{x})$ 支配 $f_i(\mathbf{x}^*)$。所有 Pareto 最优点称为 Pareto 集。所有 Pareto 目标向量的集合 $PF = \{\mathbf{f}(\mathbf{x}) \in \mathbb{R}^m | \mathbf{x} \in \Omega\}$ 称为 Pareto 前沿。

分解是传统多目标优化的基本策略。但是, 一般的多目标进化算法是将一个多目标优化问题当成一个整体, 而不将每个个体解与任何特定的标量优化问题相关联。一种基于分解的多目标进化算法 (简称 MOEA/D)[167] 通过标量化函数将一个多目标优化问题分解为许多子问题, 每个子问题与一个搜索方向 (或权向量) 相关联, 并且被分配一个候补解。

下面是将优化问题式 (9.9.5) 的 Pareto 前沿逼近问题转换为一组标量优化问题的 3 种方法[167]。

1. 加权求和法

令 $\boldsymbol{\lambda} = [\lambda_1, \cdots, \lambda_m]^{\mathrm{T}}$ 是一个权向量, $\lambda_i \geqslant 0, \forall i = 1, \cdots, m$ 且 $\sum_{i=1}^m \lambda_i = 1$。于是, 标量优化问题的最优解

$$\max \left\{ g^{\mathrm{ws}}(\mathbf{x}|\boldsymbol{\lambda}) = \sum_{i=1}^m \lambda_i f_i(\mathbf{x}) \right\}, \quad \text{s.t.} \quad \mathbf{x} \in \Omega \tag{9.9.6}$$

是多目标优化问题式 (9.9.5) 的一个 Pareto 最优点。

2. 切比雪夫方法

这种方法[103] 可以将式 (9.9.5) 的 Pareto 最优解问题转换为标量优化问题

$$\min\left\{g^{\mathrm{tc}}(\mathbf{x}|\boldsymbol{\lambda},\mathbf{z}^*)=\max_{1\leqslant i\leqslant m}\{\lambda_i|f_i(\mathbf{x})-z_i^*|\}\right\},\quad \text{s.t. } \mathbf{x}\in\Omega \tag{9.9.7}$$

其中, $\mathbf{z}=[z_1,\cdots,z_m]^{\mathrm{T}}$ 是参考点向量, 即对每一个 $i=1,\cdots,m$, 有 $z_i^*=\max\{f_i(\mathbf{x})|\mathbf{x}\in\Omega\}$, 并且式 (9.9.7) 的每一个最优解都是式 (9.9.5) 的一个 Pareto 最优解, 从而通过改变权向量 $\boldsymbol{\lambda}$, 可以得到不同的 Pareto 最优解。因此, 切比雪夫标量优化子问题可以定义为[167]

$$\min \max_{1\leqslant i\leqslant m}\{\lambda_i|f_i(\mathbf{x})-z_i^*|\},\quad \text{s.t.}\quad \mathbf{x}\in\Omega \tag{9.9.8}$$

式中, λ_i 是第 i 个目标函数的加权参数, z_i^* 设定为该目标函数的当前最佳适应度。MOEA/D 中使用的切比雪夫方法可以将原多目标优化问题分解为多个具有式 (9.9.8) 形式的标量优化子问题, 每个优化子问题可以利用任意单目标优化方法求解。

[747] **3. 边界交点 (BI) 法**

这种方法求解下列标量优化子问题

$$\min\ g^{\mathrm{bi}}(\mathbf{x}|\boldsymbol{\lambda},\mathbf{z}^*)=d,\quad \text{s.t.}\quad \mathbf{z}^*-\mathbf{f}(\mathbf{x})=d\boldsymbol{\lambda},\mathbf{x}\in\Omega \tag{9.9.9}$$

约束 $\mathbf{z}^*-\mathbf{f}(\mathbf{x})=d\boldsymbol{\lambda}$ 的目的是将 $\mathbf{f}(\mathbf{x})$ 推到尽可能高, 以便到达可达到的目标集的边界。为了避免式 (9.9.9) 中的等号约束, 可以使用罚函数方法处理约束[167]

$$\min\ g^{\mathrm{bip}}(\mathbf{x}|\boldsymbol{\lambda},\mathbf{z}^*)=d_1+\theta d_2,\quad \text{s.t.}\quad \mathbf{x}\in\Omega \tag{9.9.10}$$

式中, $\theta>0$ 是一个预先设定的罚参数, 且

$$d_1=\frac{\|(\mathbf{z}^*-\mathbf{f}(\mathbf{x}))^{\mathrm{T}}\boldsymbol{\lambda}\|}{\|\boldsymbol{\lambda}\|} \tag{9.9.11}$$

$$d_2=\|\mathbf{f}(\mathbf{x})-(\mathbf{z}^*-d_1\boldsymbol{\lambda})\| \tag{9.9.12}$$

基于分解的多目标进化算法 (MOEA/D) 由 Zhang 和 Li 提出[167], 它使用切比雪夫法将式 (9.9.5) 的 Pareto 最优解问题转化为标量优化问题式 (9.9.8)。

令 $\boldsymbol{\lambda}^j=[\lambda_1^j,\cdots,\lambda_m^j]^{\mathrm{T}}$ 是一组权向量, 并且 $\mathbf{z}^*$ 是一个参考点。通过使用切比雪夫方法, 式 (9.9.5) 的 Pareto 前沿的逼近问题可分解为若干标量优化问题, 其中第 i 个子问题的目标函数为

$$\min\ g^{\mathrm{tc}}(\mathbf{x}|\boldsymbol{\lambda}^j,\mathbf{z}^*)=\max_{1\leqslant i\leqslant m}\{\lambda_i^j|f_i(\mathbf{x})-z_i^*|\},\quad \text{s.t.}\quad \mathbf{x}\in\Omega \tag{9.9.13}$$

式中 $\boldsymbol{\lambda}^j=[\lambda_1^j,\cdots,\lambda_m^j]^{\mathrm{T}}$。

由于 g^{tc} 是 $\boldsymbol{\lambda}$ 的连续函数, 所以若 $\boldsymbol{\lambda}^i$ 和 $\boldsymbol{\lambda}^j$ 彼此接近, 则 $g^{\mathrm{tc}}(\mathbf{x}|\boldsymbol{\lambda}^i,\mathbf{z}^*)$ 的最优解应该逼近 $g^{\mathrm{tc}}(\mathbf{x}|\boldsymbol{\lambda}^j,\mathbf{z}^*)$ 的最优解。这使得具有接近 $\boldsymbol{\lambda}^i$ 的权向量的 g^{tc} 的有关信息对 $g^{\mathrm{tc}}(\mathbf{x}|\boldsymbol{\lambda}^i,\mathbf{z}^*)$ 的优化是有帮助的。这就是基于分解的多目标优化进化算法 (MOEA/D) 的基本思想。

令 N 是在 MOEA/D 中考虑的子问题的数量, 即考虑 $\mathbf{x}^1, \cdots, \mathbf{x}^N \in \Omega$ 的 N 个点种群, 其中, $\mathbf{x}^i$ 是第 i 个子问题的当前解。

在 MOEA/D 中, 权向量 $\boldsymbol{\lambda}^i$ 的邻域定义为它在 $\{\boldsymbol{\lambda}^1, \cdots, \boldsymbol{\lambda}^N\}$ 内最接近的一组权向量。第 i 个子问题的邻域由其权向量为 $\boldsymbol{\lambda}^i$ 的邻域的所有子问题组成。种群由迄今为止每个子问题找到的最佳解组成。在 MOEA/D 中, 仅利用其邻域子问题的当前解来优化子问题。

MOEA/D 算法见算法 9.10。

算法 9.10 基于分解的多目标进化算法 (MOEA/D)[167] [748]

---

1. **input**
   - 1.1 N: the number of the subproblems considered
   - 1.2 $\boldsymbol{\lambda}^1, \cdots, \boldsymbol{\lambda}^N$: a set of N weight vectors
   - 1.3 T: the number of the weight vectors in the neighborhood of each weight vector
2. **initialization**
   - 2.1 Let external Pareto optimal set $P = \varnothing$
   - 2.2 Compute $d(i, j) = \|\boldsymbol{\lambda}^i - \boldsymbol{\lambda}^j\|_2$ for $i, j \in \{1, \cdots, N\}$ but $i \neq j$, and then work out the T closest weight vectors to each weight vector. For each $i \in \{1, \cdots, k\}$, set $B(i) = \{i_1, \cdots, i_T\}$, where $\boldsymbol{\lambda}^{i_1}, \cdots, \boldsymbol{\lambda}^{i_T}$ are the T closest weight vectors to $\boldsymbol{\lambda}^i$
   - 2.3 Generate randomly an initial population $\mathbf{x}^1, \cdots, \mathbf{x}^N$ or by a problem-specific method. Let $\mathbf{fv}^i = \mathbf{f}(\mathbf{x}^i)$ and $P = \{\mathbf{x}^1, \cdots, \mathbf{x}^N\}$
   - 2.4 Initialize $\mathbf{z} = [z_1, \cdots, z_k]^{\mathrm{T}}$ by a problem-specific method
3. **for** $i = 1, \cdots, N$ **do**
4. Reproduction: Randomly select two indexes j and l from $B(i)$, and then generate a new solution $\mathbf{y}$ from $\mathbf{x}^j$ and $\mathbf{x}^l$ by using genetic operators
5. Improvement: Apply a problem-specific repair/improvement heuristic on $\mathbf{y}$ to produce $\mathbf{y}'$
6. Update $\mathbf{z}$: For each $j = 1, \cdots, k$, if $z_j < f_j(\mathbf{y}')$, then set $z_j = f_j(\mathbf{y}')$
7. Generation: For each index $j \in B(i)$, if $g^{\mathrm{tc}}(\mathbf{y}'|\boldsymbol{\lambda}^j, \mathbf{z}) \leqslant g^{\mathrm{tc}}(\mathbf{x}^j|\boldsymbol{\lambda}^j, \mathbf{z})$, then let $\mathbf{x}^j = \mathbf{y}'$ and update neighboring solutions $\mathbf{fv}^j = \mathbf{f}(\mathbf{y}')$
8. Selection: Remove all the vectors dominated by $\mathbf{f}(\mathbf{y}')$ from P. Add $\mathbf{f}(\mathbf{y}')$ to P if no vectors in P dominate $\mathbf{f}(\mathbf{y}')$
9. Stopping criteria: If stopping criteria is satisfied, then stop and output P. Otherwise, go to step 1
10. **end for**
11. **output:** external Pareto optimal set P

然而, 模拟二进制交叉的 MOEA/D 存在以下两个缺点[93]:

- 模拟二进制交叉的 MOEA/D 中的种群有可能失去多样性。多样性是有效探索搜索空间所必需的, 尤其是当应用于具有复杂 Pareto 集的多目标优化时, 在搜索的早期阶段, 多样性更是不可或缺的。
- 模拟二进制交叉算子通常会产生多目标优化进化算法中的劣解。

为了克服这些缺点, Li 和 Zhang[93] 提出了基于差分演化 (DE) 的 MOEA/D, 称为 MOEA/D-DE。MOEA/D-DE 使用差分演化[124] 算子和多项式变异算子[24], 以产生有关的新解 $\mathbf{y}=[y_1,\cdots,y_n]^{\mathrm{T}}$。

- 差分演化算子: 通过差分演化算子, 从种群 P 随机选择的 3 个解 $\mathbf{x}^{r_1}$、$\mathbf{x}^{r_2}$ 和 $\mathbf{x}^{r_3}$ 中生成一个解 $\bar{\mathbf{y}}=[\bar{y}_1,\cdots,\bar{y}_n]^{\mathrm{T}}$。$\bar{\mathbf{y}}=[\bar{y}_1,\cdots,\bar{y}_n]^{\mathrm{T}}$ 的元素由下式给出

$$\bar{y}_j=\begin{cases}x_j^{r_1}+F\cdot(x_j^{r_2}-x_j^{r_3}) & 以概率\ CR\\ x_j^{r_1} & 以概率\ 1-CR\end{cases}\tag{9.9.14}$$

[749] 其中, $j=1,\cdots,n$, CR 和 F 是两个控制参数。

- 多项式变异算子: 按以下方式由 $\bar{\mathbf{y}}$ 生成 $\mathbf{y}=[y_1,\cdots,y_n]^{\mathrm{T}}$

$$y_j=\begin{cases}\bar{y}_j+\sigma_j(b_j-a_j) & 以概率\ p_m\\ \bar{y}_j & 以概率\ 1-p_m\end{cases}\tag{9.9.15}$$

式中

$$\sigma_j=\begin{cases}(2\cdot\mathrm{rand})^{1/(\eta+1)}-1, & \mathrm{rand}<0.5\\ 1-(2-2\cdot\mathrm{rand})^{1/(\eta+1)}, & 其他\end{cases}\tag{9.9.16}$$

其中, $j=1,\cdots,n$, rand 是一个 $[0,1]$ 区间内的均匀分布随机数, 分布指数 η 和变异概率 P_m 是两个控制参数, a_j 和 b_j 分别是第 k 个决策变量的下界和上界。

在每一代中, MOEA/D-DE 都保持如下内容:

- 点群 $\mathbf{x}^1,\cdots,\mathbf{x}^N\in\Omega$, 其中, $\mathbf{x}^i$ 是第 i 个子问题的当前解。
- $\mathbf{fv}^1,\cdots,\mathbf{fv}^N$, 其中, $\mathbf{fv}^i$ 是 $\mathbf{x}^i$ 的 $\mathbf{f}$ 值, 即 $\mathbf{fv}^i=[f_1(\mathbf{x}^i),\cdots,f_m(\mathbf{x}^i)]^{\mathrm{T}}$, $\forall i=1,\cdots,N$。
- $\mathbf{z}=[z_1,\cdots,z_m]^{\mathrm{T}}$, 其中, z_i 是目前为止求得的目标函数 f_i 的最佳值。

MOEA/D-DE 算法见算法 9.11。

算法 9.11 求解式 (9.9.5)MOEA/D-DE 算法[93]

---

1. **input**
   - 1.1 a stopping criterion
   - 1.2 N: the number of the subproblems considered
   - 1.3 $\boldsymbol{\lambda}^1,\cdots,\boldsymbol{\lambda}^N$: a set of N weight vectors
   - 1.4 T: the number of the weight vectors in the neighborhood of each weight vector
   - 1.5 δ: the probability that parent solutions are selected from the neighborhood
   - 1.6 n_r: the maximal number of solutions replaced by each child solution
2. **initialization**

2.1 Compute the Euclidean distances between any two weight vectors and then work out the T closest weight vectors to each weight vector. For each $i = 1, \cdots, N$, set $B(i) = \{i_1, \cdots, i_T\}$ where $\boldsymbol{\lambda}^{i_1}, \cdots, \boldsymbol{\lambda}^{i_T}$ are the T closest weight vectors to $\boldsymbol{\lambda}^i$

2.2 Generate an initial population $\mathbf{x}^1, \cdots, \mathbf{x}^N$ by uniformly randomly sampling from Ω. Set $\mathbf{fv}_i = [f_1(\mathbf{x}^i), \cdots, f_m(\mathbf{x}^i)]^{\mathrm{T}}$

2.3 Initialize $\mathbf{z} = [z_1, \cdots, z_m]^{\mathrm{T}}$ by setting $z_j = \min_{1 \leqslant i \leqslant N} f_j(\mathbf{x}^*)$

3. **for** $i = 1, \cdots, N$ **do**

4. Selection of Mating/Update Range: Uniformly randomly generate a number rand from $[0, 1]$. Then set
$$P = \begin{cases} B(i), & \text{rand} < \delta \\ \{1, \cdots, N\}, & \text{otherwise} \end{cases}$$

5. Reproduction: Set $r_1 = i$ and randomly select two indexes r_2 and r_3 from P, and then generate a solution $\bar{\mathbf{y}}$ from $\mathbf{x}^{r_1}, \mathbf{x}^{r_2}$ and $\mathbf{x}^{r_3}$ by a differential evolution operator (9.9.14) and then perform a mutation operator (9.9.15) on $\bar{\mathbf{y}}$ with probability p_m to produce a new solution $\mathbf{y}$

6. Repair: If an element of $\mathbf{y}$ is out of the boundary of Ω, its value is reset to be a randomly selected value inside the boundary

7. Update of $\mathbf{z}$: For each $j = 1, \cdots, m$, if $z_j > f_j(\mathbf{y})$ then set $z_j = f_j(\mathbf{y})$

8. Update of Solutions : Set $c = 0$ and then do the following

9. If $c = n_r$ or P is empty, go to Step 3. Otherwise, randomly pick an index j from P

10. If $g(\mathbf{y}, \boldsymbol{\lambda}^j, \mathbf{z}) \leqslant g(\mathbf{x}^j, \boldsymbol{\lambda}^j, \mathbf{z})$, then set $\mathbf{x}^j = \mathbf{y}$, $\mathbf{fv}_j = [f_1(\mathbf{y}), \cdots, f_m(\mathbf{y})]^{\mathrm{T}}$ and $c = c + 1$

11. Remove j from P and go to step 9

12. Stopping Criterion: If the stopping criterion is satisfied, then stop and output $\{\mathbf{x}^1, \cdots, \mathbf{x}^N\}$ and $\big\{\big(f_1(\mathbf{x}^1), \cdots, f_m(\mathbf{x}^1)\big), \cdots, \big(f_1(\mathbf{x}^N), \cdots, f_m(\mathbf{x}^N)\big)\big\}$. Otherwise go to Step 3

13. **end for**

14. **Output**

Approximation to the Pareto set: $\{\mathbf{x}^1, \cdots, \mathbf{x}^N\}$

Approximation to the Pareto front: $\big\{\big(f_1(\mathbf{x}^1), \cdots, f_m(\mathbf{x}^1)\big), \cdots, \big(f_1(\mathbf{x}^N), \cdots, f_m(\mathbf{x}^N)\big)\big\}$

9.9.3 增强帕累托进化算法

业已广泛认识到 (可以参见文献 [45, 155]), 多目标进化算法 (MOEA) 在可接受的时间范围内随机求解多目标优化问题。

顾名思义, 多目标进化算法是基于演化计算的多目标优化技术。

一般多目标优化的数学定义如下。

定义 9.35 (一般多目标优化) [155] 通常, 多目标优化问题是在约束条件 $g_i(\mathbf{x}) \leqslant 0, i = 1, \cdots, m, \mathbf{x} \in \Omega$ 下最小化 $\mathbf{f}(\mathbf{x}) = [f_1(\mathbf{x}), \cdots, f_k(\mathbf{x})]$。多目标优化的解最小化 $\mathbf{f}(\mathbf{x})$ 的分量, 其中 $\mathbf{x}$ 是来自某个域 Ω 的 n 维决策变量向量

$\mathbf{x} = [x_1, \cdots, x_n]^{\mathrm{T}}$。

多目标优化的求解通常由搜索 (即优化) 过程和决策过程组成。存在以下 3 种决策偏好[78]:

[750]
- 先验偏好表达 (决策 → 搜索): 决策将不同的目标组合成一个标量成本函数。这有效地使多目标优化在优化之前变成一个单一的目标。
- 进行性偏好表达 (搜索 ↔ 决策): 决策和优化交织在一起。提供部分偏好信息, 在此基础上进行优化, 为决策提供一组"更新后的"解集。
- 后验偏好表达 (搜索 → 决策): 利用 Pareto 最优候补解集进行决策, 并从该集合中进行选择。然而, 需要注意, 大多数多目标进化算法的研究人员搜索并呈现的是非支配向量的集合 (PF_{known}) 作为决策。

[751] 正如文献 [73] 和文献 [155] 中所指出的, 任何实际的多目标进化算法实现都必须包含一个二级种群, 该二级种群由迄今为止在搜索过程中发现的所有 Pareto 最优解 $P_{\text{known}}(t)$ 组成。这是因为多目标进化算法是一个随机优化问题, 它不能保证在算法终止之前, 期望解一旦被发现, 会仍然存在于一代种群中。为此, 需要进行适应度赋值。

令 P 代表种群, P' 是外部非支配集。适应度赋值过程是一个两阶段过程[170]。

- 每一个解 $\mathbf{x}_i \in P'$ 被分配一个实值 $s_i \in [0,1)$, 称为强度; s_i 与种群中满足 $\mathbf{x}_i \succeq \mathbf{x}_j$ 的成员数成正比。令 n 表示在种群 P 中被 $\mathbf{x}_i$ 覆盖的个体数, 并假定 N 是 P 的大小。然后, 定义 s_i 为 $s_i = \frac{n}{N+1}$。$\mathbf{x}_i$ 的适应度 F_i 等于其强度, $F_i = s_i$。
- 个体 $j \in P$ 的适应度是通过求出覆盖 $\mathbf{x}_j$ 的所有外部非支配解 $\mathbf{x}_i$ 的强度之和来计算的。总适应度加上 1, 以保证 P' 的成员比 P 的成员具有更好的适应度 (注意, 适应度要最小化, 即较小的适应度值对应较高的繁殖概率)

$$F_j = 1 + \sum_{i, \mathbf{x}_i \succeq \mathbf{x}_j} s_i, \quad F_j \in [1, N) \tag{9.9.17}$$

在多目标进化算法中有下列 3 种主要技术[170]。

- 将非支配解存储在外部已经找到的 P' 中。
- 使用 Pareto 支配的概念, 对 P 中的个体分配标量适应值。
- 执行聚类以减少存储在 P 中的非支配解的数量, 同时不破坏折中前沿的特性。

增强 Pareto 进化算法 (SPEA) 使用下列技术并行求多个 Pareto 最优解[170]。

(a) 在单个算法中综合使用上述 3 种技术。

(b) 种群 P 中的个体的适应度仅由存储在外部非支配集 P' 中的解决定, 而与种群成员是否互相支配无关。

(c) 外部非支配集 P' 中的所有解都参与选择。

(d) 为了保持种群的多样性, 提供了一种小生境方法; 该方法基于 Pareto 支配的概念, 不需要任何距离参数 (如用于共享的小生境半径)。

由于增强 Pareto 进化算法在 (a) 中使用了多目标进化算法中的 3 种技术以及其他 3 种技术 (b)—(d), 所以这种方法是多目标进化算法的一种增强 Pareto 变形, 由此而得名增强 Pareto 进化算法。

算法 9.12 示出了增强 Pareto 进化算法。

算法 9.12 增强 Pareto 进化算法[170] [752]

---

1. **input:** The population size N
2. **initialization:** Generate an initial population P and create the empty external nondominated set P'
3. Copy nondominated members of P to P'
4. Remove solutions within P' which are covered by any other member of P'
5. If the number of externally stored nondominated solutions exceeds a given maximum N', prune by means of clustering
6. Calculate the fitness of each individual in P as well as in P'
7. Select individuals from $P \cup P'$ (e.g., using binary tournament selection), until the mating pool is filled
8. Apply problem-specific crossover and mutation operators as usual
9. If the maximum number of generations is reached, then stop, else go to Step 4
10. **output:** nondominated population P

平均连接法[107] 可用于算法 9.12 中步骤 5 的聚类剪枝。平均连接法包括以下步骤。

① 初始化聚类集 C; 每一个外部非支配点 $\mathbf{x}_i \in P'$ 组成一个新簇, 即有 $C = \bigcup_i \{\mathbf{x}_i\}$。

② 若 $|C| \leqslant N'$, 则转至步骤 ⑤; 否则, 转至步骤 ③。

③ 计算所有可能的簇对距离。两个簇 $c_1, c_2 \in C$ 的距离 $d(c_1, c_2)$ 为两个簇中各取一个个体构成的成对个体之间的平均距离

$$d(c_1, c_2) = \frac{1}{|c_1| \cdot |c_2|} \sum_{\mathbf{x}_{i_1} \in c_1, \mathbf{x}_{i_2} \in c_2} \|\mathbf{x}_{i_1} - \mathbf{x}_{i_2}\|_2^2 \tag{9.9.18}$$

式中, $|c_i|$ 表示簇 $c_i, i = 1, 2$ 中的个体数, 测度 $\|\cdot\|_2^2$ 为两个个体 $\mathbf{x}_{i_1}$ 和 $\mathbf{x}_{i_2}$ 之间的欧氏距离, 称为目标空间上的欧几里得度规。

④ 确定具有最小距离 $d(c_1, c_2)$ 的两簇 c_1 和 c_2; 所选簇合并为一个更大的簇 $C = C \setminus \{c_1, c_2\} \cup \{c_1 \cup c_2\}$。然后, 转到步骤 ②。

⑤ 通过为每个簇选择一个有代表性的个体来计算简化的非支配集。通常使用形心 (与簇中所有其他点的平均距离最小的点) 作为代表性的解。

考虑 SPEA 的一种改进, 称为 SPEA2。

在多目标演化优化中, Pareto 最优集的逼近涉及两个 (可能是冲突的) 目的: 最小化与最优前沿的距离, 以及使生成的解的多样性最大化 (从目标或参数值的

角度)。在此背景下, 设计多目标进化算法时有 3 个基本问题[172]: 适应度分配、环境选择和配对选择。

[753] **1. 适应度分配**

为了避免个体被具有相同适应度值的存档成员支配, 对于每个个体, 在 SPEA2 中都考虑了支配和被支配的情况。存档 $\bar{P}_t$ 和种群 P_t 中的每一个个体 i 被分配一个强度值, 用于表示个体 i 支配的解的数目

$$S(i) = |\{j|j \in P_t \cup \bar{P}_t \wedge i \succ j\}| \tag{9.9.19}$$

式中, $|\cdot|$ 表示集合的势, 符号 $\succ$ 表示 Pareto 支配关系。使用 $S(i)$ 值计算个体 i 的原始适应度值$R(i)$

$$R(i) = \sum_{j \in P_t \cup \bar{P}_t,\, j \succ i} S(j) \tag{9.9.20}$$

注释 1: 在 SPAE2 中, 原始适应度由个体 i 在存档和种群二者中的支配强度决定, 而 SPEA 只考虑存档成员。

注释 2: 适应度在 SPEA2 中被最小化, 即 $R(i) = 0$ 对应非支配的个体, 而高的 $R(i)$ 值意味着个体 i 被许多个体支配 (反过来, 它也支配许多个体)。

原始适应度分配提供了一种基于 Pareto 支配概念的小生境机制, 但当大多数个体不相互支配时, 它可能会失败。为了避免这个缺点, 又引入了密度信息, 以区分具有相同原始适应值的个体。与个体 i 对应的密度$D(i)$ 定义为

$$D(i) = \frac{1}{\sigma_i^k + 2} \tag{9.9.21}$$

式中, σ_i^k 表示个体 i 到它在存档 $\bar{P}_{t+1}$ 中的第 k 个最近邻之间的距离, 其中 $k = \sqrt{N + \overline{N}}$。

最后, 将个体 i 的强度 $D(i)$ 加给原始适应度值 $R(i)$, 即给出其适应度 $F(i)$

$$F(i) = R(i) + D(i) \tag{9.9.22}$$

2. 环境选择

这种选择涉及种群中的哪些个体在演化过程中得以保留。为此, 除了种群之外, 还需要一个存档, 以包含迄今为止所考虑的所有解中非支配 Pareto 前沿的表示。在环境选择过程中, 第一步是将适应度低于 1 的所有非支配个体从存档
[754] 和种群中复制到下一代的存档中

$$\bar{P}_{t+1} = \{i|i \in P_t \cup \bar{P}_t \wedge F(i) < 1\} \tag{9.9.23}$$

如果非支配前沿正好与存档相同 ($|\bar{P}_{t+1}| = \bar{N}$), 则环境选择步骤结束。否则, 如果存档太小 ($|\bar{P}_{t+1}| < \bar{N}$), 则将前一个存档 $\bar{P}_t$ 和种群中最好的 $\bar{N} - |\bar{P}_{t+1}|$ 个被支配个体复制到新的存档 $\bar{P}_{t+1}$ 中。这可以通过根据适应值对多个集合 $P_t + \bar{P}_t$ 进行排序, 并将得到的排序列表中前 $\bar{N} - |\bar{P}_{t+1}|$ 个 $F(i) \geqslant 1$ 的个体 i 复制到 $\bar{P}_{t+1}$ 中来实现。相反, 如果存档太大 ($|\bar{P}_{t+1}| > \bar{N}$), 则调用存档修剪程序, 迭代地从 $\bar{P}_{t+1}$ 删去个体, 直至 $|\bar{P}_{t+1}| = \bar{N}$。换句话说, 在每个阶段选择与另一个个

体的距离最小的个体; 如果有多个个体的距离最小, 则通过考虑第二最小距离区分, 以此类推。

3. 配对选择

每一代的个体库是通过两个阶段来评估的。首先, 在 Pareto 支配关系的基础上对所有个体进行比较, Pareto 支配关系定义了多个集合上的一个偏序。基本上, 每个个体支配、被支配或不被关注的信息被用来定义一个代库的排名。然后, 通过引入密度信息来改进这个排名。用来测量特定个体所在的小生境规模的密度估计技术很多。

算法 9.13 总结了改进的增强 Pareto 进化算法 (SPEA2)。

算法 9.13 改进的增强 Pareto 进化算法 (SPEA2) [172] [755]

---

1. **input:** N: population size, $\bar{N}$: archive size, T: maximum number of generations
2. **initialization**

   2.1 Generate an initial population P_0 and create the empty archive (external set) $\bar{P}_0 = \varnothing$

   2.2 Set $t = 0$
3. **while** $t = 0, 1, \cdots$

   % **Fitness assignment:** Calculate fitness values of individuals in P_t and $\bar{P}_t$
4. Calculate the strength value $S(i) = |\{j | j \in P_t \cup \bar{P}_t \wedge i \succ j\}|$ for $i = 1, \cdots, N$
5. Calculate the raw fitness $R(i) = \sum_{j \in P_t \cup \bar{P}_t,\, j \succ i} S(j)$ for $i = 1, \cdots, N$
6. Compute the density $D(i) = \frac{1}{\sigma_i^k + 2}$ for $i = 1, \cdots, N$
7. Compute the fitness value $F(i) = R(i) + D(i)$ for $i = 1, \cdots, N$

   % **Environmental selection**
8. Copy all nondominated individuals in P_t and $\bar{P}_t$ to $\bar{P}_{t+1}$: $\bar{P}_{t+1} = \{i | i \in P_t \cup \bar{P}_t \wedge F(i) < 1\}$
9. **If** $|\bar{P}_{t+1}| = \bar{N}$ **then** the environmental selection step is completed
10. **If** $|\bar{P}_{t+1}| < \bar{N}$ **then** sort the multi-set $P_t + \bar{P}_t$ according to the fitness values and copy the first

    $\bar{N} - |\bar{P}_{t+1}|$ individuals i with $F(i) \geqslant 1$ from the resulting ordered list to $\bar{P}_{t+1}$
11. **If** $|\bar{P}_{t+1}| > \bar{N}$ **then** an archive truncation procedure is invoked which iteratively removes individuals from $\bar{P}_{t+1}$ until $|\bar{P}_{t+1}| = \bar{N}$

    % **Termination**
12. **If** $t \geqslant T$ or another stopping criterion is satisfied **then** set A to the set of decision vectors represented by the nondominated individuals in $\bar{P}_{t+1}$. Stop and output

    % **Mating selection**
13. Perform binary tournament selection with replacement on $\bar{P}_{t+1}$ in order to fill the mating pool
14. **end while**
15. **output:** nondominated set A

SPEA2 与 SPEA 之间的主要区别如下[172]:

- 采用了一种改进的适应度分配方案, 该方案考虑了每个个体支配的和被支配的个体数。
- 结合最近邻密度估计技术, 可以更精确地指导搜索过程。
- 一种新的存档修剪方法保证了边界解的保存。

9.9.4 成就标量化函数

成就标量化函数 (ASFs) 由 Wierzbicki 引入[158], 记为 $s_R(\mathbf{f}(\mathbf{x})) : \mathbb{R}^k \to \mathbb{R}$, 它将 k 个目标函数映射 (或标量化) 为标量。成就标量化问题由下式给出

$$\min_{\mathbf{x}\in X} s_R(\mathbf{f}(\mathbf{x})) \tag{9.9.24}$$

成就标量化函数的某些性质保证标量化问题式 (9.9.24) 给出的是 Pareto 最优解。

定义 9.36 (递增函数) [158] 一个成就标量化函数 $s_R(\mathbf{f}(\mathbf{x})) : \mathbb{R}^k \to \mathbb{R}$ 称为是,

① 递增的: 若对于任何 $\mathbf{y}^1, \mathbf{y}^2 \in \mathbb{R}^k$ 有 $y_i^1 \leqslant y_i^2$ 对所有 $i \in \{1, \cdots, k\}$ 成立, 则 $s_R(\mathbf{y}^1) \leqslant s_R(\mathbf{y}^2)$。

② 严格递增的: 若对于任何 $\mathbf{y}^1, \mathbf{y}^2 \in \mathbb{R}^k$ 有 $y_i^1 < y_i^2$ 对所有 $i \in \{1, \cdots, k\}$ 成立, 则 $s_R(\mathbf{y}^1) < s_R(\mathbf{y}^2)$。

③ 强递增的: 若对于任何 $\mathbf{y}^1, \mathbf{y}^2 \in \mathbb{R}^k$ 有 $y_i^1 \leqslant y_i^2$ 对所有 $i \in \{1, \cdots, k\}$ 成立, 并且 $\mathbf{y}^1 \neq \mathbf{y}^2$, 则 $s_R(\mathbf{y}^1) < s_R(\mathbf{y}^2)$。

显然, 任何强递增的成就标量化函数也是严格递增的, 而任何严格递增的成就标量化函数也是递增的。下面的定理定义了式 (9.9.24) 的最优解是 (弱)Pareto 最优的充分必要条件。

定理 9.3 [159, 160] 一个最优解是 Pareto 最优的充分必要条件如下:

[756] ① 令 s_R 是强 (严格) 递增的, 若 $\mathbf{x}^* \in X$ 是问题 (9.9.24) 的最优解, 则 $\mathbf{x}^*$ 是 (弱)Pareto 最优。

② 若 s_R 是递增的, 并且问题式 (9.9.24) 的解 $\mathbf{x}^* \in X$ 是唯一的, 则 $\mathbf{x}^*$ 是 Pareto 最优。

定理 9.4 [103] 如果 s_R 是严格递增的, 并且 $\mathbf{x}^* \in X$ 是弱 Pareto 最优的, 则它是问题式 (9.9.24) 的解, 该解的参考点为 $\mathbf{f}(\mathbf{x}^*)$, 并且 s_R 的最优值为零。

成就标量化问题的一个例子可以表述为

$$\min \max_{i=1,\cdots,k} \left\{ \frac{f_i(\mathbf{x}) - \bar{z}_i}{z_i^{\text{nad}} - z_i^{\text{utopia}}} \right\} + \rho \sum_{i=1}^{k} \frac{f_i(\mathbf{x})}{z_i^{\text{nad}} - z_i^{\text{utopian}}} \tag{9.9.25}$$

$$\text{s.t.} \quad \mathbf{x} \in S \tag{9.9.26}$$

式中，$\rho\sum_{i=1}^{k}\frac{f_i(\mathrm{x})}{z_i^{\mathrm{nad}}-z_i^{\mathrm{utopia}}}$ 项称为扩充项, 其中 $\rho>0$ 是一个小的常数，z^{nad} 和 z^{utopian} 分别是最低点向量与乌托邦向量。在上面的定理中, 待定参数是参考点 $\bar{z}_i$, 它表示被决策者偏好的目标函数值。

下面是几个最著名的成就标量化函数[116]。

- 严格递增的成就标量化函数是 Chebyshev 型函数

$$s_R^{\infty}(\mathbf{f}(\mathbf{x}),\boldsymbol{\lambda})=\max_{i\in\{1,\cdots,k\}}\lambda_i(f_i(\mathbf{x})-f_i(\mathbf{x}^*)) \tag{9.9.27}$$

式中，$\mathbf{x}^*$ 为参考点，$\boldsymbol{\lambda}$ 是用于进行目标函数标量化的 k 维非负系数向量, 即用于对不同幅度的目标函数规格化。

- 强递增成就标量化函数是增广 Chebyshev 型函数

$$s_R^{\infty+1}(\mathbf{f}(\mathbf{x}),\boldsymbol{\lambda})=\rho\sum_{i\in\{1,\cdots,k\}}\lambda_i(f_i(\mathbf{x})-f_i(\mathbf{x}^*))+\max_{i\in\{1,\cdots,k\}}\lambda_i(f_i(\mathbf{x})-f_i(\mathbf{x}^*)) \tag{9.9.28}$$

式中，$\rho>0$ 是一个小的参数。

- 基于 L_1 测度的加性成就标量化函数[137]

$$s_R^{1}(\mathbf{f}(\mathbf{x}),\boldsymbol{\lambda})=\max_{i\in\{1,\cdots,k\}}\{\lambda_i(f_i(\mathbf{x})-f_i(\mathbf{x}^*)),0\} \tag{9.9.29}$$

- 参数化成就标量化函数: 令 I_q 是 $N_k=\{1,\cdots,k\}$ 的一个子集, 其基数为 q。参数化成就标量化函数定义为 [757]

$$\tilde{s}_R^{q}(\mathbf{f}(\mathbf{x}),\boldsymbol{\lambda})=\max_{I_q\subset N_k:|I_q|=q}\left\{\sum_{i\in I_q}\max[\lambda_i(f_i(\mathbf{x})-f_i(\mathbf{x}^*)),0]\right\} \tag{9.9.30}$$

式中，$q\in N_k$, 并且 $\boldsymbol{\lambda}=[\lambda_1,\cdots,\lambda_k]^{\mathrm{T}},\lambda_i>0,i\in N_k$。注意:

  - 对 $q\in N_k:\tilde{s}_R^{q}(\mathbf{f}(\mathbf{x}),\boldsymbol{\lambda})\geqslant 0$。
  - 对 $q=1:\tilde{s}_R^{1}(\mathbf{f}(\mathbf{x}),\boldsymbol{\lambda})=\max_{i\in N_k}\max[\lambda_i(f_i(\mathbf{x})-f_i(\mathbf{x}^*)),0]\cong s_R^{\infty}(\mathbf{f}(\mathbf{x}),\boldsymbol{\lambda})$。
  - 对 $q=k:\tilde{s}_R^{k}(\mathbf{f}(\mathbf{x}),\boldsymbol{\lambda})=\sum_{i\in N_k}\max[\lambda_i(f_i(\mathbf{x})-f_i(\mathbf{x}^*)),0]=s_R^{1}(\mathbf{f}(\mathbf{x}),\boldsymbol{\lambda})$。

这里，"≅" 意味着在不存在任何支配参考点 (即对所有 $i\in N_k$, 满足 $f_i(\mathbf{x})<f_i(\mathbf{x}^*)$) 的可行解 $\mathbf{x}\in X$ 的情况下取等式。

加性成就标量化函数的性能可以用下面的两个定理描述。

定理 9.5 [137] 给定具有由式 (9.9.29) 定义的成就标量化函数的问题式 (9.9.24), 令 $\mathbf{f}(\mathbf{x}^*)$ 是一个参考点, 使得 $\mathbf{f}(\mathbf{x}^*)$ 不被问题式 (9.9.24) 的任意可行解的目标函数支配, 还假定对于所有 $i\in\{1,\cdots,k\}$ 有 $\lambda_i>0$, 则问题式 (9.9.24) 的任何最优解是一个弱 Pareto 最优解。

定理 9.6 [137] 给定具有由式 (9.9.29) 定义的成就标量化函数的问题式 (9.9.24) 和任意一个参考点 $\mathbf{f}(\mathbf{x}^*)$, 假定对于所有 $i\in\{1,\cdots,k\}$ 有 $\lambda_i>0$, 则在

问题式 (9.9.24) 的最优解中至少存在一个 Pareto 最优解。如果问题式 (9.9.24) 的最优解是唯一的, 则它是 Pareto 最优的。

当采用参数化的成就标量化函数时, 对应的参数化成就标量化问题为[116]

$$\min_{\mathbf{x}\in X}\ \tilde{s}_R^{\,q}(\mathbf{f}(\mathbf{x}),\boldsymbol{\lambda}) \tag{9.9.31}$$

对任意 $\mathbf{x}\in X$, 若记 $I_x=\{i\in N_k: f_i(\mathbf{x}^*)\leqslant f_i(\mathbf{x})\}$, 则下列两个结果为真。

定理 9.7 [116] 给定问题式 (9.9.31), 令 $\mathbf{f}(\mathbf{x}^*)$ 是一个参考点, 使得不存在任何可行解, 其目标函数严格支配 $\mathbf{f}(\mathbf{x}^*)$, 又假定对于所有 $i\in N_k$ 有 $\lambda_i>0$, 则问题式 (9.9.31) 的任何最优解是弱 Pareto 最优解。

定理 9.8 [116] 给定问题式 (9.9.31), 令 $\mathbf{f}(\mathbf{x}^*)$ 是任意参考点, 并假定 $\lambda_i>0$ 对所有 $i\in N_k$ 成立, 则在问题式 (9.9.31) 的最优解中至少存在一个 Pareto 最优解。

[758] 定理 9.8 意味着最优解的唯一性可以保证它的 Pareto 最优性。

9.10 演化规划

人们普遍认为, 演化规划 (EP)[44] 最初是作为人工智能的一种方法被提出的, 它已成功地应用于许多数值和组合优化问题。

9.10.1 经典演化规划

考虑一个全局最小化问题 $\min f(\mathbf{x})$, 它可表示为 (S,f), 其中 $\mathbf{x}_{\min}\in S$, S 是 $\mathbb{R}^n$ 上的有界集, f 是一个 n 维实值函数。我们的目标是在 S 中找到一个点 $\mathbf{x}_{\min}$, 使得 $f(\mathbf{x}_{\min})$ 在 S 上是全局最小值, 即

$$f(\mathbf{x}_{\min})\leqslant f(\mathbf{x}),\quad \forall\mathbf{x}\in S \tag{9.10.1}$$

其中, f 是一有界函数, 但不一定是连续函数。

利用演化规划的优化可以概括为两个主要步骤:

① 对当前种群中的解进行变异操作;

② 从变异的解和当前解中选择下一代。

经典演化规划有自适应变异和无自适应变异之分。众所周知 (参见文献 [3, 42, 165]), 前者通常比后者表现更好。

由 Bäck 和 Schwefel[3] 可知, 经典演化规划的实现如下 (也见文献 [165])。

① 初始化: 生成包括 μ 个个体的初始种群, 并令 $k=1$。每个个体都被看作一对实值向量 $(\mathbf{x}_i,\boldsymbol{\eta}_i)(i=1,\cdots,\mu)$, 其中 $\mathbf{x}_i$ 为目标变量, $\boldsymbol{\eta}_i$ 是高斯变异的标准差 (也称自适应演化算法的策略参数)。

② 适应度的演化: 使用目标函数 $f(\mathbf{x}_i)$ 评估每个个体 $(\mathbf{x}_i, \boldsymbol{\eta}_i), \forall i = 1, \cdots, \mu$ 的适应度得分。

③ 自适应变异: 第 t 代的每个父本 $(\mathbf{x}_i(t-1), \boldsymbol{\eta}_i(t-1)), i = 1, \cdots, \mu$ 产生第 t 代的一个后代 $(\mathbf{x}_i(t), \boldsymbol{\eta}_i(t))$

$$x_i^j(t) = x_i^j(t-1) + \eta_i^j(t-1)N_j(0,1) \tag{9.10.2}$$

$$\eta_i^j(t) = \eta_i^j(t-1)\exp(\tau' N(0,1) + \tau N_j(0,1)) \tag{9.10.3}$$

其中, $i = 1, \cdots, \mu$; $j = 1, \cdots, n$; $x_i^j(t-1)$ 和 $\eta_i^j(t-1)$ 分别表示第 $t-1$ [759]
代的父本向量 $\mathbf{x}_i(t-1)$ 和 $\boldsymbol{\eta}_i(t-1)$ 的第 j 个分量; $x_i^j(t)$ 和 $\eta_i^j(t)$ 分别表示第 t 代的后代 $\mathbf{x}_i(t)$ 和 $\boldsymbol{\eta}_i(t)$ 的第 j 个分量; $N(0,1)$ 为标准高斯分布, 用于所有 $j = 1, \cdots, n$, $N_j(0,1)$ 则表示用于某个给定 j 使用的标准高斯分布。因子通常设定为 $\tau = \left(\sqrt{2\sqrt{n}}\right)^{-1}$ 和 $\tau' = (\sqrt{2n})^{-1}$。

④ 每个后代的适应度: 计算每个后代 $(\mathbf{x}_i(t), \boldsymbol{\eta}_i(t)), i = 1, \cdots, \mu$ 的适应度。

⑤ 成对比较: 对父代 $(\mathbf{x}_i(t-1), \eta_i(t-1))$ 和子代 $(\mathbf{x}_i(t), \boldsymbol{\eta}_i(t))$(其中, $i = 1, \cdots, \mu$) 的并集进行成对比较。对每一个个体而言, 对手都是从父代和子代中随机挑选出来的。每次比较, 如果个体的适应度不低于对手的适应度, 则个体"赢"。

⑥ 选择: 从 $(\mathbf{x}_i(t-1), \boldsymbol{\eta}_i(t-1))$ 和 $(\mathbf{x}_i(t), \boldsymbol{\eta}_i(t))$ 中选择最有希望成为下一代父本的 μ 个个体。

⑦ 停止准则: 如果满足停止标准, 则算法停止; 否则, 令 $k = k+1$, 并返回步骤 ③, 然后重复以上步骤。

经典演化规划的特点是在自适应变异式 (9.10.2) 中使用标准高斯变异算子 $N_j(0,1)$。

9.10.2 快速演化规划

为了加快经典演化规划的收敛速度, Yao 等人[165] 提出了一种快速演化规划 (FEP)。以原点为中心的一维柯西密度函数定义为

$$f_t(x) = \frac{1}{\pi}\frac{t}{t^2 + x^2}, \quad -\infty < x < +\infty \tag{9.10.4}$$

式中 $t > 0$ 为尺度参数。对应的分布函数为

$$F_i(x) = \frac{1}{2} + \frac{1}{\pi}\arctan\left(\frac{x}{t}\right) \tag{9.10.5}$$

柯西分布的方差为无穷大。

快速演化规划与经典演化规划完全相同, 只是式 (9.10.2) 中的高斯变异算子 $N_j(0,1)$ 被柯西变异算子代替

$$x_i'(j) = x_i(j) + \eta_i(j)C_j(0,1) \tag{9.10.6}$$

其中, $C_j(0,1)$ 是一个尺度参数为 1 的标准柯西随机变量, 并且对每一个 j 值重 [760]

新生成。

快速演化规划与经典演化规划之间的主要区别是：经典演化规划变异公式 (9.10.2) 是由高斯分布 $N_j(0,1)$ 控制的自适应，而快速演化规划变异公式 (9.10.6) 则是由柯西随机变量 δ_i 控制的自适应。

众所周知[165], 柯西变异比高斯变异更可能产生离父本更远的后代, 因为柯西分布具有扁平的长尾巴。柯西分布有望具有更高的逃离局部最优值或停滞期的概率, 特别是当局部最优值或停滞期的“吸引域”相对于平均步长很大时, 柯西分布的优点更加突出。因此, 从收敛性的角度来看, 快速演化规划的速度有望快于经典演化规划。

快速演化规划算法的主要步骤如下[18]。

① 生成由 μ 个解 $(\mathbf{x}_i,\boldsymbol{\eta}_i), i\in\{1,\cdots,\mu\}$ 组成的一个初始种群, 并评估它们的适应度 $f(\mathbf{x}_i)$。

② 对种群中的每一个父本解 $(\mathbf{x}_i,\boldsymbol{\eta}_i)$, 创建一个子代 $(\mathbf{x}_i',\boldsymbol{\eta}_i')$

$$\left.\begin{aligned}x_i'(j)&=x_i(j)+\eta_i(j)C_j(0,1)\\ \eta_i'(j)&=\eta_i(j)\exp(\tau' N(0,1)+\tau N_j(0,1))\end{aligned}\right\},\quad i=1,\cdots,\mu;\ j=1,\cdots,n$$

式中，$x_i(j),\eta_i(j)$ 表示父本向量 $\mathbf{x}_i,\boldsymbol{\eta}_i$ 的第 j 个分量，$x_i'(j),\eta_i'(j)$ 分别是后代 $\mathbf{x}_i',\boldsymbol{\eta}_i'$ 的第 j 个分量，$N(0,1)$ 由标准高斯分布对所有 $j=1,\cdots,n$ 的采样，$N_j(0,1)$ 是由另一个标准高斯分布对某个给定 j 的采样, $C_j(0,1)$ 则是由标准柯西分布对每一个 i 和 j 的采样。因子 τ 和 τ' 通常分别设定为 $(\sqrt{2\sqrt{n}})^{-1}$ 和 $\tau'=(\sqrt{2n})^{-1}$。

③ 对种群中的每一个父本解 $(\mathbf{x}_i,\boldsymbol{\eta}_i)$, 创建另一个子代 $(\mathbf{x}_i'',\boldsymbol{\eta}_i'')$

$$\left.\begin{aligned}x_i''(j)&=x_i(j)+\eta_i(j)C_j(0,1)\\ \eta_i''(j)&=\eta_i(j)\exp(\tau' N(0,1)+\tau N_j(0,1))\end{aligned}\right\},\quad i=1,\cdots,\mu;\ j=1,\cdots,n$$

④ 评估子代解 $(\mathbf{x}_i',\boldsymbol{\eta}_i')$ 和 $(\mathbf{x}_i'',\boldsymbol{\eta}_i'')$ 的适应度。

⑤ 在父代 $(\mathbf{x}_i,\boldsymbol{\eta}_i)$ 和子代 (即 $(\mathbf{x}_i',\boldsymbol{\eta}_i')$ 和 $(\mathbf{x}_i'',\boldsymbol{\eta}_i'')$) 的并集上进行二元锦标赛选择。对于并集中的每个解, 均从并集中随机选择 q 个对手。每次比赛, 如果解的适应度不小于对手的适应度, 则判该解“赢”。一个解 $(\mathbf{x}_i,\boldsymbol{\eta}_i)$ 取胜的次数记为 $\mathrm{win}(\mathbf{x}_i,\boldsymbol{\eta}_i)$。

⑥ 从步骤 ⑤ 的父代和子代选择 μ 个解。选出的解形成下一代的种群。

[761] ⑦ 如果进化的代数超过预设数值, 则停止。

对一些基准问题的研究结果表明[165], 对于具有许多局部极小值的多模态函数, 采用柯西变异算子 $C_j(0,1)$ 的快速演化规划比使用高斯变异算子的经典演化规划有更好的性能, 而对于单模态函数和只有很少几个局部极小值的多模态函数, 快速演化规划的性能与经典演化规划相当。

对柯西变异算子和高斯变异算子在电磁学中的应用的比较研究文献 [70] 和文献 [72] 也可以看出, 在许多无约束或弱约束天线优化问题中, 柯西变异算子的性能优于高斯变异算子, 但对于强约束问题, 柯西变异算子的性能相对较差。

9.10.3 混合演化规划

考虑约束优化问题的演化规划

$$P: \min f(\mathbf{x}) \text{ s.t. } \quad g_i(\mathbf{x}) \leqslant 0, i=1,\cdots,r, h_j(\mathbf{x})=0, j=1,\cdots,m \qquad (9.10.7)$$

式中，f 和 $g_1,\cdots,g_r$ 是向量空间 $\mathbb{R}^n$ 上的函数，$h_1,\cdots,h_m$ 是另一个向量空间 $\mathbb{R}^m$ 上的函数, 其中 $m \leqslant n$; $\mathbf{x}=[x_1,\cdots,x_n]^{\mathrm{T}} \in \mathbb{R}^n$ 且 $\mathbf{x} \in F \subseteq S$。向量 $\mathbf{x}$ 称为优化问题 (P) 的可行解, 当且仅当 $\mathbf{x}$ 满足 r 个不等式约束 $g_i(\mathbf{x}) \leqslant 0, i=1,\cdots,r$ 和 m 个等式约束 $h_j(\mathbf{x})=0, j=1,\cdots,m$。当可行解集合为空时, 称 $\mathbf{x}$ 是不可行的。集合 $S \subseteq \mathbb{R}^n$ 为 $\mathbf{x}$ 的搜索空间, 集合 $F \subseteq S$ 为搜索成本 S 的可行部分。

使用成本函数评估可行解

$$\varPhi_f(\mathbf{x})=f(\mathbf{x}), \quad \mathbf{x} \in F \qquad (9.10.8)$$

并定义与约束条件的冲突测度为

$$\varPhi_u(\mathbf{x})=\sum_{i=1}^{r}[g_i^+(\mathbf{x})]+\sum_{j=1}^{m}|h_j(\mathbf{x})| \qquad (9.10.9)$$

或者

$$\varPhi_u(\mathbf{x})=\frac{1}{2}\left(\sum_{i=1}^{r}(g_i^+(\mathbf{x}))^2+\sum_{j=1}^{m}(h_j(\mathbf{x}))^2\right) \qquad (9.10.10)$$

式中，$|\cdot|$ 表示参数的绝对值, 并且 [762]

$$g_i^+(\mathbf{x})=\max\{0, g_i(\mathbf{x})\} \qquad (9.10.11)$$

是违反 (P) 中第 i 个不等式约束的程度, 其中 $1 \leqslant i \leqslant r$。于是

$$\varPhi(\mathbf{x})=\varPhi_f(\mathbf{x})+s\varPhi_u(\mathbf{x}) \qquad (9.10.12)$$

表示对个体 $\mathbf{x}$ 的全面评价, 其中 s 是惩罚参数, 对最小化问题为正常数, 对最大化问题为负常数。显然，$\varPhi(\mathbf{x})$ 可以解释为个体 $\mathbf{x}$ 对优化问题 (P) 的误差 (对最小化问题) 或适应度 (对最大化问题)。

因此, 原来的约束优化问题 (P) 变成以下无约束优化问题

$$\min\{f(\mathbf{x})+s\varPhi_u(\mathbf{x})\} \qquad (9.10.13)$$

式中 $\varPhi_u(\mathbf{x})$ 由式 (9.10.9) 或者式 (9.10.10) 定义。

与经典演化规划和快速演化规划中每个个体都是一个实值向量的二元组 $(\mathbf{x}_i, \boldsymbol{\eta}_i)$ 不同, Myung 等人[112, 113] 提出更新实值向量三元组 $(\bar{\mathbf{x}}_i, \bar{\boldsymbol{\sigma}}_i, \bar{\boldsymbol{\eta}}_i), \forall i \in \{1,\cdots,\mu\}$ 的演化规划, 这种方法称为混合演化规划 (HEP)。

在混合演化规划中，$\bar{\mathbf{x}}_i=[x_i(1),\cdots,x_i(n)]^{\mathrm{T}}$、$\bar{\boldsymbol{\sigma}}_i$ 和 $\bar{\boldsymbol{\eta}}_i$ 分别是 n 维解向量及其对应的策略参数向量。这里，$\bar{\boldsymbol{\sigma}}_i$ 和 $\bar{\boldsymbol{\eta}}_i$ 基于特定的搜索域初始化，$\bar{\mathbf{x}}_i \in \{x_{\min}, x_{\max}\}^n$, 可在初始化阶段施加限制。

之所以称为混合演化规划, 是因为应用了混合 (柯西 + 高斯) 变异算子[71]

$$x_i'(j) = x_i(j) + \sigma_i'(j)[N_j(0,1) + \beta_i'(j)C_j(0,1)] \tag{9.10.14}$$

$$\beta_i'(j) = \frac{\eta_j'(j)}{\sigma_i'(j)} \tag{9.10.15}$$

$$\sigma_i'(j) = \sigma_i(j)\exp(\tau' N(0,1) + \tau N_j(0,1)) \tag{9.10.16}$$

$$\eta_i'(j) = \eta_i(j)\exp(\tau' N(0,1) + \tau N_j(0,1)) \tag{9.10.17}$$

其中, $i = 1, \cdots, n$, $x_i(j), \sigma_i(j)$ 和 $\eta_i(j)$ 分别是向量 $\mathbf{x}_i, \boldsymbol{\sigma}_i$ 和 $\boldsymbol{\eta}_i$ 的第 j 个分量。式 (9.10.14) 中的 $C_j(0,1)$ 和式 (9.10.14)、式 (9.10.16) 和式 (9.10.17) 中的 $N_j(0,1)$ 意味着对每个公式中 j 的每个值都重新生成随机变量。

[763]

9.11 差分演化

连续空间上的全局优化问题在整个科学界都是普遍存在的[147]。当成本函数是非线性且不可微时, 通常采用直接搜索法。大多数标准的直接搜索方法使用贪婪准则, 在贪婪准则下, 当且仅当新的参数向量降低了成本函数值时, 才接受这个新向量。贪婪决策过程收敛速度较快, 但容易陷入局部极小值。

用户通常要求实用的最小化技术应满足以下要求[147]:

- 处理不可微、非线性和多模态成本函数的能力。
- 可并行处理计算密集型成本函数。
- 易于使用, 用很少控制变量即可控制最小化。这些变量也应该是稳健的, 易于选择的。
- 良好的收敛性, 即在连续的独立试验中一致收敛到全局最小。

Storn 和 Price 于 1997 年[147] 设计了一种称为"差分演化"(DE) 的最小化方法来实现以上所有要求。

9.11.1 经典差分演化

作为一种简单而有效的全局优化算法, Storn 与 Price 的差分演化[124, 147] 是一种并行直接搜索方法, 利用 D 维参数向量

$$\mathbf{p}_i^G = [P_{1i}^G, \cdots, P_{Di}^G]^{\mathrm{T}}, \quad \forall i \in \{1, \cdots, N_P\} \tag{9.11.1}$$

作为每一代 G 的种群, 式中 N_P 为种群规模, 它在最小化过程中保持不变。初始向量种群假定对所有随机决策是一个均匀概率分布。

差分进化的解用 D 维向量 $\mathbf{p}_i, \forall i \in \{1, \cdots, N_P\}$ 表示。对应每一个解 $\mathbf{p}_i$, 选择 3 个父本 $\mathbf{p}_{i_1}, \mathbf{p}_{i_2}, \mathbf{p}_{i_3}$, 其中 $i \neq i_1 \neq i_2 \neq i_3$。

算法 9.14 给出了经典差分演化算法的细节, 其中, BFV 表示迄今为止的最佳适应度值, NFC 是函数调用次数, VTR 为待搜索的值, 而 $\mathrm{MAX}_{\mathrm{NFC}}$ 则表示函

数调用的最大次数。

算法 9.14 差分演化 (DE)[128] [764]

input: Population size N_p, problem dimension D, mutation constant F, crossover rate C_r
initialization: Generate uniformly distributed random population $\mathbf{p}_0 = [P_{01}, \cdots, P_{iD}]^{\mathrm{T}}$
while (BFV > VTR) and (NFC < $\mathrm{MAX_{NFC}}$) **do**
  for $i = 0$ to N_p **do**
    select three parents $\mathbf{p}_{i_1}, \mathbf{p}_{i_2}, \mathbf{p}_{i_3}$ randomly from current population where $i \neq i_1 \neq i_2 \neq i_3$ // Mutation
    $\mathbf{v}_i \leftarrow \mathbf{p}_{i_1} + F \times (\mathbf{p}_{i_3} - \mathbf{p}_{i_2})$ and denote $\mathbf{v}_i = [V_{1i}, \cdots, V_{Di}]^{\mathrm{T}}$
    // Crossover
    for $j = 1$ to D **do**
      if rand$(0,1) < C_r$ **then**
        $U_{ji} \leftarrow V_{ji}$
      else
        $U_{ji} \leftarrow P_{ji}$
      end if
    end for
    // Selection
    Denote $\mathbf{u}_i = [U_{1i}, \cdots, U_{Di}]^{\mathrm{T}}$
    if $f(\mathbf{u}_i) \leqslant f(\mathbf{p}_i)$ **then**
      $\mathbf{p}'_i \leftarrow \mathbf{u}_i$
    else
      $\mathbf{p}'_i \leftarrow \mathbf{p}_i$
    end if
  end for
  $\mathbf{p}_{i+1} \leftarrow \mathbf{p}'_i$
end while
output: solution vector $\mathbf{p}$

经典差分演化的主要运算可以归纳如下[147]。

1. 变异

对于每个向量 $\mathbf{p}_i^G$, $i = 1, 2, \cdots, N_P$, 通过添加两个个体 $\mathbf{p}_{i_2}^G$ 和 $\mathbf{p}_{i_3}^G$ 之间的加权差分向量产生变异个体 $\mathbf{v}_i^{G+1}$

$$\mathbf{v}_i^{G+1} = \mathbf{p}_{i_1}^G + F \cdot (\mathbf{p}_{i_3}^G - \mathbf{p}_{i_2}^G) \tag{9.11.2}$$

式中，$F>0$ 是固定的系数, 用于控制差分的变化 $\mathbf{d}_i^G=\mathbf{p}_{i_3}^G-\mathbf{p}_{i_2}^G$。基于两个种群或解的差分向量的演化优化称为差分演化。

2. 交叉

记 $\mathbf{u}_i^G=[U_{1i}^G,\cdots,U_{Di}^G]^{\mathrm{T}}$。为了增加被扰动的参数向量的多样性, 引入交叉

$$U_{ji}^{G+1}=\begin{cases}V_{ji}^{G+1}, & \mathrm{rand}_j(0,1)\leqslant CR \quad \text{或} \quad j=j_{\mathrm{rand}}\\ P_{ji}^G, & \text{其他}\end{cases} \tag{9.11.3}$$

其中，$j=1,2,\cdots,D$，$\mathrm{rand}_j(0,1)$ 是一个 $(0,1)$ 区间均匀分布的随机数，j_{rand} 是一个随机选择的序号, 以确保试验向量 $\mathbf{u}_i^{G+1}$ 与 $\mathbf{p}_i^G$ 不同, 而 $CR\in(0,1)$ 为交叉率。

3. 选择

通过比较父本个体 $\mathbf{p}_i^G$ 和试验个体 $\mathbf{u}_i^{G+1}$ 的适应度值来选择下一代 $G+1$ 的成员, 即

[765]

$$\mathbf{p}_i^{G+1}=\begin{cases}\mathbf{u}_i^{G+1}, & f(\mathbf{u}_i^{G+1})<f(\mathbf{p}_i^G)\\ \mathbf{p}_i^G, & \text{其他}\end{cases} \tag{9.11.4}$$

这里，$\mathbf{p}_i^{G+1}$ 是 $\mathbf{p}_i^G$ 的后代。

9.11.2 差分演化的变形

有几种基于不同变异策略的差分演化方案[124]

$$\mathbf{v}_i^G=\mathbf{p}_{r_1}^G+F\cdot(\mathbf{p}_{r_2}^G-\mathbf{p}_{r_3}^G) \tag{9.11.5}$$

$$\mathbf{v}_i^G=\mathbf{p}_{\mathrm{best}}^G+F\cdot(\mathbf{p}_{r_1}^G-\mathbf{p}_{r_2}^G) \tag{9.11.6}$$

$$\mathbf{v}_i^G=\mathbf{p}_i^G+F\cdot(\mathbf{p}_{\mathrm{best}}^G-\mathbf{p}_i^G)+F\cdot(\mathbf{p}_{r_1}^G-\mathbf{p}_{r_2}^G) \tag{9.11.7}$$

$$\mathbf{v}_i^G=\mathbf{p}_{\mathrm{best}}^G+F\cdot(\mathbf{p}_{r_1}^G-\mathbf{p}_{r_2}^G)+F\cdot(\mathbf{p}_{r_3}^G-\mathbf{p}_{r_4}^G) \tag{9.11.8}$$

$$\mathbf{v}_i^G=\mathbf{p}_{r_1}^G+F\cdot(\mathbf{p}_{r_2}^G-\mathbf{p}_{r_3}^G)+F\cdot(\mathbf{p}_{r_4}^G-\mathbf{p}_{r_5}^G) \tag{9.11.9}$$

式中，$\mathbf{p}_{\mathrm{best}}^G$ 是种群的最佳向量。$\mathbf{p}_{r_1}^G$、$\mathbf{p}_{r_2}^G$、$\mathbf{p}_{r_3}^G$ 和 $\mathbf{p}_{r_4}^G$ 是 4 个从当前种群随机选择的不同向量, 其中，$i\neq r_1\neq r_2\neq r_3\neq r_4$。

这些方案可以用符号 $DE/a/b/c$ 统一表示[101]。其中 a、b、c 的含义如下[101, 128]:

- “a” 指应进行变异的向量, 它可以是当前种群的最佳向量 ($a=\mathrm{best}$) 或随机选择的向量 ($a=\mathrm{rand}$)。
- “b” 表示参与变异的差分向量的个数 ($b=1$ 或 $b=2$)。
- “c” 表示所采用的交叉方案: 二进制 ($c=\mathrm{bin}$) 或指数函数 ($c=\exp$)。

经典的差分演化式 (9.11.5) 可表示为 $DE/\mathrm{rand}/1/\mathrm{bin}$, 方案式 (9.11.7) 可表示为 $DE/\mathrm{best}/2/\exp$, 指数交叉在实际中最常用的, 因为它们具有很好的性能[124, 166]。

差分演化有以下变形。

1. 邻域搜索差分演化 (NSDE)

这种变形被证明在改进演化规划算法的性能中发挥了关键作用 [165]。邻域搜索差分演化[162] 与上述经典差分进化大体相同, 不同点在于变异式 (9.11.2) 变为 [766]

$$\mathbf{v}_i^{G+1} = \mathbf{p}_{r_1}^G + \begin{cases} \mathbf{d}_i^G \cdot N(0.5, 0.5), & \text{rand}(0,1) < 0.5 \\ \delta \cdot \mathbf{d}_i^G, & \text{其他} \end{cases} \tag{9.11.10}$$

这里, $\mathbf{d}_i^G = \mathbf{p}_{r_2}^G - \mathbf{p}_{r_3}^G$, $N(0.5, 0.5)$ 表示均值为 0.5、方差为 0.5 的高斯随机数, 而 δ 表示尺度参数为 1 的柯西随机数。

2. 自适应差分演化 (SaDE)

与 Storn 和 Price[147] 的经典差分演化相比, Qin 与 Suganthan[125] 的自适应差分演化有以下主要不同: (a) 自适应差分演化在单个差分演化变量中采用两种不同的变异策略, 并引入一个概率 p 来控制使用何种变异策略, 并且 p 是根据学习经验逐渐自适应的。(b) 自适应变分演化使用两种方法来调整和自适应差分演化的参数 F 和 CR。自适应差分演化的具体操作如下:

- 变异策略自适应: 自适应差分演化选择变异策略式 (9.11.5) 和式 (9.11.7) 作为产生变异个体的候选者

$$\mathbf{v}_i^{G+1} = \begin{cases} \text{式 (9.11.5)}, & \text{rand}_i\ (0,1) < p \\ \text{式 (9.11.7)}, & \text{其他} \end{cases} \tag{9.11.11}$$

  这里, 概率 p 的更新表达式为

$$p = \frac{ns1 \cdot (ns2 + nf2)}{ns2 \cdot (ns1 + nf1) + ns1 \cdot (ns2 + nf2)} \tag{9.11.12}$$

  式中, $ns1$ 和 $ns2$ 分别是在评估所有子代之后由式 (9.11.5) 和式 (9.11.7) 生成的成功进入下一代的子代数量; $nf1$ 和 $nf2$ 分别是由式 (9.11.5) 和式 (9.11.7) 生成但被丢弃的子代数量。

- 比例因子 F 设置

$$F_i = N_i(0.5, 0.3) \tag{9.11.13}$$

  式中, $N_i(0.5, 0.3)$ 表示高斯随机数, 其均值为 0.5、方差为 0.3。

- 交叉率 CR 自适应: 自适应差分演化为每个个体按照以下方式分配 CR_i

$$CR_i = N_i(CRm, 0.1) \tag{9.11.14}$$

  其中, CRm 的更新公式为 [767]

$$CRm = \frac{1}{|CR\text{rec}|} \sum_{k=1}^{|CR\text{rec}|} CR\text{rec}(k) \tag{9.11.15}$$

式中, CRm 设定初始值为 0.5, $C R\text{rec}$ 是成功进入下一代的子代对应的 CR 值。一旦 CRm 被更新, $C R\text{rec}$ 也将随之更新。这种 CR 自适应方案记为 SaCR。

3. 自适应邻域搜索差分演化 (SaNSDE)

这是一种在邻域搜索差分演化中引入自适应机制的算法, 详见文献 [166]。

基于对立的差分演化是差分演化的另一种重要扩展, 我们将在第 9.15 节中介绍。

9.12 蚁群优化

除了进化算法, 另一组受自然事物启发的元启发式算法基于生物社会中的群体智能。

群体智能是指一种通过简单信息处理单元的交互作用解决问题的能力。群体智能包括两个重要概念[85]:

- 群体的概念意味着多重性、随机性、概率性和混乱性。
- 智能的概念表明解决问题的方法在某种程度上是成功的。

组成群体的信息处理单元可以是有生命的 (如蚂蚁、蜜蜂、鱼等)、机械的、可计算的或数学的。3 种著名的群体智能算法是蚁群算法、人工蜂群算法和群体智能算法。在本节中, 我们将重点介绍蚁群算法。

蚁群算法的优化思想来自对蚂蚁在野外觅食行为的观察, 这种现象称为协同机制[111]。所谓协同机制, 即一个自组织的应急系统之间通过个体修改它们的局部环境进行间接交流[59]。Deneubourg 等人于 1990 年对蚁群的协同机制性质进行了探索[27], 发现蚂蚁通过留有信息素的路径进行间接的交流, 然后蚂蚁会跟随信息素路径觅食。

根据所考虑的准则, 求解组合优化和数值优化问题的现代启发式算法可分为以下 4 类[82]:

[768] - 基于种群的算法: 处理并试图改进一组解的算法称为基于种群的算法。
- 基于迭代的算法: 使用多次迭代来逼近所求解的算法称为基于迭代的算法。
- 随机算法: 采用概率规则改进解的算法称为概率算法或随机算法。
- 确定性算法: 采用确定性规则改进解的算法称为确定性算法。

最流行的基于种群的算法是进化算法, 最典型的随机算法是基于群体智能的算法。进化算法和基于群体智能的算法都依赖算法模拟得到的结果。遗传算法作为最流行的进化算法是模拟自然进化现象。

蚁群优化算法 (ACO) 和人工蜂群 (ABC) 算法是两种重要的群体优化算法。蚁群可以被认为是一个群体, 其个体智能体是蚂蚁。类似地, 人工蜂群也可以被认为是一个群体, 其个体智能体是蜜蜂。

近年来, 人工蜂群算法被用来解决许多不同领域的优化问题, 如约束优化问题、机器学习、生物信息学等。

本节讨论蚁群优化算法, 第 9.13 节将讨论人工蜂群算法。

9.12.1 真实蚂蚁与人工蚂蚁

在自然界中, 蚂蚁的行为规则非常简单, 它们通过“信息素”进行交流的规则也非常简单。然而, 一群蚂蚁可以解决非常复杂的问题, 比如在它们的巢穴和食物源之间找到最短的路径。如果把寻找最短路径看作一个优化问题, 那么起点 (它们的巢穴) 和终点 (食物源) 之间的每条路径都可以看作是一个可行的解。

蚂蚁系统中的每一只真实蚂蚁都有以下特征[111]:

- 蚂蚁通过使用一个与食物源的距离有关的迁移规则来决定要去哪一个食物源以及在连接路径上所留信息素的数量。
- 已访问食物源的迁移被添加到禁忌列表中, 不再允许前往。
- 一旦巡回完成, 蚂蚁会沿着食物源中访问的每条路径铺设一条信息素路径。 [769]

实验证明[9], 蚂蚁能够找到最短路径。

人工蚁群具有以下特性[21, 31]:

- 人工蚂蚁搜索最小成本可行解 $\hat{J}_\psi = \min_\psi J(L,t)$。
- 一只蚂蚁 k 有一个内部存储器 $\mathcal{M}^k$, 用于存储蚂蚁 k 此前巡游过的路径信息 (即以前访问过的状态)。内部存储的信息可用于构建可行解, 评估找到的解, 以便向后追溯, 与以前的解进行比较。
- 处于状态 $S_{r,i}$ 的蚂蚁 k 可以从节点 i 运动至其可行邻域$\mathcal{N}_i^k$ 中的任一个节点 j。
- 可以为蚂蚁 k 分配一个启动状态S^k 和一个或多个终止状态e^k。通常, 启动状态为单位长度序列, 即单个分量。
- 从初始状态 S_{initial} 开始, 每个蚂蚁尝试以增量方式构建给定问题的可行解, 并通过搜索空间/环境以迭代方式移动到可行相邻状态。当至少一只蚂蚁 k 满足至少一个终止条件 e^k 时, 构建过程停止。
- 蚂蚁运动所涉及的导向因素采取了迁移规则的形式, 这种规则在从状态 S_i 到状态 S_j 的每一次移动之前都适用。迁移规则还可以包括问题规定的额外约束, 并且可以使用蚂蚁内部的存储。
- 蚂蚁的概率决策规则是一个函数, 由以下部分组成: (a) 存储在节点局部数据结构 $\mathcal{A}_i = [a_{ij}]$ 中的值称为蚂蚁路由表, 由节点本地可用信息素和启发式值的函数组合获得; (b) 蚂蚁存储其过去历史的私有存储; 以及 (c) 问题的约束条件。
- 当从节点 i 移动到相邻节点 j 时, 蚂蚁可以更新边 (i,j) 上的信息素 τ_{ij}, 即在线逐步信息素更新。
- 一旦建立了一个解, 蚂蚁就可以回溯它们的同一条路径, 并在遍历的边上更新信息素路径, 称为在线延迟信息素更新。
- 每只蚂蚁释放的信息素数量由特定于问题的信息素更新规则控制。
- 蚂蚁可能会沉积与状态相关或者与状态迁移相关的信息素。

- 一旦构建了一个解, 在蚂蚁将路径回溯源节点之后, 这个蚂蚁就会死亡, 释放所有分配的资源。

人工蚂蚁有几个与真实蚂蚁类似的特点[122]:

- 人工蚂蚁对信息素含量较大的路径具有概率偏好。
- 较短路径的信息素数量往往有较大的增长率。
- 人工蚂蚁基于每条路径上信息素的沉积量进行间接通信。

[770] 蚁群算法是模拟蚂蚁在觅食过程中的行为及其通信方式的仿生群体智能, 是一种启发式正反馈搜索算法, 特别适用于求解由可行解空间和目标函数两部分组成的优化问题。

蚁群算法的核心是一个参数化的概率模型, 称为信息素模型[30]。

对于一个有约束的组合优化问题, 蚁群算法的核心部分也是信息素模型, 用于概率抽样搜索空间 S。

定义 9.37 (信息素模型) [30] 组合优化问题的信息素模型$P=(S,\Omega,f)$ 由两部分组成:

(a) 定义在一组有限的离散决策变量和一组变量之间的约束关系的集合 Ω 上的搜索 (或解) 空间 S;

(b) 需要最小化的目标函数 $f: S\to\mathbb{R}_+$, 它将每个解 $s\in S$ 映射到一个正的成本函数。

一个受蚁群启发的组合优化问题可以描述如下[33]:

- 给定有限个分量 $C=\{c_1,\cdots,c_{N_c}\}$。
- 问题的状态是根据集合 C 中元素的序列 $x=\{c_i,c_j,\cdots,c_k,\cdots\}$ 定义的。所有可能序列的集合用 X 表示。序列的长度 x, 即序列中的分量数, 用 $|x|$ 表示。序列的最大长度不大于一个正的常数 $n<+\infty$。
- (候补) 解的集合 S 是 X 的一个子集 (即 $S\subseteq X$)。
- 有限的约束集 Ω 定义了满足 $\Omega\subseteq\bar{X}$ 的可行状态 $\bar{X}$。
- 可行解的非空集 S^* 为已知, 其中 $\Omega\subseteq\bar{X}$ 和 $S^*\subseteq S$。
- 成本 (或代价) $f(s,t)$ 与各个候补解 $s\in S$ 相关联。
- 在某些情况下, 成本或者成本的估计 $J(x_i,t)$ 可以与状态而不是解相关联。如果 x_i 可以通过将解的分量加到状态 x_j 上获得, 则 $J(x_i,t)\leqslant J(x_j,t)$。注意, $J(s,t)\equiv J(t,s)$。

在组合优化中, 一个系统可能出现许多不同的配置。任何配置都具有该特定配置的成本函数。与固体的模拟退火类似, 人们可以统计地模拟待优化系统的演化, 使其处于与最小成本函数值相对应的状态。

为了概率地构造解, 用于组合优化问题的蚁群算法使用了信息素模型, 该模型由一组信息素值 (即算法搜索经历的函数) 组成。信息素模型用于将解的构造偏向于包含高质量解的搜索空间区域。

[771] **定义 9.38 (混合变量优化问题)** [95] 一个混合变量优化问题 (MVOP) 的信息素模型 $R=(S,\Omega,f)$ 由以下部分组成。

(a) 一个定义在由离散和连续决策变量组成的有限集上的搜索空间 S, 以及一个定义变量约束的集合 Ω;

(b) 一个需要最小化的目标函数 $f: S \to \mathbb{R}_0^+$。搜索空间 S 由一组 $n = d+r$ 个变量 $x_i, i = 1, \cdots, n$ 定义, 其中, d 是离散决策变量的个数, r 是连续决策变量的个数。一个解 $s \in S$ 是一个完整的值分配, 即每一个决策变量被分配一个值。一个可行解是一个满足集合 Ω 中所有约束的解。一个全局最优点 $s^* \in S$ 是满足 $f(s^*) \leqslant f(s), \forall s \in S$ 的一个可行解。所有全局最优解的集合用 $s^* \in S^* \subseteq S$ 表示。求解混合变量优化问题需要求出至少一个全局最优解 $s^* \in S^*$。

9.12.2 典型蚁群优化问题

蚁群优化之所以被称为蚁群优化, 是因为它最初的灵感来源: 一些蚂蚁通过共同利用它们在行走时沉积在地面上的信息素, 在它们的巢穴和食物来源之间觅食[29]。类似于真实的蚂蚁, 蚁群优化中的人工蚂蚁把人工信息素沉积在它们正在求解的问题对应的图上。

在蚁群优化中, 种群的每一个个体都是一只人工蚂蚁, 它随机渐进地构建所考虑问题的一个解。在优化过程的每一步, 蚂蚁的运动定义哪些解分量需要加入正在构建中的解。

概率模型与图 $G(C, L)$ 相关联, 用于智能体的选择偏好。概率模型由智能体在线更新, 以提高智能体构建好的解的概率。

为了构建好的解, 有以下 3 种主要的构建方法供选择[111]:

- 蚂蚁解的构造: 在解的构造过程中, 人工蚂蚁根据转移规则在问题的相邻状态中移动, 迭代地构造解。
- 信息素更新: 它执行信息素更新, 可能涉及在构建完整的解后更新信息素, 或者在每次迭代后更新信息素。
- 虚拟动作: 这是蚁群优化中的一个可选步骤, 涉及从全局角度进行另外的更新 (不存在与自然界的任何对应)。比如额外的信息素增强应用到生成的最佳解 (称为离线信息素更新)。

下面的 3 个典型优化问题适合采用蚁群优化进行求解。 [772]

1. 作业调度问题 (JSP) [105]

近年来由于消费者对品种的需求不断增长, 产品生命周期缩短, 市场随着全球竞争的变化和新技术的快速发展, 作业调度问题愈发重要。作业车间调度问题 (job shop scheduling problem, JSSP) 是目前最流行的调度模型之一, 也是最难的组合优化问题之一。作业调度问题由以下部分组成:

- 一些独立的 (用户/应用) 作业作为 C 中的元素。
- 多台不同种类的机器参与规划。
- 每项作业的工作量 (以百万条指令为单位)。
- 每台机器的计算能力。
- 就绪时间指机器何时完成先前分配的作业。

- 预期计算时间 (ETC) 矩阵 (“n_b” 作业 × “n_b” 机器数), 其中, ETC[i][j] 是作业 “i” 在机器 “j” 中的预期执行时间。

2. 数据挖掘[122]

在蚁群优化算法中, 每只蚂蚁渐进式地构造/修改目标问题的解。

- 在数据挖掘的分类任务中, 目标问题是发现分类规则, 这些规则通常以 IF-THEN 规则的形式表示如下:

  IF < 条件 > THEN < 类别 >

  规则先行项 (IF 部分) 包含一组条件, 通常由逻辑连接运算符 (AND) 连接。规则结果 (THEN 部分) 对预测属性满足规则先行项中规定的所有条件的情况指定预测的类。蚁群算法是一个很有前途的研究领域, 它涉及一些简单的智能体 (蚂蚁), 这些智能体协同工作, 以实现系统整体的应急统一行为, 从而产生一个稳健的系统, 能够在很大的搜索空间内找到问题的高质量解。
- 在规则发现中, 蚁群优化算法能够对预测属性值项 (逻辑条件) 的组合情况进行灵活稳健地搜索, 得到良好的组合结果。

3. 网络编码资源最小化 (NCRM) 问题[156]

作为网络编码领域出现的一个资源优化问题, 尽管所有具有编码潜力的节点在默认情况下都会进行编码, 但只有部分具有编码能力的节点才能够以期望
[773] 数据速率实现基于网络编码的多播 (NCM)。因此, 在网络多播中最小化编码运算的问题值得研究。进化算法是计算智能领域中网络编码资源最小化的主流解决方案, 但进化算法不利于整合问题搜索空间或域知识的局部信息, 严重影响其优化性能。不同于进化算法, 蚁群算法是采用 “边学习边优化” 原则的一类反应式搜索优化方法, 可以很好地解决网络编码资源最小化问题。

9.12.3 蚂蚁系统与蚁群系统

作为第一个蚂蚁算法, 蚂蚁系统是由 Dorigo 等人于 1996 年提出的[34], 用于解决著名的旅行商问题。

令 τ_{ij} 是确定蚂蚁所走路径的两个分量 (节点)i 和 j 之间的信息素量,$\eta_{ij} = 1/d_{ij}$ 是启发值, τ_{ij} 构成信息素矩阵 $\mathbf{T} = [\tau_{ij}]$。换句话说, 两个城市 i 和 j 之间的距离 d_{ij} 越短, 构成启发矩阵的启发值 η_{ij} 就越高。

来自多个信息素 (或启发式) 矩阵的值需要融合为单个信息素 (或启发式) 值。下面是 3 种融合方法[97]:

- 加权和融合, 例如

$$\tau_{ij} = (1-\lambda)\tau_{ij}^1 + \lambda\tau_{ij}^2, \quad \eta_{ij} = (1-\lambda)\eta_{ij}^1 + \lambda\tau_{ij}^2 \tag{9.12.1}$$

- 加权积融合, 例如

$$\tau_{ij} = (\tau_{ij}^1)^{(1-\lambda)} \cdot (\tau_{ij}^2)^{\lambda}, \quad \eta_{ij} = (\eta_{ij}^1)^{(1-\lambda)} \cdot (\eta_{ij}^2)^{\lambda} \tag{9.12.2}$$

- 随机融合, 在每个构造步骤中, 给定一个统一的随机数 $U(0,1)$, 如果 $U(0,1) < 1-\lambda$; 那么蚂蚁将选择信息素矩阵 $\mathbf{T}=[\tau_{ij}]$; 否则, 它将选择启发矩阵 $\mathbf{N}=[\eta_{ij}]$。

蚂蚁存在的环境在数学上可表示为构造图 $G(C,L)$:

- $C=\{c_1,\cdots,c_{N_c}\}$ 表示一组分量, 其中 c_i 是第 i 个城市, N_c 是所有到访城市的总数。
- L 是完全连接的连接集合。

由 Dorigo 等人[34], Neto 和 Filho[115] 可知, 蚂蚁模型具有以下特点:

- 蚂蚁总是占据图中表示搜索空间的节点, 此节点称为 nf。
- 蚂蚁有一个初始状态。 [774]
- 虽然蚂蚁不能感知整个图, 但它可以收集关于邻域的两种信息: (a) 与 nf 相连的每一条路径的权重; (b) 同一个蚁群的其他蚂蚁在该路径上释放的每一个信息素特征。
- 蚂蚁沿着连接节点 i 和 j 的路径 C_{ij} 运动。
- 此外, 蚂蚁还可以改变路径 C_{ij} 的信息素, 这种操作称为“信息素水平沉积”。
- 蚂蚁可以感知连接节点 i 的所有 C_{ij} 路径的信息素水平。
- 蚂蚁可以确定一组“禁止”路径。
- 蚂蚁呈现一种伪随机行为, 允许在各种可能的路径中进行选择。
- 这种选择可能 (通常是) 受到信息素水平的影响。
- 它可以从节点 i 运动到节点 j。

蚂蚁系统利用图表示 $G(C,L)$: 对于每个成本度量 $\delta(r,s)$(从城市 r 移动到城市 s 的距离), 每条边 (r,s) 也有一个偏好度量 (称为信息素)$\tau_{rs}=\tau(r,s)$, 该度量在运行时由蚂蚁更新。

蚂蚁系统按照下列规则工作[32]:

- 状态转移规则: 每只蚂蚁根据概率状态转移规则选择城市, 生成一个完整的巡游; 蚂蚁喜欢移动到具有大量信息素的短边相连接的城市。
- 全局 (信息素) 更新规则: 一旦所有蚂蚁完成它们的巡游, 蚂蚁系统就使用全局更新规则; 一小部分信息素在所有的边上蒸发, 然后每只蚂蚁在它走过的边上沉积一定量的信息素, 这与它途径的时间长短成比例。然后迭代该过程。
- 随机比例规则: 给出 r 城市中的第 k 只蚂蚁选择迁移到 s 城市的概率

$$p_k(r,s)=\begin{cases}\dfrac{[\tau(r,s)]\cdot[\eta(r,s)]^\beta}{\displaystyle\sum_{u\in J_k(r)}[\tau(r,u)]\cdot[\eta(r,u)]^\beta}, & s\in J_k(r)\\ 0, & \text{其他}\end{cases} \tag{9.12.3}$$

  这里, τ 是信息素, $\eta=1/\delta$ 是距离 $\delta(r,s)$ 的倒数, $J_k(r,s)$ 是位于城市 r 的蚂蚁 k 仍然要访问的城市集合 (使解可行), 并且 $\beta>0$ 是用于确定信息素相对于距离的重要性的参数。

按照式 (9.12.3) 给出的方法, 蚂蚁喜欢选择较短且信息素含量较高的边。

[775] 在蚂蚁系统中, 一旦所有蚂蚁都进行了它们的巡游, 信息素就会根据以下全局更新规则更新所有边

$$\tau(r,s) \leftarrow (1-\alpha)\cdot\tau(r,s)+\sum_{k=1}^{m}\Delta\tau_k(r,s) \tag{9.12.4}$$

式中

$$\Delta\tau_k(r,s)=\begin{cases}\dfrac{1}{L_k}, & (r,s)\in \text{蚂蚁 } k \text{ 的巡游路线}\\ 0, & \text{其他}\end{cases} \tag{9.12.5}$$

这里, $0<\alpha<1$ 是信息素衰减参数, L_k 是蚂蚁 k 巡游时间, m 是蚂蚁的数量。

蚁群系统 (ACS) 与蚂蚁系统主要在 3 个方面不同[32]:

- 状态转移规则提供了一种直接方法, 用于在探索新边和利用关于问题的先验知识及积累知识之间的平衡。
- 仅对属于最佳蚂蚁巡游路线的边采用全局更新规则。
- 当蚂蚁们构建了一个解时, 采用局部 (信息素) 更新规则。

与蚂蚁系统不同, 蚁群系统按照以下规则工作[32]:

- 蚁群系统状态转移规则: 在蚁群系统中, 一只位于节点 r 的蚂蚁通过应用下面的蚁群系统状态转移规则选择要到达的节点 s

$$s=\begin{cases}\arg\max\limits_{u\in J_k(r)}\left\{[\tau(r,u)]\cdot[\eta(r,u)]^{\beta}\right\}, & q\leqslant q_0 \ (\text{探索})\\ S, & \text{其他}\end{cases} \tag{9.12.6}$$

  这里, q 是在 $[0,1]$ 内均匀分布的随机数, $0\leqslant q_0\leqslant 1$ 是参数, S 是根据式 (9.12.3) 给出的概率分布选择的随机数, 式 (9.12.3) 和式 (9.12.6) 称为伪随机比例规则。这条规则有利于向由短边和大量信息素连接的节点转移。

- 蚁群系统全局更新规则: 在蚁群系统中, 只有从试验开始构造出最短巡游路线的全局最佳蚂蚁才被允许沉积信息素。所有蚂蚁完成它们的巡游后, 信息素水平将由以下蚁群系统全局更新规则更新

$$\tau(r,s)\leftarrow(1-\alpha)\cdot\tau(r,s)+\alpha\cdot\Delta\tau(r,s) \tag{9.12.7}$$

[776] 式中

$$\Delta\tau(r,s)=\begin{cases}(L_{gb})^{-1}, & (r,s)\in \text{全局最佳路线}\\ 0, & \text{其他}\end{cases} \tag{9.12.8}$$

  这里, $0<\alpha<1$ 是信息素衰减参数, L_{gb} 是从试验开始的全局最佳巡游长度。

- 蚁群系统局部更新规则: 构建旅行商问题 (TSP) 的解 (即旅行线路) 时, 蚂蚁通过应用以下局部更新规则访问边并改变它们的信息素水平

$$\tau(r,s)\leftarrow(1-\rho)\cdot\tau(r,s)+\rho\cdot\Delta\tau(r,s) \tag{9.12.9}$$

其中, $0 < \rho < 1$ 为一参数。

9.13 多目标人工蜂群算法

人工蜂群算法 (ABC) 是 Karaboga 在 2005 年提出的[81], 受到了蜜蜂群智能觅食行为的启发。数值比较表明, 人工蜂群算法的性能优于其他基于种群的算法, 其优点是使用较少的控制参数[82–84]。人工蜂群算法的主要优点是简单易行, 但它也存在着进化算法普遍存在的收敛性差的问题。

9.13.1 人工蜂群算法

蚁群优化算法的设计包含以下方面的规范[11, 99, 122]:

- 问题的适当表述, 允许蚂蚁通过使用概率转移规则, 基于线索中信息素的数量和依赖于局部问题的启发式, 逐步构造/修改解。
- 一种强制构造有效解的方法, 即在现实世界中与问题定义相对应的合法解。
- 依赖于问题的启发式函数 η, 提供可添加到当前部分解的项的质量度量。
- 信息素更新规则, 规定如何修改信息素 τ。
- 基于启发式函数 η 值和信息素含量的概率转移规则, 用于迭代构造一个解。 [777]
- 明确规定算法何时收敛到一个解。

与蚁群不同, 蜜蜂群的集体智能由 3 个基本部分组成: 食物源、采蜜工蜂、旁观蜂。

在人工蜂群算法中, 食物源的位置代表优化问题的可能解, 食物源的花蜜量对应相关解的质量 (适应度)。人工蜂群分为 3 组: 采蜜工蜂、旁观蜂和侦察蜂, 蜂群的一半由采蜜工蜂组成, 余下的为另一半。

每个搜索周期由 3 个步骤组成。

- 采蜜工蜂负责探索花蜜来源, 并与蜂巢内的旁观蜂分享它们的食物信息。
- 旁观蜂从采蜜工蜂找到的食物中选择好的食物来源, 以进一步搜索食物。
- 如果某个食物源的质量没有通过预定的循环次数得到改善, 那么该食物源就被采蜜工蜂抛弃, 这些采蜜工蜂成为侦察蜂, 开始在蜂巢附近随机搜索新的食物源。

每个食物源 $\mathbf{x}_i = [x_{i,1}, \cdots, x_{i,D}]^{\mathrm{T}}\,(i = 1, \cdots, SN)$ 是一个 D 维向量, 代表优化问题的一个潜在解。令 $P = \{\mathbf{x}_1, \cdots, \mathbf{x}_{SN}\}$ 表示 SN 个食物解 (个体) 组成的种群。人工蜂群算法是一迭代算法。一开始, 人工蜂群算法用随机生成的食物解产生一个种群。新产生的种群 P 包含 SN 个个体 $\mathbf{x}_i \in \mathbb{R}^D$, 其中, 种群大小 SN 与那些不同种类的蜜蜂的数量相同。人工蜂群算法产生一个随机分布的

初始种群 P, 其 SN 个解 (食物源位置)$\mathbf{x}_1,\cdots,\mathbf{x}_{SN}$ 的元素为

$$x_{i,j} = x_{\min,j} + U(0,1)(x_{\max,j} - x_{\min,j}) \tag{9.13.1}$$

其中, $i = 1,\cdots,SN; j = 1,\cdots,D$, D 是优化参数的个数; $x_{\min,j}$ 和 $x_{\max,j}$ 分别是第 j 维的下界和上界; 而 $U(0,1)$ 是一个在区间 $(0,1)$ 内均匀分布的随机数。

初始化后, 解的种群 (即食物源) 经历了采蜜工蜂、旁观蜂和侦察蜂的搜索过程的重复循环。每只采蜜工蜂总是记得它以前的最佳位置, 并在它的记忆中产生一个新的位置。

在所有采蜜工蜂完成搜索过程后, 它们将与旁观蜂分享有关花蜜数量和食
[778] 物来源位置的信息。每只旁观蜂根据与食物来源相关的概率值

$$p_i = \frac{\text{fit}_i}{\sum_{j=1}^{SN} \text{fit}_j} \tag{9.13.2}$$

选择食物来源。式中, fit_i 表示第 i 个解 $\mathbf{f}(\mathbf{x}_i)$ 的适应度值。

如果新的食物源的质量与旧的食物源相同或更好, 那么旧的食物源就会被新的食物源所取代。否则, 将保留旧源。人工蜂群算法使用

$$v_{i,j} = x_{i,j} + \phi_{i,j}(x_{i,j} - x_{l,j}), \quad l \neq i \tag{9.13.3}$$

从记忆中的旧解 $\mathbf{x}_i$ 产生一个候补食物位置 $\mathbf{v}_i = [v_{i1},\cdots,v_{iD}]^{\mathrm{T}}$。这里, $l \in \{1,\cdots,SN\}$ 和 $j \in \{1,\cdots,D\}$ 是随机选择的标签号, 而 ϕ_{ij} 是一个在区间 $[-1,1]$ 内取值的随机数。

然后, 人工蜂群算法搜索其邻域内的区域以生成新的候选解。如果一个位置不能通过预定的循环次数进一步改善, 那么这个食物源就称被遗弃位置。预先确定的循环次数是人工蜂群算法的一个重要控制参数, 称为遗弃极限。当食物源的花蜜被抛弃, 相应的采蜜工蜂变为侦察蜂。侦察蜂将随机生成一个新的食物源, 用于代替被遗弃的位置。

人工蜂群算法的上述框架可以总结为算法 9.15。

---

[779] **算法 9.15** 人工蜂群 (ABC) 算法的框架[49]

---

1. **initialization**

   1.1 Randomly generate SN points in the search space to form an initial population

   1.2 Evaluate the objective value of the population

   1.3 $FES = SN$

   // The employed bee phase

2. **for** $i = 1,\cdots,SN$ **do**
3. Generate a candidate solution V_i using (9.13.3)
4. Evaluate $\mathbf{f}(V_i)$ and set $FES = FES + 1$
5. If $f(V_i) < f(X_i)$ then set $X_i = V_i$ and $\text{trail}_i = 1$. Otherwise $\text{trial}_i = \text{trail}_i + 1$

```
6.  Calculate the probability p_i using (9.13.2), and set t = 0 and i = 1
      // The onlooker bee phase
7.  while t ⩽ SN do
8.    if rand(0,1) < p_i do
9.      Generate a candidate solution V_i using (9.13.3)
10.     Evaluate the objective value of the population
11.     If f(V_i) < f(X_i) then set X_i = V_i and trail_i = 1. Otherwise trial_i = trail_i+1
12.     Set t = t + 1
13.   end if
14. end while
15. Set i = i + 1 and if i = SN then set i = 1
      // The scout bee phase
16. If max{trial_i} > limit then replace X_i with a new randomly generated solution
      by (9.13.1)
17. If FES ⩾ FES_max then stop and output the best solution achieved so far.
      Otherwise, go to step 1
18. end for
19. output: SN solutions (food source positions) x_1, ··· , x_SN
```

9.13.2 人工蜂群算法的变形

人工蜂群算法的解搜索方程是根据已有解的信息生成新的候选解的方法, 具有很好的探索性, 但可用性差。因此, 有必要改进解搜索方法以进一步提高算法的性能。

为了改进人工蜂群算法的性能, 已提出了几种人工蜂群的变形。

1. GABC

GABC 是一个全局最佳解 (gbest) 引导的人工蜂群算法[168]。通过在解搜索方程中引入全局最佳解的信息, 提高人工蜂群的利用率。GABC 中的解搜索方程为

$$v_{ij} = x_{ij} + \phi_{ij}(x_{ij} - x_{kj}) + \psi_{ij}(g_j - x_{ij}) \tag{9.13.4}$$

式右的第三项是一个新加项, 称为 gbest 项, g_j 是 gbest 解向量 $\mathbf{g}_{\text{best}}$ 的第 j 个元素, ϕ_{ij} 是一在区间 $[-1,1]$ 内取值的随机数, 而 ψ_{ij} 是区间 $[0,1.5]$ 内的均匀分布随机数。试验结果表明, GABC 在大多数实验中性能优于人工蜂群。

2. IABC

IABC 是一个改进的人工蜂群算法[48]。在这个算法中, 两个改进解的搜索方程式如下

$$v_{ij} = g_{\text{best},j} + \phi_{ij}(x_{ij} - x_{r1,j}) \tag{9.13.5}$$

$$v_{ij} = x_{r1,j} + \phi_{ij}(x_{ij} - x_{r2,j}) \tag{9.13.6}$$

式中, 下标 $r1$ 和 $r2$ 是从 $\{1, 2, \cdots SN\}$ 中随机选择的互斥整数, 它们与基下标 i 不同; $g_{\text{best},j}$ 是当前种群中具有最佳适应度的最佳个体向量的第 j 个元素, $j \in \{1, \cdots, D\}$ 是一个随机选择的下标。一方面, 由于式 (9.13.5) 生成的候补解靠近 $\mathbf{g}_{\text{best}}$, 重点改善人工蜂群算法的利用性。另一方面, 因为式 (9.13.6) 基于 3 个向量 $\mathbf{x}_i$、$\mathbf{x}_{r1}$ 和 $\mathbf{x}_{r2}$, 并且后两个向量是从种群中随机选择的两个不同个体, 故式 (9.13.6) 强调探索性。

[780] **3. CABC**

解搜索方程为[49]

$$v_{ij} = x_{r1,j} + \phi_{ij}(x_{r1,j} - x_{r2,j}) \tag{9.13.7}$$

式中, 下标 $r1$ 和 $r2$ 为不同整数, 它们从区间 $[1, SN]$ 中随机抽取, 并且与 i 不同; 而 ϕ_{ij} 是区间 $[-1, 1]$ 内的随机数。由于式 (9.13.7) 看起来像遗传算法中的交叉算子, 所以将具有此搜索方程的人工蜂群冠名为交叉型人工蜂群 (CABC)[49]。

9.14 粒子群优化

粒子群优化是一种全局优化技术, 最初由 Eberhart 和 Kennedy 于 1995 年研发[36, 86]。粒子群优化本质上是一种基于群体智能的优化技术, 采用基于群体的随机算法, 通过粒子群中个体间的相互作用寻找复杂搜索空间的最优区域。与进化算法不同, 粒子群不使用选择操作; 而所有种群成员的交互作用导致问题解的质量从试验开始到结束得以迭代改进。

粒子群优化植根于人工生命和社会心理学, 以及工程学和计算机科学。人们广泛认识到 (参见文献 [19, 37, 85]), 群体智能是一种解决优化问题的创新型分布式智能范式。粒子群优化最初的灵感来自成群的鸟、成群的蜜蜂或成群的鱼中观察到的群体行为, 甚至人类的社会行为, 从中产生了粒子群优化的思想。

由于粒子群优化算法的计算智能性, 它不受优化问题的规模和非线性的影响, 在许多解析方法无法收敛的问题中, 粒子群优化算法都能够收敛到最优解。

在粒子群算法中, "粒子"是指具有任意小质量或体积的群体成员, 它们具有速度和加速度, 处于向更好的行为模式发展的运动中。

9.14.1 基本概念

粒子群算法基于两个基础学科: 社会科学和计算机科学, 并且紧密地结合了群体智能的概念和原则[26]。

1. 社会概念

众所周知[37], "人类智能是社会交往的结果"。对他人的评价、比较和模仿, 以及从经验中学习, 使人类能够适应环境, 并确定最佳的行为模式、态度等。

2. 群体智能原则[37, 85, 86] [781]

群体智能可以通过以下 5 个基本原则来描述:

- 接近原则: 群体应该能够进行简单的空间和时间计算。
- 质量原则: 群体应该能够对环境中的质量因素作出反应。
- 多样性反应原则: 群体不应在过于狭窄的通道上进行活动。
- 稳定性原则: 当环境发生变化时, 群体不应改变其行为方式。
- 适应性原则: 当接受计算得出的代价成本时, 群体应该能够改变其行为模式。

3. 计算特性[37]

作为实现自适应系统的一个有用范式, 群体智能计算是演化计算的一个扩展, 并且包含了逻辑运算符 (如 AND、OR 和 NOT) 的软性参数。特别地, 粒子群算法是元胞自动机 (CA) 的一个扩展和其潜力的重要体现。粒子群可以被概念化为元胞自动机中的单元, 其状态在许多维度上同时发生变化。粒子群优化算法和元胞自动机有如下共同的计算特性:

- 单个粒子 (单元) 并行更新。
- 每个新值仅取决于粒子 (单元) 及其邻域的上一个值。
- 所有更新都按照相同的规则执行。

9.14.2 典型粒子群

给定一个未分级的数据集 $Z = \{\mathbf{z}_1, \cdots, \mathbf{z}_N\}$, 它表示 N 个模式 $\mathbf{z}_i \in \mathbb{R}^D, i = 1, \cdots, N$, 每个有 D 个特征, 则分块聚类方法的目的是将数据集聚类成 K 组 $(K \leqslant N)$ 使得

$$C_k \neq \varnothing, \ \forall\, k = 1, \cdots, K \tag{9.14.1}$$

$$C_k \cap C_l = \varnothing, \ \forall\, k, l = 1, \cdots, K;\, k \neq l; \bigcup_{k=1}^{K} C_k = Z \tag{9.14.2}$$

聚类操作依赖于数据集中元素之间的相似性。如果 $\mathbf{f}$ 表示适应度函数, 则可以将聚类视为一个优化问题: $\text{optimize}_{C_k} \mathbf{f}(Z_k, C_k), \forall\, k = 1, \cdots, K$。也就是说, 基于优化的聚类任务是由自然启发的单目标元启发式算法来完成的。

粒子群优化的灵感来自社交活动 (例如, 鸟群的觅食过程)。粒子群算法最初的概念是模拟飞鸟的行为及其信息交换的手段来解决问题。在粒子群优化算法中, 每一个解都像一只“鸟”。想象一下下面的情景: 一群鸟随机地在一个只有一片食物存在的区域寻找食物, 而鸟并不知道食物的位置。寻找食物的一个有效策略是跟随离食物最近的鸟。 [782]

在粒子群优化算法中, 不使用遗传算子, 而是将每一个解看作搜索空间中的一只“鸟”(粒子或个体)。这些个体通过个体之间的合作和竞争而“进化”。每个粒子根据自己的飞行经验和同伴的飞行经验来调整自己的飞行。每个个体或粒子代表一个优化问题的潜在解, 并被视为 D 维空间中的一个点。

引入下面的符号与参数。

- N_p: 群体 (或种群) 规模。
- $\mathbf{x}_i(t)$: 第 i 个粒子在 t 时刻在搜索空间中的位置向量。
- $\mathbf{v}_i(t)$: 第 i 个粒子在 t 时刻在搜索空间中的速度向量。
- $\mathbf{p}_{i,\text{best}}(t) = [p_{i1}(t), \cdots, p_{iD}(t)]^{\text{T}}$: 第 i 个粒子在时刻 t 之前的最佳位置, 即给出最佳适应度值的位置, 简称 pbest。
- $\mathbf{g}_{\text{best}} = [g_1, \cdots, g_D]^{\text{T}}$: 迄今为止在群体中所有粒子中发现的最佳粒子, 命名为群体的全局最佳位置 (gbest) 向量。
- $U(0, \beta)$: 均匀随机数生成器。
- α: 惯性权重或收缩系数。
- β: 加速度常数。

调整每个粒子的位置和速度, 并在每个步进时间计算新位置的适应度函数。利用第 i 个粒子在 t 时刻的随机位置 $\mathbf{x}_i(t) = [x_{i1}(t), \cdots, x_{iD}(t)]^{\text{T}} \in \mathbb{R}^D$ 和速度 $\mathbf{v}_i(t) = [v_{i1}(t), \cdots, v_{iD}(t)]^{\text{T}} \in \mathbb{R}^D$, 初始化 t 时刻的粒子群。

最常见的算法实现利用如下两个公式定义粒子的行为[19, 85]。首先, 调整粒子的步长

$$\mathbf{v}_i(t+1) \leftarrow \alpha \mathbf{v}_i(t) + U(0,\beta)\big(\mathbf{p}_{i,\text{best}}(t) - \mathbf{x}_i(t)\big) + U(0,\beta)\left(\mathbf{g}_{\text{best}} - \mathbf{x}_i(t)\right) \tag{9.14.3}$$

然后, 通过将速度加和到其先前位置来移动粒子

$$\mathbf{x}_i(t+1) \leftarrow \mathbf{x}_i(t) + \mathbf{v}_i(t+1), \quad i = 1, \cdots, N_p \tag{9.14.4}$$

[783] 根据文献 [19], 虽然粒子群的实现方式多种多样, 但大多数标准版本使用 $\alpha = 0.7298$ 和 $\beta = \psi/2$, 其中 $\psi = 2.9922$。

每个粒子自己的最佳位置利用下式更新

$$\mathbf{p}_{i,\text{best}}(t+1) = \begin{cases} \mathbf{p}_{i,\text{best}}(t), & f(\mathbf{x}_i(t+1)) \geqslant f(\mathbf{p}_{i,\text{best}}(t)) \\ \mathbf{x}_i(t+1), & f(\mathbf{x}_i(t+1)) < f(\mathbf{p}_{i,\text{best}}(t)) \end{cases} \tag{9.14.5}$$

式中, $i = 1, \cdots, N_p$, 并且在所有以前步骤期间由所有粒子找到的全局最佳位置 $\mathbf{g}_{\text{best}}$ 定义为

$$\mathbf{g}_{\text{best}} = \arg \min_{\mathbf{p}_{i,\text{best}}} f(\mathbf{p}_{i,\text{best}}(t+1)), \quad 1 \leqslant i \leqslant N_p \tag{9.14.6}$$

算法 9.16 给出了基本粒子群优化算法。

算法 9.16 基本粒子群优化 (PSO) 算法

---

1. **input:** cost functions f, number of particles N_p, maximum cycles N_c, the dimension D of position and velocity vectors, the inertia weight α, acceleration constant β
2. **initialization**

   2.1 Create particle positions $\mathbf{x}_1(1), \cdots, \mathbf{x}_{N_p}(1)$ and particle velocities $\mathbf{v}_1(1), \cdots, \mathbf{v}_{N_p}(1)$

   2.2 $\mathbf{p}_{i,\text{best}}(1) = \mathbf{x}_i(1)$, $i = 1, \cdots, N_p$

2.3 $\mathbf{g}_{\text{best}} = \mathbf{x}_i(1)$, where $i = \arg\min\{f(\mathbf{x}_1(1)), \cdots, f(\mathbf{x}_{N_p}(1))\}$

repeat

  for $t = 1, \cdots, N_c$ **do**

    for $i = 1, \cdots, N_p$ **do**

      $\mathbf{v}_i(t+1) \leftarrow \alpha \mathbf{v}_i(t) + U(0,\beta)\left(\mathbf{p}_{i,\text{best}}(t) - \mathbf{x}_i(t)\right) + U(0,\beta)\left(\mathbf{g}_{\text{best}} - \mathbf{x}_i(t)\right)$

      $\mathbf{x}_i(t+1) = \mathbf{x}_i(t) + \mathbf{v}_i(t+1)$

      $\mathbf{p}_{i,\text{best}}(t+1) = \begin{cases} \mathbf{p}_{i,\text{best}}(t), & \text{if } f(\mathbf{x}_i(t+1)) \geqslant f(\mathbf{p}_{i,\text{best}}(t)) \\ \mathbf{x}_i(t+1), & \text{if } f(\mathbf{x}_i(t+1)) < f(\mathbf{p}_{i,\text{best}}(t)) \end{cases}$

      $\mathbf{g}_{\text{best}} = \arg \min\limits_{\mathbf{p}_{i,\text{best}}} \{f(\mathbf{p}_{j,\text{best}}(t+1))\}, \quad j = 1, \cdots, i$

    end for

  end for

until $\mathbf{g}_{\text{best}}$ is sufficiently good or the maximum cycle is achieved

output: global best position $\mathbf{g}_{\text{best}}$

9.14.3 遗传学习粒子群优化

粒子群优化相对于其他类似的优化技术 (如遗传算法) 的优势可以总结如下[26]:

- 粒子群优化容易实现, 并且只有少量参数待调整。
- 在粒子群优化中, 每一个粒子都记住自己的先前最佳值以及邻域最佳值。 [784]
  因此, 粒子群优化具有比遗传算法更有效的记忆能力。
- 粒子群优化算法能够更有效地保持群体的多样性[38], 这一点更加类似于社区中的理想社交。这是因为所有的粒子都使用与最成功的粒子相关的信息来改进自己, 而在遗传算法中, 最差的解是被丢弃的, 只有好的解被保存。因此, 在遗传算法中, 种群围绕最好个体的子集进化。

下面是粒子群优化的两个主要缺点[123]:

- 群体可能过早收敛。
  (a) 对于全局最优粒子群优化算法, 粒子收敛到一个点, 该点位于全局最优和粒子自己最优位置之间的直线上, 且这一点不能保证是局部最优[154]。
  (b) 粒子之间信息流动的速率快导致损失具有多样性的相似粒子, 从而增加陷入局部最优的可能性。
- 随机方法的性能与问题相关。这种依赖性通常是由每个算法中的参数设置造成的。增加惯性权重将提高粒子的速度, 从而导致更多的探索 (全局搜索) 和更少的利用 (局部搜索), 而降低粒子的速度, 又会导致更多的利用和更少的探索。

通过组合不同方法的混合机制, 可以解决与问题相关的性能问题, 以便从每种方法的优点中获益。下面是粒子群优化算法和遗传算法的比较。

- 一般的粒子群优化算法是由粒子群的前一个最优位置 (pbest) 和全局最

优位置 (gbest) 来引导粒子的，使得搜索比遗传算法更具方向性。因此，遗传算法可望比粒子群优化算法具有更好的探索能力，而后者有利于更快地收敛。

- 通过应用遗传算法中的交叉运算，信息可以在两个个体之间交换，从而能够飞到新的搜索区域。如果将遗传算法中的变异应用于粒子群优化，则可望增加粒子群的多样性和粒子群优化的能力，以避免局部极大值。

这种将遗传算法和粒子群优化算法相结合的混合算法简称 GA-PSO，它结合了群体智能的优点和遗传算法中的自然选择机制，从而在每个迭代步骤中增加了高评价智能体的数量，同时减少了低评价智能体的数量。

一种 GA-PSO 的变形是遗传学习粒子群优化 (GL-PSO)[57] 见算法 9.17。

---

[785] **算法 9.17** 遗传学习粒子群优化 (GL-PSO) 算法[57]

```
initialize
  for i = 1 to M do
    Randomly initialize v_i and x_i
    Evaluate f(x_i)
    p_{i,best} = x_i
  end for
Set g_best to the current best position of particles
repeat
  for i = 1 to M do
    for d = 1 to D do
      Randomly select a particle k ∈ {1, ··· , M}
      if f(p_{i,best}) < f(p_{k,best}) then
        o_{i,d} = r_d · p_{i,d} + (1 − r_d) · g_d
      else
        o_{i,d} = p_{k,d}
      end if
    end for
    for d = 1 to D do
      if rand(0, 1) < pm then
        o_{i,d} = rand(lb_d, ub_d)
      end if
    end for
    Evaluate f(O_i)
    if f(o_i) < f(e_i) then
      e_i = O_i
    end if
```

```
      if f(e_i) ceases improving for sg generations then
        Select e_j by 20%M tournament
        e_i = e_j
      end if
      for d = 1 to D do
        v_{i,d} = ω · v_{i,d} + c · r_d · (e_{i,d} − x_{i,d})
        x_{i,d} = x_{i,d} + v_{i,d}
      end for
      Evaluate f(X_i)
      Update P_i and G
    end for
until Terminal Condition
```

遗传学习粒子群优化算法是遗传学习与粒子群优化算法高度融合的一种优化算法。

9.14.4 特征选择的粒子群优化

为了找到最优特征子集, 需要枚举和计算整个搜索空间中所有可能的特征
子集, 这意味着搜索空间大小为 2^n, 其中 n 是原始特征的个数。因此, 即使对 [786]
于中等大小的特征集, 对整个特征子集进行评估的计算成本也是昂贵, 也是不实
际的。

虽然许多特征选择算法都采用启发式或随机搜索策略来寻找最优或接近最优的特征子集, 以减少计算时间, 但元启发式算法显然可以更有效地选择特征子集。

考虑监督学习中的特征选择。给定数据集 $S = \{(\mathbf{x}_1, y_1), \cdots, (\mathbf{x}_n, y_n)\}$, 其中 $\mathbf{x}_i = [x_{i1}, \cdots, x_{id}]^{\mathrm{T}}$ 是多维向量样本, d 表示特征数, n 为样本数, 而 $y_i \in I = \{1, \cdots, d\}$ 表示样本 $\mathbf{x}_i$ 的标签。令 $X = \{\mathbf{x}_1, \cdots, \mathbf{x}_n\}$。监督学习的主要目标是近似函数 $f: X \to I$, 以预测新的输入向量 $\mathbf{x}$ 的类标签。

在学习问题中, 优化方法的选择对于降低特征空间的维数、提高学习模型的收敛速度具有重要意义。粒子群优化方法是可以处理大量特征的受欢迎的方法。

粒子群优化在特征选择方面的潜在优势可以总结如下[138]:

- 粒子群优化在找到最优解之前具有很强的搜索能力, 因为不同的粒子可以探索解空间的不同部分。
- 粒子群优化在特征选择方面特别有吸引力, 因为粒子群具有记忆性, 并且当粒子在问题空间中飞行时, 所有粒子都保留了对解的知识。
- 粒子群优化的吸引力还在于它的计算成本低廉, 仍然能提供不错的性能。
- 粒子群优化使用的是潜在解的总体, 而不是单一解。
- 粒子群优化可以处理二进制和离散数据。

- 粒子群优化在内存占用和运行时方面都比其他特征选择技术性能更好，且不需要复杂的数学运算。
- 粒子群优化易于实现，参数少，具有良好的应用前景。
- 粒子群优化的性能几乎不受优化问题维数的影响。

虽然粒子群优化算法为特征选择提供了一种全局搜索策略，但它存在两个缺点：早熟收敛和局部最优点附近的微调能力差。为了克服这些缺点，提出了一种基于粒子群算法和局部搜索相结合的混合特征选择方法 (HPSO-LS)[106]。

相关符号定义如下。n_f 表示给定数据集中原始特征的数量，$n_s = |X_s|$ 是选定的特征数，c_{ij} 为两个特征 $\mathbf{x}_i$ 和 $\mathbf{x}_j$ 之间的 Pearson 相关系数，cor_i 是第 i 个特征的相关值，$\mathbf{x}_i^{\text{best}}$ 是第 i 个粒子的先前最佳访问位置 (截至时刻 t)，$\mathbf{x}_g^{\text{best}}$ 为粒子群的全局最佳位置，$x_{id}(t)$ 是第 i 个粒子的第 d 维的位置，$\mathbf{v}_i(t)$ 是第 i
[787] 个粒子的速度，$\mathbf{x}_i(k)$ 和 $\mathbf{x}_j(k)$ 分别表示第 k 个样本的第 i 个和第 j 个特征向量的值。

算法 9.18 给出了具有局部搜索的混合粒子群优化算法 (HPSO-LS) 的伪代码。

算法 9.18 具有局部搜索的混合粒子群优化 (HPSO-LS)[106]

---

input: Feature $= \{f_1, \cdots, f_D\}$, $NC_{\max}$: the maximum cycles that algorithm repeated, $K \ll D$ NP: number of particles

begin initialize

  for $i = 1$ to NP **do**

    $X_{ij} =$ create random particle $\in \{0,1\} \Rightarrow \mathbf{x}_i = [X_{i1}, \cdots, X_{iD}]^{\mathrm{T}}$

    $V_{ij} =$ create random velocity $\sim U[0,1] \Rightarrow \mathbf{v}_i = [V_{i1}, \cdots, V_{iD}]^{\mathrm{T}}$

  end for

  for all feature i **do**

    $c_{ij} = \frac{\sum_{k=1}^m (\mathbf{x}_i(k) - \bar{\mathbf{x}}_i)^{\mathrm{T}} (\mathbf{x}_j(k) - \bar{\mathbf{x}}_j)}{\sqrt{\sum_{k=1}^m \|\mathbf{x}_i(k) - \bar{\mathbf{x}}_i\|^2} \sqrt{\sum_{k=1}^m \|\mathbf{x}_j(k) - \bar{\mathbf{x}}_j\|^2}}$

    $\text{cor}_i = \frac{1}{n_f - 1} \sum_{j=1, j\neq i}^{n_f} |c_{ij}|, \quad i \neq j$

  end for

  Similar feature set $\leftarrow f_i$ if $\text{cor}_i \geqslant \text{cor}_{\text{mid}}$

  Dissimilar feature set $\leftarrow f_i$ if $\text{cor}_i < \text{cor}_{\text{mid}}$

end initialize

for $i = 1$ to $NC_{\max}$ **do**

  $\hat{\mathbf{v}}_i(t+1) = \mathbf{v}_i(t) + c_1 \cdot r_1 \cdot \text{rand}\left(\mathbf{x}_i^{\text{best}} - \mathbf{x}_i(t)\right) \mathbf{v}_i(t) + c_2 \cdot r_2 \cdot \text{rand}\left(\mathbf{x}_g^{\text{best}} - \mathbf{x}_i(t)\right)$

  for $d = 1$ to D **do**

    $v_{id}(t+1) = \text{sign}\left(\hat{v}_{id}(t+1)\right) \min\{|\hat{v}_{id}(t+1)|, v_{i,\max}\}$

    $s(v_{id}(t+1)) = \frac{1}{1 + \exp(-v_{id}(t+1))}$

$$x_{id}(t+1) = \begin{cases} 1, & \text{if ranm} < s(v_{id}(t+1)) \\ 0, & \text{otherwise} \end{cases}$$

end for

X_s = Similar feature set

X_d = Dissimilar feature set

$\mathbf{x}_i' = \mathbf{x}_i$

Remove all feature in X_d that is 0 in particle $\mathbf{x}_i$

Remove all feature in X_s that is 0 in particle $\mathbf{x}_i$

$n_s = |X_s|$ and $n_d = |X_d|$

Perform "particle movement" on each position of particle and replace it

$\bar{f}_i = \text{fitness}(\mathbf{x}_i')$

$$f_i' = \text{fitness}(\mathbf{x}_i') = \begin{cases} \text{fetness}(\mathbf{x}_i^{\text{best}}), & \text{if } \bar{f}_i > \text{fitness}(\mathbf{x}_i^{\text{best}}) \\ \text{fetness}(\mathbf{x}_g^{\text{best}}), & \text{if } \bar{f}_i > \text{fitness}(\mathbf{x}_g^{\text{best}}) \\ \bar{f}_i, & \text{otherwise} \end{cases}$$

end for

output: $\text{feature}' = \{f_1', \cdots, f_k'\}$

9.15 基于对立的演化计算 [788]

业已形成共识: 融合不同的算法是改进机器智能算法的另一个方向。

学习、搜索和优化是机器智能中的基本任务: 一方面, 人工智能算法从过去的数据或指令中学习、优化估计的解, 并在大的空间中搜索现有的解。在许多情况下, 机器学习会在一个随机点开始, 比如神经网络的权值, 软计算算法的初始种群, 增强智能体的行动策略等。如果起点接近最优解, 则收敛速度较快。另一方面, 如果它离最优解很远, 如在最坏情况下它是一个相反的位置, 则收敛将需要更长的时间, 甚至可能得不到解。在这些糟糕的情况下, 在当前和相反的方向同时寻找更好的候选解, 可以帮助我们快速有效地解决当前的问题。

基于对立的演化计算的部分灵感来自这样一种观察, 即对立以某种形式存在于我们周围的一切事物中。

9.15.1 对立学习

关于现有解 $\mathbf{x}$ 的对立点有几种定义。针对元启发式和优化问题, 对立是以一对候选解之间的对应关系存在的。在组合优化和连续优化中, 每一个候选解都有其特定的对立候选解。

定义 9.39 (对立数) [151] 令 $x \in \mathbb{R}$ 是某个区间上定义的实数 $x \in [a, b]$。对

立数 $\breve{x}$ 定义为

$$\breve{x} = (a + b) - x \tag{9.15.1}$$

多维情况下的对立数可以类似定义。

如图 9.4 所示是一个实数 x 的对立数的几何表示。

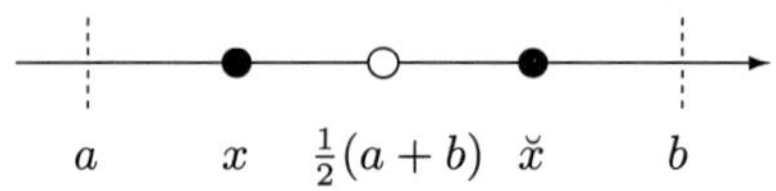

图 9.4　实数 x 的对立数的几何表示

定义 9.40 (对立点) [131, 151]　令 $\mathbf{x} = [x_1, \cdots, x_D]^{\mathrm{T}}$ 是 d 维空间的一个点 (向量), 其中 $x_1, \cdots, x_D \in \mathbb{R}$, 且 $x_i \in [a_i, b_i], i = 1, \cdots, D$。对立点$\breve{\mathbf{x}} = [\breve{x}_1, \cdots, \breve{p}_D]^{\mathrm{T}}$ 以分量形式定义为

[789]

$$\breve{x}_i = \breve{a}_i + \breve{b}_i - x_i, \quad i = 1, \cdots, D \tag{9.15.2}$$

定理 9.9 (唯一性) [130]　每个点 $\mathbf{x} = [x_1, \cdots, x_D]^{\mathrm{T}} \in \mathbb{R}^D$(其中, $x_i \in [a_i, b_i]$ 为实数) 都具有唯一的对立点 $\breve{\mathbf{x}} = [\breve{x}_1, \cdots, \breve{x}_D]^{\mathrm{T}}$, 其中 $\breve{x}_i = a_i + b_i - x_i, i = 1, \cdots, D$。

定义 9.41 (对立解)　给定 d 维向量空间中的一个候补解 $\mathbf{x} = [x_1, \cdots, x_D]^{\mathrm{T}}$, 其对立解 $\bar{\mathbf{x}} = [\bar{x}_1, \cdots, \bar{x}_D]^{\mathrm{T}}$ 以元素形式定义为

$$\bar{x}_i = (a_i + b_i) - x_i, \quad i = 1, \cdots, D \tag{9.15.3}$$

而广义对立解$\tilde{\mathbf{x}}_g = [\tilde{x}_1, \cdots, \tilde{x}_D]^{\mathrm{T}}$ 定义为

$$\tilde{\mathbf{x}}_g = [\tilde{x}_i]_{i=1}^{d} = [k \cdot (a + b) - x_i]_{i=1}^{D} \tag{9.15.4}$$

其中, k 是 $[0, 1]$ 中的一个随机数, 而 a_i 和 b_i 分别是 $\mathbf{x}$ 的第 i 个元素的最小值和最大值。

中心采样 (CBS)[129] 是对立解的一种变形, 与广义对立解相类似。

定义 9.42 (中心采样) [129, 135]　令 $\mathbf{x} = [x_1, \cdots, x_D]^{\mathrm{T}}$ 是 D 维向量空间的一个解。对立候补解 $\hat{\mathbf{x}}_c = [\hat{x}_1, \cdots, \hat{x}_D]^{\mathrm{T}}$ 由位于 $\mathbf{x}$ 及其对立点 $\bar{\mathbf{x}}$ 之间的一个随机点定义

$$\hat{x}_i = \mathrm{rand}_i \cdot (a_i + b_i - 2x_i) + x_i, \quad i = 1, \cdots, D \tag{9.15.5}$$

式中, rand_i 是区间 $[0, 1]$ 内的一个均匀分布的随机数; 而 a_i 和 b_i 分别是 $\mathbf{x}$ 的第 i 个分量的最小值和最大值。

中心采样的目的是得到一个接近每个变量定义域中心的对立候补解。

定义 9.43 (对立学习) [151]　令 $\mathbf{x} = [x_1, \cdots, x_D]^{\mathrm{T}}$ 和 $\bar{\mathbf{x}} = [\bar{x}_1, \cdots, \bar{x}_D]^{\mathrm{T}}$ 分别是 D 维向量空间里的一个解点和它的对立解点。如果对立解具有更好的适应度, 即 $f(\bar{\mathbf{x}}) < f(\mathbf{x})$, 则原解 $\mathbf{x}$ 应该用新的候补解 $\bar{\mathbf{x}}$ 取代; 否则, 继续用 $\mathbf{x}$ 作候

补解。基于对立的机器学习称为对立学习 (OBL)。同时使用一个候补解和它的对立解搜索更好解的优化称为对立优化 (OBO)。

对立学习的基本概念最早由 Tizhoosh 于 2005 年引入[151]。对立学习已经成功应用于进化算法、差分演化、粒子群优化、和声搜索等 (参见文献 [135, 161])。 [790]

9.15.2 基于对立的差分演化

对于演化优化方法, 它们从一些初始解 (初始种群) 开始, 并试图将它们改进为一些最优解。在没有解的先验信息的情况下, 需要对一些初始解进行随机猜测。因此, 演化优化与这些初始猜测与最优解之间的距离有关。一个重要的事实是[131]: 如果演化优化从一个更接近 (更合适) 的解开始, 同时检查对立解, 那么它就可以得到改进。

令 $\mathbf{p} = [p_1, \cdots, p_D]^{\mathrm{T}}$ 是 D 维空间中的一个候补解, $\breve{\mathbf{p}} = [\breve{p}_1, \cdots, \breve{p}_D]^{\mathrm{T}}$ 是 D 维空间中的对立解。假定 $f(\mathbf{p})$ 是点 $\mathbf{p}$ 的适应度函数, 用于度量候补解的适应度。如果 $f(\breve{\mathbf{p}}) \geqslant f(\mathbf{p})$, 则点 $\mathbf{p}$ 即可用 $\breve{\mathbf{p}}$ 取代; 否则, 用 $\mathbf{p}$ 继续。因此, 点 $\mathbf{p}$ 及其对立点 $\breve{\mathbf{p}}$ 同时被评估, 以便用更适合的解继续寻优。

通过将对立学习应用于经典差分演化, Rahnamayan 等人[131] 提出了一种基于对立的差分演化 (ODE)。

对立差分演化由以下两个对立学习部分组成[131]。

1. 对立种群初始化

- 随机初始化种群 $\boldsymbol{P} = (\mathbf{p}_1, \cdots, \mathbf{p}_{N_p})$, 这里 $\mathbf{p}_i = [\mathrm{P}_{i1}, \cdots, \mathrm{P}_{iD}]^{\mathrm{T}}$。
- 计算对立种群 $\mathrm{OP}_{ij} = a_j + b_j - \mathrm{P}_{ij}$, 其中 $i = 1, \cdots, N_p$; $j = 1, \cdots, D$。这里, P_{ij} 和 OP_{ij} 分别表示种群和对立种群的第 i 个向量的第 j 个变量。
- 从 $\{\mathrm{P} \cup \mathrm{OP}\}$ 中选择 N_p 个最适合的个体作为初始种群。

2. 对立世代跳跃

这一部分迫使演化过程跳跃到一个新解候补, 它比当前种群适合。与选择 $\mathrm{OP}_{ij} = a_j + b_j - \mathrm{P}_{ij}$ 的对立初始化不同, 对立世代跳跃从当前种群选择度更好 $\mathrm{OP}_{ij} = \mathrm{MIN}_j^p + \mathrm{MAX}_j^p - \mathrm{P}_{ij}$ 作为新种群, 其中 $i = 1, \cdots, N_p$; $j = 1, \cdots, D$。这里, MIN_j^p 和 MAX_j^p 分别是当前种群中第 j 个变量的最小值和最大值。

从本质上讲, 基于对立的差分演化是一种既基于两个种群间的差分向量或解的演化优化, 又基于对立学习的初始化和世代跳跃的演化优化。基于对立的差分演化见算法 9.19。与经典差分演化算法 9.14 相比, 基于对立的差分演化算法 9.19 增加了一个预处理 (对立种群初始化) 和一个后处理 (对立世代跳跃)。 [791]

算法 9.19 基于对立的差分演化 (ODE) 算法[130]

---

1. **input:** Population size N_p, problem dimension D, mutation constant F, crossover rate C_r

```
Generate uniformly distributed random population p0
    // Begin of Opposition-Based Population Initialization
for i = 0 to N_p do
  for j = 0 to D do
    OP0_{i,j} ← a_j + b_j − P0_{i,j}
  end for
end for
Select N_p fittest individuals from set the {P0, OP0} as initial population P0
    // End of Opposition-Based Population Initialization
    // Begin of DE's Evolution Steps
Call Algorithm 9.14 Differential evolution (DE)
    // End of DE's Evolution Steps
    // Begin of Opposition-Based Generation Jumping
if rand(0,1) < J_r then
  for i = 0 to N_p do
    for j = 0 to D do
      OP_{i,j} ← MIN_j^p + MAX_j^p − P_{i,j}
    end for
  end for
  Select N_p fittest individuals from set the {P, OP} as current population P
end if
    // End of Opposition-Based Generation Jumping
end while
```

9.15.3 对立学习的两种变形

在对立学习中, 一个对立点是在固定的搜索范围内, 以参考点为中心进行计算的。对立点选择有两种变形。

第一种变形称为准对立学习[130]。

定义 9.44 (准对立数) [130] 令 x 是区间 $[a,b]$ 内的任意实数, $x^o = \breve{x}$ 是其对立数。x 的准对立数记为 x^q, 定义为

$$x^q = \text{rand}(m, x^o) \tag{9.15.6}$$

[792] 式中, $m = (a+b)/2$ 是区间 $[a,b]$ 的中心, $\text{rand}(m, x^o)$ 是一个在 m 和对立点 x^o 之间均匀分布的随机数。

定义 9.45 (准对立点) [130] 令 $\mathbf{x}_i = [x_{i1}, \cdots, x_{iD}]^{\mathrm{T}} \in \mathbb{R}^D$ 是 D 维实向量空间中的任意向量 (点), 且 $x_{ij} \in [a_j, b_j]$, 其中 $i = 1, \cdots, N_p; j = 1, \cdots, D$。点 $\mathbf{x}_i$ 的准对立点, 记为 $\mathbf{x}_i^q = [x_{i1}^q, \cdots, x_{iD}^q]^{\mathrm{T}}$, 其元素形式定义为

$$x_{ij}^q = \text{rand}(M_{ij}, x_{ij}^o) \tag{9.15.7}$$

式中，$i=1,\cdots,N_p; j=1,\cdots,D$, 并且 $M_{ij}=(a_j+b_j)/2$ 是区间 $[a_j,b_j]$ 的中心, 而 $\text{rand}(M_{ij},\text{OP}_{ij})$ 则是在中心 M_{ij} 和对立数 $x_{ij}^o=\text{OP}_{ij}$ 之间均匀分布的随机数。

式 (9.15.7) 中准对立点的计算取决于对立点与原始点之间的数值比较, 即

$$x_{ij}^q=\begin{cases} M_{ij}+\text{rand}(0,1)\cdot(x_{ij}^o-M_{ij}), & x_{ij}<M_{ij} \\ x_{ij}^o+\text{rand}(0,1)\cdot(M_{ij}-x_{ij}^o), & \text{其他} \end{cases} \tag{9.15.8}$$

图 9.5 示出了解 (点)$\mathbf{x}$ 的对立点和准对立点的示意图, 给定解点 $\mathbf{x}_i=[x_{i1},\cdots,x_{iD}]^{\text{T}}$, 其中 $x_{ij}\in[a_j,b_j]$, 则 $M_{ij}=(a_j+b_j)/2$, x_{ij}^o 和 x_{ij}^q 分别是 $\mathbf{x}_i$ 的准立点 $\mathbf{x}_i^o$ 和拟对立点 $\mathbf{x}_i^q$ 的第 j 个元素。

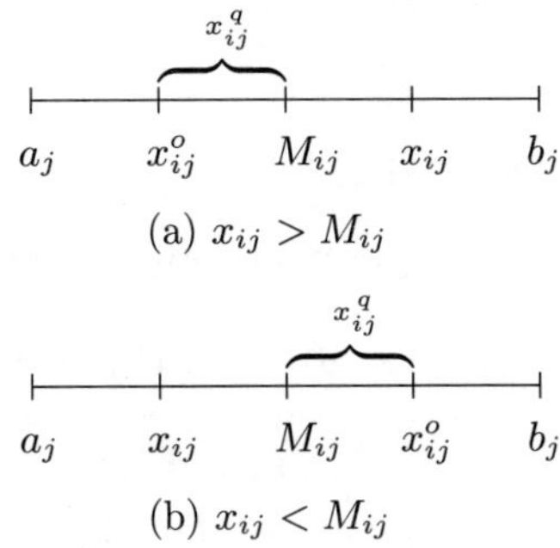

(a) $x_{ij}>M_{ij}$

(b) $x_{ij}<M_{ij}$

图 9.5　对立点与准对立点

定理 9.10 [130]　给定一个猜测解点 $\mathbf{x}\in\mathbb{R}^D$, 其对立点 $\mathbf{x}^o\in\mathbb{R}^D$ 及准对立点 $\mathbf{x}^q\in\mathbb{R}^D$, 另给定解点的距离 $d(\cdot)$ 和概率函数 $P_r(\cdot)$, 则

$$P_r[d(\mathbf{x}^q)<d(\mathbf{x}^o)]>1/2 \tag{9.15.9}$$

上述定理中的距离可取欧氏距离 [793]

$$d(\mathbf{x}^o)=\|\mathbf{x}^o-\mathbf{x}\|_2,\quad d(\mathbf{x}^q)=\|\mathbf{x}^q-\mathbf{x}\|_2 \tag{9.15.10}$$

或其他距离。

定理 9.10 意味着, 对于黑盒优化问题 (即解可以出现在搜索空间的任意地方), 准对立点 $\mathbf{x}^q$ 具有比对立点 $\mathbf{x}^o$ 更多的可能性接近优化问题的解。

准对立学习由准对立种群初始化和准对立世代跳跃组成[130]。

- 准对立种群初始化: 对 $i=1,\cdots,N_p$, 产生均匀分布的随机种群 $\mathbf{p}_i^0=[\text{P}_{i1}^0,\cdots,\text{P}_{iD}^0]^{\text{T}}$, 其中 $\text{P}_{ij}^0\in[a_j,b_j]$, $j=1,\cdots,D$。

  ① 计算与 $\mathbf{p}_i^0$ 相关的对立种群 $\mathbf{p}_i^o=[\text{OP}_{i1}^0,\cdots,\text{OP}_{iD}^0]^{\text{T}}$ 的元素形式

$$\text{OP}_{ij}^0=a_j+b_j-\text{P}_{ij}^0,\quad i=1,\cdots,N_p; j=1,\cdots,D \tag{9.15.11}$$

② 将 a_j 和 b_j 的中心点记为

$$M_{ij} = (a_j + b_j)/2, \quad i = 1, \cdots, N_p; j = 1, \cdots, D \tag{9.15.12}$$

③ 若令 $\mathbf{p}_i$ 的准对立点为 $\mathbf{p}_i^q = [\text{QOP}_{i1}^0, \cdots, \text{QOP}_{iD}^0]^{\text{T}}$, 则其元素为

$$\text{QOP}_{ij}^0 = \begin{cases} M_{ij} + \text{rand}(0,1) \cdot (\text{OP}_{ij}^0 - M_{ij}), & \text{P}_{ij}^0 < M_{ij} \\ \text{OP}_{ij}^0 + \text{rand}(0,1) \cdot (M_{ij} - \text{OP}_{ij}^0), & \text{其他} \end{cases} \tag{9.15.13}$$

式中, $i = 1, \cdots, N_p; j = 1, \cdots, D$。

④ 从集合 $\{\mathbf{p}_i^o, \mathbf{p}_i^q\}$ 中选择 N_p 个最适应的个体作为初始种群 $\mathbf{p}^0$。

- 准对立世代跳跃: 令 J_r 为跳跃率, MIN_j^p 和 MAX_j^p 分别表示当前种群第 j 个个体的最小值与最大值。

① 若 $\text{rand}(0,1) < J_r$, 则计算

$$\text{OP}_{ij} = \text{MIN}_j^p + \text{MAX}_j^p - \text{P}_{ij} \tag{9.15.14}$$

$$M_{ij} = (\text{MIN}_j^p + \text{MAX}_j^p)/2 \tag{9.15.15}$$

$$\text{QOP}_{ij} = \begin{cases} M_{ij} + \text{rand}(0,1) \cdot (\text{OP}_{ij} - M_{ij}), & \text{P}_{ij} < M_{ij} \\ \text{OP}_{ij} + \text{rand}(0,1) \cdot (M_{ij} - \text{OP}_{ij}), & \text{其他} \end{cases} \tag{9.15.16}$$

其中, $i = 0, \cdots, N_p - 1; j = 0, \cdots, D - 1$。

[794] ② 从集合 $\{\text{P}_{ij}, \text{QOP}_{ij}\}$ 中选择 N_p 个最适应的个体作为当前种群 $\mathbf{p}$。

如果算法 9.19 中的对立种群初始化和对立种群世代跳跃分别用上述的准对立种群初始化和准对立种群跳跃所代替, 则在算法 9.19 中描述的基于对立的差分演化 (ODE) 即变成文献 [130] 中的准对立的差分演化 (ODE)。

对立学习的第二种变形是准反射点对立学习[40]。

定义 9.46 (准反射点) [40] 令 $\mathbf{x}_i = [x_{i1}, \cdots, x_{iD}]^{\text{T}}$ 是 D 维实向量空间中的任意点, 并且 $x_{ij} \in [a_j, b_j]$, 则 $\mathbf{x}_i$ 的准反射点记为 $\mathbf{x}_i^{qr} = [x_{i1}^{qr}, \cdots, x_{iD}^{qr}]^{\text{T}}$, 其元素形式的定义如下

$$x_{ij}^{qr} = \text{rand}(M_{ij}, x_{ij}) \tag{9.15.17}$$

式中, $M_{ij} = (a_j + b_j)/2$, $\text{rand}(M_{ij}, x_{ij})$ 是在 M_{ij} 和 x_{ij} 之间均匀分布的随机数。

图 9.6 示出了解 (点)$\mathbf{x}_i$ 的对立点、准对立点与准反射对立点, $x_i = [x_{i1}, \cdots, x_{iD}]^{\text{T}}$, $x_{ij} \in [a_j, b_j]$, $M_{ij} = (a_j + b_j)/2$, 而 x_{ij}^o, x_{ij}^q 和 x_{ij}^{qr} 分别是对立点 $\mathbf{x}_i^o$、准对立点 $\mathbf{x}_i^q$ 和准反射对立点 $\mathbf{x}_i^{qr}$ 的第 j 个元素。

准对立点与准反射对立点之间存在下列关系:

- 准对立点由 $x_{ij}^q = \text{rand}(M_{ij}, x_{ij}^o)$ 产生, 而准反射对立点则由 $x_{ij}^{qr} = \text{rand}(M_{ij}, x_{ij})$ 定义。
- 准反射对立点是准对立点关于中心点 M_{ij} 的镜像, 故而得名准反射对

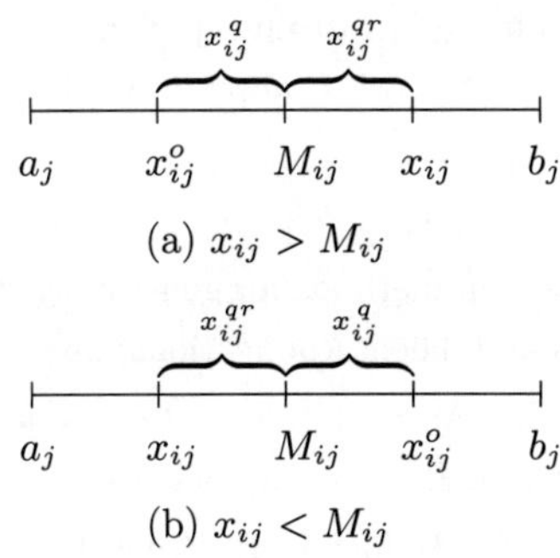

图 9.6　解 (点)$\mathbf{x}_i$ 的对立点、准对立点与准反射对立点

立点。

在计算了由准对立点生成的对立种群的适应度之后，P 和 OP 中最适应的 [795]
N_p 个体构成更新后的种群。准对立点或准反射对立点的应用将产生基本对立学习算法的各种变体和扩展。例如, 在差分演化中使用 β 分布的随机对立学习可以参考文献 [121]。

本章小结

- 本章介绍了演化计算树。
- 演化计算是一种人工智能, 它本质上是求解组合优化问题的一种计算智能。
- 演化计算从一组随机产生的个体开始, 模仿生物遗传模式, 通过复制、交叉、变异等方式更新下一代个体; 然后, 根据适应度大小, 适者生存的个体提高了新一代群体的质量, 经过反复迭代, 逐步逼近最优解。从数学角度看, 演化计算本质上是一种搜索优化方法。
- 本章重点介绍了涉及演化计算的多目标优化问题的 Pareto 优化理论。
- 演化计算已广泛应用于人工智能、模式识别、图像处理、生物学、电气工程、通信、经济管理、机械工程等领域。

参考文献

[1] Agrawal R., Imielinski T., Swami A. N.: Mining association rules between sets of items in large databases. In: Proc. ACM SIGMOD Int. Conf. Manage. Data, pp. 207–216 (1992)

[2] Bäck T., Hammel U.: Evolution strategies applied to perturbed objective functions. In: Proc. 1st IEEE Conf. Evol. Comput., vol. 1, pp.40–45 (1994)

[3] Bäck T., Schwefel H. -P.: An overview of evolutionary algorithms for parameter optimization. Evol. Comput., **1**(1): 1–23 (1993)

[4] Baker J. E.: Adaptive selection methods for genetic algorithms. In: Proc. 1st Int. Conf. Genetic Algorithms and Their Applications, pp. 101–111 (1985)

[5] Bandyopdhyay S., Maulik U.: An evolutionary technique based on K-means algorithm for optimal clustering in $\mathbb{R}^N$. Inform. Sci. **146**(1–4): 221–237 (2002)

[6] Bandyopadhyay S., Maulik U., Holder L. B., Cook D. J.: *Advanced Methods for Knowledge Discovery From Complex Data (Advanced Information and Knowledge Processing).* London: Springer-Verlag (2005)

[796] [7] Bandyopadhyay S., Saha S., Maulik U., Deb K.: A simulated annealing-based multiobjective optimization algorithm: AMOSA. IEEE Trans. Evol. Comput., **12**(3): 269–283 (2008)

[8] Basu M.: Dynamic economic emission dispatch using non-dominated sorting genetic algorithm-II. Electr Power Energy Syst., **30**: 140–149 (2008)

[9] Beckers R., Deneubourg J. L., Goss S.: Trails and U-turns in the selection of the shortest path by the ant Lasius Niger. J. Theoretical Biology, **159**: 397–415 (1992)

[10] Benson H. P., Sayin S.: Towards finding global representations of the efficient set in multiple objective mathematical programming. Naval Research Logistics, **44**: 47–67 (1997)

[11] Bonabeau E., Dorigo M., Theraulaz G.: *Swarm Intelligence: From Natural to Artificial Systems.* New York: Oxford Univ. Press (1999)

[12] Box G. E. P.: Evolutionary operation: A method for increasing industrial productivity. Appl. Statistics, VI(2): 81–101 (1957)

[13] Branke J.: Multi-objective evolutionary algorithms and MCDA. European Working Group "Multiple Criteria Decision Aiding", series 3, vol. 25, pp.1–3 (2012)

[14] Branke J., Schmidt C., Schmeck H.: Efficient fitness estimation in noisy environments. In: Proc. Genetic Evol. Comput., pp.243–250 (2001)

[15] Bremermann H. J.: Optimization through evolution and recombination. In: Yovits M. C., et al. (eds.) Self-Organizing Systems. Washington, DC: Spartan (1962)

[16] Chang D. X., Zhang X. D., Zheng C. W.: A genetic algorithm with gene rearrangement for K-means clustering. Pttern Recognition, **42**: 1210–1222 (2009)

[17] Charnes A., Cooper W., Niehaus R., Stredry A.: Static and dynamic model with multiple objectives and some remarks on organisational design. Manag. Sci., **15B**: 365–375 (1969)

[18] Chen G., Low C. P., Yang Z.: Preserving and exploiting genetic diversity in evolutionary programming algorithms. IEEE Trans. Evol. Comput., **13**(3): 661–673 (2009)

[19] Clerc M., Kennedy J.: The particle swarm — explosion, stability, and convergence in a multidimensional complex space. IEEE Trans. Evol. Comput., **6**(1): 58–73 (2002)

[20] Coello Coello C. A., Lamont G. B., van Veldhuizen D. A.: *Evolutionary Algorithms for Solving Multi-Objective Problems (Genetic and Evolutionary Computation)*, 2nd ed. Berlin: Springer (2007)

[21] Cordon O., Herrera F., Stutzle T.: A review on the ant colony optimization metaheuristic: Basis, models and new trends. Mathware and Soft Computing, **9**(2–3): 141–175 (2002)

[22] Czyzak P., Jaszkiewicz A.: Pareto simulated annealing — A metaheuristic Technique for multiple-objective combinatorial optimization. J. Multi-Crit. Decis. Anal., **7**: 34–47 (1998)

[23] Deb K.: Multi-objective genetic algorithms: Problem difficulties and construction of test problems. Evolutionary Computation, **7**(3): 205–230 (1999)

[24] Deb K.: *Multi-Objective Optimization Using Evolutionary Algorithms.* London: Wiley (2001)

[25] Deb K., Agarwal S., Pratap A., Meyarivan T.: A fast and elitist multiobjective genetic algorithm: NSGA-II. IEEE Trans. Evol. Comput., **6**(2): 182–197 (2002)

[26] del Valle Y., Venayagamoorthy G. K., Mohagheghi S., Hernandez J. -C., Harley R. G.: Particle swarm optimization: Basic concepts, variants and applications in power systems. IEEE Trans. Evol. Comput., **12**(2): 171–195 (2008)

[27] Deneubourg J. L., Aron S., Goss S., Pasteels J. M.: The self-organizing exploratory pattern of the argentine ant. Journal of Insect Behavior, **3**: 159 (1990)

[28] Dorigo M.: Optimization, learning and natural algorithms. Ph. D. Thesis. Politecnico diMilano (1992)

[29] Dorigo M., Birattari M.: Ant colony optimization. In: Sammut C., Webb G. I. (eds.) *Encyclopedia of Machine Learning*, Berlin: Springer pp.37–40 (2011)

[30] Dorigoa M., Blumb C.: Ant colony optimization theory: A survey. Theoretical Computer Science **344**: 243–278 (2005)

[31] Dorigo M., Caro G. D.: The ant colony optimization meta-heuristic. In: Corne D., Dorigo M, Glover F. (eds.) *New Ideas in Optimization* , chap. 2. New York: McGraw-Hill (1999)

[32] Dorigo M., Gambardella L. M.: Ant colony system: A cooperative learning approach to the traveling salesman problem. IEEE Trans. Evol. Comput., **1**(1): 53–66 (1997)

[33] Dorigo M., Stützle T.: The ant colony optimization metaheuristic: Algorithms, [797]
applications, and advances. In: Glover F., Kochenberger G. A. (eds.) *Handbook of Metaheuristics*, chap. 9. New York: Kluwer Academic Publishers (2003)

[34] Dorigo M., Maniezzo V., Colorni A.: The ant system: Optimization by a colony of cooperating agents. IEEE Trans. Syst. Man Cybern, B**26**(2): 29–41 (1996)

[35] Droste S., Jansen T., Wegener I.: On the analysis of the $(1 + 1)$ evolutionary algorithms. Theoret. Comput. Sci., **276**: 51–81 (2002)

[36] Eberhart R., Kennedy J.: A new optimizer using particle swarm theory. In: Proc. 6th Int. Symp. Micro Machine and Human Science (MHS), pp.39–43 (1995)

[37] Eberhart R., Shi Y., Kennedy J.: *Swarm Intelligence.* San Francisco: Morgan Kaufmann (2001)

[38] Engelbrecht A. P.: Particle swarm optimization: Where does it belong. In: Proc. IEEE Swarm Intell. Symp., pp.48–54 (2006)

[39] Engrand P.: A multi-objective approach based on simulated annaling and its application to nuclear fuel management. In: 5th 1nterna;ionol Conference on Nuclear Engineering, pp. 416–423 (1997)

[40] Ergezer M., Simon D., Du D.: Oppositional biogeography-based optimization. In: Proc. IEEE Int. Conf. Syst. Man Cybern. (SMC), pp.1009–1014 (2009)

[41] Fogel L. J.: Autonomous automata. Ind. Res., **4**: 14–19 (1962)

[42] Fogel D. B.: An introduction to simulated evolutionary optimization. IEEE Trans. Neural Networks, **5**: 3–14 (1994)

[43] Fogel D. B.: *Evolutionary Computation: Toward a New Philosophy of Machine Intelligence*. Piscataway: IEEE Press (1995)

[44] Fogel L. J., Owens A. J., Walsh M. J.: *Artificial Intelligence Through Simulated Evolution*. New York: Wiley (1966)

[45] Fonseca C. M., Fleming P. J.: An overview of evolutionary algorithms in multiobjective optimization. Evol. Comput., **3**(1): 1–16 (1995)

[46] Friedberg R. M.: A learning machine: Part I. IBM J., **2**(1): 2–13 (1958)

[47] Friedberg R. M., Dunham B., North J. H.: A learning machine: Part II. IBM J., **3**(7): 282–287 (1959)

[48] Gao W. F., Liu S. Y.: Improved artificial bee colony algorithm for global optimization. Inf. Process. Lett., **111**(17): 871–882 (2011)

[49] Gao W. F., Liu S. Y., Huang L. L.: A novel artificial bee colony algorithm based on modified search equation and orthogonal learning. IEEE Trans. Cybernetics, **43** (3): 1011–1024 (2013)

[50] Geman A., Geman D.: Stochastic relaxation, Gibbs distribtions, and the Bayesian restoration of images. IEEE Trans. Pattern Analysis and Machine Intelligence, **6**(6): 721–741 (1984)

[51] Gendreau M., Potvin J. -Y.: Metaheuristics in combinatorial optimization. Annals of Operations Research, **140**(1): 189–213 (2005)

[52] Glover F.: Tabu search — Part I. ORSA J. Comput., **1**: 190–206 (1989)

[53] Goh C. K., Tan K. C.: An investigation on noisy environments in evolutionary multiobjective optimization. IEEE Trans. Evol. Comput., **11**(3): 354–381 (2007)

[54] Goldberg D. E.: *Genetic Algorithms in Search, Optimization, and Machine Learning*. Boston: Addison-Wesley (1989)

[55] Goldberg D. E., Holland J. H.: Genetic algorithms and machine learning. Mach. Learn., **3**(2): 95–99 (1988)

[56] Goldberg D. E., Richardson J.: Genetic algorithms with sharing for multimodal function optimization. In: Proc. 2nd Int. Conf. Gen. Algorithms Gen. Algorithms Appl., pp. 41–49 (1987)

[57] Gong Y. -J., Li J. -J., Zhou Y., Li Y., Chung H. S., Shi Y. -H., Zhang J.: Genetic learning particle swarm optimization. IEEE Trans. Cybernetics, **46**(10): 2277–2290 (2016)

[58] Gong D., Sun J., Miao Z.: A set-based genetic algorithm for interval many-objective optimization problems. IEEE Trans. Evol. Comput., **22**(1): 47–60 (2018)

[59] Grasse P. P.: La reconstruction du nid et les coordinations interindividuelles chez [798]
bellicositermes natalensis et cubitermes sp. la theorie de la stigmergie: Essai dinterpretation du comportement des termites constructeurs. Insectes Sociaux, **6**: 41–81 (1959)

[60] Hajek B.: Hitting-time and occupation-time bounds implied by drift analysis with applications. Adv. Appl. Probab., **14**(3): 502–525 (1982)

[61] Hajela P., Lin C. -Y.: Genetic search strategies in multicriterion optimal design. Structural Optimization, **4**: 99–107 (1992)

[62] Han J., Kamber M.: *Data Mining: Concepts and Techniques*. San Francisco: Morgan Kaufmann (2000)

[63] Hans A. E.: Multicriteria optimization for highly accurate systems. In: Stadler W. (ed.) Multicriteria Optimization in Engineering and Sciences, Mathematical concepts and methods in science and engineering, vol. **19**: 309–352. New York: Plenum Press (1988)

[64] Hansen M. P., Jaszkiewicz A.: Evaluating the quality of approximations to the non-dominated set. Technical Report IMM-REP-1998–7. Technical University of Denmark (1998)

[65] Hastings W. K.: Monte Carlo sampling methods using Markov chains and their applications. Biometrika, **57**(1): 97–109 (1970)

[66] He J., Yao X.: Drift analysis and average time complexity of evolutionary algorithms. Artif. Intell., **127**(1): 57–85 (2001)

[67] He J., Yao X.: Erratum to: Drift analysis and average time complexity of evolutionary algorithms. Artif. Intell., **140**: 245–248 (2002)

[68] Holland J. H.: Outline for a logical theory of adaptive systems. J. Assoc. Comput. Mach., **3**: 297–314 (1962)

[69] Holland J. H.: *Adaption in Natural and Artificial Systems*. Ann Arbor: University of Michigan Press (1975)

[70] Hoorfar A.: Mutation-based evolutionary algorithms and their applications to optimization of antennas in layered media. In: Proc. IEEE AP-S Int. Symp., pp. 2876–2879 (1999)

[71] Hoorfar A.: Evolutionary programming in electromagnetic optimization: A review. IEEE Trans. Anttenas and Propagation, **55**(3): 523–537 (2007)

[72] Hoorfar A., Liu Y. A study of Cauchy and Gaussian mutation operators in evolutionary programming optimization of antenna structures. In: Proc. 16th Annual Applied Computational Electromagnetics Conf., pp. 63–69 (2000)

[73] Horn J.: Multicriterion Decision Making. In: Bäck T., Fogel D., Michalewicz Z. (eds.) *Handbook of Evolutionary Computation*, vol.1, pp. F1.9:1-F1.9:15. Oxford: Oxford University Press (1997)

[74] Horn J., Nafpliotis N., Goldberg D. E.: A niched Pareto genetic algorithm for multiobjective optimization. In: Proc. of the First IEEE Conference on Evolutionary Computation, IEEE World Congress on Computational Intelligence. Piscataway: IEEE Press, vol. 1, pp. 82–87 (1994)

[75] Hughes E. J.: Evolutionary multi-objective ranking with uncertainty and noise. In: Proc. 1st Int. Conf. Evol. Multi-Criterion Optim., pp. 329–343 (2001)

[76] Hughes E. J.: Constraint handling with uncertain and noisy multi-objective evolution. In: Proc. 2001 Congr. Evol. Comput., vol. 2, pp. 963–970 (2001)

[77] Hutter M., Legg S.: Fitness uniform optimization. IEEE Trans. Evol. Comput., **10**(5): 568–589 (2006)

[78] Hwang C. -L., Masud A. S. M.: *Multiple Objective Decision Making-Methods and Applications*. Berlin: Springer Verlag (1979)

[79] Ishibuchi H., Akedo N., Nojima Y.: Behavior of multiobjective evolutionary algorithms on many-Objective knapsack problems. IEEE Trans. Evol. Comput., **19**(2): 264–283 (2015)

[80] Jensen M. T.: Reducing the run-time complexity of multiobjective EAs: The NSGA-II and other algorithms. IEEE Trans. Evol. Comput., **7**(5): 503–515 (2003)

[799] [81] Karaboga D.: An idea based on honey bee swarm for numerical optimization. Erciyes Univ., Kayseri, Tech. Rep.-TR06 (2005)

[82] Karaboga D., Basturk B.: A powerful and efficient algorithm for numerical function optimization: Artificial bee colony (ABC) algorithm. J. Global Optim., **39**: 459–471 (2007)

[83] Karaboga D., Basturk B.: On the performance of artificial bee colony (ABC) algorithm. Appl. Soft Comput., **8**(1): 687–697 (2008)

[84] Karaboga D., Basturk B.: A comparative study of artificial bee colony algorithm. Appl. Math. Comput., **214**(1): 108–132 (2009)

[85] Kennedy J: Swarm intelligence. In: Zomaya A. Y. (ed.) *Handbook of Nature-inspired and Innovative Computing* New York: Springer, pp. 187–219 (2006)

[86] Kennedy J., Eberhart R.: Particle swarm optimization. In: Proc. IEEE Int. Conf. Neural Netw. (ICNN), vol. IV, pp. 1942–1948 (1995)

[87] Kim J. -H., Han J. -H., , Kim Y. -H., Choi S. -H., Kim E. -S.: Preference-based solution selection algorithm for evolutionary multiobjective optimization. IEEE Trans. Evol. Comput., **16**(1): 20–34 (2012)

[88] Kirkpatrick S., Gelatt C. D., Vecchi M. P.: Optimization by simulated annealing. Science, **220**: 671–680 (1983)

[89] Knowles J. D., Corne D. W.: On metrics for comparing nondominated sets. In: Proc. Congr. Evol. Comput., vol. 1, pp. 711–716 (2002)

[90] Kursawe F.: A variant of evolution strategies for vector optimization. In: Schwefel H., -P., Manner R. (eds.) *Parallel Problem Solving from Nature*. Berlin: Springer, pp. 193–197 (1991)

[91] Laarhoven P. J. M., Aarts E. H. L.: *Simulated Annealing: Theory and Applications*. Dordrecht: Reidel (1987)

[92] Laumanns, M., Rudolph G., Schwefel H. -P.: Mutation control and convergencein evolutionary multi-objective optimization. In: Proc. the 7th International Mendel Conference on Soft Computing (MENDEL 2001) (2001)

[93] Li H., Zhang Q.: Multiobjective optimization problems with complicated Pareto sets, MOEA/D and NSGA-II. IEEE Trans. Evol. Comput., **13**(2): 284–302 (2009)

[94] Li Y. -L., Zhou Y. -R., Zhan Z. -H., Zhang J.: A primary theoretical study on decomposition-based multiobjective evolutionary algorithms. IEEE Trans. Evol. Comput., **20**(4): 563–576 (2016)

[95] Liao T., Socha K., Montes M. A., Stützle T., Dorigo M.: Ant colony optimization for mixed-variable optimization problems. **18**(4): 503–518 (2014)

[96] Limbourg P., Aponte D. E. S.: An optimization algorithm for imprecise multi-objective problem function. In: Proc. IEEE Congr. Evol. Comput., pp. 459–466 (2005)

[97] López-Ioáñez M., Stützle T.: The automatic design of multiobjective ant colony optimization algorithms. IEEE Trans. Evol. Comput., **16**(6): 861–875 (2012)

[98] Luo B., Zheng J., Xie J., Wu J.: Dynamic crowding distance — a new diversity maintenance strategy for MOEAs. In: Fourth International Conference on Natural Computation, pp. 580–585 (2008)

[99] Martens D., Backer M. D., Haesen R., Vanthienen J., Snoeck M., Baesens B.: Classification with ant colony optimization. IEEE Trans. Evol. Comput., **11**(5): 651–665 (2007)

[100] Metropolis N., Rosenbluth A. W., Rosenbluth M. N., Teller A. H., Teller E.: Equations of state calculations by fast computing machines. Journal of Chemical Physics. **21**(6): 1087–1092 (1953)

[101] Mezura-Montes E., Velázquez-Reyes J., Coello C. A. C.: A comparative study of differential evolution variants for global optimization. In: Proc. of the 2006 conference on Genetic and evolutionary computation (GECCO-2006). pp. 485–492 (2006)

[102] Michalewicz Z.: *Genetic Algorithms+Data Structures=Evolution Programs.* AI Series, New York: Springer (1994)

[103] Miettinen K.: *Nonlinear Multiobjective Optimization.* Norwell: Kluwer Academic Publishers (1999)

[104] Mitra D., Romeo F., Sangiovanni-Vincentelli A.: Convergence and finite-time behavior of simulated Annealing. Advanced Applied Probability, **18**: 747–771 (1986)

[105] Mohan B. C., Baskaran R.: A survey: Ant colony optimization based recent [800]
research and implementation on several engineering domain. Expert Systems with Applications, **39**: 4618–4627 (2012)

[106] Moradi P., Gholampour M.: A hybrid particle swarm optimization for feature subset selection byintegrating: a novel local search strategy. Applied Soft Computing, **43**: 117–130 (2016)

[107] Morse J. N.: Reducing the size of the nondominated set: pruning by clustering. Computers and Operations Research, **7**(1–2): 55–66 (1980)

[108] Moulton C. M., Roberts S. A., Calatn P. H.: Hierarchical clustering of multiobjective optimization results to inform land-use decision making. URISA Journal, **21**(2): 25–38 (2009)

[109] Mühlenbein H., Schlierkamp-Voosen D.: The science of breeding and its application to the breeder genetic algorithm (BGA). Evol. Comput., **1**(4): 335–360 (1994)

[110] Mukhopadhyay A., Maulik U., Bandyopadhyay S., Coello Coello C. A.: A survey of multiobjective evolutionary algorithms for Data Mining: Part I. IEEE Trans. Evol. Comput., **18**(1): 4–19 (2014)

[111] Mullen R. J., Monekosso D., Barman S., Remagnino P.: A review of ant algorithms. Expert Systems with Applications, **36**: 9608–9617 (2009)

[112] Myung H., Kim J. -H.: Hybrid evolutionary programming for heavily constrained problems. BioSystems, **38**: 29–43 (1996)

[113] Myung H., Kim J. -H., Fogel D. B.: Preliminary investigations into a two-stage method of evolutionary optimization on constrained problems. In: McDonnell J. R., Reynolds R. G., Fogel D. B. (eds.) Proc. 4th Annu. Conf. Evolutionary Programming. Cambridge: MIT Press, pp. 449–463 (1995)

[114] Nam D. K., Park C. H.: Multiobjective simulated annealing: a comparative study to evolutionary algorithms. Inf. J. Fuzzy Systems, **2**(2): 87–97 (2000)

[115] Neto R. F. T., Filho M. G.: A software model to prototype Ant Colony Optimization algorithms. Expert Systems with Applications, **38**: 249–259 (2011)

[116] Nikulin Y., Miettinen K., Mäkelä M. M.: A new achievement scalarizing function based on parameterization in multiobjective optimization. OR Spectrum, **34**: 69–87 (2012)

[117] Oberkampf W. L., Helton J. C., Joslyn C. A., Wojtkiewicz S. F., Ferson S.: Challenge problems: uncertainty in system response givenuncertain parameters. Reliability Engineering and System Safety, **85**: 11–19 (2004)

[118] Osman I. H., Laporte G.: Metaheuristics: A bibliography. Annals of Operations Research, **63**(5): 511–623 (1996)

[119] Palakonda V., Mallipeddi R.: Pareto dominance-based algorithms with ranking methods for many-objective optimization. IEEE Access, **5**: 11043–11053 (2017)

[120] Papadimitriou C. H., Steiglitz K.: *Combinatorial Optimization—Algorithms and Complexity.* New York: Dover Publications Inc. (1982)

[121] Park S. -Y., Lee J. -J.: Stochastic opposition-based learning using a Beta distribution in differential evolution. IEEE Trans. Cybernetics, **46**(10): 2184–2194 (2016)

[122] Parpinelli R. S., Lopes H. S., Freitas A. A.: Data mining with an ant colony optimization algorithm. IEEE Trans. Evol. Comput., **6**(4): 321–332 (2002)

[123] Premalatha K., Natarajan A. M.: Hybrid PSO and GA for global maximization. Int. J. Open Problems Compt. Math., **2**(4): 597–608 (2009)

[124] Price K., Storn R., Lampinen J.: *Differential Evolution: A Practical Approach to Global Optimization.* Berlin: Springer-Verlag (2005)

[125] Qin A. K., Suganthan P. N.: Self-adaptive differential evolution algorithm for numerical optimization. In: Proc. the 2005 IEEE Congress on Evolutionary Computation, vol. 2, pp. 1785–1791 (2005)

[126] Quagliarella D., Vicini A.: Coupling genetic algorithms and gradient based optimization techniques. In: Quagliarella D., Periaux J., Poloni C., Winter G. (eds.) *Genetic Algorithms and EvolutionStrategy in Engineeringand Computer Science — Recent advancesand industrial applications.* Chichester: Wiley (1997)

[127] Radcliffe N., Surry P.: Fitness variance of formae and performance prediction. In: *Foundations of Genetic Algorithms 3.* San Mateo: Morgan Kaufmann, pp. 51–72 (1995)

[128] Rahnamayan S.: Oppotion-Based Differential Evolution. Thesis for Doctor of Phi- [801]
losophy. Waterloo: University of Waterloo, (2007)

[129] Rahnamayan S., Wang G. G.: Center-based sampling for population-based algorithms. In: 2009 IEEE congress on evolutionary computation, pp. 933–938 (2009)

[130] Rahnamayan S., Tizhoosh H. R., Salama M.: Quasi-oppositional differential evolution. In: IEEE Congr. Evol. Comput. (CEC), pp. 2229–2236 (2007)

[131] Rahnamayan S., Tizhoosh H. R., Salama N. M. M.: Opposition-based differential evolution. IEEE Trans. Evol. Comput., **12**(1): 64–79 (2008)

[132] Rakshit P., Konar A.: Differential evolution for noisy multiobjective optimization. Artificial Intelligence, **227**: 165–189 (2015)

[133] Rechenberg I.: Cybernetic solution path of an experimental problem. Farnborough: Royal Aircraft Establishment, Library translation No. 1122 (1965)

[134] Revelle C., Cohon J. L., Shobys D.: Multiple objectives in facility location: a review. In: Beckmann M., Kunzi A. P. (eds.) Lecture Notes in Economics and Mathematical Systems, vol. 190, pp. 321–337 Berlin: Springer (1981)

[135] Rojas-Morales N., Riff Rojas M. -C., Ureta E. M.: A survey and classification of Opposition-Based Metaheuristics. Computers and Industrial Engineering, **110**: 424–435 (2017)

[136] Rosenthal R. E.: Principles of multiobjective optimization. Decis. Sci., **16**: 133–152 (1985)

[137] Ruiz F., Luque M., Miguel F., del Mar Muñoz M.: An additive achievement scalarizing function for multiobjective programming problems. Eur. J. Oper. Res., **188**(3): 683–694 (2008)

[138] Sakri S., Rashid N. A., Zain Z. M.: Particle swarm Optimization feature selection for breast cancer recurrence prediction. IEEE Access **6**, 29637–29647 (2018)

[139] Santana R. A., Pontes M. R., Bastos-Filho C. J. A.: A multiple objective particle Swarm optimization approach using crowding distance and roulette wheel. In: Ninth International Conference on Intelligent Systems Design and Applications, pp. 237–242 (2009)

[140] Sastry K., Goldberg D., Kendall G.: Genetic algorithms. In: Burke E. K., Kendall G. (eds.) *Search Methodologies: Introductory Tutorials in Optimization and Decision Support Techniques.* New York: Springer (2005)

[141] Schaffer J. D.: Multiple objective optimization with vector evaluated genetic algorithms. In: Proc. of the 1st International Conference on Genetic Algorithms (ICGA'85), pp. 93–100 (1985)

[142] Schapire R. E.: The strength of weak learnability. Machine Learning, **5**: 197–227 (1990)

[143] Schwefel H. P.: *Numerical Optimization of Computer Models.* Hoboken: John Wiley and Sons (1981)

[144] Slater M.: Lagrange multipliers (revisited). Cowles Commission Discussion Paper: Mathematics 403 (1950)

[145] Smith K., Everson R., Fieldsend J.: Dominance measures for multi-objective simulated annealing. In: Proceedings of the 2004 IEEE Congress on Evolutionary Computation, pp. 23–30 (2004)

[146] Srinivas N., Deb K.: Muiltiobjective optimization using nondominated sorting in genetic algorithms. Evolutionary Computation, **2**(3): 221–248 (1995)

[147] Storn R., Price K.: Differential evolution — a simple and efficient heuristic for global optimization over continuous spaces. J. Global Optim., **11**: 341–359 (1997)

[148] Tan P. -N., Kumar V., Srivastava J.: Selecting the right interestingness measure for association patterns. In: Proc. 8th ACM SIGKDD Int. Conf. KDD, pp. 32–41 (2002)

[149] Tang K., Li X., Suganthan P. N., Yang Z., Weise T.: Benchmark functions for the CEC'2010 special session and competition on large-scale global optimization. Tech. Rep. (2009)

[150] Teich J.: Pareto-front exploration with uncertain objectives. In: Zitzler E. et al. (eds.) *Evolutionary Multi-Criterion Optimization (EMO) 2001*, LNCS, vol. 1993,
[802] pp. 314–328 (2001)

[151] Tizhoosh H. R.: Opposition-based learning: A new scheme for machine intelligence. In: Proc. of the International Conference on Computational Intelligence for Modelling, Control and Automation, and International Conference on Intelligent Agents, Web Technologies and Internet Commerce, vol. 1, pp. 695–701 (2005)

[152] Ulungu E. L., Teghem J.: Multi-objective combinatorial optimization problems: A survey. J. MultiCrit. Decis. Anal., **3**: 83–101 (1994)

[153] Ulungu E. L., Teghem J., Fortemps Ph., Tuyttens D.: Mosa method: a tool for solving multiobjective combinatorial optimization problems. J. Multi-Criteria Decision Analysis, **8**: 221–236 (1999)

[154] van den Bergh F., Engelbrecht A. P.: A cooperative approach to particle swarm optimization. IEEE Trans. Evol. Comput., **8**(3): 225–239 (2004)

[155] van Veldhuizen D. A., Lamont G. B.: Multiobjective evolutionary algo-rithms: analyzing the state-of-the-art. Evol. Comput., **8**(2): 125–147 (2000)

[156] Wang R., Zhang Q., Zhang T.: Decomposition-based algorithms using Pareto adaptive scalarizing methods. IEEE Trans. Evol. Comput., **20**(6): 821–837 (2016)

[157] Whitley D.: The GENITOR algorithm and selection pressure: why rank-based allocation of reproductive trials is best. In: Proc. 3rd Int. Conf. Genetic Algorithms, pp. 116–123 (1989)

[158] Wierzbicki A. P.: The use of reference objectives in multiobjective optimization. In: Fandel G., Gal T. (eds.) Multiple criteria decision making theory and applications. MCDM theory and applications proceedings. Lecture notes in economics and mathematical systems, vol. 177. Berlin: Springer, pp. 468–486 (1980)

[159] Wierzbicki A. P.: A methodological approach to comparing parametric characterizations of efficient solutions. In: Fandel G. et al. (eds.) Large-scale modeling and interactive decision analysis. Lecture notes in economics and mathematical systems, vol. 273. Berlin: Springer, pp. 27–45 (1986)

[160] Wierzbicki A. P.: On the completeness and constructiveness of parametric characterizations to vector optimization problems. OR Spectr, **8**: 73–87 (1986)

[161] Xu Q., Wang L., Wang N., Hei X., Zhao L.: A review of opposition-based learning from 2005 to 2012. Engineering Applications of Artificial Intelligence, **29**: 1–12 (2014)

[162] Yang Z., He J., Yao X.: Making a difference to differential evolution. In: Michalewicz Z., Siarry P. (eds.) *Advances in Metaheuristics for Hard Optimization*. Berlin: Springer-Verlag, pp. 397–414 (2008)

[163] Yang L., Guan Y., Sheng W.: A novel dynamic crowding distance based diversity maintenance strategy for MOEAs. In: Proc. 2017 International Conference on Machine Learning and Cybernetics, pp. 211–216 (2017)

[164] Yang D., Liu Z., Shu T., Yang L., Ouyang J., Shen Z.: An improved genetic algorithm for multiobjective optimization of helical coil electromagnetic launchers. IEEE Trans. Plasma Science, **46**(1): 127–133 (2018)

[165] Yao X., Liu Y., Lin G.: Evolutionary programming made faster. IEEE Trans. Evol. Comput. **3**(2): 82–102 (1999)

[166] Yao X., Liu Y., Lin G.: Self-adaptive differential evolution with neighborhood search. In: Proc. 2008 Congress on Evolutionary Computation (CEC 2008), pp. 1110–1116 (2008)

[167] Zhang Q., Li H.: MOEA/D: A multiobjective evolutionary algorithm based on decomposition. IEEE Trans. Evol. Comput., **11**(6): 712–731 (2007)

[168] Zhu G. P., Kwong S.: Gbest-guided artificial bee colony algorithm for numerical function optimization. Appl. Math. Comput., **217**(7): 3166–3173 (2010)

[169] Zitzler E., Thiele L.: Multiobjective optimization using evolutionary algorithms — a comparative case study. In: Eiben V, A. E. et al. (eds.) *Parallel Problem Solving From Nature*. Berlin: Springer, pp. 292–301 (1998)

[170] Zitzler E., Thiele L.: Multiobjective evolutionary algorithms: a comparative case study and the strength Pareto approach. IEEE Trans. Evol. Comput., **3**(4): 257–271 (1999)

[171] Zitzler E., Deb K., Thiele L.: Comparison of multiobjective evolutionary algo- [803]
rithms: empirical results. Evolutionary Computation, **8**(2): 173–195 (2000)

[172] Zitzler E., Laumanns M., Thiele L.: SPEA2: improving the strength Pareto evolutionary algorithm for multiobjective optimization. In: Proc. Evol. Methods Design Optim. Control Appl. Ind. Problems (EUROGEN), pp. 95–100 (2002)

[173] Zitzler E., Thiele L., Laumanns M., Fonseca C. M., Fonseca V. G.: Performance assessment of multiobjective optimizers: an analysis and review. IEEE Trans. Evol. Comput., **7**(2): 117–132 (2003)

[161] Xu Q., Wang L., Wang N., Hei X., Zhao L.: A review of opposition-based learning from 2005 to 2012. Engineering Applications of Artificial Intelligence, **29**: 1–12 (2014)

[162] Yang Z., He J., Yao X.: Making a difference to differential evolution. In: Michalewicz Z., Siarry P. (eds.) *Advances in Metaheuristics for Hard Optimization.* Berlin: Springer-Verlag, pp. 397–414 (2008)

[163] Yang L., Guan Y., Sheng W.: A novel dynamic crowding distance based diversity maintenance strategy for MOEAs. In: Proc. 2017 International Conference on Machine Learning and Cybernetics, pp. 211–216 (2017)

[164] Yang D., Liu Z., Shu T., Yang L., Ouyang J., Shen Z.: An improved genetic algorithm for multiobjective optimization of helical coil electromagnetic launchers. IEEE Trans. Plasma Science, **46**(1): 127–133 (2018)

[165] Yao X., Liu Y., Lin G.: Evolutionary programming made faster. IEEE Trans. Evol. Comput. **3**(2): 82–102 (1999)

[166] Yao X., Liu Y., Lin G.: Self-adaptive differential evolution with neighborhood search. In: Proc. 2008 Congress on Evolutionary Computation (CEC 2008), pp. 1110–1116 (2008)

[167] Zhang Q., Li H.: MOEA/D: A multiobjective evolutionary algorithm based on decomposition. IEEE Trans. Evol. Comput., **11**(6): 712–731 (2007)

[168] Zhu G. P., Kwong S.: Gbest-guided artificial bee colony algorithm for numerical function optimization. Appl. Math. Comput., **217**(7): 3166–3173 (2010)

[169] Zitzler E., Thiele L.: Multiobjective optimization using evolutionary algorithms — a comparative case study. In: Eiben V, A. E. et al. (eds.) *Parallel Problem Solving From Nature.* Berlin: Springer, pp. 292–301 (1998)

[170] Zitzler E., Thiele L.: Multiobjective evolutionary algorithms: a comparative case study and the strength Pareto approach. IEEE Trans. Evol. Comput., **3**(4): 257–271 (1999)

[171] Zitzler E., Deb K., Thiele L.: Comparison of multiobjective evolutionary algo- [803]
rithms: empirical results. Evolutionary Computation, **8**(2): 173–195 (2000)

[172] Zitzler E., Laumanns M., Thiele L.: SPEA2: improving the strength Pareto evolutionary algorithm for multiobjective optimization. In: Proc. Evol. Methods Design Optim. Control Appl. Ind. Problems (EUROGEN), pp. 95–100 (2002)

[173] Zitzler E., Thiele L., Laumanns M., Fonseca C. M., Fonseca V. G.: Performance assessment of multiobjective optimizers: an analysis and review. IEEE Trans. Evol. Comput., **7**(2): 117–132 (2003)

索 引

K-sparse approximation K 稀疏逼近, 194[①]
L-Lipschitz continuous function L-Lipschitz 连续函数, 113
L-Lipschitz continuously differentiable L-Lipschitz 连续可微, 114
ℓ_0-norm ℓ_0 范数, 15
ℓ_0-norm minimization ℓ_0 范数最小化, 193
ℓ_1-norm minimization ℓ_1 范数最小化, 194
ℓ_1-penalty minimization ℓ_1 惩罚最小化, 195
ℓ_p pooling ℓ_p 池化, 505
ℓ_p-metric distance ℓ_p 距离测度, 555
ϵ-neighborhood ϵ 邻域, 16, 559
k-nearest neighborhood k 近邻域, 559
k-nearest-neighbor (kNN) k 近邻 (kNN), 298
n-dimensional hypermatrix n 维超矩阵, 302
p-Dirichlet norm p-狄利克雷范数, 365
A
Acceleration constant 加速度常数, 782
Achievement scalarizing functions (ASFs) 成就标量化函数 (ASF), 755
  additive ASF 加性成就标量化函数, 756
  parameterized ASF 参数化成就标量化函数, 757
  strictly increasing ASF 严格递增成就标量化函数, 756
  strongly increasing ASF 强递增成就标量化函数, 756
Achievement scalarizing problem 成就标量化问题, 754
ACO construction functions ACO 构造函数, 771
  ant solution construct 蚂蚁解的构造, 771
  deamon actions 虚拟动作, 771
  pheromone update 信息素更新, 771
A-conjugacy A 共轭, 163
Action space 动作空间, 391
Action-value function 动作价值函数, 393
Activation function 激活函数, 452
  exponential linear unit (ELU) 指数线性单元 (ELU), 509
  Kullback-Leibler (KL) divergence Kullback-Leibler(KL) 散度, 452
  logistic function 逻辑斯谛函数, 452
  maxout 最大输出, 509

① 索引页码对应本书页边方括号中的页码。

nonlinear activation function 非线性激活函数, 543
probout 概率输出, 509
rectified linear unit (ReLU) 受限线性单元, 445, 509
leaky rectified linear unit (Leaky ReLU) 泄漏受限线性单元, 458, 508
noisy rectified linear unit (NReLU) 含噪受限线性单元, 508
parametric rectified linear unit (PReLU) 参数化受限线性单元, 458, 509
randomized rectified linear unit (RReLU) 随机化受限线性单元, 509
sigmoid function sigmoid 函数, 452
softmax function softmax 函数, 455
softplus function softplus 函数, 457
softsign function softsign 函数, 456
soft-step function soft-step 函数, 452
tangent (tanh) function 正切 (tanh) 函数, 456
Active constraint 积极约束, 141
Active learning 主动学习, 378, 380
co-active learning 协同主动学习, 382
membership query learning 成员查询学习, 380
pool-based active learning 基于池的主动学习, 381
selective sampling 选择性采样, 381
stream-based active learning 基于流的主动学习, 381
Active learning-extreme learning machine (AL-ELM) algorithm 主动学习–极限学习机算法, 386
Active set 活动集, 141
Adaptive boosting (AdaBoost) 自适应提升 (AdaBoost), 252
Adaptive convexity parameter 自适应凸性参数, 117
Additive logistic regression model 加性逻辑斯谛回归模型, 249
Adversarial discriminator 对抗性鉴别器, 599
Affine function 仿射函数, 103
Aggregate functions 聚合函数, 581
LSTM aggregate function LSTM 聚合函数, 582
mean aggregate function 平均聚合函数, 582
pooling aggregate function 池化聚合函数, 582
Agree 同意, 248
Aleatory uncertainty 随机不确定性, 708
All-sharing 全体共享, 541
Alleles 等位基因, 724
Alternating direction multiplier method (ADMM) 交替方向乘子法, 144
Alternating least squares (ALS) method 交替最小二乘 (ALS) 方法, 182
Alternative weak distance metrics 交替弱距离度量, 333
Ant colony system (ACS) 蚁群系统, 775
global updating rule 全局更新规则, 775
local updatinf rule 局部更新规则, 775, 776
state transition rule 状态转换规则, 775
Anti-Tikhonov regularization method 反 Tikhonov 正则化方法, 180

Ant system 蚂蚁系统, 773
global updating rule 全局更新规则, 774
random-proportional rule 随机比例规则, 774
state transition rule 状态转移规则, 774
APPROX coordinate descent method APPROX 坐标下降法, 236
Approximation 逼近, 90
Approximation error 近似误差, 618
Archival nondominated solutions 归档非支配解, 721
Archived multiobjective simulated annealing (AMOSA) 存档多目标模拟退火, 721
Archive truncation procedure 存档修剪程序, 754
Artificial ants 人工蚂蚁,
ant-routing table 蚂蚁路由表, 769
feasible neighborhood 可行邻域, 769
start state 启动状态, 769
step-by-step pheromone update 逐步信息素更新, 769
termination conditions 终止状态, 769
Artificial bee colony (ABC) 人工蜂群 (ABC), 777
abandoned position 遗弃位置, 778
ABC algorithms ABC 算法, 778
crossover-like artificial bee colony (CABC) 交叉型人工蜂群, 780
employed bees 采蜜工蜂, 777
food sources 食物源, 777
gbest-guided artificial bee colony (GABC) 全局最佳解引导的人工蜂群, 778
improved artificial bee colony (IABC) 改进的人工蜂群, 779
nectar amounts 花蜜量, 778
onlooker bees 旁观蜂, 778
scout bees 侦察蜂, 777
Augmented Lagrange multiplier method 增广拉格朗日乘子法, 135
Augmented matrix 增广矩阵, 158
Autocorrelation matrix 自相关矩阵, 21
Autocovariance matrix 自协方差矩阵, 21
Autoencoder 自编码器, 525
code prediction energy 码预测能量, 528
contractive autoencoder (CAE) 收缩式自动编码器, 532
convolutional autoencoder (CAE) 卷积自动编码器, 538
decoder network 解码网络, 527
denoising autoencoder (DAE) 去噪自动编码器, 535
encoder network 编码网络, 526
nonnegativity constrained autoencoder (NCAE) 非负性约束自动编码器, 541
reconstruction energy 重构能量, 528
sparse autoencoder (SAE) 稀疏自动编码器, 533
stacked autoencoder 堆栈自动编码器, 532
stacked convolutional denoising autoencoder (SCDAE) 堆栈卷积去噪自动编码器, 539

stacked sparse autoencoder (SSAE) 堆栈稀疏自动编码器, 534
Auxiliary set 辅助集, 339
Average pooling 平均池化, 506
B
Backpropagation through time (BPTT) 时间反向传播, 465
Backtracking line search 回溯线性搜索, 295
Backward iteration 向后迭代, 129
Barrier function 障碍函数, 134
exponential barrier function 指数障碍函数, 134
Fiacco-McCormick logarithmic barrier function Fiacco-McCormick 对数障碍函数, 134
inverse barrier function 逆障碍函数, 134
logarithmic barrier function 对数障碍函数, 134
power-function barrier function 幂函数障碍函数, 134
Barrier method 障碍法, 134
Basis pursuit (BP) 基追踪, 195
Basis pursuit denoising (BPDN) 基追踪去噪, 195
Batch gradient 批次梯度, 见 Barch method
Batch method 批处理方法, 228
Batch normalization 批量规格化, 459, 589
mini-batch mean 小批量平均值, 458
mini-batch normalization 小批量规格化, 458
mini-batch variance 小批量方差, 458
parameters 批量规格化参数, 459
Batch normalizing transform 批量规格化变换, 589
Bayesian classification rule 贝叶斯分类规则, 492
Bayesian classification theory 贝叶斯分类理论, 491
Bayes' rule 贝叶斯法则, 490
Bellman equation 贝尔曼方程, 393
Benchmark function 基准函数, 236
Bernoulli distribution 伯努利分布, 516
Bernoulli vector 伯努利矢量, 516
Between-class scatter matrix 类间散射矩阵, 310
Between-class variance 类间方差, 262
Between-sets covariance matrix 集合间协方差矩阵, 348
Bidirectional recurrent neural network (BRNN) 双向递归神经网络, 468
Binary mask vector 二进制掩码向量, 521
Boltzmann machine 玻尔兹曼机, 477, 478
Boltzmann probability factor 玻尔兹曼概率因子, 716
Boltzmann's constant 玻尔兹曼常数, 716
Boosting 提升, 247
Boosting algorithm 提升算法, 251
Boundary intersection (BI) approach 边界交点法, 747
Broyden-Fletcher-Goldfarb-Shanno (BFGS) BFGS 方法, 148

C

Cannot-Link 不能链接, 333

Canonical correlation analysis (CCA) 典型相关分析, 343

- canonical correlation 典型相关, 344
- canonical variants 典型变量, 344
- canonical weight vectors 典型权向量, 344
- CCA algorithm CCA 算法, 347
- diagonal penalized CCA 对角线惩罚 CCA, 352
- Kernel canonical correlation analysis 核典型相关分析, 347, 349
- penalized canonical correlation analysis 惩罚典型相关分析, 352
- penalized (sparse) CCA algorithm 惩罚（稀疏）CCA 算法, 353
- score variants 得分变量, 344
- sparse canonical variants 稀疏典型变量, 352
- sparse CCA 稀疏 CCA, 352

Canonical decomposition (CANDECOM) 典型分解, 306

Cartesian product 笛卡儿积, 12

Cauchy graph embedding 柯西图嵌入, 566

Cauchy mutation operator 柯西变异算子, 759

Cauchy-Riemann condition 柯西–黎曼条件, 72

Cauchy-Riemann equations 柯西–黎曼方程, 72

Center-based sampling (CBS) 中心采样, 789

Centered kernel function 中心化核函数, 266

Centered kernel matrix 中心化核矩阵, 266

Chain rule 链式法则, 60

Characteristic equation 特征方程, 205

Characteristic function 特征函数, 25

Characteristic matrix 特征矩阵, 205

Characteristic polynomial 特征多项式, 205

Chromosomes 染色体, 724

City-block distance 城市街区距离, 555

Class discrimination space 类判别空间, 219

Classification 分类, 257, 259

- supervised classification 有监督分类, 257
- unsupervised classification 无监督分类, 257

Classification problem 分类问题, 445

Classification vertices 分类顶点, 375

Closed ball 闭球, 103

Closed neighborhood 闭邻域, 91

Cluster analysis 聚类分析, 314

Cluster indicator vector 聚类指示向量, 333

Co-occurring data 共现数据, 342

Co-training 协同训练, 343

Cofactor 余子式, 28

Cogradient matrix 协梯度矩阵, 59

Cogradient operator 协梯度算子, 77
Cogradient vector 协梯度向量, 59, 77
Coherent 相干, 23
Column space 列空间, 33
Community membership 社区成员, 569
Community membership vector 社区成员向量, 570
Community preserving network embedding 社区保护网络嵌入, 571
Community representation matrix 社区表示矩阵, 572
Commutation matrix 交换矩阵, 49
Complex analytic function 复解析函数, 72
Complex conjugate partial derivative 复共轭偏导数, 74
Complex conjugate transpose 复共轭转置, 7
Complex differentiable 复可微, 72
Complex Gaussian random vector 复高斯随机向量, 25
Complex gradient 复数梯度, 71
Composite mirror descent method 复合镜像下降法, 448
Composite optimization 组合优化, 228
Concept 概念, 248
Conditional risk function 条件风险函数, 492
Condition number 条件数, 169
  ℓ_1 condition number ℓ_1 条件数, 169
  ℓ_2 condition number ℓ_2 条件数, 170
  ℓ_∞ condition number ℓ_∞ 条件数, 170
  Frobenius-norm condition number Frobenius-范数条件数, 170
Confidence 置信度, 254, 299
Confidence parameter 置信参数, 251
Conic hull 圆锥包, 102
Conjugate cogradient operator 共轭协梯度算子, 77
Conjugate cogradient vector 共轭协梯度向量, 77
Conjugate gradient 共轭梯度, 71
Conjugate gradient algorithm 共轭梯度算法, 163
Connectionist temporal classification (CTC) 时序分类, 474
Consistent 持续的, 248
Consistent equation 一致方程, 33
Constant Error Carousel (CEC) 恒定错误传送带, 477
Constrained clustering 约束聚类, 339
Constrained convex optimization problem 约束凸优化问题, 132
Constrained minimization problem 约束最小化问题, 132
Constrained spectral clustering 约束谱聚类, 334
Constraint matrix 约束矩阵, 333
  normalized constraint matrix 归一化约束矩阵, 334
Constriction coefficient 收缩系数, 见 inertia weight
Contrastive divergence (CD) 对比散度, 484, 485
Convergence rate 收敛速率, 110

Q-convergence rate Q 收敛率, 110
local convergence rate 局部收敛速率, 111
linear convergence rate 线性收敛速率, 112
quadratic convergence rate 二次收敛速率, 112
sublinear convergence rate 次线性收敛速率, 112
logarithmic convergence rate 对数收敛速率, 111
quotient-convergence rate 商收敛率, 110, 111
cubic convergence rate 三次收敛速率, 111
linear convergence rate 线性收敛速率, 111
quadraticr convergence rate 二次收敛速率, 111
sublinear convergence rate 次线性收敛速率, 111
superlinear linear convergence rate 超线性线性收敛速率, 111
Conves hull 凸包, 102
Convex cone 凸锥, 103
Convex function 凸函数, 103
Convex relaxation 凸松弛, 194
Convexity parameter 凸度参数, 104
Convolution theorem in frequency domain 频域卷积定理, 584
Convolution theorem in time domain 时域卷积定理, 585
Convolutional neural networks (CNNs) 卷积神经网络, 497
convolutional layers 卷积层, 497
downsampling layers 下采样层, 497
full-connected layers 全连接层, 497
input layers 输入层, 497
loss layers 损失层, 497
pooling layers 池化层, 497
rectified linear unit (ReLU) 整流线性单元, 497
Convolutions 卷积, 498, 501
multi-input multi-output (MIMO) convolution 多输入–多输出卷积, 502
Multi-input single-output (MISO) convolution 多输入–单输出卷积, 503
single-input multi-output (SIMO) convolution 单输入–多输出卷积, 502
single-input single-output (SISO) convolution 单输入–单输出卷积, 502
2-D convolution 二维卷积, 500
Coordinate descent methods (CDMs) 坐标下降法, 232
accelerated coordinate descent method (ACDM) 加速坐标下降法, 235
cyclic coordinate descent 循环坐标下降, 233
randomized coordinate descent method (RCDM) 随机坐标下降法, 235
stochastic coordinate descent 随机坐标下降, 233
Coordinate-wise descent algorithms 坐标下降算法, 291
Core tensor 核心张量, 305
Correlation coefficient 相关系数, 23, 264
Correlation method 相关法, 262
Cost 成本, 447
Cost function 成本函数, 14

Covariant operator　协变算子, 59
Coverage　覆盖, 699
Criterion scalarizing approach　准则尺度化方法, 719
Criterion scalarizing functions　准则尺度化函数, 719
Cross-correlation matrix　互相关矩阵, 22
Cross-covariance matrix　互协方差矩阵, 22
Cross-entropy　互熵, 453
Crossover　交叉, 727
Crossover probability　交叉概率, 727
Crossover rate　交叉率, 727
Crowded-comparison operator　拥挤比较算子, 703
Crowding distance assignment approach　拥挤距离分配方法, 702
Crowding distance (CD)　拥挤距离, 702
Cumulative probability distribution　累积概率分布, 253
Cut　切割, 371

D

Darwin's principle of natural evolution　达尔文自然进化原理, 740
Data bag　数据包, 342
Data centering　数据中心化, 258
Data scaling　数据缩放, 258
Data zero-meaning　数据零均值, 见 data centering
Davidon-Fletcher-Powell (DFP) method　DFP 方法, 148
Decision boundary　决策边界, 299
Decision function　决策函数, 297, 650
Decision making approach　决策方法, 691
Definition domain　定义域, 101
Degeneracy　退化, 729
Democratic co-learning　平等协同学习, 343
Density　密度, 753
Descent step　下降步, 106
Determinant　行列式, 27
Differential evolution　差分演化, 764
Differential evolution (DE) operator　差分演化算子, 748
Dimensionality reduction　降维, 258, 269
Direct acyclic graph (DAG)　有向无环图, 655
    directed direct acyclic graphs (DDAGs)　决策有向无环图, 655
    rooted binary DAGs　有根二元 DAGs, 655
Directed acyclic graph SVM (DAGSVM) method　有向无环图 SVM 方法, 655
Direct sum　直和, 43
Disagree　非吻合, 248
Discount factor　折扣因子, 392
Discrepancy　差异, 见 loss
Discriminative model　鉴别模型, 598
Discriminator　鉴别器, 600

Distributed nonnegative encoding 分布式非负编码, 540
Distributed optimization problems 分布式优化问题, 144
Distribution indicator 分布指标, 713
Divergence 散度, 324
Diversity indicator 多样性指标, 713
Divide-and-conquer strategy 分而治之策略, 715
Domain 域, 248, 403
Domain adaptation 域适配, 410
  cross-domain transform method 跨域变换法, 421
  feature augmentation method 特征增强法, 418
  transfer component analysis method 迁移成分分析法, 423
Double Q-learning 双 Q 学习, 397
Downsampling factor 下采样因子, 504
Drift analysis 偏差分析, 742
DropConnect 丢弃学习连接, 520
  binary mask matrix 二进制掩码矩阵, 522
  DropConnect layer 丢弃学习连接层, 522
  feature extractor 特征抽取器, 522
  softmax classification layer softmax 分类层, 522
DropConnect Network 丢弃学习连接网络, 522
Dropout 丢弃, 514
Dropout neural network model 丢弃学习神经网络模型, 516
Dropout spherical K-means 丢弃学习球形 K 均值, 519
Duality gap 对偶间隙, 139
Dual residual 对偶残差, 146
Dyadic decomposition 二进分割, 171
E
Echelon matrix 梯矩阵, 159
Eckart-Young theorem 埃卡特–杨定理, 173
Edge derivative 边导数, 361
Effective rank 有效秩, 178
EigenCluster 特征聚类, 417
Eigenpair 本征对, 204
Eigensystem 本征系统, 210
EigenTransfer 特征迁移, 416
Eigenvalue 特征值, 203
  algebraic multiplicity 代数重数, 206
  multiple eigenvalue 多重特征值, 206
  single eigenvalue 单特征值, 206
Eigenvalue decomposition (EVD) 特征值分解, 204
Eigenvalue-eigenvector equation 特征值–特征向量方程, 204
Eigenvector 特征向量, 203
  left eigenvector 左特征向量, 208
  right eigenvector 右特征向量, 208

Elastic net　弹性网, 279
Elementary row operations　初等行变换, 158
　Type I elementary row operation　I 类初等行变换, 158
　Type II elementary row operation　II 类初等行变换, 158
　Type III elementary row operation　III 类初等行变换, 158
Elemenwise product　元素积, 44
Empirical risk　经验风险, 226, 253
Empirical risk minimization (ERM)　经验风险最小化, 254, 619
Environmental selection　环境选择, 756
Episode　片段, 388
Epistemic uncertainty　认知不确定性, 708
Equality constraints　等式约束, 101
Equivalent subspaces　等效子空间, 273
Equivalent systems　等价系统, 158
Error constrained ℓ_1-norm minimization　误差约束 ℓ_1 范数最小化, 195
Error for hidden nodes　隐藏节点误差, 466
Error for output nodes　输出节点误差, 465
Error function　误差函数, 464
Error parameter　误差参数, 251
Estimation error　估计误差, 618
Euclidean distance　欧几里得/欧氏距离, 16
Euclidean leangth　欧几里得/欧氏长度, 16
Euclidean measures　欧几里得/欧氏测度, 354
Euclidean metric　欧几里得/欧氏度规, 752
Euclidean metric distance　欧几里得/欧氏度规距离, 555
Euclidean structure　欧几里得/欧氏结构, 354
Evolutionary algorithms (EAs)　进化算法, 740
　$1+1$ evolutionary algorithm $1+1$ 进化算法, 741
　crossover　交叉, 740
　fitness　适应度, 740
　generation　一代, 740
　mutation　突变, 740, 741
　offspring　后代, 740
　parents　父母, 740
　population　人口, 740
Example vertices　样本顶点, 375
Exhaustive enumeration method　穷举法, 262
Expected risk　预期风险, 227, 253
Explicit constraints　显式约束, 101
Expression ratio criterion　表示比准则, 263
Expression ratio method　表示比法, 263
Extrema/extreme　极值, 92
　global maximum　全局极大值, 92
　global minimum　全局极小值, 90, 92

global minimum point 全局极小值点, 90
local maximum 局部极大值, 92
local minimum 局部极小值, 91
strict global maximum 严格的全局极大值, 92
strict global minimum 严格的全局极小值, 92
strict global minimum point 严格的全局极小点, 90
strict local maximum 严格的局部极大值, 92
strict local minimum 严格的局部极小值, 91
strict local minimum point 严格的局部极小点, 91
Extreme learning machine (ELM) 极限学习机, 542
algorithm ELM 算法, 546
binary classification ELM 二元分类, 547
multiclass classification ELM 多类分类, 551
regression ELM 回归, 547
Extreme point 极点, 92
global maximum point 全局极大值点, 92
global minimum point 全局极低点, 92
isolated local extreme point 孤立的局部极值点, 92
local maximum point 局部极大值点, 92
local minimum point 局部极小点, 91
strict global maximum point 严格的全局极大值点, 92
strict local maximum point 严格的局部极大值点, 92

F

Fast evolutionary programming (FEP) 快速演化规划, 759
Feasible point 可行点, 101
Feasible set 可行集, 101, 136
Feature augmentation 特征增强, 418
Feature extraction 特征抽取, 269
Feature learning 特征学习, 260
Feature ranking 功能排序, 262
Feature selection 特征选择, 258, 260, 261
Feature vector 特征向量, 258
FEP algorithm FEP 算法, 760
Finiteness 有限性, 620
First-order differential 一阶微分, 64
First-order necessary condition 一阶必要条件, 94
Fisher discriminant analysis (FDA) 费希尔判别分析, 310, 324
Fisher measure 费希尔测度, 217, 324
Fisher's criterion 费希尔标准, 263
Fitness 适应度, 711
Fitness assignment 适应度分配, 726, 751, 753
Fitness selection 适应度选择, 734
fitness uniform selection scheme 适应度均匀选择方案, 735
standard selection scheme 标准选择方案, 734

linear proportionate selection 线性比例选择, 734
ranking selection 排序选择, 734
tournament selection 锦标赛选择, 735
truncation selection 截断选择, 734
Fitness selection approach 适应度选择法, 698
Flipped block-structured matrix 翻转块结构矩阵, 501
Flipped matrix 翻转矩阵, 501
Flipped vector 翻转向量, 501
Formal partial derivatives 形式偏导, 73
Forward iteration 前向迭代, 129
Forward problem 前向问题, 14
Frobenius norm ratio 弗罗贝尼乌斯范数比, 179
Fully-nonseparable function 完全不可分离函数, 237
Function approximation 函数逼近, 390
Function vector 函数向量, 4

G

Gain shape vector quantization 增益形状矢量量化, 329
Gated graph neural networks (GG-NN) 门控图神经网络, 577
Gauss elimination method 高斯消元法, 160
Gauss elimination method for matrix inversion 矩阵求逆的高斯消元法, 161
Gaussian approximation 高斯逼近, 666
Gaussian mutation operator 高斯变异算子, 759
Gaussian process classification 高斯过程分类, 666
Gaussian process regression 高斯过程回归, 663
Gaussian process regression algorithm 高斯过程回归算法, 666
Gaussian random vector 高斯随机向量, 24
Gauss-Markov theorem 高斯–马尔可夫定理, 177
Gauss-Seidel method 高斯–赛德尔方法, 182
circle phenomenon 循环现象, 183
swamp 沼泽, 183
Generalized characteristic equation 广义特征方程, 211
Generalized characteristic polynomial 广义特征多项式, 211
Generalized eigenpair 广义特征对, 211
Generalized eigenvalue 广义特征值, 210
Generalized eigenvalue decomposition (GEVD) 广义特征值分解, 210
Generalized eigenvector 广义特征向量, 210
Generalized opposition solution 广义对立解, 789
Generalized total least squares (GTLS) 广义总最小二乘法, 191
Generalized distance 广义距离, 713
Generative Adversarial Networks (GANs) 生成对抗网络, 598
Generative model 生成模型, 598
Generator 生成模型, 599
Generators 生成器, 327
Genes 基因, 724

Gene rearrangement 基因重排, 729
Genetic algorithm (GA) 遗传算法, 723
Genetic algorithm with gene rearrangement (GAGR) 基因重排遗传算法, 730
Global acceptance probability 全局接受概率, 719
Global best position (gbest) 全局最佳位置, 782
Global output function 全局输出函数, 578
Global transition function 全局转移函数, 578
Gradient aggregation 梯度聚合, 230
Gradient computation 梯度计算, 59
Gradient descent algorithm 梯度下降算法, 100
Gradient flow direction 梯度流向, 59
Gradient matrix 梯度矩阵, 58
Gradient matrix operator 梯度矩阵算子, 58
Gradient projection 梯度投影, 295
Gradient projection for sparse reconstruction (GPSR) 稀疏重建的梯度投影, 293
Gradient vector operators 梯度向量算子, 57
Gradient vectors 梯度向量, 58
Gradient-projection method 梯度投影法, 108
Gram matrix Gram 矩阵, 625
Graph 图, 355
    ℓ_1 graph ℓ_1 图, 378
    ϵ-neighborhood graph ϵ 邻域图, 358
    k-nearest neighbor graph k 最近邻图, 358, 373
    k-order proximity k 阶接近度, 553
    r-ball neighborhood graph r 球体近邻图, 373
    adjacency matrix 邻接矩阵, 355, 356
    affinity matrix 仿射矩阵, 355
    complete weighted graph 完全加权图, 373
    degree 度, 356
    degree matrix 度矩阵, 356
    directed graph 有向图, 355
    edge set 边集, 355
    edge weighting functions 边权重函数, 356
    edge weights 边权重, 356
        0-1 weighting 0-1 加权, 357
        dot-product weighting 点积加权, 357
        heat kernel weighting 热核加权, 357
        thresholded Gaussian kernel weighting 阈值高斯核加权, 357
    first-order proximity 一阶接近度, 552
    fully connected graph 全连接图, 358
    higher-order proximity 高阶接近度, 553
    higher-order proximity matrix 高阶接近度矩阵, 553
    k-nearest neighbor graph k 近邻图, 358
    mutual k-nearest neighbor graph 互 k 近邻图, 358

proximity matrix 邻近矩阵, 553
second-order proximity 二阶接近度, 553
undirected graphs 无向图, 355
vertex set 顶点集, 355
weighted adjacency matrix 加权邻接矩阵, 356
Graph convolution 图卷积, 364
Graph convolution theorem 图卷积定理, 585
Graph convolutional networks (GCNs) 图卷积网络, 577, 583
Graph embedding 图嵌入, 554
Graph filtering 图滤波, 363
Graph Fourier basis 图傅里叶基, 360
Graph Fourier transform 图傅里叶变换, 362, 585
Graph inverse Fourier transform 图逆傅里叶变换, 363
Graph K-means clustering 图 K 均值聚类, 361
Graph kerners 图核, 366
Graph Laplacian matrices 图拉普拉斯矩阵, 358
combinatorial graph Laplacian 组合图拉普拉斯矩阵, 359
normalized graph Laplacian matrices 归一化图拉普拉斯矩阵, 359
random walk normalized graph Laplacian 随机游走归一化图拉普拉斯矩阵, 359
symmetric normalized graph Laplacian 对称归一化图拉普拉斯矩阵, 359
Graph mincut learning algorithm 图最小割集学习算法, 375
Graph minor component analysis 图次成分分析, 361
Graph principal component analysis 图主成分分析, 361
Graph signal processing 图信号处理, 363
Graph signals 图形信号, 354
Graph spectrum 图谱, 360
Graph structure 图结构, 354
Graph Tikhonov regularization 图吉洪诺夫正则化, 366
Graph-structured data 图形结构数据, 354
GraphSAGE 带样本和聚合图, 581
aggregator architectur 聚合结构, 581
embedding generation 嵌入生成, 581
parameter learning 参数学习, 581
Grassmann manifold 格拉斯曼流形, 273
Greedy method 贪婪法, 262
Greedy projection algorithm 贪婪投影算法, 447
Group normalization (GN) 组标准化, 597
Group-sharing 组共享, 541
Grouped Lasso 分组套索, 292

H

Hadamard inequality 阿达马不等式, 31
Hadamard product 阿达马积, 44
Half-space 半空间, 109
Hankel matrix 汉克尔矩阵, 498

extended Hankel matrix 扩展汉克尔矩阵, 503
wrap-around Hankel matrix 环绕汉克尔矩阵, 499
Hankel structured matrix 汉克尔结构化矩阵, 498
Harmonic function 调和函数, 73
Heat kernel 热核, 374, 565
Heavy ball method (HBM) 重球法, 115
Hermitian conjugate 厄米特共轭/Hermite 共轭, 见 complex conjugate transpose
Heterogeneous domain adaptation (HDA) 异构域适应, 418
Heterogeneous feature augmentation (HFA) 异构特征增强, 419
Heterogeneous transfer learning 异构迁移学习, 407
Heuristic algorithms 启发式算法, 698, 767
deterministic algorithm 确定性算法, 768
iterative based algorithm 基于迭代的算法, 768
population based algorithm 基于种群的算法, 768
stochastic algorithm 随机算法, 768
Heuristic procedures 启发式程序, 714
Hidden layer output matrix 隐层输出矩阵, 545, 546
Hidden nodes 隐藏节点, 543
Hierarchical clustering 分层聚类, 320
array of similarity measures 相似性测度数组, 320
distance matrix 距离矩阵, 322
hierarchical clustering scheme (HCS) 分层聚类方案, 320
hierarchical system of clustering representations 分层聚类表示系统, 320
maximum method 最大值法, 324
minimum method 最小值法, 323
ultrametric inequality 超度量不等式, 322
Hierarchical clustering approach 分层聚类法, 703
Higher-order matrix algebra 高阶矩阵代数, 301
Higher-order proximity 高阶接近度, 574
Higher-order proximity matrix 高阶接近度矩阵, 574
common neighbors 共同邻居, 575
Katz index Katz 指数, 574
Rooted PageRank 根页排名, 575
Higher-order singular value decomposition 高阶奇异值分解, 306
Higher rank tensor ridge regression (hrTRR) 高秩张量岭回归, 311
Holomorphic complex matrix functions 全纯复矩阵函数, 75
Holomorphic function 全纯函数, 72
Homogeneity constraint 齐性约束, 272
Homogeneous transfer learning 同构迁移学习, 407
Hopfield network 霍普菲尔德网络, 477
Horizontal unfolding 水平展开, 303
Kiers horizontal unfolding method Kiers 水平展开法, 303
Kolda horizontal unfolding method Kolda 水平展开法, 304
LMV horizontal unfolding method LMV 水平展开法, 303

Human intelligence　人类智慧, 780
Hybrid evolutionary programming (HEP)　混合演化规划, 762
Hybrid mutation operators　混合变异算子, 762
Hyperplane　超平面, 109, 618
Hypervolume (HV)　超体积, 698
Hypervolume for set　超体积集, 712
Hypothesis　假设, 619
Hypothesis space　假设空间, 411, 619
I
Ideal objective vector　理想目标向量, 697
Idempotent matrix　幂等矩阵, 207
Ill-conditioned problem　病态问题, 167
Immediate reward　即时奖励, 392
Imprecision　不精确, 708
Imprecision for set　集合不精确, 712
Inactive constraint　无效约束, 141
Inconsistent　不一致, 248
Inconsistent equation　非一致方程, 33
Increasing　递增, 755
Indefinite matrix　不定矩阵, 27
Independence assumption　独立假设, 60
Independent and identically distributed (i.i.d.)　独立同分布, 296
Independent identically distributed (i.i.d)　独立同分布 (i.i.d), 24
Individuals　个体, 724
Inductive learning　归纳学习, 338
Inductive transfer learning　归纳式迁移学习, 408
Inequality constraints　不等式约束, 101
Inertia weight　惯性权重, 782
Inexact line search　不精确线性搜索, 149
Infeasible point　不可行点, 101
Infimum　下确界, 139
Infinite kernel learning (IKL)　无穷核学习, 420
Information network　信息网络, 355, 568
Information theoretic metric learning (ITML)　信息论测度学习, 423
Inner relation　内部关系, 285
Instance　样本, 296
Instance distribution　样本分布, 248
Instance normalization　样本规范化, 596
Instance space　样本空间, 248
Intercept　截距, 297
Interlacing theorem for singular values　奇异值交错定理, 174
Interpolation　插值, 见 regression
Interval order relation　区间排序关系, 709
Interval vector　区间向量, 708

Invariant feature learning 不变特征学习, 525
Invariant features 不变特征, 525
Inverse affine image 逆仿射图像, 102
Inverse Euclidean distance 逆欧几里得距离, 374
Inverse graph Fourier transform 逆图傅里叶变换, 585
Inverse matrix 逆矩阵, 9
Inverse problem 逆问题, 14
Iterate averages 迭代平均值, 229
Iteration matrix 迭代矩阵, 163
Iterative improvement 迭代改进, 715
Iterative soft thresholding method 迭代软阈值法, 131

J

Jacobian matrix 雅可比矩阵, 56
Jacobian operator 雅可比算子, 56
Jensen inequality 詹森不等式, 103
Jensen-Shannon (JS) divergence 詹森–香农散度, 514
Job scheduling problems (JSP) 作业调度问题, 772
Joint probability distribution 联合概率分布, 618

K

K-means algorithm K 均值算法, 328
  random K-means algorithm 随机 K 均值算法, 328
Karush-Kuhn-Tucker (KKT) conditions KKT 条件, 140
Kernel alignment 核对齐, 267
Kernel function 核函数, 628, 663
  additive kernel function 加性核函数, 629
  B-splines kernel function B 样条核函数, 628
  exponential radial basis function 指数径向基函数, 628
  Gaussian radial basis function 高斯径向基函数, 628
  linear kernel function 线性核函数, 628
  multi-layer perceptron kernel function 多层感知器核函数, 628
  polynomial kernel function 多项式核函数, 628
Kernel K-means clustering 核 K 均值聚类, 627
Kernel partial least squares regression 核偏最小二乘回归, 632
Kernel PCA 核主成分分析, 627
Kernel reproducing property 再生核特性, 626
Krylov subspace 克雷洛夫子空间, 163
Krylov subspace method 克雷洛夫子空间方法, 163
Kullback-Leibler (KL) divergence 库尔贝克–莱布勒 (KL) 散度, 513

L

Label 标签, 297
Labeled set 标记集, 223
Lagrange dual method 拉格朗日对偶法, 139
Lagrange multiplier vector 拉格朗日乘数向量, 135
Laplace equations 拉普拉斯方程, 72

Laplace's method　拉普拉斯方法, 666
Laplacian embedding　拉普拉斯嵌入, 563
Laplacian regularized least squares (LapRLS) solution　拉普拉斯正则化最小二乘解, 631
Laplacian support vector machines　拉普拉斯支持向量机, 633
LAR algorithm　LAR 算法, 199
Lasso　套索
　　distributed Lasso　分布式套索, 197
　　generalized Lasso　广义套索, 197
　　group Lasso　分组套索, 197
　　MRM-Lasso　MRM 套索, 197
Layer normalization (LN)　层规格化, 596
Leading entry　先导元素, 158
Leading-1 entry　先导 –1 元素, 158
Learning machine　学习机, 253, 254
Learning step　学习步骤, 100
Least absolute shrinkage and selection operator (Lasso)　最小绝对收缩与选择算子, 290
Least angle regressions (LARS)　最小角度回归, 198
Least square regression error　最小二乘回归误差, 264
Leave-one-out cross-validation (LOOCV)　留一法交叉验证, 375
Left generalized eigenvector　左广义特征向量, 212
Left inverse　左逆, 39
Left Kronecker product　左克罗内克积, 46
Left pseudo-inverse matrix　左伪逆矩阵, 39
Linear discriminant analysis　线性鉴别分析, 556
Linear inverse transform　线性逆变换, 9
Linear regression　线性回归, 278
Linear rule　线性规则, 59
Linear transform matrix　线性变换矩阵, 9
Lipschitz constant　利普希茨常数, 113
Lipschitz continuous　利普希茨连续, 113
Lipschitz continuous function　利普希茨连续函数, 113
Local output function　局部输出函数, 577
Local topology preserving　局部拓扑保持, 555
Local transition function　局部转移函数, 577
Locality preserving projections (LPP)　局部保持投影, 565
Logistic function　逻辑斯谛函数, 249, 452
Logistic regression　逻辑斯谛回归, 537
LogitBoost　逻辑提升, 250
Long short-term memory (LSTM)　长短期记忆, 471
　　backward pass　反向传播, 473
　　forget gate　遗忘门, 472
　　forward pass　前向传播, 472
　　input gate　输入门, 472
　　memory blocks　内存块, 472

output gate 输出门, 472
peephole LSTM 窥视孔 LSTM, 477
Longitudinal unfolding 纵向展开, 304
Loss 损失, 618
Loss function 损失函数, 227, 464, 510
contrastive loss 对比损失, 511
coupled clusters loss 耦合聚合损失, 512
cross-entropy loss function 互熵损失函数, 452, 527
double-contrastive loss 双对比损失, 512
hinge loss 铰链损失, 510
ℓ_1-loss ℓ_1 损失, 510
ℓ_2-loss ℓ_2 损失, 511
square hinge loss 平方铰链损失, 511
large-margin softmax (L-Softmax) loss function 大边距 softmax 损失函数, 513
logistic loss function 逻辑斯谛损失函数, 452, 523
softmax loss 软最大损失, 511
Low-rank approximation 低秩逼近, 178
Lower unbounded 下无界, 101, 139

M

Machine learning (ML) 机器学习, 223
expected performances 期望性能, 256
accuracy 准确性, 256
complexity 复杂性, 256
convergence reliability 收敛可靠性, 256
convergence time 收敛时间, 256
response time 响应时间, 256
scalability 可扩展性, 256
training data 训练数据, 256
training time 训练时间, 256
Mahalanobis metric learning 马哈拉诺比斯/马氏测度学习, 423
Majority voting 多数表决, 248
Majorization-minimization (MM) 优化最小化, 241
majorization step 优化步, 242
majorizer 优化, 242
minimization step 最小化步, 242
Majorization-minimization (MM) algorithm 优化最小化算法, 244
monotonicity decreasing 单调减, 244
stationary point 平稳点, 245
Manhattan metric 曼哈顿测度, 555
Manifold learning 流形学习, 559
isometric map (Isomap) 等距映射, 559
ϵ-Isomap ϵ 等距映射, 559
k-Isomap k 等距映射, 559
conformal Isomap 等角等距映射, 560

Laplacian eigenmap method 拉普拉斯特征映射方法, 564
Laplacian eigenmaps 拉普拉斯特征映射, 563
locally linear embedding (LLE) 局部线性嵌入, 560
Mapping 映射, 12
codomain 取值范围, 12
domain 域, 12
image 图像, 12
injective mapping 单射映射, 13
inverse mapping 逆映射, 13
linear mapping 线性映射, 13
one-to-one mapping 一对一映射, 13
range 范围, 12
surjective mapping 满映射, 13
Margin 边距, 618, 621
Markov decision process (MDP) 马尔可夫决策过程, 391
Mating selection 配对选择, 754
Matricization 矩阵化, 50
matricization of column vector 列向量的矩阵化, 50, 51
Matrix 矩阵, 3
block matrix 块矩阵, 6
broad matrix 宽矩阵, 5
diagonal matrix 对角矩阵, 5
full column rank matrix 全列秩矩阵, 33
full rank matrix 满秩矩阵, 33
full row rank matrix 全行秩矩阵, 33
Hermitian matrix 埃尔米特矩阵/Hermite 矩阵, 7
identity matrix 单位矩阵, 5
nonsingular matrix 非奇异矩阵, 28
rank-deficient matrix 秩亏矩阵, 33
square matrix 方阵, 5
submatrix 子矩阵, 6
symmetric matrix 对称矩阵, 7
tall matrix 高矩阵, 5
zero matrix 零矩阵, 5
Matrix diffferential 矩阵微分, 62
Matrix equation 矩阵方程, 3
Matrix inversion lemma 矩阵求逆引理, 36
Matrix norm 矩阵范数,
ℓ_1-norm ℓ_1 范数, 19
p-norm p 范数, 19
Frobenius norm 弗罗贝尼乌斯范数, 19
Mahalanobis norm 马哈拉诺比斯/马氏范数, 20
max norm 最大范数, 19
Matrix pair 矩阵对, 210

Matrix pencil 矩阵束, 210
Matrix transpose 矩阵转置, 7
Max pooling 最大池化, 506
Max-flow method 最大流方法, 376
Maximal margin hyperplane 最大边距超平面, 652
Maximin problem 最大值问题, 138
Maximum ascent rate 最大上升速度, 59
Maximum descent rate 最大下降率, 59
Maximum mean discrepancy embedding (MMDE) 最大平均差异嵌入, 426
Maximum spread 最大扩展, 701
Mean tensor 平均张量, 310
Measure 测度, 316
  nonnegativity 非负性, 316
  symmetry 对称性, 316
  triangle inequality 三角不等式, 316
Mercer kernel Mercer 核, 627
  exponential radial basis function kernel 指数径向基函数核, 627
  Gaussian radial basis function (GRBF) kernel 高斯径向基函数核, 627
Mercer's theorem Mercer 定理, 626
Mesoscopic structure 介观结构, 571
Metaheuristic 元启发式, 714
  metaheuristic procedures 元启发式程序, 714
  population metaheuristic 种群元启发式, 714
  single-solution metaheuristic 单解元启发式, 714
Method of distance functions 距离函数法, 744
Method of objective weighting 目标加权法, 744
Metropolis algorithm Metropolis 算法, 714
Metropolis-Hastings algorithm Metropolis-Hastings 算法, 见 Metropolis algorithm
Microscopic structure 微观结构, 571
Min-max formulation 最小–最大公式, 744
Minimax problem 极小极大化问题, 138
Minimum cut (min-cut) 最小切割, 371
Minkowski p-metric distance Minkowski p 距离测度, 555
Minor component analysis (MCA) 次成分分析, 271
Minor components 次成分, 270
Minor subspace 次子空间, 271
Minor subspace analysis (MSA) 次子空间分析, 271
Misclassification rate 错分率, 492
Mixed pooling 混合池, 506
Mixed-variable optimization problem (MVOP) 混合变量优化问题, 771
Model mismatch 模型失配, 618
Modified connectionist Q-learning 修正连接 Q 学习, 399
Modularity 模块化, 570
Modularity matrix 模块矩阵, 570

Momentum　动量, 116
Moore-Aronszajn Theorem　Moore-Aronszajn 定理, 626
Moore-Penrose conditions　摩尔–彭罗斯条件, 41
Moore-Penrose inverse　摩尔–彭罗斯逆, 41
Moreau decomposition　Moreau 分解, 124
Multi-output nodes　多输出节点, 549
Multiclass classifier　多类分类器, 299
Multidimensional scaling (MDS)　多维标度, 558
Multilinear data analysis　多线性数据分析, 541
Multiobjective combinatorial optimization (MOCO)　多目标组合优化, 684
　multiobjective assignment problem　多目标分配问题, 684
　multiobjective min sum location problem　多目标最小和定位问题, 685
　multiobjective network flow　多目标网络流, 685
　multiobjective transportation problem　多目标运输问题, 684
　unconstrained combinatorial optimization problem　无约束组合优化问题, 685
Multiobjective evolutionary algorithm based on decomposition (MOEA/D)　基于分解的多目标进化算法, 746
Multiobjective optimization problem (MOP)　多目标优化问题, 686
　decision space　决策空间, 686
　decision vector　决策向量, 686
　feasible set　可行集, 687
　ideal solution　理想的解决方案, 688
　ideal vector　理想向量, 688
　objective space　目标空间, 686
　objective vector　目标向量, 686
Multiple kernel learning (MKL)　多核学习, 421
Must-Link　必须链接, 333
Mutation　变异/突变, 727
Mutation probability　变异概率, 728
Mutation rate　突变速率, 728
N
Nadir objective vector　小生境目标向量, 697
Naive Bayesian classification　朴素贝叶斯分类, 490
Nash equilibrium　纳什均衡, 600
Natural basis vector　自然基向量, 233
Nearest neighbor　最近邻, 317
Nearest neighbor classification　最近邻分类, 317
Negative definite matrix　负定矩阵, 27
Negative semi-definite matrix　负半定矩阵, 27
Negative transfer　负转移, 406
Neighborhood　邻域, 93
Neighborhood preserving embedding (NPE)　邻域保留嵌入, 562
Network coding resource minimization (NCRM)　网络编码资源最小化, 773
Network embedding　网络嵌入

large-scale information network embedding 大规模信息网络嵌入, 568
network inference 网络推理, 568
network reconstruction 网络重构, 568
Neural network tree 神经网络树, 444
Newton method 牛顿法, 107
modified Newton method 修正牛顿法, 148
truncated Newton method 截断牛顿法, 147
Niche count 小生境数, 737
Niche radius 小生境半径, 737
Niched Pareto Algorithm 小生境 Pareto 算法, 737
Niched Pareto genetic algorithm 小生境 Pareto 遗传算法, 737
Node embedding 节点嵌入, 577
Node vector 节点向量, 577
Noise projection matrix 噪声投影矩阵, 272
Noise subspace 噪声子空间, 271
Noisy multiobjective optimization problems 含噪多目标优化问题, 707
Non-Euclidean structure 非欧几里得结构/非欧氏结构, 354, 355
Nondominated sorting approach 非支配排序法, 700
Nondomination rank 非支配等级, 703
Nonlinear iterative partial least squares (NIPALS) 非线性迭代偏最小二乘法, 632
Nonlinear iterative partial least squares (NIPALS) algorithm 非线性迭代偏最小二乘算法, 286
Nonnegative constraints 非负约束, 540
Nonnegative matrix factorization (NMF) 非负矩阵分解, 540
Nonnegative orthant 非负象限, 103
Nonseparable case 不可分离情况, 623
Nonseparable function 不可分离函数, 237
Nonsmooth convex optimization 非光滑凸优化, 128
Nonstationary iterative method 不定常迭代法, 163
Normalized singular values 归一化奇异值, 178
Numerical stability 数值稳定性, 168
Numerically stable 数值稳定, 168
Nyström r-rank approximation Nyström r 秩逼近, 335

O

Objective function 目标函数, 89
One-against-all (OAA) method 一对多方法, 653
One-against-one (OAO) method 一对一方法, 654
Online convex optimization 在线凸优化, 446
Open ball 开球, 103
Open neighborhood 开邻域, 91
Opposite number 对立数, 788
Opposite pair 相反对, 383
Opposite point 对立点, 789
Opposite solution 对立解, 789

Opposition-Based Generation Jumping 基于对立的世代跳跃, 791
Opposition-based learning (OBL) 对立学习, 789
Opposition-based optimization (OBO) 对立优化, 789
Opposition-Based Population Initialization 对立种群初始化, 791
Optimal behavior models 最优行为模型, 390
  average-reward model 平均奖励模型, 391
  finite-horizon model 有限阶段模型, 390
  infinite-horizon discounted model 无限期折现模型, 390
Optimal class discrimination matrix 最优类识别矩阵, 325
Optimal primal value 最优原始值, 138
Optimal rank tensor ridge regression (orTRR) 最优秩张量岭回归, 312
Optimal solution 最优解, 101
Optimal unbiased estimator 最优无偏估计量, 177
Optimization vector 优化向量, 89
Ordered n-tuples 有序 n 元组, 12
Original residual 原始残差, 146
Orthogonality constraint 正交性约束, 272
Outer relations 外部关系, 285
Overfitting 过拟合, 251, 617
P
Pairwise constraints 成对约束, 333
Parallel factors decomposition (PARFAC) 平行因子分解, 306
Parameterized achievement scalarizing problem 参数化成就标量化问题, 757
Pareto concepts 帕累托概念, 691, 692
  archive 档案, 698
  global Pareto-optimal set 全局帕累托最优集, 696
  globally nondominated 全局非支配, 694
  incomparable 不可比较, 693
  local Pareto-optimal set 局部帕累托最优集, 696
  mutually nondominating 互不支配, 693
  nondominated sets 非支配集, 695
  nondominated solution 非支配解, 694
  outcomes 结果, 692
  Pareto dominance 帕累托支配, 692
  Pareto efficient 帕累托有效, 694
  Pareto front 帕累托前沿, 696
  Pareto improvement 帕累托改进, 694
  Pareto-optimal 帕累托最优, 694
  Pareto-optimal front 帕累托最优前沿, 696
  Pareto-optimal solutions 帕累托最优解, 691
  Pareto-optimality 帕累托最优性, 694
  strict Pareto dominance 强帕累托支配, 693
  weak Pareto dominance 弱帕累托支配, 693
Pareto concepts for approximation sets 逼近集的帕累托概念, 709

strict dominance for approximation sets 逼近集的严格支配, 710
Pareto concepts for sets 集合的帕累托概念,
dominance for approximation sets 逼近集的强支配, 709
weak dominance for approximation sets 逼近集的弱支配, 710
Pareto optimization approach 帕累托优化方法, 691
Pareto optimization theory 帕累托优化理论, 691
Partial labeling 部分标记, 333
Partial least squares (PLS) 偏最小二乘法, 285
Partial least squares (PLS) regression 偏最小二乘回归, 287
Partial order 偏序, 703
Particle swarm 粒子群,
canonical particle swarm 典型粒子群, 781
Particle swarm optimization (PSO) 粒子群优化, 780
genetic learning particle swarm optimization (GL-PSO) 遗传学习粒子群优化, 784
Particle swarm optimization (PSO) algorithm 粒子群优化算法, 783
Partition function 分拆函数, 479, 481
Partitional clustering 分块聚类, 781
Parts combination 部分组合, 541
Passive learning 被动学习, 378
Pattern 模式, 257
Pattern recognition 模式识别, 257
Pattern vectors 模式向量, 258
Pearson correlation coefficients 皮尔逊相关系数, 262
Penalized regression 惩罚回归, 290
Penalty function 惩罚函数
exterior penalty function 外罚函数, 133
interior penalty function 内罚函数, 133
Penalty function method 惩罚函数法, 133, 134
Penalty parameter vector 惩罚参数向量, 135
Pheromone model 信息素模型, 770
Pheromone values 信息素值, 770
Piecewise continuous 分段连续, 543
Pivot column 列主元, 159
Pivot features 核心特征, 414
Pivot position 主元位置, 159
Policy 策略, 388
Polynomial mutation operator 多项式变异算子, 749
Polynomially evaluatble 多项式可计算, 249
Pool-based active learning (PAL) 基于池的主动学习, 382
Pooling stride 池跨距, 504
Positive definite matrix 正定矩阵, 27
Positive definition kernel 正定核, 625
Positive semi-definite cones 半正定锥, 110

Positive semi-definite matrix 半正定矩阵, 27
Preconditioned conjugate gradient (PCG) 预处理共轭梯度, 166
Prediction 预言, 见 Regression
Prediction error 预测误差, 227
Prediction function 预测函数, 226, 227
Predictors 预测因子, 259, 278
Primal cost function 原始成本函数, 137
Primal-dual subgradient method 原始–对偶次梯度法, 448
Principal component analysis (PCA) 主成分分析, 270
Principal component pursuit (PCP) 主成分追踪, 276
Principal subspace 主子空间, 271
Principal subspace analysis (PSA) 主子空间分析, 271
Probably approximately correct (PAC) learning 概率近似正确学习, 251
Probably approximately correct (PAC) model 概率近似正确模型, 251
Product rule 乘法法则, 59
Projected gradient update 投影梯度更新, 446
Projection approximation subspace tracking (PAST) 投影逼近子空间跟踪, 274
Projection operator 投影算子, 108
Proximal operator 邻近算子, 123
Proximity indicator 接近指标, 713
Pythagoras theorem 勾股定理, 18

Q

Q-function Q 函数, 393
Q-learning Q 学习, 394
QR factorization QR 分解, 170
Quadratic form 二次型, 27
Quadratic program (QP) 二次规划, 293
    bound-constrained quadratic program (BCQP) 有界约束二次规划, 294
Quadratic programming (QP) problem 二次规划问题, 195
Quadratically constrained linear program (QCLP) 二次约束线性规划, 293
Quasi opposition-based learning (quasi-OBL) 准对立学习, 791
Quasi-convex 准凸的, 104
Quasi-opposite number 准对立数, 791
Quasi-opposite point 准对立点, 792
Quasi-oppositional differential evolution (QODE) 准对立差分演化, 794
Query learning 查询学习, 见 Active learning
Query strategies 查询策略, 381
    balance exploration and exploitation 平衡探索和开发, 381
    expected model change 期望模型更改, 381
    exponentiated gradient exploration 指数梯度搜索, 381
    least certainty 最小确定性, 381
    middle certainty 中间确定性, 381
    query by committee 委员会查询, 381
    uncertainty sampling 不确定性抽样, 381

variance reduction 方差减少, 381
Quotient rule 除法法则, 60

R

Random vector 随机向量, 4
Random walks 随机行走, 580
Range 范围, 33
Rank 秩, 33
Rank-one decomposition 秩 1 分解, 307
Raw fitness value 原始适应度值, 753
Rayleigh quotient 瑞利商, 215
Rayleigh-Ritz theorem 瑞利–里茨定理, 215
Recombination 重组, 725
Rectangular set 矩形集, 109
Recurrent neural networks (RNNs) 反馈神经网络, 460
backward mechanism 反向机制, 467
bidirectional mechanism 双向机制, 468
forward mechanism 前向机制, 467
recurrent computation 反馈计算, 467
Recursive feature elimination (RFE) 递推特征消除, 652
Reduced row-echelon form (RREF) matrix 简化行梯形矩阵, 159
Reference point vector 参考点向量, 746
Reformulation approach 重新表述法, 691
Regression 回归, 259, 282
Regression intercept 回归截距, 260
Regression problem 回归问题, 445
Regression residual 回归残差, 260
Regret 遗憾, 447
Regularization parameter 正则化参数, 180, 637
Regularization path 正则化路径, 180
Regularized Gauss-Seidel method 正则化高斯–赛德尔方法, 184
Regularized least squares cost function 正则化最小二乘成本函数, 180
Reinforcement learning 强化学习, 387
action 动作, 388
agent 代理, 388
autonomy 自主性, 388
pro-activeness 自发动作, 388
reactivity 反应性, 388
social ability 社交能力, 388
control policy 控制策略, 389
deterministic policy 确定性政策, 389
probabilistic policy 概率策略, 389
improvement 改善, 392
payoff 收益, 389
return 回报, 389

reward function　奖励函数, 388
state　状态, 388
state-action space　状态 – 动作空间, 388
Relative entropy　相对熵, 见 Kullback-Leibler (KL) divergence
Relative feasible set　相对可行集, 142
Relative interior points　相对内点, 142
Relaxation　松弛, 90
Relevance feedback　相关反馈, 380
Relevance vector machine (RVM)　相关向量机, 667
Representation choice　表示选择, 260
Representation learning　表示学习, 260
Representer theorem for semi-supervised learning　半监督学习的表示定理, 630
Representer theorem for supervised learning　监督学习的表示定理, 629
Reproducing kernel　再生核, 624, 625
Reproducing kernel Hilbert space (RKHS)　再生核希尔伯特空间, 624
Reproducing property　再生性质, 624, 626
Residual variance　残差, 265
Restricted Boltzmann machine (RBM)　受限玻尔兹曼机, 481
Return　回报, 393
Reward function　奖励函数, 392
Rewards　奖励, 389
Richardson iteration　理查森迭代, 163
Ridge regression　岭回归, 290
Right generalized eigenvector　右广义特征向量, 212
Right Kronecker product　右克罗内克积, 46
Right pseudo-inverse matrix　右伪逆矩阵, 39
Risk function　风险函数, 618
Robust principal component analysis　鲁棒主成分分析, 276
Roulette wheel selection　轮盘赌选择, 700
roulette wheel fitness selection algorithm　轮盘赌选择算法, 700
Row equivalent　线性相关, 158
Row partial derivative operator　行偏导算子, 55
Row partial derivative vector　行偏导向量, 55
S
Secon-order necessary condition　二阶必要条件, 94
Second-order sufficient condition　二阶充分条件, 94
Self-taught transfer learning　自学式迁移学习, 409
Semi-orthogonal matrix　半正交矩阵, 272
Semi-supervised classification　半监督分类, 339
Semi-supervised clustering　半监督聚类, 341
propagating 1-nearest-neighbor clustering　传播 1-最近邻聚类, 341
Semi-supervised learning　半监督学习, 337
bootstrapping　引导, 340
co-training　协同训练, 342

self-teaching 自学习, 340
self-training 自训练, 340
semi-supervised inductive learning 半监督归纳学习, 338
semi-supervised transductive learning 半监督直推学习, 338
Separable case 可分离的情况, 621
Separable function 可分离函数, 237
Set 集合, 10
difference set 差集, 11
intersection set 交集, 11
null set 空集, 11
proper subset 真子集, 11
singleton 单集, 10
subset 子集, 11
sum set 和集, 11
superset 超集, 11
union set 并集, 11
Sharing function value 共享函数值, 739
Shrinkage operator 收缩算子, 125
Signal projection matrix 信号投影矩阵, 271
Signal subspace 信号子空间, 271
Similarity 相似性, 264
combined similarity 组合相似度, 320
dissimilarity 异同, 316
distance matrix 距离矩阵, 319
Euclidean distance 欧几里得距离/欧氏距离, 316
Mahalanobis distance 马哈拉诺比斯/马氏距离, 317
normalized Euclidean distance 归一化欧几里得距离, 317
regularized Euclidean distance 正则化欧几里得距离, 316
semantic similarity 语义相似度, 320
similarity matrix 相似性矩阵, 319
similarity strength 相似性强度, 319
syntax similarity 语法相似性, 320
Tanimoto measure 谷本测度, 318
word similarity 词相似性, 320
Similarity score 相似性得分, 299
Single-hidden-layer feedforward networks (SLFNs) 单隐层前馈网络, 542
Single-output node 单输出节点, 546
Singular value decomposition (SVD) 奇异值分解
full singular value decomposition 全奇异值分解, 172
singular values 奇异值, 171
truncated singular value decomposition 截断奇异值分解, 172
Singular value thresholding (SVT) 奇异值阈值化, 130, 174
Slack variable vector 松弛变量向量, 143
Slackness parameters 松弛参数, 637

Slater condition 斯莱特条件, 142
Smooth function 平滑函数, 113
Soft threshold value 软阈值, 125
Soft thresholding 软阈值, 174
Soft thresholding operation 软阈值操作, 129, 175
Soft thresholding operator 软阈值算子, 125
Source domain 源域, 403
Source embedding vectors 源嵌入向量, 574
Source learning task 源学习任务, 405
Source-domain data 源域数据, 403
Spacing 间距, 699
Sparse Bayesian classification 稀疏贝叶斯分类, 672
Sparse Bayesian learning 稀疏贝叶斯学习, 667, 669
Sparse constraints 稀疏约束, 541
Sparse principal component analysis (SPCA) algorithm 稀疏主成分分析算法, 280
Sparse reconstruction 稀疏重构, 293
Sparsest solution 最稀疏的解决方案, 194
Sparsity 稀疏性, 194, 668
Spatial pyramid pooling 空间金字塔池化, 507
Spectral convolution 谱卷积, 583
Spectral graph theory 谱图理论, 354
Spectral pooling 谱池化, 507
Spherical K-means 球形 K 均值, 329, 518
    code vector 代码向量, 518
    codebook matrix 码本矩阵, 518
    dictionary 字典, 518
Stagewise regression 阶段回归, 198
Staionary iterative method 平稳迭代法, 163
State embedding 状态嵌入, 577
State value function 状态值函数, 392
State vector 状态向量, 577
State transition function 状态转移函数, 391
Stationary point 平稳点, 90
Statistically uncorrelated 统计上不相关, 23
Steepest descent direction 最速下降方向, 107
Steepest descent method 最速下降法, 107
Stepwise regression 逐步回归, 198
Stochastic average gradient (SAG) 随机平均梯度, 230
Stochastic average gradient aggregation (SAGA) method 随机平均梯度聚合方法, 232
Stochastic gradient (SG) method 随机梯度方法, 228
Stochastic pooling 随机池化, 506
Stochastic variance reduced gradient (SVRG) method 随机方差减少梯度法, 231
Strength value 强度值, 753
Stress 应力, 557

Strictly convex function 严格凸函数, 103

Strictly increasing 严格递增, 755

Strictly quasi-convex 严格伪凸, 104

Stride of convolution 卷积步幅, 500

Strong duality 强二元性, 140

Strong learning algorithm 强学习算法, 247

Strong PAC learning algorithm 强 PAC 学习算法, 251

Strongly convex 强凸, 104

Strongly increasing 强递增, 755

Strongly quasi-convex 强拟凸, 104

Structural correspondence learning (SCL) 结构对应学习, 414

Structural learning 结构学习, 412

Subdifferentiable 次可微分的, 121

Subdifferential 次微分, 120

Subgradient vector 次梯度向量, 120

Subspace analysis methods 子空间分析方法, 273

Superdiagonal line 超对角线, 302

Supersymmetric tensor 超对称张量, 302

Supervised feature selection 有监督特征选择, 258

Supervised learning 监督学习, 224

Supervised learning classification 监督学习分类, 297

Supervised tensor learning 监督张量学习, 307

  alternating projection algorithm 交替投影算法, 309

Support 支持, 254

Support vector expansion 支持向量展开, 638

Support vector machine binary classification 支持向量机二元分类, 641

Support vector machine binary classifier 支持向量机二元分类器, 642

  ν-support vector binary classifier ν 支持向量二元分类器, 645

  least squares support vector machine (LS-SVM) classifier 最小二乘支持向量机分类器, 647

  proximal support vector machine binary classifier 近似支持向量机二元分类器, 649

Support vector machine multiclass classification 支持向量机多类分类, 653

  least-squares support machine multiclass classifier 最小二乘支持向量机多类分类器, 656

  proximal support machine multiclass classifier 近似支持向量机多类分类器, 659

Support vector machine regression 支持向量机回归, 635

  ϵ-support vector machine regression ϵ 支持向量机回归, 636

    Wolfe dual ϵ-support vector machine regression 沃尔夫对偶 ϵ 支持向量机回归, 638

  ν-support vector machine regression ν 支持向量机回归, 639

    Wolfe dual ν-support vector machine regression 沃尔夫对偶 ν 支持向量机回归, 641

Support vector machines (SVMs) 支持向量机, 617

  B-splines SVM B 样条支持向量机, 628

least-squares support vector machine　最小二乘支持向量机, 647
linear SVM　线性支持向量机, 628
multi-layer SVM　多层支持向量机, 628
polynomial SVM　多项式支持向量机, 628
proximal support vector machine　近似支持向量机, 649
radial basis function (RBF) SVM　径向基函数支持向量机, 628
summing SVM　求和支持向量机, 629
Supremum　上确界, 138
Surrogate function　代理函数, 242
Swarm intelligence　群体智能, 781
System of linear equations　线性方程组, 3
T
Target distribution　示例分布, 248
Target domain　目标域, 403
Target embedding vectors　目标嵌入向量, 574
Target learning task　目标学习任务, 405
Target-domain data　目标域数据, 403
Task　任务, 404
Tchebycheff approach　切比雪夫方法, 746
Tchebycheff scalar optimization subproblem　切比雪夫标量优化子问题, 746
Tensor　张量, 301
Frobenius norm　弗罗贝尼乌斯范数, 304
Tensor algebra　张量代数, 301
Tensor classifier　张量分类器, 307
Tensor distance (TD)　张量距离, 314
Tensor dot product　张量点积, 304
Tensor fibers　张量纤维, 302
column fibers　列纤维, 302
row fibers　行纤维, 302
tube fiber　管状纤维, 302
Tensor Fisher discriminant analysis (TFDA)　张量费希尔判别分析, 310
Tensor inner product　张量内积, 304
Tensor K-means clustering　张量 K 均值聚类, 314
Tensor matrixing　张量矩阵, 303
Tensor outer product　张量外积, 304
Tensor predictor　张量预测器, 307
Tensor regression　张量回归, 311
Tensor unfolding　张量展开, 303
Tensor vectorization　张量向量化, 303
Tessellation　镶嵌, 327
Test set　试验集, 223
Testing phase　测试阶段, 259
Thinned dictionary　稀疏字典, 520
Third-order tensor　三阶张量, 302

Tied weight matrix　绑定权重矩阵, 536
Tied weights　捆绑权重, 527
Tikhonov regularization method　吉洪诺夫正则化方法, 180
Tikhonov regularization solution　吉洪诺夫正则化解, 180
Tournament selection　锦标赛选择, 700
　binary tournament selection　二元锦标赛选择, 700
　tournament size　锦标赛规模, 700
TrAdaBoost　迁移学习的自适应提升方法, 410
Trained machine　训练机, 253
Training phase　训练阶段, 259
Training sample　训练样本, 296
Training set　训练集, 223
Transductive transfer learning　直推式迁移学习, 408
Transfer AdaBoost learning framework　迁移自适应提升学习框架, 411
Transfer component analysis (TCA)　迁移成分分析, 426
Transfer learning　迁移学习, 405
Transfer of knowledge　知识迁移, 333
Transformation metric　变换测度, 419
Transitivity　传递性, 573
Travelling salesman problem (TSP)　旅行商问题, 689, 773
　asymmetric TSP　非对称旅行商问题, 689
　dynamic TSP (DTSP)　动态旅行商问题, 689
　Euclidean TSP　欧几里得/欧氏旅行商问题, 689
　symmetric TSP　对称旅行商问题, 689
Tri-training　三训练法, 343
Triplet loss　三重损失, 512
Trivial solution　平凡解, 35
Tucker decomposition　塔克分解, 305
Tucker mode-1 product　塔克模式-1 积, 305
Tucker mode-2 product　塔克模式-2 积, 305
Tucker mode-3 product　塔克模式-3 积, 305
Tucker operator　塔克算子, 305
Two-view data　二视图数据, 341
Type II maximum likelihood　II 型最大似然, 671
U
Unconstrained optimization problem　无约束优化问题, 89
Under-regression　欠回归, 198
Unique solution　唯一解, 35
Unit ball　单位球, 102
Unit coordinate vector　单位坐标向量, 233
Unit tensor　单位张量, 302
Unlabeled set　未标记集, 223
Unsupervised feature selection　无监督特征选择, 258
Unsupervised learning　无监督学习, 224

Unsupervised transfer learning 无监督迁移学习, 408
V
Value function 价值函数, 89
Variable ranking 变量排序, 261
Variable selection 变量选择, 260
Variance reduction 方差减少, 231
VC dimension VC 维度, 619, 620
VC theory VC 理论, 617
Vector 向量, 3
  algebraic vector 代数向量, 4
    constant vector 常数向量, 4
  basic vector 基本向量, 4
  dot product 点积, 6
  geometric vector 几何向量, 4
  inner product 内积, 6
  normalized vector 归一化向量, 16
  outer product 外积, 7
  physical vector 物理向量, 4
  vector addition 向量加法, 6
Vector multiplication 向量乘法, 6
Vector norm 向量范数, 14
  ℓ_1-norm ℓ_1 范数, 15
  ℓ_2-norm ℓ_2 范数, 15
  ℓ_∞-norm ℓ_∞ 范数, 15
  ℓ_p-norm ℓ_p 范数, 15
  Euclidean norm 欧几里得/欧氏范数, 15
  unitary invariant norm 酉不变范数, 16
Vector quantization (VQ) 矢量量化, 540
Vectorization 向量化, 48
  column vectorization 列向量化, 48
  row vectorization 行向量化, 48
Violated constraint 违法约束, 141
Visible binary rating matrix 可见二进制评分矩阵, 487
Voronoi set 沃罗诺伊集, 327
Voronoi tessellation 沃罗诺伊镶嵌, 327
Voting strategy 投票策略, 655
W
Weak duality 弱对偶性, 140
Weak learning algorithm 弱学习算法, 247
Weak PAC learning algorithm 弱 PAC 学习算法, 251
Weighed Chebyshev norm 加权切比雪夫范数, 719
Weighed sum 加权和, 719
Weighed-sum method 加权求和方法, 726
Weight mask matrix 权掩码矩阵, 521

Weighted boundary volume 加权边界体积, 374
Weighted sum approach 加权求和法, 746
Winner-take-all 赢者通吃, 541
Wirtinger partial derivatives 维廷格偏导, 72
Within-class scatter matrix 类内散射矩阵, 218, 310
Within-class variance 类内方差, 262
Wolfe dual optimization problem 沃尔夫对偶优化问题, 622
Woodbury formula 伍德伯里公式, 36

Z

Zero vector 零向量, 5
Zero-phase component analysis (ZCA) 零相位分量分析, 536

后　记

回顾张贤达教授近 30 年的出版历程, 他的著述之所以得到业界的肯定和读者的喜爱, 是因为他秉持将高深的数学理论融入科学研究和前沿技术的宗旨, 以及系统、平实的写作风格, 也离不开学界和出版界人士的支持和帮助。在此表示衷心的感谢。

感谢杨子江教授, 是他对《信号处理中的线性代数》一书的深入理解和不懈努力, 将我丈夫的书第一次输出到了国外。感谢剑桥大学 Arieh Iserles 教授和香港理工大学 QI Ligun 教授, 感谢剑桥大学出版社刘泳辰编辑, 感谢施普林格出版社的常兰兰编辑、李坚博士为本书英文版出版所做的工作。

张远声先生对本书的英文版和中文版进行了全面、细致的审校, 他的认真和努力, 以及对本书的巨大付出堪以告慰我的丈夫。对此表示深深的谢意。

感谢高等教育出版社对本书的重视, 感谢冯英编辑、黄慧靖编辑。

感谢西安电子科技大学、航空工业部的培养。

为确保本书内容准确无误以及高质量的出版, 特组织了我丈夫的学生李剑、苏泳涛、丁子哲、高秋彬、韩芳明、常冬霞、张道明、朱峰、胡亚峰、王曦元博士进行分章节通读。对他们极其认真、辛勤的劳动表示感谢。同时对我丈夫的学生杨恒、栾天祥、吕齐、隗伟、丁建江、谢德光、楼顺天、朱孝龙、王琨、李小军、冶继民、彭春翌、陈滨宁、赵锡凯、张玲、武露、张莉、饶彦祎、郑亮、郑继民、马晓岩、闫世强、陈建峰、陈忠、张勇、王煜航表示感谢。

唐晓英
2021 年 2 月

郑重声明

反盗版举报电话 （010）58581999　58582371　58582488

反盗版举报传真 （010）82086060

反盗版举报邮箱 dd@hep.com.cn

通信地址 北京市西城区德外大街 4 号

高等教育出版社法律事务与版权管理部

邮政编码 100120